国防电子信息技术丛书　　智能感知前沿技术系列

空间天线手册

Space Antenna Handbook

William A. Imbriale
[美] Steven Gao 主编
Luigi Boccia

胡明春 王建明 金 林 孙 俊 等译

電子工業出版社
Publishing House of Electronics Industry
北京 · BEIJING

内 容 简 介

本书由多位具有理论和实践经验的专家合著而成。全书共18章，分别讨论天线基础，空间天线模型，卫星通信、雷达、导航和遥感的系统构架，空间环境与材料，空间天线的机械和热设计，空间天线测试，空间天线发展的历史回顾，空间应用的可展开网面天线：射频表征，空间应用的微带阵列技术、用于空间的印刷反射天线阵，空间应用中的新天线技术，卫星通信天线，SAR天线，全球导航卫星系统接收机天线，小卫星天线，射电天文空间天线，深空应用天线，并展望了空间天线面临的未来任务、关键技术和工艺的挑战。

Space Antenna Handbook, 9781119993193, William A. Imbriale, Steven Gao, Luigi Boccia.

版权贸易合同登记号　图字：01-2012-9067

图书在版编目(CIP)数据

空间天线手册／(美) 威廉·A.英布里尔(William A. Imbriale)等主编；胡明春等译.

北京：电子工业出版社，2018.3

(国防电子信息技术丛书)

书名原文：Space Antenna Handbook

ISBN 978-7-121-30701-0

Ⅰ.①空…　Ⅱ.①威…　②胡…　Ⅲ.①天线-手册　Ⅳ.①TN82-62

中国版本图书馆 CIP 数据核字(2016)第316101号

策划编辑：马　岚

责任编辑：杨　博

印　　刷：北京虎彩文化传播有限公司

装　　订：北京虎彩文化传播有限公司

出版发行：电子工业出版社

北京市海淀区万寿路173信箱　邮编　100036

开　　本：787×1092　1/16　印张：37　字数：1006千字

版　　次：2018年3月第1版

印　　次：2022年7月第2次印刷

定　　价：159.00元

凡所购买电子工业出版社图书有缺损问题，请向购买书店调换。若书店售缺，请与本社发行部联系，联系及邮购电话：(010)88254888，88258888。

质量投诉请发邮件至 zlts@phei.com.cn，盗版侵权举报请发邮件至 dbqq@phei.com.cn。

本书咨询联系方式：classic-series-info@phei.com.cn。

《空间天线手册》编委会

CETC 中国电子科技集团公司第十四研究所

中国电子科技集团公司智能感知技术重点实验室

智能感知技术重点实验室是由中国电子科技集团公司于2014年10月批复设立的首批集团重点实验室之一，被列为中国电科集团示范实验室建设行列。

作为国内预警探测领域首个系统级创新研究型实验室，智能感知技术重点实验室的主要任务是面向未来复杂作战环境下武器装备发展信息化、体系化的新需求，建设一流研发平台，吸引国内外优势学术资源，从事智能感知体系、先进探测系统和基础技术研究，牵引专业技术发展，促进探测技术多学科融合，引领国家探测领域技术发展方向，提升国家探测领域自主创新能力，是技术创新体系重构的重要组成部分。

智能感知技术重点实验室始终坚持人才是科技创新的第一资源。目前，实验室已形成一支初具规模、结构合理、素质优良的人才队伍。其中，具有研究员与高级工程师职称的人员占比达70%以上，具有硕博学位的人员占比达85%以上。

“惟创新者进，惟创新者强，惟创新者胜”。智能感知技术重点实验室将瞄准国际前沿，面向国家重大需求，努力整合联合内外部优势力量，布局具有战略性、前瞻性、基础性科技创新资源，努力将实验室打造成聚集国内外一流人才的科技创新高地。

译 者 序

卫星具有不受国界限制、作用距离远、观测范围广等空中和地面平台所不具备的独特优势，受到军事和科技强国的高度重视，广泛应用于广域预警探测、地海侦查监视、数据通信传输、导航定位授时、深空探索研究等军民领域，成为高科技战争和人们日常工作生活不可或缺的重要装备。

在组成卫星的各个分系统中，天线往往是规模最为庞大、结构最为复杂、指标要求最高、设计难度最大的分系统，是卫星能够成功完成任务的关键。卫星发射方式、天线展开要求、空间辐射环境、极端温度变化、体积重量功率等条件对空间天线提出了诸多限制，增加了空间天线设计、制造、部署和操作的难度。

美国国防先期研究计划局、国家航空航天局、欧洲航天局、日本宇航局等多家机构对空间天线进行了大量深入研究，取得了一系列理论创新和应用成果，对我国天基天线的设计开发具有重大参考价值。然而，这些资料分布零散、不成体系，限制了空间天线知识的传播和应用。

2012 年，我们惊喜地发现 William A. Imbriale 等人主编的 Space Antenna Handbook。该书内容完整，不仅涵盖空间天线设计、建模和分析的基本理论方法，还介绍了丰富的空间天线设计和制造实际案例，并对空间天线在卫星通信、空间载 SAR、射电天文学等热门应用做了详细评述。本书既有对基础原理的清晰介绍，又有对实际应用的具体详细描述，既有对空间天线历史的回顾，又有对前沿技术和未来发展的展望，相信读者阅读本书后，一定能够对空间天线有一个综合和系统的了解。

本书由中国电子科技集团公司智能感知技术重点实验室组织翻译，胡明春、王建明、金林、孙俊、陈玲、邓大松、蔡晓睿、韩长喜、倪迎红等参与了翻译，并得到了中国电子科技集团公司第十四研究所各部门领导及专家的大力支持和帮助，在此一并感谢。由于水平和经验有限，翻译错误与不妥之处在所难免，敬请读者批评指出，以便今后进一步完善，不胜感激！

前　　言

鉴于空间的独特环境以及发射飞行器的动力特性，对空间飞行器天线的需求和设计方式与地面天线大相径庭。然而，专门针对空间天线的书非常少，其中一本是2006年出版的Spaceborne Antennas for Planetary Exploration（《行星探索天基天线》），但该书仅仅介绍了美国国家航空航天局喷气推进实验室所做的工作。因此，需要一本综合全面的书来介绍世界范围内领军工程师在空间天线的最新进展。

本书广泛讨论了空间天线应用的话题，目的有两个方面。一是介绍空间天线设计、建模和分析的基本方法，以及前沿技术和未来技术发展。每一话题都以空间为专业和背景。另外，许多章节都提供了案例研究来演示如何在实际情形进行天线设计和制造。接下来，本书提出了对热门应用，如卫星通信、空间载SAR、全球导航卫星系统接收机、射电天文学、小卫星以及深空应用的天线设计的详细评述。

由于本书涵盖的范围十分庞大，从基本原理到技术以及实践案例研究，因此适用的读者面十分庞大，包括入门者、学生、研究人员，以及经验丰富的工程师。文中的技术术语假定读者熟悉经常在电磁学高级课程中遇到的基础工程学和数学概念以及物质材料。

本书分为三部分，分别探讨天线开发、空间天线技术和空间天线特定应用。第一部分包括天线基础原理和建模，以及与环境和材料有关的空间天线特定需求，包括空间天线要求的机械和热问题。其中一章是关于系统架构的，描述了天线在空间飞行器总体设计中扮演的重要角色。第二部分详细描述了与网格反射面天线、阵列天线以及印制反射阵天线相关的技术，给出了历史见解，并强调了新兴技术。第三部分包含卫星通信、空间SAR、全球导航卫星系统接收机、射电天文学、小卫星以及深空的特定应用。结论部分展望了空间天线的未来发展。因此，从基础原理到与特定应用，通过阅读本书，读者能够综合全面、逻辑性强地了解空间天线。

合著者名单

Eduardo Alonso	EADS CASA Espacio(西班牙)
David A'lvarez	EADS CASA Espacio(西班牙)
Eric Amyotte	MDA(加拿大)
Silvia Arenas	EADS CASA Espacio(西班牙)
Luigi Boccia	Calabria 大学(意大利)
Olav Breinbjerg	丹麦技术大学(丹麦)
Paula R. Brown	喷气推进实验室(美国,行政隶属于加利福尼亚理工学院)
Miguel Bustamante	EADS CASA Espacio(西班牙)
Jennifer Campuzano	EADS CASA Espacio(西班牙)
Pasquale Capece	泰利斯阿莱尼亚宇航公司(意大利,罗马)
Francisco Casares	EADS CASA Espacio(西班牙)
Chi-Chih Chen	俄亥俄州立大学(美国)
Jacqueline C. Chen	喷气推进实验室(美国,行政隶属于加利福尼亚理工学院,)
Keith Clark	萨里卫星技术有限公司(英国)
Luis E. Cuesta	EADS CASA Espacio(西班牙)
Tie Jun Cui	东南大学信息科学与工程学院(中国,南京)
L. Salghetti Drioli	欧空局欧洲空间研究与技术中心(ESTEC)(荷兰)
Jose A. Encinar	马德里技术大学(西班牙)
Mohammad Fakharzadeh	滑铁卢大学电气与计算机工程系智能天线与无线电系统中心(CIARS)(加拿大)
Paolo Focardi	喷气推进实验室(美国,行政隶属于加利福尼亚理工学院)
Luis F. de la Fuente	EADS CASA Espacio(西班牙)
Steven (Shichang) Gao	萨里大学萨里空间中心(英国)
Quiterio Garcia	EADS CASA Espacio(西班牙)
Vicente García	EADS CASA Espacio(西班牙)
Paul F. Goldsmith	喷气推进实验室(美国,行政隶属于加利福尼亚理工学院)
Richard E. Hodges	喷气推进实验室(美国,行政隶属于加利福尼亚理工学院)
William A. Imbriale	喷气推进实验室(美国,行政隶属于加利福尼亚理工学院)
Jerzy Lemanczyk	欧空局欧洲空间研究与技术中心(ESTEC)(荷兰)
Cyril Mangenot	欧空局欧洲空间研究与技术中心(ESTEC)(荷兰)
Moazam Maqsood	萨里大学萨里空间中心(英国)
Luís Martins Camelo	MDA(加拿大)
Kevin Maynard	萨里卫星技术有限公司(英国)
Fernando Monjas	EADS CASA Espacio(西班牙)
Antonio Montesano	EADS CASA Espacio(西班牙)

Margarita Naranjo	EADS CASA Espacio(西班牙)
Xue Wei Ping	东南大学信息科学与工程学院(中国,南京)
Yahya Rahmat-Samii	加利福尼亚大学洛杉矶分校(UCLA)(美国)
Heiko Ritter	欧空局欧洲空间研究与技术中心(ESTEC)(荷兰)
Antoine G. Roederer	Delft 理工大学 IRCTR(荷兰)
Safieddin Safavi-Naeini	滑铁卢大学电气与计算机工程系智能天线与无线电系统中心(CIARS)(加拿大)
J. Santiago-Prowald	欧空局欧洲空间研究与技术中心(ESTEC)(荷兰)
Jos e Luis Serrano	EADS CASA Espacio(西班牙)
Hans Juergen Steiner	Astrium GmbH(德国)
Michael A. Thorburn	Space Systems/Loral(美国)
Andrea Torre	Thales Alenia Space Italia(意大利,罗马)
Ana Trastoy	EADS CASA Espacio(西班牙)
Jiadong Xu	西北工业大学(中国,西安)
Wen Ming Yu	东南大学信息科学与工程学院(中国,南京)
Jan Zackrisson	RUAG 宇航公司(瑞典)
Jian Feng Zhang	东南大学信息科学与工程学院(中国,南京)
Xiao Yang Zhou	东南大学信息科学与工程学院(中国,南京)

缩 略 语

AFR	Array-Fed Reflector	阵列馈电反射面
AIT	Assembly, Integration and Test	组装、集成和测试
AIT-AIV	Assembly, Integration and Test-Assembly, Integration and Validation	组装、集成和测试-组装，集成和验证
A/BAMSU-A/B	Advanced Microwave Sounding Unit version A/B	先进的微波探测装置 A/B 型
BFN	Beam-Forming Network	波束成形网络
CFRP	Carbon Fibre Reinforced Plastic	碳纤维增强塑料
CFRS	Carbon Fibre Reinforced Silicon	碳纤维增强硅
CMB	Cosmic Microwave Background	宇宙微波背景
CTE	Coefficient of Thermal Expansion	热膨胀系数
DARS	Digital Audio Radio Service	数字音频广播
DBF	Digital Beam Forming	数字波束成形
DGR	Dual-Gridded Reflector	双网格反射面
DMB	Digital Multimedia Broadcasting	数字多媒体广播
DOA	Direction Of Arrival	到达方向
DOS	Denial Of Service	拒绝[否认]服务
DRA	Direct Radiating Arrays	直接辐射阵列
DTH	Direct To Home	直接到户
DVB	Digital Video Broadcasting	数字视频广播
EBG	Electronic Band Gap	电子带隙
EIRP	Equivalent Isotropic Radiated Power	等效各向同性辐射功率
EOS	Earth Observing System	地球观测系统;
FSS	Frequency-Selective Surface	频率选择表面
GEO	Geostationary Earth Orbit	地球同步轨道
GNSS	Global Navigation Satellite Systems	全球导航卫星系统
HPA	High-Power Amplifier	高功率放大器
I/F	Inter Face	接口
INET	Input NETwork	输入网络
InSAR	Interferometric Synthetic Aperture Radar	干涉合成孔径雷达
ITU	International Telecommunication Union	国际电信联盟
LDA	Large Deployable Antenna	大型可展开天线
LEO	Low Earth Orbit	低地球轨道
LNA	Low Noise Amplifier	低噪声放大器
LO	Local Oscillator	本地振荡器

MEMS	Micro-ElectroMechanical Systems	微型机电系统
MEO	Medium Earth Orbit	中地球轨道
MHS	Microwave Humidity Sounder	微波湿度仪
MLS	Microwave Limb Sounder	微波组成成分探测器
MMIC	Monolithic Microwave Integrated Circuit	单片微波集成电路
MPA	Medium Power Amplifier	中功率放大器
MSG	Meteosat Second Generation	第二代气象卫星
MSS	Mobile Satellite System	移动卫星通信系统
MSU	Microwave Sounding Unit	微波探测装置
MTG	Meteosat Third Generation	第三代气象卫星
MTI	Multiple Target Indicator	多目标指示器
OBP	On-Board digital Processor	星上的数字处理器
OMT	Orthomode Transducer	正交模转换器
ONET	Output NETwork	输出网络
PAE	Power-Added Efficiency	功率附加效率
PCB	Printed Circuit Board	印刷电路板
PIM	Passive Inter Modulation	无源互调制
QoS	Quality of Service	服务质量
RF	Radio Frequency	无线电频率(射频)
SAR	Synthetic Aperture Radar	合成孔径雷达
S/C	Space Craft	航天器
SSPA	Solid State Power Amplifier	固态功率放大器
TT&C	Telemetry, Tracking and Command	遥测,跟踪和指令
TWTA	Travelling Wave Tube Amplifier	行波管放大器
T/R	Transmit/Receive	发送/接收
UHF	Ultra High Frequency	超高频
UMTS	Universal Mobile Telecommunication System	通用移动通信系统
VLBI	Very Long Baseline Interferometry	甚长基线干涉测量
VSAT	Very Small-Aperture Terminal	甚小孔径终端
XPD	Cross-Polar Discrimination	交叉极化鉴别

目　录

第1章　天线基础

Luigi Boccia(Calabria 大学，意大利)，Olav Breinbjerg(丹麦理工大学，丹麦)

1.1　引言

天线把导向结构中的导波转化为能在自由空间中传播的辐射波辐射出去和接收进来，或者反过来将接收的电磁波转为导波。实现这个功能时还需要满足一些具体的要求，这些要求会通过不同的方式影响天线的设计。一般来说，几个天线安装在一个卫星上面，对它们的要求依据应用和任务的不同而改变。这些天线可以粗略地分为3种类型：遥感、跟踪和控制天线，高容量天线，太空仪表天线或者其他特殊应用天线。本书的第3部分将给出最后一类天线的一些实例。

本章将对天线参数和天线类型进行概述，而且会介绍一些和空间环境相关的基本概念，从而使读者了解空间应用天线的发展。虽然本章给出了很多天线的基本定义，但是并不想全面介绍天线的背景知识。由于这个原因，读者可参考其他相关的文献，在本章中列出了一些相关的可供参考的文献。

本章的组织如下：第一部分将给出一些天线的，主要参数，这些参数的定义是根据IEEE的天线标准定义以及IEEE的天线标准试验程序，本书中将采用上述两个标准；本章的第二部分将介绍应用到航天器上的一些基本天线类型；第三部分将介绍空间环境下有关天线的发展，并将引入一些基本概念，比如次级电子倍增效应和出气作用。

1.2　天线性能参数

有很多参数可用来表征天线性能，在下面的各小节中将对一些重要的参数进行介绍。这些天线参数之间的关联将在第3章中介绍，它们将合成为弗利斯传输公式，用以在无线通信系统中连接发射机的功率和接收器的接收功率。

1.2.1　反射系数和电压驻波比

对于图1.1中的多端口天线，散射参数 S_{ij} 表示在 i 端口输出波的等效电压 V_i^- 和在端口 j 处的输入波等效电压 V_j^+ 之间的关系，也就是 $V_i^- = S_{ij}V_j^+$ [3]。i' 端口的反射系数可以表示为：

$$\Gamma_i \equiv V_i^- / V_i^+ = S_{ii} + \sum_{j \neq i} S_{ij} V_j^+ / V_i^+ \tag{1.1}$$

对于一个单端口的天线或者对于一个多端口的天线，当其他各个端口匹配时(也就是 $V_j^+ = 0$，对于 $j \neq i$)，在这样的条件下反射系数 Γ_i 的值和散射系数 S_{ii} 的值是相等的。并且，如果天线是无源的，那么反射系数的幅度小于或等于1。注意，反射系数是在等效电压的基础上的定义，这要求在天线端口存在着一个明确定义的模式。而且，电压是在天线端口一个特定位置上即参考面上定义的，那么反射系数就是对于那个特定位置定义的。

电压驻波比(VSWR)是与天线相连的传输线上最大电压和最小电压之间的比值，其可以直接用反射系数Γ来表示，表达式如下：

$$\mathrm{VSWR} = \frac{1+|\Gamma|}{1-|\Gamma|} \tag{1.2}$$

散射参数是表征天线和与天线连接的电路相连时天线性能的主要参数，特别是对无源天线更是如此，对于有源天线则需要更复杂的参数。

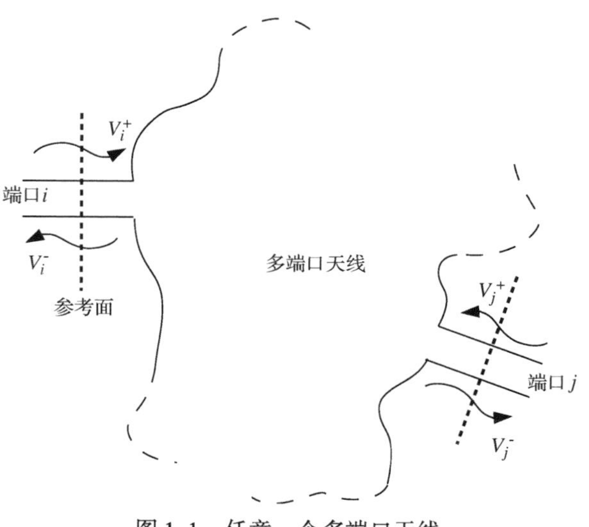

图1.1 任意一个多端口天线

1.2.2 天线阻抗

天线输入阻抗 Z_A 是天线在自由空间中孤立的条件下(也就是不存在其他天线或者散射的结构)天线端口的电压 V 和电流 I 的比值。因此，有时候也被称作孤立输入阻抗。因为电压和电流在射频(RF)状态不是实际上用的量，所以输入阻抗通常是用反射系数Γ和连接到天线端口的传输线的特征阻抗 Z_C 决定的，即：

$$Z_A \equiv \frac{V}{I} = Z_C \frac{1+\Gamma}{1-\Gamma} \tag{1.3}$$

对于一个线性多端口天线，在 i 端口的电压可以用所有端口上的电流来表示：

$$V_i = Z_{ii}I_i + \sum_{j\neq i} Z_{ij}I_j \tag{1.4}$$

其中，Z_{ii} 代表在端口 i 的自阻抗，Z_{ij} 代表端口 i 和端口 j 之间的互阻抗。于是第 i 个端口的输入阻抗就可以表示为：

$$Z_{A,i} \equiv V_i/I_i = Z_{ii} + \sum_{j\neq i} Z_{ij}I_j/I_i \tag{1.5}$$

可见某个端口的输入阻抗是和其他端口的激励(电流)相关的，因此和孤立输入阻抗是有区别的。由此，对于一个多端口系统的某个端口的输入阻抗有时称为有源输入阻抗。甚至对于自阻抗，我们可以由式(1.5)看到当其他端口都是开路(电流为0)时自阻抗和有源输入阻抗是相等的，但在这里和孤立输入阻抗是不一样的，因为开路的端口还会有散射结构的作用。对于一个阵列天线，见1.4节，如果有相同的天线单元以及相同的孤立输入阻抗，但是因为有互耦，其有源输入阻抗和孤立输入阻抗是不一样的。而且，如果其他端口的激励发生了改变，例如，在一个相控阵中扫描主波束，个别端口的有源输入阻抗可能剧烈变化，而且可能导致和传输线特征阻抗的匹配性能变得很差。

如果将散射参数排列在一个散射矩阵 $\overline{\overline{S}}$ 中，并把自阻抗和互阻抗排列在一个阻抗矩阵 $\overline{\overline{Z}}$ 中，这两个矩阵之间的关系(对于一个多端口天线，假设各传输线的特征阻抗都为 Z_C)可以表示为($\overline{\overline{U}}$ 为单位矩阵)：

$$\overline{\overline{Z}} = Z_C(\overline{\overline{U}} + \overline{\overline{S}}) \cdot (\overline{\overline{U}} - \overline{\overline{S}})^{-1} \tag{1.6}$$

$$\overline{\overline{S}} = (\overline{\overline{Z}} + Z_C\overline{\overline{U}})^{-1} \cdot (\overline{\overline{Z}} - Z_C\overline{\overline{U}}) \tag{1.7}$$

1.2.3 辐射方向图和覆盖

辐射方向图是"天线辐射特性作为空间坐标的函数"的数学函数或者说是图形化表示[1]。通常情况下，天线辐射方向图都是在远区确立的，在这个区域内场的角度上的分布与到天线存在的区域内某个特定点的距离没有关系。一般来说，远区定义为离天线距离大于 $2D^2/\lambda$ 的区域，D 代表天线整体的最大尺寸，λ 是自由空间的波长。在远区任意一部天线的辐射场都有一个特别简单的形式。对于时谐场，用旋转矢量的符号去掉时间因子 $\exp(\mathrm{j}\omega t)$，ω 代表角频率，t 代 表时间，则远场可以表示为：

$$\lim_{r\to\infty}\boldsymbol{E}(\boldsymbol{r})=\boldsymbol{P}(\boldsymbol{a}_r)\frac{\mathrm{e}^{-\mathrm{j}kr}}{r} \tag{1.8}$$

因此，在位置向量 $\boldsymbol{r}$ 处的辐射电场 $\boldsymbol{E}$ 可表示成天线方向图函数 $\boldsymbol{P}$（只依赖于位置向量的方向 $\boldsymbol{a}_r$）与 $\exp(-\mathrm{j}kr)/r$（它只依赖于位置向量的长度 $\boldsymbol{r}$）的乘积。而且，天线方向图函数 $\boldsymbol{P}$ 只有相对于 $\boldsymbol{a}_r$ 的横向量，即 $\boldsymbol{P}\cdot\boldsymbol{a}_r=0$。位置向量 $\boldsymbol{r}$ 是参照于天线坐标系统的原点的。注意，天线方向图函数 $\boldsymbol{P}$ 定义了一部天线特有的辐射特性。

辐射方向图表示的参数一般是一个归一化的天线方向图或者它的一个分量，即指向性或部分指向性，增益或部分增益，但也可以是其极化相位向量分量的相位、轴比或者倾斜角，这些参数将在下面的章节中介绍。方向图的图形表示可以是一个二维的或者是三维的，全方位空间的发射或者接收方向一般表示为极角 θ 和方位角 ϕ，或对半球空间为投影坐标 $u=\sin\theta\cos\phi$，$v=\sin\theta\sin\phi$。

天线可定义为是方向性的，即"当其在接收或者发射电磁波时在一些方向上比在其他方向上更有效"[1]。为了区分有方向性和无方向性的天线，通常取半波长的偶极子作为参照，而天线的方向性是与理想的全向辐射器相比较的。通常，定向天线方向图最大辐射强度的部分定义为主瓣，同样，旁瓣、副瓣、后瓣、栅瓣也可以定义。前面 3 个是与辐射方向和强度有关的，最后一个只在阵列天线环境下才存在。

1.2.3.1 半功率点波束宽度

半功率点波束宽度（HPBW）定义为两个方向之间的角度，这两个方向上辐射强度是最大值的一半，如图 1.2(a) 所示。HPBW 表征了主瓣的特性，但是并不考虑主瓣外辐射的功率。因此，此参数通常用来更精确地评估天线的方向性能。

1.2.3.2 覆盖

天线的覆盖 C 表示天线在一定的发射或者接收角度范围内天线的一个或者多个参数满足特定的技术要求。在大多数情况下，覆盖 C 指的是方向性或者增益，或者同极化的部分方向性或者增益，因此也就是在这个区域内相关的参数是比某个规定的最小值要大，可以比最大值低 3 dB。当天线指向地面时，用脚印图表示覆盖 C 是方便的，也就是将卫星的天线方向图向地球表面投影，这时脚印图指的是天线以一定的增益指向的地球表面上的部分。在一些应用中脚印图对应的是 $a(\theta,\phi)$ 坐标系统中的一个，这要求用一个笔形波束天线，对于其他的应用覆盖 C 表示的是一个国家的投影形状，这要求用一个赋形波束的天线。很明显，脚印图和覆盖 C 可以由天线方向图确定，也就是可以用天线方向图函数 P 确定。

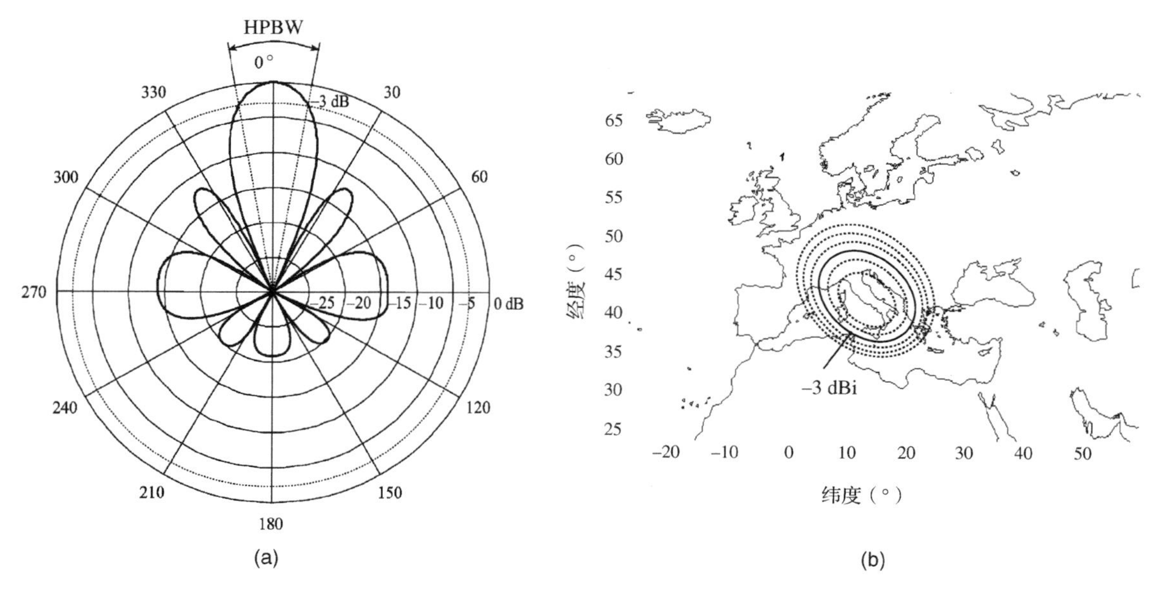

图 1.2　天线方向图。(a)半功率点波束宽度；(b)脚印图实例(每圈 1 dB)

1.2.4　极化

天线在某一给定方向上的极化指的是远场中天线发射的或者接收平面波的极化。如在给定方向上电场始终是指向一条直线的方向的，这被定义为线极化。纯粹的线极化是一种理想情况，因为所有的天线都会产生两个极化分量的场，也就是天线要辐射的某个极化方向的场，而另一个所谓交叉极化场指的是，在线极化的情况下，和期望极化方向正交的电场的分量。因此，电场向量通常描述的是一个椭圆，于是极化就演变为椭圆极化。当椭圆的两个轴相等时，那么此时的极化就称为圆极化。值得指出的是我们定义天线的极化时是根据发射波定义的。卫星-地球通信链路一般使用圆极化(CP)信号。如果使用线极化，由于电离层的法拉第旋转效应引起的极化对准问题会导致严重的极化失配[6~8]。

天线极化可以用极化-相位向量 $\boldsymbol{p}$ 来描述，也就是一个单位向量，它表示极化的同时也表示天线辐射场的相位。与距离相关的相位项 $\exp(-jkr)/r$ 不包含在极化相位向量中，根据方向图函数 $\boldsymbol{P}$ 极化相位向量可以表示为：

$$\boldsymbol{p} \equiv \boldsymbol{P}/|\boldsymbol{P}|, \quad 其中\ |\boldsymbol{P}| = \sqrt{\boldsymbol{P}\cdot\boldsymbol{P}^*} \tag{1.9}$$

方向图函数 $\boldsymbol{P}$ 可以相对于两个正交的极化单位向量分解，一个称为共极化单位向量，另一个称为交叉极化单位向量，即为：

$$\boldsymbol{P} = \boldsymbol{P}\cdot\hat{\boldsymbol{a}}_{co}^*\hat{\boldsymbol{a}}_{co} + \boldsymbol{P}\cdot\hat{\boldsymbol{a}}_{cross}^*\hat{\boldsymbol{a}}_{cross} \equiv P_{co}\hat{\boldsymbol{a}}_{co} + P_{cross}\hat{\boldsymbol{a}}_{cross} \tag{1.10}$$

极化单位向量 $\hat{\boldsymbol{a}}_{co}$ 和 $\hat{\boldsymbol{a}}_{cross}$，一般是标准球坐标系统中 θ 和 ϕ 的线极化单位向量，这个线极化单位向量源自 Ludwig 第三定义[9]，或者圆极化单位向量是根据线极化单位向量之一来定义的。显然，圆极化的相位极化向量可以以同样的方法定义，即为：$\boldsymbol{p} \equiv p_{co}\hat{\boldsymbol{a}}_{co} + p_{cross}\hat{\boldsymbol{a}}_{cross}$。

极化相位向量也可以用极化椭圆及其长短轴比、倾斜角以及旋转方向来表示。在每一个观察方向 $\hat{\boldsymbol{a}}_r$，定义一个局部右手正交直角 xyz 坐标系统，它可以平行于观察方向的单位向量 $\hat{\boldsymbol{a}}_r$ 和横切于 $\boldsymbol{a}_r$ 的单位向量 $\hat{\boldsymbol{a}}_x$ 和 $\hat{\boldsymbol{a}}_y$ 来定义。极化相位向量现在可以分解为 $\boldsymbol{p} \equiv p_x\hat{\boldsymbol{a}}_x + p_y\hat{\boldsymbol{a}}_y$，长短轴比(AR)于是可以表示为：

$$\mathrm{AR}=\sqrt{\frac{1+|\boldsymbol{p}\cdot\boldsymbol{p}|}{1-|\boldsymbol{p}\cdot\boldsymbol{p}|}} \tag{1.11}$$

而相对于 $\hat{a}_x$ 方向的倾斜角(TA)可以表示为：

$$\mathrm{TA}=\arctan\left(\mathrm{Re}\left(p_y\exp\left(-\frac{\mathrm{j}}{2}\arg(\boldsymbol{p}\cdot\boldsymbol{p})\right)\right)\Big/\mathrm{Re}\left(p_x\exp\left(-\frac{\mathrm{j}}{2}\arg(\boldsymbol{p}\cdot\boldsymbol{p})\right)\right)\right) \tag{1.12}$$

而旋转方向(SOR)可以表示为：

$$\mathrm{SOR}=\begin{cases}\text{右旋，如果 } 0<\arg(p_x)-\arg(p_y)<\pi\\ \text{左旋，如果}\pi<\arg(p_x)-\arg(p_y)<2\pi\end{cases} \tag{1.13}$$

另外，长短轴比还可以用电场的旋圆极化 $\boldsymbol{E}_{LHCP}$ 分量和左旋圆极化分量 $\boldsymbol{E}_{RHCP}$ 的幅度来表示。于是长短轴比可以表示为如下形式：

$$\mathrm{AR}=\left|\frac{|\boldsymbol{P}_{RHCP}|+|\boldsymbol{P}_{LHCP}|}{|\boldsymbol{P}_{RHCP}|-|\boldsymbol{P}_{LHCP}|}\right| \tag{1.14}$$

入射波和接收天线极化之间的差异通常称为极化失配。一般来说，失配会带来严重的链路损耗，可以用不同的品质因数来考虑。其中一种可行的方法是利用共极化和交叉极化场方向图来考虑。另一种是用极化效率因数 e_p 来考虑，它可以定义为[1]：

$$e_p=|\hat{\boldsymbol{p}}_i\cdot\hat{\boldsymbol{p}}_a|^2 \tag{1.15}$$

其中，$\hat{\boldsymbol{p}}_i$ 和 $\hat{\boldsymbol{p}}_a$ 分别表示入射波的极化向量和接收天线的极化向量。如果入射波的极化向量和接收天线的极化向量是一样的，那么它们按式(1.15)定义的内积值为1。

1.2.5 方向性

天线的方向性 D 定义为在给定方向上远场辐射强度和辐射球体内平均辐射强度的比值。给定方向的辐射强度 U 是每个单位立体角 Ω 内的辐射功率，所以 $U=|\boldsymbol{P}|^2/2\eta_0$。$\eta_0$ 表示自由空间的固有阻抗，$|\boldsymbol{P}|^2$ 是给定方向上的辐射功率，所以在某个方向上的方向性 D 可以表示为：

$$D\equiv\frac{4\pi U}{\boldsymbol{P}_{rad}}=\frac{2\pi|\boldsymbol{P}|^2}{\eta_0\boldsymbol{P}_{rad}}=\frac{4\pi|\boldsymbol{P}|^2}{\int_{4\pi}|\boldsymbol{P}|^2\,\mathrm{d}\Omega} \tag{1.16}$$

P_{rad} 代表总辐射功率，可以通过在给定方向上对整个球体的辐射能量进行积分获得。当方向没有指定时，通常取最大的方向性。

天线的方向性可以通过不同极化定义出分部方向性来区分。分部方向性 D_{co} 和 D_{cross} 在给定方向上对共极化和交叉极化可以表示为：

$$D_{co}=\frac{4\pi|P_{co}|^2}{\int_{4\pi}|P|^2\,\mathrm{d}\Omega}\quad,\quad D_{cross}=\frac{4\pi|P_{cross}|^2}{\int_{4\pi}|P|^2\,\mathrm{d}\Omega} \tag{1.17}$$

1.2.6 增益和实际增益

天线在指定方向上的增益 G 是辐射强度和发射球体的平均辐射强度的比值，如果天线所接收的总功率各向同性辐射，用数学的形式描述，可以表示为：

$$G\equiv\frac{U}{\boldsymbol{P}_{acc}/4\pi}=\frac{2\pi|\boldsymbol{P}|^2}{\eta_0\boldsymbol{P}_{acc}} \tag{1.18}$$

P_{acc} 表示天线输入端所接收的总功率。天线的增益可以和方向性联系起来，如果考虑天线的辐射效率 e_{cd} 的话，它可以定义为辐射出去的能量和天线所接受的能量的比值。利用方向性和增益的定义，e_{cd} 可以表示为：

$$e_{cd} \equiv \frac{G}{D} \tag{1.19}$$

对于一部无损的天线，当所有接收到的功率即是辐射出的功率时，$P_{rad} = P_{acc}$，即 $e_{cd} = 1$，此时增益 G 和方向性 D 是相等的。然而，对于大多数实际的天线，损失是不可以忽略的，于是 $P_{rad} \neq P_{acc}$，且 $e_{cd} < 1$，这时区别增益和方向性就很重要。当辐射的方向没有说明时，我们都假设它是最大辐射的方向。类比于部分方向性的定义，部分增益可以用来区别天线相对于辐射场极化的增益。

根据 IEEE 的标准，天线增益的定义不包括反射损失和极化的不匹配。天线的实际增益 $G_{realized}$ 是如果所有入射的功率都被辐射时辐射强度和辐射球体的平均辐射强度的比值。因此包含了天线终端的阻抗失配效应，则可以表示为：

$$G_{realized} \equiv \frac{U}{P_{in}/4\pi} = G(1-|\Gamma|^2) = e_0 D \tag{1.20}$$

其中，$e_0 = e_{cd}(1 - |\Gamma|^2)$，表示天线的总效率。实际增益的意义可以从弗利斯传输公式中清楚地看到，公式中包含了增益和发射机及接收机的阻抗失配因子的乘积(第 3 章中会进一步给出具体的细节)。然而，因为损失和失配是两种完全不同的机理，所以分别使用增益系数和反射系数仍旧是重要的，而且要区别开增益和实际增益。

1.2.7 等效全向辐射功率

在给定方向上的等效全向辐射功率(EIRP)定义为“发射天线的增益和天线从发射机接收的有效功率的乘积”[1]。EIRP 可以表示为：

$$\mathrm{EIRP} = P_T G_T \tag{1.21}$$

其中，P_T 是天线从发射机接收到的净功率，G_T 是发射天线的增益。为了包括发射机的输出功率 P_{Tx} 以及发射机和天线间的互连损失 L_c，式(1.21)可以改成：

$$\mathrm{EIRP} = \frac{P_{Tx} G_T}{L_c} \tag{1.22}$$

EIRP 的定义是重要的，因为利用它可以计算绝对功率和场强值，并且可以用它来比较不同的发射天线，不管它们的结构如何。

1.2.8 有效面积

接收天线的有效面积 A_{eff} 定义为天线终端的有效接收功率和一个与极化匹配的入射平面波的功率密度的比值。A_{eff} 可以直接测量，但在大部分情况下它可以用基于互易性的关系用增益 G 来表示，表达式如下：

$$A_{eff} = \frac{\lambda^2}{4\pi} G \tag{1.23}$$

1.2.9 相位中心

在 IEEE 标准中，相位中心定义为“和天线相关的某个点的位置，如果取它为一个球体的中心，球体的半径一直伸展到远场，那么在辐射球体的表面上给定场的相位是一个常数”。因为实际天线的尺寸不是零，那么相位中心是依赖于观察方向的。一般来说，相位中心是通过测量不同切面的相位方向图计算出来的[10]。

对于一些应用，知道相位中心的位置非常重要。例如，对一个反射面天线馈源的相位中心必须落在抛物面的焦点上。还有一个相位中心位置比较关键的应用是全球卫星导航系统(GNSS)[11]。这时，确定高精度GNSS的精确度的参数之一就是相位中心的位置的不变性，位置应该非常稳定才能使定位误差最小化。

1.2.10　带宽

天线的带宽(BW)定义为一定频率的范围，在此范围的一个或者多个天线参数满足规定的要求。在大多数情况下，带宽指的是反射系数Γ的带宽，也就是Γ小于规定的最大允许值Γ_{max}的频率范围，这时默认其余的参数同时也满足规定的要求。带宽很大程度上依赖于Γ_{max}的值，所以要特别地说明。我们用f_u和f_l分别表示频率范围的上限和下限，那么相对带宽(FBW)为：

$$\mathrm{FBW}=\frac{f_u-f_l}{f_c},\qquad f_c=\frac{f_u+f_l}{2} \tag{1.24}$$

其中，f_c表示中心频率，等于工作频率。

当需要考虑多个天线参数的时候，BW定义为满足所有要求的最小的频率的范围。一般在计算链路性能要求的分配时，主要考虑的参数有天线的增益和覆盖、极化效率、系统带宽内的反射系数等。

1.2.11　天线噪声温度

接收天线的噪声温度T_A(开尔文温度)是从公式$P_n = KT_A\mathrm{BW}$可以得到的天线终端的噪声功率P_n的温度，其中K是波尔兹曼常数，BW是带宽[12]。通过天线辐射球体上的背景噪声温度$T_B(\Omega)$——它表示来自太空的噪声、卫星结构和地面，以及天线的物理温度T，在射频范围内的天线噪声温度T_A可以表示为：

$$T_A=\frac{\eta_{rad}}{4\pi}\int_{4\pi} T_B(\Omega)D(\Omega)\,\mathrm{d}\Omega+(1-\eta_{rad})T \tag{1.25}$$

所有前面的天线参数仅仅和天线本身有关，周围环境对这些参数的影响被认为是寄生的，但天线噪声温度不仅和天线有关而且和周围的环境同样有关，尤其是后者。式(1.25)表明了天线噪声温度可以用方向性D、辐射效率η_{rad}以及背景温度T_B来计算。

1.3　基本天线单元

根据不同的电气上和物理上的要求，空间飞行器天线的设计可以基于不同类别的辐射器。在本节我们将综述一些最常用的天线种类并给出一些和本书中有关章节相关的参考文献。

1.3.1　线天线

线辐射器最典型的代表是偶极子天线。在最通常的情况下，它是直的且在其中心有一个馈电点，如图 1.3(a)所示。辐射的特性是和沿着其主轴上电流的分布有关的，而这个电流分布是和偶极子长度有关的。除了偶极子本身的轴的方向外，辐射发生在各个方向上。由于偶极子关于它的主轴[z 轴，如图 1.3(a)所示]是旋转对称的，所以辐射方向图在方位角 ϕ 坐标上是对称的。图 1.3(b)和图 1.3(c)给出了理想的半波长偶极子的辐射方向图。它的最大指向性是 2.15 dB，它的半功率波束宽度(HPBW)是 78°。当偶极子和飞行器相互作用时其性能会发生改变。由于这个原因，如图 1.3(b)和图 1.3(c)所示的理想的方向图仅对完全孤立的偶极子是成立的，它并没有考虑和飞行器的相互作用，如在第 2 章中的实例所示的那样。

单极子天线的形成可把偶极子天线的一半改成一个垂直于偶极子轴的接地板来实现，如图 1.3(d)所示。根据镜像原理[13]，接地面以上的场可以将接地面用失去的一半偶极子产生的镜像电流替代来算出。这两种天线的辐射特性是相似的，但是单极子天线在地面以下的辐射理想上是零。由于这个原因，长度为 l 的单极天线的方向性是长度为 $2l$ 的等效偶极子天线的方向性的 2 倍。

从早期的飞行器执行了一些任务以来(详见第 7 章)，线天线在空间探测中被广泛使用。由于它们全向辐射的特性，当飞行器的姿态不能控制或者高方向性的天线不能使用时，偶极子天线和单极子天线用来在发射时进行遥测信号和控制信号的接收或者发射。

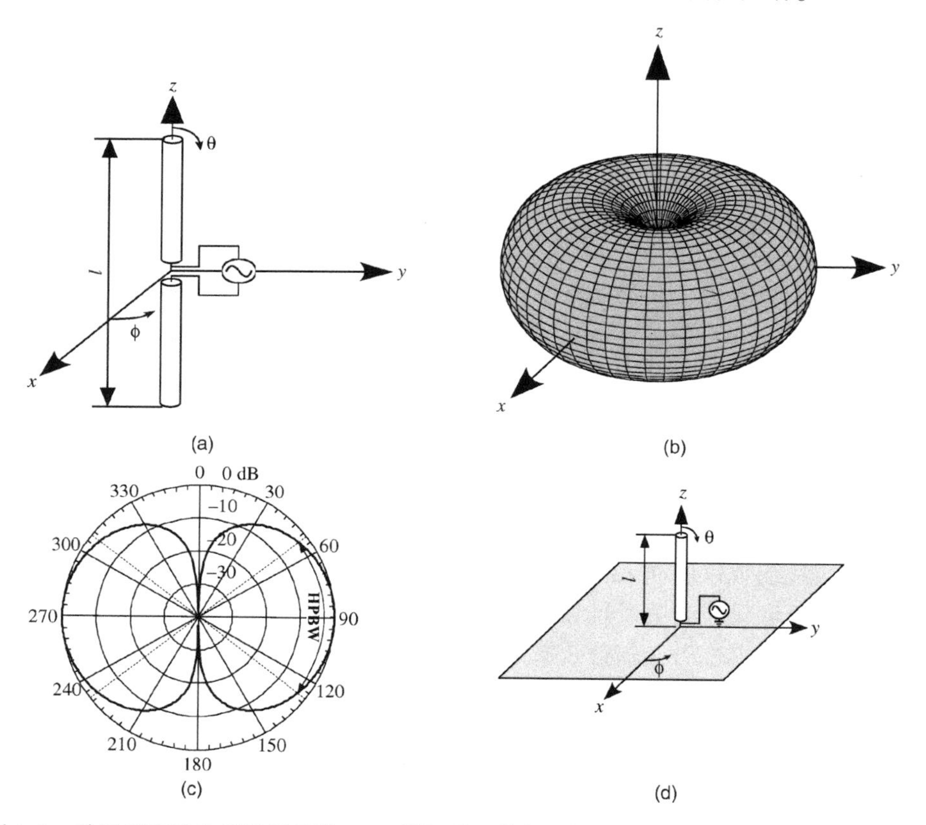

图 1.3 单极子天线和偶极子天线。(a)偶极子天线的几何形状；(b)偶极子 3D 归一化的幅度辐射方向图(dB)；(c)俯仰面归一化幅度方向图(dB)；(d)单极子天线的几何形状

1.3.2 喇叭天线

另一个广泛应用于太空任务的天线类型是喇叭天线。一般来说，喇叭天线应用到卫星任

务中来产生宽波束的覆盖，比如地面覆盖或者给反射面天线馈电。喇叭天线设计成给馈电波导和宽孔径提供一个平稳的过渡，而宽孔径用来聚焦成主波束。喇叭天线属于孔径天线的类别，它们的辐射特性是由孔径上的场的分布确定的。最常用的喇叭天线类型是如图 1.4(a)所示角锥形喇叭。这个喇叭为高度为 a 、宽度为 b 的波导和高度为 A 宽度为 B 的孔径提供长度为 d 的变换。在最常用的情况下，波导由单一个 TE_{10} 模激励。在这种情况下，喇叭的主极化是线性的，其主电场分量是沿着 z 轴的方向的。喇叭的极化也可以是圆极化或双线极化，这取决于波导段中激发的模，在已知波导尺寸和增益要求后，角锥形喇叭的几何几寸可以通过一些简单的数学公式计算得到，这些公式是假设孔径处在无限大的法兰上推导出来的[14]。一般来说，有限的法兰尺寸会导致计算结果不准确，但这可以通过进行全波分析来克服。作为一个一般的规则，对于给定喇叭的长度 d ，当孔径宽度 B 增加时，增益也会增加直到它达到最大值然后开始减小。

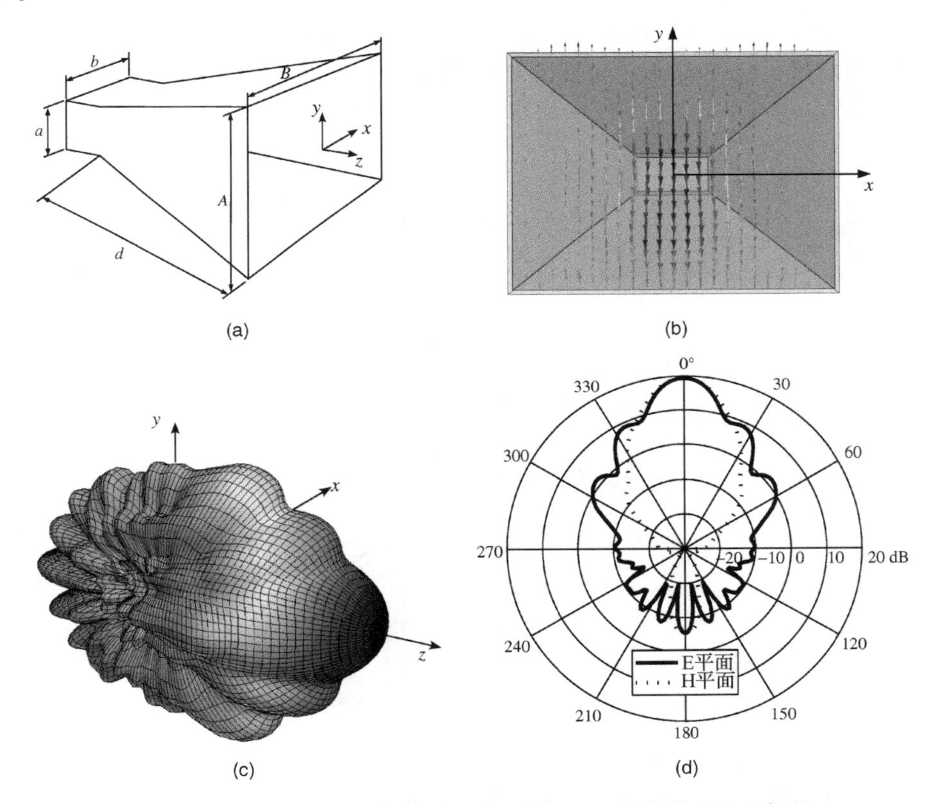

图 1.4　角锥形喇叭天线。(a)几何形状；(b)天线孔径上电场的分布；(c)经典的喇叭天线3D归一化幅度辐射方向图(dB)；(d)垂直极化的角锥形喇叭在E和H平面增益方向图

图 1.4 示出了用全波仿真软件[15]仿真的角锥形喇叭的场方向图。这个仿真的环境为：矩形喇叭天线高度 A 为 120 mm，宽度 B 为 90 mm，长度 d 为 120 mm，工作的频率为 10 GHz。这个喇叭的馈电是标准的 WR102 波导工作在基模。观察图 1.4(b)可以发现，天线孔径的电场向量是沿着 y 轴极化的。因此 y-z 平面称为 E 平面，因为它包含 $\boldsymbol{E}$ 场向量以及最大辐射方向。类似地，x-z 平面称为 H 平面。主要的极化是垂直线极化。对于给出的实例，在10 GHz 增益 19 dB 左右，半功率点波束宽度(HPBW)在 E 平面和 H 平面分别是 19°和 20°。角锥形喇叭天

线的波束幅度在两个平面内不是对称的，这是其存在的主要问题。另一个问题是喇叭的法兰会产生衍射或者绕射，而且它们是垂直于电场向量的。通常情况下，这些衍射会产生后向辐射或者旁瓣(在 E 平面更加显著)。

另一个比较重要的喇叭天线是圆锥喇叭，它的构型如图 1.5 所示。圆锥喇叭上孔径是圆形的，最经典的构型中，由工作在 TE_{11} 模式的圆形波导来馈电。圆锥喇叭和角锥喇叭的性能非常相似。方向性可表示为[16]：

$$D_c(\text{dB}) = 10\log_{10}\left[\varepsilon_{ap}\frac{4\pi}{\lambda^2}(\pi a^2)\right] \tag{1.26}$$

其中，a 是孔径半径，ε_{ap} 是孔径效率。尽管圆锥喇叭几何上是对称的，但它的方向图是不对称的，它同样受到和角锥喇叭一样的限制。特别是，圆锥喇叭给出高的交叉极化，这可以通过观察图 1.5(b)垂直极化的天线孔径的横向电场的分布来解释。可以发现，电场沿 y 轴也是存在的。在远场，这样的电场水平分量将引起电场的水平极化增加，其峰值强度在 ±45°。在极化方面的差的性能限制了它在射电天文和卫星通信系统方面的应用，在 12.4 节中将会进一步介绍。

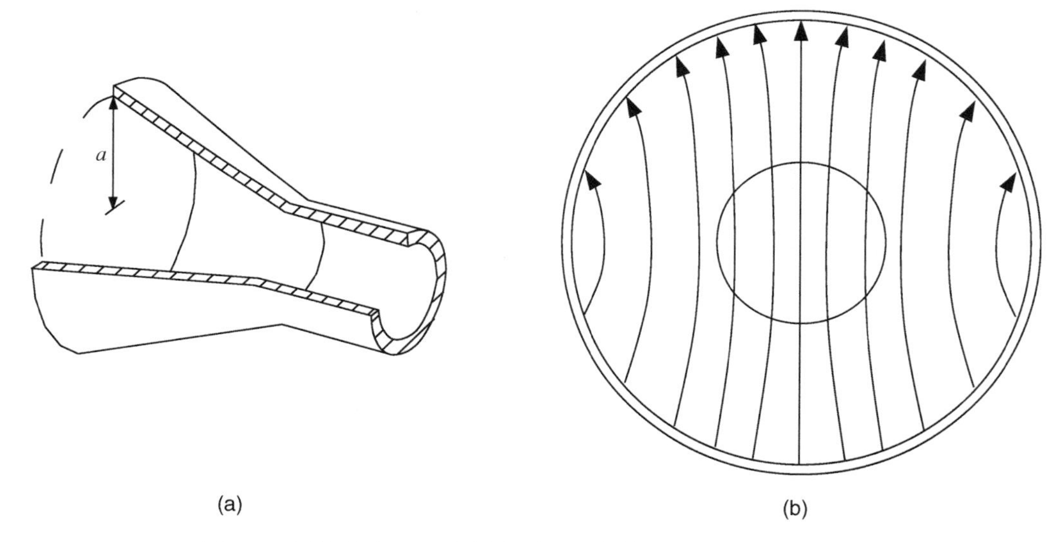

图 1.5 圆锥喇叭。(a)几何构型；(b)圆锥喇叭孔径的电场分布

角锥和圆锥喇叭天线方向图对称性的缺失会导致效率的严重缺失，当需要全球覆盖时损耗会增加，而且当喇叭作为反射面馈电源时会导致溢出损失。通常改善沿喇叭孔径场分布的方法是利用波纹壁[17]。和墙垂直的波纹设计成能提供容抗来抑制表面波的传播从而来避免边界的杂散衍射。对于角锥喇叭，波纹仅放置在 E 平面墙上，因为 H 平面墙上的边界电流是可以忽略的。但大多数波纹喇叭是圆锥形喇叭，这种类型的天线容易制造。图 1.6(a)所示是波纹圆锥喇叭的一个实例。因为凹槽的响应是和极化无关的，那么波纹喇叭的基本模式就是混合模 HE_{11}，它是 TE_{11} 和 TM_{11} 在平滑圆波导中的一种合成。一般来说，对两个模式进行优化的配相就可以得到一个在孔径上高度对称的场的分布，从而获得一个对称的辐射方向图以及理想上非常低的旁瓣[18]。这种类型的辐射器的性能可以通过使用高斯剖面的圆锥喇叭来进一步优化[19]。在这种情况下，按高斯波束的扩展规律，它沿纵向的半径径向增加，结果是在喇叭口场的分布是一个近乎理想的高斯分布，因此理想上在远场的方向图就没有副瓣。

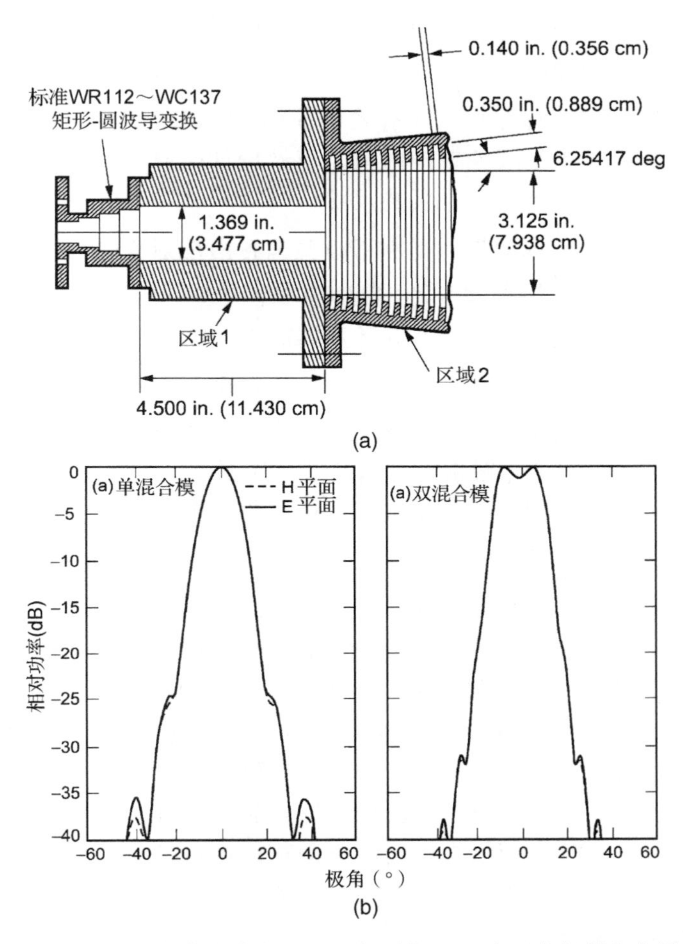

图 1.6 双混合模式喇叭。(a)几何形状；(b)归一化辐射方向图

另外一种可以用来改善喇叭方向图的方法是利用多模的方法。在这种情况下，高阶的模式可以有意地利用特定的相位和幅度激励出来，从而改善喇叭的辐射性能[20]。如果性能还要进一步提高，可以设计出利用多种混合模式的波纹喇叭天线，如参考文献[21]和[22]提到的，用作深空网络的天线。

1.3.3 反射面天线

反射面天线是到目前为止用于需要高增益和高定向性的最常用的天线。自从开始太空探索以来，这种类型的天线就被广泛应用(详见 7.2 节)。这些年来，它们的设计从物理上和功能上都有了发展，以满足技术上复杂度增加了的需求。在本节，我们仅给出这类天线的一个概述，感兴趣的读者可以继续学习下面的章节或者参考文献[16, 22 ~ 25]来进行深入的学习。

1.3.3.1 主要的反射面参数

尽管反射面天线可以做成各种类型、形状或者结构，但它们必须包含一个被一个小的初级馈源照射的无源反射表面。反射面天线的性能主要受下面一些参数的影响。

溢出和孔径照射效率 反射面天线效率受馈源辐射特性的影响很大。特别是，一个理想的反射面需要被均匀照射并且所有的功率都要聚焦在反射面上。那些没有到反射面上的馈电功率就称为溢出损失，而均匀馈电抛物面的能力称为照射效率。因为初级馈源有一个锥形的辐射方向图，因此就要折中溢出损失和照射效率来最大化孔径增益。

口径遮挡 馈源和机械支撑结构位于孔径的前面，遮挡了部分远场的辐射场。这个现象称为口径遮挡，它的影响主要是减少轴向的增益以及增加旁瓣幅度的电平。由口径遮挡引起的效率的降低取决于馈源的构型以及孔径的尺寸。

轴向和横向散焦 轴向和横向散焦是由于馈源位置沿反射面轴和垂直反射面轴偏离焦点而产生的。轴向的偏移会导致更宽的波束，侧向散焦会导致波束方向偏移[26,27]。

反射面表面误差 曲面表面的偏差会导致反射面天线辐射方向图的变形[28]。在可以展开的反射面天线中表面偏差的影响会很大，在第5章中将会介绍。

馈源 馈源的选择与设计对反射面系统的正确和高效运转起着重要作用。一般来说，馈源型式的选择取决于系统对频带、辐射特性以及效率的要求。虽然可以使用简单的天线类型，但是使用高斯波束特性的喇叭天线通常可以获得最佳的性能[29]。

1.3.3.2 基本的反射面类型

一些最常用的反射面系统如图1.7所示，其中最简单的反射面天线是如图1.7(a)所示的抛物面反射器。这种构型得益于抛物面的几何特性，因为处于焦点上的源所辐射的球面波会变换成沿着口径旋转轴方向传播的平面波。这种类型的反射面可以产生一个笔形的波束，它的性能和孔径直径D、焦距F、反射表面曲率F/D以及馈电天线的方向图和尺寸有关。但是这种基本的反射面系统的电性能会受到口径遮挡效应的限制[30]。一个解决这个问题的方案是采样一种偏置的馈源的构型，并切割出一段抛物面反射面[31]，如图1.7(b)所示。对这种构型，馈源的口径遮挡效应可以避免，而最大辐射的方向可以通过反射面的优化赋形控制。避免口径遮挡效应在需要很多馈源的系统中尤为重要。和轴对称的构型相比，这种类型的反射面系统的缺点是对于线极化有很大的交叉极化[32]。大交叉极化效应是由反射面的曲率引起的，可以通过选取较大的F/D来降低[33]。当不能增加反射面的曲率时，极化的旋转可以通过用极化栅或者对初级馈源进行优化设计来避免[35]。当照射偏置反射面天线的初级馈源是圆极化的时候，大的交叉极化会导致主波束的角位移[32,36]。波束偏移可以采用大曲率的反射面或者采用馈源上的补偿技术来抵消[37,38]。

对于大孔径的天线，可以采用小的副反射面实现紧凑的馈源结构，经典的轴对称的构型如卡塞格伦和格雷戈里反射面，如图1.7(c)和图1.7(d)所示。在这两个系统中，初级馈源处在主抛物反射面的后面。卡塞格伦天线的副反射面是由一段双曲面组成的，双曲面的焦点位于主反射面的焦点上。格雷戈里天线的构型是由一段椭圆的反射面组成副反射面。这两个系统的电特性很相似，但是在卫星应用中利用卡塞格林设计的比较多。

赋形反射面 双反射面和焦点馈源的抛物反射面相比有高的效率和较低的副瓣[39]。特别是，文献[40]中已经证明了通过控制主反射面和副反射面的形状来改差孔径上的能量分布可以改善孔径效率。改变反射面的形状会直接影响照射函数(可以通过幅度和相位来控制)，从而降低溢出损失和提高照射效率。

降低交叉极化 偏置双反射器天线可以设计成使交叉极化很有限。特别是，消除交叉极化的几何光学条件[41]依赖于副反射面的表面是凸的还是凹的、主反射面和副反射面的离心率和主副反射面轴线之间的角度以及初级馈源主瓣的轴向。

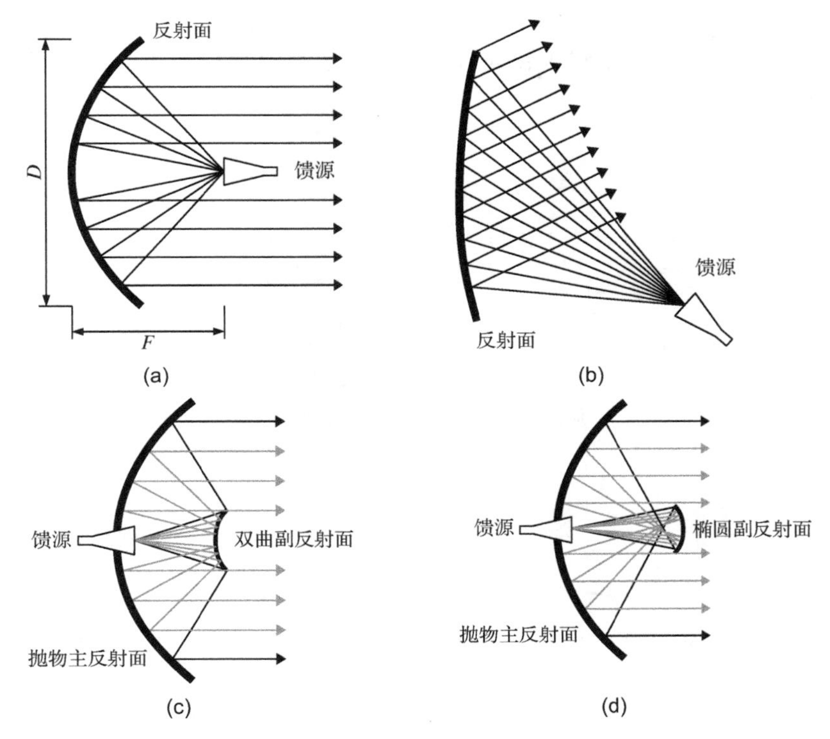

图 1.7　反射面天线构型。(a)焦点抛物面反射面；(b)离轴反射面；(c)卡塞格伦反射面；(d)格雷戈里反射面

等高线或多波束反射面　等高线和多波束的构型可以通过特殊的偏置双反射面构型来实现。在大多数传统的方法中，等高线波束方向图可以通过多馈源双反射器系统来实现[42]。在这样的情况下，期望的覆盖等高线可通过重叠放置不同馈源产生的场，然后将这些场通过波束成形网络来合并。这个方法也可以用到单天线要产生多个波束的场景。在后一种情况，每个波束需要有单独的波束成形网络。数字波束成形可以应用到这里来实现波束扫描的能力[43]。

另外，我们也可以通过使用一个馈源并对反射器表面赋形来产生等高线波束[44]。在卫星应用中赋形反射面是最常用的设计方法，因为相对于单馈源抛物面天线设计中这种设计可以获得低的重量和低的溢出损失[45]。

可展开的反射器天线　反射面天线因为和航天相关的研究的促进，近年来得到很大发展。特别是在孔径尺寸方面通过采用可展开的结构获得了重大突破，可以超过 20 m，在第 8 章中将会具体介绍。反射面天线因为和空间相关的技术的引导将会持续发展，在 18.4 节中列出的未来配置中可以明显看到。

1.3.4　螺旋天线

螺旋天线广泛应用在卫星通信系统中，因为它们有圆极化和宽带特性。最简单的形式中，螺旋天线由一个类似图 1.8 所示的绕成螺旋状的导线组成。一般来说，这种类型的天线通过同轴变换器来馈电，还包括一个接地平面。这种天线的辐射特性以及它的输入阻抗由螺旋直径 d、导线的直径 t、间距 p 以及圈数 N 决定。

螺旋天线有不同的辐射模式。在简正模式(或侧射模式)下，螺旋的长度相比于波长是很小的，它的特性和短偶极子天线很相似[16]。这种天线的辐射方向是垂直于它们的轴的，如图1.8(b)所示，而且可以设计成线极化或者圆极化的。在这种构型下，螺旋天线特性受天线尺寸的影响很大。

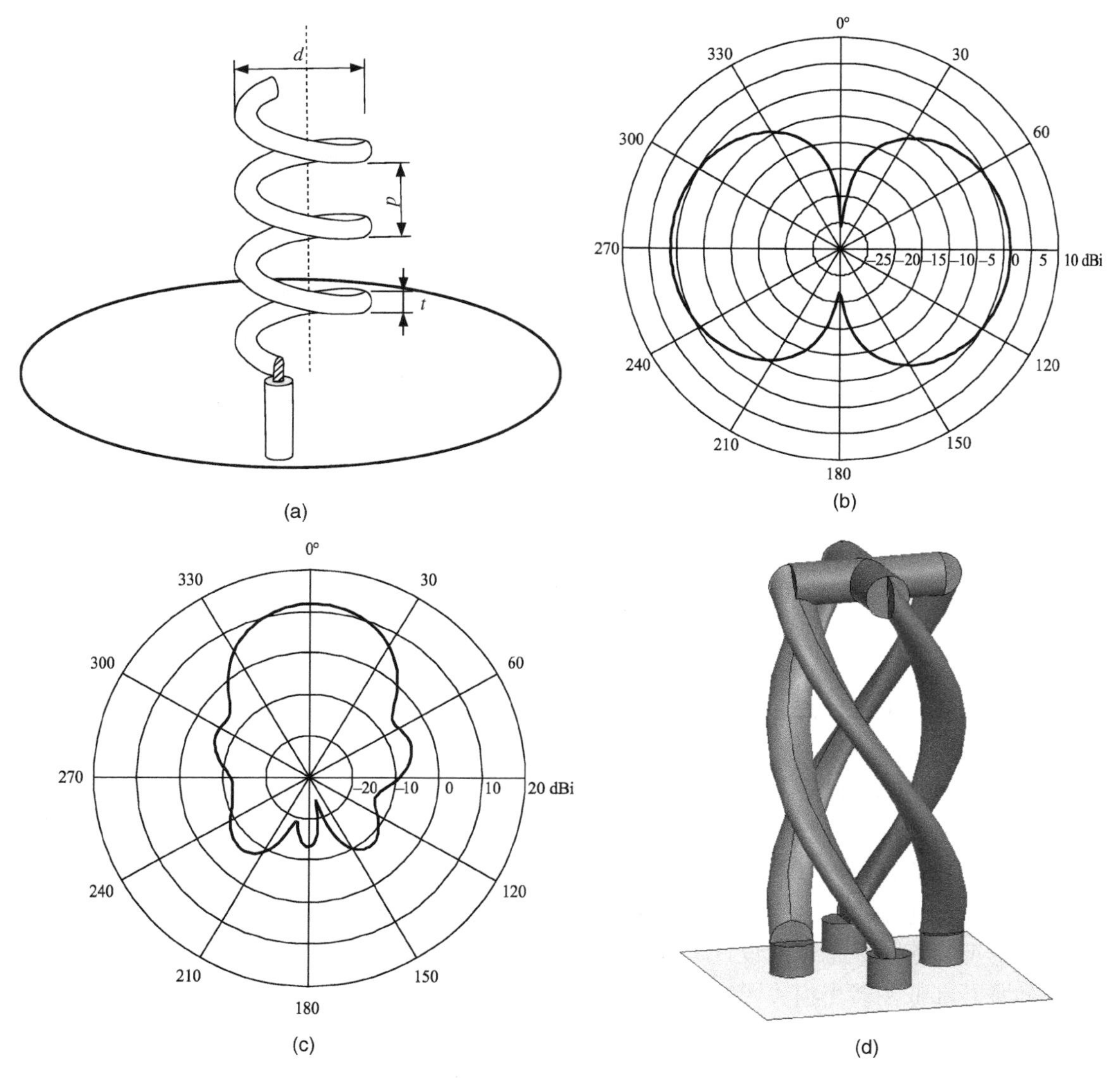

图1.8 螺旋天线。(a)单眼螺旋天线机构；(b)螺旋天线简正模式下的典型辐射方向图；(c)螺旋天线的轴模式下典型的同极化增益方向图；(d)短路的四臂螺旋天线

在螺旋天线的轴模式中，它的主波束是沿着它的轴的，如图1.8(c)所示。这种工作模式发生在当螺旋的直径 d 和间距 p 是波长的很大部分时[46]。螺旋天线工作在轴模式时是圆极化的，它们通常安装在接地平面上。但是，当传统的螺旋天线的接地平面的直径比螺旋的直径小时，当间距角很小时螺旋是沿着反方向辐射的[47]。

螺旋天线辐射特性可以通过改变天线的几何参数或者改变导线的数量来控制[48~50]。例如，四臂螺旋天线(QHA)，如图1.8(d)所示，广泛应用在卫星遥测(TT&C)中[51]。四臂螺旋天线包含四根螺旋线，它们在圆周上相差90°并且顺序以90°的相移馈电。

1.3.5 印刷天线

在过去几十年，微带天线已被广泛应用在太空应用中[52]，而且很有可能在未来扮演关键的角色。在最经典的构型中，微带辐射器包含印刷在接地平面以上很薄的一层绝缘介质上的金属贴片，图1.9示出了两种最常用的微带天线的构型：矩形贴片天线和圆形贴片天线。自从它们第一次被引入以来[53,54]，贴片天线已成为工业界和学术界研究的热点。这方面的论文有成千上万篇，对早期的结构有了很大的改善和发展，而且被广泛应用到很多应用中。

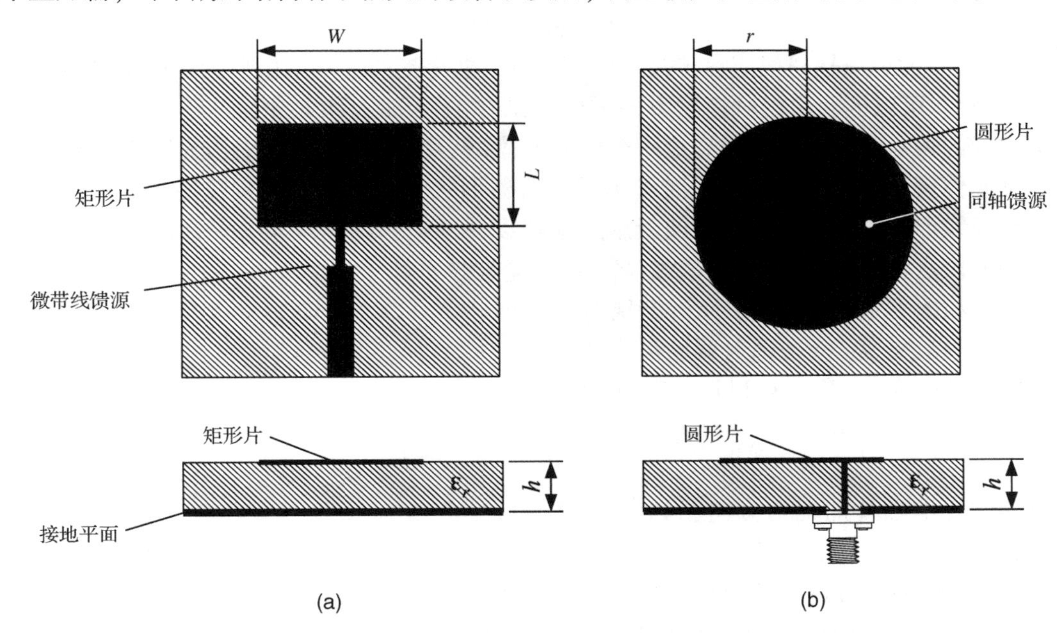

图1.9 微带天线的基本类型。(a)矩形贴片天线；(b)圆形贴片天线

1.3.5.1 特点和限制

微带辐射器的广泛应用主要是因为它的独特特性，在下面将简要介绍。微带天线剖面很低，重量很轻，可以和装备表面共形。当物理尺寸是主要考虑的问题时，这些特性在一些军事、商业或者空间应用中是很重要的。根据材料的类型、构型、需要的制造工艺，微带天线和其他类型的天线相比成本比较低。微带技术是天生灵活的，使在单层或者多层安排上设计出不同形状、构型或者覆盖多个频带成为可能。并且，把印刷天线集成在微波集成电路(MIC)中是直截了当的，而且可以获得很高的集成度。

微带天线工作上的主要限制是它们的带宽很窄。传统的微带天线仅仅有百分之几的带宽。和其他的一些辐射器(如喇叭、反射面)相比，微带天线的效率非常低，而且对于单个贴片它的增益只有5~7 dB。贴片辐射器还有一个重大的缺点是它们的耐功率能力较低。这种限制是由贴片辐射器和接地平面的距离很小引起的。根据基板材料的特性和厚度、金属层的厚度，微带辐射器可以设计成可耐数百瓦的功率[55]。然而，由于次级电子倍增击穿效应[56]，太空环境中微带的耐功率能力相对于地球环境下降很多。这方面在1.5.1节将再次讨论。

1.3.5.2 基本特性

在本小节，我们以矩形贴片天线作为参考来讨论微带天线的基本辐射特性。一个矩形的贴片天线包含一个宽度为 W、长度为 L 的矩形贴片，印刷在一个相对介电常数为 ε_r 、厚度为 h 的基板上，如图 1.9 所示。一般来说，介电层厚度是波长的零点几倍（$0.003 \leqslant \lambda_0 \leqslant 0.05$，$\lambda_0$ 是自由空间的波长）[16]，但是金属层有几十微米厚。相对介电常数是由介电材料决定的，它主要影响谐振贴片的长度 L、带宽以及贴片效率。

设计成工作在基模的微带天线，可看成一个有两个辐射边缘的半波长的谐振腔。如图 1.10 所示，贴片辐射边界的电场分布可以类比于两个裂缝的分布。这种等价是所谓传输线模型[57~59]的基础，这是最直观表示矩形微带天线的方法。但是从这种模型不能获得发生在矩形微带天线中的很多重要物理现象。所谓非辐射边界(即和馈电线的轴是垂直的贴片边缘)(见图 1.9(a))的远场辐射效应在传输线模型中是不能得到的。基本模型的这种边界的电场如图 1.10 所示。可以证明它们对辐射方向图的贡献在 H 平面上和 E 平面上几乎是没有的[16]。一个更准确的表示是将天线区域看成一个由电导体(贴片和接地面)和沿边界围绕的磁壁的腔体。虽然腔体模型给出了贴片天线对于不同辐射器形状下性能的更真实描述，然而通常它仅仅用来对天线形状进行粗略的估计或者用来理解设计原理和物理现象。最常用的设计方法是用可买到的仿真软件，它利用本书第 2 章介绍的全波技术。

图 1.9 和图 1.10 所示为贴片构型辐射线极化的场。一般来说，微带辐射器的极化纯度是很低的，将在第 14 章进行讨论。改善的线极化或者圆极化性能的贴片构型将在本节后面介绍。

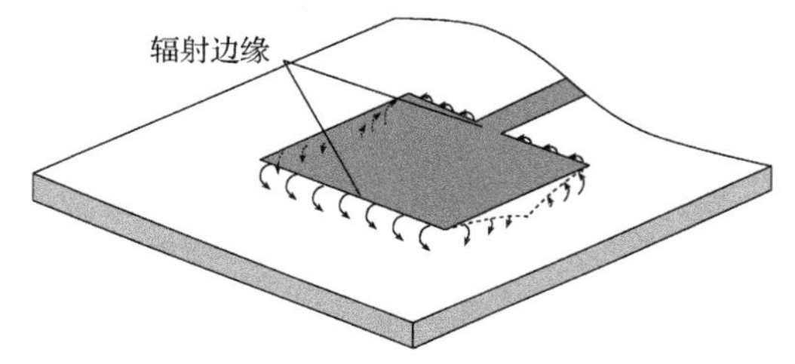

图 1.10　以基本模激励的矩形微带天线边缘电场分布

典形的矩形贴片的辐射方向图如图 1.11 所示。一般来说，微带辐射器是宽波束天线。它们的辐射性能直接和贴片边界的等效磁流密度相关。对于给定的谐振频率和介电材料，贴片的长度 L 是不能改变的。方向性可以通过控制贴片宽度 W 来微调。对于一个单贴片辐射器它的增益一般是 5 ~ 7 dB。天线的增益以及效率大大受介电材料特性以及金属损耗的影响。微带天线还有另一种损耗，它主要和表面波的激发有关。表面波主要是由基板和天线上面的电介质(如空气或自由空间)之间的不连续性所产生的。表面波功率在电介质界面上传播，引起效率下降，杂散辐射和接地平面边界的衍射，以及阵列场景下的互耦[60]。

1.3.5.3　馈电技术

微带天线的电磁性能受馈电技术的影响很大。最常用的馈电方法见图 1.12，基于同轴探针的馈电技术将同轴电缆的接头外部和接地平面焊接，并且延长内导体顶住贴片。这个技术通常应用在天线需要连接到标准的 50 Ω 的同轴探针的情况下。然而，在多层微带电路中也可以使用同样的同轴构型。接头必须放置在贴片的 E 平面轴上，选择的位置应和同轴馈电线的特性阻抗相匹配。当电介质的高度太高时，穿透底层的金属针会产生感抗从而使带宽缩小，所以这种构型对厚的结构是不合适的。一般来说，探针的电感可以通过加一个电容性负载来补偿[61]。同轴探针激发的垂直电流会产生杂散辐射，通过观察图 1.11(a)所示 E 平面共极化的方向图的不对称性可以明显看出。

另外一种微带天线常用的馈电技术是用一根简单的微带传输线馈电，如图 1.9(a)和图 1.10 所示。在这种情况下，微带传输线和贴片的辐射边界连接。为了让微带线特性阻抗和贴片输入阻抗匹配，有两种方法可以采用：使用阻抗转换器(如 1/4 波长变换器)或者将馈电线放置在贴片内。辐射单元和馈电线都印在同一层上。尽管这种构型很容易制造，但是馈电线的漏辐射会使辐射方向图变得很差。当使用靠近的馈电配置时也会产生相同的现象。在这种构型中，如图1.12(c)所示，微带线是印刷在辐射贴片下面的一个附加金属层上的。另外一个常用的馈电方案是文献[62]提出的孔径耦合技术，如图1.12(d)所示。与贴片辐射器背对背印刷的微带线，通过在接地平面的缝和天线耦合。缝互耦可以提供宽的带宽，最小化微带线的杂散辐射，避免垂直单元和焊接。这个方法的限制是缝可能产生不希望的辐射。近耦合、孔径耦合及所有其他的非接触馈电技术对于无源互调失真而言可以提供好的性能[4]（详见1.5.2节）。

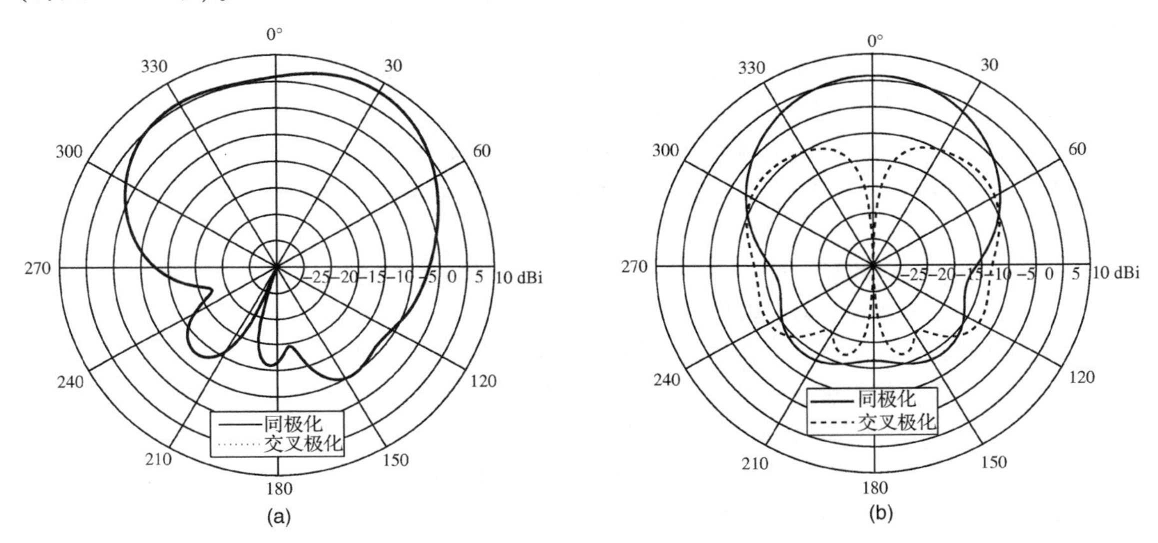

图1.11　矩形微带天线轴向馈电的经典辐射方向图。(a)E平面；(b)H平面同极化和交叉极化增益

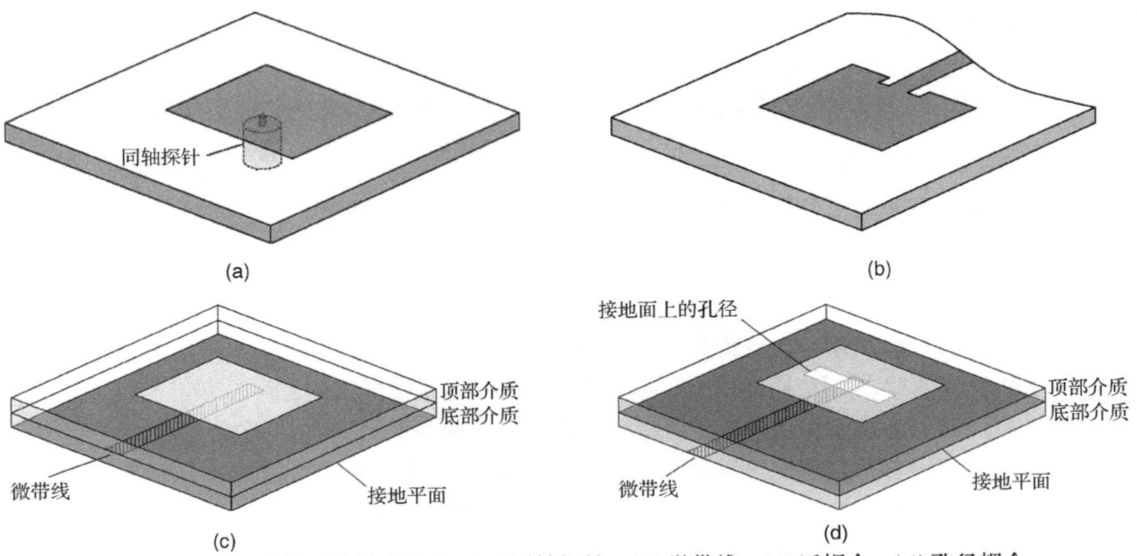

图1.12　常用微带天线馈电技术。(a)同轴探针；(b)微带线；(c)近耦合；(d)孔径耦合

1.3.5.4　材料和制造过程

介质材料的选择在微带天线的设计中非常重要，会影响其机械、热力学及电性能。微带天

线的介质层主要为贴片提供机械支撑，使其获得均匀的间隔和机械稳定性。低的相对介电常数(1 ~2 之间)可以用泡沫聚苯乙烯或者蜂窝状结构获得。基于玻璃纤维增强聚四氟乙烯的电介质，就是常说的 PTFE，一般可提供的相对介电常数是 2 ~4。更高数值的介电常数可以采用基于陶瓷、石英或氧化铝的材料得到。然而，这些材料的使用要非常谨慎，因为它们是通过牺牲辐射效率和机械稳定性来换得贴片尺寸的减小的。另外一个影响天线基板选取的因素是介电损耗。可以接受的介电损耗一般是和应用需求和天线结构有关的。一般来说，低的介质损耗角会导致较高的介电质成本。

对于卫星微带天线，基板的热力学特性以及温度依赖的天线的主要参数是非常重要的。装配在飞行器上的微带天线会遭受很大的温度变化。在距离如太阳和地球那么远的地方，温度是 273 ±100 K，更大范围的温度变化在太阳系内的一些任务中会遇到。例如，相对介电常数的改变会对天线工作频率直接产生影响。为此，天线的带宽通常会用一个包括温度效应的敏感性研究来进行评估。太空环境的材料性能将会在第 4 章中介绍，但是一些最基本的效应(如倍增和出气)将在 1.5 节中介绍。和热导率、热耗散以及机械稳定性相关的问题将在第 5 章详细讨论。

近年来，微带天线的复杂性一直在增加，特别是具有高集成度及许多垂直过渡的多层构型变得更加热门。一般来说，多层组件的发展是特别困难的，因为不同材料通常被用于电路元件或者天线。当然，介电常数低的介质优先用来做辐射结构，而介电常数高的用来做微带电路。这种差别会导致不同的热膨胀系数，这会使多层结构产生机械变形。因此，新材料和制造过程的研究吸引了许多研究者的关注。特别是液晶聚合物(LCP)获得了很有趣的结果[63]。LCP 有低的介电常数、低的介质损耗角[64]以及好的封装气密性，而且价格便宜[65]。LCP 已经获得关注，特别作为潜在的高性能微带基板和多层阵列的封装材料以及用于高度集成的电路[66]。

多层天线的另一个有趣的方案是采用低温共烧陶瓷(LTCC)。这种技术可以实现灵活的多层构型，并且有很高的集成度以及许多垂直过渡。LTCC 多层电路是烧制在单个层压多带层上的，其中导电的、介质的或者电阻胶选择性地沉积来构成传输线、电阻、电容等[67]。尽管 LTCC 主要用于微带集成电路，但一些结果也应用到天线单元上并得到了一些有趣的结果[68 ~72]。LTCC 天线的实例将在第 11 章中介绍，同时还会介绍其他一些片上的和封装天线集成的新兴技术。

1.3.5.5 微带天线构型

列举出所有可能的微带天线构型是非常困难的，因为每一期的专业期刊上都会登出新的设计。在本小节我们仅仅讨论一些基本的构型，主要是和双极化和圆极化工作相关的以及多频带或者宽带应用相关的构型。

双极化和圆极化工作 在双极化微带天线中要激发出两个正交的模。激励可以用两个正交的馈电装置来实现，如图 1.13(a)所示。每一个馈电装置设计成激发一个模，而且要尽可能和正交的模隔离。理想上，馈电装置的正交放置可以实现两端口间高的隔离性，因为每个馈电装置处在正交模场几乎为零的区域内。然而，在实际设计双极化天线时馈电装置的互耦是个很大的挑战。双馈电配置只能获得窄带性能而且只适合于比较薄的基板。对每个模使用两个对立位置上的馈电装置可以改善频率响应，如图 1.13(b)所示。使用两个 180°相位差的馈电加固了极化模，有助于抵消不希望的馈电装置辐射并且能够抑制厚基板的高阶模[73]。第 13 章将给出双极化天线在 SAR 中的应用。

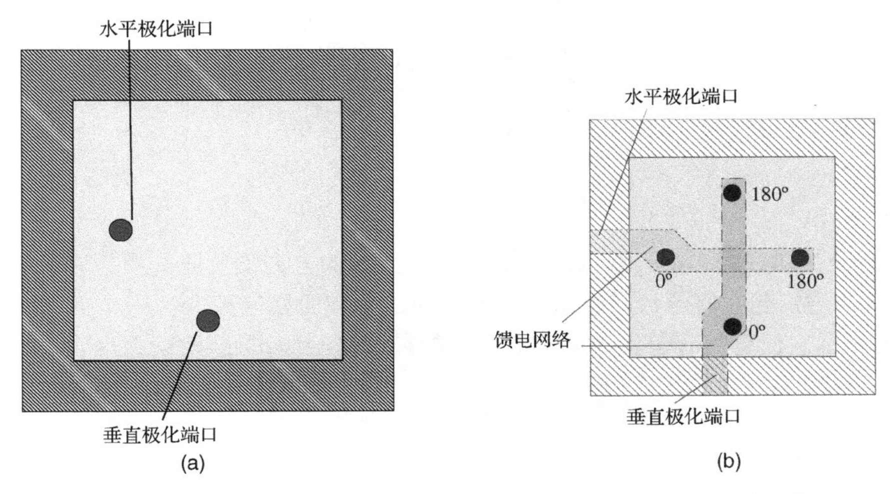

图 1.13 正方形微带天线双极化的产生。(a)双馈电构型；(b)四馈电构型

当辐射两个正交极化的电场并且它们间的相位差是±90°时微带天线是圆极化的，因此圆极化激发是通过激励贴片辐射器上两个正交模获得的。微带天线的所有圆极化技术可以分为两类：扰动的和多馈电的。图 1.14 给出了这两种技术的例子。单馈电微带天线属于第一类结构，这里贴片形状的扰动用来激发相位相差±90°的正交模。典型的单馈电圆极化构型包括切去对角线顶端的正方形的贴片、有凹口的圆形贴片、椭圆贴片或者矩形贴片[16]。虽然制造很简单，但是这种构型只能提供窄带的圆极化性能。

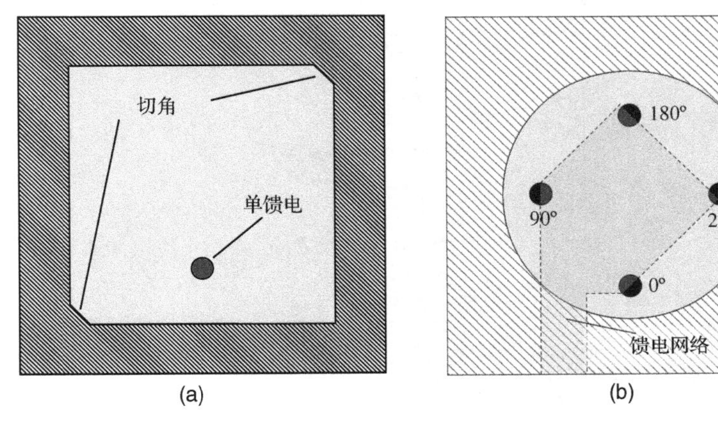

图 1.14 微带天线的圆极化产生。(a)扰动技术实例：正方形微带有切角；(b)多馈电技术：四个馈电左旋圆极化射频天线

第二种结构中，圆极化通过多个正交放置的及有合适的相位差的馈电激发贴片而得到。这样的技术往往可以提供高的极化纯度，抑制高阶模，提供更宽的带宽。主要的缺点是多个馈电间的互耦以及馈电网络的尺寸和复杂度。圆极化全球导航卫星系统微带天线将在第 14 章介绍，在阵列层级的极化加强技术将在第 9 章中介绍。

带宽增大技术 微带天线的带宽增大在很多实际应用中是需要的。微带天线带宽的增加可以通过降低微带天线的 Q 值得到。这可以通过使用厚的基板或者使用相对介电常数较低的材料得到。在两种情况下，高阶模的出现要仔细考虑。另外一个常用的带宽增加技术是使用有多个结续谐振的辐射器。这种方法可以通过使用寄生堆叠的贴片[74]或者通过电抗加载(用赋形的槽、凹口、切口、针或柱)来实现。宽带也可以通过设计宽带匹配网络[75]或者用电抗的馈电(如L形探针)[76~78]来获得。

1.4 阵列

天线阵列是排列好的一组天线以用来提供高方向性的方向图。阵列可以在孔径面积中提供增量，并且通过控制几何形状和优化设置阵元的位置和激励来控制。一个 N 阵元的任意阵列如图1.15所示。任意的 N 阵元的辐射方向图的最普遍的形式可以表示为：

$$E_{total}(\theta,\phi)=\sum_{n=1}^{N}A_n F_n(\theta_n,\phi_n)\mathrm{e}^{-\mathrm{j}(k_0|r_n|+\beta_n)} \tag{1.27}$$

式中：

- $E_{total}(\theta,\phi)$ 是阵列在 (θ,ϕ) 方向上的总辐射远场
- A_n 是第 n 个阵元的幅度因子
- $F_n(\theta_n,\phi_n)$ 是第 n 个阵元的方向图函数
- k_0 是自由空间传播常数
- $|r_n|$ 是第 n 个阵元离观察点的距离
- β_n 是第 n 个阵元的相位。

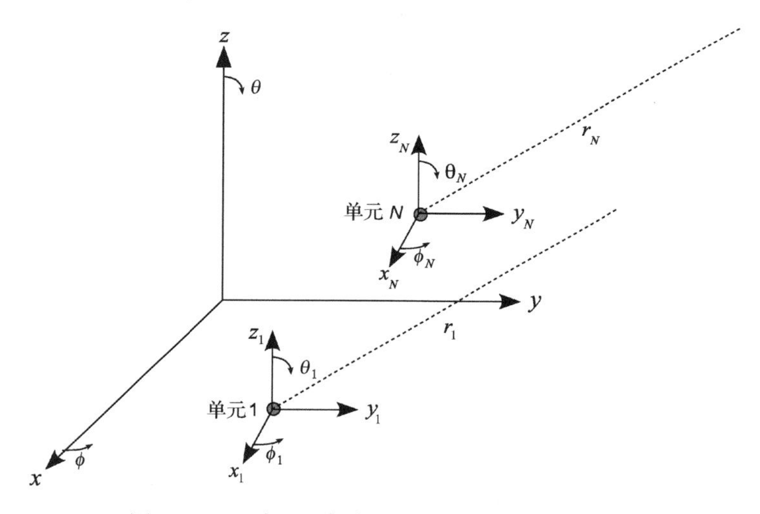

图1.15 N 阵元的任意天线阵列的远场几何构型

当采用相同的天线单元并采用规则的几何形状时，阵列方向图的表达式会更简洁和紧凑。在这种情况下，总方向图可以分解为两部分：单元方向图 $E_{element}(\theta,\phi)$，以及所谓的阵列因子 $AF(\theta,\phi)$：

$$E_{total}(\theta,\phi)=E_{element}(\theta,\phi)AF(\theta,\phi) \tag{1.28}$$

阵列因子是阵列几何形状、阵元间距、阵元激励的幅度和相位、阵元的数目以及频率的函数。最简单的情形就是等距天线阵：一个“相同指向的等间距单元的线阵”，并且阵元上所激励的电源方向幅度和相位增量都相等[1]。对于一个沿着 z 轴放置的 N 单元的均匀线阵，阵元间距为 d，顺序相移为 β，则阵列因子可以表示为：

$$AF(\theta,\phi)=\frac{\sin(N\psi/2)}{\sin(\psi/2)} \tag{1.29}$$

其中，$\psi = k_0 d\cos\theta + \beta$。当$\psi = 0$时阵列因子取最大值，此时对应的是阵列的主瓣。其他的阵列因子极大值的点在$\psi/2 = \pm r\pi$，$r = 1,2,\cdots$。这些位置对应的是栅瓣，它们有和主瓣相同的阵列因子幅度。结果是最大幅度对应的方向可以表示为：

$$\theta_{\max}=\arccos[(\lambda/2\pi d)(-\beta\pm 2r\pi)],\quad r=0,1,2,\cdots \tag{1.30}$$

主瓣($r=0$)和栅瓣的方向依赖于阵元间距d及顺序相移β。然而，栅瓣只有当式(1.30)中余弦函数的自变量的值比1小时才会出现。例如，对于一个等相位(相位都为0)的均匀线阵，主波束的方向是$\theta_{\max,r=0} = 90°$，当单元间距小于一个波长时不会出现栅瓣。对于$d = \lambda$，栅瓣的位置在可见的0°和180°。一般来说，栅瓣是我们不希望的，所以要尽量避免，尤其在相控阵中。

一般来说，阵列的几何形状和激励需要通过综合的步骤来确定，出发点是一组给定的对阵列辐射方向图的要求[79~81]。综合过程的目标是寻找一种阵列构型和激励分布来得到近似期望的方向图。

1.4.1 阵列天线布置

本节将介绍一些最常用的阵列类型。

1.4.1.1 直接辐射阵列(DRA)

最简单的情形是一个规则几何形状的阵列，它的阵元被一个波束成形网络(BFN)激励。BFN分配和/或收集每个阵元的功率到一个端口。功率的分配要使每个阵元接收的信号有期望的幅度和相位。最典型的BFN是通过二进制功率合成器和二进制功分器实现的，如图1.6(a)所示。通常，直接辐射阵列的效率受BFN损失的限制，当阵元数目很大的时候很明显。在某些场合，有选择性地去掉一些DRA单元可以获得好的辐射性能。这样的构型被称为稀疏阵列[82~85]。在其他一些场合，可以使用一种波瓣综合技术来设计一种稀布阵，它们的阵元是不规律分布的，但是有相同的激励[82,83,86~88]。

1.4.1.2 相控阵

在许多应用中，天线的主波束必须能够动态地扫描到不同的方向。虽然在某些条件下机械扫描可以实现上述功能，但是更普通的解决方案是使用相控阵。相控阵天线的波束扫描是通过控制每个辐射单元发射信号的相位来实现的。图1.16(b)给出了一种组合馈电的线性相控阵的例子。在这种情况下，式(1.30)中的最大辐射的方向$\theta_{\max}$是通过改变每个阵元的相位ϕ_i从而得到不同的顺序相移β来控制的。基于宽带单元的大型相控阵天线的一个主要问题是存在扫描盲区。这种现象主要是由阵元间的互耦导致的。事实上，阵列中给定辐射器的有源阻抗是整个阵列上幅度和相位分布的函数。因此，当阵列扫描时，在某个特定的角度，阵列反射系数的模值会迅速增长到1，此时阵列方向图会变成零[89,90]。因此，扫描盲区会限制扫描范围且降低天线的效率。

本书介绍了一些太空应用的相控阵的例子。它们中的一些将在第9章的“空间应用的微带阵列技术”、第10章的“用于空间的印刷反射天线阵”以及第13章的“星载合成孔径雷达天线”中介绍。

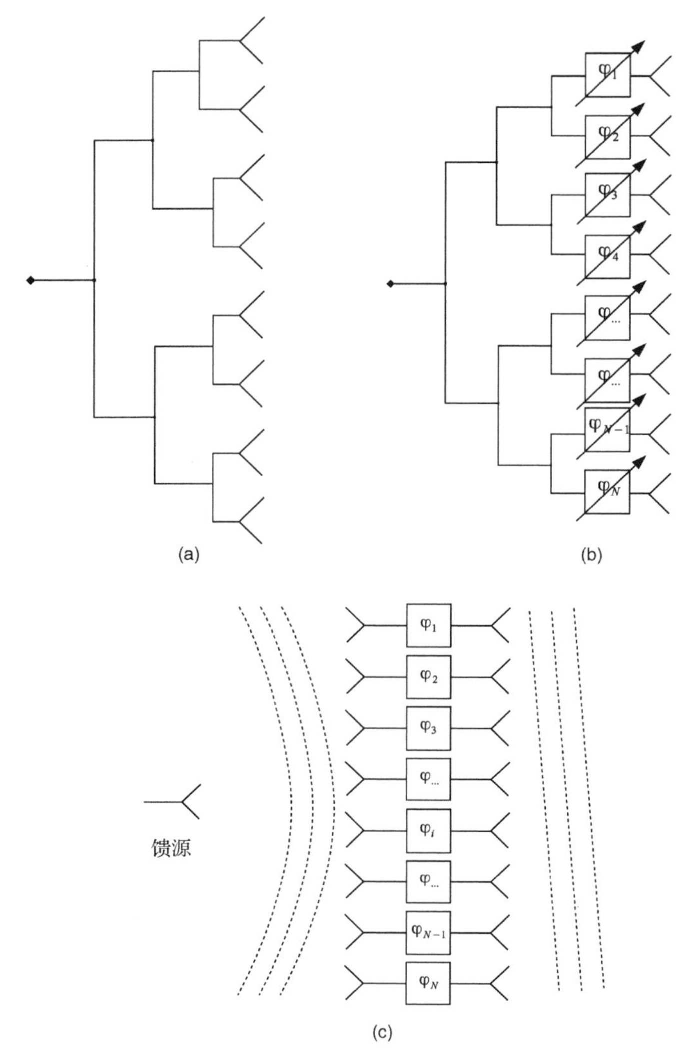

图 1.16　阵列构型。(a)直接辐射阵列；(b)相控阵；(c)发射阵列

1.4.1.3　反射阵列

反射阵列[91]由外部的一个馈源照射的两个平面的反射面组成。印刷反射阵列的反射面是通过如图 10.1 所示的空间馈电的阵列天线实现的。在其他一些条件下，反射阵列是一些离散的平的发射器，反射场通过阵列的每个阵元控制。这些阵元应设计成能以特定的相位重新辐射入射场。本书第 10 章将详细介绍反射阵列天线在卫星中的应用。

1.4.1.4　传输阵列

传输阵列天线，又称为透镜天线，如图 1.16(c)所示，是平面离散透镜把入射的球面波相前转变为沿着某个特定方向向外传播的平面波。在毫米波频段为了获得高的增益，传输阵列天线是一个有吸引的解决方案，这里空间馈电可以通过消除组合馈电所引起的损失来提高辐射效率。和反射阵列相比，如果用在可展开的结构中，它们本质上受表面误差的影响较小。

1.5　天线在太空环境中的基本效应

卫星在执行任务期间必须保证它的稳定性和寿命。因此，机械的和热力学的性能以及材料特性对于卫星部件是要重点考虑的问题。从这一观点来看，因为天线一般安装在卫星的外部，它们被高度暴露在辐射和温度变化的环境中。本节将提供涉及太空中的天线的一些重要现象。第 4 章将详细描述特殊太空环境对空间天线的组成材料的威胁，而卫星天线的一些机械和热力学方面的特性将在第 5 章中具体阐述。此外，第 6 章将详细介绍在飞行之前需要给天线做评估的一些最重要的测试。

1.5.1　倍增

倍增[92]，或称多次碰撞，是一种发生在带射频场的两个电极之间的谐振式放电，一般发生在真空或者低压状态下。在高真空的环境下，电子的游离路径比电极间的间距大。当电子被电场加速且和电极碰撞时可能在电极材料表面产生二次电子的发射。如果碰撞的能量、频率及两个导体间和距离合适，二次电子的数量会产生谐振式的倍增，从而导致操作障碍或者潜在的物理上的损坏。倍增的产生取决于几个约束条件[93]：

1. 真空状况(通常低于10^{-3}托)；
2. 加上的射频电压(取决于材料以及一次电子的入射角)；
3. 电极的几何形状以及工作频率(间距尺寸应对应于射频电压的半周期的倍数以满足电子共振的条件)；
4. 材料的表面(材料的污染或者杂质增加了倍增现象发生的概率)。

在射频空间系统中，倍增限制了射频系统耐功率的能力，而且会引起射频信号的损失或者失真(增加噪声系数或者比特误码率)，而且会使射频器件或者子系统损坏，原因是由于超量的射频功率被反射回来或者被它们耗散[94]。

倍增预防在通信卫星中的高功率天线馈电网络设计和实现时是一个重大的问题。一般来说，倍增可以通过优化设备的几何形状，用特殊的材料分层做成电极或者降低射频的功率水平来避免。例如，在微带天线中，倍增效应可以通过假设两个电极分别是贴片和接地平面来进行估计。当使用薄的电介质时我们不能获取高的耐功率能力。设计准则或者射频设计软件(如倍增计算器[95])是由欧洲航天局(ESA)开发的，可以用来计算设计的余量来避免倍增的发生。

1.5.2　无源互调(PIM)失真

无源互调(PIM)失真类似于发生在有源器件中的现象，这是由于当两个或者多个射频载波在一个无源系统中混合时，由于它们的固有非线性从而产生了不希望的信号。例如，像天线那样的无源器件中的非线性可能是一些物理效应引起的，主要分为两类：接触非线性和材料非线性。产生接触非线性的原因包括结电容的形成[导体间薄的氧化层、污染粒子的存在或者表面的机械缺陷，隧道效应，两个不同金属间产生的接触电阻或者松的金属和金属间的接触[一些金属(如不锈钢)会比其他一些金属(如铝合金或者钛合金)敏感][93]。材料非线性一般由铁磁材料的磁滞效应或者是电镀金属层厚度不够导致射频加热所引起。

接触源会被相对较低的能量激发。因此，在卫星射频系统中制造精度、装配过程以及所用材料需要精确的验证以发现和消除可能的无源互调(PIM)源头。降低PIM的材料选择指南将在4.3.3节中介绍。

天线非线性导致的PIM干扰会对高功率多频率的通信系统产生严重的影响，尤其当天线是发射机和接收机同时共用的时候[96]。典型的卫星通信系统设计时要将PIM降低VII或者XI量级。然而，无源互调的评估不能完全由理论设计完成，大多数情况下还要进行试验评估。

1.5.3 出气

出气是在材料或者元件加工时因本身或者吸收的气团产生的。在真空环境中，气泡的放出会导致材料丢失大量的挥发性粒子，它们会污染其他表面从而伤害卫星系统。

所有应用到太空飞行的材料必须要满足对放气的要求[97~99]，这是由美国国家航空和宇宙航行局、欧洲航天局以及其他的一些太空机构规定的。污染要求一般用总共的质量损失(TML)、收集到的挥发性的冷凝材料(CVCM)以及回收的质量损失(RML)来表示。一般可以接受的标准是：TML < 1.0%，CVCM < 0.10%，RML < 1.0%。通过NASA的放气标准材料的筛选测试数据，在数据库"筛选飞船材料放气数据"中被列出[100]。在这个数据库中列出的材料在太空环境中是批准可以使用的，除非一些特殊的应用有更高的要求。

参考文献

1. IEEE (1983) *IEEE Standard Definitions of Terms for Antennas.*
2. IEEE (1979) *IEEE Standard Test Procedures for Antennas.*
3. Pozar, D.M. (1997) *Microwave Engineering*, 2nd edn, John Wiley & Sons, Inc.
4. Balanis, C. (2008) *Modern Antenna Handbook*, John Wiley & Sons, Inc.
5. Balanis, C.A. (1996) *Antenna Theory: Analysis and Design*, 2nd edn, John Wiley & Sons, Inc.
6. Davies, K. (1965) *Ionospheric Radio Propagation*, US Department of Commerce.
7. Sorensen, E. (1961) Magneto-ionic Faraday rotation of the radio signals on 40 MC from satellite 1957α (Sputnik I). *IRE Transactions on Antennas and Propagation*, **9**(3), 241–247.
8. Brookner, E., Hall, W.M. and Westlake, R.H. (1985) Faraday loss for L-band radar and communications systems. *IEEE Transactions on Aerospace and Electronic Systems*, **21**(4), 459–469.
9. Ludwig, A. (1973) The definition of cross polarization. *IEEE Transactions on Antennas and Propagation*, **21**(1), 116–119.
10. Teichman, M. (1970) Precision phase center measurements of horn antennas. *IEEE Transactions on Antennas and Propagation*, **18**(5), 689–690.
11. Best, S.R. (2004) A 7-turn multi-step quadrifilar helix antenna providing high phase center stability and low angle multipath rejection for GPS applications. IEEE Antennas and Propagation Society International Symposium, 2004, vol. 3, pp. 2899–2902.
12. Dijk, J., Jeuken, M., and Maanders, E.J. (1968) Antenna noise temperature. *Proceedings of the Institution of Electrical Engineers*, **115**(10), 1403–1410.
13. Balanis, C.A. (1989) *Advanced Engineering Electromagnetics*, Solution Manual, John Wiley & Sons, Inc.
14. Stutzman, W.L. and Thiele, G.A. (1997) *Antenna Theory and Design*, 2nd edn, John Wiley & Sons, Inc.
15. Ansys Corporation, Ansys HFSS, version 13, Canonsburg, PA.
16. Balanis, C.A. (2005) *Antenna Theory: Analysis and Design*, 3rd edn, Wiley-Interscience.
17. Simmons, A.J. and Kay, A.F. (1966) The scalar feed – a high performance feed for large paraboloid reflectors. Design and Construction of Large Steerable Aerials, IEE Conference Publication, vol. 21.
18. Clarricoats, P.J.B. (1984) *Corrugated Horns for Microwave Antennas*, The Institution of Engineering and Technology.

19. Teniente, J., Goni, D., Gonzalo, R. and del-Rio, C. (2002) Choked Gaussian antenna: extremely low sidelobe compact antenna design. *IEEE Antennas and Wireless Propagation Letters*, **1**(1), 200–202.
20. Ludwig, A. (1966) Radiation pattern synthesis for circular aperture horn antennas. *IEEE Transactions on Antennas and Propagation*, **14**(4), 434–440.
21. Granet, C., Bird, T.S. and James, G.L. (2000) Compact multimode horn with low sidelobes for global earth coverage. *IEEE Transactions on Antennas and Propagation*, **48**(7), 1125–1133.
22. Imbriale, D.W.A. (2003) *Large Antennas of the Deep Space Network*, 1st edn, Wiley-Interscience.
23. Love, A.W. and Love, A.W. (1978) *Reflector Antennas*, Illustrated edn, IEEE Press.
24. Imbriale, W.A. (2008) Reflector antennas, in *Modern Antenna Handbook*, 1st edn, Wiley-Interscience.
25. Rahmat-Samii, Y. (1988) Reflector antennas, in *Antenna Handbook: Antenna Theory*, 1st edn, vol. 2, Van Nostrand Reinhold.
26. Imbriale, W., Ingerson, P. and Wong, W. (1974) Large lateral feed displacements in a parabolic reflector. *IEEE Transactions on Antennas and Propagation*, **22**(6), 742–745.
27. Ruze, J. (1965) Lateral-feed displacement in a paraboloid. *IEEE Transactions on Antennas and Propagation*, **13**(5), 660–665.
28. Ruze, J. (1966) Antenna tolerance theory—a review. *Proceedings of the IEEE*, **54**(4), 633–640.
29. McEwan, N.J. and Goldsmith, P.F. (1989) Gaussian beam techniques for illuminating reflector antennas. *IEEE Transactions on Antennas and Propagation*, **37**(3), 297–304.
30. Brain, D.J. and Rudge, A.W. (1984) Efficient satellite antennas. *Electronics and Power*, **30**(1), 51–56.
31. Rudge, A.W. and Adatia, N.A. (1978) Offset-parabolic-reflector antennas: a review. *Proceedings of the IEEE*, **66**(12), 1592–1618.
32. Chu, T.-S. and Turrin, R. (1973) Depolarization properties of offset reflector antennas. *IEEE Transactions on Antennas and Propagation*, **21**(3), 339–345.
33. Strutzman, W. and Terada, M. (1993) Design of offset-parabolic-reflector antennas for low cross-pol and low sidelobes. *IEEE Antennas and Propagation Magazine*, **35**(6), 46–49.
34. Chu, T.S. (1977) Cancellation of polarization rotation in an offset paraboloid by a polarization grid. *Bell System Technical Journal*, **56**, 977–986.
35. Lier, E. and Skyttemyr, S.A. (1994) A shaped single reflector offset antenna with low cross-polarization fed by a lens horn. *IEEE Transactions on Antennas and Propagation*, **42**(4), 478–483.
36. Fiebig, D., Wohlleben, R., Prata, A., and Rusch, W.V. (1991) Beam squint in axially symmetric reflector antennas with laterally displaced feeds. *IEEE Transactions on Antennas and Propagation*, **39**(6), 774–779.
37. Eilhardt, K., Wohlleben, R. and Fiebig, D. (1994) Compensation of the beam squint in axially symmetric, large dual reflector antennas with large-ranging laterally displaced feeds. *IEEE Transactions on Antennas and Propagation*, **42** (10), 1430–1435.
38. Prasad, K.M. and Shafai, L. (1988) Improving the symmetry of radiation patterns for offset reflectors illuminated by matched feeds. *IEEE Transactions on Antennas and Propagation*, **36**(1), 141–144.
39. Hannan, P. (1961) Microwave antennas derived from the Cassegrain telescope. *IRE Transactions on Antennas and Propagation*, **9**(2), 140–153.
40. Mittra, R. and Galindo-Israel, V. (1980) Shaped dual reflector synthesis. *IEEE Antennas and Propagation Society Newsletter*, **22**(4), 4–9.
41. Tanaka, H. and Mizusawa, M. (1975) Elimination of cross polarization in offset dual-reflector antennas. *Electronics and Communications in Japan*, **58**, 71–78.
42. Raab, A. and Farrell, K. (1978) A shaped beam multifeed 14/12GHz antenna for ANIK-B. IEEE Antennas and Propagation Society International Symposium, vol. 16, pp. 416–419.
43. Huber, S., Younis, M., Patyuchenko, A. and Krieger, G. (2010) Digital beam forming concepts with application to spaceborne reflector SAR systems. 11th International Radar Symposium (IRS), pp. 1–4.
44. Ramanujam, P., Lopez, L.F., Shin, C. and Chwalek, T.J. (1993) A shaped reflector design for the DirecTv direct broadcast satellite for the United States. IEEE Antennas and Propagation Society International Symposium, AP-S. Digest, vol. 2. pp. 788–791.
45. Ramanujam, P. and Law, P.H. (1999) Shaped reflector and multi-feed paraboloid – a comparison. IEEE Antennas and Propagation Society International Symposium, vol. 2, pp. 1136–1139.
46. King, H. and Wong, J. (1980) Characteristics of 1 to 8 wavelength uniform helical antennas. *IEEE Transactions on Antennas and Propagation*, **28**(2), 291–296.
47. Nakano, H., Yamauchi, J. and Mimaki, H. (1988) Backfire radiation from a monofilar helix with a small ground plane. *IEEE Transactions on Antennas and Propagation*, **36**, 1359–1364.
48. Jordan, R.L. (1980) The Seasat – q synthetic aperture radar system. *IEEE Journal of Oceanic Engineering*, **5**(2), 154–164.

49. Cahill, R., Cartmell, I., van Dooren, G. *et al.* (1998) Performance of shaped beam quadrifilar antennas on the METOP spacecraft. IEE Proceedings – Microwaves, Antennas and Propagation, 145 (1), 19–24.
50. Lier, E. and Melcher, R. (2009) A modular and lightweight multibeam active phased receiving array for satellite applications: design and ground testing. *IEEE Antennas and Propagation Magazine*, **51**(1), 80–90.
51. Kilgus, C. (1969) Resonant quadrifilar helix. *IEEE Transactions on Antennas and Propagation*, **17**(3), 349–351.
52. James, J.R. and IE Engineers (1989) *Handbook of Microstrip Antennas*, IET.
53. Deschamp, G.A. (1953) Microstrip microwave antennas. Paper presented at the Antenna Applications Symposium.
54. Gutton, H. and Baissinot, G. (1955) Flat aerial for ultra high frequencies, French Patent 703113.
55. Pozar, D.M. and Schaubert, D. (1995) *Microstrip Antennas: The Analysis and Design of Microstrip Antennas and Arrays*, John Wiley & Sons, Inc.
56. Woo, R. (1968) Multipacting breakdown in coaxial transmission lines. *Proceedings of the IEEE*, **56**(4), 776–777.
57. Munson, R. (1974) Conformal microstrip antennas and microstrip phased arrays. *IEEE Transactions on Antennas and Propagation*, **22**(1), 74–78.
58. Derneryd, A. (1978) A theoretical investigation of the rectangular microstrip antenna element. *IEEE Transactions on Antennas and Propagation*, **26**(4), 532–535.
59. Pues, H. and van de Capelle, A. (1984) Accurate transmission-line model for the rectangular microstrip antenna. *IEE Proceedings H (Microwaves, Optics and Antennas)*, **131**(6), 334–340.
60. Jackson, D.R., Williams, J.T., Bhattacharyya, A.K. *et al.* (1993) Microstrip patch designs that do not excite surface waves. *IEEE Transactions on Antennas and Propagation*, **41**(8), 1026–1037.
61. Hall, P.S. (1987) Probe compensation in thick microstrip patches. *Electronics Letters*, **23**(11), 606.
62. Pozar, D.M. (1985) Microstrip antenna aperture-coupled to a microstripline. *Electronics Letters*, **21**(2), 49–50.
63. DeJean, G., Bairavasubramanian, R., Thompson, D. *et al.* (2005) Liquid crystal polymer (LCP): a new organic material for the development of multilayer dual-frequency/dual-polarization flexible antenna arrays. *Antennas and Wireless Propagation Letters*, **4**(1), 22–25.
64. Jayaraj, K., Noll, T.E. and Singh, D. (1995) RF characterization of a low cost multichip packaging technology for monolithic microwave and millimeter wave integrated circuits. Proceedings of the URSI International Symposium on Signals, Systems, and Electronics, ISSSE'95, pp. 443–446.
65. Farrell, B. and St Lawrence, M. (2002) The processing of liquid crystalline polymer printed circuits. Proceedings of the 52nd Electronic Components and Technology Conference, pp. 667–671.
66. Brownlee, K., Raj, P.M., Bhattacharya, S.K. *et al.* (2002) Evaluation of liquid crystal polymers for high performance SOP application. Proceedings of the 52nd Electronic Components and Technology Conference, pp. 676–680.
67. Imanaka, Y. (2010) *Multilayered Low Temperature Cofired Ceramics (LTCC) Technology*, Softcover reprint of hardcover 1st edn, 2005, Springer.
68. Wi, S.-H., Zhang, Y.P., Kim, H. *et al.* (2011) Integration of antenna and feeding network for compact UWB transceiver package. *IEEE Transactions on Components, Packaging and Manufacturing Technology*, **1**(1), 111–118.
69. Seki, T., Honma, N., Nishikawa, K. and Tsunekawa, K. (2005) A 60-GHz multilayer parasitic microstrip array antenna on LTCC substrate for system-on-package. *IEEE Microwave and Wireless Components Letters*, **15**(5), 339–341.
70. Wi, S.-H., Kim, J.-S., Kang, N.-K. *et al.* (2007) Package-level integrated LTCC antenna for RF package application. *IEEE Transactions on Advanced Packaging*, **30**(1), 132–141.
71. Chen, S.C., Liu, G.C., Chen, X.Y. *et al.* (2010) Compact dual-band GPS microstrip antenna using multilayer LTCC substrate. *IEEE Antennas and Wireless Propagation Letters*, **9**, 421–423.
72. Sanadgol, B., Holzwarth, S., Milano, A. and Popovich, R. (2010) 60GHz substrate integrated waveguide fed steerable LTCC antenna array. Proceedings of the Fourth European Conference on Antennas and Propagation (EuCAP), pp. 1–4.
73. Chiba, T., Suzuki, Y. and Miyano, N. (1982) Suppression of higher modes and cross polarized component for microstrip antennas. Antennas and Propagation Society International Symposium, vol. 20, pp. 285–288.
74. Croq, F. and Pozar, D.M. (1991) Millimeter-wave design of wide-band aperture-coupled stacked microstrip antennas. *IEEE Transactions on Antennas and Propagation*, **39**(12), 1770–1776.
75. Pues, H.F. and Van de Capelle, A.R. (1989) An impedance-matching technique for increasing the bandwidth of microstrip antennas. *IEEE Transactions on Antennas and Propagation*, **37**(11), 1345–1354.
76. Park, J., Na, H.-G., and Baik, S.-H. (2004) Design of a modified L-probe fed microstrip patch antenna. *IEEE Antennas and Wireless Propagation Letters*, **3**(1), 117–119.

77. Guo, Y.-X., Chia, M.Y., Chen, Z.N. and Luk, K.-M. (2004) Wide-band L-probe fed circular patch antenna for conical-pattern radiation. *IEEE Transactions on Antennas and Propagation*, **52**(4), 1115–1116.
78. Mak, C.L., Luk, K.M., Lee, K.F. and Chow, Y.L. (2000) Experimental study of a microstrip patch antenna with an L-shaped probe. *IEEE Transactions on Antennas and Propagation*, **48**(5), 777–783.
79. Schelkunoff, S. (1943) A mathematical theory of linear arrays. *Bell System Technical Journal*, **22**(1), 80–107.
80. Dolph, C.L. (1946) A current distribution for broadside arrays which optimizes the relationship between beam width and side-lobe level. *Proceedings of the IRE*, **34**(6), 335–348.
81. Bucci, O.M., D'Elia, G., Mazzarella, G. and Panariello, G. (1994) Antenna pattern synthesis: a new general approach. *Proceedings of the IEEE*, **82**(3), 358–371.
82. Guiraud, C., Cailloce, Y. and Caille, G. (2007) Reducing direct radiating array complexity by thinning and splitting into non-regular sub-arrays. Paper presented at the 29th ESA Antenna Workshop on Multiple Beams and Reconfigurable Antennas, pp. 211–214.
83. Toso, G., Mangenot, C. and Roederer, A.G. (2007) Sparse and thinned arrays for multiple beam satellite applications. Paper presented at the 29th ESA Antenna Workshop on Multiple Beams and Reconfigurable Antennas, pp. 207–210.
84. Leeper, D.G. (1999) Isophoric arrays–massively thinned phased arrays with well-controlled sidelobes. *IEEE Transactions on Antennas and Propagation*, **47**(12), 1825–1835.
85. Haupt, R.L. (1994) Thinned arrays using genetic algorithms. *IEEE Transactions on Antennas and Propagation*, **42**(7), 993–999.
86. Leahy, R.M. and Jeffs, B.D. (1991) On the design of maximally sparse beamforming arrays. *IEEE Transactions on Antennas and Propagation*, **39**(8), 1178–1187.
87. Goodman, N.A. and Stiles, J.M. (2003) Resolution and synthetic aperture characterization of sparse radar arrays. *IEEE Transactions on Aerospace and Electronic Systems*, **39**(3), 921–935.
88. Chen, K., Yun, X., He, Z. and Han, C. (2007) Synthesis of sparse planar arrays using modified real genetic algorithm. *IEEE Transactions on Antennas and Propagation*, **55**(4), 1067–1073.
89. Pozar, D. and Schaubert, D. (1984) Scan blindness in infinite phased arrays of printed dipoles. *IEEE Transactions on Antennas and Propagation*, **32**(6), 602–610.
90. Milligan, T.A. (2005) *Modern Antenna Design*, John Wiley & Sons, Ltd.
91. Huang, J. and Encinar, J.A. (2008) *Reflectarray Antennas*, John Wiley & Sons, Inc.
92. Vaughan, J.R. (1988) Multipactor. *IEEE Transactions on Electron Devices*, **35**(7), 1172–1180.
93. Kudsia, C., Cameron, R. and Tang, W.-C. (1992) Innovations in microwave filters and multiplexing networks for communications satellite systems. *IEEE Transactions on Microwave Theory and Techniques*, **40**(6), 1133–1149.
94. Yu, M. (2007) Power-handling capability for RF filters. *IEEE Microwave Magazine*, **8**(5), 88–97.
95. European Space Agency (2007) Multipactor Calculator, http://multipactor.esa.int/.
96. Lui, P.L. (1990) Passive intermodulation interference in communication systems. *Electronics & Communication Engineering Journal*, **2**(3), 109–118.
97. ASTM (2009) ASTM E1559. *Standard Test Method for Contamination Outgassing Characteristics of Spacecraft Materials*.
98. The European Cooperation for Space Standardization (2000) ECSS-Q70-02. *Thermal vacuum outgassing test for the screening of space materials*.
99. ASTM (2007) ASTM E595. *Standard Test Method for Total Mass Loss and Collected Volatile Condensable Materials from Outgassing in a Vacuum Environment*.
100. NASA (2011) Outgassing Data for Selecting Spacecraft Materials, http://outgassing.nasa.gov.

第2章　空间天线模型

Jian Feng Zhang, Xue Wei Ping, Wen Ming Yu, Xiao Yang Zhou,
Tie Jun Cui(作者均来自：东南大学信息科学与工程学院，中国南京)

2.1　引言

第二次世界大战以来，许多解决科学和工程问题的数值技术借助电子计算机得到了很好的开发[1]。在1952年，计算机辅助的仿真方法被首先应用到天气预报上，并且取得了巨大的成功。在过去的几十年里，不同的数值方法被开发出来和应用到不同的领域，产生了很多新的分支，比如计算电磁学(CEM)、计算流体动力学(CFD)、计算物理、计算化学等。CEM是一个新的学科，是使用计算机结合数值方法来解决电磁问题的。

在空间应用中，不同系统之间的通信是通过不同类型的天线产生的电磁波进行的，比如遥感和跟踪控制使用的螺旋天线，下行数据链路和导航使用的天线阵列，等等。这些天线的辐射方向图必须精心设计以满足实际需求。理论上，这可以通过求解麦克斯韦方程组来获取。然而，对于大多数实际天线，通过笔和纸得到麦克斯韦方程的闭式解是非常复杂的。因此基于CEM的数值仿真方法被用来进行天线设计和分析。除了决定场分布以及辐射方向图，CEM还能提供关键性的信息以及对太空天线系统电磁操作的理解，那是经验的方法和分析计算很难或者根本无法达到的。随着空间天线系统变得更复杂，数值仿真方法就变得越来越重要，但是同时要减少设计到制造之间的花费和时间。所以对于一个现代空间天线的工程师，对CEM有一个很好的理解是非常重要的。

2.1.1　麦克斯韦方程

本章的目标是如何有效求解从实际问题中推导出的麦克斯韦方程。我们先介绍一下电磁理论和CEM发展的一些历史。麦克斯韦方程是在1864年由James Clerk Maxwell完成的[2]。这是到目前为止最伟大的发现之一，它统一了传统的电磁学和光学理论。目前，在时域内的麦克斯韦方程可表示为如下简洁的形式：

$$\nabla \times \mathbf{E} = -\frac{\partial \mathbf{B}}{\partial t} \tag{2.1}$$

$$\nabla \times \mathbf{H} = \frac{\partial \mathbf{D}}{\partial t} + \mathbf{J} \tag{2.2}$$

$$\nabla \cdot \mathbf{B} = 0 \tag{2.3}$$

$$\nabla \cdot \mathbf{D} = \rho \tag{2.4}$$

然而，1864年麦克斯韦推导出的原始方程是式(2.1)~式(2.4)在笛卡儿坐标系系统中的分量形式。通过Oliver Heaviside和Heinrich Hertz的努力得到了式(2.1)~式(2.4)的简洁形式。在早期这些方程被称为HH(Heaviside, Hertz)方程，后来爱因斯坦建议给它们命名为麦克斯韦方程。除了上面的四个方程，还有一个基本方程，称为电流连续性方程，其表达式为：

$$\nabla \cdot \mathbf{J} = -\frac{\partial \rho}{\partial t} \tag{2.5}$$

2.1.2 CEM

CEM 中开发出了很多数值方法，包括高频方法、全波仿真方法、模匹配方法等。每一种方法有它自己的优点和缺点，对于一部分电磁问题是最优的。Sonnet 软件的发明者 J. C. Rautio 在 2003 年初指出[3]“没有哪个电磁工具可以解决所有的问题，一个有学识的工程师对于特定的问题必须选择一个合适的工具”，这对空间天线的数字设计也是成立的，因为空间天线的问题变得越来越复杂。通常卫星往往有几十个天线用来完成不同的任务，比如通信、导航以及探测。本节的目的是给空间天线设计者简要介绍一下目前最流行的 CEM 中的几种算法，以便对于给定的结构可以很容易地选择最优的分析技术。

2.1.2.1 高频方法

高频方法主要包括物理光学(PO)、几何光学(GO)[4]、一致绕射理论(UTD)、物理绕射理论(PTD)[6]以及射线追踪法(SBR)[7]等。这些方法在处理麦克斯韦方程时往往要进行数学和物理上的近似。一般来说，这些方法的精度会随着频率的提高而渐进。对于适合的问题，这些方法很有效，但物理上内在的近似限制了它们在一般问题中的应用。当频率很低的时候，或者结构不均匀时，精度是不能保证的，即便网格密度和数字计算精度大大提高。

2.1.2.2 全波法

全波方法包括矩量法(MOM)[8~15]、有限元法(FEM)[16~22]、时域有限差分法(FDTD)[23~29]。理论上来说，利用这些方法麦克斯韦方程可以被精确求解，因为没有做物理近似。然而，实际上，这些方法的精度是和网格划分相关的。虽然全波分析方法适用于所有频率，但是它们不适用于电尺寸很大的问题，因为计算量会随着结构的电尺寸的增大而快速上升。为了和渐近高频方法区分，全波分析方法也被称作低频方法。在空间天线设计中，因为全波方法的精度更高，所以它比高频方法更适用。本节只详细介绍一些流行的全波分析方法。

矩量法(MOM)　MOM 是求解积分方程的通用方法，是由 R. F. Harrington[8]提出的。MOM 的主要优势是它求解的变分特性，也就是即使对于未知场以一阶精度建模，它的解也能达到二阶的精确度。MOM 包含大量的对麦克斯韦方程的预处理，因为它利用了格林函数。使用格林函数不但可以有效求解开放性的辐射、散射、平面电路以及天线的问题，还可以使 MOM 免于数值分散。对于理想导电的部分均匀的物体，只有不同区域的接触面需要进行表面网格划分。所以系数矩阵相比于其他方法会小得多，这样的话会使 MOM 更加有效。对于 FEM 或者 FDTD 方法，除了物体占据的整个区域，靠近物体的开放区域也要进行网格划分(体积划分)。MOM 方法的缺陷是需要问题的格林函数的先验知识。而且，和基于微分方程的方法相比，把它应用到不均匀的电介质物体上会更加困难。另外，MOM 会产生稠密矩阵，会非常难解，尤其是对于一些电大尺寸问题。

有限元法(FEM)　FEM 是求解通过偏微分方程及一组边界值表征的边界值问题的方法。它首先是由结构分析师提出来的，它的数学基础是由 R. Courant 在 1943 年提出的[16]。FEM 在电磁学上的应用是在 1968 年首先报道的[17]。经过近 50 年的发展，在很多学科它已经成为标准的数值工具，比如固体和结构力学、流体动力学、声学、热传导以及电磁学。

FEM 的主要优势是只要求解一个高度稀疏的线性系统，因此内存的要求是和自由度数目线性相关的。另外，FEM 自然地处理复杂媒介的能力使得它成为求解很不均匀结构的强大的方法。然而，没有方法是完美的，FEM 也有它的缺陷。首先，求解线性系统是影响其效率的主要障碍，因为系数矩阵往往是病态的，会使得迭代过程的收敛速度非常慢。FEM 的另外一个缺陷是其求解开放问题非常困难。对于天线辐射和散射问题，人工吸收边界条件(ABC)，比如完全匹配层[18,19]，必须应用到物体的周围来仿真辐射条件。这样会增加复杂度和不稳定性。尽管它有一些缺陷，但 FEM 是非常成熟的，在一些书籍中系统地给出了 FEM 清晰的概念[20~22]。

时域有限差分法(FDTD) FDTD 方法是应用到电磁问题中的另一种流行的基于微分方程的计算算法。FDTD 是由 K. S. Yee 在 1966 年第一次提出的[23]，那时是用它解决理想导电圆柱体电磁散射的问题的。但是，由于计算机技术的限制，这种方法没有被关注。直到 20 世纪 80 年代末，随着计算机的发展，这个方法被重新拿出来并得到了进一步的发展。到目前为止，这种方法被用到时变电磁学中的多种应用中，比如散射、天线设计、电磁兼容性分析等。

FDTD 方法编程简单、高度有效并且采用简单。和 MOM 与 FEM 不同的是，它可以提供模型的时域信息，在很多情况下这是很有用的。如果需要的话可以进行傅里叶变换以得到频域的信息。和 FEM 相比，FDTD 是大规模并行的。而且，它是不用矩阵的技术。所以，FDTD 的复杂度仅和问题的自由度的数目线性相关。另外一个优势是它不需要存储矩阵，所以减小了对内存的需求，从而可以求解有大量未知参数的问题。这种方法最大的缺陷是均匀六面体分网格的阶梯近似产生的误差不能消除。最近几年，采用共形网格在一定程度上减轻了这种缺陷[28]。FDTD 目前被当作 CEM 中的一种基本工具，更详细的介绍和重大的扩展在许多论文和书籍中都已给出[25~29]。

2.2 天线建模方法

2.2.1 基本理论

所有的数值方法都是为求解由控制方程和一系列边界条件表征的边界值问题而开发出来的。在电磁学中，麦克斯韦方程可以描述任何电磁特性，所以它奠定了 CEM 的基础。这些方程可以表达成微分或者积分的形式。时域的微分表达形式如式(2.1)~式(2.4)。当处理时变电磁现象时，通常使用麦克斯韦方程的频域形式：

$$\nabla \times \mathbf{E} = \mathrm{i}\omega\mathbf{B} \tag{2.6}$$

$$\nabla \times \mathbf{H} = -\mathrm{i}\omega\mathbf{D} + \mathbf{J} \tag{2.7}$$

$$\nabla \cdot \mathbf{B} = 0 \tag{2.8}$$

$$\nabla \cdot \mathbf{D} = \rho \tag{2.9}$$

$$\nabla \cdot \mathbf{J} = \mathrm{i}\omega\rho \tag{2.10}$$

式中假设了时间相关性是 $e^{-\mathrm{i}\omega t}$，而且在本章中被消除。对于简单的媒介，场量满足下面的组成关系：

$$\mathbf{D} = \varepsilon\mathbf{E}, \quad \mathbf{B} = \mu\mathbf{H}, \quad \mathbf{J} = \sigma\mathbf{E} \tag{2.11}$$

ε、μ 和 σ 分别代表媒介的介电常数、导磁率和导电率。CEM 的目标就是开发有效求解麦克斯韦方程的方法。

2.2.2　矩量法

2.2.2.1　表面积分方程

首先，如图 2.1 所示，考虑一个理想导电物体，其边界为 S，放置在一个没有边界的均匀的媒介中，特性是 (ε,μ) 。在这种情形下，在入射场照射下 S 表面上将感应出电流 $\mathbf{J}(r)$ 。根据电磁理论，可以得到下列的电场积分方程(EFIE)：

$$\mathrm{i}\omega\mu\hat{t}\cdot\int_S \bar{\mathbf{G}}_{\mathrm{e}}(\boldsymbol{r},\boldsymbol{r}')\cdot\mathbf{J}(\boldsymbol{r}')\,\mathrm{d}\boldsymbol{r}' = -\hat{t}\cdot\mathbf{E}^{\mathrm{inc}}(\boldsymbol{r}),\quad \boldsymbol{r}\in S \tag{2.12}$$

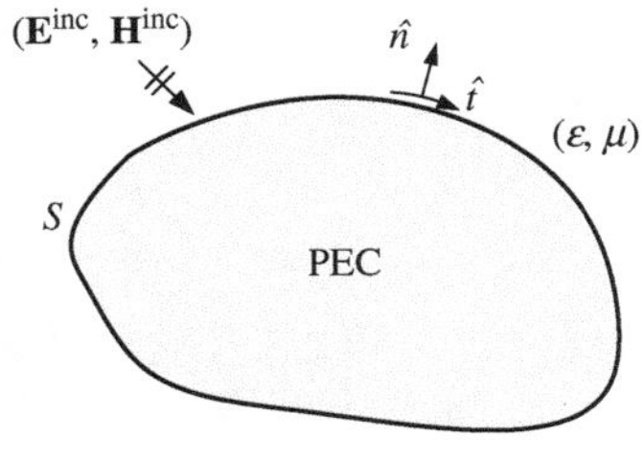

其中，

$$\bar{\mathbf{G}}_{\mathrm{e}}(\boldsymbol{r},\boldsymbol{r}') = \left[\bar{\mathbf{I}}+\frac{\nabla\nabla}{k^2}\right]g(\boldsymbol{r},\boldsymbol{r}') \tag{2.13}$$

是电场的并矢格林函数，并且

$$g(\boldsymbol{r},\boldsymbol{r}') = \frac{\mathrm{e}^{\mathrm{i}k|r-r'|}}{4\pi|\boldsymbol{r}-\boldsymbol{r}'|} \tag{2.14}$$

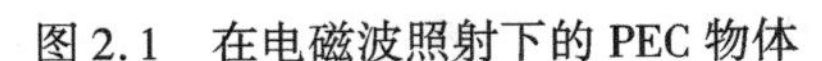

图 2.1　在电磁波照射下的 PEC 物体

它是背景的标量格林函数，$k=\omega\sqrt{\mu\varepsilon}$ 是波数。类似地，可以得到磁场的积分方程(MFIE)为：

$$\mathbf{J}(\boldsymbol{r})-\hat{n}\times\int_S \bar{\mathbf{G}}_{\mathrm{m}}(\boldsymbol{r},\boldsymbol{r}')\cdot\mathbf{J}(\boldsymbol{r}')\,\mathrm{d}\boldsymbol{r}' = \hat{n}\times\mathbf{H}^{\mathrm{inc}}(\boldsymbol{r}) \tag{2.15}$$

其中，

$$\bar{\mathbf{G}}_{\mathrm{m}}(\boldsymbol{r},\boldsymbol{r}') = \nabla\times[g(\boldsymbol{r},\boldsymbol{r}')\bar{\mathbf{I}}] \tag{2.16}$$

是磁场的并矢格林函数。在式(2.15)中，当 $\boldsymbol{r}\to\boldsymbol{r}'$ 时会出现奇异点。和文献[14]中一样，奇异点可以被提取出来，于是式(2.15)可以重写为：

$$\frac{1}{2}\mathbf{J}(\boldsymbol{r})-\hat{n}\times\mathrm{PV}\int_S \nabla\times[\mathbf{J}(\boldsymbol{r}')g(\boldsymbol{r},\boldsymbol{r}')]\,\mathrm{d}\boldsymbol{r}' = \hat{n}\times\mathbf{H}^{\mathrm{inc}}(\boldsymbol{r}),\quad \boldsymbol{r}\in S \tag{2.17}$$

其中，PV 代表积分的主值。

要注意的是 EFIE 适用于开放和封闭的表面，但 MFIE 仅适用于封闭的表面。另外一个需要处理的问题是内部谐振问题，当工作频率和谐振频率一致的时候，EFIE 和 MFIE 都会崩溃[9]。为了解决这个问题，提出了一种组合的场积分方程(CFIE)，它结合了 EFIE 和 MFIE：

$$\mathrm{CFIE} = \alpha\mathrm{EFIE}+\eta(1-\alpha)\mathrm{MFIE} \tag{2.18}$$

其中，α 的范围是 0～1，η 的参数是固有阻抗。

2.2.2.2　MOM 的基本原理

MOM 是由 Harrington 系统开发出的[8]，在过去的几十年变得越来越成熟。一般来说，我们考虑下面的算子方程：

$$\bar{\mathbf{L}}\cdot\mathbf{f} = \mathbf{g} \tag{2.19}$$

其中，$\bar{\mathbf{L}}$ 代表线性算子，$\mathbf{g}$ 代表已知的源函数，$\mathbf{f}$ 是我们要确定的函数。通常 $\mathbf{f}$ 和 $\mathbf{g}$ 在不同的空间 $\mathcal{F}$ 和 $\mathcal{G}$ 内。

为了获得 $\mathbf{f}$ 的数值解，我们把未知函数展开成一组基函数：

$$\mathbf{f}(\boldsymbol{r}) = \sum_{n=1}^{N} a_n\mathbf{f}_n(\boldsymbol{r}) \tag{2.20}$$

其中，a_n 是要确定的未知系数。将式(2.20)代入式(2.19)得到：

$$\sum_{n=1}^{N} a_n \bar{\mathbf{L}} \cdot \mathbf{f}_n(\boldsymbol{r}) = \mathbf{g}(\boldsymbol{r}) \tag{2.21}$$

它是在 $\mathcal{G}$ 空间内的。为了确定系数 a_n，可以将式(2.21)向 N 个测试函数 $\mathbf{w}_1$，$\mathbf{w}_2$，…，$\mathbf{w}_N$ 投影，从而得到：

$$\sum_{n=1}^{N} a_n \langle \mathbf{w}_m,\ \bar{\mathbf{L}} \cdot \mathbf{f}_n(\boldsymbol{r}) \rangle = \langle \mathbf{w}_m,\ \mathbf{g}(\boldsymbol{r}) \rangle \tag{2.22}$$

并定义内积：

$$\langle \mathbf{w}, \mathbf{f} \rangle = \int \mathbf{w}^*(\boldsymbol{r}) \cdot \mathbf{f}(\boldsymbol{r})\, \mathrm{d}\boldsymbol{r} \tag{2.23}$$

因此，式(2.19)可以变换成下面的矩阵方程：

$$\bar{\mathbf{Z}} \cdot \mathbf{a} = \mathbf{b} \tag{2.24}$$

其中矩阵 $\bar{\mathbf{Z}}$ 的元素为：

$$\mathrm{Z}_{mn} = \langle \mathbf{w}_m, \bar{\mathbf{L}} \cdot \mathbf{f}_n(\boldsymbol{r}) \rangle \tag{2.25}$$

源向量的元素为：

$$\mathrm{b}_m = \langle \mathbf{w}_m, \mathbf{g}(\boldsymbol{r}) \rangle \tag{2.26}$$

在 MOM 中，最重要的是测试基函数的选取[8]。主要有两种类型的基函数：全域基函数和子域基函数。对于复杂的二维或者三维问题寻找合适的全域基函数是非常困难的。因此，我们一般使用子域基函数。如果基和测试函数在相同的空间内，即 $\mathcal{F}_N = \mathcal{G}_N$，则可以取 $\mathbf{w}_n = \mathbf{f}_n$。这就是著名的伽辽金法，也是最流行的测试过程。

2.2.2.3 RWG 基函数

对于任意的 PEC(理想导电体)物体，电流只在表面上流动，因此我们要求解表面积分方程。为了把任意 PEC 表面离散化，三角网格是一种最简单和高效的方法。

对于三角网格，Rao、Wilton 和 Glission 提出了屋顶状的基函数：[15]

$$\mathbf{f}_n(\boldsymbol{r}) = \begin{cases} \dfrac{l_n}{2A_n^+}\boldsymbol{\rho}_n^+, & \boldsymbol{r} \in \mathrm{T}_n^+ \\ \dfrac{l_n}{2A_n^-}\boldsymbol{\rho}_n^-, & \boldsymbol{r} \in \mathrm{T}_n^- \\ 0, & \text{其他} \end{cases} \tag{2.27}$$

它定义在如图2.2(a)所示的三角对 T_n^+ 和 T_n^- 上。显然，这是个子域基函数，通常称为 Rao-Wilton-Glission(RWG)基函数。RWG 基是和内部边缘有关的，也就是三角状贴片的无边界边缘。RWG 基函数有清晰的物理意义。从它的定义，可以明显的看到：

1. 电流沿三角对 T_n^+ 和 T_n^- 边界流动，因此在外边界不存在有线电荷。
2. 在内边缘 l_n 上($\boldsymbol{r} \in l_n$)，我们有

$$\mathbf{f}_n^+ \cdot \hat{u}_n^+ = \frac{l_n}{2A_n^+}\boldsymbol{\rho}_n^+ \cdot \hat{u}_n^+ = \frac{l_n h_n^+}{2A_n^+} = 1$$

$$\mathbf{f}_n^- \cdot \hat{u}_n^- = \frac{l_n}{2A_n^-}\boldsymbol{\rho}_n^- \cdot \hat{u}_n^- = \frac{l_n h_n^-}{2A_n^-} = -1$$

其中，$\hat{u}_n^{\pm}$ 是在 T_n^+ 和 T_n^- 内的边缘 l_n 法向单位矢量。因此，电流的法向分量穿过内边缘 l_n 并且是连续的。结果，在这个边缘上没有线电荷堆积。

3. T_n^+ 和 T_n^- 上的面电荷都是常数，会形成脉冲偶极子。显然，三角对上的总表面电荷是零。

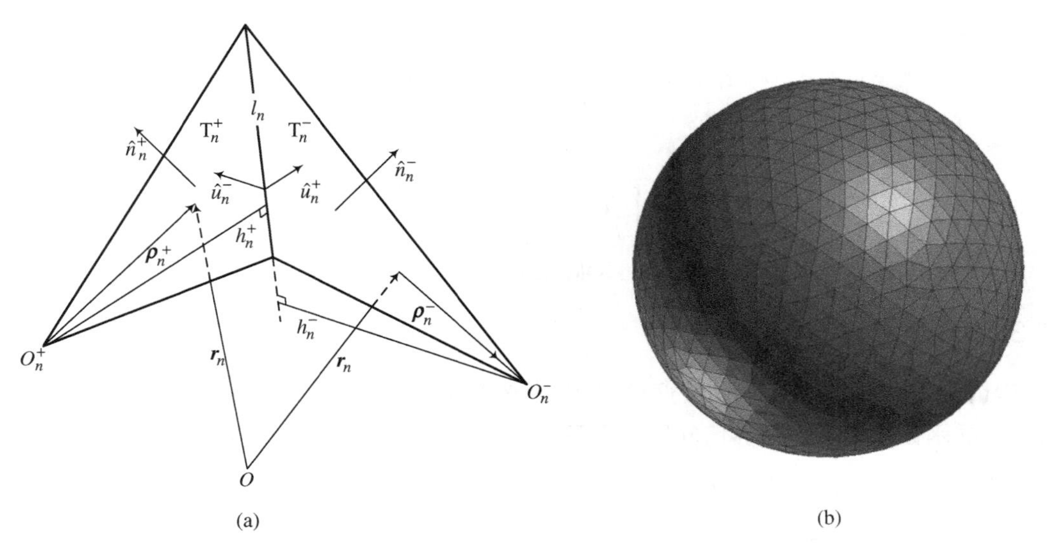

图 2.2　RWG 基本函数和 MOM 中的网格离散化。(a)和内边界 l_n 相关的三角形对；(b)三角网格划分的球面

根据上面的分析，RWG 基函数没有引入任何的净电荷，所以物理上是正确的。

2.2.2.4　利用 RWG 基函数实现 MOM

现在考虑利用 RWG 基函数来进行 PEC 物体的 MOM 实现。对于处于简单媒介中特性为 (ε,μ) 的 PEC 物体，EFIE 可以表示为：

$$\mathrm{i}\omega\hat{t}\cdot\mathbf{A}(\boldsymbol{r})-\hat{t}\cdot\nabla\Phi(\boldsymbol{r})=-\hat{t}\cdot\mathbf{E}^{\mathrm{inc}}(\boldsymbol{r}) \tag{2.28}$$

式中：

$$\mathbf{A}(\boldsymbol{r})=\mu\int_S g(\boldsymbol{r},\boldsymbol{r}')\mathbf{J}(\boldsymbol{r}')\,\mathrm{d}s' \tag{2.29}$$

$$\Phi(\boldsymbol{r})=\frac{1}{\mathrm{i}\omega\varepsilon}\int_S g(\boldsymbol{r},\boldsymbol{r}')\nabla'\cdot\mathbf{J}(\boldsymbol{r}')\,\mathrm{d}s' \tag{2.30}$$

现在我们利用伽辽金过程来测试式(2.28)。因为沿着切线方向 $\hat{t}$，$\mathbf{w}_m(\boldsymbol{r})=\boldsymbol{f}_m(\boldsymbol{r})$，因此得到：

$$\mathrm{i}\omega\langle\mathbf{f}_m,\mathbf{A}\rangle-\langle\mathbf{f}_m,\nabla\Phi\rangle=-\langle\mathbf{f}_m,\mathbf{E}^{\mathrm{inc}}\rangle \tag{2.31}$$

其可以表示成矩阵的形式：

$$\bar{\mathbf{Z}}^{\mathrm{e}}\cdot\mathbf{I}=\mathbf{V}^{\mathrm{e}} \tag{2.32}$$

其中阻抗矩阵的元素为：

$$Z_{mn}^{\mathrm{e}}=\mathrm{i}\omega\mu\int_{S_m}\mathrm{d}s\int_{S_n}\mathbf{f}_m(\boldsymbol{r})\cdot[g(\boldsymbol{r},\boldsymbol{r}')\mathbf{f}_n(\boldsymbol{r}')]\,\mathrm{d}s'+\frac{1}{\mathrm{i}\omega\varepsilon}\int_{S_m}\nabla\cdot\mathbf{f}_m(\boldsymbol{r})\mathrm{d}s\int_{S_n}g(\boldsymbol{r},\boldsymbol{r}')\nabla'\cdot\mathbf{f}_n(\boldsymbol{r}')\,\mathrm{d}s' \tag{2.33}$$

激励向量是：

$$V_m^{\mathrm{e}} = -\int_{S_m} \mathbf{f}_m(\boldsymbol{r}) \cdot \mathbf{E}^{\mathrm{inc}}(\boldsymbol{r})\, \mathrm{d}s \tag{2.34}$$

类似地，MFIE 的 MOM 实现可表示为：

$$\bar{\mathbf{Z}}^{\mathrm{m}} \cdot \mathbf{I} = \mathbf{V}^{\mathrm{m}} \tag{2.35}$$

其中：

$$Z_{mn}^{\mathrm{m}} = \frac{1}{2}\int_{S_m} \mathbf{f}_m(\boldsymbol{r}) \cdot \mathbf{f}_n(\boldsymbol{r}')\, \mathrm{d}s - \mathrm{PV}\int_{S_m} \mathrm{d}s \int_{S_n} \mathbf{f}_m(\boldsymbol{r}) \cdot \hat{n}(\boldsymbol{r}) \times \nabla \times [g(\boldsymbol{r}, \boldsymbol{r}')\mathbf{f}_n(\boldsymbol{r}')]\, \mathrm{d}s' \tag{2.36}$$

且：

$$V_m^{\mathrm{m}} = \int_{S_m} \mathbf{f}_m(\boldsymbol{r}) \cdot \left[\hat{n}(\boldsymbol{r}) \times \mathbf{H}^{\mathrm{inc}}(\boldsymbol{r})\right] \mathrm{d}s \tag{2.37}$$

结合上面的公式，可得到 CFIE 的 MOM 实现。

2.2.3 FEM

FEM 的原理是利用一系列小的子域来代替整个计算域，小子域的未知的函数用未知参数的简单内插函数来表示。边界值问题的有限元分析主要包括以下基本步骤：

1. 确定合适的控制方程和边界条件。
2. 建立合适的 FEM 网格。
3. 选择合适的内插或者权值函数，利用 Ritz 变分法或者伽辽金法将控制方程转化为矩阵方程。
4. 求解线性系统。
5. 后处理。

为了用 FEM 解决时域谐波电磁问题，控制方程需要预先确定。通常，FEM 直接利用电场或者磁场对问题进行求解。对于 **E** 的微分方程可以通过把式(2.6)和式(2.7)中的 **H** 消去得到：

$$\nabla \times \left(\mu_r^{-1} \nabla \times \mathbf{E}\right) - k_0^2 \varepsilon_r \mathbf{E} = \mathrm{i}k_0 Z_0 \mathbf{J} \tag{2.38}$$

类似地，**H** 的波动方程为：

$$\nabla \times \left(\varepsilon_r^{-1} \nabla \times \mathbf{H}\right) - k_0^2 \mu_r \mathbf{H} = \nabla \times \varepsilon_r^{-1} \mathbf{J} \tag{2.39}$$

在大多数情况下，我们优先选择式(2.38)，最广泛利用的边界条件是：

$$\hat{n} \times \mathbf{E} = 0, \quad \Gamma_1\text{上} \tag{2.40}$$

$$\hat{n} \times \nabla \times \mathbf{E} = 0, \quad \Gamma_2\text{上} \tag{2.41}$$

Γ_1 是 PEC 目标的边界，Γ_2 是理想磁导体(PMC)目标的边界。

传统上，有两种经典的方法可以用来求解式(2.38)。一种是伽辽金法，另一种是 Ritz 变分法。这里对前面一种方法进行简单的介绍。伽辽金法是一种加权残数法，它通过对微分方程的残数进行加权来求解。定义 $\tilde{\mathbf{E}}$ 为电场 **E** 的近似，它可以展开为：

$$\tilde{\mathbf{E}} = \sum_{i=1}^{N} a_i \mathbf{N}_i \tag{2.42}$$

其中，$\mathbf{N}_i$ 是插值函数。用 $\tilde{\mathbf{E}}$ 代替式(2.38)中的 **E** 得到非零残余：

$$\mathbf{r} = \frac{1}{\mu_r}\nabla \times \nabla \times \tilde{\mathbf{E}} - k_0^2 \varepsilon_r \tilde{\mathbf{E}} - ik_0 Z_0 \mathbf{J} \tag{2.43}$$

$\tilde{\mathbf{E}}$ 的最优值是在全域的所有点使残余量 $\mathbf{r}$ 取得最小值。因此，加权余量法加上了条件：

$$\mathrm{R}_i = \int_V \mathbf{W}_i \cdot \left(\frac{1}{\mu_r}\nabla \times \nabla \times \tilde{\mathbf{E}} - k_0^2 \varepsilon_r \tilde{\mathbf{E}}\right)\mathrm{d}V - ik_0 Z_0 \int_V \mathbf{W}_i \cdot \mathbf{J}\,\mathrm{d}V = 0 \tag{2.44}$$

其中，R_i 代表加权余量积分，$\mathbf{W}_i$ 代表选择的加权函数。对于伽辽金法，有 $\mathbf{W}_i = \mathbf{N}_i$。于是式(2.44)变成：

$$\int_V \mathbf{N}_i \cdot \left(\frac{1}{\mu_r}\nabla \times \nabla \times \tilde{\mathbf{E}} - k_0^2 \varepsilon_r \tilde{\mathbf{E}}\right)\mathrm{d}V = ik_0 Z_0 \int_V \mathbf{N}_i \cdot \mathbf{J}\,\mathrm{d}V \tag{2.45}$$

这个方程可以变换为一个线性系统，于是未知的参数 a_i 可以通过各种求矩阵的方法获取。

伽辽金法中最重要的步骤是选取在整个域上定义的插值函数。对于多数三维电磁问题，这是非常困难的，甚至是不可能的。为了克服这个障碍，在计算域可以用子域单元进行网格划分。在每个子域，电场可以用一个简单的插值函数表示。因此，伽辽金法可以应用到每个子域，这也是 FEM 的基本思想。在进行 FEM 仿真的时候，可以使用不同的网格划分元素，比如四面体、六面体、三角柱，甚至是曲线单元。在所有的类型中，四面体是最简单的，也是对任意体积区域最适合的，如图 2.3(a)所示。

当一个区域被网格划分好后，就要确定插值函数。对于四面体单元，最常采用的是 Whitney 函数[21]，它的形式为：

$$\mathbf{N}_i = (\zeta_{i_1}\nabla\zeta_{i_2} - \zeta_{i_2}\nabla\zeta_{i_1})l_i \tag{2.46}$$

其中，i_1 和 i_2 代表和边缘 i 相关的两个节点的局部数，ζ_i 代表空间坐标。对于四面体内的任意一点 P，V_i 表示 P 和四面体上除了 i 点以外的三个节点组成的体积，V^e 是四面体的体积，ζ_i 定义为：

$$\zeta_i = V_i / V^e \tag{2.47}$$

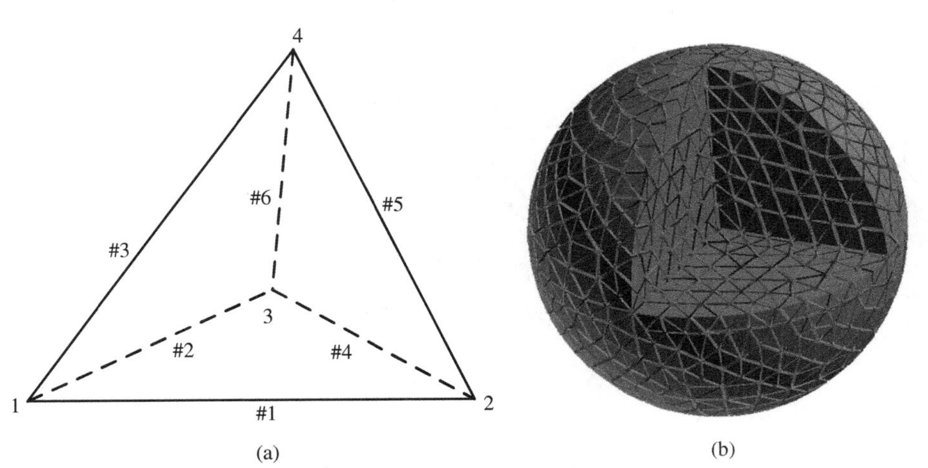

图 2.3　FEM 的离散化图示。(a)线性四面体单元；(b)一个四面体离散化的实心球(切去了1/8个球以指示内部)

定义 $\hat{t}_i$ 为由节点 i_1 指向节点 i_2 的单位向量，于是可以得到：

$$\hat{t}_i \cdot \nabla\zeta_{i_1} = -1/l_i, \qquad \hat{t}_i \cdot \nabla\zeta_{i_2} = 1/l_i \tag{2.48}$$

因此：

$$\hat{t}_i \cdot \mathbf{N}_i = (\zeta_{i_1} + \zeta_{i_2}) = 1 \tag{2.49}$$

这意味着沿着边缘 i 的 $\mathbf{N}_i$ 的切线分量是一个常数。而且，$\mathbf{N}_i$ 沿着其他的五个边缘没有切线分量。因此，和 $\mathbf{N}_i$ 对应的系数代表电场在边缘 i 上的切线分量。

将伽辽金法应用到每个单元，可以得到一个局部的矩阵方程，只要将式(2.45)中的 V 改成 V^e 。将所有的局部矩阵方程放在一起，消去边界上未知的边缘，就可以得到一个线性系统，可以表示为：

$$\bar{\mathbf{A}}\mathbf{x} = \mathbf{b} \tag{2.50}$$

刚矩阵 $\bar{\mathbf{A}}$ 是对称的、高度稀疏的病态的矩阵。在大多数问题中，$\bar{\mathbf{A}}$ 的每一行的平均非零元素的个数少于20。因此，我们用稀疏矩阵的存储方式来存储矩阵 $\bar{\mathbf{A}}$ 。通常，在整个 FEM 仿真中求解式(2.50)是最耗时的步骤，所以一个好的求解方法是非常重要的。其中一种非常有效的方法是多波前算法。还有一种广泛使用的方法是有前提条件的 Krylov 子空间迭代方法，比如ICCG、ICGMRES 等。

在天线辐射仿真的时候，我们感兴趣的域是通向周围的自由空间的开放域，也就是说计算域是无限的。为了让其可解，无限的空间需要被缩减。一种方法是结合 FEM 和 MOM 得到一种混合的建模方案。另一种方法是在离天线一定距离的地方设置合适的边界条件。这样的边界条件被称为吸收边界条件(ABC)。ABC 可以用很多技术来实现，比如完全匹配层(PML)[19]。

一个实例：用 FEM 方法分析一个线馈电的微带贴片天线。贴片天线的构型如图 2.4 所示。如图 2.5 所示，PML 是用来缩减仿真区域的。PML 和天线之间的距离约 $\frac{1}{4}\lambda$，它的厚度也是 $\frac{1}{4}\lambda$。图 2.6 给出了利用 FEM 和 FDTD 方法得到的贴片天线的回波损耗。这两条曲线有一些差异，因为这个结构不能用规则的 FDTD 网格精确表示。

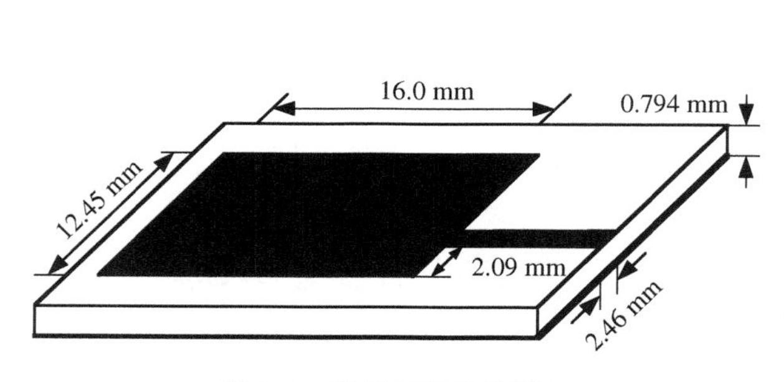

图 2.4　微带天线线性馈电

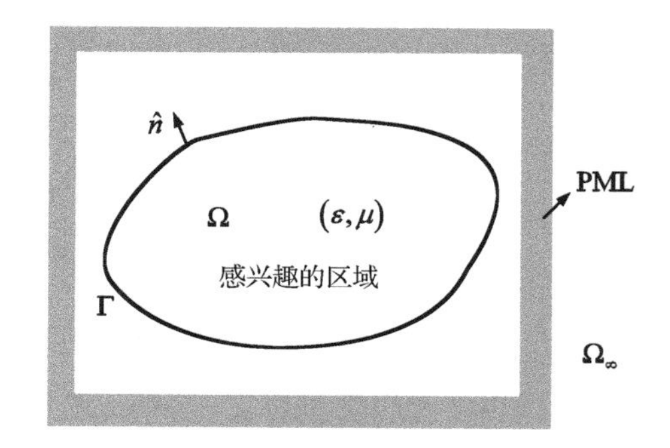

图 2.5　PML 缩减的仿真区域

2.2.4　FDTD 方法

FDTD 是利用有限差分来近似解决微分方程的方法。它的步骤可以归结如下：

1. 将连续的计算区域划分为一些节点的网格。
2. 利用有限差分得到给定微分方程的导数的近似。
3. 根据边界条件在每个节点的下一个时间步骤求解有限差分方程，该方法被称为跳点法，特别应用在 FDTD 方法中。

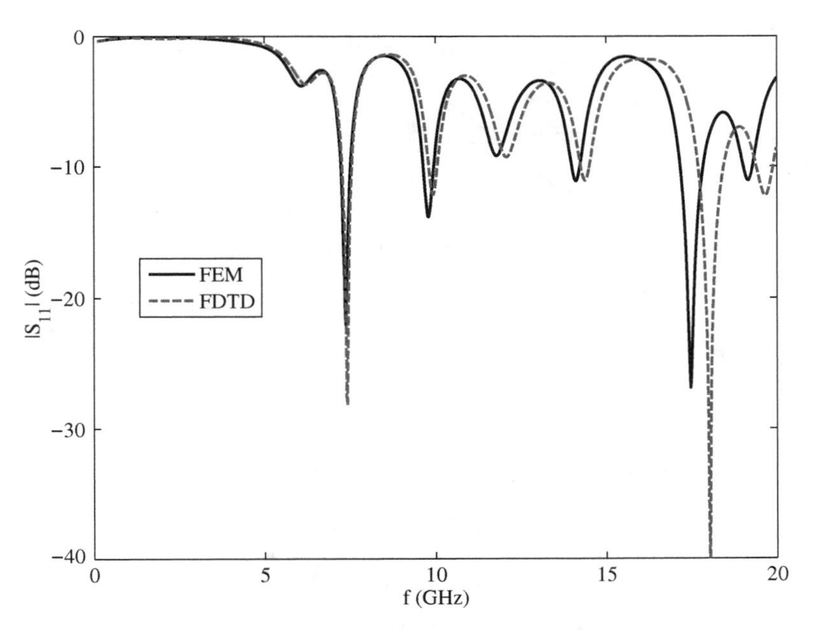

图 2.6　利用 FEM 和 FDTD 方法得到的贴片天线的回波损耗

FDTD 方法直接将时域的麦克斯韦方程离散成微分方程。麦克斯韦时域式(2.1)和式(2.2)，通过包括虚拟的磁流可以表示成更加一般和对称的形式：

$$\nabla \times \mathbf{E} = -\frac{\partial(\mu \mathbf{H})}{\partial t} - \sigma_{\mathrm{M}} \mathbf{H} \tag{2.51}$$

$$\nabla \times \mathbf{H} = \frac{\partial(\varepsilon \mathbf{E})}{\partial t} + \sigma_{\mathrm{E}} \mathbf{E} \tag{2.52}$$

假设 ε 和 μ 都是非时变的。那么式(2.51)和式(2.52)可以展开成以下的 6 个方程：

$$\frac{\partial H_x}{\partial t} = \frac{1}{\mu}\left(\frac{\partial E_y}{\partial z} - \frac{\partial E_z}{\partial y} - \sigma_{\mathrm{M}} H_x\right) \tag{2.53}$$

$$\frac{\partial H_y}{\partial t} = \frac{1}{\mu}\left(\frac{\partial E_z}{\partial x} - \frac{\partial E_x}{\partial z} - \sigma_{\mathrm{M}} H_y\right) \tag{2.54}$$

$$\frac{\partial H_z}{\partial t} = \frac{1}{\mu}\left(\frac{\partial E_x}{\partial y} - \frac{\partial E_y}{\partial x} - \sigma_{\mathrm{M}} H_z\right) \tag{2.55}$$

$$\frac{\partial E_x}{\partial t} = \frac{1}{\varepsilon}\left(\frac{\partial H_z}{\partial y} - \frac{\partial H_y}{\partial z} - \sigma_{\mathrm{E}} E_x\right) \tag{2.56}$$

$$\frac{\partial E_y}{\partial t} = \frac{1}{\varepsilon}\left(\frac{\partial H_x}{\partial z} - \frac{\partial H_z}{\partial x} - \sigma_{\mathrm{E}} E_y\right) \tag{2.57}$$

$$\frac{\partial E_z}{\partial t} = \frac{1}{\varepsilon}\left(\frac{\partial H_y}{\partial x} - \frac{\partial H_x}{\partial y} - \sigma_{\mathrm{E}} E_z\right) \tag{2.58}$$

每个场分量都是时间 t 和空间坐标 (x, y, z) 的函数。为了将式(2.53)～式(2.58)变换为差分方程，时域必须进行均匀的离散，空域必须用 Yee 栅元进行网格划分，如图 2.7(a)所示。在 Yee 栅元中，6 个场分量都分布在其表面，每个电场分量都分布在边缘的中心，磁场分量则分布在表面的中心。

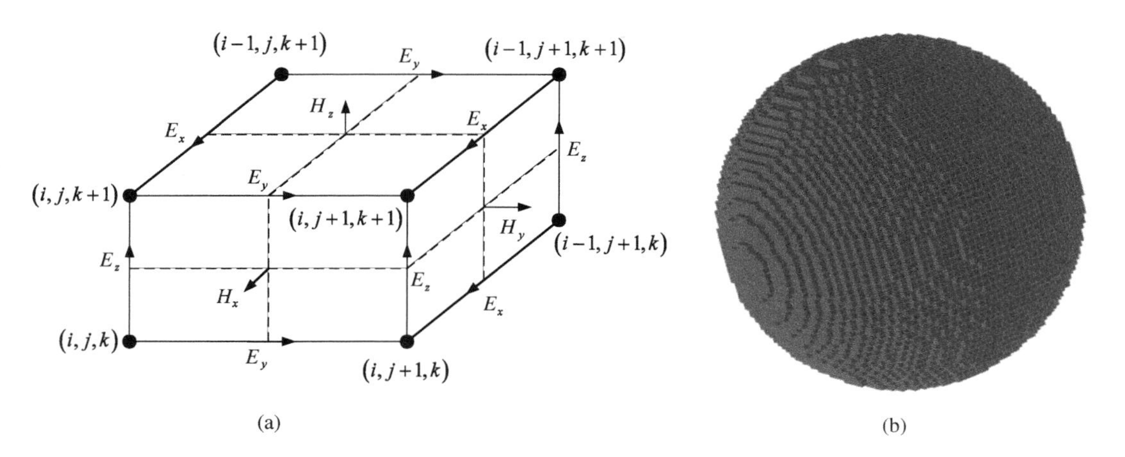

图 2.7 FDTD 方法的网格划分和细胞。(a) Yee 栅元的场分布；(b)用四面体离散化的实心球

当网格划分确定了以后，$u(x, y, z, t)$ 定义在离散空间坐标系中：

$$u(x,y,z,t)=u(i\Delta x, j\Delta y, k\Delta z, n\Delta t)=u^n(i,j,k) \tag{2.59}$$

在这里，Δx、Δy、Δz 代表沿着 x、y、z 方向的网格划分长度，Δt 是时间步长。为了离散麦克斯韦方程，我们考虑 3 种差分形式：前向、后向和中心差分。对于函数 $u(x)$，合理的一阶导数的近似为：

$$\frac{\mathrm{d}u}{\mathrm{d}x}\approx\frac{u(x+\Delta x)-u(x)}{\Delta x} \quad \text{前向差分} \tag{2.60}$$

$$\frac{\mathrm{d}u}{\mathrm{d}x}\approx\frac{u(x)-u(x-\Delta x)}{\Delta x} \quad \text{后向差分} \tag{2.61}$$

$$\frac{\mathrm{d}u}{\mathrm{d}x}\approx\frac{u(x+\Delta x/2)-u(x-\Delta x/2)}{\Delta x} \quad \text{中心差分} \tag{2.62}$$

根据泰勒展开式，中心差分的截断误差是 $O(\Delta x^2)$，是这三种差分方法中误差最小的。所以在 FDTD 中经常采用中心差分。利用中心差分来近似式(2.56)的时域和空域的导数，可以得到：

$$\frac{E_x^{n+1}\left(i+\frac{1}{2},j,k\right)-E_x^n\left(i+\frac{1}{2},j,k\right)}{\Delta t}=\frac{1}{\varepsilon\left(i+\frac{1}{2},j,k\right)}$$
$$\times\left[\frac{H_z^{n+\frac{1}{2}}\left(i+\frac{1}{2},j+\frac{1}{2},k\right)-H_z^{n+\frac{1}{2}}\left(i+\frac{1}{2},j-\frac{1}{2},k\right)}{\Delta y}-\frac{H_y^{n+\frac{1}{2}}\left(i+\frac{1}{2},j,k+\frac{1}{2}\right)-H_y^{n+\frac{1}{2}}\left(i+\frac{1}{2},j,k-\frac{1}{2}\right)}{\Delta z}-\sigma_{\mathrm{E}}E_x^{n+\frac{1}{2}}\left(i+\frac{1}{2},j,k\right)\right] \tag{2.63}$$

为了编程的方便，通常 $E_x^{n+\frac{1}{2}}\left(i+\frac{1}{2},j,k\right)$ 近似为：

$$E_x^{n+\frac{1}{2}}\left(i+\frac{1}{2},j,k\right)=\frac{E_x^{n+1}(i+\frac{1}{2},j,k)+E_x^n(i+\frac{1}{2},j,k)}{2} \tag{2.64}$$

因此式(2.64)可以变换成：

$$E_x^{n+1}\left(i+\frac{1}{2},j,k\right)=k_{\mathrm{E}}^{\mathrm{E}}E_x^n\left(i+\frac{1}{2},j,k\right)+k_{\mathrm{H}}^{\mathrm{E}}\left[\frac{H_z^{n+\frac{1}{2}}\left(i+\frac{1}{2},j+\frac{1}{2},k\right)-H_z^{n+\frac{1}{2}}\left(i+\frac{1}{2},j-\frac{1}{2},k\right)}{\Delta y}-\frac{H_y^{n+\frac{1}{2}}\left(i+\frac{1}{2},j,k+\frac{1}{2}\right)-H_y^{n+\frac{1}{2}}\left(i+\frac{1}{2},j,k-\frac{1}{2}\right)}{\Delta z}\right] \tag{2.65}$$

这里

$$k_{\mathrm{E}}^{\mathrm{E}}=\frac{1-\dfrac{\sigma_{\mathrm{E}}(i+\frac{1}{2},j,k)\Delta t}{2\varepsilon(i+\frac{1}{2},j,k)}}{1+\dfrac{\sigma_{\mathrm{E}}(i+\frac{1}{2},j,k)\Delta t}{2\varepsilon(i+\frac{1}{2},j,k)}} \tag{2.66}$$

$$k_{\mathrm{H}}^{\mathrm{E}}=\frac{\Delta t}{\varepsilon(i+\frac{1}{2},j,k)}\cdot\frac{1}{1+\dfrac{\sigma_{\mathrm{E}}(i+\frac{1}{2},j,k)\Delta t}{2\varepsilon(i+\frac{1}{2},j,k)}} \tag{2.67}$$

其他的 5 个差分方程也可以用同样的方法获得[26]。根据上面的差分方程，每个网格中的新的电场分量仅仅和前一时刻的数值以及前一时刻周围磁场分量有关。因此，对于给定的时间步骤，场分量的计算在每个时刻可以只处理一个点。

在 FDTD 方法中，Δx、Δy、Δz 和 Δt 的选择必须满足 Courant-Fredrichs-Lewy(CFL)稳定性准则，以保证算法的收敛性[24]：

$$\Delta t\leqslant\frac{1}{c\sqrt{\frac{1}{(\Delta x)^2}+\frac{1}{(\Delta y)^2}+\frac{1}{(\Delta z)^2}}} \tag{2.68}$$

这表示最大的时间间隔是由最小的栅格划分尺寸决定的。另外一个在 FDTD 方法中网格划分尺寸选择带来的问题是数值色散。和 FEM 方法相比，FDTD 方法的数值色散更加严重。色散就是波传播的速度受频率的影响，但是在非色散的媒介中电磁波的群速是和频率无关的。然而，因为 FDTD 方法仅仅是麦克斯韦方程的一个近似，所以即便在非色散的媒介中它也会产生色散，这被称为数值色散。定性来看，数值色散会恶化脉冲波形，导致数值各向异性，累积相位误差以及非物理折射。因此，数值色散是 FDTD 方法中不希望的内在的一种非物理效应，是影响 FDTD 方法精度的重要因素。为了减小数值色散，我们要小心地选择空间步长。通常需要满足 $\Delta\leqslant 0.1\lambda$，$\Delta$ 代表问题中最大空间步长，λ代表问题中最小的波长。和 MOM 及 FEM 不同的是，FDTD 网格离散误差更加严重，如图 2.7(b)所示。因为曲线的表面不能用六面体精确地近似。这些误差可以通过共形技术来缓和。

和 FEM 方法一样，对于开放问题必须加入人工边界条件。和应用在 FEM 的边界截断技术一样，比如 PML 和 Mur 吸收边界条件，也可以将它们从频域转化为时域并应用到 FDTD 方法中。

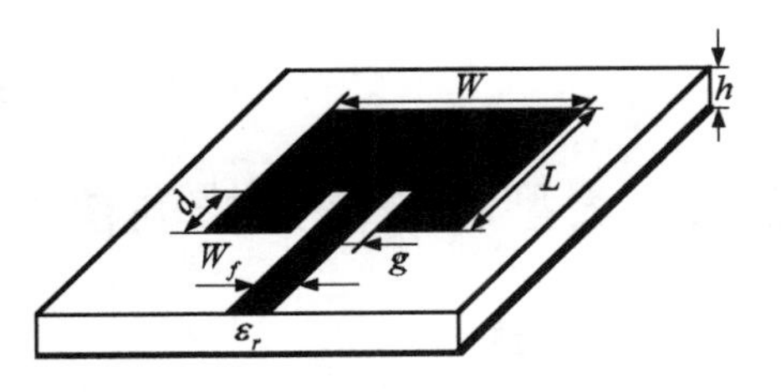

图 2.8　在辐射边缘嵌入馈电的微带天线

一个实例：一个内置馈电的微带天线，用 FDTD 方法进行仿真。天线的结构如图 2.8 所示。参数为：$L=16.3$ mm，$W=25.15$ mm，$W_f=2.286$ mm，$d=3.668$ mm，$g=0.762$ mm，$h=0.787$ mm。

图 2.9 给出了在复数天线输入阻抗条件下利用 FDTD 仿真得到的结果。相位参考点在馈电的位置。图 2.10 给出了输入回波损失的仿真和测量结果。考虑到基板厚度和介电常数的不确定性，仿真结果和测量结果是相当一致的。

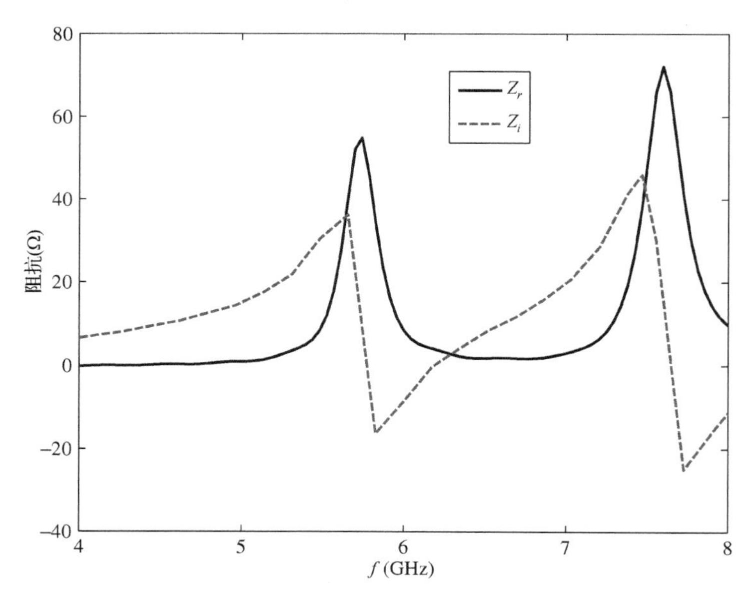

图 2.9　嵌入馈电微带天线输入阻抗的仿真结果

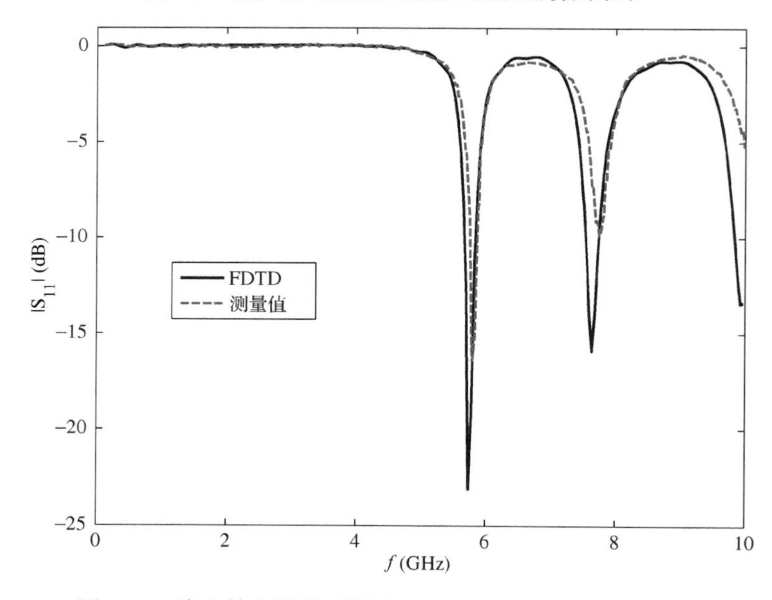

图 2.10　嵌入馈电微带天线输入回波损失的仿真和测量结果

2.3　大型稀疏阵建模的快速算法

2.3.1　引言

虽然目前计算机的计算能力已经大大增强，但是传统的数值方法在求解复杂电磁问题时仍然存在很多困难。因而，在最近几十年开发出了许多快速算法来增加 MOM、FEM、FDTD 等方法的效率。一个提高效率的可行方法就是减少数值方法形成的线性系统的求解时间和内存需求。多层快速多极子算法(MLFMA)可以大大加速矩阵和向量的乘积运算，是最有名的可以大大降低 MOM 算法的计算复杂度的方法。另外一个减少存储需求的方法是采用高阶基，它可以大大降低 FEM 和 MOM 线性系统的未知量数量。除此之外，为减少线性系统的迭代，人们还深入研究了有效的迭代方案和预知条件。有时候，混合方法，比如 MOM(或者 FEM)和高频方法的结合，是提高可解性的另外一种常用的方法。下面将介绍 MLFMA 和 FEM 的高阶基。

2.3.2 MLFMA

快速多极子方法(FMM)是由 Greengard 和 Rokhlin 在 1987 年为了解决粒子的模拟首先提出的[30]，这是一个和拉普拉斯方程相关的静态问题。这种方法不需要对矩阵进行存储，因此计算复杂度(包括内存需求和计算时间)就是 $O(N)$ 。

FMM 在 1990 年被 Rokhlin 拓展到求解动态的问题，解决了一个二维的亥姆霍兹方程[31]。然后，在 1990 年～1994 年有很多学者又做了一些其他的研究[32～35]。在这些方法中，计算复杂度是 $O(N^{1.5})$ 。FMM 的重大进展是在 1994 年，Song 和 Chew[36] 以及其他一些团队[37] 提出了多层的版本，被称为多层快速多极子算法(MLFMA)，它的复杂度被降低到 $O(N\log N)$。

利用 MOM，积分方程可以转化为一个线性系统，即

$$\bar{\mathbf{Z}}\cdot\mathbf{I}=\mathbf{V} \tag{2.69}$$

正如我们所知道的，传统的 MOM 方法中对应于 N 个未知量的所有电流元的相互作用会产生 $O(N^2)$ 的计算复杂度。

电流单元的协同行为和有 N 个用户的电话网络很相似，每个用户要和网络中的其他用户直接相连。因此，建立这样的电话网络需要 N^2 根电话线，如图 2.11 所示。

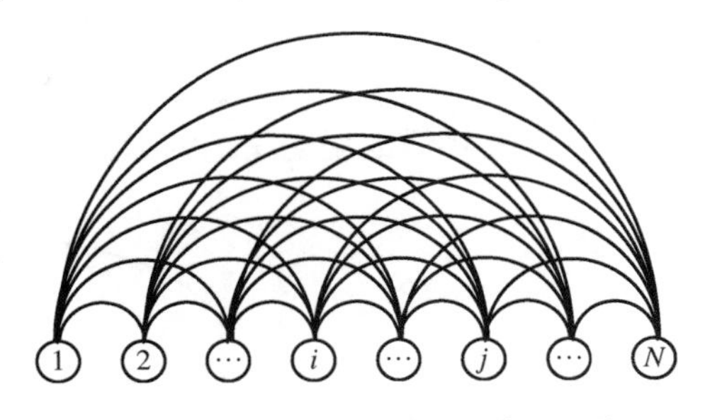

图 2.11 一层的网络需要 N^2 个连接

如图 2.12 所示，为了减少连接 N 个用户的电话线数量，引入了集线器系统。首先，所有的用户根据位置被划分为 M 个组。在一个组内的用户共享一个集线器，这时使用 M^2 个链路就可以连接所有的集线器。这样的话，就大大降低了电话线的数量。

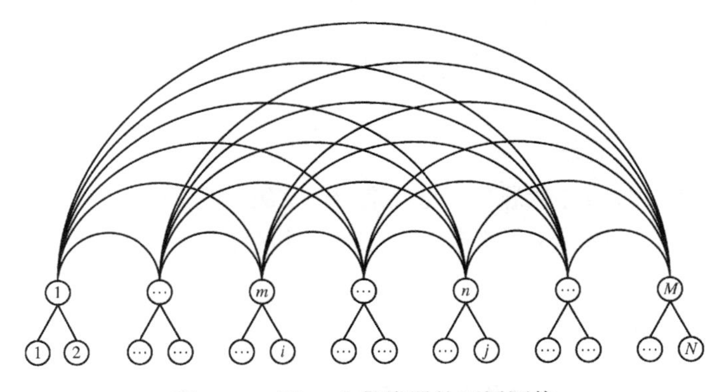

图 2.12 用 M 个集线器的两层网络

将上面的思想应用到散射问题上，将这个思想转化为数学语言，式(2.69)的矩阵单元可

以表示为：

$$Z_{ij} = \mathbf{V}_{im}^{\mathrm{T}} \cdot \bar{\mathbf{T}}_{mn} \cdot \mathbf{V}_{nj} \tag{2.70}$$

矩阵单元 Z_{ij} 可以看作一个管道将电流单元 j 的场信息传递到电流单元 i。分组并且引入"集线器"后，一组的中心，单元 j 的信息首先用向量 $\boldsymbol{V}_{nj}$ 传递到集线器 n，然后集线器 n 的信息传递到集线器 m，使用转换矩阵 $\bar{\mathbf{T}}_{mn}$。最后用 $\mathbf{V}_{im}^{\mathrm{T}}$ 把集线器 m 的信息传递到单元 i 中。

在上面的过程中，标量 Z_{ij} 被表示成一个向量、矩阵和向量的乘积。看起来一个简单的信息传输被一个复杂的传输代替了。实际上，转换矩阵 $\bar{\mathbf{T}}_{mn}$ 对于任何 m 和 n 组是重复被利用的。如果 $\bar{\mathbf{T}}_{mn}$ 是一个稠密矩阵，那么和直接求解的复杂度是一样的。但是如果 $\bar{\mathbf{T}}_{mn}$ 是一个对角矩阵，信息传递就会变得更加有效。幸运的是，$\bar{\mathbf{T}}_{mn}$ 可以通过 Rokhlin[38]或者 Chew[39]提出的方法进行对角化。结果是，可以将 FMM 的复杂度从 $O(N^2)$ 降低到 $O(N^{1.5})$。然而，两级算法在问题规模很大的时候效率会降低，因为在这个条件下 M 组的值也很大。为了更有效地解决大型问题，可以将两级的 FMM 扩展为多级的，称为多层快速多极子算法（MLFMA）[36,37]。简单地将两级算法嵌套为多级的不能得到复杂度为 $O(N\log N)$ 的算法。在不同层之间要使用内插器和前插器才能获得 $N\log N$ 算法[40]。

MLFMA 的基本思想如图 2.13 所示。首先所有的未知量结合到最细层 L，然后慢慢向上层集合，直到最粗层 1。在最粗层，场信息进行变换。然后从最粗层到下一层进行分解，直到最细层。下面将详细说明三维的 MLFMA。

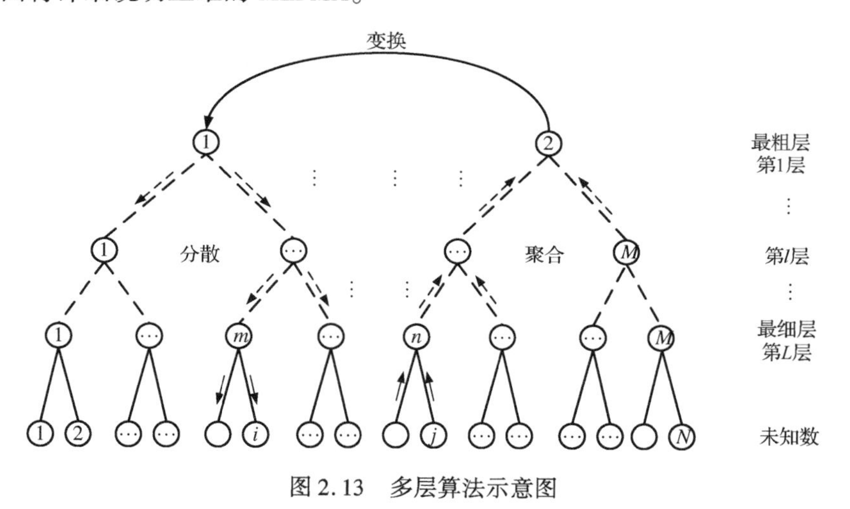

图 2.13 多层算法示意图

2.3.2.1 三维问题的加法定理

为了实现上面提出的集线连接思想，也就是通过多级过程来评估直接互动，需要运用坐标转换理论中的加法定理。在电磁学中，该定理是格林公式的拓展。在三维的情况下，可以展开为：

$$\frac{\mathrm{e}^{ik|r_1+r_2|}}{|\boldsymbol{r}_1+\boldsymbol{r}_2|} = ik\sum_{l=0}^{\infty}(-1)^l(2l+1)j_l(kr_1)h_l^{(1)}(kr_2)P_l(\hat{r}_1\cdot\hat{r}_2) \tag{2.71}$$

其中，$r_1 < r_2$，$\boldsymbol{r}_1 = \hat{r}_1 r_1$，$\boldsymbol{r}_2 = \hat{r}_2 r_2$；$j_l(kr_1)$ 是第一类的球贝塞尔函数，$h_l^{(1)}(kr_2)$ 是第一类球汉克尔函数，$P_l(\hat{r}_1,\hat{r}_2)$ 是勒让德多项式。上面的公式描述了球波函数的球谐函数的展开。当 $l\to\infty$ 时，球贝塞尔函数 $j_l(kr_1)$ 趋向于0，球汉克尔函数 $h_l^{(1)}(kr_2)$ 趋向于无穷。然而，球贝

塞尔函数趋向于 0 的速度比球汉克尔函数趋向于无穷的速度要快。因此，式(2.71)可以截断为：

$$\frac{e^{ik|\boldsymbol{r}_1+\boldsymbol{r}_2|}}{|\boldsymbol{r}_1+\boldsymbol{r}_2|}=ik\sum_{l=0}^{L}(-1)^l(2l+1)j_l(kr_1)h_l^{(1)}(kr_2)P_l(\hat{r}_1\cdot\hat{r}_2) \tag{2.72}$$

根据 Rokhlin 的分析[38]，截断数目 L 必须满足：

$$L=kD+\beta(kD)^{1/3} \tag{2.73}$$

其中，D 是组的直径，β 是和精度相关的常数。使用基本恒等式：

$$4\pi i^l j_l(kr_1)P_l(\hat{r}_1\cdot\hat{r}_2)=\int e^{ik\hat{k}\cdot\boldsymbol{r}_1}P_l\left(\hat{k}\cdot\hat{r}_2\right)\mathrm{d}^2\hat{k} \tag{2.74}$$

其中，积分是定义在单位球体上的，即埃瓦耳德球，球波函数(2.72)可以进一步展开为平面波函数的和：

$$\frac{e^{ik|\boldsymbol{r}_1+\boldsymbol{r}_2|}}{|\boldsymbol{r}_1+\boldsymbol{r}_2|}=\frac{ik}{4\pi}\int e^{ik\hat{k}\cdot\boldsymbol{r}_1}\sum_{l=0}^{L}i^l(2l+1)h_l^{(1)}(kr_2)P_l\left(\hat{k}\cdot\hat{r}_2\right)\mathrm{d}^2\hat{k} \tag{2.75}$$

其中，$\hat{k}=\hat{x}\sin\theta\cos\phi+\hat{y}\sin\theta\sin\phi+\hat{z}\cos\theta$，$d^2\hat{k}=\sin\theta\mathrm{d}\theta\mathrm{d}\phi$，引入：

$$\mathrm{T}_L\left(\hat{k}\cdot\hat{r}_2\right)=\sum_{l=0}^{L}i^l(2l+1)h_l^{(1)}(kr_2)P_l\left(\hat{k}\cdot\hat{r}_2\right) \tag{2.76}$$

式(2.75)可以写成：

$$\frac{e^{ik|\boldsymbol{r}_1+\boldsymbol{r}_2|}}{|\boldsymbol{r}_1+\boldsymbol{r}_2|}=\frac{ik}{4\pi}\int e^{ik\hat{k}\cdot\boldsymbol{r}_1}\mathrm{T}_L\left(\hat{k}\cdot\hat{r}_2\right)\mathrm{d}^2\hat{k} \tag{2.77}$$

现在再考虑计算域中的两个点 i 和 j。假设 i 是观察点，j 是源点。观察点 i 在组 m，源点 j 是在组 n，由图 2.14 所示。由图 2.14 可见，从源点到观察点的空间向量可以表示为：

$$\boldsymbol{r}_{ij}=\boldsymbol{r}_i-\boldsymbol{r}_j=\boldsymbol{r}_{im}+\boldsymbol{r}_{mn}+\boldsymbol{r}_{nj} \tag{2.78}$$

如果组 m 和 n 不是重叠的或者近邻的，那么：

$$\left|\boldsymbol{r}_{im}+\boldsymbol{r}_{nj}\right|<r_{mn} \tag{2.79}$$

因此，从式(2.77)可以得到：

$$\frac{e^{ik|\boldsymbol{r}_i-\boldsymbol{r}_j|}}{|\boldsymbol{r}_i-\boldsymbol{r}_j|}=\frac{ik}{4\pi}\int e^{i\boldsymbol{k}\cdot(\boldsymbol{r}_{im}+\boldsymbol{r}_{nj})}\mathrm{T}_{mn}\left(\hat{k}\cdot\hat{r}_{mn}\right)\mathrm{d}^2\hat{k} \tag{2.80}$$

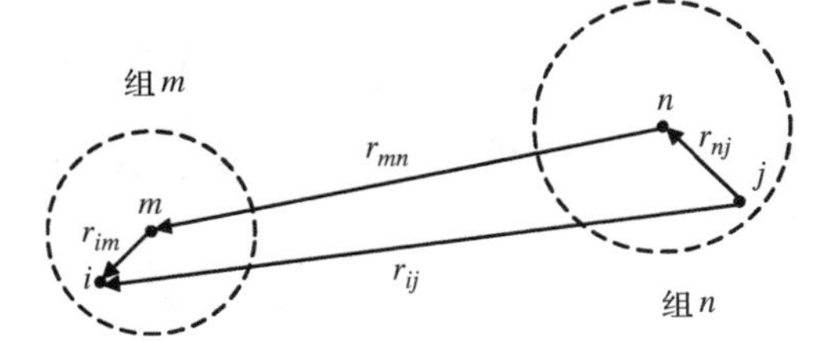

图 2.14　组 m 的观察点和组 n 的源点

其中：

$$\mathrm{T}_{mn}\left(\hat{k}\cdot\hat{r}_{mn}\right)=\sum_{l=0}^{L}i^l(2l+1)h_l^{(1)}(kr_{mn})P_l\left(\hat{k}\cdot\hat{r}_{mn}\right) \tag{2.81}$$

是转换矩阵，$e^{i\boldsymbol{k}\cdot\boldsymbol{r}_{nj}}$ 和 $e^{i\boldsymbol{k}\cdot\boldsymbol{r}_{im}}$ 是辐射和接收的方向图函数[41]。

2.3.2.2　并矢格林函数的多级扩展

由式(2.81)，转换矩阵 T_{mn} 只和组中心 m 和 n 相关。因此，场中某点的微分算子 ∇ 可以表示为：

$$\nabla=ik\hat{k} \tag{2.82}$$

因此，电场的并矢格林函数式(2.13)可以表示为：

$$\bar{\mathbf{G}}_{\mathrm{e}}\left(\boldsymbol{r}_i,\boldsymbol{r}_j\right)=\frac{ik}{(4\pi)^2}\int\left(\bar{\mathbf{I}}-\hat{k}\hat{k}\right)\mathrm{e}^{i\boldsymbol{k}\cdot(\boldsymbol{r}_{im}+\boldsymbol{r}_{nj})}\mathrm{T}_{mn}\left(\hat{k}\cdot\hat{r}_{mn}\right)\mathrm{d}^2\hat{k} \tag{2.83}$$

类似地，磁场的并矢格林函数式(2.16)可以表示为：

$$\bar{\mathbf{G}}_{\mathrm{m}}\left(\boldsymbol{r}_i,\boldsymbol{r}_j\right)=-\left(\frac{k}{4\pi}\right)^2\int\left(\hat{k}\times\bar{\mathbf{I}}\right)\mathrm{e}^{i\boldsymbol{k}\cdot(\boldsymbol{r}_{im}+\boldsymbol{r}_{nj})}\mathrm{T}_{mn}\left(\hat{k}\cdot\hat{r}_{mn}\right)\mathrm{d}^2\hat{k} \tag{2.84}$$

2.3.2.3 阻抗矩阵的多级扩展

EFIE 将式(2.83)代入式(2.33)可以得到：

$$\mathrm{Z}_{ij}^{\mathrm{e}}=-\eta\left(\frac{k}{4\pi}\right)^2\int\mathbf{V}_{fim}^{\mathrm{e}}\left(\hat{k}\right)\cdot\mathrm{T}_{mn}\left(\hat{k}\cdot\hat{r}_{mn}\right)\cdot\mathbf{V}_{snj}^{\mathrm{e}}\left(\hat{k}\right)\mathrm{d}^2\hat{k} \tag{2.85}$$

其中：

$$\mathbf{V}_{fim}^{\mathrm{e}}\left(\hat{k}\right)=\int_S\left(\bar{\mathbf{I}}-\hat{k}\hat{k}\right)\cdot\mathbf{f}_i(\boldsymbol{r}_{im})\mathrm{e}^{i\boldsymbol{k}\cdot\boldsymbol{r}_{im}}\mathrm{d}s \tag{2.86}$$

$$\mathbf{V}_{snj}^{\mathrm{e}}\left(\hat{k}\right)=\int_S\left(\bar{\mathbf{I}}-\hat{k}\hat{k}\right)\cdot\mathbf{f}_j\left(\boldsymbol{r}_{nj}\right)\mathrm{e}^{i\boldsymbol{k}\cdot\boldsymbol{r}_{nj}}\mathrm{d}s' \tag{2.87}$$

是 EFIE 接收和辐射方向图。

MFIE 类似地，将式(2.84)代入式(2.36)，注意右边的第一项当 $m\neq n$ 时会消失，得到：

$$\mathrm{Z}_{ij}^{m}=\left(\frac{k}{4\pi}\right)^2\int\mathbf{V}_{fim}^{\mathrm{m}}\left(\hat{k}\right)\cdot\mathrm{T}_{mn}\left(\hat{k}\cdot\hat{r}_{mn}\right)\cdot\mathbf{V}_{snj}^{\mathrm{m}}\left(\hat{k}\right)\mathrm{d}^2\hat{k} \tag{2.88}$$

其中：

$$\mathbf{V}_{fim}^{\mathrm{m}}\left(\hat{k}\right)=-\hat{k}\times\int_S\mathrm{e}^{i\boldsymbol{k}\cdot\boldsymbol{r}_{im}}\mathbf{f}_i(\boldsymbol{r}_{im})\times\hat{n}\,\mathrm{d}s \tag{2.89}$$

$$\mathbf{V}_{snj}^{\mathrm{m}}\left(\hat{k}\right)=\int_S\mathrm{e}^{i\boldsymbol{k}\cdot\boldsymbol{r}_{nj}}\mathbf{f}_j\left(\boldsymbol{r}_{nj}\right)\mathrm{d}s' \tag{2.90}$$

分别为 MFIE 的接收和辐射方向图。从式(2.89)得到，接收方向图关于 $\hat{k}$ 只有 θ 和 ϕ 分量。在辐射方向图中有：

$$\mathbf{f}_j\left(\boldsymbol{r}_{nj}\right)=\bar{\mathbf{I}}\cdot\mathbf{f}_j\left(\boldsymbol{r}_{nj}\right)=\left(\hat{r}\hat{r}+\hat{\theta}\hat{\theta}+\hat{\phi}\hat{\phi}\right)\cdot\mathbf{f}_j\left(\boldsymbol{r}_{nj}\right) \tag{2.91}$$

因此，在辐射方向图中仅需要 θ 和 ϕ 分量，这和 $\mathbf{V}_{snj}^{\mathrm{e}}(\hat{k})$ 等价。结果，式(2.88)可以重写为：

$$\mathrm{Z}_{ij}^{m}=\frac{k^2}{(4\pi)^2}\int_S\mathbf{V}_{fim}^{\mathrm{m}}\left(\hat{k}\right)\cdot\mathrm{T}_{mn}\left(\hat{k}\cdot\hat{r}_{mn}\right)\cdot\mathbf{V}_{snj}^{\mathrm{e}}\left(\hat{k}\right)\mathrm{d}^2\hat{k} \tag{2.92}$$

CFIE 式(2.18)的第 i 个方程是：

$$\sum_{j=1}^{N}\mathrm{Z}_{ij}\mathrm{I}_j=\mathrm{V}_i \tag{2.93}$$

其中：

$$\mathrm{Z}_{ij}=\alpha Z_{ij}^{\mathrm{e}}+\eta(1-\alpha)Z_{ij}^{\mathrm{m}} \tag{2.94}$$

$$\mathrm{V}_i=\alpha V_i^{\mathrm{e}}+\eta(1-\alpha)V_i^{\mathrm{m}} \tag{2.95}$$

因此，系数矩阵元素的多级拓展可以表示为：

$$Z_{ij}=\eta\left(\frac{k}{4\pi}\right)^2\int_S \mathbf{V}_{fim}\left(\hat{k}\right)\cdot \mathrm{T}_{mn}\left(\hat{k}\cdot\hat{r}_{mn}\right)\cdot \mathbf{V}_{snj}\left(\hat{k}\right)\,\mathrm{d}^2\hat{k} \tag{2.96}$$

其中：

$$\mathbf{V}_{fim}\left(\hat{k}\right)=\alpha\mathbf{V}_{fim}^{\mathrm{e}}\left(\hat{k}\right)+(1-\alpha)\mathbf{V}_{fim}^{\mathrm{m}}\left(\hat{k}\right) \tag{2.97}$$

$$\mathbf{V}_{snj}\left(\hat{k}\right)=\mathbf{V}_{snj}^{\mathrm{e}}\left(\hat{k}\right) \tag{2.98}$$

是 CFIE 的接收和辐射方向图。

2.3.2.4 格林函数的因式分解

考虑如图 2.15 所示的多级参考点的情况，其中 m_2，m_3，…，m_L 是观察点 i 的多级参考点，n_2，n_3，…，n_L 是源点 j 的多级参考点，因此有：

$$\boldsymbol{r}_{ij}=\boldsymbol{r}_{im}+\boldsymbol{r}_{m_2n_2}+\boldsymbol{r}_{nj} \tag{2.99}$$

其中：

$$\boldsymbol{r}_{im}=\boldsymbol{r}_{im_L}+\boldsymbol{r}_{m_Lm_{L-1}}+\cdots+\boldsymbol{r}_{m_3m_2} \tag{2.100}$$

$$\boldsymbol{r}_{nj}=\boldsymbol{r}_{n_2n_3}+\cdots+\boldsymbol{r}_{n_{L-1}n_L}+\boldsymbol{r}_{n_Lj} \tag{2.101}$$

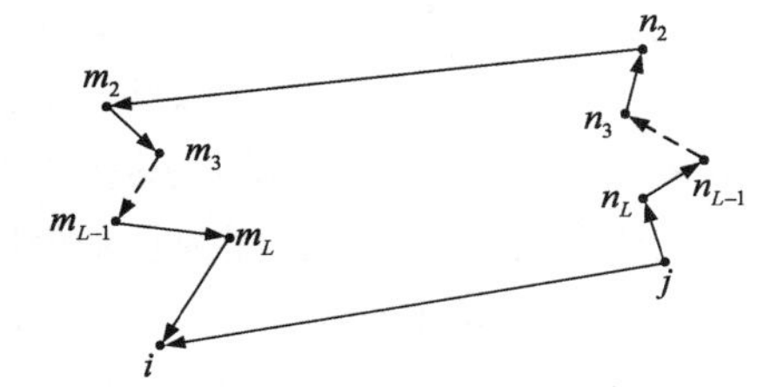

图 2.15　多层参考点的观察点和源点

当 $r_{m_2n_2}>|\bar{\boldsymbol{r}}_{im}+\bar{\boldsymbol{r}}_{nj}|$ 时，加法定理(2.80)给出：

$$\frac{\mathrm{e}^{ik|\boldsymbol{r}_i-\boldsymbol{r}_j|}}{|\boldsymbol{r}_i-\boldsymbol{r}_j|}=\frac{ik}{4\pi}\int_S \mathrm{e}^{i\boldsymbol{k}\cdot(\boldsymbol{r}_{im}+\boldsymbol{r}_{nj})}\mathrm{T}_{m_2n_2}\left(\hat{k}\cdot\hat{r}_{m_2n_2}\right)\,\mathrm{d}^2\hat{k} \tag{2.102}$$

其中，$\mathrm{T}_{m_2n_2}(\hat{k}\cdot\hat{r}_{m_2n_2})$ 是最粗层和参考点之间的转换矩阵。因此格林函数可以在多层分解为：

$$\frac{\mathrm{e}^{ik|\boldsymbol{r}_i-\boldsymbol{r}_j|}}{|\boldsymbol{r}_i-\boldsymbol{r}_j|}=\frac{ik}{4\pi}\int_S \mathrm{e}^{i\boldsymbol{k}\cdot\boldsymbol{r}_{im_L}}\mathrm{e}^{i\boldsymbol{k}\cdot\boldsymbol{r}_{m_Lm_{L-1}}}\cdots\mathrm{e}^{i\boldsymbol{k}\cdot\boldsymbol{r}_{m_3m_2}}\mathrm{T}_{m_2n_2}\left(\hat{k}\cdot\hat{r}_{m_2n_2}\right)\mathrm{e}^{i\boldsymbol{k}\cdot\boldsymbol{r}_{n_2n_3}}\cdots\mathrm{e}^{i\boldsymbol{k}\cdot\boldsymbol{r}_{n_{L-1}n_L}}\mathrm{e}^{i\boldsymbol{k}\cdot\boldsymbol{r}_{n_Lj}}\,\mathrm{d}^2\hat{k} \tag{2.103}$$

2.3.2.5 八叉树结构

在 MLFMA 中所研究的 PEC 物体首先利用 MOM 用小的单元离散。每个单元尺寸为 0.1λ～1.15λ。然后我们建立一个八叉树结构，并考虑在树结构中 i 单元和 j 单元的连接。八叉树结构描述如下：

- 选择一个包含 PEC 散射体的最小的盒子，将其作为零级的盒子。将其分为 8 个子盒子，定义为第一层盒子。然后再将第一层盒子分为 8 个子盒子，作为第二级盒子。持续进行至最精细层 L，如图 2.16 所示。在最精细层，每个盒子最多包含几个电流单元。
- 因为只有一个零级盒，而且 8 个第一级盒子是互相的近邻，这时加法定理不成立，最粗级或顶级不得不选成第二级或更高级。
- 当单元 i 是单元 j 的近邻时，场的相互作用应该使用没有分解成因子的格林函数用传统的方法计算。

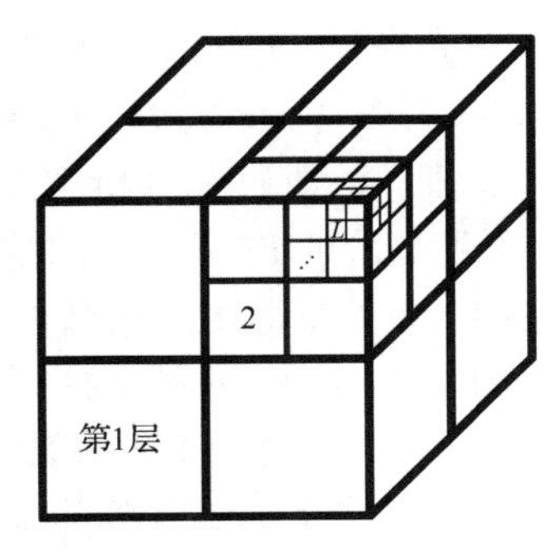

图 2.16　三维问题的八叉树结构

- 远元的计算分为：(i)集合过程；(ii)转换过程；(iii)分解过程。集合过程就是计算不同层级上的源的辐射方向图(外出场)，从最细层开始到反转的树中的最粗层。

转换器把外出的波变为进入的波，然后，下一步分解过程把最粗层的进入波变为最细层的进入波，最后变成在期望的场点的接收场。

2.3.3 FEM 的分层基

采用高阶基函数是减少 MOM 和 FEM 对内存的需求和计算时间的一种有效的方法，近年得到了很多关注。对 MOM 高阶基和 MLFMA 的结合不太令人满意，因此在此主要讨论 FEM 中的高阶基应用。高阶基可以分为两类：插值基[42]和分层基[43]，其中分层基被认为更加理想，因为它允许在不同的计算域应用不同的阶数，而且允许进行 P-改善。如果基函数形成 n 阶的空间，而它是形成 $n+1$ 阶的空间的子集，称其为分层基函数。对于一大类电磁问题，为 FEM 离散化分层基是有吸引力的。在本节，将主要讨论分层基在 FEM 中的应用。

对于四面体，最低阶的基是 Whitney 基，也被称作零阶旋度-相容($\mathbf{H}_0$(curl))基。许多的研究者，包括 Webb[43]、Andersen[44]和其他一些人概述了分层基($\mathbf{H}_1$(curl))。其中 Webb 概括的方法是有前途的，不仅因为它是分层的，而且因为它可以分离成两个组：纯梯度基函数和类似螺线管的向量基函数。Webb 基有下面的形式：

$$\begin{aligned} \mathbf{w}_i &= (\zeta_{i1}\nabla\zeta_{i2}-\zeta_{i2}\nabla\zeta_{i1})l_i, && \text{每边缘一个} \\ \mathbf{g}_i &= \zeta_{i1}\nabla\zeta_{i2}+\zeta_{i2}\nabla\zeta_{i1}, && \text{每边缘一个} \\ \mathbf{f}_j &= \zeta_{j3}(\zeta_{j1}\nabla\zeta_{j2}-\zeta_{j2}\nabla\zeta_{j1}), && \text{每边缘两个} \end{aligned} \tag{2.104}$$

其中，i_1 和 i_2 分别为和边缘 i 相关的两个节点的局部数，j_1、j_2、j_3 是和表面 j 相关的节点的数目。6 个基函数 $\mathbf{w}_i$ 是 Whitney 基，它张成了零阶旋度-相容空间。梯度函数 $\mathbf{g}_i$ 加上二阶表面类型非梯度的全变差(TV)子空间 $\mathbf{f}_j$ 使 $\mathbf{H}_1$(curl) 基空间完备。可以看出上面的基函数组是分层的：

$$\begin{aligned} &\mathbf{H}_0(\text{curl}) = \text{span}\{\mathbf{w}_i\} \\ &\mathbf{H}_1(\text{curl}) = \mathbf{H}_0(\text{curl}) \oplus \text{span}\{\mathbf{g}_i\} \oplus \text{span}\{\mathbf{f}_j\} \end{aligned} \tag{2.105}$$

总共有 20 组基。在四面体中分层基的分布如图 2.17 所示。

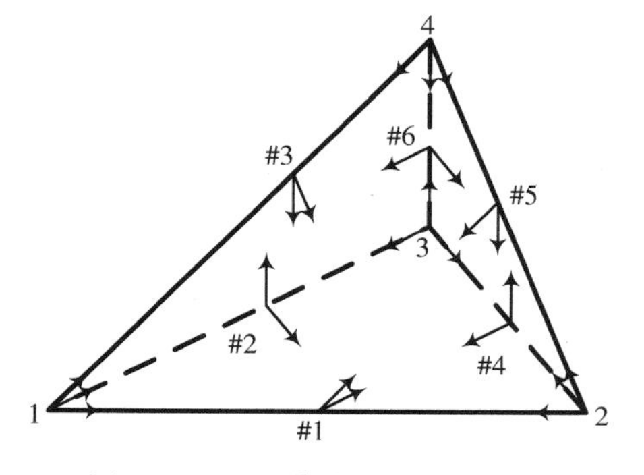

图 2.17 四面体中基函数的分布

为了测试 $\mathbf{H}_1$(curl) 改善 FEM 精度的能力，用 $\mathbf{H}_0$(curl)、$\mathbf{H}_1$(curl)、$\mathbf{H}_2$(curl) 计算矩形谐振腔的最小特征值。数值解和分析解之间的误差如图 2.18 所示，可见高阶的 FEM 给出的结果更加精确。全面的实验表明，为了获得相同的精度，$\mathbf{H}_1$(curl) 基需要的内存是用 $\mathbf{H}_0$(curl) 基所需的一半，用 $\mathbf{H}_1$(curl) 基的未知量数是 $\mathbf{H}_0$(curl) 基的 1/5。因此，采用 $\mathbf{H}_1$(curl) 基是改善 FEM 的效率的很有吸引力的方法。

FEM 产生的高度稀疏的线性系统通常使用迭代的方法求解。其中最强有力的一种迭代算法是 Krylov 提出的子空间迭代方法[45]，它在求解大型的稀疏线性系统的问题时具有很大的优势，比如双共扼梯度法(BiCG)和广义最小残量方法(GMRES)等。这些方法的吸引人的一种特性是它们只用矩阵和向量相乘来求解线性系统问题。然而，Krylov 子空间迭代方法的收敛速度是和系数矩阵的条件数紧密相关的。当用来解由离散三维电尺寸大的物体而得到的 TV-FEM 方程时这些方法的收敛会非常慢，即使使用强大的不完备乔里斯基预调节器[46]，运算量仍然是很大的。

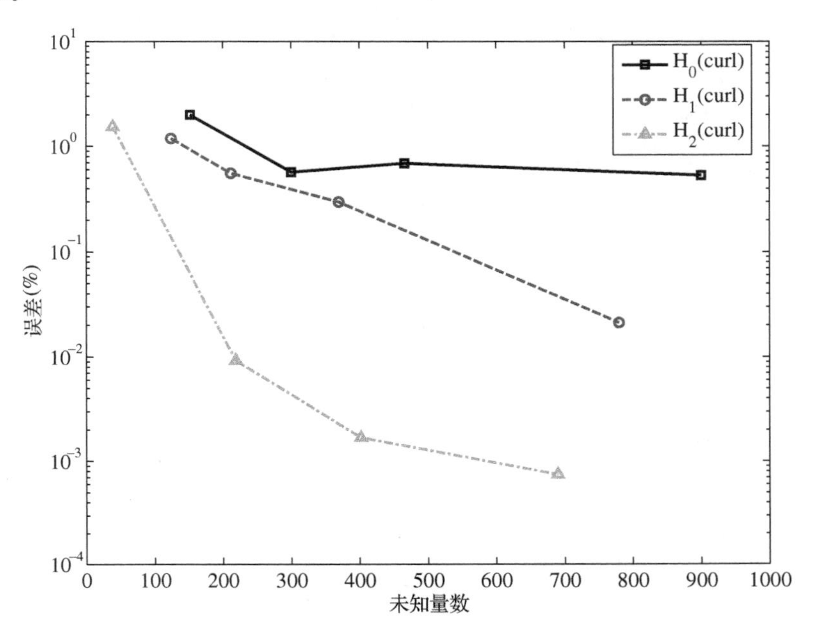

图 2.18　矩形谐振腔特征值的位置和误差的关系图

$\mathbf{H}_1$(curl) 基具有小波基的一些特性。因此，可以构建快速求解方法，这对 FEM 是非常有吸引力的。正如上面提到的，Whitney 基产生的系数矩阵是病态的。主要是由包含在旋度算子的零空间内的杂散 DC 模以及低频物理模的过采样引起的。因此，迭代的算法，包括最强大的 ICGG 算法，收敛会非常慢。借助于分层基，可以构建更加有效的解决方法。这里介绍一种有效的解决方法。将未知量从低阶组到高阶组编号，线性系统可以表示成下面的方块的形式：

$$\begin{bmatrix}\bar{\mathbf{A}}_{11} & \bar{\mathbf{A}}_{12}\\ \bar{\mathbf{A}}_{21} & \bar{\mathbf{A}}_{22}\end{bmatrix}\begin{bmatrix}\mathbf{x}_1\\ \mathbf{x}_2\end{bmatrix}=\begin{bmatrix}\mathbf{b}_1\\ \mathbf{b}_2\end{bmatrix} \tag{2.106}$$

这里，$\bar{\mathbf{A}}_{11}$ 是 $\mathbf{H}_0$(curl) 空间中的矩阵，它只占据了刚度矩阵的一小部分。未知向量 $\mathbf{x}_1$ 是由 $\mathbf{w}_{ij}$ 基函数的系数构成的，包含了解中的大多数低频部分，而 $\mathbf{x}_2$ 包含了大多数快速振荡模。因此可以使用 Schwarz 方法求解式(2.106)。通过 Schur 分解，刚度矩阵 $\bar{\mathbf{A}}$ 可以表示为：

$$\begin{bmatrix}\bar{\mathbf{A}}_{11} & \bar{\mathbf{A}}_{12}\\ \bar{\mathbf{A}}_{21} & \bar{\mathbf{A}}_{22}\end{bmatrix}=\begin{bmatrix}\bar{\mathbf{I}} & \mathbf{0}\\ \bar{\mathbf{A}}_{21}\bar{\mathbf{A}}_{11}^{-1} & \bar{\mathbf{I}}\end{bmatrix}\begin{bmatrix}\bar{\mathbf{A}}_{11} & \mathbf{0}\\ \mathbf{0} & \bar{\mathbf{A}}_{22}-\bar{\mathbf{A}}_{21}\bar{\mathbf{A}}_{11}^{-1}\bar{\mathbf{A}}_{12}\end{bmatrix}\begin{bmatrix}\bar{\mathbf{I}} & \bar{\mathbf{A}}_{11}^{-1}\bar{\mathbf{A}}_{12}\\ \mathbf{0} & \bar{\mathbf{I}}\end{bmatrix} \tag{2.107}$$

如果定义：

$$\begin{bmatrix}\mathbf{y}_1\\ \mathbf{y}_2\end{bmatrix}=\begin{bmatrix}\bar{\mathbf{I}} & \bar{\mathbf{A}}_{11}^{-1}\bar{\mathbf{A}}_{12}\\ \mathbf{0} & \bar{\mathbf{I}}\end{bmatrix}\begin{bmatrix}\mathbf{x}_1\\ \mathbf{x}_2\end{bmatrix},\quad \begin{bmatrix}\mathbf{b}_1\\ \mathbf{b}_2\end{bmatrix}=\begin{bmatrix}\bar{\mathbf{I}} & 0\\ \bar{\mathbf{A}}_{21}\bar{\mathbf{A}}_{11}^{-1} & \bar{\mathbf{I}}\end{bmatrix}\begin{bmatrix}\tilde{\mathbf{b}}_1\\ \tilde{\mathbf{b}}_2\end{bmatrix} \tag{2.108}$$

那么系统(2.106)可以分解为两个方程：

$$\bar{\mathbf{A}}_{11}\mathbf{y}_1=\tilde{\mathbf{b}}_1 \tag{2.109}$$

$$\left(\bar{\mathbf{A}}_{22}-\bar{\mathbf{A}}_{21}\bar{\mathbf{A}}_{11}^{-1}\bar{\mathbf{A}}_{12}\right)\mathbf{y}_2=\tilde{\mathbf{b}}_2 \tag{2.110}$$

因为 $\bar{\mathbf{A}}_{11}$ 只占据了刚度矩阵 $\bar{\mathbf{A}}$ 的一小部分，式(2.109)可以利用合适的直接求解方法来有效求解，而式(2.110)可利用强有力的 ICGMRES 有效求解。使用这样一种方案的话，式(2.106)可以有效求解。图 2.19 示出了对于贴片天线的不同迭代算法的收敛曲线，可以看出 Schwarz 算法比其他传统的迭代方法更加高效。

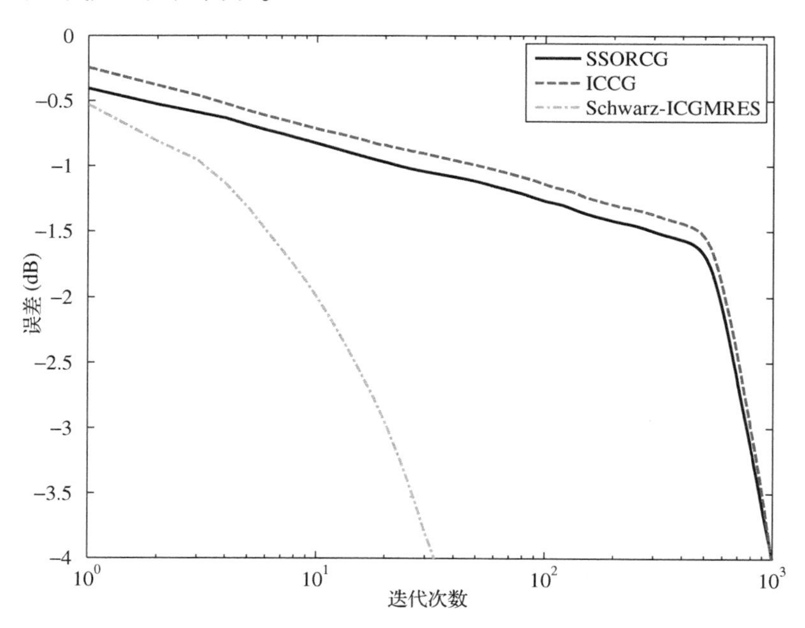

图 2.19　3 种迭代算法的收敛曲线(SSORCG 法，对称接续过松驰法，共轭梯度法)

2.4　案例研究：卫星本体对天线辐射方向图的影响

在这一节，我们研究卫星本体对空间天线辐射方向图的影响，重点放在说明 CEM 在分析平台对天线性能影响中的不可取代的地位。因为在很多书中都阐述了数值算法的精度和效率，比如文献[21,26,41]，这里就不再详细叙述了。

激光干涉仪空间天线(LISA)探路者飞船，如图 2.20 所示，是欧洲航天局的一项小的先进技术研究(SMART)，它是联合 ESA/NASA LISA 任务[47]的技术展示器。LISA 探路者任务的科学目标包括低频率引力波探测度量的第一次飞行测试，可以告诉我们空间和时间是如何联系的。开发这项技术的目的是缓和 LISA 的部分风险，因为它需要同时获取很多的东西。所有的技术不仅仅对 LISA 是关键的，它们也是将来基于空间的测试爱因斯坦理论的设备的核心。

下面用全波分析的方法研究飞行器对用在遥感和跟踪的控制子系统上的螺旋天线的影响。首先，计算如图 2.21 所示的单独的螺旋天线的方向图。螺旋的半径和间距分别为 0.2λ和 0.1λ。从图 2.22，我们可以清楚地看到谐振频率大约是 600 MHz，带宽很窄，这是传统螺旋天线的特性。图 2.23 示出了天线的方向性，最大的方向出现在天线轴的方向。

根据电磁场理论，可以定性地预测到一旦天线装备到飞行器上后天线的方向图就会改变；然而，更有用的定性地分析如果没有 CEM 的帮助将会非常困难。为了说明这一点，我们研究如图 2.24 所示的单个天线的情况，这里螺旋天线是和图 2.21 一样的。方向性图如图 2.25 所示。很明显，单独的螺旋天线的方向图会被 LISA 平台大大改变。

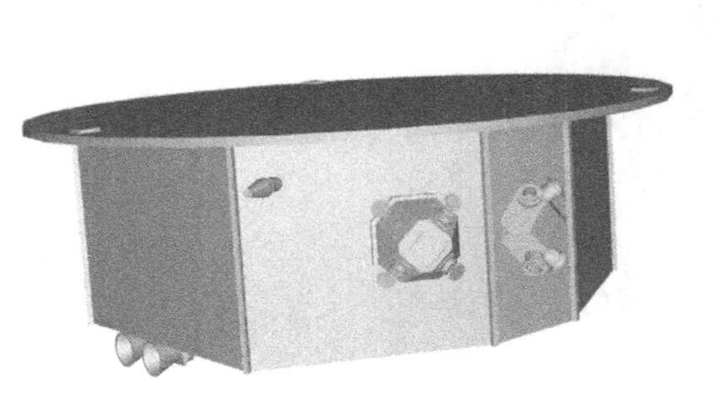

图 2.20　LISA 探路者

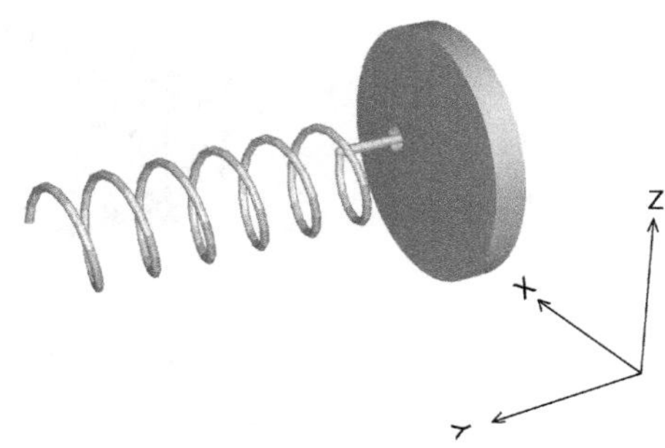

图 2.21　螺旋天线

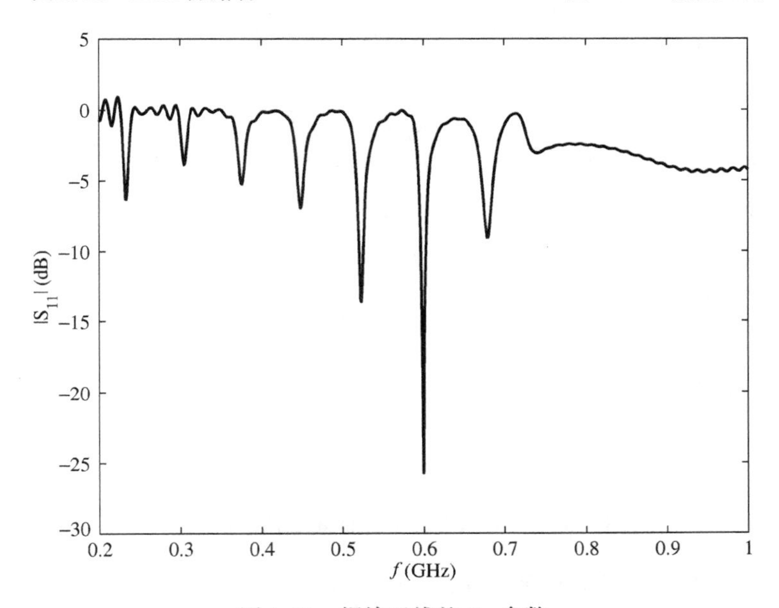

图 2.22　螺旋天线的 S_{11} 参数

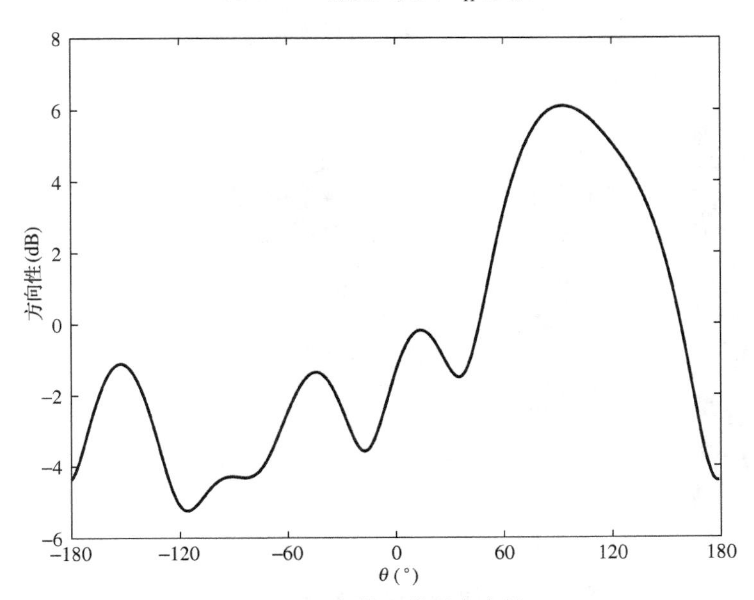

图 2.23　螺旋天线的方向性

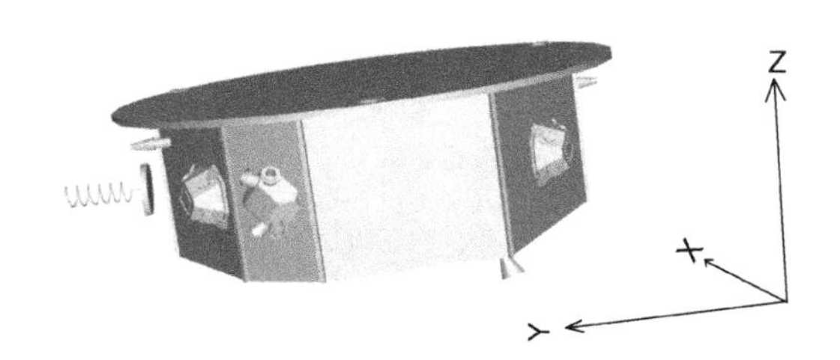

图 2.24 用一个螺旋天线的 LISA 探路者

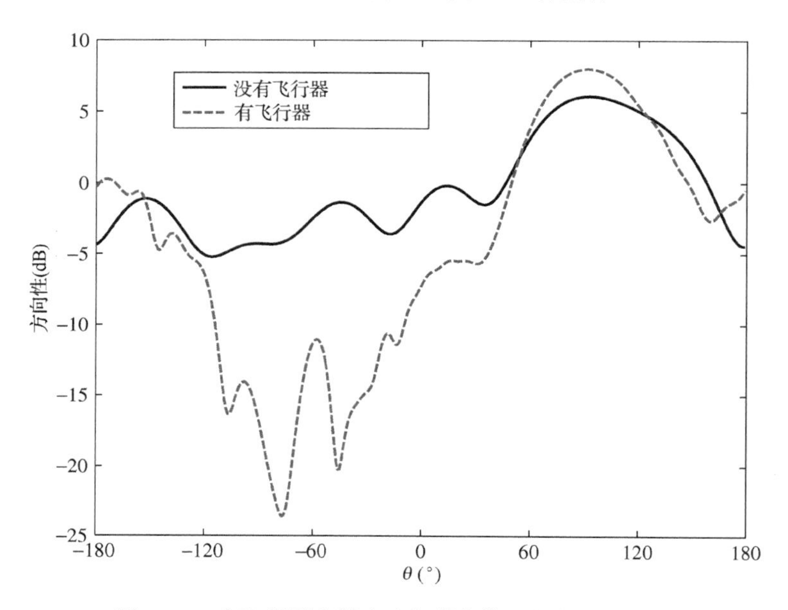

图 2.25 有飞行器和没有飞行器条件下的方向性比较

下面，我们用 FEM 研究更加复杂的问题，软件是由 Ansoft 公司提供的。上面仅仅考虑了一个天线。实际上，使用阵列天线来获更好的方向性更加有用且用得广泛。如图 2.26(a)所示，一个有 10 圈的螺旋天线，它的半径、间隔、导线半径分别是0.16λ、0.25λ和0.03λ。三维的辐射方向图如图 2.26(b)所示。

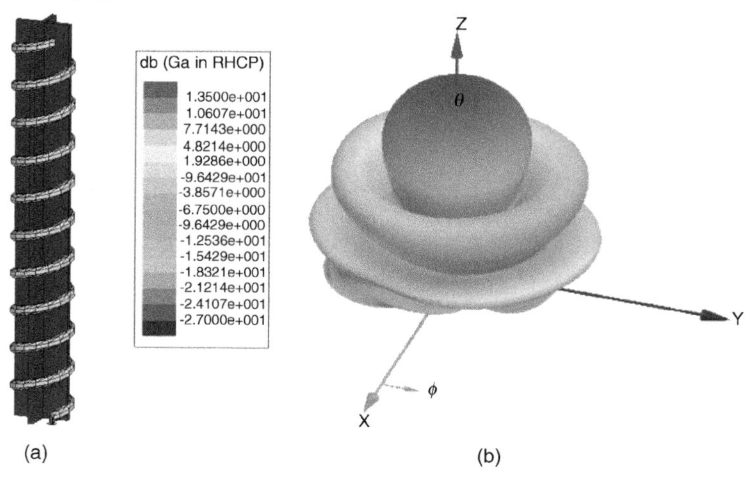

图 2.26 螺旋天线设计。(a)螺旋天线；(b)三维辐射方向图

第二个例子，一个七阵元的天线，带有有限的地平面，如图 2.27(a)所示。它的三维的远场方向图如图 2.27(b)所示，可以看出比单个天线的情况要好得多。

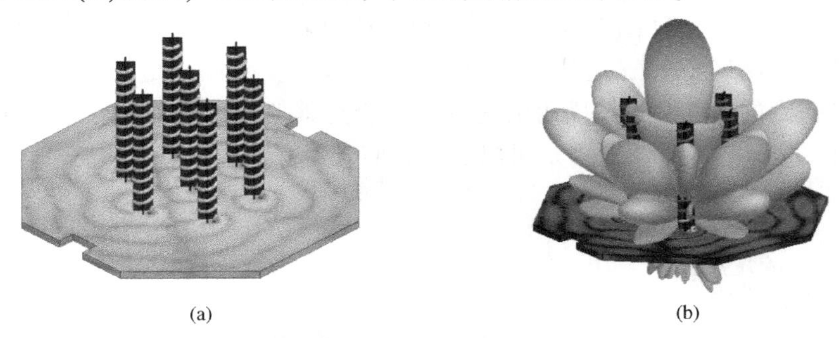

图 2.27　天线阵列设计。(a)带有限地平面的七阵元阵列天线；(b)所有单元都激励的阵列的三维辐射方向图

为了研究飞行器对阵列天线设计性能的影响，我们考虑一个装备 7 单元天线阵列的飞行器，如图 2.28(a)所示，图 2.28(b)给出了此情况下的三维远场方向图，从图 2.28(c)可以明显看出天线装备到飞行器上后飞行器对其方向图的影响很小，可以满足设计要求。两个垂直面上的场的分布如图 2.28(d)所示。

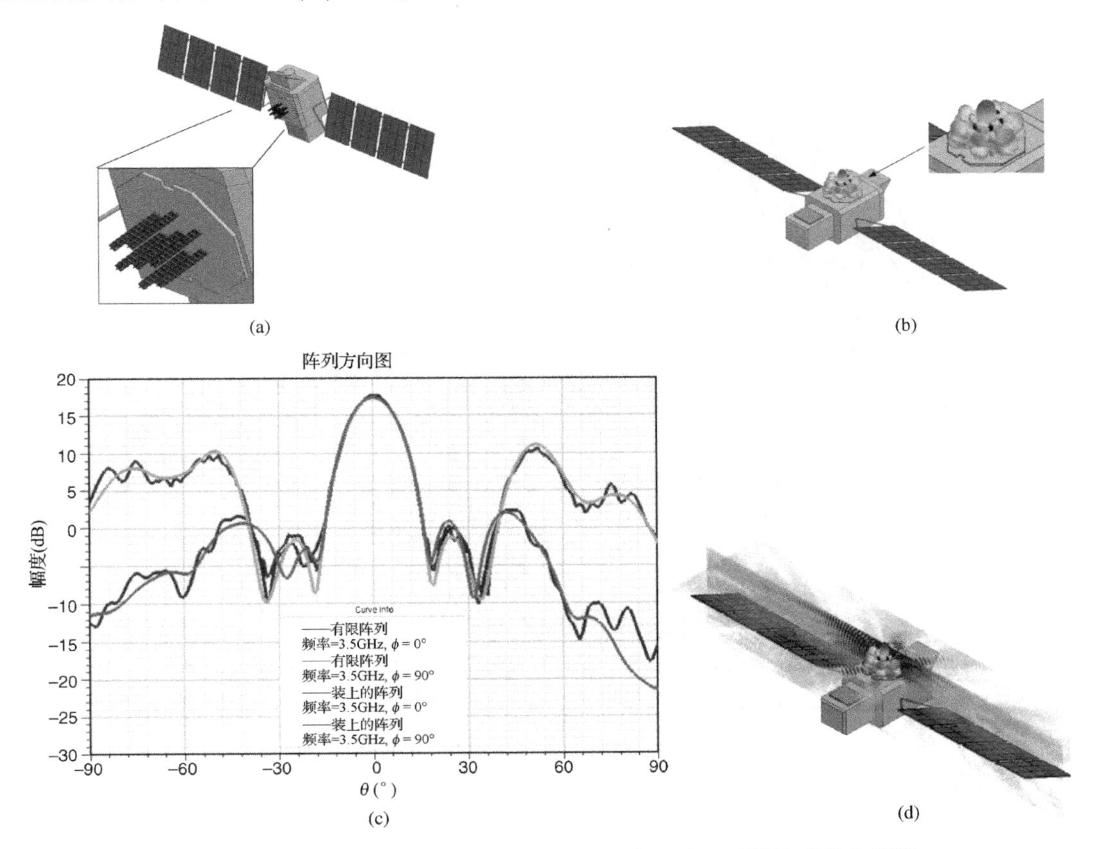

图 2.28　飞行器对天线阵列的影响。(a)具有七阵元天线阵列的飞行器；(b)装备在飞行器上后的三维辐射方向图；(c)有/无飞行器条件下七阵元天线的方向性；(d)两个正交平面上场的分布

正如上面提到的，为了实现不同的应用，不同的天线会装配到一个卫星上。反射面天线经常用来进行通信。为了研究反射面天线对七阵元天线阵列性能的影响，对图 2.29(a)所示的结构进行了研究。从图 2.29(b)和图 2.29(c)可以明显看出当反射面天线存在的时候七阵元天线阵列的辐射方向图会改变，尤其是旁瓣提高了。我们要强调的是分析结果是在小的扫描角情况下(10°)得到的，在大的扫描角情况下可能会有其他有害的影响。利用全波方法的结果，如图 2.29(d)所示的场分布图片，可以加深我们对其物理意义的理解。

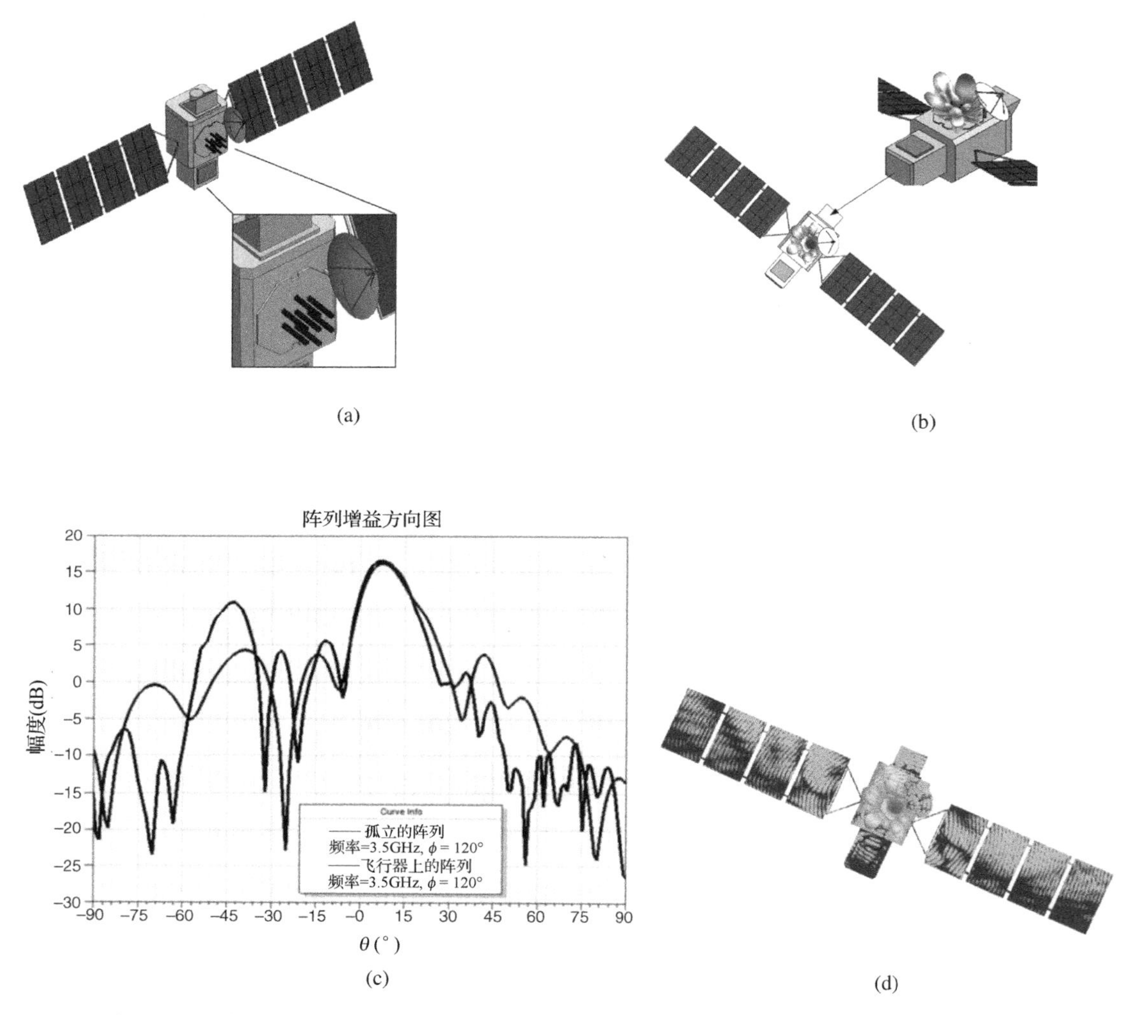

图 2.29 飞行器和反射面天线对七阵元天线阵列的影响。(a)带反射面天线和七单元阵列的飞行器；(b)装备在飞行器上和有反射面天线的阵列三维辐射方向图；(c)有/无飞行器和反射面天线条件下七阵元天线的方向性；(d)整个结构上的场分布

2.5 总结

本章回顾了一些广泛应用在空间天线仿真中的数值方法，其中特别描述了 3 种比较流行的全波仿真方法(MOM、FEM 和 FDTD)。首先，简要介绍了这些方法的原理和在天线仿真中的应用。然后讨论了相关的一些快速算法。但是每种方法有其在天线仿真中自身的优缺点。

MOM 可以自然地解决开放性的问题，而且只需要表面离散化，但是它在处理不均匀材料时非常困难。FEM 可以解决复杂的结构和非均匀材料的问题，但是它有大的内存需求和计算时间。FDTD 有好的计算复杂度，没有矩阵，对物理模型可给出丰富的时间信息，但是它的精度会受阶梯近似和数值色散的影响。在一些复杂的情况下，仅仅使用一种方法是效率很低的，或者根本不能解决某些问题。在这种情况下，我们可以采用混合方法，比如 MOM 或者 FEM 和高频的方法结合，FEM、BEM 和 MLFMA 的结合，等等。特别是，在文献[48]中提出了一种混合的 FEBI-MLFMA-UTD 方法来解决电大型天线的仿真，它综合了 4 个方法(FEM，BEM，MLFMA，UTD)以获得高的效率。一个好的算法需要有下面的性质：短的 CPU 时间，占用小的内存，高的精度。选择最优的方法必须在这些要求中进行一个折中。

参考文献

1. Ceruzzi, P.E. (2003) *A History of Modern Computing*, The MIT Press, Cambridge, MA.
2. Maxwell, J.C. (1891) *A Treatise on Electricity and Magnetism*, 3rd edn, Clarendon Press, Oxford.
3. Rautio, J.C. (2003) Planar electromagnetic analysis. *IEEE Microwave Magazine*, **4**(1), 35–41.
4. Kline, M. and Kay, I.W. (1965) *Electromagnetic Theory and Geometrical Optics*, Wiley-Interscience, New York.
5. Kouyoumjian, R.G. and Pathak, P.H. (1974) A uniform geometrical theory of diffraction for an edge in a perfectly conducting surface. *Proceedings of the IEEE*, **62**(11), 1448–1461.
6. Ufimtsev, P.Y. (2007) *Fundamentals of the Physical Theory of Diffraction*, John Wiley & Sons, Inc., Hoboken, NJ.
7. Ling, H., Chou, R.C., Lee, S.-W. *et al.* (1989) Shooting and bouncing rays: calculating the RCS of an arbitrarily shaped cavity. *IEEE Transactions on Antennas and Propagation*, **37**(2), 194–205.
8. Harrington, R.F. (1968) *Field Computation by Moment Methods*, Macmillan, New York.
9. Mautz, J.R. and Harrington, R.F. (1978) H-field, E-field, and combined-field solutions for conducting bodies of revolution. *Archiv fuer Elektronik und Uebertragungstechnik*, **32**, 157–164.
10. Mautz, J.R. and Harrington, R.F. (1979) Electromagnetic scattering from a homogeneous material body of revolution. *Archiv fuer Elektronik und Uebertragungstechnik*, **33**, 71–80.
11. Wu, T.K. and Tsai, L.L. (1977) Scattering from arbitrarily-shaped lossy dielectric bodies of revolution. *Radio Science*, **12**, 709–718.
12. Medgyesi-Mitschang, L.N. and Putnam, J.M. (1984) Electromagnetic scattering from axially inhomogeneous bodies of revolution. *IEEE Transactions on Antennas and Propagation*, **32**(8), 797–806.
13. Huddleston, P.L., Medgyesi-Mitschang, L.N., and Putnam, J.M. (1986) Combined field integral equation formulation for scattering by dielectrically coated conducting bodies. *IEEE Transactions on Antennas and Propagation*, **34**(4), 510–520.
14. Poggio, A.J. and Miller, E.K. (1973) Integral equation solutions of three-dimensional scattering problems, in *Computer Techniques for Electromagnetics*, Pergamon, Oxford, pp. 159–264.
15. Rao, S.M., Wilton, D.R., and Glisson, A.W. (1982) Electromagnetic scattering by surfaces of arbitrary shape. *IEEE Transactions on Antennas and Propagation*, **30**(3), 409–418.
16. Courant, R. (1943) Variational methods for the solution of problems of equilibrium and vibrations. *Bulletin of the American Mathematical Society*, **49**, 1–23.
17. Alett, P.L., Baharani, A.K., and Zienkiewicz, O.C. (1968) Application of finite elements to the solution of Helmholtz's equation. *IEE Proceedings*, **115**, 1762–1766.
18. Sacks, Z.J., Kingsland, D.M., Lee, R. *et al.* (1995) A perfectly matched anisotropic absorber for use as an absorbing boundary condition. *IEEE Transactions on Antennas and Propagation*, **43**(12), 1460–1463.
19. Berenger, J.P. (1994) A perfectly matched layer for the absorption of electromagnetic waves. *Journal of Computational Physics*, **114**, 185–200.
20. Silvester, P.P. and Ferrari, R.L. (1990) *Finite Elements for Electrical Engineers*, 2nd edn, Cambridge University Press, Cambridge.
21. Jin, J.M. (1993) *The Finite Element Method in Electromagnetics*, John Wiely & Sons, Inc., New York.
22. Volakis, J.L., Arindam, C., and Kempel, L.C. (1998) *Finite Element Method for Electromagnetics: Antennas, Microwave Circuits, and Scattering Applications*, Wiley-IEEE, New York.

23. Yee, K.S. (1966) Numerical solution of initial boundary value problems involving Maxwell's equations in isotropic media. *IEEE Transactions on Antennas and Propagation*, **14**(3), 302–307.
24. Courant, R., Friedrichs, K., and Lewy, H. (1967) On the partial difference equations of mathematical physics. *IBM Journal of Research and Development*, **11**(2), 215–234.
25. Kunz, K.S. and Luebbers, R.J. (1993) *The Finite Difference Time-domain Method for Electromagnetics*, CRC Press, Boca Raton, FL.
26. Taflove, A. (1995) *Computational Electrodynamics: The Finite-Difference Time-Domain Method*, Artech House, Norwood, MA.
27. Yang, P. and Liou, K.N. (1996) Finite-difference time-domain method for light scattering by small ice crystals in three-dimensional space. *Journal of the Optical Society of America A*, **13**(10), 2072–2085.
28. Dey, S. and Mittra, R. (1997) A locally conformal finite-difference time-domain (FDTD) algorithm for modeling three-dimensional perfectly conducting objects. *Microwave and Guided Wave Letters, IEEE*, **7**(9), 273–275.
29. Namiki, T. (2000) 3-D ADI-FDTD method-unconditionally stable time-domain algorithm for solving full vector Maxwell's equations. *IEEE Transactions on Microwave Theory and Techniques*, **48**(10), 1743–1748.
30. Greengard, L. and Rokhlin, V. (1987) A fast algorithm for particle simulations. *Journal of Computational Physics*, **73**, 325–348.
31. Rokhlin, V. (1990) Rapid solution of integral equations of scattering theory in two dimensions. *Journal of Computational Physics*, **86**(2), 414–439.
32. Engheta, N., Murphy, W.D., Rokhlin, V. *et al.* (1992) The fast multipole method (FMM) for electromagnetic scattering problems. *IEEE Transactions on Antennas and Propagation*, **40**(6), 634–641.
33. Hamilton, L.R., Stalzer, M.A., Turley, R.S. *et al.* (1993) Scattering computation using the fast multipole method. IEEE Antennas and Propagation Society International Symposium, 2 June, pp. 852–855.
34. Coifman, R., Rokhlin, V., and Wandzura, S. (1993) The fast multiple method for the wave equation: a pedestrian prescription. *IEEE Antennas and Propagation Magazine*, **35**(3), 7–12.
35. Lu, C.C. and Chew, W.C. (1993) Fast algorithm for solving hybrid integral equations. *IEE Proceedings – Microwaves, Antennas and Propagation*, **140**, 455–460.
36. Lu, C.C. and Chew, W.C. (1994) A multilevel algorithm for solving boundary-value scattering. *Microwave and Optical Technology Letters*, **7**(10), 466–470.
37. Dembart, B. and Yip, E. (1995) A 3D fast multipole method for electromagnetics with multiple levels. 11th Annual Review of Progress in Applied Computational Electromagnetics, vol. 1, pp. 621–628.
38. Rokhlin, V. (1993) Diagonal forms of translation operators for the Helmholtz equation in three dimensions. *Applied and Computational Harmonic Analysis*, **1**(1), 82–93.
39. Chew, W.C., Koc, S., Song, J.M. *et al.* (1997) A succinct way to diagonalize the translation matrix in three dimensions. *Microwave and Optical Technology Letters*, **15**(3), 144–147.
40. Song, J.M. and Chew, W.C. (2001) Interpolation of translation matrix in MLFMA. *Microwave and Optical Technology Letters*, **30**(2), 109–114.
41. Chew, W.C., Jin, J.M., Michielssen, E. *et al.* (2001) *Fast and Efficient Algorithms in Computational Electromagnetics*, Artech House, Norwood, MA.
42. Graglia, R.D., Wilton, D.R., and Peterson, A.F. (1997) Higher order interpolatory vector bases for computational electromagnetics. *IEEE Transactions on Antennas and Propagation*, **45**(3), 329–342.
43. Webb, J.P. (1999) Hierarchal vector basis functions of arbitrary order for triangular and tetrahedral finite elements. *IEEE Transactions on Antennas and Propagation*, **47**(8), 1244–1253.
44. Andersen, L.S. and Volakis, J.L. (1998) Hierarchical tangential vector finite elements for tetrahedra. *Microwave and Guided Wave Letters, IEEE*, **8**(3), 127–129.
45. Kelley, C.T. (1995) *Iterative Methods for Linear and Nonlinear Equations*, Society for Industrial and Applied Mathematics, Philadelphia.
46. Benzi, M. (2002) Preconditioning techniques for large linear systems: a survey. *Journal of Computational Physics*, **182**(2), 418–477.
47. McNamara, P. and Racca, G. (2009) Introduction to LISA Pathfinder, LISA-LPF-RP-0002, ESA.
48. Tzoulis, A. and Eibert, T.F. (2007) Antenna modeling with the hybrid finite element – boundary integral – multilevel fast multipole – uniform geometrical theory of diffraction method. 2nd International ITG Conference on Antennas, March, pp. 91–95.

第3章　卫星通信、雷达、导航和遥感的系统构架

Michael A. Thorburn(Loral 空间系统部，美国)

3.1　引言

为了全面了解作为整个系统的一部分的卫星天线，必须理解整个系统。在本章我们主要关注那些影响卫星天线功能或者性能要求的卫星系统中的各个分机。在本章的第一节，我们将综述用作通信、雷达以及导航和遥感的几类卫星系统。对这些系统的和天线有关的关键特性进行描述，并识别出对天线所提出的要求有影响的系统的基本性能参数。下面几节中推导与控制天线要求有关的卫星系统的性能的方程。之后介绍了卫星链路方程，并指出对应这些参数的卫星的主要部件。另外，还定量地给出了大气层对链路的影响。本章最后讨论卫星的主要分系统和轨道方面的考虑。

3.2　构成卫星系统的各部分

构成卫星系统机构的主要部分是：(1)任务及其功能需求；(2)载荷系统的结构；(3)将系统的功能区分为空间部分和地面部分；(4)卫星的基本轨道考虑；(5)满足任务目标和轨道控制的总线子系统的要求。

在下面的各节中，首先考虑前两个关键部分，它们是和天线的功能和性能需求紧密相关的部分。剩余的其他部分在本章的后面讨论。

3.3　卫星的任务

我们整本书都在讨论卫星通信、雷达、导航和遥感任务的天线。本章将简要介绍每一个任务，并指出对所定天线非常重要的相应的任务性能参数。

3.4　通信卫星

通信卫星在现代社会中是很平常的东西。其应用包括电视广播、移动电话网络和数据传输等。习惯上还根据它们的通信任务对它们进行细分。

每个任务的特征是它提供的服务、能支持的用户量、服务覆盖的范围等。其他的特性包括用户的连通性，分配给它的频谱，使用的功率水平，多用户共享卫星资源和能力的方案，以及重构卫星的能力。确定天线最重要的特性是频谱分配、功率水平以及覆盖范围。除此之外，天线设计还要考虑用来提供期望容量的频率和极化复用。

主要任务类型包括：固定卫星服务(FSS)，广播卫星服务(BSS)，数字音频无线电服务(DARS)，直接到户(DTH)互联网服务，以及移动通信服务。有时候BSS系统也被称为直播卫星服务(DBS)系统。

3.4.1 固定卫星服务(FSS)

FSS 系统可以给距离很远的用户提供通信连接，所以这些系统称为点对点的系统。连接一般是双向的通信电路(见图 3.1)。例如，FSS 为运输船队提供电话服务、为新机构提供视频服务或者为汽车加油站提供信用卡认证服务。

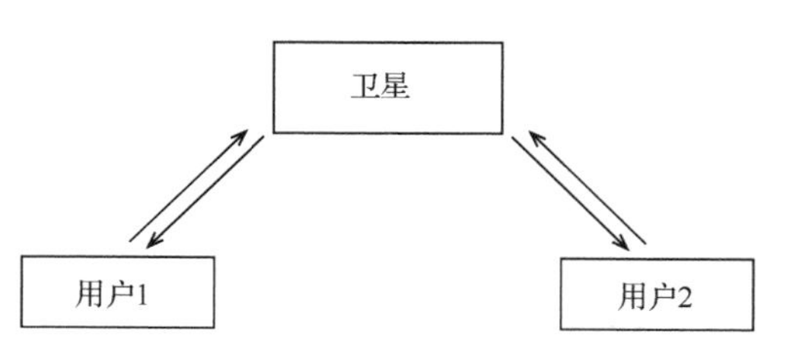

图 3.1 双向点对点卫星通信

FSS 系统工作在 C 波段和 Ku 波段，它有大范围的功率水平和覆盖区域，从一个小的地理点到整个大陆或者半个地球。

3.4.2 广播卫星服务(直播卫星服务)BSS(DBS)

BSS(或者 DBS)系统为整个世界上很大区域内的用户提供电视和无线电广播服务，只要将用户们连接到一个广播中心即可。因此 BSS 系统的结构是一对多的。也就是说，一个广播中心将信号上传到卫星，然后卫星将信号传输给一个或者多个区域的许多用户(见图 3.2)。BSS 的实例包括卫星电视系统。

BSS 系统工作在 C 波段、Ku 波段和 K 波段。其提供服务的一个例子是 C 波段的广播电视，这个服务已经有很多年了，但是它要求个人用户在后院有一个 3m 的卫星电视抛物面天线。Ku 波段 BSS 系统也提供电视服务，它仅仅需要用户系统有一个小得多的 0.75m 直径的电视抛物面天线。

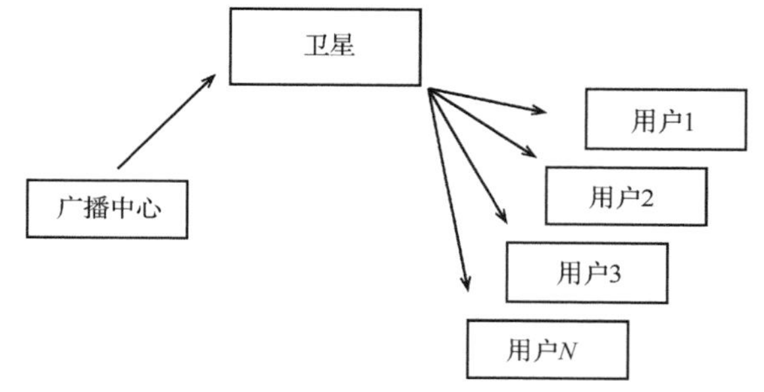

图 3.2 单向一点到多点的卫星通信

3.4.3 数字音频无线电服务(DARS)

DARS 是一个相对较新的系统。和 BSS 系统一样，它是一个一对多的结构。这个系统给专门装备的汽车和便携无线电提供一种基于用户的无线电服务。这个系统工作在低频，而且有很大的卫星功率来适应用户系统的轻便性和移动性。

3.4.4 直接到户(DTH)宽带服务

和 DARS 一样，DTH 系统是相对较新的一个系统。作为一个商业分支它发展很快，特别是在过去的十年对直接到户宽带互联网服务进行了大量的投资。它的结构是一对多的，但是和 BSS 系统不同的是它有双向连接方式(见图 3.3)。除此之外，现代的 DTH 系统达到了商业需要的容量要求，方法是对频率和极化进行密集复用。这并不会明显增加系统的复杂度，但确实直接增加了系统的尺寸。频率复用对天线子系统提出了更高的性能要求，因为旁瓣性能对于整个系统的容量是一个限制因素。

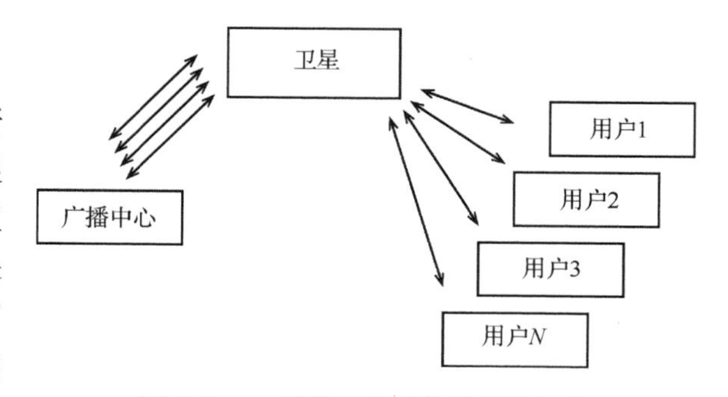

图 3.3 一对多卫星通信的两种方式

3.4.5 移动通信服务

移动系统设计成能提供用户到用户的连接，主要用来进行电话通信和数据传输。它是点对点的系统。它区别于FSS系统的特性是用户数，而且很多用户是共享一个卫星通信电路的。系统所用的多路访问方案要求支持多用户。读者可以找到大量关于多用户接入技术的文献[1~10]。

3.5 雷达卫星

雷达卫星是远程更大的遥感卫星组的一个子集。有很多雷达系统应用到气象学和地球科学的实例。除此之外，雷达卫星可以作为飞行器跟踪系统的一部分。使雷达卫星有趣的是组成雷达系统的微波电路，虽然性能参数不一样，但它的分析过程和通信卫星是非常相似的(见图3.4)。

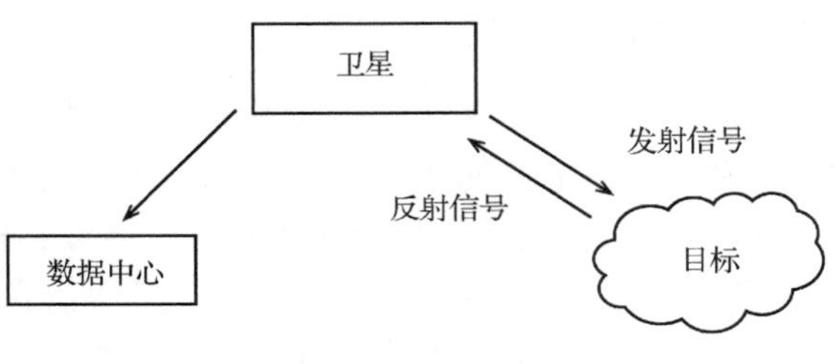

图3.4　雷达卫星构型

3.6 导航卫星

显然，最著名的导航卫星系统是全球定位系统GPS。GPS是沿着地球轨道运行的卫星群，将信号传输给用户。微波电路和在通信系统卫星中的很相似，但是对时钟的稳定性有额外的要求。

3.7 遥感卫星

遥感卫星是用来进行气象、地球或者空间科学研究或者远程观察的卫星，这些卫星组成遥感卫星族。雷达卫星也属于遥感卫星。继续按定义，这一类卫星中其余的类型是进行无源遥感的(见图3.5)。这种卫星的主要特性是遥感接收机。

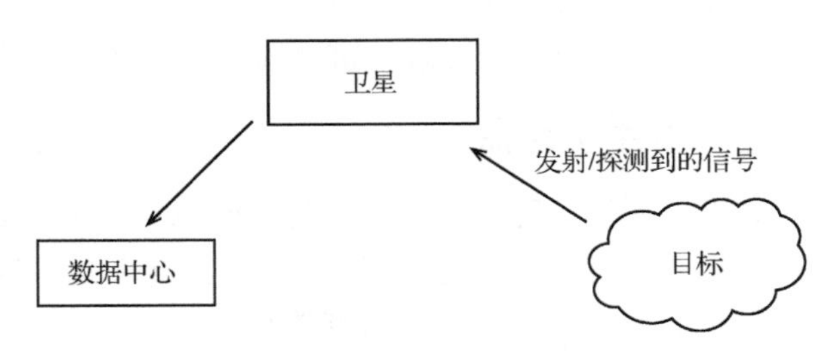

图3.5　无源遥感卫星构型

3.8 卫星指令和控制结构

每个卫星，不管是用来进行通信、导航或者遥感的，都有一个指令和控制系统(见图3.6)，这个系统对天线有某些要求。卫星必须能够接收指令来控制它的子系统，而且必须能够发送遥感信息到指令和控制基站以报告其配置状态及完好程度。这种能力必须在卫星整个生命周期的各阶段保持，包括起飞、沿轨道上升、在轨机动、站上操作、紧急操作和最后在生命周期末期脱离轨道。

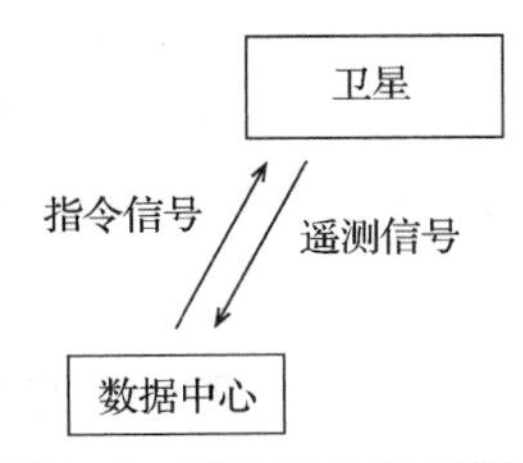

图3.6　卫星指令及控制

3.9 通信有效载荷应答器

总共有两个特点可以用来对通信有效载荷应答系统进行分类。一种是区分它是再生的还是非再生的；也就是通信有效载荷应答系统是否解调，处理后再重新调制信号或者系统不经过解调和处理直接转变波形进行再传输。第一类系统称为处理的载荷，第二类被称为中继器。第二个特性将中继器分为两组。中继器可以是模拟的，这时放大器、滤波器和信号的路由是通过模拟器件来实现的，比如机械开关、模拟滤波器、低噪声放大器和功率放大器。或者如果信号在信道中是数字化了的(称为数字通道化)，那么路由、滤波和放大都要用数字实现。

3.9.1 弯管应答器

绝大多数通信卫星载荷的构型是非再生微波中继器(或弯管频率平移中继器)。这些系统的简单性和直流电源的效率使它们成为主导构型。这些系统中，进行上行信号放大，频率变换，建立电路，然后在卫星上对信号进行滤波和再放大，以便由下行线路重发到地面。除了变化频率之外在卫星上没有信号处理。卫星通信有效载荷用来建立链路使通信电路完整以及根据实际上所能少降低信噪比来保持信号完整。因此，通信有效载荷被认为是一个电路开关系统。每个电路称为一个应答器。每一个应答器是一系列的部件，为上行天线接收到的上行信号和下行天线发射的下行信号提供通信通道。

3.9.2 数字应答器

弯管应答器的重构是将开关(大多数是机械开关)控制到不同的状态以及控制一些有源器件，比如微波振荡器，打开一些而断开另一些器件而实现的。这些指令的执行需要耗费时间，而且改变这些元器件的状态会对可靠性产生影响。并且，通信有效载荷可能的状态是通过一些独立的开关、振荡器、滤波器以及其他一些负载内的元器件形成的。由于数字元器件速度更快而且功效更高，并且有一些应用需要更高的可重构性，所以可以换用数字信道来代替开关矩阵，可采用一些通道滤波器和可变增益前置放大器。

3.9.3 再生中继器

如果一些任务受到可用带宽的限制或需要对某些保密措施，那么可能要采用全再生中继器。不管通信有效载荷是模拟的、数字的或者是再生的，它都会有很多应答器。一组应答器以及卫星上的天线就构成了通信有效载荷。

3.10 卫星功能需求

卫星有很多功能的需求。本章将讨论和确定与天线相关的最重要的一些要求。对于每个卫星任务要求，影响天线构型的主要特性是与卫星控制系统的连接、数据中心或者用户。所以，表征通信系统是关键的要求。下一节将主要关注这一点，后面将给出和卫星总线相关的内容。

3.10.1 主要性能概念：覆盖范围，频率分配

直接涉及天线子系统的卫星的基本性能参数是覆盖范围。天线方向图决定了地球上什么

地点的地面站可以和卫星进行通信。在很多应用中，天线方向图是一个点波束，于是天线覆盖区域就确定了点波束必须指向的地点和必须要指向的精度。在其他的一些应用中，期望的覆盖区域可能是形状不规则的一个区域，由此天线方向图必须通过相控天线或者赋形反射面来实现。不管是哪种情形，覆盖区域指的是达到一定通信性能要求的地球上的一部分。

另外一个确定卫星系统的基本要素是用于卫星通信系统中的频带的法定分配。国际电信联盟(ITU)和联邦通信委员会(FCC)管理卫星频率的分配，这些组织允许卫星在特定的轨道位置使用一组特定的频率。一些频带的分配归纳在表 3.1 中。

表 3.1　频带

频率范围(GHz)	频带代号	频率范围(GHz)	频带代号
0.1 ~ 0.3	VHF	18.0 ~ 27.0	K
0.3 ~ 1.0	UHF	27.0 ~ 40.0	Ka
1.0 ~ 2.0	L	40.0 ~ 75	V
2.0 ~ 4.0	S	75 ~ 110	W
4.0 ~ 8.0	C	110 ~ 300	mm
8.0 ~ 12.0	X	300 ~ 3000	μm
12.0 ~ 18.0	Ku		

3.10.2　通信有效载荷的结构

广泛地讲，通信载荷的目的就是将信息比特从一个地理位置发送到另外一个地方，并且要满足通信系统的质量需求。通信载荷效率的度量整个链路的失真(链路质量)和有效负载容量(吞吐量)。

通信载荷系统最重要的功能需求是频率规划、覆盖范围、服务类型以及服务质量、容量、可配置性、可靠性，对这些需求的说明如表 3.2 所示。美国的一些卫星系统根据频段及其提供的服务分为 3 类。

表 3.2　典型 FSS 和 BSS 参数

	高功率	中功率	低功率
频带	Ku	Ku	Ku
下行链路(GHz)	12.2 ~ 12.7	11.7 ~ 12.2	3.7 ~ 4.2
上行链路(GHz)	17.3 ~ 17.8	14.0 ~ 14.5	5.925 ~ 6.425
服务	BSS	FSS	FSS
主要用途	DBS	点到点	点到点
附加用途	点到点	DBS	DBS
卫星等效各向同性辐射功率范围(dBW)	51 ~ 60	40 ~ 48	33 ~ 37

3.10.3　卫星通信系统性能要求

天线始终是卫星通信系统中的关键部件。在遥感应用中，天线也是传感器子系统中的关键部件。本章中的大多数例子着重强调天线和通信系统之间的联系。

从这一章的下面几节开始，叙述自由空间微波通信链路和确定链路性能的卫星主要部件。这是一个很自然的起点，它能说明天线子系统对于卫星系统的重要性及其在卫星微波发射机和接收机中的角色。

后面的几节会将链路的复杂性揭开，将对卫星射频系统和传播路径中损失的影响进行介绍。将介绍链路载波噪声比的发展，并阐述干扰的影响。

3.11 卫星链路方程

为了理解卫星链路方程，必须先理解链路中每个微波系统的基本部件(见图3.7)、它们工作的基本原理，以及信号传播的媒介的影响。

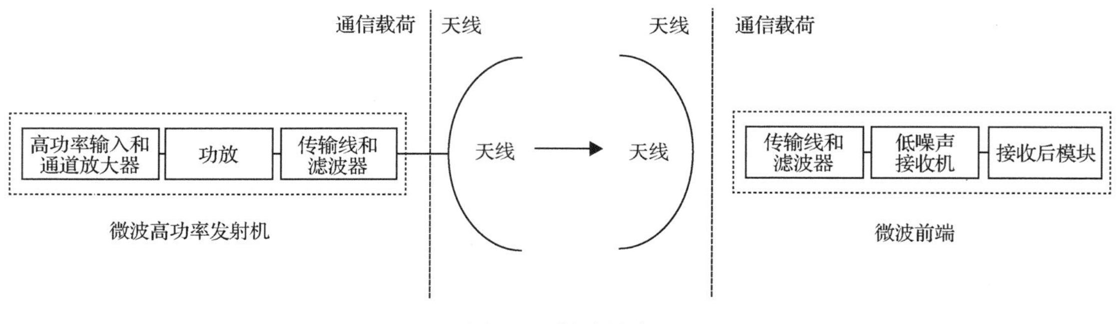

图3.7 微波链路

每一条微波链路的基本组成是：

1. 微波发射机模块
2. 发射天线
3. 微波接收机模块
4. 接收天线
5. 物理隔离
6. 传输媒介

链路的每个组成部分的特性可以用一些关键参数来表征。微波发射机模块的特性由其输出功率以及其联系输入信号和输出信号的转移函数的线性度表征。发射天线和接收天线主要由它们的空间增益、有效孔径以及欧姆损耗表征。微波接收机模块主要由其增益以及噪声系数或者等效噪声温度表征。传输媒介主要由信号传输时的衰减，以及其产生的附加噪声表征。下一节将会详细介绍每一部分。

3.12 微波发射机模块

典型的卫星发射机模块(见图3.8)的输入包含一组元器件，它们共同工作来产生有一定幅度和频率的信号并传给功率放大器，功放后面有一个或者多个滤波器和传输线(最常用的是波导)。

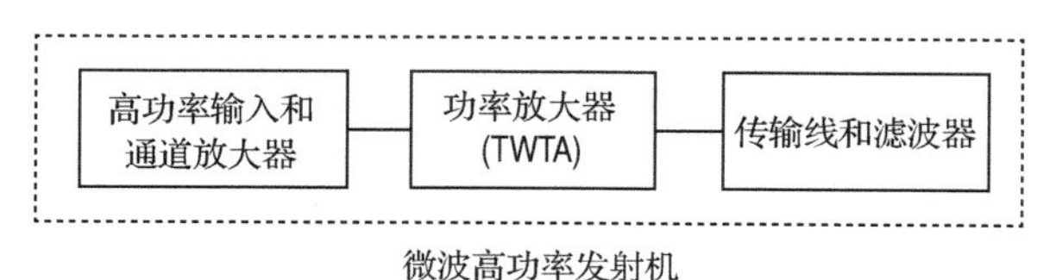

图3.8 微波高功率发射机模块

决定这个模块的最关键的参数是模块在输出端度量的最高功率以及模块传输函数的非线性度。功率水平是信号强度的度量，线性度提供信号失真的度量。在这个构型中，模块的线性度主要由功率放大器的线性度决定。

每一个功率放大器都有一个特有的饱和功率，$P_{out,sat}$ 是对于可能的输入功率电平范围功放提供的最大功率。通常只有一个唯一的输入功率电平对应着饱和输出功率，这个输入功率电平称为 $P_{in,sat}$。

在一定的输入功率范围内微波发射机模块的传输函数是近似线性的。在这个范围内输入和输出功率是成正比的，比例常数是功率放大器的增益。这是发射机模块的线性区域。随着输入功率的增加，对应输出功率的增加将会减少。它可以将输出功率展开成输入功率的幂级数来表征(见图3.9)：

$$P_{out} = \sum_k g_k P_{in}^k \tag{3.1}$$

级数中的第一项为“基本项”：

$$P_{out,1} = g_1 P_{in} \tag{3.2}$$

第三项(“三次项”)为：

$$P_{out,3} = g_3 P_{in}^3 \tag{3.3}$$

当表示为分贝的形式时，这两个表达式成为：

$$P_{out,1}(\text{dBm}) = G_1(\text{dB}) + P_{in}(\text{dBm}) \tag{3.4}$$

以及

$$P_{out,3}(\text{dBm}) = G_3(\text{dB}) + 3P_{in}(\text{dBm}) \tag{3.5}$$

当将其画在dB/dB图上时，这些线相交在一个定义为三阶交调的点(见图3.10)。这个点给出了功率放大器在准线性工作区域内的非线性的通常度量。

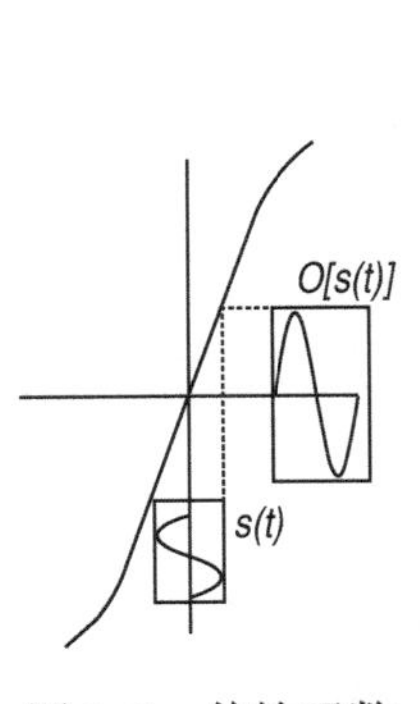

图3.9　传输函数

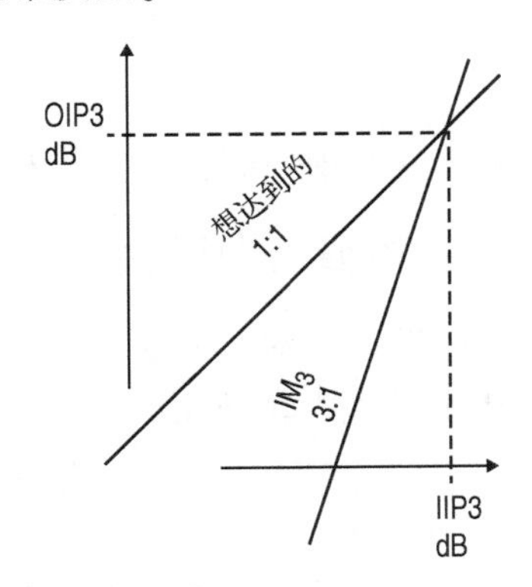

图3.10　交调点

3.12.1　交调点

用这个处理方法，发射机模块的线性度可以用交调点来描述。在线性区域内基本项的能量要比三阶和的能量大得多。如果一个发射机模块有一个三阶项比基本项小得多的输入功率电平范围，我们就说它比较线性而交调点将高得多。这个概念形成另一个等效的通常用来表征部件的载波功率和三阶项中的功率比值的概念，这个比值称为C3IM或C/3IM，并定义为输入功率和输出功率的函数。

$$C/3IM(dB) = P_{out,1}(dBm) - P_{out,3}(dBm) \tag{3.6}$$

可以证明，它等于：

$$C/3IM(dB) = 2\left(P_{out,IP3}(dBm) - P_{out,1}(dBm)\right) \tag{3.7}$$

发射机模块的交调点很重要，可以从模块中每一部件的对应交调点看出来。如果考虑两个部件的串联，可以从下列方程算出串接的交调点：

$$\frac{1}{P_{in,ip3}} = \left(\frac{1}{P_{in,ip3,1}} + \frac{g_1}{P_{in,ip3,2}}\right) \tag{3.8}$$

在卫星发射模块中迭代地应用这个方程，可以得到：

$$\frac{1}{P_{in,ip3}} = \left(\frac{1}{P_{in,ip3,1}} + \frac{g_1}{P_{in,ip3,2}} + \frac{g_1 g_2}{P_{in,ip3,3}}\right) \tag{3.9}$$

这也常常表示为输出功率的函数的形式：

$$\frac{1}{P_{out,ip3}} = \left(\frac{1}{g_2 g_3 P_{out,ip3,1}} + \frac{1}{g_3 P_{out,ip3,2}} + \frac{1}{P_{out,ip3,3}}\right) \tag{3.10}$$

这是最差的情况，一般情况下并不是所有互调结果同相相加，假定相对相位是随机的，可得到下列结果：

$$\left(\frac{1}{P_{out,ip3}}\right)^2 = \left(\frac{1}{g_2 g_3 P_{out,ip3,1}}\right)^2 + \left(\frac{1}{g_3 P_{out,ip3,2}}\right)^2 + \left(\frac{1}{P_{out,ip3,3}}\right)^2 \tag{3.11}$$

3.12.2 输出功率回退

因为 C/3IM 在低工作功率电平时增大，那么发射机的工作电平就变成了一个工作参数。输出功率电平的常用度量是和应答器的饱和功率电平相比的值，称为输出功率回退（OBO）。在 OBO 电平上的发射功率表示为：

$$P_{out,OBO} = \frac{P_{out,1,sat}}{OBO} \tag{3.12}$$

其只考虑了幂级数中的基本项中的功率，因为它代表有用功率。

3.12.3 发射天线和等效各向同性辐射功率

微波高功率发射机模块为发射天线提供信号。对于链路方程，发射天线的首要参数是天线增益。等效各向同性辐射功率（EIRP）是人们感兴趣的度量：

$$EIRP = P_{out} * G \tag{3.13}$$

EIRP 是角度位置的函数。当赋一个值给 EIRP 时，通常是峰值 EIRP（最大 EIRP）或者在覆盖边缘的 EIRP。它一般参照发射机的饱和输出功率，也称为饱和 EIRP：

$$EIRP_{sat,peak} = P_{out,sat} * G_{peak} \tag{3.14}$$

在分析链路时，必须考虑提供到天线覆盖范围各个点的 EIRP，所以定义覆盖边缘的 EIRP 为：

$$EIRP_{sat,eoc} = P_{out,sat} * G_{eoc} \tag{3.15}$$

这时用覆盖边缘的增益或者是最小增益来代替峰值增益。

EIRP 的工作电平定义为工作在 OBO 水平上的在覆盖区域内保证得到的 EIRP，表示为：

$$EIRP_{obo,eoc} = P_{out,obo} * G_{eoc} \tag{3.16}$$

确定发射机和天线的接口时要小心，要保证所有的连接波导在接口的一边或者另一边(见图 3.11)。通常，在接口处有确定的输出功率和天线增益。可见，当发射机饱和时 EIRP 增加，而 C/3IM 下降。

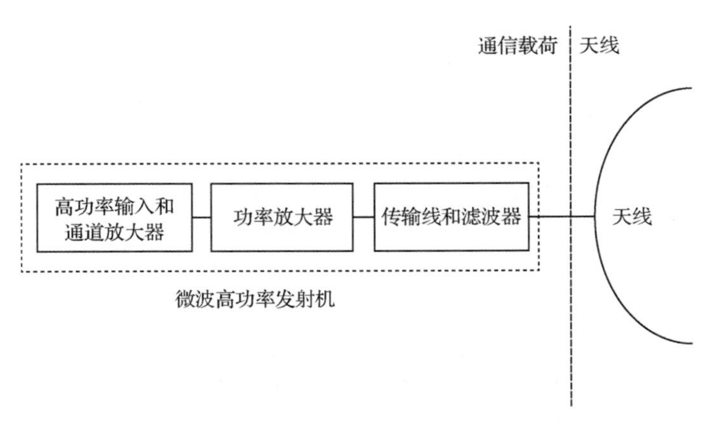

图 3.11　高功率发射机和天线

3.13　接收机前端模块

典型的卫星微波接收机模块包含一段传输线(大多数应用中为波导)、一个低噪声放大器或接收机和一个接收机后模块(见图 3.12)，这个接收后模块对准备再发射的信号进行引导和滤波。

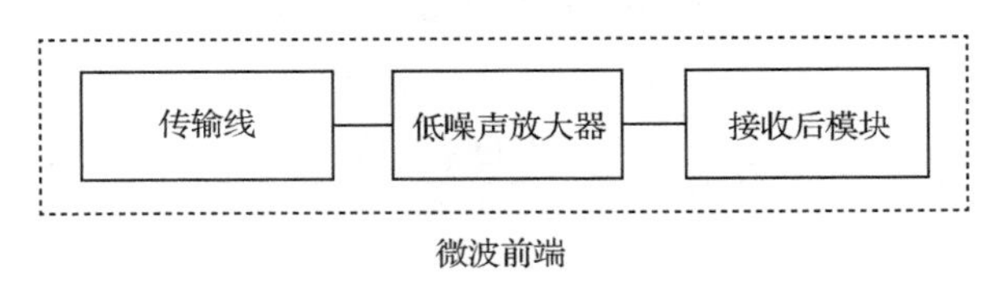

图 3.12　微波前端

3.13.1　噪声系统和噪声温度

微波前端最重要的性能参数是噪声系数。它与系统噪声温度、最小可检测信号和链路信噪比的关系将会在后面几小节中介绍。

元器件的噪声系数定义为输入信噪比和输出信噪比的比值(见图 3.13)。

图 3.13 中，F 代表噪声系数，G 代表增益，T_0 代表考虑的元器件的参考温度。噪声系数定义为：

$$F = \frac{(S/N)_{input}}{(S/N)_{output}} \tag{3.17}$$

当

$$N_{input} = kT_0B \tag{3.18}$$

因为：

$$S_{output} = g * S_{input} \tag{3.19}$$

我们有：

$$N_{output} = kT_0BFg \tag{3.20}$$

可以认为器件噪声有两部分：一部分来自输入，另一部分是自身产生的，二者相加可以得到(见图3.14)

$$N_{output} = kT_0Bg + (F-1)kT_0Bg \tag{3.21}$$

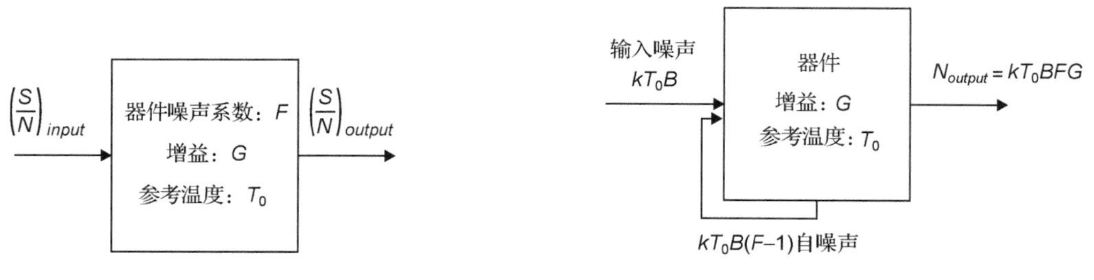

图3.13 二端口器件

图3.14 二端口器件的噪声模型

在对器件的噪声系数这样理解的情况下，可以考虑器件的级联。两个元器件的总等效噪声系数(见图3.15)可以表示为：

$$F_{Total} = F_1 + \frac{F_2-1}{g_1} \tag{3.22}$$

可以证明二端口无源元件的噪声系数 F 和元件 L 的损失是相等的。

对于卫星通信系统，前端经常可以用级联或者排成一排来表示(见图3.16)。

下面引入等效噪声温度的表达式：

$$T_{equivalent} = T_{reference}(F-1) \tag{3.23}$$

可以得到：

$$T_{FrontEnd} = T_1(L_1-1) + \frac{T_0(F_{Rx}-1)}{1/L_1} + \frac{T_0(F_{PostRx}-1)}{g_{Rx}/L_1} \tag{3.24}$$

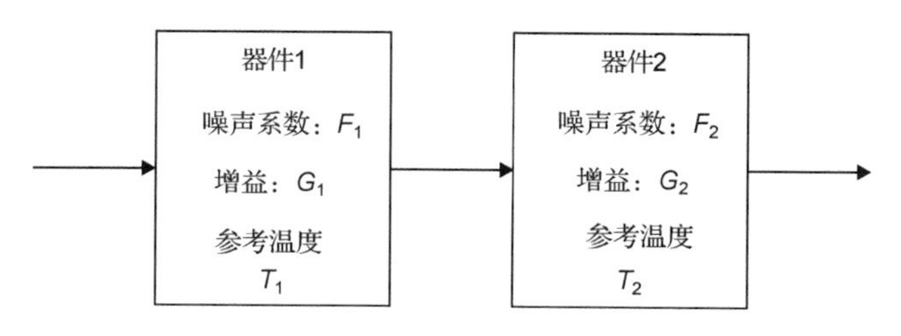

图3.15 串接二端口器件

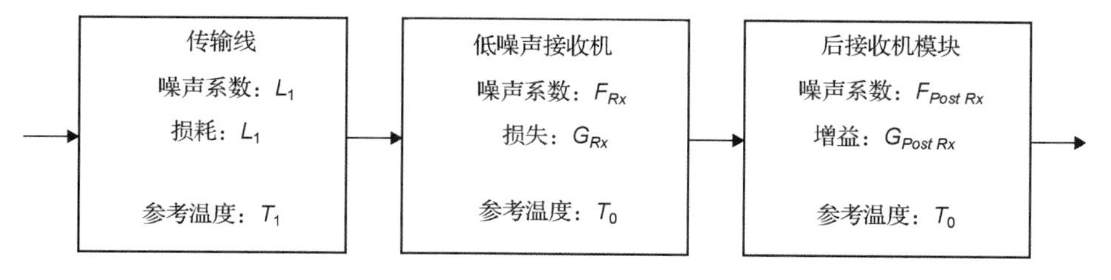

图3.16 多个二端口器件的级联

3.14　通信系统射频链路接收功率

在卫星通信系统中，最重要的参数是和链路一端的发射功率以及另一端的接收功率有关的。这两个参数之间的基本关系可以表示为下列方程：

$$P_r = \frac{P_t G_t}{4\pi R^2} A_{effective} \tag{3.25}$$

式中，G_t是链路中的发射天线增益，P_t是发射功率，R 是发射机和接收机之间的空间间隔，$A_{effective}$是接收天线系统在天线和通信系统接收机系统接口处测量的有效口径。

有效口径可以通过接收系统的增益和载波频率表示为：

$$A_{effective} = \frac{\lambda^2}{4\pi} G_r \tag{3.26}$$

结合这些表达式可以得到：

$$P_r = P_t G_t \left(\frac{\lambda}{4\pi R}\right)^2 G_r \tag{3.27}$$

利用 EIRP 的定义，并定义由于发射和接收系统的空间间隔带来的空间损失：

$$L_{space} = \left(\frac{4\pi R}{\lambda}\right)^2 \tag{3.28}$$

于是链路上接收能量表达式可以表示为：

$$P_r = \frac{\mathrm{EIRP} * G_r}{L_{space}} \tag{3.29}$$

在上面简单的推导中，忽略了天线增益和角度的关系以及一些对通信系统重要的物理参数，这些参数包括链路的极化损失和链路内的吸收损耗。

不用说，增益和方向性是空间坐标的函数。对于卫星性能的评估一般参照 (u,v) 坐标，对于地面基站性能的评估一般参照俯仰角和方位角 (θ, ϕ)。

3.14.1　上下行链路的角度依赖性

上行链路方程描述卫星的接收功率，它是发射地面基站的 EIRP、卫星接收天线的增益以及地面基站和卫星之间路径传输损失的函数。从一般表达式着手，可见接收功率是和地面基站发射天线以及卫星接收天线的角度特性相关的。利用坐标系统的标准定义，我们得到：

$$P_r^{satellite} = \frac{P_t^{ground\_station} * G_t^{ground\_station}(\theta, \phi) * G_r^{satellite}(u, v)}{L_{space}(\overrightarrow{x}_{satellite}, \overrightarrow{x}_{ground\_station})} \tag{3.30}$$

类似地，下行链路方程描述地面基站的接收功率，它是发射卫星的 EIRP、地面基站接收天线的增益以及地面基站和卫星之间路径传输损失的函数。因此一般表达式为：

$$P_r^{ground\_station} = \frac{P_t^{satellite} * G_t^{satellite}(u, v) * G_r^{ground\_station}(\theta, \phi)}{L_{space}(\overrightarrow{x}_{satellite}, \overrightarrow{x}_{ground\_station})} \tag{3.31}$$

3.15　卫星和天线中的额外损失

正如在第 1 章提到的，在评估整个链路系统性能时需要考虑很多其他损失。特别是欧姆损耗、失配损失，如天线或负载接口损失以及反射(回程)损耗。还要考虑天线的极化不纯和由传播引起的极化失配。还有一些其他的由于工艺或者集成精度引起的方向性下降也必须考虑。其中，引起方向性下降的几个因素是天线失调、反射面公差以及热畸变。

3.15.1 传播效应和大气引起的其他损耗

大气损耗的建模方式和在通信链路中其他无源模块损耗的是一样的。和大气相关的损耗分为由于大气层气体引起的电磁能量的吸收以及由于雨引起的损耗。

总共的衰减可以表示为：

$$A_k(\mathrm{dB}) = \alpha_k \ell_{effective,k} \tag{3.32}$$

其中，α_k 是衰减率，因为大气包含氮气和氧气，以及少量的其他气体，还可能包含大量的水蒸气，是电磁场频率以及极化的函数，其单位为韦伯/长度。通过大气层的有效路径长度是吸收层的厚度以及电磁波传播方向相对于层的法线方向的函数，可以表示为：

$$\ell_{effective,k} = \frac{h_k - h_0}{\sin(\theta_{elevation})} \tag{3.33}$$

其中，h_k 是大气层的有效高度，h_0 是链路中地面天线的高度。

根据经验数据得到的插值公式可以用来计算大气层或者雨滴的损耗。大气层吸收损耗是随频率而变的。需要特别关注的是水蒸气在 22.3 GHz 的共振吸收以及氧原子在 60 GHz 的吸收（见图 3.17）。

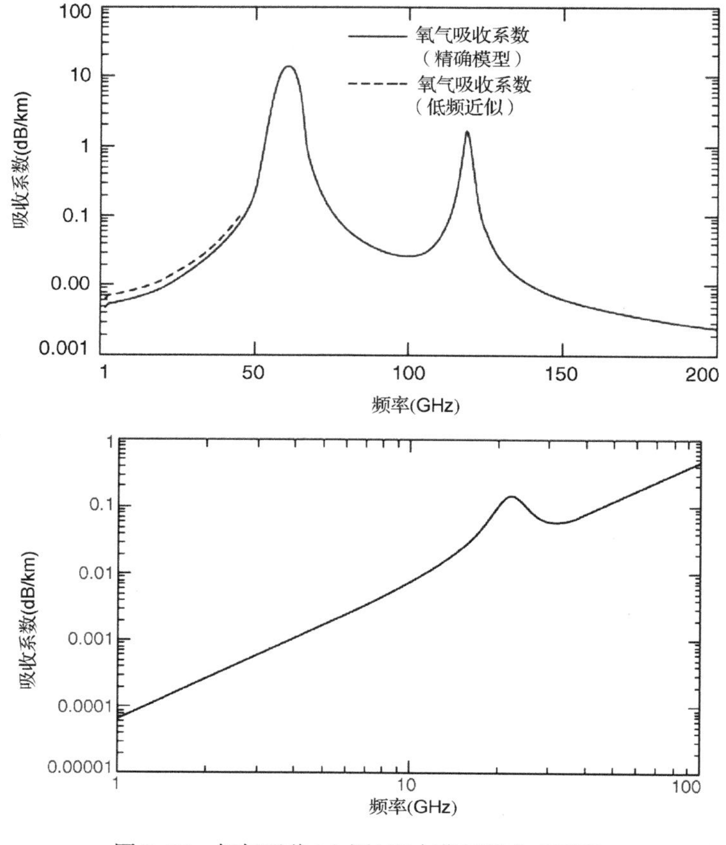

图 3.17 氧气吸收（上图）和水蒸气吸收（下图）

利用一个统计确定的衰减因子(见表 3.3), Ippolito 的雨滴损失模型[2]可根据雨的衰减率建模为:

$$\alpha_k = a_k r_p^{b_k} \tag{3.34}$$

其中, a_k 和 b_k 是频率和极化的函数, r_p 是雨滴的速度(mm/h)(见表 3.4)。

表 3.3 衰减因子

P	r_p
0.001%	$\frac{10}{10+L_G}$
0.01%	$\frac{90}{90+4L_G}$
0.1%	$\frac{180}{90+4L_G}$
1%	1

表 3.4 衰减率系数

频率(GHz)	a_h	a_v	b_h	b_v
1	0.000 0387	0.000 0352	0.912	0.88
4	0.000 65	0.000 591	1.121	1.075
8	0.004 54	0.003 95	1.327	1.31
12	0.018 8	0.016 8	1.217	1.2
20	0.075 1	0.069 1	1.099	1.065
25	0.124	0.113	1.061	1.03
30	0.187	0.167	1.021	1

3.15.2 电离层效应——闪烁和极化旋转

除了大气层水蒸气和大气中其他气体对微波信号的吸收,电离层闪烁是由电离层随时间变化的不规则性导致的。这会影响幅度、相位、极化以及电磁波到达角的变化。最重大的效应是信号衰落,这会导致幅度急剧衰减而且会持续几分钟。

3.16 热噪声和天线噪声温度

3.16.1 天线和通信系统的接口

接收系统的品质因素是天线和通信系统参数的组合。必须为天线和通信系统规定确定它们之间接口的参考平面。一旦参考面规定了,输入噪声、天线以及通信系统带来的系统噪声温度之间的系统噪声温度的分配就确定了。

如图 3.18 所示的天线和通信系统的接口,系统的噪声温度可以表示为:

$$T_{system} = T_A + \frac{(L_{antenna} - 1)}{L_{antenna}} T_{physical}^{antenna} + T_{Front\_End} \tag{3.35}$$

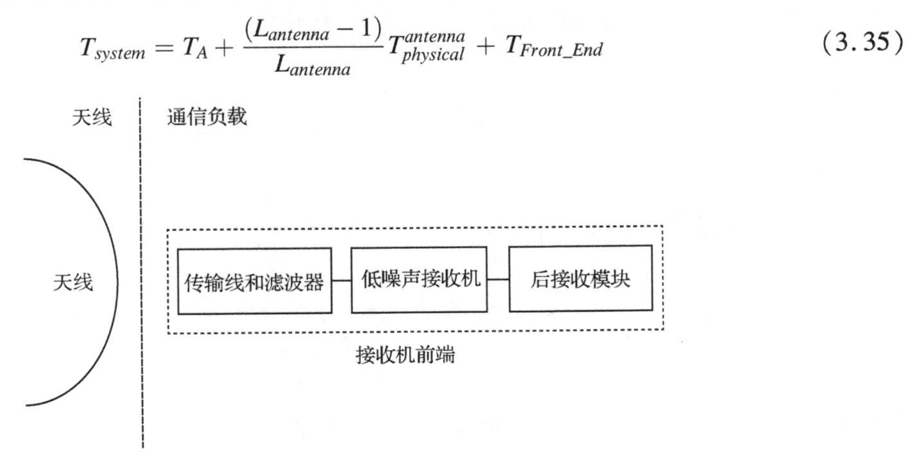

图 3.18 接收天线和接收机前端

其中：

$$T_A(\theta_0,\phi_0)=\frac{1}{4\pi}\iint T_b(\theta,\phi)G(\theta-\theta_0,\phi-\phi_0)\sin(\theta)\,\mathrm{d}\theta\,\mathrm{d}\phi \tag{3.36}$$

其中，天线部件的物理温度（如馈源）还有接收器前端的等效温度已明确写出。在这些方程中 G 是在天线输入端测得的增益，T_b 是亮度温度，是由 ITU 和其他一些组织确定的。

3.16.2 上行链路信噪比

确定卫星天线的性能时，要特别关注上行链路的信噪比性能。

卫星通信系统应答器的上行链路噪声参照卫星通信系统的输入，可以表示为：

$$N_{transponder}^{uplink}=kT_{system}^{satellite}B_{transponder} \tag{3.37}$$

它依赖于等效系统噪声温度以及应答器带宽，并已明确写出。

将这个方程和应答器通道中的上行链路功率方程结合，可以得到：

$$\frac{P_r^{satellite}}{N_{transponder}^{uplink}}=\mathrm{EIRP}_{earth\_station}(\theta,\phi)*\frac{G_r^{satellite}(u,v)}{T_{system}^{satellite}}*\frac{1}{kB_{transponder}}*\frac{1}{L_{path}} \tag{3.38}$$

很明显，上行链路最重要的卫星参数是卫星系统的 G/T 品质因素。

3.17 SNR 方程和最小可检测信号

最小可检测信号（MDS）是表征应答器前端灵敏度的一个重要参数。每个解调器和检波器组合的性能可以由达到一定的比特错误率（BER）需要的信噪比（SNR）来表征。每个特定的任务有特定的可接受的 BER，所以为达到令人满意的性能需要有一个最低输入 SNR 的门限。给定了系统的输入噪声，结合最小信噪比可以得到可接受的 BER 公式（见图 3.19）。

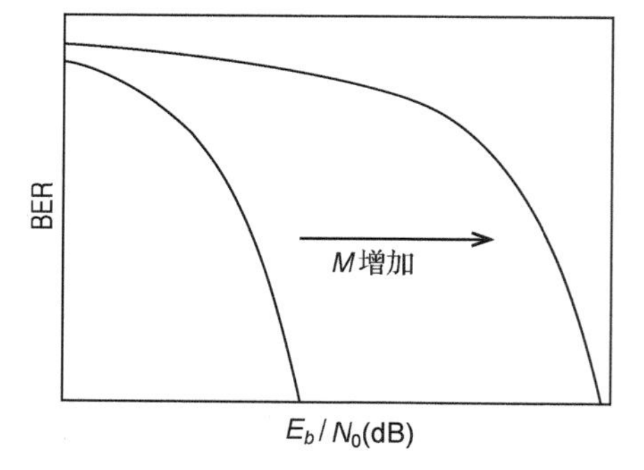

图 3.19 信噪比和比特错误率关系曲线

公式为：

$$\mathrm{MDS}=\left(\frac{S}{N}\right)_{threshold}N_{output} \tag{3.39}$$

如果输入噪声通过系统的噪声温度表示，则变为下列形式：

$$\mathrm{MDS}=\left(\frac{S}{N}\right)_{threshold}\left(N_{input}+(F-1)kT_0B\right) \tag{3.40}$$

3.18 功率通量密度、饱和通量密度和动态范围

下面的链路公式给出了上行功率通量密度（PFD）和地面基站 EIRP 的关系：

$$\mathrm{PFD}_{satellite}=\frac{\mathrm{EIRP}_{ground\_station}}{4\pi R^2} \tag{3.41}$$

考虑到本章提到的其他损耗，可以将这个公式推广而得到：

$$\text{PFD}_{satellite} = \frac{\text{EIRP}_{ground\_station}}{L_{Total}} * \frac{4\pi}{\lambda^2} \tag{3.42}$$

接收的功率是PFD和接收天线有效孔径的乘积：

$$P_{received} = \text{PFD}_{satellite} * A_{effective} \tag{3.43}$$

饱和通量密度(SFD)定义为最小的PFD，它可以驱动载荷应答器到饱和状态。因为这是一个可变增益状态的函数，所以通常SFD有一个范围。它是表征卫星载荷应答器的重要参量。应答器的饱和功率电平通过测量很容易获取，对于每一个给定的增益状态计算驱动应答器到饱和状态需要的最小PFD是非常有用的。

应答器的动态范围是由低端的最小可识别信号以及高端的线性度确定的(见图3.20)。

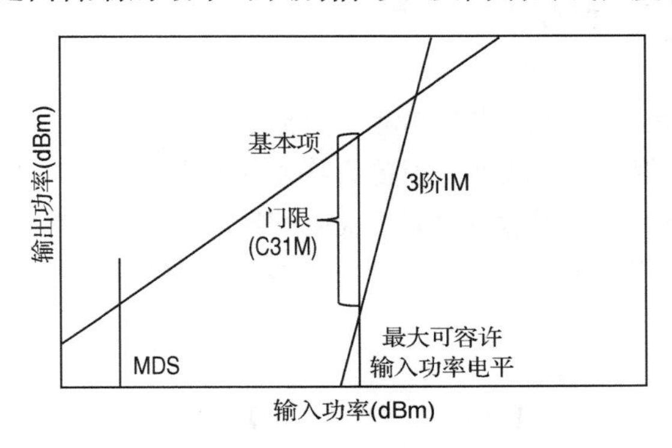

图3.20　非线性功率输入/输出曲线

3.18.1　PFD和卫星应答器增益状态之间的重要关系

指出在低PFD或者最小SFD的情况下，卫星增益是最大的由此应答器的噪声系数是最小的这一点是很重要的。这个构型提供了最灵敏的应答器前端，由此得到卫星的MDS。在这种构型中，应答器的线性度通常不成问题，因为应答器链中的所有有源器件中的信号功率电平是较低的。

当上行链路的PFD非常高时，或者是接近最高的SFD时，卫星应答器的增益是最小的，从而有源器件不会进入非线性区域。应答器增益的降低带来的后果是噪声系数及其对应的MDS的增加。

事前理解这些限制通常可以帮助我们做出更好的设计，即当需要时将MDS(相应地将系统噪声系数)最小化或者将非线性度最小化。过多规定MDS或者非线性度的需求会导致在整个动态范围内的次最优设计。

3.19　全双工工作和无源互调

无源互调(PIM)表现为微波前端的噪声。因此，PIM的存在会使得接收机不灵敏。最方便的分析方法是考虑它对系统有效温度的影响。

$$P_{IM3} = \text{PIM}_{power} \tag{3.44}$$

在通信系统的输入端，总噪声功率密度是：

$$N_{0,input} = kT_{sys} + \frac{P_{PIM}}{B} \tag{3.45}$$

系统新修正的噪声温度可以定义为：

$$T'_{sys} = T_{sys} + \frac{P_{PIM}}{kB} \tag{3.46}$$

由此：

$$\frac{T'_{sys}}{T_{sys}} = 1 + \frac{P_{PIM}}{kBT_{sys}} \tag{3.47}$$

一个常用的品质因数是等效的 PIM 噪声不能使系统的噪声温度增加大于 0.1 dB，也就是 PIM 噪声大约是系统热噪声的 2%。

3.20 增益和增益的变化

在规划通信系统的时候，了解链路功率随时间是如何变化的非常重要。波束内可以漂进或者漂出云。卫星的指向会随着时间改变。卫星天线由于热效应可能会发生畸变，从而使增益发生变化。卫星的输出功率 TWTA 或者卫星微波前端的噪声系数由于热效应也会随着时间改变。

卫星性能的度量是 EIRP 的改变或者 G/T 的改变。不管哪种情况，这些情况将影响天线的性能和中继的性能。

对于 EIRP 的改变：

$$\Delta\text{EIRP} = (\Delta P_{out})G + P_{out}(\Delta G) \tag{3.48}$$

对于 G/T 的变化，则有：

$$\Delta(G/T) = \frac{\Delta G}{T} - \frac{G(\Delta T)}{T^2} \tag{3.49}$$

可以证明在每种情况下重要的是相对于 G 的变化，因此：

$$\frac{\Delta\text{EIRP}}{\text{EIRP}} = \frac{(\Delta P_{out})}{P_{out}} + \frac{(\Delta G)}{G} \tag{3.50}$$

以及：

$$\frac{\Delta(G/T)}{G/T} = \frac{\Delta G}{G} - \frac{(\Delta T)}{T} \tag{3.51}$$

增益的时变主要是热效应和指向误差的函数：

$$\frac{\Delta G}{G} = \frac{\sqrt{\varepsilon^2_{pointing} + \varepsilon^2_{thermal}}}{G} \tag{3.52}$$

通常误差定义为增益加上增益变化与增益本身的比值：

$$\frac{G + \Delta G}{G} = 1 + \frac{\sqrt{\varepsilon^2_{pointing} + \varepsilon^2_{thermal}}}{G} \tag{3.53}$$

从这个公式可推导出对天线指向和热变形的要求。

3.21 指向误差

正如上节提到的，指向误差是覆盖范围内增益变化的主要组成部分。当评估通信系统天线的性能时，它是主要考虑的因素。事实上，一般的方法是定义包括指向误差的最小可获取的增益。指向误差和很多因素有关而且具有统计性质。各因素之间不一定是相关的。一般假设其俯仰面和水平面内的分布为高斯分布，那么 RF 指向误差就是瑞利分布。

某些引起指向误差的因素是确定性的，只偶尔发生。一个例子就是推进器点火以保持位置。位置控制的机动引起小指向误差，但是这只持续很短的时间。那么在评估链路性能时就自然进行指向误差时间加权的计算。

指向误差可能有一个偏航分量，这取决于覆盖的范围。覆盖区域内离偏航误差轴最远的地方受偏航误差影响最大。

为减小天线的指向误差，自动跟踪系统是最常用的。常用的这些系统提供指向的射频反馈。自动跟踪系统的性能依赖于自动跟踪馈源、馈源后的合成网络以及电压信号误差。剩余的定位误差要考虑天线定位向系统物理上的限制。这可以是指令位置误差、伺服控制环误差或者指向误差估计中的误差。

下一节将描述卫星运载仓(bus)。卫星指向系统包括卫星运载系统，它包括姿态控制和位置保持系统。另外，天线的结构频率和轨道位置上的副反射面都是因素。天线在整个飞船上的安装也是重要因素。减小指向误差是非常复杂的，卫星设计师和卫星天线设计师甚至需要考虑展开结构的共振频率、展开的重复性、结构转动速率甚至单步执行的尺寸。

大的指向扰动可能由太阳能阵列对日食变化的热响应，或者太阳能阵列在北/南位置为保持姿态，或者太阳能和推进器的相互作用所引起。虽然还有一些和机械结构相关的指向误差，然而某些指向误差是由简单的制造或者集成公差导致的，比如由天线校准公差引起。

3.22 卫星系统架构的其余部分

卫星系统的构成一般分为空间部分和地面部分(见图 3.21)。

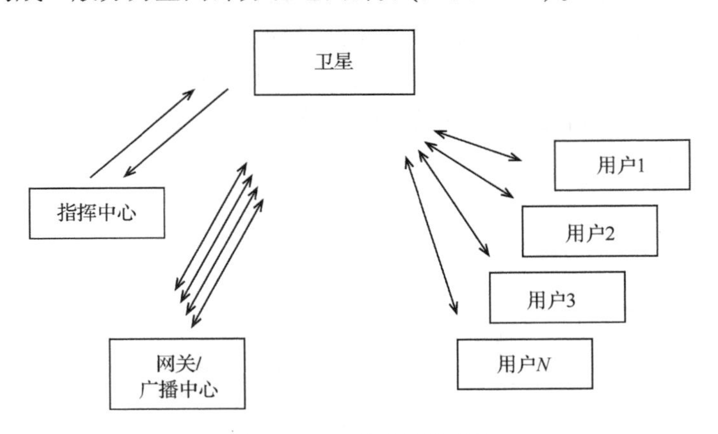

图 3.21 空间和地面部分

空间部分包括卫星和指令/遥感设备，以及一些地面上支持卫星飞行的系统。

地面部分包括卫星地面站，包括用户终端以及地面上的通信基础设施。

3.23 轨道和轨道方面的考虑

卫星的任务是指定卫星操作的轨道。一般有 4 种不同的轨道，在这里将讨论两个主要的类型并阐述它们的差异。

低地球轨道高度大概是400 km，往往用于遥感卫星，因为离目标距离近，因此可以使其获得好的分辨率。极地轨道(见图3.22)利用地球是沿着其通过南北极的轴转动的事实，所以它可以对整个地球的表面成像。地球同步轨道(见图3.23)距离赤道约36 000 km，这个轨道是非常有用的，因为此时对地球上的用户来说可以认为卫星是静止的。大椭圆轨道可以让卫星在其大部分轨道上看见北半球(见图3.24)。

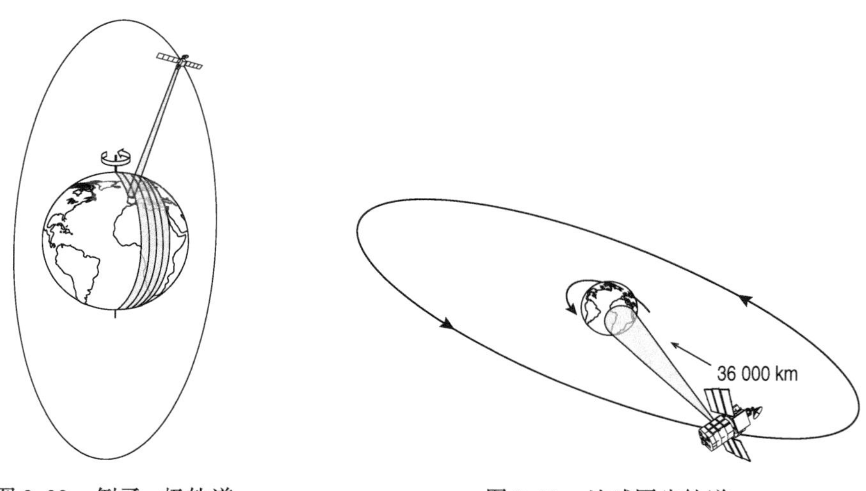

图3.22　例子：极轨道

图3.23　地球同步轨道

轨道是牛顿万有引力定律的自然结果，该定律说两个物体之间的相互吸引力和它们的质量的乘积成正比，和它们之间的距离平方成反比。引力方向指向连接它们质量中心的线。由这个定律导出的结果包含在开普勒定律内：卫星绕地球运转的路径是一个椭圆，在相等时间内，地球质心和运动中的卫星的连线(向量半径)所扫过的面积都是相等的(见图3.25)。

开普勒第三定律表明：轨道周期的平方正比于卫星和地球质心之间的距离的平均值的立方。根据上面的定律，可以确定卫星轨道的力学特性。

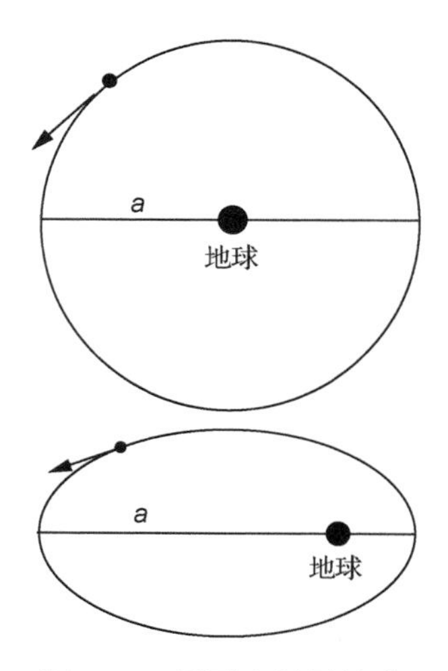

图3.24　圆形和椭圆轨道

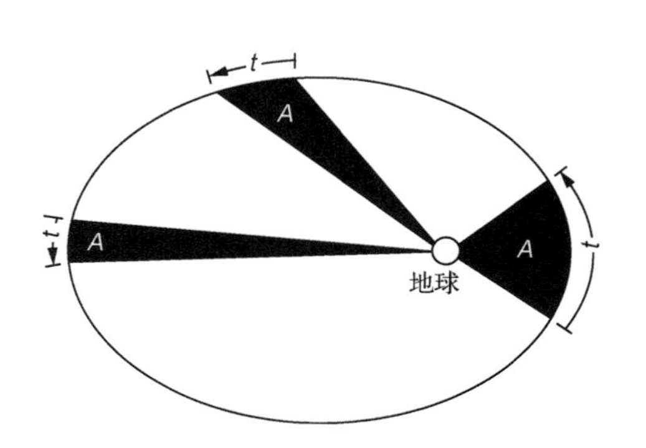

图3.25　开普勒第三定律

3.24 航天器介绍

那些不属于卫星载荷的卫星部分称为卫星载体(bus)。载体本质上是使得卫星成为航天器的部件，它包括所有使卫星正常运行的子系统，但这些子系统不是载荷的一部分。

天线子系统要么归类为载荷的一部分，要么归类为载体的一部分。比如，当考虑通信卫星时，天线显然构成完整的载荷的一部分。天线性能是设计通信链路的一个关键参数。但是，例如与遥感卫星相比，那里天线虽然是通信系统的一个重要部分，但通信系统却被视为是卫星载体的一部分。对于遥感卫星，传感器和相关部件组成载荷。

本节简单描述卫星载体的重要部件并单独讨论通信系统。对于天线设计者来说最重要的知识，作为重要内容将继续在本章讨论。

3.25 航天器预算(质量，功率，热量)

除了任务性能参数以外，任何卫星的最关键的特点包含在3个重要的卫星度量中：卫星质量、卫星直流功耗和卫星散热能力。这些参数确定：①时间周期，在该周期内卫星将可以完成它的任务；②把卫星送入合适的轨道的运载火箭，在很大程度上决定卫星的价格。

3.25.1 卫星质量

卫星质量直接影响发射要求。存在两个不同的质量指标。第一个是干质量，它表征卫星上所有组成部件的质量，无论是载体上的还是载荷上的。第二个指标是湿质量，它是干质量和卫星上的所有燃料之和，这些燃料主要用于发射、入轨和整个生命周期内的轨道保持。

能够将给定质量的卫星送入地球轨道上一个既定位置的装置称为发射装置。卫星运营商通常要求卫星设计成能够在不同发射装置上发射，以确保卫星任务能够在一个期待的时间发射，而不会被没有发射装置或高代价所阻断。这样，卫星设计者必须保持卫星总质量不超过可能的发射装置中的最小发射能力。卫星质量上界直接影响支持卫星执行任务的硬件数量，因此详细的卫星质量估计贯穿整个卫星的设计和建造过程。开始在估计一些不确定因素时预留了一定的余量，但随着设计的成熟，选择好了部件并测量之后就取消了余量。质量预算是任何卫星设计的一个重要因素。人们做了很多工作使得预算尽量准确，从而确保获得在给定的发射装置的限制条件下发射能力最强的卫星。

3.25.2 卫星功率

卫星功率常常与卫星完成任务的能力成正比。对于通信卫星，往往在用完可用带宽之前用完可用功率。今后，当确定卫星载荷时，类似于质量预算，要确定载荷需要的驱动功率。每个消耗直流功率的项目被确定和制表。大多数这些项目是载荷的一部分，只有一小部分属于载体。有了项目目录和规定的项目功率，要求的总功率和必需的功率产生能力(太阳能电池阵)和功率存储能力(电池)就被确定了。类似于质量估计，在设计阶段早期需要预留一些余量，但是整个预算是很仔细管理的，到设计成熟阶段就不需要预留余量了。当然，功率子系统的组件本身有质量，所以需要一些迭代才能最大化整个卫星完成任务的能力，平衡质量和功率要求。

3.25.3 卫星热量耗散

卫星上的每个消耗直流功率的组件一定会把一部分直流功率通过热的形式耗散。设计的卫星一定要能够将这种热能传递到卫星外面，然后释放到太空中以防止出现热失控。因此，卫星热量耗散预算与卫星质量预算和功率预算一样重要。一般来说，卫星热量耗散可以与卫星质量一起处理(更多的热耗需要更多的散热器，从而导致质量变大)。因此，与卫星质量、卫星能量一起，卫星热耗产生了3个最重要的卫星系统级参数。人们做了大量的设计工作以确保这3个参数留有充足的余量，通过平衡各个余量来最大化载荷和卫星使用寿命。

3.26 轨道任务周期和运载火箭的考虑

卫星的拥有者和使用者最关心的是以合理经济的方式完成卫星的任务，这个包罗万象的要求可转换为少量的关键需求。卫星必须最大化它的在轨任务周期，也需要满足发射装置的参数要求。

仅仅只有为数不多的不同发射装置，因此选择的余地是可数的。发射装置上的整流罩限制了卫星和星上天线的尺寸。最常见的发射装置包括俄罗斯质子火箭(Proton)和法国阿里安那(Ariane)火箭(见图3.26)。

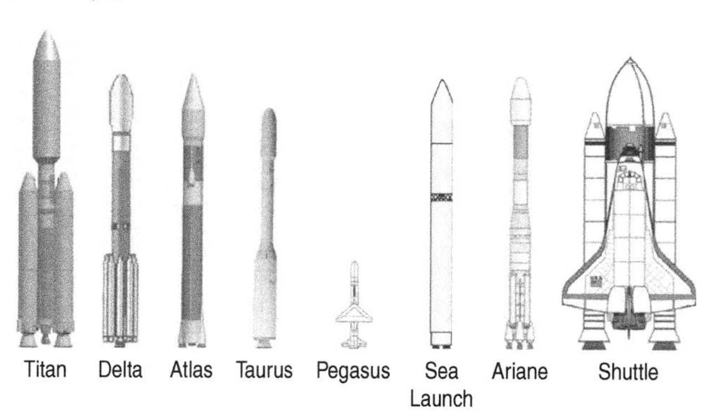

图3.26 运载火箭

一般来说，卫星通过一次性的发射装置发射。决定发射装置合适性的最主要的技术特征是其运送一定质量到期望轨道的能力。最常见地，这是指运送货物到同步轨道(GEO)或运送货物到低轨道(LEO)。

读者可以回顾参考文献[1~10]来获得发射装置的更多详细信息。就本节来说，理解卫星越大就越需要更大的发射装置这一点非常重要。发射装置只有几个离散的尺寸，从而卫星的大小也是离散的，而不是连续地从小到大。

发射装置尺寸和卫星尺寸的关系是由经济条件决定的。卫星服务提供者总想要尽可能地在一个给定发射装置上发射一个尽可能大的卫星以达到最大的经济效益。

3.27 环境管理(热、辐射)

卫星运行在一个非常严峻的环境中。一些影响是容易克服的。例如，当一颗卫星处于一个稳定的轨道时，重力被行星离心力抵消，因此形成失重环境。在该环境下，任何液体燃料系统将需要有一个囊状物才能正常运行。其他影响更加严重。例如，发射过程中卫星遇到的持续减少的大气，可能导致临界大气压力水平，在通信系统中这可能导致电晕事件(灾难性的电压击穿)。

一个重大的环境问题是热量管理。热辐射是宇宙真空环境中的卫星摆脱不想要的热能的唯一方式。这带来许多技术挑战，这些挑战来自建立热能传导路径和选择对显著热渐变稳健的材料。一个典型的卫星组件对温度范围的要求示于表 3.5 中。

表 3.5　主要子系统的热环境

电池	0 ~ 20℃
功率调节器	0 ~ 40℃
载荷应答器	0 ~ 50℃
地球传感器	−50 ~ 50℃
天线单元	−100 ~ 150℃
太阳能阵列	−100 ~ 85℃

热量子系统设计成给卫星上的所有组件提供一个稳定的温度环境。无源的热设计包括广泛利用的热掩盖来保护卫星被太阳直接辐射，对于低轨(LEO)卫星，辐射来自地球反射。对于一些通信和载体硬件，加热器被用于提供低温下限。

此外，宇宙射线、来自太阳耀斑的质子和微小陨石对太阳能阵列和固态电子系统都有损害。没有地球大气层吸收有害射线的保护，卫星几乎只依靠辐射屏蔽来提供对通信与系统固态器件和卫星器件的保护。本质上，这成为了卫星上电子设备使用寿命、冗余单元在主单元任务失败时的需求和质量之间的一个权衡。

辐射环境通常包含在一个等效场强度内。

3.28　飞行器结构(声学的/动力的)

基本上，卫星载体部件的目的是一起为卫星载荷提供一个稳定的平台。飞行器结构包含许多子系统。这些结构要求是热稳定的，而且还要求动力学稳定。

3.29　卫星定位(位置保持)

一旦入轨，卫星必须保持在合适的轨道位置上。为了达到这个目的，每个卫星载体都有卫星位置保持子系统。卫星载体必须对地球不均匀重力场或者由于太阳和月球引起的重力反应保持轨道上的位置。

因为地球是椭圆的，所以卫星倾向于慢慢朝 75°东(E)和 105°西(W)漂移。这种经度上的漂移需要东/西位置机动保持。这一般是通过脉冲喷气发动机实现，约两周一次。为了频率上的配合，卫星必须控制在指定的经度上在 C 波段 ±0.1°，在 Ku 波段0.05°以内的箱体内。

太阳和月球的引力使卫星每年在纬度上会偏离 0.85°，因此就需要一个南/北轨道位置保持机动。这些机动是非常消耗燃料的。和经度漂移一样随着纬度的漂移，在指定纬度上卫星必须保持在一个 ±0.1°指定纬度(或在 Ku 波段 0.05°)的箱体内。

卫星的允许高度变化大概是其额定高度的 ±0.1%。

这些容差确定了卫星的停留范围。对于 C 波段，大概是 150 km × 150 km × 72 km，对于 Ku 波段是 75 km × 75 km × 72 km(在地球同步轨道，150 km = 0.1°，75 km = 0.05°)。

需要时，轨道矫正由卫星控制团队(他们操作遥感、指令和跟踪地球站)发送指令来完成。将卫星放置在倾斜轨道上可以省掉北/南(N/S)面位置保持，但是会增加地面站的复杂度。

3.30 卫星姿态控制

卫星的姿态指其在太空相对于地球的方向。姿态和控制系统使卫星指向正确的方向。对于天线工程师，卫星的指向显然是一个极其重要的参数，所以卫星姿态控制子系统是非常重要的子系统。

卫星一般有一个地面传感器，它利用水平探测器来确定地面边缘的位置。这个系统用来保持天线指向，保持传感器以及太阳能阵列的指向。这个系统必须连续工作，因为存在许多改变卫星姿态的扰动。扰动包括地球引力场的改变、太阳或者月球的引力或者太阳辐射本身的改变。或者，卫星可以利用星体跟踪器或就地射频上行链路来进行更精确的指向反馈(见图3.27)。

和轨道控制过程不同，姿态控制过程直接是由卫星进行的。更复杂的系统是利用有源的一个或者多个动量轮。

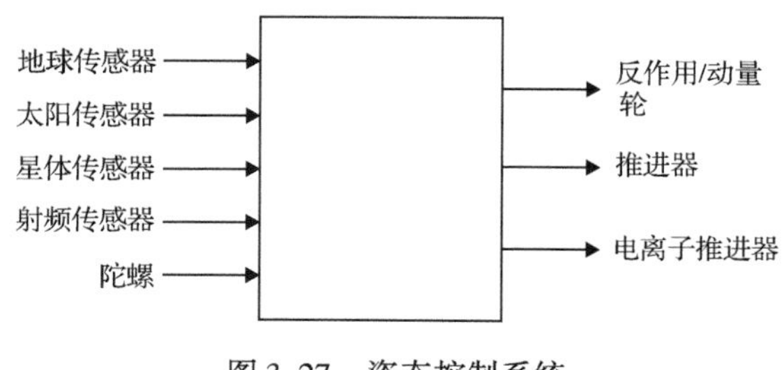

图3.27 姿态控制系统

3.31 电源子系统

卫星电源子系统设计成为卫星操作提供能量，而且能够存储能量来保证发电机有故障时卫星能正常运转。电源子系统为卫星运转和通信负载提供电能。它的关键部件是太阳能电池、电功率调节器以及电池。

卫星需要的初级电能是由太阳能电池提供的。例如，对于通信卫星来说需要约20 kW的直流电功率，其大部分是卫星的负载发射机消耗的。在刚开始运转时太阳能电池的转化效率是20% ~25%。但随着时间的推移以及暴露在环境中，它的性能会损耗，一般15年后能效只有5% ~10%。

能量存储装置(电池)的大小要满足卫星的功率需求，当太阳能阵列不能有效工作时可以为卫星提供电力。这包括发射需要的能量以及地球遮挡太阳时需要的能量。

地球一年当中有两个季节对卫星存在遮挡，介于春分与秋分之间。这个时间段是秋分前23天持续到秋分后23天，每次大概会持续72分钟。电池必须在这段时期内保证提供20 kW的直流功率，这就确定了对整个系统的需求。

3.32 跟踪、遥感、指令和监控

每个卫星的中心部件是遥感、跟踪和控制(TT&C)或者遥感、控制和测距(TCR)子系统。这个子系统包括一些相对简单的通信系统和一些计算机来驱动和监测卫星的载体功能。

TT&C系统有3个目的对于卫星是非常重要的。第一个是收集遥感数据，这是卫星上的多个传感器收集到的并传送到地面上的数据，从而使地面能够监测卫星的运行和部件的状态；第二个是发送指令，从地面向卫星发送一些指令和操作信息给卫星部件；第三个是跟踪或测距，实质上是确定目前的轨道位置及其运动。很明显，这些系统要高度可靠，通常采用加密技术保护。基本上 TT&C 可以让地面基站控制子系统或者飞行器，并监测它们的功能。

参考文献

1. Roddy, D. (2006) *Satellite Communications*, 4th edn, McGraw-Hill, New York.
2. Ippolito, L. Jr. (2008) *Satellite Communications Systems Engineering – Atmospheric Effects, Satellite Link Design and System Performance*, John Wiley & Sons, Ltd, Chichester.
3. Martin, D. (2000) *Communication Satellites*, 4th edn, The Aerospace Press, El Segundo, CA.
4. Larson, W. and Wertz, J. (1992) *Space Mission Analysis and Design*, 2nd edn, Microcosm, Torrance, CA.
5. Pratt, T. and Bostian, C. (1986) *Satellite Communications*, John Wiley & Sons, Inc., New York.
6. International Telecommunications Union (2002) *Handbook on Satellite Communications*, 3rd edn, Wiley-Interscience, Geneva.
7. Elbert, B. (1997) *The Satellite Communication Applications Handbook*, Artech House, Norwood, MA.
8. Morgan, W. and Gordon, G. (1989) *Communications Satellite Handbook*, John Wiley & Sons, Inc., New York.
9. Gagliardi, R. (1984) *Satellite Communications*, Wadsworth, Monterey, CA.
10. Maral, G. and Bousquet, M. (1998) *Satellite Communications Systems – Systems, Techniques and Technology*, 3rd edn, John Wiley & Sons, Ltd, Chichester.

第4章　空间环境与材料

J. Santiago-Prowald（ESA-ESTEC 机械部，荷兰），
L. Salghetti Drioli（ESA-ESTEC 机电部，荷兰）

4.1　引言

鉴于空间天线性能的要求和所处环境的需要，本章将描述空间天线所处的天然的和诱发的空间环境，并讨论适合空间天线的材料和制作过程。此外，本章将提供一些必要且深入的措施和验证方法，来减轻恶劣的空间环境带来的风险。重点是进行用于空间中硬件材料筛选的测试、材料特性的表征和材料的鉴定。

在金属、聚合物、陶瓷和复合材料中，目前在空间天线中大量使用的是聚合物复合材料。因此，它们的性质、加工和表征值得特别关注。由于这一专题的内容限制和讨论范围的制约，我们在本章中不能提供完整的关于空间环境和材料的参考资料。取而代之的是提供了一个相关学科的引导性的综述，以及对初步选择和设计成立的一些具体的材料数据。

4.2　天线的空间环境

空间天线通常是航天器的外部附件，正因如此，空间天线受到许多环境的威胁，可能会引起其组成材料的退化。这些威胁表现为光子辐射、带电粒子辐射、温度影响和热循环、微型流星体的撞击和碎片的污染、低地球轨道上的原子氧等因素。此外，每个任务都有它自己独特的环境变量，比如任务持续时间、轨道参数和航天器的天线与太阳和太阳上的活动视角。所有这些因素都需要在对空间天线进行设计和材料选择时仔细考虑。

除了上述现象所代表的威胁，作为设计的驱动因素结构和热性能方面的考虑也是极其重要的。事实上，反射器天线结构是按刚度、强度和稳定性而设计的。而热控制设计则依赖于具有所需太阳能吸收率和红外发射率的热绝缘材料。这些热光学性能的退化会引起天线各部件的温度产生不良的变化。

这一领域的主要困难是理解由于恶劣的空间环境导致的材料性能的退化。为此，过去常采用分析回收的飞行硬件或专门基于空间暴露的实验方法来处理。然而，这种类型的研究比较少见，而地面实验室研究仍然是理解材料退化过程的最常见的手段。通过地面试验环境所得到的预期的任务环境的代表性是有限的，这是第二种方法的不足之处。由于准确模拟空间效应的困难，必须对结果进行复杂的校准和谨慎的解读。综合空间的风险、地面的实验室研究以及计算机模拟是保证空间天线材料耐久性最有用的手段。

本章包括特定的空间环境对空间天线组成材料威胁的描述。重点阐述地球轨道环境的影响，因为大多数太空任务是飞行在地球轨道上的，地球轨道已经提供了很多对材料影响的重要数据。

4.2.1　辐射环境

本小节是阐述被困粒子带、太阳粒子活动和宇宙射线对空间环境中的辐射[1]所做的重大贡献。

4.2.1.1　俘获粒子带

这种辐射带主要包括能量高达几 MeV 的电子和能量高达几百 MeV 的质子。这些电子和质子都被困在地球的磁场中，它们在该场中的运动包括绕某一场力线的回转，地球两极附近发现的磁镜之间的振动运动，以及围绕地球的漂移运动(见图4.1)。

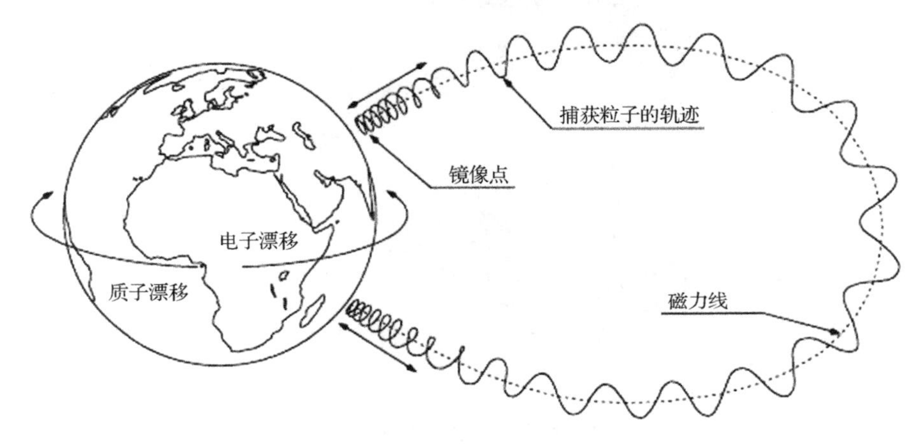

图4.1　俘获粒子在地球磁场的基本运动[2]

辐射带和太阳活动粒子引起电子元件、太阳能电池和一些材料的辐射损伤。因为能量最低的粒子被吸进材料的几毫米深处，所以无屏蔽的放置(如空间天线材料)暴露在非常高的辐射剂量当中。这可能导致热控材料、雷达天线罩等的退化[3]。

国际空间站(ISS)、航天飞机、环境卫星和其他较低高度的任务飞在辐射带的内边缘上。这个地区内占主导地位的是南大西洋异常(SAA)，是一个由地磁场的轴线相对于地球的旋转轴偏移和倾斜引起的辐射增强的位置(见图4.2)。这导致辐射带的一部分分布在较低的海拔高度。

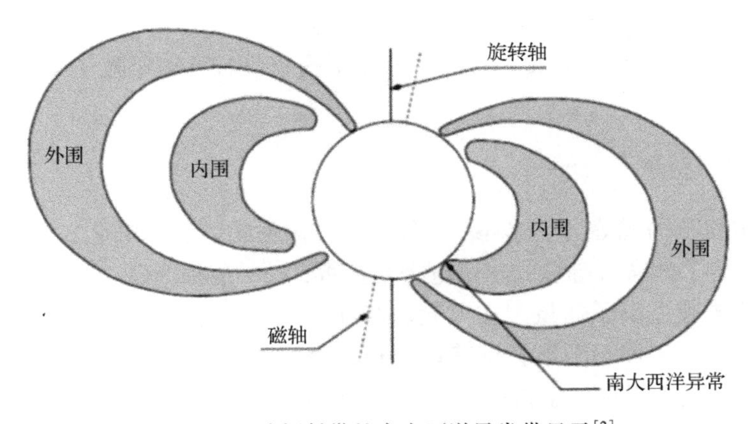

图4.2　地球辐射带的南大西洋异常带显示[2]

除了 SAA，极触角在低海拔地区的辐射分析中也发挥了作用(如 ISS 型轨道)。极触角是外辐射带中更接近地球的那一部分。我们从下面的仿真中可以看出，预期由极触角会引起在纬度 60°～90°之间辐射通量的增加。SAA 在南大西洋地区在纬度 30°～50°之间清晰可见(见图 4.3)。

在低地球轨道(400～500 km)的高度，俘获辐射带和大气之间有重要的相互作用，它引起东西方向之间的通量的强烈不对称。这对于姿态稳定的航天器(如 ISS[1])很重要。

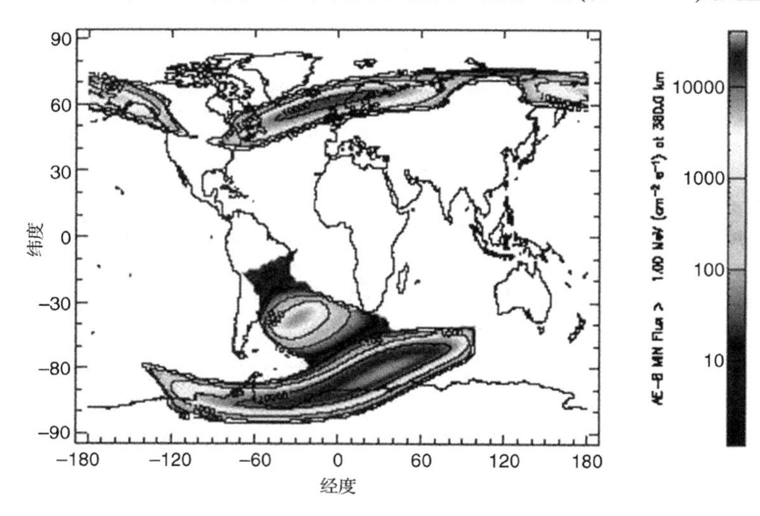

图 4.3 在 380 km 高度被困的通量、明显可看到极触角和 SAA[2]

在太阳活动期间，大量高能质子产生的通量到达地球。1972 年 8 月的活动产生的辐射通量峰值超过其能量在 10MeV 以上的 1×10^6 质子/cm^2/s[1]。这种活动发生的时间、幅度、持续时间和组成都是不可预知的。地球磁场在近地区域对这些粒子产生磁场屏蔽(地磁屏蔽)，但是它们很容易到达极地地区和高海拔，如地球同步轨道。

4.2.1.2 宇宙射线

宇宙射线源自太阳系外。这些粒子辐射通量低，但是由于它们包括重且活跃(高能量)("HZE")的元素(如铁)的离子，当它们穿过物质时会引起强烈的电离。要保护天线免受这些类型的离子损害很困难，因此，这些离子成了天线在宇宙中的重大危害。它们在大规模集成电子元件中引起的单粒子翻转(SEU)、单粒子闩锁(SEL)和单粒子烧毁(SEB)现象，以及干扰。

4.2.2 等离子体环境

低能量的带电粒子构成等离子体环境。等离子体内的物体受到电子和离子的通量的碰撞。虽然根据定义，等离子体含有等量的正负电密度荷数，电子更加活跃，而且通过一个不带电的表面的电子通量通常超过离子通量。在实验室和在空间中经常看到的净效应，是表面充满了负电的局域等离子体。表面不断地尝试获取电荷以使得电流平衡：减少电子通量增强离子的通量，直到悬浮电位达到平衡。宇宙空间内，在太阳 UV 和高能粒子辐射下，电流平衡还包括次级和由光子发射的电子。因此，航天器表面充电是等离子体的能量分布(也就是温度)、阳光照射的表面面积、航天器表面材料的特性的函数。特别是等离子体环境在高轨地区和极地轨道导致航天器表面(包括天线)静电带电，以及在低轨导致从暴露的太阳能电池板产生功率泄漏和电磁扰动。

减少在高轨等离子体中产生的静电带电的材料是基于以下属性来选择的：

- 介电层厚度；
- 介电常数；
- 介电阻率(在空间中一般不是常数，且依赖于光照、温度、辐射和电磁场)；
- 表面电阻率；
- 次级电子发射，它是入射电子或离子能量的函数；
- 光电发射电流(来自太阳照度)。

在低轨地区的等离子体通常是冷且密集的。这意味着等离子体有效地遮蔽航天器产生的任何电场，通常表面是不可能充电到较高电位的。

此外，等离子体与电磁波相互作用。离子层等离子体的色散和不均匀的特性是几个天基系统关注的一个热点，比如电信设备、全球定位系统和雷达。

4.2.3　中性环境

4.2.3.1　原子氧

当飞船应当在近地轨道(LEO)环境中飞行时,它必须面对原子氧。事实上，在这样的高度(如 180 ~ 650 km)，太阳的辐射有足够的能量来打破双原子氧键，并且它们很难再重新组合形成臭氧(O_3)[4~6]。

原子氧的密度在白天取决于太阳能加热，特别是由于大气相对于地球的相对运动，密度高峰出现在下午 3 点左右。此外，原子氧的产生速率和太阳活动及其紫外线辐射的变化密切相关。根据轨道和飞船的速度矢量，在轨道飞行周期内原子氧通量的入射角变化很大。所有上述影响使我们几乎不可能预测原子氧通量，而且在设计暴露在这种环境下的表面时必须考虑执行一些减缓作用。

事实上，原子氧和材料的相互作用很强烈。有明确的证据表明，随着航天飞机任务的执行，当原子氧和其他近地大气物品冲击航天器的表面时会产生所谓的发光现象,产生短暂的激发态物质，它在航天器表面附近发出可见辐射[7~9]。

在一般情况下，原子氧和聚合物、碳以及许多的金属元素相互作用，与暴露的表面上的原子形成氧键。根据发生的化学反应，原子氧会导致材料的侵蚀，表面氧化或有机硅逐渐转化为高模量的二氧化硅。然而，后面的过程只限于外原子层。硅酸盐层阻止进一步氧化，因此对于原子氧的攻击有机硅被认为是稳定的。

多年来，近地原子氧对薄的聚合物的侵蚀已经成为一个具有挑战性的航天器的性能和耐久性的问题，同时为了降低这种风险，目前已经采用了 3 种缓解方式[10~14]。

第一种降低原子氧对薄的聚合物的影响和提高聚合物耐久性的方法是使用防护层，通常是用 SiO_2、AI_2O_3、氧化铟锡、锗、硅、铝和金做成的。通常喷上超过 100 nm 厚的气相沉积防护层。

第二种可能的缓解方法是改进聚合物表面属性，使它们有更好的耐原子氧腐蚀性。这可以通过在聚合物的表面植入金属原子，或者通过把硅原子加入到表面和近表面来修改表面的化学成分。可以加入到聚合物表面的金属原子的面密度对于减少原子氧侵蚀度有直接的作用。

减少氧原子的负面影响的其他可能的方式是使用替代的聚合物，它们包含金属原子并使暴露于原子氧的表面长出保护涂层。

4.2.3.2 污染

与前面分析的影响不同，污染主要是由飞船的自我降解导致的。事实上，污染的来源可以包括来自飞船系统推进器的推进剂、燃烧残留物、航天器材料的排气、从飞船释放的气体或者由垃圾或泄漏而来的流体。另一方面，微流星、轨道上的碎片和空间环境与材料相互作用也可以产生污染物，如氧原子反应的挥发性产物和紫外线或者辐射导致的在聚合物材料中的断链产物。此外，空间环境的影响如原子氧、UV 和辐射的相互作用可能导致污染进一步改变。

航天器污染粒子和分子的积聚可能导致透光率、反射率、太阳能吸收率和表面热发射率的降低。一些空间环境与航天器污染的相互作用产生极大损害，包括脱氧硅的原子氧氧化，产生不易清除的基于二氧化硅的覆盖层，紫外线或电离辐射与污染物的相互作用产生污染物膜。几乎所有的航天器上都有黏合剂、灌封化合物和润滑油形式的硅有机化合物。虽然大多数低轨航天器的设计者努力只使用真空封装的硅，以消除或减少挥发性短链的含量，有机硅碎片往往在真空环境中释放，这一过程进一步被原子氧和辐射引发的化学键断裂加强。由此产生的有机硅化合物碎片可能沉积在暴露于原子氧的表面。

4.2.4 典型的航天器轨道空间环境

一般情况下，根据航天器任务的轨道，设计者需要应付一些不同环境的制约。特别是，在低地球轨道的太空任务环境的特点是致密的中性气体(氧原子)、电离层等离子体、太阳紫外线辐射和轨道碎片。在中等地球轨道(MEO)航天器必须应对太阳紫外线辐射、辐射带和等离子体球。多年来人们对 MEO 轨道一直没有多大兴趣，因为人们一直认为范艾伦辐射带的辐射环境不适合航天器运行。JPL 对这种辐射和屏蔽的效果进行了大量的分析。GPS 星群选择在 20 200 km 的高空，因为在这个高度，辐射环境被认为是可接受的最高限度。欧洲目前正在开发的卫星导航系统(伽利略)位于 23 000 km 的轨道上。这种非常恶劣的环境对一系列飞船材料的选择增加了很多约束。特别是，两个验证的项目(GIOVE-A 和 GIOVE-B)中的一个正在放飞一个飞行环境控制单元，来提供在特定高度飞行的更多的空间环境数据。

地球同步轨道(GEO)上具有的高能等离子体片、太阳紫外线辐射、太阳耀斑和宇宙射线的组合是目前最有名的和危险性不高的环境。

4.2.5 热环境

航天器上的天线会受到大量的温度变化的影响。热循环数和极端温度依赖于所在的轨道、航天器和天线的材料。特别是，日食持续的时间是轨道平面对太阳的角度(所谓的 β 角)和太阳轨道高度的函数。例如，对于 LEO，日食部分的范围为 0% ~40%。在 GEO，由于地球的倾斜，日食只发生在春季和秋季的昼夜平分点附近，最长持续时间为 72 分钟。另一方面，地球的红外和反照率的影响与 LEO 是非常相关的，但对 GEO 的影响几乎可以忽略。因此，在热循环过程中材料所经受的温度取决于轨道参数、热光学特性(太阳能吸收率、红外发射率、透射率)、太阳的入射角、与航天器周围部分和辐射和传导的耦合，以及产生热量的设备或部件的影响。

轨道上的极端温度和热循环因各种原因对材料耐久性构成威胁。首先，主要考虑的是可以保证材料的完整性和性能的温度范围。特别是，在紧密接触的非均匀材料中，如复合材料或表面涂层热膨胀系数的不匹配(CTE)，当出现显著的温度变化时可能导致材料的破裂或脱黏。其次，所有材料的性能都可以认为是与温度有关的。例如，在轨道上的热循环过程中，可能会经受金属或聚合物强度下降，使其更容易损坏。由于辐射损伤一般比较集中在裸露的表面且随着厚度下降，一般认为受辐射损伤的聚合物不再具有其整个厚度上的均匀特性，使得它容易受到热膨胀系数不匹配的影响。涂层，如Z-93，是一种用于铝基底的氧化锌/钾硅酸盐黏接剂白色涂料，经受热循环后已观察到微裂纹[15~16]。这种涂层与基体之间的热膨胀系数不匹配的结果是可以预期的。然而，适当对基板表面进行处理可以防止分层和剥落，尽管由微裂纹导致出现“泥瓦”样的表面，然而涂层表面具有轨道热循环耐久性。

由于天线执行任务期间会遇到的热环境，天线的设计必须考虑所有这些方面相应的选择材料。特别是，由于深入太空和空间环境中暴露于太阳的直接辐射，以及真空内缺乏对流的情况，极端的温度通常可以达到-190℃~160℃。本章将只解决用于防止热环境引起的相关问题的材料选择，而第5章将讨论设计方面和热弹性变形以及由于材料的热变形导致的天线指向改变的分析。

必须通过热硬件限制温度范围和梯度、控制与平台的热交换以及热形变来保护天线。无源热控设备包括多层绝缘(MLI)、遮阳、涂料和油漆。外层材料的选择是由热光学特性、防止闪烁、电气接地、原子氧和防止微流星影响保护来决定的。通常情况下，采用镀铝的聚酰亚胺、黑聚酰亚胺、白色油漆或者贝塔布。具有低太阳吸收率(α_s)的材料用于散热器和反射性表面以尽量减少太阳辐射吸收。只有当材料保持其性能时，即开始(BOL)α_s值或者等价的α_s/ε比率，飞船热平衡才能在飞船的生命周期内得到保持。遗憾的是，辐射和热循环环境会严重影响光学性质。作为一个例子，在地球同步轨道常用于天线(馈电链和反射面)的热保护的白漆涂层在MEO轨道于相对短的时间内[16]会产生严重退化。实地观测GPS Block I卫星热控涂层的老化情况如图4.4所示。

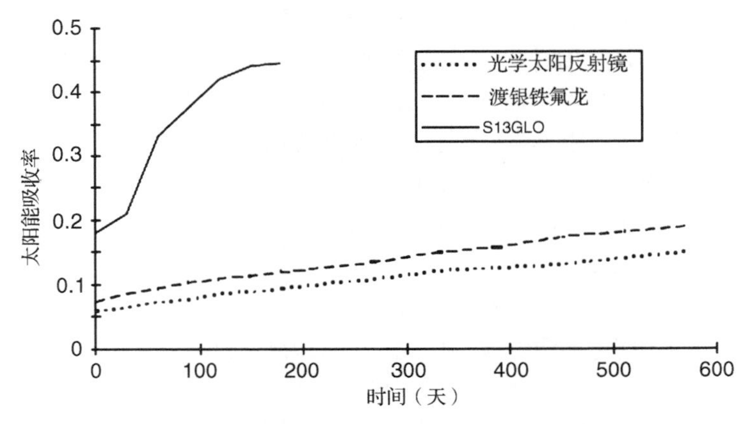

图4.4　GPS Block I卫星(OSR，光学太阳反射镜)观测到的热控材料降解[18]。NASA和Dr Alan Tribble许可转载

大部分这种退化与光化学污染沉积有关。根据所处轨道的不同，也有各种其他机制，导致表面材料的降解，如太阳紫外线、原子氧、辐射和微流星体和碎片的撞击。

具有代表性的其他无源式热保护是雷达天线罩/遮阳或涂料。例如，反射面和阵列天线的辐射表面的遮阳一般是由卡普顿-锗箔保护的。用有最低 RF 性能退化(损失和去极化)的透明材料制成薄片来遮阳，同时提供所需的热-光性能和电接地。然而，这些材料对湿度是相当敏感的，必须格外小心处理，并使之处在可控环境下。为了使遮阳板的性能在地面上不退化，为装载了这种热硬件的天线单元测试提出了一个特殊方案。这个问题一般通过下面的策略来解决，即为测试程序装上一个遮阳板，并在发射前安装到航天器上投入另一个飞行遮阳板。

螺旋天线，由于其立体几何结构，往往用刚性罩覆盖，其材料常为玻璃纤维增强聚合物，并涂上白色油漆。事实上，为这样的天线设计同形的遮阳板是非常困难的。

对于非常特别的热硬件应用，例如在发射器上的天线，热硬件必须针对由于气热效应(气动的热负载)产生的热通量保护天线单元。在这些特别的情况下使用特殊的热保护。例如，NORCOAT 是 Astrium 公司开发的将填料包裹在硅胶织物中的基于硅橡胶的一种白色的可熔蚀的材料。该材料显示出良好的光热性能，为低到中等的空气动力通量烧蚀提供热防护，但射频透波。所有安装在 Ariane 4 和 5 型运载火箭上的和那些将被安装在 Vega 发射器上的遥测天线都由 NORCOAT 保护。

4.2.6 发射环境

从生存和潜在的任务性能退化来看，发射环境通常指空间硬件经历的最苛刻的机械和热负荷。发射的载荷在不同发射阶段是变化的，本身是瞬时性的且处于非常高的水平上。它们由火箭推进系统的特点决定，特别是点火、起飞以及在大气中飞行的发射器的动态响应，点火与火箭各级分离，整流罩分离，在发射弹道的高海拔地区暴露于空气的热流和太阳直射。值得注意的是，重量轻且硬度高的部件大附属物，如天线和太阳能电池板等是声学负载，是非常有特点的环境负荷。声场的强度非常高，通常达到 148 dB(限定声压级别)，所涵盖的频率范围为 31.5 ~ 2000 Hz。这是这些附属物的强度的一个度量。尽管在专业分析后才可得到详细的预测，一般情况下，环境负荷才可以在发射器手册中作为初步技术要求查到。

关于机械负荷，相同发射器在不同任务之间的主要区别源于动态的火箭和飞船的相互动态耦合，这可通过耦合负载动态分析(CLA)来预测。耦合负载动态分析，由发射机构整合发射和航天器的有限元模型，并使用有代表性的强制函数，提供接口部分发射载荷的时间关系曲线和频谱预测，以及相关内部组件的时间关系曲线和频谱预测。因此，飞船设计单位的一项非常复杂而且非常重要的任务是根据需求或飞行验收负荷设计和开发所有的飞船子系统，甚至在 CLA 可用之前，必须考虑预测环境负荷条件。在地面验证阶段，很多时候要求通过减少验收负载来实现在过载时敏感元件的保护。原则上，这只能通过最终对这些误差在耦合负载动态分析中进行详细的验证来批准。

必须进行热负荷、热耦合负载分析，以得到在发射过程中和早期轨道阶段的安全系数。由于热条件变化较小以及 BOL(早期阶段)能够很好地预测，目前在大多数情况下情况没有机械负载严重。例外的情况往往涉及飞船的特殊内容，如低温单元或大附属物的存在，可能会产生暴露于空气热和粒子通量或较长的日食的不利情况。常会在后期开发过程中发现，一个典型的质量热情况下的天线热负荷的大小是大气热通量和天线还装在发射器上时阳光直射的合成。自由分子加热可达到的值为 1000 W/m^2 级。其他值得关注的典型情况为转移轨道，如地球同步转移轨道(GTO)，这可能导致很长时间的日食，并要求通信卫星进入冷状态。需要专用手段来缓解这些热负荷的状况。

由于这一专题的复杂性，对于载荷耦合分析的详细描述已超出了本书的范围。我们将在下面的小节中讲述一个实用的方法。下面描述的不是一个长而不完整的发射环境的讨论，而是天线在鉴定试验中的典型条件的描述。

4.2.6.1　天线鉴定时的机械和热负荷

虽然特定情况下不同的测试顺序和水平存在显著差异，然而下文描述一般情况下典型的机械要求和相应的鉴定测试。

- **刚度**。结构静态刚度应该是在加载或操作过程中的应力和变形不会导致损坏、永久变形或功能退化。然而，动态刚度测量通常也是必需的。这需要专用的模态测试，实际上常用振动筛上的模式测试来代替，同时利用其他的测试。天线基频最小值可取为100 Hz，以尽量减少与航天器的动力耦合和并减少测试，特别是用正弦振动测试时。当100 Hz不可能做到时，如果航天器的横向模式是充分分离的，可以取50～60 Hz为最小基频。不满足以上规则的例外情况可能需要专用CLA。这一需求的验证是通过专用的模态测试，或是在正弦振动试验过程中进行的。
- **准静态荷载**。结构强度通常是利用对质心加上静态加速度或单元界面同等的力量来验证的。这一过程是通过静载荷试验来进行的。或者，如果能达到设计的载荷，可以采用一个振荡器，通过施加频率低于待测单元的基本特征频率的正弦波振动来进行测试。然而，结构的设计负荷，包括轴的组合，涵盖实际预期最大飞行载荷。准静态载荷的规范应涵盖飞行产生的低频负载(低于天线的基本模式)、准静态高频随机振动的调整分量和通过天线结构以及撞击传递的噪声载荷。由于动态载荷的相位上的相关预测困难，因此对这些因素采用保守的线性组合。准静态分量是航天器CLA的输出。这种分析通常不包括随机载荷矫正。天线的总准静态设计载荷的典型值在每个航天器轴分别为±20～±35 g，以及在垂直于安装平面组合成±20～±30 g，在安装平面内再加上±15～±25 g。精确值依赖于质量、刚度、暴露表面和在发射过程中航天器上的天线的位置和安装条件。
- **正弦振动**。耦合的发射器/航天器发射过程中低频动态响应一般在100 Hz以下，在天线接口产生载荷，它可以激励天线特征模式。通过振动试验扫5～100 Hz频带来验证环境负荷情况，其中常以5～20 g的顺序作为加速幅度。通常，特定的值取决于天线的质量与航天器结构的耦合，这已通过CLA得到证实。由于需要早期设备的测试规范，环境条件必须通过整个航天器的相似性或者限制条件来预测，以做出合理的飞行载荷和结构参数的假设。正弦测试期间，如果输入产生相当高的没有被静态负载大小所覆盖的负荷，正常的做法是在共振频率降低负载输入。这主要是由于振动台比实际宇宙飞船上的安装条件具有更高的阻抗。因此，基于界面力把输入负载降低到准静态水平。即所谓的主开槽，通常被认为是可以接受的。基于强度限制的其他开槽输入需要得到航天器相关主管机构的认可。
- **随机振动和声学**。是否进行随机振动或声学测试，这在很大程度上取决于天线的结构。大且轻的反射器对声压力敏感，而小尺寸天线对通过它们的接口传送的随机振动更加敏感。然而，这两种现象的来源是相同的，即由于发射器整流罩下高强度的声场导致的航天器机构的应激反应。作为一个通用的近似规则，对于超过1 m^2 且单位面积质量低于3 kg/m^2 的波场阻塞表面尺寸声本征反应占主导地位。更多详细的内容将在下一节和第5章中描述。另一方面，随机振动测试是一个对电子单元的强制测试，其目的是验证接口和电气元件在高频振动中的生存能力。典型的在指向于平面之外的方向上的随机振动鉴定水平是 5 ~ 10 g RMS(20 ~ 2000 Hz)数量级，这主要依赖于单元的质量、单元的安装条件以及在航天器上的安装位置。电气相连接的情况下，另一个重要的考虑因素是热和振动试验的进行顺序，因为热循环后出故障的电气连接经常不易检测到。

- **冲击测试**。对于存放的结构释放后的机械完整性验证是必需的，此外还包括来自于其他子系统(如太阳能电池板)释放的瞬态负载穿过航天器的结构、分离事件(飞船和整流罩分离)火箭级烧完和点火的验证。虽然在早期阶段，简化的设计载荷可以根据半正弦波脉冲规定，但是，测试应该尽可能重现预测的冲击响应谱(SRS)。特定的值取决于具体的航天器和发射器体系结构，但也取决于释放装置及其安装的预载荷，这些也是设计要考虑的方面。
- **热弹性和流体弹性扭曲**。这些都是高精度、高稳定性的天线的测试内容。根据增益损耗预算反射器的反射面应保持在所需的形状。这往往转化为对于 2.4 m^2 的投影面积的 Ku 波段反射面高于 200 μm RMS 热稳定性的要求。如果考虑旁瓣电平、交叉极化及其他要求，必须考虑更严格的变形要求。在地面验证这点的方法是在真空条件的理想状态下，在热循环室通过热变形测试来验证。在真空条件下的热循环，还可以验证流体弹性性能。测量方法和所要求的精度有关。例如，视频/摄影可以提供的精度范围为 10 ~ 20 μm 每个点。这个精度范围对于 Ka 波段以上的应用可能是不够的，在这种情况下，必须采用激光干涉仪、激光雷达或经纬仪。由于通常这些形变测量仪器的简单组合在鉴定或验收温度不能达到时，可使测试在更小的温度范围内进行，然后测量数据可以用来调整在轨预测的有限元模型。
- **热循环、热真空和热平衡**。这些都是预期的空间环境下鉴定中所需的热测试。原则上，在热循环试验把硬件提交到冷热极端环境下时，在环境大气压力下进行若干个周期的实验。循环几次用来验证材料、制造工艺、部件的组装、模块、执行机构和机械结构的质量。因此，热循环是一个环境筛选试验。另一方面，热真空试验更真实地再现飞行环境，主要用于经过单元功能测试进行性能验证。在测试对象为天线的情况下，由于高分子复合材料的比重过大和复杂的接口，在真空中的热循环是优选的热测试。尽管天线鉴定时在真空中常选择 8 个周期，但热循环周期数仍然是一个讨论的焦点。热平衡测试通常在子系统或航天器级进行，但也常会在单元测试中应用。对于热控制硬件及其操作和热模型参数相关，这些测试是必需的。

其他测试通常用来进行运行寿命、释放和展开功能，以及指向精度验证。这些测试主要涉及机械动作。

4.2.6.2 声负载和测试

相对于对高频振动的响应，对于安装在航天器轻量级结构板上的设备，发射升空和超音速飞行是要求最苛刻的阶段。这些振动来自发射器的底部产生的声学负载：对大型航天器结构的激励、火箭发动机声音辐射、喷气在大气中的湍流混合以及地面和发射台对声音的反射。整流罩内有效载荷的声负载本质上是随机的和宽带的，且在分析和试验中被认为是遍历和平稳分布的。

验证中声压级经常达到 148 dB。航天器及其设备的飞行鉴定和验收，包括声学测试，通常指定为回响室测试。然而，发射管理部门将声场描述为弥漫声场，虽然飞行载荷并非严格遵守此表征。历史上已经接受这样的验证程序，根据是必须保证发射负载有安全系数。然而，这正是测试结果与分析预测不符的主要原因，尤其是在低频时，测试室不能产生一种均匀的和弥漫性的带有白噪声频率响应的压力场。从图 4.5 可以看出，在倍频程和第 1/3 倍频带情况下测量精细分辨率压力 PSD 和经典的倍频和三倍频要求做了比较。甚至如果倍频和 1/3 倍频曲线处于测试容忍范围内并满足测试的特定要求，可以看出，回声测试室模型是现实的，尤其是在室截止频率之下。

尽管混响室的使用导致较大的压力扩散，但由于可控性和压力场扩散的质量，仍然推荐使用这种方式。也有一些其他的测试方法，例如直接场的声学激励，但是伴随着较大的压力扩散。

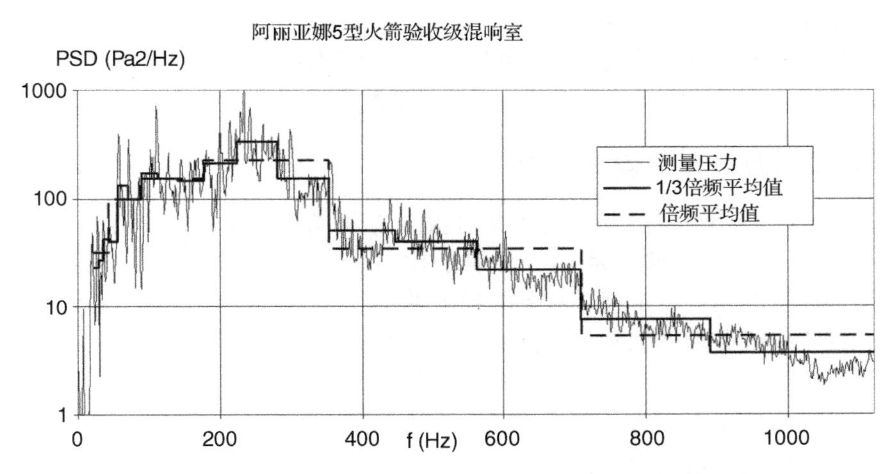

图 4.5　精细分辨率压力 PSD 与倍频程和 1/3 倍频平均值的比较

4.3　材料选择及其与电磁性能之间的关系

4.3.1　RF 透明材料及其使用

前面已经在 4.2.5 节中讨论过，在一些情况下，在航天器上的天线需要天线罩或遮阳保护。在一般情况下，这些保护结构的功能主要是热方面的，因为遮阳需要限制由天线材料吸收的太阳能。遮阳板的构成材料相对于 RF 是透波的，使天线的电磁波能辐射出天线。和它的热光学特性一样重要的是在选择 RF 遮阳罩材料性能时损耗和去极化是同样重要的。锗基涂层的聚酰亚胺膜非常适用于天线罩应用，这是由于涂层对 RF 透波率和释放静电能力的独特组合。常用的聚酰亚胺基板材料有聚酰亚胺薄膜、非导电性的黑色聚酰亚胺薄膜或导电的黑色聚酰亚胺薄膜。锗的涂层具有 1000 ~ 1750Å 范围内的厚度，当需要更多的结构化的天线罩时，大多采用涂有特殊涂层的玻璃增强纤维塑料（GFRP），或者，正如在 4.2.5 节已经提到的 NORCOAT 材料。

4.3.2　RF 导电材料及其使用

天线的首要功能是发射和/或接收电磁波，因此，在很大程度上要由 RF 导电材料制作。馈电波导主要是经特殊表面处理过的铝合金组件，以使铝在恶劣的环境条件下变得更耐用。例如，Alodine 1200 是一种用于产生铝的保护涂层的化学品，它的颜色范围为由光亮的金色到黄褐色。涂层产生最小的腐蚀和增强喷涂的黏合性。Alodine 1200 用在浸渍、喷涂和刷涂的过程中。当波导损耗被认为是至关重要的因素时，与 Alodine 涂层相比，银涂层成为首选。另一方面，对于耐功率能力，镀银与 Alodine 相比具有较低的余量，最终，这使得选择 RF 导电涂层的材料是一个挑战。

当谈到反射面天线时，它的选择几乎是固定的：高分子复合材料。特别是反射器是由三个要素组成的夹层结构：两个薄的高刚性表面和一个低密度的夹层。由黏接剂黏接三个要素使之作为一个连续的结构。

在一些情况下，两个外表面均采用 CFRP（碳纤维增强塑料），包括几层单向纤维或机织织物组成，而对于蜂窝支撑结构通常使用铝、碳、芳纶或 Nomex 纤维。从 RF 的角度来看，反射器夹层结构的起作用表面需要根据反射率、欧姆损耗和去极化等因素表征。尤其是反射性能在很大程度上取决于材料和工艺选择，电场极化相对于纤维排列的方向、场的入射角、频率以及制造问题和金属化[使用气相沉积的铝（VDA），聚酰亚胺铝片，铜条]。

4.3.3 PIM 控制的材料选择黄金规则

在许多场合，4.2.5 节中描述的隔热层是卫星上互调问题的根源。事实上，松散的金属之间的接触，如当被大功率信号照射时，起二极管的作用（非线性结）产生互相调制的频率。这些不受欢迎的频率产生的能量对于航天器上的灵敏的接收机是非常有害的。卫星设计将总是从非常早期的开发阶段就必须考虑到这些问题，以实施适当的应对计划来避免在飞行过程中出现任何问题。

无源射频组件应建立良好的品质标准，以防止无源互调（PIM）干扰。设计应考虑多载波的操作并且互调产物应尽量减少。

一般来说，波导元件的一些“PIM 预防规则”已被导出。我们对这些规则在下面进行归纳，并且在航天器上的所有电器元部件的开发中这些规则建议被强制执行。众所周知，螺丝可能是 PIM 的来源，尤其是当螺丝暴露于热循环中时。为了减少这一点引入的风险，强烈推荐使用没有调谐螺丝的波导元件。现在，有了非常精确的电磁模型使这些成为可能，因为根据这个模型可以使实现组件的性能与预测的完全一致，从而避免了使用调谐螺钉的需要。其他可能的 PIM 来源为不同组件之间甚至在同一部件内的法兰盘。为了避免这种情况，建议尽量单块制造一套组件，以进一步降低此类风险。在必须要有一个接口，也就是法兰的地方使用高压法兰来保证金属部件之间的紧密接触。同样重要的是避免界面法兰处的不同种金属接触。如果参考表面光洁度（如 Alodine）被选中，并且一些组件（双工器，极化器）需要一个内部镀银处理以减少插入损耗，那么必须要掌握法兰的制造及表面处理工艺，以便给组件内部镀银，但与法兰接触的部分为 Alodine。在此特定情况下，在 Alodine 和镀银之间的结合沿着一个没有连接切割的平面波导部分从内部处理，从而再次将 PIM 产生的风险降到最低。

4.4 空间材料与制造工艺

制造空间天线的材料包括金属和它们的合金、有机聚合物、陶瓷和复合材料。聚合物基复合材料由于其适应性强的特性及其相关技术日益成熟，正在成为最有用的一族材料。事实上，复合材料的性能也在同一时间被“创建”。在所有的情况下，对功能的要求是苛刻的，苛刻的空间环境和生命周期特性使得材料的选择范围缩小。此外，和材料本身一样重要的是随之而来的制造、调整和抛光过程。材料的本性、相关的工艺过程和环境条件确定了材料属性。本节将介绍一些主要的材料、制造和调整过程及特性测试，以便确定它们的表现和最终天线性能。

4.4.1　金属及其合金

金属及其合金仍是最多的和现成的材料来源，它们的性质(见表 4.1)强烈地依赖于特定的合金组成和产品形状(如板材、片材、棒、挤压成形等)，以及在生产过程中原料的热和机械处理及原料的历史。由于质量的限制，对于笨重部分必须选用轻重量的合金材料。

表 4.1　典型的金属合金的设计值。对于强度数据，B-基准：至少 90%的常用值预计将超过恰当的值，具有95%的置信度，S-基准相当于一个规范的最低值。来源：文献[19]和数据表

材料	E(GPa)	ρ(10^3kg/m^3)	v	F_{ty}(MPa)	F_{tu}(MPa)	CTE(ppm/℃)
2024-T81 复合板	72.4 (初始值)	2.77	0.33	372 (S)	427 (S)	22.5
6061-T6 板	68.3	2.71	0.33	255 (B)	296 (B)	22.7
7075-T73 板	71.0	2.80	0.33	386 (S)	462 (S)	22.0
AlBeMet 162 挤压板退火	192.0	2.07	0.17	320	430	14.0
AZ31B-H24 镁合金板	45.0	1.77	0.35	200 (S)	269 (S)	26.0
Ti-6Al-4V 退火	116.5	4.43	0.31	1034 (S)	965.3	(S) 8.8
A286 不锈钢	201.0	7.95	0.31	660 (S)	960 (S)	16.2
A2-70 不锈钢	190.0	8.0	0.29	450 (S)	700 (S)	
15-5PH H1075 不锈钢板	197.0	7.85	0.27	862 (S)	1000 (S)	12.0
INVAR36 退火	141.0	8.14	0.29	276	492	1.3 ~ 2.7
Imphy INVAR M93	142.0	8.125	0.26	280	470	1.1 ~ 2.5
C17200 TH1 铍铜合金条	128.0	8.25	0.27	1034 (S)	1210 (S)	16.5
科瓦铁镍钴合金	160.0	8.1		270		5.0 – 6.1

4.4.1.1　铝合金

铝合金的主要优点是高的电传导率和热传导率、低密度、高刚度和强度，良好的抗腐蚀性，断裂韧性，可加工性和可获得性。它通过其组成和热/机械处理[19]来标示。用于空间硬件最常见的铝合金是锻造合金，即 7075，有几种规格(T73，T651，T7351)，6061(T6，T651)，5056-H39，6082-T6，2024(T3，T81)。

2024 是 Al-Cu 合金，有各种各样的形状和韧度。例如，它可用箔来制造蜂窝芯(2024-T3 和 T81)。在这种情况下，在键合之前，对箔片进行清洗和用化学转化涂料处理以防腐蚀。部分 2024 的形状和处理很容易受到应力腐蚀开裂(SCC)。

5000 系列合金的主要合金元素为镁，尤其适合于在低温下工作。在高温下，它们可能会显示 SCC 敏感性。5056(4.5% ~5.6% 镁)合金常用于蜂窝芯箔(5056-H39)。

6000 铝合金的主要合金元素是镁和硅。特别是 6061 和 6082 是最常用的(尤其是 T6 和 T651 韧度)电子单元外壳。波导和热管采用 6063-T6 挤压合金。

7000 合金中含有锌以及镁，铜作为主要合金元素。它们是有最高强度的和耐腐蚀性的铝合金。由于其出色的性能和多种产品形态(如 T73，T7351)，韧性的 7075 合金是空间结构的主力合金。然而，它的 T6 韧度在某些产品的形式中可能导致 SCC，应该避免使用。

4.4.1.2　钛合金

钛合金能供优良的机械性能和热性能、特别是强度-密度比，抗腐蚀和高温特性。特别是钛-6Al-4 V 合金是一种 α-β 合金，具有在低温和高温下良好的强度。它可焊，通常用于退了火或经溶液处理后和老化(STA)的状态。除了比铝合金具有更高的强度和刚度，它的热膨胀系数接近其 1/3，其包括导电性的属性，高温性能更稳定。钛的合金用于高负荷的支架和插头、螺丝的垫片等，并且，在特殊情况下，也用于射频链(RFC)组件。对一些金属涂料(如镉、银)要小心，因为它们可能在高温下会产生脆性的特性。钛部件已成功制造出来，经鉴定，它可以在空间应用加层制造(ALM)的加工方法为复杂的几何形状加工提供了一个可替代的选择，从而允许更好地利用钛的特定属性。

4.4.1.3 钢和铁合金

钢和其他铁合金通常被用于高强度的部件，即扣件、插头和支架等。由于其高密度和磁特性，这些合金应尽量少量使用，并且尽可能远离反光/辐射元件。例如，A-286 为 Fe-Cr-Ni 析出硬化型合金，它在高温下具有优良的强度，被用于片组件和紧固件。如果在组件的整个使用周期中不存在高温环境，奥氏体不锈钢，如 A2-70 或 A2-80 都可以被采用。马氏体 15-5PH 为高强度不锈钢。这种合金在已退火或过时效处理的条件下供应，并在制造后进行热处理。

在 Fe-Ni 合金的系列中，INVAR 有一个非常低的热膨胀系数。它被用于高精度/稳定性模具及铸模，为的是增强聚合物的固化，而且还被用于需要高热稳定性的飞行部件中。例如，指定具有指向稳定性责任的接口支架，插件、静压支承和其他稳定元件。这种合金保留甚至改善其在超低温下的性能，而不是在高温下保留其性能。INVAR 的奥氏体面心立方晶体的微观结构，使得其呈现顺磁性和韧性，但在高温下对蠕动非常敏感。Fe-Ni-Co 合金(如科瓦铁镍钴合金)还表现出低的膨胀系数并被用于接头和电子和光学组件的安装。

4.4.1.4 铍和铍铝合金

铍及其合金，通常通过粉末冶金加工，与铝相比在质量方面和整体机械性能和热性能(除断裂韧性)方面具有显著优势。一个例子是 AlBeMet 162 复合金属(布鲁斯 H& 威尔曼)，具有 62% 的 Be(铍)和 37% 的 A(铝)。它由热压气体雾化预合金粉末成形，导致细而均匀的微结构。它以两种形式供应：高度等静压制成(HIP)或挤压制成。但是，从加工铍及其衍生物产生的颗粒是有毒的，这限制了它的应用，原料成本高和供应有限也限制了它的应用。人们考虑过用铍制造波导和馈电元件，重量轻的散热片，散热器，电机和机械部件，以及整体加工的筋板。在射频链组件的情况下，可能需要电镀银来提高其 PIM 性能。

4.4.1.5 镁合金

镁合金与铝相比能提供较低的密度和较高的刚度。镁合金的一项重要性能为其固有的阻尼振动性能。当与机械和热变形相关时，必须要考虑其较低的绝对刚度模量和较高的热膨胀系数。主要困难是化学活性，这可能导致在加工过程中的氧化和爆炸。在与异种材料(如铝)接触时，高接触电势会导致腐蚀。表面可以通过化学转化处理、阳极氧化处理、电镀或涂层用树脂来保护。

4.4.1.6 铜及铜铍

铜合金因其电导率和导热性能而被熟知。铜具有较好的韧性和硬度，制造合金非常方便。然而，当温度到达 70℃ 以上时，它的机械性能迅速降低。Cu-Be 是最高强度的铜基合金，具有良好的耐蚀性以及在高温环境中能表现出好的性能。它由于其高的弹性极限、高的疲劳强度和良好的导电性，而被用于天线部件和机械弹簧。和其他铍合金一样，这些铜合金的灰尘颗粒对于健康有害，因而需要小心处理。

4.4.1.7　钼和钨

钼及钨合金被用于特殊情况下的天线组件。尽管它具有较高的密度，这些金属展示出了超群的机械性能和热性能，特别是当用它拉出细导线时。电镀金后它的导电性和 PIM 产物有了很大提高。例如，将这些镀金线用在大的可展开天线的网格中。这些合金优良的导电性、低 CTE 和高温性能使它们适合用于高功率应用，如高能量的激光光学应用。

4.4.2　聚合物基复合材料

目前，聚合物基复合材料是最广泛使用的一类制造空间天线的材料，它取代了铝合金在大尺寸元件中的应用。主要的原因是有利的刚度质量比，改进的热弹性稳定性，可使刚度和强度特性定制以及为复合材料的具体应用的定制功能。后面这点对于天线很重要，由于机构的热性能和电性能的紧密耦合，这可确定材料的选择。复合材料可设计成对目标的射频频段反射或透明的，无论是否对极化敏感，热弹稳定，热传导性或隔离，在某些方向上硬或刚性强。比如，在纤维的方向上碳(石墨)纤维导电性是铝的导电性的 10 倍以上。与金属合金或陶瓷基复合材料加以组合的物理行为并不总是能达到的，虽然它们成功的驱动因素一般是大大降低质量，并且对天线来说在很宽的温度范围内的优异的热弹性稳定性。

最常见的用于天线聚合物复合材料的类型，以及大部分的空间结构，是基于长纤维单向薄层或在环氧或氰酸酯树脂中的碳纤维机织织物上的。某些纤维和树脂类型(见表 4.2)将在下面更详细地描述。

表 4.2　纤维性能。来源：文献[20，21]与供应商的数据表

纤维	弹性模量 E (GPa)	密度 ρ (10^3 kg/m^3)	每平方毫米所受 F_{tu} (MPa)的压力	直径 (μm)	热膨胀系数 CTE (ppm/℃)	热力状态条件 (W/m℃)
东丽 T300	230.0	1.76	3530	7	0.5	10
东邦特纳克斯 HTA40	238.0	1.76	3950	7	-0.1	
东丽 M55J	540.0	1.91	4020	5	-1.1	156
NGF YSH-50A	520.0	2.1			-1.4	140
NGF YSH-70A	720.0	2.15	3600		-1.5	250
三菱 K13C2U	900.0	2.2	3800	9		620
K49 芳纶	135.0	1.45	3000	12		
诺梅克斯纤维	17.0	1.38	640	15		
E-玻璃	73.5	2.54	3500	5～20	4.9～6.5	
石英(99.999% SiO_2)	69.0	2.15	3400		0.54	

4.4.2.1　玻璃和石英纤维

玻璃纤维，尤其是 E-玻璃，是最常见的商业级复合材料的纤维在地面上的应用，这是由于其成本低、强度高、耐腐蚀和非导电性的特性。在天线中，玻璃纤维作为射频透波元器件、印刷电路板和热隔离部件的加强材料。在苛刻的介电常数和正切损耗角要求的情况下，超纯石英制成的石英纤维虽然有较高的成本，但它是玻璃纤维类别中提供最佳效果的一种。此外，石英纤维是玻璃纤维中具有最低的热膨胀系数的一种，虽然机械韧性和强度较低，但由于其无定形的微结构，玻璃纤维的一个显著特征是其各向同性的性质，这是有机纤维和碳纤维都不具有的特性。

4.4.2.2 芳族聚酰胺纤维

与玻璃纤维和石英纤维相比，芳族聚酰胺纤维，如芳纶(DuPont)，结合了优良的介电性能、低的负热膨胀系数、沿纤维轴向的显著的更好的机械性能。这些性能对于天线上的应用是非常重要的。芳香族聚酰胺芳纶性质(芳纶)导致分子链是高度定向的，但在横向方向上链由氢键相连，从而导致低的横向强度。芳纶纤维一般具有良好的抗拉强度和刚性、低密度和优异的韧性，但产生出复合材料具有较差的纵向压缩性，横向抗张性和层间剪切强度(ISS)低。其他重要的缺点是吸湿性，和在空间环境下的对紫外线辐射敏感和高温限度低。尽管有这些缺点，在RF透波的表面和蜂窝芯中，芳纶作为玻璃和石英纤维的一种替代仍然被广泛使用，因为它具有优异的拉伸刚度、强度和热膨胀系数。芳纶常用的形式是单向(UD)和织物预浸料坯和编织绳。档次较低的芳纶是诺梅克斯(DuPont)，通常在浸渍在酚醛树脂中作为蜂窝芯纸使用。其他芳香族有机纤维包括Twaron(AKZO para-aramid)，非常类似于49芳纶和PBO"Zylon"(Toybo)。后者具有优异的机械性能，但对紫外线辐射具有非常高的敏感度。Vectran(塞拉尼斯)是芳族中具有非常低蔓延性的一类，因此，用于需要长时间承载张力的编织的拉线，如在可展开的拉线桁架结构中。

4.4.2.3 碳纤维

与芳族聚酰胺纤维或玻璃纤维相反，碳和石墨纤维是导电和导热的，并为聚合物复合材料提供范围大的机械和热性能。此外，它们是抗辐射和抗腐蚀的，并表现出最佳平衡的机械性能和低的热膨胀系数。根据它们的弹性性能，分为高强度($E<300$ GPA)、高模量($E<500$ GPA)和超高模量的纤维($E>500$ GPA)。它们的各种性能是由于在其生产过程中的原始材料[聚丙烯腈(PAN)纤维原丝、细丝、石油沥青或煤沥青]和生产过程中的温度所确定的。聚丙烯腈基纤维提供最佳平衡的性能，沥青纤维提供最高的导热和导电性能及弹性模量，但是强度较低、成本较高。为了碳化PAN长丝，PAN系碳纤维的处理包括在连续加热炉中加热至1500℃。进一步热处理的结果是石墨化。在沥青纤维的情况下，处理过程从石油或煤焦油沥青熔融和纺丝开始，随后的过程类似于聚丙烯腈纤维的过程，但要求在更高的温度下。在这两种情况下，最后的表面处理和施胶工艺是非常重要的，它能改善纤维对聚合物基质的黏附性和防磨损。通常，碳纤维以无捻丝束1000，3000，6000，12000或更多的纤维的形式供应。捻纱也很常见。这些丝束和纱线在应用时有多种产品形式，如单向预浸料、带子和织物。尤其是聚丙烯腈纤维有大量的制造厂商和产品类型。然而，高性能天线要求的高性能PAN和沥青纤维，其生产量较小而所有的工业领域对它的需求不断增加，包括休闲和运动器材、汽车、风力涡轮机和航空航天工业。

4.4.2.4 环氧树脂

几十年来在航空航天结构中，环氧树脂是作为基体材料和黏合剂而被广泛应用的热固性树脂。在很宽的温度范围内其优异的附着力和强度，是其被广泛使用的原因。市场上有多种商业环氧树脂胶黏剂供应。作为基体材料，它们被用于浸渍纤维束、UD纹层、织物纹层、注塑成型、树脂传递模塑(RTM)和许多其他的复合材料制造过程和产品。

处理参数和最终产品所需性能驱动着选择，主要是：

- 作为温度的函数，在固化过程中的黏度，凝胶时间和固化时间是制造工艺中要考虑的主要参数。

- 树脂固化物的玻璃化转变温度(T_g)首先由固化和后固化的温度控制，但也由固化持续时间和由于交联密度的生成的树脂化学控制。高 T_g 与高刚性和高强度也和脆度相关联。增韧树脂一般具有较低的 T_g。
- 环氧树脂有一种吸收水分的倾向，这也会减少 T_g。主要后果是由于热循环和真空曝光产生水分含量的变化而产生的吸湿扭曲。在现代化的复合材料中，源自于热真空循环的水分释放的吸湿扭曲与热弹性是相当的。
- 高热膨胀系数和脆性，尤其是高固化温度树脂，特别是当它与高模量的纤维结合时，可能会导致微裂纹。

4.4.2.5　氰酸酯树脂

这些树脂与环氧树脂相比，特别是对于天线结构有几个优点。除了一般有较高的 T_g 之外，该树脂系列比多数高 T_g 环氧树脂具有低水分的吸收、较低的气体释放和更好的微裂纹性能。有些氰酸酯树脂不需要高固化温度来实现高的 T_g，这是高精度的反射面制造中一个有意义的特点。由于不存在内部极化性，它的介电常数和正切损耗角都优于大多数热固性树脂(见表4.3)。另一方面，与环氧树脂相比氰酸酯具有较低的黏附性，因此不能代替环氧树脂作黏合剂用。为了提高与纤维的黏合性能，即使用于在氰酸酯基中它们也可以用环氧树脂抓住。

表4.3　树脂性能。来源：文献[20，21]和供应商的数据表

树脂体系	弹性模量 E (GPa)	密度 ρ (10^3 kg/m^3)	每平方毫米所受 F_{tu}(MPa)的压力	热膨胀系数 CTE (ppm/℃)	温度 (℃)	电介质常量	损耗的切线
赫氏 M18 环氧树脂	3.5	1.16	81.1		198		
赫氏 8552 环氧树脂	4.67			65.0			
TenCate 公司的 RS3 氰酸酯	2.96	1.19	80.0	43.2	250	2.67(2～18 GHz)	0.005(2～18 GHz)
ACG 公司的 LTM123 氰酸酯		1.19		53.0	210	2.77(10～14 GHz)	0.005(10～14 GHz)
Bryte 公司的 EX－1515 氰酸		1.17		61.0	177	2.8(10 GHz)	0.004(10 GHz)
UBE 公司的耐高温树脂聚酰亚胺预浸	2.8	1.33	128.0	51.0	357		

4.4.2.6　双马来酰亚胺和聚酰亚胺树脂

其他热固性树脂，特别是在高温应用中得到应用。这些是双马来酰亚胺和聚酰亚胺树脂。在这两种情况下，由于加工难度、制造时化学反应的产物、高温工艺过程和潜在的生产出的部件的脆性和耐腐蚀性问题使它们的使用仅限于小尺寸环境(niche)。然而，这些复合材料可以作为较昂贵的陶瓷基复合材料的替代品。

4.4.2.7　制造过程

纤维增强聚合物的部件制作涉及具体的初期产品和加工过程[20～22]：

- **预浸料敷、烤炉和高温蒸气固化。** 预浸料是由一个浸渗了未固化的质量严密控制的纤维的树脂所组成的复合材料产品。有单向的丝束和带子的预浸料以及由各种各样的纤维和树脂制造而成的织物。单向和编织成的预浸带用于手糊和炉或蒸压固化。相对于炉或热压机固化，增压凝固能够在受控的制造过程中使高温、真空成袋和均匀的压力组合，标准化并适用于高质量的零件。这转化为层压板和结合物的优质压实、较低的空隙和孔隙含量，以及高纤维体积比。此外，除了树脂固化和后固化之外，对于复杂的操作，如组合结构共固化(一次操作涉及表皮固化以及以三明治形式的夹蕊进行核的黏合)、共同固化(一次固化和连接件的接合)和退火，增压固化是必要的。手动敷层和加压固化是高精度反射器及其他航天器结构的标准工艺组合。

- **纤维缠绕**。纤维缠绕使用粗纱、牵引或捻纱，无论预浸料还是在缠绕之前直接浸放入树脂容器。湿纤维带缠绕在旋转轴上，例如以螺旋模式，产生每层交错的平衡角度 $\pm\theta$。无捻以及准直的丝束能得到最好的机械性能。这种技术只用于旋转对称的物体，如圆柱和圆锥。缠绕角可以根据应用调整，优先取接近的部件轴向的纤维方向。在一些特殊的方法中允许纤维对准部件轴向。纤维缠绕部件通常是在炉中而非在增压炉中固化，当卷绕过程中张力足够保证压实时，这种方法是可以可接受的。高体积百分数通常达到 $V_f=0.7$，但与手动上篮和增压固化相比，这种方法的较高的孔隙度和空隙比较常见。天线中的典型应用是杆及薄梁副反射器组件和支持支柱桁架的生产。杆的直径可以小到15 mm。更小的直径可以通过拉挤得到。除了管本身外，由于加入的不同的热膨胀部件和复杂的加载条件，整合或接合的端部配合零件需要专门的加工程序。在空间天线的情况下，该接头的热循环是一个设计的驱动因素。
- **光纤放置(FP)**。由于复杂的机头和数控(NC)编程，纤维丝束预浸料以低张力覆着并轧制复杂的模具表面上，允许非回转体零件的自动化绞合，甚至是成凹面形状的零件。目的是为了提高生产大型和复杂形状的部件的精度和速度。有纤维放置零件的机械性能与手置部件相比是相当的，尽管有较高的层角度精度可实现。尽管新型的夹层复合材料外壳使用了丝束的落点控制，这有可能取代开放式织法的织物，但这种技术在天线中的应用并不常见。
- **树脂转移模塑成型(RTM)**。树脂传递是一种液态成型，其中，低黏度树脂通过压力被注入到含有干纤维预成型体的模具。该方法被用于复杂零件的生产，这些零件具有严格的尺寸公差和几个表面处理要求。典型的光纤体积百分比为0.5～0.6。在这些技术中，有关于预成型体的孔隙率和尺寸的树脂的流变性和化学现象驱动这些过程。与手动上篮相比，由于预成型件的注射模具和调整，它的生产成本较高。树脂膜熔渗(RFI)和真空 RTM 成型(VARTM)大多是在航空航天工业被广泛采用的技术。如果实现良好密封的模具，真空辅助使得空隙含量会减少。在这种情况下固化过程不需要加压化操作，通常保持较高的注射压力直到凝胶化，以尽量减少晶核的形成和生长。能够采用 RTM 制作的天线的零件主要是 CFRP 支架和大的插件。

在所有这些过程中要防范的危害之一就是固化部件中空隙和孔隙的形成。空隙可以是被夹的空气，这是由有缺陷的层压或注射导致的，以及固化过程中的基质中锁定的挥发物。通过适当的树脂的状况及在层压过程中预浸料坯的黏着性，以及在合适的模具和压实的真空环境对操作的协助，可以控制气泡。同时，当挥发物的蒸气压力，主要是在树脂中的水和溶剂，比液态树脂在固化过程中的压力大时，层向的空隙和气孔会积聚并很快增长。这是在树脂凝胶化之将真空应用于层叠的部件，在高压炉中高流体静压力或真空树脂注入系统的应用的主要原因之一。因此为了对最终产品的质量进行控制，在预浸料和树脂生命周期内的环境控制是非常重要的，尤其是在上篮过程中。

聚合物复合材料的制造过程需要控制的另一个重要效应是积聚的残余应力，这对精确的零件的生产是非常重要的。这是高固化温度、纤维和基体之间的热膨胀不一样，以及工具和模具的差异的结果。越高的固化温度和越高的纤维的硬度，导致越高的制造零件的残余应力。这些应力的影响主要是薄层板的翘曲、角部件弹入和树脂的显微裂。减轻这些问题的方法包括：使用对称和平衡的具有良好的层对准精度的层面板，可能时谨慎选择固化周期的加热曲线，并考虑到热固性树脂的交联反应发热特性；选择模具材料固化部件和配套热膨胀系数；认真落实所有所需工具。

4.4.3　陶瓷及陶瓷基复合材料

这个庞大的高性能物料系列包括碳-碳(C-C)和碳化硅(SiC)及其变种，一般制造工艺复杂而冗长，导致成本高，导前时间长。这些困难抑制了其在商业利益驱动下的应用。但当环境和性能要求特别苛刻时它们是不多的选择中的一种可选材料。特别是陶瓷基复合材料(CMC)值得特别关注，这是因为其改进的断裂韧性。

当要求低温和/或高温操作下具有尺寸稳定性、硬度和重量轻时，它们是最好的选择，有时甚至只有它们才能胜任。在陶瓷基体中加上纤维增强材料的目的是在基体中裂纹扩展的情况下提供故障安全性能。一般来说，一个 CMC 的力量远远高于裂纹萌生时的应力水平。因此，在操作中裂纹的存在和形成必须始终作为一个给定状况值，但这并不一定意味着机械故障。

在较宽的温度范围内的形状精度对于空间光学器件是至关重要的，这些材料往往不用于光学玻璃和特种碳纤维复合材料的开发。部分基本材料描述于表 4.4 中。选择这些材料时，重要的要评估的特征是在制造过程中的收缩和形状控制，孔隙率、与特定的故障模式相关的断裂韧性及其统计特性，均一性和非各向同性的属性和生产批次的可重复性[23~25]。

表 4.4　陶瓷和临界胶束浓度性能。来源：文献[24，25]与供应商的数据表

原料	弹性模量 E(Gpa)	密度 ρ (10^3 kg/m^3)	ν	K_{IC} (MNm$^{-3/2}$)	每平方毫米所受的 F_{tu}压力(MPa)	热膨胀系数 (ppm/℃)
硅(硅胶管)	420	3.10～3.21	0.16	3.5	450	4.0(20～500℃)
Alpha 硅胶管					(3 点弯曲，Weibull 10)	2.0(70～293 K)
碳/碳化硅复合材料 (Astrium/IABG)	238	2.70			210	2.0
HB CeSiC (ECM)	350	2.96	0.18	3.7	266(4 点弯曲，Weibull 13)	2.3

尺寸精度和稳定性的要求极为苛刻的一个显著的例子是恶劣的环境中欧空局的赫歇尔 3.5 m 望远镜主镜，由 SiC 焊瓣制造而成。即使与这些技术比天线更适合于空间光学系统，某些任务可能会受益于陶瓷复合材料的高温稳定性，如在炎热的行星环境中。这是 ESA Bepi-Colombo 水星飞行任务的情况，人们深入研究了 CMC 及用在高增益天线的几个关键部件，如主反射器、波导和反射面支柱。

碳化硅(SiC)是空间的应用中用得最多的高性能结构陶瓷材料。几种形式和生产方法是可供选择的。与大多数金属，从低温到高温(高于 1600℃的贝塔晶体以及 2000℃的阿尔法晶体)相比，碳化硅的化学和晶体组成更加稳定。生产方法包括热压、热等静压(HIP)和生产复杂零件的 SiC 粉末的烧结。化学气相沉积(CVD)用于涂复和表面处理，实现精细的光学散射。不同的生产方法可得到不同的微观结构、组合物和收缩水平。空白处可以钎焊接地并连接。

特别是碳化硅 100(Boostec)是通过以下方式获得的：烧结大约在 1400 Pa 等静压的 SiC 粉末得到的成形体。坯体可以由数控加工近净形状和 1 mm 厚的墙壁。在没有额外压力下，烧结发生在 2100℃左右，从而导致一个典型的约 15% 的收缩率。粉碎后，典型的后遗症是几微米的峰-谷(PTV)和粗糙度 Ra 为 0.3 μm 的数量级。

C/SiC 纤维常用于 CMC 的空间应用，主要集中在光镜和工作台。它可以通过一些过程得到，如在高温下将 C-C 的坯体与 Si 浸润。C/SiC 纤维的主要变种是由于使用或长或短的光纤预制棒和渗透方法。渗硅可以通过化学气渗透(CVI)或液体相渗透(LPI)完成。例如，在 LPI 期间，液体硅与碳基体或在淤浆内，以及在纤维表面发生反应，转化为 C 纤维或其剩余物周围的 SiC 基体。对于大型零件，重力可以影响 Si 浓度，C 块状物可以用来吸收过剩的 Si。渗透之前，毛坯空隙可加工并在坯体阶段由胶连接。加工或研磨完成的 C/SiC 纤维是可能的，虽然更细腻。

特定变型称为 Cesic(ECM)，从用来生产的 C-C 毛坯毡的短、切碎、随机取向的 C 纤维的酚醛树脂得到。然后，将坯体在真空下通过 LPI 在温度高于 1600℃的情况下渗透。其结果是一个与有控制的 C 和 Si 相所构成的 SiC 复合材料。Cesic 可以用金刚石工具和电火花加工。

4.5 机械和热性能的表征

本节的重点将放在聚合物复合材料上，这是由于其增加的有关系和在空间天线上的使用，以及它们表征的相对复杂性。事实上，复合材料的特性是部件生产本身固有的，即这些属性是在制造过程中制造出来的。它们并仅仅来自纤维和树脂的化学性质。但是，对于所有空间材料对以下描述的筛选测试都是成立的。

4.5.1 热真空环境和出气作用的筛查

对于 GEO 轨道，组成天线的材料遇到的温度范围通常介于 -190 ~ 160℃之间，但是，深空和行星任务可以很容易地超过这个范围。更多细节，请参见第 5 章。由于轨道运动，航天器的指向和天线，阴影和从航天器零件的反射，和操作模式的激活，这些温度在上述范围内循环。特别是，长的日食期间或指向深空的配置可能会导致非常低的温度，以及陡峭的热瞬变和梯度。这还结合真空，大气残留的气体(如氧原子)紫外线辐射和带电粒子的影响。此外，必须控制从材料本身释放的气体，以避免污染灵敏感的光学和热光学涂层，和避免设备的故障。

在真空热循环后的正常的做法是对材料和工艺进行早期筛查，以验证它们的完整性和性能。例如在欧空局的标准中，这部分内容包含在 ECSS-Q-ST-70-04A[26] 中。除非鉴定的温度和生命周期中所需的含量已规定，典型的材料筛选测试可以包含 ±100℃的 100 次循环。要求 10^{-5} Pa 的真空水平。循环之前和之后要检查的物理和机械性能的程度取决于预期的应用。在复合材料的情况下，显微照片和机械测试是必需的。污染控制评估(对样本进行)，包括紫外吸收，调红外光谱法分析污染物在氟化钙或硒化锌上的沉积和进行精密重力测量。

出气的行为是另一种典型的对空间材料进行的筛选试验。在欧空局的标准中，这部分内容包含在 ECSS-Q-ST-70-02C[27] 中。将样品放在 125℃及真空度低于 10^{-3} Pa 的环境下 24 小时同时还有着一个收集板。确定以下值：

- 收集的挥发性可冷凝物质(CVCM)：一个特定的时间在特定的温度下收集器中的测试样品释气量。

- 总质量损失(TML)：指定的时间内特定且恒定的温度和工作压力条件下从测试样本的材料中释放气体导致的总质量损失。
- 水蒸汽收复(WVR)：测试的最后的修整阶段后试样的水蒸气的质量的收复。
- 恢复质量损失(RML)：试样本身不带所吸收水的总质量损失(RML = TML - WVR)。

作为最低要求，出气筛选参数必须是 TML < 1.0%，RML < 1.0%。在某些条件下，TML > 1.0% 可以接受。对于在光学器件的制造中所用材料，或在其附近，接受范围会更加严格。上面提到的概念和测试方法与美国国家航空航天局和美国 ASTM 标准一致。

4.5.2　聚合物和复合材料的基本特性测试

聚合物和聚合物复合材料的开发需要特性测试，以优化制造流程，以确定有某种基体树脂的适用性或与某种黏合剂是否适用于某种产品，进行特性测试还是为了质量控制。因此，一系列的物理化学测试因此是必要的。下面描述标准参数的简要说明，对热固性树脂所进行的测试。对于更多细节读者可以参考文献[20～22]。

流变能力测试是为了评估树脂或黏合剂是否适合预定的制造工艺和确定固化过程中的加热速率。对于给定的加热速率，通过使用流变仪测量作为时间的函数的黏度。混合树脂的黏度的交联反应开始后，随时间而变化。首先，由于加热时未固化的组件初始变薄，黏度下降，然后随着交联的发展胶凝增长，大大提高了黏度。通常，当黏度达到 1000 泊的状态时，发生胶凝。特定的黏度值，凝胶时间和加热速率都必须根据工艺过程的需要进行调整，这取决于，是否树脂注入到预成型坯中或是否用作核心和表面之间的黏接剂。流变现象和与毛细管的力(润湿性和表面张力)相关的物理化学相容性，以及固化过程中的重力的影响有着密切的联系。

采用化学分析技术，一般是高性能液相色谱法(HPLC)，红外光谱或质谱分析，来验证树脂和挥发物的化学组成。

热分析测试方法用于确定固化温度，固化度，反应热，固化率和热稳定性。下面的测试方法是最常见的和标准化的：

- 差分扫描量热法(DSC)是最有用的聚合物的分析技术之一。它提供做为一个时间函数的热耗率(等温 DSC)或在树脂样品固化过程中的温度(动态 DSC)。从动态 DSC 的曲线图可以看出，有可能通过图表确定：钛 T_i(开始聚合温度)，T_{exo}(固化或放热温度)，T_m(轻微或中间放热温度)，T_f(最终固化温度)。通过进一步检查曲线，可确定反应热和固化程度。此外，固化树脂或层压样品的 DSC 是一种常见的方法，它用于测量玻璃化转变温度(T_g)，这是通过观察样品的热容量的不连续性得到的。由于难以解读这些曲线，因此 DSC 有时是一个得不出结论的 T_g 测定方法。
- 热机械分析(TMA)包括当样品被加热时，测量固化树脂或复合材料的样品的热膨胀。热膨胀系数(热应变曲线的斜率)在转变的温度上(如玻璃化转变)经历不连续点。通常情况下，为了得到热固性 CTE 增加到 T_g 以上。虽然这种技术提供了热膨胀系数(CTE)的度量，它并不期望对其进行准确确定。
- 在测定所有其他材料属性之中，动态力学分析(DMA)是用于测定 T_g 的最准确的技术之一。它包括测量弹性或切变模量($E^* = E' + jE''$，$G^* = G' + jG''$)，这些参数在正弦激励下作为温度或频率的函数。实数部分，在高于玻璃化转变温度时储能模量急剧下降。

因此，T_g 的一种度量可由储能模量衰减的开始提供，或更务实地，由近似这两个区域的二根切线的交叉点确定。损耗正切角($\tan\delta = E''/E''$)最大值也提供了一个 T_g 上界的估计。注意玻璃化转变取决于样品的水分含量。因此干的和湿的两种 T_g 的测量都需要考虑。

- 热重分析(TGA)包括作为温度的函数的精确质量损耗测量。该仪器可测定水分吸收或挥发性排放量以及分解温度。结合质谱或红外光谱法，可以分析释放的气体的化学性质。

4.5.2.1 预浸料和层压板的物理性能

采用标准实验室技术测量的预浸料的典型的物理性能是：表面质量，树脂的含量(重量百分数)，水和挥发物含量。此外，可以通过平直拉伸试验测量未固化的预浸料坯黏性，黏性必须在合适的范围内才能允许敷层操作并减少夹带的空气。

固化后，通常测定的物理参数是纤维体积含有率，层片的厚度和表面重量。空隙含量和微裂纹密度对复合材料制造质量具有很强的指示性意义。特别是孔隙度和空隙，可以通过专门的超声波探伤评估。但是，对孔隙和微裂纹密度及其分布的测定的显微切片和显微镜目视检查仍然是最好的工具。

4.5.2.2 分批测试和鉴定试验

由供应商进行批量测试，以证明所生产的材料特性。但是，由于可变性，潜在的退化和质量控制的原因，通常用户的做法是对进货进行批次检验。例如，典型的复合材料预浸料批次测试包括：

- 预浸料面质量；
- 树脂化学；
- 纤维/树脂含量；
- 固化属性(固化温度和压力，热率，驻留时间，凝胶时间)；
- 保质期及购买期限；
- 挥发物含量和组成；
- 层黏性。

合格性测试可能包括对进货检查的所有测试，以及由用户固化在单向结构和设计的层叠结构的复合材料的机械、热和电性能，测量的参数取决于具体应用，通常包括：

- 层的厚度；
- 在纵向和横向方向上的拉伸和压缩强度；
- 在纵向和横向方向上的拉伸和压缩的刚度模量；
- 在平面上的切变模量和强度；
- 层间剪切强度(ILSS)，层之间的黏附性的量度；
- 层叠体的玻璃化转变温度(T_g)和分解温度；
- CTE 和湿气膨胀系数(CME)；
- 吸收的水分；
- 空隙的含量和微裂纹密度；
- 热导率；

- 热光学特性(BOL 和 EOL)；
- 导电率(DC)；
- 射频反射或透射损失和去极化；
- 和其他材料的黏接性(搭接剪切，平面的拉伸，剥离)。

4.5.3　机械性能表征

机械设计验证和材料鉴定所必需的主要机械性能的最小范围为：

- 拉伸和压缩的劲度模量；
- 拉伸和压缩强度(产率和最终值)；
- 切变模量和强度；
- 泊松比；
- 复合材料或层压的壳的层间剪切强度；
- 核心细碎(特别对芯材)；
- 断裂韧性；
- 疲劳裂纹扩展。

当考虑关节或组装结构，如夹层板结构或部件之间的接口时，通常进行下面的测试：

- 接头强度(螺栓固定的接头的搭接剪切强度和剥离强度，拔出的强度，接头支承材料强度)；
- 短弯曲切变荷载传递特性(3 点)；
- 长弯曲的弯曲载荷转移特性(3 或 4 点)；
- 平板的拉伸强度(黏接的横向拉出能力，如芯和表度之间)。

上面的列表并不是很全面的，但可以用作特定的机械特征测试的一个起点。材料的具体情况必须要仔细考虑。必须在有代表性的条件下进行测试(循环或老化)，如果存在温度敏感性，就在预期的温度条件下测试。此外，需要有足够数量的样品进行测试，用于得到和测量的每个属性的统计结果。虽然 A 值往往是必要的但复合材料的行业标准通常是 B 值统计。

劲度模量和强度通过拉伸机来测量，允许以一定的速率同时进行力和伸长测量。伸长率曲线提供的材料的性质，它的线性度和强度和应变极限(生产中的或最终的)。通过在相同的测试中测量的横向应变，可以确定泊松比。应力-应变曲线的斜率提供刚度模量。这项测试应在所有材料的轴向进行，以确定各向异性以及材料的主轴。压缩试验也是必要的，由于拉伸应力，在不同方向未必一定得到相同的结果。另外，也可以使用拉伸的机器来进行压缩和其他的测试，如接合强度，剪切试验，弯曲，等等。

综上所述，由于要进行大量的参数测量和大量样品的生产和测试，材料和连接结构的机械特性测试是大量的而又代价高的过程。

4.5.4　热和热弹性特性

在空间环境中的热光学特性和它们的降低是最重要的热性质，特别是对直接暴露于辐射热交换下的表面。一般情况下，通常采用的材料，包括涂料，油漆，可以充分地表征和鉴定。然而，测量往往是必要的。太阳能吸收率通常基于间接测量反射率($\alpha_S = 1 - \rho - \tau$,通常忽略不计透射率)来确定。反射率通常在 0.25 ~2.5 μm 波长范围内，基于球反射计来进行测量。镜面或漫反射的性质可以被区分开。镜面反射性对例如由于某些航天器表面的反射造成的太阳光集中等方面有一定影响。必须事先理解镜面反射的影响，并且可能需要缓解措施。至于IR半球辐射率，它可以直接通过一个对样本的专门的热平衡试验直接测量。正常发射率，以及太阳能吸收率的角度依赖性，可以用专门的设备很容易地测定出来。

其他需要测量的热性质是热导率(或热导)和热容量。由于其固有的困难，热导率测量看来会遇到很大的不确定性。不确定性的相关因素是真空度和材料样品的条件，以及安装表面的接触热阻。典型的测量技术是防护热板法和激光闪光法。

热膨胀系数(CTE)测量，以热应变的测量曲线的割线或切线的斜率(平均或局部)确定，考虑到所采用的材料的高稳定性，是一个相当具有挑战性的任务。经典的推杆热膨胀仪[加上与线性差动变压器式(LVDT)或电容式传感器]在CTE范围内达到其准确性极限，而CTE范围正是高稳定性材料所要求工作的，即CET约为1.0×10^{-6} m/m℃。在特定的情况下，和CTE值一样重要的是材料之间的差别，这增加了对精度的要求。在光学应用中是很常见的所要求测量CTE的不确定性为1.0×10^{-8}m/m℃级。在这些情况下，在真空下的干涉式的仪器可以提供其要求的精度。测试的另一个限制因素是需要覆盖很宽的温度范围，包括低温操作。

参考文献

1. Daly, E.J. (1998) The evaluation of space radiation environments for ESA projects. *ESA Journal*, **12**(2).
2. ESA, Space environments and effects, http://www.esa.int/TEC/Space_Environment (accessed 29 November 2011).
3. ESA (1993) The Radiation Design Handbook, ESA PSS-01-609. ESTEC, Noordwijk.
4. Dever, J., Banks, B., de Groh, K. and Miller, S. (2005) Degradation of spacecraft materials, in *Handbook of Environmental Degradation of Materials*, William Andrew, Norwich, NY., pp. 465–501.
5. Dickerson, R.E., Gray, H.B. and Haight, G.P. (1979) *Chemical Principles*, 3rd edn, Benjamin Cummings, Menlo Park, CA, p. 457.
6. US Standard Atmosphere (1976) NASA Technical Memo TMX-74335.
7. Mende, S.B., Swenson, G.R. and Clifton, K.S. (1984) Space plasma physics: atmospheric emissions photometric imaging experiment. *Science*, **225**, 191–193.
8. Banks, B.A., de Groh, K.K. and Miller, S.K. (2005) Low Earth orbital atomic oxygen interactions with spacecraft materials. *Materials Research Society Symposium Proceedings*, **851**.
9. Caledonia, G.E. (1989) Laboratory simulations of energetic atom interactions occuring in low Earth orbit, in *Rarefied Gas Dynamics: Space Related Studies*, vol. **116** (eds E.O. Munts, D.P. Weaver and D.H. Campbell), Progress in Astronautics and Aeronautics Series, AIAA, Menlo Park, CA, pp. 129–142.
10. Banks, B.A., Mirtich, M.J., Rutledge, S.K. and Swec, D.M. (1984) Sputtered coatings for protection of spacecraft polymers. 11th International Conference on Metallurgical Coatings (AVS), San Diego, CA, April 9–13, NASA TM-83706.
11. Dever, J.A., Rutledge, S.K., Hambourger, P.D. *et al.* (1996) Indium tin oxide-magnesium fluoride co-deposited films for spacecraft applications. International. Conference on Metallurgical Coatings (AVS), San Diego, CA, April 24–26, NASA TM-1988-208499.
12. Banks, B.A., Snyder, A., Miller, S.K. and Demko, R. (2002) Issues and consequences of atomic oxygen undercutting of protected polymers in low earth orbit. 6th International Conference on Protection of Materials and Structures from Space Environment, Toronto, Canada, May 1–3, NASA TM-2002-211577.
13. Rutledge, S.K. and Mihelcic, J.A. (1990) The effect of atomic oxygen on altered and coated Kapton surfaces for spacecraft applications in low Earth orbit, in *Materials Degradation in Low Earth Orbit* (eds V. Srinivasan and B. Banks), TMS, Warrendale, PA, pp. 35–48.
14. Goode, D.C., Williams, A.W., Wood, N.J. and Binzakaria, A. (1994) Photothermal imaging of gold and vermiculite coated Kapton exposed to atomic oxygen. ESA Proceedings of the 6th International Symposium on Materials in a Space Environment, SEE N95-27568 09-23, pp. 201–206.
15. Daneman, S.A., Babel, H.W. and Hasegawa, M.M. (1994) Selection rationale, application, optical properties, and life verification of Z-93 for the space station, Report 94H0632, McDonnell Douglas Aerospace.

16. Dittberner, G.J., Gerber, A. Jr., Tralli, D.M. and Bajpai, S.N. (2005) Medium Earth orbit (MEO) as a venue for future NOAA satellite systems. Proceedings of the EUMETSAT Meteorological Satellite Conference, Dubrovnik.
17. Pence, W.R. and Grant, T.J. (1981) Alphas measurement of thermal control coatings on Navstar global positioning system spacecraft. AIAA 16th Thermophysics Conference.
18. Tribble, A.C., Boyadjian, B., Davis, J., Haffner, J. and McCullough, E. (1996) Contamination control engineering design guidelines for the aerospace community, NASA Contractor Report 4740.
19. FAA (2003) MIL-HDBK-5J: Metallic Materials and Elements for Aerospace Vehicle Structures, DoD Handbook.
20. ESA (1994) Structural Materials Handbook, vol. 1: Polymer Composites, ESA PSS-03-203. ESTEC, Noordwijk.
21. Campbell, F.C. (2004) *Manufacturing Processes of Advanced Composites*, Elsevier, Oxford.
22. ESA (1990) Guidelines for Carbon and other Advanced Fibre Prepreg Procurement Specifications, ESA PSS 03-207. ESTEC, Noordwijk.
23. FAA (2002) MIL-HDBK-17-5. Composite Materials Handbook, vol. 5: Ceramic Matrix Composites, DoD Handbook.
24. Paquin, R. (2000) Mechanical and thermal properties of optical and structural materials, SC219 Short Course Notes, SPIE International Symposium on Optical Science and Technology.
25. Harnisch, B., Kunkel, B., Deyerler, M., Bauereisen, S. and Papenburg, U. (1998) Ultra-lightweight C/SiC mirrors and structures. *ESA Bulletin*, **95**, August.
26. ECSS (1999) *Thermal cycling test for the screening of space materials and processes*, ECSS-Q-ST-70-04A.
27. ECSS (2010) *Thermal vacuum outgassing test for the screening of space material*, ECSS-Q-ST-70-02C.

第5章　空间天线的机械和热设计

J. Santiago-Prowald(ESA-ESTEC 机械部，荷兰)，Heiko Ritter(ESA-ESTEC 机械部，荷兰)

5.1　引言：机械-热-电气三角形

无论是在发射过程中还是运行在轨道上，天线作为航天器外部附件暴露在热流、辐射和机械环境中。此外，对射频性能、尺寸精度和稳定性、质量和刚度的要求驱动着天线的设计和验证。满足这些要求的唯一办法是使用最先进的材料、制造技术和工程制造方法。后者意味着紧密的相关学科的协调——电、热、机械工程。通常，相同的部件或组件必须实现几方面的功能，这意味着它必须应对来自不同学科的设计和功能的需求。图5.1中描述了系统的设计、制作过程。

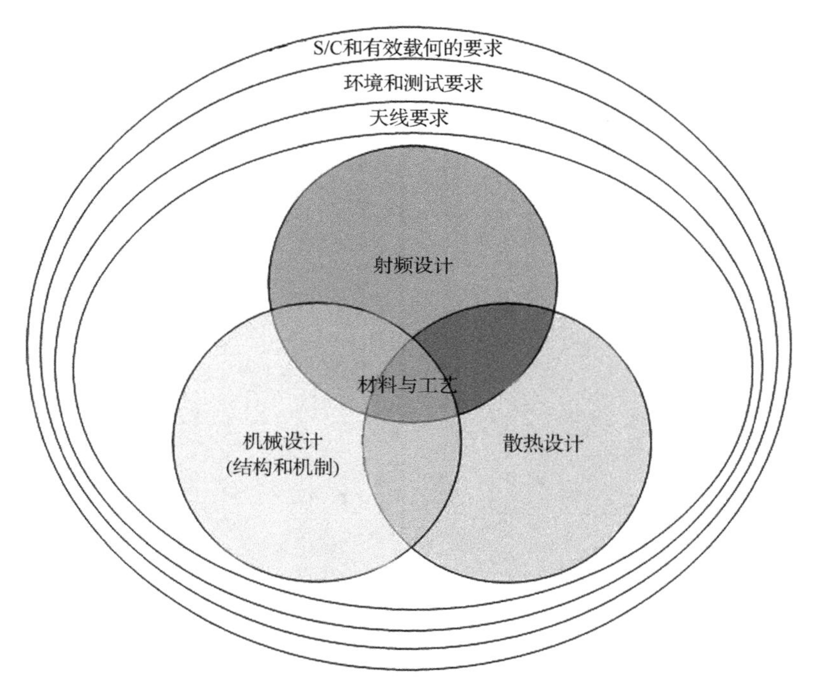

图5.1　多学科场景的飞船(S/C)天线设计，其核心三角为机械-热-电气设计

总之，来自用户、任务和系统需求的对天线的需求，和环境和验证要求结合，将转化为射频、机械和热需求。在这个过程中，系统级分析在导出功能、环境和生命周期的确定过程中是必要的。对于展开、闭锁/锁定、指向或扫描功能的活动件来说，所需的机械操作要求额外的技术条件。

经过对需求的确定和由此引出的概念设计，下一步就是定义一个验证矩阵。其目的是定义一个合适的能负担得起的分析、测试和检验方法的组合，旨在证明这些要求得到满足。然而，验证过程往往需要苛刻的地面和在轨测试计划和原型设计原理。由于空间环境的特点和必要的可靠性、安全性和保守性，测试条件通常比在硬件的工作周期中实际的操作和非操作条件要求更高。结论是天线产品要设计成能存活并在测试活动中能证明其功能性能，因此是过度设计的。在设计的早期阶段，这需要认真结合所有涉及的学科来考虑。

5.1.1　天线产品

天线子系统可以被描述为一个工业产品的单元。在飞船面壁上和地球上的反射面天线中，一个反射器组件可能包括：

- 主反射面（包括温度和射频涂层）。
- 一个包含热和 RF 涂层的多种光学副反射器。
- 支撑单元（支杆、塔式天线支杆结构、接口部件）。
- 对齐、接地和连接器件。

射频链（RFC）包括：

- 馈电组件和波导（包括涂层和热控制器件）。
- RFC 支撑结构（塔、馈源底座、波导底座和热控器件）。

如果存在机构，它通常为：

- 天线展开和指向/微调机构。
- 转向、扫描或成形机构。
- 天线压紧和释放机构。
- 自锁/锁定机构。

天线的特有热控制硬件包括：

- 多层绝缘（多层互连）和太阳罩。
- 热油漆或涂料。
- 散热器。
- 热管和/或导热链接（如热皮带）。
- 脱钩单元（托架或热垫圈）。
- 有源控制情况下的加热器。

在一般情况下，热硬件是由反射面组件、RFC 和机械部分的整体组成的，虽然整体热控制及其验证通常需要连接到航天器热控制的子处理系统。

相控阵天线对于工业实现是不同的情况，特别是在有源天线的情况下。阵列天线受益于主要处于合成孔径雷达领域的空间传统。功能实体的基本单位是子阵列（SA），即安装在一个共同支撑上的电气连接的辐射元件最小集合。馈电网络、接地平面和绝缘层可以集成在 SA 和散热器本身上。结果是一个强耦合的射频、热性能和机械功能，使这种类型的单元是一件一件的和多学科的研制。从热机械方面来看特别具有挑战性的问题是散热的热链连接设计，以及外部表面的热光学特性的设计。值得注意的是，考虑到采用的材料的热膨胀特性，结构链和辐射元和电路的接口会变成关键设计方面，经常出现在测试活动中最复杂的阶段，因此造成不必要的延误和成本超支。

5.1.2 配置、材料和工艺

天线的整体尺寸是由电的要求(如天线增益)来确定的,这对机械和热设计会产生很大的影响。后续的配置是由电气、热力和机械要求的组合来定义的,以确定设计的可行性。例如,材料特性和外表面的精整性能确定电气性能,如反射损耗和去极化,但这同时也支配对热环境的响应从而支配天线的热平衡。另一个例子是双网格反射面的胶黏剂的选择,需要能适应较宽的温度范围和在机械应力下生存,同时表现出低的损耗和在操作温度下必要的介电常数。这又是一个在机械-热-电气三角之间强有力的联系的结果。

材料属性应该在整个生命周期中提供尽可能好的电气、机械和热性能。空间天线的所有材料必须适用于空间并且可以根据已建立的标准为空间环境进行充分的表征(见第4章中的更多细节)。空间天线的典型材料是:

- 金属铝、钛、铜和钢合金,有来源和形状、热处理、表面光洁度和腐蚀保护的技术条件。
- 聚合物(热固性树脂,主要是环氧树脂和氰酸酯和热塑性塑料)。
- 纤维增强聚合物复合材料(基于碳、玻璃、芳纶、石英纤维)。
- 陶瓷基复合材料。
- 涂料。

在所有情况下,材料和工艺的合格状态被联系到特定的应用、热/机械环境和预期的生命周期。材料的选择、制造过程、验证要求和配置控制对于空间工业实现是特殊的。比如,ECSS标准(www.ecss.nl)提供了关于这些活动的计划实现和初步的描述。

5.1.3 需求及其验证的概述

天线工程中最关键的任务之一是要求的详细规格和验证方法。表5.1提供的列表只是一个反射器组件可能包括的机械或它们的接口的一个简单例子,并示出了要求的定义这个任务的强度。其目的并不是面面俱到,但提供了一个适用于大多数情况的初始模板。

表5.1 典型反射器整件要求

类别	要求
射频设计要求	频率和极化规划 反射/透射损失 反射表面剖面 无源互调产物 形状和指向精度(制造之后) 操作环境下形状和指向稳定性 去极化 功率通量密度分布
机械设计要求	参考框架,坐标系统 发射包络(飞船/发射器容许空间) 接口位置和刚度 展开后几何形状 质量和惯性(结构的和总的) 刚度要求(收起、展开后) 展开运动、持续时间和操作 调整公差 地面处理和负载 收起形状设计负荷: ● 加速度极限负载 ● 交接力和力矩 ● 冲击负载 ● 随机振动和声负载 ● 正弦振动负载 ● 快速降压负载(排气) 放出和展开负载 在轨负载(收起、展开): ● 热弹性负载 ● AOCS 机动、位置保持加速度
热设计要求	收起的交接面和热通量,包括发射时的空热 释放/展开接口和热通量 在展开期间的热环境

续表

	展开后操作情况下的热环境 展开后非操作情况下的热环境 材料的热极限 确定热控制硬件、表面光学性质和涂料 确定加热器剖面和控制策略 温度遥测
机械和点火装置的设计要求	执行器扭矩/力和安全系数 接触表面的润滑 界面负载 刚度 指向的精度、范围和速度 释放时冲击的传播 释放装置的发射/非点火条件 处理和安全 展开/指向/转向传感、控制和遥测 展开可靠性
电气设计要求	EMC(电磁兼容性) 静电放电 电焊金属/非金属部件(直流) 接地、隔离 控制和连接器
空间环境	电磁辐射(太阳光谱) 行星红外辐射和反照率 粒子(电子和质子) 磁场 重力梯度 微流星体和碎片
	水分释放,出气 航天器反作用控制推进器(RCT)羽烟,太阳反射、阴影、截留
材料与工艺	材料和工艺过程特性和鉴定 涂料鉴定 不同的金属 热真空循环和出气的筛查测试 应力腐蚀开裂特性 热弹性和湿弹性稳定性
设计验证和测试	质量和物理性质测量
环境测试	刚度或模态测试 准静态加速度测试 正弦振动试验 随机振动或声波测试 热真空热循环试验 功能/射频测试 PIM 测试 EMC/ESD 测试 机械的测试方法: ● 合格/验收测试 ● 功能和寿命试验
地面辅助设备 装卸、运输和储存 质量保证条款和可靠性 质量保证计划 安全要求 断裂控制计划(用于载人车辆,精简的无人机用计划)	

验证上述要求,应由以下一种或多种验证方法来完成:测试、分析、检查设计或检视。为了获得设计的验证和可进行飞行的验收,应该实现一个合适的建模原理(详见第 6 章)。空间天线的验证合格资格包括几个层次:材料和制造过程(详见第 4 章)、部件、设备和组件,或子系统层。这些步骤的细节在很大程度上取决于工业上的实现和用户的要求,以及飞船主承包商和发射器的主管。然而,验证的最终目的是正式演示设计的实现、制造和集成已经使硬件和软件符合规范要求。

5.2　天线结构的设计

天线结构设计应能满足射频性能要求,同时谨慎考虑预计的力学和热环境以及材料属性。在初始的设计过程中,由于各部件间强烈的物理上的耦合和部件的多功能,机械和热需求必须列入。在本章,由于其具有的一般性所以重点放在天线反射器结构上。相控阵天线结构可以被看成是有关机械和热设计的特殊情况。

本章将对外表面是复合材料的夹层板结构予以特别的关注,因为这种结构对满足机械和电气要求是最有效的。

5.2.1 反射面的典型设计方案

考虑到天线的类型，结构可分类如下：

- **厚夹层壳反射器**。这种结构通常用于孔径 $D<1.5$ m 的情况。它是一个结构上简单的结构，基本上是反射器最简单和最坚固的结构，尽管需要插入在界面传递负荷的插杆(见图 5.2)。
- **带支撑结构的薄夹层壳**。为了能盖上更大的直径且有合理的质量和刚度，薄壳是由一个或者是集成在后表面内或由楔子黏接的支撑结构支撑的(见图 5.3)。这两种极端情况代表壳和支持结构之间的弱或强的相互作用。一个弱支持薄壳需要非常高的固有稳定性。接头的设计以及壳体与结构的热控制及其相对的扭曲值得特别关注。声负载通常是确定强度方面的一个因素。

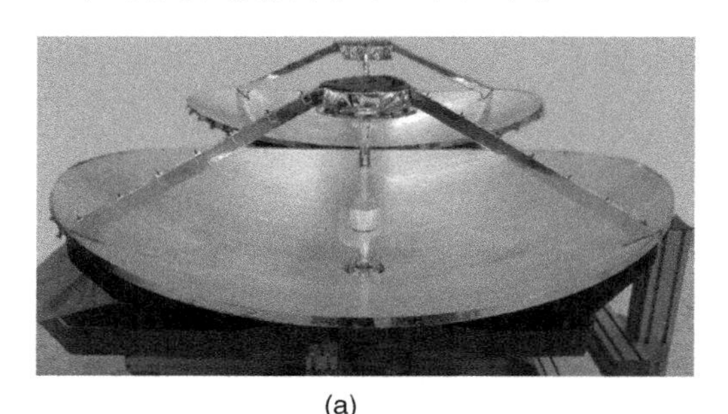

(a)

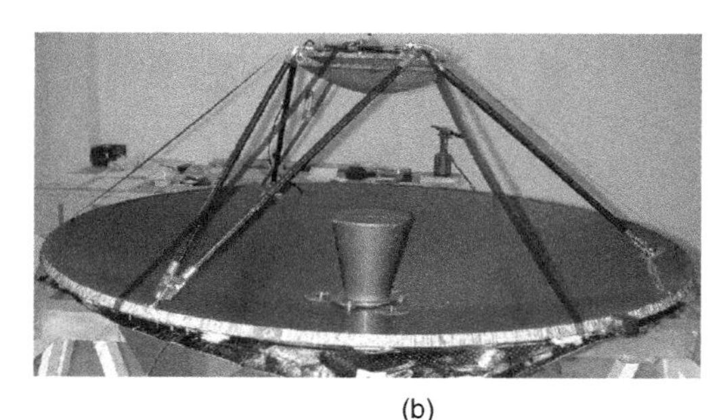

(b)

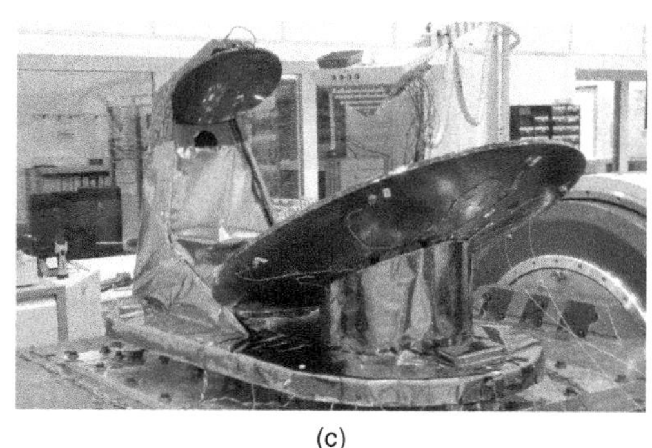

(c)

图 5.2 厚壳反射器和天线的例子。(a)CryoSat 公司的 SIRAL 天线子系统；(b)S-X-波段金星快车双波段高增益天线(HGA)；(c)全碳Ka波段Gregorian(格里高里)式天线(STANT)正在振动测试(HPS-GmbH公司，由欧空局授权)

- **整体加强筋壳**。这种结构是通过用一块单个厚的稳定的表皮来替换夹芯壳，并由一个用类似的材料(过程)做成的集成的加强筋网格加强后得到的。这种结构(见图 5.4)继承了望远镜技术，通常用于高频应用。尽管表面上设计简单，但微机械和热性能还是非常复杂的，特别是当采用复合材料时。除非质量和刚度约束放松，否则整体性能对大尺寸直径可能不是最优的。
- **超轻型的壳**。这是带有背衬结构的薄夹层壳的一个特殊的情况(见图 5.5)。区别在于使用了开放面料来生产反射器外壳，从而显著减少了声载荷和允许质量减少。在特定类型中，夹层被具有弹性折叠功能的单一表皮所取代，可以获得超过 6 m 的投影口径。这种类型的反射器的设计必须仔细考虑无源互调的要求。

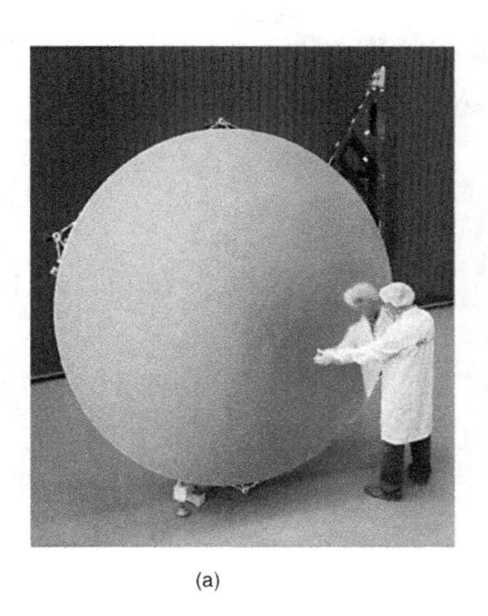

(a)

(b)

图5.3　后盾结构薄壳反射的例子。(a)Ka-Sat 2.6 m Ka波段反射面;(b)STAAR 2.4 m Ka波段反射面EM

图5.4　整体加筋壳反射面。赫歇尔望远镜3.5 m M1后视图

图5.5　超轻型反射器的例子：ASAS 3.8 m整形反射器

- **双重网格反射面**。由于对传输损失、去极化和介电常数的强烈要求、材料的选择非常有限从而驱动着设计。在复合材料的情况下，有机或石英纤维是必需的。材料的热性能往往代表一个限制因素。另一个独特的技术方面是极化网格的设计和集成，它是嵌入式或“印刷”的，印在透明夹层结构上(见图5.6)。作为替代方案，独立的全碳导电网格也被提出。
- **反射阵列**。虽然严格意义上讲与以上所述的不是同一类，这种阵列代表在反射面和相控阵天线之间的机械设计的一个极限情况(见图5.7)。为反射阵列用于生产夹层的技术和双重网格材料和工艺是相关的。与传统的反射面的主要区别在于把形状精度要求转化成了平板平面度公差和子阵的相位稳定性的要求。

所有结构的共同特点是大量使用夹心结构概念。因此，本章的重点是提供设计说明和理解与空间天线设计学科有关的这种结构的含意。夹心结构是通过一个轻量级的核心分开外侧面皮肤，从而提供更高的惯性矩，还可以忽略质量的影响。因此，它是一个闻名于世的高效的增加抗弯刚度和整体强度，同时保持或减少质量的结构方案。它允许有效地利用承受机械负载所需的材料，提供表面形状精度和稳定性，以及天线所要求的导电性。

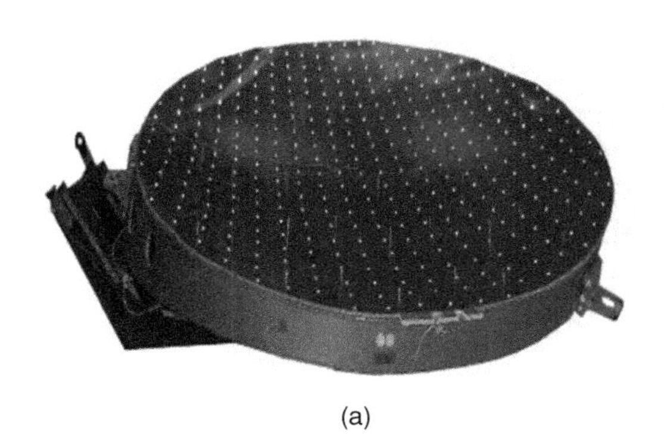
(a)

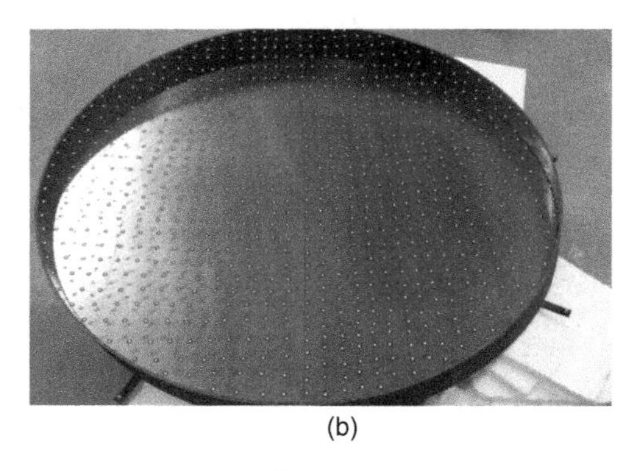
(b)

图5.6 双网格的反射器的实例。(a)2.1 m整形网格反射面的C和Ku波段的热弹性变形测试；(b)1.2 m全碳双网格整形反射面形状测量过程中的Ku/Ka波段的反射面演示器

图5.7 反射阵的例子。反射阵的研发模型在制造过程中的近视图

5.2.2 夹层板结构的描述

夹层板的特征结构如下：

- 表皮是负责承载平面膜力和弯曲所产生的张力压缩应力的。
- 核心提供全局和局部稳定性，承受面外剪切载荷，在局部破碎时存活和容纳插入接口。
- 核心和表皮的黏合需要承受剪切载荷，有平面方向的拉伸以及剥离应力时存活。此外，需要黏合剂和灌封化合物来连接插件并稳定加载的核心部分。
- 热弹性扭曲应该通过选择稳定的材料和适当的制造工艺来尽量减小，特别是利用聚合物基复合材料时。然而，结构元素的膨胀差异和边界条件起主导作用。控制的一个重要特性是表皮的对称性。

5.2.3 夹层板耐热性的描述

对不同机械结构，以下几个方面是和夹层板结构的热行为有关的：

- 因为表皮的外部涂层控制辐射和外部环境的链接，所以它们控制天线的热量平衡。它们的太阳能吸收率和红外发射率确定主导的热通量。此外，表皮构成在平面上的和穿过平面到达核心的热传导路径。

- 热量由核心传输经过板，因此负责横向热梯度。内部辐射形成的在单元壁和表皮内的核心之间的链接通常可以忽略不计，但为了准确预测应考虑进去。
- 通常情况下，核心和表皮的黏合剂在热模型中是不考虑的，虽然对热传导有阻力。在适当的生产条件下，核心和表皮之间的热通量不应该由黏合剂阻断。
- 表皮材料和印刷或嵌入式电路的射频损耗能在这些高射频功率的应用中产生热耗散。于是，在平面内的导电路径与均匀的温度分布是有关的。

5.2.4　与热机械设计有关的夹层板结构的电气描述

对于射频性能要考虑的主要方面如下：

- 天线的反射表面要有严格的制造公差和稳定性要求，并与操作频率密切相关。应该指出的是，一阶板理论和有限元法（FEM）分析通常在描述中性面时非常准确，但是不一定能准确描述外部层。通常来说这是必须考虑的，尤其是对高频应用。
- 反射一侧表皮的导电性决定了反射损耗。很多时候的趋肤深度（$\delta_s \propto 1$）$\sqrt{\pi f \mu \sigma}$ 用作设计参考参数。
- 去极化在物质的层面上进行表征，尤其是对复合材料，这是由于外层的各向异性特征表面微观结构的细节所致。
- 无源互调产物可以被某些类型的复合材料激发，例如一些织物。一般特别要当心的是：制造和测试过程中的喷涂、化学反应和腐蚀。
- 与感兴趣的最短的射频波长相关的核心穿透效应、晶格内的屈曲、皮肤皱缩和其他局部弹性不稳定应加以控制。
- 传输损耗和夹层板材料的介电行为是传输模式的一个要关心的问题。在这种情况下，对材料的要求极大地限制了材料的选择。
- 热-光老化、热弹性变形和其他的变形，如水分脱附与重力释放，是天线在使用寿命期间的增益衰减，指向和副瓣分离的主要来源。这和了解它们的机理和它们之间的相互作用和热力、机械和电气性能是有关联的。

5.3　结构建模与分析

一般来说，天线结构属于平板或双弯曲浅壳类。作为第一次近似，尤其是对有限元数值分析，平面板理论提供了一个非常有用和具有指导性的起点。下面的小节将讲述板的结构分析和有关天线的含意等具体方面。

5.3.1　一阶板理论

在各向同性或正交各向异性固体中的应力和应变的概念和它们的分析遵循经典的弹性理论。以下内容是不需要解释的，但更多的细节，读者可以参考文献[1]。

板是具有有限厚度的平面结构。本小节只考虑均匀各向同性板，因此只采用两个材料的工程常数：Young 刚度模量 E 和泊松比 v。主导的外荷载是垂直于平面的，这将导致横断厚度的剪切力和弯矩。在平面内的力可以认为是一阶近似地线性叠加的，膜应力可以加到平面外荷载所产生的剪切应力和弯曲应力上。给定一个板元，平面的内力，剪切力和单位边长的矩被定义为应力横断度方向的应力和一阶矩的积分，在图 5.8 中可以观察到这一点。

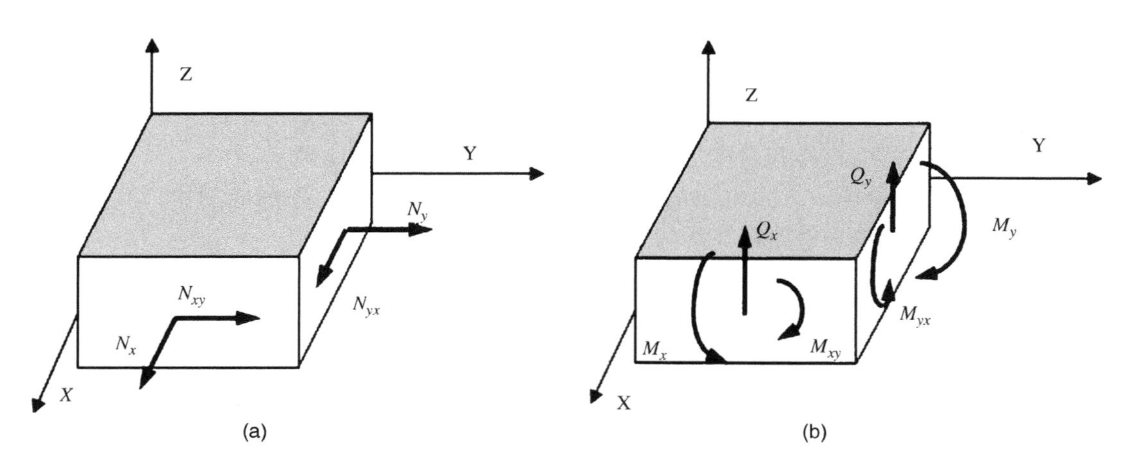

图 5.8 膜应力、剪切力和力矩的定义

作为一阶近似，基尔霍夫假设通常被接受(见图 5.9)：

1. 法线的位移只是平面坐标 $w(x,y)$ 的函数，$\partial w/\partial z = 0$ 和厚度在变形过程中保持不变。
2. 垂直于中间平面的每一条直线对变形的中面保持直线和垂直。

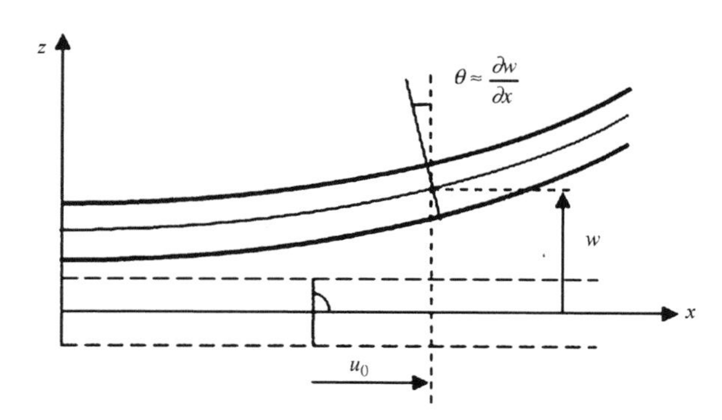

图 5.9 在 xz 平面内基尔霍夫板的位移

于是这个位移场可以写成：

$$u = u_0 - z\frac{\partial w}{\partial x}$$

$$v = v_0 - z\frac{\partial w}{\partial y} \tag{5.1}$$

$$w = w(x,y)$$

式中，u_0 和 v_0 是由于平面膜负载和平面外载荷 w 所产生的。这导致了应变张量：

$$\varepsilon_x \equiv \frac{\partial u}{\partial x} = \frac{\partial u_0}{\partial x} - z\frac{\partial^2 w}{\partial x^2}$$

$$\varepsilon_y \equiv \frac{\partial v}{\partial y} = \frac{\partial v_0}{\partial y} - z\frac{\partial^2 w}{\partial y^2} \tag{5.2}$$

$$2\varepsilon_{xy} \equiv \frac{\partial u}{\partial y} + \frac{\partial v}{\partial x} = \frac{\partial u_0}{\partial y} + \frac{\partial v_0}{\partial x} - z\frac{\partial^2 w}{\partial x \partial y}$$

可以采用矢量形式表示为

$$\varepsilon=\begin{Bmatrix}\varepsilon_x\\ \varepsilon_y\\ 2\varepsilon_{xy}\end{Bmatrix}=\begin{Bmatrix}\varepsilon_{x0}\\ \varepsilon_{y0}\\ 2\varepsilon_{xy0}\end{Bmatrix}+z\begin{Bmatrix}K_x\\ K_y\\ K_{xy}\end{Bmatrix} \quad \text{或} \quad \varepsilon=\varepsilon_0+z\mathbf{K} \tag{5.3}$$

应力张量(假设平面张力状态)是

$$\sigma_x\equiv\frac{E}{1-v^2}(\varepsilon_x+v\varepsilon_y)=\sigma_{x0}-\frac{E}{1-v^2}z\left(\frac{\partial^2 w}{\partial x^2}+v\frac{\partial^2 w}{\partial y^2}\right)$$

$$\sigma_y\equiv\frac{E}{1-v^2}(\varepsilon_y+v\varepsilon_x)=\sigma_{y0}-\frac{E}{1-v^2}z\left(\frac{\partial^2 w}{\partial y^2}+v\frac{\partial^2 w}{\partial x^2}\right) \quad \text{或} \quad \boldsymbol{\sigma}=\mathbf{C}\varepsilon \tag{5.4}$$

$$\sigma_{xy}\equiv\frac{E}{1+v}\varepsilon_{xy}=\sigma_{xy0}-\frac{E}{1+v}z\frac{\partial^2 w}{\partial x\partial y}$$

根据曲率向量

$$\boldsymbol{\sigma}=\begin{Bmatrix}\sigma_x\\ \sigma_y\\ \sigma_{xy}\end{Bmatrix}=\begin{Bmatrix}\sigma_{x0}\\ \sigma_{y0}\\ \sigma_{xy0}\end{Bmatrix}+\frac{Ez}{1-v^2}\begin{bmatrix}1 & v & 0\\ v & 1 & 0\\ 0 & 0 & (1-v)/2\end{bmatrix}\begin{Bmatrix}K_x\\ K_y\\ K_{xy}\end{Bmatrix} \quad \text{或} \quad \boldsymbol{\sigma}=\boldsymbol{\sigma}_0+z\mathbf{CK} \tag{5.5}$$

插入这些压力到矩的定义中，由其与曲率的线性关系获得弯曲刚度系数：

$$\mathbf{M}=\frac{Eh^3}{12(1-v^2)}\begin{bmatrix}1 & v & 0\\ v & 1 & 0\\ 0 & 0 & (1-v)/2\end{bmatrix}\begin{Bmatrix}K_x\\ K_y\\ K_{xy}\end{Bmatrix} \quad \text{或} \quad \mathbf{M}=\mathbf{DK} \tag{5.6}$$

最后，可直接从这些表达式获得线性分布在板厚度上的应变和应力(见图 5.10)：

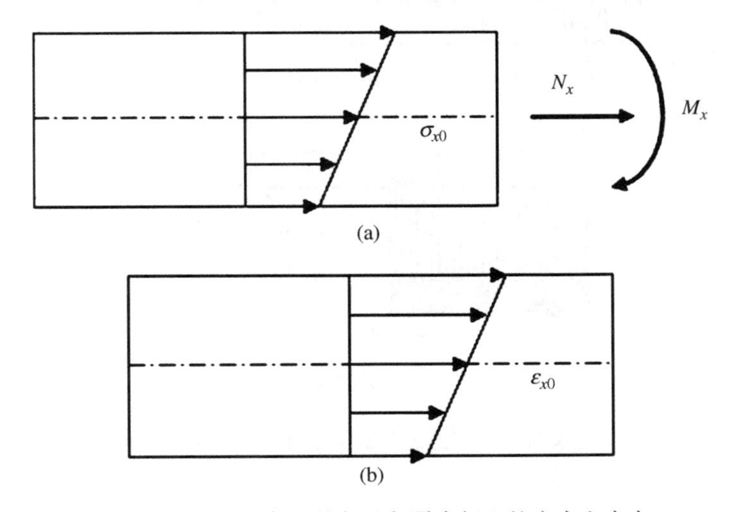

图 5.10　一阶近似的均匀基尔霍夫板上的应力和应变

$$
\begin{aligned}
\sigma_x &= \sigma_{x0} + \frac{12M_x}{h^3}z \\
\sigma_y &= \sigma_{y0} + \frac{12M_y}{h^3}z \\
\sigma_{xy} &= \sigma_{xy0} + \frac{12M_{xy}}{h^3}z
\end{aligned}
\tag{5.7}
$$

$$
\begin{aligned}
\varepsilon_x &= \varepsilon_{x0} + zK_x \\
\varepsilon_y &= \varepsilon_{y0} + zK_y \\
\varepsilon_{xy} &= \varepsilon_{xy0} + zK_{xy}
\end{aligned}
$$

5.3.2 高阶板理论

高阶理论保留了更多的应力和应变的近似项，以提高位移场的表征精度。然而，这往往大大增加了分析的复杂性，却不一定能提高预测的准确性。

另一方面，剪切应变的建模和厚度的影响提供了一个重要的改进。Reissner-Mindlin[2] 理论允许把垂直性的基尔霍夫条件用在直线上，并包含剪切校正因子。这个提法当与厚板工作时是非常有益的，而在商业有限元软件上也是有的。然而它应谨慎使用，因为在薄板的极限情况下有精度的损失。要记住，大多数的天线板结构可以视为薄板或壳。其中的特例通常是由立体元处理的，可提供比板单元更一致的表述。

5.3.3 经典层合板理论

在薄的多层板或壳的情况下，习惯上仍然假设基尔霍夫假设适用于层与层之间有一个完美的黏接。因此，应变在横跨厚度上是线性变化的，而应力由于每层材料属性的不同是多线性函数，如图 5.11 所示。

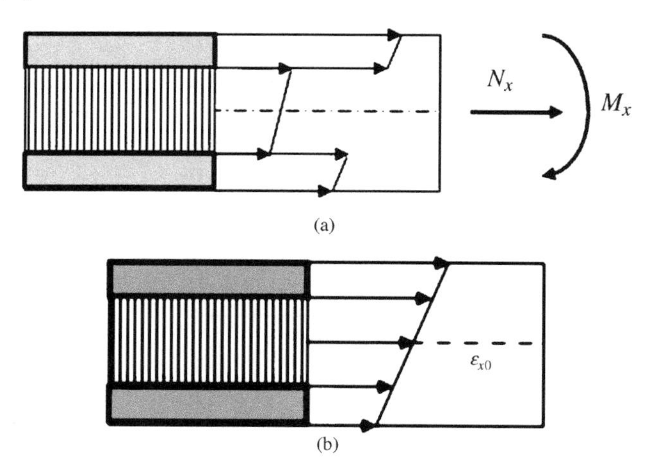

图 5.11 复合板的应力和应变

根据薄层的组成和本构关系及力和力矩的定义，最终的应力/板的受力状况的表述可以写成如下形式，这里保持了膜/弯曲二重性：

$$
\begin{Bmatrix} \mathbf{N} \\ \mathbf{M} \end{Bmatrix} = \begin{bmatrix} \mathbf{A} & \mathbf{B} \\ \mathbf{B} & \mathbf{D} \end{bmatrix} \begin{Bmatrix} \varepsilon_0 \\ \mathbf{K} \end{Bmatrix}
\tag{5.8}
$$

和

$$\mathbf{A}=\int_{-h/2}^{h/2} C\,\mathrm{d}z=\sum_{k=1}^{n} C_k[z_k-z_{k-1}]\quad(\text{膜或面内刚度矩阵})$$

$$\mathbf{B}=\int_{-h/2}^{h/2} \mathbf{C}z\,\mathrm{d}z=\sum_{k=1}^{n} \frac{C_k}{2}\left[z_k^2-z_{k-1}^2\right]\quad(\text{弯曲膜耦合矩阵})$$

$$\mathbf{D}=\int_{-h/2}^{h/2} \mathbf{C}z^2\,\mathrm{d}z=\sum_{k=1}^{n} \frac{C_k}{3}\left[z_k^3-z_{k-1}^3\right]\quad(\text{抗弯刚度矩阵})$$

这就是所谓的 **ABD** 的矩阵表示，通常用于有限元软件内。

5.3.4　均匀各向同性板与对称夹层板的比较

考虑一个厚度 $h=2.5$ mm 的铝制均匀平板（$E=70$ GPa，$v=0.33$），并把它与两个铝板面板制成对称夹层板弯曲刚度的状况作对比，$t_s=h/2=1.25$ mm，$h_c=25$ mm，芯材料的质量可以忽略不计。如所规定的两种板总质量相同。

对各向同性板这个特定例子，给出众所周知的关系：

$$\mathbf{C}=\frac{E}{1-v^2}\begin{bmatrix}1 & v & 0\\ v & 1 & 0\\ 0 & 0 & (1-v)/2\end{bmatrix},\quad \mathbf{A}=\frac{Eh}{1-v^2}\begin{bmatrix}1 & v & 0\\ v & 1 & 0\\ 0 & 0 & (1-v)/2\end{bmatrix},\quad \mathbf{B}=0$$
$$\mathbf{D}=\frac{Eh^3}{12(1-v^2)}\begin{bmatrix}1 & v & 0\\ v & 1 & 0\\ 0 & 0 & (1-v)/2\end{bmatrix}\tag{5.9}$$

从而得出弯曲刚度系数的值：

$$\frac{Eh^3}{12(1-v^2)}=102.3\ \mathrm{N\ m}$$

夹层板情况的结果是：

$$\mathbf{C}=\frac{E_s}{1-v_s^2}\begin{bmatrix}1 & v_s & 0\\ v_s & 1 & 0\\ 0 & 0 & (1-v_s)/2\end{bmatrix}$$

对每个表面和对夹层板：

$$\mathbf{A}=\frac{2E_st_s}{1-v_s^2}\begin{bmatrix}1 & v_s & 0\\ v_s & 1 & 0\\ 0 & 0 & (1-v_s)/2\end{bmatrix},\quad \mathbf{B}=0$$
$$\mathbf{D}=\frac{2E_s\left[\left(\frac{h_c}{2}+t_s\right)^3-\left(\frac{h_c}{2}\right)^3\right]}{3(1-v_s^2)}\begin{bmatrix}1 & v_s & 0\\ v_s & 1 & 0\\ 0 & 0 & (1-v_s)/2\end{bmatrix}\tag{5.10}$$

注意到当 $t_s \ll h_c$时，弯曲硬度系数由下式给出：

$$\frac{E_s h_c^2 t_s}{2(1-v_s^2)} = 1227.4\ \mathrm{N\ m}$$

5.3.5 合成材料表皮

最有效和最常见的反射面方案是使用碳纤维复合材料(CFRP)，而不是金属表皮。和铝面板相比，碳纤维的电导率和混合物中的体积率 V_f必须在任何入射角下反射损失均要保持低于0.1 dB。由于纤维引入非各向同性的性能，这应被理解和对射频、机械性能和热性能的确定。本小节将对基本的微观力学特征进行简要的描述。

考虑由几层单向碳纤维复合材料(CFRP)层制成的薄片时，有必要首先对单层板进行描述，而后扩展到整个薄片。基纤维排列在由各向同性材料做成的一个铺层内，并加以预浸，其典型厚度为 60 ~ 120 μm。由此产生的每层材料都是各向异性的，且都在密度、轴向刚度、泊松比[3,4]方面遵循“混合规则”：

$$\begin{aligned}
&\rho = \rho_f V_f + \rho_m V_m \\
&E_1 = E_{Lf} V_f + E_m V_m \\
&v_{12} = v_f V_f + v_m V_m \\
&E_2 \approx E_{Tf} E_m \left(E_{Tf} V_m + E_m V_f\right)^{-1},\ G_{12} \approx G_f G_m \left(G_f V_m + G_m V_f\right)^{-1}
\end{aligned} \tag{5.11}$$

图 5.12 中的方向 1 和 2 在平面内，分别在纤维的纵向和横向。纤维特性在纵向和横向的方向上通常是不同的,因此切变刚度和横向刚度要遵循一个比“混合规则”更复杂的规则。E_2和面内剪切模量 G_{12}的近似表达式(5.11)是由琼斯提出的[3,4]。E_2和面内剪切模量 G_{12}的另一个半经验公式是由 Halpin、Tsai、Puck 和其他人[3]研究出的，它在特殊的情况中有更高的精确度，但一般对任何纤维-树脂组合不会更精确(见表 5.2)。注意，对于高模量纤维和典型纤维体积系数的单向预浸料(V 在 0.5 ~0.7 之间)而言，如预期的那样，E_1 主要由纤维决定，其值远大于 E_2。通过假设材料层每层具有横向各向同性，材料壳外的性质也能被推导出来。$E_3 = E_2$，$G_{13} = G_{12}$，$v_{13} = v_{12}$。

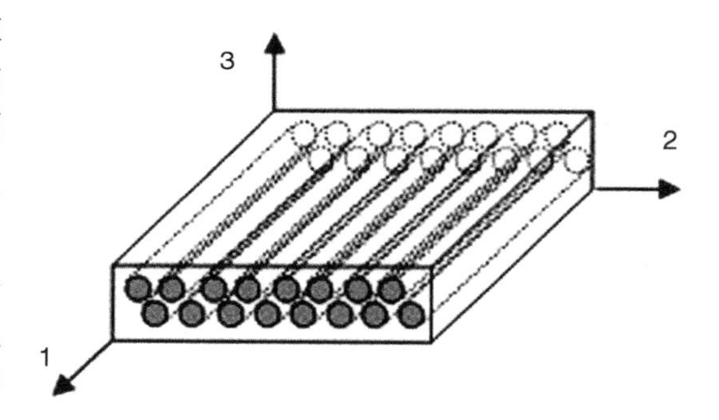

图 5.12 单向复合材料层中的纤维

表 5.2 纤维、基体和层压板的性能。数据来源：(1)数据表；(2)PSS = 03 ~ 203[3]；(3)HPSGmbH测量数据；(4)Kueh和Pellegrino[5]

材料		E_L(GPa)	E_T(GPa)	G_{12}(GPa)	v_{12}	热膨胀系数(m/mK)
纤维	东丽 T300(1) (4)	230.0	23.1	9.0	0.2	-0.5 E-6
	东丽 M55J(1) (2)	540.0	6.0	18.0	0.36	-1.1 E-6
	NGF YSH 50A (1) (4)	520.0	40.0	14.3	0.2	-1.4 E-6
	DuPont Kevlar K49(1) (2)	124.0	7.0	12.0	0.36	-4.0×10^{-6}
	玻璃 E(2)	73.0	73.0	30.0	0.22	3.0×10^{-6}
树脂	赫氏公司 M18 环氧树脂(1)	3.5	1.3	0.38		

续表

材料		E_L(GPa)	E_T(GPa)	G_{12}(GPa)	ν_{12}	热膨胀系数(m/mK)
赫氏	8552 环氧树脂 (1) (4)	4.67	1.70	0.37	65×10^{-6}	
	美国 RS3 氰酸酯(1)	2.96			43.2×10^{-6}	
	UBE PETI-365E 聚酰亚胺 (1)	2.8			51.0	
薄板	加拿大 70－100 纤维/LTM123, V_f=0.5 (3)	159.8	160.0	3.6	0.02	-0.15×10^{-6}
	三菱 K63B12 UD/环氧基树脂, V_f=0.6 (1)	530.0	4.8			-1.2×10^{-6}

与相同厚度的铝比较，通过叠压几层不同定向的单向预浸料，平面的各向异性可减少，同时还产生重量减轻的、刚度显著增强的复合材料薄板。对于层积薄板，上面的 **ABD** 矩阵公式也成立，但注意要把材料各层的刚度张量 $\mathbf{C}_k$ 从材料参考系转换到板的参考系。对称层合板的特殊情况下 **B** 矩阵仍是零，因此没有膜弯曲耦合。

特别有关的是准各向同性层合板的情况，其射频、热力、机械性能几乎是和平面的方向独立的。例如，可以由在方向(0,45,90，－45)定义的层压板实现。在这种情况下，例如通过使用高模量环氧树脂基体中的纤维，面板厚度和质量均不到铝板刚度的一半。此外，平面内热力学性能也接近各向同性，热弹性扭曲被纤维热膨胀系数良好地控制，约为 1×10^{-6}/℃。至于射频反射特性，由于各层的厚度小，对于高达 Ku 波段的任何频率，总反射场和入射角几乎是无关的。这是由于小厚度并且树脂是透明的。然而，特别是在圆极化的情况下，对于更高频率的频带经常必须使用纤维，而不是单向层板。

5.3.6　蜂窝芯材的特点

核心材料必须提供表皮的稳定性并固定表皮。在所有的可能性中，包括开放式和封闭式的芯中的蜂房形状，蜂窝结构仍然是夹层结构最常见的核心种类，这是因为其重量轻、机械性能好并且制造工艺成熟。如今该技术显示出高度的标准化和成本上的控制，由此空间结构得益不少。蜂窝芯的第一种分类是由蜂房的形状和带的连接给出的，如图 5.13 所示。

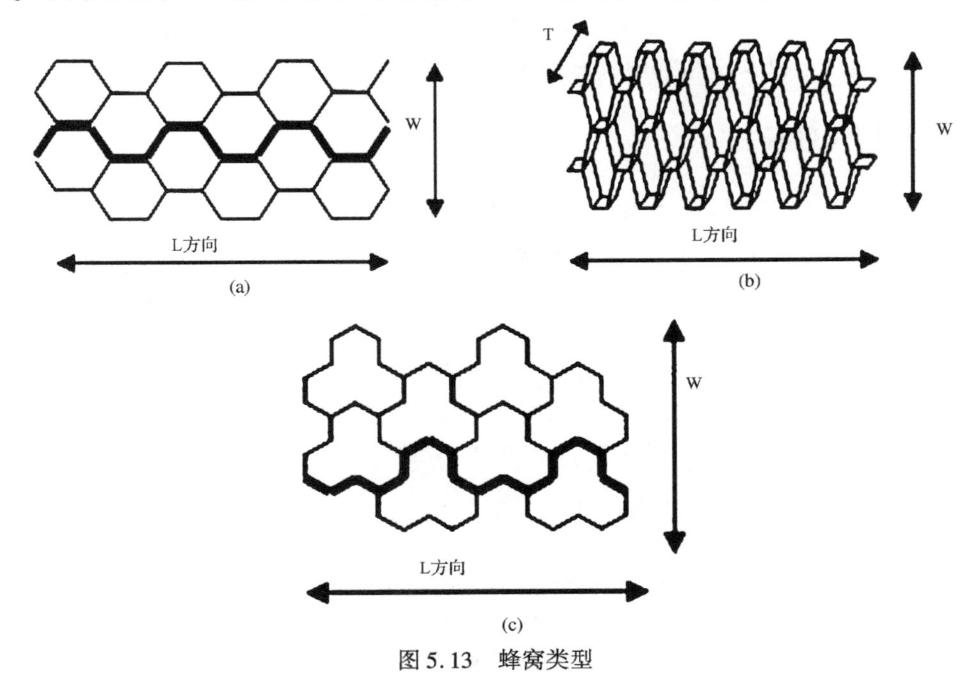

图 5.13　蜂窝类型

制造过程允许在所有方向上对材料密度和材料性质进行控制。根据蜂房直径和壁厚的特定值然后对每种材料确定。典型材料是铝合金箔(见表5.3)和基于玻璃纤维、碳纤维、芳纶及其他纤维的复合材料。

表5.3 铝六角蜂窝芯的力学性能[3]

类型 (MPa)tr(MP)	NIDA 标识	d_c(mm)	ρ_c(kg/m3)	E_c(MPa)	G_L(MPa)	G_T(MPa)	τ_L(MPa)	τ_T(MPa)
1/4-5056-.002p	6~58	6.4	69	3.21	462	186	2.24	1.31
1/4-5056-.0015p	6~48	6.4	54	2.17	345	152	1.59	0.90
1/4-5056-.0007p	6~20	6.4	26	0.55	138	83	0.54	0.26
3/8-5056-.0007p	9~20	9.6	16	0.24	103	62	0.31	0.17

然而，特殊情况如超稳定的天线所需的反射镜和望远镜的反射镜需要特定的核心材料和工艺。热稳定的蜂窝芯是由低热膨胀材料(如碳或芳纶纤维)制成的。通常用沥青碳纤维以提高热导性和稳定性。图5.14示出了一个带有顺从性质的碳芯。

图5.14 碳纤维蜂窝芯

用在空间的铝芯的特殊工艺是腐蚀保护如铬转换和需要对金属箔穿孔，以允许空气从蜂房中散出。一个芯薄片的特殊点，也就是反弹性曲率效应(当经受单轴弯曲时蜂窝芯片倾向于保留其平均曲率)，是分裂开双曲率芯薄片将其分成连接的部分的原因。分裂开芯材的另一个原因是通过把分开的部分的指向分散到不同的方向上，来减少面内各向异性的性能。这对制造在尺寸上稳定的壳有重大意义。芯薄片各部分的连接是用胶黏剂黏接或通过精心设计切割和放置这些部分，目的是通过接缝合理分散剪切刚度。其他的制造方法包括当芯材由塑料制成时芯材的热预成型，或在一般情况下的机械加工，以及以网状用胶黏剂连接在一起。

5.3.7 夹层板失效模式

在夹层结构的不同元素中的应力会导致几种失效模式(见图5.15)。弯矩和膜应力在面内拉伸或压缩表皮，平面外的剪切力产生芯材和胶黏剂中的剪切应力。垂直方向上分布的压缩力产生芯材的压缩。除了表皮破裂和整体弹性不稳定性(弯曲)外，夹层结构的其他失效模式需要具体分析和设计。

下列表达式量化了每种失效模式中的应力：

表皮失效	$\sigma_s = \pm \dfrac{M}{h_c t_s} \pm \dfrac{N}{2t_s}$
芯材剪切力	$\tau_s = \dfrac{Q}{h_c}$
芯材破碎力	$\sigma_c = \dfrac{F}{A}$

此外，对于主要局部稳定性的失效模式确立了稳定性极限[3,6,7]：

凹陷（蜂房内的）	$\sigma_{cr,d} = 2.0 \frac{E_s}{1 - v_s^2} \left(\frac{t_s}{d_c} \right)^2$
面板褶皱	$\sigma_{cr,w} = 0.33 \sqrt{\frac{E_s E_c t_s}{(1 - v_s^2) h_c}}$
切变卷边	$\sigma_{cr,c} = 0.5 G_c \frac{h_c}{t_s}$

这些局部不稳定性表达式对各向同性表皮和单向轴负载下的蜂窝制成的夹层板是成立的。对双轴向和剪切负载有相互作用修正公式。除了这些，尽管它很少代表设计的天线负载的情况，但是弹性稳定性应被证明。

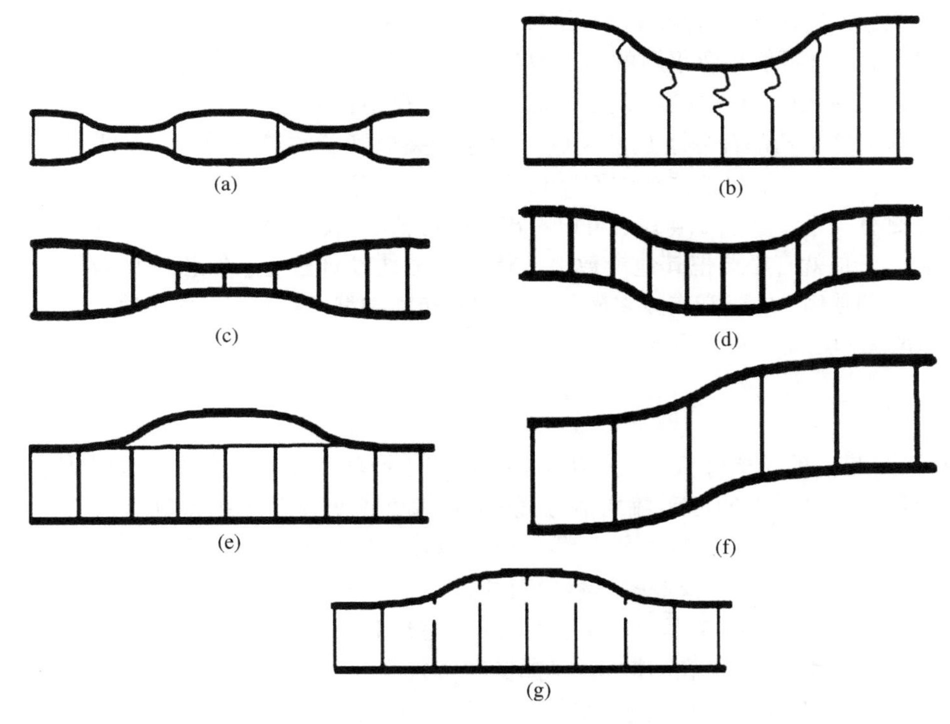

图 5.15　局部失效模式[6]。(a)蜂窝内的弯曲（表面凹陷）；(b)芯材破碎；(c)和(d)对称/反对称的表皮起皱；(e)平直的拉伸连接断裂；(f)剪切卷边；(g)芯本身的拉伸断裂

5.3.8　质量优化的夹层天线结构

对给定的抗弯刚度，表皮强度或凹陷稳定性的质量优化导致不同的表皮厚度与核心高度之比值[7]，目标函数是每单位面积的质量值 $w = \rho_c h_c + 2\rho_s t_s + 2\rho_a t_a$，这里的黏胶层是被保持不变的并且在优化分析中不起作用。保持弯曲刚度为常数的质量最小化导致核心高度和表面厚度之比的比率为 $\rho_c h_c = 4\rho_s t_s$。反过来，可以对一个给定的刚度最大化弯曲刚度获得相同的结果。注意，核心的密度通常低于表皮的 20 ~ 100 倍，因此这一结果意味着核心应该尽量厚。当抗弯刚度是驱动设计的要求时，这再次证实了夹层结构与单片板相比的效率。5 ~ 25 mm 的范围是典型的天线核心壳厚度。表 5.4 给出了几种约束条件下核心的高度和表面厚度的最佳比例值。

表 5.4 由给定机械性能导出最小质量的表芯表皮比[7]

约束	公式	质量最优化结果
抗弯强度	$D=\dfrac{E_s h_c{}^2 t_s}{2(1-v_s^2)}$	$\dfrac{h_c}{t_s}=4\dfrac{\rho_s}{\rho_c}$
表皮强度(弯曲负载极限下)	$M=\sigma_{cr,s}h_c t_s$	$\dfrac{h_c}{t_s}=2\dfrac{\rho_s}{\rho_c}$
凹陷(蜂房内屈曲)	$\sigma_{cr,d}\propto\left(\dfrac{t_s}{d_c}\right)^2$	$\dfrac{h_c}{t_s}=\dfrac{2}{3}\dfrac{\rho_s}{\rho_c}$
表皮褶皱	$\sigma_{cr,w}\propto\left(\dfrac{t_s}{h_c}\right)^{1/2}$	$\dfrac{h_c}{t_s}=\dfrac{4}{3}\dfrac{\rho_s}{\rho_c}$

空间天线壳的特殊例子意味着动态刚度必须被认为是要满足的最关键的要求之一。由于一些天线尺寸大，这可能导致很厚的芯。因为这个原因，表皮材料的特定刚度应尽可能高。对于2 米以上直径的天线，最好的配置之一是一个有支撑结构的薄壳，支撑结构通过接口加强刚度和传递负荷。这个巧的任务于是就变成了对连接夹板楔子的精心设计，以便在不破坏壳的热弹性稳定性情况下，加强整体结构刚性和传递负载。在这种配置中，设计的强度和局部稳定性准则变得更有关系。从表 5.4 中，可以看出，相对核心-表厚度的稀疏值提供了最佳的强度和稳定性能。于是就有必要把其他参数引入优化的最佳设计过程，如芯蜂窝内部直径 d_c，表皮和芯的刚度和强度，外壳和支撑之间的连接的分布和类型。特别是，由于轨道上的热弹性应力，凹陷的情况和超稳天线有关连。

5.3.9 有限元分析

有限元法(目前的结构分析行业标准)是一种基于域的离散化成小单元的数值求解技术，把未知的变量通过单元内的形函数插值,用加权的残数或变分程序在离散形式下积分控制方程，它可以应用于线性和非线性微分方程，各种材料的模型，以及用于耦合结构分析和涉及流体、热学、声学、光学电磁现象等多学科的问题。

最常用的天线结构元类型是杆、梁、平板(三角形和四边形)、三维固体(四面体和六面体)、刚性元素(杆和固定件)和离散元件(弹簧和块)，每个元素的表述和自由度(DOF)的处理对于每种软件工具都是特殊的，这些细节超出了本文的范围，有兴趣的读者可参考有关 FEM 的文献和有限元法用户手册。表 5.5 中几种类型的元素描述了一些最受欢迎软件的有限元法的实施。

表 5.5 有限元代码中的元素类型(非深入的)

		NASTRAN	ABAQUS	ANSYS
线元素(条，杆)	条/杆(轴力和扭力，横向剪切和弯曲)	CBAR	B31	BEAM4
		CBEAM	B32	BEAM24
		CROD		BEAM44
表面元素(膜，板，壳)	三角形	CTRIA3	S3(R)	SHELL
		CTRIA6		
	四边形	CQUAD4	S4(R)(5)	SHELL91
		CQUAD8	S8(R)(5)	SHELL93
			S9R5	SHELL99
				SHELL150

续表

		NASTRAN	ABAQUS	ANSYS
固体元素	四面体	CTETRA	C3D4	SOLID92
			C3D10	SOLID148
	六面体	CHEXA	C3D8	SOLID45
			C3D20	SOLID46
				SOLID64
				SOLID95
刚性元素	刚性条	RBAR, RBE2, RBE3, MPC	RB3D2, MPC	
离散元素	弹簧(1 个自由度线性或旋转刚度连接)	CELAS2	SPRING1	COMBIN14
			SPRING2	
			SPRING3	
	质量(1 个自由度点质量和惯性)	CONMASS	MASS	MASS21
			ROTARYI	

完整的数学模型，包括通过梁、薄壳表面和固体离散化为单元，从 CAD 文件生成网格，以及加上每个元素材料和属性的定义、坐标系(全局和局部的)、边界条件和约束条件、外部负载和解决方案顺序的详细定义。常见天线结构的有限元模型包含几十万个自由度，如图 5.16 所示的 Ka-Sat 反射面模型情况。

有限元网格生成的准则强烈取决于分析的目的和设计复杂性。关于模型的大小和使用单元的类型，典型的指引如下：

- 作为一般规则，单元的数目和复杂性必须严格保持在最低限度上并得到足够的分辨率和不敏感的网格尺寸。从更广泛的意义上来看，建议生成允许得到全局行为的简化模型，以便用较少的 CPU 时间和有可能运行多参数灵敏度分析。对于局部小规模的现象，如接口中的应力集中，一个有效的策略是开发独立的无耦合的模型，或采用子结构、压缩和矩阵模型。
- 静态分析往往比低中频的动态响应分析需要更高的分辨率，尽管工业环境中因为成本的原因，通常没有单独的有限元模型。这转化为动态分析要求更高的 CPU 时间和内存需求、在某些情况下会连累计算机和软件的计算能力。
- 3D 立体单元与 2D 板单元相比引入的自由度大大增加。任何可能的时候，3D 单元不应该被用于分析薄板和壳结构。例外的情况是超稳定的应用时发生的详细热弹性形变，这时在横向方向上有精度要求。例如，这就是在图 5.17 中所示 SICR 反射器的热弹性有限元模型的情况(见图 5.18)。

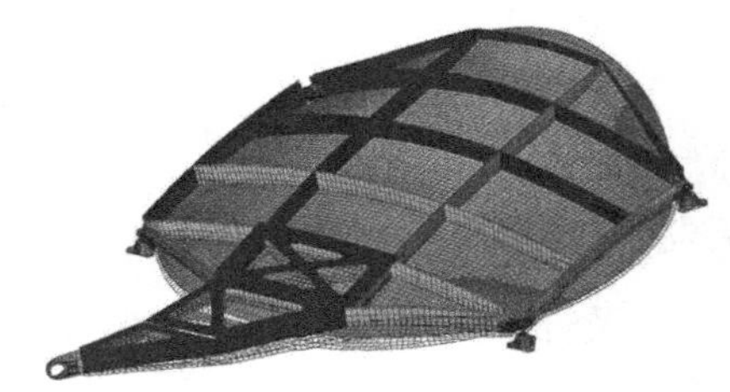

图 5.16　Ka-Sat 2.6 m 天线反射面的有限元模型。有限元网格叠加的头一个本征形状

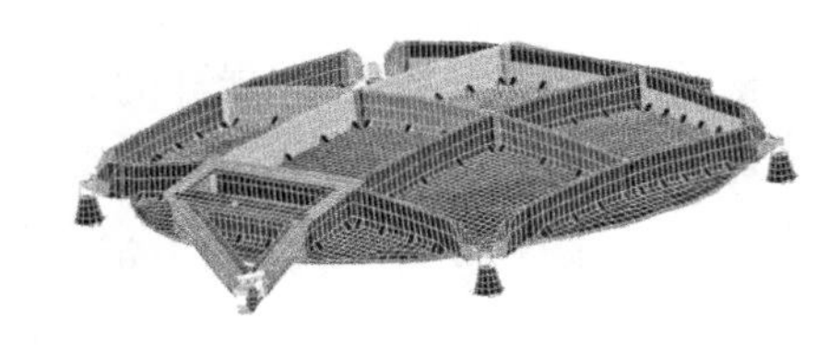

图 5.17　SICR 形 2.4 m Ka 波段反射面的热弹性有限元模型带有3D核单元

- 平面。四边形单元能提供比三角形单元更高的精度，能更好地重现刚度。三角形单元要尽少使用在过渡上及填充不规则的几何结构形状上。可能的话最好不用。
- 声学分析。湿的表面的最大单元大小应小于输入负载的最短波长的1/4。由于与低频响应有关，建立详细的磁芯材料和表面各向异性的建模是没有必要的。只需适当考虑等效的外壳弯曲特性。膜、壳-膜耦合和切变应变能对强度分析并不是必需的。

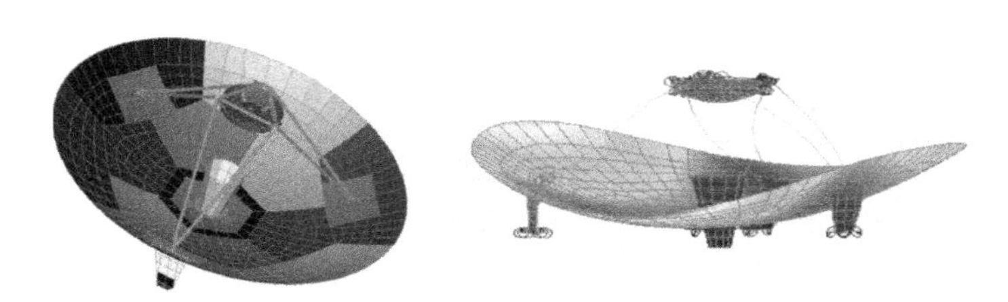

图 5.18　火星快车 HGA 的有限元模型和第一模式下的外形

FE 模型质量的检验已经标准化，以保证精度和分析的收敛性。下面的检查顺序是从 ECSS-E-ST-32-03C[9]得来的：

- 模型的几何形状(自由节点，叠合，自由边)。
- 模型的拓扑结构(壳单元的扭曲，法线的一致性，宽高比)。
- 结果收敛到网格单元大小。
- 刚体运动质量矩阵和张力能检查。
- 自由-自由特征频率与第一弹性模比值 $<10^{-4}$。
- 单位静载荷检查和约束反应的比较。
- 剩余的工作量(ε)的比例应小于10^{-8}。
- 热负荷下的零应力状态校验，假各向同性材料的性能和均衡的边界条件。通常对铝及 $\Delta T=100$ K 时，最大剩余应力为 0.1 MPa 且应显示出来。

从编程的角度来看，结构分析的主要困难是规定天线子系统的接口载荷和边界条件。这是一个系统级分析的输出，涉及飞船/有效载荷和发射器之间的耦合。这些技术指标，如果可能的话，应在天线的初步设计审查(PDR)时冻结，虽然以后经常要更新。测试之前，基于有限元分析的分析验证通常由以下顺序组成：

- 在几个边界条件下的特征频率和模式(自由－自由，存储，展开)。
- 准静态发射负载。
- 低频(100 Hz)正弦振动凹口剖面(如适用)。
- 随机振动(2000 Hz)。
- 声负载的情况。
- 热弹性应力(存储的和展开的)和变形(展开后)。
- 瞬态负载(展开释放和结束冲击，发射器和航天器引起的冲击)

这些分析通常是线性的，但也可以是非线性的，并涉及部分系统的预张力，耦合的热-结构负载和耦合的流体-结构相互作用。很少进行冲击分析是由于较大的控制高频波的传播参数的不确定性。用测试或继承其他的情况来规定冲击负荷的合格标准是正常的做法。

5.3.10　天线的声负载

声负载值得特别注意，因为它是确定大多数大尺寸天线有关结构强度的一个因素。天线结构在发射过程中由于在发射器整流罩内的声场会遇到强烈级别的振动。这种声场源于该火箭发动机的噪音和气体排放、大气中喷射流的扰动和地面及发射平台对声音的反射。它是一种随机的宽带负载。通常假设为每个倍频程内具有白噪声频谱的一个稳态的漫反射声场。主要起作用的物理参数是阻挡声波的物体尺寸，声波和自然模形状、质量，结构阻尼和结构的刚度，以及边界条件之间的空间相关性[10,11]。

由于天线结构的形状、尺寸、刚度，以及低质量和阻尼，因此对声负载特别敏感。换句话说，它们的结构使它们成为很好的声波接收器，因此它们的动态在声波场中是高度激发的。超过 1 m 的板通过散射可以显著地挡住声压场。结果是激发出的振动和湿表面成为它们的自然振动模式的声辐射器，反过来改变冲击波场。这种耦合效应，连同宽频带的随机性质，形成声学腔体和阻尼的非线性，是振动声学响应难以准确预测的主要原因。此外。由于在发射时的结构的状态下板或壳的基本自然频率通常在 30 ~ 100 Hz 的频率范围内，因此材料所经受的压力水平很高，经常接近强度极限。有关激励的频率范围，大部分发射装置超过 10 kHz，压力最高负荷出现在低频率的频带(31 Hz，63 Hz，125 Hz，250 Hz，500 Hz 的倍频程)。经验表明，累积的 RMS 加速度，特别是响应力，通常出现在超过 95% 这些频程内。这允许使用确定性的工具来分析压力分布，以及加速度、力和应力/应变响应。

对浸在无限流体中的结构的声学振动问题的表述，涉及液体变量(对理想的无黏势流的流体压只是力 p)和结构变量(应力张量 σ 或位移向量 w)方程的耦合解。要求解的方程组通常表示如下[12]：

$c^2\nabla^2 p - \ddot{p} = -\rho_0 c^2 \dot{q}$	在时域内分布源波动方程
$\left.\begin{array}{l}\nabla\cdot\sigma - \rho_s\ddot{\mathbf{w}} = 0\\ \sigma_{ij} = C_{ijkl}\dfrac{\partial w_k}{\partial x_l}\end{array}\right\}$	弹性固体强动量和组成方程
$\left.\begin{array}{l}\dfrac{\partial p}{\partial n} + \rho_0\ddot{w} = 0\\ \sigma_{ij}n_j + pn_i = 0\end{array}\right\}$	固/液界面连续性
$\lim\limits_{r\to\infty} r\left(c\dfrac{\partial p}{\partial r} + \dot{p}\right) \leqslant 0$	索末非辐射条件(无穷处无反射)

上述方程中的隐含假设是：波是理想的，在空气中是线性的和各向同性的，以及对固体表面的连续性。如果必要的话，在不是典型的空间天线结构的情况下，结构的动态可以视为非线性的。该微分方程组可以用应用于两个域的有限元法数值解决，流体和结构在有限元法中被离散化，相同的公式可用于内部问题。

此外，波动方程习惯上变换到频域而得出 Helmholtz 方程 $\nabla^2 P + k^2 P = -4\pi F(\mathbf{r})$，其中，$k = 2\pi/\lambda$是空气中的波数，且具有狄氏 ($P = P_0$) 或者诺依曼 ($\partial_n P = N_0$) 边界条件。可以用格林函数 $G(\mathbf{r}/\mathbf{r}_0)$ 来表示解，格林函数是在 $\mathbf{r}$ 处产生的场于 $\mathbf{r}_0$ 处的单位源。通过应用格林定理，问题可被写成曲面积分的形式，用离散和流体-域表面的内插导致边界单元法(BEM)，这是一种替代应用到整个流体域的有限元法的方法。当解决外部问题时，对于大多数天线这个方法特别令人感兴趣。要了解更多数值解的详情，请参见文献[12,13]。商业软件工具可以划分为：

非耦合求解(刚性的散射);
有限元耦合求解(流体)/FEM(结构);
边界元 BEM(流体)/FEM(结构)耦合求解。

数值计算方案积分在频域或时域生成。有效的流体-结构耦合方法利用结构的本征模把流体未知量投影到表面上,从而降低了问题的严重性。时域解决方案可用于瞬态分析,例如火箭点火时产生的波。

在结构模态密度变得过高情况下,不能采用确定性方法,这时统计能量法和混合方法[14]可提供在高、中频范围的近似解,以空间分辨率和应力的精度和力的预测为代价。这些是由低频响应管制到的,那时模态密度通常不允许画统计图,而详细的局部应力预测需要精细的分辨率,用统计工具是不可能做到的。

作为一种工程方法,用少量的品质因数可以评估天线结构的临界性。这些品质因数是:被遮挡的压力的截止频率、结构的基本本征频率和模的形状对压力分布的接受。可以在弥散场中的板的表面上提供一个简化的和足够保守的实际压力分布的表示[11]。第一近似情况下完全耦合的流体-结构相互作用分析是没有必要的。特别是平板的声辐射常常可以忽略不计,同时保留其他影响,如空气质量负荷和表面上的刚性散射的压力分布。这种简化只影响部分的频率响应尖峰的振幅稍稍被高估,但能正确捕捉到频率依赖的压力输入。

刚性板对平面波的散射可以用瑞利的简化积分获得,或由用格林公式的严格解获得。位于平面波场中的圆形和方形板已被深入地研究过[15,16]。在与平板尺寸相比短的波长的极限情况下($ka \gg 1$,k 为波数,a 为板半径)被照射面的 $P/P_{\infty} = 2$(全反射),且在阴影面 $P/P_{\infty} = 0$(理想的阴影)。这种粗略的恒压描述也被称为基尔霍夫近似,而且只给出了一个大的压力遮挡的指示。采用瑞利积分的近似法(点源分布在表面上,表现出好像位于一个刚性无穷大的挡板内)[17]可得:

$$p(|\mathbf{r}-\mathbf{r_0}|,t)=\frac{\rho}{2\pi}\int_S \frac{\mathrm{j}\omega v_n \mathrm{e}^{\mathrm{j}(\omega t-k|\mathbf{r}-\mathbf{r_0}|)}}{|\mathbf{r}-\mathbf{r_0}|}\,\mathrm{d}S \tag{5.12}$$

该式提供了任意入射角的平面波的解而且相当好地描述了刚性散射。特别是,对于垂直入射到半径为 a 的圆形刚性板上的平面波,板中心的压力为:

$$p/p_{\infty}=\sqrt{(2-\cos ka)^2+\sin^2 ka}$$

维纳的经典论文为瑞利积分提供了一般的入射角和板的形状,以及连同实验结果。所有的解依赖于相似参数 $ka = 2\pi fa/c$,它可把解推广到任何尺寸平板上。此外。可以看出,在 $ka \ll 1$ 时,平板并不会阻挡入射声波,因此对声波是透明的。关于压力沿半径的分布,在感兴趣的频率范围内,在圆中心是最大的,一直减小到在边上的边界条件 $P/P_{\infty} = 1$。随着 ka 的增加,曲线的形状变化趋近常数的压力极限值。因此,可以明显地看到和光学类似。

弥散场中的压力分布曲线可以用叠加均匀分布在 4π 立体角空间中的平面波合成。在图 5.19 中,画出了在圆板的中心,几个入射角平面波中位于圆板中心的压力曲线和它们合成的一个弥散场(以 26 个均匀分布的平面波为模拟),作为一种无量纲频率参数 ka 的功能。

薄板上机械负载输入实际上是压力在表面的运动。数值分析和对典型的天线板结构的测量人员观察到在弥散场中高于一定的频率时压力跳变接近于平板每一侧上的压力的功率谱密度(PSD)的水平,在低频率,和压力跳变时一样,压力的相位差趋向于零。图 5.20 显示了在圆形刚性薄板中心，对一个单位白噪声弥散场的压力跳变。可以看出，发生的相互作用主要是在频率高于所谓的截止频率 f_{co} 时。当频率低于 f_{co} 时，没有显著的压力跳变，因而结构的动态激励将很低；高于 f_{co} 时，输入负载的分布导致从边缘的零演变到压力跳变约是输入的声弥散远场值的 4 倍。对于正方形和长方形的板，可以推导出相同的结论，只要取最长边的尺寸 L 为参考。得出的结论是，建立面板的压力负荷门限的截止频率值是由接收波的结构的最大尺寸 L 确定的，很接近 $f_{co} = c/2L$。

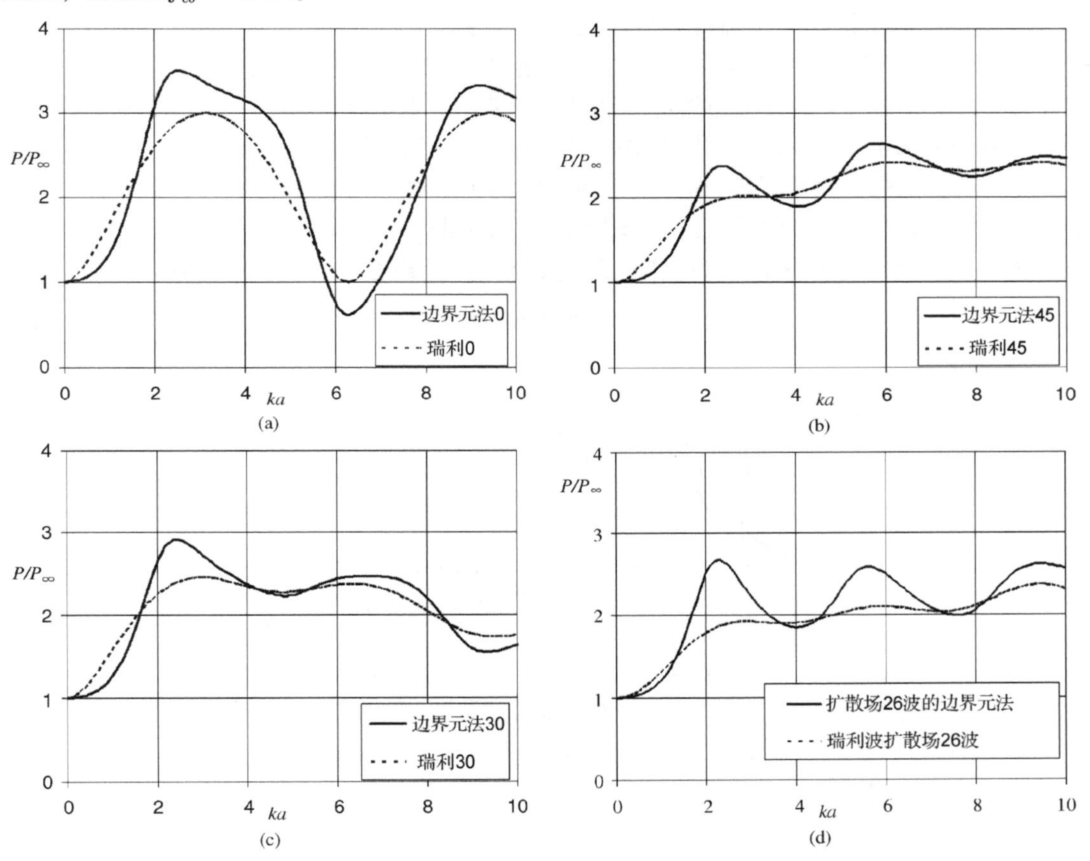

图 5.19　在半径为 a 的刚性的圆环形板中心的压力比，[用 BEM(RAYON-3D)计算]以及相对于法线的几个入射角和弥散场的瑞利积分。在所有的情况下考虑正弦单位输入

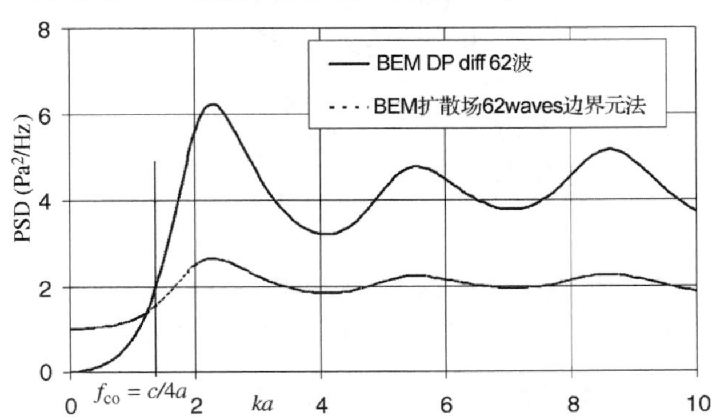

图 5.20　PSD 在 1 Pa^2/Hz 的白噪声输入下，在半径为 a 的刚性圆板薄板中心的压力和压力跳变，用BEM(RAYON-3D)计算

板的表面上的压力的动态已从数值上确定，而且也用实验[10,18]确定了。虽然表面压力的测量是十分稀少的，但常常可以观察到压力弛张，这是由于板的弹性和厚度方向的声波传输造成的。尽管如此。可以接受的是刚性受阻的压力给出保守的估计值。例如，在图5.21中，圆板中心的刚性受阻压力与实验曲线与用包括声辐射的边界元法计算值相差不大。事实上，辐射导致总体减少受阻的压力。在这种情况下的压力测量，是用一个放置在直径700 mm碳纤维板离50 mm外的麦克风取得的。测量结果显示出相对于边界元法计算出的光滑曲线有尖峰，这是由于混响室和板结构的模态行为造成的。室的腔模清晰可见，低于100 Hz，在该处弥散是不能保证的。同时，板的基本结构模(在这种情况下，200 Hz左右)有很强的辐射效率，并因此导致表面压力的弛张。这是通过边界元法计算捕获的。数值预测似乎略有低估加速度响应的振幅。这是对结构阻尼和仪表的惯性高估的后果，是一种典型的情况。不管怎样，整体的加速度响应可用边界元法的弹性计算来确定，由于给定的混响场输入和结构参数的变化(1～2 dB取决于倍频带)，这通常不是一件容易的事。图中所示的结果可用于说明在前面的段落描述的该方法的有效性，方法是基于用刚性散射作为天线结构的声负载输入的第一近似值。

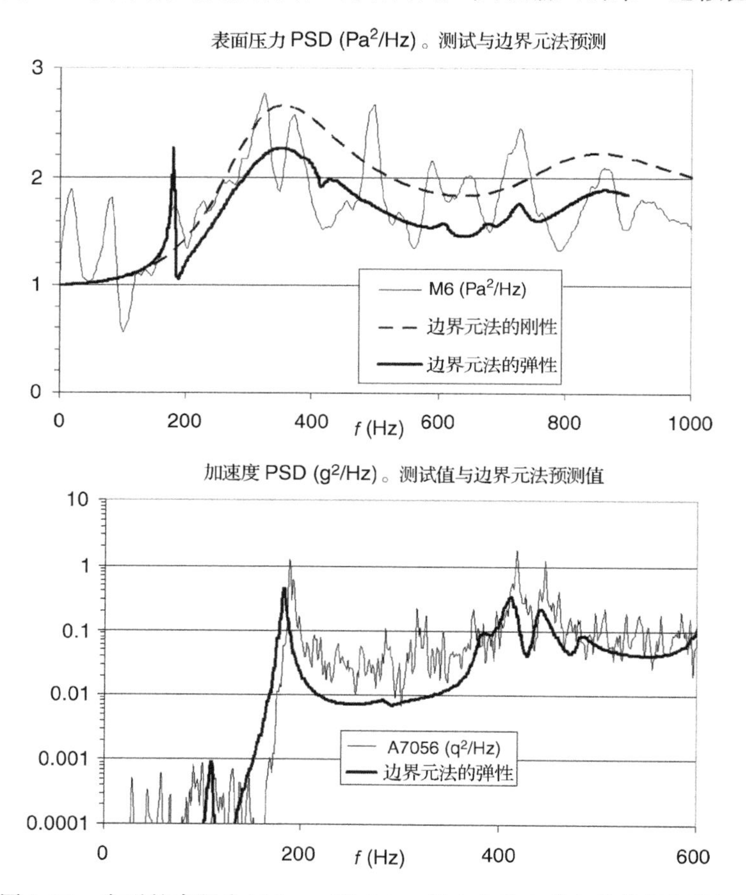

图5.21 在平的直径为700 mm圆CFRP板中心的实验和数值模拟结果(RAYON-3D)。单位白噪声输入在200 m^3 IA-CSIC的回荡室测量

如果表征数率落在高压加载的频率范围内，以及模式形状和在表面上的压力的分布密切相关，则结构的正态模的动态响应可以被高度激发。相关的效果可通过声波模式的联合接受函数(JAF)量化，定义为：

$$j_{nn}^2(f)=\int_{A_1}\int_{A_2}\phi_n(y_1)\phi_n(y_2)\rho(y_1,y_2,f)\,\mathrm{d}S_1\,\mathrm{d}S_2 \tag{5.13}$$

式中，$\rho(|y_1-y_2|,f)=\sin(k|y_1-y_2|)/(k|y_1-y_2|)$ 是弥散场的互相关函数，它取决于两个表面点之间的距离和频率。对每一种结构和模式这些函数可以用数值计算出来。通常只有自相关函数是有意义的，在典型的结构如梁、圆柱和板的情况下，有列成表的数据可用[19]。作为一般规则，排出大量有效体积气体的模式形态，它排出大量的空气的有效体积在一个很宽的频带显示出高 JAF 值，因此在扩散场积极回应。这在图 5.22 中有说明，图中以 2.6 m Ka-Sat 反射器为例，显示出用边界元法在外表面上计算的压力 RMS 值（VA 求解器）。因此，所谓的鼓模式可预期会出现高响应。

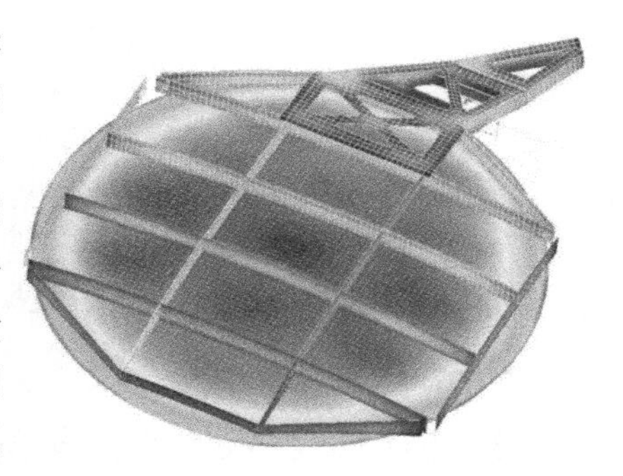

图 5.22　Ka-Sat 2.6 m 天线反射面。用边界元法（VA-One）计算声学RMS压力

5.4　热和热弹性分析

5.4.1　空间天线的热环境

天线反射面，加上太阳能阵列和可展开的吊杆，是航天器暴露在空间环境中最多的部件，有着复杂的表面稳定性和指向需求。为了说明热设计和典型的天线结构分析，问题中的物理现象在本小节通过一个简单的案例来处理：平面板处在一个非受扰动的空间环境中（没有对行星或航天器交互作用建模）。让我们考虑 5.3 节的那个两个铝制表面的对称夹层板，$t_s=1.25$ mm 厚，以及一个高 $h_c=25$ mm 的 6～20 核心，两面都涂有合格的白色空间涂料，例如 SG-121FD。太阳垂直照射在一面上，而另一面朝向深空。通过求解系统两个表皮的热平衡方程，可以计算出稳态平衡温度：

$$\left.\begin{aligned}P_1&=\dot{Q}_1^{rad}+\dot{Q}_c\\ \dot{Q}_c&=\dot{Q}_2^{rad}\end{aligned}\right\} \tag{5.14}$$

式中

$P_1=G_s\alpha_s A$	正面太阳光通量输入
$\dot{Q}_1^{rad}=\epsilon_1\sigma(T_1^4-T_0^4)A$	正面热量辐射（半球的）
$\dot{Q}_2^{rad}=\epsilon_2\sigma(T_2^4-T_0^4)A$	背面热量辐射（半球的）
$\dot{Q}_c=C_s(T_1-T_2)$	正面至背面的传递热流通量

这实际上是一个两节点热模型（见图 5.23）。对于节点 1（前表面），入射的太阳能辐射必须以热量由板至前半球形空间的辐射来平衡，还得加上朝核心的热传递。整个板被假设为具有均匀的平面内温度分布。同样，背面板通过核心接收热量，还辐射到另一半空间去。这导致了系统的非线性方程组：

$$\begin{aligned}G_s\alpha_s&=\varepsilon_1\sigma\left(T_1^4-T_0^4\right)+\frac{C_s}{A}(T_1-T_2)\\ \varepsilon_2\sigma\left(T_2^4-T_0^4\right)&=\frac{C_s}{A}(T_1-T_2)\end{aligned} \tag{5.15}$$

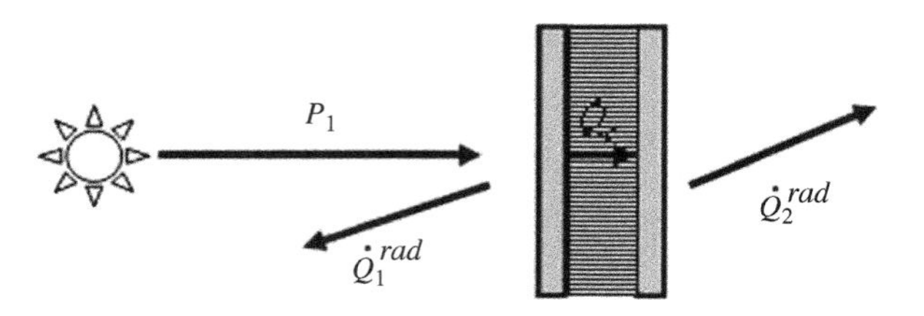

图 5.23 双节点平面夹层板与垂直太阳入射的热模型

对于白色漆考虑的参数是：太阳能吸收率(BOL) $\alpha_s = 0.2$，红外发射率 $\varepsilon = 0.8$，斯蒂芬-玻尔兹曼常数是 $\sigma = 5.67 \times 10^{-8}\mathrm{W/(m^2K^4)}$，这组方程组完整地描述了平板的热环境。

5.4.2 横向夹层板的热传导模型

一维傅里叶定律：

$$\dot{Q}_c = -kA\frac{\mathrm{d}T}{\mathrm{d}x}$$

导致两个热节点之间的传导热的耦合的有限差分表述

$$\dot{Q}_{c,1-2} = -\frac{kA}{L}(T_2 - T_1)$$

热导率 $C_L = kA/L(W/K)$ 在这种情形下管制热导性耦合。热能通量可以由箔材料的导热率 k、热流路径的横截面面积 A 或距离 L 控制。

因此，蜂窝芯材的横向热导由沿着蜂窝的法线方向朝平板壁的热路径(见图 5.24)确定。

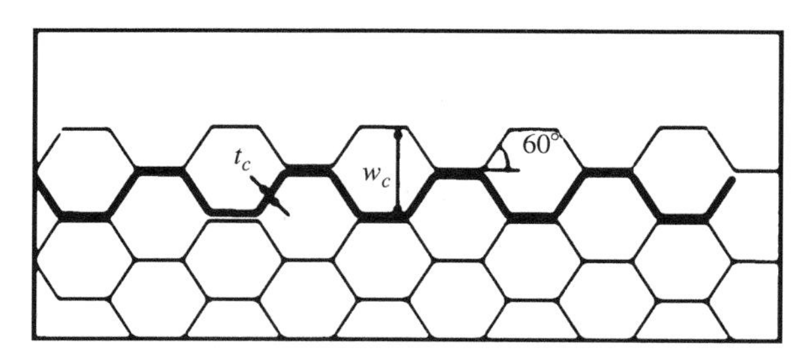

图 5.24 蜂窝芯传导模型参数

一个六角形蜂房的蜂窝的有效截面积之比是 $1.5 \times t_c \times N$，每单元板的边长上有 N 个带，$N = 1/(w_c/2)$。系数 1.5 表示带的压缩，这是它的完全展开长度。从而引出了六角形蜂窝芯的横向热导：

$$\frac{C_{Z,core}}{A} = \frac{3kt_c}{w_c h_c} \tag{5.16}$$

其中，A 是总的面板面积，k 是箔材料的热导率[如 117 W/(mK)对于 A5056]，t_c是箔的厚度(一般为 10～100 μm)，h_c 为核心的厚度。对于完整的夹层版，总热导需要考虑进表面、黏合剂和核心的组合。为此，一项电学模拟被应用在这里，代表由串联电阻从表皮到表皮的热传递(见图 5.25)：

$$\frac{1}{C_{Z,sandwich}} = \frac{2}{C_{Z,skin}} + \frac{2}{C_{adhesive}} + \frac{1}{C_{Z,core}} \tag{5.17}$$

在一般情况下，占主导地位的是核心的电阻，因有适当的接合时，黏合剂的接触圆角通常提供良好的散热路径，可以从图 5.26 看出。

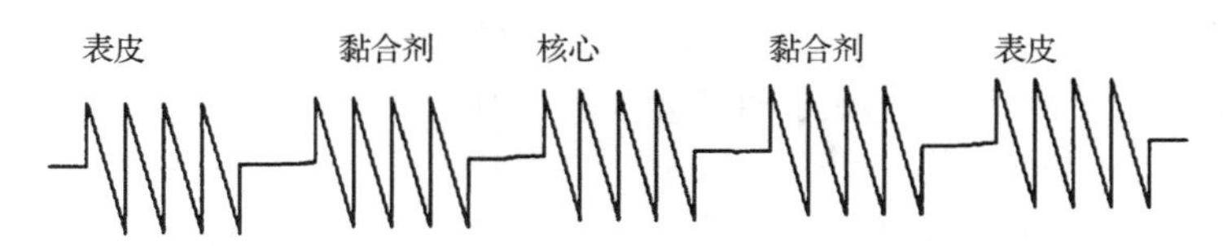

图 5.25　夹层板的热传导模型

更详细的核心的热模型可被采用，如半经验性的斯旺和皮特曼模型和它的变形，其中包括由蜂房表面的温度差引起的蜂房内的辐射热交换[20]。实际上，经常可能将夹层蜂房内的热辐射效应线性化，并且使用有效热导值。

图 5.26　夹层黏接

5.4.3　平面夹层板的热平衡

研究核芯厚度在平衡温度时的影响是很有意思的。这显示在图 5.27 中，图中厚度的变化反映为核芯的导热率的变化，由 $C_s \propto 1/h_c$ 表示。

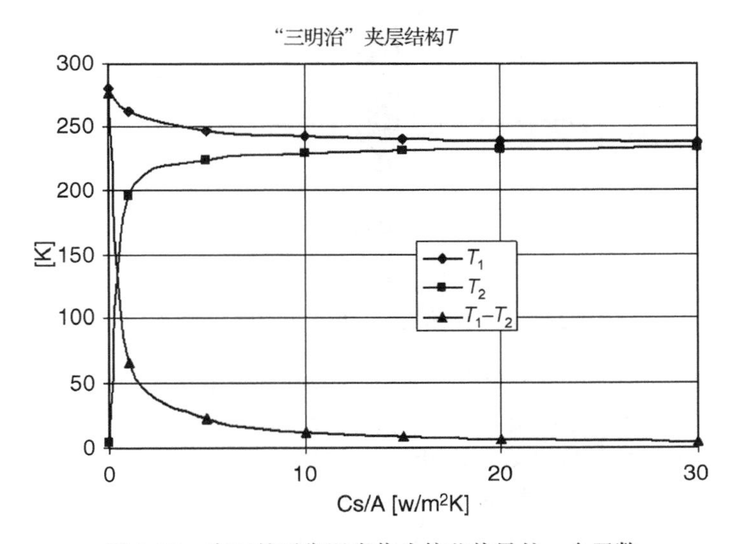

图 5.27　表面的平衡温度作为核芯热导的一个函数

图中所示行为的两个极限，可作为非线性方程组的数值解的初始猜测。高热导的极限等效于两个节点变成了一个，从而导致一个单个的方程，可以直接求解：$G_s\alpha_s = 2\varepsilon_1\sigma(T_1^4 - T_0^4) \Rightarrow T_1 = 236\ \text{K}$。顺便说一下，这个方程也可以用来估计在标称情况下的热通量（通过应用节点 2 的平衡），因此，$\dot{Q}_c = \dot{Q}_2^{rad} \approx 140\ \text{W}$，$T_1 - T_2 \approx G_s\alpha_s/(2C_s/A)$ 这给出 $T_1 - T_2 \approx 7.8\ \text{K}$ 对 $C_s/A = 18\ \text{W}/(\text{m}^2\text{K})$，即核心厚度为 25 mm 的热导。可以看出，这些估计离热平衡方程的精确解不远：$T_1 = 239.3\ \text{K}$，$T_2 = 232.0\ \text{K}$，$T_1 - T_2 = 7.3\ \text{K}$。

微不足道的热导极限，在估计很热的情况时还提供了有趣的信息：$G_s\alpha_s = \varepsilon_1\sigma(T_1^4 - T_0^4) \Rightarrow T_1 = 280\ \text{K}$。在此极限情况下，将背部表皮与深空平衡，因此 $T_2 = T_0 = 4\ \text{K}$，这是显而

易见的，没多少新信息。这些温度不是炎热情况下的最大预期值，因为辐射流入通量模型应该包括行星反照率和红外、航天器热通量和日光反射。由射频损耗引起的散热和在板上产生的馈电链路或其他单元。

天线的热环境比简单孤立的平板复杂得多，这是由于反射面的曲率和天线和飞船与其他表面的相互作用的关系。倾斜的太阳入射产生横向的照射，以及阴影和反射，在各个方向产生显著的热梯度。因此，极其重要的是对所有热案例精确建模并把热模型节点映入结构的有限元节点，并应有要求的空间分辨率以捕捉到在所有方向上的梯度。此外，时间响应也与此相关。这指的是季节性变化，尤其是从飞船部件上的日食和月食的阴影，它可以在短短的几分钟内创建热瞬变，通常是 100 K 以上。应当指出，由于所采用的材料的低质量和低热容量，热瞬态对温度产生立即的影响。通常需要适当的热绝缘来减少瞬变和梯度的影响。

5.4.4 空间中的平板热变形

考虑到隔离的平板在前面分析中产生的温度，可能进行一个简单的横向热梯度产生的热变形的估计。当被均衡地支撑时，夹层板由于相对于较冷的一面，较热的一面产生了热膨胀而均匀地弯曲成球形表面（见图 5.28）。

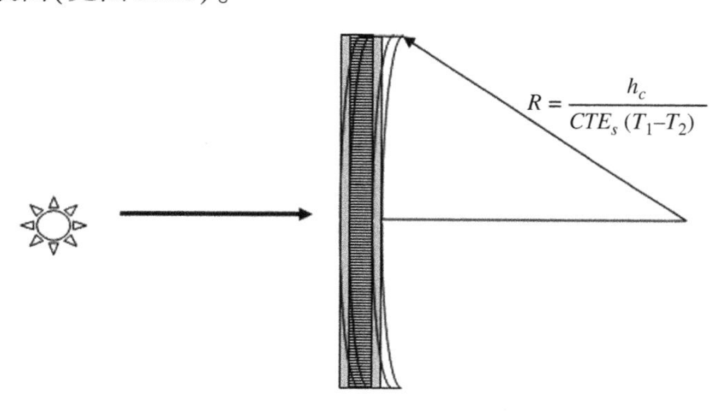

图 5.28 由横向热梯度产生的夹层平板的变形

因此，乍一看在非平面的失真依赖于夹层板中心的高度和表皮的热膨胀系数，但是，如图所示，横向热梯度也依赖于中心的高度以及其他参数。可能将失真估计为 h_c、热和材料的热光学参数的函数。使用的热梯度和夹层板中心高度的热导率和中心参数的依赖关系近似，得到的结果是一个相当简单的（即失真和中心的高度是无关的）一阶近似：

$$R \approx \frac{6kt_c}{\mathrm{CTE}_s G_s \alpha_s w_c} \tag{5.18}$$

对于铝制表皮（$\mathrm{CTE} = 23 \times 10^{-6}/\mathrm{K}$）和 6 ~ 20 核芯，结果是 $R \approx 140$ m。图 5.29 展示了更准确的分析，它采用在前面段落计算的精确温度。然而，失真随核芯高度的变化仍旧是非常平滑的，没有发现任何不稳定性。与此相反，上面对 R 的评估值对高热导核芯渐近地达到。

但这种一阶近似对失真是不太准确的。和二阶效应的结合的结果是一阶平衡在大多数例子中是达不到的。原因是薄壳对于不完善和扰动非常敏感，并且，如果不实施适当的边界条件，扭曲是不可忽略的。在平面上的热梯度对这个理想化的图像属于最重要的扰动。

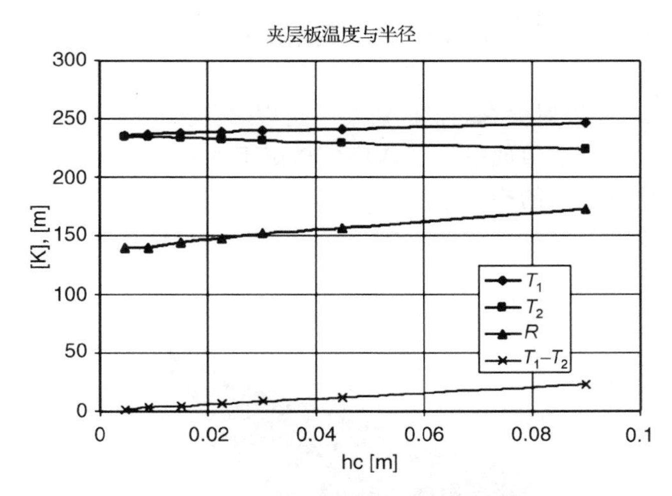

图 5.29　温度和曲率作为厚度的函数

5.4.5　偏置抛物反射面的热弹性稳定性

作为下一步，考虑一个典型的偏置抛物反射面，其 $F/D=1$，由碳纤维复合材料制成表皮和 5 mm 厚的铝蜂窝芯。边界条件表示到天线的展开连接和指向机构。CFRP 和中心的材料性能，如图 5.30 所示。

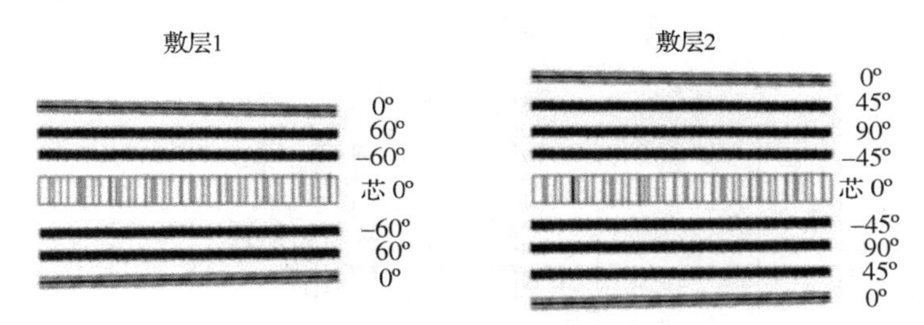

图 5.30　CFRP 抛物面反射体的层压

CFRP 层压板性能(材料轴方向上)：

密度	$\rho=1800\ \mathrm{kg/m^3}$	
Young 氏模	$E_1=270\ \mathrm{GPa}$	$E_2=5.9\ \mathrm{GPa}$
泊松比	$v_{12}=0.30$	
板内切变系数	$G_{12}=4.1\ \mathrm{GPa}$	
热膨胀系数	$\alpha_1=-0.96\times10^{-6}/℃$	$\alpha_2=38\times10^{-6}/℃$

铝质蜂窝核芯性质(材料轴方向上)：

密度	$\rho=26\ \mathrm{kg/m^3}$	
Young 氏模	$E_1=183.4\ \mathrm{MPa}$	$E_2=155\ \mathrm{MPa}$
泊松比	$v_{12}=0.33$	
板内切变系数	$G_{12}=82.7\ \mathrm{MPa}$	
板外切变系数	$G_{13}=173.9\ \mathrm{MPa}$	$G_{23}=82.74\ \mathrm{MPa}$
热膨胀系数	$\alpha=23\times10^{-6}/℃$	

在这项研究中考虑的两个层板导致一个对称和均衡的夹层，并有很接近准全向的性能。然而，层叠体 1 的每个表皮是不对称的。对两种热负荷以 FEM 代码进行了分析，以评估两个

不同层压板配置的相对行为(见图5.31)。均匀的情况对应于40℃，梯度情况对应于20℃的横向温差。

图5.32所示是芯材厚度对失真峰值的影响。可以看出，有一个最小的芯材厚度，它可表现出良好的热稳定性。较低的值似乎表明在梯度情况下的不受控制的扭曲，在一定程度上反映在前面的段落中讨论的复杂的相互作用。

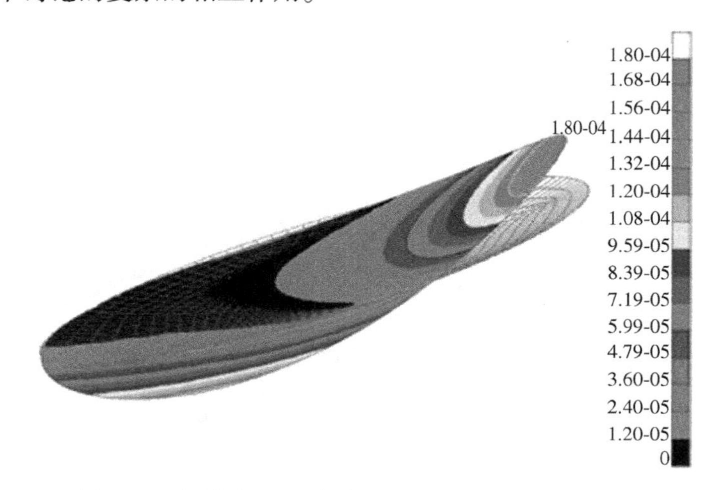

图5.31 扭曲为5 mm的中心CFRP表面。抛物面反射面随温度的横向梯度的情况。位移的单位：m

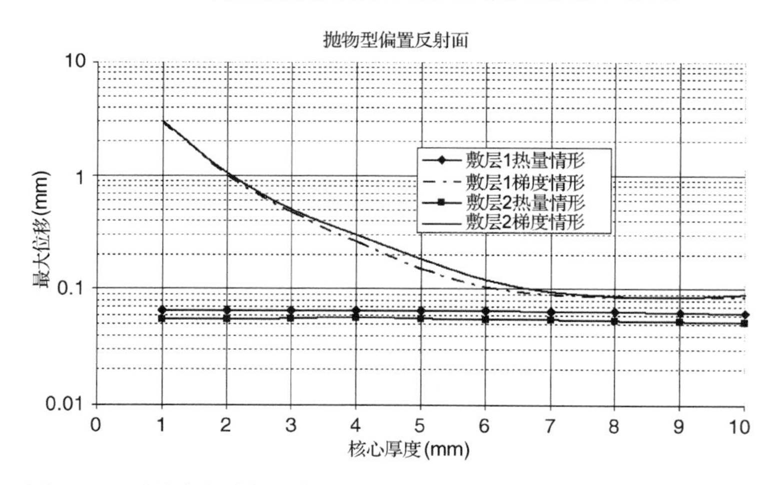

图5.32 对给定的均匀温度和热梯度热变形峰值对热芯厚度的敏感性

大量的参数、多种配置、任务剖面和苛刻的稳定性要求为空间天线的热和热弹性设计和分析产生了非常丰富的防护性覆盖。

5.4.6 热分析工具

可以使用例如ESARAD、Thermica、Thermal Desktop或者TMG这样的商用软件来进行热分析，通常先建立几何模型，然后计算各种视图因子、辐射耦合和轨道加热速率(太阳能、行星红外和反照)，然后将这些导入热数学模型，它通常是建立在ESATAN、Sinda、Samcef Thermal或者TMG热网络求解器上的。

5.4.7　热分析案例

一些最差热情况通常被定义来分析子系统或组件的热行为。考虑到轨道条件、季节变化和航天器的配置，这些分析总是瞬变的。对于反射面天线，这些情况通常包括以下内容：

1. 冷的情况（通常最小的光照或日蚀，低反照率，最低热耗散）。
2. 热的情况（通常最大太阳光照，太阳光垂直于反射面，最大耗散或最大的气-热通量）。
3. 最高温度梯度的情况，确定指向精度（横向太阳光入射、阴影或反射）。

5.4.8　热模型的不确定性和安全系数

对所计算出的极端温度（冷和热的情况）需要考虑其不确定性，通常情况下，在项目的早期阶段，在两个方向上加上不确定性 10 K。一旦热模型由于热平衡测试而更加成熟，这种不确定性通常可以减少。要加上的值则应来自一个专门的敏感度分析，在分析期间有不确定性的输入参数在有关的范围内变化，这些参数是：

- 环境参数（太阳入射、行星红外辐射和反照，散热温度）
- 物理参数（热光学性能，热导率，比热容量，接触电阻）
- 建模参数（视图因子）

必须逐个根据个案定义相关的敏感性分析。

然后，“计算的温度范围”由模型的不确定性扩大成为“预测温度范围”。在此之上，通常验收的余量为 5 K，得到“验收的温度范围”。最后加上一个典型 5K 的额外合格余量，导致“合格温度范围”。

5.5　热控制策略

5.5.1　要求和主要设计选择

天线热控制的首要任务是保持天线元件的温度，在主要取决于所选择的材料的温度限制范围内，并适当地分散热负荷以最小化热弹性应力和变形等，以使严格的指向、增益、旁瓣电平、交叉极化、C/I 和整体射频要求可以得到满足。所选择的反射面天线的热控手段通常是完全无源的，包括多层绝热（MLI）、热涂料或涂层来适应外部和内部表面上的热光学特性、典型的热膨胀系数低的结构材料的选择和它们的差异。

天线热设计的一个特殊要求，是装在反射或辐射元件前的需要射频透波的遮阳装置。在排除了使用金属箔，并在选择任何加到反射面上的或喇叭或 RF 辐射器内部的表面涂层面时也考虑了这一点。

反射面往往涂有一层白色的涂层，以减少热的吸收和降低由于不均匀的照射或阴影造成的温度梯度。通常后侧覆盖有多层热绝缘，以避免由于局部照射或航天器表面反射导致的温度梯度。然而，要注意的是，虽然反射面前侧暴露在阳光之下，安装在后面的 MLI 可能会由于背部散热器丢失导致碟上较高的温度。对几次具有强太阳照射的任务，在反射面背面上不使用全 MLI 因此可能会成为必要。另一方面，对于设计为一个远离太阳的寒冷的环境的任务，黑色涂料可能会被选来增加反射面组件的热量吸收。

通常，天线指向机构也是用MLI和外部环境绝缘的，可以预见需要一个专用的散热器表面来散掉由电动机耗散的热量。加热器(如由热敏电阻控制的)可能不得不安装以补偿在冷的非照射期间的大量散热(如在日食时)。在特殊情况下，特别是暴露在一个非常热的外部环境下的任务，可能需要热管从机械中去除过多的热量并且保持它们在其工作温度范围内。

在特殊的相控阵天线的情况下，每一次研制需要一个专用的热控设计。高度散热的电子单元和射频元件的热控制要求大量使用热管来传热，并使用均热管、回路热管、散热器表面和加热器，除了多层绝缘和遮阳外。大量的支撑板有时用来作为大热惯量的冷板。有源热控制的操作逻辑关系可变得相当复杂，是因其与操作、不操作和生存模式有关。

5.5.2 热控制元件

下文将简要描述基本的热控制元件，重点是针对天线应用。进一步的信息可以参考专门的热控制文献[21,22]。

5.5.2.1 多层互连(MLI)

MLI是由小的、轻量级的通常在一侧或者两侧用气相淀积的铝或金来最大限度地提高在红外光谱带宽 ($\rho > 0.97$) 的热辐射反射涂上的反射屏组成。依赖于预期的温度，通常采用的片材为聚酯薄膜和聚酰亚胺，但钛或铝合金金属箔也被使用。为了减少传导热的转移反射屏幕可以是起皱的或压花/凹陷的，所以只是点接触箔。另一种方法是金属箔由薄垫片(如涤纶或玻璃纤维织物或网)分开。露在外空间的层通常被涂以适应预期的环境热光学特性。整个堆然后通过非金属的缝纫线缝在一起并由非金属支座或维可牢尼龙搭扣连接到航天器部件上。电气接地通常需要预先考虑，以避免过多的静电带电。

MLI毛毯的绝缘性能往往由一个定义为有效的发射率 ε_{eff} 来表征，ε_{eff} 定义为

$$\varepsilon_{eff} = q/(\sigma T^4 - \sigma T_{inf}^4) \tag{5.19}$$

其中，q 是通过毯(单位为 W/m^2)的热泄漏，T_{inf}是外部的温度，而T则是最后得到的内侧温度。绝缘性能通常是由专门的测试验证。然而，由于性能强烈地依赖于制造质量，并且根据局部配置可以显著不同，在热性能的设计分析中需要留有足够的经测试而得的余量。

5.5.2.2 热涂料、表面涂料和表面处理

热油漆和表面涂层一般用来定制热光学表面性质，以使外部环境对相应的部件或子系统的影响最小化。

在反射器表面通常采用白色涂料或白色表面涂层。它们提供了一个太阳辐射的低吸收率，同时具有高红外发射率。

黑色的油漆或涂料提供太阳辐射高吸收率和高红外发射率。它们通常用在没有太阳直接照射的区域上，以拉平辐射造成的低温。然而，它们也可以用于特别冷的环境中工作的反射器上，例如太阳系以外的任务。

金属表面处理(如铝或锗)通常提供一个非常低的红外发射率，但有高的太阳能吸收率和红外发射率比。然而，用气相沉积技术可以实现非常薄的涂层，以使基板的红外发射率变得更占优势，使整体的红外发射率可进行调整。

表5.6提供了一些表面处理的热-光性能典型范围的说明。

表 5.6　表面处理的热 – 光性能的典型范围(标示值)

表面光洁度	太阳能吸收率 α_s(BOL)	红外发射率 ϵ	α_s/ϵ
白油漆	0.15 ~ 0.25	0.8 ~ 0.9	~0.2 ~ 0.3
黑油漆	>0.9	0.8 ~ 0.92	>1
光学太阳反射镜	0.05 ~ 0.16	0.7 ~ 0.8	<0.2
气铝(VDA)	0.08 ~ 0.17	~0.04(对于厚涂层)	~2 ~ 4
气锗	~0.5	~0.1(对于厚涂层)	~5
黑色聚酰亚胺薄膜与通用电气涂层	0.5 ~ 0.6	0.82	0.6 ~ 0.73
裸 CFRP	~0.92	0.74 ~ 0.8	1.1 ~ 1.2

油漆和涂料一般会经历老化，特别是白色涂层的太阳能吸收率在紫外光或粒子照射下质子和电子以及在低地球轨道上的原子氧逐渐增加。这些效应通常由高的温度加剧。此外，对长期暴露于温度和辐射环境的基材的附着力可能降低。因此大量的表征和测试是不可避免的，尤其是对在以前没有出现过的环境中的新材料或应用。

此外，可能需要油漆的电导率以限制静电充电。在这种情况下，对电位差、集肤深度和无源互调(PIM)的要求应考虑。另一方面，不导电涂料是一个 0.05 ~ 0.1 dB 的在 Ku 波段的 RF 附加反射损失的来源。在所有的情况下，热涂料增加热弹性变形，特别是在低的温度下，因为此时热膨胀系数大且刚度增加。

5.5.2.3　热管

热管有时在特定的情况下集成在器件中以转移走在指向机构(电机和旋转接头损耗)和电子单元中的热。特别是在下面的情况下，即在特定的几何设计和/或轨道定向不允许选择一个专用的表面来在热源附近辐射热。

热管允许以相当小的温度梯度将比较大量的热运走。它们是基于有毛细芯的铝合金管。双相介质(通常是氨)用于用于热量的传输。介质以液体形式填充芯，当热加到管的一端(蒸发段)上时，介质会蒸发。差分蒸气压力将推动热蒸气到管道的另一端(冷凝器部分)，在那里热量被提取出来，从而使介质冷凝并移回芯头。然而，这种运输将在相反的方向上引起液体的压力梯度，使液体通过毛细芯回到蒸发段。只要有热加到蒸发器端和在冷凝器端被取出，这个过程将持续。

5.5.3　热设计实例

下面的设计实例是基于近几年欧空局(ESA)开发的任务上的。

例 1：CryoSat 地球探索者[23]上的 SIRAL 天线子系统

一个具体的例子是 CryoSat 地球卫星上的 SIRAL 仪表天线的热设计。CryoSat 是一项雷达测高计任务，与 ESA 的“地球生存计划”一起发展，目的是确定地球的大陆冰盖和海洋海冰厚度变化。使用了第二部天线来进行解决干涉测量以分辨陡峭的地形坡度。2005 年发射失败后，在 2010 年 CryoSat-2 成功发射。CryoSat-2 工作在一个高度倾斜的低地球轨道并且它的主要仪器指向天底。

高度计/干涉仪的螺旋是由一个 Ku 波段(13.7 GHz)两个中心馈电的卡塞格伦天线系统组成的，见图 5.2。两个相同的天线各有一个主、副反射面，由支杆连结，同时有馈源组件和波导的馈电链。

从热控制角度看，天线系统的主要设计驱动力是干涉相位的稳定性。两部天线在射频路径长度上的差异变化会引起相位误差。由于两个天线的热弹性变形的差异，因此需要保持与波长相比数值小的，所以需要非常高的热稳定性和高的结构刚度。

结果是反射面，支杆和台架是由超高模量碳纤维的表皮和碳纤维蜂窝制成的。所有的馈电单元用因瓦钢制成，这是由于其极低的热膨胀系数能提供高的热稳定性。为了去掉反射面和外部环境的耦合及避免捕获阳光，用单层绝缘(SLI)帐篷覆盖天线正面(见图5.33)。SLI是用黑色聚酰亚胺箔和两侧锗涂层制成的，在外侧进行了优化，使太阳能吸收率和红外发射率的比率最小。反射器工作的部分用一个1 μm的VDA涂层金属化以减少从SLI的帐篷来的辐射的热吸收。出于同样的原因，主反射镜和SLI帐篷之间的支撑部件涂着VDA的由聚酰亚胺胶带覆盖。反射面的背面和基板未涂覆从而提供了高红外发射率，使两个天线之间有热交换来拉平温度。白色涂料应用于波导上来平衡当只有一个波导散热时的温度。

所述天线的热设计的主要目的是最大限度地减少天线之间产生的温度差异，这特别会发生在太阳入射到一个天线的两边上的轨道上。同时，热设计也使得温度变化慢些，对外部环境的变化更不敏感，从而最大限度地减少在反射器厚度上的温度梯度，否则会导致热弹性变形。

图5.33 CryoSat热帐篷下的SIRAL螺旋天线子系统

例2：水置环境下的科伦坡HGA天线[24]

科伦坡任务由欧空局为地平线2000计划选作为基石任务，与日本ISAS/日本宇宙航空研究开发机构合作开发。因为水星是太阳系最内部的行星，欧洲MPO航天器将被暴露在极端条件下，在水星的近日点有高达14.500 W/m^{2}的太阳能直接照射。此外，需要考虑当掠过行星的日下点时，一直到5000 W/m^{2}和反照率高达1200 W/m^{2}的行星，需要考虑红外辐射。

这些极端的温度条件代表三个天线(HGA，MGA，LGA)的主要设计驱动中的一个。尽管用了白色涂料，然而预估的温度在450℃以上，这排除了许多经典的空间材料如碳纤维环氧复合材料与铝的使用。因此钛被选定为对称的格里高利双反射面组件(直径1.1 m)、射频链和指向机构件的材料，以提供一个高的极限温度和低的热膨胀系数。

一些专用的白色热涂料已被开发出来，它们针对低太阳吸收而同时提供热红外高发射率。除了高的工作温度和要求的较低的射频损失，涂层的主要困难是非常高的紫外辐射负荷结合电子和质子辐照下的降解，从而提高太阳能的吸收。

不得不设计一个专用的钛热屏蔽来保护馈电喇叭不受反射引起的积累热的影响。由于温度高，为馈电部分选定金涂层来减少射频损失。

天线指向机构、波导、天线支撑结构和释放机构都将由一个专门开发的高温MLI和外部环境隔离。在靠近热源的一侧，HT-MLI包含几个VDA涂层的钛和铝的屏蔽罩，而VDA涂层的Upilex-S层则用在比较冷的地方。特殊的玻璃纤维隔板用来分离反射屏幕。在天线外侧HT-MLI含有陶瓷组织(陶瓷纤维)来提供所需的低的太阳能吸收率和红外发射系数，它被选中是因为它在高温时的紫外线辐射下对于老化有相对的稳定性。

对指向机制，必须选择能够工作在 260℃ 的特殊高温硬件。然而，由于制动器消散超过 20 W，必须找到排除这些热的专用手段。经典的散热器表面被发现不可行，因为它们会导致在冷的情况下过高的热损失。因此决定采用将产生的热量转移的机制，通过轴向槽氨热管将产生的热转移到飞船的主散热器上。热管连接到方位级。此外，一个专用的连接已被引入俯仰级。

参考文献

1. Timoshenko, S. and Woinowsky-Krieger, S. (1959) *Theory of Plates and Shells*, 2nd edn, McGraw-Hill, New York.
2. Mindlin, R. (1951) Influence of rotary inertia and shear on flexural motions of isotropic, elastic plates. *Journal of Applied Mechanics*, **18**, 31–38.
3. ECSS-E-HB-32-20 (2011) Space Engineering – Structural Materials Handbook, European Cooperation for Space Standardization, ESA-ESTEC Requirements & Standards Division, Noordwijk.
4. Jones, R.M. (1975) *Mechanics of Composite Materials*, Hemisphere, New York.
5. Kueh, A. and Pellegrino, S. (2007) Triaxial Weave Fabric Composites, ESA Contractor Report WO-SMH-01.
6. Sullins, R.T., Smith, G.W., and Spier, E.E. (1969) Manual for Structural Stability Analysis of Sandwich Plates and Shells, NASA CR1457.
7. Allen, H.G. (1969) *Analysis and Design of Structural Sandwich Panels*, Pergamon Press, Oxford.
8. Zienkiewicz, O.C. and Cheung, Y.K. (1967) *The Finite Element Method in Structural and Continuum Mechanics*, McGraw-Hill, London.
9. ECSS (July 2008) *Structural Finite Element Models*, ECSS-E-ST-32-03C.
10. Riobóo, J.L., Santiago-Prowald, J. and Garcia-Prieto, R. (2001) Qualitative vibroacoustic response prediction of antenna-like structures during launch into orbit. Proceedings of the European Conference on Spacecraft Structures, Materials and Mechanical Testing, 2000, European Space Agency, ESA SP-468.
11. Santiago-Prowald, J. and Rodrigues, G. (2009) Qualification of spacecraft equipment: early prediction of vibroacoustic environment. *Journal of Spacecraft and Rockets*, **46**(6), 1309–1317.
12. Hamdi, M.A. (1988) Méthodes de discrétisation par éléments finis et éléments finis de frontière, in *Rayonnement Acoustique de Structures: Vibroacoustique, Interaction Fluide-Structure* (ed. C. Lesueur), Editiones Eyrolles, Paris.
13. Santiago-Powald, J., Ngan, I. and Henriksen, T. (2007) Vibro-acoustic analysis of spacecraft structures: tools and methodologies. Proceedings of NAFEMS Workshop on Modelling Vibro-Acoustics and Shock, NAFEMS and Coventry University.
14. Cotoni, V., Shorter, P. and Langley, R. (2007) Numerical and experimental validation of a hybrid finite element-statistical energy analysis method. *Journal of the Acoustical Society of America*, **122**(1), 259–270.
15. Leitner, A. (1949) Diffraction of sound by a circular disk. *Journal of the Acoustical Society of America*, **21**(4), 331–334.
16. Wiener, F. (1949) The diffraction of sound by rigid disks and rigid square plates. *Journal of the Acoustical Society of America*, **21**(4), 334–347.
17. Fahy, F. (1985) *Sound and Structural Vibration, Radiation, Transmission and Response*, Academic Press, London.
18. Santiago-Prowald, J., Ngan, I. and Rodrigues, G. (2009) Vibroacoustic and random vibration benchmarks. European Conference on Spacecraft Structures, Materials and Mechanical Testing, Toulouse, 15–17 September.
19. ESA (1996) Structural Acoustics Design Manual, ESA-PSS-03-204, ESTEC, Noordwijk.
20. Daryabeigi, K. (2001) Heat transfer in adhesively bonded honeycomb core panels. 35th AIAA Thermophysics Conference, Paper 2001-2825.
21. Karam, R. (1998) *Satellite Thermal Control for System Engineers*, vol. **181**, AIAA, Cambridge, MA.
22. Gilmore, D. (2002) *Spacecraft Thermal Control Handbook*, 2nd edn, vol. **1**, The Aerospace Press and AIAA, El Segundo, CA.
23. Honnen, K., Rauscher, U. and Woxlin, K. (2003) Thermal Design of CryoSat, the first ESA Earth Explorer Opportunity Mission, SAE 2003-01-2467.
24. Noschese, P., Milano,M., Zampolini,E. *et al.* (2010) BepiColombo mission to Mercury: design status of the high temperature high gain antenna, ESA 32nd Antenna Workshop, Noordwijk, The Netherlands.

第6章　空间天线测试

Jerzy Lemanczyk(ESTEC-ESA，荷兰)，Hans Juergen Steiner(Astrium GmbH，德国)，
Quiterio Garcia(EADS CASA Espacio，西班牙)

6.1　引言

对于空间天线的应用，不仅要求天线工程师按照严格的性能要求设计天线，而且面临着其他非常重要的问题。这些问题包括：

- 把天线安装在一个有限的某些情况甚至比天线本身还小的空间内。“可展开”天线这个名词由此而来，且需要测试天线部署时的收放构型。
- 天线和它的展开机构，如果有的话，需经受得住巨大的发射负荷，然后在轨道上运行。
- 深空天线在轨道上运行时的性能可能会受到大的温度变化或极冷影响，深空天线的射频性能测试需要在环境温度下完成。
- 需要依靠材料的选择及热屏蔽和覆盖层来保持热稳定性。对低地球轨道卫星还增加了潜在的由大气中的氧引起的轨道上的问题。

因此，在空间天线应用的情况下，需要在发射前进行许多科目的测试。

卫星及其使用的天线、机械和材料方面的问题，可以成为除了所要求的电气性能外极其重要的设计驱动。在本章中，相关天线设计和验证的所有测试问题将得到处理，包括验收、性能和环境等方面，以满足发射后生存和在轨道上运行时的性能要求。

本章从单元模型定义和设计验证到测试需求来介绍一个已实现的设计。为了从各个方面予以说明，本章将介绍一个用于SMOS(欧洲航天局在2009年11月发起的土壤湿度和海洋盐度任务)的集成馈电网络的双极化孔径耦合贴片天线的发展，该天线用于合成孔径辐射干涉仪中，要求解决非常特殊的设计、性能和验证问题。

本章主要有3节，包括作为开发和验证工具的天线测试。在此节之后的一节(6.2节)将介绍天线模型的定义和要进行的测试类型，同时作为一种设计验证以检验电气、机械和热模型的完整性。这样做的原因是在对先进的模型进行大量测试前，尽快在设计中找到在射频设计方面和选定的材料、机械设计和热设计方面存在的不足。这个过程开始于实测数据与模型预测的相关性验证、理论设计模型直至在交付到发射地点并进行运载火箭整合之前的最终性能验证。

下一节将介绍测试设施的不同类型，通常会被用在空间合格的天线的开发方面。这包括电气性能射频测试设施，还包括近场天线测量系统以及远场系统和紧凑的天线测试场，振动、冲击和热真空设备。不同学科上的技术选择将取决于对性能的要求、发射载荷和轨道环境。

必须在发射之前对展开性能进行验证，因为展开发生在零重力条件下，因此必须为此定义一个零重力展开试验台(MGSE)，因为天线的机械和结构特性是根据非常低的重力环境设计的，以减少质量和发射成本，然而这会特别限制射频测试。

最后，为了阐明前面几节提出的问题，将提出用于 SMOS 天线单元(总计 69 个外加 3 个备件)的完整的设计、开发和验证顺序，其中包括试验设施的选择，用于设计和在轨性能需求的函数。

6.2　作为开发和验证工具的测试

6.2.1　测试工程

在一个太空项目非常早期的阶段，对所有已定义的要求在一个符合性表中进行了归纳，以指出一个有说服力的在实现之后如何证明整体性能的概念。所有的要求与不同等级的重要性范围相关。和空间有关的任务性能要求应该在实现的各级别被测试。在利用常用硬件的情况下，如果从以前的项目采纳的设计对性能影响很小或没有影响，通常可减少测试。另一方面，对于可靠性要求非常高的空间组件在整合、处理和运输后的每一步至少需要一次性能检查。

6.2.1.1　专用射频接口，测试耦合器

在子系统测试期间，天线的接口连接器将可用于测试典型的射频性能，如辐射特性、增益、等效全向辐射功率、群延迟和 PIM(相位互调)等。整合到飞船后，天线端口作为最后一步被连接到或相关的航天器的电子线路上。在天线整合的这一阶段，相关的卫星系统的功能可以用环路内的天线来测量，例如 G/T、振幅频率响应(AFR)、饱和通量密度(SFD)、系统无源互调(PIM)。为了能够执行这些测试，需要额外的接口对天线的馈电段提供接口。在设计阶段，有效载荷和天线之间的互连链路需要实现一个合适的耦合器。波导互连器的一种典型的备份是一种耦合系数在 $-20\sim-30$ dB 之间的十字耦合器。耦合器必须在能避免对辐射信号产生影响的约束下进行设计。这意味着它必须具有极低的插入损耗和良好的回波损耗性能。作为 S/C 天线的一部分，测试耦合器必须进行非常精准的校准，并必须满足全部鉴定和验收标准，因为天线本身将被视为飞行硬件。直到最终交付，即在卫星集成到发射器之前不久，校准的测试耦合器都会为验证所需的验收测试结果和验证天线的性能提供机会。

6.2.1.2　光学接口

设计阶段的与可测性有很强关系的另外一个重要方面是光学接口(镜或立体镜)，它被安装在对辐射方向的精度有明显影响的天线的所有组件(即所谓的天线视轴)上。作为一个例子，可展开反射面天线由一个大的伴有单个或者多个馈电源(合在一起不会形成一个单一单元的结构)的馈电段组成。馈电系统和反射面的结构必须在组件和子系统测试期间整合到模拟的航天器或者具有代表性的结构上，其唯一目的是正确地相互定位馈电单元和反射器(见图 6.1)。

图 6.1　供电段(喇叭和极化器)与光学镜

通过像小镜子或反射器的光学目标，所有连接到每个组件的光学目标必须用经纬仪或激光跟踪仪测量来定位，以六个自由度和参考立体镜来定义整个天线组件。在射频测试期间，光学设备产生天线组件和射频测试设备的坐标系统之间的关系，这也可以用光学接口来定义。

利用三角测量法，光学瞄准线可与射频瞄准线关连。在这个过程中，来自激光跟踪器提供者的S/W 转换器经常被使用。该光学数据被天线集成到航天器结构上时，用来确保天线视轴适合完全集成的和可工作的卫星的姿态和轨道控制系统。

6.2.2 模型的理念和定义

组成太空飞行设备一部分的单元、组件和部件都在太空飞行项目的模型理念里定义。根据以往的诀窍和设备设计的背景和成熟性，它们可以被分类如下。

- A 类：经常使用的和完全合格的设备。
- B 类：有限改变的以前合格的设备。
- C 类：修改后的设备。
- D 类：新设备。

根据这种分类，对于具体的应用构建和测试怎样的模型成为表 6.1 中展示的一项方法，这不仅影响到该单元的测试活动，而且还影响特定设备的制造或建造标准。值得一提的是，模型的理念是依赖于项目和设备的，这意味着它可以根据空间飞行项目特定的设备单元剪裁定制。

表 6.1 鉴定方法与设备类指南

设备类	基法	替代方法
A	FM	—
B	PFM	EQM + PFM 或 QM + FM
C	EQM + PFM	QM + FM
D	EQM + PFM	QM + FM

下面的指南旨在帮助读者定义在验证过程中所涉及的模型，并选择相关模型理念。将介绍应用到不同类型的项目的典型模型和理念，以及它们的有效应用。此外还将介绍硬件矩阵和相关数据的概念。

6.2.2.1 模型说明

各类模型可以根据适用的项目的验证需求来选择使用[1]，本节将简略介绍主要的物理模型。表 6.2 提供了一个包括相关的目标、代表性和适用性的各种模型的概要。

大模型(MU)：大模型用于支持整体架构分析的设计的定义，配置的设计和评估，接口控制和定义，人为因素的评估，运营程序评价和布局优化。

面包板(BB)：BB 单元是电气设备及其一部分的代表。它用来验证设计的新的或重要的特征。正式地(即在 ECSS 文档中)，BB 也被称为开发模型(DM)。它们可用于所有类型的产品(如电子箱、机械、结构件和热设备)，可以对它进行功能性和环境试验。

集成模型(IM)：IM 被用来进行功能和接口测试和失效模型的研究。集成模型(有时也称为电气模型)是功能上在电子和软件方面最终项目的代表。模型中利用商用部件，但通常采购来自同一制造商的飞行模型中使用的高可靠性部件。

结构模型(SM)：SM 是飞行模型的结构方面的代表。它用于结构设计的鉴定、数学模型相关性和测试设施和地面支持设备(GSE)的验证及相关过程。它通常包括设备机构模型和其他子系统有代表性的机械部件(如机械、太阳能电池板)。

热模型(TM)：TM 完全代表该项目的热性能。它用于热设计鉴定和数学模型相关。它包括一个有代表性的设备热模型结构及其有代表性的子系统的热部件。

表 6.2 模型的使用和目标

模型	目标	代表性	适用性	评论
大模拟(MU)	● 接口(I/F)布局优化/评估 ● 集成过程验证 ● 适应性检查	● 几何配置 ● 布局 ● 接口	● 系统/单元层次	● 根据其代表性 MU 分为： -低保真 -高保真(在配置控制之下保持)
面包板(BB)或开发模型(DM)	● 确认设计的可行性	● 完全符合电功能和 S/W 的需要，与验证目标一致(尺寸、形状和I/Fs 不具代表性)	● 所有层次	● 开发测试
集成模型(IM)	● 功能开发 ● S/W 的开发 ● 过程验证	● 功能的代表性 ● 商业部件 ● 缺失部分模拟器	● 所有层次	● 开发测试 ● 它可以被看作是位于 MU 和 EM 之间 ● 有时也称为电气模型
手提箱	● 功能和射频性能仿真	● 飞行设计 ● 商业部件 ● 功能的代表性	● 设备层次 ● 系统层次	● 合格性测试
结构模型(SM)	● 合格结构设计 ● 结构数学模型验证	● 结构参数的飞行标准 ● 设备结构模型	● 子系统(SS)层次(结构) ●有时它可以考虑为系统层次，如果它涉及其他 SS 或是与系统测试流程合并	● 合格性测试
热模型(TM)	● 结构的数学模型验证学 ● 热设计鉴定 ● 热数学模型的验证	● 对于热参数的飞行标准 ● 设备热模型	● SS 层次(热控制) ● 如果涉及其他 SS 或与系统测试流程合并，有时这可能被认为是系统级	● 合格性测试
结构-热模型(STM)	● SM 和 TM 的目标	● SM 和 TM 的代表性 ● 设备热结构模型	● 系统层次	● 合格性测试
工程模型(EM)	● 功能鉴定失效后生存性演示和参数漂移检测	● 在形状适合功能中的飞行代表 ● 没有冗余和高可靠性零部件的飞行设计	● 所有层次	● 部分功能合格测试
工程鉴定模型(EQM)	● 设计和 I/Fs 的功能合格鉴定 ● EMC(电磁兼容性)	● 全飞行设计 ● 军用级零部件，采购自高可靠性部件的相同制造商	● 所有层次	● 功能合格测试
鉴定模型(QM)	● 设计鉴定	● 全飞行设计和飞行标准	● 装备层次 ● SS 水平	● 合格性测试
飞行模型(FM)	● 飞行使用	● 全飞行设计和飞行标准	● 所有层次	● 验收测试
原型飞行模型(PFM)	● 飞行使用设计鉴定	● 全飞行设计和飞行标准	● 所有层次	● 原型飞行合格性测试
飞行备件(FS)	● 飞行用备件	● 全飞行设计和飞行标准	● 装备层次	● 验收测试

结构-热模型(STM)：STM 结合了结构模型和热模型的目标。

工程模型(EM)：EM 是形式上、配合上和功能上飞行模型的充分代表。较低的标准可用于电气零件、材料和工艺。用于飞行硬件时 EM 是可以接受的，但必须使用镀金的连接器、插脚和插座。EM 要接受配置控制且应报告其建成状态。

工程鉴定模型(EQM)：EQM 在形式上、配合上和功能上充分代表飞行模型(FM)。它必须按照产品保证和配置要求根据完整的飞行标准建造，除电工、电子和机电(EEE)部分之外，更低的标准可用于电气和电子设备的零件，但和 FM 一样必须有相同的制造工艺、类型和包装，只是筛选、测试与 FM 会有所不同。飞行硬件可用于 EQM，但必须使用镀金连接器、插针和插座。EQM 要接受完整的设备级合格测试。

鉴定模型(QM)：QM 依照产品的保证和配置要求按完整的飞行标准建造。飞行标准用于 EEE 零件，即必须如 FM 一样采用相同的制造工艺、类型和包装，筛选和测试与 FM 是同一个级别。QM 要接受完整的设备级鉴定测试序列和环境，包括鉴定级别、余量和持续时间。如果需要的话还包括寿命测试。除非得到允许，否则进行飞行是不能接受的。

原型飞行模型(PFM)：PFM 依照产品保证和配置要求按完整的飞行标准建造。飞行标准的 EEE 部件可被采用。一个 PFM 要接受原型飞行的鉴定和验收测试序列和环境，包括鉴定等级和验收持续时间及与客户商定的余量。经过一个成功的测试序列后，用 PFM 进行飞行是可以接受的，除非另有约定。

飞行模型(FM)：FM 依照产品保证和配置按完整的飞行标准建造。飞行标准 EEE 部件可被采用。FM 应接受验收测试序列，包括验收等级和持续时间及与客户商定的余量。FM 可以接受进行飞行。

飞行备件(FS)：FS 是飞行的最终备用产品。它应接收正式的验收测试。可以在相应的故障模式影响及危害性分析(FMECA)用翻新的合格项目和不被识别为单点故障的条件下制造。

手提箱：手提箱是用来测试与地面部分或其他外部基础设施的链接。它被设计成能模拟数据处理和射频的功能性能(如远程命令和遥测的格式、比特率、数据包类型)。

6.2.2.2 模型的理念

与上述模型描述相关的是，根据验证要求可采用几种类型的模型理念：原型、飞行原型和混合模型理念。

原型模型的方法是最保守的，用在采取所有可能的措施来尽量减少风险的项目中，例如在载人项目中。原型方法使得上述定义的模型得到广泛使用来进行验证，最大限度地减少项目风险，以及允许在不同的模型上进行并行活动，并在验收前完成鉴定活动。最明显的缺点是成本高。

一般来说，鉴定测试可以根据项目的需求和目标在 QM 上进行。然而，FM 设备要经受完整的有特定鉴定级别和持续测试时间的验收测试。

飞行模型方法用到没有使用关键技术并且存在大量可用的合格硬件的项目上。它也用在允许折中来降低成本时，并接受适度的风险。该方法是基于飞行后的单个模型上的，这个模型在经受原型飞行的鉴定和验收测试后可进行飞行。这种方法的优点是其更低的成本，而明显的缺点是在相同的模型上串联进行测试活动从而影响开发时间。用这种方法，合格试验在同样要进行飞行的模型上进行，飞行通常具有鉴定等级和减少的(验收测试活动)持续时间。

最后，混合模型方法的理念是原型和原型飞行选项之间的一种折中。该混合方法总是假定在原型飞行的测试活动之后要使其进行飞行，但与纯飞行方法相比其测试范围变小。这个模型理念是用在一个项目中，在验证计划中的新设计或有严重影响的区域受到限定条件的影响。关键领域中的专门鉴定测试在专用的模型上进行。这种方法的优点和缺点在风险、成本和进度方面介于原型和飞行原型的方法中间。这种理念代表一个很好的折中。事实上，它允许进行一些并行的活动，使用 QM 和 EQM(如果在项目模型的理念中已预计)集成备件，符合高可靠性部件的交货时间，甚至考虑可能使用商用的现成(COTS)组件。至于测试，一般考虑结合原型和飞行规则，有可能对专用模型(如 STM、QM 或 EQM)进行鉴定测试。在关键领域，应只在 PFM 上进行验收测试。

6.2.2.3　装备建造期间的模型测试

通常天线和相关的射频设备需要的鉴定和验收测试包括如表 6.3 所示的测试。如前所述，这个清单可以对每个项目定制覆盖对任务来说至关重要的领域，具体取决于每个单元的类别和成熟性。这些测试协议需要所有有关各方的批准。

表 6.3　电子单元和天线的典型 EQM 和 FM 测试

测试	电子箱		天线		注
	EQM/PFM	FM	EQM/PFM	FM	
机械质量/尺寸/接口	×	×	×	×	
重心(CoG)/惯性矩(MOI)	×	×	×	×	
正弦振动	×		×		只在验收时观察正弦振动的结果
随机振动	×	×	×	×	随机的或声学的，具体取决于单元类型
声噪音	×	×			
冲击	×		×		仅测试 EQM，不测试 PFM/FM
降压/电晕放电	×		×		
热					
热循环	×	×	×		对在热真空验证合格的单元，热循环可接受
热真空	×	×	×		
EMC(电磁兼容)					
黏接，隔离	×	×	×		
传导发射	×	×			
传导敏感性	×	×			
辐射发射	×	×			
辐射敏感性	×	×			
ESD(静电放电)	×		×		
功能/性能					
功能测试	×	×	×	×	对于具有嵌入式软件的设备，测试代表设备的 HW/SW 合格
硬件(HW)/软件(SW)测试	×	×			
射频测试	×	×	×	×	遥测、跟踪和控制单元的专门射频测试
展开测试			×	×	

图 6.2 示出了测试流程，它覆盖一类射频单元的鉴定活动。覆盖每个单元的特定方面的专门测试应包括在每个单元的详细测试计划中。流程覆盖射频和天线单元通常所需的大部分测试。

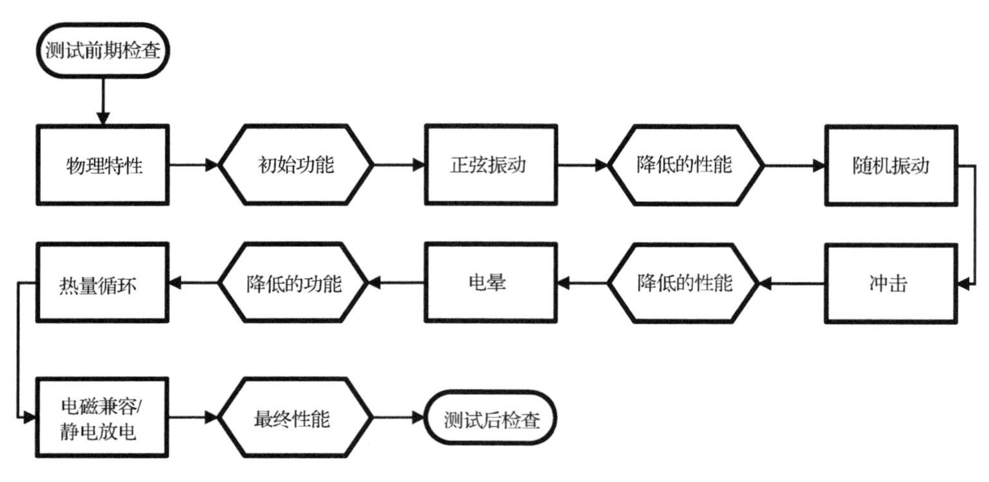

图 6.2 典型的测试流程图

6.2.2.4 研发测试

研发测试的目的是为了支持设计的可行性和协助设计优化。测试的要求取决于设计的成熟度和具体项目的操作要求，只要可能，它们应该在超过该项目的设计极限很宽的范围内实施，以识别出设计余量，并确认以下几点：

- 性能余量；
- 可制造性；
- 可测性；
- 可维护性；
- 可靠性；
- 预期寿命；
- 故障模式；
- 与安全性要求的兼容性。

研发测试可在模型、开发（面包板）和集成模型上进行。应保留测试配置、测试结果及其他相关数据的充分记录，以便这些信息用来补充验证程序中的其他部分，或在鉴定期间和飞行模型飞行期间发生故障时使用。

6.2.2.5 鉴定测试

鉴定测试的目的是为了证明这个产品项目在预期环境内能圆满完成任务，并有足够的余量来保证设计的实现和制造方法符合技术条件要求。为此，鉴定测试水平应该超过最大预测水平并有安全系数或余量，以确保即使在最糟糕的测试公差的组合之下，飞行的水平不会超过鉴定测试水平。这个鉴定余量是为了避免鉴定测试的级别和持久性，与预期的在飞行中的影响相比不严重，此外还提供测试水平，它能覆盖在鉴定和飞行单元间的微小差异。

在专门鉴定模型上进行鉴定测试，鉴定模型应具有相同的飞行件的同样特征或使用了较低质量的部件而不是空间合格的高可靠性的部件，但不影响测试的有效性（EQM）（见图 6.3）。

在一个完整的单元的环境测试不可能实现的情况下，单元的鉴定测试可以通过在各种装配水平上测试的组合，通过分析和相似度评估，设计评论和检验的支持来实现。在这种情况下，组件测试要求都来自更高层的鉴定要求。

6.2.2.6　验收测试

验收测试的目的是证明符合技术条件和作为质量控制筛选来检出制造缺陷、工艺错误、失效的开始和其他性能异常这些不容易用正常检验技术检测出来的故障。验收测试对所有的飞行产品(包括备件)进行。

验收测试水平覆盖服务周期中的最大飞行级别(除设备热测试，这需要有余量来覆盖数学模型的不确定性)。使测试持续时间低于鉴定试验的时间，从而不降低设备的性能。验收测试是正式的测试，来证明项目完好和可交付及后续使用，测试是在环境条件不比预期任务期间更严重时在飞行模型上进行的。

6.2.2.7　原型飞行试验

原型飞行试验水平和持续时间是鉴定和验收测试的一个组合，它们用来检验性能的余量。

6.2.2.8　EGSE 和 MGSE

所有空间项目都需要地面支持设备(GSE)以正确处理和测试空间段的元素，其中一个很重要的部分是电气地面支持设备(EGSE)。GSE 的详细技术要求包含在适用的 ECSS 标准[2]中。简而言之,EGSE 必须允许监视太空飞行装备的所有遥测功能，通过相应的电子接口单元指挥、测试和评估被测设备的功能性能。

任何电子单元需要验证的主要的信号接口是遥测数据和测试点测量的数据。通过 EGSE 远程的指挥提供发送数据到测试对象的能力以控制既从用户终端又从其他软件加载数据为目的。通过 EGSE 远程指挥也有控制、确认和验证的目的。

执行通过 EGSE 验证或测试过程提供测试自动化的能力来保证被测单元的功能性能(见图6.4)。通常,它用一种特定的语言构造,这允许通过 EGSE 执行脚本来指挥单元和特定的测试设备(如矢量网络分析仪、功率计、微波暗室测试设备、信号分析仪等)。

图6.3　Gaia PAA EQM 散热棱镜在振动台上装备了传感加速度计

图6.4　大型碳纤维反射面的最新的轻重量零重力装置

EGSE 必须经受测试和验证活动来保证符合技术要求，并验证它不会损坏其控制和监视设备。这个要求适用于功能测试活动、电磁兼容测试活动和任何其他牵涉到功能测试的活动(如热真空-工作测试)。

应为 MGSE 考虑一组类似的要求,允许飞行硬件单元的测试或装配。通常,MGSE 用于设备装配,如图 6.5 所示的振动测试,在一个微波暗室内为 EMC(电磁兼容)或辐射方向图进行测试、天线展开测试等。

图 6.5 Gaia PAA 中的倾斜滚轮 MGSE

6.2.3 电气模型关联

在设计和开发阶段的早期建立数学模型是非常重要的,然后将它和天线测试结果相关联。这里的目标是通过模型优化减少实际测试量,从而降低开发成本。

在天线性能的测试没有构想或不可能的情况下,关联模型为设计者获得可靠预测的可能。

典型的天线组件是馈电系统、反射面和波束成形网络。馈电系统本身可以有各种不同的子组件,如极化器、正交模转换器(OMT)、过渡、耦合器,包括测试耦合器、双工器、三工器、喇叭天线等。

正如第 1 章中所述,天线的典型设计参数是增益(覆盖边缘)、峰值增益、波束宽度、副瓣电平、交叉极化水平、隔离度、回波损耗等。

现今这些参数大多数可以通过使用强大的计算机和相应的软件以非常精确的方式预测。对于某些类型的组件,有精确的方法来计算性能。例如,分析旋转对称的角可以使用内部结构的模式匹配和外轮廓的矩量法。原则上这种方法可提供精确解,尽管在现实中仍有些微不足道的截断误差。其他波导组件的性能可以通过使用计算技术预测,如准确度高的有限元法或时域有限差分法(FDTD)。

反射或辐射结构的辐射性能从理论上可以通过矩量法准确预测。由于结构有时相对于波长具有大尺寸,需要采用近似方法,如物理光学(PO)或物理绕射理论。当被分析对象的尺寸相对于波长来讲比较大时,这些方法也很准确。在某些情况下,混合方法[如矩量法加上几何绕射理论(GTD)]可能是最好的选择。

6.2.3.1 电气模拟的不确定

即使分析对额定的设计几何尺寸是准确的,然而由于制造公差实际性能会不同于预测的性能。另一个重要的方面是大多数单个天线组件可以用相当好的方式模拟和分析,并且每个组件的性能预测都准确。然而,当把各个组件合成到馈电链整件或波束成形网络中时,单个组件之间的相互作用会导致出乎意料的射频性能。

不确定性的另一点是假设了理想基模激励。在现实中,当组装组件时,更高的模式可以由于制造和/或装配公差形成的不理想的接口而被激发。这会对整个馈电链路的性能有负面影响。特别是这对多层结构是成立的。通常，为了减少不同部件之间的偏移的影响，可采用定位，但是定位孔只能以有限的精度加工。自然，这些效应对更高的频率(例如，Ka 波段)组件有更大影响。

建模误差以及计算误差，需要反映在一个不确定性预算内，制造公差也应该被考虑。所需的不确定性数量需要采用灵敏度分析。制造公差不仅出现在馈电链中，也出现在反射面、波束成形网络中和阵列单元定位精度中。因此，另一个典型的对误差预算的贡献是反射面制造公差的不确定性，如果设计反射面系统，或阵列几何尺寸误差包括平面性需求，则整个天线的性能需要设计成有足够的余量来包含这些不确定性。

在硬件的制造和验证阶段，不确定性的预算可以根据子组件的实际性能进行调整。理想上在不确定性的预算中考虑的每个组件的测量偏差由预见的贡献所包括。

6.2.3.2　模型关联的有效性

性能预测的可信度水平主要取决于两个方面：

1. 硬件的合格状态。
2. 硬件设计的复杂性。

对于以前制造和测试过的现在又再次使用在相同配置中的 A 类或 B 类设备，应该有相当准确的预测。对于 C 类设备，预测可能相当可靠，但这取决于修改的程度，因为天线的行为对一个可靠的性能预测可以变化。

当循环使用组件但以不同方式组装时必须当心。例如，当一个已知性能的正交模转换器和喇叭天线组装在一个新的馈电链路中时，可能表现出意外的性能。确实，尽管这两个组件的性能是已知的，然而它们之间的相互作用会导致意外。

例如，一个非常简单的类型的天线是线极化喇叭天线，它由一个喇叭(光滑的壁或波纹壁)和一个正方形/长方形至圆形的过渡。因为这种类型的喇叭可以十分精确地分析和过渡，因此是一个相当简单的、可预测的器件，整个天线的性能可以准确预测。在对制造出的和集成的组件进行测量后，对该模型的关联很容易进行。如果安装在航天器上的球面喇叭天线用来在一个射频代表模型中模拟，以预测可能的散射，测量结果可以用来作为辐射源而不是理想的馈源。在这里，散射效应可以用实际馈源方向图评估。当喇叭天线连同所有其他天线和设备安装在卫星上时需要进行最后的测量来预计其在轨的性能。

关于更复杂的天线，如一个由制造在多层结构中的供电阵列馈电的反射面天线，其性能预测具有较高程度的不确定性，与模型关联的过程和设计验证更复杂，下一小节将给出一个示例。安装在卫星上的天线的性能主要受两种效应的影响，一种效应是卫星结构射频散射，另一种是与其他天线的相互作用。

6.2.3.3　相关示例

作为一个例子，考虑一个偏置抛物反射面天线，它工作在 C 波段。作为馈电系统，使用了包括 145 个喇叭的一个多馈源阵列，天线提供 8 个不同的圆极化波束。

验证设计和得到一个更精确的最终性能预测的一个典型的测试顺序列是：

1. 对总装的波束成形网络进行初步波束成形网络(BFN)测量。
2. 集成馈电阵列的中间测试。

3. 天线级别的中间测试。

4. 航天器级别的最终测试。

上述每种测试使得比较在每个阶段的预测成为可能。这在制造和集成这样一个复杂的天线期间是非常重要的。因此，就可能在制造过程的早期阶段、集成或至少在最后的测试序列早期阶段发现任何被测设备(DUT)的故障。在最早的阶段得到这些信息是重要的，无论故障关联到设计错误还是制造失败上。

初始 BFN 测量 图6.6显示了发射馈电阵列的一个上表面。实际的激励系数是在所有BFN极化器接口点使用一个网络分析仪以扫描方式在完整的频带内测量的。

实测的BFN激励系数被用来预测馈电阵列的主场方向图。因此，喇叭方向图要根据它在阵列中的位置进行分析(相互耦合决不能被忽视)。生成的方向图后来转化为球面波展开系数，它们用作计算反射面上的场分布的源以获得次级远场。远场的性能是硬件在这个阶段失败/通过的标准。

图6.6 波束成形网络的上表面

依赖于传统和灵敏度分析，也依赖可实现性，在这个阶段设计中应该预设一个调谐的可能性，如果有必要可以用上。

集成的馈源阵列的中间测试 把整个馈源阵列集成后，下一层次的模型关联是测量阵列射频方向图。然后用这些方向图预测反射面的次级方向图。这可以通过用测量的馈源方向图替换在射频模型中的理想馈源。一个典型的进行这个替换的方法是采用球面波展开。因此，近场效应的影响是肯定要考虑进去的。

我们也可以选择在极端环境温度条件下测量阵列方向图。这可以给出天线系统在不同环境条件下在轨道上的性能变化。图6.7展示出了圆柱形近场测试场内的热模拟内馈源阵列的架设情况。

在这一阶段令人感兴趣的另一个分析是将真实的反射面数据加到计算模型内。在这个情况下，反射面已经制造出来，表面测量数据可以包含在分析中来取代一个假设的理想的反射面表面。这种计算也可以作为使用制造出的反射面验收准则。如果反射面还没有生产出，一种可以尽快指示最终性能的方法是使用反射面的模板数据。

值得一提的是，对于非常大的反射面口径，如大的可展开的天线，这可能是确定最后的天线性能的唯一方法，因为陆地上的测量可能不实际，甚至不可能。

天线级别的中间测试 为了测量天线的方向图，制造出的硬件需要安装在航天器结构的模型上。适当的相互排列的天线组件以及在测量设施中正确对齐的天线是重要的。图6.8显示了一个示例，一个照射一个反射面的多馈源阵列安装在一个补偿的紧凑测试场内。航天器的重要部分是用模型模拟的。

航天器级别的最终测试 为获得最准确的在轨性能的预测，应该进行安装在卫星中的天线的测试。这种测量将包括所有卫星结构的散射效应和与周围设备及其他天线的相互作用。

例子的结论 图6.9归纳了在设计和制造过程中天线最终性能的可信度，在设计的层次所有的不确定因素都存在。随着生产和测试的进行，不确定性减小，实际的性能成为高度可信的了[3]。

图6.7　在圆柱形近场测试场内方位转台顶部的温箱内的布置

图6.8　安装在EADS Astrium公司的CCR75/60中的发射天线，包括卫星模型

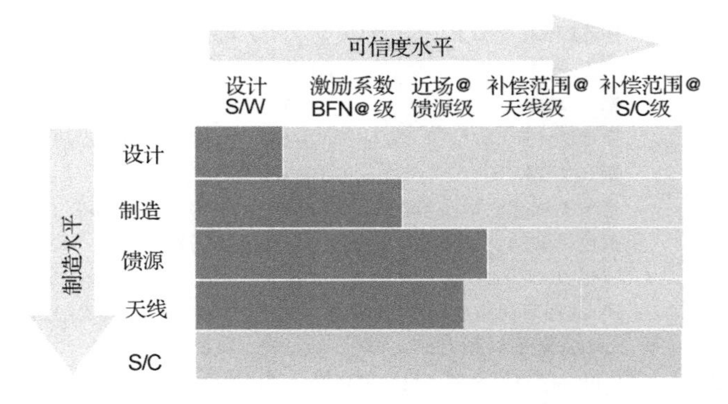

图6.9　天线设计与制造期间的可信度水平

6.2.4　热测试和模型关联

6.2.4.1　热设计

空间天线系统的组件　空间天线系统的主要组件是馈源或馈电链路、发射子系统和接收(Rx)子系统,它们可以是几个部件的组装,如喇叭、极化器、双工器、正交模转换器等,也可以是电缆、波导或任何其他电气和射频接口。为了把天线系统安装于航天器上以及进行对准,支撑结构通常是必要的。

这些组件必须设计成在飞船的整个生命/任务周期内,操作和非工作模式下的热需求,符合飞船级规定的接口要求。

热和界面的限制和要求　在一般情况下,使用铝或钛来制成天线系统组件。由于这些材料的属性,它们能够应对广泛的温度范围。其限制因素往往是表面处理、胶或特殊的机械,如可展开反射面的固定与释放机构(HRM)。

因此,通常的做法是创建一个表,其中含有所有的零部件和组件的操作和非工作模式下的温度极限(最小值和最大值)。此外,应构造一个特定的或所需的接口和边界条件表。这两个表(见表6.4和表6.5)给出了确定热设计的基本值。

在某些情况下，子系统和航天器之间的界面的热通量被限制在一个特定的值，或接口在设计和分析中被规定为绝热的。

表6.4 例子：组件的温度范围

项目	材料	温度(℃)		
		非工作的存活	工作	
			鉴定	验收
发射馈源整件				
喇叭体	铝 3.2315	-180/+160	-160/+160	-160/+160
主托架	铝 3.2315	-180/+160	-160/+160	-160/+160
后部支架	铝 3.2314 T6	-180/+160	-160/+160	-160/+160
过渡	铝 3.2314	-180/+160	-160/+160	-160/+160
隔热极化器	铝 3.4364 T7364	-269/+360	-269/+360	-209/+360
HF 窗口	卡普顿	-180/+180	-180/+180	-180/+180
吸收器(负载)	隐身材料	-180/+200	-180/+200	-180/+200
表面处理	黄色铬酸盐	-180/+200	-180/+200	-180/+200
表面处理	镀银	-150/+160	-150/+160	-150/+160
胶黏剂	Hysol 环氧树脂 EA 931 NA	-175/+204	-175/+177	-175/+177
接收馈源整件				
喇叭	铝 3.2315	-180/+160	-160/+160	-160/+160
主托架	铝 3.2315	-180/+160	-160/+160	-160/+160
极化器	铝 3.2314 T6	-180/+160	-160/+160	-160/+160
支架	聚苯乙烯交联树脂 1422	-190/+200	-190/+125	-190/+125
表面处理	黄色铬酸盐	-180/+200	-180/+200	-180/+200
表面处理	镀银	-150/+160	-150/+160	-150/+160
胶黏剂	Hysol 环氧树脂 EA 934 NA	-175/+204	-175/+177	-175/+177
胶黏剂	Stycast 环氧树脂 1266A + B	-180/+121	-180/+121	-180/+121
胶黏剂(螺钉锁)	Solithane 复合材料 C113-300	-170/-120	-170/+120	-170/+120
输出端口	铍青铜	-120/+105	-120/+105	-120/+105
负载	铍青铜	-125/+125	-125/+125	-125/+125
热遮阳板	黑色锗涂层	-180/+180	-180/+180	-180/+180
热硬件弧立	聚酰亚胺	-200/+300	-200/+300	-200/+300
白色油漆	HINCOM/NS43G	-180/+180	-180/+180	-180/+180

表6.5 例子：S/C(飞船)接口温度

	在飞船上		转换与展开	
	热	冷	热	冷
+X/-X 墙	55	-10	40	-20
+Y/-Y 墙	55	-10	30	-30
展开到+Y/-Y 墙	55	-10	30	-30
+Z 面	55	-10	30	-20

标准地球轨道的 S/C 指向：+X=东，+Y=南，+Z=地球。

热设计元素 根据所允许的温度范围、外部负载(如太阳辐射或自由分子加热)、内部电气或射频损耗,设计的首选方案通常是无源的散热设计，没有有源热控元件。如果组件必须通过加热器维持在一个特定的温度上或规定的温度范围之内，则必须通过航天器控制,这就是所谓的主动热控。表6.6展示了主要的热控元素和它们的用途。

表 6.6　主要的热控元素

无源：	
表面涂层和油漆	调整红外或太阳负载
多层绝缘(MLI)	减少热通量/热损失
遮阳罩(卡普顿锗涂层箔片)	减少吸收的太阳辐射通量，避免腔体效应
散热器[带光学太阳能反射镜(OSR)或第二个表面镜(SSM)]	增加辐射和减少吸收的太阳辐射通量来控制元件的温度
散热带	增加导热链
热管	增加热传导/热在热区和冷区之间分布(如散热器上)
热衬垫	热去耦合(使用的材料如聚酰亚胺、钛界面热流限制)
有源：	
电加热器	保持元件在由恒温器或热敏电阻器控制的温度范围内

C 波段发射和接收馈源链路的一个例子如图 6.10 所示。

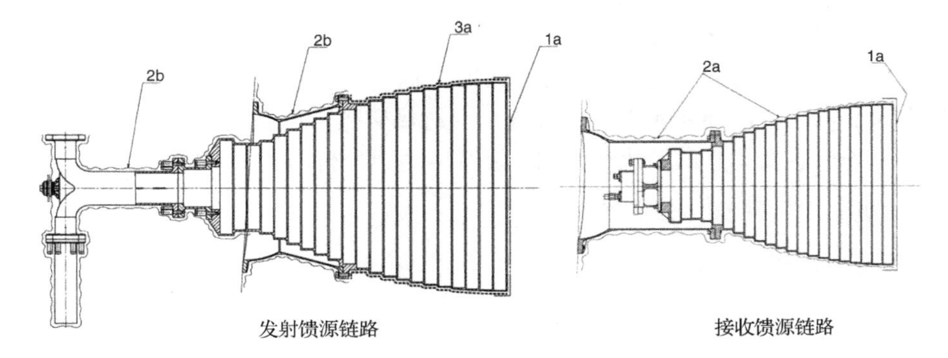

发射馈源链路　　接收馈源链路

序号	热控制元件	目标
1	遮阳罩	减少太阳入射时产生的热通量
1a	喇叭孔径前	没有太阳入射时的热损失
2	馈源 MLI	减少太阳入射时产生的热通量
2a	接收馈源	没有太阳入射时减少热损失
	– 喇叭头部	
	– 主托架	
2b	发射馈源	
	– 喇叭后部	
	– 过渡	
	– 极化器	
	– 负载	
	– 馈源法兰	
	– 主托架	
3	白色油漆	增加至空间辐射耦合
3a	发射喇叭头部(辐射器)	减少吸收太阳辐射电气原因不允许涂层
4	未涂覆区(黄色镀铬)	由于电气原因不允许涂层
4a	接收馈源	不需要涂层
	– 馈源各部	
	– 主托架	
4b	发射馈源	
	– 喇叭后部	
	– 主托架/后部支架	

图 6.10　C 波段发射和接收馈电链路的例子

6.2.4.2 热建模和分析

为了确定用必要的热控元件进行热设计,必须为天线系统开发一个热模型。这个模型应该包括天线的主要部分和航天器上所有对天线的环境条件造成重大影响的因素。

主要有两种不同的产生热模型的方法:

1. 非几何节点解算器的节点模型, 如 ESATAN。天线系统的组件将被细分为离散的质量集中节点与节点之间的电导, 电容将是解算器的输入数据以及生成热的数学模型(TMM)的输入数据。辐射耦合和来自太阳的辐射的外部负载和地球反照辐射等依赖于几何结构。结果是, 必须用一个额外的软件包, 如 ESARAD 来生成几何数学模型(GMM), 以用于计算辐射热交换和外部负载。内部负载, 如电气的和射频损耗则来自于射频的性能分析和功耗测量。
2. 有限元模型。有限元模型的几何形状可以由 CAD 系统提供, 可以用有限元建模软件的工具生成网格。可以生成全 3D、2D 和轴对称模型, 实现高分辨率。于是可计算节点电容和节点间的电导并实现内部管理。辐射热交换可以在内部计算, 但往往根据分辨率必须进行表面元素的简化或分组, 以减少用于分析的计算时间。

两种类型的知名的热软件分析工具如下。

- 节点模型工具和解算器:
  - ESATAN
  - SINDA
- 有限元模型的软件:
  - IDEAS/TMG
  - ANSYS

为了进行辐射几何体的构造和辐射热交换计算, 通常采用下列软件:

- ESARAD
- THERMICA
- NEVADA

这两种类型的模型允许模拟稳态和瞬态。根据任务的场景, 不同轨道上生命周期开始(BOL)或结束(EOL)的操作或非工作模式, 以及不同的轨道在不同环境条件下的情况也应进行模拟。典型的情况包括:

- 发射模式和整流装置下加热;
- 在高层大气中的自由分子加热(FHM);
- 转移轨道;
- 一般或地球同步轨道;
- 紧急太阳能再利用(ESR)。

热设计结构必须选择能限制各部件、组件及材料各种温度(最小值和最大值、操作和非工作模式)在允许的极限范围之内。因此, 计算出的温度必须与温度极限表中的值进行比较, 并加上验收和鉴定余量以及模拟结果的不确定性。

根据不同的设计逻辑过程和可用的材料特性数据, 要进行灵敏度分析对有高度不稳定性的参数来检查对温度和热通量的影响。如果检测高灵敏度，就要测量所使用的材料的属性来减少不确定性。

进一步减少热模型的不确定性和验证热模型，可以把测试数据与实测温度以及热通量和功率值相关联。一般来说，在热稳定条件下测得的温度用来相关，与稳态分析的结果进行比较。甚至瞬态的计算和测量结果可以用来检测模型的不足。但该模型的使用范围应在合理的物理范围内，以模拟由理想化和简单化模型来的不确定性的部件。进一步，模型中可加进接触值，以及 MLI 损耗值表面光学性质(厂商提供的值)。利用自动化的过程来进行模型相关，方法是通过优化在预定义范围内所选的参数来近似一个给定的温度分布。然而，很多时候是手动执行此过程，一步一步来看每个参数的影响。事实上，优化器只提供最终一组变化了的参数而不指出个别变化的影响。

在子系统层级上，设计过程中使用详细的热模型(GMM/TMM)进行热分析。在系统层级的整体分析上必须提取有代表性的，从而和详细模型关联的浓缩/缩小的热模型(RGMM/RT-MM)。有可能在一定程度上自动化浓缩过程。例如，辐射性耦合可以简单地在一个浓缩的节点对详细模型中各节点的值求和而计算得出。但是，如果要减少辐射表面的数目，必须建立一个新的几何模型以及用简化的几何形状表面来近似几何结构。在这里，重要的是表面法线的方向和平均区域仍然代表较详细的几何形状。对于详细模型中节点处的温度、质量或热容量的加权平均值要和浓缩模型节点处的温度进行比较。如果配合详细的模型中出现最高和最低温度，浓缩模型中热通量的计算结果将是不正确的。

尽管需要具有代表性的热模型，然而在最终完整的天线子系统单元可用之前，有时必须验证热设计或热控制子系统(TCS)。在最简单的形式下,这可能是一个质量的模型,但往往这个模型需要满足界面温度和热通量的要求，同时设计必须以这样一种方式确定，即这个热代表性的测试模型(TRTM)在跟实际单元相似的情况下运行，以允许验证 TCS 或它的一部分，或是在组级或完整的系统级的另一个控制单元。

图 6.11 示出了 ESATAN 分析中 C 波段发射馈电链路节点的细分的例子。

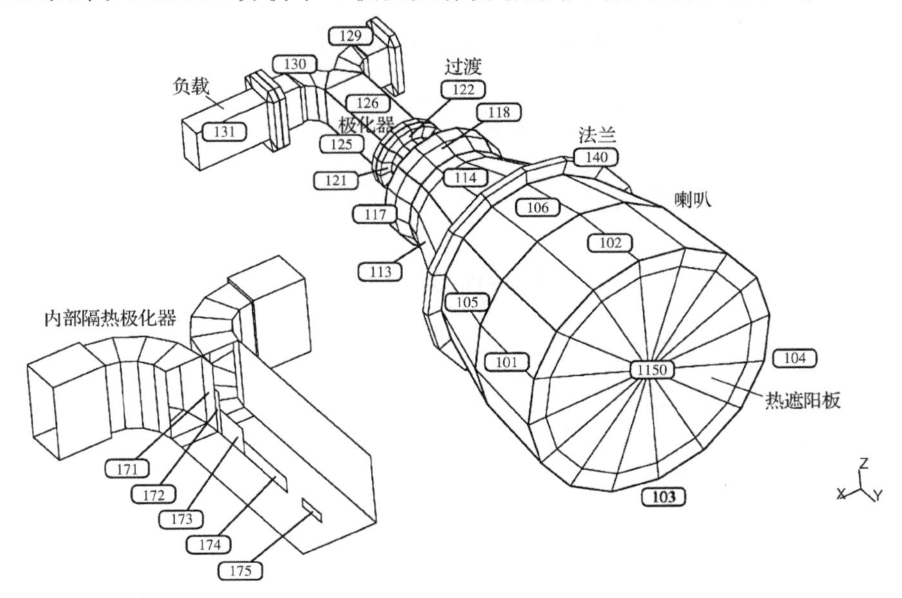

图 6.11　C 波段发射馈电链路节点的细分，以用于 ESATAN 分析

6.2.4.3 热测试

有许多不同类型的热测试，具体取决于试验的范围和天线单元鉴定的状态。

热平衡试验 这种飞行结构测试主要是在真空条件下进行的。在特殊环境下，这种测试也可在环境中的压力下进行。目标是在寒冷或炎热的温度水平下以定义的温度稳定性达到稳定状态：

- 验证寒冷和炎热条件下的数学模型。
- 证明所有组件能工作和忍受极端温度（高水平和低水平）。

太阳能模拟试验 如果需要模拟太阳能通量对一个单元或配置的影响，可以进行太阳模拟测试。这种类型的测试对于天线应用不是很常见，通常通过使用近似太阳光谱的灯在真空条件下进行。然而，有设施通过用反射镜把外部的阳光聚焦到测试样品上可以使用真实的太阳光谱，短期的闪烁（如氙气）测试也可以在环境条件下进行。

热循环试验 热循环可以在真空条件下进行，或把测试对象放置在惰性气体（如氮气）中进行。通过最小和最大允许温度定义冷和热的温度的级别，然后进行一定数量的循环。这种测试可在组件的部分或在一个完整的子系统中进行鉴定，对于整件配置要用部件的最低和最高温度极限来限制整件的最低和最高温度的级别，否则要另用加热器控制来处理不同的温度范围。

热条件下的功能测试 在热条件下的单元功能测试都可以在环境压力条件下或真空中进行，这要由功能检查的范围和环境条件对功能性能的影响而定。例如，电晕效应可能会出现，为了避免这样的影响，真空是必需的，这时在环境压力下的测试是不可能的。

测试和评估通常要准备下列文件。

- 测试前：
  - 测试规范：测试范围以及配置和测试各阶段的细节。
  - 热敏电阻/热电偶/热加热器位置。
  - 传感器和加热器的位置和类型的定义。
  - 测试预测。
  - 分析测试配置和测试阶段。
  - 测试步骤（一步一步）。
  - 测试之前、期间和之后活动和行动的定义。
- 测试后：
  - 测试评价报告。
  - 测试结果总结。
  - 模型的关联。
  - 基于测试结果的热模型适应性。

在图 6.12 和图 6.13 展示了一种应用的例子。

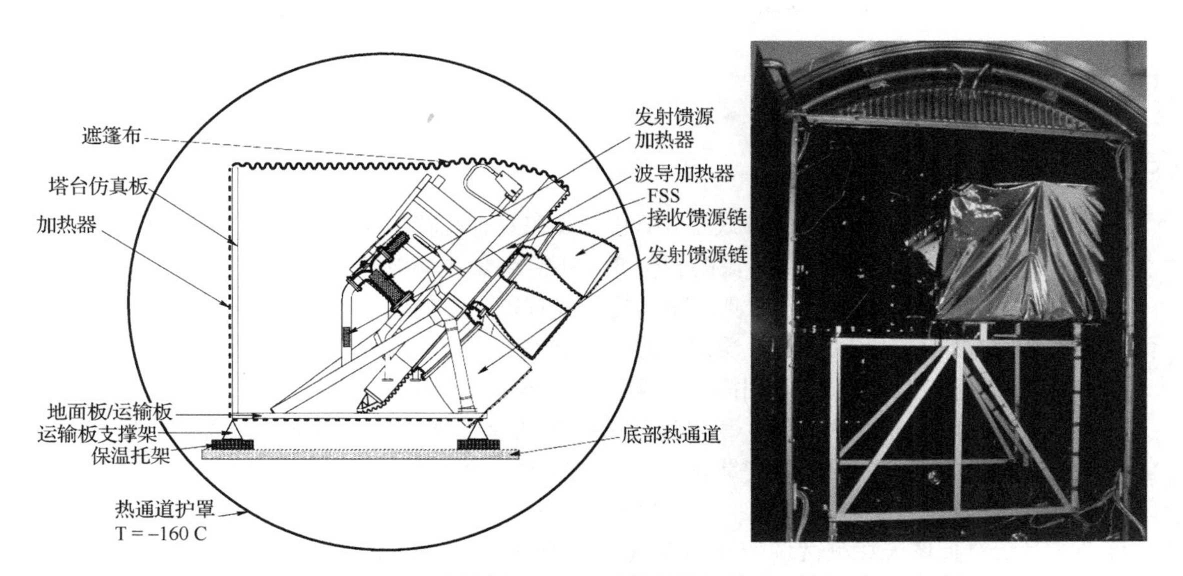

图 6.12　在真空室中支撑架上的具有支撑结构的馈电组件的测试配置图

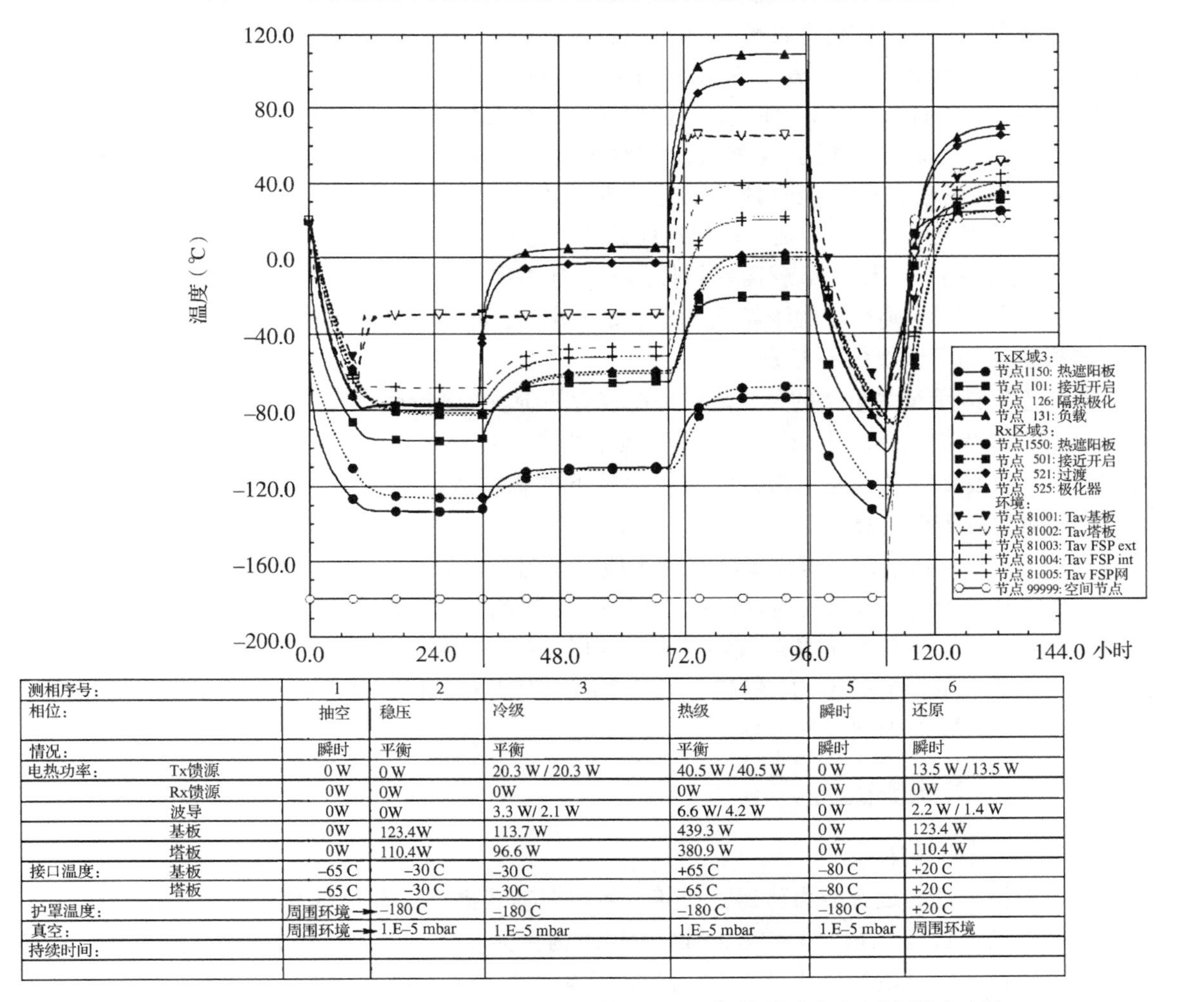

测相序号：		1	2	3	4	5	6
相位：		抽空	稳压	冷级	热级	瞬时	还原
情况：		瞬时	平衡	平衡	平衡	瞬时	瞬时
电热功率：	Tx馈源	0 W	0 W	20.3 W / 20.3 W	40.5 W / 40.5 W	0 W	13.5 W / 13.5 W
	Rx馈源	0W	0W	0W	0W	0 W	0 W
	波导	0W	0W	3.3 W/ 2.1 W	6.6 W/ 4.2 W	0 W	2.2 W / 1.4 W
	基板	0W	123.4W	113.7 W	439.3 W	0 W	123.4 W
	塔板	0W	110.4W	96.6 W	380.9 W	0 W	110.4 W
接口温度：	基板	−65 C	−30 C	−30 C	+65 C	−80 C	+20 C
	塔板	−65 C	−30 C	−30C	−65 C	−80 C	+20 C
护罩温度：		周围环境 →	−180 C	−180 C	−180 C	−180 C	+20 C
真空：		周围环境 →	1.E−5 mbar	1.E−5 mbar	1.E−5 mbar	1.E−5 mbar	周围环境
持续时间：							

图 6.13　测试阶段和条件：环境、温度的等级，以及加热器功率和预计测试时间

6.3 天线测试设施

6.3.1 远场天线测试场

获得天线方向图的最直接的方式是，把它安装在具有旋转功能的转台上，并且在远处有一个测试天线，其在口径上被测试对象的相位变化不到测量频率波长的1/4。

这是远场的标准定义，所需的测试距离是天线直径平方的两倍除以波长。由于被测天线平面没有被平面波照射，所以引入了误差。对一个典型天线的最直接的影响是主波束逐渐变宽和第一零点模糊。远场天线方向图测量课题已完全解决，读者可以参考文献[4]。

远场天线测试场能够测量第1章概述的天线的所有性能参数。然而，远场试验场有时不能满足空间天线的精度要求，尤其是高增益天线需要一个非常大的测试距离。为了缓解全封闭远场试验场的短距离问题，采用一个开放的室外试验场，探头和测试对象之间的距离可以是几百米。对所有远场天线测试场的几何形状要特别当心，尽量减少来自地面的反射。同时值得一提的是，经典的反射型天线测试场则正好相反，它主要用于低增益天线的增益确定。在这里，试验场有一个导电的地平面作为测试设施整体的一部分。于是被测试天线接收两个已知信号，即直达波和镜像波。有了这方面的知识，就可以正确确定增益了。除了测量工作在VHF频段非常低的频率上的天线，在空间应用中很少使用这些试验场。

完全封闭的远场试验场适合测量低增益天线。值得注意的是，这些天线往往是TTC(遥测)天线，需要在近乎整个4π立体角的球体内描述其振幅和相位。传统远场测试场设施只测量幅度，如果相位可以测量，则与任何球面近场测量有同样的限制。如果方向图用于附加到航天器的天线的散射分析，那么就需要相位信息。还需要指出，如果需要进行安装在航天器上的低增益天线的测量，则远场的距离是基于卫星大小的，而不是基于天线的大小。事实上，卫星或卫星样机成为了天线的一部分。

对于空间应用至关重要的是，特别是在较后的阶段，飞行硬件在生产之中，该天线要保持在一个干净和受控的环境中而不能暴露于风雨之中。在一个完全封闭的天线试验场内，环境可以控制，仅需要评估的是从微波吸收材料掉下的颗粒造成的污染，如果掉落的微尘实在太多，测试对象则需要包裹保护。

在户外时，任何情况下都需要将飞行天线包裹起来以保护它不受风吹雨打，因而必须耐心等候，直到有恰当的天气条件时才测试。有一种远场测试场可以作为替代，它结合了传统的室外远场测试场大的间隔距离和微波暗室中的环境，它被称为半开放式试验场，这里测试的物体封闭在一个透明的微波暗室内，但移走了其中的一面墙或者其对射频透射，这里的环境都是可控的，以免飞行硬件受到天气影响。

6.3.2 紧凑天线测试场

6.3.2.1 背景和简介

发射卫星火箭的运输能力已得到改善，甚至在继续提高。有效载荷系统和通信天线平台的大小遵循这一趋势，并以节省成本和减少风险为目标。目前，天线平台的最高能力是能够容纳几个工作在不同频段的尺寸可达12 m宽的反射面和喇叭天线。这样的大平台尺寸和大的卫星载体(如欧洲之星3000 + 和4000)由于现有的太空火箭的高负荷能力而成为可能。阿特拉斯

V、阿丽亚娜 5 型和 Proton 可以作为这方面的例子。实际上，通信卫星，如美国 INTELSATX-X、欧洲的 ASTRA-1K 和 INMARSAT-4 以及俄罗斯的 EXPRESS-AM1 属于现代非常大的通信卫星[5]类别。

在近场测试设施的情况下，大的扫描系统被开发出来以用于测量平面、圆柱形和球形的近场情况（详见 6.3.3 节）。在紧凑场中，补偿的紧凑型双反射面配置非常适合试验通信卫星天线和有效载荷应用。对试验场静区和测量高精度的高性能要求将在 6.3.2.2 节中介绍。作为折中，6.3.2.3 节将给出不同类型的紧凑场的性能概述。一个优化的紧凑场系统的主要设计和静区性能数据将在 6.3.2.4 节中介绍。6.3.2.5 节将给出现有测试设备的典型性能。最后，6.3.2.6 节将展示一个补偿型试验场的特殊功能，作为制造环节中天线的试验台，例如载荷测试和整个集成的卫星的从头到尾的测试。

6.3.2.2　设施要求

用于天线测试设计的现有及未来的测试设施是由卫星设计工程师和项目经理要求所驱动的，要求保证系统的电磁性能。典型的要求如下：

1. 频率范围为 0.8 ~ 200、500 GHz，以地球观测为任务。
2. 静区（平面波）大小：≥8 m。
3. 暗室的尺寸：≥14 m。
4. 同极化幅度性能：< ±0.3 dB（在安静区，在该区内的幅度和相位波前满足指定的平整度）。
5. 静区内同极化相位的性能：< ±3°。
6. 静区中交叉极化性能：< −42 dB。

所需的静区和暗室大小是扫描的发射和接收区的平面波最大宽度的尺寸，主要由通信卫星本身的尺寸及其非常大的天线场地或被测试的可展开天线尺寸确定。

同极化的振幅和相位的性能要求是来自所需的对地球的恒定振幅和相位照射（在所有频率上和波束之内）。交叉极化性能要求由通信卫星频道所需的极化分集确定。

6.3.2.3　设施的选择

物理上，一个紧凑场系统的基本单元是一个使电磁波射线平行的准直系统。这种准直系统可以实现为一种传输或反射单元来变换球面波成平面波。紧凑场的平面波区被称为静区（QZ）（见图 6.14 和图 6.15）。技术上，金属反射面或透镜用于射线准直过程。由于透镜系统的频率依赖性，反射面型与传输系统相比具有许多优点，例如表面的形状、边缘衍射减少等。

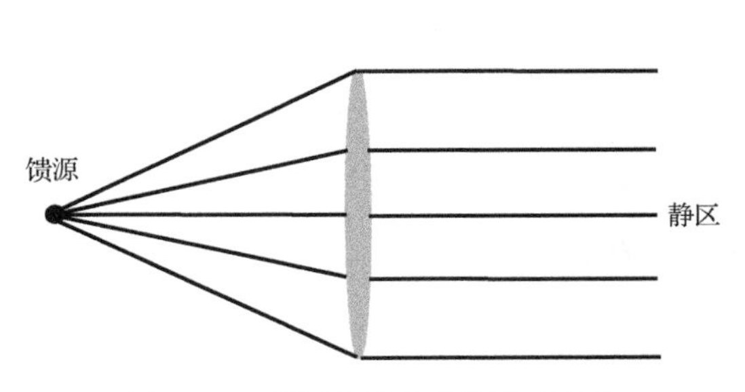

图 6.14　采用变换透镜的准直系统

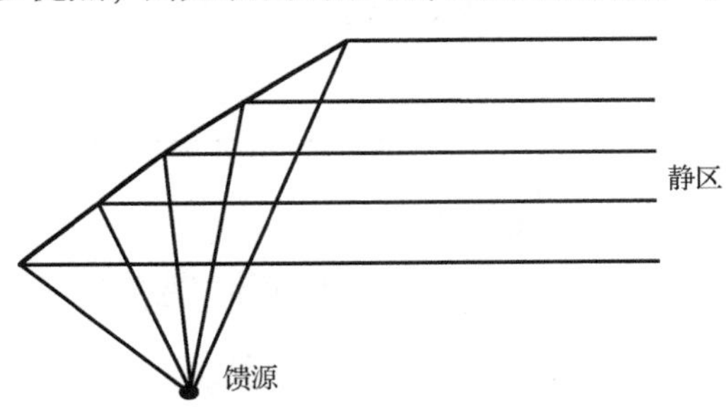

图 6.15　采用反射面的准直系统

全息图[6]是传输类型波变换器的候选。由全息片产生的所有干涉图的叠加提供了试验区的平面波场(见图6.16)。

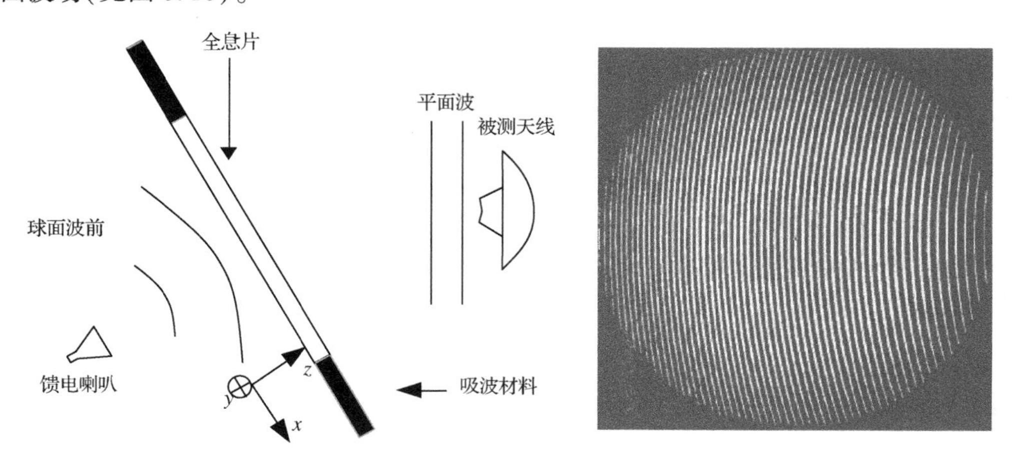

图6.16 准直系统的全息变换

全息片的窄带性能(通常为2%)、单一的线极化、边缘衍射和高传输损失等成本相对较低,易于制造且具有便携性,允许把试验场搬到被测对象处。此外,全息片的蚀刻精度的要求远低于反射面系统对表面精度的要求,这在亚毫米波波长频率处是一个明显的优势。

由于上述限制,该全息片在空间天线测试中没有实际的相关技术应用。

以下列表中展示了反射面的紧凑试场(见图6.17和图6.18)的主要测试参数及其在一系列技术上的结果[7,8]。

■ 工作于宽带	⇨ 需要反射面紧凑试验场
■ 大型被测天线尺寸	⇨ 选择合适的试验场类型
	⇨ 大型反射面尺寸
	⇨ 大型测试室
■ 高测量精度	⇨ 选择合适的紧凑场
	⇨ 特殊的射频仪器
■ 高交叉极化纯度	⇨ 选择合适的紧凑场
	⇨ 补偿型紧缩场
■ 卫星系统参数(EIRP, G/T, AFR, PIM)	⇨ 选择合适的紧凑场
	⇨ 定制射频仪器
■ 雷达 RCS 测量	⇨ 选择合适的紧凑场
	⇨ 定制射频仪器
	⇨ 选通技术(软,硬)

6.3.2.4 设施设计

选择最适合的紧凑场反射面主要基于应用的性能要求:[9]

- 同极化和交叉极化测量精度。
- 交叉极化纯度。
- 扫描能力。
- 室效率。

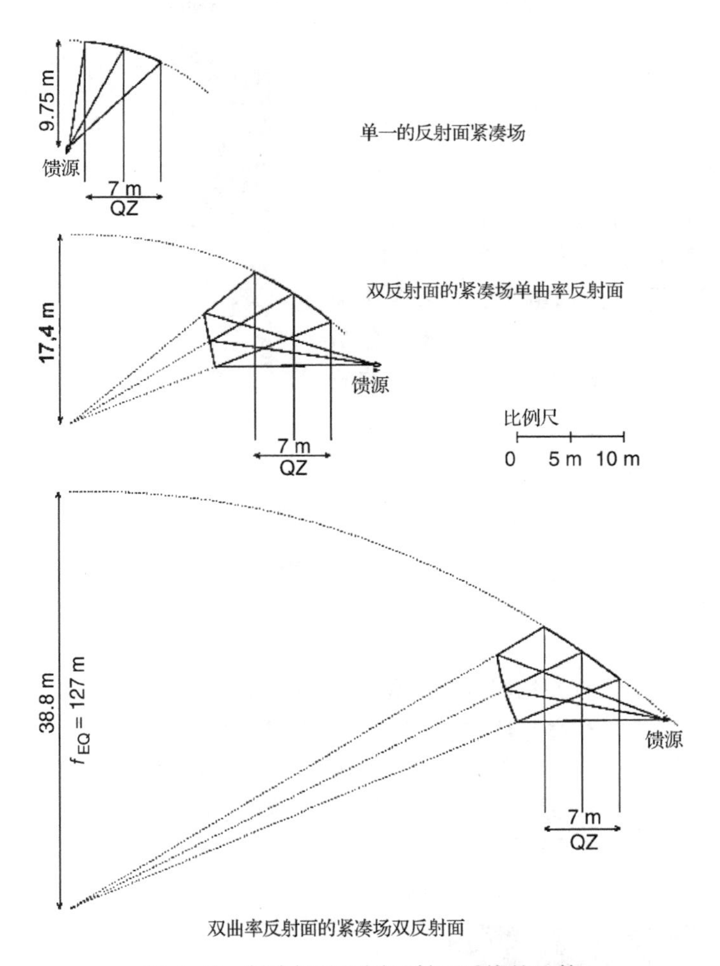

图 6.17　紧凑场的不同反射面系统的比较

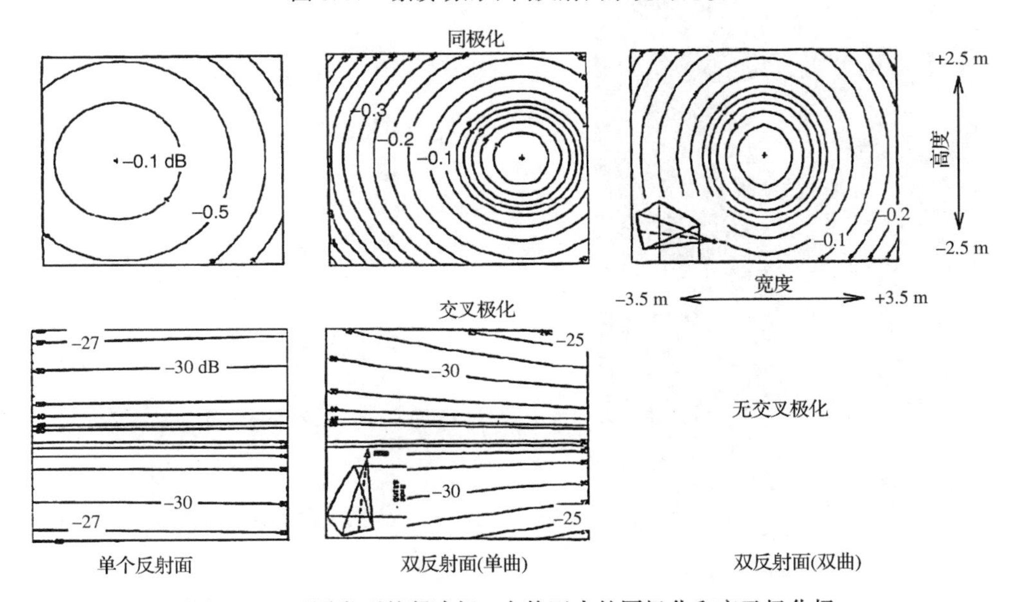

图 6.18　不同类型的紧凑场，在静区内的同极化和交叉极化场

- 频率范围。
- 被测设备类型。
- 测试配置。

由于通信、地球观测、科学和导航天线应用的不同要求，测试系统需要高带宽。这使得系统设计的主要设计目标与频率无关。空间天线要求，如精确测量低于 -70 dB 的旁瓣电平、交叉极化纯度高于 -45 dB 以及优良的增益确定，需要场分布的补偿设计(见图 6.19)和极低的相位和振幅的波纹以及低锥形函数。

图 6.19　Cassegrain 类型的一个补偿型紧凑试验场

6.3.2.5　设施的性能验证

为了验证紧凑场的射频性能，可采用 3 种不同的方法。

平面波探测以确定静区的场平面性：用 5 个不同的频带参考标准增益喇叭从 1 Hz ~ 100 GHz 在中心和两个扫描静区进行测量。相关数据的评估包括同极化场的振幅和相位及交叉极化场振幅(见图 6.20)。

天线方向图和增益比较的天线测量：两种不同校准的参考天线，如来自 EADS Astrium 公司的两个参考天线的方向图和增益通常被测量。结果可与以前不同的紧凑和近场测试设备的测试活动中的测量数据进行比较。在高达 500 GHz 时这种验证的实例已经有过[10]。

有效载荷参数测试：对有效载荷参考单元的最重要的参数 EIRP、IPFD(输入功率通量密度)和 *G/T* 进行测量，结果与计算值和以前的实测值比较。为了验证要求的有效载荷参数，一个特别设计的有效载荷测试单元的使用保证了很高的精度和重复性[11]，例子如图 6.21 所示。

图 6.20　安装好的平面波探测的扫描架

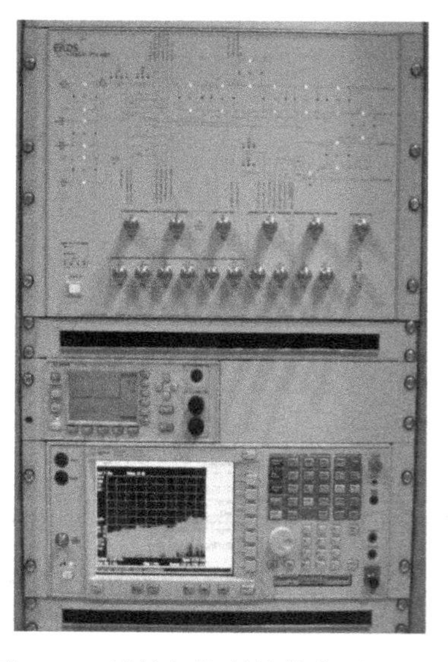

图 6.21　计算机控制的载荷测试机柜

6.3.2.6　空间应用的特点和优点

载荷测试　在航天器级有效载荷测试主要基于以下参数[11]：

- 方向图，覆盖范围，增益；
- 波束效率；
- 光学瞄准线的测定；
- 等效全向辐射功率；
- 饱和磁通密度；
- 幅度频率响应；
- *G/T*，群时延；
- 脉冲间隔调制。

著名的补偿型试验场(CCR)额定测试区为5.5 m×5.0 m×6.0 m，仪器允许对以上所列出的测试参数进行表征。一个普遍的问题是卫星的尺寸不断增大，大约8 m或更大，而且往往天线安装在航天器的相对侧壁上。为了解决这个问题，CCR有一个特殊的生成围绕卫星天线的多静区的功能(见图6.22)。多静区是试验场内的馈源侧向离开焦点的运动产生的，导致产生一个半平面波。扫描过的平面波的高质量是由紧凑场反射面的长焦距造成的。上述大多数有效载荷参数可以直接测量，或者通过一组测量值计算。

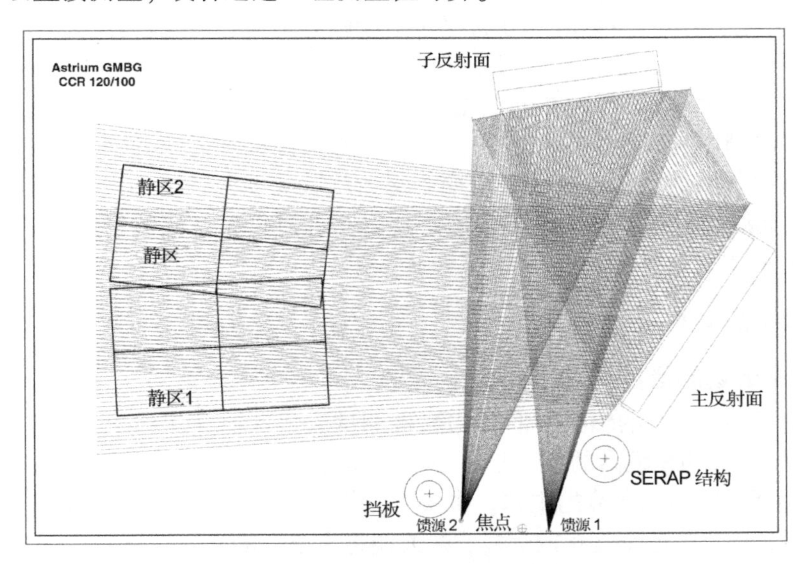

图6.22　几乎扩大试验区的CCR产生多个静区(废钢、锯齿形器保护)

多平面波能力引入了建立两个或更多的在不同位置和不同频率与极化情况下独立的静区的机会。一个典型的用于载荷测试的CCR测试装置如图6.23所示。

利用这个测试设施和测试配置，有效载荷的天线和收发器可以在很短的时间内进行高精度测量[12]。其灵活的使用及其在频率范围内杰出的性能和测量精度使得超过15个全球航天器制造商安装CCR以进行空间天线和有效载荷测试。

光学天线视轴对准与测定　天线整合到卫星后，其高频视轴(设计方向)必须和额定视轴一致，其公差为0.01°~0.02°等级。为满足这一要求，必须进行以下工作：

1. 内部天线对准(馈源副反射面，主反射互相对准，且和飞船对准)。
2. 相对于设施系统的标称视轴的测定。
3. 相对于设施系统的射频视轴的测定。

图 6.23 载荷测试的 CCR 测试装置

内部天线对准在子系统测试中已被预先测定和优化。调整参数已经被确定和固化在参考体中，如参考基准工具球点或立体镜。在系统级天线集成中，调整值应通过用垫片调整馈源和反射面或配置反射器展开角度实现。在某些情况下，不是所有的轴都可以调整的，所以瞄准线误差必须通过馈电位移或反射面倾斜补偿。最后得到的瞄准线必须由射频试验验证。天线的标称轴由相对于 S/C(飞船)系统的矢量的指向来定义，由立体镜的两侧实现。这使得这些方向由经纬仪测出，并与射频测量设备的参考方向进行比较。最后，如果需要的话，相对于天线定位器坐标系的设施的参考方向，标称天线轴和它的极化方向也可以得到。射频测量设备的视轴(CCR)取决于试验场内馈源的位置。当试验场的馈源位于 CCR 的焦点时，且设施几何轴已被测量和相对参考体的方向(立体镜、经纬仪等)已知时，射频视线将和该设施的几何轴相同。这个过程的准确性，包括校准误差，都控制在 0.01°的量级。对位于扫描后位置的试验场馈源，该设施的射频视轴将倾斜。一个恒定相位波前的到达角(AOA)确定射频轴并可通过商业软件(如 GRASP)预测。需要一个校准的馈源定位器，它允许将试验场馈源恰好放置在所需位置，可以画出所预测的到达角的表。馈源定位精度 1 mm 导致指向误差近似为 0.003°。这个过程的准确性，包括馈源定位器标定误差和参考精度，都是 0.015°左右。一个左右两侧都有天线的飞船可以由在扫描位置的两个试验场馈源所测量。已知由 S/C 参照和每个试验场馈源扫描的设施视轴确定的标称轴时，可以对每个天线的射频方向图进行校准。这将允许进行系统级的射频模式测量的验证和端对端校准的测试[13]。

6.3.3 近场测量和设施

6.3.3.1 什么是近场测量?

从电磁理论得知，天线的辐射方向图作为被测试天线和测量天线之间的间隔距离的函数而变化。上一节中 Raleigh 距离的概念已提出，它是公认的远场(通常被称为夫琅区)和近场(黄区)之间的边界，近场是本节的主题。事实上，没有绝对的边界，经典的远场的定义仅仅是一个实用性的定义，它渐近于真正的远场，即天线将由单一的平面波照射。

因此，所有的天线测量设备都会尝试以其特定的方式产生一个测试对象的平面波照射。近场利用离天线有限的距离所测量的结果和真正的远场之间的傅里叶关系来做到这一点。这种关系基于测量天线方向图的幅值和相位然后把它转换到远场。为了实施近场至远场的转换，必须将天线的方向图描述为正交波模的有限展开。因此，无论采用哪种近场测量方案，最终都必须在数学上确定一组平面、圆柱或球面波函数及其系数，可以用它们来确定远场。这些波函数及其系数用在各自的几何形状中，因此有 3 种基本类型的天线近场测试设施：平面近场、圆柱近场和球面近场。

6.3.3.2 探头修正

3 个方法的共同点是要进行探头的修正。探头的修正说明测量天线的辐射特性对采样数据的影响。对于基本的几何结构，探头和被测天线的相互作用的理论基础是在 20 世纪 60 年代和 70 年代产生的。科恩斯(Kerns)的来自国家标准局的经典专著是对于平面波近场天线-天线相互作用的第一部专著[14]，而圆柱近场的解则由乔治亚理工学院的 Leach 和 Paris 在布朗和朱尔前期工作的基础上[16]于 1973 出版的专著中提出的[15]。完整的探头修正的球面解基于洛伦兹互易定理，由延森在 1970 年于丹麦科技大学在他的博士论文[17]中提出。

如果称一部发射至或接收自 AUT 的天线为探头，为了达到更高的精度，可能有必要校正探头的极化特性和方向图。如果不使用极化校正，对测得的共极化方向图的影响将是最小的，而交叉极化方向图将更受到影响。甚至对于一个完美的线极化探头，如果极化轴没有与测量框坐标系统对准，这一点也是成立的。

探头方向图修正要利用探头的方向图，我们来考虑到这样一个事实：如果使用一个有方向性的，在近场中，AUT 从探头观测将张开一个视角。如果这一视角在探头的主瓣之内，则不需要修正。然而，探头方向图会导致接收信号的衰减，因为由探头方向图的一部分所看到的沿天线方向来的接收信号将对于瞄准方向有衰减。在高增益天线的情况下，这种衰减会引起主波束变窄，随之而来的是指向性的“乐观”值。要执行探头方向图修正，必须已知探头方向图的振幅和相位。

可以得出结论：使用一个有方向性的探头，只会使转换过程和探头校准的要求更复杂(要记住探头的方向图必须是已知的)，几乎没有增加价值，而同样的结果可以通过低增益的探头(如开口波导)达到。但是，两个非常重要的情况可以使探头校正非常有用：

1. 在平面近场试验场内，甚至使用一个开口波导将随着以波长度量的天线尺寸与天线/探针分离距离之比增加而导致衰减，这需要用探头方向图修正。
2. 在球面近场测量中探头的指向性可用于抑制不必要的设施杂散信号，如室内的反射。

6.3.3.3 平面近场

一个平面近场天线测试场最常见的实现是垂直的 *XY* 扫描装置，如图 6.24 所示。测量天线或探头在垂直和水平方向移动，以一个方向扫描。请注意，探头必须远离天线的无功场。天线的方向性越强，这些无功场对结果的影响越小。同时，探头必须保持尽可能接近天线以降低扫描平面的物理尺寸。除了无功场，还有在 AUT 孔径和近场探头之间多重反射的问题。近场探头离 AUT 越近，该探针与 AUT 的交互作用越严重。

从一开始，就应该说明平面近场测量在用来测量高方向性天线时可提供最好的结果。所需的平面大小取决于天线的物理尺寸、探头和被测试天线孔径之间的距离，以及方向图对于瞄准的角度的信息。例如，如果我们想测量 10 GHz 的反射面天线，它具有 1 m 的直径，0.25 m 的探针距离，需要有效信息的角度超过 30°，然后根据经验开发的图 6.25，扫描平面至少需要 1.3 m×1.3 m 的尺寸。

平面近场测量产生在平行于采样平面的远场平面内的结果，有一个非常有用的用来粗略估计的规则来考虑被扫描平面的尺寸是否适合整个半空间中远场平面内的对远场的精度要求。也就是说，如果平面扫描仪足够大，样品扫描可以确定此时的近场扫描相对于场强下降的水平，在数量级上，低于最高水平的 40 dB 在扫描中心附近进行测量。然后，此信息可用于确定扫描平面尺寸。我们知道，大多数 AUT 的辐射能量已经在振幅和相位上被采样，此后在半空间内远场的结果应该对误差预算的准确性是成立的。

图 6.24　平面近场测试场

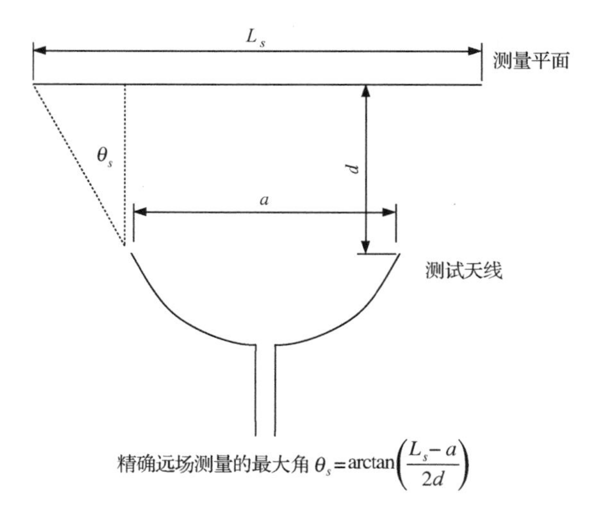

图 6.25　反射面天线的扫描对平面尺寸的确定。由NIST授权

平面近场测量的采样规则是，采样点之间的最大距离应不大于半个波长。然而，在确保欠采样产生的假结果处在感兴趣的角度区域以外的条件下采样可以放宽。

对近场测量的平面通常是矩形的。这意味着，采样沿 x 轴和 y 轴依采样线之间的步长进行。沿采样线，探头是否步进或连续运动取决于测量的范围：

1. 测量频率的数目以及是否要对所有频率的测量数据进行排列。
2. 是否在每个测量点的每个频率采用平均/积分因子。

探针沿着扫描的连续运动能够大大缩短扫描整个平面取样所需时间，然而，扫描速度会受到测量试验场接收机系统以给定的信噪比运动的速度和采样点之间距离的影响。理想情况下，一个测量点就是一点。然而，测量有一个有限的执行时间，平均和积分可以用来提高获得的数据的信噪比，从而导致测量点的模糊。

此外，如果在每个测量的点都有几个频率，则探头运动越快，在第一个和最后一个频率之间会有更大的实际距离。

数据点的模糊也可以加重，为了减少测量时间可采用两个方向扫描。如果完成了一次扫描，选择返回探头的出发点，在另一坐标上执行新的步骤，然后启动下一次扫描。这就是俗称的回扫。

还有双向扫描，它不回到探头的起始点，扫描从相反的方向启动。可以容忍的系统误差程度是所需测量精度的函数。

最后，有必要说一下近场探头相对于测量的采集时间。对于一般的近场测量，通常需要测量两种极化。如果探头只有一种极化，那么将需要执行两个完整的平面的获取，从而增加一倍的测量持续时间。一个单一的采集所需要的时间越长，系统漂移引起的误差被引入的风险就越大。然而，所谓纽带扫描会大大减少扫描时间。纽带扫描是一个单一的扫描，它走过已获得的扫描，然后用来进行数据归一化。XY 平面近场扫描的一个特性是：如果被测天线是高度线极化的且只对共极化场感兴趣，仅需要获取共极化场。

平面近场的几何形状　在上一小节，基本几何是垂直的 xy 平面扫描架。获得平面近场测量数据和远场结果的其他方法及几何形状总结如下。

水平平面扫描架　操作上和垂直扫描架相同，唯一的区别是放在被测天线 AUT 上面的扫描平面是水平的。

这个方案的优点是：允许 AUT“滚进来”并放在扫描架下面。而且不需要一个天线座来固定 AUT。放置在这样一个座上的天线必须足够坚固，以避免由于重力而变形；对水平扫描这仅是较小的问题，并且容易实现天线下面的支撑。

然而，垂直扫描架中改变 AUT 和扫描平面之间的测量距离比较容易，只要移动天线座使之靠近或远离扫描平面就行。水平扫描平面的结构也更复杂，接近探针不如垂直扫描架那么直接。

另外，天线“安全”和清洁在这种几何结构中也成为一个问题。如果扫描架在一个微波暗室内，那么由于从吸波材料掉落的粒子以及灰尘，可能会产生一个更大的潜在问题，因为它会在 AUT 的孔径内沉积。

平面极线扫描架　水平平面扫描架的复杂部分是它的机械复杂性。美国喷气推进实验室为 NASA 的伽利略任务研究出的一种方法是限制水平扫描为一维线性扫描。平面数据集则通过在线性扫描架[18]测试下旋转的天线完成。

这就需要将被测试天线安装在一个转台上。虽然这些设备是现成的，只要把天线滚动作为优势来衡量，上一节中水平 XY 扫描架的情况将不复存在。

采样网格也将不是正常的在 x 和 y 轴上的等距采样，如图 6.26 所示。喷气推进实验室的开发依赖于进行近至远场变换时，用一系列雅可比贝塞尔函数描述测量出的场。另一种方法允许人们利用更简单、更直接的 FFT 方法是：产生足够密集的样本分布图，然后将数据内插到正规的 XY 网格中。

如果探头本身没有转台，这时采样的场在平面将不再具有相同的极化方向。但是，精密而准确的探头的极化特性的信息，将允许在所有采样点重构场，来和测试的坐标系下的天线极化匹配。

双极线平面扫描架　结合 XY 水平扫描架的优点和平面极线扫描的简单性，人们研制出了双极线型扫描架。在该方法中，被测天线再次“滚进”放在扫描架之下，但扫描架包括具有沿旋转的行车式吊架臂探针的线性平移。

在这里，采样网格(见图 6.27)不适用于直接变换算法，于是充足的采样插值到正规的 XY 网格的过程是首选。应当指出的是，如果测量探针不具有转台，采样的极化分量在振幅和相位上将点到点旋转。和在平面极线扫描架的情况一样，不要忘记如何处理探头的极化。

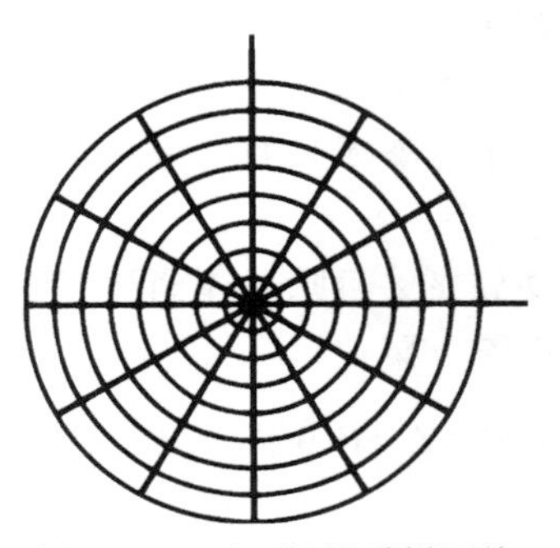

图 6.26　平面极线采样网格

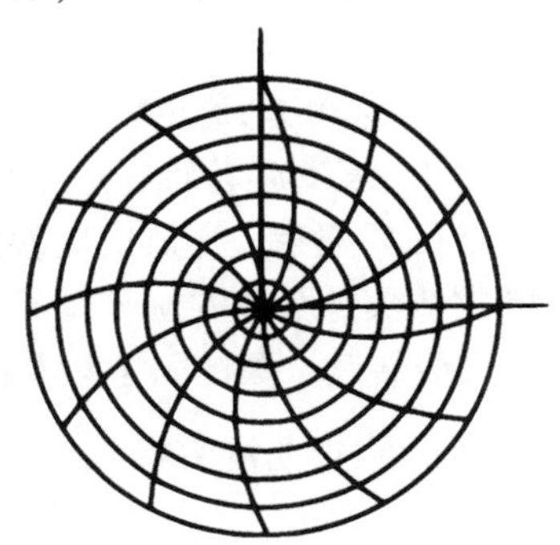

图 6.27　双极线采样网格

6.3.3.4 圆柱近场

圆柱形近场扫描架(见图6.28)对圆柱上的点采样数据。与平面近场扫描架相比，圆柱近场扫描架有诸多优点。首先，扫描本身简化了，即只有探头天线的线性移动和一个转台或方位角定位器，其上安装AUT。这和平面极线近场扫描架类似，除了线性平移现在是与旋转轴平行的。它还提供了更大天线方向图的覆盖范围，即现在至少在一个维度上可进行场强测量超过平面扫描架的方位角±90°的限制。

图6.28 EADS Astrium公司的圆柱形近场扫描架，垂直线性段在左侧，测试天线安装在方位定位器上

近场到远场的转变基于应用圆柱波导函数，即基于贝塞尔函数和汉克尔(Hankel)函数的柱面波展开。在1961年由布朗和朱尔给出了原始的论述[19]中，用圆柱波函数描述采样的场，使用洛伦兹互易定理和探头场进行反卷积。在这种情况下，探头场基于探头的平面波展开。布朗和朱尔的论述由Leach和Paris进一步扩展和完善[20]。

因此，对天线认知的增加和机械的简化，是以更复杂的处理为代价以得到远场的。

6.3.3.5 球面近场

近远场变换算法领域的奠基性理论背景是在20世纪60年代在丹麦科技大学的延森[17]的博士论文中首次提出的。然而一般的球面波展开被测天线和探头不能反卷积，因为球面波函数本身是非正交性的。国家标准局和大学继续进行解决方案的工作。国家标准局首次发布的解决方案是基于约束探针天线为有旋转对称孔径的。换句话说，探针天线由于其旋转对称性，在球面波函数集中只有两个方位指数。这允许把探头和在测试场下的天线的场简化成可以通过两组正交的球面波函数表示[21]。像科恩斯[14]所做的一样，拉尔森的博士论文中用散射矩阵理论[22]改造了球形传输公式，从而完成了最后一步，这就是商业的球面近远场变换的基础，它采用全探针校正，即方向图和极化。

现在球面近场天线测量有许多种实现方案，从一个固定的探针到带有一个扫描探针的一部固定的被测天线。原来TUD(丹麦大学)的球面近场试验场采用固定探头，天线则安装在允许滚动旋转的模型头部。这个系统安装在一个方位定位器上，允许获得整个球上的E-theta[$E(\theta)$]和E-Phi[$E(\phi)$]，滚动旋转轴对应于传统的球面坐标系的Z轴。注意，由于定位系统的桅杆阻塞了被测天线的后辐射，会造成堵塞效应。

在球面上进行数据收集，所有的旋转轴相交是关键的，否则球体会没有中心，相位测量将无效。实质上，对于天线转动，探针固定只有两套设置方案：

1. 横滚方位：此时天线指向沿着标准球面坐标系的Z轴(见图6.29)，测量中天线被称为是极线指向的。
2. 俯仰方位：此时天线指向沿着标准球面坐标系的X轴。在这种情况下，测量中天线被称为是赤道指向的。

每个系统都有它的优点和缺点。例如，极线指向天线绕滚动轴滚动完整的 360°。因为天线设计为零重力下工作，这可以使它在旋转过程中变形，并导致测量结果失效，甚至可能损坏结构本身。在其他情况下，例如完整的飞船或飞船模型，旋转是非常不切实际的，尤其是对于 MGSE 需要天线在测试定位器上，在此配置中有局限性。越复杂的、越大的测试对象，越希望使用俯仰方位系统。应该说还没有一个理想的解决方案，它总是在要求和实用性之间的一种折中，所以必须对每种情况下作为性能和成本的函数进行评估，对于球面近场天线测量的完整论述，可以参考 J. E Hansen[23] 的确定性的工作。

在过去用来避免滚动或甚至测试对象俯仰旋转的一个解决方案，是让铰接臂上的探头旋转。在这里，探头本身绕着测试对象旋转，如图 6.29 所示为对球面坐标系的一个轴，而方位旋转和平常一样。

正如所有其他几何形状的近场天线测量，数据采集是很耗时间的工作。这就是为什么近场系统即使可以执行但一般不用于最终的系统级性能检验的原因。

为了解决数据采集时间的问题，可以采用电扫描的探针阵列技术。有很多种关于实现这些阵列的方案，包括平面和圆柱近场测量。该系统由法国的 SATIMO 公司开发和商业化。最常见的配置如图 6.30 所示。虽然这些系统非常快，但它们的带宽有限，而且从测试对象到旋转中心的距离是固定的，以及数据点的间距没有常规扫描系统的灵活性。

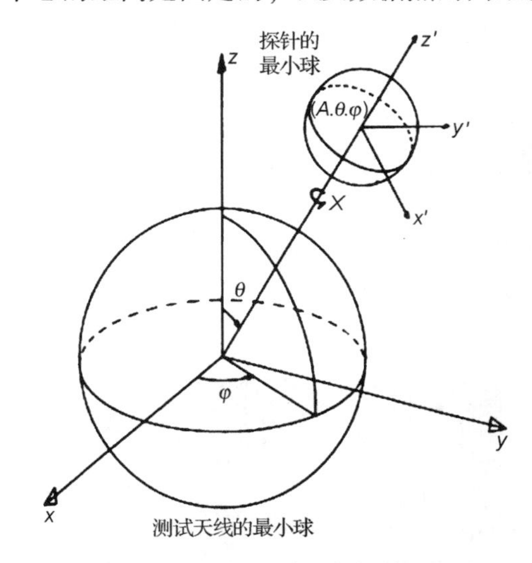

图 6.29　球面近场测量坐标系

图 6.30　SATIMO 探针阵列的球面近场天线测量

6.3.4　环境试验设备和机械测试

现代高科技的产品，特别是用于太空飞行领域的，需要在极端的条件下工作。极端条件可以作为一个对地球轨道或深空间应用的函数而变化。很容易理解，宇宙飞船的每一个组成部分，不仅必须在制造商组装大厅操作正确，而且在经受极端的发射负荷和应力之后在任务期间仍有极好的工作能力。例如，因为在太空中没有重力，没有大气，因此必须在地球上模拟这些条件。

例如，没有大气会导致卫星的部件之间完全不同的热交换，如果这些条件在设计阶段没有考虑，在最坏的情况下，将造成损害并且使任务失败。发射航天器、轨道转移和最终的轨道中出现的所有对飞船的作用称为航天器暴露的环境条件。

由于空间天线在航天器上的暴露位置，设计要确保发射前飞船能承受所有这些环境条件，这一点很重要，因为飞船一旦进入轨道就不能再进行维修。因为这个原因，航天器制造商提供拥有种类繁多设施的现代实验室装备来模拟这些环境条件，并且能对部分或完全集成的系统进行测试。

最先进的环境试验设备都集成在大型试验室内，它们满足美国联邦标准209B，8级(以前为100.000)洁净度的要求。设施确保安全和有效的测试和样本处理。此外，测试实验室提供设施、工具和测量设备以进行进一步的测量，项目如下：

- 重心
- 转动惯量
- 结构平衡(静态和动态)
- 质量测定
- 自旋试验

应该在一个地点进行完整的性能测试和中间检查序列以尽可能避免与飞船运输相关的风险以及满足现代航天器项目工期。为进行环境试验，对天线系统的实际效果通常必须通过以下试验模拟：

1. 气候试验，包括结合不同的温度和湿度，可能增加气压来模拟大气的适用于地球大气层中选定的地方的影响。图6.31展示的是氮操作热试验设施的一个例子。
2. 模拟太空没有大气的条件，考虑辐射传热的真空或真空热试验。
3. 对热子系统和完整的航天器系统的功能性能和设计的测试是在热试验设施(也被称为热平衡、空间模拟和热真空设施)内进行的。在模拟的空间热环境条件下，热模型计算的验证和热控制子系统和航天器系统的功能性能鉴定和验收必须达到。热测试设备模拟的关键的空间条件是真空条件、辐射热散热和太阳辐射输入。有卤素辐射器的热真空试验室如图6.32所示。

图6.31　气候试验室氮气冷却系统

图6.32　热真空室通过红外辐射器阵列模拟太阳

4. 用振动试验仿真各种对天线系统的机械应力，这可能发生于真实的任务中，应力可来自发动机或火箭的巨大振动，以及机械冲击(由于处理、发动机点火或弹入位置等事件)。典型的甲板顶反射面天线的振动检测测试装置如图6.33和图6.34所示。为了在典型的通信天线产生所需测试级别，需要约500 kW的电能。最大的可能冲击向量将是500 kN的级别。为避免与其他敏感的测试系统的耦合，需要独立的振动块产生振动操作。

5. 特殊的测试装置可能是必需的。例如，在某些情况下需要对振动和温度的综合环境进行模拟。
6. 进行声噪音测试来鉴定空间天线，特别是大型可展开天线在飞船的发射过程中遇到的声环境下，特别是在起飞和跨音速阶段。再入飞船须经受热载荷和脉动压力场的综合环境。该热声条件可以在一个特殊的行进波管中模拟，也可用火焰加热系统来扩展模拟。通过一定数量的麦克风，可以控制和监视噪声场。欧洲最大的噪音测试设备如图6.35所示，是安装在德国慕尼黑的IABG。该设备也能够为完整的安装好了的最大通信卫星进行系统测试。

图6.33 顶部上安装的天线带水平测试轴的振动测试装置；移动线圈振动系统(左)和横向移动滑台(样品)

图6.34 振动测试装置的甲板顶部上天线的垂直轴运动试验；500 kN的移动线圈振动系统与安装了测试天线的适配器立方体

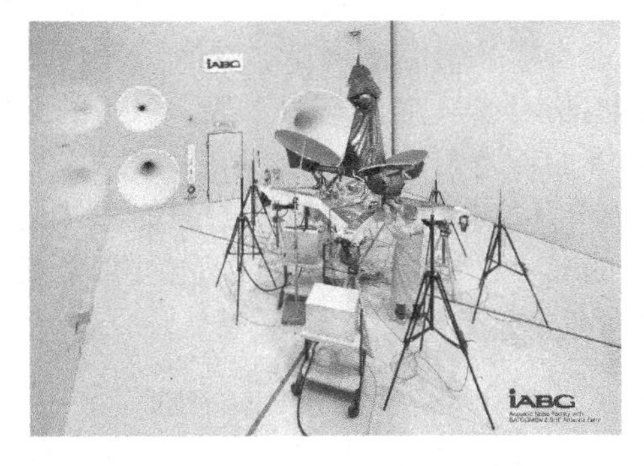

图6.35 通信卫星上甲板天线的噪音试验室。在后壁有3种不同频带的声波喇叭

6.3.5 PIM 测试

6.3.5.1 PIM 在组件级的测试

对整个天线的性能有影响的关键事项是多载波高功率运行下可能产生的无源互调产品(PIMP)。特别令人关注的是落入卫星接收机频带的产物。潜在的天线-PIM源主要在馈电链路内，但也在碳纤维材料的反射面结构内，网格化和大网格反射面是典型的备选PIM源。

测试装置(见图6.36)由两个合成器生成的两个高功率载波信号接上两个高功率放大器(HPA)组成。两个载波信号在三工器内组合来馈电给被测器件DUT的发射Tx端口。三工器的接收 Rx 端口通过一个带通滤波器、低损耗的椭圆波导和一个低噪声放大器(LNA)连接到室外的频谱分析仪。

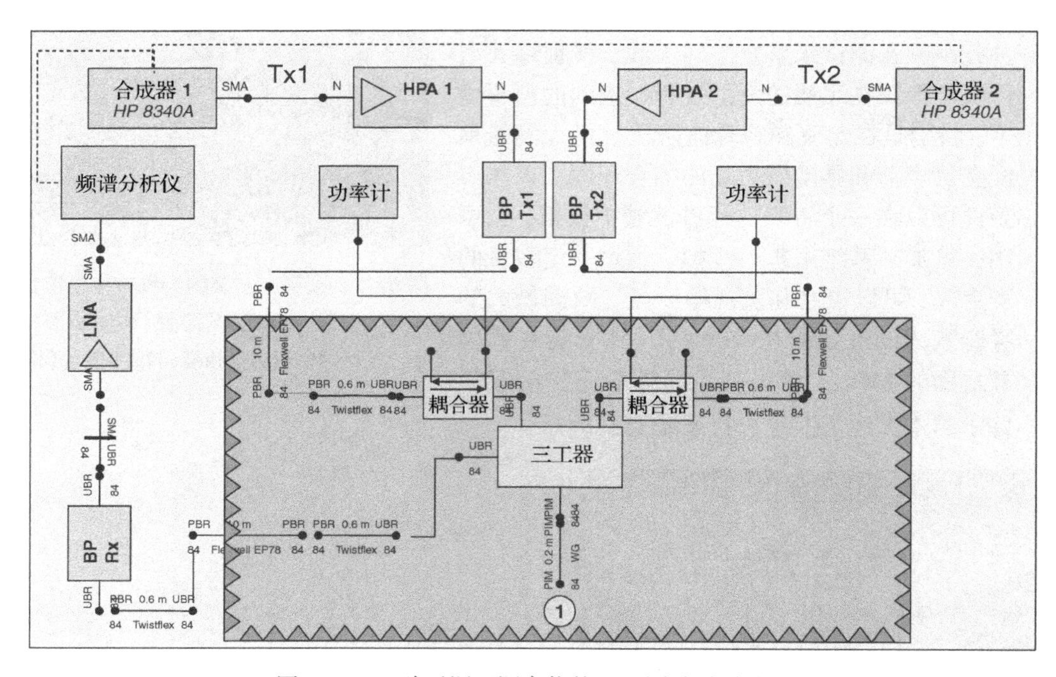

图 6.36 三阶无源互调产物的 PIM 测试系列设置

测试通常是在微波暗室中进行的(见图 6.37),暗室有标准的电磁屏蔽,以避免任何墙壁的反射或其他从墙或从室外来的干扰。PIM 的健康检查应在周围的环境条件下进行。

可以实现设施内吸收壁的额外热监测来避免危险的吸收材料热过载。红外相机非常适用于热辐射场的监测。

图 6.37 木制 MGSE 和无反射环境的 PIM 设置

6.3.5.2 天线系统级 PIM 测试

卫星系统的测试中 PIM 测试设置的原理(性能测试)如图 6.38 所示。为进行该测试,两个上行链路载波辐射到不同的卫星接收通道。选择上行链路载波 F1 和 F2 的幅度使卫星发送的每个下行载波 F1* 和 F2* 有相等的 EIRP_{SAT}。一般来说,任何的 PIM 信号(如果有的话)将由在卫星发射信号通路内的无源元件产生(如波导法兰、O-MUX 等)。上行链路载波 F1 和 F2 频率差选择对卫星的频率安排产生最坏条件下的情况。这种情况是一个可能的 PIM 产品和下列频率产物:

$$\mathrm{PIM} - 频率 = \pm M^*(\mathrm{F1}^*) \pm N^*(\mathrm{F2}^*)$$

(其中,M 和 N 为谐波次数,$M+N$ 是奇数)它由标称卫星发射信号 F1* 和 F2* 生成,并落入该卫星接收频带内。然后该 PIM 产品就如同一个到卫星的上行信号。转发器频率在下行链路中被转换和传输,在那里它可以被检测到[11]。

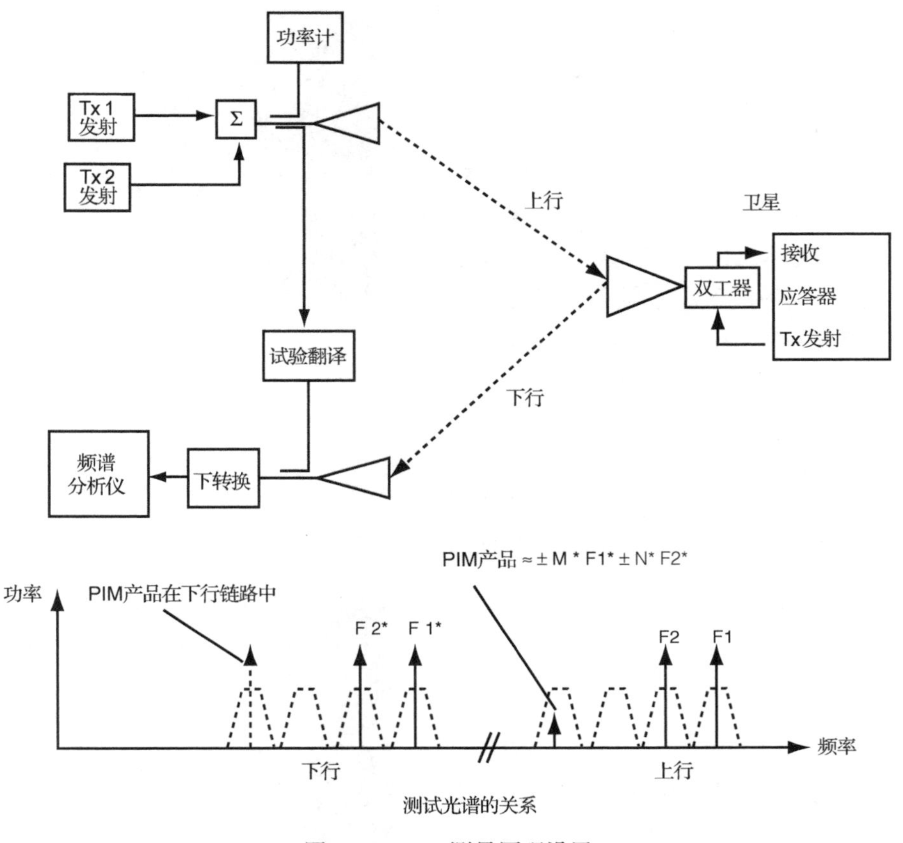

图 6.38　PIM 测量原理设置

6.4　案例分析：SMOS

在 ESA 的有生命行星计划中，SMOS(土壤湿度和海洋盐度)任务是欧洲航天局 ESA 的第二次地球探测机会任务。SMOS 是 3 个欧洲机构合作推进空间工业和科学的结果，这 3 个机构是 ESA(欧洲航天局)、CNES(法国国家空间研究中心)和 CDTI(西班牙工业技术发展中心)。

在 L 波段进行微波辐射测量被认为是测量土壤湿度和海洋盐度最适当的技术和频带。然而，L 波段辐射测量的主要缺点是：为了得到所需的最高地面分辨率要求，需要使用非常大的天线，因此这个任务所需的仪器给这项任务造成了重大的技术挑战。

为了克服与实际天线孔径有关的技术问题，早在几年前的 ESTAR(电子扫描稀疏阵列的辐射仪)已成功地证明可以采用合成孔径技术，而该仪器是第一个一维合成孔径辐射计。

合成孔径干涉辐射计的概念是在 20 世纪 50 年代发展起来的，为的是获得高分辨率的天体射电图像。在文献[24]中提出了将它用于地球观测作为能提高单个天线的角分辨率的一种方法。

直到 1996 年才开始对地球遥感用二维合成孔径进行初步的研究[25]。结论是，为了满足土壤湿度和海洋盐度在 L 波段从空间无源成像的科学要求($\lambda = 21$ cm)，利用合成孔径原理的大天线阵列与机械或电子扫描天线和推扫式辐射计相比具有明显的优势。适合空间平台驻留的 T 形设计与用于在新墨西哥的射电望远镜非常大阵列(VLA)设计相结合，墨西哥的设计是一个单元指数分布的 Y 形阵列。MIRAS 仪(合成孔径微波成像辐射计)是一种具有相等间隔的天线单元的 Y 形结构，它有地面分辨率和栅瓣方面的重要优势，适用于星载应用[25, 26]。

SMOS 任务(见图 6.39)中的卫星在海拔 755 km 的低太阳同步轨道上运行，重访时间为 3 天，无源地测量在 L 波段(1.4 GHz)的地球产生的电磁噪声，它的空间分辨率为 50 km，辐射敏感性在 2 ~ 4.5 K 之间(根据观测的区域)，辐射测量精度小于 1 K。卫星在 2009 年 11 月发射升空。

图 6.39　SMOS 在轨道上

6.4.1　SMOS MIRAS 仪器

由 EADS-CASA Espacio 领导的 20 多个欧洲财团建造了 MIRAS 仪，它是唯一的在 SMOS 任务中携带的仪表(见图 6.40)。有效载荷的的主要子系统[27]有：

- 热机械结构；
- 一个集线器的结构；
- 三臂结构；
- 三个展开机械；
- 三臂固定机械；
- 热控制硬件[ML(多层隔热)、散热器、热敏电阻、热电偶和加热器]。

图 6.40　SMOS MIRAS 由 EADS Astrium 公司整合

所用的电气结构有：

- 66 个 LICEF 单元(天线 + 接收机)，包括光调制器；
- 1 个相关器和控制单元(CCU)，带有星上的开关、数字相关器和光学解调器；
- 1 个校准系统(CAS)；
- 12 个控制和监控节点装置(CMN)；
- 3 个噪声注入辐射计(NIR)；
- 1 个光线束实现链接来运送 IQ 信号(通过 CMN、LICEF、CCU 和线束分布的光硬件称为(MIRAS 光学线束)；
- 1 个通过松开按住机制触发手臂展开的热力单元；
- 1 个 X 波段组件下载科学数据到地面。

三臂伸展开后，MIRAS 仪器有 8 m 的翼展和 360 kg 的重量。

66 个 LICEF(成本效益高的光前端)部件和 3 个 NIR 分布在 3 个机械臂和中央枢纽结构中。每个 LICEF 包含一个双极化天线和一个交换式滤波接收机，L 波段(1404 ~ 1423 MHz)的接收器能选择工作的极化(见图 6.41)。每个 LICEF 对天线单元接收的噪声信号进行放大，滤波和下变频到中频。1 位数字模拟转换器转换信号，然后在 MOHA 单元中进行光学采样，包含在 LICEF 箱内(见图 6.42)并将信号通过光纤线束传到 CCU，然后进行下变频并相关。MOHA 的子系统还包括适当数量的光分路器，用来执行将光信号分布到 MIRAS 臂和中央枢纽。SMOS

是欧洲第一个广泛使用星上光纤通信的太空任务。近红外光谱接收机及两个相同的LICEF接收机加一个LICEF天线组成，它允许同时检测两个天线极化。与内部的CAS结合的NIR[29, 30]是MIRAS校准仪器所必需的[31]。

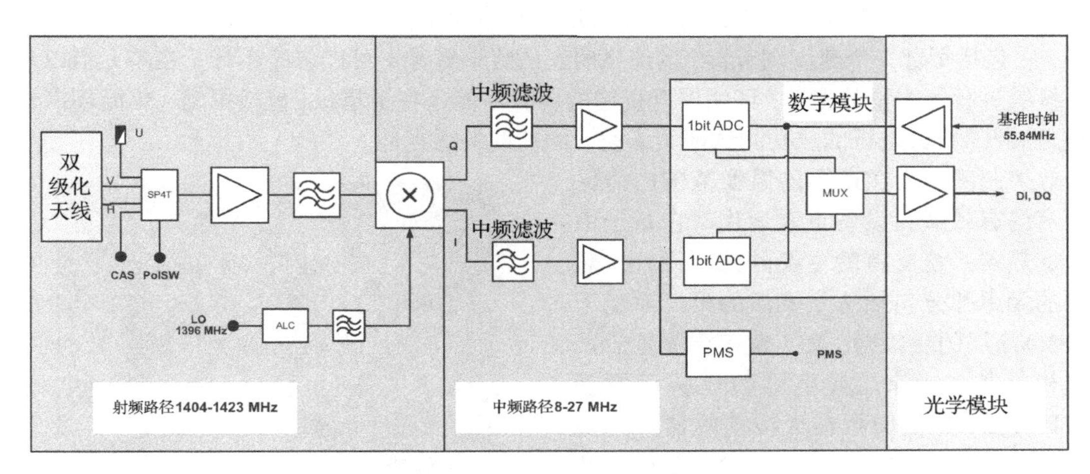

图6.41　LICEF接收器框图

接收机输入端的开关选择两个天线输出之一（水平或垂直），输出为环境温度下的电阻（U）产生的不相关噪声或从噪声分配网络（CAS）产生的相关噪声。

每个LICEF、LICEF-NIR及相关联的校准网络都由分布在有效载荷上的CMN单元控制和监视。在每12节段中都有一个CMN，这些节段组成SMOS PLM的臂的结构（见图6.43）。CMN作为仪器的CCU控制功能的远程终端而工作，使后者能够到达距离它较远的单元。

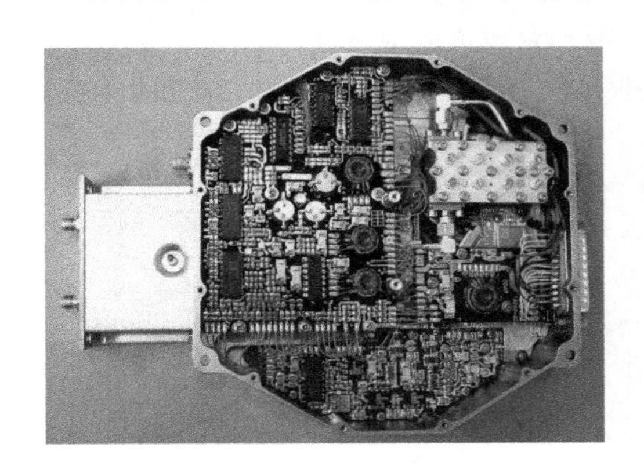

图6.42　MOHA单元接入到LICEF接收器内的电子线路板

图6.43　一个臂段的单元集成（LICEF沿轴线分布，CMN是在LICEF上的黑色单元，光学线束（在底部）沿臂分布，可识别出一个在照片的右下方的CAS的噪声源）

当CCU发出指令后，CMN建立LICEF的测量配置，并设置校准网络的配置和可开启/关闭固态开关来调节注入这一段结构的热量。此外，CMN允许与LICEF和LICEF-NIR设置相关联的两种操作模式：观察模式和校准模式。

达到每个LICEF单位的本机振荡器也在CMN中产生（从CCU产生的第25次高次谐波的参考时钟信号）且通过同轴电缆分布到臂段单元。

在机械方面，中央枢纽和臂是由碳纤维制成的，它以最小的重量提供了一个高的刚性来使MIRAS仪器耐住在发射过程中的负荷。文献[32，33]中所述的展开机构，设计成能够在3个臂进行同步展开，用纯机械控制以避免需要功耗或伺服控制的电子模块，并迫使进行一个缓慢的展开，以尽量减少对卫星姿态的扰动和对运动结束时的力矩。操作是基于一个弹簧驱动的展开，它包括每臂一个速度调节器，以使飞船上的终端臂冲击可以忽略不计。在单元级以及在子系统级进行了大量的测试，证明展开机构的应有性能。在卫星级(包括振动、热循环声学和零重力展开测试)进行的成功测试证实了设计的功能的适当性。

热控制确定为在适用的温度范围内能保持所有的有效载荷设备正常运作。它基于由一个加热器系统支持的主要的无源设计。热硬件的无源部分包括一个灵活的第二面镜子(FSSM)涂层的热辐射，MLI覆盖层覆盖的展开机构托架，锗涂层黑色聚酰亚胺箔覆盖LICEF天线，热倍增器在天线接收器阵列内进行热量分散(见图6.44)。加热器部分包括由CMN供电的电阻加热器，并且通过CCU内在的算法控制，温度是从安装在LICEF和近红外接收器上的传感器的温度读数反馈回来的。第二组加热器在安全保持和待机模式中由航天器平台控制来保持设备的温度高于不操作时的值[34]。

图6.44 Plestezk发射场地的AIT活动期间SMOS的有效载荷。MIRAS手臂和安放的PROTEUS太阳能电池板已存放。保护性的Ge卡普顿箔覆盖于有效载荷上

热控系统确保温度在任意两个LICEF的温差小于6℃。另外，为了保证温度变化对MIRAS性能的影响是最小的，LICEF经常需要校准，以调整其性能。当仪器在观察模式时，校准通过把从CAS来的相关噪声传输到所有LICEF中并将来自每个LICEF信号进行关联。

6.4.2 SMOS模型理念

SMOS模型理念旨在允许全部鉴定每个单元和子系统以及鉴定整体SMOS有效载荷。

SMOS模型的整体理念包括三种模式的一个序列，即STM、EM和PFM，并且每个仪器的子系统(从天线单元到CCU和软件)是低级模型的理念主题，包括面包板的开发，EMS、EQMS和FM或PFM这些已提交到各自的鉴定和验收程序。总体来说，回顾6.2节中的定义，SMOS模型理念属于混合模型的方式，其中鉴定在子组件级被执行，对系统进行的一系列测试表示为PFM系统模型。

6.4.2.1 MIRAS STM

SMOS中STM部分的结构和热的硬件符合飞行标准设计和配置，配有一组QM和质量模拟元件，即：

- QM 枢纽结构
- 三臂结构飞行标准构建
- QM 的展开和一只臂的压紧机构
- SM 的展开和压紧两条臂的结构
- 电子单元的结构和热仿真模型(质谱、尺寸、重心、散热和线束接口特性)
- 质量有代表性的电气线束、光学线束和射频电缆

STM 模型的框图如图 6.45 所示。

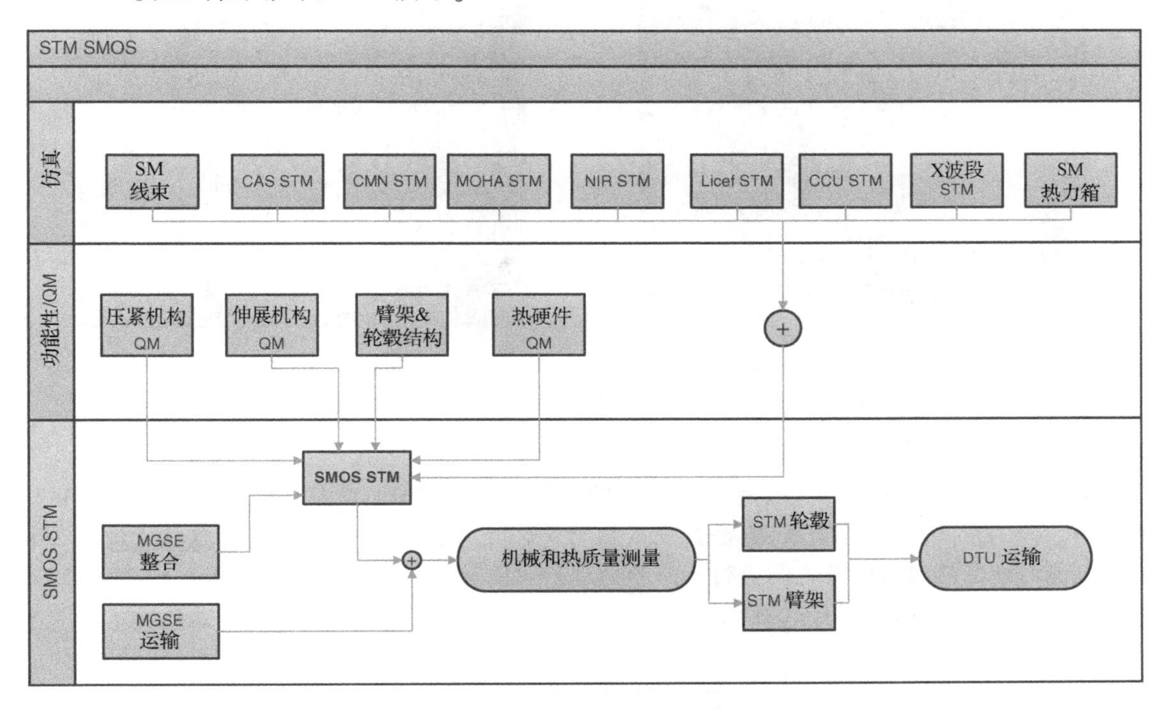

图 6.45　SMOS STM 模型流程

值得一提的是，STM 除了被用于几个机械的鉴定有效载荷的热方面，也被用来预先细化所有将被应用于 PFM 的 MGSE，如整合机械臂装配、拟合检查 PFM 运输小车工具和 PFM 运输容器，以及精细调整零重力展开测试设置。

对 STM SMOS 的鉴定活动包括质量测量、正弦振动试验、声学试验冲击、展开和热平衡测试。它们是在 ESTEC 诺德维克中进行的。振动试验的目的是为发射验证 MIRAS 结构设计(见图 6.46)与确认对每个子系统指定的机械环境。对 STM 进行的 TBT(热平衡试验)用于验证数学模型的假设和调整热控子系统参数。

一旦 STM 活动完成，重用臂段和中央枢纽执行试运行测试设置。该设置位于 DTU-ESA 球面近场天线测试设备暗室内，用以表征 LICEF 单元的辐射方向图。应该提到的是，DTU 参与了 LICEF 之前的筹备方案来验证设施和测试理念。

图 6.47 示出了在试运行配备有 STM 和 LICEF 单元的 SM 情况下 MIRAS 的中心枢纽，其随时可以抬高到 DTU 塔桅以进行天线测试。设计成允许运输和 LICEF 天线单元的方向图试验的特定 MGSE 被成功测试。

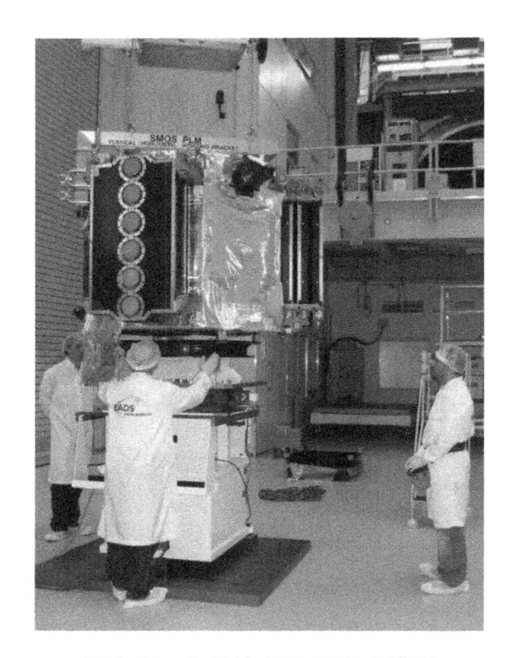

图 6.46 收起的 STM MIRAS 模型

图 6.47 空转试验 MGSE MIRAS 在 DTU 天线测试设备和测试装置的运行试验

6.4.2.2 MIRAS EM

MIRAS EM 包括测试台和所有电子单元的有代表性的 EM，或者它们的子集(见 6.48)。EM MIRAS 的目的是为了验证 EM 是否按照 PLM 要求工作，以及 PLM 单元与电气接口是否兼容，以便对任何接口和设备之间进行不兼容处理的可能性。EM 的建立也相对于 MIRAS EGSE 检查，以便及时发现任何可能的通信错误。

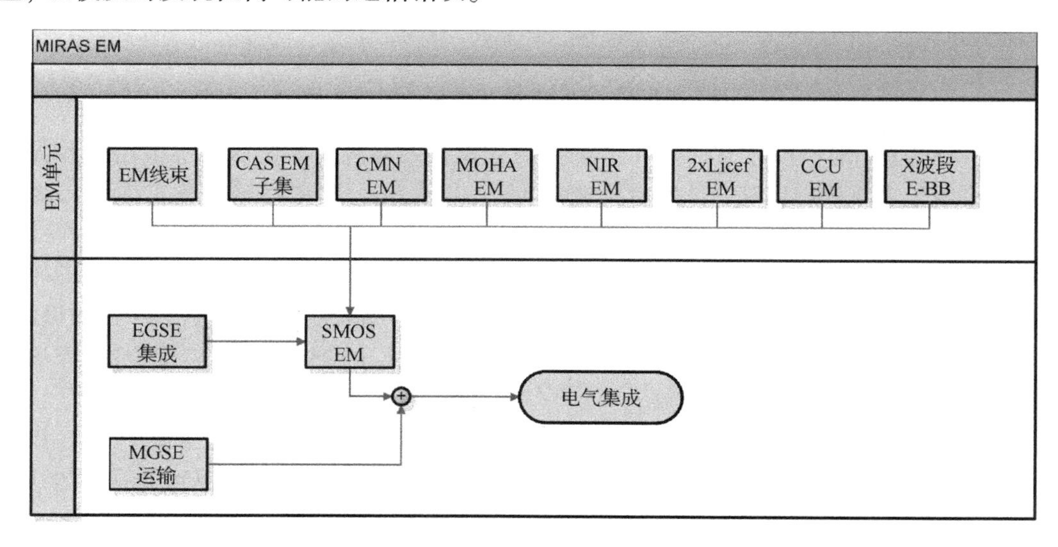

图 6.48 SMOS EM 模型流程

该 EGSE 的使命是建立一个和 SMOS MIRAS 设备的连接，此设备起飞船的作用，并为该目的包括一台平台模拟器，同时提供电源和通信线路(见图 6.49)。它还包括一个模拟器，从

CCU 直接获得科学数据，检查数据的格式和通过标称射频链路发送来的格式是否相同。在缺乏 X 波段子系统时或集成和测试(AIT)活动不需要特别应用射频链路时可以采用这个模拟器。

MIRAS EM(见图 6.50)包括以下单元：

- CCU 和 SW
- 两个配备 MOHA 的 LICEF 单元
- 配备了 MOHA 的一个近红外(NIR)单元
- 一个 CMN
- 两个 LICEF 单元，一个近红外单元，一个 CMN 及 CCU 之间的光学线束链路：
  - 光分路器(一个 1×8 和一个 2×12)
  - CAS 子集，包括集中的噪声注入网络和一段分布式网络
  - 一个 X 波段精细的面包板发射机来检查与 CCU 的接口

图 6.49　SMOS 有效载荷 EGSE

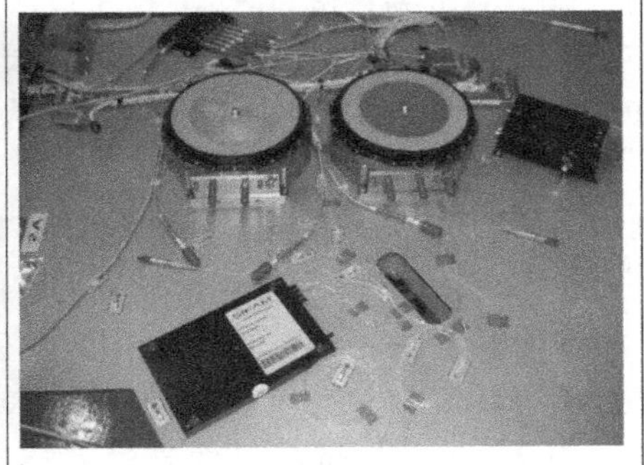

图 6.50　SMOS 卫星有效载荷 EM

MIRAS EM 测试活动旨在验证电性能以及下面的功能测试：电气集成验证，星上软件预鉴定，功能测试和 EMC 测试。如前所述，LICEF-CMN、LICEF-CCU、CMN-CCU 和 CCU-S/C 模拟器之间的兼容性测试具有特殊的现实意义。

在 SMOS EM 阶段进行的测试被用来获得在 PFM 级定义和细化测试阶段必要的知识和信心。

6.4.2.3　MIRAS PFM

SMOS PFM 有效载荷(见图 6.51)被提交到一个系统级的验收/鉴定测试序列。正如上面提到的，每个做成 MIRAS 仪器的子系统在交付到 EADS CASA Espacio 之前，在集成 PFM MIRAS 测试活动之后，提交给验收的环境和功能测试活动。

3 个系统开发项目[MDPP-1、MDPP-2 和 AMIRAS(机载版 MIRAS)]支持了 SMOS 仪器的发展并用来验证几个 SMOS 的概念和设计方法，包括在 DTU 球面近场天线测试设备的方向图测试。

LICEF 天线的方向图的测试活动是进行 PFM 整合前的一个中间步骤。对于这些测试，一个具有代表性的实验模型只包含射频单元和外部硬件，如交连可以通过散射和衍射影响个体

的方向图。这对降低 DUT 的质量效果明显，可有效缓解暗室塔桅上的机械荷载。

作为集成的 SMOS 有效载荷测试活动的一部分，应该进行以下测试：

- 集成系统测试(IST)
- 展开
- 声音/正弦
- 热平衡/热真空(TBTV)
- EMC
- 图像验证测试(IVT)

图 6.51 MIRAS PFM 在零重力下部署测试

在讨论 MIRAS LICEF 天线方向图特性之前，先对这些测试做一些评论。

集成系统测试：在电气子系统集成完成后，目的是在具有代表性的系统配置中验证所有子系统的性能和兼容性(包括冗余度)。使用在 EGSE 中建立的自动测试序列来进行验证。

展开：这种测试在 PFM 上进行，鉴于使三只臂同时展开的复杂性，每次只测试一只臂。用开发出的零重力测试装置进行 STM 测试。

声音/正弦：PLM 处于存放配置和安装在振动测试工具上有着 PROTEUS 的接口。在临界点测量有加速度计的 PLM 由结构工程师定义为用来监视动态响应并且把它和预测的结果相比较。

热平衡/热真空：在运行阶段，在大的能够模拟所需热环境的太阳模拟器(LSS)上来进行这种测试(见图 6.52)。在热循环测试期间，对仪器的所有功能和模式进行验证。

EMC：测试内容包括传导与辐射输出以及传导和辐射敏感性。没有静电测试是在 PFM 上进行的。2007 年 5 月，在 ESA-ESTEC 麦斯威尔设施 EMC 室中成功完成了该测试活动。

图像验证测试：这种测试的目的是对完整的 MIRAS 仪器进行性能测试。出于这一目的，在 ESA-ESTEC 的麦斯威尔设施在指定的空间分辨率内建立了一个已知温度亮度的环境(见图 6.53)。参考场景建立在两种不同情况下的暗室内，一种场景由在室温的暗室吸波材料提供，另一种场景由两个用四个探头天线模拟的千个焦点源提供，四个探头天线放置在有用的仪器查看范围内。这次测试的结果在文献[35]中进行评价。

图 6.52 MIRAS 在 ESTEC 的大太阳模拟器上

图 6.53 MIRAS 在 ESTEC 的麦斯威尔设施进行IVT和EMC测试

在有效负载测试活动之后(见图 6.54)，MIRAS 被集成在一个 PROTEUS 平台上，并且一个 S/C 级测试活动也开始进行。

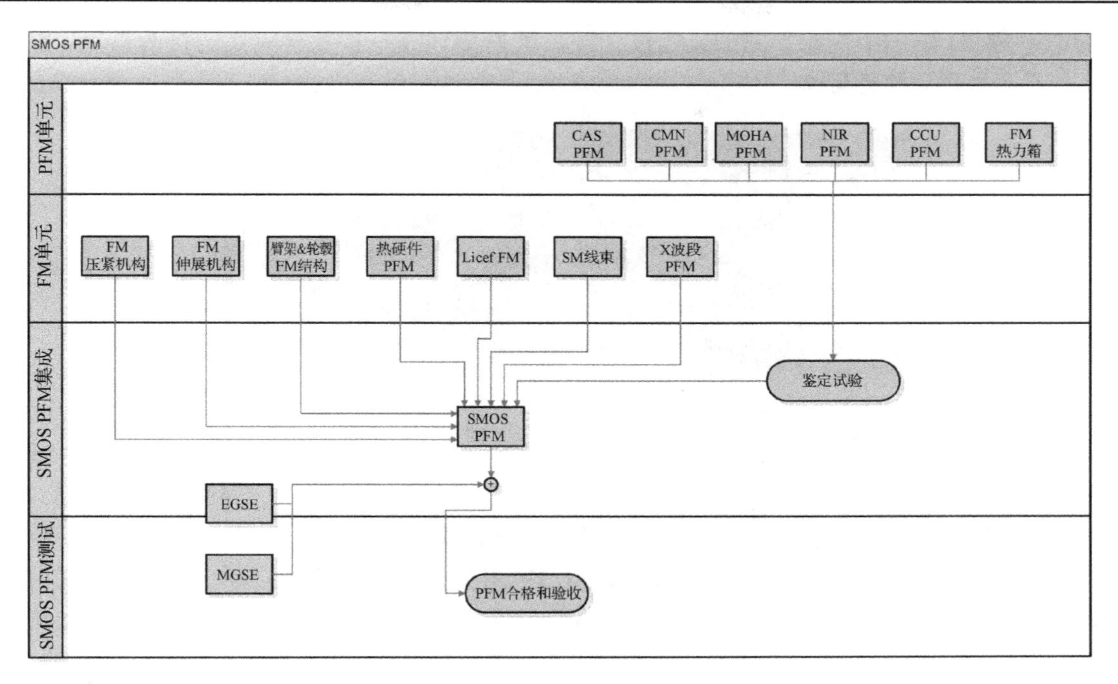

图6.54 SMOS PFM 模型流程

6.4.3 天线方向图测试活动

为了获取场景的亮度和温度，MIRAS 仪器测量三只手臂中所有可能的 LICEF 接收机对的互相关以获取可见性函数。这些互相关在 CCU 的相关器中执行，被下载到地面，然后对这个函数进行傅里叶逆变换获得所需的亮度、温度。科贝拉方程是一个经典的可见性函数的重新表示，是 SEPS 的基础，即管理 MIRAS 的性能系统模拟器[36]，公式如下[27]：

$$V_{ij}(u,v) = \iint\limits_{\xi^2+\eta^2\leqslant 1} \left\{ \frac{\sqrt{D_iD_j}}{4\pi} \frac{T_B(\xi,\eta)-T_r\cdot\delta_{ij}}{\sqrt{1-\xi^2-\eta^2}} F_{in}(\xi,\eta)\cdot F_{jn}^*(\xi,\eta) \right\} \cdot \tilde{r}_{ij}\cdot \mathrm{e}^{-\mathrm{j}2\pi(u\xi+v\eta)}\,\mathrm{d}\xi\,\mathrm{d}\eta$$

它把场景的亮度温度（T_B）、接收机的温度（T_r）和单元的方向图（F_i，F_j）连接了起来。SEPS 还是 MIRAS 的误差和精度预算计算的基础，并且为 MIRAS 单元方向图测量所需的精度要求建立了基础。

只有在地面上测试期间，孔径综合辐射计的天线方向图的特性才能被表征，虽然已经进行过研究来评估飞行时对方向图可能的影响[37]，但是，还尚不清楚在飞行期间如何进行方向图的校准，所以通常的做法是进行一个阵中天线单元方向图的地面特征描述，同时考虑单元[38, 39]与位置[40]之间的互耦，以及任何与散射或周围结构相关的影响。如果影响不在天线的表征中考虑，这些影响就成为误差项。所以散射、互耦或单元在阵列中的位置成为方向图的特性，这些特性是用给定的不确定度测试的，不确定性主要取决于测量设备。总而言之，天线方向图测量必须在发射之前进行，它们必须被假定在发射和太空运行中才能保持自身特性[41]。

MIRAS 的双极化贴片天线单元的特性在同极化和正交极化组件中表征，不仅要考虑前面提到的影响，而且也要考虑 LICEF 天线的性能降低作用和 LICEF 接收机对孤立天线影响交叉极化。在 MIRAS 中的 LICEF 单元(见图6.55)中与天线接口处有一个输入4∶1 开关，它允许选择 H 或 V 极化以及 C 或 V 校准端口。在全 LICEF 级由开关提供的有限的隔离度会影响交叉极化的电平测量[42]。由于两个 NIR 天线极化端口被连接到完全独立且隔离的接收器上，因此 NIR 单元不被这一特性影响。

图 6.55　完整的 LICEF 单元和 LICEF 天线

6.4.3.1　天线测量和设施选择

SMOS 系统模拟器曾用来定义 MIRAS 方向图允许的最大不确定性[43~46]。分析给出了以下方向图测试的不确定值：±0.05 dB 振幅和 ±0.33°相位直到 ±35°离轴 1σ。为了避免任何可能出现的混淆，本小节所有的天线方向图测量是对同极化和正交极化场的分量在振幅和相位上进行的。

另一方面，要在整个球面中有完整的方向图（$\theta \in [0, 180°]$ 和 $\phi \in [0, 360°]$），所以可以在任何情况下考虑后瓣的影响（例如深度校准的空间定向）。基于这些因素及精度要求的限制，很明显 SMOS MIRAS 天线只能在一个球面近场测试设施中测量，并且可能选择的设施中选择了奥斯特 DTU 设施。在 MIRAS 2 示范试点工程期间开始了 DTU 前期筹备测试，期间对一个 MIRAS 手臂段演示器进行了大量的测试活动。这段上装上了 4 个完整的 LICEF 单元。在测试活动期间，一些关于 EGSE 极化开关的问题被发现并随之得到解决。

最初的 MDPP-2 测试活动在 SMOS B 阶段一直持续，后来在 C/D 阶段做前期研究，这时 DUT 由两个装了 8 个 LICEF 单元件的手臂组成。测试活动的目的是准备测试 MIRAS 的飞行模型仪器，这预计将被批准用于 C/D 阶段实验。这一阶段的测试重点是评估测试的精度，以及越来越大的结构对被测的 LICEF 方向图的影响，轮毂的结构对手臂元件的方向图的影响，离轴天线单元的相位方向图的精度，并初步考虑在 MDPP-2 测试活动中自动化测试和消除一些检测到的杂散信号。

DTU 为 MIRAS 天线测试提供的误差预算（见表 6.7）是在预备调查的最终阶段产生的。其中每个项目或者是已知的，或在测量项目中已经被估计，并且可以通过测试或模拟来量化它们的影响。

表 6.7　MIRAS LICEF 天线特性的不确定性

误差源	不确定度	方向性(dB)	相位(°)
1. 反射率电平	< −50 dB	0.004	0.029
2. 多次反射	±1.4%	—	—
3. 天线塔水平指向	±0.01°	0.018	0.260
4. 天线塔垂直指向	±0.005°	0.007	0.096
5. 轴线相交	±0.05 mm	0.004	0.039
6. 探头位置	±0.3 mm	0.005	0.078
7. 测量距离	±2 mm	0.001	0.008
8. 幅值漂移	±0.15%	0.006	0.018
9. 幅值噪声	±0.3%	0.002	0.033

续表

误差源	不确定度	方向性(dB)	相位(°)
10. 放大器非线性	±1%	0.002	0.005
11. 相位漂移	±0.27°	0.006	0.082
12. 相位噪声	±0.54°	0.007	0.047
13. 旋转交连相移	±0.01°	0.000	0.000
14. 通道平衡幅度	±0.6%	0.018	0.034
15. 通道平衡相位	±0.2°	0.018	0.034
16. 探头极化幅度	±0.27%	0.001	0.025
17. 探测极化相位	±0.07°	0.004	0.006
18. 模态截断	—	0.004	0.028
不确定度(1σ)	**—**	**0.036**	**0.313**

6.4.3.2　天线测试的组织和 GSE

SMOS MIRAS 测试的组织问题的挑战主要是因为使用了大型的 MIRAS 仪器(8m)。DTU-ESA 暗室在吸收材料的顶端之间的尺寸只有 12 m×10 m×8 m，仅能容纳直径最大为 6 m 的对象，因此测试一次运行的 MIRAS 仪器是不可行的。总体上，这导致产生了一个 AIT 方法，它允许运送 LICEF 飞行模型和飞行模型结构，且不影响天线方向图测试的精度。

通过 RF EGSE 测试自动化，同样包括在并实现于手臂机构的硬件中。在射频测试活动中只包括对 LICEF 单元的辐射起作用的射频单元，而对段结构内部的射频测试硬件留有余地。图 6.56 示出了一个准备好测试的一个 MIRAS 臂。这张照片显示了右边的电压和电流的保护电路，以避免损坏脆弱的 LICEF 电子元件；左侧是集成开关矩阵，以便从一个 LICEF 切换到邻近的一个。这样，一个隐藏在 MIRAS 结构内的 1∶18 开关矩阵可以进行所有 LICEF 测量而不需要任何重新连接。V/H 开关晶体管-晶体管逻辑电路(TTL)信号也被路由通过保护电路板并连接到 LICEF 直流连接器。

图 6.56　EADS CASA 空间在测试活动运输之前的校准检查

MIRAS 的手臂以及轮毂结构被组装在连接到 DTU 塔桅的支撑结构中。为了尽量减少在暗室中测量方向图时发生手臂中的扭矩，支撑结构在后端配备了可调的平衡重。不用说，所有的 LICEF 天线单元都被连接在其最终位置，并且使用激光跟踪仪对它们的位置进行测定和记录。在 EADS CASA 建立了一个 DTU 塔桅杆连接头副本以便验证单元的位置并将它们的位置表示在一个共同的参考坐标系中(见图 6.57)。AUT 配备了光学球以及一个光学立方体来确保其在 DTU 设施中的对齐。

对 AUT 质量的仔细分析是为了避免加到塔前桅的过量转矩引起的错误运动。在单臂结构的情况下，包括臂架的总重量为 105 kg，这引起滚轴的横向力矩为 0.2 kg/m 和沿手臂的横向力矩为 4.2 kg/m。在轮毂 + 三段案例中，横向力矩分别为 2.7 kg/m 和 24.5 kg/m，在最坏的情况下小于 1/4 的允许值。

6.4.3.3　AUT 的定义

在 MDPP-2 以前的研究进行期间和在阶段 B 和 C/D 的研究中，除了 DTU 方向图测试已被讨论过之外，也进行过一个小型枢纽演示单元之间的耦合项的测定，给出单元之间的距离为一个基线距离时(0.89λ)耦合项电平优于30 dB的结果。对于隔开超过一个基线距离的单元优于40 dB；任何其他的耦合项电平为50 dB，其影响是0.03 dB，这非常接近所需的不确定性(0.05 dB)。这和在DTU SNF设施所进行的测试有极好的一致性。所以总体上讲，当测试一个单元时，需要被同一线阵列的其他三个单元包围。

图6.57 LICEF框图与测试端口

LICEF方向图测量是通过连接到一个含在射频LICEF接收机链的定向耦合器进行的，以对LICEF主要的接收链射频路径进行采样。图6.58显示了TRF(高频测试端口)位置。射频测试端口允许测量天线的方向图，且在不影响LICEF单元配置的情况下，正如先前提到的那样，同时还要考虑由输入开关有限的隔离引起的交叉极化的影响。

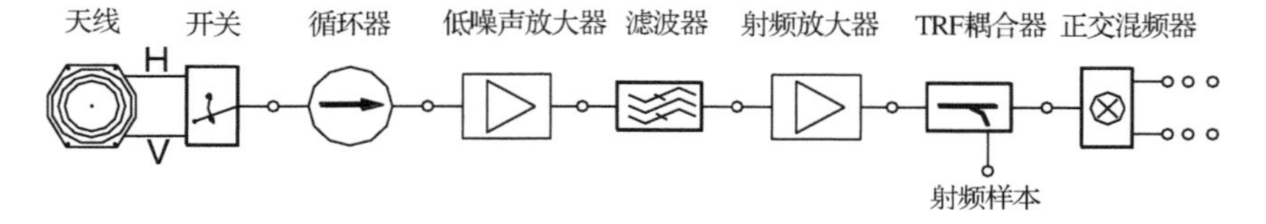

图6.58 LICEF框图与测试端口

理想上，LICEF天线方向图测试应该在全展开的MIRAS上进行，其中将包括所有可能的影响。但是，很多因素使得这点行不通，最重要的因素是：

- 展开工具的大小；
- LICEF的交付计划；
- 完全展开的配置的质量和设备定位器允许的最大负载和转矩，以及准确性的限制。

每个LICEF方向图必须在有充分代表性的条件下测得，这意味着每个单元都要被所有可能影响其辐射性能的硬件包围。在天线术语中，这意味着，在嵌入环境下测量每个单元。在前几阶段进行的DTU的测试活动，确定了一个给定天线单元受三个最接近的邻近单元(两边的)影响，以及轮毂结构对手臂的元素的影响进行了验证。这个测试活动为嵌入式环境下一个单元测量的AUT的提供了必要的信息。最小设置必须包括AUT再加上两侧的三个单元。为了尽量减少运用到设施的次数和配合单元的交付，试验表明，MIRAS应该有两种不同的设置，一种设置对应于每个单独的手臂，另一种设置对应于轮毂。为了满足在探索性调查中找到的约束条件，以这种方式传输到设施的数量也是最优化的，这是通过确认的AIT序列。

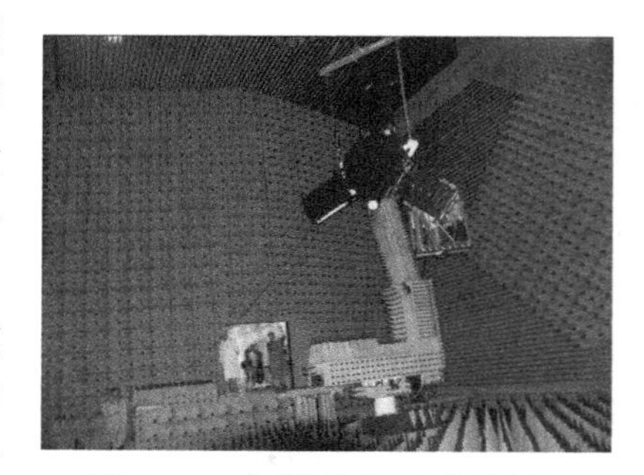

图6.59 在模块测试期间的集线器+三段MIRAS

6.4.3.4 测试结果

图 6.60 示出了位于轮毂中的一个单元的方向图。这个方向图可以看作代表整个阵列的，其平均共极化和交叉极化电平在 28 dB 的范围内，两个天线的极化和方向性的电平在 9.5 dBi 的范围内。在完整阵列和两种极化上所有单元的方向性系数的离散优于 1 dB，这考虑了极端的单元的边缘效应，分离两段单元的交连的影响，以及中心单元相对于手臂单元的不同的嵌入条件。从亮度、温度提取操作的角度看，所有这些影响都是次要的，因为单元是在其实际运行条件下测定的，因此单元方向图数据包含了对单元方向图所有可能的影响。

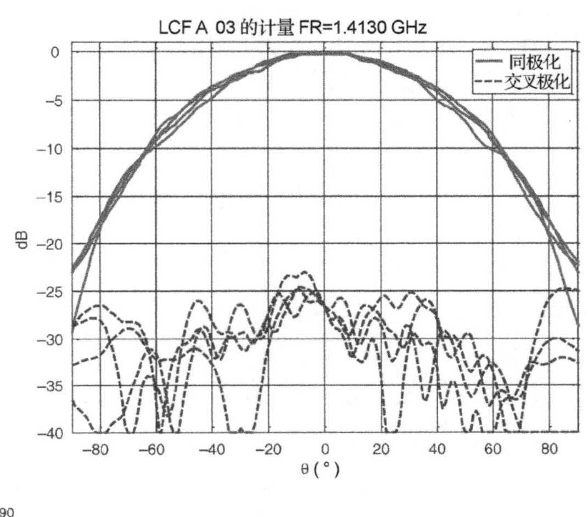

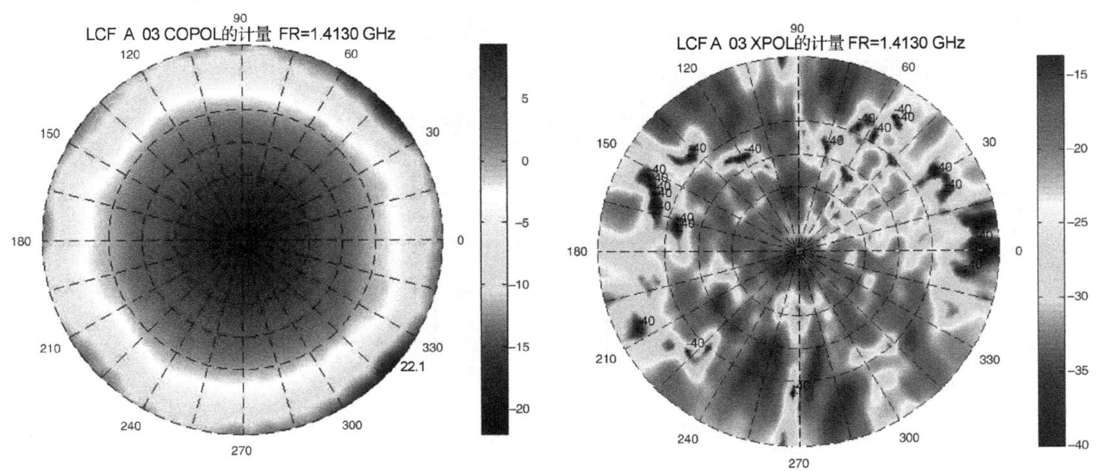

图 6.60　MIRAS 中 LICEF 天线的方向图

图 6.61 示出了完整的手臂 A 从轮毂到极端的单元的所有单元测量出的方向性系数，这与其他手臂的 LICEF 单元和轮毂单元相同。这个总图还包括 LICEF 天线孤立的单元的方向性（即不连接到接收器和在孤立的条件下测量）。可以看到，单元的最终位置如何影响孤立的单元方向图，这是高度可重复的（完整的 LICEF 天线的两个极化的指向性的标准偏差通常小于 0.03 dB）。

方向图试验数据是天线方向图的测试活动的主要成果。为了得到亮度温度分布，数据输入到 SEPS 模拟器，并通过 ESA 向科学研究行业提供数据。可以得出结论：从那时起，在 DTU 进行测试活动是成功的，方向图数据的真实性以及实用性也已被证实。

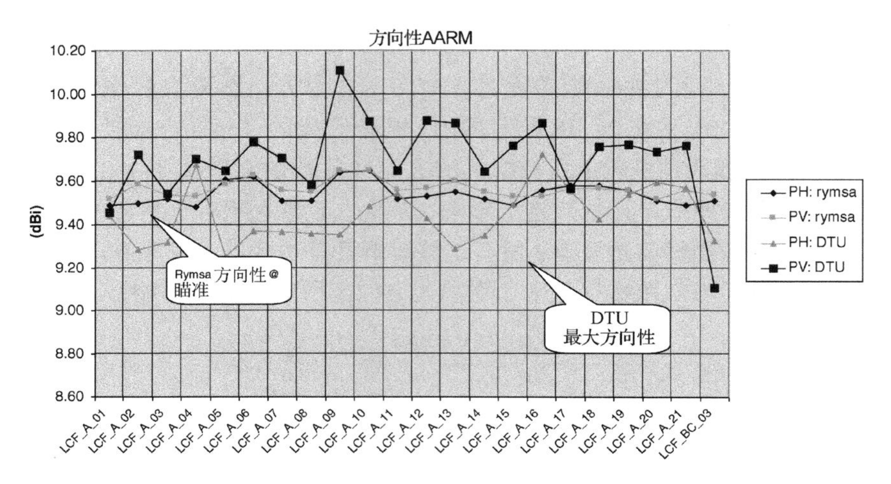

图 6.61 臂 A 中的 LICEF 单元的方向性变化

在 SMOS 中 LICEF 单元的优良的方向图对称性并没有被 MIRAS 结构的散射环境或连接到 LICEF 接收机所改变。对称的特点是每个 LICEF 辐射单元所固有的，这是由贴片天线的电气结构，即一个平衡的双极化贴片所决定的。LICEF 天线单元的规格要求之一是相对于俯仰角，单元方向图在幅度和相位上的罩有紧密的相似性。带有罩的天线的一致性好，如图 6.62 所示的振幅和图 6.63 所示的相位。罩的目的除了保证最小方向性规格的要求之外，还要控制工艺。整批天线中(71 个)只有一个由于不合规范而不被采用。图 6.64 显示了完整的天线集平均方向图的四个主要的切割。正如上面提到的，完整的平均指向增益为9.5 dBi，标准偏差为 ±0.03 dB，最坏情况下的峰值有 0.24 dB 离散度。

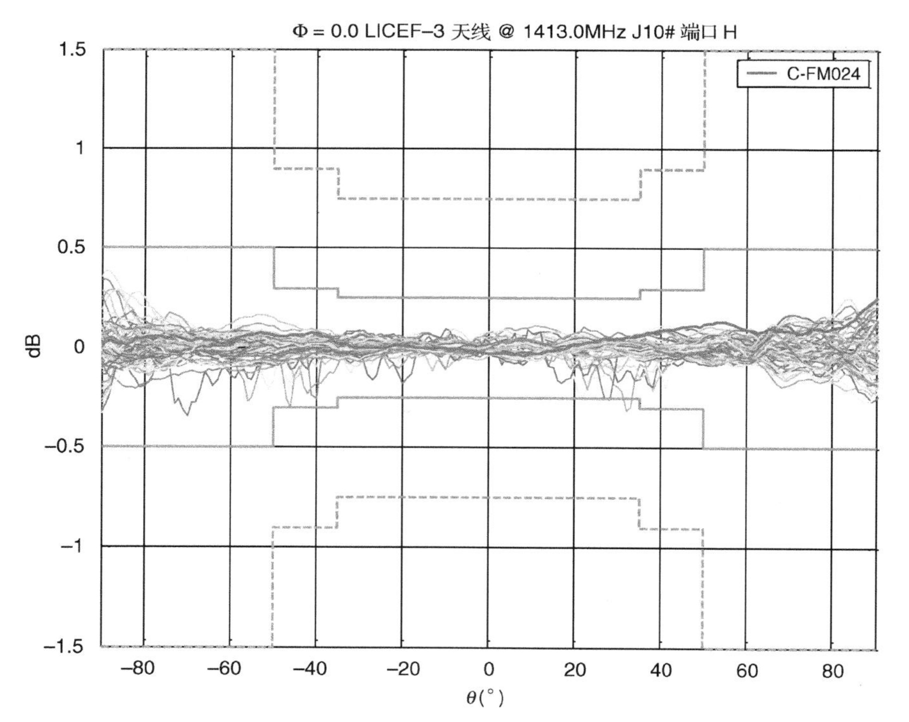

图 6.62 人造 LICEF 天线的振幅偏差的幅度

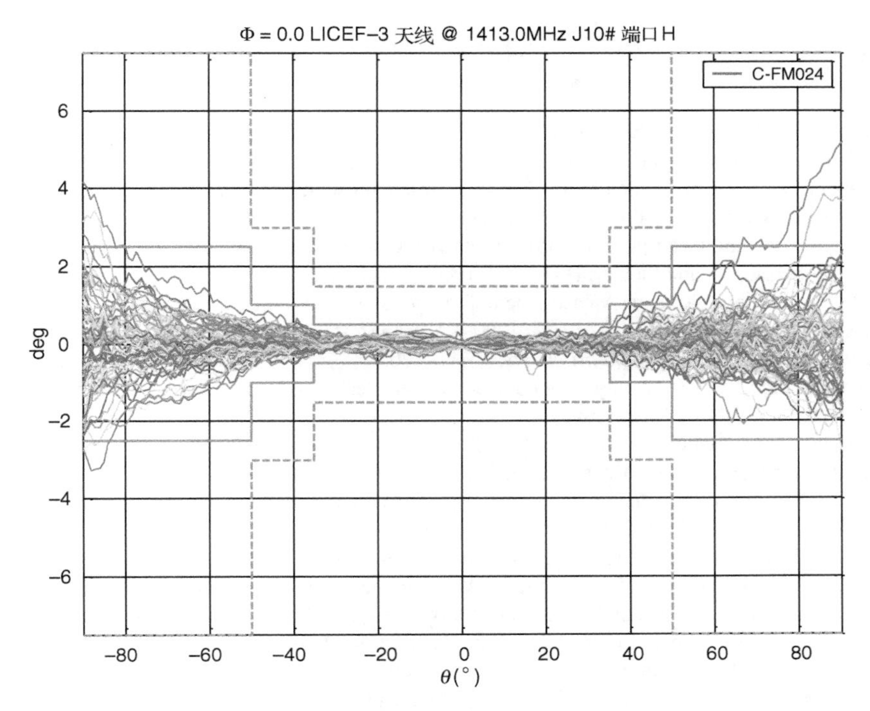

图 6.63　制造出的 LICEF 天线的相移

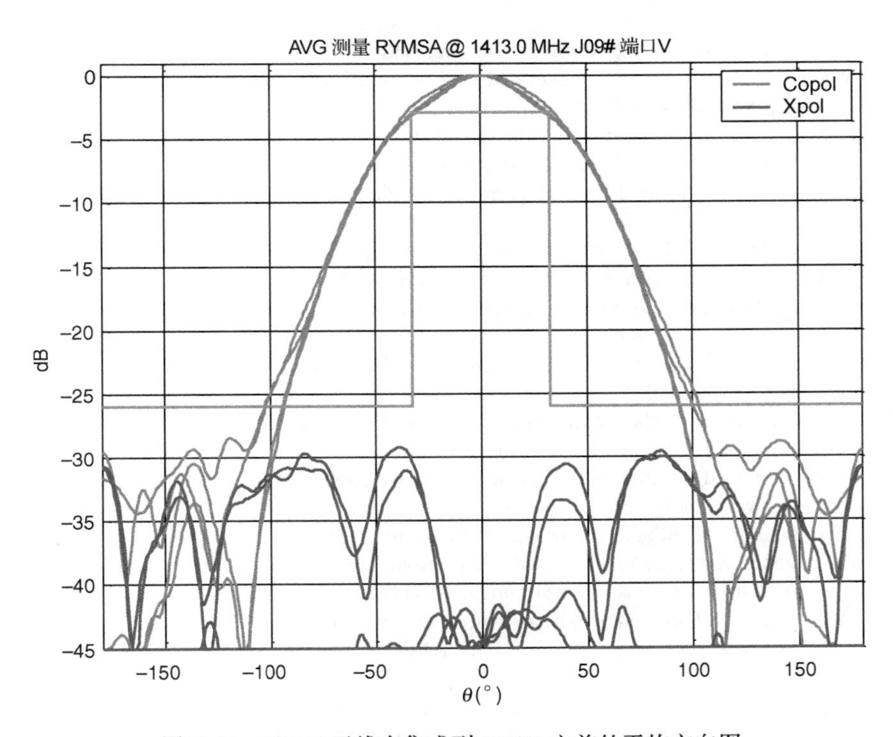

图 6.64　LICEF 天线在集成到 LICEF 之前的平均方向图

参考文献

1. ECSS (1988) *Verification*, ECSS-E-10-02A.
2. ECSS (2000) *Ground Systems and Operations*, ECSS-E-70 pt 1.
3. Migl, J., Habersack, J., Grim, H. and Paus, S. (2003) Test philosophy and test results of the Intelsat-IX C-Band antennas. Antenna Measurement Techniques Association, AMTA 2003, Irvine, CA, USA.
4. Hollis, J.S., Lyon, T.J. and Clayton, L. (1985) *Microwave Antenna Measurements*, Scientific-Atlanta.
5. Hartmann, J., Habersack, J. and Steiner, H.-J. (2002) A new large compensated compact-range for measurement of future satellite generations. Antenna Measurement Techniques Association, AMTA 2002, Cleveland, OH, USA.
6. Karttunen, A., Ala-Laurinaho, J., Vaaja, M. *et al.* (2009) Antenna tests with a hologram-based CATR at 650GHz. *IEEE Transactions on Antennas and Propagation*, **57**(3), 711–720.
7. Dudok, E. and Fasold, D. (1986) Analysis of compact antenna test range configuration. Journées Internationales de Nice sur les Antennes (JINA), Nice, France.
8. Dudok, E., Steiner, H.-J., Habersack, J. and Fritzel, T. (1989) Design, development and qualification of an advanced, large compact test range. Antenna Measurement Techniques Association, AMTA 1989, Monterey, CA, USA.
9. Dragone, C. (1978) Offset multireflector antennas with perfect pattern symmetry and polarization discrimination. *Bell Systems Technical Journal*, **57**(7), 2663–2384.
10. Habersack, J. and Steiner, H.-J. (2007) High sensitive RF test setup for antenna measurements up to 500GHz. International Joint Conference of the 8th Millimeter-Wave International Symposium (MINT-MIS2007), Seoul, Korea.
11. Migl, J., Lindemer, W. and Wogurek, W. (2005) Low cost satellite payload measurement system. Antenna Measurement Techniques Association, AMTA 2005, Newport, RI, USA.
12. Dudok, E., Steiner, H.-J. and Smith, T. (1990) Scanned quiet zones in a compact antenna test range. Antenna Measurement Techniques Association, AMTA 1990, Philadelphia, USA.
13. Hartmann, J., Habersack, J., Hartmann, F. and Steiner, H.-J. (2005) Validation of the unique field performance of the large CCR 120/100. Antenna Measurement Techniques Association, AMTA 2005, Newport, RI, USA.
14. Kerns, D.M. (1981) Plane-Wave Scattering-Matrix Theory of Antennas and Antenna-Antenna Interactions, in *Theory of Antennas and Antenna-Antenna Interactions*, vol. 162, National Bureau of Standards.
15. Leach, W. and Paris, D. (1973) Probe compensated near-field measurements on a cylinder. *IEEE Transactions on Antennas and Propagation*, **21**(4), 435–445.
16. Brown, J. and Jull, E.V. (1961) The prediction of aerial radiation patterns from near-field measurements. *Proceedings of the IEE – Part B: Electronic and Communication Engineering*, **108**(42), 635–644.
17. Jensen, F. Electromagnetic near-field-far-field correlations, Ph.D. dissertation, Electromagnetics Inst., Technical Univ. Denmark, report LD 15, July1970.
18. Rahmat-Samii, M. and Gatti, Y. Far-Field Patterns of Spaceborne Antennas from Plane-Polar Near-Field Measurements, IEEE Transactions on Antennas and Propagation, Vol. 33, No. 6, pp 638–648, June1985.
19. Brown, J. and Jull, E. The prediction of aerial radiation patterns from near-field measurements. *Proceedings of the IEE*, vol. 108B, pp. 635–644, NOV.1961.
20. Leach, Jr., W.M. and Paris, D.T. Probe-compensated near-field measurements on a cylinder. *IEEE Transactions on Antennas and Propagation*, Vol -21, pp. 435–445, July 1973.
21. Wacker, P. F. Non-planar near-field measurements: Spherical scanning, *Electromagnetics Div.*, Nat. Bureau of Standards, Boulder, CO, Rep. NBSIR 75–809, June 1975.
22. Larsen, F. H. Probe-corrected spherical near-field antenna measurements, Ph.D. dissertation, *Electromagnetics Inst.*, Technical Univ. Denmark, Rep. LD 36, Dec.1980.
23. Hansen, J. E. Spherical near-field antenna measurements, Peter Peregrinus Ltd.,1988.
24. Ruf, C., Swift, C., Tanner, A. and Le Vine, D. (1988) Interferometric synthetic aperture microwave radiometry for the remote sensing of the Earth. *IEEE Transactions on Geoscience and Remote Sensing*, **26**(5), 597–611.
25. Kraft, U. R. Two-dimensional aperture synthesis radiometers in a low earth orbit mission and instrument analysis, in *Geoscience and Remote Sensing Symposium*,1996. IGARSS '96. Remote Sensing for a Sustainable Future., International, 1996, vol. 2, pp. 866–868 vol.2.
26. Camps, A., Bara, J., Sanahuja, I. and Torres, F. (1997) The processing of hexagonally sampled signals with standard rectangular techniques: application to 2-D large aperture synthesis interferometric radiometers. *IEEE Transactions on Geoscience and Remote Sensing*, **35**(1), 183–190.
27. Drinkwater, M., McMullan, K., Marti, J. *et al.* (2009) Star in the sky. The SMOS payload: MIRAS. *ESA Bulletin*, **137**, 16–22.

28. Kudielka, K., Benito-Hernandez, J., Rits, W. and Martin-Neira, M. (2010) Fibre optics in the SMOS mission. International Conference on Space Optics, ICSO 2010, Rhodes, Greece.
29. Colliander, A., Tauriainen, S., Auer, T.I. *et al.* (2005) MIRAS reference radiometer: a fully polarimetric noise injection radiometer. *IEEE Transactions on Geoscience and Remote Sensing*, **43**(5), 1135–1143.
30. Colliander, A., Ruokokoski, L., Suomela, J. *et al.* (2007) Development and calibration of SMOS reference radiometer. *IEEE Transactions on Geoscience and Remote Sensing*, **45**(7), 1967–1977.
31. Brown, M.A., Torres, F., Corbella, I., and Colliander, A. (2008) SMOS calibration. *IEEE Transactions on Geoscience and Remote Sensing*, **46**(3), 646–658.
32. Plaza, M.A., Martinez, L. and Cespedosa, F. (2003) The development of the SMOS-MIRAS deployment system. 10th European Space Mechanisms and Tribology Symposium, San Sebastian, Spain, vol. 524, pp. 231–238.
33. Bueno, J.I., Garcia, I. and Plaza, M.A. (2005) SMOS PLM MIRAS hold-down release and deployment mechanisms. 11th European Space Mechanisms and Tribology Symposium, ESMATS 2005, Lucerne, Switzerland, vol. 591, pp. 235–242.
34. Checa, E., Dolce, S., Rubiales, P. and Lamela, F. (2008) Thermal design and testing of SMOS payload. International Conference on Environmental Systems, June 2008, Portland, OR, USA.
35. Corbella, I., Torres, F., Duffo, N. *et al.* (2009) On-ground characterization of the SMOS payload. *IEEE Transactions on Geoscience and Remote Sensing*, **47**(9), 3123–3133.
36. Corbella, I. (2003) End-to-end simulator of two-dimensional interferometric radiometry. *Radio Science*, **38**(3), 1–8.
37. Le Vine, D. and Weissman, D. (1996) Calibration of synthetic aperture radiometers in space: antenna effects. IEEE International Geoscience and Remote Sensing Symposium, IGARSS'96, vol. 2, pp. 878–880.
38. Straumann, T. (1993) Effects of mutual antenna coupling on SAIR performance. IEEE 8th International Conference on Antennas and Propagation, 1993.
39. Camps, A., Torres, F., Corbella, I. *et al.* (1998) Mutual coupling effects on antenna radiation pattern: an experimental study applied to interferometric radiometers. *Radio Science*, **33**(6), 1543–1552.
40. Camps, A., Bará, J., Torres, F. *et al.* (1997) Impact of antenna errors on the radiometric accuracy of large aperture synthesis radiometers. *Radio Science*, **32**(2), 657–668.
41. Skou, N. (2003) Aspects of the SMOS pre-launch calibration. IEEE International Geoscience and Remote Sensing Symposium, IGARSS'03, vol. 2, no. C, pp. 1222–1225.
42. Garcia-Garcia, Q. (2007) Cross-polarization in dual polarization switching antennas. *International Journal of RF and Microwave Computer-Aided Engineering*, **17**(3), 295–303.
43. Torres, F., Olea, A., Garcia, Q. and Martin-Neira, M. (2008) Antenna error budget in the MIRAS-SMOS instrument. IEEE Antennas and Propagation Society International Symposium, 2008, pp. 1–4.
44. Kerr, Y., Font, J., Waldteufel, P. *et al.* (2000) New radiometers: SMOS-a dual pol L-band 2D aperture synthesis radiometer. Proceedings of the IEEE Aerospace Conference, pp. 119–128.
45. Corbella, I., Torres, F., Camps, A. *et al.* (2000) L-band aperture synthesis radiometry: hardware requirements and system performance. IEEE International Geoscience and Remote Sensing Symposium, IGARSS'00, vol. 7, pp. 2975–2977.
46. Torres, F., Corbella, I., Camps, A. and Duffo, N. (2004) Fundamentals of MIRAS-SMOS error budget. The 5th SMOS Science Workshop, Rome, Italy, pp. 150–150.

第7章　空间天线发展的历史回顾

Antoine G. Roederer(Delft 理工大学—IRCTR，荷兰)

7.1　引言

基于麦克斯韦理论和公式(1873)的应用，赫兹在1887年首次制作出了天线。

当史普尼克一号卫星在1957年10月4日发射时，在通信、广播、射电天文学以及雷达(自二战以后)的驱动下，天线已经发展了70年。

在20世纪60年代的教课书[1-4]中已经描述了目前在航天飞船上使用的主要天线类型的理论和不同应用形式，例如导线天线、反射器/透镜天线和阵列天线。自那以后，始终极具挑战性的太空任务的特殊要求，以及发射器和太空环境的特殊环境条件使得在天线家族里诞生了空间应用这一新的分支。在其驱使下，在天线建模、优化、波束成形、体系架构、技术和测试工艺等方面出现了重大的革新和进步，这些对于整个天线工程领域都是有益的。

在本章中，天线实质上被分成了3类：

1. 低增益TT&C(遥测、跟踪 & 指挥)天线。这种天线是第一代地球低轨卫星上使用的唯一的天线，通过简单的长线和喇叭天线来控制卫星，从地面监控卫星参数并能发射飞船收集到的有限的科学数据。在所有的飞船上都需要TT&C天线，其要求的范围和复杂性随着数据量的需求(尤其是用于深空和行星观测任务的科学数据传输)而显著增长。对于这类任务需要高增益的孔径天线，这类天线大多数采用机械驱动的波束指向(反射器或阵列)。
2. 反射器或透镜天线。这类天线对来自有限的角度扇区的波(由一个或一组小的馈源天线采集)进行聚焦。卫星反射器天线(最初为中等尺寸，带有单一波束和馈源)的直径现在已经超过了20m，有上百个馈线单元，可以生成成百的在卫星上或在地面数字形成的波束。
3. 阵列天线。这类天线使用若干个相同的小天线来组合接收更大的入射功率或是将发射功率集中在有限的角度扇区或波束上。首先使用的是用长线天线组成的无源阵列，之后出现了更大的裂缝单元阵列以及用于合成孔径雷达的印制单元阵列。在空间应用方面，采用分布式放大器组件的有源阵列，尽管其已在雷达中大量使用，然而其出现得很晚，这主要是因为固态放大器效率低下以及波束成形复杂之故。

图7.1展示了TDRS卫星使用小型的TT&C天线、反射器天线和阵列天线。

对于所有3种空间天线类别，有关规范可定义如下：

- 对复杂的航天器环境中的小天线、高达太兆赫频率上的多反射器系统以及具有三维和/或非周期特征的有限阵列进行精确的电磁建模是极具挑战性的。而且，为了对这类天线实施优化，精确分析还必须是快速的。
- 阵列天线系统和多馈源天线系统中所涉及的信号的空间和/或时间处理通常被称为波束

形成。波束成形可以在天线的工作频段内、在中频或基频上执行，可以是模拟的、数字的或光学的。对于某些遥感、射电天文学和远程通信任务，甚至于这些任务有时还不得不延伸到地面，波束成形及其电路和处理器已经变得非常复杂了。

- 孔径合成和信号处理现在正在扩展遥感、射电天文学和无线通信中的空间应用领域。
- 发射过程中与在轨时的环境条件，以及空间天线不断增长的尺寸和精度要求促使了特殊的空间热能-机械设计和材料设计的发展。
- 对有上百个可重构波束的大型系统，或是在极高频率(在此相位是无法获知的)上进行的天线和载荷的电气和热能-机械测试与验证，占据了卫星载荷成本的很大部分。人们已经开发出了新型的准确且快速的测量技术用以检验分析软件和验证复杂载荷的性能。

图 7.1　带有 TT&C 天线、反射器天线和阵列天线的 TDRS 卫星(来源：NASA)

详尽回顾过去 55 年间发射的超过 35 000 个航天器所研发的天线是不可能的，本章将尝试通过几个例子来描述空间天线及其建模和技术的重要发展。参考文献[5]是很好的关于早期空间天线发展的资料来源。

7.2　早期情况

7.2.1　简单卫星上的导线天线和裂缝天线

7.2.1.1　斯普尼克 I、II 和 III 号

不同于当今的稳定的空间平台，像斯普尼克 I 号这样的早期卫星没有稳定机构可以让它们的卫星保持在特殊的相对于地面站的方位上。此外，斯普尼克 I 号曾在其行进轨迹和轨道(远地点 939 km、近地点 215 km)上被多部雷达和地面望远镜无源跟踪，而卫星却无反应。

斯普尼克 I 号由两个直径 58 cm 的半球组成，它们密封在一起并以 1.3 倍的大气压进行增压。它们的厚度为 2 mm，带有 1 mm 厚的镁铝钛合金抛光防热罩用以反射太阳辐射。壳体内含 3 个银锌电池、两个 1 W 甚高频(VHF)发射器、一个可控风扇、温压感应器，以及用于产生调制信号的通信设备。卫星重 83.6 kg，电池重量占了其中的 61%。

斯普尼克 I 号的天线由 M. V. Krauyshkin 及其团队在 1 号实验设计局(OKB-1)的实验室内研制，可绕旋转轴全向辐射。

下行遥测数据包括温度和压力。还能采集关于无线电信号在电离层内传播以及更高大气层的密度的科学数据。

斯普尼克 I 号的遥测频率为 20.005 和 40.002“兆周”，一次用一个，这种选择是为了利用卫星被分布在苏联境内外的业余无线电操作人员追踪的潜在性。根据 Tikhonravov 在文献[6]中的论述，遥测使用了发射脉冲(0.2 ~ 0.6 s)和脉冲位置调制(TRAL 遥测)的频率和长度。

图 7.2 是斯普尼克 I 号及其天线的模型。根据文献[6]，天线由两对相反的单极子构成，与卫星轴之间有 35°的倾斜角，对应低频和高频长度分别为 2.9 m 和 2.4 m。

以铝合金制造的这些单极子在发射时保持紧贴卫星壳体，并在与发射器分离时被释放至 35°。

关于天线的电气设计和馈电形式找不到太多的细节。我们可以假设：相反的单极子有相等的幅度和相位，因此沿卫星轴有两个辐射空值，但在它周围的平面内只有两个中度骤降。在文献[6]中提到可以使用这些骤降来监测自旋速率的变化。

在所用的低端 VHF 频率上，单极子和卫星体的波长很短。对完整的卫星和天线的建模要适于使用积分方程。然而，这些技术与计算机一样在当时的发展尚不充分，不足以完成精确的分析。

根据文献[6]，两个 1 W 发射机都是真空阀式的。发射机单元安装在密封舱内的天线连接设备附近。

使用直升机并在地面站[7]对包括天线和发射机在内的无线电系统进行了测试。

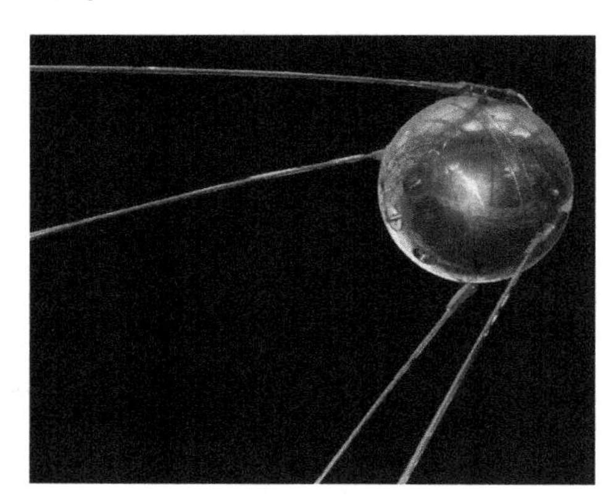

图 7.2 斯普尼克 I 号的模型展示出了它的遥测天线，该天线在20.005 MHz和40.002 MHz下工作(来源：NASA)

斯普尼克 I 号一直工作直至它的电池在 22 天后失去动力。大约一个星期后，11 月 3 日，携带了重得多的载荷(包括一条名为莱卡的狗)的斯普尼克 II 号发射升空。

斯普尼克 III 号，也被称为“Objet D”，于 1958 年 5 月发射。根据最初设想，它应该先于比斯普尼克 I 号发射。它载着完整的遥测跟踪和指挥无线电系统。为了在 66 MHz 上进行遥测，该卫星使用了一个由 4 个短路线形天线组成的绕杆式天线。在图 7.3 中可以看见其中的一个。

7.2.1.2 探险家 I 号

1958 年 2 月 1 号，美国的第一颗卫星“探险家 I 号”，由“朱诺 I 号”火箭成功发射。该卫星由喷气推进实验室(JPL)在美国陆军弹道导弹局赞助下研制。它的科学目标、配置和天线均与斯普尼克 I 号大为不同。

探险家 I 号使用两个遥测频率，分别为 108.00 MHz 和 108.03 MHz，远高于斯普尼克 I 号。

根据参考文献[9, 10]，Warren Hopper 和 Tom Barr 提出了探险家 I 号的“玻璃纤维裂缝天线”这一创新设计。围绕着航天器(S/C)金属舱体有两个玻璃纤维裂缝/圆环(见图 7.5)，可以对其进行激励用以在 S/C 的金属部分上诱发辐射电流，从而在航天器轴上周围产生全向的类偶极子辐射。

这样的设计也被用在了探险家 II、III 和 IV 号中。

作为备份，一个使用了 4 个柔性线形单极子的绕杆式天线通过卫星自旋与卫星轴保持垂直，还能提供良好的圆形方向图。由于探险家号的自旋并不稳定，因此这种天线在探险家 III 号以后就不再使用了。

图 7.4 是探险家 I 号的模型，而图 7.5 是其配置图。

在表 7.1 中分组给出了探险家 I 号和斯普尼克 I 号的关键特性。

图 7.3　斯普尼克Ⅲ号及 66 MHz 绕杆式天线单元（经 Sven Grahn 的许可复制）

图 7.4　JPL 主任 William Pickering、科学家 James Van Allen 和火箭先驱 Wernher von Braun 共同举起探险家I号的模型（来源：NASA）

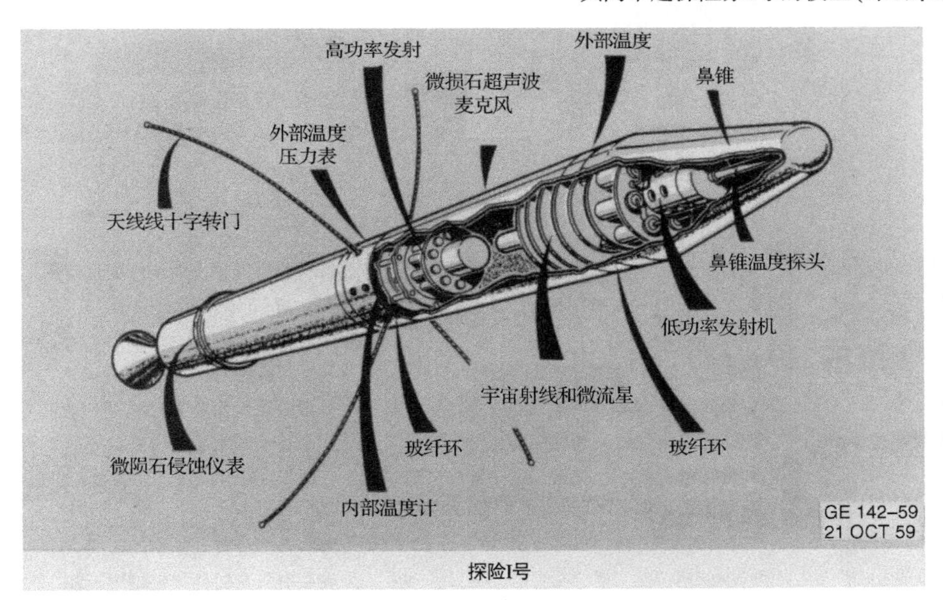

图 7.5　探险家 I 号的草图展示了类偶极子天线的两个玻璃纤维裂缝/圆环和绕杆式备份天线的柔性长线（来源：美国陆军SMDC）

表 7.1　斯普尼克 I 号和探险家 I 号及其天线的关键特性

	斯普尼克 I 号	探险家 I 号
机构	苏联无线电工业部	美国陆军弹道导弹局
任务目标	电离层内的传播	宇宙射线/粒子探测
	高层大气的密度	微陨石探测
	微陨石探测	高层大气的密度
	温度传感	温度传感

续表

	斯普尼克 I 号	探险家 I 号
载荷/仪表	温度传感器 大气压力传感器 (增压封闭舱)	盖革计数探测器 有线栅极检波器和晶体变送器 温度传感器
主承包商	1 号实验设计局，OKB-1	喷气推进实验室
发射器	R7 – 斯普尼克火箭	朱诺 I
发射日期	1957 年 10 月 4 日	1958 年 2 月 1 日
航天器尺寸	球形 $\Phi = 58.5$ cm	圆柱形和锥形 $\Phi = 16.5$ cm，$L = 94.6$ cm + 第四级(110 cm)
航天器重量	83.6 kg	13.91 kg
供电	3 个银锌电池	镍镉电池和化学电池
轨道	远地点 939 km，近地点 215 km 倾斜 65.1°，周期 101.5 min	远地点 2535 km，近地点 360 km 倾斜 33.24°，周期 114.9 min
姿态	非稳定自旋	标称为以 750 rpm 速率自旋
热控制	厚度 1 mm 的铝镁钛防热罩 风机和热控开关	深浅条状的示温漆
任务时间	22 天	高功率，31 天 低功率，105 天
关键性结果	第一颗被发射的地球卫星 微陨石探测 高层大气密度 电离层内的传播	第一颗被发射的美国卫星 发现了范艾伦辐射带 在 78 750 s 内探测到 45 次宇宙尘埃撞击
衰变	1958 年 1 月 4 日	1970 年 3 月 31 日
天线：		
覆盖范围	旋转航天器下方的地球覆盖范围	旋转航天器下方的地球覆盖范围
发射频率	20.005 MHz/40.002 MHz	108.00 MHz/108.03 MHz
发射功率	1W/1W(真空阀)	10mW/60mW(晶体管)
极化形式	线性	实质为线性
特殊要求	有限的航天器姿态控制	有限的航天器姿态控制
主要的天线描述	鞭形天线相对航天器轴倾斜 35° 发射时角度较小：22.5° 两个 2.9 m 鞭形天线/两个 2.4m 鞭形天线	两个玻璃纤维裂缝激励封闭的类偶极子天线 4 个柔性鞭形绕杆式天线做备份
主要创新	第一个卫星天线	第一个裂缝驱动的密闭天线
技术	铝合金	利用航天自转的柔性鞭形天线
建模	无数据。积分公式?	无数据。积分公式?
测试	用直升机和地面站测试	无数据
主要参考来源	http://www.russianspaceweb.com/sputnik.html	W. A. Imbriale，行星探险的天基天线(2006)

7.2.1.3 回声 1 号

虽然准确说来 NASA 的回声 1 号并没有搭载真正的天线，但其对于空间通信的早期发展有着历史性的影响，因为它是第一个将语音信息从地面中继到太空并返回的卫星。这一点也是显而易见的。回声 1 号(见图 7.6)在 1960 年 8 月 12 日发射，是一个直径 30.5 m 的用厚度为 0.0127 mm 的金属化聚酯薄膜制作的气球。回声 1 号用于反射在其椭圆轨道(远地点 1679 km，近地点 1510 km)上的电话、广播和电视的 960 MHz 和 2390 MHz 信号。9 年后发射了回声 2 号，它是一个在 162 MHz 频率上使用的直径 41.1 m 的聚酯薄膜气球。

7.2.2　天线的计算机建模开始起步

在20世纪50年代期间，虽然电磁学与天线的理论已经随着已研制和使用的复杂雷达天线而确立了，但是计算机建模实质上是不存在的，所有计算都是使用计算尺、三角测量表和对数表或人工计算机完成的(见图7.7)。

在20世纪60年代，大型主干计算机已经可以使用，导线天线电力分配和辐射的精确计算机分析也同样进展迅速。在文献[13]中扩展并巩固了有关导线天线[11]以及随后的用于直导线或曲导线的关于Hallen积分方程点匹配解决方案[12]的先导性工作，后者现在被广泛称为矩量法(MOM)。这些积分方程和技术的发展，包括线栅建模[14-16]，主要受到了军工应用(对数周期天线、天线和车辆、舰船、飞机、导弹等的互动)的推动。为了天线单元建模、导体及其互动，使用了长度精心挑选(通常小于0.1波长)的导线段。

图7.6　回声1号(1960年)正在进行充气测试(来源:NASA)

当时，由于早期卫星的尺寸较小，而且TT&C天线所用的低频处于VHF(108 MHz、137 MHz、148 MHz)频段，所以积分方程技术非常适合于空间天线的建模，并进一步发展用于欧洲ESRO[17,18](见图7.8)和美国NASA JPL[19]的空间应用。

图7.7　在20世纪40年代和50年代期间，JPL使用“computer”这个词指代的是人而非机器。一支全女性组成的计算机小组(其中的许多成员是高中刚毕业就被招募进来的)负责手工完成绘制卫星轨迹所需的所有数学运算以及其他工作(来源:NASA/JPL-Caltech)

随着卫星尺寸加大和S波段更高频率的采用，航天器在波长方面变得太大了，在许多情况下，尽管研制出了速度更快的计算机，但是使用积分方程技术来充分分析天线-航天器相互作用所需要的时间变得太长了。

基于文献[20，21]中美国关于几何绕射理论(GTD)的先导性工作(该工作将已成型的几何光学扩展到将边缘、阴影区域、表面斜坡等)均包含在内，ESRO组织在欧洲开始了颇具规模的研发工作，将GTD射线追踪技术应用于卫星天线，包括带有吊杆和太阳能电池板的大型卫星体。图 7.9 是与简单航天器模型进行交互的一个偶极子的测量辐射图和 GTD 计算辐射图之间的对比。

arts 1972 Frederiksborg Amts Avis

r Dabelsten

: Per Allan

Lektor Jesper Hansen og civilingeniør N. E. Ellekov Jansen monterer her antenner på en model-satellit. I baggrunden ses elektroniske formler.

En model-satellit under afprøvning i det radiodøde rum

ESRO er mere end rumforskning og satellitter

endelsen af bemandede rumfartøjer og målinger er fantastiske ater af forskning og ogisk udvikling. rumforskning er mendet. Den griber ind hverdag på væsentområder. Udviklingen retter, satellitter og udstyr tvinger fortil at gøre nye opser og forbedringer, i senere kan bruges ere »jordnære« forg det er på den bag-. Folketinget nu skal tilling til, om Danfortsat skal ofre 12 kr. årligt på medtabet af ESRO, Den niske Rumforskrganisation.

图 7.8 Jesper Hansen 和 Niels Jensen 在 1972 年为欧洲 ESRO 卫星验证了 VHF TT&C 天线的MoM模型[18]。照片由Alan Lunding提供(来源:FrederiksborgAmtsAvis)

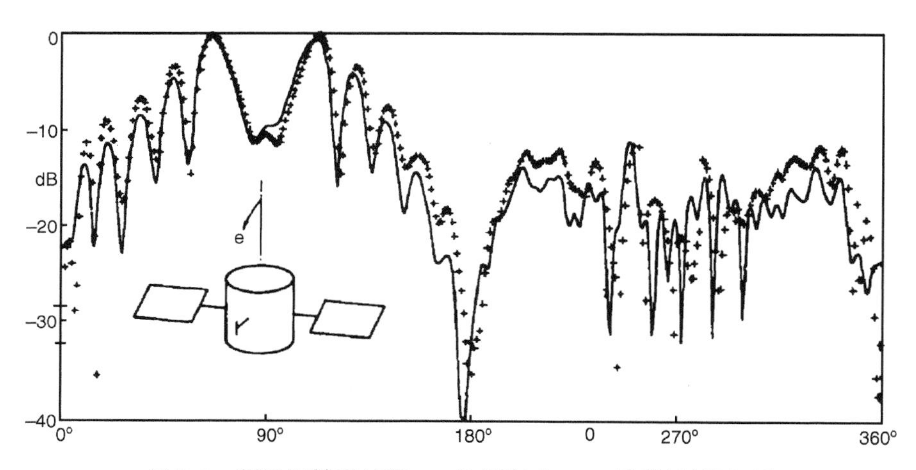

图 7.9 测量辐射图(用“____”表示)和 GTD 计算辐射图(用“+++++”表示)的对比(来源:Aksel Frandsen,TICRA)

直到20 世纪60 年代后期,虽然具有余弦平方图形的赋形反射面已在某些雷达上使用,航天器的反射面天线主要还是对称的主焦点馈电或卡塞格伦构型。此时,反射面天线设计实质上都是基于文献[1]中所描述的技术。在物理光学(PO)方法中,反射面表面上的感应电流测定使得可以采用积分法来计算远场辐射图。在孔径电场技术中,平面孔径内的电场用几何光学法测定,然后积分用以获得远场方向图。

在文献[22]中还概要介绍了应用 GTD 来加快主瓣区域之外的反射面天线辐射图的计算。

该项技术(在美国已被研究用于子反射器和某些特殊反射器的几何特性[23,24])被进一步完善和贯彻,用以替代 GRASP(通用反射器天线软件包程序)早期版本中用于远离主瓣的方向上的物理光学方法,并随后被广泛用于空间反射面天线。

7.2.3　改造现有的/经典的天线设计用于空间应用

在采用低频单极子天线和裂缝天线的早期卫星之后出现了更大、更稳定的以宏大的观测和通信任务为目标的航天器。

在刚刚发射之后、在机动期间以及直至达到其稳定位置和姿态之前，这些卫星仍然需要准全向天线来完成基本的遥测和指挥功能，并且还要应对航天器故障。

这样的低增益天线使用了经典设计，例如交叉偶极子、盘锥或四线螺旋。由于它们与地球的距离更远而且要传输的数据率更高，它们还需要更多的具有中高增益的在更高频率上以更大带宽工作的定向天线。这样的天线大多使用反射面，往往需要一个带有旋转接头的指向系统来将波束指向地球。

7.2.3.1　“徘徊者”号

NASA JPL 早期的“徘徊者”号航天器(1962 ~ 1965 年)就是这样一个例子。该航天器的遥测和指挥功能设计为收集金星的数据，采用了基于上世纪 50 年代经典设计[2]的准全向盘锥天线。双工器将 960 MHz 发射信号从工作在 890 MHz 上的指挥接收机中分离出来。这种“全向”天线集成在一个玻璃纤维圆筒内，在图 7.10 中可以看见它。

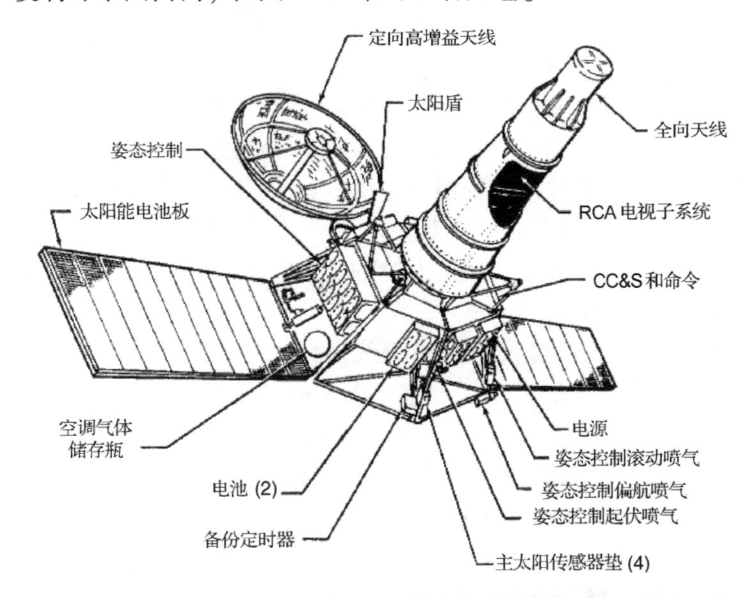

图 7.10　“徘徊者”号航天器(1962 年)和全向高增益天线(来源：NASA)

“徘徊者”号的定向高增益天线(用于在 960 MHz 上传输遥测/科学数据)还使用了针对任务空间要求而适当改造过的经典基本设计[2]。它是一个 1.2m 对称抛物面反射器，用一个$\lambda/4$的偶极子从直径 23 cm 的小圆盘中馈电。反射器表面为一个 0.63 cm 的方形网格，以 6 个抛物线形肋条和 3 个圆环支撑。

“徘徊者”号航天器是最早使用三轴稳定的航天器之一，它们的纵轴持续地保持指向太阳，以缓解电力供应和热控制。高增益天线朝向地球的指向可以按如下方式做到：在方位上，让整个航天器绕着自己的纵轴适度旋转；在俯仰上，则通过激活展开/交连机构。这意味着在馈线上使用旋转关节。JPL 为该任务特别开发了专用的同轴旋转关节，关节上的 RF 扼流圈可以极大地限制金属间的接触。NASA JPL 的“水手”号航天器继承了“徘徊者”号的全向高增益天线设计。

在文献[8]中对这些天线，以及 NASA JPL 的大多数行星探测飞船的天线进行了详细描述，以上章节和下文中的一些关于 NASA JPL 航天器天线的章节均摘选自该文献。

7.2.3.2 “金星”号

另一个基于经典设计的早期航天器天线的例子是俄罗斯的首部金星探测器“金星”号(在1961 年到 1983 年之间发射了 18 颗)，该航天器设计用于观测和碰撞或着陆在金星表面。“金星”号航天器演变自火星探测器 1M，后者是首个试飞高增益抛物面反射面天线的航天器(1960 年)。和“徘徊者”号一样，“金星”号需要多个低增益的准全向天线和一个高增益天线。

“金星”号航天器在 770 MHz 频率上接收来自地球的指令，低比特率遥测信号则以 923 MHz 频率发射。

通常情况下，这两种功能使用相同的半定向圆极化天线。这些天线最初(“金星”1 号)都是交叉偶极子形式，放置在航天器太阳能电池板的后面。它们后来被带宽更宽且辐射图赋形潜力更高(通过改变螺旋线的角度[25]，可以赋予从梨形到漏斗形的多种形状)的圆锥螺旋线所取代。随着航天器绕太阳轴缓慢转动，为了最好地从地球方向接收，在不同的时间需要不同角度的天线漏斗形方向图。

在航天器总线上有几个不同的圆锥螺旋线，所有的螺旋线都与太阳轴对准但有不同的漏斗角型。通过开关，为航天器相对地球的当前相对指向选出最好的一个[26]。同类型的天线也被用在了火星探测器上。

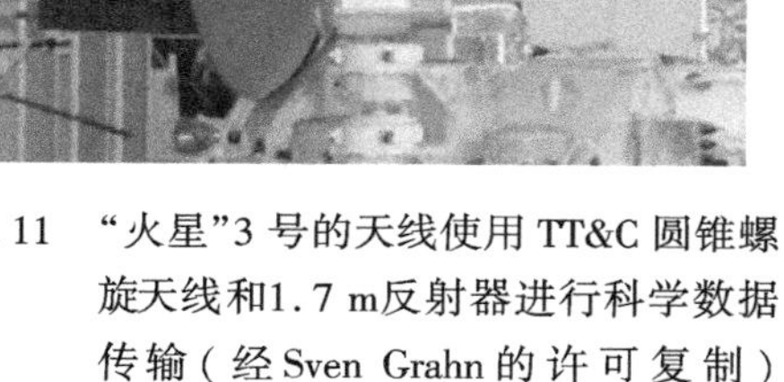

图 7.11 “火星”3 号的天线使用 TT&C 圆锥螺旋天线和1.7 m反射器进行科学数据传输(经 Sven Grahn 的许可复制)

在图 7.11 所示的照片(显示了“火星”3 号的天线)中可以看见这样的圆锥螺旋线。

俄罗斯行星探测器上的高增益数据传输天线通常都是经典的中心馈电抛物面反射器天线。直径 1.7 m 的刚性圆盘最早出现在火星探测器上。

“金星”号的登陆太空舱(通常为 1 m 直径、400 kg 质量，空投穿越金星稠密的大气层)也使用螺旋线天线和八木天线在 922 MHz 频率上直接与地球站金星通信，速度为每秒 1 比特。图 7.12 显示了“金星”4 号登陆舱模型上的一个螺旋天线和两个八木天线。二臂螺旋线的细节也在图中展示出来了。

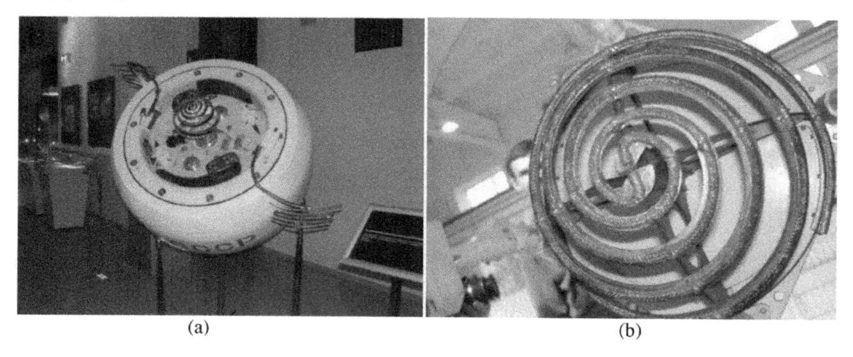

(a) (b)

图 7.12 俄罗斯早期登陆舱的遥测指令天线。(a)“金星”4 号登陆舱及其螺旋天线和八木天线；(b)放大的螺旋天线模型(在Sven Grahn的许可复制)

为“金星”探测器研制了直径超过 2 m 的更大尺寸的圆盘天线，在圆盘的前面有一个刚性的中心部件，周围的铜网部分在发射过程中是折叠起来的(见图 7.13)。遥测会话使用 922 MHz 和 5800 MHz 两种频率，为此，通过航天器围绕太阳轴旋转来使高增益天线指向地球，然后再用一个传感器将其锁定在地球方向[26]。

图 7.13　俄罗斯的“金星”、“火星”系列航天器(1961～1983 年)的高增益天线反射器及其发射时可折叠的外围铜网结构(来源：Kaluga博物馆)

7.3　采用复杂馈电系统的较大尺寸的反射器

7.3.1　引言

极为复杂的有源相控阵技术和系统主要是针对非空间的军事应用而研制的，现在已是备受青睐的精密雷达系统配置。然而，反射面天线更适合于视角有限的众多空间任务，航天工业领域已经开发出了非常先进的多波束反射面、透镜和馈电设计与技术，而且这些设计和技术是更尖端的非雷达空间任务的首选。

表 7.2 回顾了从 20 世纪 70 年代直至到 2011 年不同代别的反射面天线和透镜天线。

首先，对于一个或多个频段内的遥测和指挥应用、数据中继和通信应用需要尺寸加大的单点波束天线。

用于射电天文学以及行星和地球观测的传感器，例如合成孔径雷达、高度计、辐射计或测深仪，还面临了单波束和多频天线的挑战性要求。针对这些应用研制了多频段喇叭和可选频率表面。

直至 1990 年左右，在早期的电视广播和通信中，主要使用单一的圆形和椭圆形波束来大略地涵盖全国范围，往往使用双极化形式。

单一赋形的波束更为有效，被用于覆盖加拿大、CONUS(美国本土大陆)、日本、欧洲和其他地区。

INTELSAT(国际通信卫星组织)为了在 C 波段大带宽上覆盖多个大洲需要多重赋形的波束，实现这一要求使许多天线工程师忙碌了几十年。

在其他频率上也开发了多种点波束以及赋形波束：不仅是在用于移动通信的采用比以往更大的网状反射面的 L 波段和 S 波段上，而且是在 Ku 波段和 Ka 波段上。

表 7.2 空间反射器天线的演变

时期	波束/范围/配置	应用评价
1970~2010年	来自单/双赋形网状或CFRP反射面的单一的圆形或椭圆形波束 多频率馈源。FSS子反射器	L、S、C、X、Ku、Ka波段，毫米波段，亚毫米波段遥测/数据中继。固定和移动通信、广播。SAR、射电天文学、辐射计
1972~2004年	来自抛物面反射面的赋形波束，每个波束有多个馈源	C波段和Ku波段 包括INTELSAT的半球波束和区域波束
1977~2004年	来自单一或双重CFRP或PS赋形反射面的赋形波束。每个波束一个馈源	KA（1977年的CS卫星）和Ku波段。电信和广播电视
1982~2010年	可重构的多个笔形或赋形波束。透镜或反射面光学设备	军用X波段和Ka波段
1989~2004年	可控的和可旋转的圆形或椭圆形波束	X波段和Ku波段对地平台——固定电话/电视
1995~2010年	多个笔形或赋形波束。大型网状反射面。矩阵放大器。射频或数字(远程)波束成形	L和S波段的移动通信(M-SAT、INMARSAT、ETS VIII)。圆极化
2002~2010年	用多个笔形或赋形波束实现区域覆盖。多个反射面	Ku、Ka和S波段通信以及语音电视广播
2004~2009年	可重构的多个笔形或赋形波束。一个反射面	X、Ku和Ka波段 固定电话+互联网+电视和军用

注：FSS：频率灵敏表面；PS：极化灵敏；SAR：合成孔径雷达；CS：通信卫星。

透镜以其优越的扫描性能非常利于可重构多波束军事通信应用。

多频段、多波束反射器天线也被开发用于各种不同的传感应用领域(行星边缘探测器、辐射计等)以及达到红外频率的射电天文望远镜。

7.3.2 多频天线

早期的行星探测飞船，例如“徘徊者”号或“金星”号系列，使用960 MHz左右的频率来进行遥测。

在20世纪60年代中期，除了960 MHz以外，NASA还引入了S波段。从20世纪70年代中期开始，有更多的航天器在S波段使用双向链路并在X波段约8.422 GHz左右的频率上进行发射。这些链路一般使用圆极化。

深空探测器，例如“卡西尼”号(Cassini)，还使用Ka波段双向链路，频率在32 GHz和34 GHz左右。

此外，射电天文太空望远镜以及遥感仪器(例如合成径雷达和辐射计)可在最高可达亚毫米波的多个频段内工作。多年以来对于这些应用已研制出了多波段喇叭或印刷馈电单元，以及频率和极化形式可选的表面。

7.3.2.1 最高可达亚毫米波频率的多波段馈源和传感器

“徘徊者”8号和9号的高增益天线(以960 GHz频率进行遥测)要求可在2113 MHz和2295 MHz上使用双向链路。这需要创新性的多频带馈源和同轴旋转关节设计[8,27]。作为馈源使用了一个宽带逆弧圆锥螺旋线。

在20世纪70年代早期，NASA增加了一个实验性的X波段到S波段的双向链路。X波段下行链路约8.45 GHz，有50 MHz带宽。

1973年向金星和水星发射的“水手”10号是首批能够使用两个波段的航天器之一。它的高增益天线采用了如图7.14(a)所示的双波段馈源，该图是根据文献[8]复制的。对于最高的频段，使用一个圆柱形内导体来充当波导馈源。较低的频率由同轴腔体内的探针激发。每个孔径周围的环形扼流圈改善了方向图的对称性和交叉极化性能。

与“水手”10 号同一时期，针对基于地球的射电天文学研究了一种类似的设计[28]。基于此，意大利的 CSELT 中心[29]为 ESA(欧空局)项目的 QUASAT 空间 VLBI 任务研制了一个三波段版本，约为 1.6 GHz、5 GHz 和 22 GHz，如图 7.14(b)所示。在 3 个波段内，方向图非常相似且是对称的。

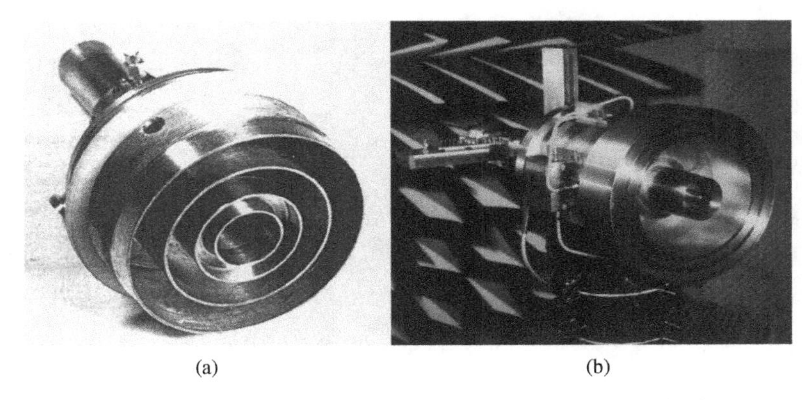

(a)　(b)

图 7.14　多频反射面同轴馈源。(a)S 波段和 X 波段的“水手”10 号(来源：NASA)；(b)1.6GHz、5GHz和22GHz的Quasat馈源(来源：TILAB – 意大利电信)

从 20 世纪 70 年代中期起，有更多的飞船在 S 波段使用双向链路，并且也在 X 波段约 8.422 GHz 频率上进行传输。这些链路在圆极化形式下工作。

在最高可达亚毫米波长的多个频段内对地球、行星及其大气层进行微波遥感的要求导致了多波段馈源创新设计的发展。

毫米波无源传感器的鼻祖可以追溯到 1962 年在 NASA“水手”2 号航天器上使用的微波辐射计。该设备在 13.5 mm 和 19 mm 的两个波段内观测到了来自金星大气层及其表面的辐射。它在标准的 Dicke 模式下工作：在直径 48 cm 的抛物面辐射计天线(指向目标)以及指向冷空间的基准喇叭馈源之间进行斩波。该设备检测到表面温度为 500 ~ 600 K 以及非常稠密的大气层。

一个很好的多传感器天线的例子是对于 20 世纪 70 年代末发射的“雨云”7 号和 Seasat A 卫星的扫描多通道微波辐射计(SMMR)。有关 SMMR 的细节可参见文献[8，30 ~ 33]。

该仪器是一个 10 通道成像辐射计，测量在 50°刈幅角上约 6.63 GHz、10.69 GHz、18 GHz、21 GHz 和 37 GHz 的来自海洋和大气层的双极化辐射。

使用检索到的数据，可以绘制出海表面温度、风速、冰层覆盖以及蒸气、云和雨中的水含量。

直径 0.79m 的单偏置反射器用石墨环氧树脂制造，由一个单独的多波段波纹馈源提供馈电，用以确保不同波段内的波束覆盖区配置(见图 7.15)。

除了在 37 GHz 上(在此会连续接收到两种极化)，对每个波段，外差辐射计会在交替扫描时从一个极化端口切换到另一个。图 7.16(来自文献[8])示出了天线配置和多波段喇叭。通过使用环加载波纹成形加宽了喇叭的带宽[34]。为了在较低的两个频率上激发 HE_{11} 模式，以及在较高的频率上用低通滤波器对圆形波导馈电，使用合理布位在圆锥喇叭上的裂缝在每种极化方式下提取出了不同的频段。

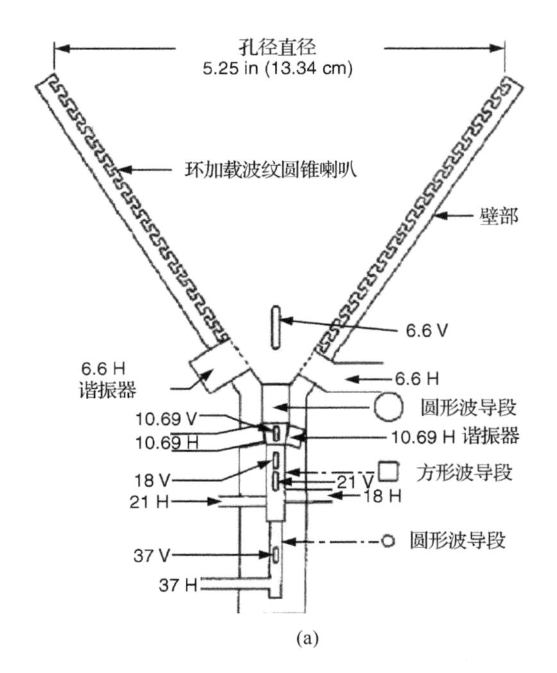

(a)

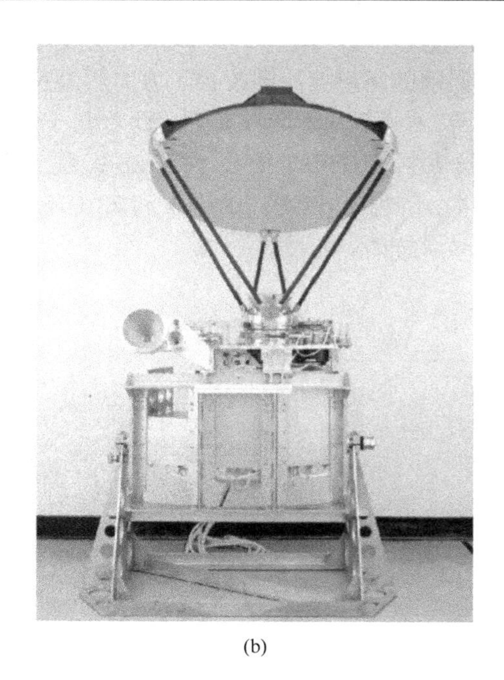

(b)

图 7.15 Seasat 卫星的扫描多通道微波辐射计。(a)多波段馈源喇叭;(b)SMMR 仪器[8]

对于这种复杂的波段间隙紧密的天线，它的整体性能是优秀的，尽管由于反射器支柱散射较大而导致了效率损失。

在 20 世纪 90 年代早期，在“火星观察者”号探测器(1992 年)中引入了 Ka 波段试验。该试验在使用 1.5 m 卡塞格伦光学天线(带有双频馈源，如图 7.16 所示)的“火星全球勘测者”号(1996 年)上得到了延续。在文献[8]和[35]中进行了详细介绍，馈源使用了一个 X 波段波纹喇叭，以及沿其轴线的一个在拉杆上的 Ka 波段圆盘馈源。

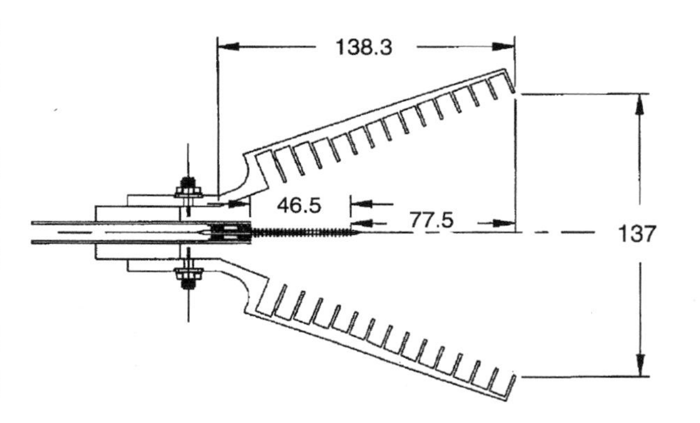

图 7.16 “火星环球探测器”号(1996 年)的 X/Ka 波段高增益天线馈源，尺寸单位：mm[8, 35]

紧随这些先锋成果之后开发出了许多种多波段馈源和阵列单元，不仅被用于空间天线，例如卡西尼三波段(X、Ku、Ka)喇叭[8]，也同样用于地面站、射电天文望远镜和雷达阵列。在文献[36～38]中可以看到与此有关的一些例子和许多参考资料。

另一种用于分离多频段和极化的配置是使用准光学的信号分离器，包括频敏板和极化敏感板。该配置用在了搭载于上层大气研究卫星(1991 年发射)上的首个星载微波天体边缘探测器(MLS)中。这种无源仪器(在垂直平面内波束扫描)可以测量从上层大气“切片”入射的电磁辐射并将其送入在 63 GHz、205 GHz 和 183 GHz 左右的频段内工作的 3 个外差辐射计，并修正一氧化氯、臭氧、氧气和水的浓度分布，从而有助于了解上层大气中的臭氧化学。

文献[39]中详细描述的 MLS 如图 7.17 所示，使用孔径为 1.6 m×0.8 m 的卡塞格林光学天线。一个特定形状的反射镜用于从入射的椭圆波束转到馈源喇叭的圆形波束。设计采用了高斯波束分析[40]。然后，一个二向色板(由一组金属板上的圆孔组成)分离出 63 GHz 波束。使用网格偏振器来分离 183 GHz 和 205 GHz 波束，通过聚焦镜将波束定向到接收机喇叭。一个 Fabry-Pérot 谐振器将信号和本地振荡器(LO)合并。改进型 Potter 喇叭[41,42]接收合并后的信号和 LO 信号并将它们馈入混频器。光学信号分离器的损耗在 1.0 ~ 1.5 dB 之间。

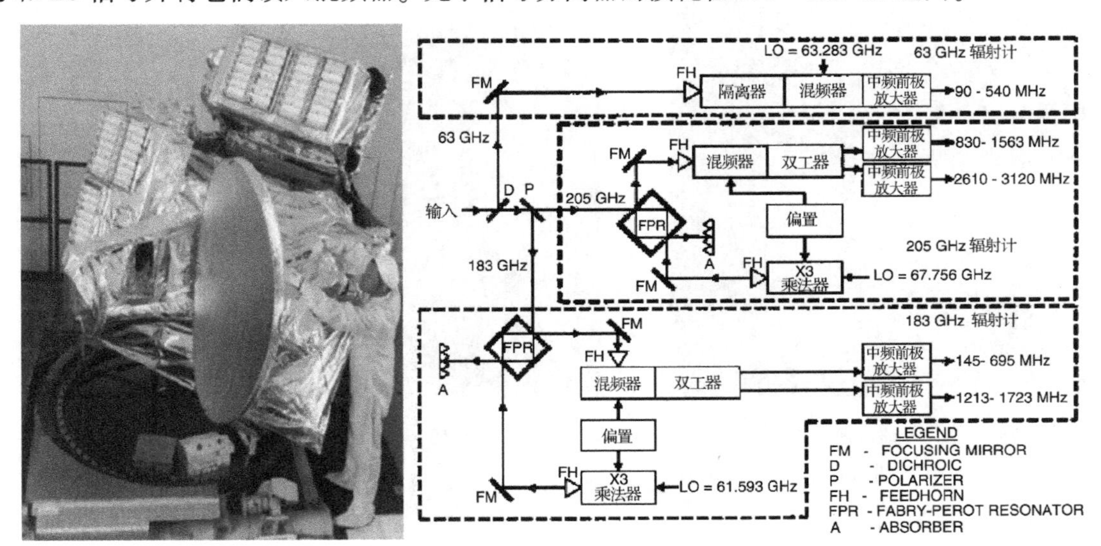

图 7.17　NASA 的 UARS 卫星上的首个星载微波行星边缘探测器的照片及其准光学辐射计示意图[39](来源:NASA/JPL-Caltech)

从那时起，在准光学信号分离器领域，尤其是随着改进的分析工具和准光学组件技术的发展，已经取得了进展。

最近的一个亚毫米波多波段天线的例子是 2009 年 5 月 14 日共同发射的 ESA 的普朗克(Planck)和赫歇尔(Herschel)望远镜上的天线。普朗克望远镜将考察 27 GHz ~ 1 THz 的宇宙背景辐射[43]。赫歇尔望远镜的观测范围为 450 GHz ~ 5.45 THz，对恒星和星系的形成进行研究，并对两者之间的关系进行考察。3.5 m 赫歇尔望远镜使用了一个对称的卡塞格林反射器，波前误差指标为 6 μm RMS。

普朗克望远镜的天线反射器是一个改进型格里高里反射器，采用离轴倾斜等光程设计，1.5 m 圆形孔径(1.9 m × 1.5 m 反射器，10 μm RMS 精度)可支持两个科学仪器：

- LFI(低频仪器)在 27 ~ 77 GHz 之间的 3 个频率上用 22 个无线电接收机组成的馈源阵列(使用了 HEMT 晶体管混频器)对天空进行成像。LFI 的馈源为波纹喇叭，其描述见文献[44]。
- HFI(高频仪器)在 84 GHz ~ 1THz 之间的 6 个频率上用 52 个微波探测器(使用了辐射热测定器)对天空进行成像。

普朗克望远镜的探测器可以冷却到仅在热力学零度以上零点几度。

普朗克望远镜的探测器如图 7.18 所示。主、副探测器均为耐热碳纤维增强塑料(CFRP)夹层结构，有反射面涂层(Al + Plasil)。一个环绕着望远镜的挡板可以阻隔来自太阳和月亮的杂散光线。

赫歇尔望远镜的 3.5 m 反射面[45]是一个对称的卡塞格伦反射面。最初分为 12 段碳化硅瓣，随后对每个瓣进行处理，与大块钎焊在一起，铣削到 100 μm 并抛光至 6 μm RMS 的波前误差指标，最终产品为图 7.19 所示的一体式反射面。在 80 K（在轨条件）条件下进行了地面测试。

图 7.18　展示了馈源阵列的普朗克望远镜中期视图（来源：ESA）

图 7.19　展示了馈源阵列的赫歇尔望远镜中期视图（来源：ESA）

7.3.2.2　二向色器件

二向色或可选频率表面被设计为在一个频段内反射而在另一个频段则为透明。它们可以作为在之前章节中讨论的多频喇叭或单元的替代方案。

在 20 世纪 70 年代早期，NASA 的 64m 深空网络反射器[46]使用这种二向色反射器（由一个金属板内的等间距圆形孔组成）为深空任务实现了在 S 波段以及 X 波段的传输。

在文献[47]中可以看到早期的关于这种圆孔板的分析。与此类似，通过在网格表面上解算波导模式和 Floquet 模式同样可以对等间距矩形孔板进行准确的分析。该方法仅在有限阵列和非常大的阵列情况下是准确的。通过将傅里叶窗加诸于有限平板的结果（同文献 [48] 中对波导阵列所用的方法），可建模出有限平板。对于由印制单元构成的二向色器件，例如交叉偶极子[8,49]，可以使用类似的方法，用恰当的矩量未知数方法取代了波导模式。虽然切向平面近似法在大多数情况下都有效，但曲率仍然是一个问题。

这是二向色器件用于空间的开始。在随后的几十年里分析并开发出了许多的其他模式，例如耶路撒冷交叉。

NASA 的“旅行者”号（1977 年）和“伽利略”号（1990 年）都是著名的采用二向色副反射器的航天器实例，它们的设计基于文献[49]并在文献[8]中有详细的描述。它们成功地在相同高增益天线反射器中同时兼容了 S 波段和 X 波段。两者都使用了交叉偶极子，展示出了最差损耗值仅约 0.24 dB 的优秀性能。

欧洲方面进行的权衡研究[50]发现圆环单元比交叉偶极子、耶路撒冷交叉和方形回路更加合适。这一点在双重网格副反射面中得到了验证，反射范围为 10.95 ~ 12.25 GHz 的三重 Kevlar 夹层二向色副反射面可对其加以增强，从而它的反射范围为 18.2 ~ 20.2 GHz。实测结果和预测值之间吻合良好[51]，反射波段和传输波段内的损失均在 0.4 dB 以下。这种方法后来被用于“卡西尼”号的高增益天线[52]。

美欧联合研制的“卡西尼-惠更斯”土星轨道探测器于 1997 年发射，是迄今为止最具挑战性的多频空间天线发展之一。下文中的简要描述摘选自文献[8]。

这种高增益天线(见图 7.20)在 S 波段(2035 ~ 2303 MHz)、X 波段(7150 ~ 8450 MHz)、Ku 波段(13676.5 ~ 13876.5 MHz)和 Ka 波段(31928 ~ 34416 MHz)生成轴上笔形波束。除了 Ku 波段以外，所有这些波束都是圆极化的，支持以线极化形式工作的行星合成孔径雷达(SAR)，而且该雷达必须为其成像模式另外生成 4 个扇形波束。高增益天线(HGA)支持 X 波段低增益天线。

选用的构型为卡塞格伦设计。直径 4m 的主起振 CFRP 反射器使用了一种薄(7 mm)的采用肋式和环状支撑结构的夹层结构。

一组三级频敏副反射面(对于 S 波段信号都是透明的)反射 X、Ku 和 Ka 波段的信号。S 波段馈源位于主反射面的主焦点，而一个三波段(X、Ku 和 Ka)馈源位于卡塞格林焦点处，与 4 个波导喇叭子阵一起生成 SAR 扇形波束。

Ku/ Ka 波段副反射面为双曲剖面，使用双圆环在 Ku 和 Ka 频段实现谐振。X 波段副反射面使用在 X 波段频率上谐振的单个圆环组成的阵列并加以赋形以提高效率。然后增加一个定形的屏幕(优化了与 X 波段反射器的间距)来匹配 S 波段馈源。HGA 的框图见图 7.20。每个屏幕都包含蚀刻在以 Kevlar 蜂窝结构支撑的聚酰亚胺基板上的二向色单元。

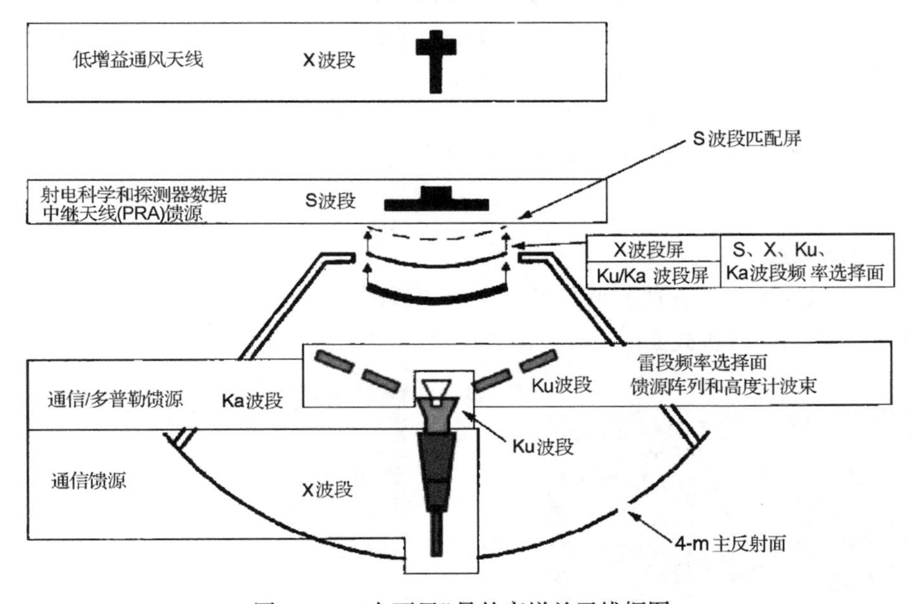

图 7.20　“卡西尼”号的高增益天线框图

“卡西尼”号的高 HGA 馈源系统和二向色副反射面的图片如图 7.21 和图 7.22 所示。

已经研制出了众多的二向色副反射面，特别是日本的 N-Star Ka 波段天线(1995 年发射)和 S/Ka 波段的 Adeos(1996 年发射)。

7.3.3　大型可展开天线

自 20 世纪 60 年代初以来，为了适应直径大于发射器护罩的反射面，广泛使用了带有刚性中心部件和可展开网状轮辋的部分可展开反射面，首先使用的是俄罗斯“金星”号的反射面(见图 7.13)，然后是美国(例如图 7.23 中的 FLSATCOM[53])。

图7.21 “卡西尼”号的四波段 HGA 的馈源系统(来源:意大利泰勒斯·阿莱尼亚宇航公司)

图7.22 “卡西尼”号的 HGA 的二向色副反射器(来源:意大利泰勒斯·阿莱尼亚宇航公司)

FLSATCOM 地球同步卫星的反射面天线被用来在从240 MHz 到400 MHz 的 UHF 波段进行发射。它的刚性中央部件通过折叠的外部金属丝网可将直径从3.35 m 扩展到4.9 m，丝网以不锈钢肋支撑，按照地面指令展开。接收天线是一个长4.10 m、直径33 cm 的螺旋天线，在发射时也是折叠起来的，并可以按照地面指令展开[53]。

接下来的小节将回顾过去40年里已发展到高级阶段的许多大型可展开天线概念中的一部分。关于大型反射面天线发展的若干详细回顾可在文献[54~58]中看到。以下小节中的文字部分摘选自这些文献。

7 3.3.1 缠绕肋天线

洛克希德公司的缠绕肋天线的原理及其主要组成如图7.24所示。这个反射面包括一个中心枢纽和展开机构、透镜状截面的 CFRP 抛物线肋和镀金轻质钼金属丝网[59]。

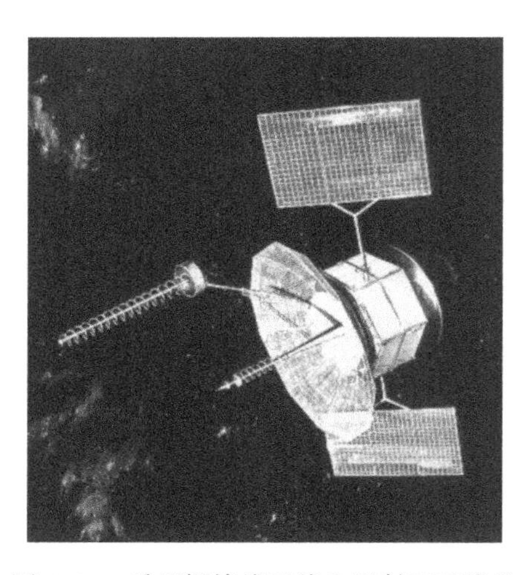

图7.23 采用螺旋线天线和反射面天线的美国海军通信FLSATCOM卫星(1978年~)(来源:美国空军)

图7.24 洛克希德公司为NASA的ATS-6卫星(1974年)研制的缠绕肋天线(来源:NASA)

该天线直径9.12 m，搭载在首个三轴稳定航天器上，该航天器被称为NASA ATS-6试验型广播卫星，工作在C、S、L、UHF和VHF频段上，于1974年发射。它有48条肋，重60 kg。洛克希德公司为JPL演示了一段直径55 m的偏置缠绕肋天线。为M-SAT移动通信卫星(于20世纪90年代中期发射)的L波段多波束天线研发了一种5.7 m×5.3 m的16条缠绕肋偏置反射器。

7.3.3.2　环柱天线

环柱天线是Harris公司于1975年为NASA首创的。建造并测试了从100 m设计缩小到15 m的工程模型[60,61]，如图7.25所示。天线孔径被分为4个象限，提供4个6 m非共焦6 m偏置孔径。

该结构包括一个从中央枢纽展开的中心可伸缩立柱以及支持外围的网状反射区的环箍，通过附着在立柱顶部和底部的电缆网络可以调整网状反射区的表面。收起时为一个高2.7 m、直径0.92 m的圆柱体。天线质量为241 kg，且RMS表面精度为3.4 mm。

图7.25　Harris公司的环柱天线(1978～1986年)(照片来源：Harris公司)

7.3.3.3　刚性径向肋天线

Harris公司的径向肋天线设计采用旋转管式肋支撑金钼网格。该天线从1983年开始在第一代TDRS卫星上飞行，是一种对称的直径4.8 m构型，工作在S和K波段(见图7.26)。NASA在1990年发射的“伽利略”号木星探测器(S和X波段)上采用了相同的配置。TDRS和“伽利略”号的“双网”设计使用连接到悬垂线的石英线来对反射网进行精密调节[8]。

20世纪90年代开发出了一种偏置的安装在边缘上的配置构型，该构型采用有支座的直铰接肋和集成悬臂组件，现在已在许多超过20 m的极大直径的移动通信卫星中使用了。图7.27是2000年发射的亚洲移动卫星系统(ACeS)的12 m偏置天线。

图7.26　TDRS的径向肋天线(照片来源：Harris公司)

图7.27　ACeS采用的Harris公司的12 m铰接肋天线(照片来源：Harris公司)

7.3.3.4 休斯公司的回弹反射面

休斯公司(现在的波音公司)为工作在 L 波段的 M-SAT 移动通信卫星(1995 年)研制了一种创新性的回弹或“墨西哥卷”式反射面(见图 7.28)。两个椭圆形 M-SAT 反射面(6.8 m × 5.25 m)由一个柔性薄壁石墨网和边缘上的加强环构成，石墨网是用与整体肋条网格和连接元件三轴编织而成的材料制作的。

在发射时，该反射面折叠收拢在航天器上，为锥形，可以方便地收入空置的护罩顶部。反射面的重量很轻，仅为 20 kg。

这个概念也被用于 Ka 波段的工作，并被选定用于第二代 TDRS 卫星的天线，该天线在 S、Ku 以及最高 Ka 波段上工作。

图 7.28　休斯公司的回弹反射面(来源：加拿大航天局www.asc-csa.gc.ca)

7.3.3.5 充气天线

充气式空间硬化反射面　欧洲的这一研发工作始于 1980 年，旨在开发用于移动通信的 12 m 反射面[64, 65]以及用于极大型基线干涉测量(VLBI)射电天文学应用[66]的 15 ~ 20 m 或以上的反射面。充气式空间硬化反射面可以分为 3 个部分：

使结构稳定和实现其伸展的圆环。

反射面/天线罩膜，一个用于支持 RF 反射/透明表面，一个用于密封结构。

将反射面连接到航天器上的悬臂。

反射壁由一个薄的纤维增强复合材料层(芳纶纤维浸渍类的特殊材料)组成，在一侧有金属化的聚酰亚胺箔层。在空间膨胀后，太阳辐射硬化树脂在温度 110℃ 下 6 小时硬化，同时刚化天线结构中的氮在展开 48 小时后被抽空。直径为 3.5 m、6 m、12 m 的 3 个工程天线模型已建成，但没有进行飞行试验，这项计划最终停止了。

早期的设计研究表明，直径 20 m 的反射面的质量为 134 kg(0.41 kg/m^2)。直径为 12 m 的工程模型如图 7.29 所示。

充气天线实验　这个项目是由 JPL 实验室为探索充气结构的潜能(特别是应对未来太空任务的充气反射器天线)而发起的。

L’Garde 是一家有着悠久的空间充气产品研制经验的公司，开发了一种直径 14 m 的充气天线，采用低压冠层结构高压环和 3 个高压支柱来支撑馈源。

前冠盖是透明的，后冠盖镀铝用以反射。圆环和支柱由厚度 0.3 mm 的 Kevlar 和 6.5 μm 聚酯薄膜冠盖组成。充气结构的总质量为 60 kg。

1996 年 5 月 29 日，在自由飞行的“斯巴达-207”运载飞船上进行了充气天线实验。对支柱、圆环，最后对冠盖充了气(见图 7.30)。关于充气的顺序和测量的细节可以参考文献[67]。

随后研究了用于射电天文学应用的 25 m 充气反射面[68]。

上一小节中的 12 m 自硬化反射器上或 14 m 的 IAE 反射面都遇到了表面误差在反射面边缘会上升的问题。

图7.29　Contraves公司的12 m自硬化反射面

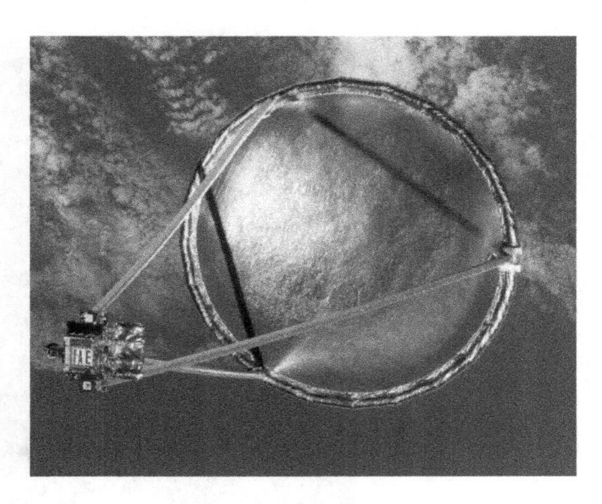

图7.30　1996年部署在太空的直径14 m的IAE反射面天线(来源:NASA)

7.3.3.6　日本研制的HALCA和ETS VIII卫星的张力桁架天线

日本在20世纪90年代为在1997年发射的HALCA射电天文卫星(Muses-B)和属于国际VLBI空间观测计划的VSOP开发了一种可展开的高表面精度的天线。在文献[69, 70]中对它进行了详细的描述。天线照片如图7.31所示。

不像上面所描述的大多数天线，这个直径10 m的天线必须工作在高达22.15 GHz的频率上，同时还可在4.85 GHz和1.66 GHz频率上工作，这意味着表面精度为0.5 mm RMS。

选用的是一个对称的焦点偏置卡塞格伦光学天线，而且主、副反射面都是一旦进入轨道就被展开。

主反射面的张力桁架设计采用6个伸缩桅杆支撑，通过Kevlar以及Comex电缆，网状网络本身被连接到更精细的镀金钼反射网上。HALCA在1997年发射，直到2005年天线才展开和进行测量。

另一种更大的张力桁架反射面是为了日本国家空间发展署(NASDA，现为JAXA)的工程试验卫星VIII号而开发的，用于支持S波段通信(2.5/2.6 GHz)。这意味着表面精度为2.5 mm RMS[71]。天线设计基于一种模块化的方法，使用14个六角模块，每个模块直径4.8 m，有一个张力支撑桁架通过石英电缆支撑金属网。170 kg天线的总尺寸为19.2 m×16.7 m(见图7.32)。收起时的尺寸为直径1 m，高度4 m。

图7.31　HALCA (Muses-B)卫星的天线(来源:JAXA的T. Takano教授)

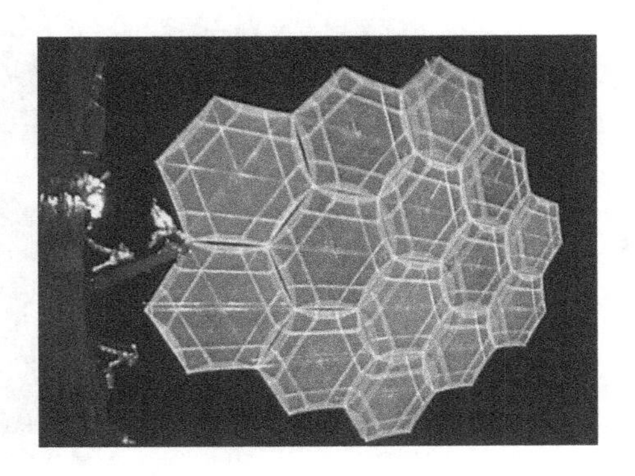

图7.32　ETS Ⅷ的19×23 m天线(来源：JAXA)

图 7.33 INMARSAT-4 的环形桁架天线(经 Northrop Grumman 公司许可转载)

7.3.3.7 环形桁架天线

AstroAerospace 在 1990 年开始研制环形桁架天线[72]。它采用张力桁架理念。该结构包括一个带有两个相同的抛物面网的可展开的环形桁架和附着在其上的三角形单元，它们的反射节点由预应力纽带连接。反射网贴附在两个抛物面网之一的背面。该反射面在 L 波段上工作，已经成功地在多个移动通信卫星上进行了试飞。Thuraya(2000 年)的反射面的直径为 12.25 m，重量为 57 kg。INMARSAT-4 的反射面如图 7.33 所示。

用于 Ka 波段的更精确的版本也已开发出来[73]。

7.3.3.8 和平号空间站(MIR)的 PRIRODA 模块的可展开桁架反射面

和平号空间站的 Priroda 模块配备了一个采用可展开网状反射面的 SAR 仪器(见图 7.34)，工作在 1.28/3.28 GHz 上。反射面的尺寸在展开时为 6 m×2.8 m，在收起时为 0.6 m×0.4 m×0.58 m。反射面的背面结构包括一个拉杆桁架系统，该系统与网状附着装置形成三角形切面。反射器的质量为 35 kg，相应的表面密度为 2.1 kg/m^2。人们曾制造出尺寸最大达 22 m 的这种天线。从 1985 年开始，有多个不同直径的类似反射面在轨道上进行了飞行。

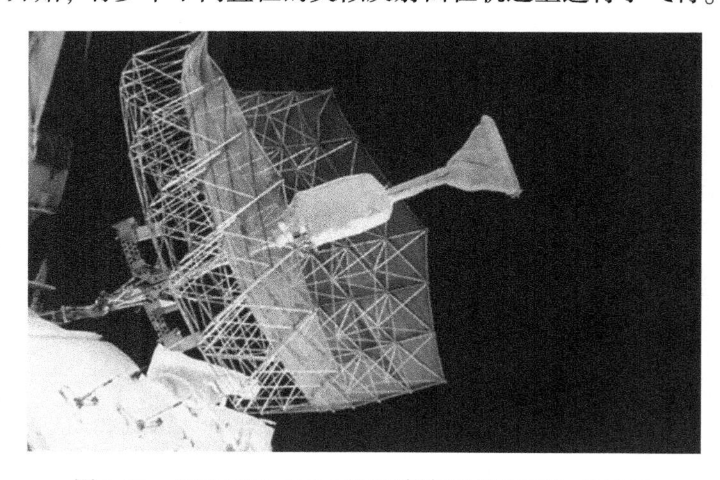

图 7.34 PRIRODA SAR 可展开桁架天线(来源：NASA)

7.3.3.9　网状反射面分析

在分析网格变形天线时对两个特别领域给予了特殊处理：反射网及其方向图、接触的不完善和损失，以及楔形或三角形的反射面。这些在文献[56，57]中都有综述，本小节摘自于这些文献。

对于网状结构使用了两种模型：一种是线栅模型[74~76]，基于适用于正方形网格[77]和矩形网格[78]的格林并矢函数的推导；另一种是文献[79]中介绍的条状孔径模式，它使用 6 个参数而不是 4 个来表征一个单元，可以更好地建模某些特定的形状。两种模型都得到了很好的验证实验。网格分析，包括复杂的棱纹编织几何结构，在文献[80]中给出。

主要结论是网格的实用影响是在交叉极化下，而且开口不大于$\lambda/50$ 且导线直径为$\lambda/500$ 的镀金网格在大多数情况下可以提供令人满意的性能。

无源互调产物的生成是一个敏感的领域，尤其是如果同个反射面用于发射和接收时。1972 年分析了对于采用抛物线肋的伞形网面反射面的三角形区域建模[81]。然后，对于这样的天线，通过物理光学分析来修正路径，分析了失真的影响[82]。对于伞反射面和桁架反射面，物理方法和光学方法都得出了充分的结果[74,75]。速度快得多的孔径场技术在更有限的视野范围内也有良好的结果[76]。

7.3.4　固体表面可展开反射面天线

许多大型网状和充气式反射面的表面精度对于 Ka 波段及以上波段的应用一直是不够的，而这些波段对于射电天文学、辐射测量，以及(在更近的时期内)高速率通信来说正是感兴趣的频段。

人们已经提出了多种概念，某些已在研究而某些已用于实地飞行。在此仅简要回顾关键性的发展事件。

7.3.4.1　TRW 向日葵式反射面(1974)

TRW 的向日葵式刚性花瓣反射面[83,84]是刚性可展开反射面天线的早期(1984 年)发展成果之一，它在面板之间采用简单的连接方式。

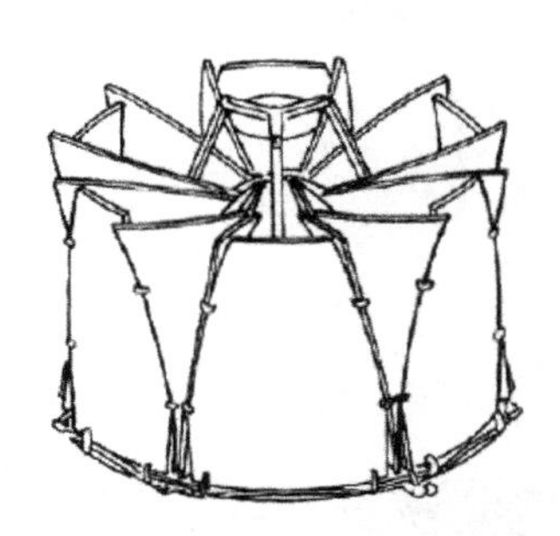
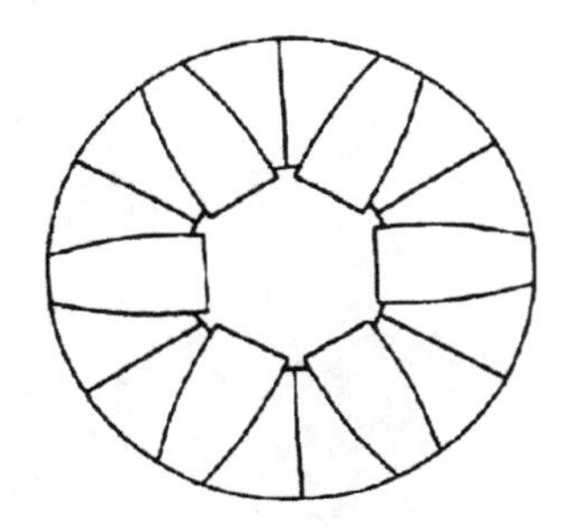

图 7.35　向日葵式反射面的设计原理

人们建造了一个直径 4.9 m 的模型，收起状态下的直径和高分别为 2.15 m 和 1.8 m[85]。图 7.35 展示了 TRW 的向日葵式反射面的原理。

7.3.4.2　铰接尖端反射面

1978 年，欧空局开始在泰雷兹·阿莱尼亚宇航公司(当时称为塞莱尼亚)进行多波束

20/30 GHz天线的发展。该项工作包括研制一个带有铰接尖端的3.7 m投影口径反射面(见图7.36)以及一个完整的用于生成0.3°点波束和赋形波束的带有重叠馈源的馈电系统[86]。

图7.36 4 m铰接尖端反射器(来源:意大利泰雷兹·阿莱尼亚宇航公司)

反射面采用带有6.35 mm铝质蜂窝芯的夹层肋条加强结构。做到了反射面密度3.4 kg/m²,表面公差0.3 mm RMS。意大利Contraves公司研制出了精确的弹簧驱动的铰链。虽然反射面只用于一次任务实施,但相同的技术(不含铰链)被用在了“卡西尼”号的4 m天线上,而且铰链还在美国进行了销售。

若干年后,日本东芝公司为NASDA的ETS VI项目成功建造了类似的反射面[87]。3.5 m×4 m的投影口径天线重43.6 kg,最坏情况下的RMS表面精度为0.23 mm。反射面为采用CFPR面板的蜂窝夹层结构,发射时分段折叠,然后通过弹簧展开。±0.015°的指向精度极为出色。

7.3.4.3 多瓣可展开反射面

多种使用大量固体瓣片的设计方案已被提出,这种设计在20世纪80年代被研制出来并随后用于高精度大型反射面。在射电天文学和科学应用的驱动下,这些设计主要以对称结构为基础,因此对于偏置配置来说,它们并不具备竞争性。

德国的Dornier公司(现为Astrium-D公司)在20世纪80年代初开发了一种可展开天线集成系统(DAISY),带有铰接在中枢上的径向抛物线弧形板。该系统达到了非常高的精度:0.2 mm RMS。直径4.7m的模型在收起时的直径和高度分别为1.7 m和2.4 m,重量为94 kg[88]。

Astrium公司进一步研制出了重量轻得多的这种设计的衍生版,制造出了一种3m薄壳板反射器。单个板片的制造精度被测定为0.15 mm。反射面的总重量为10 kg(1.4 kg/m²)。反射器的结构可以扩展到最大5~6 m的直径 。

最近,俄罗斯为“射电天文”(RadioAstron)卫星开发出了一种有些类似的设计[89~91]。该天线如图7.37所示。

图7.37 “射电天文”卫星的10m射电望远镜天线(2004年)
(来源:俄罗斯科学院宇航中心列别捷夫物理研究所)

这个空间射电望远镜采用直径为10m的中心馈电配置。它工作在4个频段上，约为0.327 GHz(P波段)、1.665 GHz(L波段)、4.830 GHz(C波段)和18.392～25.112 GHz(K波段)。为了实现高表面精度，该望远镜采用中心馈电配置，由直径3m的固体中心反射面和包围它的27个碳纤维固体瓣片(34 cm×115 cm×372 cm)构成。表面与旋转抛物面之间的最大偏差为不超过2 mm，天线圆盘的总质量约1340 kg。

7.3.5　极化敏感反射面和赋形反射面

7.3.5.1　极化敏感反射面

用于航天探测器和移动通信的天线大多使用圆极化(更容易跟踪)，而线极化则从20世纪60年代中期开始被用于众多的固定卫星业务(FSS)地球同步轨道通信卫星。例如，工作在C波段或Ku波段的INTELSAT 1(“晨鸟”号)、Syncom 3、Anik 1和Westar 1。直至今日，线极化仍然在多种固定卫星业务和广播应用中使用。

远在卫星存在之前，1949年提出了一种在固体反射面的前面使用一个栅格反射面的极化敏感天线(见图7.38，摘自文献[92])。这种方法在今天仍然被用于空间领域的抛物面和赋形栅格反射面天线，一般采用偏置馈电。

一种用于空间频率复用并且有两个独立的正交网格重叠表面的配置型式于1974被提出(见图7.38，摘自文献[93])。该构型被用在了于1975年和1976年发射的两颗RCA通信卫星上，可以覆盖美国(见图7.39，摘自文献[94])。

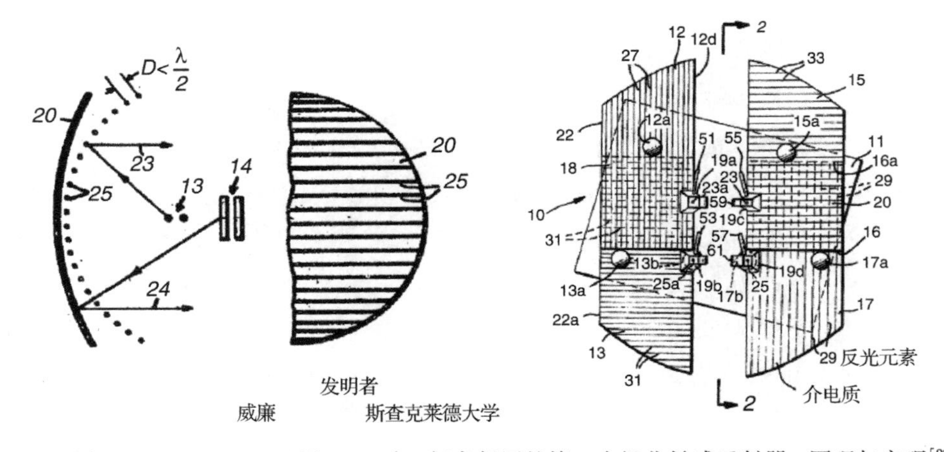

图7.38　用于RCA SATCOM卫星(1975年)频率复用的第一个极化敏感反射器：原理与实现[92,93]

在这两个案例中，用户在视场中心可以看到导线平行于入射的极化。当两种极化的覆盖足迹重合或部分重叠时，它们的馈源不应互相干扰。在很长一段时间内，使用的是两种不同形状(模型)的外壳，如图7.39所示。在偏置系统中，通常可以通过恰当地旋转偏置壳体和馈源来避免这种情况[95]。

网格形式的另外一个附加优点是：偏置的几何形状和馈源所生成的交叉极化可以在覆盖区以外被反射。

休斯公司在COMSTAR 1上使用了同样的滤波特性。发射于1976年的COMSTAR 1用于C波段通信，有两个反射面，每一个反射面都带有一个极化屏(放置在每个反射面前方的孔径平面内)[96]。COMSTAR 1如图7.40所示。这些极化器使用平行导电片光栅，导电片的间距为

12.7 mm 且深度为 25.4 mm。导电片制作为镀铝聚酰亚胺夹层结构。该种设计的插入损耗小于 0.1 dB，可提供超过 33 dB 的交叉极化隔离。

在美国、加拿大和欧洲已经研制和在空飞行了许多种抛物面形的和定型的极化敏感反射面（以及一些子反射面）。有两种反射壳体，带有一套扇型的加强肋梁和支撑结构（通常为 Kevlar 夹层结构）。

最初的反射网格是将网格膜黏着在反射面表面上。后来，通过一种特殊的掩膜来激光蚀刻铝质薄膜，使用这种方法可以在抛物面或成形表面上制作出所需的网格。

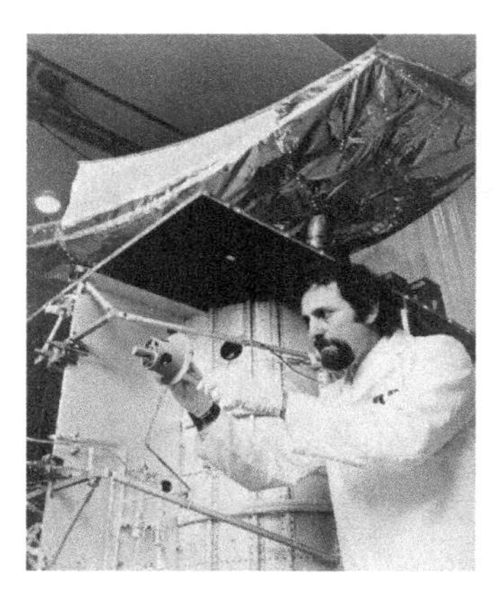

图 7.39　第一个极化敏感反射面[94]（来源：NASA）

在双栅极化敏感反射器中，热设计是最重要的，涉及了 RF 透明（损失小于 0.1 dB）遮阳罩（在材质上通常使用聚酰亚胺和真空沉积铝）和用于静电放电（ESD）保护的锗涂层（在早期的栅格反射面中，该涂层的价格是极其昂贵的）。

在图 7.41 中给出了 20 世纪 90 年代的一种 2.3 m 网格状反射面，该反射面用于 C 波段和 Ku 波段，使用 Kevlar 前端和 CFRP 支撑结构。从那时起，已经在空飞行了许多种直径超过 3 m 的抛物面形的和成形的栅格反射面。

图 7.40　带有极化屏的 COMSTAR 1 天线（来源：NASA）

图 7.41　用于 C 波段和 Ku 波段的早期 2.3 m 网格形反射面（来源：EADS-CASA）

7.3.5.2　赋形反射器

20 世纪 40 年代成功引入了双曲面单一反射面赋形来实现空中监视雷达的余割平方方向图，该技术使用两步骤一维程序，以能量守恒和简单的几何光学法则为基础[97]。

为了使高增益航天器天线的孔径效率最大化，20 世纪 60 年代首次引入了双反射面赋形来控制主孔径的幅度和相位分布，这种赋形技术也使用了几何光学原理[98]。该技术被用在了“海航者”号飞船（1979 年发射）的 X 波段天线中。

在 20 世纪 70 年代中期，使用同样的方法，通过对一个单一的圆形反射面进行赋形，为 ESA 的 OTS 卫星设计了低交叉极化的椭圆波束天线[99]。该方法进一步发展为双赋形偏置反射器设计[100]。图7.42是ESA的ECS卫星上使用的一种双赋形反射面示例。

在20世纪70年代中期，美国和欧洲还研究了用于全球覆盖的具有均匀的方向图流量的L波段赋形反射面。ESA的INMARSAT MARECS卫星的2.2 m中心馈电赋形反射面天线在地球边缘可提供19.6 dBi增益，比经典喇叭馈源高了3 dB以上(见图7.43)。

在同一时期开发出了一种相关的、更通用的二维赋形程序，用此设计出了CS卫星的天线，其波束覆盖区与日本国土相仿[102]。

之后，欧洲开发出了替代性的衍射合成技术[103]，这些技术已应用在ESA和INTELSAT所支持的多项研究中。

目前，基于物理光学的设计已成为规范，并且已有了可用于合成和分析大型的单一或双赋形反射面的软件[104]。

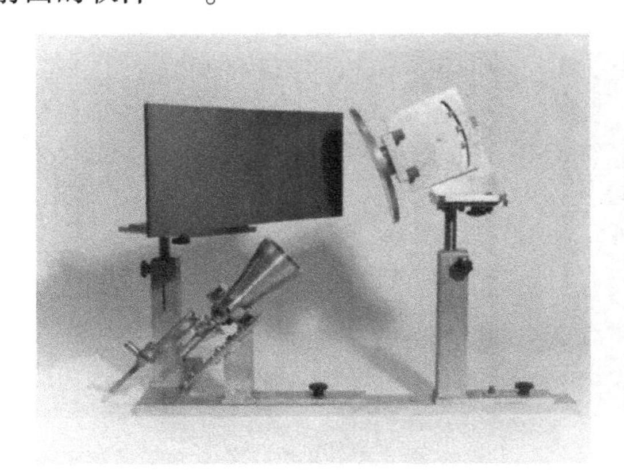

图7.42 用于ESA的ECS卫星(1978年)的双赋形反射面模型(来源:意大利泰勒斯·阿莱尼亚宇航公司)

图7.43 MARECS卫星(1981年)及其赋形反射面(来源:ESA)

单一的反射面通常会被加上栅格，用以消除因偏置的几何形状而出现的交叉极化，或是用于在两个极化方向上产生两个不同的覆盖范围。

使用双赋形反射面(初始几何形状以Mizuguch低交叉极化条件为基础)可以避开采用栅格反射器[105]。

与多馈源抛物面反射面或透镜相反的是，赋形反射面的问题之一是每个反射器剖面只能产生一个波束。

7.3.6 多馈天线

前几节中回顾的大多数天线都是产生单一的圆形、椭圆形或波状外形的波束，通常用于广播或区域形通信。对于更高速率的通信，同时也是为了获得更多的频率复用以及更多的可重构性，可以使用多个点波束和波状外形的波束来提供更大的容量。

那么，单一馈源就要让位给馈源阵列了。对于反射面来说，更适合用偏馈配置来避免馈电堵塞。当波束指向偏离视轴几个波束宽度时，畸变就是一个难题了。除非使用大量的馈源来形成离轴波束，否则它们就会生成高副瓣并引起增益损失。

尽管质量和体积很大，但透镜还是很有吸引力的，因为它们不会受遭受馈电堵塞且扫描畸变很少。

7.3.6.1 多馈源透镜天线

中心馈电透镜非常适合可重构的空间通信天线。

大部分军用卫星，如 DSCS 3 系列，都使用了透镜天线，但有关于此的详细的出版文献很少。在文献[5]中可以看到对于透镜天线早期发展的回顾。

美国空军于 20 世纪 60 年代后期在麻省理工学院林肯实验室对用于可重构多波束地球覆盖的波导透镜进行了研究[106, 107]。X 波段矩形波导透镜按照最小厚度分区。它有 19 个馈源，并因为可变功分器的原因，有可能产生从 3°点波束到全球覆盖波束的可重构覆盖区域。在文献[106]中研究的透镜在图 7.44 中示出。通用电气公司也研究了类似的透镜，但该透镜是按照最小相位误差分区的[5]。休斯公司研制出了等同的群延迟波导透镜[108,109]。

在 20 世纪 80 年代，研究并实施了有 61 个馈源的设计[106]。这项工作似乎已成为一些军用卫星[包括 DSCS 3 系列(首颗于 1982 年发射)在内]的多波导透镜天线的研发基础，图 7.45 所示是其中之一。

图 7.44 美国卫星 LES 7 的多波束波导透镜(经MIT林肯实验室许可转载)

图 7.45 DSCS 3 卫星的波导透镜天线(经MIT林肯实验室许可转载)

这些地球同步卫星可在地球上控提供 7900 ~ 8400 MHz 的上行链路和 7250 ~ 7750 MHz 的下行链路服务，由于使用了复合可重构馈电网络(含低损耗可变功分器和移相器)，因此具有可重构的点波束或赋形波束(具有反干扰特性)。

20 世纪 70 年代，福特航空航天公司研究了用于多波束民用通信应用的透镜，使用它们建造并测量了波导透镜和 TEM 镜头[110, 111]。

7.3.6.2 多馈源反射面天线

C 波段固定通信 Anik A1(1972 年)多馈源反射器天线包括反射器光学设备，就像透镜多波束天线那样，馈源阵列和波束成形网络。如果使用多端口放大器，放大器可以直接在处于波束端口级或“更深”级的馈电单元上通过输出网络与馈源分离开。

Anik A1，如图 7.46 所示，是由休斯公司建造并于 1972 年为加拿大 Telesat 公司发射的。Anik A1 是第一颗采用可生成一个定形波形的多馈源天线的地球同步通信卫星。Anik A1 在加拿大上空提供 12 个 C 波段信道(上行 5.925 ~ 6.425 GHz，下行3.7 ~ 4.2 GHz)。

图 7.46 Telesat 公司使用第一个赋形波束天线的Anik A1卫星(1972年)(来源不明)

天线馈源组件包括3个发射/接收喇叭，在1.52 m金质网格反射面内近似生成加拿大的图像[112]。利用3个馈源喇叭，发射馈电网络可以使用两个波导定向耦合器来为喇叭提供正确的信号分布。

定向天线接收馈源组件接收地面信号，用于将天线的消旋率控制在每分钟100转左右。

COMSTAR1　这种升级版的赋形波束天线设计实施于COMSTAR 1卫星(见图7.40)，使用了两个偏置的增加了极化屏的反射面(每个反射面一种极化)[96]。这种设计在两种极化之间可提供超过33 dB的隔离，并使容量翻番至24个C波段通道。

COMSTAR1还采用了一种创新的休斯公司专利所有的双模馈电网络。采用混合耦合器，该功率分配器可以通过两个隔离的输入端口为幅度相同但相位共轭的馈源提供两个正交激励。因此，来自两个输入端口的落在地球上的复合天线图是正交的，有基本相同的幅度，从而波束足迹的幅度也相同，但相位不同。通过在一个端口内复用奇数通道并在另一个端口内复用偶数通道，滤波就会容易得多且不会影响覆盖。

INTELSAT　如文献[113]中所述，天线设计和技术的发展是INTELSAT系统演进的关键："晨鸟"(1965年)具有很宽的环形波束，主要是在深空辐射；INTELSAT 3(1968年)具有全球波束，主要是对地球辐射。INTELSAT 4A(1975年)有两个半球状的赋形波束和27 dB的副瓣隔离，提供双重频率复用；INTELSAT 5(1981年)为四倍复用，具有双波束在轨道重构能力，而INTELSAT 6(1989年)达到6倍频率复用并具有更多的可重构性。

INTELSAT 7的趋势是采用两个半球形波束和三区波束。

INTELSAT 4A(见图7.47)采用1.2 m×1.3 m的方形天线，有37个馈源，INTELSAT 5采用了高2.4m的反射器，有89个方形馈源和一个三板馈电网络[114]。INTELSAT 6采用了3.2 m发射天线，有145个波特喇叭馈源[115]。INTELSAT 7使用2.4m发射天线，有超过100个直径1.3 λ的馈源[116]。

INTELSAT 8的2.6 m发射天线，如图7.48所示，使用紧凑的四探针馈电双模式"卷曲"喇叭和方形同轴馈线网络技术[117](见图7.49)。

图7.47　INTELSAT IVA(1975年)(来源：NASA)

图7.48　INTELSAT VIII(1997年)的天线(来源：Astrium-D)

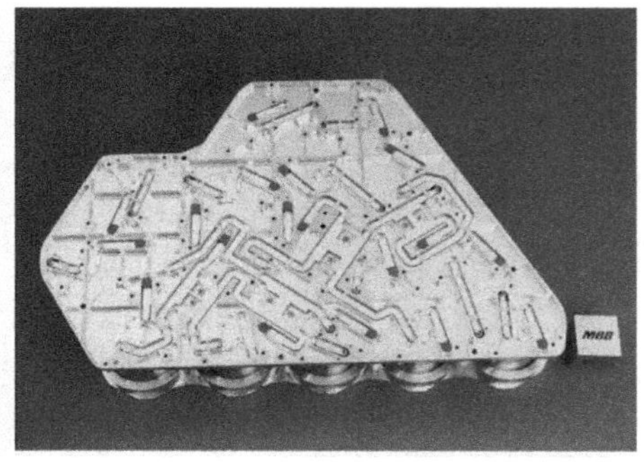

图 7.49 INTELSAT VIII 的“卷曲喇叭”和方形同轴馈电技术(来源：Astrium-D)

INTELSAT 9 大大增加了容量，使用了类似的技术，具有 3.2m 发射天线反射面和 126 个“卷曲”喇叭馈源[117, 118]。INTELSAT 9 中最主要的创新是在发射天线中使用了数字波束成形和灵活的半主动波束成形方案[119]，在 INMARSAT-3 之后的 INMARSAT 卫星中还在 L 波段上使用了这些创新。

L 和 S 波段的移动通信 在表 7.3 中归纳了工作在 L 和 S 波段上的移动通信卫星的演进发展情况。

Marisat 卫星不使用反射器，但它的螺旋天线为 UHF 波段和 L 波段。

表 7.3 在 L 波段和 S 波段的现代移动通信的发展

时期	覆盖范围/波束	卫星/天线设计
1976 年～	单一地球覆盖圆形笔波束	3 颗使用 4 个 L 波段螺旋阵列(和 3 个 UHF 螺旋天线)的 Marisat 卫星
1981 年～	赋形地球覆盖波束	两颗使用 2.2 m 赋形反射器的 ESA MARECS 卫星
1990 年～	赋形地球覆盖波束	4 颗使用杯形单元阵列的 INMARSAT-2 卫星
1994 年	北美洲 6 个赋形波束	两颗 M-SAT 卫星，使用两个以 23 个杯形单元馈电的 5.5 m 反射器、波束成形网络和两个多端口放大器
1996 年～	赋形地球覆盖波束和 5 个点波束	4 颗 INMARSAT-3 卫星；2.4 m 发射反射面，以 22 m 多矩阵半主动螺旋阵列馈电
2000 年～	区域性蜂窝手机 ±250 个波束	Thuraya、ACeS、ETS VIII、ICO G1、Terrestar、SkyTerra：12～22 m 反射面 >100 个馈源多矩阵半主动馈源阵列星上或地面数字波束成形
2005 年～	每个覆盖范围 > 200 个笔形波束	3 颗 INMARSAT-4 卫星；9m 网格反射面，以 120 个螺旋多矩阵半主动阵列馈电数字波束成形

创立于 1979 年的 INMARSAT 以及区域性移动通信企业推动了技术的发展，首先是反射面的赋形，然后发展到尺寸如网球场大小的网格反射面、尺寸如双人床大小的馈源阵列、多矩阵配电以及星上和地面上的数字波束成形。

就 C 波段固定服务来说，生成全球波束的早期几代卫星并没有使用多馈源反射面。

在 1994 年和 1995 年发射的 M-SAT 卫星的载荷由加拿大研制，在当时是非常先进的，采用 6 个赋形波束覆盖了北美[119]。M-SAT 的覆盖范围及其艺术想象图见图 7.50。M-SAT 使用两个独立的 5.5 m 发射和接收反射面，每个反射面各有 23 个馈源。两个多端口放大器将功率分配给波束成形器，具有波束灵活性。

日本的 ETS VI 号卫星巩固了多端口放大器在 S 波段的概念和发展[120]。在文献[121]中介绍了该技术的进一步改进，而在文献[122]中则介绍了对于类巴特勒输入矩阵的抑制。

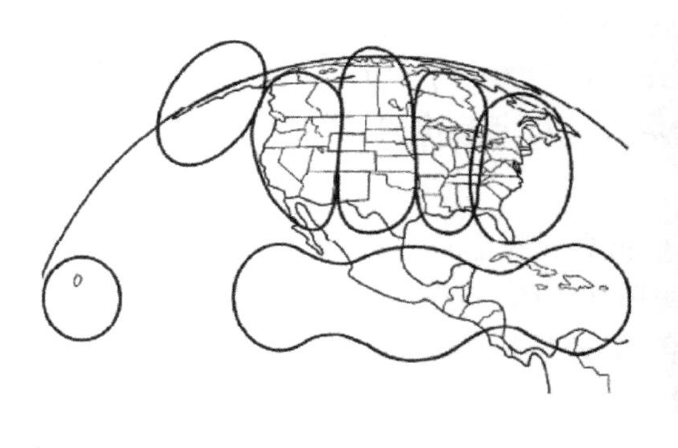

图7.50　M-SAT的反射覆盖范围及航天器外观(来源: 加拿大航天局 www.asc-csa.gc.ca.)

INMARSAT-3要求从不同的地球同步轨道位置提供一个全局的地球覆盖波束和五个点波束。

在文献[122]中详细描述了INMARSAT-3的L波段发射天线。该天线使用2.4 m反射面,用由22个短螺旋线组成的阵列进行照射[124],如图7.51所示。

在放大器和馈电单元之间引入了小的类巴特勒阵列。这种多矩阵半主动设计[122]允许将放大器功率灵活地分配到固定的或可重构的波束上。在等幅度信号波束在放大器输入端上被合并之前,通过对每个波束恰当地配相就可以做到这一点。因此,所有的放大器可以在相同的额定电平附近工作并具有最佳的功率效率。

在2000年发射了区域移动通信卫星"Thuraya"[125]和"ACeS Garuda",它们使用12 m反射面和大型馈电阵列,阵列单元类型如图7.52所示。

图7.51　INMARSAT-3的馈源阵列(来源:Astrium-UK)

图7.52　用于移动通信的馈源阵列(来源:Ruag航天公司)

之后,INMARSAT发射了具有全球覆盖能力的INMARSAT-4。三颗INMARSAT-4卫星中的每一颗都能提供一个全球波束、19个区域波束和约200个L波段点波束。基本体系结构描述见文献[126,127]。在此使用了继承自INMARSAT-3的技术。除了反射体尺寸(9 m)以及馈源和放大器的数量(120个)以外,主要的区别在于波束成形使用的是多端口放大器和一个数字信号处理器。

精细的合成过程[128]确定了在多端口放大器单元波束端口上信号被应用于每个通道。

近来，区域通信卫星，例如 MSV SkyTerra(2010 年)，使用的反射面已经超过了 20 m[129]。其他一些卫星，例如 ICO G1(2008 年)和 Terrestar(2009 年)，重启了地基波束成形[130]，在地面上数字形成了多达 500 个波束。这个概念是在 1975 年提出的，并于 1983 年在 TDRS 卫星上用于 S 波段多重存取。

Ku 波段通信和广播　1971 年的空间电信世界无线电行政大会，WARC 71，在 10 GHz 和 15 GHz 之间对 FSS 进行了分配，约为 20 GHz 和 30 GHz。WARC 会议在 1977 年和 1979 年进一步明确了广播卫星服务(BSS)规范，为不同各国分配了椭圆波束覆盖区。

下行链路为 11.7 ~ 12.5 GHz，上行频段为 17.3 ~ 18.1 GHz。

使用 Ku 波段的首批卫星是 1978 年的 Anik B 和 SBS(小型商业卫星)。SBS 的天线系统(描述见文献[131])是一个很好的多馈源 Ku 波段定型波束天线例子。它采用了两个 1.8 m 栅格反射器，该反射器使用 Kevlar 蜂窝材料制作，带有 Kevlar 薄板和 Kapton 薄板(有间距 0.8 mm 的 0.4 mm 蚀刻铜质网格)。

两个波导管馈源分别有 8 个和 13 个喇叭用于发射和接收功能。为了控制孔径分布，某些喇叭在 E 面内是起皱的，或是在 H 平面内介电加载。

使用偏置的双模波导馈电网络使多路复用转换器设计变得简单。

在欧洲严格执行了 WARC 77 椭圆覆盖。所有的反射面都是椭圆形的，但使用了不同的馈电技术。

德国人为他们的 TV-SAT[132](1987 年发射)研制了基于荷兰电气设计[133]的金属化 CFRP 椭圆波纹喇叭。

图 7.53 是椭圆馈源喇叭。喇叭具有在 17.3 GHz 频率左右的 RF 感应接收功能。图 7.54 是测试中的 TV-SAT 天线。

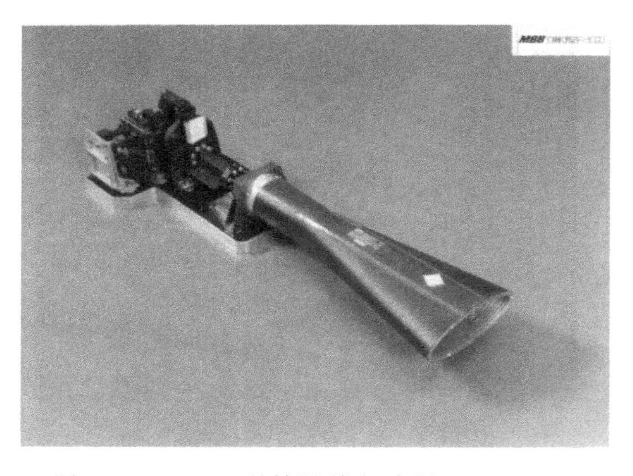

图 7.53　TV-SAT 的馈源喇叭(来源：Astrium-D)

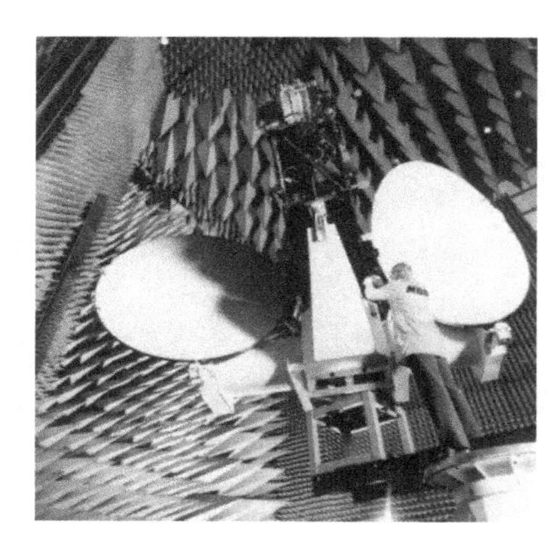

图 7.54　TV-SAT 的天线(来源：Astrium-D)

法国选择了 9 个六角形单元构成的馈源阵列，单元间距略大于一个波长。馈电网络采用 WR 75 波导，损耗低于 0.4 dB。与德国天线不同的是，射频感应频率被选定在 11.2 GHz。RF 感应信号由 4 个单元接收，产生两个和波瓣以及两个差波瓣。图 7.55 是 TDF－1 馈源的照片。

美国 STC 卫星的天线[134]有一个 2.16 m 的反射面，可产生一个向东的波束(使用 16 个圆形喇叭进行赋形)、一个中心波束(使用 6 个较大的喇叭)和一个独立的 17.3 GHz 接收点波束(指向拉斯维加斯附近)。低损耗波导馈电网络为喇叭馈电，无馈源共享。

在欧洲，Ku 波段卫星通信发端于 20 世纪 80 年代 ESA 的 OTS 和 ECS 卫星，卫星采用圆形和椭圆形的点波束卫星，从 1983 年起由 EUTELSAT 接管。自 20 世纪 90 年代以来，ECS 和 WARC 77 波束已被可覆盖全欧洲及更高增益区域的赋形可重构波束所取代。

文献[135]对这一演进发展进行了很好的回顾，在文献[136]中则给出了关于第二代 EUTELSAT 卫星的天线的说明。

EUTELSAT 2 可以在全球波束或 6 dB 以上的高增益中心区内定向通道。它使用两个带有栅格反射面的天线，一个天线用来发射和接收，而另外一个仅用于发射。矩形馈电喇叭由波导馈电网络提供馈电。天线照片见图 7.56。

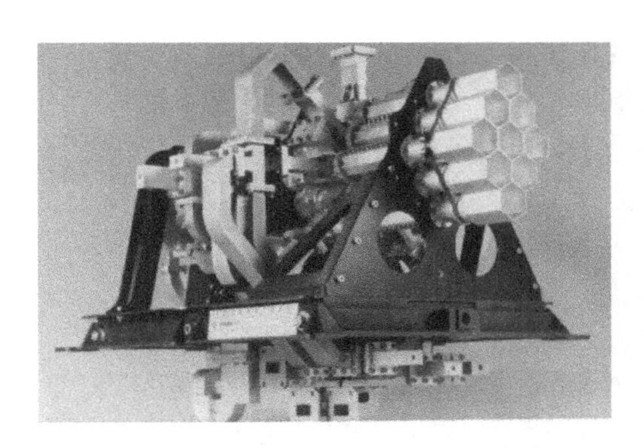

图 7.55　TDF-1 的馈源组件(来源：意大利泰勒斯·阿莱尼亚宇航公司)

图 7.56　EUTELSAT 2 的天线(来源：意大利泰勒斯·阿莱尼亚宇航公司)

当需要重构能力时，在 Ku 波段仍然使用多馈源天线，但是现在往往更倾向于使用成本更低的网格赋形反射面或 Mitzuguch 优化 CFRP 双偏置反射面。

Ka 波段通信　在 20 GHz 和 30 GHz 附近用于 FSS 的频率分配由 WARC 71 制定并在 WARC 79 得以巩固。一大难题是雨在 Ku 波段会产生强得多的衰减，这一点已由 ATS-6(1974 年)上的传播试验证明，并在后来大范围的 ESA 奥林匹克活动[137,138]中予以确认。

所以，Ka 波段需要比 Ku 波段更高的增益和更窄的波束。因此，多点波束天线是早期的主要天线设计形式。

以多波束反射面天线设计覆盖美国大陆是美国做出的一项先导性的工作[139]。

在欧洲，ESA 在 1978 年开始了一项计划，旨在开发一种多馈源 3.7 m 双偏置反射面天线，其赋形波束和点波束在 Ka 波段可覆盖欧洲[140]。项目包括：

- 大型反射面使用惠特克采样定理快速分析；
- 设计馈源设置在一个球体上的宽扫描偏置 Gregorian 光学器件；
- 设计并制造带有铰接尖端的 3.7m 轻质量反射面(见图 7.36)；

- 设计采用双极化和 RF 感应的直径 4 λ的异形馈源喇叭；
- 设计允许在波束之间共享馈源的波束成形网络[141]。

波束包括低副瓣城市波束(每波束 7 个馈源)和地区波束。

图 7.57 是试验电路板馈源阵列和网络的照片。

该项技术中的某些内容用在了 ITALSAT Ka 波段卫星(1991 年)中，该卫星用两个 2m 发射和接收天线的 6 个 0.3°/0.4°点波束覆盖了全意大利。

在 1993 年，NASA 发射了先进通信技术卫星(ACTS)，见图 7.58。该卫星有两个大型的 Ka 波段多波束天线[142]。3.3 m 发射天线使用极化敏感子反射面和两个馈源阵列(每种极化一个)产生 5 个可跳跃到横跨美国的 51 个位置上的 0.3°点波束。馈源为锥形多张口喇叭，波束生成开关网络包括快速(< 1 μs)铁氧体开关、功分器和合成器。

1977 年，日本因为 CS-1 卫星[102]成为第一个使用 Ka 波段的国家，其后日本一直在 Ka 波段技术研发领域表现活跃。

其中一个例子是文献[143]中描述的 N-Star Ka 波段天线。N-Star 指的是由 NTT 运营的一系列日本国内通信卫星(见图 7.59)。2.2m 阵列馈源偏置 Gregorian 天线在发射时产生 3 个点波束和 1 个覆盖全日本的赋形波束，在接收时生成 8 个点波束和 1 个赋形波束。由两个椭圆形子反射器(有一个共同焦点)组成的频率可选择系统用于两个馈源的空间复用。一个子反射面具有双环形谐振单元，而另一个则没有。馈源包括 26 个用于上行链路的锥形喇叭和14 个用于下行链路的锥形喇叭。通过使用正交的波导馈电网络，相同的喇叭在子阵列内既可用于多个波束，也可用于赋形波束。

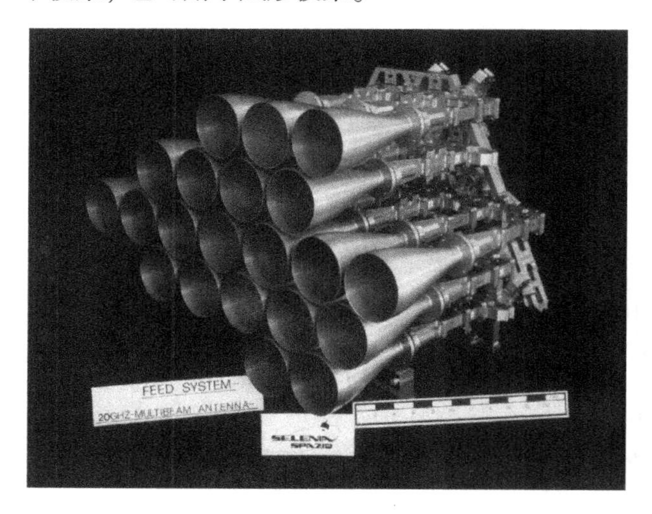

图 7.57 20 GHz 馈源阵列和网络(来源：意大利泰勒斯·阿莱尼亚宇航公司)

图 7.58 NASA 的 ACTS 卫星(来源：NASA)

到目前为止，为了连续覆盖大面积区域，Ka 波段卫星主要使用 3 个或 4 个独立的多馈源发射器(每波束一个馈源)来产生一组交错的多点波束。图 5.60 中描述了该内容，图中可见采用这种构型的由 ESA 研制的 Alphabus 平台。

因为相差、定位精度和馈电网络复杂性等原因，用单一孔径生成所有的发射波束(正如 L 波段和 S 波段移动通信卫星所做的那样)在 Ka 波段仍然是一大挑战。

图 7.59　N-Star 的 Ka 波段天线(来源：NTT)

图 7.60　有多个反射面的 Ka 波段卫星(来源：ESA - J. Huart)

7.4　阵列天线

7.4.1　自旋稳定卫星上的共形阵列

7.4.1.1　产生环形方向图的阵列

早期的卫星都是自旋稳定的。在自旋的同时保持与地球双向通信的一种方法是生成一个绕自旋轴对称旋转的波束，例如产生一个环形方向图。

这是在第一批通信卫星上早期使用的解决方案。一个很好的例子是分别在 1962 年和 1963 年发射进入椭圆轨道的 AT&T 早期试验通信卫星 Telstar 1 和 2(见图 7.61)。它们均是自旋稳定的，其天线的详细描述见文献[144]。

图 7.61　带有圆形阵列的 Telstar 通信卫星(1962 年)(来源：NASA)

为了在 136.05 MHz 频率上遥测并在 123 MHz 频率上控制，选择了用直径 2.54 mm 镀金铍导线制作的四臂螺旋线天线。为了进行通信传输，由 48 个矩形波导单元组成的圆形阵列通过混合功分器由一个 3.3 W 行波管放大器(TWTA)提供馈电，阵列使用约 4.17 GHz 左右的频率。由 72 个单元组成的类似阵列与固态接收机连接，在接收时使用约 6.39 GHz 左右的频率。

为了产生圆极化，波导被探针对角激发，其尺寸也被选择为可在两个极化之间形成 90°相位差。两个阵列围绕卫星轴产生一个波束宽度为 60°的环形方向图。

7.4.1.2　电子消旋阵列

机械或电子消旋天线(EDA)产生一个旋转速度与卫星速度相等且方向相反的波束，因此可以使一个增益大于环形方向图的更窄的波束保持指向地球。

欧洲的地球同步气象卫星 Meteosat 系列即是这样一个早期的例子，该卫星系列使用相同的 EDA 基本设计，从 1977 年开始发送气象数据直至现在。在文献[145，146]中描述了 Meteosat 卫星的天线。

天线(见图 7.62)为一个 32 列圆柱形阵列，每列有 4 个偶极子。一个由 4 个或 5 个面对地球的列所构成的反向旋转子群被连续地激发，7 个中间转换状态提供了渐进控制，对于圆柱形配置型式在时间上进行了优化。

于 1975 年开发的 GTD 模型有 10 种不同的射线，用于分析航天器与天线的交互以及天线近场测量设置[147]。

图 7.62 Meteosat 的 L 波段 EDA 天线(来源：意大利泰勒斯・阿莱尼亚宇航公司)

7.4.2 用于遥感的阵列

阵列早期被用于像 SAR 这样的有源测量设备以及散射仪，它们也可用于无源成像辐射计。

7.4.2.1 Seasat 的 SAR 天线

在文献[8]中很好地回顾了 Seasat，以及 SIR-A、SIR-B 和 SR-C 的天线，以下章节的部分内容即摘录自该文献。

在机载 SAR 证明了 L 波段 SAR 可以对海洋波进行成像后，人们决定在 Seasat 上试飞 SAR 天线，该卫星为近极地轨道平台，高度 800 km，发射于 1978 年。

图 7.63 Seasat 的 SAR 阵列[8]

该雷达[148]工作在 1.275 GHz，设计为在 100 km 刈幅上提供 25 m 分辨率。图 7.63 是 SAR 天线的图片。10.74 m×2.16 m 的平板阵列被分成了 8 个微带印制板。

贴片印制在与 Nomex 蜂巢结合在一起的玻璃纤维薄片上。微带印制板安装在复合桁架结构上，一旦入轨后者就将展开。组合式同轴馈电网络从 1kW 峰值功率发射机为它们提供馈电。该组合式馈电网络所产生的损耗小于单个面板 1 dB。表 7.4(摘自文献[8])中给出了天线的关键参数。

7.4.2.2　ERS的SAR天线

Seasat和进一步研究的成功证明了C波段SAR仪器的潜在益处，特别是在土壤水分测量和沿海海洋监测方面。这决定了SAR在第一颗欧洲遥感卫星ERS-1上的试飞。该卫星于1991年发射到高度为783 km的太阳同步极地轨道。

10 m×1 m天线(如图7.64所示)工作在5.3 GHz上，采用线极化。天线由10个1 m×1 m的电气子面板组成，这些子面板成对地与5个机械板(在发射过程中是折叠起来的)相连。每个子面板包括24个金属化CFRP宽边裂缝波导谐振阵列，由子面板背部的一个耦合波导提供馈电。10个耦合波导通过并联串行裂缝由主馈源波导网络进行馈电。

表7.4　Seasat卫星SAR天线的关键参数[8]

参数	值
中心频率	1.275 GHz
极化形式	水平
辐射增益	37.2 dB
天线效率	60%
传感器输入端的有效增益	35 dB
波束宽度	1.7×6.2°
极化隔离	20 dB

图7.64　ESA的ERS-1 SAR裂缝阵列(来源：Astrium-D)

天线的一个特殊特性是使用金属CFRP制作高容度裂缝波导。ERS-1的SAR天线一直运行到2000年，远远超出了它的设计寿命[149,150]。

7.4.2.3　Radarsat 2的天线

Radarsat(如图7.65所示)是加拿大第二代C波段SAR[151]卫星。该卫星主要应用于农业、灾害管理、林业、地质、水文、冰、海洋的监测和测绘。

卫星由MacDonald Dettwiller和联营公司(MDA)研制并利用，与上一代相比，它有若干新功能。它的地面分辨率范围是3～100 m^2，具有大量的波束模式以及左视和右视能力。它提供了完全灵活的极化选择。

15 m×1.5 m天线工作在5.4 GHz，采用双线极化，包括512个子阵列，每个子阵列连接到一个发射/接收(T/R)模块。每个子阵列包括20个双极化微带贴片[151]。

来自每个T/R模块的信号相控根据选定的波束被定相并被引导到想要的子阵的极化输入端口。在接收模式下，两种极化可以被同时接收。

7.4.2.4　使用合成孔径的微波成像辐射计——MIRAS

MIRAS是一种L波段(1.4 GHz)2D无源干涉辐射计，带有一个Y形的三臂合成孔径阵列。它是ESA于2009年发射的执行SMOS任务的主要仪器，用以测绘土壤湿度和海洋盐度。该仪器的原理及其天线在文献[152]以及本书第6章中进行了描述。SMOS的照片如图7.66所示。

图 7.65 Radarsat 2 卫星及其 15 m×1.5 m C 波段天线（来源：MDA - Eric Amyotte）

图 7.66 SMOS 卫星及其微波成像辐射计 MIRAS（来源：ESA - P. Carril）

MIRAS 的天线是一个 Y 形阵列，共有 69 个双极化单元，全部这些单元可以在 800 km 高空以 70°的视角接收来自海上或陆地的 1.420 ~ 1.427 GHz 频段内的辐射。由所有单元接收到的信号被路由到中央处理器并且成对相关。随着卫星的移动，重复该处理，因此提高了灵敏度和分辨率。由于海水盐度和土壤水分密度在 1 ~ 2 GHz 频率之间会强烈影响本地辐射强度，所以该处理允许对航天器下方大片条带内的盐分或水分进行测绘。校准尤为重要，但仪器的性能与预期值是相符的。

7.4.3 用于远程通信的阵列

7.4.3.1 ESA 的多波束阵列模型（1976 年）

阵列天线从早期以前就被考虑用于 L 波段和 S 波段移动通信了。ESA 的多波束阵列模型计划[153,154]将重点放在了研究、开发和演示用于与船舶、飞机和地面车辆进行通信的多波束阵列的设计和技术（包括辐射单元和波束成形器）。目标是使用来自 11 个波长的阵列的 19 个波束获得 24 dB 的覆盖增益，同比单一赋形波束提高了 6 dB。

设计、制造并测试一种由短后射单元组成的 18 个单元的阵列模型（见图 7.67），波束生成器为 L 波段，也可以在中频上工作。这些单元的直径接近 2.2 个波长，双重调谐用于发射和接收。铝质和碳纤维复合材料的模型也都通过了鉴定。这项工作是当今许多移动通信卫星的馈源单元能够成功研制和出口的根源。

7.4.3.2 NASA 的跟踪与数据中继卫星多路访问阵列（1983 年）

NASA 的地球静止轨道数据中继卫星将信号从低轨道用户卫星中继到地面。

TDRS 1 发射于 1983 年，其令人印象深刻的天线场如图 7.1 和图 7.68 所示。它包括一个工作在 2.3 GHz 的多路访问阵列天线，用以在 ±13°的视场范围内将来自多达 20 个低数据率用户卫星的数据同时中继到地面。TDRS 还可以在 2.1 GHz 频率上将数据传输到某个用户卫星。在文献[155 ~ 157]中描述了用于 7 个 TDRS 卫星的设计建议，该设计有多项创新性能。

该阵列包括 30 个 23 圈的杯状螺旋线，其中，最高处的 3 个为锥形。直径 4.8 cm 的螺旋线有12°的俯仰角，以铍铜导线缠绕Kevlar支撑管制成。12个螺旋线都是双工，用于传输到单一用户。

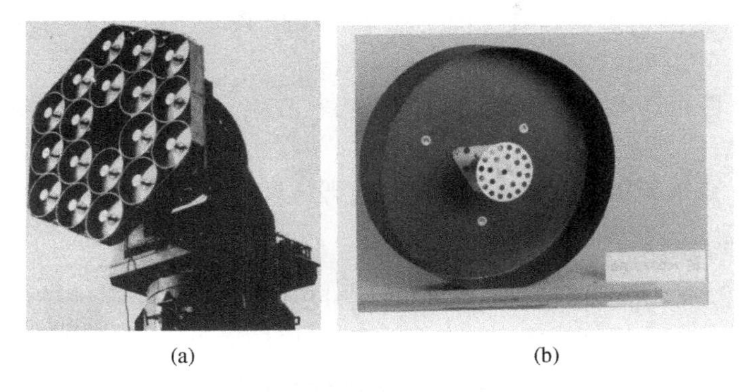

(a)　(b)

图7.67　ESA的多波束阵列模式(1976年)。(a)18个单元的阵列；(b)合格的短后射单元(来源：Ruag空间公司)

为了抑制栅瓣，通过旋转螺旋线环来破坏它们的周期性[157]。另一项创新性能是使用了自适应的地面实施的相控阵(AGIPA)波束成形系统[158]。

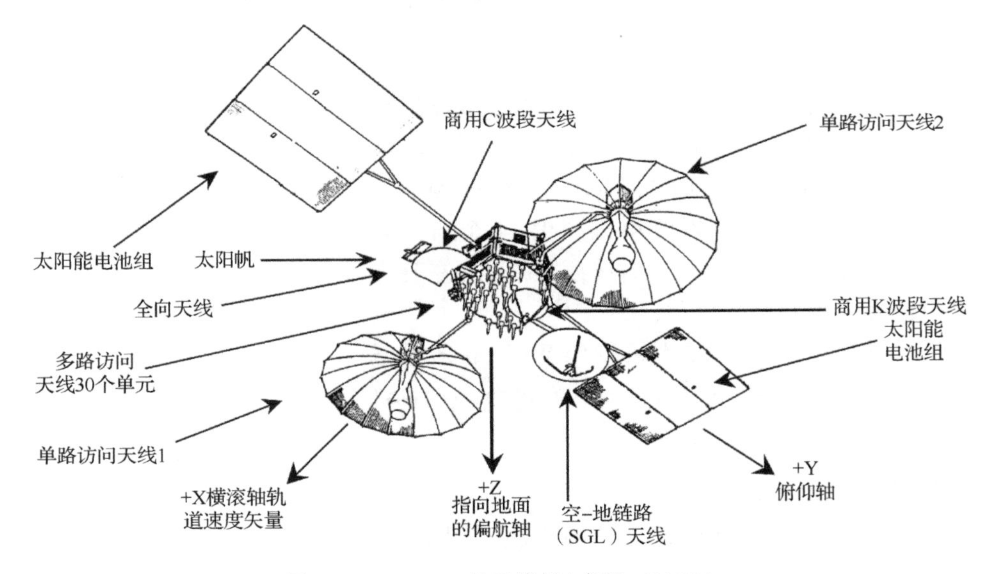

图7.68　TRDS 1的天线场(来源：NASA)

对每个螺旋线上于S波段接收到的信号进行复用并单独地发送到地面站，在此信号将被自适应地进行处理，用以形成每个用户一个波束。尽管需要大量的频谱资源和复杂的波束成形器，然而这种技术现在已经“复活”并被用于S波段移动通信卫星[159]。

7.4.3.3　日本ETS VI卫星上的用于数据中继载荷的多波束阵列天线

为了支持日本未来的数据中继需求，无线电研究实验室在20世纪70年代中期进行了S波段多波束阵列技术及文献[160]所述的演示模型的研制工作。在这项工作中，提出了以圆极化阵列内的顺序旋转提高极化纯度这一重要概念[161]。随后，该阵列发展为ETS VI卫星的空间硬件[162]。

在图7.69中给出了有19个单元的阵列飞行模型的图片。直径为325 mm的单元是7个一组的圆形微带贴片，以两点馈电并带有抑制馈源所生成的交叉极化的凹口。基板为蜂窝夹层板，具有很低的介电常数且厚度为 10 mm，允许使用必要的带宽。子阵列增益在 ±10°的视场内超过了 14 dB。

天线在发射和接收模式下均是有源的。在 2.3 GHz 频率下以 19 个单元接收信号，其中 16 个单元是双工的，可在 2.1 GHz 频率下发射。

使用 2×194 位移相器形成两个独立的可控接收波束。在发射模式下，产生一个可控波束，使用 16 个移相器。

在发射过程中，该阵列附着在塔上，一旦到位即被展开。

7.4.3.4 Ka 波段有源阵列

除了一些军事任务（如 X 波段和 Ka 波段的宽带填隙卫星）外，在地球静止轨道通信卫星上很少使用阵列，这是因为展开工作在 L 波段到 C 波段的大型有源阵列并对其进行热控制的难度很大，而且，与 TWTAs 相比，Ku 波段和 Ka 波段固态放大器的效率很低。

然而也有一些例外，其中一个是波音公司的 Ka 波段 SPACEWAY 卫星。SPACEWAY 卫星（2005 年～）是至今制造出来的最复杂的商业卫星系统，约为当今卫星容量的 5～8 倍。它最初是为 Ka 波段多媒体应用提供高速双向通信而研制的，但现如今已发展为可以使用 DIRECTV 提供超过 1500 个地方和国家高清频道。

该航天器有一个灵活的有效载荷，具有完全可控的可重构发射天线。天线前端包括排成方形格形式的 1500 个双极化方形喇叭单元和 3000 个固态功率放大器（SSPA）。

全捷变数控模拟波束成形网络可以产生 24 个与波束跳换兼容的高速率（小于 1 ms）可重构波束[12 个为左旋圆极化（LHCP），12 个为右旋圆极化（RHCP）]。

在波音公司的网站上可以看到 SPACEWAY 的艺术想象图：http://www.boeing.com/defense-space/space/bss/factsheets/702/spaceway/spaceway.html。

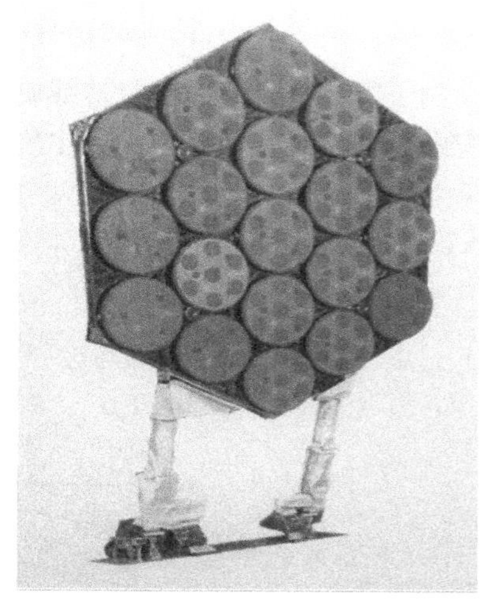

图 7.69 ETS VI 卫星上用于数据中继载荷的多波束阵列天线（来源：NICT 和 JAXA）

7.4.3.5 非对地静止卫星上的阵列

中、低地球轨道卫星的要求与地球静止轨道卫星有着显著的不同，它们需要宽阔得多的视场。

例如，GPS 导航卫星生成一个单一圆极化波束从 20 200 km 的高空覆盖地球。图 7.70 所示是 1985 年左右制造的早期 GPS 的 12 颗卫星之一。这些卫星使用了螺旋线阵列，较长的螺旋线处于中心处，可以产生更类似于平顶的赋形波束。

时代更近的欧洲导航卫星使用了印刷电路技术。图 7.71 是 ESA 伽利略计划的一颗测试卫星——GIOVE B，采用由 42 个印制单元组成的双频阵列，频率约为 1.20 GHz 和 1.57 GHz。

多波束地球低轨卫星（如“铱”卫星和“全球星 Globalstar”卫星）有移动的波束足迹并且必须平稳地将用户从一颗卫星转交给另一颗。

66 颗“铱”卫星（1997 年～）的轨道高度为 781 km，每颗星有 3 个 L 波段相控阵天线（见图 7.72）。每个阵列在超过 188 cm×86 cm 的面积上有 106 个单元，呈 8 行分布，单元间距 11.5 cm 且行间距 9.4 cm。每个天线使用二维巴特勒矩阵产生 16 个波束，因此，总服务区以

48 个波束覆盖。覆盖区增益的边缘约为 24 dB。该系统的一个特殊特性是：每颗卫星在 23 GHz 频率上使用与相邻卫星的星际链路。

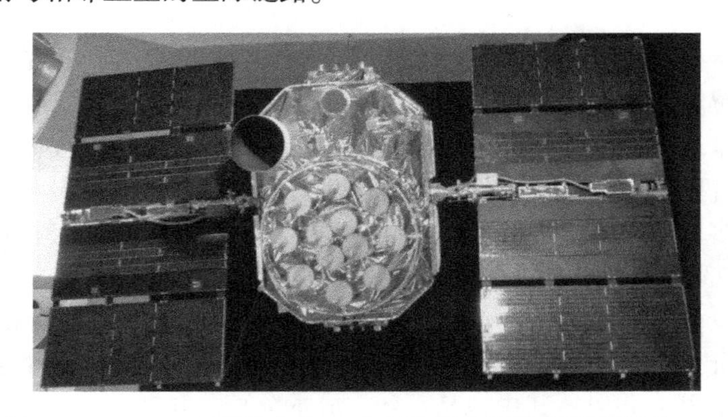

图 7.70　GPS 12 卫星带有由 12 个杯状螺旋线组成的阵列[约 1985 年，来源：Rockwell 公司（现波音公司）Scott Ehardt]

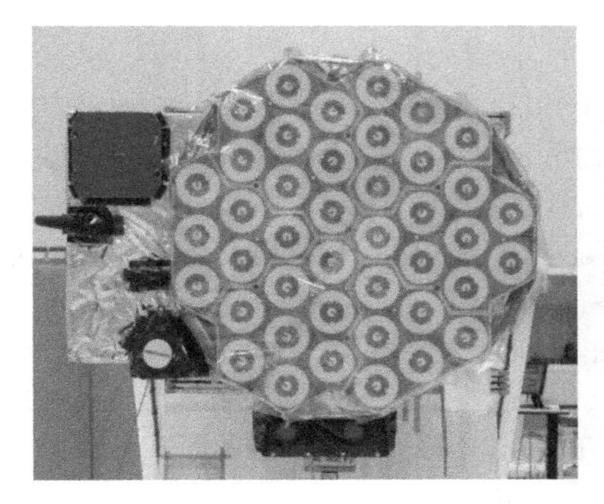

图 7.71　ESA 伽利略计划的试验卫星 GIOVE-B(2008 年发射)使用由42个印制单元构成的双频阵列[EADS CASA Espacio，来源：ESA-P. Müller]

图 7.72　“铱”卫星和它的 3 个 L 波段阵列（来源：Daniel Deak）

48 颗“全球星”卫星(1999 年～)的轨道高度为 1392 km，每颗卫星有两个有源阵列：一个在 L 波段接收(约 1.62 GHz)，一个在 S 波段发射(约 2.49 GHz)。“全球星”卫星天线的描述见文献[163]。

S 波段圆极化发射天线形成 16 个波束，对波束进行了优化以确保整个覆盖区的准相等电磁通量条件。天线由三角晶格内的 91 个单元组成，分为环绕中心扇区的 6 个扇区，每个扇区有 15 个单元。每个单元由放大器模块(还包括一个滤波器)供电。

来自波束端口的信号被分成 91 个信号，其中的每一个信号都在配相后被引导向正确的目的地单元链的 16∶1 合成器，在此，它与其他波束信号一起被放大。L 波段接收阵列只有 61 个单元链，以类似原理工作，但有幅度和相位控制。

该发射启动于 1999 年，在发射了 24 颗卫星后被中断，但在 2010 年已重新启动 24 颗改进型卫星的发射。

数字波束成形以及更加有效、灵活的功率放大器的发展保证了有源和半有源阵列及馈源阵列在太空领域内的光明未来。

7.5 总结

从20世纪50年代“斯普尼克”和“探险家”号的VHF单极子，到如今在太赫兹频率上工作的通信、导航和遥感航天器的巨型多波束反射面和有源阵列天线，天线已经发展成为太空任务成功的关键。显然，地面、舰载和机载雷达一直推动着有源相控阵理论和技术的早期发展。但是，太空探索、通信和地球观测应用却推动了在多反射面和透镜天线分析，采用复合馈电网络、波束生成器和多路分配器以及采用赋形的、可重构的或可展开的反射面(某些甚至大如网球场)的定形和多波束天线等领域内的大多数关键发展。

对于未来更加苛刻和复杂的太空任务，天线系统将仍是重要的关键因素。

现在已经可以很好地管理天线工程的许多领域，但是，对于这些任务将会需要越来越具挑战性的多学科研发和联合设计，其中包括系统、成本分析、电磁学、集成微波电路和信号处理，以及热能机械工程和材料。

致谢

作者希望感谢许多同事(及其他们所在的机构)以建议意见、文献资料和授权许可等形式给予本章的支持，特别是：Christian Albertsen(TICRA)、Eric Amyotte(MDA)、Bertram Arbesser-Rasburg(ESA)、Susan Barclay(Wiley)、Luigi Boccia(Calabria大学)、Pasquale Capece(Thales Alenia Space-I)、Salvatore Contu(Thales Alenia Space-I)、Gernald Crone(ESA)、Richard Davies(Wiley)、Keith Dickinson(MDA)、Aksel Frandsen(TICRA)、Steven Gao (Surrey大学)、Sven Grahn、Tim Hartsfield(Harris公司)、Nadia Imbert-Vier(ESA)、William Imbriale (NASA/JPL)、Per Ingvarson(Ruag)、Niels Eilskov Jensen(ESA)、Frank Jensen(TICRA)、Jake Johnson(NASA影像公司)、Pat Joyce(诺斯罗普·格鲁曼公司)、Takashi Katagi(三菱Melco公司)、Kees van't Klooster(ESA)、Yuji Kobayashi(三菱Melco公司)、Réjean Lemieux(CSA)、Cyril Mangenot(ESA)、Jacques Maurel(Thales Alenia Space-F)、Roberto Mizzoni(Thales Alenia Space-I)、Gerry Nagler (Telesat)、Knud Pontoppidan(TICRA)、Yahya Rahmat-Samii(UCLA)、Michael Schneider(Astrium-D)、Alistair Scott(Astrium-UK)、Michael Schields(MIT林肯实验室)、Anna Smart(Wiley)、Simon Stirland(Astrium-UK)、Tadashi Takano(JAXA)、Masato Tanaka(NICT)、Tasuku Neshirogi(ANRITSU)、Hendrik Thielemann(Ruag)、Michael Thorburn(SSD Loral)、Thomas Tsymbal(Buran Energia)和Helmut Wolf(Astrium-D)。

参考文献

1. Silver, S. (1948) *Microwave Antenna Theory and Design*, McGraw-Hill.
2. Kraus, J.D. (1950) *Antennas*, McGraw-Hill.
3. Schelkunoff, S.A. (1952) *Antenna Theory and Practice*, John Wiley & Sons, Inc.
4. Jasik, H. (1961) *Antenna Engineering Handbook*, McGraw-Hill.
5. Rudge, A.W., Milne, K., Olver, A.D. and Knight, P. (eds) (1986) *The Handbook of Antenna Design*, Peter Peregrinus.
6. Tikhonravov, M.K. (1973) The creation of the first artificial Earth satellites: some historical details. 24th International Astronautical Congress, Baku.
7. Siddiqi, A. (1997) Korolev, Sputnik, and The International Geophysical Year, Spacebusiness, http://history.spacebusiness.com/sputnik/files/sputnik52.pdf (accessed 5 December 2011).

8. Imbriale, W.A. (2006) *Spaceborne Antennas for Planetary Exploration*, John Wiley & Sons, Inc.
9. Schantz, H. (2005) Nanoantennas: a concept for efficient electrically small UWB devices. Proceedings of the IEEE 2005 International Conference on Ultra-Wideband.
10. Schantz, H., The iPhone antenna's space age origins. *Aetherczar*, http://www.aetherczar.com/?p=1145 (accessed 5 December 2011).
11. King, R.W.P. (1956) *The Theory of Linear Antennas*, Harvard University Press.
12. Mei, K.K. (1965) On the integral equation of thin wire antennas. *IEEE Transactions on Antennas and Propagation*, **13**, 59–62.
13. Harrington, R.F. (1968) *Field Computations by Moment Methods*, Macmillan.
14. Richmond, J.H. (1966) A wire grid model for scattering by conducting bodies. *IEEE Transactions on Antennas and Propagation*, **AP-14**, 782–786.
15. Harrington, R.F. and Mautz, J.R. (1967) Straight wires with arbitrary excitation and loading. *IEEE Transactions on Antennas and Propagation*, **AP-15**, 502–515.
16. Miller, E.K., Morton, J.B., Pierrou, G.M. and Maxum, B.J. (1969) Numerical analysis of aircraft antennas. Proceedings of the Conference on Environmental Effects on Antenna Performance, pp. 55–58.
17. Albertsen, N.C., Hansen, J.E. and Jensen, N.E. (1971) Numerical prediction of radiation patterns for antennas mounted on spacecraft. *IEE Conference Publication*, **77**, 119–228.
18. Albertsen, N.C., Hansen, J.E. and Jensen, N.E. (1974) Computation of radiation from wire antennas on conducting bodies. *IEEE Transactions on Antennas and Propagation*, **AP-22**, 200–206.
19. Imbriale, W.A. (1975) Applications of the method of moments to thin-wire elements and arrays, in *Topics in Applied Physics, vol. 3, Numerical and Asymptotic Techniques in Electromagnetics* (ed. R. Mittra), Springer.
20. Keller, J.B. (1962) Geometrical theory of diffraction. *Journal of the Optical Society of America*, **52**, 116–130.
21. Albertsen, N.C., Bach, H., Balling, P. *et al.* (1975) A study on radiation pattern prediction for high frequency satellite antennas. Final Report, Technical University of Denmark, Lyngby, Institute of Electromagnetics.
22. Pontoppidan, K. (1976) Applications of GTD to antenna problems. Proceedings of the 6th European Microwave Conference, pp. 71–75.
23. Ratnasiri, A.J., Kouyoumjian, R.G. and Pathak, P.H. (1970) The wide angle side lobes of reflector antennas, ElectroScience Laboratory, Ohio State University, Columbus, Report 2183-1.
24. Rusch, W.V.T. and Sørensen, O. (1975) The geometrical theory of diffraction for axially symmetric reflectors. *IEEE Transactions on Antennas and Propagation*, **AP-23** 414–419.
25. Prigoda, B.A. *et al.* (1972) Circularly polarised antennas with controlled radiation patterns, Equipment for space research, Nauka Press, Moscow, NASA Technical Translation TT F-785, pp. 163–167, http://ntrs.nasa.gov/archive/nasa/casi.ntrs.nasa.gov/19750002916_1975002916.pdf (accessed 5 December 2011).
26. Mitchell, D.P. (2004) Venera: the Soviet exploration of Venus, http://www.mentallandscape.com/V_Venus.htm. (accessed 5 December 2011).
27. Jet Propulsion Laboratory (1962) The Ranger Project Annual Report for 1961, Technical report No. 32-241, JPL, Pasadena, CA, June 15.
28. Jeuken, M., Knoben, M. and Wellington, K. (1972) Dual frequency, dual polarised feed for radio astronomy. *NTZ*, **25**, 374.
29. Savini, D., Figlia, G., Ardenne, A.v. and van't Klooster, K. (1988) A triple frequency peed for the QUASAT antenna. Proceedings of the IEEE AP International Symposium.
30. Gloersen, P. and Barath, F. (1977) A scanning multichannel microwave radiometer for Nimbus-G and Seasat-A. *IEEE Journal of Oceanic Engineering*, **2**(2), 172–178.
31. Njoku, E., Stacey, J. and Barath, F. (1980) The Seasat Scanning Multichannel Microwave Radiometer (SMMR): instrument description and performance. *IEEE Journal of Oceanic Engineering*, **5**(2), 100–115.
32. Green, K. (1975) Final Report on Design Study of NIMBUS-G SMMR Antenna Subsystem, Technical Report, Microwave Research Corporation, North Andover, MA.
33. Green, K. (1981) Multifrequency broadband polarised horn antenna, US patent 4,258,366, March 24.
34. Takeda, F. and Hashimoto, T. (1976) Broadbanding of corrugated conical horns by means of the ring-loaded corrugated waveguide structure. *IEEE Transactions on Antennas and Propagation*, **AP-24**(6), 786–792.
35. Milligan, T. (1995) Compact dual band feed for Mars Global Surveyor. IEEE AP-S International Symposium and USNC/URSI Radio Science Meeting, Newport Beach, CA.
36. Ward, W.W. and Floyd, F.W. (1989) Thirty years of research and development in space communications at Lincoln Laboratory. *MIT Lincoln Laboratory Journal*, **2**, 5–34.
37. Lee, J.E. (1991) The development, variations, and applications of an EHF dual-band feed. *MIT Lincoln Laboratory Journal*, **4**(1), 61–79.

38. Olsson, R., Kildal, P.-S. and Weinreb, S. (2006) The eleven antenna: a compact low-profile decade bandwidth dual polarized feed for reflector antennas. *IEEE Transactions on Antennas and Propagation*, **AP-54**(2), 368–375.
39. Barath, F.T., Chavez, M.C., Cofield, R.E. *et al.* (1993) The upper atmosphere research satellite microwave limb sounder instrument. *Journal of Geophysical Research*, **98**(D6), 10751–10762.
40. Goldsmith, P.F. (1982) Quasi-optical techniques at millimetre and submillimetre wavelengths, in *Infrared and Millmeter Waves*, vol. 6 (ed. K.J. Button), Academic Press, pp. 277–343.
41. Potter, P.D. (1963) A new horn antenna with suppressed sidelobes and equal bandwidths. *Microwave Journal*, 71.
42. Pickett, H.M., Hardy, J.C. and Farhoomand, J. (1984) Characterization of a dual-mode horn for submillimeter wavelengths. *IEEE Transactions on Microwave Theory and Techniques*, **MTT-32**, 936–937.
43. Tauber, J.A., de Chambure, D., Crone, G. *et al.* (2005) Optical design and testing of the Planck satellite. Proceedings, URSI General Assembly.
44. Villa, F., D'Arcangelo, O., Pecora, M. *et al.* (2009) Planck-LFI flight model feed horns. *Journal of Instrumentation*, **4**, T12004.
45. Doyle, D. (2010) ESA: the Herschel space telescope in-flight performance. International Conference on Space Optics.
46. Imbriale, W.A. (2003) *Large Antennas of the Deep Space Network, Deep-Space Communications and Navigation Systems* (ed. J.H. Yuen), John Wiley & Sons, Inc.
47. Chen, C.C. (1973) Transmission of microwaves through perforated flat plates of finite thickness. *IEEE Transactions on Microwave Theory and Techniques*, **MTT-21**(1), 1–6.
48. Roederer, A.G. (1971) Etudes des Réseaux Finis de Guides d' Ondes à Parois Epaisses. *Onde Electrique*.
49. Agrawal, V.D. and Imbriale, W.A. (1979) Design of a dichroic Cassegrain subreflector. *IEEE Transactions on Antennas and Propagation*, **AP-27**, 466–473.
50. Bielli, P., Bresciani, D., Contu, S. and Crone, G. (1985) Dichroic subreflectors for multifrequency antennas. *CSELT Technical Report S 1.6 7*, pp. 443–448.
51. Bresciani, D., Bruno, C. and Crone, G. (1989) Design of a 1m dichroic subreflector for Ku/Ka frequency bands. Proceedings of the IEEE AP International Symposium, pp. 354–357.
52. Mascolo, G., Contu, S., Mizzoni, R. and Borchi, S. (1994) A double dichroic sub-reflector reflective at X, Ku, Ka bands and transparent at S-band. 8èmes Journèes Internationales de Nice sur les Antennes Jina 94, November 8–10, Nice.
53. Krebs, G.D., FLTSATCOM 1, 2, 3, 4, 5 (Block 1), http://space.skyrocket.de/doc_sdat/fltsatcom-1.htm (accessed 5 December 2011).
54. Freeland, R.E. (1983) Survey of deployable antenna concepts. *NASA Langley Research Center Large Space Antenna Systems Technology*, **Pt. 1**, 381–422 (SEE N83-26853 16-15).
55. Rusch, W.V.T. (1984) The current state of the reflector antenna art. *IEEE Transactions on Antennas and Propagation*, **AP-32**(4), 313–328.
56. Roederer, A.G. and Rahmat-Samii, Y. (1989) Unfurlable satellite antennas: a review. *Annales des Telecommunications*, **44**, 475–488.
57. Rahmat-Samii, Y. and Densmore, A. (2009) A history of reflector antenna development: past, present and future. SBMO/IEEE MTT-S International Microwave and Optoelectronics Conference (IMOC), Pará - Belém, November 3–6.
58. Tibert, G. (2002) Deployable Tensegrity Structures for Space Applications, Doctoral Thesis, Royal Institute of Technology, Stockholm.
59. Freeland, R.E. (1979) Final Report for Study of Wrap Rib Antenna Design, LMSC D714613, Contract No. 955345, prepared by Lockheed Missiles and Space Company for Jet Propulsion Laboratory, Pasadena, CA, December 12.
60. Harris Corporation (1986) Development of the 15 meter diameter hoop column antenna, Final Report. NASA Contract Report 4038, NASA Contract NASI-15763.
61. Martin Marietta (1986) Near-field testing of the 15-meter model of the hoop column antenna. NASA Contract Report 178059, Contract NASJ-18016, March.
62. Boeing, MSAT, www.boeing.com/defense-space/space/bss/factsheets/601/msat/msat.html (accessed 5 December 2011).
63. University of Cambridge, Department of Engineering (2001) Elastic Folding of Reflector Antennas, http://www-civ.eng.cam.ac.uk/dsl/ltdish.html (accessed 5 December 2011).
64. Bernasconi, M.C., Reibaldi, G. and Pagana, E. (1985) Inflatable reflectors for satellite mobile communications. *CSELT Technical Reports*, **X1II**(7), 437–441.

65. Reibaldi, G., Hammer, J., Bernasconi, M.C. and Pagana, E. (1986) Inflatable space rigidized reflector development for land mobile missions. AIAA Communication Satellite Systems Conference, Proceedings, pp. 533–538.
66. Reibaldi, G. and Bernasconi, M.C. (1987) Quasat program: the ESA reflector. 36th Congress of the International Astronautical Federation (October 1986), *Acta Astronautica,* **15**(3), 181–187.
67. L'Garde (1997) Spartan 207/Inflatable Antenna Experiment — Preliminary Mission Report, http://www.lgarde.com/papers/207.pdf (accessed 5 December 2011).
68. Chmielewski, A.B. and Noca, M. (2000) ARISE Antenna, http://trs-new.jpl.nasa.gov/dspace/bitstream/2014/18857/1/99-2154.pdf (accessed 5 December 2011).
69. Takano, T., Natori, M., Ohnishi, A. *et al.* (2000) Large deployable antenna with cable net composition for satellite use. *Electronics and Communications in Japan, Part 1*, **83**(8)
70. Takano, T., Miura, K., Natori, M. *et al.* (2004) Deployable antenna with 10-m maximum diameter for space use. *IEEE Transactions on Antennas and Propagation*, **AP-52**(1), 2–11.
71. Shinttake, K., Terada, K., Usui, M. *et al.* (2003) Large deployable reflector (LDR). *Journal of the National Institute of Information and Communications Technology*, **50**(3/4)
72. Thomson, M.W. (1999) The AstroMesh deployable reflector. IEEE Antennas and Propagation Society International Symposium, pp. 1516–1519.
73. Thomson, M. (2002) AstroMesh: deployable reflectors for Ku- and Ka-band commercial satellites. 20th AIAA International Communication Satellite Systems Conference.
74. Pontoppidan, K. (1981) Study offset unfurlable antennas - electrical design aspects, TICRA Report 5-144-01, July.
75. Schaefer, W., Herbig, H., Roederer, A. and Pontoppidan, K. (1982) Unfurlable offset antenna design for L- and C-band applications. AIAA Communication Satellite Systems Conference, Proceedings, pp. 30–36.
76. Dumont, P. (1984) Modélisation radioélectrique des antennes a réflecteur deployable, Thèse Doc. Ing., ENSAE, Toulouse.
77. Kontorovitch, M. (1963) Averaged boundary conditions at the surface of a grating with square mesh. *Radio Engineering and Electronic Physics*, **8**(9), 1446–1454.
78. Astrakhan, M.I. (1964) Averaged boundary conditions on the surface of a lattice with rectangular cells. *Radio Engineering and Electronic Physics*, **8**, 1239–1241.
79. Rahmat-Samii, Y. (1984) Diffraction analysis of mesh deployable reflector antennas. *NASA Langley Research Center Large Space Antenna Systems Technology*, **Pt. 2**, 715–736 (SEE N85-23840 14-15).
80. Imbriale, W.A., Galindo, V. and Rahmat-Samii, Y. (1991) On the reflectivity of complex mesh surfaces. *IEEE Transactions on Antennas and Propagation*, **AP-39**, 1352–1365.
81. Ingerson, P.G. and Wong, W.C., (1972) The analysis of deployable umbrella parabolic reflectors. *IEEE Transactions on Antennas and Propagation*, **AP-20**(4), 409–414.
82. Imbriale, W.A. and Rusch, W.V.T. (1974) Scalar analysis of non- symmetrically distorted umbrella reflector. *IEEE Transactions on Antennas and Propagation*, **AP-22**, 112–114.
83. Archer, J. (1984) Deployable reflector, TRW, US Patent 677259.
84. Archer, J. (1979) Advanced Sunflower antenna concept development. *NASA Langley Research Center Large Space Systems Technology*, 33–58 (SEE N80-19145 10-15).
85. Hachkowski, M.R. and Peterson, L.D.A. (1995) A comparative study of the precision of deployable spacecraft structures, Technical Report CU-CAS-95-22, Center for Aerospace Structures, University of Colorado, Boulder, CO.
86. Badessi, S., Fei, E., Grimaldi, F. *et al.* (1990) 20/30GHz ASTP multibeam antenna, ESA Report CR (X) 3107, Alenia Spacio.
87. Kumazawa, H., Ohtomo, I. and Kawakami, Y. (1989) Fixed/mobile multibeam communication antennas for ETS-VI satellite. IEEE AP-S International Symposium, pp. 472–475.
88. Schmid, M. and Barho, R. (2002) Development status of an unfurlable CFRP skin reflector. 25th ESA Antenna Workshop on Satellite Antenna Technology, 18–20 Sept. 2002, ESTEC, Noordwijk, pp. 289–296.
89. S.A. Lavochkin Association, Roscosmos, RADIOASTRON, The Ground –Space Interferometer:'radio telescope much larger than the Earth, http://www.asc.rssi.ru/radioastron/_files/booklet_en.pdf (accessed 5 December 2011).
90. RadioAstron mission, http://www.asc.rssi.ru/radioastron/description/intro_eng.htm (accessed 5 December 2011).
91. RadioAstron Science Operation Group, RadioAstron User Handbook, http://www.asc.rssi.ru/radioastron/documents/rauh/en/rauh.pdf (accessed 5 December 2011).
92. Sichak, W. (1957) Antenna, US Patent 2,790,169, April 23.
93. Raab, A.R. (1975) Compact frequency re-use antenna, US Patent 3,898,667, August 5.
94. Raab, A.R. (1976) Cross polarization performance of the RCA Satcom Frequency re-use antenna. IEEE Antennas and Propagation Society International Symposium, pp. 100–104.

95. Roederer, A. and Crone, G. (1987) Double grid reflector antenna, US Patent 4,647,938, March 3.
96. Nakatani, D.T. and Kuhn, G.G. (1977) Comstar I antenna system. IEEE Antennas and Propagation Society International Symposium, pp. 337–340.
97. Dunbar, A.S. (1948) Calculation of doubly curved reflectors for shaped beams. *Proceedings of the IRE*, **36**, 1289–1296.
98. Galindo, V. (1964) Design of dual-reflector antennas with arbitrary phase and amplitude distributions. *IEEE Transactions on Antennas and Propagation*, **AP-12**, 403–408.
99. Doro, G. and Saitto, A. (1975) Dual polarization antennas for OTS. International Conference on Antennas for Aircraft and Spacecraft, 3–5 June, London, pp. 76–82.
100. Westcott, B.S., Stevens, F.A. and Brickell, F. (1981) GO synthesis offset dual reflectors. *Proceedings of the IEE*, **128** (pt H), 11–18.
101. Jones, W.L. (1975) The MAROTS antenna system. International Conference on Antennas for Aircraft and Spacecraft, IEE Proceedings (A76-15926 04-04), pp. 107–114.
102. Katagi, T. and Takeichi, Y. (1975) Shaped-beam horn-reflector antennas. *IEEE Transactions on Antennas and Propagation*, **AP-23**, 757–763.
103. Bergmann, J., Brown, R.C., Clarricoats, P.J.B. and Zhou, H. (1988) Synthesis of shaped·beam reflector antenna patterns. *IEE Proceedings*, **135**, 48–53.
104. Jorgensen, R., Frandsen, P.E., Sorensen, S.B. *et al.* (1990) Study of Advanced Methods for Reflector and Array Antenna Analysis, Synthesis and Design, TICRA Report S·345·04.
105. Mizugutch, Y., Akagawa, M. and Yokoi, H. (1976) Offset dual reflector antenna. IEEE Antennas and Propagation Society International Symposium, pp. 2–5.
106. Dion, A.R. (1970) Variable-coverage communications antenna for LES-7. AIAA 3rd Communications Satellite Systems Conference, Paper 70-423.
107. Dion, A.R. and Ricardi, L.J. (1971) A variable-coverage satellite antenna system. *Proceedings of the IEEE*, **59**, 252–262.
108. Ajioka, J.S. and Ramsey, V.W. (1978) An equal group delay waveguide lens. *IEEE Transactions on Antennas and Propagation*, **AP-26**(4), 519–527.
109. Dion, A.R. (1975) Optimization of a communication satellite multiple beam antenna, TN-1975-39, Lincoln Laboratory, MIT, May 27.
110. Lu, H.S., Scott, W.G., Smith, T. and Smoll, A. (1974) A constrained lens antenna for multiple beam satellites. AIAA 5th Communication Satellite Systems Conference, Los Angeles, April.
111. Scott, W.G., Luh, H.S. and Matthews, E.W. (1976) Design trade-off for multibeam antennas in communications satellites. International Communication Conference.
112. Boeing Defense, Space and Security, Anik A: The world's first synchronous orbit communication satellite, http://www.boeing.com/defense-space/space/bss/factsheets/376/anik_a/anik_a.html (accessed 21 December 2011).
113. Neyret, P. (1985) Antenna technology at INTELSAT. *Annales des Télécommunications*, **40**(7–8), 331–377.
114. Han, C.C. (1977) A multifeed offset reflector antenna for the INTELSAT-V communications satellite. 7th European Microwave Conference, Copenhagen.
115. Lane, S.O., Caufield, M.V. and Taormina, F.A. (1984) INTELSAT-VI antenna system overview. AIAA 10th Communication Satellite Systems Conference.
116. Ersoy, L., Schennum, G., Fenner, G. *et al.* (1992) INTELSAT VII hemi/zone antennas (design and results). Antennas and Propagation Society International Symposium.
117. Hartmann, J., Habersack, J., Steiner, H.-J. and Lieke, M. (2002) Advanced communication satellite technologies. Workshop on Space Borne Antenna Technologies and Measurement Techniques, ISRO, Ahmedabad.
118. Paus, S. (1999) The INTELSAT-9 C-band hemi/zone antennas. 29th European Microwave Conference, p. 162.
119. Belanger, R., Moody, H.J., Hatzigeorgiou, S. *et al.* (1993) The communications payload of the MSAT spacecraft. *Acta Astronautica*, **30**, 229–237.
120. Kawai, M., Tanaka, M. and Ohtomo, I. (1989) ETS-VI multibeam satellite communications systems. 40th International Aeronautical Federation, IAF-89-520.
121. Spring, K. and Moody, H. (1990) Divided LLBFN/HMPA Transmitted Architectures, US Patent 4,901,085, February 13.
122. Roederer, A.G. (1992) Multibeam antenna feed device, US Patent 5,115,248, 1992.
123. Perrott, R. and Griffin, J. (1991) L-band antenna systems design. IEE Colloquium on INMARSAT-3, digest, pp. 5/1–5/7.
124. Cox, G. (1991) Development of L-band feed arrays for INMARSAT-3. IEE Colloquium on INMARSAT-3, digest, pp. 7/1–7/12.

125. Boeing, Thuraya-2,3: Complete System for Mobile Communications, http://www.boeing.com/defense-space/space/bss/factsheets/geomobile/thuraya2_3/thuraya2_3.html (accessed 21 December 2011).
126. Mallison, M.J. (2001) Enabling technologies for the Eurostar geomobile satellite. AIAA International Communication Satellite Systems Conference.
127. Stirland, S. and Brain, J. (2006) Mobile antenna developments in EADS Astrium. Proceedings of EuCAP'06, November.
128. Guy, R. *et al.* (2003) Synthesis of the INMARSAT 4 multi-beam mobile antenna. Proceedings of 12th ICAP, pp. 90–93.
129. Boeing, SkyTerra: Next Generation Mobile Communication Platform, http://www.boeing.com/defense-space/space/bss/factsheets/geomobile/msv/msv.html (accessed 21 December 2011).
130. Terrestar, Introducing TerreStar's integrated satellite-terrestrial network, http://www.terrestar.com/technology-solutions/technology-overview/ (accessed 21 December 2011).
131. Bains, P.S. and Taormina, F.A. (1979) SBS antenna system. Antennas and Propagation Society International Symposium.
132. Arnim, R. (1984) The Franco-German DBS program 'TV-SAT/TDF-1'. 10th AIAA Communication Satellite Systems Conference, pp. 75–83.
133. Jeuken, M. and Thurlings, L. (1975) The corrugated elliptical horn antenna. Antennas and Propagation Society International Symposium, pp. 9–12.
134. Rosen, H.J., Macgahan, J., Dumas, J. and Profera, C. (1984) Shaped-beam antenna for direct broadcast satellites. 10th AIAA Communication Satellite Systems Conference, pp. 717–721.
135. Lindley, A. (1995) Spacecraft antennas - a EUTELSAT perspective. Microwave and Optoelectronics Conference, pp. 607–614.
136. Duret, G., Guillemin, T. and Camere, I.T. (1989) The EUTELSAT I1 reconfigurable multibeam antenna subsystem. IEEE AP-S International Symposium, vol. 1, pp. 476–479.
137. Ippolito, L.I. (1975) ATS-6 millimeter wave propagation and communication experiments. *IEEE Transactions on Aerospace and Electronic Systems*, **AES-11**(6), 1067–1083.
138. Stutzman, W.L., Pratt, T., Safaai-Jazi, A. *et al.* (1995) Results from the Virginia Tech propagation experiment using the Olympus satellite 12, 20, and 30GHz beacons. *IEEE Transactions on Antennas and Propagation*, **AP-43**(1), 52–62.
139. Ohm, E.A. (1974) A proposed multiple-beam microwave antenna for earth stations and satellites. *Bell System Technical Journal*, **53**(8), 1657–1665.
140. Doro, G., Cucci, A., Di Fausto, M. and Roederer, A.G. (1982) A 20/30GHz multibeam antenna for European coverage. IEEE Antennas and Propagation Society International Symposium.
141. Roederer, A., Doro, G., and Lisi, M. (1984) Power divider for multibeam antennas with shared feed elements, US Patent 4710776, December 13.
142. NASA, The Advanced Communications Technology Satellite (ACTS), http://www.nasa.gov/centers/glenn/about/fs13grc.html (accessed 5 December 2011).
143. Itanami, T., Ueno, K., Naito, I. and Kobayashi, Y. (1999) N-STAR Ka-Band Antenna. Mitsubishi Electric ADVANCE, June, pp. 11–13.
144. Bangert, T., Engelbrecht, R.S., Harkless, E.T. and Walsh, E.J. (1963) The spacecraft antennas. *Special Telstar Issue, Bell Systems Technical Journal*, **42**, 4. (Reprinted as Telstar I, NASA SP-32, vols 1–3 (July 1963), http://ntrs.nasa.gov/archive/nasa/casi.ntrs.nasa.gov/19640000959_1964000959.pdf (accessed 5 December 2011).
145. Jensen, N.E., Nicolai, C., and Paci, G. (1975) VHF-, UHF- and S-band low gain antennas for Meteosat. Proceedings of the International Conference on Antennas for Aircraft and Spacecraf, IEE, London June 1975 (A76-15926 04-04), pp. 95–100.
146. van't Klooster, K. (2010) Antennas for Meteosat satellites. 20th International Crimean Conference 'Microwave_&_Telecommunication_Technology', pp. 1216–1218.
147. Albertsen, N.C., Balling, P. and Jensen, N.E. (1976) GTD analysis of near-field test equipment for the METEOSAT electrically despun antenna. IEEE Antennas and Propagation Society International Symposium, pp. 265–268.
148. Jordan, R. (1980) The Seasat-A synthetic aperture radar system. *IEEE Journal of Oceanic Engineering*, **2**, 154–164.
149. Wagner, R. and Braun, H.M. (1979) A slotted waveguide array antenna from carbon fibre reinforced plastics for the European space SAR. XXXth Congress of the IAF.
150. Petersson, R., Kallas, E. and van't Klooster, K. (1988) Radiation performance of the ERS-1 SAR EM antenna. IEEE Antennas and Propagation Society International Symposium, pp. 212–215.
151. Riendeau, S. and Grenier, C. (2007) RADARSAT-2 antenna. IEEE Aerospace Conference, pp. 1–9.

152. Martín-Neira, M., Piironen, P., Ribó, S. *et al.* (2002) The MIRAS demonstrator pilot project. *ESA Bulletin*, **111**, 123–131.
153. Andersson, A., Bengtsson, P., Molker, A. and Roederer, A.G. (1977) Short backfire arrays for space communications. IEEE Antennas and Propagation Society International Symposium, pp. 194–197.
154. Roederer, A.G. and Aasted, J. (1978) A multi-beam array system for communications with mobiles. Proceedings of the AIAA Conference.
155. Imbriale, W.A. and Wong, G.G. (1977) An S-band phased array for multiple access communications. Proceedings of the National Telecommunications Conference, pp. 19.3.1–19.3.7.
156. Agrawal, V.D. and Wong, G.G. (1979) A high performance helical element for multiple access array on TDRSS spacecraft. IEEE Antennas and Propagation Society International Symposium, pp. 481–484.
157. Agrawal, V.D. (1978) Grating-lobe suppression in phased arrays by subarray rotation. *Proceedings of the IEEE*, **66**, 347–349.
158. Schwartz, L. and Smith, J.M. (1975) Adaptive ground implemented phased array (AGIPA) for the tracking and data relay satellite system. IEEE Antennas and Propagation Society International Symposium, pp. 213–216.
159. Walker, J.L., Menendez, R., Burr, D. and Dubellay, G. (2010) Ground-based beam forming for satellite communications systems, US Patent 2008051080.
160. Teshirogi, T., Chujo, W., Akaishi, A. and Hirose, H. (1988) Multibeam array antenna for data relay satellite. *Electronics & Communications in Japan, Part 1*, **71**(5) (Translated from Denshi Tsushin Gakkai Ronbunshi, 69-B (11), November 1986).
161. Teshirogi, T., Tanaka, M. and Chujo, W. (1985) Wideband circularly polarized array antenna with sequential rotations and phase shift of elements. Proceedings of ISAP, August, pp. 117–120.
162. Tanaka, M., Kimura, S., Teshirogi, T. *et al.* (1994) Development of multibeam phased array antenna on ETS-VI for S-band inter-satellite communications. *Electronics and Communications in Japan, Part 1*, **77**(1) (Translated from Denshi Joho Tsushin Gakkai Ronbunshi, **J 76-B-11** (5), May 1993).
163. Meben, P.L. (2000) Globalstar satellite phased array antennas. IEEE International Conference on Phased Array Systems and Technology, pp. 207–210.

第8章　空间应用的可展开网面天线：射频表征

Paolo Focardi（喷气推进实验室，美国），Paula R. Brown（喷气推进实验室，美国），
Yahya Rahmat-Samii（加利福尼亚大学洛杉矶分校，美国）

8.1　引言

可展开天线结构被要求产生许多空间应用所必要的大孔径。可展开网状反射面在电信应用上已成功应用了几十年，它的结构轻巧并且可以打包以紧凑的形式发射。一旦展开，天线就是刚性的，而且可以造成有足够精确的表面在 Ka 波段操作。反射面网格织物是可以买到的，并且足够精细，在 Ka 波段有高反射率，但仍有相对较低的质量。

本章将简要回顾星载可展开网状反射面的历史，并讨论它在设计上的考虑。较早的可展开天线的综述文章由 Roederer 和 Rahmat-Samii[1] 所发表，此外还有由 Davis、Tanimoto[2] 和 Tibert[3] 所发表的详细描述几个不同网格反射面类型的机械设计。一般的反射面天线的设计准则在许多其他天线工程手册里[4] 是现成的。本章剩余部分是致力于美国航空航天局的土壤的冻结/解冻的天线设计的一个案例研究。该天线为一个 6 m 的可展开的带偏置网格反射面，它是一个由 L 波段雷达和辐射计组成的远程遥感装置的一部分。我们相信，这是第一个非常大的带有一个自旋平台的网格反射面天线系统。具体来说，以下有关这一类的天线特性表征的独特的设计问题将得到处理：

1. 反射面、桁架以及飞船吊臂的射频建模。
2. 反射面表面材料的电性能，以及一个低噪声辐射计应用中的特别考虑。
3. 反射面的热扭曲和动态扭曲对天线方向图的影响。

8.2　可展开网格反射面的历史

可展开网状反射面天线的发展从 20 世纪 60 年代开始。1974 年，美国宇航局喷气推进实验室和洛克希德导弹与空间公司开发的一个直径 9.1 m 的反射面成功发射并展开在美国宇航局的应用技术卫星 6（ATS-6）上[5]。缠绕肋设计，如图 8.1 所示，由 48 根肋骨组成，其功能如同一把伞。一个镀铜涤纶丝网用于反射面[6,7]。在各种通信实验中该天线工作于从 VHF 到 C 波段的多个频带[8]。

从 1978 年到 1989 年，美国海军舰队卫星通信（FLTSATCOM）系统[9] 的一系列六个 5.3 m 的可展开网状反射面被投入运行于地球同步轨道上。1983 年，美国国家航空航天局第一个跟踪与数据中继卫星（TDRS）被发射到地球同步轨道，卫星上有哈里斯公司的一对径向肋天线。五个后加的 TDRS 航天器有相同的 4.8 m 哈里斯公司天线对，在 1988 ~ 1995 年成功进入轨道。1989 年，伽利略号飞船被发射到向木星的轨道上，它携带有哈里斯公司的径向肋的类似于中继卫星天线。伽利略天线未能充分展开，调查人员认为，几个肋骨被卡在收起的发射位置[10]。

任务被迫依靠低增益天线来进行数据回传，但是尽管天线有故障，任务还是取得了巨大的成功。图 8.2 显示了哈里斯公司径向肋天线的收拢和展开配置。

图 8.1 NASA 的 ATS-6 卫星的照片。9.1 m 直径的通信天线，由洛克希德导弹和航天公司建造，工作在从 VHF 到 C 波段的多个频段。卫星已经运行在地球同步轨道上五年，并演示了一些新的技术，包括直接广播电视（来源：NASA）

哈里斯公司继续在可展开网状反射面领域发挥主导作用。它开发了一个折叠式肋的设计，与早期的伞式天线相比收起的包更短。折叠式肋设计的天线已被展开在多个航天器上，包括 ACeS Garuda 1 号（直径 12 m，2000）、ICO（直径 12 m，2008 年）、Terrestar（直径 18 m，2009 年），以及其他的航天器[11~13]。与 NASA 兰利研究中心一起，哈里斯公司在 20 世纪 80 年代后期为大空间系统技术（LSST）项目开发了一个柱箍设计（见图 8.3）[14,15]。柱箍天线的紧凑的包装使较大的孔径得以实现。2010 年，哈里斯公司的一个柱箍天线在空间被展开在 SkyTerra1 通信卫星上，直径 22 m，它是那个时期展开在一个商业卫星上的最大的天线[16]。

(a)

(b)

图 8.2 哈里斯公司径向肋天线。（a）TDRS 七号飞船有一对 4.8 m 存放好的天线；用相同的设计方法设计出的 6 对天线已成功展开在 TDRS 卫星上；（b）伽利略天线在地面测试期间展开的天线。天线后来未能在空间展开（来源：NASA）

在 1997 年，一个 8 m 有效直径的用加张力的馈线索桁架设计的反射面在日本宇宙航空研究开发机构(JAXA 的)HALCA 卫星上被发射[17]。由宇宙科学研究所开发的天线如图 8.4 所示，设计成作为一个射电望远镜在 L、C 和 Ka 波段进行甚长基线干涉测量(VLBI)[18]。Ka 波段性能由于未知的原因严重退化，可能是因为发射时 Ka 波段波导的损伤[17]。该天线是独特的并且不同于早期的可展开天线，即它的表面是三角形面而不是肋间拉紧。HALCA 轨道不同于迄今为止的其他网格反射面的轨道，轨道是高度椭圆的，近地点 560 km，远地点 21000 km[17]。

图 8.3　NASA/哈里斯公司 15 m 柱箍天线。15m模型被建造作为NASA的大空间系统技术方案的一部分的科技示范

图 8.4　JAXA HALCA 飞船天线的一个展开测试。整个天线的最大直径为10m，有效口径直径为8m。HALCA(第一个VLBI空间任务)成功运作近9年

2000 年，TRW(现在的诺斯罗普格鲁门)Astro Aerospace 公司的第一个张力桁架天线装在卫星电话通信卫星上被发射到地球同步轨道上。12.25 m 直径的偏置反射面重 55 kg，被收起在一个约 1.1 m 直径和 3.8 m 长的体积内[19,20]。在 2003 年和 2008 年，两个 12.25 m 环形桁架反射面在 Thuraya 卫星上被成功展开[21,22]。2004 年一个 12 m 环形桁架天线在 MBSAT 通信卫星上被展开[23]。三个 INMARSAT-4 卫星发射在 2005 年和 2008 年之间，利用 9 m 环形桁架天线在地球同步轨道上进行通信[24]。一个 ALPHASAT I-XL 的 11 m 环形桁架天线如图 8.5 所示。

(a)

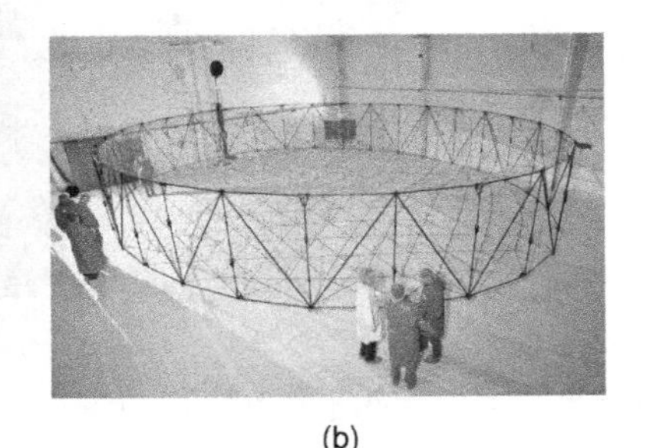

(b)

图 8.5　诺斯罗普·格鲁门环形桁架反射面展示：(a)存放；(b)展开。这11m的部件在2010年被送到Astrium公司用于I-XL Alphasat通信卫星。诺斯罗普·格鲁门公司提供

一个环形桁架天线的分解视图在图 8.6 中给出。反射器表面的形状是由一个压住针织金属丝网材料在位的精确制造的前网所形成的。前网由一个称为 Web 的刚性介电复合材料制成。前、后网附着在外桁架结构的轮辋上，然后通过拉杆组件连接在一起，所产生的结构坚硬并且可重复展开[25]。

一个最终值得注意的设计是搭载在日本宇宙航空研究开发机构的 Kiku-8 上，也被称为工程试验卫星 8(ETS Ⅷ)，于 2008 年发射(见图 8.7)。电信飞船上的两个 13 m 口径的反射面，一个用于发送，一个用于接收。每个天线由 14 个模块组成，当展开时直径约 5 m。发射时每个天线收起在直径 1 m 的 4 m 长的包内。该天线在地球同步轨道上工作在 S 波段[26]。

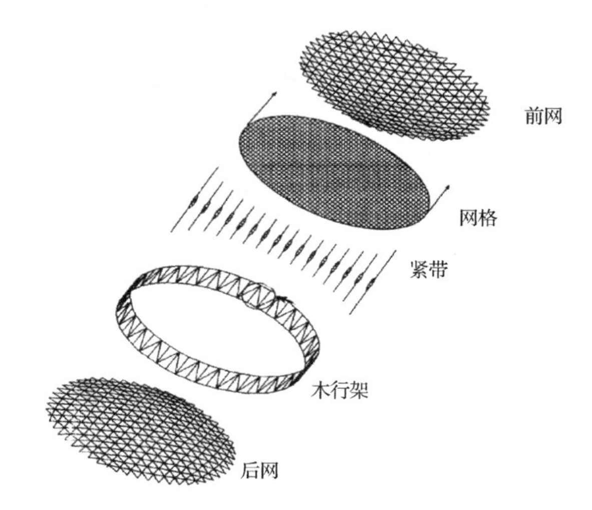

图 8.6　环形桁架天线的分解图。前网放在网格顶端，以建立并维持所需的表面形状。前网和后网由条状介电材料组成，简称为网带

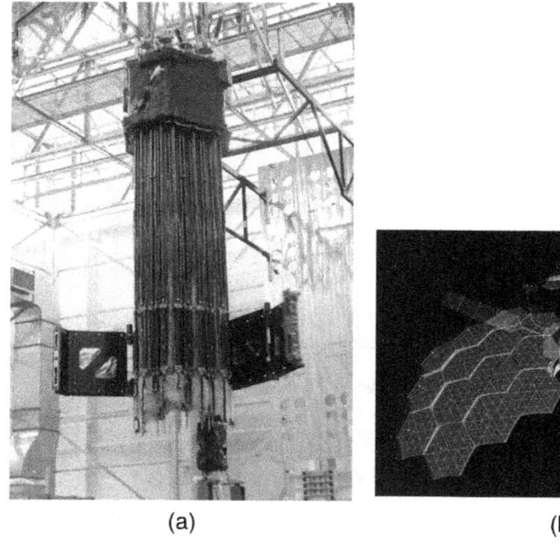

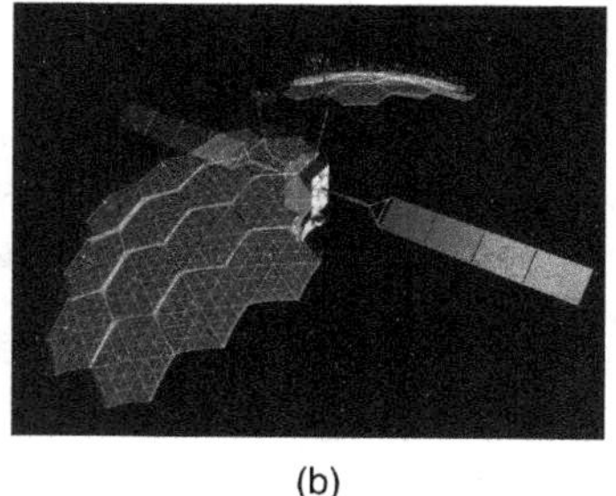

(a)　　(b)

图 8.7　JAXA 工程试验卫星 8 的模块化天线。(a)展示了一个装好的天线包。每个天线被装在直径为1m的4m长的体积内；(b)在轨航天器的一个图示。通信卫星上使用两个天线，展开时每个约19 m × 17 m

8.3 网格反射面特有的设计上的考虑事项

当使用网格反射面取代一个常规实体反射面时，几个额外的设计因素需要考虑。首先，可用的装载体积可以决定要使用的机械展开方案的类型。例如，非折叠的径向肋的设计需要收起的长度约等于展开的天线的半径，而其他的设计可存放在更短的长度内，但可能是较大的直径。第二个因素是所要求的表面精度。大多数天线设计的表面精度可以通过添加更多的小面或肋来改善，但代价是需要更多的机械结构，这增加了质量和体积。在考虑所要求的表面精度时，应考虑进系统和随机错误。系统误差可以是栅瓣的来源，这对于某些应用可能是不希望的。系统误差和随机误差的处理已经被 Ruze[27]、Bahadori 和 Rahmat-Samii[28]、Corkish[29]、Rusch 和 Wanselow[30]，以及在众多的其他文章中讨论过。

第三个设计考虑是网状编织的细度。网格一般由“每英寸开口”或“OPI”来分类。OPI 越多，网格越细，反射率就较高；然而，更好的网格有更高的质量，更硬，并且需要一个更大的存放体积。不同的网格 OPI 对各种频率的测量和模拟的结果已被报道[31~34]。工作频率范围内的最低 OPI 应该被使用。

特定的网眼织物的编织是第四个要考虑的因素，因为它影响射频性能特点。编织由于对构成圆极化的两个线极化分量的反射和透射系数不同，因此会提高圆极化的交叉极化电平[33,35,36]。织法选择，以及导线电镀和已展开的网格的张力，也影响产生在网格上线对线连接处的无源互调(PIM)的电平[37~39]。

8.4 SMAP 任务——一个典型的案例研究

8.4.1 任务概述

本章的剩余部分将介绍用于 NASA 的 SMAP 任务的 6 m 可展开偏置网反射面天线的详细设计的案例研究。SMAP 的主要目标是映射在地球陆地面积上的土壤水分的冻结/解冻状态。任务是由美国国家研究委员会地球科学和应用十年调查(National Research Council's Earth Science and Applications Decadal Survey)[40]所推荐的优先级最高的任务之一。这种科学数据应用将包括更准确、更长期的天气和气候预报，干旱更早期预警，改进的洪水和滑坡预测，更准确的农业生产力预测等。更好地了解土壤湿度和它的冻结/解冻状态也将增加对全球碳循环[40,41]的理解。计划好的三年任务的发射日期是 2014 年 11 月[42]。

SMAP 飞船将飞在 685 km 高的近极地太阳同步轨道。6 m 偏置反射面天线提供一个工作在中心频率为 1.26 GHz 的常见孔径的合成孔径雷达(SAR)，和工作在中心频率为 1.41 GHz 的辐射计的共用口径。天线视轴指向离最低点约 35.5°，并且天线将以约每分钟 14 转的速度旋转。由此产生的锥形扫描波束会在地面上产生一个 1000 km 的条带，此时辐射计的空间分辨率为 40 km 而合成孔径雷达的空间分辨率为 1 ~ 3 km。重访时间从在赤道上的 3 天到在大于北纬度 45°上的 2 天之间变化[42]。艺术重现的 SMAP 飞船，包括 6 m 可展开偏置网格反射面天线和 SMAP 条带，示于图 8.8 和图 8.9。

辐射计操作选择了 L 波段，以满足映射地球土壤[41]顶部 5 cm 的水分的目标。L 波段辐射计对深度为 5 cm 的辐射是敏感的，并且它还可以穿透植被，但不包括茂密的森林。更高频率的辐射计通过植被时会遭受更多的衰减，不能测量到所需深度的土壤水分。在较低的频率上，由于天线尺寸上的限制和较低频带中含有较多的无线电频率干扰(RFI)和银河系噪声，因此不能提供所需的精确度和分辨率。L波段频谱的1.4~1.427 GHz部分被全世界保护用于射电天文和无源遥感，从而降低了辐射计必须抗衡的RFI量。

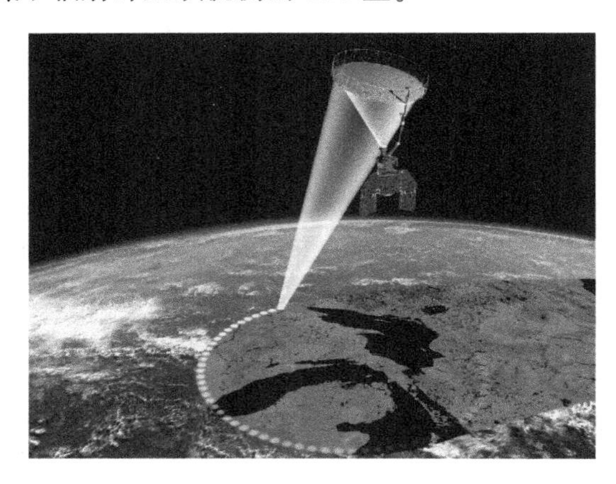

图8.8 SMAP飞船的艺术重现。6 m可展开网反射面设计成以大约每分钟14转的速率旋转，在地面上创建一个1000 km的条带。共享一个反射面。工作在中心频率为1.26 GHz的雷达和工作在1.41 GHz的辐射计

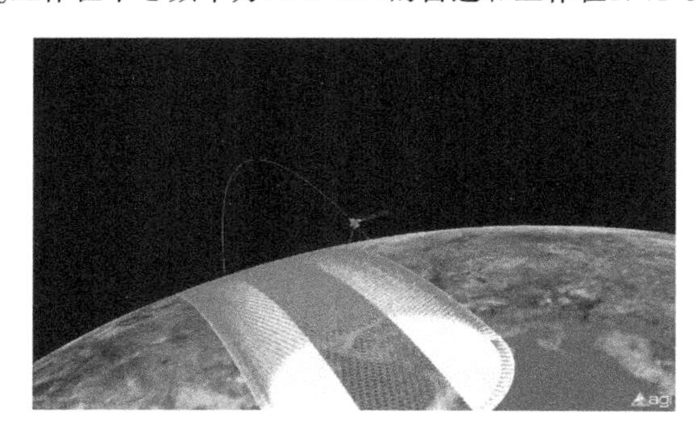

图8.9 艺术重现的一个SMAP的飞船在地球上的条带。为了创建重叠波束的脚印的条带，设计的天线的视轴指向偏离最低点35.5°，反射器和馈电组件旋转。飞船装载负荷部分不旋转，它的太阳能电池板将仍然指向太阳。1000 km宽的条带确保了可三天测绘地球的最长的重访时间

L波段的SAR具有比辐射计高得多的空间分辨率，但土壤水分测量不太准确，因为精度由地球表面的粗糙度和植被导致了退化。SAR数据将结合辐射计数据产生一个中间的土壤水分的空间分辨率。对冻结/解冻状态的3 km分辨率的要求，可由给定的天线尺寸和轨道参数设计出的工作在L波段的SAR满足。

可展开网状反射面在SMAP上的应用带来了一些独特的挑战和设计的复杂性：

- 当天线旋转时偏离最低点的天线视轴角度必须保持稳定。这在选择天线和确定焦距时是一个关键因素，从而必须进行精确的天线的动态和热扭曲的RF分析。
- 雷达和辐射计仪对背景信号和噪声很敏感。在具有SMAP飞船下方的陆基源、SMAP飞船以上的在轨GPS卫星，以及许多不同的轨道的卫星雷达的情况下，各个方向的准确的天线方向图知识是预测仪器性能的关键。由于天线绕着航天器轴旋转，天线方向图的变化也必须加以评估。

- 反射体和航天器散射引入的 RF 损耗的知识对校准辐射计是必要的。反射面天线是这些损失的主要贡献者，过去对网格损失所做的评估非常有限。除 HALCA 卫星外，其他已被用于通信应用中的可展开网状反射面对这种损失不太敏感。
- SMAP 飞船的低地球轨道（LEO）引起了与飞在地球同步轨道（GEO）上的大多数可展开网状反射面不同的环境问题。

8.4.2　关键的天线设计的驱动因素和约束

8.4.2.1　设计基线的选择

SMAP 天线设计是由合成孔径雷达和辐射计的性能要求、轨道的环境、运载火箭的可用的收容空间的组合驱动的。详见本小节有关关键的驱动因素和约束的讨论。

一个环形桁架可展开反射面天线被选定为 SMAP 设计基线，因为天线技术是成熟的，设计出的天线是轻量化的，其射频损耗低，可有一个共享的 SAR/辐射计孔径。6 m 口径是由满足 SAR 和辐射计分辨率的要求而确定的。一个轴角指向偏离低点 35.5°，约每分钟 14 转的自旋速率被选择，以对选定的地球轨道创造一个 1000 km 的条带来在重访周期 2 ~ 3 天内覆盖整个地球。航天器的基本结构、自旋轴、视轴的方向和投影口径如图 8.10 所示。

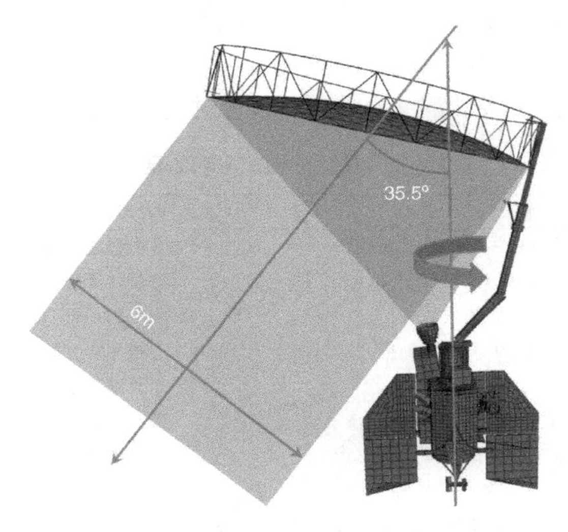

图 8.10　SMAP 天文台，图中示出了旋转轴，指向离最低点 35.5°，6 m 投影孔径。反射面、馈电组件、辐射计的一部分电子线路围绕指出的轴旋转，而航天器的太阳能电池板和其余部分并不是这样

8.4.2.2　雷达（SAR）驱动性能

从 SAR 性能要求中提炼出来的对天线的主要要求如表 8.1 所示。SAR 工作的中心频率约为 1.26 GHz，使用双线极化。需要最低为 35.55 dBi 的天线增益来满足 SAR 数据精度要求。此外也在增益稳定性上加上了一个要求，因为它影响 SAR 的校准精度。对旁瓣和后瓣的要求限制来自后向散射的雷达信号的数据中的模糊度，并限制 SAR 接收其他来源的干扰信号量，包括 SAR 频带内的 GPS 干扰源信号。

天线视轴指向精度、稳定性以及对它的了解受到 SAR 准确性和校准要求的制约。分解顶层指向要求到整件级的指向要求是复杂的并且主要取决于航天器和天线吊臂的动力学、控制和结构方面。在此省略这些指向要求的详细信息。

表8.1　SAR性能驱动的要求

参数	值	原理说明
极化	线性垂直和水平(V-pol和H-pol)	使用两种极化可增加土壤上水分测量的精度
雷达频率	垂直极化:1.256GHz±40MHz	L波段由所需的分辨率选择频率都在有源地球探测卫星频段内
	水平极化:1.259GHz±40GHz	带宽使跳频避免RFI成为可能
耐功率能力	每通道平均17.5 W,326 W工作峰值	满足SAR精度要求所需
增益	35.55 dBi	
增益稳定性	<0.07 dB	满足SAR校准要求所需
波束宽度	<2.8	在反向散射的信号中限制模糊度 满足SAR校准要求所需
副瓣电平—峰值	<15 dB低于视轴增益	
副瓣电平—对近低点	<45 dB低于视轴增益	
离地球副瓣电平	<-6.0 dBi平均	限制SAR接收从GPS卫星来的干扰信号量
馈源输入端口的回波损耗	>20 dB	满足SAR校准要求所需

8.4.2.3　辐射计的性能驱动因素

表8.2示出了由辐射计性能要求所决定的主要天线要求。像SAR这样的辐射计也以双线极化模式运行,但需要1.4~1.427 GHz的更高频率段。辐射计的精度要求与雷达的要求一起,驱动整个天线总的视轴的指向精度、稳定性以及对它的了解的要求。

表8.2　辐射计性能驱动的要求

参数	值	原理说明
极化	线性V和H波极化	在测量土壤水分时,需要两个极化修正
辐射计频率	1.413 GHz±13.5 MHz	这是用于保护射电天文和被动遥感工作的L波段的一部分
波束宽度	2.29°<波束宽度<2.5°	分辨率需要足够小来获得要求的分辨率,但又足够大使足迹重叠
副瓣电平—太阳能区域	<0 dBi的峰值 <2%的旁瓣>-5 dBi <10%总天线辐射功率	部分天线方向图的校正因子,需要满足辐射计校准要求
旁瓣电平积分—离地球的	该偏差小于的0.25%的总天线辐射功率	
旁瓣水平积分—地球上的	<3%的总天线辐射功率的结构范围 误差小于0.25%的总天线辐射功率	
主波束效率	>87%	
馈源输入端口的回波损耗	>-20 dB	部分的天线温度校准误差需要满足辐射计校准要求
馈源插入损耗	<总的0.1 dB <0.0008 dB(对于天线罩)	
反射网射频发射率	<0.0035	
反射网丝的射频发射率误差	±0.001	
反射网格射频发射率	<-0.00015	

天线亮度温度和对它的了解在辐射计校准预算中是较大的贡献者。亮度温度是由射频发射率和物理温度产生的。对处于热平衡状态的物体,发射率等于吸收率,这等效于辐射计频率

上的射频耗散损失。相应地，如表8.2所示，来自辐射计校准预算的损耗分配导致对馈源和反射面的损耗要求。类似地，反射器的网丝发射率要求小于或等于0.0035，这意味着网格中的最大耗散损失是0.35%或-0.015 dB。同样，前网净材料损耗(见图8.6)要求小于或等于0.00015，或-0.00065 dB，而馈源插入损耗要求小于或等于0.1 dB。由于辐射计的性能对亮度温度非常敏感，网丝损耗对辐射计性能影响最大，因为网丝的温度变化范围比网格或馈电整件更大。因此，网丝发射率由对它的了解要求决定，以确保对网丝亮度温度误差的精确校准。

辐射计校准预算中的另一大因素是天线方向图校正因子。对天线主波束效率(MBE)的要求、旁瓣水平、对旁瓣的了解直接来自这个因素。旁瓣引入测量了不必要的噪声，同时如果噪声太高，如在太阳照射区内那样，通常是特别有害的。低主波束效率降低从所需方向相对于其他错误方向接收到的功率数目，这将按比例加大校准预算中的其他误差来源的权重。

8.4.2.4　LEO(低轨道)环境

天线必须在3年的任务生命周期内能承受685 km轨道的LEO环境。特别值得关注的是紫外线辐射、原子氧、静电放电、微流星体和轨道杂物。镀金反射面网丝将保护网丝免受紫外线辐射和原子氧化。虽然网丝预计在其3年的寿命中，将被成千上万的微流星体和轨道碎片轰击，但很有可能所有的粒子直径都将小于1 mm，而其中的大部分粒子直径将远远小于1 mm。大部分颗粒有望通过网孔，从而不会造成任何损害。某些颗粒在网丝上会造成穿洞，但由于网丝织物并不解开，孔将保持颗粒大小的直径。由于孔将远小于210～250 mm的射频雷达和辐射计的波长，所以对性能的影响可以忽略不计。

前端网材料潜在的降解(见图8.6)更令人关注。因为小尺寸的颗粒，由微流星体或轨道碎片引起的破坏性影响被认为是一个非常小的风险，因为粒子的尺寸太小。如果一个粒子有足够的能量在网丝中创建一个小的孔，相比纸幅的宽度,孔直径将是非常小的。对网丝材料的分析表明，该网的非常薄的层可能会与氧原子相互作用以被耗尽，但与网丝的总厚度相比，它是非常小的。另外值得关注的是由紫外线辐射造成的损害。目前正在通过测试来验证网丝在紫外线照射作用下是否在预期的使命寿命之后保持其强度，以便网丝在符合表面准确性的条件下保持反射面形状。

8.4.2.5　热环境

反射面和馈源一般都暴露在阳光下，虽然在某些季节，飞船穿过日食，于是温度急剧下降。辐射计的校准要求驱动需要馈源组件处于一个稳定的热环境下。因此，馈源设计包括一个阻挡直接暴露在阳光下的天线罩而组件则覆盖有多层绝缘(MLI)。表8.3中列出了馈源所需的温度范围。

表8.3　馈源组件所需温度范围

馈源组件	设计操作温度范围
喇叭	-90～+75℃
天线罩	-180～+75℃
钛热隔离器	-90～+75℃
正交模转换器(OMT)	-35～±60℃
波导同轴转换(WCA)	-35～±60℃

设计上要求反射面网丝表面的工作温度范围为：-115～+280℃，使网丝保持原位的网材料的设计温度范围为：-115～+115℃。然而网丝发射率要求定在一个更有限的范围内：-45～+225℃,其中包括轨道辐射计测量的轨道上的关键部分的要求。

8.4.2.6 机械上的驱动因素和约束

反射面天线的主要机械上的驱动因素是能装在运载火箭上和当天线以每分钟 14 转的速度旋转时保持视轴指向的稳定性。图 8.11 所示存放配置中的反射面和吊杆，处在代表运载火箭的一个包络之内。正如看到的那样，反射面必须紧凑地堆装，以能装入装载用的空间。

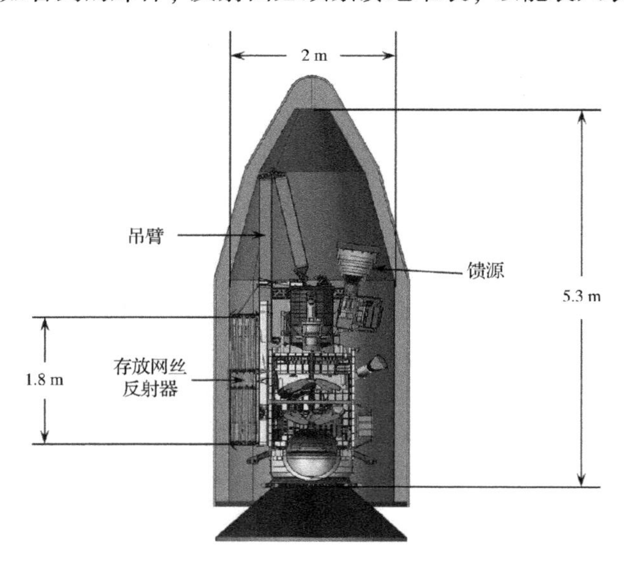

图 8.11 装载好的 SMAP 飞船发射绘图。示出了最小的候选运载火箭的包络，即使反射面收起，收起的反射面和所述悬臂铰接点之间的间隙也是很小的

为了保持天线指向误差在要求范围内，航天器的旋转元件的质量和动态平衡是至关重要的。由于反射面和吊杆有很大的惯性，在解决整体平衡问题时它们是最大的因素。人们进行了研究来评估反射面焦距的长度与直径之比(F/D)和边缘偏置量的高度对自旋动力学和射频性能的影响，并做了一个折中的选择，其天线的 F/D 小于最佳的射频性能的 F/D，而所选的反射面偏置高度大于最佳的射频性能要求的高度，但满足自旋和指向稳定性的要求。

分给反射面臂组件的质量是 65 kg，分给馈电组件的质量是 16 kg。对质量中心的和惯性的有效产物要求已考虑在对反射镜臂组件的要求之内。

8.4.3 反射面材料的射频性能确定

网状反射面最常见的应用是用在通信卫星上，其中表面材料最为关键的参数是表面材料的反射损耗和反射损耗在整个天线增益预算中的贡献，对于 SMAP 雷达和辐射计应用程序，则另外的反射表面参数也来发挥作用。雷达性能的主要兴趣点是反射损失，但次要的关注包括引起的交叉极化电平，反射损失对温度和时间的稳定性，以及通过网的传输对天线方向图的影响。由于更高轨道上卫星的潜在的射频干扰，网的传输令人关注。辐射计的性能不直接依赖反射损失，但它确实依赖于耗散损失，或有助于天线噪声温度的发射率。同样重要的是了解校准辐射计在整个工作温度范围内的损耗水平。

SMAP 任务选择的环形桁架反射面的主反射面是一个 20 OPI 的镀金钼丝制成的网格。网格形成一个小面组成的表面，使之接近一个由复合纤维网制成的偏置抛物面，如图 8.6[25] 所示。网位于网格的反射面表面的前侧上，并覆盖总反射面表面约 5% 的面积。需要考虑网格和网丝的影响，特别是对辐射计的性能影响。

对于网格的反射率、透射率和发射率的计算，用了一个周期有限元方法，类似文献[32，33]中的周期矩量法。通过检查网状编织的放大照片，确定用图案来表示一个网丝单元。一个三维全波电磁仿真器(ANSYS HFSS)被用于周期性有限元方法的解。有了 HFSS，网线可以很容易地模拟成圆线，而不是平面的条纹，还可避免用等效带宽度的近似。在建模中，网线交叉处的连接模拟成理想的接触。结果表明，网的编织在 L 波段足够好，使得网丝指向和网丝性无关，于是可以建模为具有有效导电性的平板(见图 8.12)。

温度在 -45 ~ +225℃的变化范围内网丝的电导率会变化，这一点用周期有限元素模型进行了研究，以验证它是否会显著地影响网格的性能。网丝是镀金的钼，但在 L 波段，镀金层只有趋肤深度的一小部分。在网丝的 HFSS 模型中，使用的是公布的导电性和单钼的热膨胀系数的数据。结果证实，在整个温度范围的发射率变化是在辐射计性能的对发射率变化要求的规定的量级，所以必须考虑电导率随温度的变化。发射率以电阻率的平方根的比率变化，这是平板模型所期望的。反射率的变化是雷达增益稳定性要求的一小部分，但因其足够大，所以在增益稳定性预算中不能被忽略。一旦 SMAP 飞行用的网线可以得到，使用电桥电路就可以测出网丝的直流导电性和温度的关系了，但估计测量结果与公布的钼性能差异不大。

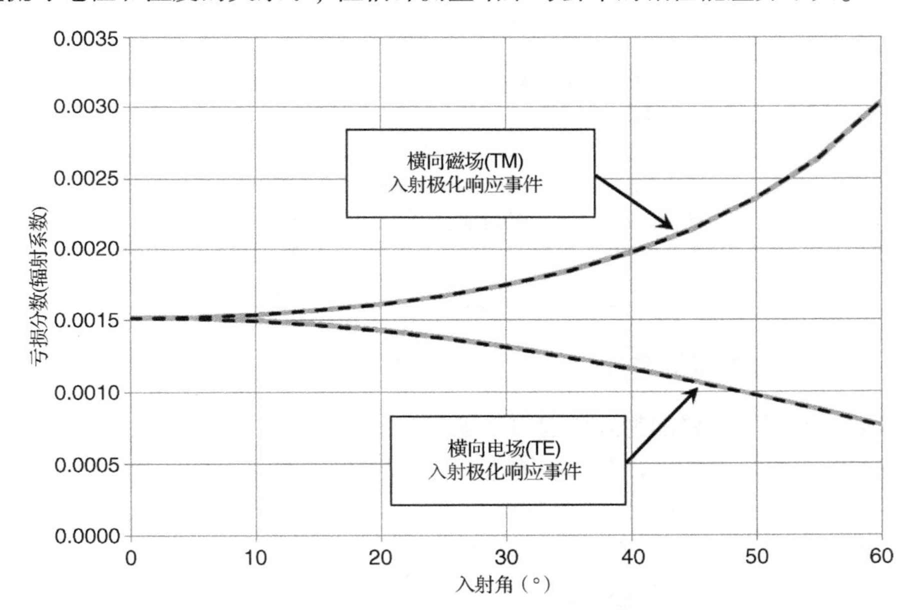

图 8.12　模拟的平面波入射时网损耗与入射角的关系。浅灰色的曲线是周期性的有限元解，虚线是一个有效导电性的平板模型。对于周期的有限元解，绘制出了不同的网格定向的几条曲线，但它们是无法区分的，这表明网的编织是如此之好以至于网格可以建模为一个平板

反射和传输特性是入射角、入射极化[32,33,35]的函数。为了把这些效应包括在天线方向图计算之内，反射系数和透射系数将被制成表并添加到反射面[43,44]的 GRASP9 RF 模型中，共极化和交叉极化分量两者都可以包括在 GRASP9 列表的系数组内，从而由网格引起的交叉极化将被包含在总天线方向图中。传导损失(或发射率)通过周期性的有限元模型和网格损耗测量结合有效导热系数，将计算使用表中产生感应电流的 GRASP 模型输出的一部分。

射频网格模型的验证计划包括对比美国国家航空航天局兰利研究中心在 20 OPI 网[45]上的辐射测量和 SMAP 飞行网上的波导 S 参数测量。这两种技术在文献[45](Njoku 等)中有详细

讨论。技术比较总结于表8.4。尽管波导技术具有有限性，然而人们感到，只要是能达到测量数据与RF模型相关，模型结果在所有网丝运行条件下具有可接受的风险水平是值得相信的。

值得关注的其他反射面表面材料是制造环形桁架前网的复合材料，通常，在网络上涂一层稍微有点导电的涂料，以防止静电放电(ESD)事件。然而，油漆在L波段中的损耗可能将辐射计的性能降低到不良水平。计算显示网丝与网格接触的地方，因为总电场相当小，所以损耗是微小的。在反射面的某些区域，网络不直接和网丝接触，网丝由于涂料会增加发射率，即便如此，仍有望小于网发射率的总贡献。如果裸露的网络材料通过了所有环境鉴定试验，网络将不会被涂漆，于是SMAP的反射面可能会以每年一次的量级遇到ESD事件。事件预期不会对天线的长期性能产生任何可观察到的影响。

表8.4 波导测量与辐射测量网格特性对比来表征网络

参数	波导测试	辐射测量
入射极化	只有横向电场(TE)	横向电场(TE)或横向磁场(TM)
入射角范围	限制于TE_{11}波导模的解。角度由频率和波导大小决定	如果一个简单的馈源被使用，同时测量角度范围。一个单一的角度可以通过用一个反射面和透镜校准波束来测量。角度范围受反射面几何形状限制
交叉极化响应	没有采用简单设置测量，通过在设置中加片可以测量	未测量
在一定热范围内测量的容易性	可能是容易极化的，但必须留心分开由测试设置引起的变化和由网络引起的变化	在大的热范围内进行测量是困难的，因为测试台尺寸大且复杂
精确性	目前的测量精度低于辐射测量[45]	目前比波导测量更准确[45]
成本	比较便宜	由于需要大型复杂的设置来控制馈源照射的外溢和控制热环境，所以更昂贵

8.4.4 射频天线方向图的建模

8.4.4.1 天线和空间飞行器的射频模型的开发

为了获得反射面天线产生的方向图高度精确的计算，生成了一个整个航天器的射频模型，其中包括了从电磁的角度来看所有重要的细节。从一个简单的模型开始，其中只包括反射面表面和一个模拟的馈源方向图，然后航天器的每一部分被陆续引入。一个不完全的最重要的组成部分的列表包括反射面桁架结构、反射面有折痕的轮框、反射器上的小面板、吊臂、自旋平台和上面所有的电子盒、馈电喇叭、飞船装载体、支腿，以及太阳能电池板。图8.13～图8.15显示了机械和射频模型之间的比较，可使读者了解射频模型演变为类似于详细的机械设计时的复杂性。

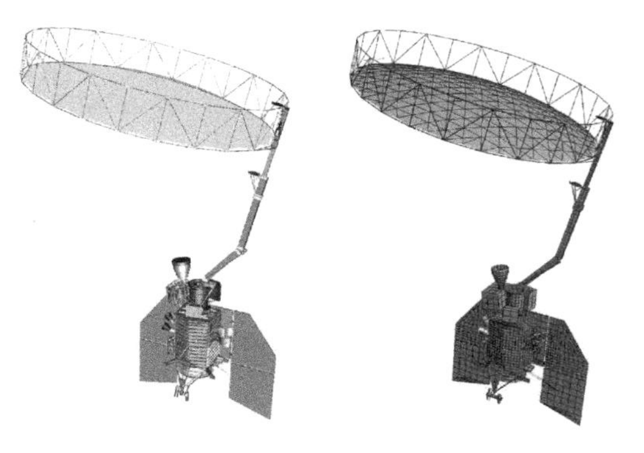

图8.13 SMAP天文台机械的(左)和射频的(右)。模型的对比尽可能多的细节已被纳入射频模型

由图8.15清晰可见环形桁架反射器的三角形小面片是网丝上拉紧的前网导致的。小面上只产生了非常小的枕，在射频模型中它们被假定为完全平坦的面。由方向图中清晰可见三角面片的周期性产生栅瓣。吊臂由复合材料制成，覆盖在MLI热毯里，以减少因温度变化引起

的变形。吊臂顶部也称基本板条，直接连接到桁架结构，如图 8.15 所示。在同一图中可见基板侧面的展开反射面的马达。其他吊臂的两个主要段比基板更强硬，它们连接基板和自旋平台。由于馈源直接照射基板，准确的吊臂的详细信息被包含在射频模型中。由基板产生的散射层对天线主波束指向只产生几毫度的影响。

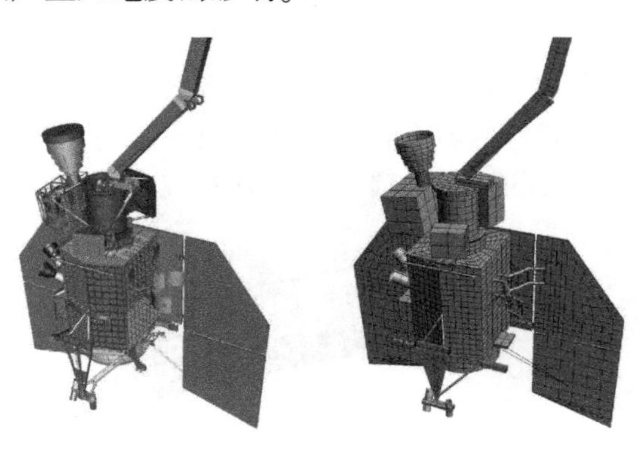

图 8.14　SMAP 飞船的近视图和机械(左)与射频(右)模型之间的比较。机械模型的几个区域以开放式桁架结构展示，但它们在航天器的装配过程将被包在MLI中。由于MLI在射频时是反射性的，所以在射频模型中这些项目模拟为实体结构

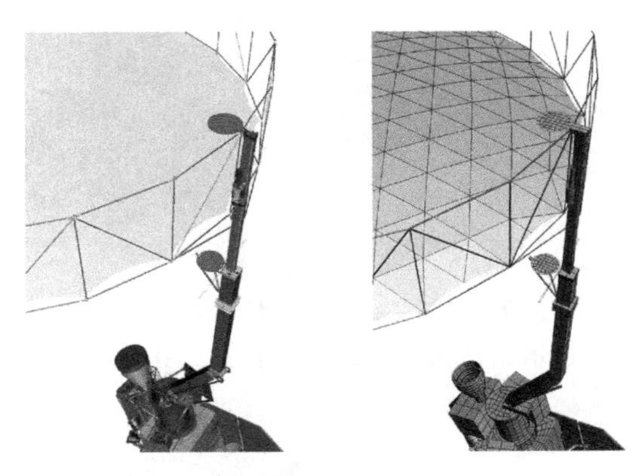

图 8.15　展示了三角形小面片、吊臂和桁架结构的细节，以及机械(左)和射频(右)模型的比较。在飞行组件中，吊臂将被包在MLI中，没有包括在模型中。MLI将紧密遵照底部结构，并只对方向图有轻微的影响

虽然用了一些商业和内部的计算机代码来模拟复杂的天线和航天器不同部分的射频性能，然而整体的射频模型由来自 Ticra 公司的软件包 GRASP9 产生。来自 ANSYS 的 HFSS 用于馈电组件的设计和开发，Ticra 的 CHAMP 软件被用来设计波纹馈源喇叭，微波创新集团的 WASP-NET 则用于正交模转换器(OMT)。大量临时的 Fortran 计算机代码也为特定的任务进行了开发，尤其是为 GRASP9 所产生的方向图的后处理和为验证对方向图的不同部分，如定位视轴指向和方向性，计算主波束 3 dB 波束宽度，计算主波束效率，确定感兴趣地区内的最高旁瓣电平，以及在感兴趣的区域内对旁瓣功率积分的射频要求。

8.4.4.2　天线方向图的计算

整个航天器的方向图是在一次对方向图添加一个大的分量一步一步建立的。计算用一种混合法进行，其中反射面表面上的电流和反射器边缘衍射用物理光学和物理绕射理论进行计

算，而飞船其他部分的电流则采用矩量法计算。MOM 分量中各部分之间的相互耦合包括在计算之中，但由于反射散射是用 PO 计算的，反射器和其他物体之间更高阶的反射的影响必须人工引入，明确地包括计算中所有不可忽略的多次反射。图 8.16 描绘出用于以下方向图的坐标系。

第一个参考的分量是馈电喇叭方向图。正如前面提到的，馈电喇叭是用 CHAMP 设计的，它用圆柱模匹配的方法来分析喇叭内部的几何形状。孔径处的不连续性和喇叭的外部几何形状的影响，都在使用模式匹配解作为输入[46]的 MOM 进行计算。该程序生成一个辐射场球面波展开式，可以直接输入到 GRASP9 作为辐射源。图 8.17 所示为喇叭方向图。

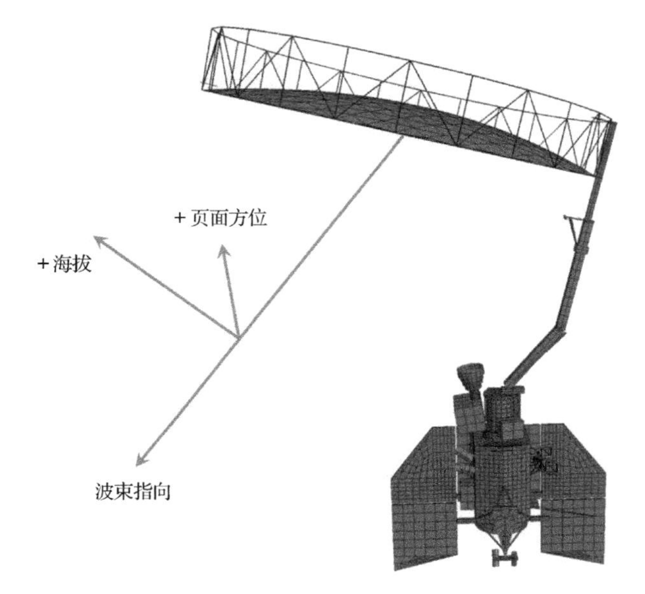

图 8.16 天线方向图用的坐标系。从最低点看可知天线波束指向名义上是 35.5°同时图中也示出从波束指向方向算起的正方向图俯仰角和方位角

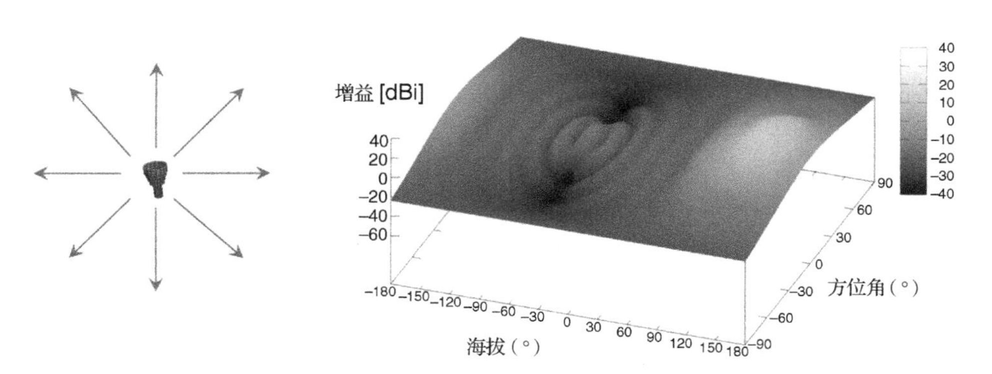

图 8.17 计算的馈源喇叭方向图。坐标系是 6M 反射器的方向图坐标系，从而反射器视轴对齐到俯仰角为0°，方位角为0°的位置。馈源指向方位角为0°、俯仰角为136°的点

宽的主波束的峰的位置在反射面中心，设计成在不同工作频率上在反射器的孔上产生受控制的锥度。需要一个优化程序来调整喇叭的内部尺寸，以便在不同的频率上获得所需的增益和波束宽度。

引入自旋平台(SPA)组件和反射面吊臂到模型中后生成图 8.18 所示的方向图。悬臂和 SPA 的散射由 MoM 程序计算得来，并且添加到喇叭方向图上。在方向图中清晰可见由吊臂产生的波纹。下一步如图 8.19 所示，模型中包含了桁架结构的下部环。除了在整个方向图上产生更多的波纹外，复合材料环实质上提高了噪声电平，并在方向图中造成一些凹下的区域。一旦反射面被引入到模型中，方向图开始看起来像最终的方向图。反射面的主波束在图 8.20 中是清晰可见的，它周围环绕着 6 个由周期性的反射面表面上的小面产生的六栅瓣。以前被喇叭的主波束所占的区域目前包括了反射面的后瓣及其附属物。重要的是要注意在反射面上的表面电流是用 PO + PTD 程序算出的，表面电流由馈电喇叭的直接照射和来自吊臂和整个 SPA 散射所产生。这说明了喇叭方向图在周围环境上的第一次反射。虽然这是一个次要的效果，但都是不可忽略的，它会影响主波束的指向。

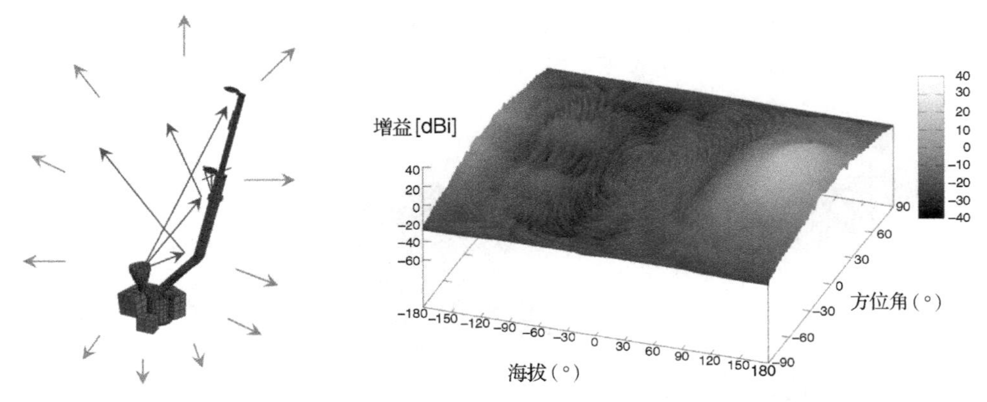

图 8.18　计算的包括吊臂和 SPA 散射的馈源喇叭方向图。吊臂和SPA散射用矩量法计算，然后添加到喇叭方向图上

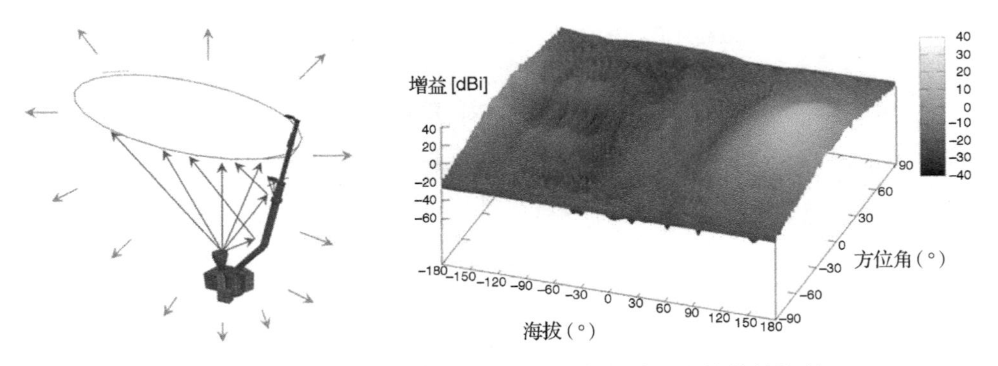

图 8.19　计算出的包括悬臂、SPA 和桁架结构下环的散射的喇叭方向图。桁架结构下环提高了旁瓣上的整体噪声底

在此过程中的最后一步是引进模型其余的飞船部分。现在，在上一步中反射面表面产生的电流再辐射，于是计算从空间飞行器的散射。如图 8.21 所示，这一步由于整个射频模型的大尺寸，因此是最耗时的。此外，在这个阶段，自旋平台的效应已被考虑，于是需要对飞船相对于天线每个位置都有一个单独的模拟。图 8.22 和图 8.23 是具有代表性的最后计算结果的俯仰角和方位角切割的图形，这里完整的射频模型和只有反射面和馈源的结果做了比较。

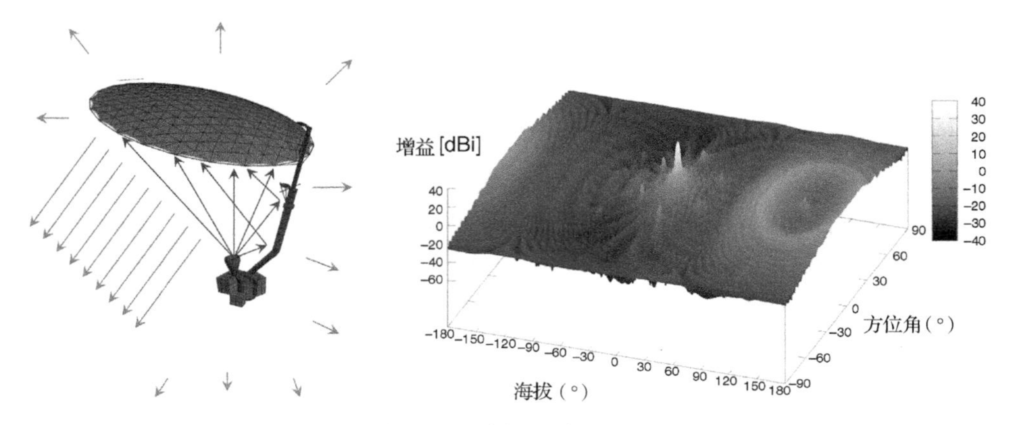

图 8.20 计算出的包含飞船整个自旋侧边散射的反射面方向图。注意，围绕主波束的六个栅瓣是反射表面上的周期性的三角形小面片产生的

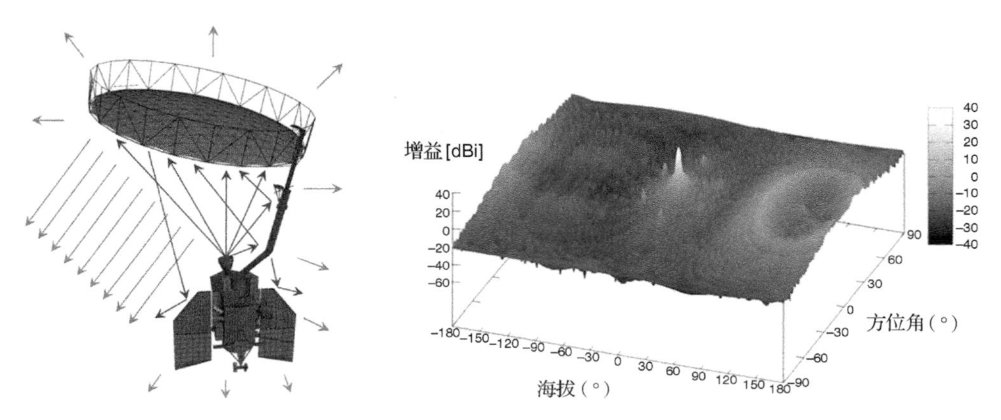

图 8.21 最终计算出的包括整个飞船散射的方向图。图中显示了一个具有代表性的反射面相对于飞船的姿态。为了捕捉到飞船和太阳能电池板的散射效应模拟了许多姿态

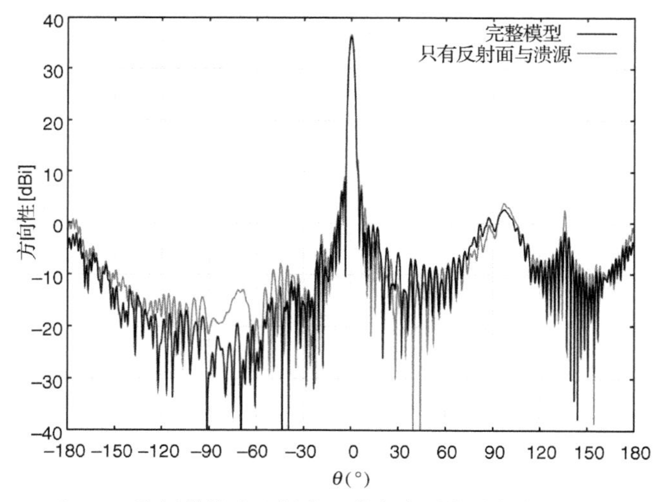

图 8.22 在 SAR 及频带的中心频率上的方向图的俯仰角收割。包含了所有飞船影响的方向图与只有馈源和反射面情况的方向图对比

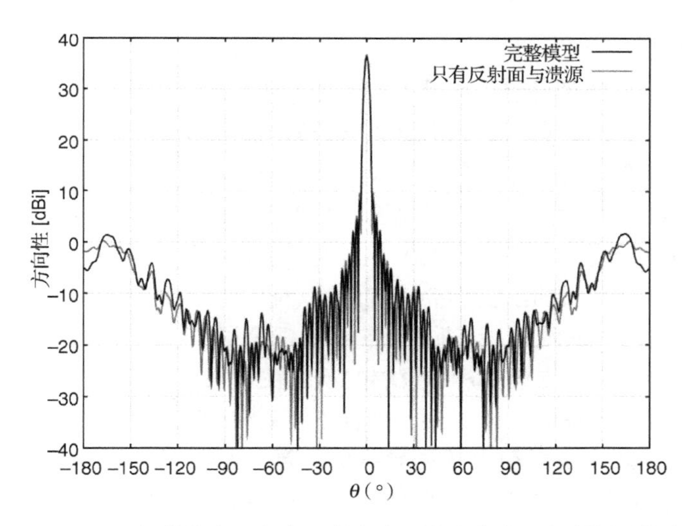

图 8.23　SAR 频带的中心频率上的方向图的方位角面切割图，包含了所有飞船影响的方向图与只有馈源和反射面的方向图对比

8.4.4.3　视野的研究

随着天线在飞船上空自旋转，天线方向图略有变化。虽然飞船散射的效果(通常峰值约为 40 dB 以下或更小)的绝对值小，但天线的转动代表在方向图内中一种变化的改变。如果改变足够大，并且不能被准确表述，那么就会损害辐射计和雷达的性能。雷达对视轴指向和增益稳定性的变化敏感。辐射计对主波束、面向太阳的旁瓣、面向地球的旁瓣和进入太空的旁瓣的分数的功率电平的变化敏感。在这些分数电平级的功率中的变化影响用于辐射计数据处理中的考虑背景辐射电平的修正因子。

在 8.4.4.2 节中最后一个步骤描述的带有整个飞船影响的天线方向图模型相对于飞船天线每旋转 15°计算了方向图。改变方向图的最大的贡献者是太阳能电池板，因为它们能够进出天线的视野。这些方向图是分别在 SAR 和辐射计工作频段内的低、中、高频率计算的。

需要功能强大的计算机资源去配合一个复杂的射频模型。使用一台 12 核的含有 96 GB 内存的台式机进行了计算，计算整整一组包含天线和旋转的飞船相互作用的方向图需要花费大约 3 个星期的时间。在计算中，MoM 中的最大尺寸是一个波长，尽管很多 GRASP9 网格生成器产生的片要稍小一些，GRASP9 MoM 代码利用高阶基函数，这时较大的片[47]产生了精确的解。

SMAP 辐射计系统工程师从视野分析得出的结论是由于天线的旋转引起的，天线方向图中的变化已经在辐射计组预计误差变化的边缘，辐射计设计团队在他们的误差预算中能容忍的变化的边缘。这时还可以不引入和自旋相关的校准因子。航天器设计中的变化，特别是在太阳能电池板的布局，可能会迫使辐射计组添加自旋相关性到校准模型中。

飞船的散射产生主波束指向中一个固定的偏移和一个可变的分量，由飞船的散射产生的波束偏移相对于没有散射的计算的指向大约是 8 毫度。天线的自旋增加一个正、负 1 毫度指向在偏移周围的变化。由散射产生的指向变化依赖于极化。比如，V 极化对吊臂散射对指向的影响比 H 极化的更明显，因为 V 极化与吊臂的方向是一致的。最后，分析证实，在总的指向误差预算中，由散射引起的指向偏移与稳定性分量是非常小的因子。

8.4.4.4 变形的建模

利用如上所述的方向图的计算，相对于航天器，对于不同位置的天线指向将会得到准确的预测，反射面和吊杆上的热失真和动态失真将会导致更多的指向变化。

对于天线方向图变形，吊臂和反射面表面是最重要的受温度变化影响的组件。反射网的温度从 -115℃到 +280℃变化，这取决于轨道、季节和日食。反射的桁架结构和吊臂温度变化会低于网格的温度变化，因为它们有更大的热容量，但温度波动仍然会是 200℃的量级，即使吊臂被热毯覆盖着，这个巨大的温差也会使它胀大、收缩，因此反射面相对于馈源喇叭会移动。为了评估这些热变化对指向的效果，诺斯罗普·格鲁门公司在一分钟的间隔内，计算了沿着整个轨道上反射面表面每个节点的位置。其中极端的情况被引入电磁模型来模拟在这些条件下的天线指向。由此产生的指向误差小于 10 毫度，并且主波束和旁瓣电平的变化是微不足道的。

另一个考察的失真效应是由动力扰动导致的。当飞船飞行在额定轨道上时，它的无自旋部分(下部)在反应轮的帮助下保持着正确的姿态，反应轮抵消由自旋的仪器引发的力。反应轮产生的振动会传播到吊臂上和反射器上诱导出反射面表面上相对高频的振动。这些振荡可以用反射面表面上的模态来表示。图 8.24 显示了 6 个最低阶模式。SMAP 动力学工程师们预测出了预期的模式幅度，并用它们产生额定反射面表面的扰动的变化。该扰动的反射面在 GRASP9 射频模型下进行了分析。人们发现这些变化是微不足道的，其产生一个正、负 1 毫度的最大指向误差。

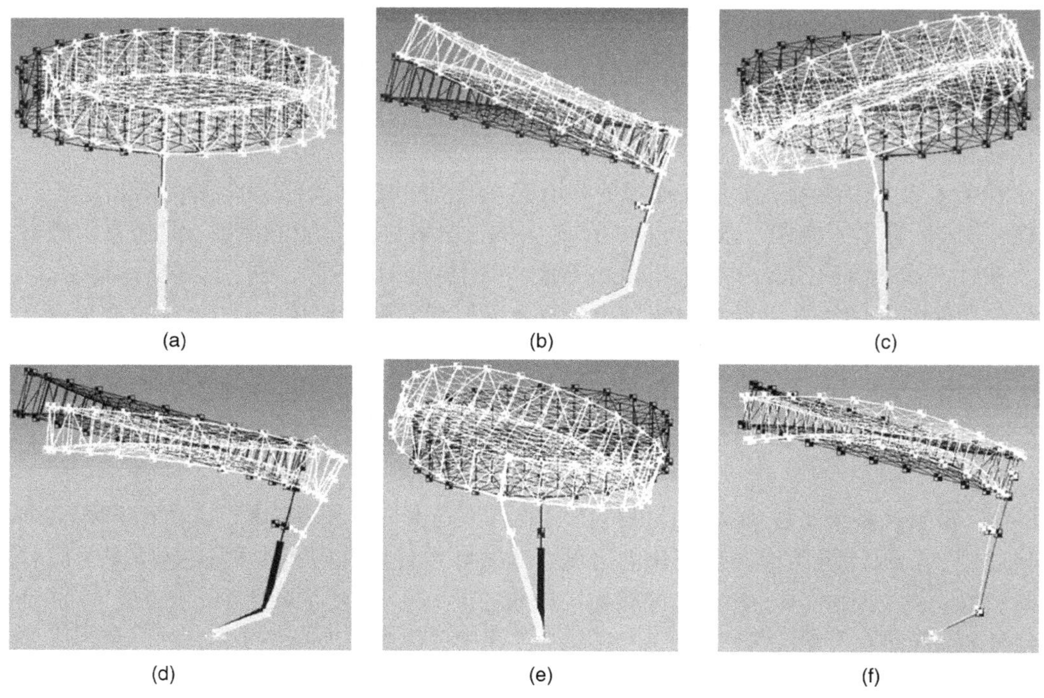

图 8.24 反射器天线和吊臂的动态模式扭曲。在图中，这些扭曲的幅度被严重夸大了，从而可以看出来效果。这里示出了前6个模式，分析了25个最低频率模式的效应。从这些图可以观察到其中的一些模式是简单的反射面的刚体平移，而另一些则导致反射器表面扭曲

作用在反射面上的其他动态力频率较低，并且产生反射面的刚体运动。例如，反射面自旋转速度的改变使反射面在主要压条上旋转。其他效应是由于反射面结构不对称导致的质量不平衡和自旋电机的扭矩变化产生的振动。这些低频效应不改变反射面表面的形状，但他们改变反射面的位置。为了转换反射面或是馈源的运动成为指向误差，完成了一组刚体运动的模拟，沿着相关参考系统的每个轴转动和平移馈源与反射器。这样一来，一旦一个刚体运动的振幅是已知的，由此产生的指向误差就可以快速地被确定。

8.4.4.5　结构辐射计算

为了正确地校准在轨道上的接收功率，辐射计团队不得不准确地计算噪声源和耦合到仪器里的射频干扰，其中一个是整个航天器结构的辐射，也就是说，航天器结构在 L 波段内的自然的射频辐射。给定一个由某种材料制作的飞船的某个部位，实质上它的结构辐射取决于该材料的比辐射率、物理温度和入射到它上面的天线方向图的入射量。因此，需要计算入射到航天器的每一个部分上的近区。对航天器结构的每个几何表面入射的馈电喇叭和反射面的近场进行了计算。然后入射场在相关的区域中积分，以估计天线的方向图入射到特定部分的电平。因为许多航天器的零件的取向使它们在一个极化上的相互作用比另一种极化的强，因而同样的操作对两种极化进行。例如，吊臂在同一方向上与 V 极化对齐有更多的互动，而不是与 H 极化，因为 H 极化是正交于动臂结构的。另一个有趣的部分是太阳能电池阵列。当天线自旋转时，太阳能电池阵列并不转，根据我们在那个时间点看太阳电池板，该电池板与一种极化的相互作用超过另一种极化，而且相互作用当天线旋转时在两种极化之间不断地变化。特别有趣的是，在太阳能电池板情况下，看一看所产生的近场喇叭和反射面产生的近场之间的差异。

参考图 8.25，可以观察到太阳能电池阵列相对于馈电喇叭和反射面的相对位置。直接由馈电喇叭和由反射面产生的近场分别绘制在图中的右侧。在反射面的视场内，不同极化的影响和太阳能电池板的进入都能在这些图上被观察到。

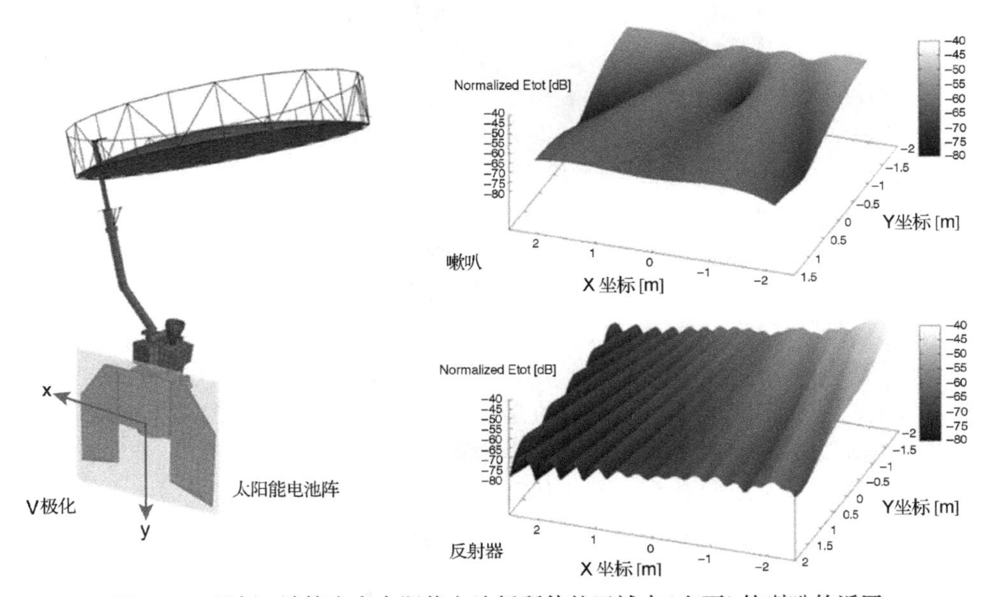

图 8.25　示例：计算出在太阳能电池板所估的区域内（左下）的喇叭的近区电场（右上）和反射器的近区电场（右下）。注意，在太阳能电池板[坐标为（ -2: -2）]右上角附近的反射面的电场强度怎样增强

8.4.5 馈源组件的设计

馈源组件设计主要取决于反射面的焦距和直径，并且不受它照射网状反射面而不是照射固体反射面的影响。SMAP 馈源设计的关键驱动力是：

- 15.9% 的带宽。
- 双重同时线极化。
- 有限的安置空间，需要一个紧凑的设计。
- -20 dB 的回波损耗要求。
- 一个 0.1 dB 的插入损耗要求，不包括回波损耗。
- 反射面天线方向图的一个 35.55 dBi 增益要求。
- 要求反射面天线方向图对 SAR 的最大波束宽度为 2.8°，对辐射计的最小波束宽度为 2.29°和最大的波束宽度为 2.5°。
- 反射面天线方向图对辐射计主波束的效率为 87%。
- 通过阻挡阳光直接进入喇叭口径，保持热稳定性。

兼顾低插入损耗和可用空间的要求，导致馈源设计理念的选择类似于“水瓶座”任务所用的馈源[48]。然而，SMAP 的更大的带宽和不同的照射要求，需要重新设计所有组件。馈源整件在如图 8.26 所示。

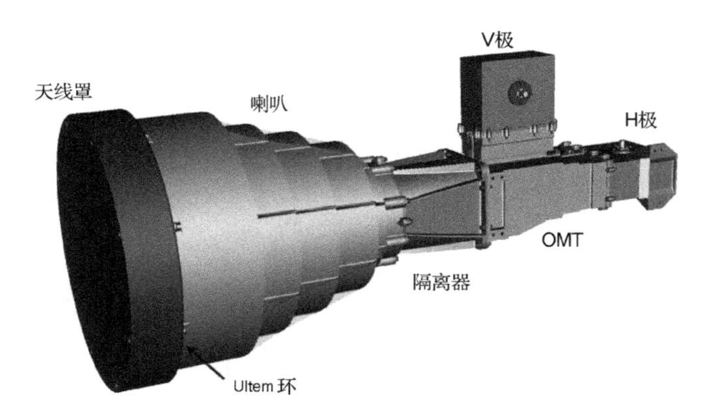

图 8.26 馈源组件的机械 CAD 模型。圆波纹喇叭通过安在 Ultem 环上的低损耗泡沫罩保护免受直射太阳光的曝晒。喇叭连接到一个钛制的热隔离器，它从圆形喇叭端口过渡成正交模转换器近正方形端口。正交模转换器的两个线极化端口是标准的WR-650波导尺寸

使用 Ticra's CHAMP 软件设计与优化了喇叭，用了一段波导模式匹配法的代码(包括矩量法技术)去说明方向图中喇叭外部的影响。用于 CHAMP 的优化参数是回波损耗，并得到照射在反射器边缘上的适当锥度所需要的期望的在 H-E 面的喇叭方向图的波束宽度。

使用 WASP-NET 软件，对正交模极化转换器和热隔离器组合进行了设计和优化。优化参数是回波损耗和限制高次模的激发。虽然从射频设计的角度来看功能上单一的部分——正交模转换器被分成一个铝制的部分和钛制的部分，分别称为“正交模转换器”和“热隔离器”。热隔离器减少喇叭和馈源整件其余部分之间的热传递，从而稳定了正交模转换器和波导同轴变换器的温度。因为馈源整件的大量损耗在这些部分，因此热稳定性降低了辐射计的校准误差。在正交模转换器端口上的波导同轴变换器的波导管是标准的 WR-650 波导尺寸。波导同轴变换器的设计被调整成和其余馈源成分匹配，以达到要求的 -20 dB 的回波损耗。

包括天线罩的所有的馈源成分作为一个单一的整件，利用 ANSYS 软件对其进行分析。两个同轴的输入端口上的回波损耗如图 8.27 所示。

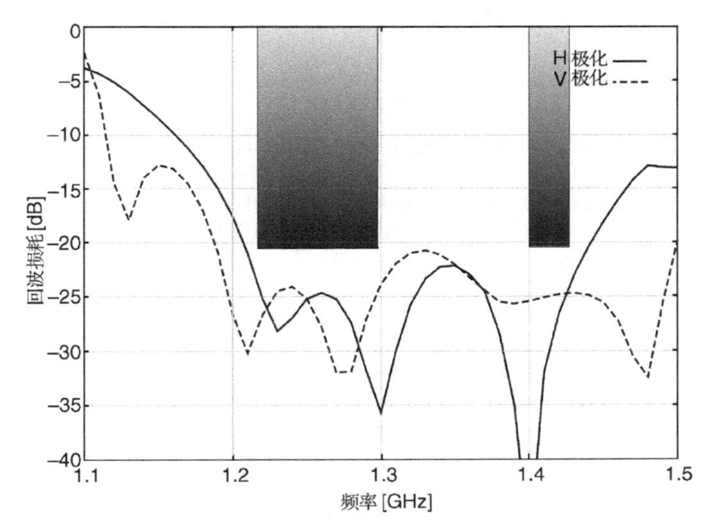

图 8.27　馈源整件在同轴输入端口的回波损耗。整件符合雷达波段要求的和辐射计波段要求的最大回波损耗分别是 −20.5 dB 和 −20.4 dB

8.4.6　性能验证

由于成本高，SMAP 反射面天线方向图的测量将不予进行，所以任务的成功在很大程度上取决于天线的射频模型的准确性。为了验证 GRASP9 模型，一个 10∶1 的射频飞船模型将被建成并在室内近场试验场内测量。因为反射面是实体的，并且影响天线方向图的小的特点被忽略，所以缩比的模型和 SMAP 飞行设计不是完全一样的。射频模型将被简化为与已建成的缩比模型相匹配的模型，从而使测量与计算数据集可以比较和调成一致。

馈源整件的天线方向图将进行测量，以及由此产生的测量数据将被用作 GRASP9 模型中的馈源方向图。没有喇叭和天线罩的馈源整件的损耗将对温度进行测量。喇叭的损耗也将计算出来。飞行的特定天线罩材料的复介电常数将被测量出，并用于计算天线罩的损失。

对于反射面，所有变形的影响包括热的、自旋动力学的、重力卸载的，仅通过分析确定。这些影响将从期望的轨道上的天线的几何尺寸中得到缩小，以产生制造的设计。对反射面的摄影测量将在 1g 的环境下进行，以确保其表面符合设计值。

在地面上操作的阶段中维持网状材料的完整性对于反射面的性能来说是至关重要的。在一个跟踪与数据中继卫星的网状反射面中，网线接口处的电气接触不良会引起反射率的重大损失[32]。为了确保 SMAP 不会遇到类似的问题，飞行网状材料的见证取样片将伴随飞行的反射器通过所有的地面操作。取样片将由装在波导管框架上的网组成，现场使用矢量网络分析仪进行 S 参数测量将方便快捷得多。取样片以预定的几个步骤测量，直到飞船发射为止。

8.5　总结

本章简短回顾了可展开网状反射面的概况和历史，随后又介绍了一个美国宇航局的 SMAP 任务的新的、复杂的网状反射面天线设计的详细案例研究。表达了 SMAP 天线的设计过程和技术挑战，来协助他人识别可展开网状反射面的相关特点，如果这些特点适用于他们的特定应用的话。

参考文献

1. Roederer, A.G. and Rahmat-Samii, Y. (1989) Unfurlable satellite antennas: a review. *Annals of Telecommunications*, **44**(9–10), 475–488.
2. Davis, G.L. and Tanimoto, R.L. (2006) Mechanical development of antenna systems, in *Spaceborne Antennas for Planetary Exploration* (ed. W.I. Imbriale), John Wiley & Sons, Inc, Hoboken, NJ, pp. 425–454.
3. Tibert, G. (2002) Deployable Tensegrity Structures for Space Applications, Doctoral thesis, Royal Institute of Technology, Stockholm.
4. Rahmat-Samii, Y. (2007) Reflector antennas, in *Antenna Engineering Handbook* (ed. J. Volakis), McGraw-Hill, New York, pp. 15-1–15-63.
5. NASA (2011) National Space Science Data Center. [Online] http://nssdc.gsfc.nasa.gov/nmc/spacecraftDisplay.do?id=1974-039A (accessed 6 December 2011).
6. Love, A.W. (1976) Some highlights in reflector antenna development. *Radio Science*, **11**(8,9), 671–684.
7. Redisch, W.N. (1975) ATS-6 description and performance. *IEEE Transactions on Aerospace and Electronic Systems*, **AES-11**(6), 994–1003.
8. Corrigan, J.P. (1975) ATS-6 experiment summary. *IEEE Transactions on Aerospace and Electronic Systems*, **AES-11** (6), 1004–1014.
9. NASA (1989) NASA Press Release 89–145.
10. NASA (n.d.) Galileo Mission to Jupiter. [Online] http://solarsystem.nasa.gov/galileo/docs/Galileo_Fact_Sheet.pdf (accessed 6 December 2011).
11. Harris Corporation (2000) Harris Corporation Press Releases. [Online] http://www.harris.com/view_pressrelease.asp?act=lookup&pr_id=44 (accessed 6 December 2011).
12. Harris Corporation (2008) Harris Corporation Press Releases. [Online] http://www.harris.com/view_pressrelease.asp?act=lookup&pr_id=2436 (accessed 6 December 2011).
13. Harris Corporation (2009) Harris Corporation Press Releases. [Online] http://www.harris.com/view_pressrelease.asp?act=lookup&pr_id=2809 (accessed 6 December 2011).
14. Campbell, G., Bailey, M.C., and Belvin, W.K. (January 1988) The development of the 15-meter hoop column deployable antenna system with final structural and electromagnetic performance results. *Acta Astronautica*, **17**(1), 69–77.
15. Sullivan, M.R. (1982) LSST (Hoop/Column) Maypole Antenna Development Program, Harris Corporation/Langley Research Center, NASA Contractor Report 3558.
16. de Sekling, P.B. (2010) Space News International. [Online] http://www.spacenews.com/satellite_telecom/101210-skyterra-antenna-deployed.html (accessed 6 December 2011).
17. Japan Aerospace Exploration Agency (2008) Institute of Space and Astronautical Science. [Online] http://www.isas.ac.jp/e/enterp/missions/halca/index.shtml (accessed 6 December 2011).
18. Hanayama, E., Kuroda, S., Takano, T., Kobayashi, H., and Kawaguchi, N. (2004) Characteristics of the large deployable antenna on HALCA satellite in orbit. *IEEE Transactions on Antennas and Propagation*, **52**(7), 1777–1782.
19. Northrop Grumman (2000) Northrop Grumman Astro Aerospace News Releases. [Online] http://www.as.northrop-grumman.com/businessventures/astroaerospace/news_releases/index.html (accessed 6 December 2011).
20. Northrop Grumman (2004) Northrop Grumman. [Online] http://www.as.northropgrumman.com/products/aa_thuraya/assets/DS-409-AstroMeshReflector.pdf (accessed 6 December 2011).
21. Northop Grumman (2003) Northrop Grumman Astro Aerospace News Releases. [Online] http://www.as.northrop grumman.com/businessventures/astroaerospace/news_releases/assets/news2003-0818.pdf (accessed 6 December 2011).
22. NASA (2011) NASA National Space Science Data Center. [Online] http://nssdc.gsfc.nasa.gov/nmc/spacecraft Display.do?id=2008-001A (accessed 6 December 2011).
23. Northrop Grumman (2004) Northrop Grumman Astro Aerospace News Releases. [Online] http://www.as.northrop grumman.com/businessventures/astroaerospace/news_releases/assets/news2004-0329.pdf (accessed 6 December 2011).
24. Northrop Grumman (2008) Northrop Grumman News and Events. [Online] http://investor.northropgrumman.com/phoenix.zhtml?c=112386&p=irol-newsArticle&ID=1208788&highlight= (accessed 6 December 2011).
25. Thomson, M.W. (1999) The AstroMesh deployable reflector. IEEE Antennas and Propagation Society International Symposium, vol. 3, Orlando, FL, pp. 1516–1519.

26. Meguro, A., Shintate, K., Usui, M., and Tsujihata, A. (2009) In-orbit deployment characteristics of large deployable antenna reflector onboard Engineering Test Satellite VIII. *Acta Astronautica*, **65**(9–10), 1306–1316.
27. Ruze, J. (1966) Antenna tolerance theory—a review. *Proceedings of the IEEE*, **54**(4), 633–640.
28. Bahadori, K. and Rahmat-Samii, Y. (2005) Characterization of effects of periodic and aperiodic surface distortions on membrane reflector antennas. *IEEE Transactions on Antennas and Propagation*, **53**(9), 2782–2791.
29. Corkish, R.P. (1990) A survey of the effects of reflector surface distortions on sidelobe levels. *IEEE Antennas and Propagation Magazine*, **32**(6), 6–11.
30. Rusch, W. and Wanselow, R. (1982) Boresight-gain loss and gore-related sidelobes of an umbrella reflector. *IEEE Transactions on Antennas and Propagation*, **30**(1), 153–157.
31. Lawrence, R.W. and Campbell, T.G. (2000) Radiometric characterization of mesh reflector material for deployable real aperture remote sensing applications. IEEE International Geoscience and Remote Sensing Symposium Proceedings, vol. 6, Honolulu, HI, pp. 2724–2726.
32. Imbriale, W.A., Galindo-Israel, V., and Rahmat-Samii, Y. (1991) On the reflectivity of complex mesh surfaces. *IEEE Transactions on Antennas and Propagation*, **39**(9), 1352–1365.
33. Miura, A. and Rahmat-Samii, Y. (2007) Spaceborne mesh reflector antennas with complex weaves: extended PO/periodic-MoM analysis. *IEEE Transactions on Antennas and Propagation*, **55**(4), 1022–1029.
34. Miura, A. and Tanaka, M. (2003) An experimental study of electrical characteristics of mesh reflecting surface for communication satellite antenna. IEEE Topical Conference on Wireless Communication Technology, Honolulu, HI, pp. 218–219.
35. Rahmat-Samii, Y. and Lee, S.-W. (1985) Vector diffraction analysis of reflector antennas with mesh surfaces. *IEEE Transactions on Antennas and Propagation*, **33**(1), 76–90.
36. Miura, A. and Tanaka, M. (2004) A mesh reflecting surface with electrical characteristics independent on direction of electric field of incident wave. IEEE Antennas and Propagation Society International Symposium, vol. 1, Monterey, CA, pp. 33–36.
37. Aspden, P.L. and Anderson, A.P. (1992) Identification of passive intermodulation product generation on microwave reflecting surfaces. *IEE Proceedings H Microwaves, Antennas and Propagation*, **139**(4), 337–342.
38. Lubrano, V., Mizzoni, R., Silvestrucci, F., and Raboso, D. (2003) PIM characteristics of the large deployable reflector antenna mesh. 4th International Workshop on Multipactor, Corona and Passive Intermodulation in Space RF Hardware, Noordwijk, The Netherlands, http://esamultimedia.esa.int/conferences/03C26/index.html (accessed 6 December 2011).
39. Wade, W.D. (1990) Development of low PIM, zero CTE mesh for deployable communications antennas. Military Communications (MILCOM) Conference Record, vol. 3, Montery, CA, pp. 1175–1178.
40. National Research Council (2007) *Earth science and applications from space: National imperatives for the next decade and beyond*, The National Academies Press, Washington, DC.
41. Entekhabi, D., Njoku, E.G., O'Neill, P.E. *et al.* (2010) The soil moisture active passive (SMAP) mission. *Proceedings of the IEEE*, **98**(5), 704–716.
42. Jet Propulsion Laboratory (n.d.) SMAP. [Online] http://smap.jpl.nasa.gov/ (accessed 6 December 2011).
43. Ticra (2011) *GRASP Reference Manual*, Ticra, Copenhagen.
44. Ticra (2005) *GRASP9 Technical Description* (ed. K. Pontoppidan), Ticra, Copenhagen.
45. Njoku, E. *et al.* (2001) Spaceborne Microwave Instrument for High Resolution Remote Sensing of the Earth's Surface Using a Large Aperture Mesh Antenna, Jet Propulsion Laboratory, Pasadena, CA.
46. Ticra (2011) *CHAMP Users Manual*, Ticra, Copenhagen.
47. Ticra (n.d.) GRASP MoM Add-on, Ticra, Copenhagen.
48. Le Vine, D.M. Lagerloef, G.S.E. Colomb, F.R. Yueh, S.H. and Pellerano, F.A. Aquarius: An Instrument to Monitor Sea Surface Salinity From Space. *IEEE Transactions on Geoscience and Remote Sensing*, **45**(7), 2040–2050, July 2007.

第9章　空间应用的微带阵列技术

Antonio Montesano, Luis F. de la Fuente, Fernando Monjas, Vicente García,
Luis E. Cuesta, Jennifer Campuzano, Ana Trastoy, Miguel Bustamante,
Francisco Casares, Eduardo Alonso, David Álvarez, Silvia Arenas, Jos_e Luis Serrano,
Margarita Naranjo(作者均来自：EADS CASA Espacio，西班牙)

9.1　引言

空间天线的市场是相当保守的，特别是在通信应用中。历史上反射面天线[使用行波管(TWT)]曾占主导地位，其性能、设计方法、制造过程和技术都已在过去24年中进行了优化，以满足实际的高标准需求[如赋形的每束多个馈源(MFPB)或每束一个馈源(SFPB)]。但是，由于有着特别的驱动性要求，天线阵列是这种情况下的唯一可行的解决方案。有源天线阵列就是在解决这些新的需求中占主导地位的方案，这些新的需求包括方向图的灵活性(如功率和频率)、电子波束指向能力、逐步的性能退化或多波束能力等。虽然空间天线阵列是为广泛的应用范围开发的，这些应用可以从通信应用到地球观测或是科学任务，但这些多元化的要求和任务背后都有一个共同的技术背景。

由于热和机械的困难环境，以及对可靠性和测试的苛刻要求，空间应用天线的开发涉及多个学科。在阵列方案情况下天线的开发还涉及电子系统的设计、元器件的选择和鉴定、有源元件的热控制、电磁兼容(EMC)和电气地面支持设备(EGSE)等方面。由于这些原因，在空间应用的天线阵列的开发，需要多学科的专业知识和团队组建与协调能力。本章中描述的技术涵盖了本章作者的科学和技术背景，在过去20年中他们曾参与了几个空间阵列项目。本主题中提出的大多数实施范例是基于照像印在悬浮的衬底结构上的辐射块的单层或多层的结构。此外，一些例子描述了主要是通过铝合金蜂窝状夹层结构实现的复合材料的应用。

9.2　阵列天线的基础知识

9.2.1　功能上(驱动)的要求和阵列设计解决方案

9.2.1.1　无源阵列

微带阵列天线经常应用在空间应用中，主要是由于它们的低剖面和轻量化的特性，以及设计与射频(RF)性能的灵活性。天线受益于众所周知的可重复的印刷电路板的制造工艺，这时批量生产大型具有大量的构造单元(或子阵列)的阵列天线[如合成孔径雷达天线(SAR)]的应用是非常有吸引力的。

微带贴片(详见1.3.5节)可能有种类繁多的形状和设计，但它们本质上是高度谐振的元件(微带贴片的典型带宽为3%左右)，它们能够以双线极化或圆极化工作并有中等的交叉极化性能(20～25 dB)，一个单一的单元可获得的增益约8 dBi并具有中等耐功率能力(几十瓦到几百瓦子阵或天线层级）。根据不同任务的特定要求，可以使用下例几种技术来增强典型的微带天线的射频性能：

1. **频段**：对从 L、S、X 甚至到 Ku 频段的任务，印刷电路技术非常适用。在 UHF 和 VHF 的低得多的频率的应用中，通常选择基于夹芯板的集成方案。而在 Ka 波段的情况下，则可能需要利用高精度的金属或陶瓷技术。
2. **带宽**：带宽更宽贴片可以以不同的方式来实现。基于堆放安排或缝隙耦合的馈源或通过电磁耦合馈电的馈源，容性加载或弯曲的探针的配置可以提供的带宽高达 20% 或 30%。阵列带宽也与波束成形网络（BFN）构造相关。简单的串联馈电单元可用于窄带应用，而分支的馈电网络可能需要用于宽带应用。当有尺寸大小限制时，就有可能需要混合的解决方案。
3. **极化纯度**：根据对交叉极化（XP）的要求，一个典型的贴片元件极化纯度能够在阵列级别使用顺序的单元的旋转或顺序的馈电技术而提高。一般情况下，单馈源技术通常用于标准的极化纯度的要求上，而基于四重馈电的配置可能是在要求极高的应用里需要的。
4. **损失**：损失主要取决于在辐射元件和波束成形网络中使用的材料，波束成形网络通常是用微带线、带状线、悬排基底带状线（SSSL）或方形同轴技术实现的。虽然这些类型的传输线的损失通常高于波导，但是基于低损耗电介质的设计可以提供可比拟的损失的性能，至少对小的和中等大小的阵列是这样。而对于大型或超大型的天线，用微带线技术获得与反射面天线的技术同样的损失是困难的。
5. **笔状赋形波束**：需要高效率的天线的任务允许使用基于电抗性 T 形功分器和完全填充的阵列上的简单的波束成形网络。通常情况下，这样的任务用均匀照射的孔径或小锥度照射的孔径[为降低 SLL（旁瓣电平）]提供笔状波束。由于这个原因，它们对在波束成形网络中存在的错误是不敏感的，无论错误是来自内部或外部的耦合还是馈电网络不精确。此外，这种网络可以很容易地耐受高射频功率。另一方面，需要赋形波束（包括等通量矫正的波束）的任务需用复杂的馈电激励，其幅度馈电系数低到 −18 dB 或更低的水平。这种高灵敏度要求波束成形网络严格地控制幅度和相位误差，并仔细研究辐射单元来控制外部耦合。设计具有高隔离度的 BFN 需要使用电桥或威尔金森式功分器和耗散设备。为了耐高功率，可能需要高级和复杂的采用外部负载或散热片的解决方案。
6. **相位和群时延**：导航任务需要控制方向图相位小于 5°的精度，并且要求整个天线的内覆盖群时延不超过 0.11 ns。这种苛刻的要求能够用以下技术来进行处理：（i）在实现 BFN 的过程中对这些参数特别优化；（ii）谨慎选择使用上一段中所描述的技术的辐射单元。可能需要顺序旋转来改善方向图的旋转对称性。
7. **耐功率**：由于高功率电平、负级电子倍增、无源互调产物（PIMP）和散热可能对设计和可用技术加上很强的限制，因此对所有在波束成形网络中和散热器中能放电的间隙必须研究二次电子倍增问题。必须进行局部分析来计算电压和验证超过放电平的足够的余量。在多载波操作的情况下，必须考虑当更复杂的技术应用于调制信号时信号电子的相加。可以用特定的测试来验证设计，并且在某些情况下，可以要求修改局部的设计。在多载波操作、易感接收链的情况下，必须计算无源互调产物（PIMP）。如果某些互调产物落到易感的接收频带中，就必须在设计中采取措施，这些措施可能涉及 PIMP

源。这可能会对设计产生很大影响，并且还可能涉及在机械结构和热硬件中的 PIMP 源。散热可能会影响材料的选择，促进金属结构在射频电路或辐射单元上的使用。因此在设计中含有载荷(内部或外部)的情况下，可考虑用散热片或其他更复杂的解决方案，包括热管、循环热管或流体循环)。

为了避免可能的电晕放电，需要有腔体进行适当的通风。在某些特定的应用中，如火星登陆任务，需要在低气压条件下工作的天线，这将需要对在任何易感间隙中的电晕效应进行研究和测试。

8. **热要求**：热环境和极端温度可能引起热弹性变形和热应力。通常情况下，天线阵列对热弹性失真不敏感。与高灵敏的反射面指向相比，这是一个很大的优势。应力释放应包含在设计中，这涉及等静压的安装装置、柔性材料、应力释放的焊接以及避免电路的力量集中点的特殊的预防措施。

9.2.1.2 有源阵列

目前和将来的空间应用需要发射天线和接收天线二者都具有高度的灵活性和强大的可重构功能[2]。通常情况下，这些要求利用有源天线阵列可以得到满足，其主要特征概括如下：

1. **转向能力**：有源阵列的主要特征之一是具有通过相位控制，电子扫描天线波束到特定的方向上的能力，从而避免了使用机械控制和伺服机构。在一些任务中，如基于波束跳跃的任务或光学任务(如望远镜或光学地球观测任务)，速度和转向能力是关键的设计驱动力。
2. **重构能力**：有源阵列，也可以静态或动态地重新构造规定的覆盖范围。例如，随着市场演变重新分配客户。重新配置功能包括移动用户追踪，产生零点来抑制、减轻干扰，发射后载荷的标准化或重新确定覆盖。
3. **多波束能力**：在很多场合下，需要用一个有源天线同时产生一个以上的波束。这时 BFN 采用的技术取决于由阵列产生的同时多波束的数目。基于功分器和数字衰减器及移相器的传统 BFN 通常可以产生的波束不超过十几个。一般情况下，多波束 BFN 的复杂性随波束的数目增加而增加，导致复杂的架构、大量高频连接和数字控制，还有大而重的结构。因此，对具有大波束数目的阵列，需要基于透镜、巴特勒矩阵、光学 BFN(OBFN)和小型化 BFN 等解决方案。
4. **功率和带宽灵活性**：一个新兴的用于通信应用的有源阵列的功能是不同通道之间分享功率和带宽，而不论其波束配置如何。这点可以作为系统中信号通量的函数，从而可做到优化利用资源。
5. **EIRP**：典型 EIRP(等效全向辐射功率)的需求导致能够提供较高的方向性和射频功率的有源阵列。然而，要求高的 EIRP 需求当尺寸和质量都有限制时不容易实现。其结果是，航天器的 EIRP 应该增加，方法是通过天线孔径和放大器的效率最大化和降低有源链路的损失但同时又不增加孔径的大小来实现。有源阵列在耐功率方面的优势是总功率分散到阵列的各个单元中。因此，每个单元所承受的功率都是较小的。作为一个额外的好处就是几个失效的单元对阵列性能下降并不关键，因为性能是因此平滑下降的。
6. ***G/T***：接收天线要获得较高值的 *G/T* 这个品质因素导致天线高方向性和低损耗以及放大器第一级的噪声系数(NF)最小的设计。但通常对必须要加以评估的 *G/T* 的要求是在天线和航天器之间的接口处进行的，评估包括接收器链路的 NF。在这样一个普通的情况下，BFN 中要包含额外的放大来把噪声系数对应答器链路的影响降到最低。然而，由于天线的最大输出功率有限制，一些不可忽视的性能降低是难以避免的。

7. **最佳孔径效率和扫描损失**：为了最大限度地提高孔径效率，同时最小化扫描和栅瓣的损失，阵列单元的大小和波长比必须较小，即所需要的大小由所需的扫描角所限制。然而，由于阵列单元的尺寸减小，用以覆盖给定的孔径所需的单元数量会增加，此时由于缩小了接收或发射模块的可用空间(如滤波器、放大器、功分器、电子线路等所占空间)，控制系统的复杂性也会增加。不过，还是希望实现整个阵列结构紧凑的集成和模块化的设计，这可通过追求这些器件最简单的设计来达到。

9.2.2　无源阵列的材料与环境和设计要求的关系

选择空间阵列的材料需要限定在符合空间需求的材料范围内(详见4.3节)，最好用历史上证明可用的材料。在这一小节中，我们将提供轻量的无源天线阵列最常使用的材料的评论。

1. **电路**：实现印刷电路通常是使用基于聚四氟乙烯(PTFE)的层压板。用 PTFE 作为树脂时损失非常低。市售材料包括由玻纤为基体的 PTFE 以增强其机械性能和稳定性。
然而，其他辅助材料或结构通常也要求达到所要求的机械性能和耐环境性，并能避免因辐射而造成的降解。其他材料，如石英纤维，虽然具有良好的机械和电气特性，但没有基于这些材料的市售层压板，对这些材料也没有实现工业化的加工。
2. **接地面**：接地面和垫片可以完全由金属材料制成(通常是铝)。然而，较高的柔韧和轻重量可以通过使用玻璃纤维增强塑料(GFRP-FR4)来实现，这种材料显示出了良好的机械性能。市场上这种类型的材料有多个品种，可以对它们进行工业化的加工。当然，如果损耗并不是我们首先要关注的，也可以采用 FR4 来进行 BFN 的设计。
3. **介电垫片**：泡沫或蜂窝介电垫片在空间应用中被广泛使用。它们被用来设计低重量的射频结构和面板。发泡垫片具有均匀的射频特性，即低损耗和低介电常数。蜂窝状垫片具有低等效介电常数，但它们是不太均匀的，并且组装所需的黏接剂的影响限制了它们在低频的应用(如在 L 波段以下)。另一方面，蜂窝垫片为 UHF 或 VHF 应用所需的大板提供了很好的机械性能。

在过去的几十年中，人们已获得了上述材料的很多经验，其中已经有些通过了多次资格检验测试，以检查它们是否适合空间应用。例如，2001年进行的辐射测试活动表明，所有这些材料可兼容 INMARSAT-4 的辐射环境。有些样品被制造出来并提交给用于表征轨道和目标寿命的辐射测试。图9.1为国际海事卫星天线低频带的一个贴片的例子。该探针是由三层 FR4 NELCO-4000-13、两层 ROHACELL(泡沫隔垫)、SMA 连接器、银聚四氟乙烯和铝带组成的，探针周围被导电性黏接剂包围。

图9.1　IMARSAT-4 导航天线测试活动的辐射样品

制造天线阵列需要很多种不同的材料，如连接器、电销、导电(铝)带、绝缘胶带(聚酰亚胺)和遮阳设施。

此类附加的单元也应准确地选择，以避免不想要的结果，如金属屏障的电腐蚀或升华。

9.2.3 阵列优化方法和准则

为了满足一组给定的对天线的要求，无论是阵列架构还是孔径照射都必须优化[3,4]。这个优化过程可以清楚地分为两个阶段。首先，阵列架构应由确定孔径的大小、单元的数目、单元尺寸和网格的开口来定性地确定。一般情况下，一个唯一的解决方案是不存在的，而是需要在阵列大小和单元间距之间进行折中。一旦阵列孔径被确定，就进行定量的优化来确定照射函数。该照射函数能以对方向性最小的影响提供期望的波束形状的赋形(副瓣电平、零点位置、赋形的覆盖等)。

在一般情况下，有三个不同的方面影响和制约着最佳阵列设计。

1. **初级阵列模块尺寸**：空间应用的天线阵列一般可分为更小的子组件。通常情况下，每个子组件基于一个子阵，它的馈电网络(如果不是单个单元)有一个滤波器和一个放大器。初级阵列模块最关键的环节是收/发模块各部分集成的可用空间。显然，较大的单元间距将减小不同组成部分的整合难度。
2. **阵列单元的拓扑**：即使初级子阵列是基于平面技术的，还是必须考虑到每个阵列单元的贴片数目、极化和馈电网络。分布这些单元意味着定义子阵的拓扑结构而隐含分配可用空间给接收/发射模块和 BFN。
3. **阵列天线的指向性**：这个参数可以用两种不同的方法进行分析。如果阵列天线的整体尺寸是固定的，唯一的自由度将和子阵列配置和设计有关。值得注意的是，在这种情况下，小的子阵列的尺寸和近的间距可导致较低的指向损失和较高的孔径效率。相反，这种解决方案需要大量的小单元，这使得集成接收/发射模块更加困难。另外，阵列单元的数目可以是固定的，这样接收/发射模块的价格取决于尺寸因素。在这种情况下，所谓的可变参数就是子阵的大小。当增加子阵单元时，有必要找到方向性和栅瓣造成的损失之间的折中。

在早期阶段，人们还评估了环境结构以及干扰信号的影响，这允许定义所述天线前端和发射与接收的滤波要求。

在第二个阶段中，一旦阵列的孔径和阵列单元的尺寸大小已被定义，孔径的照射(幅度和相位)就必须进行优化，以满足整形和副瓣电平的需求，即要求对指向性和放大器的使用效率因素有最小的影响。该效率因子受在孔径照射中逐渐减小的振幅的影响，而减少放大器的功率贡献。效率因子定义如下：

$$f_{eff} = \frac{1}{N} \cdot \sum_{i=1}^{N} |I_i| \tag{9.1}$$

其中，N 是孔径的阵列单元的个数，I_i 是对最大值归一化的第 i 个单元的照射模值。低效率的因素将导致天线的低效率，无论是在接收还是发射天线中，而发射天线的效率尤其关键。

阵列单元的设计(参见 9.1 节)是平行进行的，阵列照射的优化通过数值计算进行，其中每个阵列单元的幅度和相位系数都相对一个代价函数被优化，该代价函通常对阵列方向性和照射中的 SLL 和效率因子加权。在一般情况下，这个代价函数使用最小-最大算法最小化。作为一个起点，优化过程所用的孔径照射函数可以用众所周知的算法得到，如泰勒级数或切比雪夫多项式。

只要品质因数是天线的方向性或SLL，那么这种优化的任务可以通过对每个指向定义适当的方向图来进行。当更多特别的参数(如群延迟)被优化时可能需要专门的优化算法。

一旦阵列单元的设计已经完成，一个精确的包括耦合效应的单元方向图模型将用来评估优化后的照射系数是否满足天线的要求仍然是有效的，如果需要，可以进行进一步的优化迭代。

最后，全阵列式的设计，包括 BFN，将用全波 3D 的天线建模软件进行检测，该软件考虑单元间的互耦效应和边缘效应。在此阶段，方向图性能和优化的阵列照射和方向性、SLL 和交叉极化隔离度(XPI)被验证。

9.3　无源阵列

在本节中将介绍不同类型的空间应用中的无源阵列例子。

9.3.1　SAR 天线的辐射面板

有关 SAR 天线系统的详细报告详见第 13 章。在本节中，我们只简要地关注 SAR 无源辐射板，其主要的设计驱动力如下：

- 采用双低交叉极化和两个顺序馈电的独立 BFN 的多极化雷达测量装置的线极化操作。
- 半有源架构，方位面内是大型线性子阵，采用均匀加权以减少雷达扫描过程中的不确定性。
- 在折叠的可展开配置中的低剖面以便于存储。
- 直接暴露在空间环境中。
- 足够的带宽来支持线性调频调制。

将要使用的 BFN 拓扑(串行、并行或混合)，其存储条件对于协调符合所有的要求来说是至关重要的。在脉冲工作方式下，只要在每个 Tx/Rx 模块后的面板上的功率电平在 10 ~ 50 W 范围内，功率耐受能力不是一个主要的问题。不过在任何情况下都需要进行二次电子倍增分析。

9.3.1.1　L 波段 SAR

本节简要介绍在欧空局的合同下开发的 L 波段 SAR 辐射天线。此 SAR 的线性天线阵由 6 个单元组成，它们的双线极化是通过平分输入和以 1:3 串行馈电分布来提供的，串行馈电是为了允许它在一个单一的三板结构中实现(包括散热器和 BFN)。串行馈电技术结构紧凑，但它只可以用于窄频带应用。选定的贴片的设计和阵列架构提供了很好的嵌入式配置和非常低的耦合电平。阵列行大小为 176.6 mm × 1096 mm(1 × 6 个单元)，相应的总长度为 4.6λ。行长度和单元间距是下面这些因素的折中，即子阵列损耗、BFN 的复杂性、Tx/Rx 模块的数量、面板的数量、面板的大小、系统的模糊性等。均匀的孔径照射提供 16.2 dBi 的方向性，欧姆损耗约 0.7 dB(见图 9.2)。

对于较低频率的波段，例如 L 波段、UHF 或 VHF，RF 结构也同时作为机械支撑。机械接口(I/F)的实施是通过等静压的装置提供非常好的稳定性，足以应付由太阳直接输入引起的较大的温度漂移。由黑色导电涂料来实现热控制和静电放电接地。阵列一行[包括机械接口和热表面处理(见图 9.3)]的质量大约是 750 g。

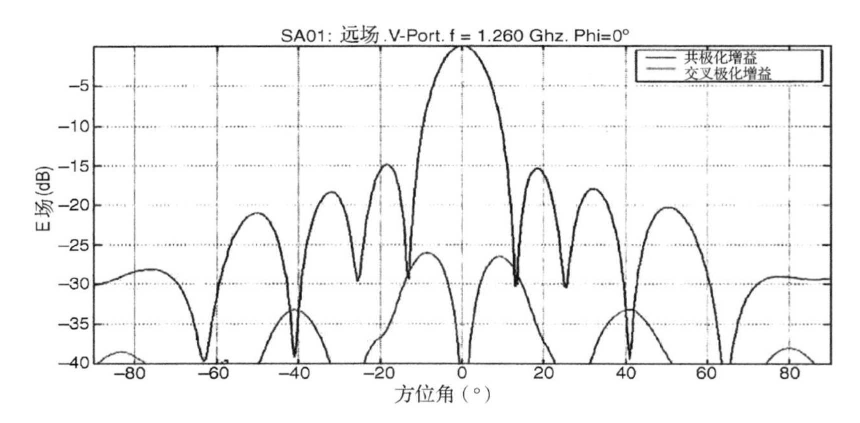

图 9.2　L 波段 SAR 的 6 单元行测试共极化/交叉极化方位方向图

9.3.1.2　C 波段 SAR：高级合成孔径雷达(Envisat)

C 波段 SAR 辐射板的开发是为 Envisat ASAR(高级合成孔径雷达)表(欧空局的项目)而做的。阵列行是天线瓦片的一部分，每块瓦片由 16 个阵列的行单元组成，并且每一行都有 24 个安装在结构面板上的辐射单元(总长度为 19λ)。每个行单元都能提供双线极化。行长度和单元间距是下列因素间的折中：子阵列的损失、BFN 的复杂性、发射/接收模块的数目、面板的数量、面板的大小和系统中的模糊性等。BFN 的拓扑结构占是在输入端口 1∶2，串行端口 1∶6 和平分端口 1∶2，这允许在只有 2 mm 厚的三板结构的单层上安装的配置，并且有必需的带宽，也就是在 5.331 GHz 左右的16 MHz。选定的贴片设计和行结构提供很好的嵌入式配置和非常低的互耦。顺序馈电的 BFN 和辐射单元件的交叉极化提供了较低电平的子阵列交叉极化(视线方向小于 -30 dB)。均匀分布的馈电提供 22.2 dBi 的方向性，相当于 100% 的表面效率，其欧姆损耗约 0.9 dB(见图 9.4)。

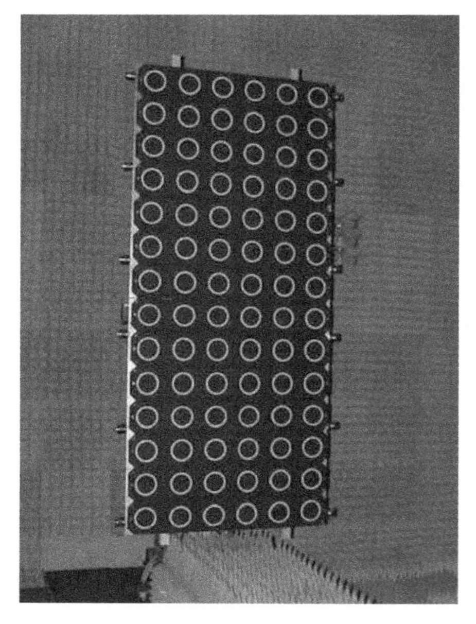

图 9.3　L 测试过程中的 L 波段完整的6 × 12SAR面板部分

在这个频段，制造公差比在 L 波段更关键。出于这个原因，射频结构不能起任何机械上的作用。阵列支撑结构同时提供阵列行、所有 Tx/Rx 组件以及相关电子设备(分支馈电、电源单元等)的支撑功能 Tx/Rx 模块，包括所有和展开结构相关的接口。阵列行(包括机械接口)和热表面处理的质量约为 100 g。面板包括阵列的行、热表面处理和 I/F 结构的质量约 5.4 kg。由结构来支持的瓦片的总质量为 15.4kg(见图 9.5)。虽然不是专为 SAR 应用设计的，L 波段阵列的另一个有趣的例子是那些用在覆盖全球，并作为反射面馈源的日本多功能飞船 MTSAT 上的 L 波段阵列。在这些设计中，互耦被凹陷的单个或层叠的贴片降低。俄罗斯飞船 EXPRESS AM33/44 上安装的可展开阵列也采用了同样的方法。两种设计均出自于阿尔卡特空间技术公司。

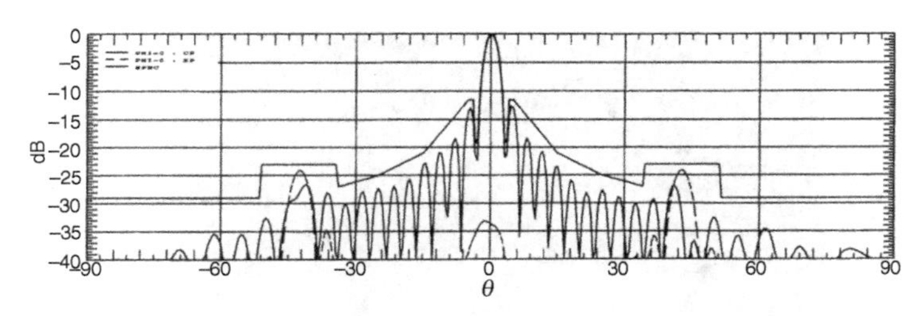

图9.4　Envisat ASAR C波段24单元行测试的消减的共极化和交叉极化方位切割

9.3.1.3　X 波段 SAR

图9.5　在测试过程中的 Envisat ASAR C波段16×24面板

本节将简要介绍 SEOSAR/PAZ 飞船的辐射板。SEOSAR/PAZ 执行的是一个基于 TerraSAR-X 平台的西班牙的 X 波段 SAR 任务。天线工作在9.5～9.8 GHz 范围内，天线由12个每个带有32个子阵的行单元的面板构成，且每个面板安装在一个5000 mm×700 mm 的结构面板上。每个子阵列单元提供双线极化，并有16个微带贴片(21 mm×397 mm，长度为13λ)。选定的行的架构提供了很好的嵌入式配置和非常低的耦合电平。馈电是均匀的，提供约20.3 dBi 指向性与约0.8 dB 的损失(包括一根电缆连接的 Tx/Rx 模块)。一个1∶16分支馈线已经使用，包括实施在三个堆叠的三板结构中，以便在两个正交的线极化(见图9.6 BFN)之间容纳 BFN。除了贴片的辐射器良好的线性性能之外，还在设计中实现了相邻贴片之间的串速馈电，以获得低的交叉极化(视线方向 <30 dB)。

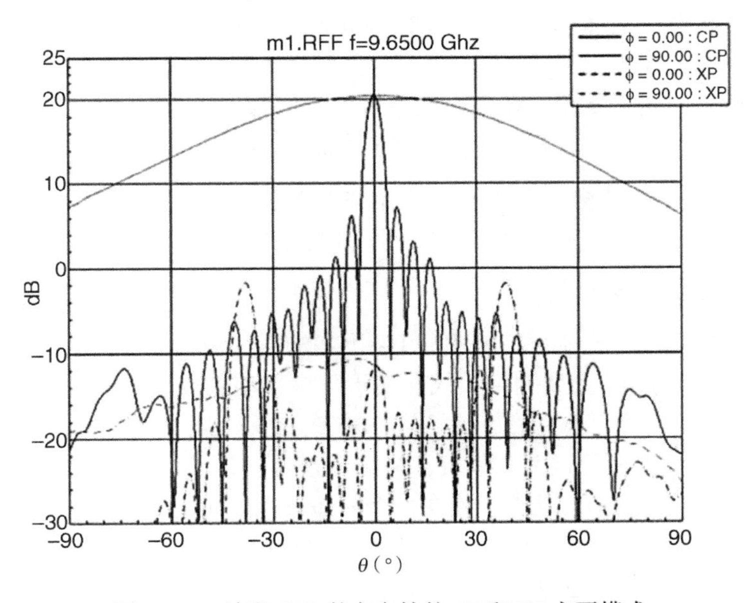

图9.6　X 波段 SAR 的方向性的 CP 和 XP 主要模式

该结构提供给阵列行、所有的 Tx/Rx 模块和相关的电子设备的支撑(分支馈电、电源单元等)。热控制通过一个单层绝缘(SLI)的遮阳罩来执行。子阵的质量为105 g(见图9.7)。

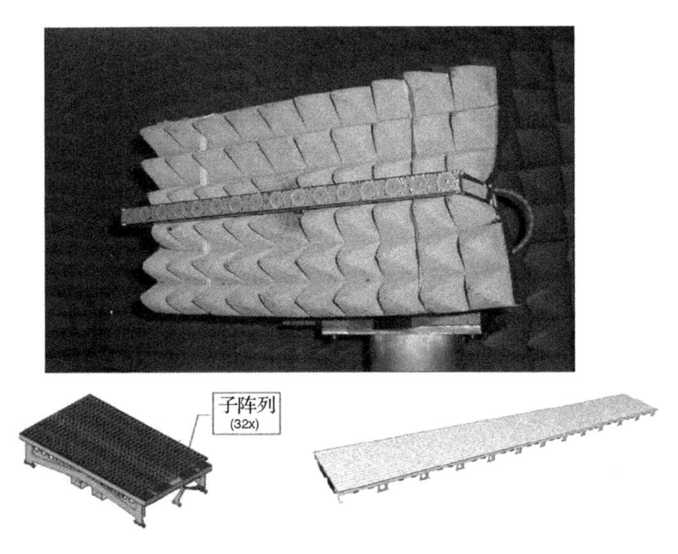

图 9.7 在测试过程中的砖和展开的天线的 X 波段 SAR 辐射行

9.3.2 导航天线

导航系统的天线阵列是另一种贴片阵列空间方面的典型应用[5,6]。在这种情况下，低剖面的印刷技术的特点相对于其他解决方案(如基于螺旋天线或反射面天线的方案)来说是一个重要的优势，该天线允许在宇宙飞船上的紧凑安装和多次发射。对于这种类型的应用设计的驱动力是：

- 圆极化工作模式。
- 从地球同步轨道或地球静止轨道(即 22 000 km 和 36 000 km)的全球覆盖，在某些情况下还需要等通量校正。
- 低剖面和较小的质量便于安装在小型平台上或作为次要有效载荷。
- 在某些情况下，可能需要进行双波段或多个波段操作。

一个并联的 BFN 拓扑结构通常和阵列单元的顺序转动一起应用来改善交叉极化的性能。本书将在下面的章节中解释的耐功率、二次电子倍增和 PIM 是这类应用的主要设计驱动力。

9.3.2.1 INMARSAT-4 导航天线

本小节所介绍的天线阵列用于 INMARSAT-4 卫星的三个单元，其中包括作为二次有效载荷的导航天线、主要任务的环形桁架网络天线和用于卫星移动服务的一个大的多馈源可展开的天线(每波束一个馈源)。阵列工作在右旋圆极化(RHCP)的两个频率为 1.2 GHz 和 1.6 GHz，并且具有40 MHz 的带宽。为了覆盖这两个频带，对每个频带设计了两个独立的缩比阵列。每个阵列由 12 个约等于 $0.75d/\lambda$的单元构成，处在一个六边形点阵中，做在一个单件和一个三层板内来最小化损失，且为了考虑机械完整性，安装在一个结构面板上。所选择的辐射元件是一个圆形的环形槽，通过一个悬挂的基片带状线所产生的电磁耦合来激发，并且通过 45°的缺口来产生圆极化。虽然每个阵元提供良好的 RHCP，还用了独立的单元的循序旋转，所以在阵列级别显著改善了交叉极化的性能(< −30 dB 在覆盖范围内)，如图 9.8 所示。在这两个频段内，实现了一个 9.1°的锥形区域 18.8 dBi 的增益峰值和 16.2 dBi 的 EOC(覆盖边缘)，损耗约为 0.4 dB。

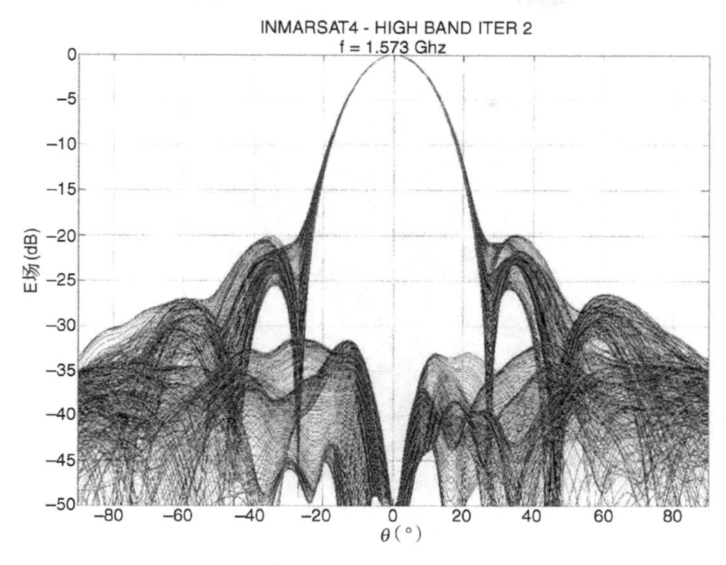

图 9.8　INMARSAT-4 导航天线阵列的方向图在 1.573 GHz 的方位角的圆极化和交叉极化切割

低频段天线阵列(包括支撑结构、机械接口和导热表面处理)的质量约为 3600 g，而高频段天线的总质量为 2270 g(见图 9.9)。热控制通过表面为银聚四氟乙烯导体来实现，它能提供排斥太阳能热通量的优异的光学性能。

图 9.9　在测试过程中的 INMARSAT-4 导航天线

9.3.2.2　伽利略导航天线

伽利略系统是欧盟和欧空局正在研制的导航系统。这一举措提出来为欧洲提供了一个在原有基础之上的自主的全球定位系统，但在协助船舶和飞机导航的民用领域也有另一个已认证的系统。该项目由三个阶段构成：伽利略系统试验台第 2 版(GSTB V2)演示系统，关键部件于 2008 年发射；伽利略在轨验证(IOV 伽利略)，由 4 个航天器构成并于 2012 年发射；最终的操作阶段是部署完整的 28 颗卫星星座。针对伽利略的前两个阶段，在欧空局的框架下设计了两个天线：

- TAS-I 为 GIOVE-A 卫星研制的 NAVANT FM 天线。
- 由 EADS-CASA 为 GST B-V2 和 IOV 阶段研制的 NAVANT。在下文中，简要描述 NAVANT 天线类型。这个题目的更多细节可以在本章 3.6 节和第 14 章找到。

阵列设计　NAVANT(导航天线)的目的是编码的导航信号的发送。阵列是由在呈准六边形内的 42 个(GSTB V2)或 45 个(IOV)阵列单元构成的，并且装在一个结构面板上。某些元件以假天线形式来达到所有单元有类似嵌入式的性能。从图 9.10 可以看出，模块化设计形成如下：(i)相互独立的 6 个扇区，双频(1.227 GHz 和 1.575 GHz)自双工堆叠的贴片和两个重叠 BFN；(ii)机械结构；(iii)一个中央功率分频器，可对在两个工作频带中的堆叠结构中的每个扇区馈电。各扇区和中央的功率分配器之间由一套匹配的 6 +6 同轴电缆连接。

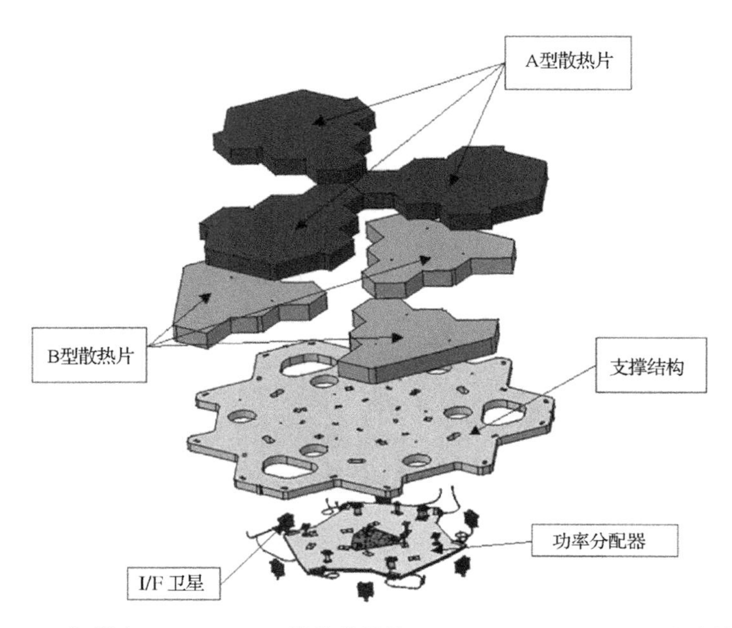

图 9.10 伽利略 IOV NAVANT 模块化结构(经 EADS CASA Espacio 允许转载)

关键的设计驱动力是:

- 双波段操作;
- 等通量校正的方向图;
- 工业化大规模生产;
- 低剖面、轻量化和刚性;
- 相位中心和在覆盖范围内的相位平坦度;
- 在覆盖区域的群延迟的规范;
- PIM、二次电子倍增和耐功率。

当考虑到相位图和群延迟时，为了同时在两个频段覆盖区(12.67°锥)获得最佳的等通量校正的增益，馈送激励和阵列晶格都进行了优化。为获得所需的等通量方向图，天线的中央部分相对于外部被反相激发。为了优化轴比性能，使用了一个带有实系数和在阵列的扇区之间顺序轮换的馈源激励。这两种扇区被称为 A 和 B 扇区(见图 9.11)，其中，中央功分器和支撑结构在天线之间可以互换。

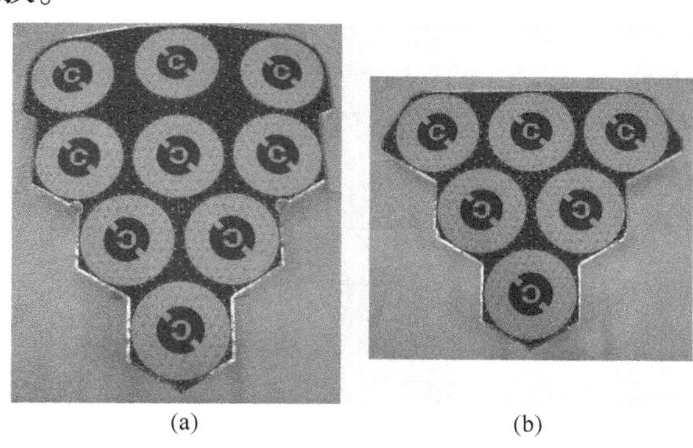

(a) (b)

图 9.11 伽利略 IOV NAVANT 扇区。(a)A 型扇区；(b)B 型扇区

这种模块化的设计对于天线制造提供了极大的的优点，工业化提供了大批量和制造产出。热量的控制是用一个遮阳罩 SLI 覆盖天线。天线的总厚度少于 150 mm，并且阵列的总质量(包括结构机械接口和热的表面处理)大约为 15 kg(见图 9.12)。

图 9.12　测试活动期间的伽利略 IOV EM 天线

群时延　根据定义，群延迟的计算公式为：

$$\mathrm{GD}(f) = -\frac{\partial \Phi}{\partial \omega} = -\frac{1}{2\pi}\frac{\partial \Phi}{\partial f} \tag{9.2}$$

每个信道的群延迟被定义为 GD(f)的平均。群延迟(GD)是高色散设备或频率选择器件(如滤波器)的典型要求。在某些天线的情况下，当天线的相位图不是完全平坦时，它是一个天线的覆盖方向的函数。在大多数天线应用中，只要群延迟在覆盖范围内的变化低于一定的水平，覆盖范围内 GD 的变化就不是一个主要问题。相反，在导航系统中，这却是一个关键的要求，因此 GD 在所有方向上的变化必须达到最小化。在覆盖范围内主要影响 GD 变化的是：

- 辐射单元的 GD；
- 阵列的几何形状和顺序旋转；
- 照射的规律；
- BFN 误差。

不同的参数必须进行优化，以尽量减少 GD 的变化，通常这需要结合足够的阵列结构和优化的激励法则。对称几何阵列是减少相位色散最合适的方法，它能导致减少 GD 的变化。另外，除了优化的振幅和相位外，对称性还可以使每个频率信道的相位方向图变得平坦。另一个值得考虑的关键因素是选择较低 GD 的辐射器。在任何情况下，即使辐射器的 GD 性能不满足要求，在阵列层级上的 GD 也可以通过单元的顺序旋转来减少，这在交叉极化上仍然可以提供良好的性能。必须有相当准确的阵列和辐射器的模型，这是为了适当优化上述的参数(见图 9.13)。然而，在不影响增益性能的情况下要优化相位响应是很困难的。结果是，在这两个参数之间需要折中。

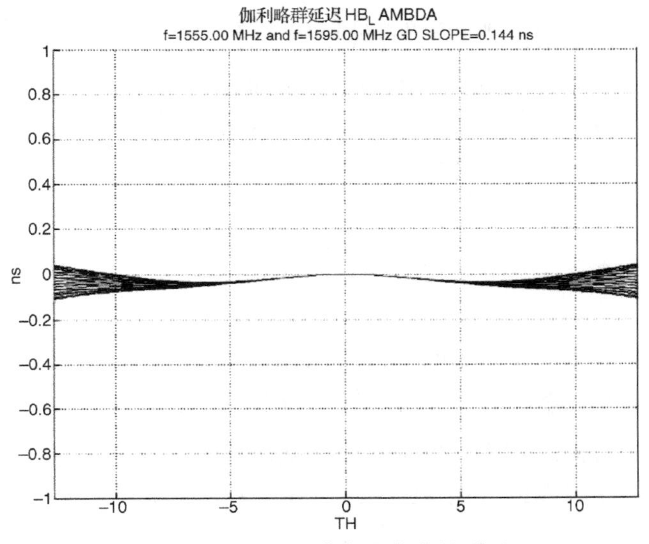

图 9.13　NAVANT 高频段优化的群延迟

测试GD也是一个非常特别的问题。这需要在测试设备设置好后仔细校准，通常使用一个已知的天线来校准。远场(FF)测试方法是最直接和简单的，但此法需要较长的距离，并且仅能在测试的方向上提供信息。另外，近场(NF)的测试需要转换到远场，在完整的测试窗口上给出信息，并允许一些目前在FF方法测试场内的误差(如墙面反射率)的滤除。

方向图形成 发射任务的主要要求之一是需要等通量校正的方向图来减少不同的接收信号之间的误差。为了将相同的功率发射到覆盖范围内的任何点，NAVANT的方向图必须被限制成能够放在“等通量”窗口内(见图9.14)。这个窗口决定了天线在视轴和EOC(伽利略系统为12.71°)应遵循的增益电平的最小值和最大值，但在低频带和高频带的最小值和最大值会有所不同。

PIM要求和设计方案 由于在有效载荷中的不同天线的靠近，NAVANT发射频率之间的PIMP可能会干扰其他天线的接收频带。PIM阶数越低，效果越差。在伽利略系统中，有5个有关的PIM的阶数在任务中会干扰其他天线：SAR天线接收(第2阶和第5阶)，C波段的任务(第4阶和第5阶)和遥测，跟踪和指令(TT&C)RX(第4阶)。必须为每个可能的PIMP情况建立一组输入功率和允许的接收功率的要求。在伽利略系统的情况下，NAVANT产生的PIM电平不应该高于表9.1中给出的值。

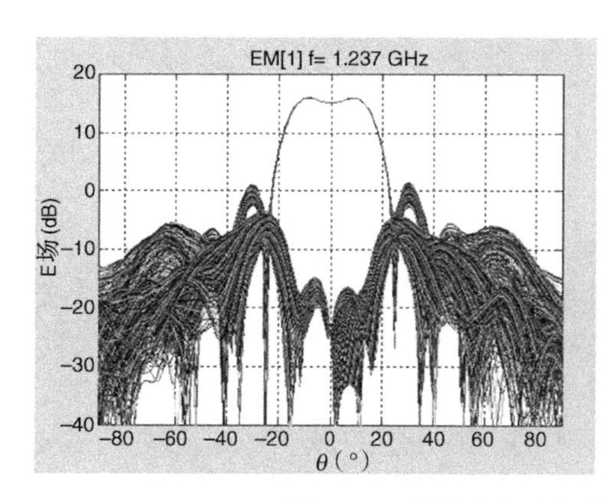

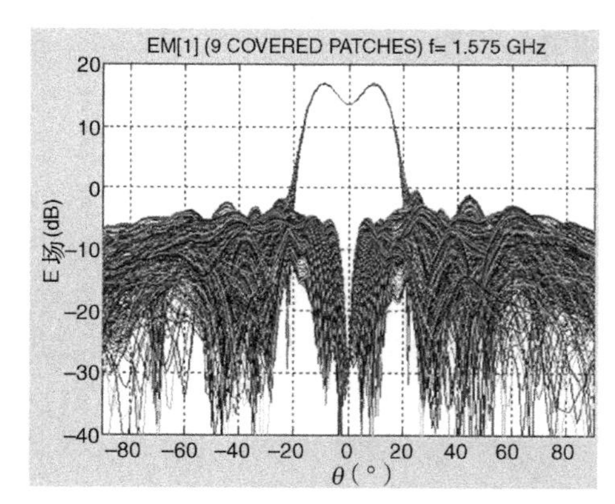

图9.14 低频带和高频带IOV任务的等通量方向图

表9.1 NAVANT对PIM的要求

RX频带	阶数	输入功率E5(W)	输入功率E6(W)	输入功率L1(W)	PIM(dBm)
SAR	2	49.3	—	72.6	-145
	5	49.3	—	72.6	-145
TT & C	4	49.3	—	72.6	-122
C波段	4	49.3	53.5	—	-133
	5	—	53.5	72.6	-127

在9.5.2节中可以看到一个典型的PIM测试的设置资料，其中一个关键的设置参数就是为了达到所需的噪声基底，极低的PIM要求使它相当具有挑战性。

二次电子倍增和设计解决方案 伽利略天线是在处于高频带的单载波调制信号和处于低频带的双载波调制信号下操作的。在RF路径中有以下几个区域被确定为二次电子倍增的关键区域：

- TNC 连接器区域；
- SMA 连接器区域；
- 带状传输线区域。

第一步是计算信号峰值功率的裕量，峰值是相对于单载波二次电子倍增阈值的，并且从时间上计算出信道调制信号到每个通道的信号峰值功率。单载波二次电子倍增的阈值通过 ESA 倍增计算器（详见 1.50 节）来计算，所得到的结果如下：

- **高频段（单载波）**：在这个频段，二次电子倍增的裕量高于 10 dB，这是单载波和 2 型器件（包括电介质或其他已知的拥有二次电子倍增属性的材料）的性能可在数学上证实而不需要测试活动所需的裕量[1]。
- **低频带（多载波）**：在低频带，在多载波的操作下，同相这个最坏的情形就是对它要计算频带的峰值功率。结果表明，在所有的关键领域中，峰值功率都是低于单载波二次电子倍增阈值的，但裕量比那些在高频带获得的裕量更低。由于同相这一最坏情况下的准则可以是很保守的，裕量计算是对 P20［在 20 倍交叉时刻（τ_{20}）内保持最大功率］进行的[1]，像期望的那样裕量提高了。由于多载波 2 型器件[1]缺少参考裕量，所以最终在设计优化后该优化设计通过消除关键的间隙防止了产生二次电子倍增，决定在低频段 3 个关键区域进行测试。

单载波二次电子倍增的测试在 ESA 二次电子倍增测试设备 TEC-ETMESTEC（详见第 6 章）上进行。采用一个锶-90 β-放射源来模拟自由空间中的电子。这些测试中一直使用 3 种二次电子倍增检测方法：（i）正向/反向功率的归零（全局法）；（ii）电子探针检测器（本地法）；（iii）第三次谐波（全局方法）。测试取得了非常成功的结果，该结果显示出没有二次电子倍增的性能超过了所需要的电平，直到 2 kW。

9.3.3　深空用的无源天线

9.3.3.1　罗塞塔 MGA

罗塞塔（Rosetta）任务是欧空局深空探测推出的为了探索在太阳系边缘的 Churyumov-Gerasimenko 彗星的一项任务。安装在罗塞塔上的阵列工作在 S 波段（接收 2115 MHz，发射 2297 MHz），并且由在六边形网格中的 6 个阵列单元组成，网格大多用铝构造安装在［7，8］的铝结构面板上。这个阵列直径为 300 mm，是一个用于 TT&C 和数据下传链路用的中等增益天线。馈电是均匀的，为接收提供 14.1 dBi 的峰值增益，为发射提供 14.7 dBi 的峰值增益，且损耗约 0.4 dB。

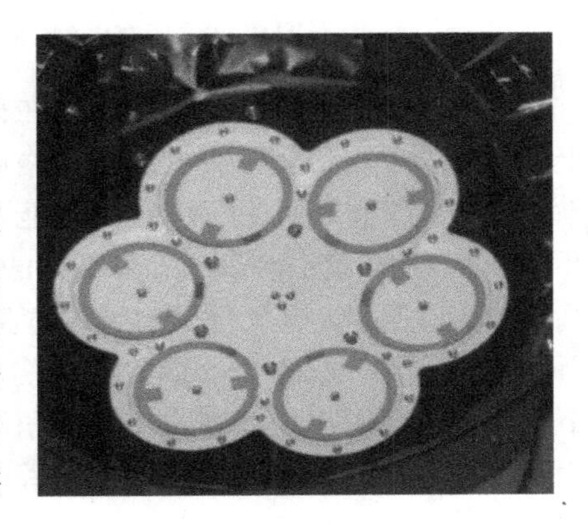

图 9.15　测试中的罗塞塔 MGA 天线

在图 9.15 和图 9.16 中可以观察到，该阵列的单元依次旋转以改善右旋圆极化纯度（在覆盖面内交叉极化 <21 dB，15°半锥角）。

热控制是用白色油漆漆在金属结构上实现的。天线的总厚度小于 50 mm，阵列的质量包括结构、机械 I/F 和热表面处理，大约是 700 g。

9.3.3.2 机电阵列：火星科学实验室 HGA

天线在空间应用中最具挑战性的功能之一是在极限温度和振动条件下进行工作的能力。在深空应用的天线情形下，工作的条件是特别严苛的。这就是火星科学实验室的高增益放大器(MSL-HGA)在火星环境中工作的情况，火星上的环境温度在 -143℃和 +125℃(非运行)之间及 -135℃和 +105℃(运行)之间变化。卫星工作的另一个典型的不同之处是振动条件。除了在发射过程中产生的振动，这个任务还包括在下降、着陆和火星表面上火星车的移动而产生的振动。最后，为了避免火星环境遭到污染，这种类型的任务必须考虑一个重要而特殊的防范措施，即整装前和发射前的物体消毒。

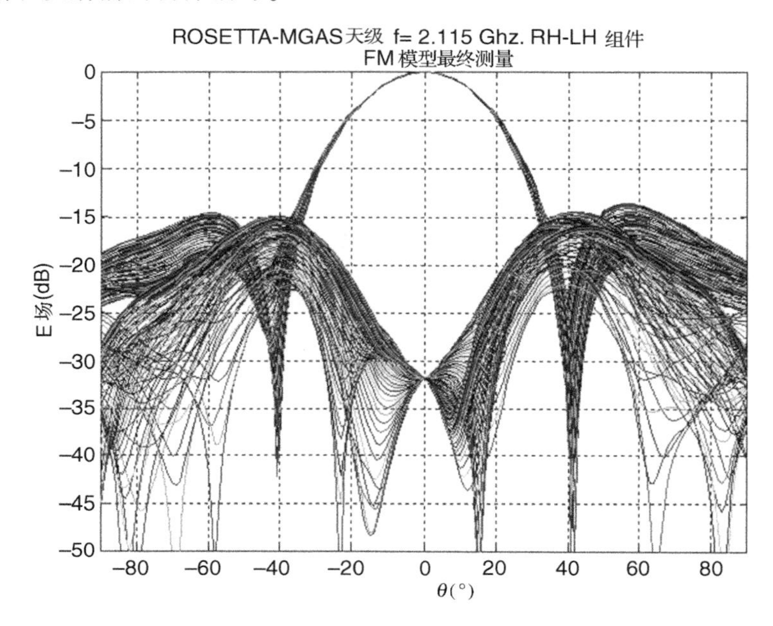

图 9.16 罗塞塔 MGA 归一化的方向性方位其极化和交叉极化切割

这种类型的任务中，天线安装在火星车甲板上，对天线质量和外壳有着非常严格的要求。通常情况下，印刷天线除了满足电性能要求外能满足这两个要求。就拿我们正在研究的例子来说，高增益天线系统(HGAS)是由天线本身(HGA)和万向节(HGAG)这两个子组件组成的，其中万向节组件允许装置以机械方式在方位角和俯仰角上用致动器和旋转接头改变指向。组件的总质量小于 1.2 kg(见图 9.17)。

图 9.17 功能测试期间的火星 rover HGA 系统

该天线是一个工作在 X 波段的多层印刷天线。其目的是为在两个分隔的工作频段内为火星车和地球之间提供发送和接收的直接通信。天线安装在一个夹层结构上，它把强固性传给整个设置。封盖的作用是隔绝灰尘和污染，并提供了一个热清洁外壳。HGA 由一个在三角形的网络中的阵列组成，该网络是由没有中央单元(见图 9.18)的 48 个照片印刷的贴片构成的。单元之间的顺序旋转增强了轴比性能而对增益没有影响。辐射器阵列是通过三层的 SSSL 中实施的 BFN 分支馈电结构馈电的。

HGAG 提供天线方位角和俯仰角的机械指向来允许全覆盖和与地球直接通信，无论火星车在火星表面的什么地方。万向系统还允许天线和火星车之间的 RF 信号进行路由。

为了测试在各种环境条件下的天线的工作能力，进行了一个全面的鉴定测试。除了功能测试以外，还在实际工作温度（包括安全边际）下对振动载荷和功率处理能力进行了测试（包括二次电子倍增和电晕测试）。在这个特殊任务的情况下，要求干热微生物消灭（DHMR）以消除任何可能方式的污染。事实上，DHMR 是一种为了在发射太空飞行硬件之前减少微生物负担的方法，这是为了满足飞行项目保护行星的要求。

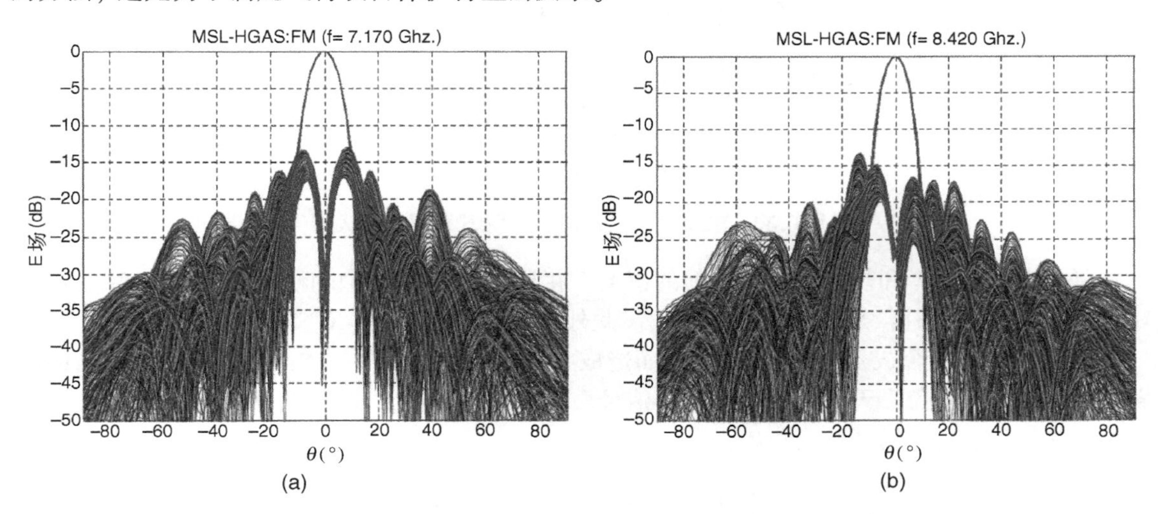

图9.18　火星探测器 FM HGA 模型，接收(a)和发射(b)测试方向图

9.4　有源阵列

9.4.1　有源天线的关键有源元器件：放大器

信号放大是有源阵列的一种基本功能。影响放大器的主要规格参数是 EIRP、G/T、线性度［噪声功率比（NPR）或 C/I］以及有效载荷所处理的功率电平。下文列举了两个不同的放大方案，即有源和半有源天线阵列。

9.4.1.1　有源阵列放大方案

在最常见的方案里，每个阵列单元都连接到一个放大级上。使用分布式放大器有助于优化阵列的可靠性，因为一个单点故障只会导致天线性能的缓慢下降。有源阵列的主要复杂性与有源器件的高密度有关，这种高密度的有源器件给电源和热控带来了严峻的挑战。

接收阵列：LNA　低噪声放大器（LNA）应放在尽可能接近辐射单元的地方，以便优化 G/T，并尽量减小前置放大器的损失。低噪声放大器通常使用组装在混合模块上的 GaA MMIC（单片微波集成电路）器件来实现。目前，全球广为接受的在空间应用的高电子迁移率晶体管（HEMT）技术是 pHEMT（见图9.19），这是因为它的成熟性和经过验证的可靠性。用较短的栅极长度来优化噪声系数（NF）（长度从 0.150 μm 到最多 0.050 μm）。MHEMT 拥有更低的功耗和更好的 NF，被认为是一项非常有前景的技术。即使它们提供了有一定改善的 NF，但是由于成本、安装尺寸、复杂性和可靠性等因素，分立元件在大多数情况下是不切实际的。

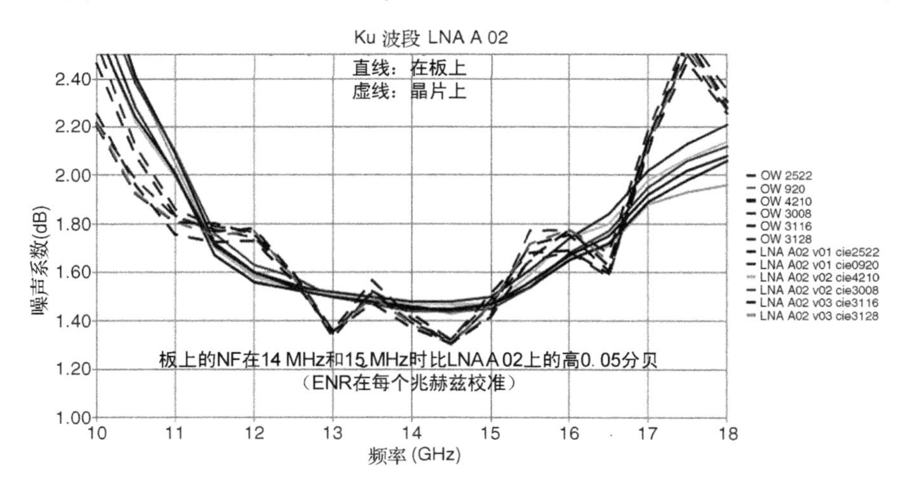

图 9.19 在用 0.13 pHEMT 工艺制作的 Ku 频段低噪声放大器噪声系数

耗散功率、效率和热控制与在发射的情况下相比都是不太严重的问题。但是，热稳定性要求严格的热均衡和补偿来达到精细的控制。此外，LNA 温度越低，NF 越好。

为了避免由于合成器/功分器的损耗而造成 NF 的增加，需要在 LNA 之后加一个适当的增益放大方案，以避免沿天线的接收链路中信号质量的退化。通常情况下，输出功率被转发器输入所严格限制，所以需要认真权衡。

发射天线 对于发射天线，分布式放大的有源方案显着降低了每个单元的功率，有助于减少放大器的功率要求和相关热点的温度。然而，它却增加了在天线中的单元数量和信号分配的复杂性。在这种类型的配置中，最重要的参数是对放大器要求的输出功率和功率效率（PAE），这直接决定了总的天线功耗和散热，这两者在空间应用中是非常重要的。在最普遍的情况下，通信空间天线工作在连续波（CW）的多载波和多通道调制方式中。功率放大器的非线性工作应仔细分析，并且应考虑到不同方面对选择的工作点进行优化。特别是带内（in-band）的 NPR 任务要求应结合 PAE 来考虑，如果 IM 降低效率和频带外的排斥反应，此效应可能会增加输出滤波器的复杂性。

功率放大器的实现可以基于分立的晶体管或单片集成电路技术。通常情况下，若需要相对较低的功率放大时，MMIC 器件是最好的方法，原因是它们很容易在砷化镓 pHEMT[和 HBT（异质结双极晶体管）]芯片模块中集成，其次是在空间应用中这种技术最为成熟。氮化镓也被认为是在空间飞行任务的一个中期解决方案，特别是在结合铸造过程的可靠性和稳定时评价性能的时候。有些技术需要类似的低功率放大器的 PAE 和 NPR，这项技术的主要优点是更高的工作结温和缓解热控制的偏置电压。

本章作者估计在 Ku 波段天线配置从每单元 1.5 ~ 0.250 W，共有 300 个或 500 个单元，在 Ka 波段多波束阵列从 1 W 到 0.1W 有 500 ~ 1500 个单元，其天线就功耗、耗散功率和质量来说已经得到合理而有竞争性的发展[2]。

9.4.1.2 发射半有源阵列的放大方案

半有源阵列理解为一个在其中的几个单元共享同一个分配网络的信号的阵列。信号被分配到几个中等或高功率的放大器中，这些放大器然后为一个辐射单元的子集提供足够的功率。在这种类型的配置中，放大器级与辐射单元相隔较远，于是它的可用放置空间更大。因此，直流/直流转换更加简单，但是热点比有源阵列中得到的温度更高。在一般情况下，可靠性在半源解决方案中是一个关键参数，原因是放大器的数量减少了且每个放大器驱动几个辐射单元。

有一种替代方法，不过它的设计和实施都具有挑战性，这是建立在用巴特勒矩阵或 3 dB 电桥形成几个放大器的合并的基础上的方案，此法可以显著提高阵列的可靠性。这样的网络在其输入处合成几个放大器的功率，并将合成的功率再分配到不同的输出。在某些应用中，这种方案也允许仅通过相位控制把所有输入放大器的功率用来驱动一个输出(辐射单元)子集，当在某些时段部分天线孔径不馈电时，优化辐射功率与装载功率和每个放大器额定功率的比值是很有用的解决方案。网络的实现和在放大器之前引入的损失是必须要小心处理的问题。

一个深空半有源阵列已经被作为 ESA GAIA 研发工程的一部分了。天线将从放置在第二拉格朗日点的飞船上的望远镜得到的数据下载到地球来映射银河系。由于仪器需要极高的稳定性，需要仅通过相位来控制的电子转向系统。阵列是由 28 个子阵组成，它们放在 14 个锥台的小面上，14 个小面与 28 个放大器以半有源结构方式连接。这个概念最初是在 1990 年由 Alcatel Space 公司提出的，它利用了锥台的几何性质，允许在大视野内扫描一个高增益波束。GAIA 天线的放大级由几个 GaAs 放大器串联最终的高功率级组成，高功率级集成在一个 10 W 的单件设备上。该信号的路由通过电缆分配网络至辐射单元完成。用 90°3 dB 电桥的相位控制可把 28 个放大器的功率只送到 14 个子阵上，因为要求地球跟随飞船的自旋。表 9.2 归纳了放大器的主要要求。特别有关系的是这个特殊的半有源方案的高稳定性和重复性要求。

表 9.2　X 波段半有源发射天线对 GAIA 数据下行放大器的主要要求

要求	数值
频带	8.46 ~ 8.47 GHz
输入功率电平	21.7 ± 1 dBm
输入功率随温度变化	0 ~ ±0.5 dB
输入功率随生命周期变化	0 ~ ±0.1 dB
输出功率电平	39.24 dBm
输出电平随频率的变化	0.35 dB 峰 - 峰
输出功率电平的稳定性	-0.355 ~ 0.415 dB
输出电平跟踪	-0.26 ~ 0.32 dB
相位控制	<3°(均方根误差)
相位随频率的变化	0.7°峰 - 峰
相位稳定性随温度变化	<1°/℃
相位稳定性随生命周期变化	±3.1°
相位跟踪	-9.6° ~ 10.1°(温度 >0℃)
增益压缩	<3 dB
回波损耗	21 dB
谐波输出	-60 dBc
DC 功率消耗	<33.2 W
DC 损耗	<23.9 W
群延迟变化	<2 ns
质量	<1.7 kg

9.4.2 有源混合电路

有源混合模块结构紧凑、质量轻，具有高度集成的电气功能。该电气功能包括分配功率以及阵列天线上所有单元都需要 BFN 控制，这种电路主要使用在直接辐射阵(DRA)上。DRA 的有源混合电路通常设计为多芯片模块(MCM)并封装在多层陶瓷包装中。DRA 有源混合电路的一些典型功能器件如下：

- 放大级(n 级)；
- 数字移相器；
- 数字衰减器；
- 滤波；
- 功率分配器/合成器(多波束天线用)；
- DC 和控制功能。

为了达到进一步的集成和更好地利用有源合成的可用空间，基于 MMIC 的解决方案通常优选为有源器件，如放大级、移相器和可变衰减器。对于高频应用(如 X 波段、Ku 波段、Ka 波段)最常用的 MMIC 是由砷化镓制成的。大多数情况下对于移相器和可变衰减器来说使用数字控制更好，因为它可以简化控制电路。

随着器件数量的增加，为了正确地设定和控制射频有源器件，需要额外增加数字元件以简化上一级电路中的接口和功能。有很多基于简单设备的不同的解决方案。例如，移位寄存器或大一些的基于 ASIC 的器件可考虑根据其应用来实现更高的集成度。

在脉冲应用中，如用于雷达，通过使用隔离器混合模块，具有 Rx 和 Tx 两个功能。在通信应用中，在上行链路和下行链路信号之间的总应答器所产生的巨大的增益回路，使得这个隔离非常关键，而滤波的需求与通常在单一模块使用的 Tx/Rx 链是不兼容的。

空间应用的混合陶瓷封装是由高温共烧陶瓷(HTCC)或由低温共烧陶瓷(LTCC)制成的。LTCC 有源合成允许使用嵌入式器件甚至是 RF 追踪，但控制和表征工艺过程中允许在微波频率下做到这一点需要一个很长的开发周期。

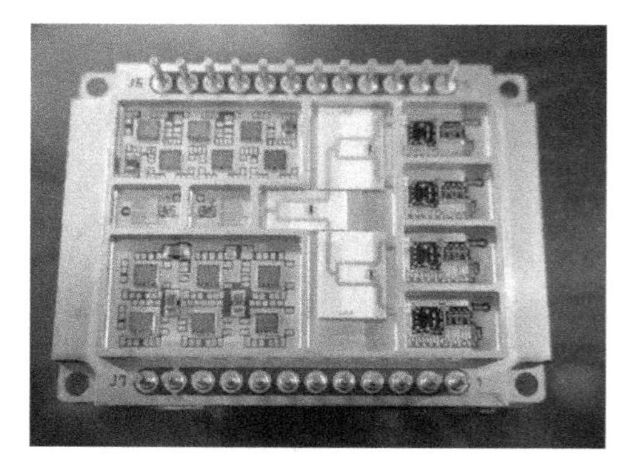

图 9.20 多波束(四波束)通信应用的基于 HTCC的X波段接收多芯片模块

为降低风险和加快开发进度，建立在为射频目的有限使用埋层的基础上可以采用混合解决方案。例如，图 9.20 所示的使用是有限的射频连接器提供的接口同轴偏差。RF 电路所需的其余部分被植入在氧化铝薄膜上并钎焊到混合封装表面上。

对发射模块来说散热是个大问题。在这种情况下需要在 MCM 中实施特殊的技术。在一般情况下，如果与热管一起使用，可采用散热片或热区的热偏移，这将在下一小节讲述。

9.4.3 热耗散设计方案

散热和热控制在空间天线里是一个重大问题，即使通常情况下阵列天线没有反射面对热弹性扭曲那么敏感，有源天线阵列中的电子电路和器件的存在也是一个非常关键的因素，尤其是对于发射模块。为了减少主要由太阳光来的外部热通量造成的影响，通常使用隔热毯[多层绝缘体(MLIS)]覆盖在天线上(见图9.21)。此外，在天线孔径的区域中使用低导电遮阳板[例如，单层绝缘体(SLI)]。SLI层几乎是RF透明的，并允许适当的空间自由电子接地，这样就避免了表面上的静电荷。

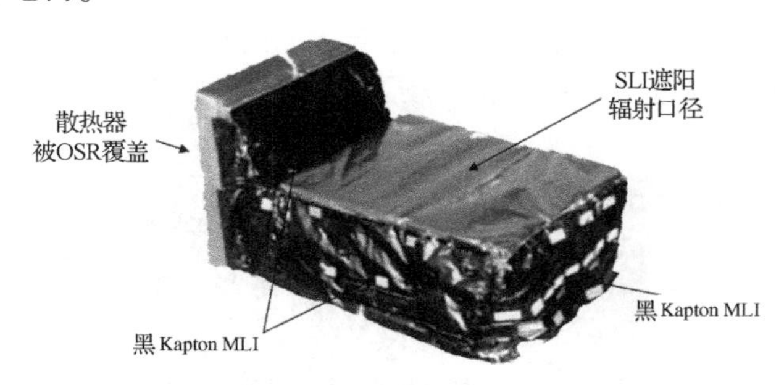

图9.21　有源天线(OSR光学太阳反射镜)的外部热控制

对于地面电子设备来说散热的主要手段是对流和传导。由于在太空中真空条件下并不发生对流，所以需要使用辐射和传导机构。为了从耗能元件提取更多的热量，就需要保证良好的导热性，这可如第4章和第5章中所描述那样通过适当的设计和精心的材料选择来保证。用于制造混合封装的和电子盒的外壳使用的是高导热率材料。在设备的机械交界处放置填料以避免空隙和缺乏导热性。这还有助于避免使用污染或出气的材料。在特殊情况下，采用专门的器件将热散的器件或区域连接到冷却器或设备是必需的。正如在第5章中讨论的那样，在这种情况下，对于需要采集和传输热能的高耗能元件，热管(HPS)、环路热管(LHPS)或液体回路是不错的方案。

这些设备的热传输能力从几瓦到几百瓦。通常情况下，冷却器是一个由小而高效的光学太阳反射(OSRS)镜覆盖的热辐射板面，反射镜面面对深空将物理热反射到太空。而在某些情况下，高压钠灯用于均衡不同单元内的温度而不是提取热量。

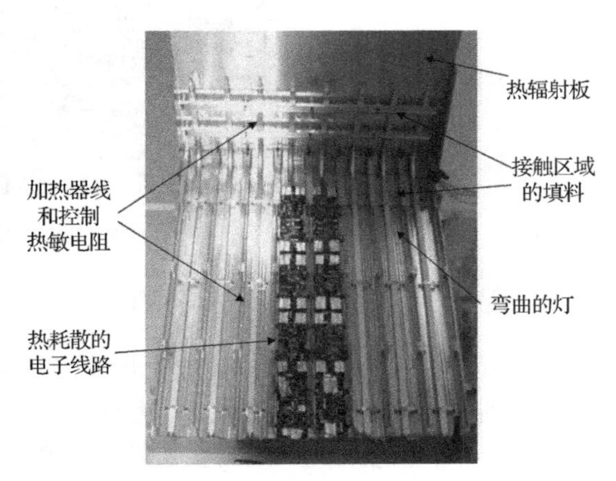

图9.22　有源天线内部热控制

一般使用加热器(见图9.22)进行有源控制，而且它和电子线路及钠灯并行工作，这允许在非工作的冷期(通常为转移轨道)进行有源控制和加热。热敏电阻用于检测并激活加热器。准确的热模型用来分析不同的操作及非工作模式。有些特殊的任务不可能借助任何运动或微振动来移动热流。通常这包括复杂的光学系统，如望远镜的卫星的情况。在这些情况下，热控制完全依赖于导热性和辐射装置，因此导致设计主要采用金属结构。

在某些情况下，在RF电子线路中，不同的温度条件会产生一些不可接受的射频参数漂移，例如增益、相位和噪声系数。在这些情况下通过基于射频参数或校准表上的复杂的反馈电路可实现修正，其中校准和RF参数是飞行温度的函数。

9.4.4 有源阵列控制

有源天线阵列也有一些辅助电子线路(见图 9.23)。例如，为有源元件或数字式移相器和衰减器提供电源的线路，这些器件允许在阵列孔径[9~11]内修改振幅和相位分布。这些功能需要一个数字单元作为适当的控制，以及用于为来自地面的指挥与为航天器的板载处理器通信。在一般情况下，这样的架构包含一些装在现场可编程门阵列(FPGA)中的软件和查表用的存储器。

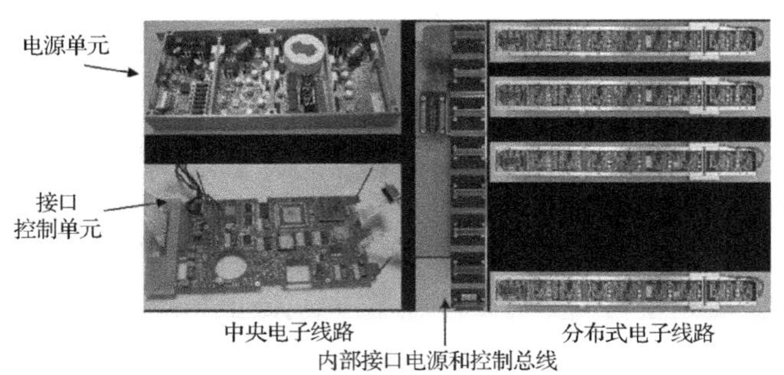

图 9.23　有源阵列电子线路

本单元的复杂性是单元数量、所要求的控制线和电力消耗的函数。然而，它通常需要大量的设计、调试和预算，包括电磁兼容测试(见图 9.24)，使其与有效载荷和平台电子设备兼容。

图 9.24　电磁兼容测试期间的有源天线

9.4.5 通信和数据传输用的有源阵列

本小节介绍主要涉及通信和数据传输应用的有源和半有源阵列的一些例子。以下 4 个测试例子分别为：(i)提供 4 个独立可控的波束和抗干扰能力的 X 波段的在轨可重构天线(IRMA)接收阵列；(ii)提供只使用相位控制的单一转向波束的半有源相控阵天线(PAA)的一般情况；(iii)Ku 波段的提供 4 个方向可控波束的电子方向可控天线(ELSA)；(iv)为宽波带应用和频率复用的 Ka 波段发射多波束有源透镜方案的一个例子。

9.4.5.1 X 波段接收：IRMA，SPAINSAT

在 2006 年 3 月发射了 SPAINSAT 卫星，目的是为了完成西班牙国防部的高级政府通信方案。SPAINSAT 卫星轨道是 30°西，并且由阿尔甘达·雷伊(马德里)和洛马斯(加那利群岛)卫星控制中心进行操作。

任务要求　SPAINSAT 上有在 X 波段接收的 IRMA 天线来满足卫星所支持的灵活通信场景。主要的驱动性要求是：

1. **多波束接收操作**：该天线提供 4 个独立的波束，能够在带宽为 250 MHz 的 X 波段内完成指定的接收工作。
2. **转向系统容量和覆盖范围**：4 个波束中的任意一个可以从 GEO 向地球上的可见范围内的任意方向瞄准，这意味着离视轴 9.8°的范围。此外，这 4 个波束中的任意一个可以被成形，使覆盖范围一直增加到整个地球(全球覆盖)。波束被分成一个指向伊比利亚半岛上的固定的波束，其波束宽度为 4.5°，两个移动波束的波束宽度为 4°，以及一个专为赋形的全球覆盖(19.6°覆盖宽度)而设计的波束。
3. **干扰抑制**：天线通过在干扰信号的方向上的置零来在开环中对干扰信号进行跟踪和减轻干扰。
4. ***G/T***：对点波束应好于 -2.5 dB/K，对全球波束好于 -14.0 dB/K，包括转发器噪声系数 NF = 9 - 9.4 dB，T_a = 290 K，功率通量密度(PFD)为 -75 ~ -100 dBW/m^2，最大输出功率(P_o)为 -49 dBm。
5. **极化和副瓣电平(SLL)**：该天线工作在单个右旋圆极化上，交叉极化区别度(XPD)超过 25 dB，并且 SLL 被指定为 -20 dB 以下。
6. S/C 电源总线的消耗应该小于 42 W，并且是通过 1553 Mil 总线控制的。
7. 总质量应该不超过 47 kg，包括整体结构、电子设备和热控设备的质量。

设计解决方案　IRMA 阵列采用平面 64 单元阵列的设计解决方案(见图 9.25)，总孔径为 600 mm × 600 mm($16\lambda \times 16\lambda$)的矩形点阵。

每个接收模块包括一个 $2\lambda \times 2\lambda$的子阵列，以 RHCP 工作，一个滤波器抑制发射信号和一个陶瓷的 MCM。后者有一个 LNA，一个激励器，一个 1:4 威尔金森功分器产生 4 个波束，4 个衰减器和移相器以独立控制波束照射。

子阵在一个低损失 SSSL 上用印刷技术实现，同时有 8 个位于地面上的圆形槽(见图 9.26)。通过凹口来实现圆极化。顺序旋转子阵单元被用在笔形波束内实现超过 30 dB 的极化隔离度，以及在全球覆盖波束内实现超过 20 dB 的极化隔离度。

滤波器提供足够的隔离度来避免发射信号破坏或 LNA 饱和。输出端中的额外滤波器给载荷提供了其他隔离。

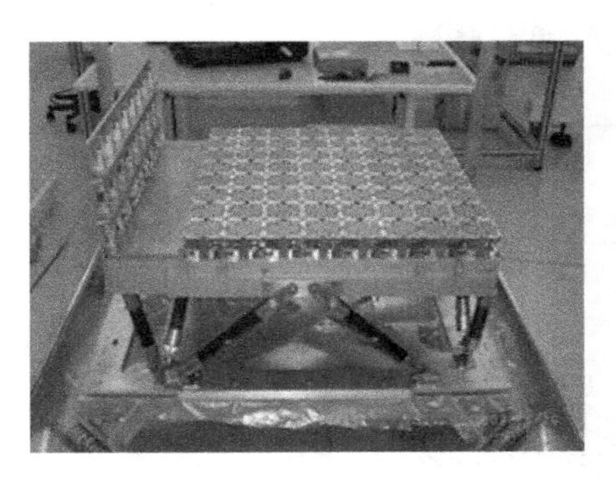

图 9.25　IRMA X 波段有源多波束接收天线(经 EADS CASA 空间许可转载)

图 9.26　IRMA 有源接收天线子阵(经 EADS CASA Espacio许可转载)

4 个独立的 BFN 合并每个波束的信号(64:1)，在 SSSL 上实现。4 个波束的形状和频率具备充分的灵活性，允许笔形波束被引导到地球上任何可见的位置，它具有 33 dBi 的方向性或 22 dBi 的全球波波束的方向性。孔径照射的全控制允许在需要减缓干扰时置零。

通过热管来进行热控制，热管从单元里导走热量，并且在不同的天线单元件之间均衡温度。HP 连接到一个专用的由镜子(DSR)覆盖的辐射板上，该板能将热量反射到太空中。加热器被放置在基板是为了在冷的关键时期注入热量。例如，在转移轨道和非工作条件下，还能允许启动适当的电子线路。最后，外部 MLI 和遮阳装置用来阻止太阳能输入，以避免强烈的过热阶段。

该天线包括通过 1553 总线 I/F 平台与地面进行联系的电子控制器件(接口控制单元，ICU)，一个从主 S/C 总线为电子装置提取电能的电源单元(PSU)，给电子线路提供次级电压。为了符合单点故障的要求，两个装置都要包括额定的和冗余的单元。单元本身是通过高电平脉冲指令来控制开/关的。

性能：灵活性　天线的功能被定义为提供一个固定的、一个全球的和两个移动的波束，如图 9.27 所示。电子线路允许存储大约 1000 个预先定义的指向或成形的配置，还可以允许在整个任务中通过遥控上传新的指向或成形配置方案。快速的波束切换能力以及飞船上配置的数据库允许其工作在跳波束模式。

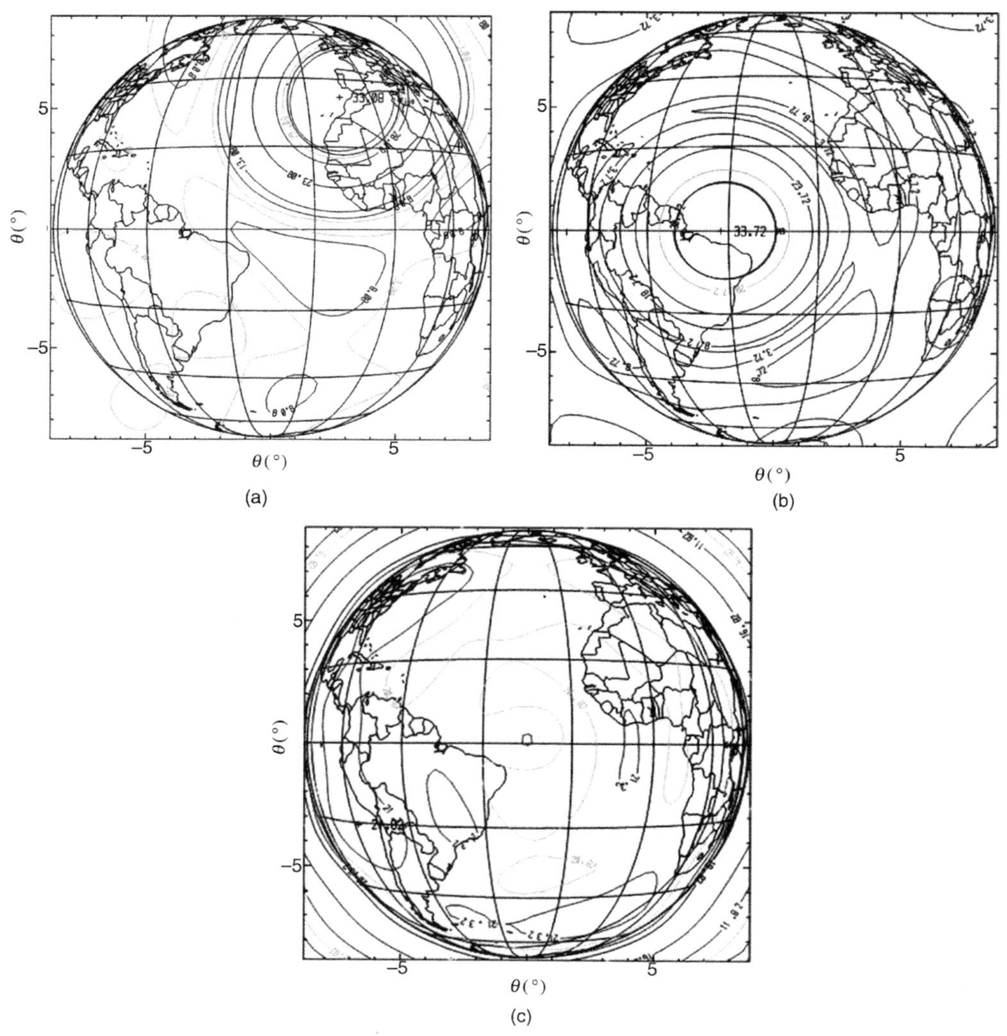

图 9.27　IRMA 天线波束。方向性的覆盖图：(a)固定波束；(b)以一个移动波束为例；(c)全球覆盖波束

9.4.5.2　半有源PAA(相控阵天线)

通常在航天器的相对位置和方向变化时，地球观测和科学任务需要下载任务数据。使用低方向性的准全向天线是可能的方法，但使用高方向性天线的解决方案能提供更好的性能，同时也避免了信息扩散。

任务要求：相控阵天线相对于机械扫描天线(MSA)　在越来越多的情况下，对有效载荷的严格要求需要利用PAA(相控阵天线)。虽然这些要求通常取决于任务的特点，然而下列一般的设备规格通常需要满足。

1. **可靠性：** 与MSA相比，PAA架构比基于枢接支架(万向架)、电动马达驱动机构、RF旋转接头等的MSA能大大提高可靠性，PAA不需要爆炸释放装置和展开机构，启动更加可靠且鲁棒性更强。
2. **寿命：** 由于PAA并不是基于机械元件建立的，机械元件对环境条件更为敏感，相比于机械扫描的MSA，PAA运行寿命长得多。
3. **波束指向能力：** PAA是基于电子波束转向建立的，允许非常高的扫描速率。在不影响波束精度和准确度的前提下，波束指向可以非常快速(小于1 ms)。
4. **链路可用性：** 基于卓越的波束指向能力，当天线移动或旋转时使用链接是可以实现的，从而可增加有效数据率。
5. **硬件容错：** PAA的架构提供了在一个有源或半有源配置中的分布式功率放大。这种功率放大方案可消除射频放大的单点故障。自冗余的PAA架构能够将一个功率放大器链的故障转变成轻微的有时可忽略不计的EIRP衰减。
6. **功耗：** 由于PAA波束切换功能基于MMIC移相器的操作，与利用机械扫描天线的致动器(也称激励器)相比，PAA专用于波束指向的是微不足道的功率需求。因此，PAA架构避免了执行器操作所具有的潜在的电流尖峰。
7. **机械干扰：** 在操作过程中，科学有效载荷可能需要一个最低水平的机械干扰(微振动)和电气上的变化。与机械扫描天线相比，PAA架构有更高的机械和电气稳定性。微带天线的电气稳定性低于相对应的PAA，因为其旋转接头的旋转效应会影响电压驻波比(VSWR)和RF路径插入损耗。

PAA架构　PAA具有共形几何形状(球体、半圆顶、圆柱、锥台、圆锥等)，能适应工作视场(FOV)，通过移相器扫描电子扫描阵列波束可充满整个视场。移相器都是由ICU/PSU发出命令，执行所需的指向操作并给所有放大器提供适当的直流功率。为了优化射频发射功率，PAA架构通常有一个有源或半有源的天线配置。因此，有许多的射频功率放大器分布在天线上，以最大限度地减少射频损失并提高天线系统对硬件故障的不敏感性。

PAA方框图如图9.28所示，通常包括以下单元：

- 2:N路输入分配器，额定和冗余输入/输出。
- 射频线束，从分线器到Tx/Rx模块，再从Tx/Rx模块到散热器。
- 相位控制的双向放大器(见图9.29)，包括Tx和Rx有源模块，如图9.30所示。
- 共形辐射阵列。
- ICU/电源和直流线束。

如图9.28所示，通常有由有效载荷来的两个射频输入，一个从每一个冷冗余转发器被路由到2:N路分配器的输入。在正常操作条件下，两个输入中只有一个是有源的，且射频信号被划分为N路为所有相位控制放大器提供等射频功率输入。

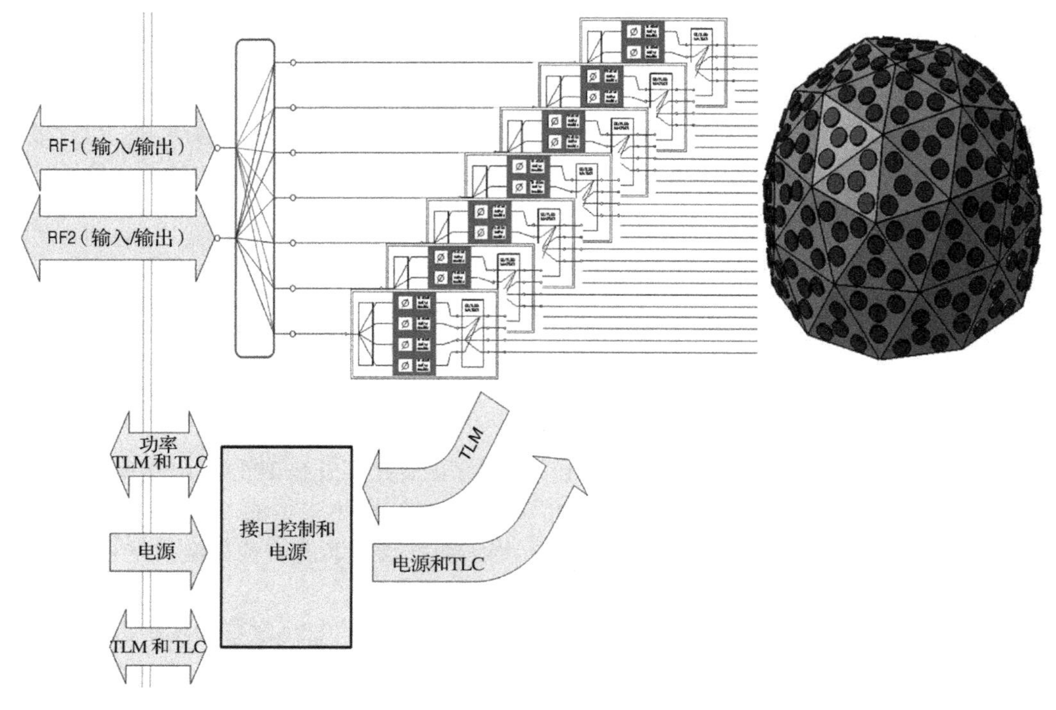

图9.28 PAA方框图（TLM，遥测；TMC，命令）

相控放大器，如图9.29所示，提供相位控制、功率放大，信号通过在个别放大链内采用移相器再被送到共形阵列中的相应的子阵列，使天线方向图能够准确转向。为了允许双向工作（见图9.30），每个放大链包含一个Tx和Rx有源双向功能模块（见图9.30）。该方案对应于半双工通信。当需要全双工通信时，应使用频率检测和滤波（双工）。

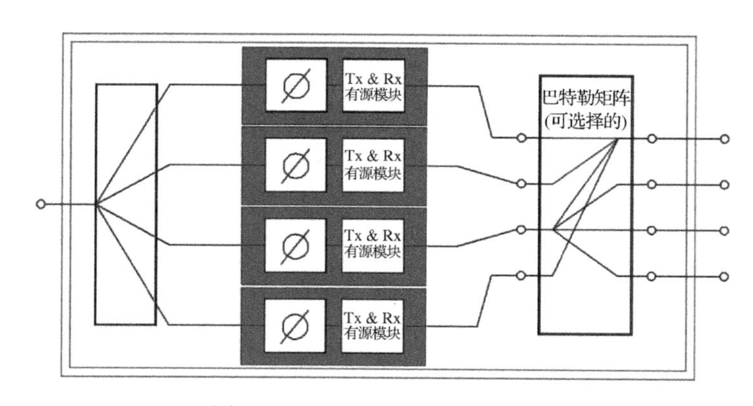

图9.29 相位控制的双向放大器

简单的阵列架构利用混合电路，使得功率降低到使用所有放大器的天线辐射单元的一半。基于巴特勒矩阵的更复杂的技术允许更高的聚焦，但同时在输出级产生更大的损失，以及更敏感的电路容差。

工作原理：方向图选择算法　为了正确操作PAA，选择一个波束有限的集共同确保覆盖要求中的每一处(见图9.31)满足对EIRP的要求。通过移相器的同步控制，在正确的时间从一个波束切换到下一个。在每一个覆盖方向优化EIRP是通过选择巴特勒矩阵或电桥的输入信号之间的正确相对相位差，使所有的射频功率驱动到最有效的子阵上。例如，图9.32所示的半球状的PAA与一个四端口的巴特勒矩阵，其中的深/浅色的点代表有源/无源子阵的顶视图。

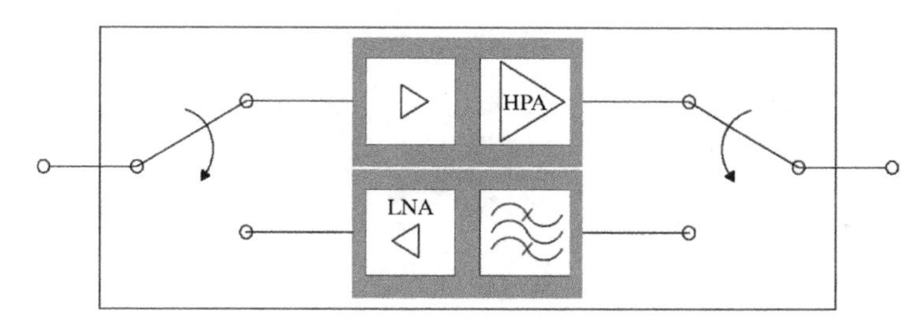

图9.30　Tx和Rx有源模块

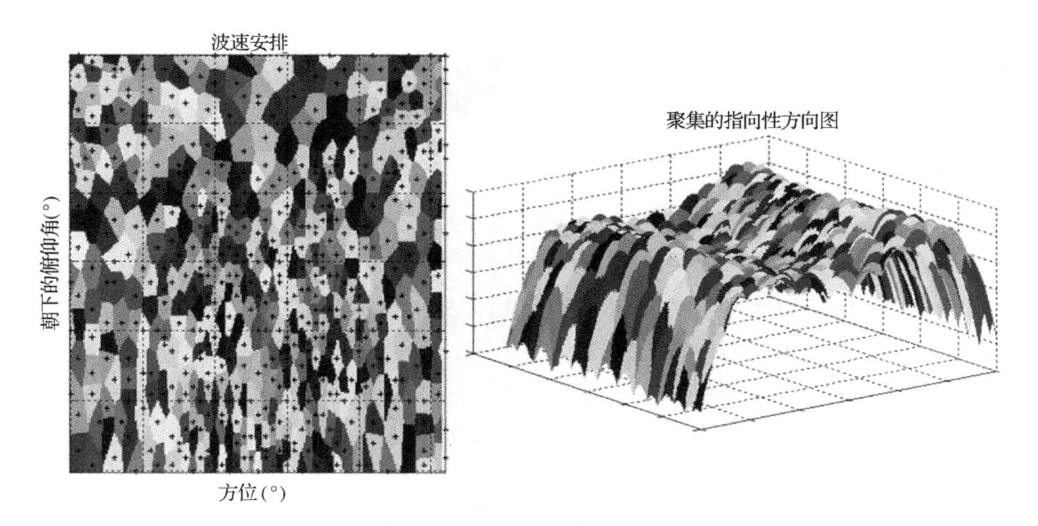

图9.31　典型的聚集的指向性方向图PAA。每个灰度代表一个不同的波束及其相关的向量状态

通过去除巴特勒矩阵及其相关的射频线束，有可能刚好在每个子阵列的输入端放置一个功率放大器。在这种情况下，选择最有效的子阵列可通过接通/关断不能有效地给运作的方位角、俯仰角方向贡献功率的放大器来实现。应该指出的是，仅仅是工作的放大器影响直流功耗预算。

这一解决方案使功率放大以后的插入损耗减到最小，而且对电桥或巴特勒矩阵实现误差不敏感。但只有部分的放大器是同时使用的。

将不同的相位偏移加载到不同巴特勒矩阵的输入端，控制所选择的子阵的阵因子，从而可以获第二个自由度。注意，在前面的子阵的选择不因这些相位偏移改变。

9.4.5.3　Ku波段-接收：ELSA(电扫描天线)

任务要求　在西班牙的CDTI和欧洲航天局的REDSAT项目下，为了完成在地球静止轨道卫星上的通信任务，设计了一个先进的ELSA。主要目的是在轨道中放置一个Ku波段的可重构天线，以便在一般15年的任务期间提供给用户所需的灵活性[9,10]。主要要求如下：

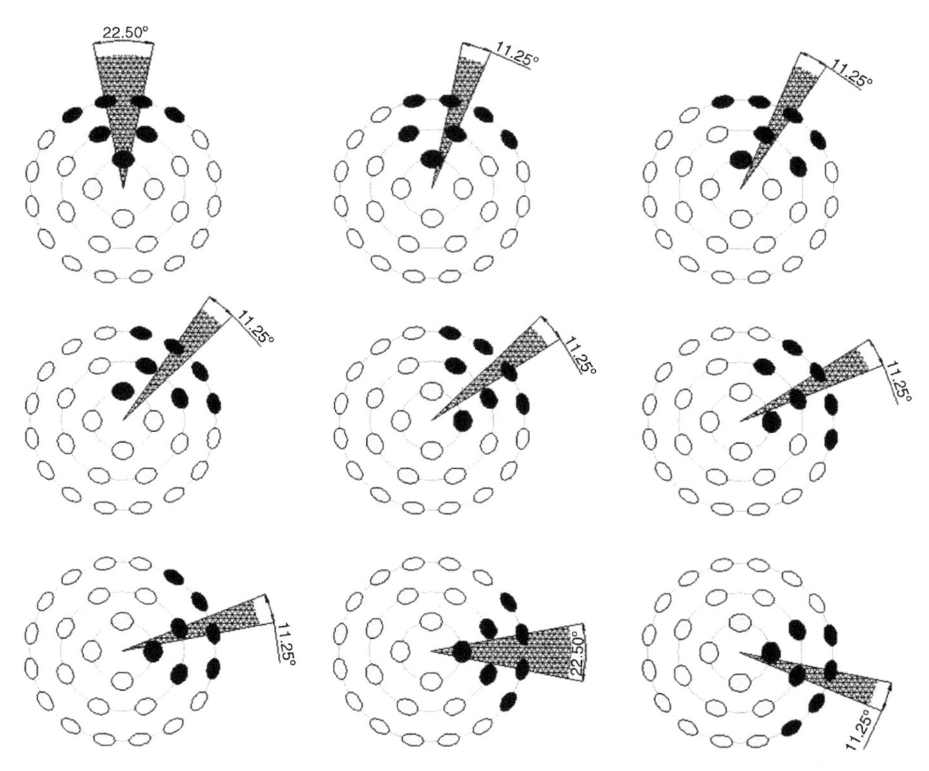

图 9.32 有源(深色)和无源(浅色)子阵作为工作方位角的函数。各图显示半球形阵列的顶视图

1. **灵活性：** 天线应以水平极化在 Ku 波段(14.25～14.50 GHz)中提供 4 个独立的接收波束，其中每个波束可以配置为一个点波束(1.5°的波束宽度)，它可指向地球上的任何位置，或配置为一个赋形波束。此外，天线可配置为在波束跳动的情况下工作，在这种配置时，每个波束可以顺序切换成几个点波束以及赋形波束。天线能够存储或上传大量指向或成形的波束的配置。
2. ***G/T*(天线系统的增益 *G* 与接收系统噪声温度 *T* 的比值)：** 主要的驱动要求是通过内部放大级数的设计折中方案使从地球上任何可见方向的 4 个波束的 *G/T* 大于 5 dB/K，同时遵循有效负载应答器的强约束，比如 23.2 dB 的接收机噪声，最大接收机的输入功率为 -30 dBm，载波的三阶互调产物在输出端高于 52 dBc。
3. **交叉极化和副瓣电平：** 另一个有关辐射器极化纯度和方向图综合的要求是交叉极化隔离度应该高于 23 dB(在某些方向低于 28 dB)而且第一副瓣以外的副瓣电平要低于 -25 dB。
4. **滤波：** 天线安装在 GEOS/C 的对地平台上，平台可以装在 Ka 波段(18.1～21.2 GHz)和 Ku 波段(10.7～12.75 GHz)的发射天线。输入滤波器的大小主要与发射天线干扰功率通量密度(PFD)有关。
5. **电力消耗、质量、体积和控制：** 其他关键需求是从 50 VDC 的电源总线来的功耗要低于 82 W，质量低于 61 kg，大小为 950 mm × 750 mm × 400 mm，通过 MIL-bus 1553 进行控制、模拟和数字遥测。
6. **环境：** 环境对机械和热控制具有严格的要求。

设计解决方案：作为ELSA DRA(直接辐射阵列)的一个解决方案，选择了一个自立的集成的配置，如图9.33所示。一个基板结构提供足够的刚度和对环境(第一个全球模式超过90 Hz)的保护。作为一个电子机箱，这个结构提供辐射硬度和电磁兼容/静电放电保护，它也是一个接口且对大部分设备提供支持。机械接口包括9个碳纤维管状支柱和钛的端部套角。

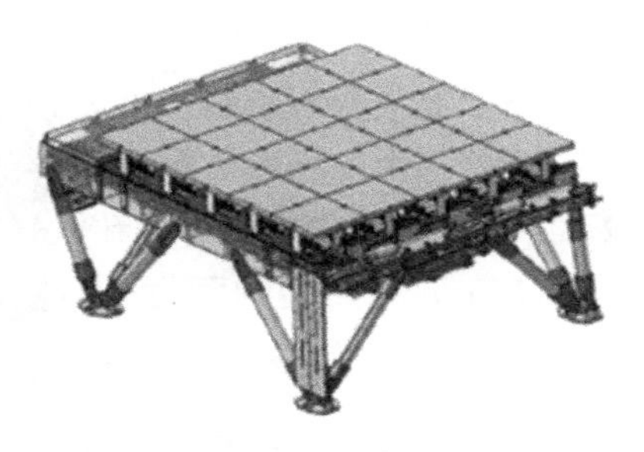

图9.33　ELSA，REDSAT任务的Ku波段接收天线

这个集成结构包含一些有关功能和操作的分系统，如图9.34所示。

ELSA的设计是基于IRMA(X波段接收)之上的，使得它适用于Ku波段的规格(见9.4.5.1节)。每个子阵上16片(每片大小在3λ左右)共100(10×10)个子阵的配置被选中(见图9.35)，总孔径尺寸为600 mm×600 mm。为了降低旁瓣电平，在正常配置中只有80个子阵在工作。大多数子阵列的20个方角被关掉且它们只有在出现故障时才投入使用。

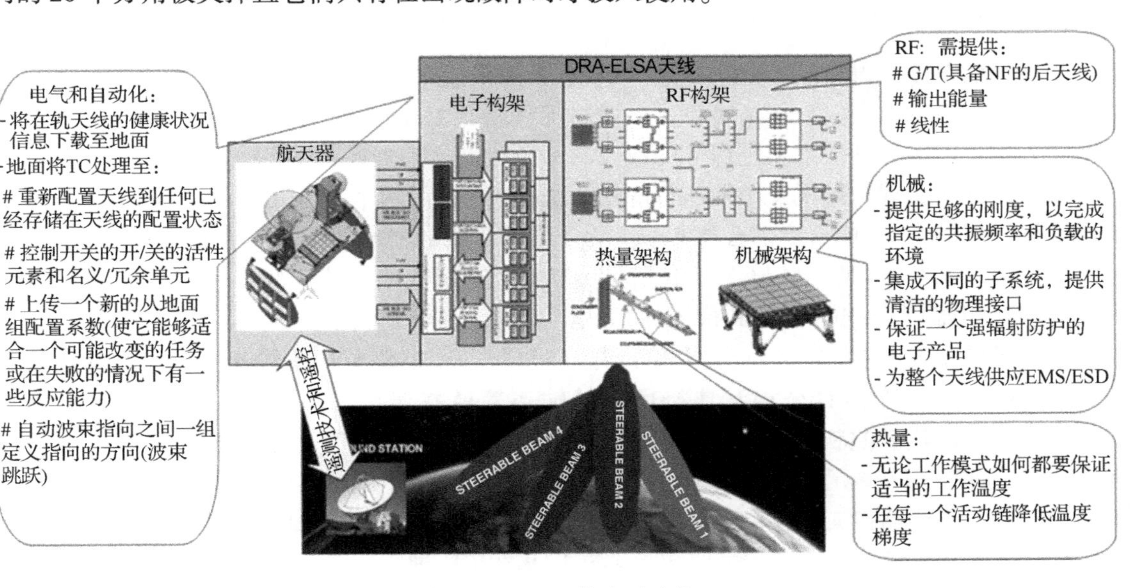

图9.34　ELSA的主要功能

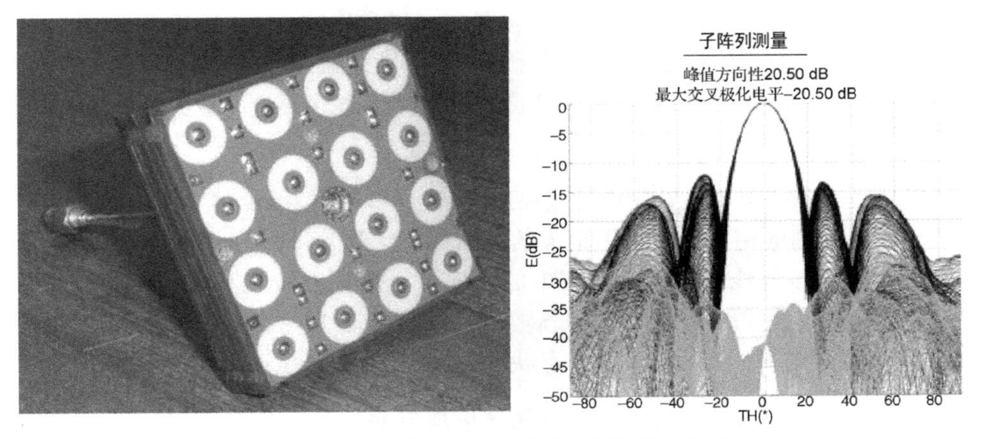

图9.35　16×16单元的子阵和方向图测试出的性能

为了避免干扰功率通量密度，在每个子阵中包含一个滤波器（见图9.36），为了简化制造和集成，滤波器在机械上的实现被分成了4组。

另外，由于将有大量元器件的电子线路集成在一个小体积内是至关重要的，开发了这种为2×2子阵所用的结合射频和电气控制功能的多芯片控制模块（MCCM）（见图9.37）。这种芯片是用在HTCC封装的两面上都装有芯片的多层封装技术实现的。

图9.36　ELSA Ku波段接收天线的滤波器模块

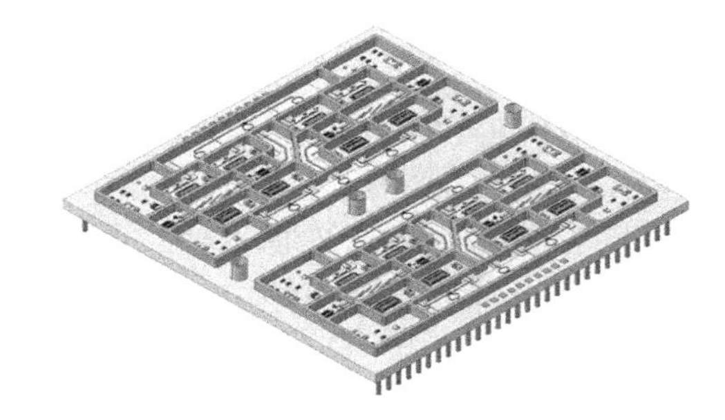

图9.37　ELSA Ku波段接收天线的集成电路

从射频的角度来看，每个MCCM芯片包括每个子阵的一个两级的低噪声放大器、每个波束的一个1:4功分器、一个衰减器和波束控制用移相器MMIC（每一子阵或波束）、2×2子阵单元的一个合成器和补偿射频链部分的损失的每个波束的一个最后放大级。

之后，25个集成电路的4个输出口的每个输出信号，由两个5:1（总计20个加上4个波束成形网络实现的25:1的合成器合成起来。为了匹配天线的输出功率和其余的有效载荷，需要包含一个信号调节器（MCCM-SC）。MCCM包含一个定制的单片式MMIC包（低噪声放大器、衰减器和移相器）和ASIC（数字和模拟的）。

从热量的角度来看，输热管道（THP）通过与每行集成电路密切接触来提取它们的耗散功率，一个双平衡热管（EHP）相互连接所有的输热管道并连接到散热板上的两个回路热管（LHP）。天线的热量控制不仅保证所有25个集成电路的温度梯度小，而且在15年计划任务期间，保证所有子阵单元的温度漂移必须在设计的最大和最小温度之间。

天线的电子线路以三个控制层次实现：（i）电源单元（PSU）和接口控制单元（ICU）；（ii）配电板；（iii）集成电路。每个集成电路包括：与天线的ICU进行通信和指挥开/关的每个放大级所需的电子电路，衰减器、移相器配置和遥测功能，该遥控功能是通过一种双模数字ASIC（通信/移位寄存器）和模拟ASIC（开/关和遥测）实现的。每个集成电路（MCCM）通过一根多余的总线利用分布板（DB）和射频控制板（RFCB）连接到接口控制电路（ICU）。这样的体系结构，包括冗余的关键部分和这种天线固有的逐渐退化，提供了鲁棒设计，避免了单点失效（SPF），并在任务周期内提供了可靠性。

性能：灵活性　除了紧凑性、在热机械辐射环境下的耐久性以及遵循当前的功能需求和规格之外，这个有源阵列的例子还提供了很大的灵活性，当考虑到长时间的工作时，这是一个相当有吸引力的特点。该天线能把4个波束中的任何一个形成点波束和赋形波束，并且它只需要通过地面指令来重新配置。此外，任何新要求的配置或场景可以在工作时上传到在用的天线。波束的一些例子在图9.38、图9.39（点状覆盖）和图9.40（赋形覆盖）中给出。

9.4.5.4　Ka波段的发射多个点波束：有源透镜解决方案

在空间应用中，一个有源天线阵列的具有挑战性的问题是寻求灵活性和多点波束性(见 9.2.1.2 节)。灵活地分配功率和带宽是有源 DRA 固有的性能，但需要全面的控制来达到波束的可重构性和转向性。为了实现这种全面控制，可以通过与波束独立的具有振幅和相位控制的 BFN 来实现。然而，对具有大量的单元和波束的天线，这些 BFN 的复杂性和数量将是一个严格的限制因素。基于巴特勒矩阵的替代解决方案，其主要缺点是网络损耗和高复杂性，这将随波束的数量和天线尺寸的增加而增加。

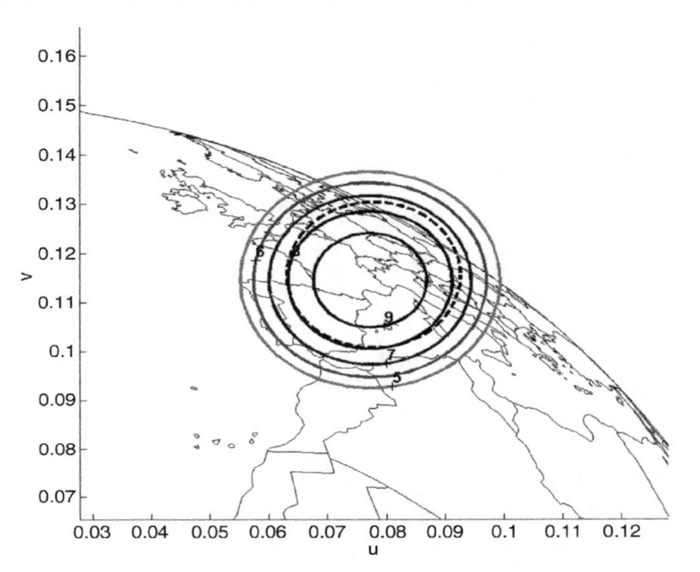

图 9.38　点波束在地球边缘的 G/T，最大 G/T 是 11.20 dB/K；最小 G/T 是 6.65 dB/K；最小交叉极化隔离度是27.5dB；f = 14.25 ~ 14.50GHz(最差情况：应答器NF = 23.2dB，工作温度10℃)

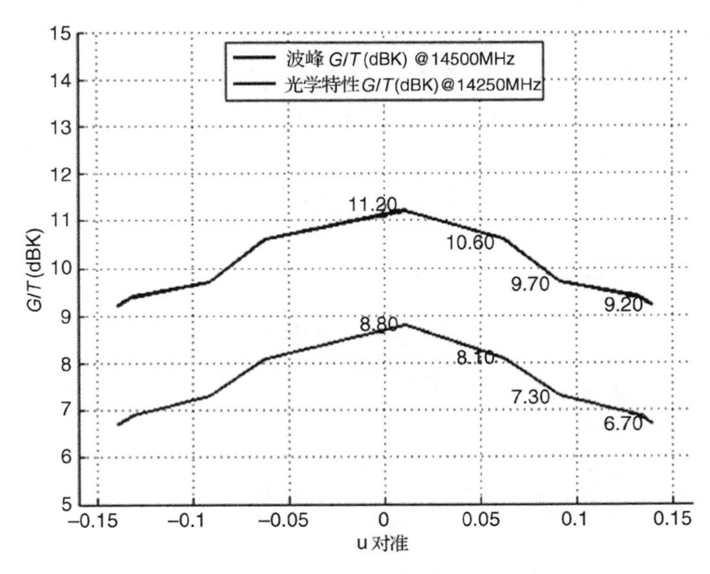

图 9.39　ELSA 的 G/T 性能：每个波束远离它的视线指向地球边缘时的波峰和光电特性的G/T图(f = 14.25 ~ 14.50 GHz)

有一个可能的解决方案，它是基于透镜天线的 DRA(直接辐射阵列)，已在欧洲航天局 ARTES-5 计划的框架上开发出来。这种结构提供了可以产生大量波束的可能性，并有其他的优势，如不需要可变的衰减器、移相器和功分器，从而大大减少了部件、连接和控制线的数量。在交叉极化隔离度高于 28 dB 的双线极化下，所开发的天线是一个可以工作在 Ka 波段频率(19.7 ~20.2 GHz)的发射天线。

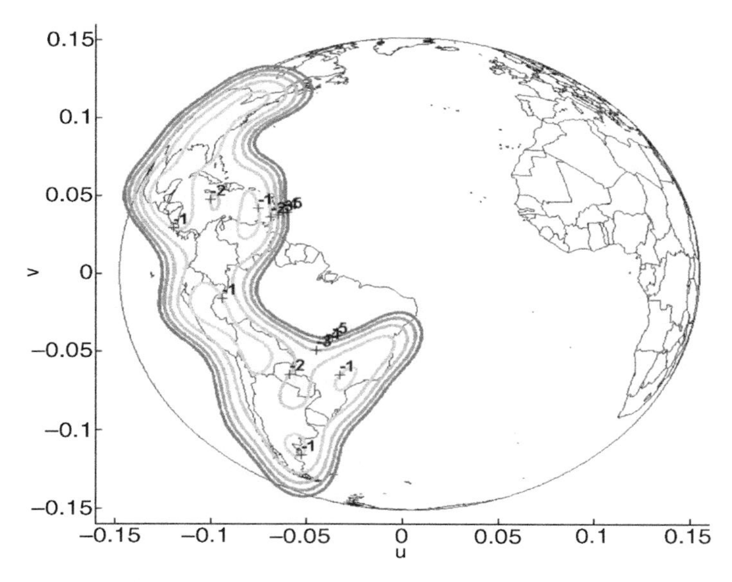

图 9.40　北美洲和南美洲 G/T 覆盖图，在这种情况下 G/T 的最低值达到 -2.5 dB/K，相同任务下，这高于典型的反射面配置(-5.0 dB/K) 2.5 dB/K，考虑到最差情况下的应答器的 NF = 23.2 dB，工作温度为 10℃

透镜阵列的结构是由两个主要模块构成的，第一个是波束成形网络，第二个是直接辐射天线前端(见图 9.41)。波束成形网络本身又分成：馈电控制系统(FCS)，馈源矩阵，以及有透镜补偿延迟线的采样阵列。馈电控制为天线提供波束配置，这是通过在馈源矩阵中的馈源之间分配信道的信号来实现的。此馈源矩阵包含一组低方向性喇叭，它们照射透镜，并且其不同的配置可以扫描波束、移动零点、进行相差补偿以及其他功能。在这一点上，透镜将馈源发射的球面波聚焦并将平面波发散至不同的指向方向。在这种天线中选用了一个平面的透镜来简化设计、制造和安装。DRA 前端有放大级、滤波级和一个辐射阵列，和常规的 DRA 一样工作。

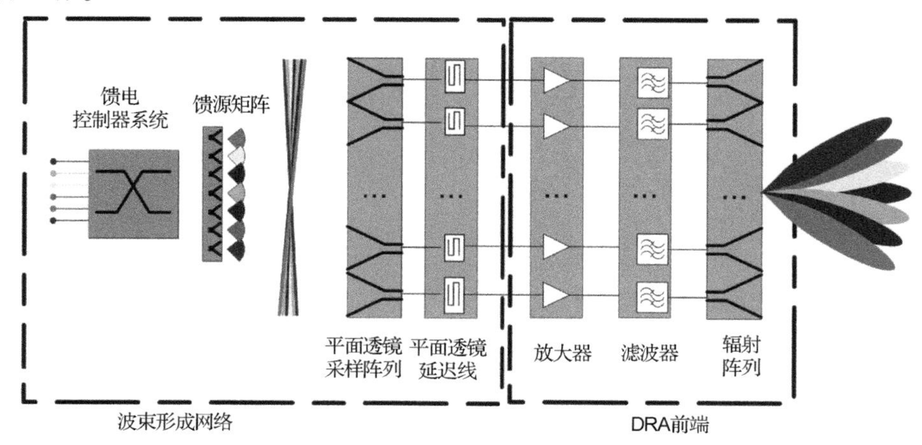

图 9.41　在 Ka 波段，基于透镜天线的直接辐射天线(DRA)

在有源透镜天线的设计中，在选择辐射单元(贴片或喇叭)的大小和分布[3]时已经做出一些折中。这些研究结果导致的一个天线是由在一个六边形格子中的454个直径为3.2λ的锥形喇叭组成的辐射和采样阵列。双极化的滤波级直接安装在辐射阵列之前，随后用波导技术设计以简化连接并且将损失最小化。放大级位于采样阵列和滤波级之间且被精心设计，包括研究在(DRA)中对固态功率放大器(SSPA)进行的输入补偿的优化[4]。通过正交模转换器(OMT)可对放大级和用波导制作的元件(即喇叭和滤波器)进行连接，OMT也是用波导设计的。为了满足双线极化要求，以波导为基础的元件已经经过特别的设计。此外，波导元件还被用作支撑结构，并对其集成度和紧凑度付出了很大努力。

在馈电矩阵列处，需要设计直径小到0.8λ的馈电喇叭，因为需要一组喇叭来形成足够数量的波以便从卫星上看能够覆盖整个地球。最终的馈源喇叭总数取决于需要的波束数量，当然还取决于必要性。

图9.42显示了一个在一个极化方向上的15个波束以及全带宽再利用的操作示例。其他15个波束可以以正交极化实现在其他选择的方向上。在这个例子中，30个通道/波束(15 H + 15 V)的操作等效各向同性辐射功率在44～49 dBW之间(在饱和时为51～56 dBW)，总线上每个通道直流功耗为50 W，其中包括电源单元功耗。天线的尺寸是1 m×1 m×1.4 m，其孔径由454个喇叭组成，天线估计的预算质量为130 kg。

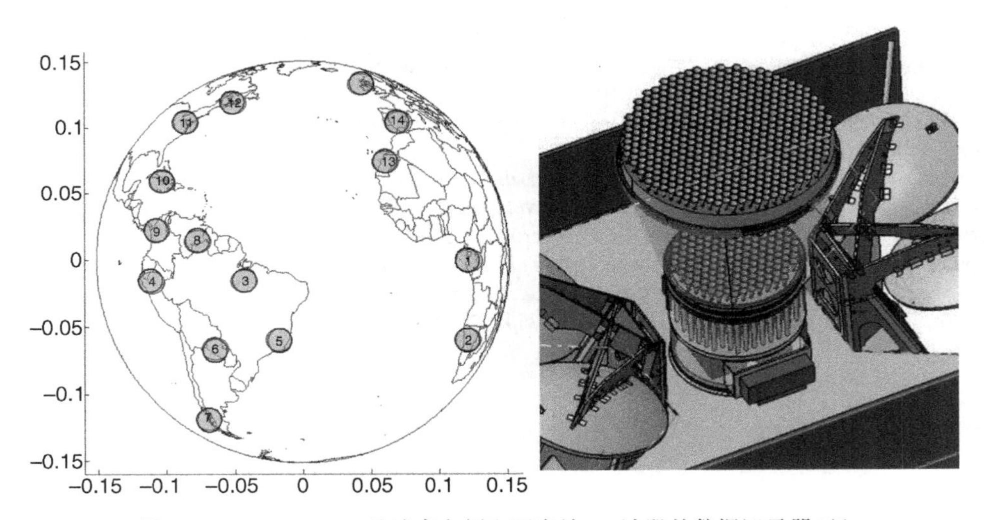

图9.42　15 V + 15 H的波束实例和可容纳Ka波段的数据记录器(经欧洲宇航防务集团和天文学高级研究中心许可使用)

9.5　总结

我们已经介绍了主要的驱动性需求和用于实际太空任务的设计，包括在空间应用中使用的有源和无源阵列，太空任务的范围包括从外太空的数据传输到导航、地球观测和多波束通信等方面。对于那些基于低剖面和低质量的无源阵列、或者基于电扫描或多波束可重构性的有源阵列，甚至有调零以减轻干扰的方案，阵列天线的解决方案提供了一些优势。

参考文献

1. ECSS (2003) *Multipaction Design and Test*, ECSS-E-20-01A.
2. Campuzano, J., Olea, A., Montesano, A. *et al.* (2010) Next generation telecommunication payloads based on active array antenna technology. Proceedings of the 32nd ESA Antenna Workshop on Antennas for Space Applications: From technologies to architectures, ESA/ESTEC, Noordwijk, The Netherlands, 5–8 October.
3. Campuzano, J., Montesamo, A., de la Fuente, L.F. *et al.* (2008) Trade-off assessment of sampling distance in a DRA antenna. Proceedings of the 30th ESA Antenna Workshop on Antennas for Earth Observation, Science, Telecommunication and Navigation Space Missions, ESA/ESTEC, Noordwijk, The Netherlands, 18–20 November.
4. Campuzano, J., Montesamo, A., de la Fuente, L.F. *et al.* (2008) Input back-off optimisation for SSPAS in a DRA antenna. Proceedings of the 30th ESA Antenna Workshop on Antennas for Earth Observation, Science, Telecommunication and Navigation Space Missions, ESA/ESTEC, Noordwijk, The Netherlands, 18–20 November.
5. Monjas, F., Montesano, A. and Arenas, S. (2010) Group delay performances of Galileo system navigation antenna for global positioning. Proceedings of the 32nd ESA Antenna Workshop on Antennas for Space Applications: From technologies to architectures, ESA/ESTEC, Noordwijk, The Netherlands, 5–8 October.
6. Arenas, S., Monjas, F., Montesano, A. *et al.* (2011) Performances of GALILEO system navigation antenna for global positioning. Proceedings of the 5th European Conference on Antennas and Propagation, EUCAP 2011, Rome, Italy, 11–15 April, pp. 1018–1022.
7. Olea, A., Montesano, A., Montesano, C. and Arenas, S. (2008) High gain antenna (X-band) for Mars mission. Proceedings of the 30th ESA Antenna Workshop on Antennas for Earth Observation, Science, Telecommunication and Navigation Space Missions, ESA/ESTEC, Noordwijk, The Netherlands, 18–20 November.
8. Olea, A., Arenas, S., Montesano, A. and Montesano, C. (2010) High gain antenna system (X-band) qualified & acceded for Mars atmosphere. Proceeding of the 32nd ESA Antenna Workshop on Antennas for Space Applications: From technologies to architectures, ESA/ESTEC, Noordwijk, The Netherlands, 5–8 October.
9. Monjas, F., Martín, I., Solana, A. *et al.* (2010) X-Band SAR antenna for SEOSAR/PAZ satellite. Proceedings of the 32nd ESA Antenna Workshop on Antennas for Space Applications: From technologies to architectures, ESA/ESTEC, Noordwijk, The Netherlands, 5–8 October.
10. Montesano, A., de la Fuente, L.F., Bustamante, M. *et al.* (2009) EADS CASA Espacio flexible payloads based on Rx DRA: IRMA heritage in X band and REDSAT development in Ku band. Proceedings of the 31st ESA Antenna Workshop on Flexible Payloads, ESA/ESTEC, Noordwijk, The Netherlands, 18–20 May.
11. Campuzano, J., Montesano, A., de la Fuente, L.F. *et al.* (2010) EADS CASA Espacio DRA-ELSA patterns and G/T predicted performances. Proceedings of the 32nd ESA Antenna Workshop on Antennas for Space Applications: From technologies to architectures, ESA/ESTEC, Noordwijk, The Netherlands, 5–8 October.

第 10 章　用于空间的印刷反射天线阵

Jose A. Encinar(马德里技术大学，西班牙)

本章简要介绍反射天线阵，包括其历史发展、现状以及最近和未来的发展，并介绍一些反射天线阵用于空间应用的例子。

10.1　引言

一个反射天线阵由一组反射的单元构成。当被馈源照射时各单元提供预先调整好的相位来形成一个聚焦的波束，这与抛物面天线类似。印刷反射天线阵同时具有反射面天线和相控阵的优点。阵子用印刷电路板的技术直接做在平面的底层上，可以像相控阵一样提供波束扫描的可能性。另外，阵列单元可像反射面天线一样被外部的辐射源馈电，从而避免了平面阵中馈电网络的损耗和复杂度。

反射天线阵的概念最早在 1963 年由 Berry 等人提出[1]，它的孔径由一个初级馈源照射的表面阻抗所表征，这里表面阻抗被综合从而能提供一个预定的方向图。在参考文献[1]中提出了表面阻抗的不同实现形式，例如偶极子天线连接到传输线的或一端短路的开口波导上的偶极子天线。反射天线阵的性能可用在不同扫描角度上测量的方向图上表示，不同扫描角可以用不同长度的波导实现。另外，在这篇开创性的文章[1]中也提出了利用加载二极管来实现电扫描和波束重构的功能。二极管是为了改变每个波导孔径到其短路终端的距离，然后合成天线的方向图。虽然结果令人满意，但是这样的波导反射天线阵非常庞大和笨重，因此导致了反射天线阵只在 20 世纪 80 年代末随着微带天线的发展才获得了人们的关注。

另一个称为螺旋相位的概念在 20 世纪 70 年代提出的，来为圆极化的反射天线阵提供相移。这项技术包括不同导电臂之间的切换(臂一般按螺旋的形式排列)，等效于一个有源的螺旋导电臂的旋转。反射单元的旋转在反射的场中提供一个相移，其大小正比于来自圆极化的初级馈源的入射场旋转角的两倍。虽然这个概念利用二极管切换螺旋臂来提供波束的重构，但是它没有得到多少重视，因为它存在几个缺点，例如尽管使用了宽带螺旋单元但仍旧带宽过窄，而且由于螺旋单元尺寸过大而造成的单元间距较大引起了低效率。

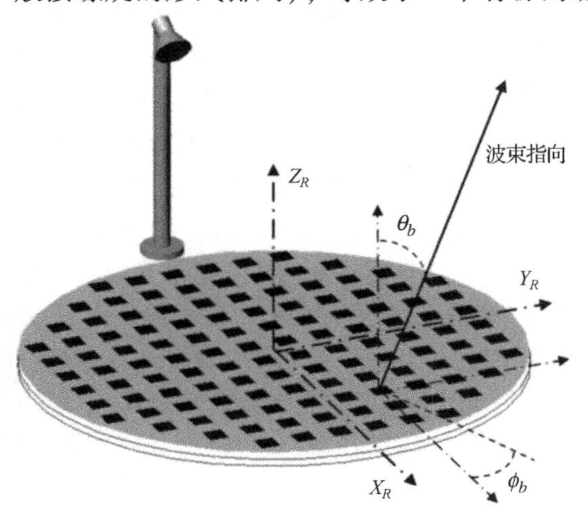

图 10.1　一个印刷反射天线阵的典型结构

微带天线在 20 世纪 70 年代的发展使得实现反射天线阵的小型轻量化成为可能(见图 10.1)。Malagisi 在 1977 年最早提出了在反射天线阵中使用微带单元[5, 6]，他利用与圆极化的螺旋相位单元同样的原理，提出了使用一个外围载有二极管的圆形贴片来提供波束电子扫描。这个圆形盘单元利用无穷大阵列的方法进行了分析，其结果通过波导仿真器[7]测量反射阵单元在S波段下的性能得到了验证。最近，这个概念用于利用同样的印刷阵子为圆极化反射天线阵提供需要的相位，例如在方形贴片的垂直边上附加短截线[8,9]，如图10.2(a)所示，或者对有不同旋转角度的谐振器加载环状槽[10]。文献[8]提出了在这些微带单元下插入微型电机来实现连续波束扫描。螺旋相位的概念也在文献[11，12]中被提出，用于可重构的圆极化反射天线阵，其天线单元由一块圆形导电贴片和几个沿外围呈径向的短截线构成，短截线由开关控制是否连接到辐射贴片上。工作时，两个相反方向上的短截线被连接到圆形贴片上，而剩下的则处于断开状态，这等效于一个有源偶极子的旋转，不同的是它是电控的。

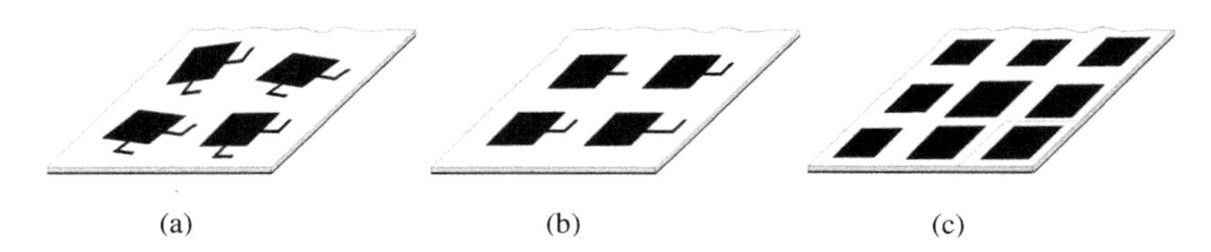

图10.2　印刷反射天线阵中的单元配相。(a)贴片附加短截线并且其角度旋转化；(b)矩形贴片附加短截线；(c)矩形贴片并且其尺寸变化

在20世纪80年代末和90年代初，许多概念被提出来以调整平面印刷反射天线阵上的相移，应用最广泛的是图10.2中的结构。一种经典的实现方法是连接不同长度的传输线段到印刷谐振贴片上[13~16]，如图10.2(b)所示。反射波的相位延迟正比于短截线的长度，虽然短截线产生的损耗和寄生辐射是这种方法的缺点。文献[16]提出，可以通过改变短截线的方向来减少交叉极化。在另一种实现方法中，反射场的相移通过改变偶极子、交叉偶极子或矩形贴片的谐振长度来控制，如图10.2(c)所示[17~21]。这些单元的损耗较少且交叉极化电平比附加短截线的印刷贴片的低。它的主要缺点是微带贴片固有的窄带特性，这可以通过用两到三层的多层天线阵来解决[22~24]。针对微带反射天线阵还提出了其他的一些概念，如附加短截线贴片的孔径耦合，以及金属平板上不同的孔径长度[26]。

在20世纪90年代末和21世纪初，反射天线阵得到了迅猛的发展，出现的新技术包括可扫描的波束[27]，放大功率的反射天线阵[28]，单波束或多波束的折叠构型反射天线阵[29~31]，空间通信天线的赋形波束反射天线阵[32~36]，用于地球观测的大孔径天线[37]，X波段和Ka波段充气的反射天线阵[38~41]，双反射器的反射天线阵[42~44]。反射天线阵也被提出用于微型卫星这一类空间应用[45]，以及用于频谱复用的通信天线中[46]，作为双网反射面的一个替代。最近，人们正利用不同技术(微机电系统MEMS、变容二极管、铁电材料、液晶材料)努力开发有波束扫描或波束配置能力的反射天线阵。

反射天线阵已证明在大孔径(如反射面天线)条件下可以提供很高的效率，并能利用一块夹有适当优化的印刷贴片的平面夹芯为直播卫星(DBS)天线产生十分精确的波束赋形[34~36]。它的制造成本很低，因为不需要订做传统形状的反射面必不可少的专用模具。一个含有几千个印刷单元的反射天线阵可以用简单、便宜的化学腐蚀和传统的夹层制作过程制造出来。对于大孔径天线，平面反射天线阵的折叠机构比抛物反射面的双曲表面更简单、更可靠。类似于抛物反射面，可以通过在天线焦点区安装多个馈线实现多波束。对于空间天线，反射天线阵可以和航天器表面共形安装，从而去除了支撑结构，减小了体积和质量。另外，文献[60，61]提出可以将平面反射天线阵集成到太阳能面板。反射天线阵技术可以运用于整个微波波段、毫米波波段[20,30,62]、兆兆赫兹和红外波段[63,64]。反射天线阵与传统反射天线相比还有一个优势，即在开关(基于 PIN 二极管或 MEMS)[12,47~50]、变容二极管[51~54]等控制设备整合在每个阵子或子阵列上时[65~67]，它可以重新对波束进行配置。作为传统的高成本、高复杂度、高能耗相控阵的替代，反射天线阵以中等成本解决了天线的重配置问题，具有广阔的前景。

另一方面，反射天线阵存在一个致命的缺陷——它的窄带特性[68,69]，一般低于 5%，而且大型反射阵天线阵更低。反射天线阵的带宽主要受限于文献[68]中提到的两个原因。第一个是辐射单元的带宽较窄，第二个是初级馈源到各个辐射波束波前上各点的长度不同导致的不同的差分空间相位延迟。因为反射天线阵的最大缺陷是它的带宽太窄，所以近年来人们主要致力于改善它的带宽[23,24]，一些宽带技术已经可以把天线的带宽增加到 10% ~15%[33~35]，同时对于 DBS(直播卫星)天线在发射和接收频段已经有了实用的设计[36]。

本章主要对反射天线阵进行全面的介绍，包括工作原理、分析技巧、赋形波束的设计步骤、带宽的改进方法以及空间应用的一些实际发展。

10.2　工作原理和反射天线阵单元的性能

反射天线阵的工作原理如图 10.1 所示，考虑反射天线阵工作在发射模式，馈源喇叭处在天线中心或偏离一点的位置，并且假设天线单元处于在喇叭的远场区。在这个条件下，以一定角度入射到各个反射阵单元的电磁场可以局部被视为平面波，其相位正比于馈源喇叭的相位中心到每个单元的距离。为了使馈源发射的球面波聚焦成指向(θ_b, φ_b)的波束，从第 i 个阵子反射的电磁场必须提供阵列理论的步进相位值：

$$\Phi(x_i, y_i) = -k_0 \sin\theta_b \cos\varphi_b x_i - k_0 \sin\theta_b \sin\varphi_b y_i \tag{10.1}$$

其中，k_0是真空中的传播常数，(x_i, y_i)是第 i 个单元的坐标。根据式(10.1)可以得到各个单元上要引入的不同相移，即从馈源发射的入射场相位和式(10.1)的相位差：

$$\Phi_{Ri} = k_0(d_i - (x_i \cos\varphi_b + y_i \sin\varphi_b)\sin\theta_b) \tag{10.2}$$

其中，d_i是从馈源的相位中心到第 i 个单元的距离。图 10.3 示出了一个有 60 ×60 个单元且馈源在中心的圆形反射天线阵要在垂直于表面方向上产生一个笔形波束所要求的相移。对于反射天线阵的设计，必须调整每个单元的相移来匹配这些相位。如果使用只改变相位的方法得到的产生赋形波束的相位分布来取代式(10.2)中的相位分布，就可以得到赋形的波束，这将在后面一节中提到。

每个单元所需要的特定相移可以靠改变单元的几何参数得到。第一种在矩形微带贴片中调整相位的实现方式包括连接不同长度的传输线段到印刷阵子上[13~16]，如图 10.2(b)所示。馈源发出的信号被各个贴片接收并沿着传输线传播直到末端，信号在末端被反射、回传并以附加一个正比于传输线长度两倍的相移辐射出去。对于理想的传输线模型，相位响应是短截线长度的一个线性函数，但是实际中有许多其他因素导致了非线性的相位响应，例如接地面的馈面反射以及短截线的谐振。这两个因素都可以在反射单元的全波分析中考虑进来[70，71 中第 35 ~38 页]，我们将会在 10.3.1 节中讨论这个问题。另外，印刷的线段会产生损耗和寄生辐射，从而降低天线效率，增加交叉极化电平。

另一个在微带反射天线阵中调整相位的概念是改变偶极子、交叉偶极子或矩形贴片的谐振长度[17~21]，如图 10.2(c)所示。这种实现方法消除了附加短截线带来的缺点，如寄生辐射或交叉极化。印刷阵子尺寸可变的反射天线阵的工作原理是基于反射波的相位变化与阵子的谐振长度有关的。一个微带贴片就是一个谐振天线，于是它的长度需要近似等于介质中的半个波长。如果谐振长度在接地介质上的方形贴片阵列中被改变，它的反射波相位也会随之改变。根据改变贴片和接地面的间隙(即底层厚度)来改变贴片的长度可以获得总的相位变化范围。对于小于波长 1/10 的底层厚度，相位变化范围可达 330°，如图 10.4(a)所示，其中厚度 $t=1$ mm，频率 $f=12$ GHz。虽然这个范围对于实际设计已经足够了，但是对于更厚的基板它会减小。然而，相位变化量与长度的关系往往是非线性的，表现在相位在谐振区附近急剧变化，而且在极端值中变化十分缓慢。剧烈变化的相位使得其分布对制造误差十分敏感。由于这个非线性特性，相位也对频率的变化十分敏感，这大大减少了反射天线阵的工作带宽。这些问题都可以用多层天线阵技术解决[23, 24]。

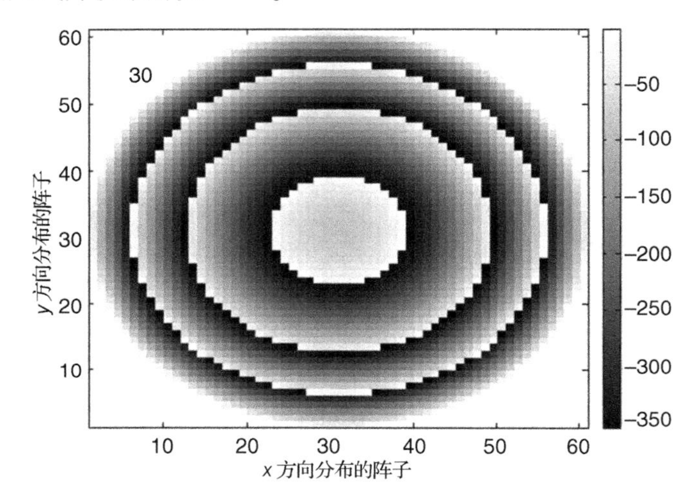

图 10.3 12 GHz 下 84 cm 的圆形反射天线阵要求满足的相位分布

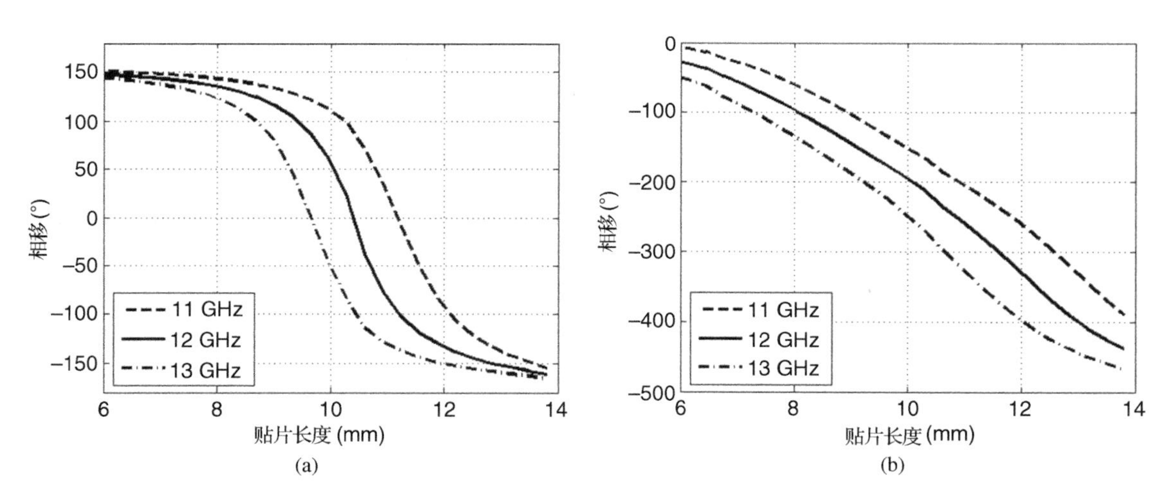

图 10.4 垂直入射下周期分布的阵列($p_x=p_y=14$ mm)的相移，阵列有一到两层($\varepsilon_r=1.05$)，根据贴片尺寸印刷方形贴片。(a)一层贴片($t=1$mm)；(b)两层贴片($t_1=t_2=3$mm, $a_1=0.7a_2$)

当反射天线阵的单元格子中有两层或多层导电贴片时，如图 10.5(a)所示，每个贴片都表现得像一个谐振器，于是反射场的相位随贴片尺寸变化的规律和一层贴片时的规律相似，只是相移可能是360°的几倍。因此，对于多层天线阵，可以通过增加层与层之间的间隔和增加第一层与金属板之间的间隔来产生作为贴片尺寸函数的相位的更平滑和线性度更好的变化性能，同时维持相移的范围大于360°。图 10.4(b)展示了三个频点下接地板上有两层天线时，不同贴片尺寸下的相位曲线，这里的间隙取3 mm厚。对于这个两层结构，相位变化在360°范围内线性度很高，而且在三个频点上特性相似。这表明单元的带宽得到了显著改善。另外，相位变化斜率(65°/ mm)也比单层的相位响应(135°/ mm)小得多。于是，贴片制造时长度的一个0.1 mm的误差将会在相位中产生只有6.5°的误差，这说明相位对制造误差不太敏感。当使用一个有可变尺寸贴片的三层天线时，其相位响应的斜率更高而且相位变化的范围更大(大于360°的两倍)。这为三层天线的尺寸调整提供了更多的自由度，这利用文献[24，33 ~36]中的优化程序来增加天线带宽。

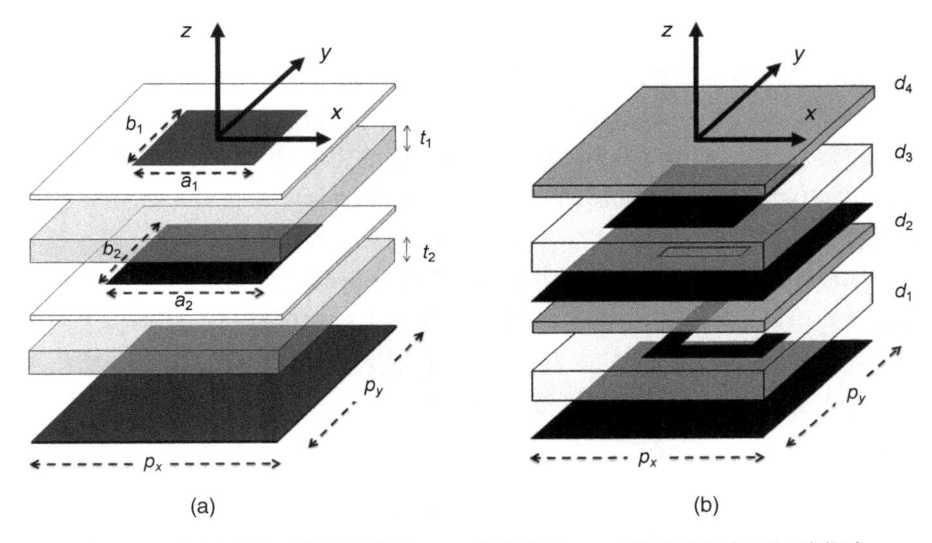

图 10.5　多层反射天线阵的阵子。(a)块状贴片；(b)贴片孔径与延迟线耦合

另一个多层反射天线阵单元格的实现方式是利用贴片孔径与不同长度短截线耦合来解决加上短截线带来的问题[25]，如图 10.5(b)所示。在这种实现方式下，像加上短截线的贴片一样，获得正比于短截线长度的相位的延迟。孔径耦合的单元与加上短截线的单元相比有几个优点，这可以从印刷天线阵中体现出来。第一，有更多的空间来布更长的线以增加相位延迟的范围[72]；第二，短截线产生的寄生辐射出现在与天线波束相反的方向，不会影响天线的方向图；第三，这种实现方式非常适合于在微带线中引入有源元件或可控移相器来扫描波束或重构波束。反射天线阵的单元可以利用调整几何长度来设计，以提供宽带的单元和作为短截线长度函数的线性相位响应[73]，通过补偿某些寄生效应也可使相位延迟范围大于360°[74]。

10.3　分析与设计技术

为了设计反射天线阵，我们需要能通过改变一些单元网格的几何参数来实现任意的相移，例如，改变贴片的尺寸、短截线的长度或贴片的旋转角。分析与设计反射天线阵的第一步是表征反射单元，即对于一个给定几何尺寸的反射单元，要准确预测其相移和每种极化下的损耗。第二步，通过调整周期性单元网格中的一些几何参数来改善相移和带宽特性。一旦单元的参数被完全确定，就可以通过调整每个单元上的相移来设计能够提供聚焦的或有特定形状波束的反射天线阵。最后，天线的方向图包括共极化或交叉极化的分量必须被精确计算来估计天线的性能。这些方面都在本节给出更详细的讨论。

10.3.1 反射天线单元的分析与设计

虽然反射天线的单元特性可以利用简单电路模型[14, 15]一阶近似地表征，但是为了准确算出单元产生的相移、损耗、交叉极化，需要进行全电磁场分析[19, 70]。反射单元可以作为孤立的单元分析[15]或处在阵列环境下分析[19, 23]。在周期性环境下对反射天线单元特性的分析是十分准确的[77]，因为它本身就在假定局部周期性的前提下自动考虑了单元的互耦。在假定贴片或孔径组成一层或多层平面阵的条件下，矩量法的频域分析法(SD-MoM)[78, 79]对于周期结构下的全波分析十分有效[79]。

一些关于反射天线阵移相器的最有前途的概念，例如尺寸可变的贴片叠加[23, 24]和孔径耦合贴片[25, 72]，可以认为是由金属贴片或在接地面内的孔径做成的周期性表面并用介质层分开的多层结构。可以利用文献[79]提出的模块法分析多层周期结构，这个分析方法是用一个广义的(或多模的)矩阵描述每层阵列的特性，再通过级联的方式分析整个结构。这个方法可以灵活地分析各种几何形式的结构，因为描述每层阵列的矩阵是独立计算的，用于像一块积木一样来分析整个多层结构。这种模块分析法最初是用于分析频率选择表面(FSS)的，现在用来设计火星和金星飞船中的双频副反射面[80, 81]并得到了令人满意的结果。这项技术已被用于分析两种反射阵天线单元：孔径耦合的短截线型和尺寸可变层叠贴片型。这两种移相单元在带宽和多倍360°相位延迟范围方面都得到了极大的改善。

10.3.1.1 尺寸可变层叠贴片的分析和设计

人们已经完成了对基于两到三层可变尺寸贴片的反射天线单元的相位响应和电阻性损耗的研究。一个两层的单元可以提供一个带宽为16%的线性相位变化，如图10.4(b)所示，这已经在10.2节介绍过了。

通过选择合适的分离层(Rohacell型或蜂巢型)厚度，每层中贴片尺寸之间合适的周期和比例，三层可变尺寸贴片的反射天线单元可以在很宽的相位范围内(大于两倍的360°)提供一个宽带的相位响应。考虑一个14 mm×14 mm的周期性单元格和Rohacell型3 mm厚的分离层，通过改变层叠贴片的相对尺寸对参数进行了分析，并选择了下列比例：$a_2=b_2=0.9b_3$，$a_1=b_1=0.7b_3$，$a_3=b_3$。图10.6展示了三个不同频点上反射系数的相位与贴片边尺寸的函数关系。这种情况下考虑了垂直入射并认为两种极化方式下的相位是相同的。然而，不同极化方式下相移随入射角的变化不同。在电场沿x和y方向的条件下，40°入射在两种极化方式下相移的差异会大于60°($\theta_i=40°$，$\varphi_i=0°$)。这些结论说明精确分析反射天线阵时，每个反射天线阵单元的实际入射角和场的极化方式都需要被考虑。

10.3.1.2 孔径与延迟线耦合贴片的分析与设计

孔径耦合的贴片，如图10.5(b)所示，被广泛用于微带天线。调整其几何参数可以使它与微带馈线匹配良好。然而，当反射天线单元的设计方式与设计发射贴片的方式相同时(即从微带线激励时返程损耗很低)，由于结构带来的谐振，相位响应会与理想延迟线[72]不同。这种影响可以通过设计合适的单元来减小[73]。

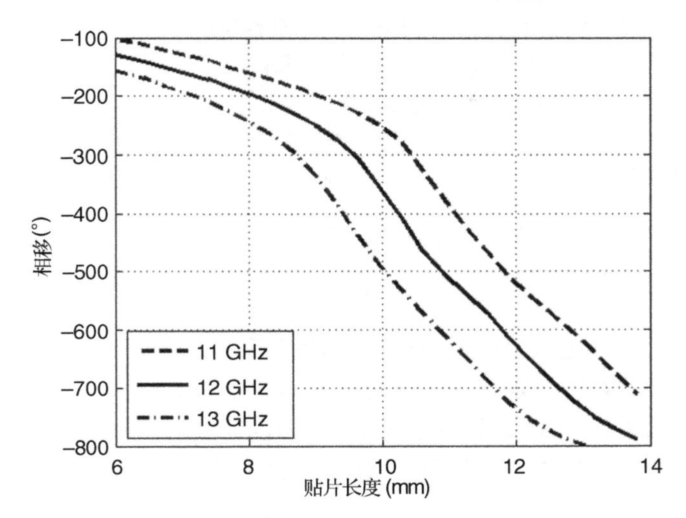

图 10.6　垂直入射下一个三层($\varepsilon_r=1.05$)的周期性阵列($p_x=p_y=14$ mm)的相移，针对不同频率印刷不同尺寸a_3的方形贴片($t_1=t_2=t_3=3$ mm，$a_1=0.7a_3$，$a_2=0.9a_3$)

为了反射天线单元的宽带特性，相位曲线随短截线长度的变化应该是线性的，在不同频率下只有轻微的差别，正如理想的延迟线一样($-2\beta L$，其中β是传播常数，L是线长)。通过调整短截线和槽的尺寸可以改善孔径耦合单元的带宽。从匹配的孔径耦合单元的几何参数开始，匹配的短截线和槽的长度稍加调整，直到作为延迟线长度的函数的相位曲线是线性的为止。表 10.1 是调整后的反射天线阵单元的结果，其垂直入射时的相位曲线是利用文献[79]中的全波法得到的，五个频点的结果如图 10.7 所示。对于大于 20% 的带宽(9.15 ~ 11.50 GHz)，在 600°范围内相位曲线接近于理想相位延迟($-2\beta L$)，尤其是在 9.76 ~ 10.65 GHz 范围内相移实际上完全与理想条件下的相移一致。注意到这里所描述的孔径耦合单元的相位只适于一个线极化的条件，此时y方向的电场如图 10.5(b)所示。然而，在一边增加一个垂直方向的槽与另一个延迟线的正交电场的能量耦合，可以使单元设计成可用于双线极化的环境。

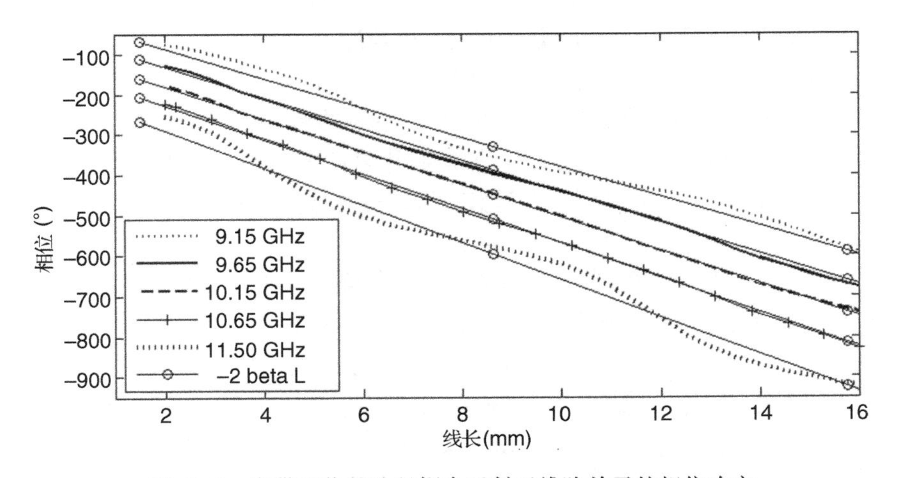

图 10.7　宽带工作的孔径耦合反射天线阵单元的相位响应

表 10.1　孔径耦合反射天线阵子的参数

金属层	X(mm)	Y(mm)	介质层	厚度(mm)	ε_r	tanδ
线	1.50	1.50(短截线)+一定误差	d1	7.700	1.067	0.0002
槽	7.00	1.00	d2	0.508	3.380	0.0050
贴片	9.30	9.30	d3	2.000	1.067	0.0002
周期	16.5	16.5	d4	0.508	3.380	0.0050

10.3.2　反射天线阵的设计与分析

一旦设计好低损耗和一定带宽内相位响应平滑的反射天线阵单元，下一步就是适当调整设计中用的几何参数来设计产生聚焦的或特定形状波束的反射天线阵。虽然直接利用垂直入射时的相位曲线可以简单地完成设计，但是更精确的设计必须要在考虑实际入射角和场的极化方式条件下调整每个单元的相位。反射天线阵的设计可以分为以下几步。

1. **确定每个单元的相移**：一旦工作频率、馈源位置、等形波束的指向被确定，每个反射天线阵子应引入的相移以产生相位递增的反射波就可以由式(10.2)确定。对入射场的每种极化方式要确定相位分布。
2. **在中心频率上调整每个单元的几何参数**：这一步中可变尺寸贴片的大小或孔径耦合单元的线长，需要调整到合适的数值来提供上一步中确定的每个单元在指定频率上的相位。可以用一个优化程序来调整贴片(延迟线)大小。这种程序迭代地调用分析程序，在考虑初级馈源的入射角和场的极化方式条件下，调整每个单元的尺寸直到满足步骤 1 中确定的相位为止。这个过程需要对每种极化方式和反射天线中的每个单元都做一遍。
3. **精细调整以满足工作频段的技术要求**：上面单频点下的设计可以通过进一步优化控制相位的尺寸扩展到其他频率，后面我们会深入讨论这一点。在这步中，我们用一个优化程序调整尺寸以同时满足反射天线阵工作带宽下多个频率对相位的要求。

当反射天线阵完全设计完成，所有的尺寸都已经确定时，一个反射天线阵分析的重要方面是辐射方向图的精确计算，包括共极化和正交极化分量的情况。因为反射天线阵是用非理想的单元来实现要求的相位分布，所以每个单元需要在局部周期性条件下独立进行分析，即考虑一个周期单元，其尺寸、入射角、入射场极化方式都是这一个特定阵子的。局部周期性分析方法对于孔径耦合或加上不同长度短截线的印刷贴片都十分准确，因为这些贴片大小都一样，而且各个单元只有短截线的长度不同。对于尺寸可变贴片的单元，这种方法只在相邻单元的贴片尺寸是平滑变化时才准确，因为它考虑了所有贴片之间的互耦。局部周期性分析方法在用于 DBS 的多个等场强线波束天线[34, 36]的设计时很令人满意，它能提供的很准确的天线的方向图计算。

对于天线的分析，一般把馈源描述为 $\cos^q(\theta)$ 式的函数，但是在一些情况下反射天线单元不在馈源喇叭的远场中。这时每个反射天线单元的入射场的计算就需要考虑馈源辐射的近场[82]，这个场可以通过全波仿真或测量得到。假设馈源可以辐射双线极化波，其到达反射阵表面时电场切线主要指向 X_R 或 Y_R 方向，如图 10.1 所示，独立地照射在每个反射阵单元(i)上的不同极化记为 X/Y 的切向电场，反射天线阵系统切向电场在笛卡儿坐标系下有：

$$\mathbf{E}_I^{X/Y}(i) = E_{Ix}^{X/Y}(i)\hat{x} + E_{Iy}^{X/Y}(i)\hat{y} \tag{10.3}$$

注意，X/Y 极化下的入射场两个分量都有。即使入射场主要是沿着 X_R/Y_R 方向的，它仍然有很小的分量指向垂直方向，这就是在平面外入射场投影到反射天线阵平面上产生的交叉极化结果。反射波在每个单元(i)的切向电场等于入射场乘以周期环境下单元分析得到的反射矩阵 $\mathbf{R}^i$[79]：

$$\mathbf{E}_R^{X/Y}(i) = \mathbf{R}^i \cdot \mathbf{E}_I^{X/Y}(i) \tag{10.4}$$

其中，矩阵 $\mathbf{R}^i$ 考虑笛卡儿坐标系下印刷阵子产生的交叉极化。

反射天线的方向图可以容易地用式(10.4)中反射电场的切向分量计算获得，正如文献[71]中在第 64 ~ 72 页说明的一样。根据 Ludwig 第三定义[83]共极化和交叉极化分量可以用快速傅里叶变换计算以提高计算效率。天线增益，包括溢出、照射和耗散性损耗，可以根据馈源的输入功率除辐射场的平方计算得到。

这种数值计算方法是十分高效的，因为它在周期环境下假设只需对每个阵子进行分析来计算各个单元上的反射场幅度和相位，然后用 FFT 和简单的代数运算得到阵列的辐射方向图。这个方法忽略了馈源直接辐射的剩余后向辐射场和在反射阵天线边缘的衍射，但这些影响在实际中都是不大的，因为波纹喇叭产生的信号具有低副瓣而且反射天线阵边缘得到的照射功率较低。综上所述，这个方法可以准确计算共极化和交叉极化的方向图、损耗、方向性和天线增益，正如许多关于等场强线波束通信天线[82, 84, 85]和 DBS[34, 36]的演示所展示的那样。

作为另一种局部周期性方法，各种不同的全波分析技术被用于分析整个反射天线阵[86 ~ 88]。这些方法考虑了所有单元两两之间的耦合，于是计算时间被大大提高。全波分析技术适用于精确分析反射天线阵，但是把它用于优化需要大量的运算时间，因此该技术并不实用。

10.3.3　宽带技术

带宽的限制是反射天线阵的固有缺陷，近年来人们花了大量精力来改善它的带宽。反射天线阵的带宽主要受限于文献[68]中提出的两个因素：一个是印刷辐射单元本身的窄带特性，另一个是馈源辐射的波束的波前到各个阵子的不同距离导致不同相位延迟的差别。

10.3.3.1　宽带反射天线阵单元

对于中等尺寸的反射天线阵，印刷阵子带来的带宽限制是最严重的问题[69]。因为一般的反射天线阵单元是将微带贴片印刷在一个很薄的介质层上，因此其很窄的带宽(3% ~5%)限制了整个阵列的带宽。为了克服这个问题，人们近年来提出了各种类型的反射天线阵单元来改善印刷阵列的单元带宽。

当利用改变印刷阵子的谐振长度来进行相位控制时，人们提出了几种方案来改善单元的带宽，包括层叠多个贴片[23, 24, 89, 90]，改变导电贴片的几何参数[91, 92]，或者在一层阵列中采用多谐振的单元[93 ~ 97]。层叠的矩形金属贴片[23, 24]或环[89, 90]被提出用于宽带反射天线阵单元，调整其谐振频率以改善相位曲线的线性度。类似地，在同一层介质上有多个谐振偶极子或交叉环的反射天线阵单元也被提出[93 ~ 97]，此时调整其平行偶极子[93 ~ 96]或同心环[9]的相对长度可以改善反射天线单元的带宽。基于三个偶极子的反射天线阵单元曾被用于设计 300 GHz[95]和 77 GHz 下的折叠[96]反射天线阵。另外，基于双交叉环的反射天线阵也被设计、测量和制造[97]。

基于单层介质上多谐振印刷单元的反射天线阵很容易制造，并设计成能够提供 10% 的带宽。另一方面，基于两到三种尺寸贴片[23, 24]或孔径与延迟线耦合贴片[73]的多层反射天线阵能获得更宽的带宽。例如，10.3.1 节描述的宽带孔径耦合反射天线阵单元，和理想相位延迟曲线相比可以提供 20% 的带宽，如图 10.7 所示。

对于基于两层可变尺寸贴片的反射天线阵单元，如图 10.5(a)所示，可以调整每层间隔 t_1 和 t_2的厚度以及贴片的相对尺寸，来获得在不同入射角或不同频率上都是作为贴片尺寸函数的线性相位，其相位变化范围大于 360°。图 10.4(b)展示了垂直入射下一个两层单元的相位曲线，其周期是 14 mm×14 mm，间隔是 3 mm 厚的 Rohacell HF-31 型介质。注意，相位曲线在 11～13 GHz 频段(16%)内是平滑的。一个 40 cm 的反射天线阵就是用这种单元设计、制造、测量的。文献[23]报告的结论是可以达到 16.7% 的带宽(11～13 GHz)，增益变化小于 1.5 dB，这相比于其他 X 波段的单层反射天线阵带宽已经获得了极大改善。

10.3.3.2 大型反射天线阵的宽带技术

在空间应用中会用到的大型反射天线阵的带宽，因为不同的路径长度它的带宽会急剧减小，正如文献[68]中所述。抛物反射面天线利用物理曲率使馈源过来的信号都相等并形成平面波前。这是真正的延迟补偿方法，从原理上说是与频率无关的。对于大孔径天线，抛物反射面中产生相位延迟的路径长度比一个波长大得多。然而，反射天线阵子的相移范围限制在 360°内，并且相位延迟只在中心频率被补偿。对于大量的相位延迟，另一个频率上的相位误差会增大，同时相位补偿只在一个很窄的频段内有效。这个限制对于电大尺度的天线来说是很严峻的，如在空间天线应用的情况下那样。

人们提出过一些新的宽带技术来减小差分空间相位延迟的影响。第一个是补偿空间相位延迟，在指定频段下，由三层可变贴片[24]产生的相位延迟正比于两倍从反射天线阵到等效抛物表面的路径长度。第二种技术是利用长度在几个波长范围内变化的短截线[74]，实现一个延迟线来在整个范围内(多个 360°)补偿每个阵子的实际相位延迟。第三种方法是利用多面体构型，用多个平面来近似抛物表面[98]。

平面反射天线阵中单元(i)要求的相位延迟 $\phi_{di}(f)$(不限于 360°范围)用于确定两个不同频点f_1和f_2下的相位差异。为了设计一个由极端频点f_1和f_2确定的频段下的反射天线阵，需要用 Fletcher Powell 算法对两种线极化优化三层叠贴片的尺寸，来同时对每个阵子(i)匹配在中心频率 ϕ_{oi}的相移(范围在 360°内)和文献[24]中由 $D_{di}(f_1, f_2) = \phi_{di}(f_1) - \phi_{di}(f_2)$定义的相位延迟差。已证明要提供足够的自由度去匹配多个频点需要的相位至少为三层叠贴片。依照这种优化过程，可以通过补偿5×360°范围内的相位延迟，对一个 12 GHz 下 1 m 的反射天线阵达到了 10% 的带宽，这个天线的几何构型在文献[24]中有详细的描述。图 10.8 显示了优化前后在中心频率和其他几个频点下 X 极化的 x-z 平面上的方向图，正交极化的方向图与其很相似。对于优化前的反射天线阵，方向图在这个波段内变差，增益会有 6 dB 的缩减，然而优化后的反射天线阵可以获得稳定的增益，其变化只有 0.5 dB。这些结果表明可以通过优化程序在频段内获得合适的相位分布从而大大改进大型反射天线阵带宽。对于带宽大于 10% 的情况，在极端频点匹配的相位差不足以确保天线在整个频段内有好的性能，于是文献[35，36]提出相位延迟必须在频段内的几个频点得到补偿。

基于 10.3.3.1 节介绍的孔径与延迟线耦合印刷贴片的反射天线阵单元，可用于实现几个 360°范围内真正的时间延迟(TTD)。如图 10.5(b)所示，延迟线可以做成弯曲的来增加相位延迟的范围[74]。图 10.7 中的相位曲线可以在 U 形延迟线条件下被扩展，如图 10.9(a)所示。那时，相位延迟的范围从 640°增加到 1080°(三个循环)，同时损耗也随线长稍有增加，但是它仍小于 0.5 dB。

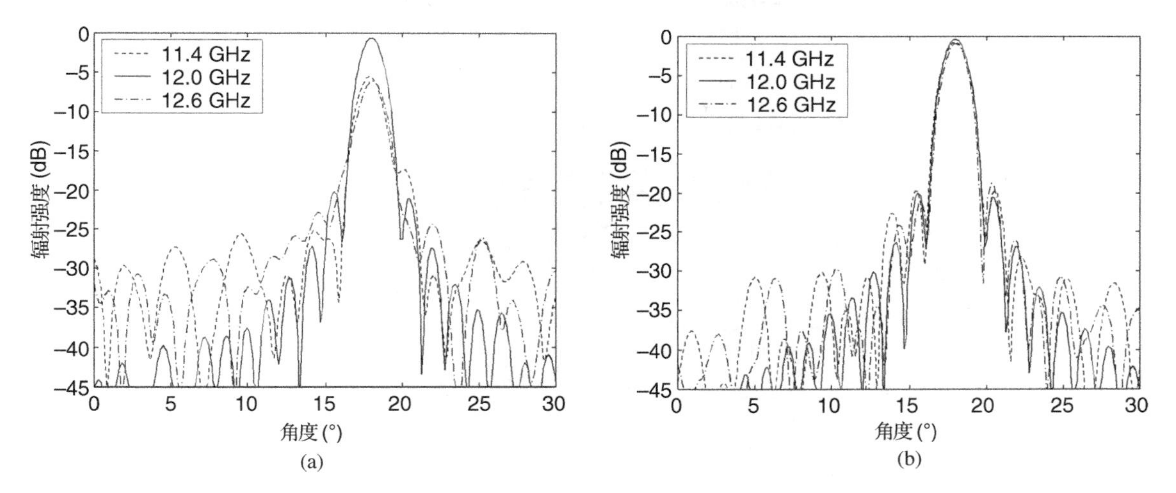

图 10.8　11.4 ~ 12.6 GHz 频段下 1 m 的反射天线阵的方向图。(a)优化前的反射天线阵；(b)优化后的反射天线阵。摘自文献[24]

相对于反射天线阵中心，馈源的相位中心放在坐标(-288, 0, 793) mm 处，利用前面介绍的孔径耦合阵子设计了一个 80 cm 的反射天线阵来在 9.65 GHz 产生笔形波束，波束指向 $\theta_0 = 18°$，$\varphi_0 = 0°$。反射天线阵在两种情况下进行了设计：一种是传统的，是截取在 360°范围内的相位分布，另一种是相位延迟范围在三个 360°。用 10.3.2 节介绍的方法计算了两种情况下的方向图，实际上它们在 9.65 GHz 上对两种相位分布几乎完全一样，但一旦频率变化，相位约束在 360°内的反射天线阵的方向图会形变得更快。为了评估 TTD 对带宽的改善程度，图 10.9(b)比较了 8.5 ~ 11.90 GHz 频段下两种反射天线阵的天线增益，同时也画出了两种理想情况的图作为参考。在第一种理想条件下，相位限制在 360°范围内，反射天线阵单元都认为是理想的，提供和频率独立的相移。第二种理想条件假设用 TTD 获得一个理想的相位分布。两种理想曲线形状在中心频率下相同，它们的差异体现了反射天线阵中差分相位延迟产生的增益的降低。注意，截断相位下反射天线阵增益的变化量与理想条件下截断相位的结果相似，但是电阻损耗(0.5 dB)和一些频点下单元相位的畸变会使其增益略微减小，如图 10.9(a)所示。另一方面，TTD 反射天线阵的增益变化也与 9.2 ~ 10.8 GHz 频段下理想的 TTD 结果相似，只是其增益会小 1 dB，这是由于电阻损耗和中心频率外的小相位误差造成的。对于频带边缘的频点，增益下降得更快，因为单元的相位与理想相位差距很大，如图 10.9(b)所示。这些结果说明 TTD 显著改善了带宽。例如，当 TTD 技术用于反射天线阵时，增益变化是 0.3 dB 的带宽从 10.1% 增加到 20%。

之前的技术可以对某些天线尺寸的相位延迟进行补偿，尺寸由有限个 360°所限制。延迟线的长度受限于短截线的可用空间，同时三层反射天线阵则受限于优化三种贴片时相位延迟的补偿能力。对于孔径小于 70 个波长的反射天线阵，假设焦距与孔径直径等长，那么两种技术中的相位延迟都可以在 10% 的带宽范围内被补偿。

对于更大的反射天线阵，一个可能使带宽达到 10% 的方法是用多个小平面反射阵结构去近似搭建一个抛物面，使得 360°周期数限制在每个平面内[98]。图 10.10 展示了三种可能的结构：从最简单的一维排列到一个更复杂的类似于雨伞的圆周结构。每个小平面都是一个反射天线阵，用于引入需要的相位延迟来模拟实际的抛物面或形成赋形波束。多小平面近似结构也可以使用前面的技术来补偿一定带宽内的相位延迟，所以可以减少平面的个数来减少天线的制造和展开难度，如图10.10(a)和(b)所示。多平面结构为大口径天线的折叠和展开提供了可能。

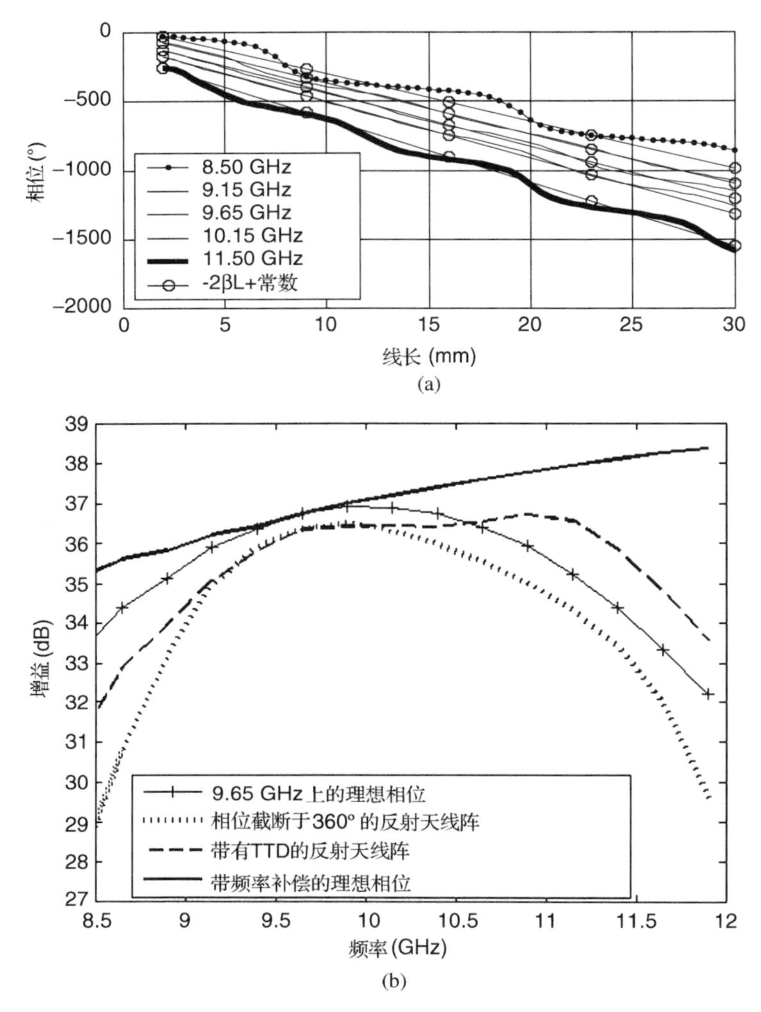

图10.9 实时延迟反射天线阵。(a)相位随线长的变化曲线;(b)不同条件下天线增益随频率的变化。摘自文献[74]

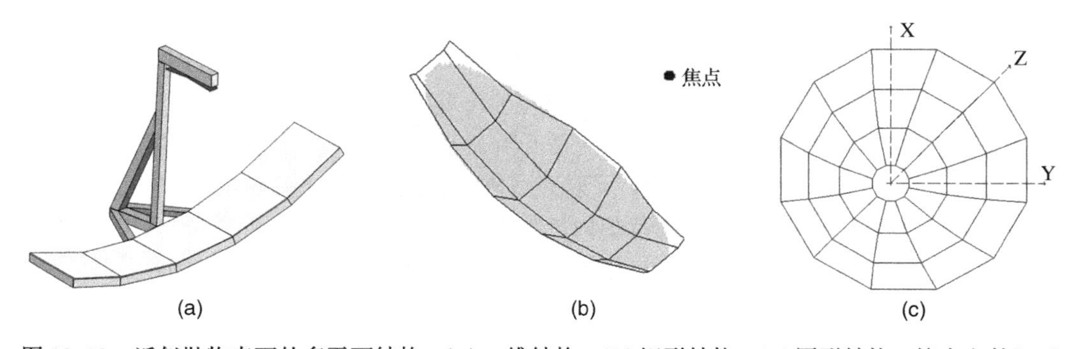

图10.10 近似抛物表面的多平面结构。(a)一维结构;(b)矩形结构;(c)圆形结构。摘自文献[71]

10.4　通信卫星和广播卫星的反射天线阵

航天器上对用于卫星广播通信的天线的要求是很苛刻的，比如等场强线波束的形状要能够覆盖预先定义的地理区域(一般是双极化的)，其他地理区域中同极化隔离和一些情况下收发同时工作。目前，赋形的反射面已经被很好地用于许多场合来满足覆盖、交叉极化和收发带宽内隔离的要求。然而，反射面天线的主要缺点在于赋形反射面专用模具的制造，模具的形状是由天线的要求决定的，因此不能在其他场合使用，这提高了天线的制造成本和时间。等场强线波束的印刷反射天线阵可以作为一种航天器上赋形的反射面的替代，由于其不需要定制的模具，因此成本低廉、制造周期短。注意，当一个反射天线阵用于覆盖特定区域时，只需要改变印刷贴片或线的尺寸而不需要改变结构面板，于是机械模型和测试可以被用于各种不同的任务，从而降低天线成本。

单层[32]或三层[33~36]可变尺寸贴片构成的等场强线波束反射天线阵已经成功设计并出现在 DBS 的应用中。虽然窄带宽限制了反射天线阵的性能，但是前面几节介绍的技术可以用来改进大型反射天线阵的带宽。优化三层结构中的贴片尺寸来补偿空间相位延迟的技术曾用在几个 DBS 反射天线阵演示器中[33~36]，本节下面将会继续说明。

10.4.1　等场强线波束反射天线阵

在反射天线阵每个单元上实施合适的相移可以很容易地产生等场强线波束。初级馈源过来的入射场到每个单元的幅度是固定的，要产生赋形的波束只能靠调整相位。早在 1993 年，已经报告了一个方向图呈余割平方[99]规律的等场强线波束反射天线阵。后来又报告了 DBS 应用下的反射天线阵演示器[32]。在那种情况下，这个反射天线阵是用之前制造的用一个 Ku 波段的欧洲 DBS 的赋形的反射面构建的，从赋形的表面到反射天线阵安装平面的距离，获得了 14 GHz 下要求的各个反射天线阵单元的相移。这个设计中的巨大进步是通过方向图的合成技术直接获得反射天线阵上的相位分布，而不需要先设计一个赋形的反射面[100]。与利用传统反射器构建特定的表面相比，把方向图合成技术用于赋形波束的反射天线阵比常规的反射面赋形具有一些优势。第一，相位合成不受几何参数的限制，因此可以更加灵活地合成任意要求的辐射方向图。在等场强波束反射天线阵中，每种极化的相位可以被独立地合成，甚至可以像文献[34]中一样每种极化都产生一个不同的方向图。同时，每种极化下实际到达反射天线阵单元的入射场都可以在方向图合成中被考虑，这就可以计入馈源喇叭辐射的近场的影响[82]或包括对每种极化有单独的馈源[34]。另外，反射天线阵也可以设计成能改变极化，例如，给正交的两个线极化中的一个增加 90°相移把线极化变为圆极化。

在反射天线阵中，辐射方向图的合成是受馈源限制的，因为它决定了入射场到达各个天线单元的幅度，只有相位的分布可以改变。为了实现要求的相移分布，需要调整单元中相关的几何参数的尺寸。如果要直接同时迭代来优化所有阵子参数以获得等场强线方向图的要求，则需要庞大且价格不可接受的计算量，因为在每次方向图合成的迭代中，它要求分析所有的单元(在空间应用中可能有几千个)来计算辐射方向图。文献[33]提出了一个有效的替代方法，即把设计过程分为两步。第一步，假定反射天线阵表面上有由馈源方向图决定的固定幅度分布，然后只需用相位的合成技术来计算产生需要的等场强波束方向图在每个反射天线阵单元上的反射场相位。第二步，一个单元一个单元地优化贴片尺寸来获得前面计算的相位分布和指定带宽下的频率变化，后面的过程与10.3.3.2节介绍的一样。

在反射天线阵中唯一要优化的变量是每个单元上的相移。于是一种叫作仅相位合成的技术被用于综合要求的方向图。人们开发了仅相位（phase-only）合成技术来利用相控阵获得赋形的波束[101~104]。相同的技术也可用于反射天线阵，但是会存在更多的问题，因为反射天线阵中单元的数目很大，尤其是空间中的天线阵。因此，只有十分高效的技术才能处理反射天线阵方向图合成中的几千个变量。一种称为交集方法的仅相位合成技术最初是开发用于相控阵的[103]。这种技术现在已经被成功用于等场强波束DBS天线的反射阵[33~36, 100, 105, 106]的设计和干涉仪合成孔径雷达（SAR）[107]。

在实际任务中，必须满足在指定频段内或两个分开的发射/接收频段内等形成场强线波束的要求。这时，等场强线波束反射天线阵必须按指定的频率设计。在这种情况下，必须利用文献[108, 109]提出的方法算出工作频段内的多个频点上都满足需要的反射天线阵上的相移分布。然后优化反射天线阵单元来提供这些相位分布。方向图合成和10.3.3.2节介绍的贴片尺寸的宽带优化已经被用于设计一些DBS用的赋形波束反射天线阵[33~36]，这里介绍其中的两个天线作为例子。在这两个例子中，反射天线阵都是由三层印刷矩形贴片构成的，其中每个单元的三个贴片尺寸都被优化以保证工作频段内多个频点的所需覆盖。

10.4.2 双极化覆盖的发射天线

第一个例子是一个DBS发射天线的试验模型，它可以从5°W轨道位置的卫星用每种极化[34]进行不同的覆盖。在平行极化方式下，天线需要在11.45~12.75 GHz频段内对欧洲进行覆盖，而在垂直极化方式下，它需要在一个更窄的频段内（11.45~11.7 GHz）覆盖北美东海岸或邻近东海岸的几个城市（华盛顿、纽约和蒙特利尔）。欧洲的覆盖（见图10.11）包括一个强度是28.5 dBi的中心区域（实线）和一个强度是25.5 dBi的更广阔区域（虚线）。考虑到一般的定位误差（方位向0.1°，俯仰向0.1°，偏航向0.5°），两个区域都被已增大。在反射面技术中，利用一个上面有两个重叠栅的反射面和不同极化方式馈源的双栅反射面来满足这些要求，但是这个反射面成本高、体积大。人们设计了一种只利用一个反射天线阵表面、双馈源的反射天线阵试验模型来提供每种极化方式下要求的覆盖。人们已经利用空间中考验过的技术制造出了这个反射天线阵，并以双栅反射面的天线为参考与之比较。这个试验模型的创新之处在于演示可以用一个反射天线阵产生两种极化分别对应的两个独立的波束，与双栅天线相比大大降低了天线的体积和质量。

由1036 mm×980 mm的椭圆平板构成的反射天线阵与双栅参考天线有着相同的孔径。如图10.12所示，它的两个馈源喇叭放在相位中心 $F_V=(-460,\ 0,\ 887)$ 和 $F_H=(-302,\ 0,\ 898)$（单位为mm）处，分别对应垂直极化和水平极化。反射阵单元的周期是14 mm×14 mm（12.75 GHz下是0.6λ，11.45 GHz下是0.53λ）。对于覆盖欧洲的等场强线波束，人们使用了交集方法来在中心频率获得合适的反射天线阵相位分布。对于垂直极化，可以证实等形波束可以提供最大的增益以满足增益的要求。可以用多频点合成法[108, 109]计算水平极化下频段边缘处的相位要求，这里假设垂直极化下等形波束[24]的相位随频率呈现理想的线性变化。

如图10.13所示，反射天线阵的底板包括一个电路夹层和一个背面用碳纤维塑料（CFRP）制作的加硬用的夹层。电路夹层包括三个印刷在25 μm的Kapton胶片上的三个尺寸可变贴片阵列，这些胶片与三个Kevlar复合材料层黏合在一起并被一个3 mm厚的Nomex蜂巢板分开。材料的细节和反射天线阵平板的拼接见文献[34]。为了减小损耗，可以在Kevlar复合层和

Nomex 蜂巢板的黏合剂中加入低损耗的氰酸酯松香。CFRP 面(图 10.13 的 A 层)被用作接地面，一般来说它会增加约 0.1 dB 的损耗(这是 CFRP 反射面的典型值)。

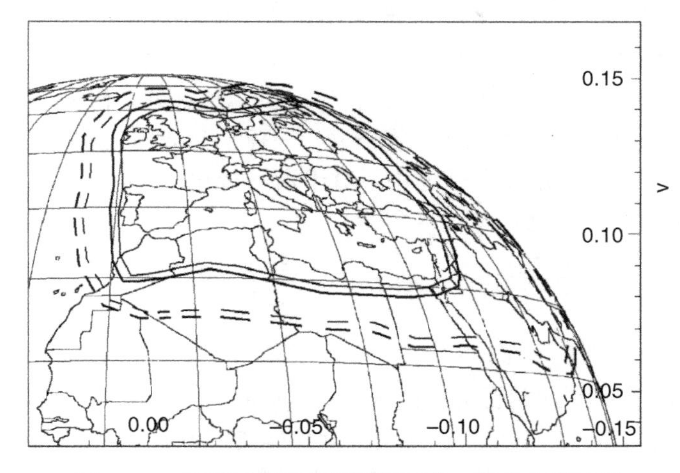

图 10.11　覆盖欧洲的等场强线要求。摘自文献[34]

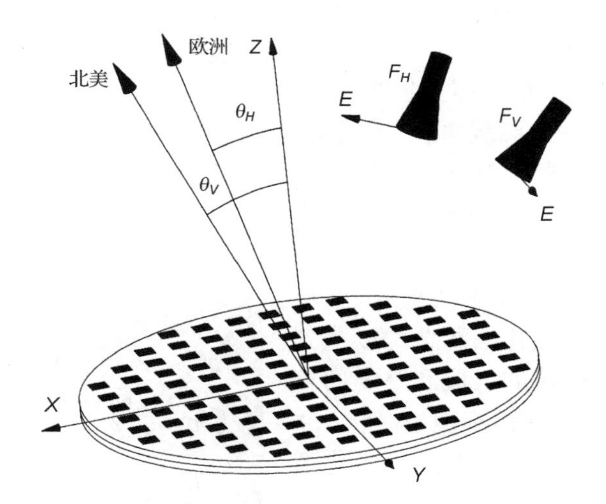

图 10.12　对不同极化提供不同覆盖的反射天线阵结构。摘自文献[34]

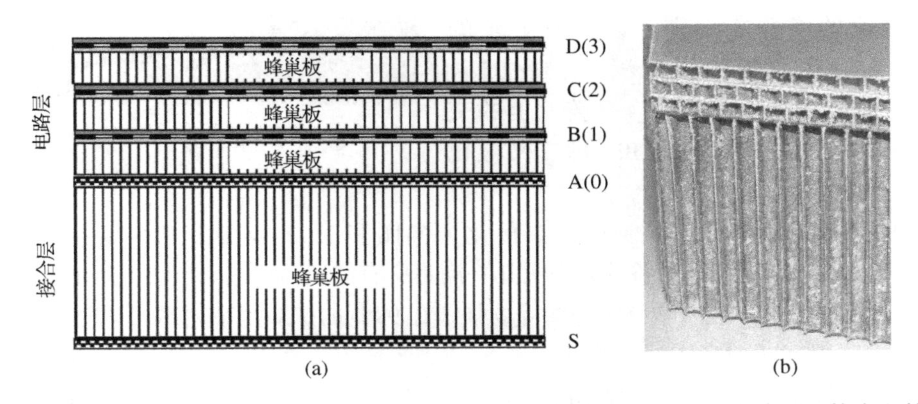

图 10.13　有电路层和加硬层的反射天线阵底板结构。(a)接合处；(b)制造的夹层。摘自文献[34]

一般利用优化矩形贴片的尺寸在每种极化的中心频率和频段边缘下产生合适的相移来设计反射天线阵。首先，调整贴片在 x 方向的尺寸来满足水平极化在 12.1 GHz 下的相移，调整贴片在 y 方向的尺寸来满足垂直极化在 11.575 GHz 下产生等形波束的相位分布，以此完成反射天线阵中心频率下的优化。然后，优化反射天线阵来满足预定的频段内的要求，这一过程和 10.3.3.2 节说明的一致。注意，对于每种极化方式，要求的相移、相位延迟的差异、馈源的位置（入射角度）和反射场的相位是不同的。接下来，一种十分方便的优化方法是选对一种极化方式优化，然后对另一种极化方式进行优化。对于水平极化，设电场在 X_R 方向，优化的方法是将下面的误差函数的值最小化：

$$E_{xi}(a_1,a_2,a_3)=C_1\left(\Phi_{ci}^{x}(f_0)-\Phi_{oi}^{x}(f_0)\right)^2+\sum_{l=1}^{2}\left(C_2\left(D_{ci}^{x}(f_l,f_0)-D_{di}^{x}(f_l,f_0)\right)^2\right) \tag{10.5}$$

其中，$\Phi_{oi}^{x}(f_0)$ 和 $\Phi_{ci}^{x}(f_0)$ 分别表示在第 i 个单元上反射的 x 方向极化电场的目标的和计算的相移，$D_{di}^{x}(f_l,f_0)$ 和 $D_{ci}^{x}(f_l,f_0)$ 分别表示目标的和计算的相位延迟差，由 $D_{di}^{x}(f_l,f_0)=\Phi_{di}^{x}(f_l)-\Phi_{di}^{x}(f_0)$ 和 $D_{ci}^{x}(f_l,f_0)=\Phi_{ci}^{x}(f_l)-\Phi_{ci}^{x}(f_0)$ 定义，C_1 和 C_2 是加权系数，l 是表示频段内每个极端频点的序号。优化完贴片 x 方向的尺寸后，用同样的方法根据垂直极化下的误差函数调整 y 方向的尺寸。注意，在对每种极化方式的优化过程中贴片相互垂直的方向上的尺寸要保持不变。不断对 x 方向尺寸和 y 方向尺寸进行优化，重复几次这个过程，来考虑贴片垂直方向尺寸的轻微影响。经过多次 x 方向（欧洲）和 y 方向（北美）极化的优化后，可以获得最终的贴片尺寸。这个优化过程中用到的分析方法是在频域内的全波矩量法，这里假设每个单元都处于周期性阵列的环境中，考虑了每个单元实际的入射角、入射场的极化方式和夹层结构中所有介质层的影响。根据这种分析方法计算的三层反射天线阵的方向图可以在水平极化下在 11.45 ~ 12.75 GHz 频段内、垂直极化下在 11.05 ~ 12.1 GHz 的频段内基本满足覆盖要求。

每层天线阵是用照像蚀刻的方法制造的，反射天线阵底板是利用多步固化法制造的以达到最大的精度和保证每电路层的组成和厚度的可重复性。如图 10.14 所示，试验模型被总装，并用不同位置下的同一个馈源测试其水平极化下和垂直极化下的性能。

图 10.14　反射天线阵底板

图 10.15 展示了垂直极化下中心频率上共极化和交叉极化的增益方向图。设计所要求的 37 dBi增益不但在全频段得到满足（11.05 ~ 12.1 GHz），而且比要求的更大。覆盖北美的交叉极化电平在全频段都低于 3 dBi，即交叉极化的隔离度大于 34 dB。

图 10.16 比较了水平极化下测得的共极化方向图和 12.1 GHz 下三个增益电平（28 dBi，25 dBi，20 dBi）的仿真结果。增益的方向图几乎满足所有的覆盖要求，与基于矩量法和局部周期分析法的仿真结果非常一致。欧洲中部的等场强线在 99% 的扩展范围内都可以达到 28 dBi 的增益。天线增益比用方向图合成法得到的小 0.5 dB，这是因为有电阻损耗（0.4 dB）和优化后相位中的小误差。图 10.17 显示，增益等高线几乎与 11.7 ~ 13 GHz 下的要求一致。注意，水平极化在频段上有很小的偏移，因为天线试验模型设计工作于 11.45 ~ 12.75 GHz 频段。只在水

平极化下才有频率偏移查出来是因为蜂巢板六边形结构产生的各向异性。实际上当电场方向与条带平行时，介电常数略微大一些，这种现象已经被证实出现于垂直极化中。在天线基板上，两种极化下蜂巢板的介电常数都假定是 $\varepsilon_r = 1.1$，结果一致性对于垂直极化是好的，而对于水平极化则会引起频率的偏移，因为 ε_r 小了。另外，水平极化下 ε_r 的误差同样也是造成等场强方向图出现偏差的原因。

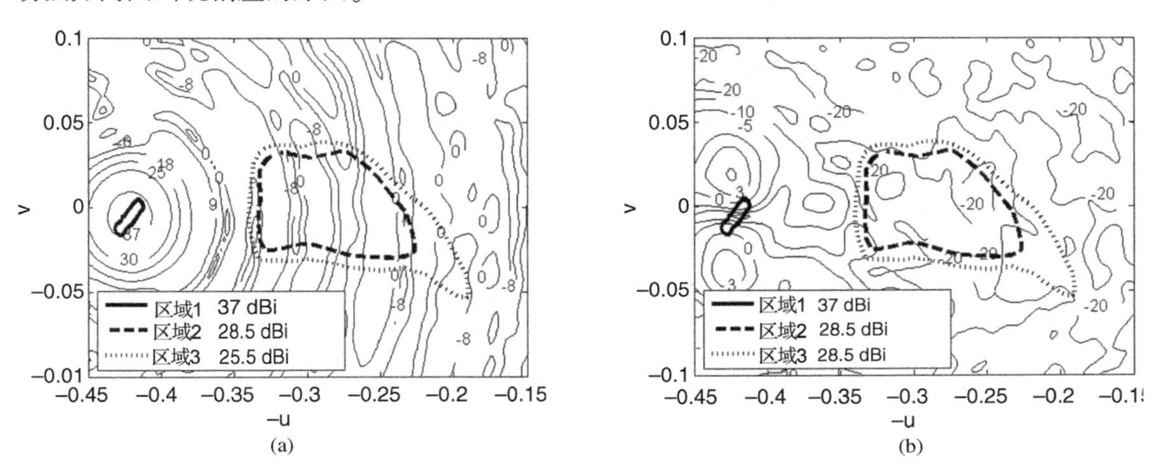

图 10.15　中心频率(11.575 GHz)下测量的垂直极化的等场强图。(a)共极化；(b)交叉极化

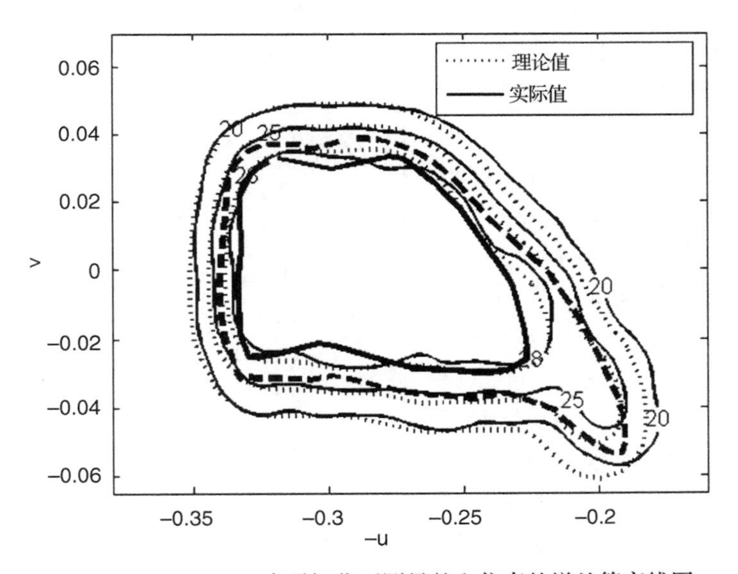

图 10.16　12.1 GHz 水平极化下测量的和仿真的增益等高线图

接下来比较一下反射天线阵与参考的双栅天线的电特性。对于垂直极化下的定向波束，覆盖北美的增益与双栅反射面天线相同。对于水平极化下的等场强波束，其增益比双栅反射面天线略小，并且蜂巢板的各向异性和制造误差使得等强度方向图略有畸变。反射天线阵测出来的损耗(0.35 dB)比双栅反射面天线(前壳 0.10 dB，后壳 0.20 dB)略大。反射天线阵平板的总重量(包括电夹层和结构夹层)是 2.250 kg，即 2.7 kg/m^2，它远远小于双栅反射面天线(双壳结构 4.3 kg/m^2)。反射天线阵的模型对于交叉极化的隔离度很高，不同覆盖的交叉极化隔离度大于 –30 dB。对于两种极化，天线性能在 10% 的带宽内保持稳定。综上所述，反射天

线阵的试验模型使它能够产生两种独立且交叉极化电平隔离度很高的线极化波束，因此反射天线阵可以代替传统交叉极化电平低，但体积大、重量大的双栅反射面天线。

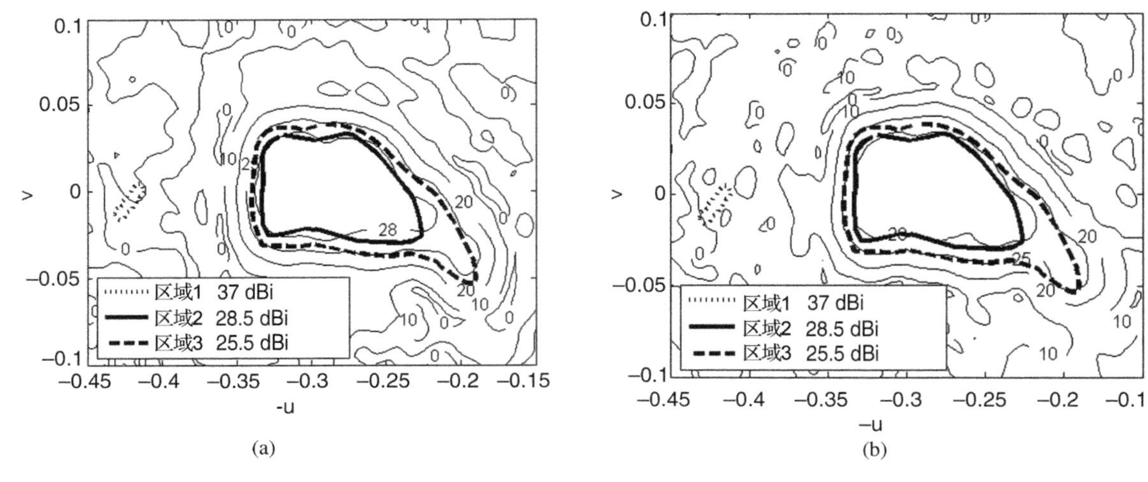

图 10.17　测量的水平极化下边缘频点的同极化增益等高线图。(a)在 11.7 GHz；(b)在 13.0 GHz

10.4.3　覆盖南美的收发天线

虽然在前面的例子中天线只工作在发射模式，但是在通信和 DBS 领域一般使用一个收发(Tx-Rx)功能都有的天线，因为这可以降低系统的体积、质量和成本。第二个例子是文献[36]中报道的一个 1.2 m 的反射天线阵，它可以完成 DBS 中的特定波段(发射 11.7 ~ 12.2 GHz，接收 13.75 ~ 14.25 GHz)的收发要求。实际上一个 DBS 航天器覆盖南美的天线，即 Amazonas 卫星(位于卫星轨道的 61°W 经度处)的“南部全美洲计划(PAN-S)”，要求是一个收发反射天线阵。图 10.18 显示了这颗卫星所支持的 PAN-S 覆盖范围。天线工作在双线极化模式下，即垂直极化和水平极化。表 10.2 给出了每个覆盖地区的增益和交叉极化的要求，以及发射的交叉极化分辨(XPD)的能力和接收的交叉极化隔离度(XPD)的要求。这些要求是必须被满足的，包括天线指向的 0.1°的余量。另外，图 10.18 中指出覆盖欧洲时 30 dB 的交叉极化隔离度也必须被满足。

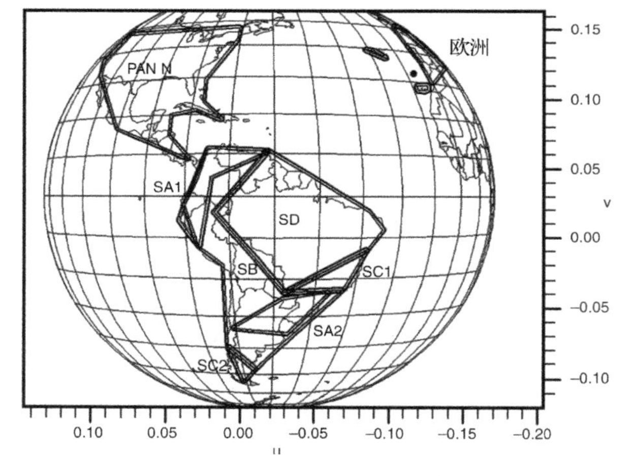

图 10.18　Amazonas 卫星的覆盖范围。摘自文献[36]

PAN-S 项目中星载的实际天线是一个由 1.5 m 赋形的主反射面和一个 50 cm 的副反射面构成的双反射面天线。然而，这个演示天线包含一个小型(1248 mm × 1196 mm)单偏置的椭圆反射天线阵，馈源是一个相位中心在(−373，0，1482) mm 的波纹喇叭。反射天线阵单元由夹在多层结构中的三层尺寸可变矩形铜贴片构成，背面是增强夹层，如图 10.13 所示。夹层的细节和材料见文献[36]。为了避免上个例子中的误差，在这个设计中考虑了蜂巢细微的各向异性。其中，X_R轴定为沿着蜂窝板筋的方向（$\varepsilon_r=1.07$，$\tan\delta=0.0009$）。Y_R轴定为与蜂窝板筋的方向垂直（$\varepsilon_r=1.05$，$\tan\delta=0.0004$）。

研究完参数的性质后，就定义了反射天线阵单元，要求收发频段内的相位是线性变化的、损耗小、交叉极化小。周期定为 13 mm × 13 mm，蜂巢的厚度定为 3 mm。图 10.19 展示了收发频段内几乎呈线性的相位响应，其中参数比例为：$a_1=b_1=0.7b_3$，$a_2=b_2=0.9b_3$，$a_3=b_3$。这个曲线是在周期结构假设下利用 SD-MoM 技术[79]对多角度入射计算得到的。入射角在两个频段中可以引起大至 100°的相位变化，因此设计过程中必须考虑到这一点。损耗小于 0.25 dB，两个频段内的相位变化范围约有 600°。注意，上面的每层的尺寸比例只是在 11.95 GHz 下设计的第一步，即优化的初始值。然而，所有贴片的尺寸在优化过程中都被独立优化，于是上面的设计的尺寸比例这里不再保持。

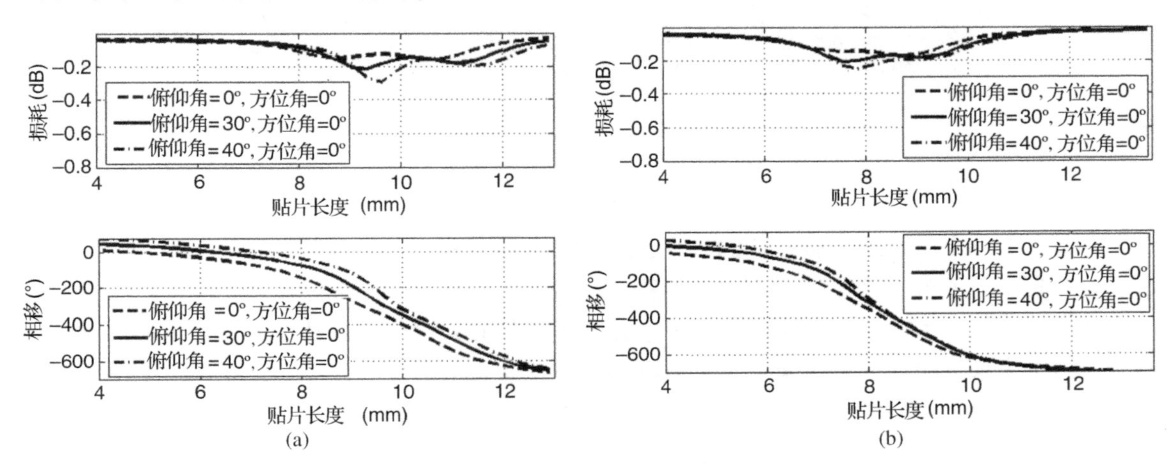

图 10.19　SD-MoM 计算的不同入射角下的电阻损耗和相移。(a)在 11.95 GHz；(b)在 14.00 GHz

为了满足表 10.2 中的严格覆盖要求，要先在发射的中心频率（11.95 GHz）下使用基于交集法的方向图合成技术来获得反射天线阵表面的相位分布，以产生要求的赋形波束。方向图合成中和欧洲部分的隔离可以通过加上要求中的欧洲区并强制在这些区域的辐射强度低于 0 dBi 来实现。波纹喇叭辐射的近场可以通过全波商业软件[110]来计算，并在反射天线阵的精确设计中用作照射在单元上的入射场。在 11.95 GHz 下用交集法设计出满足隔离度要求的单元后，所获得的水平极化下相位分布如图 10.20(a)所示。这个相位分布的辐射方向图满足覆盖南美洲的增益要求，并给损耗和其他不确定因素提供 1 dB 的余量，同时它在欧洲的辐射电平比要求的 0 dBi 还低。垂直极化下的特性与之相似（电场沿 X_R方向）。

表 10.2　PAN-S 任务中增益和交叉极化的要求

区域	发射		接收	
	增益(dB)	XPD(dB)	增益(dB)	XPD(dB)
SA1	28.82	31.00	27.32	32.00
SA2	28.81	31.00	27.31	28.00
SB	25.81	30.00	24.31	28.00
SC1	22.81	29.00	22.31	28.00
SC2	20.66	27.00	21.28	28.00
SD	19.81	27.00	18.31	25.00

14 GHz 下（Rx）方向图合成初始的相位分布是用对 11.95 GHz 上合成的频率和相位分布加上和频率线性的变化获得的，即对相位延迟 $\phi_{di}(f)$分布（不截取到 360°）乘以频率比。然后，使用交集法进行计算包括 14 GHz 时喇叭的近场。由于初始相位分布已经提供了与所要求覆盖接近的等场强波束，只需对相位进行微调就可以满足条件了，因此，方向图合成中相位变化范围被限制在 ±45°内。这个限制条件也可以保证反射天线阵上相位分布随频率的平滑变化。于是，

通过优化贴片尺寸来获得不同频率下要求的相位变得更加容易了。图 10.20(b)展示了最终获得的相位分布，它可以产生 14 GHz 下满足南美洲覆盖和隔离要求的辐射方向图。之后，利用多频率方向图合成[108, 109]来获得收发带宽内多个频点的相位分布，以产生给定的等场强波束。

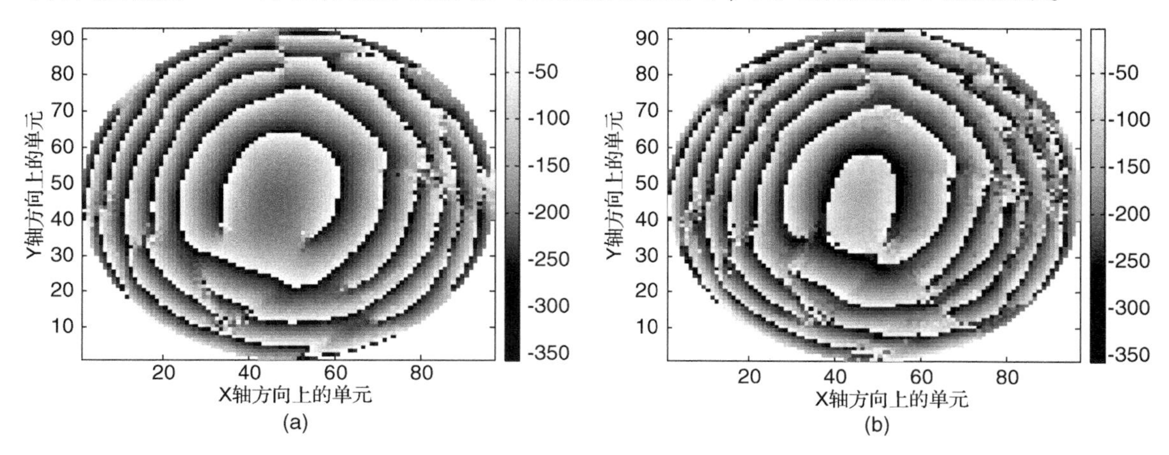

图 10.20 覆盖南美洲所要求的相移。(a)在 11.95 GHz；(b)在 14.00 GHz

需要一个一个单元地调整贴片的尺寸，首先匹配 11.95 GHz 下的相位分布，这里迭代调用基于 SD-MoM[79]的分析程序并考虑局部周期性条件、入射角、入射场的极化方式。第二步，优化每个单元中的贴片尺寸来同时匹配每种极化方式收发频段内中心和边缘频率下的相位分布。由于采用优化来使得误差函数最小化的方法包含 6 个变量(每种极化下的三个贴片尺寸)，而两种极化下的定相性能实际没有互耦关系，正如之前的工作中证明[34, 35]的那样，优化可以像前面例子中一样对每种极化方式独立进行，这将会大大减少 CPU 运算时间。这个方法能简单地考虑蜂巢板的各向异性(X_R极化 $\varepsilon_r=1.07$，Y_R极化 $\varepsilon_r=1.05$)。完成水平极化和垂直极化的第一步优化后，得到的反射天线阵显示出在收发频段的覆盖性能都大大提高，但是现在还没有满足所有要求。要求的完全满足还需要进一步的迭代优化：(i)利用 SD-MoM 分析法在指定的发射接收频率计算优化后的反射天线阵的相位分布，并将其作为新方向图合成的初始值；(ii)继续在每个频点运用交集法进行优化直到辐射方向图与要求一致；(iii)指定频率下合成的相位分布被用于下一次的迭代来优化贴片尺寸以便在每种极化下是小化误差函数。经过贴片尺寸的 4 次优化迭代后，继续迭代时的改善效果已经感觉不到了，于是设计完成。图 10.21 展示了边缘频率(11.70 GHz 和 14.25 GHz)共极化下辐射方向图的计算结果，极化是水平极化的(电场沿 Y_R方向)。天线在两种极化下的性能接近。表 10.3 显示了垂直极化下 11.70 GHz 和 14.25 GHz 要求的满足程度以及最坏情况下的增益和交叉极化电平。注意，一般能满足区域90%以上内的增益要求，尽管这个任务的覆盖要求很严格，包括两个分开的高增益(28.8 dBi)的区域和多个低增益的区域。

反射天线阵底板使用共固化的方法制造，这种方法是将所有的电路层和结构层一步固化以减少制造的周期和成本。成品用一个铝制的支撑结构装配以提供正确的位置和馈源喇叭、基板的正确排列。图 10.22 展示了这个演示反射天线阵。

对这个天线演示样机还要进行了几种机械的、热的、电气的测试，包括模式、热循环、热弹性效应和射频测试，目的是检测天线在空间环境中的性能。同时还在一个平面近场测试系统中测试天线的共极化和交叉极化的方向图和增益。每个区域(见表 10.2)中水平极化下测得的与要求一致的增益等高线，其在收发频段边缘的结果示于图 10.23。实际上，最小增益的要求在除 SD 的所有区域的两个频段都满足，而在 SD 中测得的最小增益在 11.7 GHz 下约 18 dBi，在14.25 GHz 下约 17 dBi。类似的结果也出现在垂直极化和其他频率的条件下，而且接收频段内的增益比发射频段更好。欧洲的共极化隔离度在发射频段很好，但在欧洲一些特定的地方接收频段的隔离度电平达到了 5 dBi。这里在规定范围外的一些地区辐射的增强，是因为进行多次贴片优化迭代后还存在相位误差。交叉极化在所有的覆盖范围内都很低，它在 11.7 GHz 达到最大值 -0.4 dBi，在 14.25 GHz 下是 0.6 dBi。在发射频段下覆盖范围内 XPD 的要求满足度大于 90%，然而在接收频段下 XPI 的要求满足度很差。测得的反射天线阵的电阻损耗在发射频段范围内是 0.26 ~ 0.30 dB，在接收频段范围内是 0.36 ~ 0.44 dB。

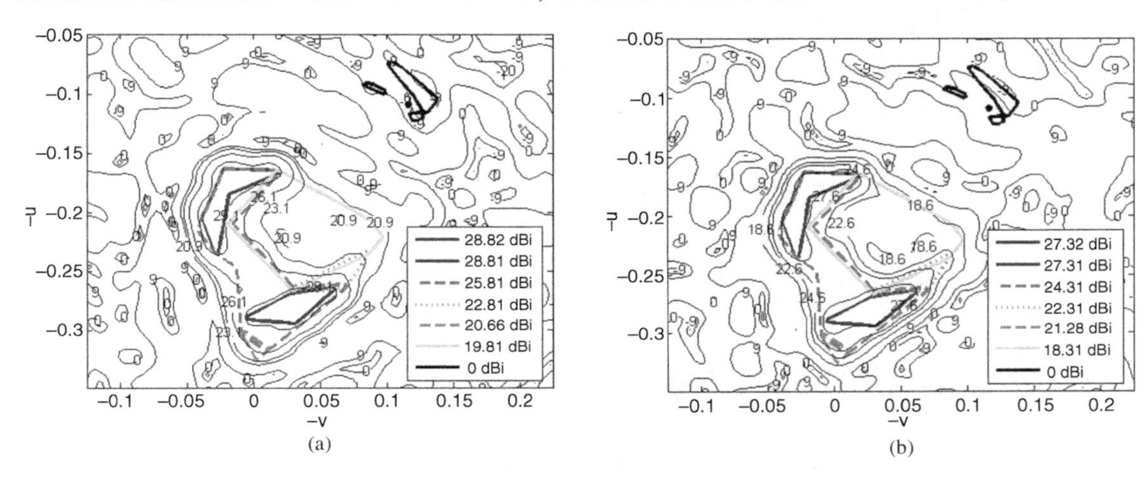

图 10.21　共极化(水平极化)优化后反射天线阵的仿真结果。(a)在 11.70 GHz；(b)在 14.25 GHz

表 10.3　垂直极化下共极化和交叉极化性能的仿真结果

区域	发射(11.7 GHz)				接收(14.25 GHz)		
	最小共极化等级(dBi)	满足度(%)	最小交叉极化分辨力(dB)	满足度(%)	最小共极化等级(dBi)	满足度(%)	交叉极化隔离度(dB)
SA1	29.52	100.0	33.84	100.0	27.79	100.0	26.82
SA2	29.52	100.0	32.12	100.0	27.52	99.0	33.56
SB	26.10	99.8	30.35	100.0	23.70	98.6	22.83
SC1	23.18	100.0	27.74	90.0	23.35	100.0	25.28
SC2	25.34	100.0	35.35	100.0	21.50	95.7	31.28
SD	20.37	100.0	24.83	97.1	17.16	90.7	18.18

测得的增益等高线存在一些畸变，尤其是在巴西区域，这是由于反射天线阵表面的形变造成的。我们测得反射天线阵的表面(在 Z_R 方向，单位为 mm)有轻微的形变，范围是 -0.96 ~ +0.45 mm。这些表面的偏差造成了辐射方向图中的畸变。这些结果提示必须修正反射天线阵的机械设计，来保持表面的平整度(误差在 ±0.2 mm 内)，包括机械公差和空间环境下的畸变。

图 10.22　收发反射天线阵演示器

前面的结果说明在 PAN-S 项目的电气要求(覆

盖范围的复杂度、交叉极化和共极化的隔离度)稍稍放宽的条件下，反射天线阵可以设计成满足 Tx-Rx DBS 天线所有的要求。多层印刷的反射天线阵可以替代赋形反射面，以降低成本和生产周期，因为它不需要传统反射面制造时的专用定制模具。

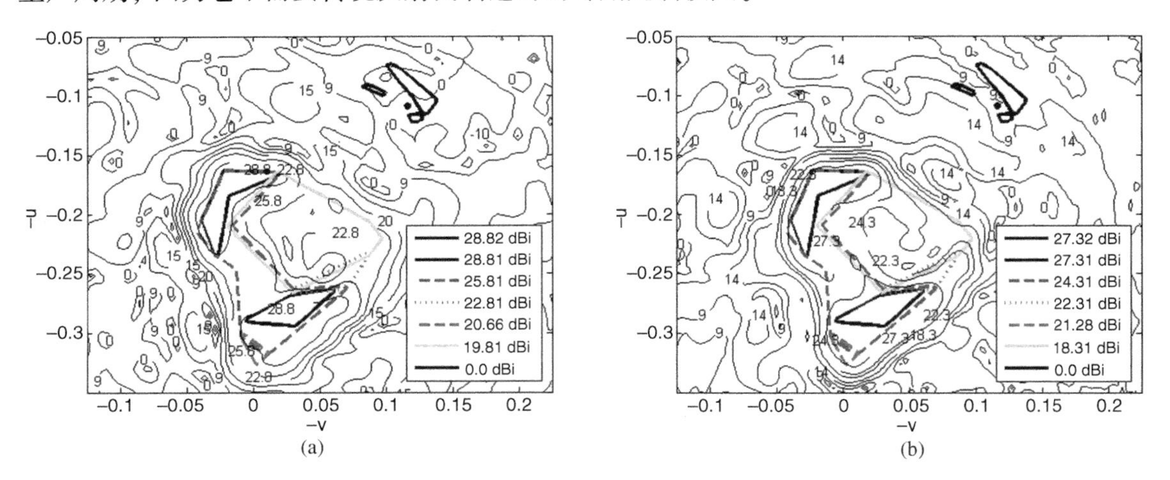

图 10.23 测得的共极化(水平极化)下优化后反射天线阵的辐射方向图。(a)在 11.70 GHz;(b)在 14.25 GHz

10.5 空间应用的现状和展望

本节将介绍一些空间应用中反射天线阵最新的或正在研究的技术。充气的反射天线阵、大孔径天线、多波束反射天线阵、双反射面结构、波束扫描反射天线阵等将会在本节详细介绍。

10.5.1 大孔径反射天线阵

在一些特定的任务中需要在航天器上安装大孔径天线来进行通信、地球观测、科学实验，例如手机卫星通信、SAR、高分辨空间辐射计、轨道射电天文台或深空探索项目。大型空间天线的发展，从 4 ~ 25 m，需要严格限制天线的质量和存放体积以减小有效载荷重量并安装到发射器上。在过去的几十年里，在大型可展开反射天线领域提出了很多新概念，例如固态壳表面、膜和金属网丝[111 ~ 115]。网丝反射面利用拉紧的电缆构成一个复杂的系统去近似抛物表面[114, 115]。另一方面，固态表面反射面的表面精度更高，可以结合反射天线阵技术校正表面偏差，如文献[98]中提出的那样。另一个大孔径天线的概念是基于充气的反射天线[116]。这项充气天线的技术已经被用于 SAR 中的印刷天线阵[117]和后面将要讨论的反射天线阵。

对于大孔径天线，利用多平板[98]制造的可展开反射天线阵与传统可展开反射天线面相比具有许多结构上的优势，它的存放体积更小并在空间中展开更容易。例如，文献[113]中提出的对于几个一样的六边形平板结构可以利用反射天线阵平板实现。其中六边形平板沿着同一个轴叠放以占用最小的体积，然后利用平移铰链和块的技术展开天线。在一些像 SAR 之类的特殊应用中，天线只需在一个维度的尺寸上很大，这时只需要在这个维度上使用多个平板，如图 10.10(a)所示。在这个条件下，天线可展开成近似于一个抛物柱形，展开机构用到的技术和太阳能电池天线用的相似。

图 10.10(a)展示了一项最近提出的一维结构，它被用于 Ku 波段下的 NASA/JPL 宽条带大洋测高仪(WSOA)[118]。在这种应用中，2 m×0.5 m 的孔径由 5 个反射天线阵平板构成，它利

用分段平面来近似一个焦距为 1.125 m 的抛物柱面结构。每个反射天线阵平板都由变尺寸的贴片构成来在双极化中聚焦波束。多平板结构的曲率一方面限制了从馈源来的入射角，另一方面却利用不同空间相位延迟的限制改善了天线带宽，如 10.3.3.2 节讨论的那样。图 10.24 展示了已经完成制作和测试的天线初样。结果表明天线孔径效率可达约 50%，其辐射方向图与仿真的相似度很高。虽然这个例子中的孔径并不是很大，但是同样的结构可以用于大孔径的天线。

图 10.24　Ku 波段 WSOA 中分段平面反射天线阵的照片。摘自文献[71]

另一个一维小平面反射天线阵适用的情况是 SAR 天线。一个三平板结构被提出用于 X 波段 SAR(9.65 GHz, 300 MHz 带宽)[119]。其孔径是 6 m×1.6 m，焦距是 2000 mm。这个天线由三个平板组成，中间和侧面平板的长度分别是 1.827 m 和 2.331 m。每个平板中不同的空间相位延迟的影响利用三层阵列贴片和优化贴片尺寸来补偿以在指定频段内(9.5～9.8 GHz)满足两种线极化下对相移的要求，如 10.3.32 节所述。每个反射天线阵平板中贴片印刷在 Kapton 板上，黏到 Kevlar 层上并被 3 mm 厚的 Nomex 型蜂巢层分开。最后利用基于 SD-MoM 和局部周期性的分析方法，在方位平面(与大型天线维度一致)上获得的方向图在中心频率和边缘频率很相似，如图 10.25 所示。这些结果表明多小平面结构结合宽带技术是一条解决大孔径天线问题的途径。

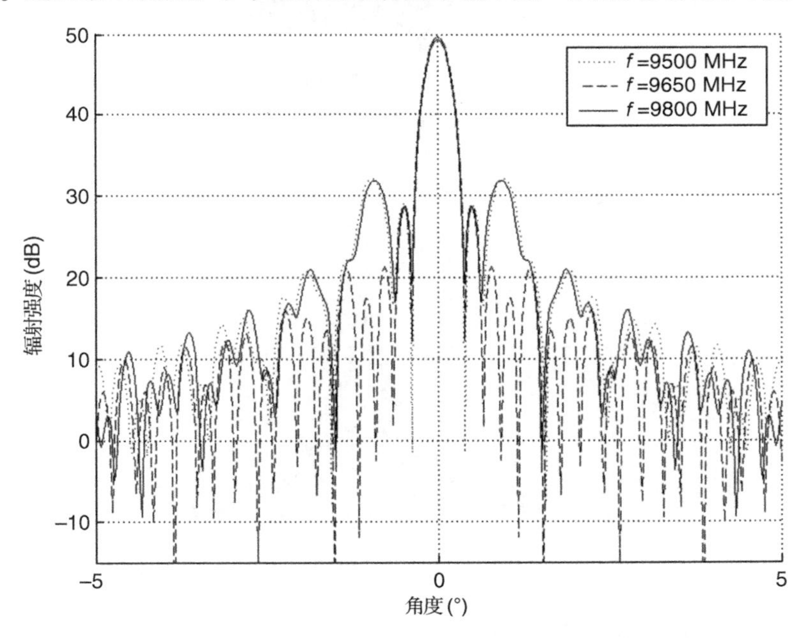

图 10.25　方位上仿真在 9.5～9.8 GHz 下优化后的三平板中间馈电的反射阵天线方向图。摘自文献[71]

10.5.2　充气的反射天线阵

基于“可钢化”膜和充气支撑结构[116]的充气反射面天线的概念，已经被 JPL/NASA 用来开发一种新型的基于平面表面上印制阵列[117]和反射天线阵[38～41]的充气天线，它可以降低在空间运用的整个生命周期内大型抛物线表面维持要求精度的难度。另一方面，利用张力可以十分容易地保持平整表面的公差。JPL 和 ILC Dover 公司联合研发了两个充气的反射天线阵，第一个天线直径 1 m 工作在 X 波段[38, 39]，另一个天线直径 3 m 工作在 Ka 波段[39~41]，下面将简要介绍第二个天线。

图 10.26(a)展示了这个 3 m 的 Ka 波段充气反射天线阵，它的充气结构包括一个直径 25 cm 的 U 形管充气至 3.0 psi(20.7kPa)的压强，利用弹簧承载的张力绳索连接 16 个垂线点来支撑一个 3 m 的圆形反射天线阵。可以调整每个连接点的位置来提供合适的平坦度和膜的位置。这个反射天线阵用一个非对称放置的充气三脚架支撑的波纹喇叭照射，如图 10.26(a)所示。这个充气结构可避免膜的损害和放气时天线卷起造成的平整度误差。在这个例子中，反射天线阵是利用一个 5 mil(0.13 mm)厚、两边带有 5 μm 铜镀层的单聚酰亚胺膜(Uplex)制造的。圆极化中，合适的相移是通过改变相同方形贴片的旋转角度(根据膜的面上印刷的附加短截线)来实现的。

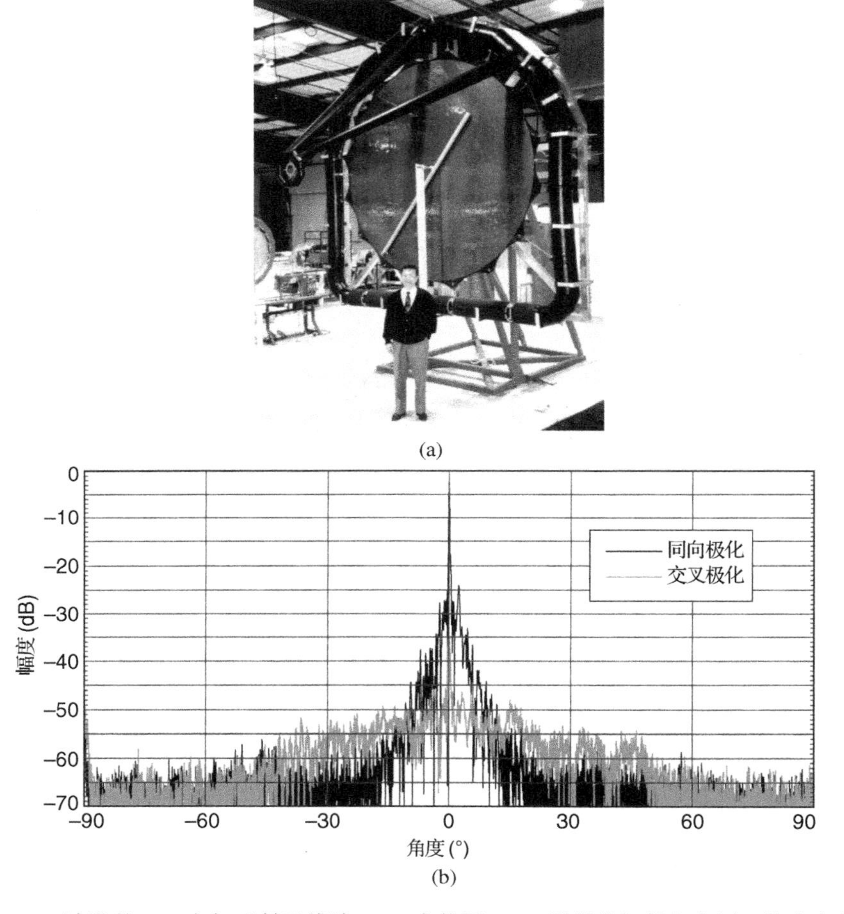

图 10.26 Ka 波段的 3 m 充气反射天线阵。(a)实物图；(b)测得的辐射方向图。摘自文献[71]

第二个 3 m 充气反射天线阵的模型也被开发出来[41]，它有许多电气上和结构上的改善。第一，改变了反射天线阵单元以改善延迟线的匹配从而最终提高天线效率。新的反射天线阵的单元是一个矩形贴片，它的角上接有一匹配的延迟线。第二，新的天线结构考虑航天器上的馈源偏置和反射天线阵表面是独立展开的。文献[41]提出的另一种改善，即用钢化铝膜[120]制造充气管使得在结构充好气后不再需要充入气体，而且天线更适于空间环境。改进后的膜反射天线阵的平整度是利用图 10.26(a)中的设备在老的充气框架下测试的，结果有 0.2 mm RMS 的表面误差，这对于一个 3 m 孔径天线来说确实不错。图 10.26(b)显示了在 32 GHz 下测量的改进后的反射天线阵的方向图。其波束宽度是 0.22°，旁瓣与主波束峰值比至少 -27 dB，主波束的交叉极化电平小于 -40 dB。测量的天线增益是 54.4 dBi，表明孔径效率是 30%，3 dB 带宽是 550 MHz。这个相对较低的孔径效率是 Kapton 膜的损耗造成的，可以使用液晶聚合物(LCP)等低损耗材料制作膜来改进孔径效率。3m 天线的测试结果及其极好的膜平整度说明了在 Ka 波段下制作充气反射天线阵的可行性。

10.5.3　深空通信用的高增益天线

深空的任务要求使用工作在圆极化下的高增益天线(HGA)进行通信，一般工作在 X 波段和 Ka 波段等几个频段下。通常 HGA 由一个中心馈电的反射面和一个双频率次反射面构成，在不同频段进行双工通信。另一个 JPL/NASA 最近研发的技术是双频反射天线阵[121~124]。这个反射天线阵利用堆叠和交叉摆放在每个频段内产生不同相移的印刷单元。文献[121~124]报告的工作中，低频单元被放在高频单元上面。文献[121]中 X 波段的单元是足够薄的交叉偶极子，对 Ka 波段的信号有可忽略的遮挡，而 Ka 波段的单元是方形贴片，如图 10.27(a)所示。利用独立地修改 X 波段下(8.4 GHz)的交叉偶极子和 Ka 波段下(32 GHz)贴片的尺寸来调整每个波段中的相移。一个 0.5m 双波段圆极化的反射天线阵已经完成了制造和测试。测得的方向图显示两个波段内都有聚焦波束，其旁瓣电平低于 -20 dB。同时测量结构显示 Ka 波段层对 X 波段层的性能几乎没有影响，而 X 波段层对 Ka 波段方向图的旁瓣电平和增益有轻微影响。

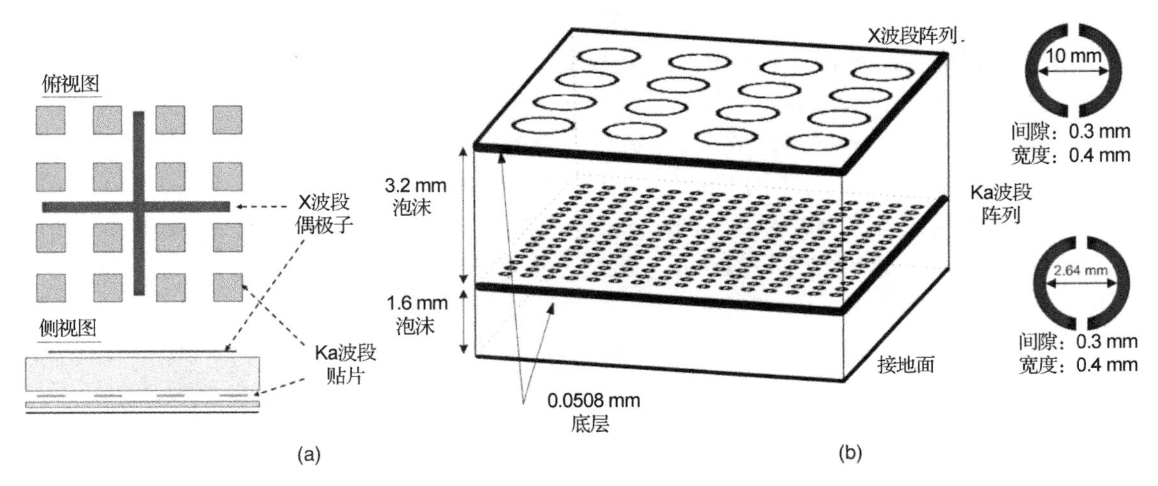

图 10.27　X/Ka 波段下的反射天线阵，其中 X 波段层在 Ka 波段层上面。(a)X 波段使用变尺寸交叉偶极子，Ka波段使用贴片；(b)两个波段都使用环形阵子。摘自文献[71]

文献[123]提出一个 X/Ka 波段用薄膜的反射天线阵进行深空通信，它利用改变附加两个相对位置的小缺口的印刷圆环的旋转角实现圆极化下的相移，如图 10.27(b)所示。这种有两个相对的小缺口的环形阵子与交叉偶极子相比有两个优点：第一，它减小了对另一频段的影响，因为它含有的金属表面更少；第二，它可以提供更宽的带宽。这个两层的环被印刷在薄膜上来与后来的充气大型天线兼容。JPL/NASA 利用这种双频率单元制造了几个反射天线阵的实物：第一种，0.5 m 中心馈电的 C/Ka 双波段反射天线阵[122]；第二种，0.5 m 中心偏移馈电的X/Ka 双波段反射天线阵[123]；第三种，0.75 m 卡塞哥伦偏移馈电的 X/Ka 双波段基于薄膜的反射天线阵[124]。X/Ka 双波段天线阵测得的方向图在旁瓣电平、交叉极化、天线效率(X 波段 50%，Ka 波段 48.2%)方面有极好的性能。测得的 3 dB 轴比带宽在 X 波段下是 600 MHz (7.1%)，在 Ka 波段下是 2 GHz(6.3%)。基于薄膜的 X/Ka 双波段天线阵的测试结果表明它在大型高增益充气天线的空间应用中具有极大的潜力。

10.5.4 多波束反射天线阵

无论在一个馈源还是每个波束一个或多个馈源的条件下，都可以设计出反射天线阵产生多波束。利用带有一个独特馈源的无源反射天线阵可以产生多波束。文献[33]用这种方法设计了一个相差 55°的两波束的反射天线阵，它工作在 11.95 GHz 下的双极化模式。天线试验模型是由两层的变尺寸贴片构成的，并具有良好的性能。在每个波束一个馈源的条件下，天线结构和设计过程与多馈源反射面相似。然而，反射天线阵可以对每种线极化灵活且独立地实现任意相移，利用这一点可以在每种极化方式下产生不同的波束来改善天线性能或同时产生几个不同形状的波束。

对于需要同时产生多个波束的情况，例如 Ka 波段的通信天线，可以用反射天线阵的每个馈源产生一个波束。在这种情况下，反射天线阵设计成利用一个在焦点处的馈源产生指定方向(θ_b, φ_b)的平行波束。当其他馈源放在这个初级馈源附近时，它们就会在不同方向产生其他波束，但是由于馈源的散焦，这些波束会发生相差现象。可以利用反射面天线中的技术优化馈源的位置来最小化相差[125]。为了进一步改善性能，不单可优化馈源的位置，反射天线阵上贴片的尺寸也可优化。

第一个例子是微型卫星上 SAR 用的 X 波段低成本四波束反射天线阵的理论分析[119]。在这个例子中，利用波束间的切换可实现波束扫描。它的多波束天线结构包括一个 1.6 m 的偏置反射天线阵，带有 $f/D=1$ 和 4 个馈源，如图 10.28(a)所示，工作在双线极化模式。这4 个波束分别为 SS1、SS2、SS3、SS4，在 x-z 平面以一个偏离 z_r 轴的角度 θ_b 向外辐射，其角度分别是 $\theta_b=20.91°$、$18.41°$、$15.91°$、$13.41°$。这个反射天线阵设计工作在 9.65 GHz，其 SS3 波束对应的馈源坐标是 $x_{f3}=-540$ mm，$y_{f3}=0$ mm，$z_{f3}=1714$ mm。剩下的馈源放在 x-z 平面上来向指定方向发射波束。图 10.28(b)展示了 y 极化方向下 4 个波束在 dBi 单位下的辐射方向图，它们在扫描平面内重叠在一起。4 个波束的增益和带宽几乎完全一致，因为 f/D 比较大。已经查出两种极化下、两个主平面中、X 波段 SAR 的指定频段内(2.3%)的方向图都没有畸变。可以在反射天线阵上实现合适的相位分布对多个波束赋形，以去除天低点回波或加强辐射方向图中的一些要求。

第二个例子来自文献[84]，它证明利用馈源和波束的一一对应可同时产生几个赋形的波束。虽然天线在 Ka 波段(25.5 GHz)设计用于地球上单点对多点的应用，相同的设计可以用于空间天线。这个天线的实物设计成产生三个独立的赋形波束，覆盖方位上相邻 30°的扇区，并且在俯仰上有相同的余割平方方向图。每个波束由一个馈源(标准的 20 dB 椎形喇叭)产生，照射一个方形 30×30 周期单元格(5.84 mm×5.84 mm)的反射天线阵。反射天线阵包括两层印刷在 0.79 mm CuClad 上的变尺寸贴片。中心馈源的坐标是 $x_{lf}=-94$ mm，$y_{lf}=0$ mm，$z_{lf}=214$ mm，坐标原点在反射天线阵中央。对于反射天线阵的设计，首先利用交集法[103]进行方向图合成来计算中心馈源产生的中心波束需要的相位分布，然后调整贴片尺寸来在两种线极化下产生这个合成的相位分布。最后，优化周围馈源的位置来在指定方向产生赋形波束，并使畸变最小，优化获得的坐标是 $x_{cf}=-94$ mm，$y_{cf}=\pm113$ mm，$z_{cf}=182$ mm。天线样板已经制作完成，包括一个可以根据主波束和周围波束位置放馈源喇叭于相应的位置的支撑结构。文献[84]给出了测得的共极化和交叉极化的方向图，它与考虑了馈源俯仰向和方位向辐射的近场[82]的仿真结果完全一致。这些结果表明利用反射天线阵技术可产生多个赋形波束。

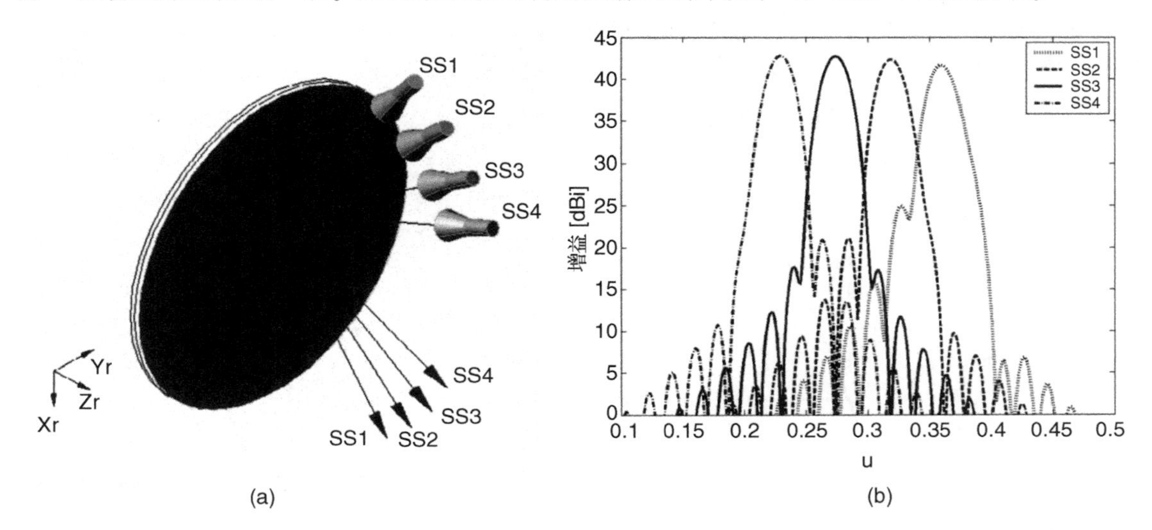

图 10.28　四波束反射天线阵。(a)天线结构示意图；(b)仿真的俯仰平面辐射方向图。摘自文献[71]

10.5.5　双反射面结构

在许多空间天线中双反射面天线用于减少交叉极化和整个天线的体积。在双反射面结构[42]中使用反射天线阵作为副反射面或主反射面时在天线性能和制造流程上有许多优势。一个以反射天线阵为副反射面的抛物反射面构型可以矫正大型可展开反射面的表面误差，并且能够实现有限角度范围内的波束扫描[44]。这种天线结构，如图 10.29 所示，将抛物反射面的宽带特性与制造小型副反射天线阵的便利性结合在了一起。另外，这种双反射面结构可以利用电子控制子反射天线阵的单元上的相移[44]实现扫描或波束改变。这个包含可控反射天线阵副反射面的结构在几个空间应用中具有极大的应用潜力，例如 SAR、遥感以及 DBS 的可重构天线。虽然 SAR 天线一般是有源阵列，但是结构可重构的反射天线阵副反射面可以在较低的成本和复杂度下实现波束扫描[44]。第二个应用是毫米波段或亚毫米波段下辐射的遥感，它要求能使波束在一定范围内扫描(一般用电机实现)[127]。一个实现这个频段内波束电扫描的方法是使用基于液晶的反射天线阵[57~59]。最后，反射天线阵副反射面可以用于在 DBS 等场强天线中对波束赋形。在这个结构中，波束赋形是利用调整副反射天线阵上相移分布实现的，同时主抛物线反射面可以不受带宽限制地去聚焦波束。如果子反射天线阵上相位是利用 MEMS[49, 50]或变容二极管电控的，那么可以在卫星的生命周期中改变波束来改变其覆盖范围。这个特性在通信和 DBS 项目中是很有用的，因为卫星在 15 ~ 20 年的生命周期里，数据传输(电视广播、电话、视频或数据传输、家用多媒体等)需求会发生改变。

反射天线阵作为子反射面的一个潜在应用是在大型可展开反射面，例如网状反射面或充气膜天线中用于补偿表面误差。大型反射器表面的变形是由热形变或展开机构造成的，它会使方向图发生十分严重的畸变，这可以利用副反射天线阵矫正，如文献[43, 126]所述。一个 1 m 的副反射天阵用来矫正一个 X 波段(10 GHz)下工作的 20 m 偏置馈电的抛物反射面天线热形变误差，这个天线的焦距为 20 m，偏置高度 15 m。热形变仿真说明它会使天线的指向性下降3.32 dB(从65.47 dB降到62.15 dB)。利用前面提到的用在馈电阵列上的共轭场匹配法(CFM)[128]，设计了一个反射天线阵的副反射面来恢复原始的指向性，这个方法用于反射天线阵时只匹配相位来矫正表面偏差。仿真的结果只考虑理想反射天线单元，显示指向性提高了2.59 dB。副反射天线阵补偿技术也被用于矫正球形反射的相差[129]。在反射天线阵上相位校准是利用MEMS[49, 50]，在PIN二极管或变容二极管[52]电子控制条件下，这个技术可以动态地补偿大型可展开反射面的表面误差。

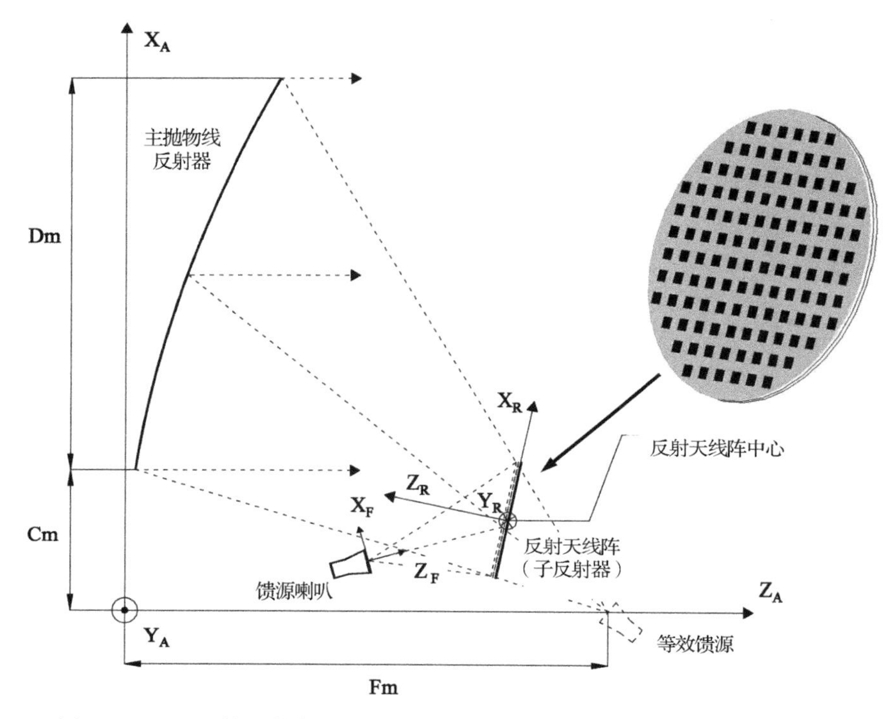

图10.29 以反射天线阵为子反射面的双反射面天线示意图。摘自文献[44]

前面例子中的双反射面天线是在理想反射天线阵单元条件下用简化方法分析的。考虑入射角和入射到反射天线阵单元上场的极化方式，文献[44]提出并验证了一个更接近实际的分析方法。这个技术是一个模块化的方法，它结合了分析副反射天线阵的MoM方法[23, 79]和主抛物反射面的物理光学(PO)原理。通常来说，副反射面处于初级馈源的近场区，因此需要在反射天线阵的精确分析中考虑喇叭的近场效应[82]。这种技术可以精确而高效地计算增益、共极化、交叉极化方向图，所以它可以在实际设计中被纳入优化程序之中。

模块化的分析技术包括以下步骤。第一步，用任意一种方便的馈源远场模型或近场模型计算每个反射天线阵单元上的入射场，如文献[82]所述。第二步，假设每个单元处于周期性环境下，利用MoM方法计算每个单元格上的总反射场来分析反射天线阵。反射场的计算要包括损耗和印刷贴片与天线几何构型产生的交叉极化。最后，基于PO技术分析主反射面。反射面上的表面电流通过法向量和入射到抛物线表面的磁场计算，计算入射磁场时还要加入每个反射天线阵单元辐射场的贡献。由主抛物反射面上的电流算出等效电场，计算地点是设计的投影孔径上划分的矩形网格的节点，然后在第一等效原理假设下计算方向图，其中要用到一个高效的2D FFT算法，如文献[44]所述。

这里提出的构型可以在子反射天线阵上增加可控移相器后用作高增益波束扫描天线。文献[44]在偏离天线视线 ±2°角度范围内研究了 11.95 GHz 下一个 1.5 m 抛物反射面和一个矩形副反射天线阵(520 mm×494 mm)构成的天线的波束扫描性能。在这个例子中，馈源喇叭的方向图建模为 $\cos^q(\theta)$ 函数，其中选取合适的参数 q 在副反射天线阵上提供 −18 dB 左右的从中间到边缘的锥形照射。在副反射天线阵坐标(X_R，Y_R，Z_R)中，馈源的相位中心被放在坐标(−294，0，326)处，而在天线坐标(X_A，Y_A，Z_A)系统中，副反射天线阵中心的坐标是(294，0，1174)，两个坐标系的单位都是 mm。剩下的天线几何参数细节见文献[44]。对于波束在方位平面(X_A，Y_A)内扫描的特殊情况，需要沿子反射天线阵 Y_R 轴引入不同的步进相位分布，图 10.30 显示了其方向图。在理想移相器的情况下，当波束散焦时整个天线的交叉极化会微微增强，其值接近于共极化增益的 −30 dB 以下。在实际的实现中，需要使用低交叉极化的反射天线阵单元，这是为了不增加整个天线的交叉极化。另外，双反射面结构中的一些自由度可以用于改善其交叉极化性能，方法与传统反射面天线相似。

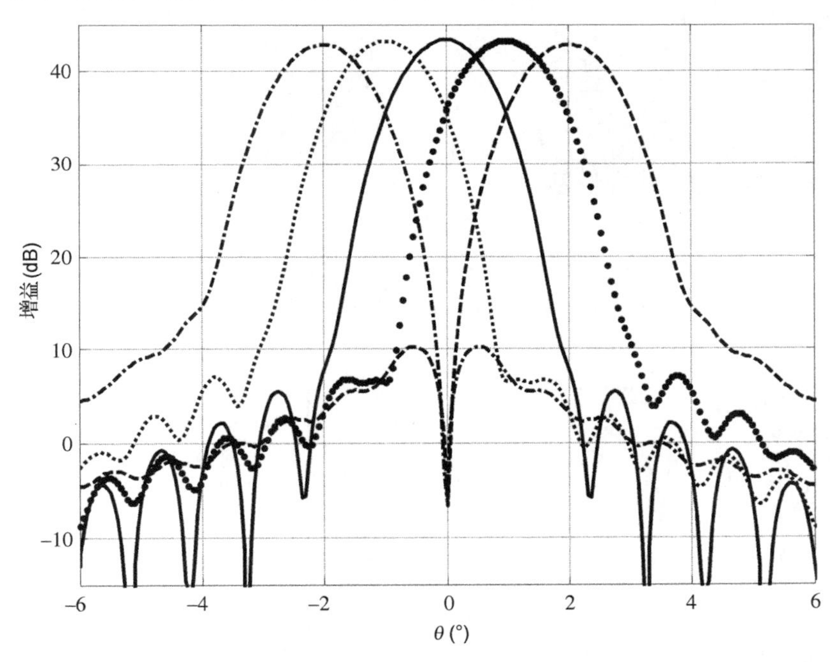

图 10.30　11.95 GHz 下波束在方位面内扫描的双反射面天线仿真的方向图。摘自文献[44]

作为另一个例子，人们设计、制造、测试了一个 94 GHz 的双反射面天线去证明调整小反射天线阵的子反射面的相位可以使波束指向偏离孔径 ±5°的方向[129]。这个天线由一个偏移馈电直径 120 mm 的抛物线反射器和一个印刷在直径 50 mm 石英晶片上的平面子反射面构成，如图 10.31 所示。通过放置一个固态金属平面子反射面来测试这个天线的波束扫描能力，这个子反射面可以在抛物面的轴向产生聚焦的波束。同时这个子反射面上有印刷在 115 μm 厚的石英晶片上 28 × 28 阵子的无源反射天线阵。这个反射天线阵由一层变尺寸贴片构成，如图 10.31(b)所示，用于在 Y_R 方向产生步进相位分布以完成方位向 5°的波束扫描。在 94 GHz 测量了方位向 −20° ~ + 20°的天线共极化下远场辐射方向图。图 10.32 所示为利用倾斜波束 5°的反射天线阵子反射面测得的辐射方向图，以及利用平面金属子反射面产生指向孔径的波束的结果。图 10.32 比较了测得的辐射方向图与通过前面描述的方法仿真的结果，其中考虑了馈源的远场模型(a)和近场效应(b)，具体细节见文献[130]。仿真的结果在近场模型下与实测数据更接近，所以精确分析以反射天线阵作为子反射面的双反射面天线时需要使用近场模型。倾斜波束的微小畸变和波束指向的1.4°偏差的出现是由于设计天线过程中在反射天线阵上实现步进相位分布时考虑的是馈源的远场模型，它不能精确估计入射场的幅度和相位，正如文献[130]所述。为了消除倾斜波束的畸变，设计反射天线阵子反射面时需要考虑馈源的近场效应[82]。为了实现波束的电扫描，可以在贴片和接地之间增加可调谐液晶层，实现反射天线阵上相位分布的动态控制。

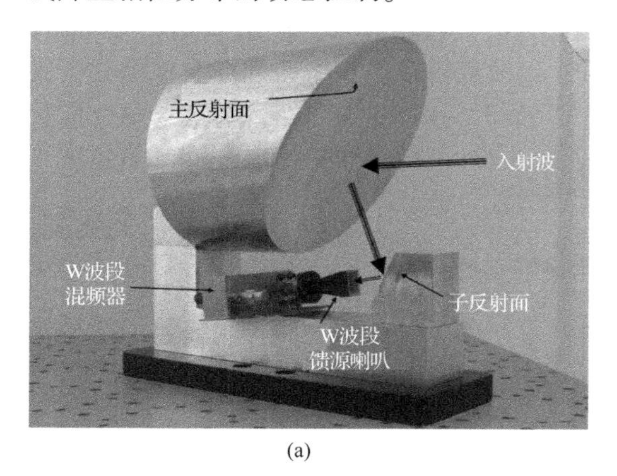

(a)

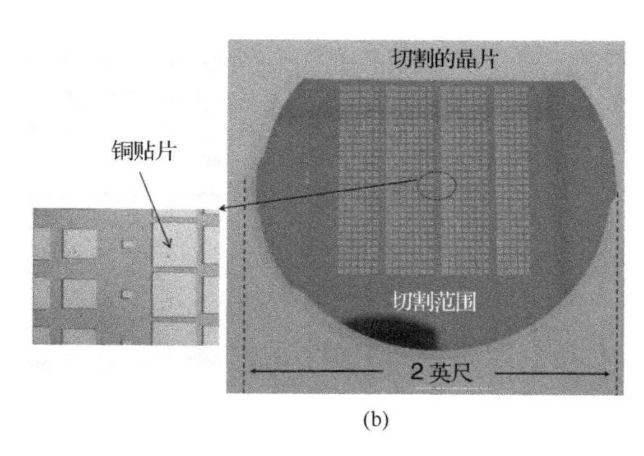

(b)

图 10.31 94 GHz 的双反射器天线。(a)实物图；(b)反射天线阵构成的副反射面。图片由R. Cahill博士提供。摘自文献[130]

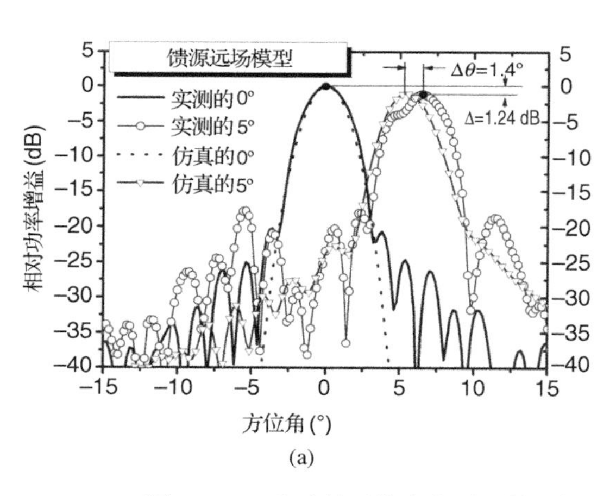

(a)

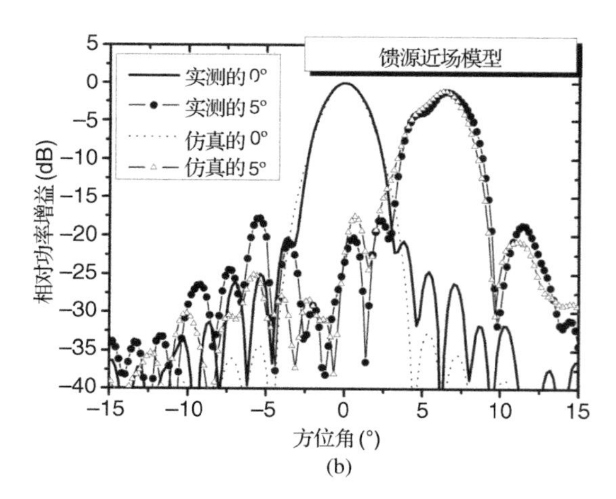

(b)

图 10.32 以反射天线阵为副反射面的双反射面天线 94 GHz 下方位面内实际的和仿真的辐射方向图，利用馈源的(a)远场模型和(b)近场模型。摘自文献[130]

10.5.6 波束可再配置和可扫描的反射天线阵

通过在反射天线阵单元上[47~59]或小型子阵列[65~67]上增加电控移相器，反射天线阵就可以实现波束扫描和指向再配置。反射天线阵中的电阻损耗非常低，因为反射天线阵是空间馈电的，不需要任何馈电网络，而且波束指向可以通过增加低损耗移相器实现，而不用传统的有源阵列中的 Tx-Rx 模型。在实现反射天线阵波束扫描和波束重新配置方面出现了许多新的概念。一些概念通过使用开关，例如 PIN 二极管或 MEMS，进行离散相位控制，其他概念通过变容二极管、铁电材料或液晶进行连续相位控制。

由于一般反射天线阵含有数目庞大的单元，低比特量化的开关线型移相器，例如 2 或 3 个比特，足以满足波束扫描的要求。文献[48]提出了一个基于与微带短截线口径耦合的带有 MEMS 电容的印刷贴片波控反射天线阵。它的初样由 12×12 个单元(6 cm×6 cm)构成，被装配在硅晶片上。其中的 MEMS 多于 1000 个以提供开关线的移相器的 3 比特控制，如图 10.33 所示。它的槽被蚀刻在晶片底板上，图中看不见，同时印刷贴片被装配在晶片背面的另一个底层上。

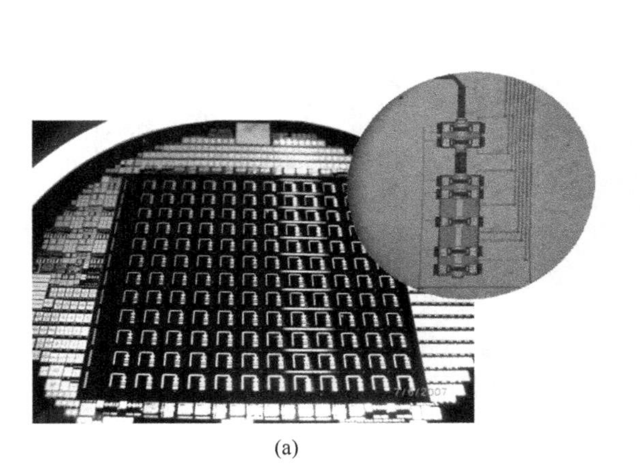

(a)

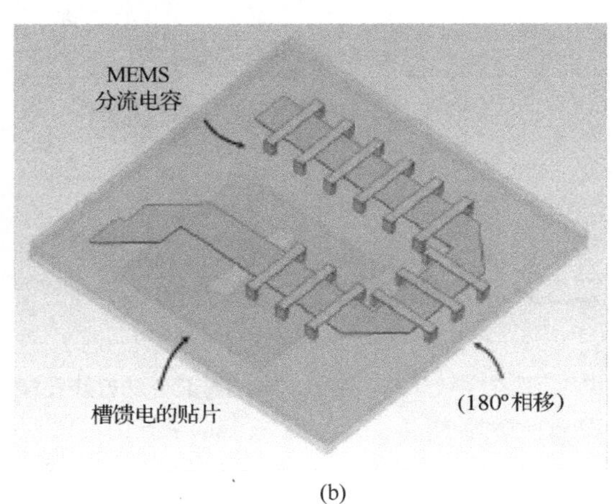

(b)

图 10.33　35 GHz 晶片上基于 MEMS 的反射天线阵。(a)底面延迟线上装载 MEMS 的放大图；(b)孔径耦合单元的示意图。摘自文献[49]

通过把一些单元组合为一个子阵列[65~67]，可以减少基于开关线的移相器的反射天线阵波束扫描中控制器的数目，这与馈电网络中使用的方法相似。图 10.34 展示了两个孔径耦合的单元合成一个子阵列的情况。在 10.4 GHz 设计了几个两个或四个单元构成的子阵列来产生一个是传统延迟线的函数的线性相位响应[67]。文献[67]研究了单元成对组合为子阵列时，一个由 256 个单元按 18×18 圆形(直径 324 mm)栅格排列构成的反射天线阵的波束扫描性能。以为反射天线阵边缘提供 -11 dB 照射的中心为原点，考虑馈源放置在(-100, 0, 330)(单位为 mm)处，获得其方向图。两个阵子组合的主要影响是它会在组合的平面(方位面)内产生一个栅瓣，其对扫描到 11°时扫描波束峰值增益的幅度约低 -16 dB。可以通过在不规则的网格中组合反射天线单元来显著降低这些栅瓣[131, 132]。图 10.35 显示了通过改变 x 方向和 y 方向组合的单元对获得的在方位面两个扫描角下仿真的方向图。这时方位面的栅瓣电平减少到最大值的 28 dB 以下。对于实际的天线，可以查出 3 比特足以实现高分辨、低旁瓣的波束扫描。

几个扫描反射天线阵的实物是利用连续相位控制实现的，其中使用了变容二极管、铁电移相器或液晶。文献[51]报道了一种带有两个变容二极管的印刷和传输线孔径耦合的贴片构成的波束扫描反射天线阵。这个反射天线阵的单元可以提供大于 360°的连续相位变化，并且它在 5.4 GHz 下最大损耗是 2.4 dB。一个 30 个单元的反射天线阵样板已经被制造和测试完成，结果表明通过改变每个阵子的偏置电压可以使它的波束移动到偏离宽边 40°处。

文献[52]提出了一种线极化的电控的反射天线阵，它的相移是由两个表面安装的串联连接微带贴片两半的变容二极管控制的。这个技术可以使相移的范围接近 360°。通过一个基于遗传算法调整控制电压的闭环控制，同样的加载有变容二极管的单元用于构成一个实时可重构[53]的反射天线阵。最初这个算法被用于背射反射天线阵，后来相同的可控单元被用于一个5.8 GHz 下波束扫描的反射天线阵[54]。它的反射天线阵实物（300 mm × 210 mm）可以在 −50° ~ +50°的范围内进行波束扫描。这些结果表明通过使用变容二极管反射天线阵可以进行波束扫描实时重构。

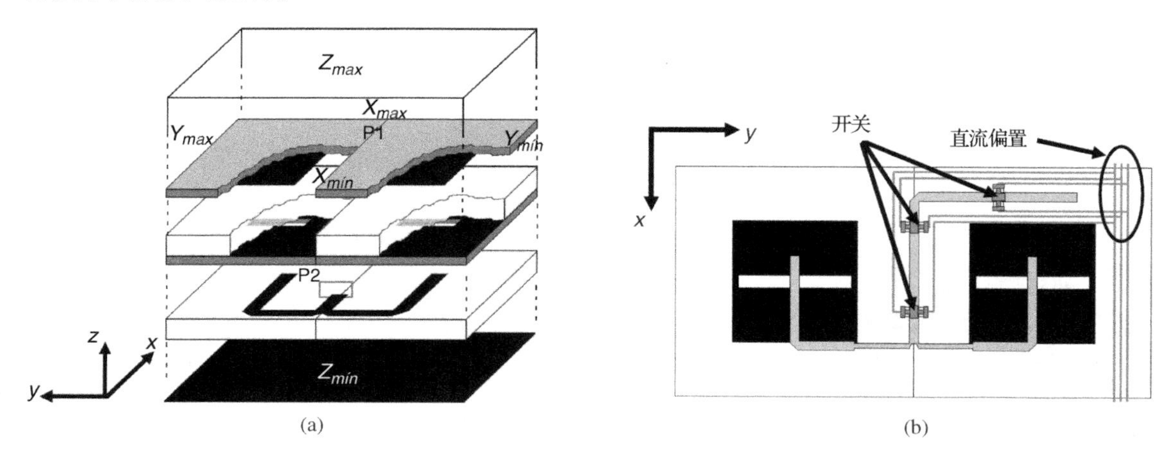

图 10.34　基于与延迟线孔径耦合贴片的反射天线阵子的组合。(a)展开图；(b)两个单元组合的俯视图。摘自文献[67]

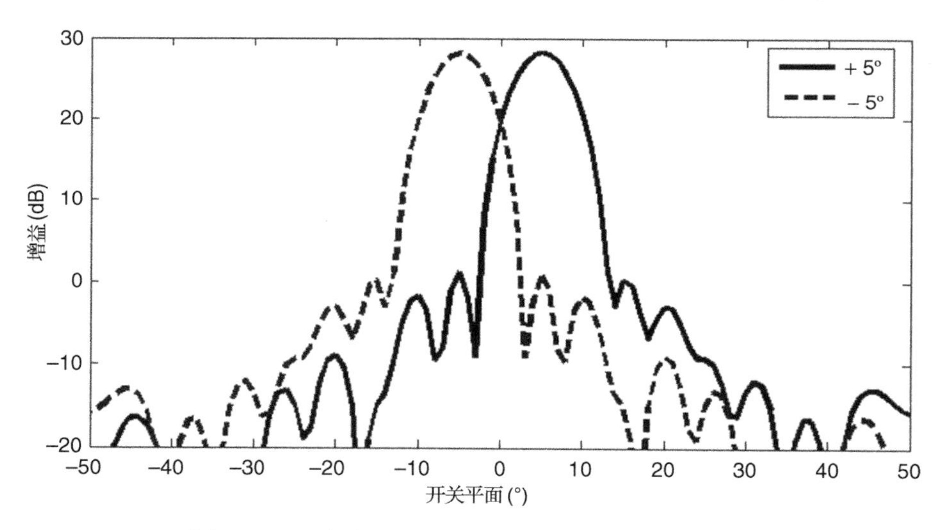

图 10.35　x 方向和 y 方向交替组合的方位面的方向图

近年来，基于可调介电材料的发展，波束可重新配置的反射天线阵出现了许多新品种，例如采用铁电薄胶片或液晶[133, 134]。它们的工作原理是一些非线性介质的介电常数随材料上的电场变化而变化，电场可以通过加上外部电压而改变。可以利用这些性质来开发可控移相器和结构可重新配置的反射天线阵[55 ~ 59]。

NASA 开发了基于铁电移相器的波束扫描反射天线阵[55, 56]，并研究了它们在空间应用中的潜力。这种移相器由一系列耦合的微带线构成，布置在一个约 400nm 厚的 $Ba_{0.60}Sr_{0.40}TiO_3$ 胶片上。这种移相器利用改变加在耦合线上的偏置电压来进行控制，其中耦合线是终端开路的。这个技术的一个缺点是铁电胶片具有高损耗，通常 K 波段的损耗大于 4 dB。然而，最近的研究[56]报告了高性能铁电移相器的发展，其损耗已大大降低。

一类利用向列状态液晶(LC)介质各向异性的新移相器已经被用于开发可重新配置的反射天线阵[57~59]。液晶显示器(LCD)的发展中利用液晶的各向异性及其制造工艺是众所周知的，但是它在微波和毫米波段移相器中的应用是十分新颖的[62,134]。这个原理被用于开发可重构的反射天线阵单元，其中在谐振印刷贴片和接地平面之间使用了(液晶)层。当加上偏置电压使介电常数变化时，谐振频率和反射场的相位也随之变化，变化的方式与改变谐振长度时一样。人们设计了 10 GHz 下一个可重构的液晶反射天线阵，它可以在和、差两种方向图模式下切换[59]。这个原型由贴片阵子组成的 12×12 单元构成，单元被一个 10 dB 标准增益喇叭照射。贴片被印刷在一个 18 cm×18 cm 的 125 μm 厚的玻璃增强型 PTFE 上。一个可调谐的 500 μm 厚的液晶层(BL006 型，来自于 Merck 公司)插在印刷阵列和接地面之间。这个反射天线阵可以在偏离机械视线 19°处产生一个聚焦(和)波束的方向图并可以切换成差波束方向图。当一半孔径中 LC 的电容率是 $\varepsilon_{\perp}=2.51$(无偏置)而另一半是 $\varepsilon_{\parallel}=2.66$(有偏置)时，适当调整贴片尺寸可以聚焦波束。当偏置反向时，每半的贴片分别进行 +90°和 -90°的相移，于是在两半中产生一个 180°的相移，以产生一个差方向图。理论和测量的结果证明了这种反射天线阵具有方向图切换的能力。

文献[57]报道了一个由 16×16 单元构成的液晶反射天线阵的设计、制造和测试，以演示其在 35 GHz 下的波束扫描。首先，为了简化制造过程和电控难度，波束只在一个平面内扫描。在这种情况下，一行中的所有印刷贴片被细铜线连接起来以对每行提供偏置电压。这里使用一种可购得的液晶混合剂(BL006)，它的厚度是 0.127 mm，由 RT-Duroid 5880 制造的分隔器保持均匀。这个天线实物提供的波束扫描范围是 ±20°。另一个有相同数目单元(16×16)的天线被用于 2D 波束扫描[58]，这时相对接地面的偏置电压被单独加到每个单元上，同时天线是由小缝隙分离的独立贴片构成的。测量的方向图表明这个天线的波束扫描范围是 -35° ~ +25°。虽然这里仍然存在一些问题要解决，主要是液晶的高损耗及其较长的切换时间，但是这个使用液晶的电控反射天线阵的概念有许多吸引人的特色，例如稳健性(一般液晶腔被填满并密封)、低成本和与制造 LCD 光学器件相似的可靠工艺。

对于遥感的空间应用，液晶反射天线阵可以用作副反射面与一个大型抛物反射面联合在一定角度范围内扫描波束。这项技术是一个替代毫米波仪器中机械地实现波束扫描天线的方法[128]，因为液晶单元的损耗和切换时间在高频下会下降。对于这种应用，反射天线阵的副反射面可以被装进温度可控的准光学馈源链路中，来维持温度使液晶保持在向列状态[134]。

10.5.7　结论和展望

已经证明无源反射天线阵具有产生精确的等场强波束(DBS 天线)和高增益(深空通信)的能力。反射天线阵可以和航天器表面共形或整合在太阳能板上以降低总体的体积和质量。对于大孔径的应用情况，可以使用多平面结构来改善天线的带宽并使机械的展开和折叠更加简单可靠。

包括一个作为副反射面或主反射面的反射天线阵的双反射面天线，可以在空间应用中对无源的或可重构的天线提供一些能力。一种精确有效的算法已经被开发出来并通过了验证用于分析双反射面构型中的反射天线阵。这种分析算法可以被整合在设计和优化过程中以改善天线性能和实现低交叉极化、波束扫描和多波束。包括一个电控反射天线阵副反射面的双反射面天线，可以用于在几个空间应用中实现波束扫描或波束重新配置，例如 SAR、遥感和 DBS 的可重新配置天线。基于开关(PIN 二极管或 MEMS)、变容二极管或其他元件的简单和低成本的移相器，可以被整合在每个单元或子阵上来使作为副反射面的有限尺寸的反射阵天线具有波束重新配置能力。

反射天线阵技术可以用于非常宽的频段，从微波段到红外波段。反射天线阵可以继续利用这些基于 LC 的可调技术的最近进展，来为下一代毫米波和太赫兹遥感仪器提供电控波束指向的天线。

参考文献

1. Berry, D.G., Malech, R.G., and Kennedy, W.A. (1963) The reflectarray antenna. *IEEE Transactions on Antennas and Propagation*, **11**(6), 646–651.
2. Phelan, H.R. (1975) Antenna arrays of internally phased elements, US Patent 3925784.
3. Phelan, H.R. (2011) Spiralphase reflectarray for multitarget radar. *Microwave Journal*, **20**(7), 67–73.
4. Howell, J. (1975) Microstrip antennas. *IEEE Transactions on Antennas and Propagation*, **23**(1), 90–93.
5. Malagisi, C.S. (1977) Electronically scanned microstrip antenna array. US Patent 4053895.
6. Malagisi, C.S. (1978) Microstrip disc element reflect array. Proceedings of the Electronics and Aerospace Systems Convention, Arlington, VA, USA, pp. 186–192.
7. Montgomery, J.P. (1978) A microstrip reflectarray antenna element. Proceedings of the Antenna Applications Symposium, Urbana–Champaign, IL, USA.
8. Huang, J. and Pogorzelski, J. (1996) Beam scanning reflectarray antenna with circular polarization. US Patent 6081234.
9. Huang, J. and Pogorzelski, R.J. (1998) A Ka-band microstrip reflectarray with elements having variable rotation angles. *IEEE Transactions on Antennas and Propagation*, **46**(5), 650–656.
10. Martynyuk, A., Martínez, J.I., and Martynyuk, N. (2004) Spiraphase-type reflectarrays based on loaded ring slot resonators. *IEEE Transactions on Antennas and Propagation*, **52**(1), 142–153.
11. Richards, R.J., Dittrich, E.W., Kesler, O.B., and Grimm, J.M. (2000) Microstrip phase shifting reflect array antenna, US Patent 6020853.
12. Richards, R.J. (2001) Integrated microelectromechanical phase shifting reflect array antenna, US Patent 6195047.
13. Munson, R.E., Haddad, H.A., and Hanlen, J.W. (1987) Microstrip reflectarray for satellite communication and radar cross-section enhancement or reduction, US Patent 4684952.
14. Chang, D.C. and Huang, M.C. (1992) Microstrip reflectarray antenna with offset feed. *Electronics Letters*, **28**(16), 1489–1491.
15. Javor, R.D., Wu, X.-D., and Chang, K. (1995) Design and performance of a microstrip reflectarray antenna. *IEEE Transactions on Antennas and Propagation*, **43**(9), 932–939.
16. Chang, D.C. and Huang, M.C. (1995) Multiple polarization microstrip reflectarray antenna with high efficiency and low cross-polarization. *IEEE Transactions on Antennas and Propagation*, **43**(8), 829–834.
17. Gonzalez, D.G., Pollon, G.E., and Walker, J.F. (1990) Microwave phasing structures for electromagnetically emulating reflective surfaces and focusing elements of selected geometry, US Patent 4905014.
18. Kelkar, A. (1991) Flaps: conformal phased reflecting surfaces. Proceedings of the IEEE National Radar Conference, Los Angeles, CA, USA, pp. 58–62.
19. Targonski, S.D. and Pozar, D.M. (1994) Analysis and design of a microstrip reflectarray using patches of variable size. Antennas and Propagation Society International Symposium, AP-S Digest, pp. 1820–1823.
20. Pozar, D.M., Targonski, S.D., and Syrigos, H.D. (1997) Design of millimeter wave microstrip reflectarray. *IEEE Transactions on Antennas and Propagation*, **45**(2), 287–295.
21. Pozar, D.M. and Targonski, S.D. (1998) A microstrip reflectarray using crossed dipoles. IEEE Antennas and Propagation Society International Symposium, pp. 1008–1011.
22. Encinar, J.A. (1999) Printed circuit technology multi-layer planar reflector and method for the design thereof, European Patent 1 120 856 A1.
23. Encinar, J.A. (2001) Design of two-layer printed reflectarrays using patches of variable size. *IEEE Transactions on Antennas and Propagation*, **49**(10), 1403–1410.
24. Encinar, J.A. and Zornoza, J.A. (2003) Broadband design of three-layer printed reflectarrays. *IEEE Transactions on Antennas and Propagation*, **51**(7), 1662–1664.
25. Robinson, A.W., Bialkowski, M.E., and Song, H.J. (1999) An X-band passive reflect-array using dual-feed aperture-coupled patch antennas. Proceedings of the Asia Pacific Microwave Conference, Singapore, pp. 906–909.

26. Chaharmir, M.R., Shaker, J., Cuhaci, M., and Sebak, A. (2003) Reflectarray with variable slots on ground plane. *IEE Proceedings: Microwaves, Antennas and Propagation*, **150**(6), 436–439.
27. Patel, M. and Thraves, J. (1994) Design and development of a low cost, electronically steerable, X-band reflectarray using planar dipoles. Proceedings of Military Microwaves, London, UK, pp. 174–179.
28. Bialkowski, M.E., Robinson, A.W., and Song, H.J. (2002) Design, development, and testing of X-band amplifying reflectarrays. *IEEE Transactions on Antennas and Propagation*, **50**(8), 1065–1076.
29. Pilz, D. and Menzel, W. (1998) Folded reflectarray antenna. *Electronics Letters*, **34**(9), 832–833.
30. Menzel, W., Pilz, D., and Leberer, R. (1999) A 77-GHz FM/CW radar front-end with a low-profile low-loss printed antenna. *IEEE Transactions on Microwave Theory and Techniques*, **47**(12), 2237–2241.
31. Menzel, W., Al-Tikriti, M., and Leberer, R. (2002) A 76GHz multiple-beam planar reflector antenna. Proceedings of the European Microwave Conference, Milan, Italy, vol. III, pp. 977–980.
32. Pozar, D.M., Targonski, S.D., and Pokuls, R. (1999) A shaped-beam microstrip patch reflectarray. *IEEE Transactions on Antennas and Propagation*, **47**(7), 1167–1173.
33. Encinar, J.A. and Zornoza, J.A. (2004) Three-layer printed reflectarrays for contoured beam space applications. *IEEE Transactions on Antennas and Propagation*, **52**(5), 1138–1148.
34. Encinar, J.A., Datashvili, L., Agustín Zornoza, J. *et al.* (2006) Dual-polarization dual-coverage reflectarray for space applications. *IEEE Transactions on Antennas and Propagation*, **54**(10), 2827–2837.
35. Encinar, J.A., Arrebola, M., Dejus, M., and Jouve, C. (2006) Design of a 1-metre reflectarray for DBS application with 15% bandwidth. Proceedings of the First European Conference on Antennas and Propagation (EuCAP 2006), Nice, France.
36. Encinar, J.A., Arrebola, M., de la Fuente, L.F., and Toso, G. (2011) A transmit–receive reflectarray antenna for direct broadcast satellite applications. *IEEE Transactions on Antennas and Propagation*, **59**(9), 3255–3264.
37. Hodges, R. and Zawadzki, M. (2005) Design of a large dual polarized Ku-band reflectarray for spaceborne radar altimeter. Proceedings of IEEE AP-S Symposium, Monterey, CA, USA, pp. 4356–4359.
38. Huang, J. and Feria, A. (1999) A one-meter X-band inflatable reflectarray antenna. *Microwave & Optical Technology Letters*, **20**(2), 97–99.
39. Huang, J. and Feria, A. (1999) Inflatable microstrip reflectarray antennas at X and Ka-band frequencies. Proceedings of the IEEE AP-S Symposium, Orlando, FL, USA, pp. 1670–1673.
40. Huang, J. and Pogorzelski, R.J. (1998) A Ka-band microstrip reflectarray with elements having variable rotation angles. *IEEE Transactions on Antennas and Propagation*, **46**(5), 650–656.
41. Huang, J., Feria, V.A., and Fang, H. (2001) Improvement of the three-meter Ka-band inflatable reflectarray antenna. Proceedings of the IEEE AP-S/URSI Symposium, Boston, MA, USA, pp. 122–125.
42. Khayatian, B., Rahmat-Samii, Y., and Huang, J. (2006) Radiation characteristics of reflectarray antennas: methodology and applications to dual configurations. Proceedings of First European Conference on Antennas and Propagation (EuCAP 2006), Nice, France.
43. Xu, S., Rjagopalan, H., Rahmat-Samii, Y., and Imbriale, W. (2007) A novel reflector surface distortion compensating technique using a sub-reflectarray. Proceedings of the IEEE Antennas Propagation Society International Symposium, Honolulu, HI, USA.
44. Arrebola, M., de Haro, L., and Encinar, J.A. (2008) Analysis of dual-reflector antennas. *IEEE Antennas and Propagation Magazine.*, **50**(6), 39–51.
45. Huang, J. (1995) Analysis of a microstrip reflectarray antenna for microspacecraft applications, TDA progress report, http://ipnpr.jpl.nasa.gov/progress_report/42-120/120H.pdf, pp. 153–173.
46. Profera, C.E. (1996) Reflectarray antenna for communication satellite frequency re-use applications, US Patent 5543809.
47. Gilbert, R. (2001) Dipole tunable reconfigurable reflector array, US Patent 0050650.
48. Mencagli, B., Vincenti Gatti, R., Marcaccioli, L., and Sorrentino, R. (2005) Design of large mm-wave beam-scanning reflectarrays. Proceedings of the 35th EuMC, Paris, France.
49. Sorrentino, R. (2007) MEMS-based reconfigurable reflectarrays. Second European Conference on Antennas and Propagation (EuCAP 2007), Edinburgh, UK.
50. Rajagopalan, H., Rahmat-Samii, Y., and Imbriale, W.A. (2008) RF MEMS actuated reconfigurable reflectarray patch–slot element. *IEEE Transactions on Antennas and Propagation*, **56**(12), 3689–3699.
51. Riel, M. and Laurin, J.J. (2007) Design of an electronically beam scanning reflectarray using aperture-coupled elements. *IEEE Transactions on Antennas and Propagation*, **55**(5), 1260–1266.
52. Hum, S.V., Okoniewski, M., and Davies, R.J. (2005) Realizing an electronically tunable reflectarray using varactor diode-tuned elements. *IEEE Microwave and Wireless Components Letters*, **15**(6), 422–424.

53. Hum, S.V., Okoniewski, M., and Davies, R.J. (2005) An evolvable antenna platform based on reconfigurable reflectarrays. Proceedings of the NASA/DoD Conference on Evolvable Hardware, Washington, DC, USA, pp. 139–146.
54. Hum, S.V., Okoniewski, M., and Davies, R.J. (2007) Modeling and design of electronically tunable reflectarrays. *IEEE Transactions on Antennas and Propagation*, **55**(8), 2200–2210.
55. Romanofsky, R.R., Bernhard, J.T., van Keuls, F.W. *et al.* (2000) K-band phased array antennas based on $Ba_{0.60}Sr_{0.40}TiO_3$ thin-film phase shifters. *IEEE Transactions on Microwave Theory and Techniques*, **48**(12), 2504–2510.
56. Romanofsky, R.R. (2007) Advances in scanning reflectarray antennas based on ferroelectric thin-film phase shifters for deep-space communications. *Proceedings of the IEEE*, **95**(10), 1968–1975.
57. Mössinger, A., Marin, R., Mueller, S., Freese, J., and Jakoby, R. (2006) Electronically reconfigurable reflectarrays with nematic liquid crystals. *IEE Electronics Letters*, **42**, 899–900.
58. Moessinger, A., Marin, R., Eicher, D., Jakoby, R., and Schlaak, H. (2007) Liquid crystal reflectarray with electronic 2D-reconfiguration capability. Proceedings of the 29th ESA Antenna Workshop on Multiple Beams and Reconfigurable Antennas, Noordwijk, The Netherlands, pp. 67–70.
59. Hu, W., Ismail, M.Y., Cahill, R. *et al.* (2007) Liquid-crystal-based reflectarray antenna with electronically switchable monopulse patterns. *Electronic Letters*, **43**(14), 899–900.
60. Gilger, L.D. (2000) Combined photovoltaic array and RF reflector, US Patent 6150995.
61. Zawadzki, M. and Huang, J. (2000) Integrated RF antenna and solar array for spacecraft application. Proceedings of the 2000 IEEE International Conference on Phased Array Systems and Technology, Dana Point, CA, USA, pp. 239–242.
62. Hu, W., Cahill, R., Encinar, J.A. *et al.* (2008) Design and measurement of reconfigurable millimeter wave reflectarray cells with nematic liquid crystal. *IEEE Transactions on Antennas and Propagation*, **56**(10), 3112–3117.
63. Ginn, J.C., Lail, B.A., and Boreman, G.D. (2006) Infrared patch reflectarray. Proceedings of IEEE Antennas and Propagation Society International Symposium, Albuquerque, NM, USA, pp. 4315–4318.
64. Ginn, J.C., Lail, B.A., and Boreman, G.D. (2007) Phase characterization of reflectarray elements at infrared. *IEEE Transactions on Antennas and Propagation*, **55**(11), 2989–2993.
65. Legay, H. and Salome, B. (2006) Low-loss reconfigurable reflector array antenna, US Patent 7142164 B2.
66. Carrasco, E., Barba, M., Reig, B., Encinar, J.A., and Charvet, P.L. (2011) Demonstration of a gathered element for reconfigurable-beam reflectarrays based on ohmic MEMS. Fifth European Conference on Antennas and Propagation (EuCAP 2011), Rome, Italy.
67. Carrasco, E., Barba, M., and Encinar, J.A. (2011) Design and validation of gathered elements for steerable-beam reflectarrays based on patches aperture-coupled to delay lines. *IEEE Transactions on Antennas and Propagation*, **59**(5), 1756–1760.
68. Huang, J. (1995) Bandwidth study of microstrip reflectarray and a novel phased reflectarray concept. Proceedings of IEEE Antennas and Propagation Society International Symposium, pp. 582–585.
69. Pozar, D.M. (2003) Bandwidth of reflectarrays. *Electronic Letters*, **39**(21), 1490–1491.
70. Zhuang, Y., Litva, J., Wu, C., and Wu, K.-L. (1995) Modelling studies of microstrip reflectarrays. *IEE Proceedings: Microwaves, Antennas and Propagation*, **142**(1), 78–80.
71. Huang, J. and Encinar, J.A. (2008) *Reflectarray Antennas*, IEEE Press/John Wiley & Sons, Inc.
72. Carrasco, E., Barba, M., and Encinar, J.A. (2006) Aperture-coupled reflectarray element with wide range of phase delay. *Electronics Letters*, **42**(12), 667–668.
73. Carrasco, E., Barba, M., and Encinar, J.A. (2007) Reflectarray element based on aperture-coupled patches with slots and lines of variable length. *IEEE Transactions on Antennas and Propagation*, **55**(3), 820–825.
74. Carrasco, E., Encinar, J.A., and Barba, M. (2008) Bandwidth improvement in large reflectarrays by using true-time delay. *IEEE Transactions on Antennas and Propagation*, **56**(8), 2496–2503.
75. Pozar, D.M. and Schaubert, D.H. (1984) Analysis of an infinite array of rectangular microstrip patches with idealized probe feeds. *IEEE Transactions on Antennas and Propagation*, **32**(10), 1101–1107.
76. Pozar, D.M. (1989) Analysis of an infinite phased array of aperture coupled microstrip patches. *IEEE Transactions on Antennas and Propagation*, **37**(4), 418–425.
77. Pozar, D.M. (2004) Microstrip reflectarrays myths and realities. Proceedings of the JINA International Symposium on Antennas, Nice, France, pp. 175–179.
78. Mittra, R., Chan, C.H., and Cwik, T. (1988) Techniques for analyzing frequency selective surfaces – a review. *Proceedings of IEEE*, **76**(12), 1593–1615.
79. Wan, C. and Encinar, J.A. (1995) Efficient computation of generalized scattering matrix for analyzing multilayered periodic structures. *IEEE Transactions on Antennas and Propagation*, **43**(10), 233–1242.

80. Encinar, J.A. and Caballero, R. (2001) Design and development of a double-sandwich dichroic subreflector. Proceedings of the 24th Antenna Workshop on Innovative Periodic Antennas: Photonic Bandgap, Fractal and Frequency Selective Surfaces, Noordwijk, The Netherlands, pp. 115–119.
81. Caballero, R., Palacios, C., and Encinar, J.A. (2004) Mars Express and Venus Express high gain antennas. Proceedings of the 27th ESA Antenna Workshop on Innovative Periodic Antennas: Electromagnetic Bandgap, Left-Handed Materials, Fractal and Frequency Selective Surfaces, Santiago de Compostela, Spain, pp. 83–89.
82. Arrebola, M., Álvarez, Y., Encinar, J.A., and Las-Heras, F. (2009) Accurate analysis of printed reflectarrays considering the near field of the primary feed. *IET Microwaves, Antennas and Propagation*, **3**(2), 187–194.
83. Ludwig, A.C. (1973) The definition of cross polarization. *IEEE Transactions on Antennas and Propagation*, **21**(1), 116–119.
84. Arrebola, M., Encinar, J.A., and Barba, M. (2008) Multifed printed reflectarray with three simultaneous shaped beams for LMDS central station antenna. *IEEE Transactions on Antennas and Propagation*, **56**(6), 1518–1527.
85. Carrasco, E., Arrebola, M., Encinar, J.A., and Barba, M. (2008) Demonstration of a shaped beam reflectarray using aperture-coupled delay lines for LMDS central station antenna. *IEEE Transactions on Antennas and Propagation*, **56**(10), 3103–3111.
86. Pilz, D. and Menzel, W. (1997) Full wave analysis of a planar reflector antenna. Proceedings of the Asia Pacific Microwave Conference, Hong Kong, pp. 225–227.
87. De Vita, P., De Vita, F., Di Maria, A., and Freni, A. (2009) An efficient technique for the analysis of large multilayered printed arrays. *IEEE Antennas and Wireless Propagation Letters*, **8**, 104–107.
88. Rius, J.M., Parron, J., Heldring, A. *et al.* (2008) Fast iterative solution of integral equations with method of moments and matrix decomposition algorithm–singular value decomposition. *IEEE Transactions on Antennas and Propagation*, **56**(8), 2314–2324.
89. Misran, N., Cahill, R., and Fusco, V. (2002) Reflection phase response of microstrip stacked ring elements. *Electronics Letters*, **38**(8), 356–357.
90. Misran, N., Cahill, R., and Fusco, V. (2003) Design optimisation of ring elements for broadband reflectarray antennas. *IEE Proceedings: Microwaves, Antennas and Propagation*, **150**(6), 440–444.
91. Bozzi, M., Germani, S., and Perregrini, L. (2003) Performance comparison of different element shapes used in printed reflectarrays. *IEEE Antennas and Wireless Propagation Letters*, **2**(1), 219–222.
92. Cadoret, D., Laisne, A., Gillard, R., Le Coq, L., and Legay, H. (2005) Design and measurement of new reflectarray antenna using microstrip patches loaded with slot. *Electronics Letters*, **41**(11), 623–624.
93. Encinar, J.A. and Pedreira, A. (2004) Flat reflector antenna in printed technology with improved bandwidth and separate polarizations, Spanish Patent P2004 01382.
94. Dieter, S., Fischer, C., and Menzel, W. (2009) Single-layer unit cells with optimized phase angle behaviour. Proceedings of the 3rd European Conference on Antennas and Propagation (EuCAP 2009), Berlin, Germany, pp. 1149–1153.
95. Rossi, F., Encinar, J.A., and Freni, A. (2009) Design of a reflectarray antenna at 300GHz using parallel dipoles of variable size printed on a quartz wafer. Proceedings of the 5th ESA Workshop on Millimetre Wave Technology and Applications & 31st ESA Antenna Workshop, Noordwijk, The Netherlands.
96. Menzel, W., Jiang, L., and Dieter, S. (2009) Folded reflectarray antenna based on a single layer reflector with increased phase angle range. Proceedings of the 3rd European Conference on Antennas and Propagation (EuCAP 2009), Berlin, Germany.
97. Chaharmir, M.R., Shaker, J., Cuhaci, M., and Ittipiboon, A. (2006) Broadband reflectarray antenna with double cross loops. *Electronics Letters*, **42**(2), 65–66.
98. Roederer, A. (2002) Reflector antenna comprising a plurality of panels, US Patent 6411255.
99. Chang, D.C. and Huang, M.C. (1993) Feasibility study of erecting cosecant pattern by planar microstrip reflectarray antenna. Proceedings of Asia Pacific Microwave Conference, Taiwan, vol. 2, pp. 19.20–19.24.
100. Zornoza, J.A. and Encinar, J.A. (2004) Efficient phase-only synthesis of contoured-beam patterns for very large reflectarrays. *International Journal of RF and Microwave Computer-Aided Engineering*, **14**(10), 415–423.
101. Trastoy, A., Ares, F., and Moreno, E. (2001) Phase-only control of antenna sum and shaped patterns through null perturbation. *IEEE Antennas and Propagation Magazine*, **43**(6), 45–54.
102. Kautz, G.M. (1999) Phase-only shaped beam synthesis via technique of approximated beam addition. *IEEE Transactions on Antennas and Propagation*, **47**(5), 887–894.
103. Bucci, O.M., Franceschetti, G., Mazzarella, G., and Panariello, G. (1990) Intersection approach to array pattern synthesis. *IEE Proceedings: Microwaves, Antennas and Propagation*, **137**(6), 349–357.
104. Vaskelainen, L.I. (2000) Phase synthesis of conformal array antennas. *IEEE Transactions on Antennas and Propagation*, **48**(6), 987–991.

105. Zornoza, J.A. and Encinar, J.A. (2001) Multi-layer printed reflectarrays as an alternative to shaped reflectors. Proceedings of the 24th ESTEC Antenna Workshop on Innovative Periodic Antennas, Noordwijk, The Netherlands, pp. 243–247.
106. Zornoza, J.A. and Encinar, J.A. (2002) Design of shaped beam reflectarrays for direct broadcast satellites. Proceedings of the International Symposium on Antennas (JINA 2002), Nice, France, pp. 367–370.
107. Costanzo, S., Venneri, F., Di Massa, G., and Angiulli, G. (2003) Synthesis of microstrip reflectarrays as planar scatterers for SAR interferometry. *Electronics Letters*, **39**(3), 266–267.
108. Zornoza, J.A., Arrebola, M., and Encinar, J.A. (2003) Multi-frequency pattern synthesis for contoured beam reflectarrays. Proceedings of the 26th Antenna Workshop on Satellite Antenna Modeling and Design Tools, ESTEC, Noordwijk, The Netherlands, pp. 337–342.
109. Zornoza, J.A. and Encinar, J.A. (2004) Reflectarray pattern synthesis with phase constraints. 13e Journées Internationales de Nice sur les Antennes (JINA), Nice, France, pp. 200–201.
110. TICRA, CHAMP user's manual for software package for analysis of corrugated and/or smooth wall horn with circular cross section, TICRA, Denmark.
111. Russell, R.A., Campbell, T.G., and Freeland, R.E. (1980) A technology development program for large space antennas. Proceedings of the 31st Congress of the International Astronautical Federation, Tokyo, Japan.
112. Roederer, A.G. and Rahmat-Samii, Y. (1989) Unfurlable satellite antennas: a review. *Annales des Telecommunications*, **44**, 475–488.
113. Kaminskas, R.A. (1989) Stowable reflector, US Patent 811034.
114. You, Z. and Pellegrino, S. (1994) Deployable mesh reflector. Proceedings of the International Symposium on Spatial Lattice and Tension Structures, Atlanta, GA, USA.
115. Thomson, M.W. (1999) The AstroMesh deployable reflector. Proceedings of the IEEE International Symposium on Antennas and Propagation, York, UK, vol. 3, pp. 1516–1519.
116. Thomas, M. (1992) Inflatable space structures. *IEEE Potentials*, **11**(4), 29–32.
117. Huang, J., Lou, M., Feria, A., and Kim, Y. (1998) An inflatable L-band microstrip SAR array. Proceedings of the IEEE Antennas and Propagation Society International Symposium, Atlanta, GA, USA, vol. 4, pp. 2100–2103.
118. Hodges, R. and Zawadzki, M. (2003) Wide swath ocean altimeter antenna electrical subsystem – preliminary design review, JPL internal document.
119. Legay, H., Salome, B., Girard, E. *et al.* (2005) Reflectarray antennas for SAR missions. Proceedings of the 11th International Symposium on Antenna Technology and Applied Electromagnetics (ANTEM 2005), Saint-Malo, France.
120. Fang, H., Lou, M., Huang, J., Hsia, L., and Kerdanyan, G. (2001) An inflatable/self-rigidizable structure for the reflectarray antenna. Proceedings of the 10th European Electromagnetics Structure Conference, Munich, Germany.
121. Zawadzki, M. and Huang, J. (2003) A dual-band reflectarray for X- and Ka-bands. Proceedings of the PIERS Symposium, Honolulu, Hawaii, USA.
122. Han, C., Rodenbeck, C., Huang, J., and Chang, K. (2004) A C/Ka dual-frequency dual-layer circularly polarized reflectarray antenna with microstrip ring elements. *IEEE Transactions on Antennas and Propagation*, **52**(11), 2871–2876.
123. Han, C., Huang, J., and Chang, K. (2005) A high efficiency offset-fed X/Ka dual-band reflectarray using thin membranes. *IEEE Transactions on Antennas and Propagation*, **53**(9), 2792–2798.
124. Han, C., Huang, J., and Chang, K. (2006) Cassegrain offset subreflector-fed X/Ka dual-band reflectarray with thin membranes. *IEEE Transactions on Antennas and Propagation*, **54**(10), 2838–2844.
125. Sletten, C.J. (1988) Multibeam and scanning reflector antennas, in *Reflector and Lens Antennas*, Artech House.
126. Xu, S., Rahmat-Samii, Y., and Imbriale, W.A. (2009) Subreflectarrays for reflector surface distortion compensation. *IEEE Transactions on Antennas and Propagation*, **57**(2), 364–372.
127. Martin, R.J. and Martin, D.H. (1996) Quasi-optical antennas for radiometric remote-sensing. *IEE Electronics & Communication Engineering Journal*, **8**, 37–48.
128. Rahmat-Samii, Y. (1990) Array feeds for reflector surface distortion compensation: concepts and implementation. *IEEE Antennas and Propagation Magazine*, **32**(4), 20–26.
129. Xu, S. and Rahmat-Samii, Y. (2009) A compensated spherical reflector antenna using sub-reflectarrays. *Microwave and Optical Technology Letters*, **51**(2), 577–582.
130. Hu, W., Arrebola, M., Cahill, R. *et al.* (2009) 94GHz dual-reflector antenna with reflectarray sub-reflector. *IEEE Transactions on Antennas and Propagation*, **57**(10), 3043–3050.

131. Carrasco, E., Barba, M., and Encinar, J.A. (2010) Switchable-beam reflectarray with aperiodic-gathered elements based on PIN diodes. Proceedings of the 32nd ESA Antenna Workshop on Antennas for Space Applications, Noordwijk The Netherlands.
132. Carrasco, E., Arrebola, M., Barba, M., and Encinar, J.A. (2011) Shaped-beam reconfigurable reflectarray with gathered elements in a non-periodic layout for LMDS base station. Proceedings of the Fifth European Conference on Antennas and Propagation (EuCAP 2011), Rome, Italy.
133. Weil, C. and Jakoby, R. (2002) Nonlinear dielectrics for microwave applications ferroelectrics and liquid crystals. *IEEE – MTT/AP German Newsletter*, **6**(1)
134. Muller, S., Scheele, P., Weil, C. *et al.* (2004) Tunable passive phase shifter for microwave applications using highly anisotropic liquid crystals. Proceedings of the IEEE MTT-S International Microwave Symposium, Fort Worth, TX, USA, vol. 2, pp. 1153–1156.

第 11 章　空间应用中的新天线技术

Safieddin Safavi-Naeini, Mohammad Fakharzadeh
(作者均来自：滑铁卢大学电气与计算机工程系智能天线与无线电系统中心(CIARS)，加拿大)

11.1　引言

下一代空间系统要求更高的数据率、更精确的航天器导航、更高的可靠性、超宽的观测频段以及与过时的“阿波罗”方案相比性价比更高的方法[1]。X 波段的遥测系统正迅速迁移到 Ka 波段(32 GHz)。大型反射面天线将被更小、更便宜、带宽更宽的阵列系统取代。另一方面，空间科学家和无线天文学家正在致力于无线频谱最高频段的研究。无线技术已经突破 1 THz 波段。由于大气吸收率较高，无线望远镜需要被放置在大气上方足够高的地方[2]。欧洲航天局的望远镜 Herschel 和 Planck，将观测整个毫米波段一直到 5.3 THz 的信号。毫米波段(mmW)和亚毫米波段(sub-mmW)例如 54 GHz、118 GHz、183 GHz、243 GHz、325 GHz、424 GHz、664 GHz 周围的频谱窗口，可以提供重要的降水和冰晶云信息[3]。更低的微波频段和 mmW 波段(Qu/Ka 波段，V 波段的卫星际链路)被广泛用于很多固定的、地面移动的、航海的、航空的 SATCOM 系统，从而与全世界无处不在的覆盖联网，获得的宽带信息可用于科研、军事和民用领域[5]。虽然未来项目对天线性能的苛刻要求不能用现有技术轻易地满足，但是它对整个空间科技界提出了巨大的挑战。非空间技术市场激发了天线集成设备(系统)和材料技术等方面的新进展，这些新进展正为我们提供新的机遇。微波、毫米波/亚毫米波、THz 波段下集成技术的快速发展，受到了大量新兴应用的激励，例如宽带地球/空间无线电通信、毫米波汽车传感器和雷达、毫米波监控器、生物医学和制药学的亚毫米波/THz 光谱仪，以及地面和卫星的环境监测，这些技术有着高性能、高性价比的优势，可以很容易地应用于空间系统。

在本章，我们将介绍关于整个毫米波段下基于硅的芯片或集成芯片上的有源天线，平面天线基板上的集成技术，微波/毫米波基于微机电系统(MEMS)的技术，THz 集成天线系统等新兴技术进展，还要全面介绍越来越重要的移动 SATCOM 中的低成本、高性能相控阵技术。

11.2　新兴毫米波系统中片上/封装天线

利用微加工和半导体兼容的技术集成在芯片上或封装中的天线单元/阵列在空间系统应用中具有一系列优势。集成到体积大大减小的芯片上的前端的天线正被装配在许多地面终端、星载 GPS 和 S/K/W 波段系统中，因为这样的天线有极高的制造精度，有可能直接与半导体器件集合(这消除了大损耗和不可靠的片外连接)，高度紧凑的封装，重量更轻，功率消耗小。基于和陶瓷芯片低温共烧的微型天线和收发芯片的集成已经提出来，并被用于空间无线传感器，例如那些用于测量宇航员在仓外活动吸收的辐射的传感器[6]。

极其紧凑的片上/封装内集成的天线和射频前端为新一代“片上卫星”[7]和“片上飞船”[8]铺设了道路，未来传感器与转发器结合的微型芯片将被散播到空间中，来为各个空间节点(例如国际空间站)和地面建立一个临时的无线传感网络。包括天线、发射机、传感设备的初样结构将被安装在国际空间站的材料科学实验设备(MISSE-8)的托盘上，来收集太阳风的化学方面的数据和其他性质。这个实验也会在极端的空间环境下评估这些“片上卫星”的性能。这个实验将为大范围的空间传感和数据通信任务应用片上集成无线传感设备(片上实验室)和极低成本/极低复杂度的片上/封装天线的集成铺设了道路。

片上天线对于实现完全集成的无线系统是十分关键的。片上天线简化了匹配网络并通过减小前端损耗和噪声系数改善了系统的性能。另外，对于传统的平面线馈电损耗巨大的微波和毫米波天线阵列系统，片上天线单元的晶片级集成能够提高辐射效率，最小化馈电损耗，因此显著降低了其功率消耗以及封装的复杂度和成本。

11.2.1　片上天线技术的最新进展

最近，各种不同的片上天线被通过低成本半导体技术研发出来，例如技术成熟、集成度高的硅锗(SiGe)和互补金属氧化物的半导体(CMOS)[9~14]。随着f_{max}大于 200 GHz 的高集成度的低成本器件的出现，先进的 CMOS 和 SiGe 技术正在成为低成本毫米波系统发展的主流技术之一，它使得低成本超宽带技术的市场迅速发展。这些技术进步将为更先进的工业、航天、国防的应用铺设道路。

到目前为止，大多数报道的片上天线的增益很低(低于 -5 dBi)或辐射效率很低(低于 10%)[11]。为了使输入功率最大化地发射出去，天线的效率必须尽可能高，同时它的尺寸必须尽可能小。

在波长与设备尺寸相近的毫米波段(30~300 GHz)，片上天线的实现比微波段更加适宜。另一方面，随着低成本硅科技的迅速发展，现在电路和系统可以工作在毫米波段了(甚至到达 220 GHz)[14]。由于天线的尺寸是决定芯片面积和成本的主要因素，如何在保持高辐射效率的条件下最小化天线尺寸仍是一个挑战。

11.2.2　硅基片上天线的限制

在传统的硅 IC 技术中，硅的厚度范围是 200~700 μm。所有的金属层都放在硅之上并嵌在硅氧化物中。最低层和最高层金属的最大距离在 7~15 μm 之间。实现无源单元时，包括天线，硅底板的最大缺点是它的低电阻率，它是无源器件损耗的主要来源。一些片上天线结构通过在最底层加入金属作为屏蔽层，把天线与低电阻率的硅分开。从底层到最高层金属有限的距离是另一个对天线制造的限制。作为一个例子，图 11.1 示出了利用 ADS Momentum 软件计算的一个半波长偶极子和半波长槽相对于底层电阻率和厚度的辐射效率的关系。

为了增加片上天线的效率和增益，文献[12]设计了一个 DRA 片上天线。图 11.2 展示了这个集成片上天线的结构。硅底板背面打磨后的厚度约 300 μm。槽孔径利用硅技术蚀刻在最上面的金属层(MT)上。最下面的金属层(MI)通过孔洞连接到接地板来使天线与高损耗的硅底板分离，于是天线的底板限制于二氧化硅(SiO_2)和金属层之间的介质层。最后，一个大电容率的介质层被放在片上顶层，以增加辐射效率并改善天线匹配。

图 11.3 所示为 H 形槽天线模具的显微镜照片，图片由 Cascade Micro-Tech CPW 探针获得。这个 H 形槽天线是利用 IBM SiGe5 a. m. 工艺制造的(见图 11.2)。在图 11.3(b)中，一个矩形的高电容率层(电容率是 38 ±1，尺寸是 $a=1.6$ mm，$b=1.15$ mm，$h=0.5$ mm)被放在一个钝化层上来提高辐射效率。

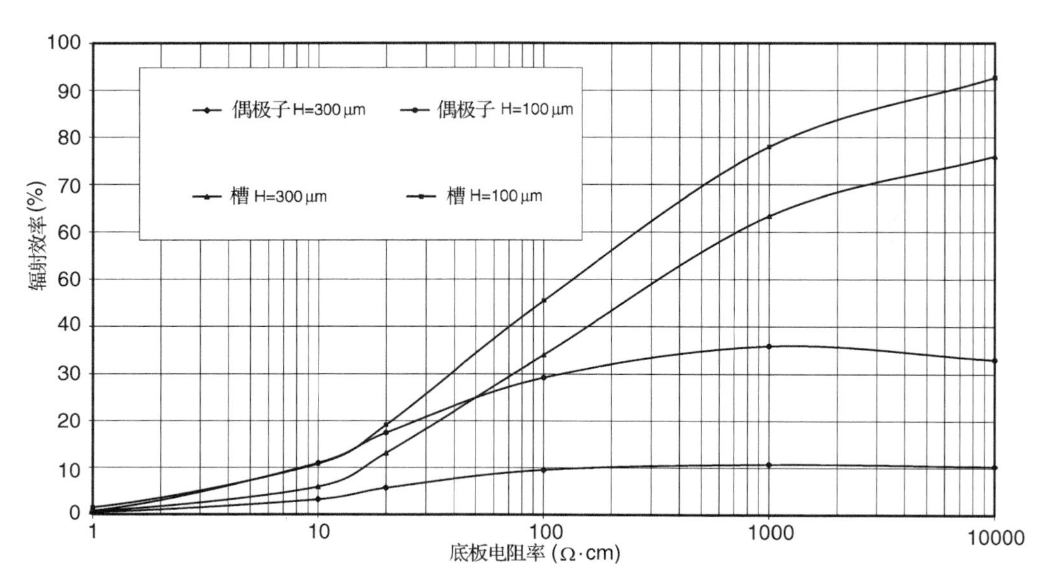

图 11.1 一个 30 GHz 偶极子和槽天线在底板电阻率和片上介质谐振天线(DRA)厚度变化下的辐射效率

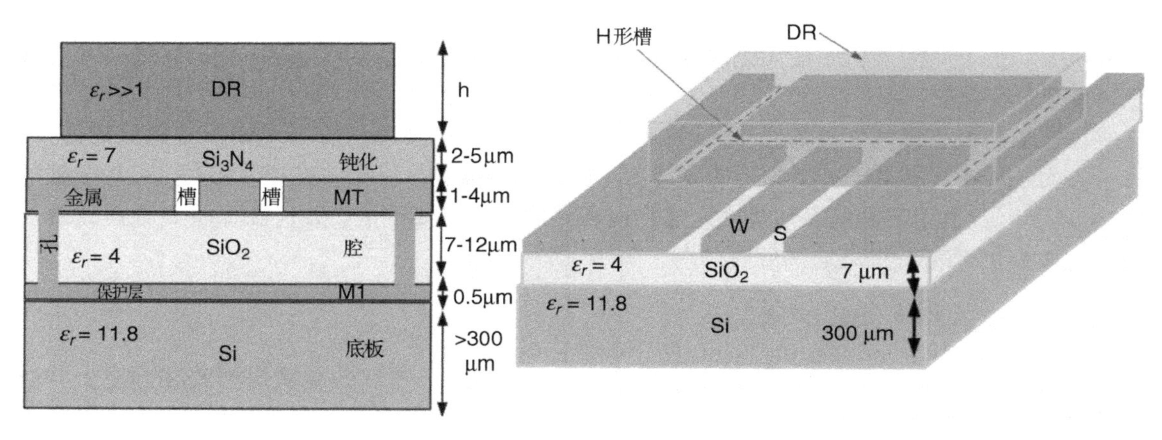

图 11.2 顶部带有介质谐振器(DR)的片上腔体槽天线的横截面和3D结构图。摘自文献[12]

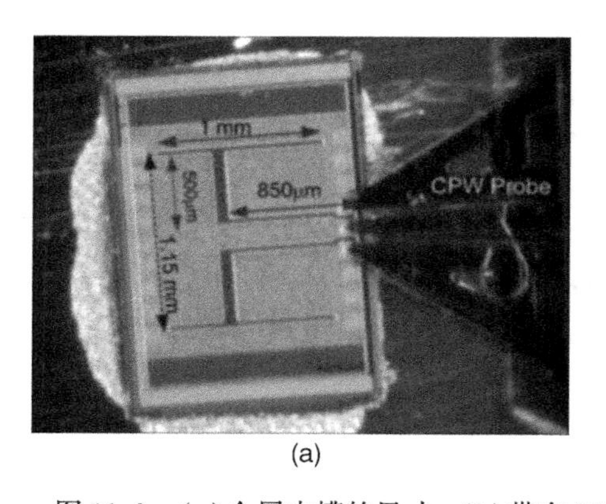

(a)

(b)

图 11.3 (a)金属中槽的尺寸；(b)带有 DR 的 H 形槽的显微镜照片。摘自文献[12]

图 11.4 展示了在 20 ~ 40 GHz 频段下带有钝化层(PL)的不同片上天线样本测得的反射系数(S_{11})。DR 的放置使谐振频率降低了 1.6 GHz 以上，同时使 10 dB 阻抗带宽增加到 4.2 GHz(12%)。Wheeler 方法被用于测量这个片上天线的效率[12]。DRA 芯片上测得的最大辐射效率是 59%。

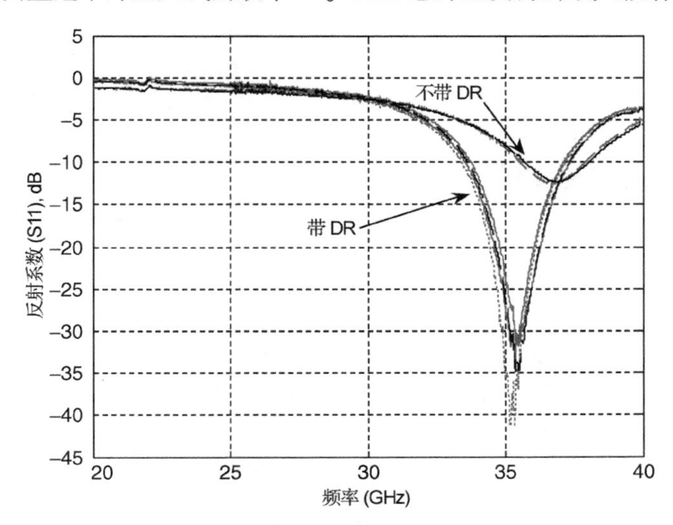

11.4　测得的带有 DR 和不带 DR 的和图 11.3 具有同样结构片上天线的反射系数。摘自文献[12]

11.2.3　片上天线的无源硅集成技术

一种降低片上天线制造成本的方法是使用无源技术实现天线结构，例如 LTCC 和 IPD(无源集成器件)。IPD 是一种用于制造高 Q 值无源器件的高电阻率硅工艺，例如谐振腔和滤波器。图 11.5 展示了金属层的横截面和 ON 半导体公司提供的这种技术的硅元素，它在一个高电阻率硅底板($\sigma = 0.1$ S/m，厚度是 280 ~ 700 μm)上有两个厚金属层(5 μm 的铜)和一个薄金属层(2 μm 的铜)。

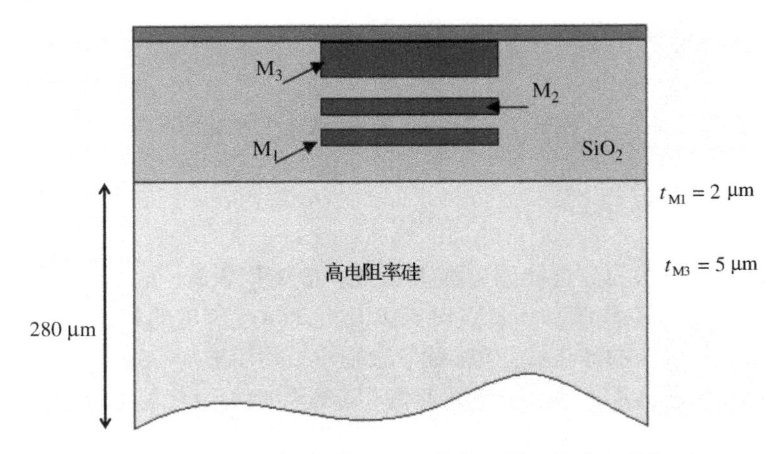

图 11.5　基于三层金属的 IPD 工艺截面图。摘自文献[13]

文献[13]研究了一个 IPD 中由微带线激励的槽辐射器，如图 11.6 所示。SiO_2(微带线的介质)的厚度、M_1、M_3 分别是 14 μm、2 μm 和 5 μm。底层厚度是 280 μm，其相对电容率是 $\varepsilon_r = 11.9$，电导率是 $\sigma = 0.1$ S/m。图 11.7 显示了测量的一个 IPD 工艺下 2×1 槽阵列的增益。

从图中可以看出在 60 GHz 处辐射增益大于 5 dBi，辐射效率大于 60%。这个天线可以利用倒装焊接做在毫米波段前端芯片上或混合电路上。

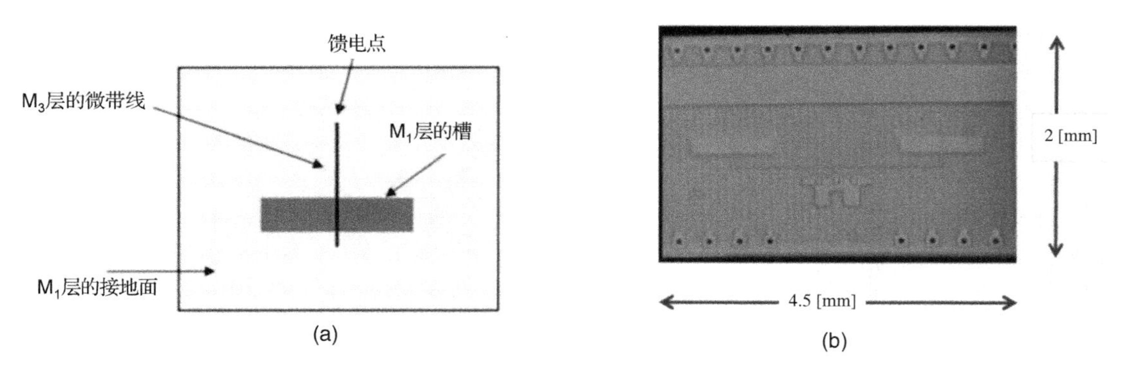

图 11.6　(a)M_1 层(最低金属层)的槽辐射器和 M_3 层(最高金属层)的微带线的俯视图；(b)2×1阵列的显微镜照片。摘自文献[13]

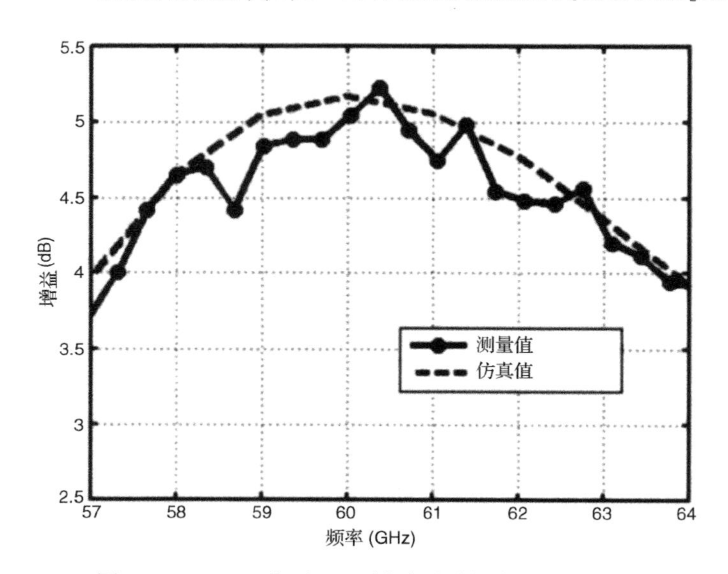

图 11.7　IPD 工艺下 2×1 槽阵列随频率变化的增益

11.3　平面波导集成技术

多层的嵌入式波导技术为高性能固定波束天线、多波束天线[15]、空间系统用相控阵航空器对卫星、陆地/海面移动卫星等和大量点对点以及机动雷达应用的相控阵提供了一个高性价比和高紧凑性的途径。传统的印刷线[微带线、微带槽、共面波导(CPW)等]在微波段和毫米波段损耗很大并带有色散，尤其是对于空间通信和高性能地面无线网络来说。

平面集成波导[17]，也称作后壁波导[16]、基片集成波导(SIW)或层积波导[17]，是一种高度被降低的矩形波导，它由上下两层金属板夹住一个介质层，一般两边还有金属边壁通过孔连接。不像微波段/毫米波段的基于传统的既笨重又昂贵的金属矩形波导(RWG)器件，基于 SIW 的波导成本低且有简单的制作工艺，例如印刷电路板(PCB)和 LTCC 工艺。基于 SIW 器件和电路的多层 LTCC 实现对于空间应用来说是紧凑而可靠的[18]。图 11.8 展示了一个利用 LTCC

实现的 RWG 及其仿真的模的场分布。SIW 的传播特性与 RWG 相似，尤其是工作在 TE_{n0} 模的时候[19]。几乎所有的激励模都限制在基板中。因此，SIW 相比于其他传统的导波结构(例如微带线和 CPW，它们的传导损耗很高)是高 Q 值的(低损耗)。图 11.9 展示了一个 60 GHz 应用下基于 SIW 的槽阵列[20]。

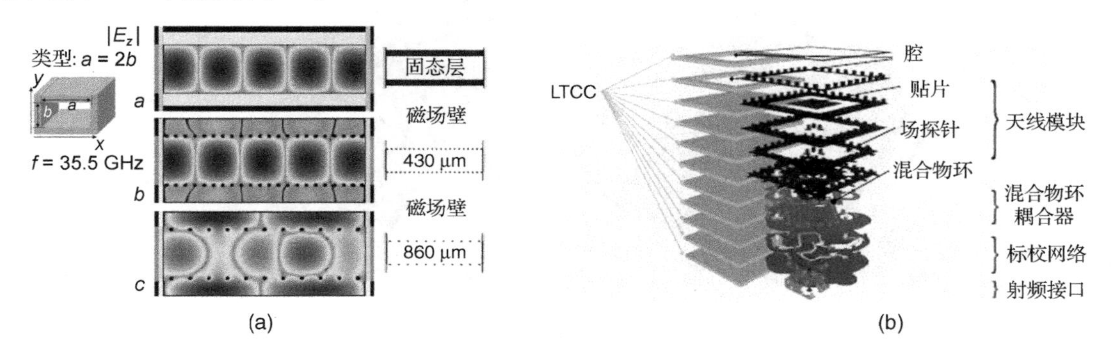

图 11.8　LTCC 工艺下的矩形波导。(a)场分布；(b)工艺层。摘自文献[18]

对于毫米波段下的应用，SIW 在实现低成本和高效 RF 电路元件方面是一种具有吸引力的导波(馈电)结构。同时，一个像 SIW 馈电的介质谐振腔天线一样的基于 SIW 的平面天线技术，由于没有这个频段的主要问题——传导损耗，可以完美地实现低成本和高辐射效率的毫米波转发器。图 11.10 展示的矩形介质谐振腔天线(RDRA)设计成在它的基模 TE_{111} 下谐振来在毫米波辐射。图 11.10(c)示出在 SIW 的宽壁上开一个窄槽，可以激励 DRA 辐射两种不同极化(水平极化和垂直极化)的波。SIW 结构被集成在一个上下表面是铜板的低损耗介质板上，可以利用两列带有直径 d_{via} 的铜片通路在侧边限制导波模。SIW 的有效宽度是 W_{SIW}，两个相邻的通路间隔是 s_{via}。更多关于天线设计和参数表征的细节见文献[21]。一个合适的低耦合损耗的 SIW-微带过渡(SIW-MSL)用于把能量耦合到波导的主模 TE_{10}。这个天线是基于低损耗材料底板利用标准 PCB 工艺制造的。图 11.10 展示了设计的实例，它适用于 Ka 波段卫星通信和一些 40 GHz 波段的系统，其中分别在 SIW 底板中使用 Rogers 5870($\tan\delta = 0.0012$)，在 RDRA 中使用 Rogers 6010($\tan\delta = 0.0023$)。RDRA 的制造是利用定制的多步多层 PCB 流程完成的；更多关于制造步骤的细节见文献[21]。图 11.11 展示了天线在 35 GHz 和 37 GHz 下两个正交平面测得的方向图(增益)，其中主波束最大增益分别是 5.51 dB[图 11.10(a)中的天线]和 4.75 dB[图 11.10(b)中的天线]。

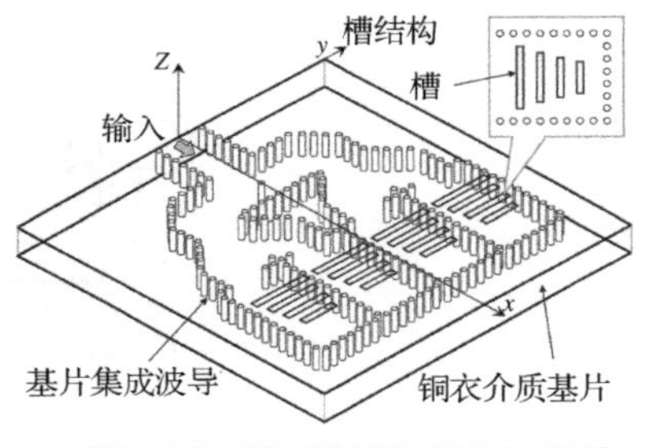

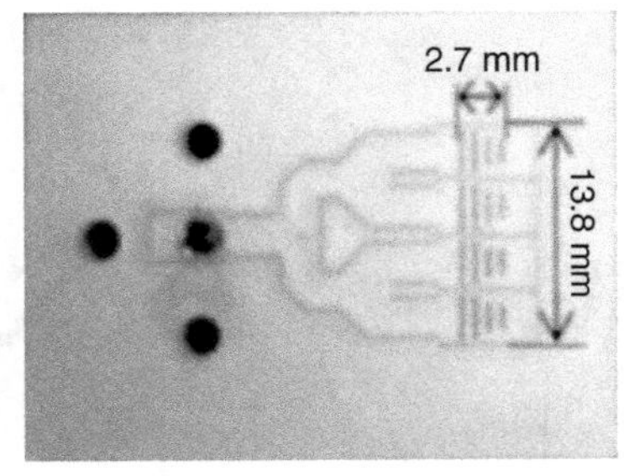

图 11.9　60 GHz 频带下的宽带槽阵列天线。摘自文献[20]

优化后的单个单元(SIW-DRA 单个单元)用于建造一个 N 单元 SIW-DRA 阵列的模块，其中使用了两种不同方向的槽，分别对应水平极化(横向槽)和垂直极化(纵向槽)，如图 11.12(a)和(b)所示。这些槽被 SIW 主模 TE_{10} 激励，把能量耦合给 DRA 单元。主要的阵列设计参数与 DRA 的位置有关：(i)相邻单元中心之间的距离 D；(ii)最后一个单元和 SIW 短路端的距离 X_S。这些参数决定了两个相邻阵子的相位差异，它会影响天线的所有辐射特性。更多关于设计准则和大纲的细节见文献[22]。文献[21, 22]研究了一个简单的传输线电路(T. L.)模型来简化 SIW 馈电的 DRA 阵列的设计和优化过程。

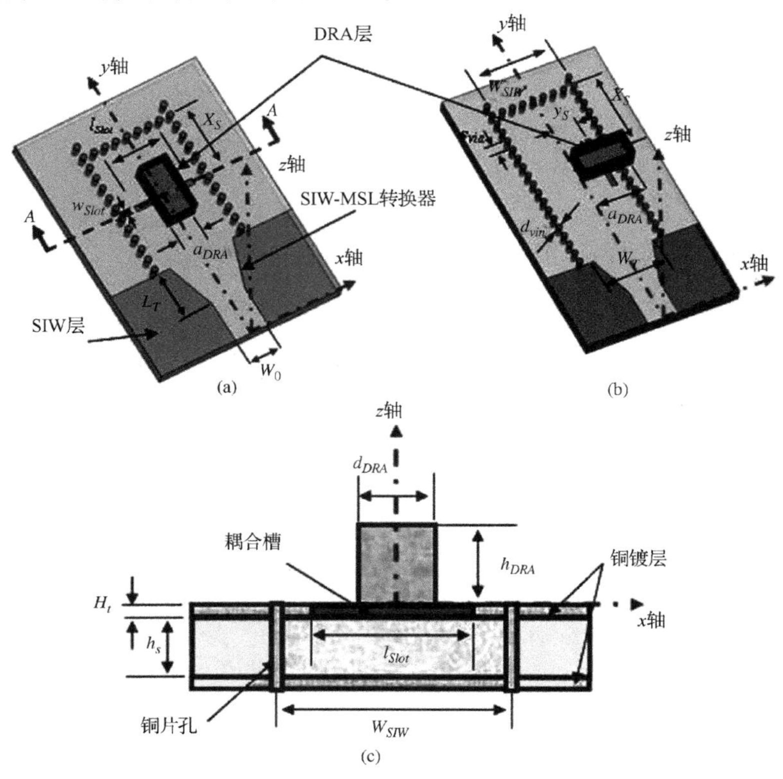

图 11.10 基于 DRA 的 SIW 模型[21]。(a)利用水平极化(横向)槽;(b)利用垂直极化(纵向)槽;(c)横截面A-A

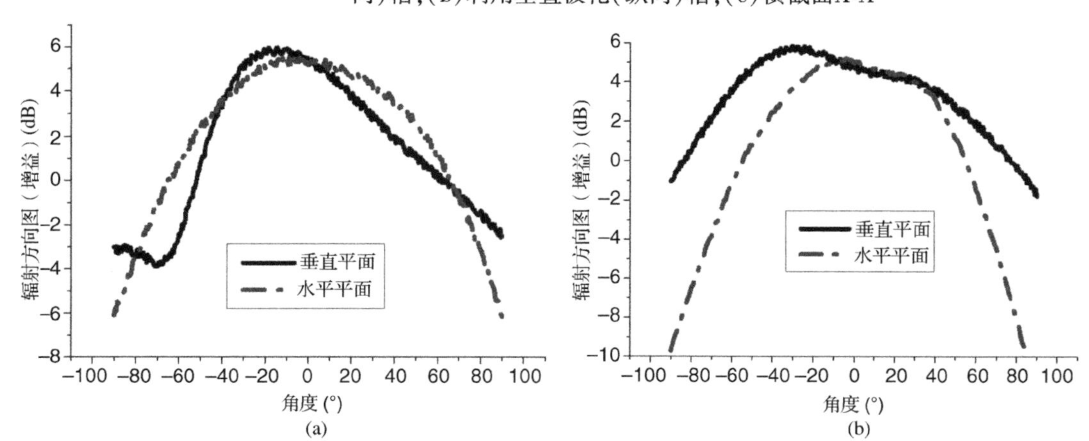

图 11.11 基于 DRA 的 SIW 工艺下仿真的和测量的方向图[21]。(a)天线工作于$f=35$ GHz, E平面(yz平面),H平面(xz平面);(b)天线工作于$f=38$ GHz,E平面(yz平面),H平面(xz平面),DRA底板:Roger RT/6010($\varepsilon_{rd}=10.20$,$h_{sd}=1.27$ mm),DRA尺寸:$a_{DRA}=3.0$ mm,$d_{DRA}=1.50$ mm,SIW底板:Roger RT/5870($\varepsilon_{rs}=2.33$,$h_{sb}=0.7874$ mm),SIW尺寸:$a_{SIW}=48.0$ mm,$s_{via}=0.60$ mm,$d_{via}=0.30$ mm,槽尺寸:$L_{Slot}=3.20$ mm,$W_{Slot}=0.30$ mm,$y_s=0$

T. L. 模型主要包括一个 SIW TE_{10}模的 T. L. 模型，它结合了 SIW-DRA 的两个端口的 S 矩阵模型。利用前面提及的模型，可以设计、优化、制造、测试一些 Ka 波段下 SIW 馈电的天线阵列结构。图 11.12 展示了两个在 33 ~40 GHz 下设计的实例。图 11.13 展示了测得的反射系数。它们的阻抗带宽分别是 1.60%（中心频率 33.87 GHz）和 4.70%（中心频率 37.80 GHz）。结果表明实测值和 T. L. 模型的仿真结果一致，尤其是在反射系数最小的频率附近。

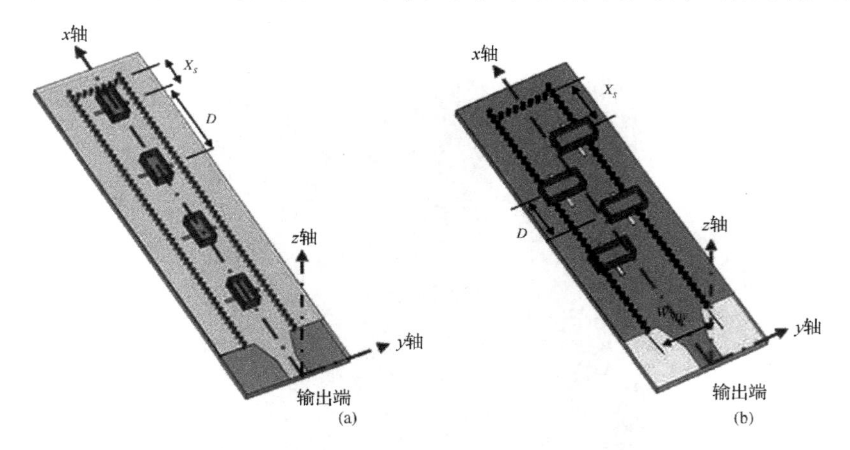

图 11.12 四单元 SIW-DRA 阵列示意图。(a)水平极化槽；(b)垂直极化(纵向)槽。摘自文献[22]

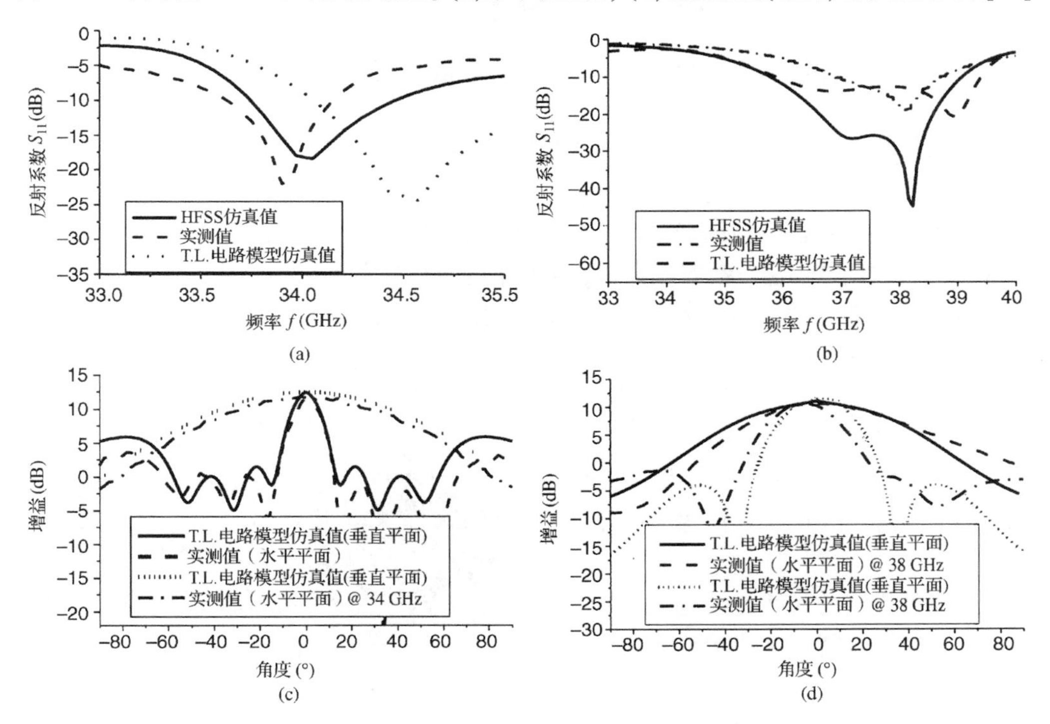

图 11.13 SIW-DRA 阵列仿真的实测的反射系数(dB)[21]。(a)利用图 11.12(a)中的水平极化SIW槽构型；(b)利用图11.12(b)中的垂直极化SIW槽构型；DRA底板：Roger RT/6010($\varepsilon_{rd}=10.20$, $h_{sd}=1.27$ mm)，DRA尺寸：$a_{DRA}=3.0$ mm，$d_{DRA}=1.50$ mm，SIW底板：Roger RT/5870($\varepsilon_{rs}=2.33$, $h_{sb}=0.7874$ mm)，SIW尺寸：$a_{SIW}=4.80$ mm，$s=0.60$ mm，$d_{via}=0.30$ mm，槽尺寸：$L_{Slot}=3.20$ mm，$W_{Slot}=0.30$ mm，阵$X_S=2.50$ mm，$D=7.60$ mm，中心偏移距离$y_S=0$。摘自文献[22]

图 11.13(c)和(d)显示了仿真的和实际的 xz 与 yz 平面上的辐射方向图。水平极化(横向)和垂直极化(纵向)的天线阵列主波束最大增益分别是 11.70 dB 和 10.60 dB[22]。

对于卫星通信和其他空间应用中的毫米波天线阵列来说，辐射效率，尤其是馈源电路的贡献，是一项十分关键的参数。SIW 馈电的 DRA 为小型阵列提供了大于 90% 的极高辐射效率，图 11.14 显示了 40 GHz 下典型的制成的天线结构。

图 11.14　利用水平/垂直极化 SIW 槽排列制造 SIW-DRA 天线样机。摘自文献[22]

11.4　天线应用中微波/毫米波段下基于 MEMS 电路的技术

高性价比和高可靠性的空间通信系统发展的新趋势要求更灵活的微波/毫米波无线电路和可重构的智能天线结构，它驱动着低损耗、高效率的天线控制和馈电技术。下一代具有智能星上带宽和波束控制能力的多功能无线通信、地球观测和空间探测卫星，取决于低损耗、可靠的高性能 RF 控制设备。极低损耗的 MEMS 开关、变容管、移相器为多频段/可调谐频段的滤波器/多工器、智能信号路由，自适应/可编程天线波束赋形/切换和可重构提供了操作和成本/复杂度优势[23, 24]。

相控阵和可重构的天线是一些空间新兴应用和其他高性能智能无线天线系统的最终解决方案。另外，MEMS 和表面与块状的微加工技术已经被广泛应用于高效率的可重构天线和微波段/毫米波段的相控阵[25, 26]。例如，人们在这个波段下研发了低损耗空气填充的同轴线和悬置微带天线单元。图 11.15 展示了一个带有基于硅微加工工艺的集成馈电电路的多固定波束的 4 × 4 阵列[26]。

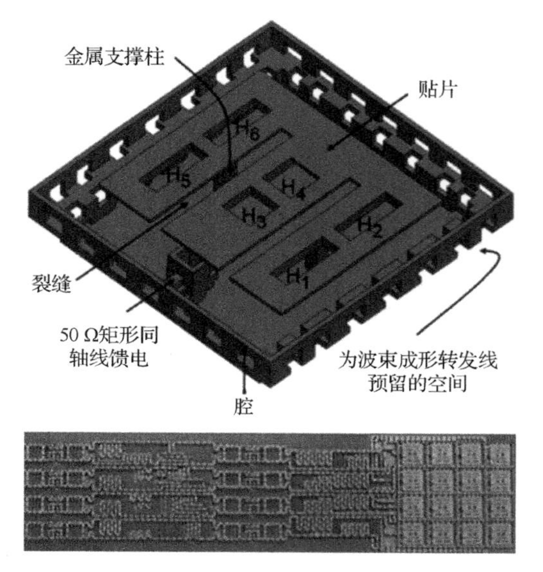

图 11.15　一个带有集成的馈电电路的 36 GHz 下 4 × 4 的贴片阵列(波束成形网络)。摘自文献[26]

高性能相控阵和多频段双极化反射天线阵要求使用低插入损耗、线性、宽带的移相器[27~29]。另一个极其希望具有的特性是当相位从 0°到 360°变化时插损变化极小。MEMS 器件与其他技术相比，例如 CMOS、SiGe、GaA，尤其是制造在低损耗基板上时，其开关和移相器的插损更低。更进一步说，MEMS 移相器/开关具有更好的耐功率能力，使其在波束成形器发射阵列和空间功率合成方面具有极大的应用潜力。

相比于机械的(波导/同轴线)和半导体(PIN、变容管、晶体管)开关和可变电抗单元，MEMS 开关和变容管能提供更低的插损，更高的隔离度，更好的线性特性，更低的功耗，以及更小的尺寸/重量。然而，在微波/毫米波 MEMS 技术广泛应用之前，较差的耐功率能力，更高的驱动电压，中等的切换速率和可靠性，尤其对于空间应用，是空间系统设计中主要的限制和挑战[30]。

11.4.1　RF/微波基于 MEMS 的移相器

文献[25]报告了一种毫米波段基于 MEMS 的开关移相器。这个 W 波段(70 ~ 100 GHz)的移相器是在石英板上利用 CPW 电容分流开关实现的。这个开关的插损很低(<0.5 dB)，隔离度很高(< -30 dB)。这种开关曾用于开发 1 比特开关移相器(见图 11.16)，其相位分别是 0°/90°和 0°/180°。这个移相器的实测结果显示它在 75 ~ 100 GHz 频段内插损低至 -1 ~4 dB。

通过改变分布式载有变容管的平面传输线的传播常数可实现宽带移相。文献[31]提出了一种毫米波段下载有行波变容管的共面条带(CPS)移相器。

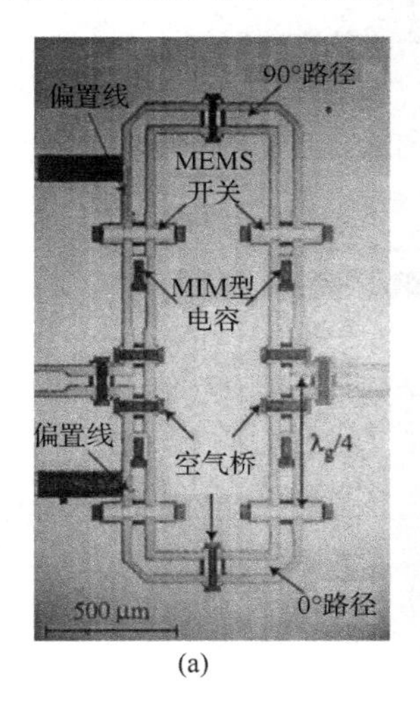

(a)

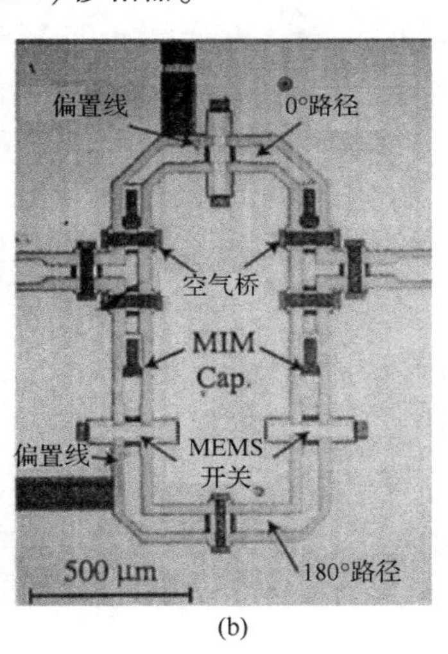

(b)

图 11.16　CPW 波段下开关移相器的显微照片。(a)0°/90°型移相器(1.3 mm × 2.3 mm)(金属-绝缘体-金属结构，MIM)；(b)0°/180°型移相器(1.3 mm × 1.85 mm)。摘自文献[25]

11.4.2　毫米波段下用于波束成形的反射型移相器

反射型移相器[32]是一种简单、高性价比的结构，用于许多连续和数字的相控阵。这种移相器利用了一种 90°的有两个反射负载的混合耦合器。反射负载反射的信号在输出端叠加。同样的反射信号在输入端抵消，因此它具有好的输入阻抗匹配特性。相移的最大值由反射负载的性质决定。一般使用变容管作为反射负载。反射型移相器(RTPS)的一个显著优势是其紧凑的尺寸。RTPS 可以利用 MEMS 分流开关在毫米波段实现。制造在像铝或高电阻率硅材料上的低损耗基板上的 MEMS 开关和变容管可以大大减少移相器损耗。图 11.17 和图 11.18 展示了一个被制造在铝制底板上带有基于 MEMS 分流开关的 60 GHz 3 比特的 RTPS。混合型耦合器(在中心)由悬置在侧面的耦合器实现，它可以不借助于极窄缝隙而提供强耦合。其反射负载是可变长度的短路传输线。这些负载的短路端是利用一段 CPW 线中金属对金属连接的分流开关实现的。60 GHz 下这种移相器各个相位状态的平均插损是 3.9 dB。

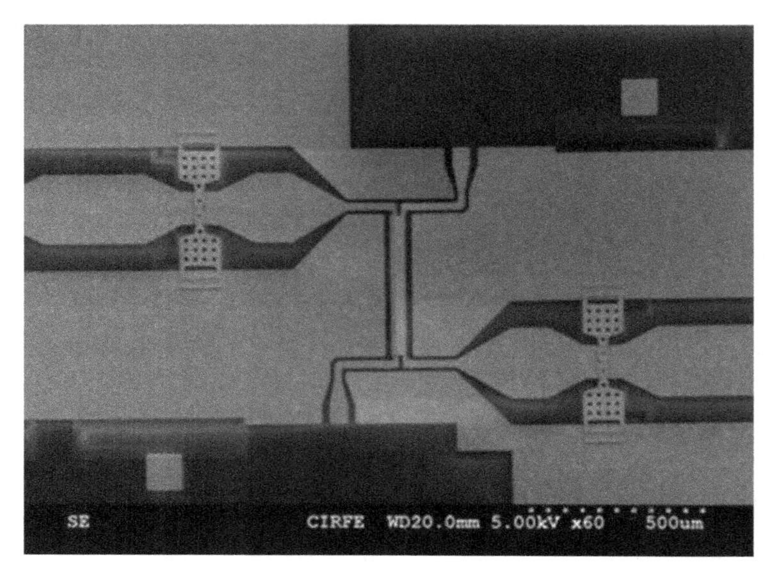

图 11.17 制造的移相器、宽边耦合器、毫米波相控阵系统中基于 MEMS的RTPS的短路开关的SEM照片。摘自文献[33]

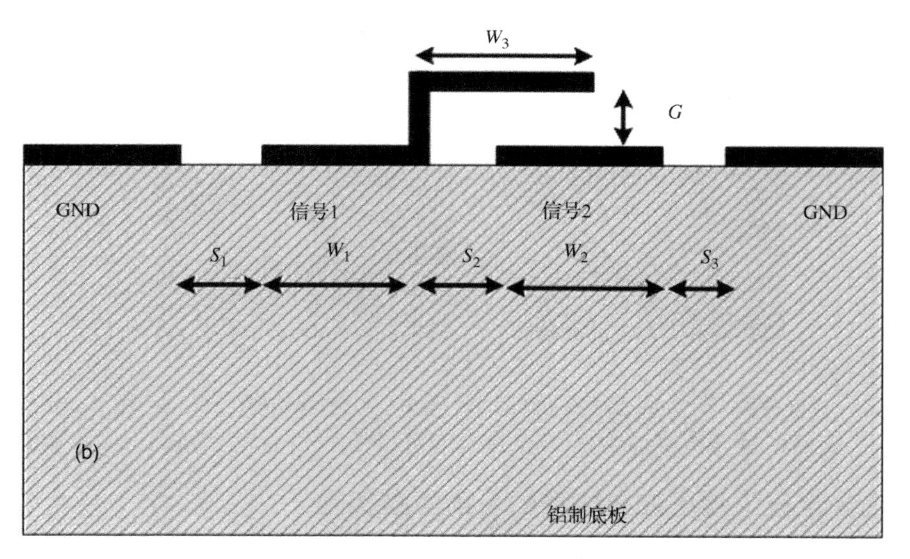

图 11.18 基于 MEMS 技术的宽边耦合器(见图 11.17)的截面图。优化后的参数是 $W_1=13\ \mu m$, $W_2=13\ \mu m$, $W_3=22\ \mu m$, $S_1=18\ \mu m$, $S_2=10\ \mu m$, $S_3=10\ \mu m$, $G=2.5\ \mu m$。摘自文献[33]

图 11.19 展示了一个 60 GHz 基于 MEMS 的 RTPS 的实测性能[33]。

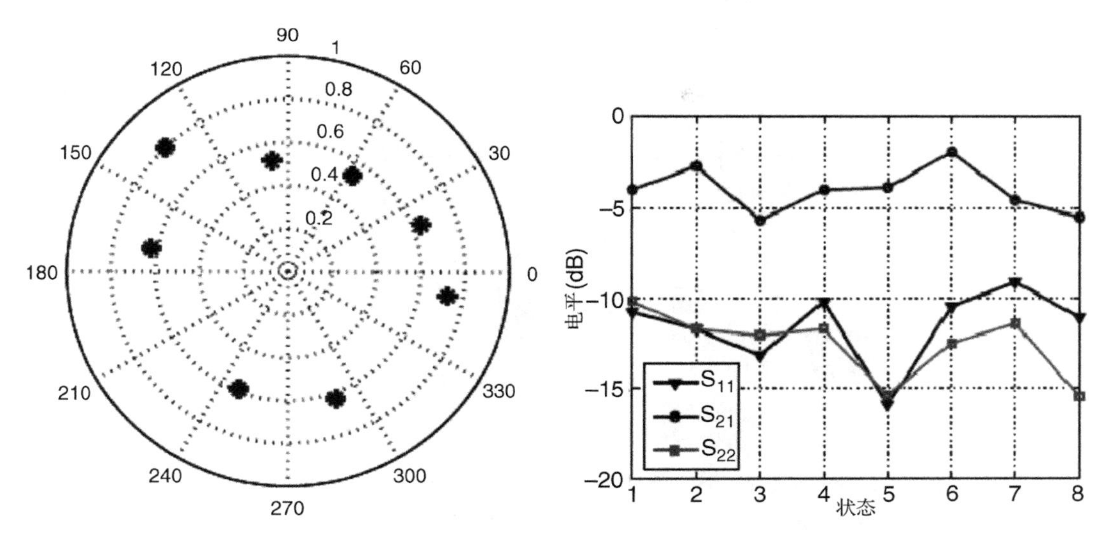

图 11.19　3 比特基于 MEMS 的 RTPS 的相移、插损、反射系数。摘自文献[33]

11.5　新兴的 THz 天线系统及其集成结构

位于光波频段和无线电波频段之间，THz 波段[300 GHz 到数太兆赫兹(THz)]具有一些两个波段的极佳性能：光波长下的高空间分辨率、高穿透能力和射频的低衰减。一般来说，THz 系统和设备传统上用于无线天文学和遥感。尽管如此，近十年以来，THz 技术被用于许多新的场合——从生物学医药[34]到监控和极高数据率的通信[35]。尽管拥有这些独特的优势，具有足够大的输出功率和太赫兹信号源的成本和复杂度，以及缺少高灵敏度室温太赫兹检波器，是其在商业应用中面临的主要问题

在现有的 THz 源/探测器技术水平下，高性能天线和无源器件可以补偿信号源和检测器的低性能。适当的天线技术主要依靠源和探测器的物理特性和几何结构来实现。可以利用电子束源、量子级联激光器、半导体设备、低频源的倍频、光混频、非线性晶体的参数相互作用来产生 THz 信号。

转发器天线结构需要符合收发技术。THz 接收机/检波器可以被大致分为两类：自差(直接检波器)和外差。灵敏度高的自差接收机使用一个热检波器把输入功率产生的热量转换为物理性质的改变，例如体积(Gollay 单元)、材料的介电常数(热电效应)、电导率(热辐射计)或电压(温差电偶)。采用肖特基二极管阵列的 THz 检波器阵列已经被用于低成本的商业 CMOS 工艺中[36]。

外差接收机的灵敏度更高。这个系统的入射信号在插损极低、转换效率极高的混频器中与本振混频来产生中频(IF)信号。肖特基二极管混频器热电子辐射计(HEB)混频器以及超导体-绝缘-超导体(SIS)混频器都是性能极好的混频器。图 11.20 展示了无线望远镜[37]上用的一个典型的高灵敏度外差 THz 接收机。

拥有两种槽偶极子的天线可以与 HEB 设备和硅透镜集成在一起来增强辐射效率和灵敏度。整个接收机的前端是被冷却的。图 11.21 显示了 2.8THz 的集成天线和 HEB 的细节[38]。要设计和优化合适的阻抗匹配左边的滤波器来使中频信号的转换达到最大。

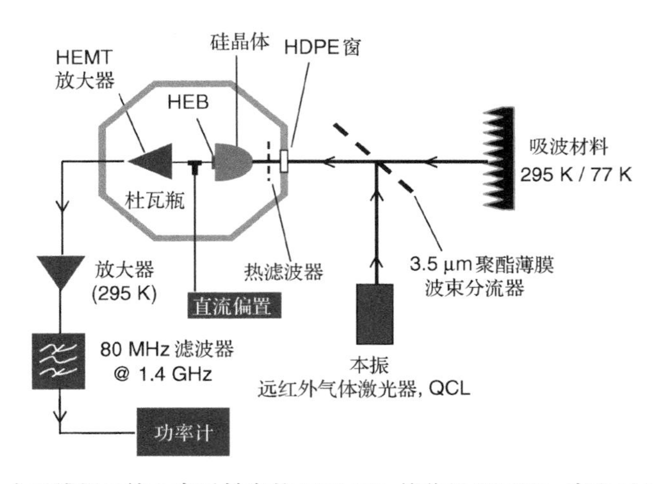

图 11.20 一个无线望远镜上高灵敏度的 HEB THz 接收机(HEMT, 高电子迁移率晶体管; HDPE,高密度聚乙烯;FIR,远红外;QCL,量子级联激光器)。摘自文献[37]

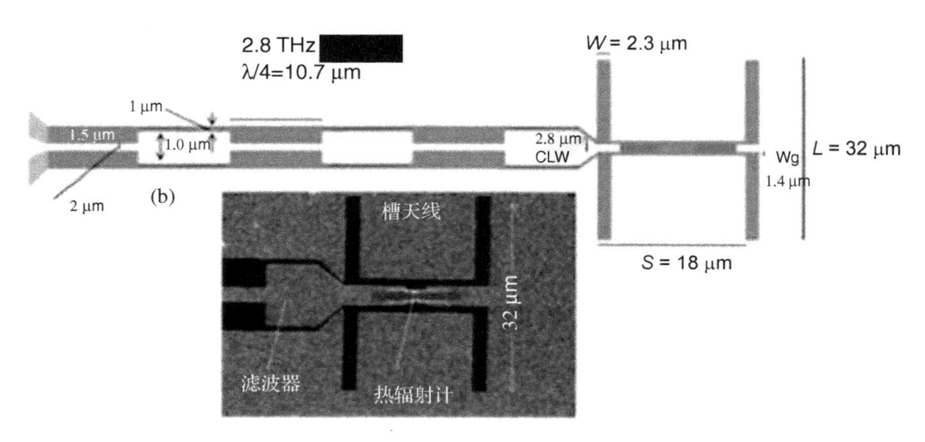

图 11.21 2.8 THz 下与氮化铌 HEB 集成的用于峰值检测的双槽天线。摘自文献[38]

目前的 THz 天文台[39, 40]、高分辨率远离成像器[41]、超宽带长距离通信系统[42]都使用了单个源/检波器或在焦点聚焦子阵的混合多反射面天线系统。更进一步说，虽然金属波导仍然是这个波段内的主流技术，但是随着聚焦阵列中单元数目的增加，传统的波导技术和各个设备的总装变得十分困难和昂贵。对于新兴应用(空间、短距离成像、光谱学)，尤其是需要低成本/复杂度和紧凑结构的应用，平面多层集成的天线——源和天线——检波器技术是最好的选择。同样的技术也被用于大型反射面和透镜天线系统的聚焦平面内。

许多类天线(如偶极子和宽带平面螺旋)被用于混频和检波。平面集成的天线-源-检波器技术的最新发展将在下面几小节介绍，并特别介绍光混频天线。

11.5.1 THz 光子学技术：THz 时代的光混频天线

光混频是在实现小体积室温 THz 系统方面具有极大的潜力，它的高性价比为许多应用所用。光混频器源/天线是紧凑的、低功耗的、相干的、可调谐的源。THz 光混频的基本原理见图 11.22，其中两个单模激光器或一个双模激光器的频率差别为 THz 频率下产生两个光模，在一个超快速的光导体中被吸收并非线性地结合(混频)[43]。片上/片外集成的波导或天线可以用来引导或辐射产生的 THz 信号，其频率可以通过改变激光器的波长调整。金属偏置电极可以被做成一个半波长偶极子来在指定频段内辐射信号。蝴蝶结形、螺旋形和行波结构被用于宽带工作。

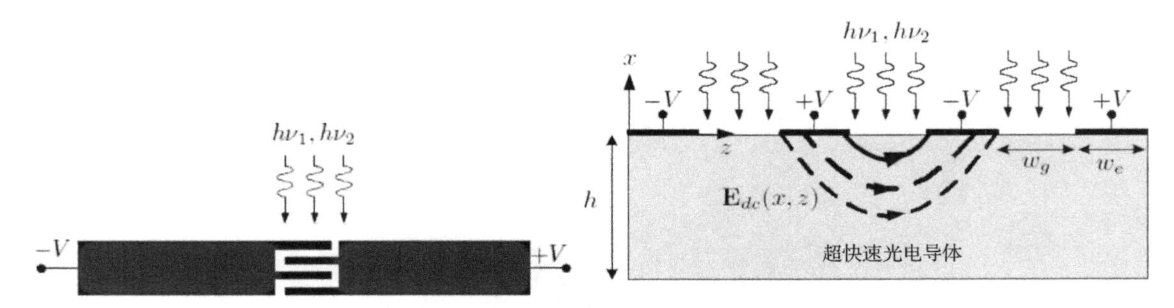

图 11.22　光混频天线。摘自文献[34]。摘自 *Terahertz Photonics: Optoelectronic Techniques for Generation and Detection of Terahertz Waves*（《太赫兹光学：用于产生和检测太赫兹波的光电子技术》）

文献[43]估计了耦合进天线的 THz 信号的功率：

$$P_{THz}(\omega) = \frac{1}{2} R V^2 P_1 P_2 \frac{\tau^2}{1+(\omega\tau)^2} \frac{1}{1+(\omega RC)^2} \tag{11.1}$$

其中，R 是天线电阻，V 是直流偏置，$P_{1,2}$ 是被光导体吸收的激光功率，C 是电极的电容，τ 是载流子重新组合的持续时间，ω 是角频率。对于产生 THz 的芯片集成、THz 信号处理以及一些新兴芯片系统应用的天线，边缘耦合是一个很有前途的技术。为了增强辐射效率和形成方向图，光混频天线被做在透镜上。图 11.23(a)展示了几种在 CIARS(滑铁卢大学)利用光混频技术集成的 THz 天线单元。通过把入射光照射在大片区域中，可以显著改善其最大可容忍光学功率和整个光-THz 转换效率。图 11.23(b)展示了几个 THz 行波天线。

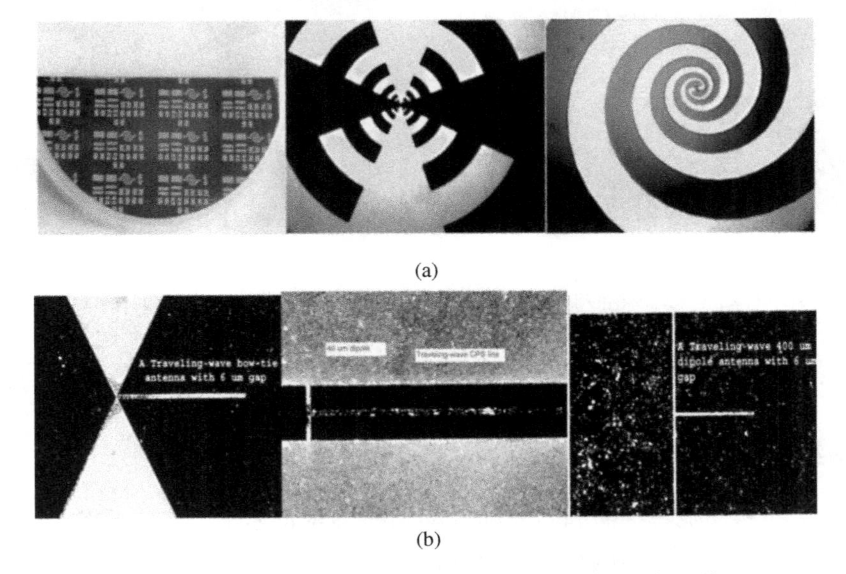

(a)

(b)

图 11.23　(a)宽带螺旋光混频天线；(b)行波光混频天线

11.5.2　使用光混频阵列天线产生 THz 信号

一个光混频源/天线阵列可承受更大的入射功率光并产生更大功率的 THz 信号。激励天线单元最简单有效的方法，如图 11.24 所示，是直接用两个大功率激光波束照射整个阵列[44]。这个结构不需要单独的馈电电路。而且，通过改变一个激光器波束的角度可以改变光混频天线单元上的相位分布，同时改变 THz 的辐射方向。这为 THz 天线阵列的波束捷变提供了一种简单、低成本的方法。需要选择合适的天线单元的位置和长度来最大化辐射功率。

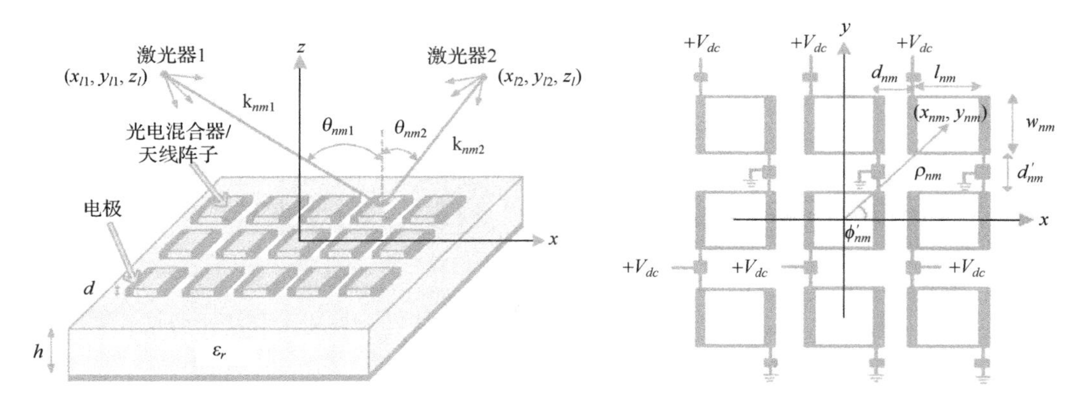

图 11.24　具有扫描能力的光混频阵列。摘自文献[41]，*Analysis and design of a continuous-wave terahertz photoconductive photomixer array source*

可以通过改变两个激光器波束之间的夹角在 $\varphi=0$ 平面旋转 THz 天线的发射波束，同时就改变了其光栅矢量 $\mathbf{K}_{mn}$，使得 THz 天线单元间的相位差发生变化。图 11.25 展示了一个集成在硅透镜上的完整光混频阵列。

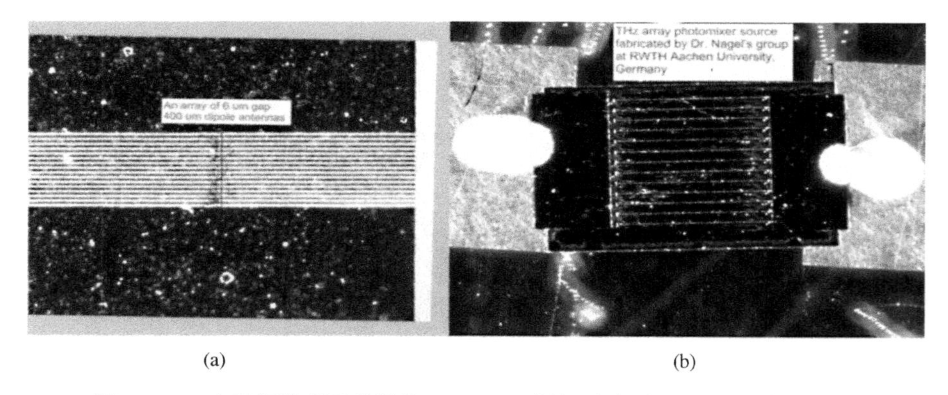

图 11.25　光混频阵列天线结构。(a) THz 偶极子阵列；(b) 平行条带阵列

11.6　案例分析：卫星陆地移动通信中的低成本/低复杂度天线技术

11.6.1　系统级要求

近 20 年来，对移动卫星广播和与海陆空移动终端宽带通信的需求日益增长[45~55]。装载在车辆上的天线是卫星与移动车辆通信的核心器件。这个装载在车辆上的天线必须满足基本的链路预算要求，例如高增益以及在快速移动中跟踪卫星的能力。所有的车辆运动必须通过一个灵活的波束跟踪系统补偿来使接收到的卫星信号功率保持在一定电平之上。

高增益反射面天线早已被广泛用于 X 波段、Ku 波段和 Ka 波段，然而这种天线不能用在小型或中等大小的车辆上，原因是它们的大尺寸和大空气阻力。相反，这些应用需要比较平整和低剖面的天线。然而，为了保持足够的天线增益，天线必须有大的口径面积。一个可行的方法是利用方位向很窄且在俯仰向很宽的扇形波束。但是当天线平台移动时，把这样的波束锁定在卫星方向是极其困难的。实验表明中等尺寸的车辆可以以 60°/s 的速度和 90°/s 的角加速度转动。考虑到其在方位向波束较窄，跟踪卫星对于任何移动天线系统来说都变得十分困难。另一个困难，尤其是当系统要求工作在像美国和加拿大这样大范围地理区域的情况下，需要在一个较宽的俯仰范围内(20° ~ 70°)保持足够的增益。显然，低成本和低复杂度也是移动天线系统在商业应用中需要考虑的要求。然而，这样的高性能需求几乎不能利用低廉的器件满足。系统的主要成本包括高质量天线、用于维持高增益的微波元件及高精度传感器，例如陀螺仪、倾斜传感器、GPS 和一个坚固的机械平台。

11.6.2 可重构的低剖面阵列天线技术

人们研制了几种 Ku/K 波段卫星通信中使用的相控阵天线[45~55]。文献[45]中的阵列天线包括一个结合了由波导馈电网络进行馈电的层叠微带天线的平面阵列结构。这个阵列的尺寸被限制在一定范围内来使馈电损耗最小，因此在不同的天气环境中其实际的增益不足以维持必要的信噪比，其俯仰方向的覆盖和系统的跟踪速率也同样受到了限制。文献[46]使用一个阶梯结构的平面阵列来增加移动天线系统俯仰方向的覆盖范围。天线在俯仰向和方位向都进行机械扫描。它在方位向的跟踪速率低于 30°/s。文献[47]提出了一种在俯仰向电扫描、在方位向机械扫描的阶梯结构天线。在跟踪卫星的过程中，系统工作在相对于主波束有些倾斜的波束跟踪模式下。两个等级的移相器用于形成主波束和一个倾斜波束。文献[48]提出了一种 Ka/K 波段和 Ku 波段下用于宽带和直播服务的紧凑型偏置反射面。这个系统含有几个跟踪传感器，包括一个磁罗盘、倾斜传感器、陀螺仪和 GPS。结果表明系统可以对滚动、俯仰、横摆方向上的微弱偏差进行补偿。

目前为止只有非常少的商业产品被开发出来，例如 Thinkom Ku 波段天线[49]。这个完全集成的移动卫星天线系统高 4.5 in(11.25 cm)，直径 60 in(150 cm)，并具有 2 Mbps 双向数据通信能力，功耗变化范围是 8 ~ 40 W，其目标市场是覆盖整个美国和加拿大南部的移动互联网络。Raysat 公司[50]研发了一个 Ku 波段的车载卫星系统，其上行链路数据率可达 4 Mbps，捕获卫星时间小于 1 分钟。这个低剖面天线能够在方位向进行机械扫描、在俯仰向进行电扫描。一个综合性的欧洲项目——SANATA，旨在制造一个 Ka 波段(20 ~ 30 GHz)下的相控阵系统用于飞行中娱乐或“空中办公室”[51]。

一个车辆对卫星的车载终端必须是极低剖面的，尤其是对于普通尺寸快速移动的车辆。这对于其他小型或中等尺寸的快速移动平台(如中等尺寸的飞机)来说是一项核心指标。在 11.6.5 节中我们将介绍一个在俯仰向和方位向都是电子波束成形的低成本相控阵天线[52~55]。这个系统加上天线罩后的高度小于 6 cm，这表明这个用于移动直播卫星(DBS)的商业天线具有极低的剖面。它的结构优化成含有最少数目的移相器和有源通道(每种极化 17 个通道)，同时兼顾扫描能力和足够的增益。这个低剖面结构的技术可以被移植到双路相控阵系统中。

11.6.3 波束扫描技术

波束扫描是调整阵列的复数权值来旋转发射波束的过程，它的实现一般基于调整来自或发向指定方向的不同 RF 信号的特定相移或时间延迟来最大化目标函数。依赖于实际应用，优化的目标可能是最大化发射功率、接收信噪比(SNR)或信杂比和噪声之比(SNIR)。一个高效的波束成形算法必须能够补偿硬件误差、快速收敛、减小稳态误差、运算简便、易于实现。

地球同步卫星通信中的波束成形技术不是一个受干扰限制的问题，因为，如图 11.26 所示，相邻的同信道卫星（在方位向）的角度间隔远远宽于高增益天线的波束宽度（约 2°）。因此，一旦天线锁定指向，相邻卫星的干扰是可以忽略的。

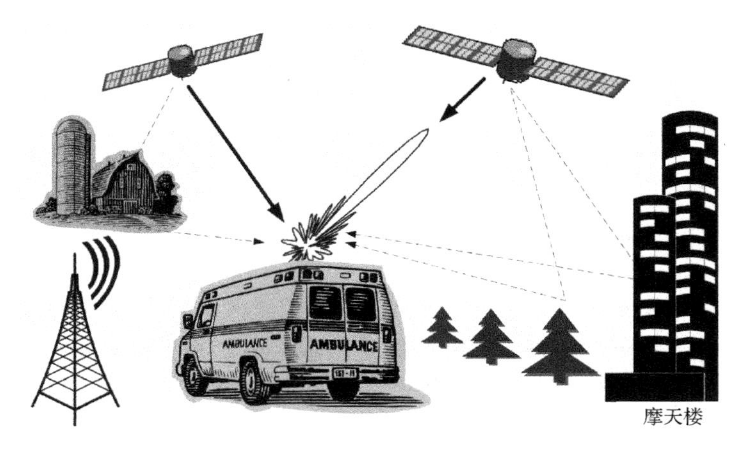

图 11.26 移动卫星通信的典型传播环境。摘自文献[54]

如果可以从源（目标）和天线阵列获得足够的信息，那么就可以使用复杂的波束扫描技术[53]。一般来说，这项技术最小化了基于接收阵列信号相关矩阵求逆的接收阵列的均方差。为了找到这个矩阵，在阵列的每个信号通道里需要一个独立的接收链路[混频器，IF，解码器，模数转换器（ADC），等等]，同时还需要一个参考信号来估计误差。如果接收阵列信号和噪声是共同遍历的随机过程，那么天线的相关矩阵就可以利用接收信号的平均时间来估计，但这是很耗时的过程。于是，自适应技术被用于波束成形来减少运算时间[53, 54]。在本节考虑的应用条件下，已开发的自适应波束成形的优化和自适应算法的主要缺点是：（1）精确计算阵列相关矩阵的难度；（2）DOA（到达方向）估计算法的复杂度；（3）周围环境影响下移相器的相位-电压关系的变化；（4）平台运动对于相关矩阵估计的影响。

如果只能获得所有天线过来的信号之和这一个参数（单接收机相控阵系统），如图 11.27 所示，那么波束成形的问题就变得更加复杂了。文献[56]提出了一些最大化接收信号平均功率同时在干扰信号方向置零的波束成形方法。然而，移动卫星通信中的波束成形不是一个受干扰限制的问题。在移动卫星链路中，波束的捷变能力、快速收敛、稳健性以及低成本方案是一个稳健算法必须最先考虑解决的问题。

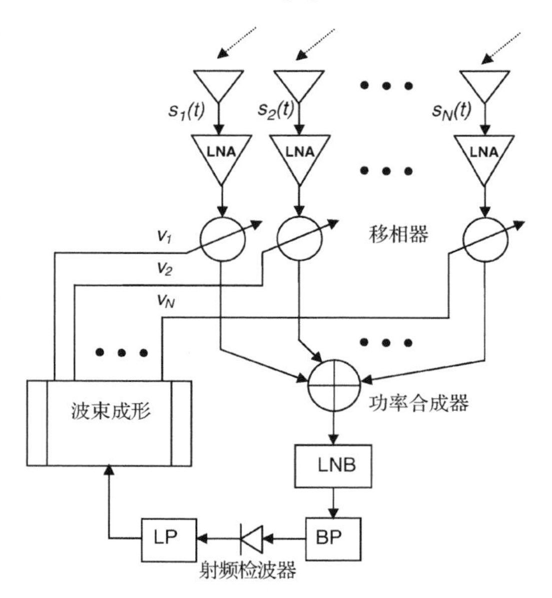

图 11.27 一个单接收机相控阵天线的结构框图。摘自文献[52]

11.6.4 稳健的零知识波束控制算法

“零知识”波束成形定义为一类有约束的非线性优化问题，它的优化目标是在信号 DOA 未知的条件下最大化接收功率。一般来说，DOA 信息可以帮助我们找到波束成形中合适的初始条件，而零知识波束成形不需要依靠一个特定的初始条件[53]。图 11.28 展示了一个 Ku 波段下单接收机相控阵 17 个通道实测的相位-电压关系[52]。这个频段下的 RTPS 可以通过改变控制电压实现大于 360°的相移。现在相同的控制电压下一个通道与另一个通道的相移可变化 200°。其他要解决的问题是移相器不平衡的插入损耗，即插入损耗随控制电压的变化而变化(在一些情况下可达到 4 dB)[29]。不像大多数传统的波束成形算法，在零知识技术中我们假设信道的 DOA 和移相器的相位-电压关系是未知的。这个算法调整移相器的控制电压来增加接收信号的功率。使用图 11.27 中的符号，令 $\mathbf{s}(n)=[s_1(n), s_2(n), \cdots, s_N(n)]$ 和 $\mathbf{w}(n)=[w_1(n), w_2(n), \cdots, w_N(n)]$ 分别表示阵列天线单元从目标接收到的信号功率和 n 时刻加在每个天线阵单元上的相移，于是功率合成器以后的总信号是：

$$y(n)=\mathbf{w}^*(n)\mathbf{s}^{\mathrm{T}}(n) \tag{11.2}$$

其中，“ * ”和“T”分别代表复共轭和转置运算。在 RF 检波器输出端测得的 RF 功率是：

$$P(n)=E\left[y(n)\cdot y^*(n)\right] \tag{11.3}$$

其中，$E[\cdot]$ 表示期望运算。注意，$P(n)$ 是加在每个天线阵单元上相移的函数。

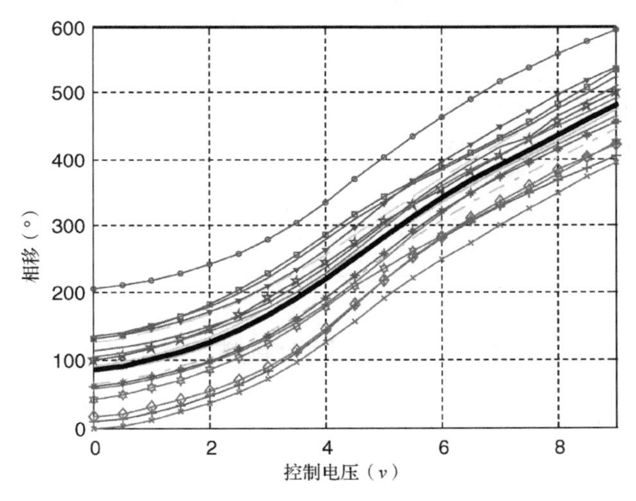

11.28　实测的相控阵天线 17 个通道的相位-电压关系。每个通道包括一个微波集成电路(MIC)移相器、一根电缆和一个低噪放。粗黑线代表所有曲线的平均值。摘自文献[52]

一般来说，这些相移被一组控制电压所控制，这里用一个 $1\times N$ 的向量来表示电压 $\mathbf{v}(n)=[v_1, v_2, \cdots, v_N]$。正如前面叙述的那样，阵元加权系数的幅度和相位由控制电压决定：

$$w_i(n)=f[v_i(n)]\cdot\exp[\mathrm{j}\psi(v_i(n))] \tag{11.4}$$

其中，f 和 ψ 是控制电压的函数。零知识算法使用迭代的方法来更新控制电压：

$$\mathbf{v}(n+1)=\mathbf{v}(n)+2\mu\hat{\mathbf{g}}(n) \tag{11.5}$$

其中，$\hat{\mathbf{g}}(n)=[\hat{g}_1(n), \hat{g}_2(n), \cdots, \hat{g}_N(n)]$ 是估计的梯度矢量，μ 是控制收敛速率的迭代步长。利用两边有限差分公式，估计梯度矢量中的每个元素的值是：

$$\hat{g}_i(n)\approx\frac{P(v_i(n)+\delta)-P(v_i(n)-\delta)}{2\delta} \tag{11.6}$$

在式(11.5)中，δ 表示在控制电压上增加/减去的扰动量，以近似偏微分。扰动量和步长的取值是由设定的收敛速率和实际测得的稳态误差通过仿真确定的[53]。

接下来将介绍把这项技术用于 Ku 波段移动相控阵天线上(11.6.5 节描述的天线)的结果。我们用一个包括 360°旋转的路程测试来检验波束成形的性能。测试车辆(尺寸与小型货车相当)上安装有数据率传感器。陀螺仪传感器的采样速率是 100 Hz。为了测试的目的，我们调整了主处理器使其波束成形的每次迭代在 10 ms 内完成。图 11.29 展示了测试获得的角度旋转速率。这个偏转速率从 $t=3$ s 时的 0°/s 增加到 $t=5$ s 时的 30°/s，并在这个值附近徘徊直到 $t=15$ s。起伏速率的波动相对于偏转速率来说是可以忽略的。图 11.30 展示了使用前面提到的零知识波束成形技术后接收功率的电平[54]。除了一段非常短的时间(约 12.6 s)，接收功率总是保持在最大值的 90% 以上。

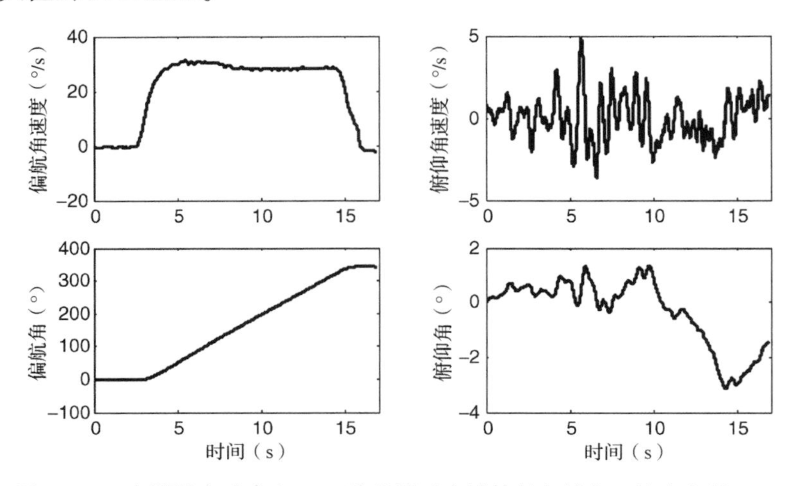

图 11.29 实测的角速率和 360°路程测试中计算的扫描角。摘自文献[54]

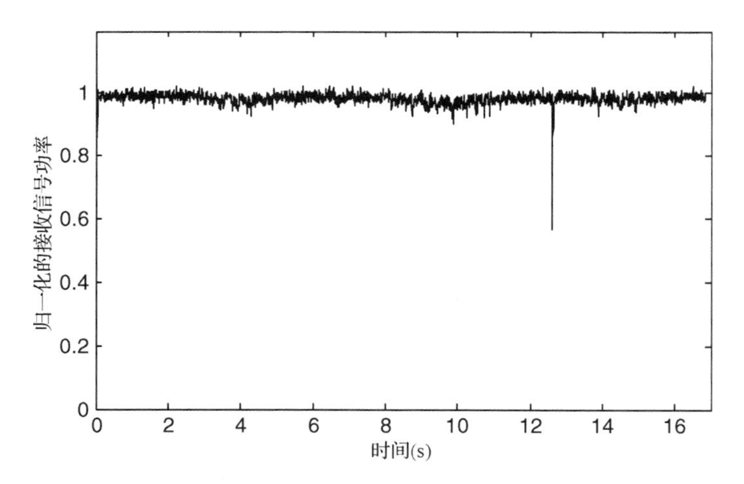

图 11.30 360°路程测试获得的 17 阵子相控阵接收的归一化信号功率

11.6.5 一个 Ku 波段下用于车辆通信的低剖面、低成本阵列系统

图 11.31 展示了一个 Ku 波段下有将近 1000 个阶梯平面排布的贴片天线的移动相控阵系统的结构和框图[54]。这个系统工作在 12.2 ~ 12.7 GHz 的频段，其天线增益是 31.5 dBi。其中 5 个面板工作于左旋圆极化模式(LHCP)，而另一半工作于右旋圆极化模式(RHCP)。每种极化下有 17 个有源子阵列。子阵列被安装在可以机械地在俯仰向从 20°转动到 70°的阵列骨架上。

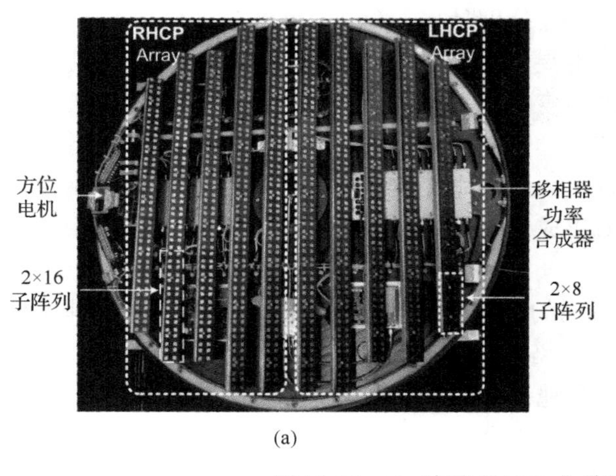

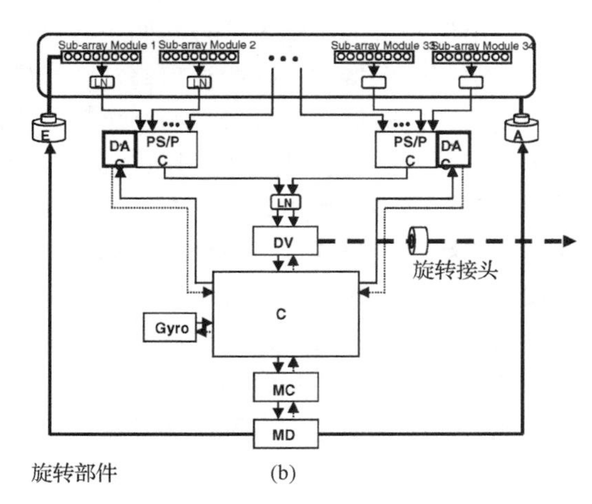

(a)　　　　　　　　　　(b)

图 11.31　Ku 波段下 1000 个单元的接收相控阵天线系统的
(a)实物结构图和(b)框图。摘自文献[52,53]

每个子阵列都集成有自己的 LNA，它把经过前级放大器放大的接收信号传递给移相器/功率合成器(PS/PC)单元。每个子阵接收到信号的相位是由一个模拟移相器控制的。从所有相同极化下子阵传输过来的相移信号被组合、放大，然后经过一个 LNB 下变频。下变频后的信号利用数字视频广播(DVB)板做进一步处理以提取卫星 ID，然后通过一个旋转接头被送入车辆内的接收机中。DVB 板中的 RF 检波器进行信号强度的测量。系统硬件包括一个主控子系统和多个辅助单元，例如控制移相器电压的 DAC(数模转换器)、陀螺仪、电机控制以及驱动器。为这个相控阵系统开发了一个紧凑的、稳健的、轻便的、低成本的机械平台。这个机械系统包括旋转和静止的部件。静止的部件安装在车辆的顶部，所有前面提到的电子器件全部集成在旋转部件里。表 11.1 归纳了相控阵系统主要的参数和尺寸。

表 11.1　低剖面系统参数[52]

参数	值
频率	12.2 ~ 12.7 GHz
极化方式	双向圆极化
增益	31.5 dBi(每种极化)
跟踪速率(方位向)	60°/s
系统高度	6 cm
系统直径	86 cm
系统重量	12 kg
LNA 增益	23 dB
LNA 噪声系数	0.8 dB
电缆损耗	1.5 dB
PS/PC 损耗	5 ~ 7 dB
2 × 16 子阵列指向性	21.8 dB
馈电网络损耗	1.3 dB

一个北美的移动天线系统要求的平均 G/T 值为 9.5 ~ 10 dB/K，同时要求发射机的等效各项各向同性辐射功率(EIRP)是 50 dBW。这个数值是综合考虑不同环境(如雨、雪)下天线性能和车辆安装时可接受的剖面尺寸得到的折中值。如果所有的 RF 通道损耗(除了不同移相器的插入损耗)都是一样的，那么整个系统的 G/T 值是：

$$\frac{G}{T}=\frac{NG_e\eta}{T_i+T_0\left(L_fF-1-\frac{L_f}{g}+\frac{N}{\sum_{k=1}^{N}1/L_k}\times\frac{L_f}{g}\times L_d\right)} \tag{11.7}$$

其中，g 和 F 是 LNA 的增益和噪声系数，L_f和 L_d分别是子阵列馈电网络的损耗和电缆损耗(假设对于所有通道都是一样的)，L_k是第 k 个 PC/PS 独立通道的损耗，G_e是每个天线子阵的有效指向性，η 是孔径效率。温度 T_0和 T_i分别是室内和室外的温度。为了满足对 G/T 值的要求，通过表 11.1 可知，2 × 16 子阵的个数必须大于 15。

一个混合式的跟踪方法包括两个互补的电路，分别是(1)稳定回路和(2)电子波束成形。这种方法用于保持相控阵的波束锁定在指定的卫星上。稳定回路在绝大多数情况下负责在车辆的突然变向时保持天线指向一个事先确定的角度。一个低成本的MEMS速率陀螺仪被安装在天线平台上，用于提供大部分回路需要的信息。然而，这个低成本MEMS传感器具有很高的漂移率和很强的噪声。一个电子波束成形器可以补偿这个传感器的误差。它可以辅助稳定回路并消除方位角残差。另外，这两种电路的集成使得跟踪系统能够消除包括这些隐藏在陀螺仪噪声中的缓慢角速度扰动[55]。

跟踪系统的敏捷性是通过许多路程测试得到的。为了监控测试车辆的机动，一个辅助的陀螺仪被安装在天线平台的固定位置上。通过在路程测试中运算辅助陀螺仪信号，可以计算出车辆的速度和加速度。和这些参数一起还定量地记录了RF检波器的输出结果。图11.32展示了车辆左转和右转时典型的结果。最终，RF信号电平几乎保持恒定，即使车辆以大于60°/s的角速度突然转向。

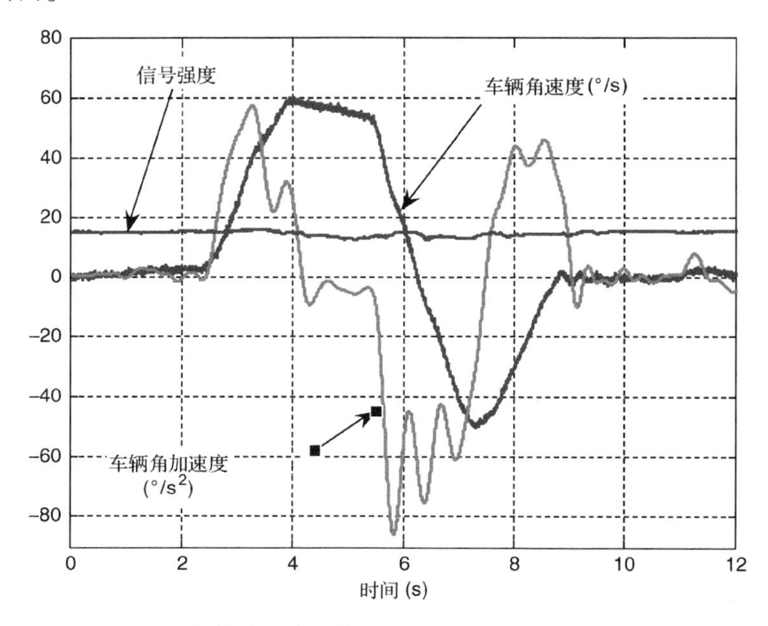

图11.32 相控阵天线在路程测试中的性能。摘自文献[52]

11.7 总结

本章简要介绍了一些可能被应用于现在或未来空间系统的现有的和新兴的技术，其中重点介绍了封装紧凑性和可靠性高且具有高性能的低成本技术。片上天线的出现为极小的毫米波和亚毫米波系统芯片和封装的发展提供了机遇，这些芯片和封装具有无与伦比的性能，可以与一个复杂空间系统共形并和其他部件集成在一起，或作为孤立微型“片上卫星”的一部分。几种空间系统，包括射电望远镜、空间通信和遥感系统与雷达、卫星通信系统，对其成本/尺寸以及性能的要求可以通过平面集成技术(例如SIW、基于MEMS的无线前端和天线系统)来很好地满足。THz集成天线和前端技术，尤其是基于THz光子的技术，为这段日益重要的电磁波频谱的开发提供了巨大的机遇。在这段极其广阔的电磁波频谱里可以进行各种空间科学和技术方面的研究与开发，以及进行一些其他的在生命科学、安全、成像/遥感、超宽带通信领域的新兴研究。作为一类日益重要的系统的一个例子，我们详细介绍了一种用于陆地移动车辆和卫星通信的低成本/低复杂度、低剖面的相控阵技术。可以看出，通过低成本硬件和高稳健性智能算法的结合可以补偿制造误差和改善不太理想的机械器件与电子设备的性能，并可以在极高性价比的条件下满足许多新兴的空间应用的高性能要求。显然，本章有限的篇幅并不能囊括所有关于空间系统的天线技术领域的新发展。本章主要介绍了平面集成技术，它将是未来的空间项目的一种极高性价比的技术，尤其是在那些本章作者直接或间接参与的领域。

参考文献

1. Geldzahler, B.J., Rush, J.J., Deutsch, L.J., and Statman, J.I. (2007) Engineering the next generation deep space network. IEEE IMS.
2. IEEE (2009) Special issue on advances in radio telescopes. *IEEE Proceedings*, **97**(8)
3. Charlton, J.E., Buehler, S., Defer, E. *et al.* (2009) A sub-millimeter wave airborne demonstrator for the observation of precipitation and ice clouds. IEEE IGARSS.
4. Nathrath, N., Trümper, M., Purschke, R., Harder, J., and Wolf, H. (2010) Lightweight intersatellite link antenna (LISAMS) operating at Ka-band. EuCAP 2010.
5. Ozbay, C., Teter, W., He, D. *et al.* (2006) Design and implementation challenges in Ka/Ku dual-band Satcom-on-the-move terminals for military applications. MilCOM.
6. Shamim, A., Arsalan, M., Roy, L., Shams, M., and Tarr, G. (2008) Wireless dosimeter: system-on-chip versus system-in-package for biomedical and space applications. *IEEE Transactions on Circuits and Systems—II: Express Briefs*, **55**(7), 643–647.
7. Ouellette, J. (2011) 'Satellite on a Chip' to Launch with Space Shuttle, *Discovery News*, http://www.spacecraftresearch.com/MII/MII_overview.html (accessed May 16, 2011).
8. IEEE (2011) Spacecraft-on-chip. *IEEE Spectrum TechAlert*, 4 August.
9. Natarajan, A., Komijani, A., Guan, X., Babakhani, A., and Hajimiri, A. (2006) A 77-GHz phased-array transceiver with on-chip antennas in silicon: transmitter and local lo-path phase shifting. *IEEE Journal of Solid-State Circuits*, **41**(12), 2807–2819.
10. Chen, I.-S., Chiou, H.-K., and Chen, N.-W. (2009) V-band on-chip dipole-based antenna. *IEEE Transactions on Antennas and Propagation*, **57**(10), 2853–2861.
11. Shamim, A., Roy, L., Fong, N., and Garry Tarr, N. (2008) 24 GHz on-chip antennas and balun on bulk Si for air transmission. *IEEE Transactions on Antennas and Propagation*, **56**(2), 303–311.
12. Nezhad-Ahmadi, M.R., Fakharzadeh, M., Biglarbegian, B., and Safavi-Naeini, S. (2010) High-efficiency on-chip dielectric resonator antenna for mm-wave transceivers. *IEEE Transactions on Antennas and Propagation*, **58**(10), 3388–3392.
13. Biglarbegian, B., Nezhad-Ahmadi, M.-R., Hoggat, C. *et al.* (2010) A 60 GHz on-chip slot antenna in silicon integrated passive device technology. *IEEE International Symposium on Antennas and Propagation*.
14. Gunnarsson, S.E., Wadefalk, N., Svedin, J. *et al.* (2008) A 220 GHz single-chip receiver MMIC with integrated antenna. *IEEE Microwave and Wireless Components Letters*, **18**, 284–286.
15. Ali, A.M., Fonseca, N.J.G., Coccetti, F., and Aubertand, H. (2011) Design and implementation of two-layer compact wideband butler matrices in SIW technology for Ku-band applications. *IEEE Transactions on Antennas and Propagation*, **59**(2), 503–512.
16. Hirokawa, J. and Ando, M. (2000) Efficiency of 76-GHz post-wall waveguide-fed parallel-plate slot arrays. *IEEE Transactions on Antennas and Propagation*, **48**(11), 1742–1745.
17. Uchimura, H., Takenoshita, T., and Fujii, M. (1998) Development of a laminated waveguide. *IEEE Transactions on Microwave Theory and Techniques*, **46**(12), 2438–2443.
18. Wolff, I. (2009) From antennas to microwave systems – LTCC as an integration technology for space applications. EuroCAP.
19. Xu, F. and Wu, K. (2005) Guided-wave and leakage characteristics of substrate integrated waveguide. *IEEE Transactions on Microwave Theory and Techniques*, **53**(1), 66–73.
20. Ohira, M., Miura, A., and Ueba, M. (2010) 60-GHz wideband substrate-integrated-waveguide slot array using closely spaced elements for planar multisector antenna. *IEEE Transactions on Antennas and Propagation*, **58**(3), 993–998.

21. Abdel Wahab, W.M., Busuioc, D., and Safavi-Naeini, S. (2010) Low cost planar waveguide technology-based dielectric resonator antenna (DRA) for millimeter-wave applications: analysis, design, and fabrication. *IEEE Transactions on Antennas and Propagation*, **58**(8), 2499–2507.
22. Abdel Wahab, W.M., Busuioc, D., and Safavi-Naeini, S. (2011) Millimeter-wave high radiation efficiency planar waveguide series-fed dielectric resonator antenna (DRA) array: analysis, design, and measurements. *IEEE Transactions on Antennas and Propagation*, **59**(8), 2834–2843.
23. Daneshmand, M. and Mansour, R.R. (2011) RF MEMS satellite switch matrices. *IEEE Microwave Magazine*, August, 92–109.
24. Yashchyshyn, Y. (2010) Reconfigurable antennas: the state of the art. *International Journal of Electronics & Telecommunication*, **56**(3), 319–326.
25. Rizk, J.B. and Rebeiz, G.M. (2003) W-band CPW RF MEMS circuits on quartz substrates. *IEEE Transactions on Microwave Theory and Techniques*, **51**(7), 1857–1862.
26. Lukic, M.V. and Filipovic, D.S. (2007) Integrated cavity-backed Ka-band phased array antenna. IEEE APS.
27. Ziegler, V., Gautier, W., Stehle, A., Schoenlinner, B., and Prechtel, V. (2010) Challenges and opportunities for RF-MEMS in aeronautics and space – the EADS perspective. IEEE Topical Meeting on Silicon Monolithic Integrated Circuits in RF Systems, pp. 200–203.
28. Legay, H., Bresciani, D., Girard, E. *et al.* (2009) Recent developments on reflectarray antennas at Thales Alenia Space. TAS (EuCap 2009).
29. Fakharzadeh, M., Mousavi, P., Safavi-Naeini, S., and Jamali, S.H. (2008) The effects of imbalanced phase shifters loss on phased array gain. *IEEE Antennas and Wireless Propagation Letters*, **7**, 192–196.
30. Crunteanu, A., Blondy, P., and Vendier, O. (2006) Non-hermetic RF MEMS, Final report, ESA contract no. 17161/03/NL/PA, Alcatel Alenia Space.
31. Kim, H.-T., Lee, S., Kim, J. *et al.* (2003) A V-band CPS distributed analog MEMS phase shifter. IEEE IMS.
32. Biglarbegian, B., Nezhad-Ahmadi, M.R., Fakharzadeh, M., and Safavi-Naeini, S. (2009) Millimeter-wave reflective-type phase shifter in CMOS technology. *IEEE Microwave and Wireless Components Letters*, **19**(9), 560–562.
33. Biglarbegian, B., Bakri-Kassem, M., Mansour, R., and Safavi-Naeini, S. (2010) MEMS-based reflective-type phase-shifter for emerging millimeter-wave communication systems. Proceedings of the 40th European Microwave Conference, pp. 1556–1559.
34. Saeedkia, D. and Safavi-Naeini, S. (2008) Terahertz photonics: optoelectronic techniques for generation and detection of terahertz waves. *IEEE/OSA Journal of Lightwave Technology*, **26**(15), 2409–2423.
35. Koch, M. (2007) Terahertz communications: a 2020 vision, in *Terahertz Frequency Detection and Identification of Materials and Objects* (eds R.E. Miles, X.-C. Zhang, H. Eisele, and A. Krotkus), NATO Security Through Science Series, Springer, pp. 325–338.
36. Sankaran, S. and O, K.K. (2005) Schottky barrier diodes for millimeter wave detection in a foundry CMOS process. *IEEE Electron Device Letters*, **26**(7), 492–494.
37. Gao, J.R., Hovenier, J.N., Yang, Z.Q. *et al.* (2005) Terahertz heterodyne receiver based on a quantum cascade laser and a superconducting bolometer. *Applied Physics Letters*, **86**, 244104.
38. Yang, Z.Q., Hajenius, M., Hovenier, J.N. *et al.* (2005) Compact heterodyne receiver at 2.8 THz based on a quantum cascade laser and a superconducting bolometer. IEEE IMS, pp. 465–466.
39. IEEE (2007) Special issue on optical and THz antenna technology. *IEEE Transactions on Antennas and Propagation*, **55**(11)
40. Rolo, L.F., Paquay, M.H., Daddato, R.J. *et al.* (2010) Terahertz antenna technology and verification: Herschel and Planck—a review. *IEEE Transactions on Microwave Theory and Techniques*, **58**(7), 2046–2063.
41. Llombart, N., Cooper, K.B., Dengler, R.J., Bryllert, T., and Siegel, P.H. (2010) Confocal ellipsoidal reflector system for a mechanically scanned active terahertz imager. *IEEE Transactions on Antennas and Propagation*, **58**(6), 1834–1841.
42. Song, H., Ajito, K., Wakatsuki, A. *et al.* (2010) Terahertz wireless communication link at 300 GHz. IEEE MWP.
43. Brown, E.R., Smith, F.W., and McIntosh, K.A. (1993) Coherent millimeter-wave generation by heterodyne conversion in low-temperature-grown GaAs photoconductors. *Journal of Applied Physics*, **73**(3), 1480–1484.
44. Saeedkia, D., Mansour, R.R., and Safavi-Naeini, S. (2005) Analysis and design of a continuous-wave terahertz photoconductive photomixer array source. *IEEE Transactions on Antennas and Propagation*, **53**(12), 4044–4050.
45. McCarrick, C. (2006) Offset stacked patch antenna and method, US Patent 7102571.
46. Stoyanov, I., Boyanov, V., Marinov, B., Dergachev, Z., and Toshev, A. (2005) Mobile antenna system for satellite communications, US Patent 6999036.

47. Jeon, S., Kim, Y., and Oh, D. (2000) A new active phased array antenna for mobile direct broadcasting satellite reception. *IEEE Transactions on Broadcasting*, **46**(1), 34–40.
48. Eom, S.Y., Son, S.H., Jung, Y.B. *et al.* (2007) Design and test of a mobile antenna system with tri-band operation for broadband satellite communications and DBS reception. *IEEE Transactions on Antennas and Propagation*, **55**(11), 3123–3133.
49. ThinKom Solutions, Inc. (2011) thinAir Ku3020, http://thin-kom.com/news.html.
50. Raysat Antenna Systems (RAS), StealthRay 3000/40 TechSpec, http://www.raysat.com/.
51. Holzwarth, S., Jacob, A.F., Dreher, A. *et al.* (2010) Active antenna arrays at Ka-band: status and outlook of the SANTANA. EuCAP 2010, pp. 1–5.
52. Mousavi, P., Fakharzadeh, M., Jamali, S.H. *et al.* (2008) A low-cost ultra low profile phased array system for mobile satellite reception using zero-knowledge beam-forming algorithm. *IEEE Transactions on Antennas and Propagation*, **56**(12), 3667–3679.
53. Fakharzadeh, M., Jamali, S.H., Mousavi, P., and Safavi-Naeini, S. (2009) Fast beamforming for mobile satellite receiver phased arrays: theory and experiment. *IEEE Transactions on Antennas and Propagation*, **57**(6), 1645–1654.
54. Mousavi, P., Fakharzadeh, M., and Safavi-Naeini, S. (2010) 1 K element intelligent antenna system for mobile direct broadcasting satellite communication. *IEEE Transactions on Broadcasting*, **56**(3), 340–349.
55. Bolandhemmat, H., Fakharzadeh, M., Mousavi, P. *et al.* (2009) Active stabilization of vehicle-mounted phased-array antennas. *IEEE Transactions on Vehicular Technology*, **58**(6), 2638–2650.
56. Godara, L.C. (1997) Application of antenna arrays to mobile communications, part II: Beam-forming and direction of arrival considerations. *Proceedings of the IEEE*, **85**(8), 1195–1254.

第12章 卫星通信天线

Eric Amyotte, Luís Martins Camelu(作者来自:MDA, 加拿大)

12.1 引言及设计要求

本章将重点介绍卫星通信天线。尽管不能对执行各类空间通信任务的所有天线方案做一个详尽的回顾，但下面各节对当今卫星通信系统所使用的最通用的天线设计提供了一个总的概述。在此我们尽量为所讨论的每种类型的天线举出实际卫星项目中的例证。虽然在激烈商业竞争的背景下到处存在商业秘密和出口许可的壁垒，但本章还是包含了许多由过去项目例证的有用信息，并且强调、讨论了天线工程师对每种类型的天线和任务所面临的主要挑战及限制。

尽管无法改变物理定律，但天线设计师仍然充分利用这些定律坚持不懈地提出新的、甚至是极具创新性的天线设计方案。这些新方案对各个方面进行了改进，如性能、价格、质量、体积、功率、进度和可靠性。正是对下一代系统如更高的系统容量和在轨灵活性的需求推动了这些开发。尽管大部分卫星天线领域的开发在本质上都是演变，但在这个不断发展的领域中，其中一部分演变其实是真正的革新并会在被其他技术替代前的许多年内成为新的标准。

卫星天线的最终作用是成为空间滤波器，按照需要的极化方式将天线波束聚焦到地球上所期望的区域并与其他区域隔离。星载通信天线与其在地球上的服务区域相隔很远，因此(特别是同步卫星)覆盖区域表现为一个角度相对较小的区域。此外，通常将天线辐射方向图设计成超过覆盖的边缘就会快速下降，这样就可以将所有的辐射能量最大化地集中在服务区域。因此，任务期间辐射方向图的特性必须被准确设计及保持。这种精确的辐射方向图的控制必须考虑所有的角度指向误差，这种误差是天线调整不当和变形，以及飞行器变形和姿态不稳定造成的。将这种指向误差最小化是通信系统优化的一个重要方面。当标称覆盖区域相对较小并且当隔离区域距离覆盖区域相对较近时(如在现代同步高增益多波束飞行器天线中)，这点尤为重要。在这种情况下，指向误差代表了覆盖区域以及覆盖区和隔离区之间距离的一个较大的百分比，并且可能导致更严重的性能恶化。

12.1.1 链路预算考虑

安装在卫星上及地面终端上的天线都是通信系统链路预算中重要的组成部分，它们的性能对通信系统产生经济收入的能力至关重要，可以通过提高服务的容量、可用性和服务质量以及最小化成本来实现。

在卫星上，天线受尺寸和质量的限制，这也是天线获得最大增益的制约因素。对于未赋形或稍稍赋形的点波束，峰值和覆盖边缘(EOC)增益通常受到天线孔径尺寸及其效率的限制，因此天线性能的一个有效衡量指标是其有效孔径，即发射时 A_{Tx} 和接收时 A_{Rx}。有效孔径是天线物理孔径的一部分(对点波束而言，通常是60% ~80%)。因此，限制孔径最大物理尺寸与限制天线最大有效孔径(尺寸)是类似的。天线有效孔径的计算公式为：天线增益乘以波长的平方除以4π。

赋形波束覆盖区域以地球地理面积定义，它是覆盖区域的角度范围而不是口径尺寸，后者会限制通过卫星天线获得的 EOC 增益(较大的角度覆盖范围对应较低的 EOC 增益性能)。这种情况下获得的增益 G_{Tx}或 G_{Rx}由覆盖区域的角度范围确定，其比有效口径能更好地衡量性能限定条件。然而较大的(天线)口径(以波长计算)具有较好的波束赋形能力，即波束形状更接近覆盖轮廓，这样就可以得到更高的 EOC 增益。所允许的口径尺寸也是赋形波束的一个制约因素，尽管相对于点波束这是一个不太直接的方式。

对于下行链路，另一个定义性能的重要参数是天线的发射功率 P_{Tx}，它由多个因素制约，包括总放大器输出功率和天线功率处理能力。通常，在卫星上功率是一种非常宝贵的资源。天线下行链路的性能可以通过被称为等效各向同性辐射功率的 P_{Tx}和 G_{Tx}的乘积来估算，或通过 P_{Tx}和 A_{Tx}的乘积来估算，后者强调了当发射点波束时卫星天线的限制条件(性能受到口径尺寸的限制)。对于上行链路，接收信号的最终品质因子为信噪比(S/N)。这样对接收天线关注的特性不仅仅是 A_{Rx}或 G_{Rx}，更有 A_{Rx}/kTB 或 G_{Rx}/kTB[其中 T 是系统噪声温度，B 是接收信号带宽，k 是玻尔兹曼常数($1.380\,622\times10^{-23}$ J / K)]。由于 T 不仅仅是天线温度的辐射部分，它还是等效系统噪声温度，因此通信系统希望能有一个非常低噪声的接收机前端。对于数字通信系统，误码率(BER)是典型的链路预算中所感兴趣的参数，并且它与 S/N 密切相关，它们之间准确的关系取决于所采用的调制和编码方案。

在通信链的另一端，要求地面终端天线形成一个简单的聚焦在卫星上的笔形波束；对大口径天线而言它是一个非常窄的波束，对小口径天线而言它是一个非常宽的波束。因此在大多数情况下，增益性能很大程度上取决于天线尺寸。因此，地面终端天线通常用其有效孔径 A_{Term}来表征，其对于 Tx 和 Rx 常常具有相似的值(如果两个函数具有相同的物理口径并且口径照射效率也相似，这种情况很常见)。大型固定地面站具有非常大的 A_{Term}值，但其他应用，如机载、移动终端、特别是手持和其他个人终端，会带来对天线尺寸的严格限制。上行链路的 Tx 功率受到地面终端功率放大器能力的限制，或者其他因素，如个人终端的成本限制。对于下行链路，很大程度上由低噪声接收机质量决定的系统噪声温度 T_{TermRx}会降低接收的信噪比(S/N)。特别对于注重成本的个人终端而言，这可能是一个限制。

对于赋形波束的应用，EIRP(即 $P_{Tx}\times G_{Tx}$)是空间飞船的下行链路天线和上行链路天线的 G_{Rx}/T 的最好特性描述，其中 G_{Tx}和 G_{Rx}受覆盖范围角度尺寸的限制。下列链路预算方程式(12.1)和式(12.2)对赋形波束特别有用：

对于下行链路：

$$\left(\frac{S}{N}\right)_{TermRx}=\frac{1}{4\pi R^2}\times P_{Tx}\times G_{Tx}\times\frac{A_{Term}}{kBT_{TermRx}}\times\eta_{ATM}\times\eta_{POL} \tag{12.1}$$

对于上行链路：

$$\left(\frac{S}{N}\right)_{Rx}=\frac{1}{4\pi R^2}\times P_{TermTx}\times A_{Term}\times\frac{G_{Rx}}{kBT}\times\eta_{ATM}\times\eta_{POL} \tag{12.2}$$

其中，R 是卫星和地面终端之间的距离，η_{ATM}是 0 ~ 1 之间的一个因子，代表了大气中的传播损耗，η_{POL}是发射(Tx)和接收(Rx)天线之间的极化适应因子(同样是 0 ~ 1 之间的数值)。在一个良好设计的通信链路中，η_{POL}通常非常接近 1，表示非常低的损耗。由于降水也可能会产生去极化，因此这也应被考虑在 η_{ATM}中。在没有雨水或其他降水的情况下，对于本章所覆盖的频率，η_{ATM}因子通常在 0.9 ~ 1 之间；除了在 60 GHz 氧气吸收带，因子会非常小，以及在 23 GHz 水吸收带，因子也会较小。需要注意的是，有时这些吸收带也可以通过将其屏蔽来自地面天线的干扰来发挥在卫星间链路上的优势。在这些吸收带以外，特别是K_a波段及以上，η_{ATM}通常随着频率的增加而降低(损耗增加)。对应于大气中传播距离的增加，它同样随着从地面天线观测到的卫星俯仰角的降低而降低，大约会下降 1/sin(俯仰角)。因为降水，η_{ATM}会减小很多，并会导致失去通信能力，特别是在K_a波段和更高的频率中。对η_{ATM}的统计是系统设计的一个重要部分，但是这个题目并不在本章的讨论范围内，因此不会在此详细讨论。卫星通信中的远距离R表示大的路径损耗[式(12.1)和式(12.2)中的第一项)]，对于低地球轨道在 125 ~ 141 dB 之间，对于中地球轨道在 145 ~ 159 dB 之间，对于地球同步轨道在 162 ~ 163.5 dB 之间。这些损耗促使了为卫星和地面终端设计更高的增益、更高的发射功率和更低的噪声接收机。

对于未赋形或轻微赋形点波束应用，空间飞行器的下行链路和上行链路天线的另一种特性分别是$P_{Tx} \times A_{Tx}$和A_{Rx}/T，强调了天线口径尺寸的限制。对于点波束，一个特别有用的链路预算方程形式见式(12.3)和式(12.4)。

对于下行链路：

$$\left(\frac{S}{N}\right)_{TermRx} = \frac{1}{\lambda^2 R^2} \times P_{Tx} \times A_{Tx} \times \frac{A_{Term}}{kBT_{TermRx}} \times \eta_{ATM} \times \eta_{POL} \tag{12.3}$$

对于上行链路：

$$\left(\frac{S}{N}\right)_{Rx} = \frac{1}{\lambda^2 R^2} \times P_{TermTx} \times A_{Term} \times \frac{A_{Rx}}{kBT} \times \eta_{ATM} \times \eta_{POL} \tag{12.4}$$

其中，λ为射频波长。信噪比与波长平方的反比关系显而易见，这意味着为了获得同样的性能，对于较低频率的点波束要求具有较大的口径或较高的发射功率。实际上，在 L 波段和 S 波段(它们的频率在卫星通信领域都较低)，通常使用可展开的网状反射面来实现大反射面的天线直径，可以达到 6 ~ 20 多米。如果使用传统固体反射面技术，这样的尺寸是无法安装在航天飞行器或运载火箭上的。另一方面，较高频率的点波束可以通过使用口径较小的天线来实现，并可以保持相同水平的性能。

12.1.2 卫星通信天线类型

通信卫星使用各种轨道，包括同步轨道、椭圆形轨道、中高空地球轨道和低地球轨道。通常的应用有：军事通信、数字语言广播、电视、固定服务、移动电话和宽带服务，如视频会议和宽带互联网接入。

卫星通信最常用的轨道是地球同步轨道，从地球同步轨道上看地球像一个立体角为 8.7°的环形圆盘。这个轨道的主要吸引力在于，从卫星上看，地球上不同区域在卫星固定坐标系中都保持静止。目前在 360°同步轨道上有 400 多颗卫星，因此卫星之间的角度隔离是很有限的，这就要求不同的服务之间有严格的频谱协调。

为了满足当今通信系统的需要，工程师可以从一套广泛的可用天线技术中选取方案及设计出方案，包括相控阵、阵列馈电反射面、反射阵列、透镜、赋形反射面、极化及频率选择性表面、印刷辐射器以及馈电单元和馈电结构的先进技术，如高性能极化器、滤波器、双工器、正交模连接器和转换器等。各种卫星通信天线的特殊要求将会推动一些技术优先使用。例如，某些应用需要耐高功率，这会要求优先采用坚固的金属材质而不是微波条带印刷电路。其他的一些应用会提出宽多波束扫描的需求，这就会强制要求采用阵列而不是反射面技术。

12.1.3 材料

卫星天线的实现需要不同的工程技术，包括机械、结构和热设计，电子、材料、元器件和工艺等。材料是按照其性质和在轨工作经历而选择的（详见第 4 章）。碳纤维加强塑料（CFRPs）因其很好的硬度质量比和热稳定性而被广泛应用于结构和反射面。对于馈电器件，甚至是小的反射面，铝因其容易被加工成非常精确的三维形状和良好的导电性而被普遍采用。为了降低损耗，通常用银涂层来进一步增加导电性。对于一些诸如双工器的高精度元器件，如果严格要求尺寸精度和超低热膨胀系数（CTE），就需要使用特殊的材料，如镍铁合金。钛因为比铝具有更高的硬度质量比和更低的热膨胀系数而被用于（生产）插件、支架和配件。

在空间应用中使用绝缘材料是常见的，但需要注意的是，因为空间辐射环境会随着时间的变化缓慢地降低材料性能（电气、结构和热性能），它可以导致表面和整体带电，随后又导致静电放电（ESD），有时还会造成附近有源电子器件故障。积极主动的静电放电管理是星载通信天线和机构设计的一个关键及重要部分，它可以通过选择适当的材料及在 ESD 发生前为材料放电提供导电路径来实现。

12.1.4 空间环境及其设计含意

轨道上的卫星天线分系统将暴露在恶劣的空间环境中，包括真空、极端温度以及由各种颗粒、静电电荷和小陨石组成的辐射。第 4 章详细描述了空间环境。天线同样需要在非常恶劣的发射环境中生存，而且结构和尺寸不能有所损失。这包括振动、冲击、降压以及对大型结构件的强烈声压。这个题目已经在第 5 章中详细讨论过。

必须以低质量和功率损耗来满足所有的要求，这两者都是卫星上的稀缺资源。可靠性对于卫星在发射和在轨运行期间的生存同样很重要，特别是这些年通信卫星所要求的任务时间一直在稳步增加，通常要求 12 ~ 15 年。这往往需要创新的设计方案。但是，创新设计的应用通常因为客户对以往在轨运行历史的参考而受到排斥，他们是为了降低风险以及财务影响和负债可能性。

12.1.5 商业应用的设计

无线电通信任务主要是商业性的，因此，任务的商业目的往往至少与技术和性能目的一样重要。天线设计师必须考虑所选择的制造技术、所要求的加工误差、易组装性和集成、测试对天线分系统价格的影响。服务的可靠性同样非常重要，因为卫星要保证客户和操作者的收益。实践中，从严格的技术角度而言，最佳的卫星通信天线方案是最受青睐的设计。

例如，为了优化性能及简化设计，天线设计师通常希望不同的元器件内有尖角以及要求严格的尺寸公差。然而，内角通常加工成圆角更为有效及廉价，圆角的内部半径有限，与首选的加工工具相符合，因此说明存在这样半径的分析是很有益的。在设计阶段，通过适当的尺寸误差敏感度分析可以放宽整个尺寸公差，从而很大程度放宽了对加工过程和制造成本的要求。通常将加工和组装的高精度需求降到最低程度的设计是很受欢迎的。尽管期望能设计一套通用元器件来满足所有要求，但这并不总能实现。对于项目经理来说，需要平衡项目不同阶段产生的成本。当生产多个同类型的天线时，在项目早期阶段花更多的努力为高质量生产而优化设计是值得的，这样可以在项目后期生产阶段实现因经济规模扩大而获得的节约，就像生产单个单元一样。

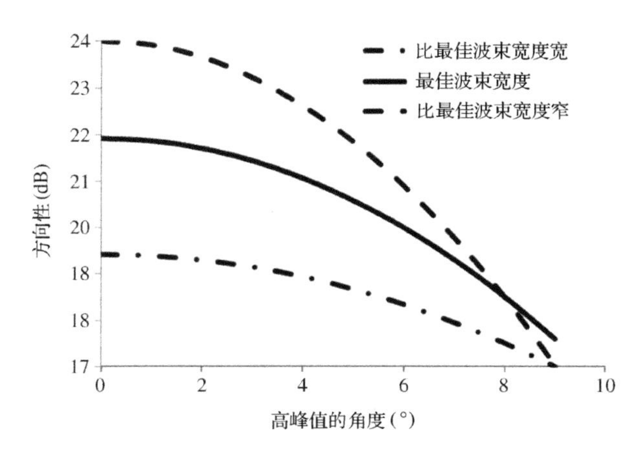

图 12.1 笔形波束峰值方向性对全局 EOC 方向性的影响

12.2 UHF 卫星通信天线

12.2.1 典型要求和方案

根据 IEEE 的定义标准，UHF 覆盖了 300 MHz ~ 1 GHz 的频率范围。实际上，UHF 通信卫星通常使用的下行链路频率为250 MHz，上行链路频率为310 MHz。UHF 传统上用于军事通信的一个优势在于：它能很容易地穿透厚厚的树叶以及其他障碍物。

最常见的覆盖要求是从地球同步轨道看到地球表面的全部可见部分(通常称为全球覆盖的是直径为 17.4°的环形覆盖区域加上指向误差)。可以对这个覆盖区域上可能的最大增益性能进行一个快速评估。一个优化的高斯波束方向图形状将最小方向性(通常为 EOC 方向性)限制为 17.5 dB(对应的峰值方向性约为 22 dB)。如图 12.1 所示，将高斯波束形状(较大的口径)变窄来获得较高的峰值方向性，而拓宽相对优化的(较小的口径)高斯波束宽度将产生比 17.5 dB 更差的 EOC 方向性。通过波束锐化而不是采用高斯波束可以获得一个较高的 EOC 方向性，这需要一个较大的天线口径，在 UHF 波段并不总实用。优化的波束锐化通常可以产生一个平顶波束，这样可以增加 EOC 方向性。实际上，射频损耗会将 EOC 增益降低到比这里提到的 EOC 方向性更小的数值。

UHF 波段波长相对较长的特性(可以达到 1.2 m)通常意味着在电性能上星载天线可以小些，总尺寸仅仅限制在几个波长。航天器总线的尺寸在 UHF 波段通常仅有几个波长。因此，整个卫星尺寸影响着天线共振的方式，并有效地成为天线一部分。有时卫星可以被天线设计师用来提高天线基本特性，一个常见的用途是增加发射天线和接收天线之间的隔离。特别是，如果无源互调(PIM)产品的要求非常严苛，那么这个隔离是一个至关重要的参数。从图 12.2 可以看到，发射和接收螺旋天线之间的空间隔离，以及居间航天器的存在，两者结合可以获得 60 dB 量级的发射/接收隔离度。

设计方案包括单个单元和阵列。从长波长天线中获得所需要的增益需要一个大的有效口径。端射行波单元，如螺旋(管)，正是由于这个原因而被普遍使用，因为射频沿着螺旋管的轴线传播，有效地增加了有效口径，使其远远超过本身的物理口径面积。从根本上而言，螺旋管的方向性与以自由空间波长测得的长度成正比。这样螺旋管可以提供一个相对较高的增益和相对较小的物理口径尺寸。

图 12.2　具有独立 *Tx* 和 *Rx* 的可展开刚性螺旋管

UHF 阵列天线可以使用大贴片、杯状偶极子或螺旋管作为辐射单元。在 UHF 阵列中，由于波导技术会产生无法接受的大横截面积尺寸，所以波束成形网络(BFN)是通过使用各种 TEM 模式或准 TEM 技术来实现的。所采用的技术通常包括环形或方形截面同轴线、悬挂带状线、绝缘填料带状线等。在选择发射线技术来实现 UHF 阵列 BFN 过程中，耐功率能力常常会是一个决定性的因素。

12.2.2　单个单元设计

螺旋管是一个可以为单旋圆极化提供足够 EOC 增益的单个单元天线。螺旋管基本上可以作为几个波长的金属天线模型,正因为这样它们可以很容易通过矩量法，使用普遍商用软件包中的一个进行处理。当存在金属杯时，计算机模型还包括这种杯的模型，它通常可以提供适当的地平面以及通过降低后向辐射来增加前向增益。计算机模型中还应该包括绝缘支撑结构(通常是一个薄壁及空腔的圆柱/圆锥)以便与测量值达到良好的一致。绝缘支撑结构改变了螺旋环境的等效绝缘常数，这导致了一个小小的频移，必须通过稍稍减少螺旋管的直径来校正。它也会影响输入阻抗和输入匹配结构的设计。

为获得最佳射频性能而进行的螺旋结构的综合包括优化连续线匝间间距、底部直径、沿着螺旋管长度的变细方式、螺旋管长度和其他几何参数。优化通常集中在最大化 EOC 增益、轴比及带宽性能。实际上，单螺旋管天线峰值增益被限制在 16 dB 左右，这部分是因为射频电流通常在到达螺旋管底部前就减少到零了，这样就限制了它能达到的有效长度。相应的全球覆盖的 EOC 增益将低于 14 dB。

大 UHF 螺旋管尺寸意味着它们必须是可展开的结构，刚性如图 12.2 所示。展开的目的是将螺旋管精确定位到远离航天器总线的位置。其他可选择及高度创新的展开方案也已经得到了实施，图 12.3 展示了可展开螺旋管(结构)的放置和展开。在发射过程中，天线可以被堆垛成一个非常紧凑的结构以易于放置，一旦进入轨道，它就可以展开成 3 ~4 m 的长度。

12.2.3　阵列设计

如果单个单元的增益不够，则可以在一个阵列天线中使用几个单元。通常在阵列中使用 2 ~4 个单元。尽管一个双单元阵列会产生一个椭圆形波束，但是 EOC 增益性能仍然比单个单元好。因为峰值增益增加 3 dB 足够补偿包含两个螺旋管口径中心(即最窄波束宽度的平面)的平面中增益滚降(从峰值到边缘)的增加。如果需要，三螺旋管或四螺旋管将会增加峰值增益以及进一步增加 EOC 增益，但却以增加质量和成本为代价。

图 12.3 可展开 UHF 螺旋管的放置和展开

然而，单螺旋管天线常常使用分开的螺旋管来接收和发射，通过空间上的分离实现良好的 *Tx* - *Rx*(发射-接收)隔离。螺旋管阵列天线通常可以既在接收频率又在发射频率工作，其部分原因是因为航天器上体积的限制。阵列中每个螺旋管都像一个双工器将发射和接收频率分开，并在两个信号之间提供足够的隔离。由于 *Tx* 和 *Rx* 共用阵列天线，没有 *Tx* 和 *Rx* 的空间隔离，其中 PIM 的风险比在独立的 *Tx* 和 *Rx* 螺旋管中要高。*Tx* 和 *Rx* 共用天线中 *Tx* 端产生的 PIM 将直接被耦合到 *Rx* 端。因此，每个螺旋管上双工器的设计和制造对减轻阵列 BFN 中的 PIM 风险是很关键的。

12.2.4 次级电子倍增效应门限

在 UHF 上，次级电子倍增击穿[1]是一个难题。倍增击穿发生的功率门限是关于敏感射频组件内部尺寸的函数，并且在元器件内部，它尤其是最关键缝隙宽度的函数(通常但不总是，最窄的缝隙会产生显著的场电平)，这一宽度是用射频自由空间波长来表示的。较低的间隙/波长率意味着在较低的工作电压上会发生倍增击穿[1]。这是因为随着缝隙宽度的减少，较低的电压就足以产生一个指定的电场强度，这个电场强度又会控制电子的加速度。此外，波长的增加会产生一个较长的射频周期，导致自由电子从缝隙的一个面加速到另一面需要经历较长的时间，结果是凭借较低的电压电平就可以获得相同的电子到达速度(这个速度决定了倍增门限)。

正如我们从一个频带到另一个频带对元器件尺寸进行测量一样，缝隙/波长比率大体保持一致。但是，正如前面提到的，UHF 问题是以波导技术为基础的元器件的尺寸非常大，因为它们的内部尺寸大致与波长成正比，因此采用 TEM 或准 TEM 传输线技术，例如同轴线、方形同轴线和带状线，可以实现不同馈电元器件。在这些类型的组件设计中，以射频波长表征的尺寸会变得很小，因此倍增击穿功率门限也成比例地降低。

类似的问题常常出现在 L 波段和 S 波段，波导技术会变得过大而无法使用。但是，元器件尺寸会受到航天器总线内部可用物理尺寸的限制，因此就单独限制了波长的缝隙尺寸。因而，UHF 上的缝隙/波长比是 L 波段上的 1/5，波长也就长 5 倍。这就导致了门限电压下降到原来的 1/5，以及 UHF 频段上功率门限减少到原来的 1/25。

由于谐振腔内发生电场强度放大，UHF 双工器特别容易出现次级电子倍增击穿。目前已经开发了特殊的技术来阻止 UHF 滤波器和双工器出现倍增击穿。例如，使用增压滤波器、介质加载滤波器(如装有石英)以及在关键的间隙位置施加高直流电压来防止表面电子二次逃逸。

12.3　L 或 S 波段移动卫星通信天线

12.3.1　简介

根据 IEEE 的标准定义，L 波段覆盖了 1 ~ 2 GHz(波长 15 ~ 30 cm)的频率范围，而 S 波段是 2 ~ 4 GHz(波长 7.5 ~ 15 cm)。典型的移动卫星通信天线，对于 L 波段下行链路频率为 1.52 ~ 1.56 GHz；对于 L 波段上行链路，频率为 1.62 ~ 1.66 GHz；对于 S 波段上行链路，频率约为 2 GHz；对于 S 波段下行链路，频率约为 2.2 GHz。

12.3.2　对大型可展开反射面的需求

因为移动卫星通信系统(MSCS)可以为地面手持终端(通常体积小、价格便宜及性能较低)提供服务，且需要高链路余量来保证服务的高可用性，MSCS 要求卫星天线可以产生高增益的点波束。因为波长相对较长，且采用了 12.1.1 节的式(12.3)和式(12.4)，这些卫星通常采用非常大口径的反射面天线。一旦发射，原则上可以通过提高发射功率电平来增加 EIRP，以满足现代 MSCS 卫星通信高容量的要求。但是，在卫星上功率是非常有限及昂贵的资源。由于需要考虑热、倍增和 PIM，发射射频功率同样受到天线的限制。实际上，L 波段 MSCS 常常有非常严格的 PIM 要求，要求典型的第五代产品的每个馈电单元的每个载波上可以达到 100 W。

反射面投影口径直径从低至 6 m 到超过 22 m，它们常常被称为可展开型反射面，这个反射面由一个刚性铰链结构系统绷紧成一个精确形状的反射金属表面网制成。尽管还有其他技术可以实现这些口径的尺寸，但这种展开的支撑型反射面(哈里斯[2])和周边桁架反射面(诺斯格鲁曼[3])是最常用的设计。第 8 章详细描述了这种类型的反射面天线。图 12.4 展示了直径为 12 m 的可展开反射面天线卫星。

图 12.4　具有可展开反射面的 INMARSAT-4 卫星

得到的表面并不是准确的抛物面。因为展开的网被绷紧成所需要的形状，连接点数量庞大但有限，因此设计和施工中常常固有一定数量的小平面或枕面以及一些附着凹面。这些表面的误差是周期性的，并且会在远场导致显著的周期性旁瓣结构。然而，这些反射面尺寸可以得到非常好的表面精度，它可以满足 MSCS 要求。

大型抛物反射面通常用馈电单元阵列来照射，这些单元被设计成在阵列环境中(包括互耦效应)可以达到 100% 的辐射效率。对这些馈电单元通常要求具有耐高功率能力，并且因为它们总是通过波束成形分成子阵列，所以在所有工作条件下还有严格的单元间振幅和相位跟踪要求。上一代系统常常使用独立的发射和接收天线，从而通过高空间隔离降低了 PIM 的风险。大反射面的高价格以及体积和质量的限制，使得大多数现代设计采用共享发射/接收口径。在这些设计中，接收和发射端之间的分开和隔离通过每个馈电单元的高性能双工器实现。由于馈电单元内产生的 PIM 会直接耦合到接收端，这些设计比具有独立的发射和接收天线更充满挑战性，特别是在避免 PIM 方面。

12.3.3 波束成形

如果每个阵列单元都被用来在地球表面产生自己的点波束，部分因为相对高的外溢损失(馈电辐射及反射口径边缘处损失的能量)，这些独立的波束通常具有次优化的 EOC 增益。为了形成大量的点波束来覆盖地球，在馈电阵列中需要许多单元，并且通过激励这些单元的子阵来形成每个点波束[4,5]。每个子阵的单元激励需要具有相对合适的振幅和相位来降低每个波束的外溢损失，以及影响所要求的任何数量的波束锐化来优化性能。每个子阵中的激励幅度和相位是通过波束成形网络(BFN)形成的。多年来已经实施了各种 BFN 方案。通常对于 L 波段和 S 波段系统，是通过每个馈电单元的双工器后的发射高功率放大器(HPA)和接收低噪声放大器(LNA)，以及将 BFN 定位到 HPA 和 LNA 的中继器一侧(这样，BFN 是一个低电平 BFN，即 LLBFN)来最小化 BFN 损耗及其耐功率要求的影响。传统上，BFN 是通过多层印刷电路技术在一个大的耦合网络中实现的。这种耦合网络的部署通常被称为模拟 BFN。在实施模拟波束成形的系统中，应答链路是通过所形成的一系列点波束来驱动的。

在现代系统中，如 INMARSAT-4 和 Thuraya，由高度重叠波束成形的密集栅格在数字领域中形成，这一过程被称为数字 BFN 或 DBFN。航天器上的处理器要进行复杂的乘法和加法运算以从数字量化单元信号生成波束信号。在采用数字波束成形的系统中，应答链的数量是由馈电单元的数量决定的。通过这个方法，可以使用数量相对较少的单元[4]来形成数百个不同的波束，并且覆盖的重新配置也比较容易实现。

近来，同样实现了地面数字波束成形，这样就可以将复杂性较低的卫星换成复杂性较高的地面站[6]。采用这种方法，可以通过回程链路来向地面站发射及从地面站接收单元信号，并且在地面完成波束成形计算。与航天器上的处理相比，这种方法具有节省载荷质量和功率的优点。但不足之处是，常常需要一个较宽的回程频率带宽来提供馈电单元发射和接收的整个频谱。

复合波束的次级方向图是通过将(其中)构成的单个单元次波束方向图相加及乘以相应的激励系数(幅度和相位)来实现的。因为相互耦合通常会显著影响性能，所以使用依据馈电阵列环境中计算(或测量)得到的主方向图很重要。每个阵列单元的性能都取决于它在馈电阵列中的位置，这是由于相互耦合环境强烈受到其位置的影响。当通过测量来表征单元性能而不是测量每个单独单元时，通常会利用阵列几何结构的对称性来减少为了获得不同复合波束性能的精确特性而需要进行的射频测量数量(并且对项目成本和周期非常有利)。形成每个复合波束的单元激励系数的优化，是一个敏感及对性能很关键的过程。为了获得最佳的结果，往往有必要考虑实际的反射表面，包括所有标称抛物面形状的偏离，如小平面、枕面、附着凹面，以及由于制造和热变形引起的误差。

如果采用一个模拟的 BFN(通常使用印制电路技术)，天线设计师应该对馈电系统中存在的不同预期执行误差，以及这些误差对不同复合波束性能的影响进行统计分析。关键性能参数作为涉及各种 BFN 执行问题的幅度、相位激励误差的函数，其预期的降低可以通过这种方法来确定。在采用数字波束成形的系统中，这些误差原则上可以在数据处理中进行校准。但是仍然会有一些显著的残差。这是一个非常复杂的问题，在此不进行详细讨论。

12.3.4 混合矩阵功率放大

众所周知，焦平面馈电阵列中的每个馈电单元都与覆盖范围内的一个特殊地理位置——

对应，因此一些区域流量高度集中会导致某些馈电单元以及被称为“热点”的相关 HPA(高功率放大器)发射功率的高度集中。一种被称为“混合矩阵功率放大器(HMPA)”或“多端口放大器(MPA)”的方法通常使用发射波束放大器来处理这个问题。通过使用 HMPA 给馈电阵列的单元进行馈电，发射功率在“热点”的集中扩散到了混合矩阵(类似于 Butler 矩阵[7])输出的中继器一侧上的多个端口内。这样就能从比每个馈电单元上一个独立 HPA 数量更多的 HPA 上提取功率。通过这种方法，每个 HPA 将会在更平坦的、独立于交通要求地理分布的功率电平上被驱动。然而，如果使用单个 HMPA，通常许多馈电单元会在相邻的点波束之间共享，并且这将导致发射混合矩阵输入端复合电压的相干叠加，从而引起功率电平的显著变化。回避这点的方法是将输出混合矩阵分成相互交错的子矩阵(通常是 4×4 或 8×8 的矩阵)，这样就将 HPA 有效地分成了功率池[8,9]。通过在 HPA 放大(输入混合矩阵)前使用类似矩阵，这些矩阵的输入端就会对应于馈电阵列单元，以及对应于地球表面的地理位置，从而在那里就可以输入对应各个波束的发射信号。然而事实证明，输入矩阵并不是必需的，因为 BFN 激励可以直接被优化来包括 HPA 输入端的线性变化，这样就只留下 HMPA 输出矩阵。图 12.5 图示了这种方法，它允许波束之间功率分配的灵活性，并可以与模拟或数字波束成形结构组合[10]。

发射复合波束的组成信号将遍布在许多 HMPA 矩阵上，因此可以从数量尽可能多的功率放大器上提取功率。理想情况下，相同发射信号不应该向任何特定的功率池超过一个以上的端口进行馈电，因为由此产生的分配信号彼此间会进行相干，因此也不会转化成放大器的均一载荷。例如，如果每个波束使用 10 个单元，建议最少使用 10 个功率放大器池。例如，使用 120 个单元的阵列，可以连接到 10 个 12×12 的矩阵，或 15 个 8×8 的矩阵。

与许多小 HMPA 矩阵相比，少数大尺寸 HMPA 矩阵可以提供更高的功率分配灵活性。但是，不论在平均耐射频功率(通常是热管理问题)还是在峰值耐射频功率(倍增击穿问题)上，由此而产生的对输出矩阵的耐功率要求将更具挑战性。

要求 HMPA 矩阵设计为：在所有操作条件下和任务的生命周期中，即使切入冗余放大器，不同射频信号路径的相对幅度和相位能接近标称的设计值。不同有源放大器链之间的相对插入幅度相位误差，以及矩阵本身的执行误差将导致不同路径之间隔离度的下降以及不需要的馈电辐射单元的意外激励。这需要进行仔细分析，因为这可能会影响波束之间的干扰(通过载频与干扰之间的比率 C/I 测得)及其他性能参数。

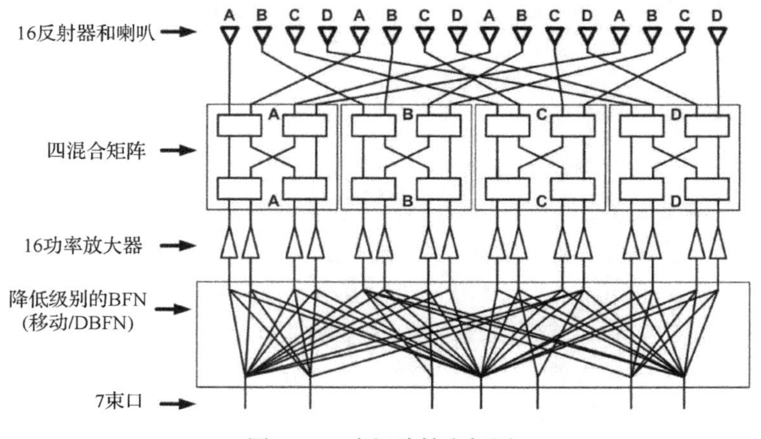

图 12.5　多矩阵馈电框图

12.3.5 馈电阵列单元设计

通常，先设计单个辐射单元，来获得整个要求带宽内的预期增益和良好的阻抗匹配。随后在馈电阵列环境中一并分析辐射单元来说明互耦效应。随后优化几个设计参数，如杯状结构的高度和直径，以及辐射器的几何细节。通常，有限的阵列射频建模(与无限周期阵列快速射频建模不同)是必要的，这样才能根据单元在馈电阵列中的位置正确考虑其性能的变化。设计师会为阵列中心附近及边缘附近的单元采用稍稍不同的几何结构。

许多系统采用单一圆极化，在这种情况下，螺旋状辐射器常常是一种很好的选择，可以在馈电阵列栅格中实现高口径效率以及高单元增益。螺旋管同样可以提供充足的宽带性能来支持发射和接收子频带。图 12.6 图示了一个馈电阵列的例子。最近，系统倾向于使用双极化，这种情况下螺旋管不适合作为辐射单元，反而需要支持双圆极化的其他类型辐射单元，如杯状贴片、杯状交叉偶极子、杯状喇叭[11]和梯形喇叭。

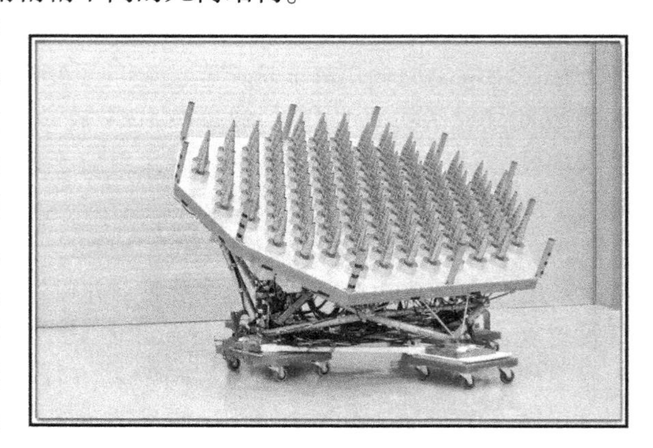

图 12.6 螺旋状馈电阵列

12.3.6 双工器

依据 MSCS 不断增加的标准，在发射/接收共用天线设计中，必须在每个辐射单元放置双工器来分离接收和发射信号，使它们之间有足够的隔离。对双工器滤波特性和接收/发射隔离度的严格要求使得双工器成为一个非常关键的组件，其正确的优化设计是实现这种卫星天线的最重要因素。通常需要(通过)温度补偿来满足双工器设计中极其严苛的尺寸稳定要求。由于装置中接收和发射信号路径非常靠近，PIM 缓解是双工器优化设计中最重要的目标之一。设计细节(如避免金属之间的接触或使用高压产生金属间接触)和制造过程对最小化双工器发射部分形成强 PIM 的风险很重要。由于绝缘材料存在高发射功率电平，并且随着暴露在空间环境中而引起的降解会给双工器的性能带来不利影响，所以在双工器设计中通常避免使用绝缘材料。

12.3.7 试验场测量

测量大型反射面天线的射频辐射性能是一个具有挑战的提议，这是因为展开的全部口径尺寸超过许多可用射频测试设备的(测试)能力。而且，这些可展开反射面结构设计的最佳表面形状是在零重力的太空环境中，而展开在重力为 1g 的测试场中会产生不可忽视的变形。如果使用嵌入式(即在阵列环境中)单元方向图和 BFN 激励系数，以及一个精确的反射面形状特性(在零重力空间环境中所期望产生的)，就可以单独依靠计算机对反射面天线射频性能特性进行预估。天线设计师应该使用一个嵌入式单元方向图特性(通过分析或射频测试获得)，它包括位于反射面位置处的辐射场相位和幅度的精确信息。这是一个重要的考虑因素，因为在大多数情况下，使用每个嵌入式馈电单元的初级辐射方向图的(渐近)远场特性并不会产生可靠的结果。这是因为，实际上反射面被认为在馈电子阵列的渐近远场区域(笼统地定义为大于 $2D^2/\lambda$，其中，D 是馈电子阵口径的尺寸，λ是波长），这往往并不足够远。给定复合波束赋形中的二次基本波束经过各自复杂激励系数加权后进行线性叠加，通常通过这种方式可以精确地预估复合波束的射频性能。如果不能测量初始波束方向图（如无法接入单个单元的接入口），那么使用每个复合波束的近场特性或主要场域的球形波展开特性表示，通常可以得到好的结果。

可以通过射频试验场测量值来验证预测的模型，由重力扭曲的反射面轮廓可以在试验场中精确测量并替代在轨表面轮廓在计算中使用。这是软件预测模型的验证方法。由于在 1 g 环境中表面形状被扭曲，所以不能作为在轨性能的精确测量值。在轨性能要通过使用目前已验证的软件模型和（预测或已知的）非扭曲零重力状态下的反射面形状[12]来获得。

12.4　C、Ku 和 Ka 波段 FSS/BSS 天线

12.4.1　典型的要求和解决方案

固定卫星服务（FSS）和广播卫星服务（BSS）在定义上有部分是重叠的，其覆盖了地面站和地球上地理位置明确的区域上大多数固定（商用或个人）终端之间的各种通信服务，它们通常被用于电视网络和本地站之间的广播，还可以被用于视频会议、宽带网络和一般的商业电信。

C 波段被广泛地定义为（IEEE 定义）频率 4 ~ 8 GHz，Ku 波段为 12 ~ 18 GHz ，K 波段和 Ka 波段（通常都被简单地认为是 Ka 波段）为 18 ~ 40 GHz。对于 FSS 和 BSS 卫星通信，C 波段下行链路通常使用 3.5 ~ 4.2 GHz 频率，上行链路使用 5.5 ~ 6.5 GHz 频率；Ku 波段下行链路通常使用 10.7 ~ 11.7 GHz 频率，上行链路使用 13 ~ 14.5 GHz 频率（在一些情况下上行链路使用 17.3 ~ 18 GHz 频率）；Ka 波段下行链路使用 19.5 ~ 21.2 GHz 频率，上行链路使用 29.5 ~ 31.2 GHz 频率。特殊情况下，在国际电信联盟（ITU）分配的频带中也会发生变化。典型的带宽从 250 MHz 到 1 GHz，在最近的 Ka 波段宽带系统中，带宽可达 1.5 GHz。

这些天线频带频谱较宽并具有广泛的应用，但它们具有许多相同的特性，所以可以合为同一种类型。迄今为止，它们是所有正在工作的商业卫星通信天线中也是目前所有正在规划任务中最大群体的天线。通常 FSS/BSS 卫星会携带许多这些工作于不同频带的天线。图 12.7 就是这样一个例子，展示了 3 个甲板上安装的 Ka 波段反射面天线和两个侧面安装的 Ku 波段天线。

图 12.7　FSS 天线群

通常 FSS 和 BSS 反射面天线结构包括中心馈电反射面、单偏置反射面、双栅格反射面（DGR）、双反射面几何体、可控反射面天线等。

12.4.2　赋形反射面技术

这些天线通常从同步轨道形成赋形波束，将射频能量集中到一个特定的地理区域并按照 ITU 规定和协议与其他区域隔离开。直到 20 世纪 80 年代后期才实现将多个馈电单元和一个模拟馈电网络结合来产生指定的复合赋形波束。这种情况下的反射面（仅仅）是一个简单的偏置抛物面。到了 20 世纪 90 年代，几乎在所有情况下，这种方法都被赋形反射面技术替代了。

一个单独的馈电单元(通常是一个高性能喇叭)辐射的能量被赋形到一个赋形波束中，通过适当优化发射面形状将波束集中到所需要的覆盖区域。

12.4.3 耐功率

这些卫星系统常常为FSS或BSS提供一个相对较大的地理区域，从而只产生一个适当的高增益。为了达到所需要的高通信容量，EIRP必须高于最小门限，并且由于发射天线增益受到大覆盖区域的限制，需要产生和发射高发射功率电平。这些天线需要的耐功率能力是一个非常具挑战性的设计限制，通常的限制因素是：

- 避免PIM(每个载波的射频功率电平往往高于150 W，很强的三阶PIM产品很常见，以及不能超过低至 -145 dBm 的PIM电平要求，即 3×10^{-18} W)；
- 预防倍增击穿(通常大量的高功率载荷会导致需要数十千瓦的倍增击穿功率来保证足够大的余量)；
- 热管理挑战，其由馈入到馈电组件中的平均射频功率电平产生并会带来不可忽视的射频损耗。

最近几年，重新改进了对许多同时发生的射频载荷的倍增击穿[1]的分析，减少了保守性从而大大提升了与经验的一致性。传统上，峰值功率通过 N^2P 计算(其中 N 为射频载荷的数量，P 为每个载荷的功率，其意味着非常悲观的假设，即通过将具有相同相位的信号的电压相干相加来组合 N 个信号。这种估算方法预测：对于许多现代载荷，即使是全高度直矩形波导也没有足够的余量，这与经验严重不符。如今，对倍增有贡献的射频功率通常是通过对电子雪崩现象更严格的统计分析来计算得到的，而不再是通过 N^2P 计算得到。因此这一电平被假定为瞬间射频峰值功率并持续在一个电子从临界间隙一侧运动到另一侧需要花费时间的预先规定的倍数时间里。接受的倍数通常介于4~20之间，其中20倍(表示为P20功率电平)对应一个较长的时间，持续峰值功率电平比4倍(表示为P4)的低。在Tx馈电链期间内，这些严格的倍增击穿约束很重要，并且特别是在电场幅度通过共振或其他电磁效应而增加的区域，这可以由一个适当的全波软件模拟器来计算(如使用有限元法或有限时域差分法)。

12.4.4 天线结构和反射面

发射时以及在轨飞行期间，飞行器及其负载都要经受一个极限环境。发射前，飞行器和不同层次组装的不同负载设备要经过严格的合格鉴定，以及/或验收环境测试，以证明它们可以生存下来并按照整个任务的要求进行工作。因此，所有负载分系统(包括天线)都应被设计为能够在实验环境中、发射阶段以及在轨阶段中生存并且性能不会退化。对不同分系统的分析是独立进行的，需要时也会在更高层的组装件中进行，通常包括计算机结构和热模型中完全组装的飞行器。

FSS/BSS的固体反射面天线可以非常大(直径达到3m)，并且需要满足极具挑战的发射及在轨环境要求。完成机械设计优化时不能超过严格的质量分配(要求)，这对机械天线设计提出了一个巨大的挑战。减轻重量是设计飞行器天线时一个永久存在的目标，并且在反射面设计中，高硬度/质量比是一个非常期望得到的特性。热弹性尺寸的稳定性是良好的反射面设计的另一特性，因为优化不好的天线结构和热设计会导致明显的射频性能降低及过多的指向误差。由于这些限制，固体反射面外壳通常由复合材料制造，如CFRP，它在整个工业中是机械和制造研究开发的重点。通常大部分 CFRP 反射面并不要求金属涂层，因为在这些频率上它们的导电性足够高以至于在天线射频损耗预算中仅有一个相对较小的项。如果在某些应用中需要非常小的损耗，如辐射计天线，那么就要在反射面上涂上高导电率的金属涂层。完成表面涂层的另一个原因是消除由 CFRP 光纤接头在反射表面产生的表面各向异性，这将产生非常明显的场去极化，交叉极化电平也会随之增加。一个较好的 CFRP 接头设计可以作为金属涂层的替代，它可以使表面光纤沿着一个更有利的方向或可以降低表面各向异性效应。选择一个更好的方案通常是经过技术和财务方面的考虑而做出的折中决定。

固体铝结构有时也可以用于小直径的反射面(小于 1 m)，这样的选择是因为考虑了质量、热变形、结构强度和成本影响而对 CFRP 型材料做出的折中选择。

DGR 也被称为双壳反射面，前壳通常由 Kevlar 或类似的射频穿透材料制成，后壳由 CFRP 制成。通常，两个壳被合在一起，之间通过 Kevlar 或等效物制成的肋间环、肋骨或支柱来精确间隔。这些装置可以强化双壳组装(结构)而又维持了较低的质量。DGR 结构将在 12.4.5.5 节给出详细介绍。

12.4.5　反射面天线几何结构

12.4.5.1　引言

设计工程师可以选择许多不同的天线配置。在一个典型的同步轨道飞行器平台上，天线可以侧装从而安装在飞行器的侧面板上(通常是东面板和西面板，但偶尔也会是南面板和北面板)，或甲板安装(从而安装在顶部甲板上，这是飞行器天底朝向的面板)。

侧装可展开反射面天线的特点是有最大反射面直径及最长焦距。发射时，反射面被存放着，由牵制释放机构(HRM)刚性支撑，与单独的飞行器侧面板相对。一旦进入轨道，牵制释放机构以及反射面通过展开装置进行展开。这种装置将反射面放置到合适的位置并与固定馈电喇叭和组件对齐，并在整个任务周期内将反射面稳定地支撑在该位置。

甲板安装的反射面天线通常具有较小的直径和较短的焦距。多数情况下，馈电组件、主反射面和(当可应用时)子反射面由刚性结构塔支撑并对齐到位，常常是几个甲板安装反射面天线共用一个这种塔(不同的天线连接在塔的不同侧)。图 12.8 展示了(测试场中)Ku 波段和 Ka 波段的甲板安装天线群。

天线配置的最终选择是一个多学科重复折中的结果，通常基于射频性能、机械评估、结构和热考虑、可靠性和风险性评估、项目进度和成本。在预计的最严重变形、错位和指向误差条件下计算得到的射频性能参数包括增益(覆盖区域的最小增益以及峰值增益)、隔离度(地面上预定隔离区域的增益电平)以及交叉极化鉴别率(称为 XPD，由同极化增益减去交叉极化增益计算得到，以 dB 计算)。通常天线射频性能同样包括增益随时间的变化以及在频带内的变化，天线接入端口的回波损耗，不同天线接入端口之间的隔离度(同极化端口之间、交叉极化端口之间以及接收和发射端口之间)，群时延，以及其在每个通道内的变化，等等。对于机械评估，重要的参数包括总质量、质量分布、体积限制以及结构和热性能。

图 12.8　测试场中甲板安装天线群

12.4.5.2 反射面天线中的交叉极化的产生

在论述用于 FSS 的不同反射面天线配置之前，了解一些导致反射面天线交叉极化的机制是有用的。

线极化反射面天线中的交叉极化（通常表示为交叉极化分辨率 XPD 或交叉极化隔离度 XPI）是由几个因素引起的[13]：馈电喇叭交叉极化、反射表面的曲率、馈电喇叭远离焦点以及馈电喇叭相对于抛物面主轴倾角。由于其他三个因素，即使一个全极化的馈电喇叭也会在反射面次方向图中引起交叉极化。实际上，一定控制数量的馈电喇叭交叉极化可以被用来对抗其他效应，并在次远场中产生较好的 XPD 性能（这可以在一个窄频带内做到，例如通过添加其他模式，就像在 TE_{11} 额定喇叭口径场上添加 TE_{12} 模式）。这种设计策略并不直截了当，而且很少被采用。如果反射面是一个无限平面，沿主轴指向的一个全极化的馈电喇叭将产生一个全极化的次远场。然而，反射面曲率会扭曲表面电流线（主平面内除外）并将导致交叉极化。但是，对于中心馈电反射面而言，两个主平面之间的交叉极化电平为零，条件是馈电喇叭主方向图亦是如此。通常，对于同步轨道覆盖的所有角度，对称性可以保持较低的交叉极化电平。将馈电喇叭移开远离焦点，会在喇叭对反射面的照射以及反射面曲率影响中引起不对称性。这样就不会再存在全极化的主平面，并将导致较高的交叉极化场电平。

对于线极化的单偏置几何结构，XPD 性能会因馈电喇叭相对于抛物面主轴的倾角进一步恶化，为了将喇叭指向反射面口径的中心部分（这样可以降低溢出损耗）这是有必要的。偏置配置消除了沿着偏置平面的对称性，以及与偏置平面垂直的主平面内零交叉极化的产生，并将导致较高的交叉极化电平。如图 12.9 所示，由于反射面上感应电流的左右对称和上下对称，中心馈电几何结构受益于线性交叉极化对消。尽管单一偏置几何结构保存了相对于偏置平面的左右对称性，但并不能受益于平面的上下对称性。偏置平面线性交叉极化对消的缺失将导致一个净交叉极化分量，从而降低了 XPD。由于一个单偏置几何结构保存了偏置平面的左右对称性，从而保存了平行于偏置平面的零交叉极化主平面。只要有可能，天线工程师就会尽量将偏置天线与覆盖区域的最长尺寸对齐来最大化覆盖区域的 XPD 性能。

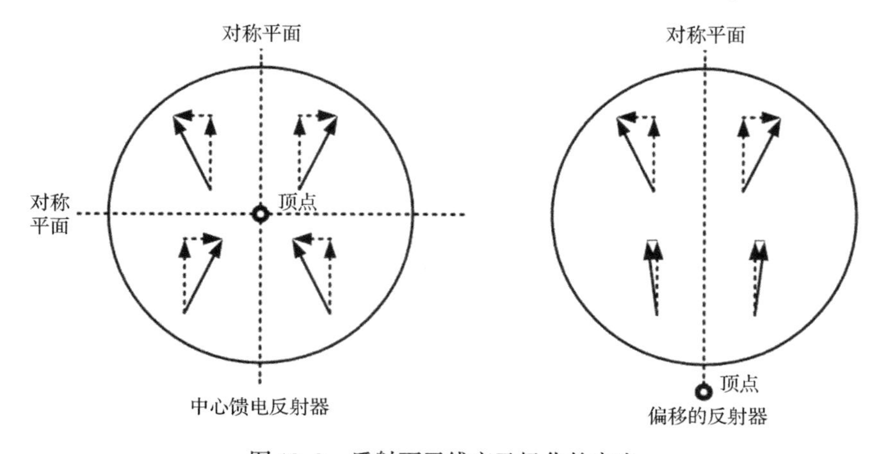

图 12.9 反射面天线交叉极化的产生

应该指出的是，线极化天线的 XPD 性能是一个相当复杂的问题。除了上面描述的因素，另一个因素是天线的抛物线轴通常指向为优化某一特定区域性能而选定的地球上的一个点，这被称为视轴，并且几乎不能与用户为定义线极化的约定而使用的坐标系统一致。线极化的方向通常根据 Ludwig 第三定义[14]来规定，虽然有时也会采用第二定义；水平极化方向往往被定义为与赤道平面平行的方向。至关重要的是，天线设计师为了客户指定的特殊极化定义和坐标系统而进行天线设计和优化，因为如果不这样做，两种极化转换之间的不一致将会引入人为的 XPD 退化。

在线极化反射面天线中，对称平面上的交叉极化对消是因为表面电流线在相对于对称面一侧进行相对于全极化场的顺时针旋转，并在对称面的另一侧进行逆时针旋转(见图 12.9)。然而，对于一个圆形极化反射面天线，电流线的旋转并不代表引入交叉极化分量。相反，它代表了相移，可以是正极或负极，具体取决于是左旋圆极化还是右旋圆极化以及电流线的旋转方向。因此，电流线在对称面两侧往相反方向旋转会导致在垂直对称面方向上的波束偏斜[13]。对于一个中心馈电圆极化几何结构，波束偏斜在由两个对称面形成的四个象限内相互抵消，这样就不会产生净波束偏斜。但是，在一个单偏置圆极化反射面天线中，仅保存了一个对称面(偏置平面)，这样就会产生一个垂直于偏置平面的净波束偏斜效应。这意味着，对于一个单偏置反射面，在反射面远场中，右旋圆极化场(RHCP)会有一个相对于预计位置的小角度波束偏斜，而左旋圆极化(LHCP)场将会有一个相反方向的类似小角度波束偏斜。因而，对于一个双圆极化天线，两个方向的圆极化(CP)将在相反方向上偏斜，并且固定地面覆盖区域上的最小增益性能会在这个过程中略有下降。发生这一情况是因为天线的优化将会最大化两种极化中的最小增益，折中的方法常常会降低所有的最小增益。

影响交叉极化电平的另一因素是反射面口径边缘引起的电流衍射，在那里总电流被强制主要沿着边缘。这导致流入到反射面的反射电流将产生一个显著的交叉极化分量。相对于小面积场所，这更是大角度覆盖范围的问题，并且它是被基础物理光学计算忽略不计的影响。因为这个因素很明显，所以正确地解释这些边缘反射很重要。例如，将衍射物理理论项添加到基础 PO 计算中[15,16]。这个边缘衍射不仅影响单偏置反射面天线，还会影响 Gregorian 反射面天线和中心馈电反射面天线。

另一个对交叉极化有重要潜在影响的是散射效应，例如喇叭主方向图的反射以及通过近场周边结构物(包括相邻飞行器的面板)辐射的反射面带来的反射。对圆形极化天线而言，对 XPD 性能的影响可以非常强，因为大表面，如飞行器面板的镜面反射将会把右旋圆极化转换成左旋圆极化，反之亦然。

由支撑杆和馈线引起的散射，特别是在中心馈电反射面天线中，同样也会增加交叉极化电平。应该通过分析或测试，或者两者来量化这些效应，因为它们可能会显著地降低性能。人们已经开发了一些设计策略来缓解这个问题，如对于线极化，将支杆指向主极化方向；对于圆极化天线，将支杆布置成旋转对称结构。

12.4.5.3　单偏置反射面

单偏置反射面是投影孔中心远离抛物面轴线的单反射面天线。几乎在所有情况下，口径中心相对于抛物面轴线的偏置是非常大的，以至轴线根本不会与投影孔径相交叉，而实际上在孔径和轴线之间留有足够的空隙来避免馈电组件对主辐射波束的阻挡。在这种情况下，馈电喇叭或喇叭阵列指向反射面的中心部分，相对于抛物面轴线成一定角度。单偏置反射面天线的配置成本往往相对较低，并且如果假定性能要求和机械约束都能尽量适用于特殊任务，则往往倾向于使用单偏置反射面天线。

线极化单偏置反射面天线可以呈现相对较高的交叉极化电平，而圆极化单偏置反射面天线会受到波束偏斜的影响，如 12.4.5.2 节所述。这些影响将随着馈电倾角和反射面曲率的增加而变大，但是它们可以通过如下的设计策略而稍稍缓解：

- 增加 F/D 比率，即焦距与孔径的比率。在偏置几何结构中，这一参数可以被更好地定义为 F/D_v[13]，其中 D_v 是虚拟孔径，定义为抛物面轴线到反射面上最远点距离的两倍，如图 12.10 所示。将 F/D 最大化（或最好是 F/D_v）可以将线极化天线中的交叉极化电平以及圆极化天线中的波束偏斜最小化，因为实际上 F/D 与最小化馈电倾角和表面曲率密切相关。
- 在反射面表面形状优化中使用发散的初始措施，这将产生一个凹面程度比最初抛物形状低的最终优化形状。相反，一个收敛设计将会产生一个凹面程度比最初抛物反射面更大的最终形状。发散设计会降低线性交叉极化产生的影响的严重程度，这是因为它会降低反射面的曲率。不利之处是，相对于采用收敛设计，它会导致反射近场扩展到更大的角度范围上。因而，它会引起更强的场反射回馈电喇叭孔径，迫使反射面偏置增加来控制这种效应。飞行器和周围其他仪器的散射有可能会更大。实际上，一些客户会从一开始就在天线指标要求上强制使用收敛设计。

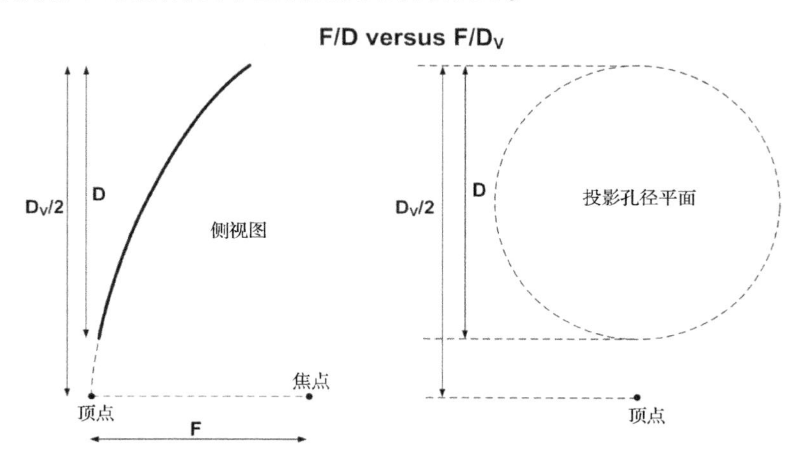

图 12.10 F/D 与 F/D_v 作为单偏置反射面的品质因子

12.4.5.4 Gregorian（格里高里）双反射面几何结构

双反射偏置天线有一个抛物主反射面和一个双曲面（卡塞格伦几何结构）或椭圆形次反射面（格里高里几何形状）。在这两种双反射面偏置几何结构中，格里高里设计最常用在飞行器中，这是因为它可以大大抑制交叉极化，并且对于所需要的投影口径尺寸，它可以自己装在一个更紧凑的体积内。基本的格里高里几何结构从一个抛物主反射面和一个椭圆形次反射面开始，并且主反射面的焦点与次反射面的一个焦点重合，而馈电喇叭孔径位于次反射面的另一个焦点上。通过适当选择馈电喇叭轴间的角度以及主反射面轴和抛物面轴（连接其两个焦点的线），格里高里几何结构可以被设计成光学补偿（遵循 Mitzuguchi 条件[17]）。以这种方式，降低单偏置设计性能（详见 12.4.5.2 节）的净电场旋转可以被大大减少。结果是，在 LP 应用中一个精心设计的格里高里天线可以比一个单偏置天线提供更好的 XPD 性能，并且通常它可以用来消除 CP 应用中的波束偏斜。

这些天线显然比单偏置反射面天线更贵，这是因为另外的机械组件包括次反射面，必须为性能优化进行适当的支撑和对准。这意味着更多的分析、更多的支撑结构设计和建造以及更多的 CFRP 组件，这些都是天线成本的驱动者。除了前面提及的为单偏置天线提供更好的交叉极化和/或波束偏斜效应的控制，其他优点还包括对于给定的主反射面口径尺寸，最小增益性能可以有稍稍的提高。这可以通过为主反射面和次反射面赋形，为主口径照射函数和溢出损耗的控制提供更多自由度来实现。对格里高里天线进行射频性能分析的难点是次反射面往往在或靠近馈电喇叭的近场区域，这样，喇叭的远场方向图在精确计算次反射面的电磁场中是不适当的。即使使用多个模型来描述的喇叭辐射场可以通过球面波拓展来表征，也会在计算中带来不精确性。实际上，次反射面和喇叭本身之间的辐射场可能会产生多个反射。因为这些反射会引起性能的大大降低，因此可能的话，通过适当的设计可以避免或至少将它们最小化。如果次反射面被赋形并显著偏离了其椭圆形基础，这一点就尤为重要。多个反射也会发生在主反射面和次反射面之间，并且它们有时也会以天线占有较大体积为代价，受到增加主反射面偏置来减少次反射面散射的限制。

格里高里几何结构可以非常紧凑，部分是因为次反射面(凹面)的反射场常常聚集在主反射面焦点周围的区域，这样它们就会生成一个低场强电平的凹陷空间来允许放置一个靠近的馈电喇叭。通过对比，在 Cassegrain 几何结构中，双曲线(凸面)次反射面的反射场总是发散地照射主反射面，从而没有低场强空间在靠近的位置上放置馈电喇叭。

尽管格里高里几何结构可以用于侧面安装的结构中，但往往这些天线的大尺寸会导致次反射面也相对较大，有时还需要展开，伴随而来的就是质量和成本的增加。格里高里几何结构最常用于甲板安装的天线。这种情况下，其相对于单偏置几何结构的另一个优点是馈电喇叭和组件靠近甲板放置，这是因为它是子反射面而不是放置在结构支撑塔端部的馈电组件。这将导致用于馈源和飞行器之间射频连接的波导长度显著减少，从而将射频损耗最小化以及提高增益。

一个关于格里高里天线的问题是，子反射面边缘任何喇叭能量的溢出都会打到地球上，并会影响与其他区域的隔离。这与围绕主反射面或单偏置反射面天线中的能量溢出不同。这种能量会辐射到外层空间或通过飞行器面板散射到一个相对于主波束更宽的角度范围中，因此就不会经常引起隔离问题。由于这个因素，格里高里天线的子反射面往往会稍微超尺寸一些来最小化溢出，并且设计师必须将天线设计成使子反射面的遮挡最小化，这种遮挡是由子反射面的超尺寸引起的。

图 12.11 展示了集成过程中一个安装在甲板上的可控的 Ku 波段格里高里双反射面天线。

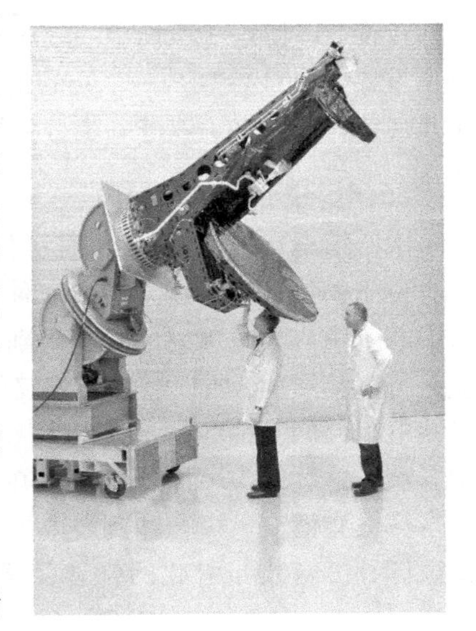

图 12.11　安装在甲板上可控的 Ku波段格里高里天线

12.4.5.5　双网格反射面(DGR)

双网格反射面天线用于双线极化[18]。DGR 组件包括两个抛物面或赋形抛物面壳，这些壳被精确地分开、对齐并由肋间环加强，必要时也可以通过肋骨或支柱来加强。通常前壳由凯夫拉尔(或同等材料)构成，对一种 LP(线极化)透明并通过沿着被反射极化方向的金属网格反射另一种线极化。另一种极化采用后壳(通常不具有金属网格并由 CFRP 制成，从而对射频不透明)，并且几乎不受到透明前壳的影响。后壳与前壳都具有单独的抛物面主轴并被分别放置在焦点上，这样两个馈电组件(每个极化一个馈电链)在物理上不会互相干扰。

DGR 天线实质上由两个共用空间和口径的单偏置反射面天线组成，因此与两个单独的天线相比，它使用了飞行器更少的资源。如前面讨论的，由于 DGR 天线是一个单偏置几何结构，原则上在任意一种线极化中它都会具有相对较差的 XPD 性能。但是，对于使用前壳的极化，前反射面壳上的金属网格仅仅反射撞击场的共极化分量，而交叉极化场穿过前壳并被前壳远远反射出覆盖区域，即焦距之外。对于使用后壳的极化，场两次传播穿过网格前壳，并且正是通过这样的机制交叉极化场分量被过滤掉。通常 DGR 天线的 XPD 性能非常好，并实际上优于格里高里类型的天线。但是双壳组件的机械构造是一个非常专业的制造工作，从而导致成本相对较高。另外，由于对应后壳极化的场传播穿过肋间结构，散射效应会恶化性能并使精确射频分析具有更多的挑战。

有时肋间结构对天线射频性能的效应大到造成明显的影响，并且需要对散射效应进行适当的射频分析[19]。有时可以对机械设计和建造进行修改来减少肋间结构的射频散射效应，可以通过这些方法：最小化肋间结构的数量(作为对反射面结构性能的折中)；改变肋间结构剖面来降低雷达截面积；材料和表面层末道漆的选择；以及结合能带隙结构(如设计周期性金属方向图来部分抑制主波束区域射频能量的散射)。

DGR 天线中需要正确分析的另一个效应是极化场由对应其他极化的反射面壳在线极化一个方向上的假反射。这对性能的降低是另一个重要的因素，并且要通过正确的设计来进行控制。由于这样一个事实，即两个焦点在空间上是分开的，当由其他极化的壳反射时，每个馈电组件辐射的场通常很明显地偏离焦点，因此两个焦点之间的距离以及两个馈电组件之间的角度隔离是用来减轻这一效应的设计参数。此外，很有必要确保由一个馈电喇叭辐射的场不被馈电喇叭和其他极化的馈电链严重散射。在每一种情况下，DGR 的精确几何结构都是一种广泛的权衡，以使这些不期望的效应对性能的影响最小化为真正目的。在 DGR 天线几何结构中一个重要的设计参数是一个壳的偏置平面相对于其他壳的偏置平面的旋转。这同样是用于优化几何结构的参数，以进一步分离两个焦点并降低上述提到的不利效应的。

12.4.5.6 中心馈电反射面

中心馈电反射面是一个单反射面，其投影孔径(即投影到垂直于抛物面主轴的平面上)的中心位于抛物面的轴线上。在这种情况下，馈电喇叭或馈电阵列指向沿着抛物面轴线的反射面中心。中心馈电反射面天线受到馈电阻碍和散射效应的影响，并且由于特殊情况下这些效应是可以接受的，所以这种天线仅仅在此情况下可以用于飞行器。除了馈电组件本身，用于支撑馈电组件的支柱和用于馈电和飞行器之间的射频连接的波导行程同样也会对阻碍和散射产生影响。这些效应可以降低增益并增加副瓣和交叉极化的电平。然而，中心馈电单反射面天线本身具有低交叉极化和副瓣电平。因此，将从初始良好的性能电平中减去由馈电组件、组件支撑杆和馈电波导引起的性能降低，并且一旦考虑了所有的性能降低，将会导致整个性能良好。

一种将返回馈电喇叭的反射和散射效应最小化的方法是在主反射面的中心开一个小洞，这样就将射入喇叭的场最小化了。另一种方法是，使用一个赋形的凸块或凹块将反射场偏离喇叭口径。实现这一点还可以采用另一种方法，即考虑更换使用一个中心馈电双反射面几何结构(通常是格里高里类型)，由于其子反射面是赋形的，所以可以将阻碍效应最小化。这种双反射面几何结构同样具有馈电喇叭靠近飞行器的优势，这样就可以将馈电波导长度（从而使射频损耗）最小化并消除波导行程带来的阻碍和散射。

支杆和馈电波导影响射频性能的射频模型已经成为全世界许多研究工作的目标，并且目前已有几种分析方法供设计工程师使用。PO 方法通常并不适用于这种任务，因为支杆截面尺寸往往小于一个波长。一个成功的分析方法是使用力矩法。除此，研发最小化支柱散射效应的方法还在继续，并产生了非常新颖的支柱设计，即使用一个优化的截面剖面及一个周期性金属化模式来减少雷达截面积[20]。

除了影响增益，副瓣电平及 XPD 性能，支杆散射场以及主反射面场会形成一个干涉模式，其高度受到频率的影响。因此，常常受到影响的一个参数是频率带宽范围内的增益变化，并且为了评估这个性能，具体分析是非常必要的。

12.4.5.7　可控反射面天线

为了响应运输需求或作为计划覆盖范围重新配置的一部分，FSS/BSS 的可控天线通常需要在地面上产生一个可控的覆盖范围。实施方式依据不同的难易程度以及成本采取不同的形式。

可控天线的一种可能实现方法是将完整的天线（反射面以及馈电组件）安装到一个两轴的万向节机械装置上。波束保持聚焦并且在需要的波束操作范围内性能标定并保持恒定。在万向节位置需要灵活的射频连接，其可以采用柔性波导、柔性同轴电缆、电缆套或旋转关节的形式。采用哪种形式取决于操作的频率以及运动需要的角度范围。此外，为了使天线围绕两个正交轴旋转，常常需要两个柔性射频连接。每个连接为围绕每个轴的旋转提供柔性。发射时，释放锁机械装置通常也用来固定天线结构件。双轴万向节、发射锁以及双柔性射频连接使得可控反射面天线的实现最为昂贵。

一个不太昂贵且风险较小的选择是使馈电组件固定，仅仅旋转反射面壳[18]。这避免了对飞行器的柔性射频连接的需要，因为在空间天线应用中，这是一个公认的风险和成本因素。另外，相对于操作整个天线，如果仅仅移动反射面壳，万向节装置承载的重量更小，并且尺寸可以更小，造价可以更便宜。这是节约成本和重量的另一因素。在许多情况下，由于万向节装置需要支撑的重量较小，所以可以避免发射锁。因为反射面壳的旋转大致对应于两倍发射面壳旋转角度的波束控制，因此万向节需要旋转的范围大致是转动整个天线的一半。但是，这同样意味着这种操作的角分辨率是一个给定万向节装置角分辨率的 1/2。这种方法的缺点是反射面天线实际上被转向操作去聚焦了，并且这将会导致性能的降低（较低增益及较高副瓣），通常在波束操作范围的边缘处最差。对于一系列操作范围跨越期望值的波束，这一性能的降低可以通过优化以赋形反射面来实现。这种类型的天线也可以通过一个可控双网格壳[18]来实现。这种情况下，由于两个壳相对于普通万向节装置旋转中心的不同位置，两个极化的操作有稍稍不同的角度。应当指出，对于由一个线极化天线来实施的类型，最好规定当波束在对角面内扫描超过几度时，主 LP 方向也应做出旋转，这样它就不能被解释为交叉极化。如果可控壳体是一个 DGR 结构[18]，这就不是一个大问题，并且对于 CP 天线而言这根本就不是问题。

图 12.12 展示了 5 个同样的安装在甲板上的可控单偏置 Ka 波段天线，其中只有反射面通过双轴万向节进行旋转。

图 12.12 测试场内安装在甲板上的可控单偏置 Ka 波段天线

也可以在这种类型的天线中使用中间的解决方法，如反射面壳仅仅围绕一个万向节轴旋转，完整天线包括反射面万向节围绕一个垂直的轴（通常是一个方位旋转轴，平行于抛物反射面主轴线）旋转。在这种情况下，到飞行器的射频连接只需要单轴旋转柔性，而不是双轴。经过仔细的权衡后，这可能对特定的应用是最佳的解决方案。

12.4.6 馈电链

12.4.6.1 喇叭

对于大多数 FSS/BSS 反射面天线的应用，电磁喇叭是首选的馈电单元，因为在这些频率上它们的小尺寸很合理（尽管 C 波段喇叭仍然相对较大）并且它们具有很大的耐功率能力。此外，喇叭设计技术已经发展到通过内部喇叭壁剖面的合成可以容易得到很好的极化纯度、方向图对称性、增益性能、反射面口径照射控制以及频率带宽。

几个喇叭类型被广泛地用于这种类型的天线，包括 Potter 型喇叭、波纹喇叭及梯形喇叭，所有这些通常可以通过一个圆形口径来实现。

Potter 型喇叭利用内部壁剖面台阶和锥形角度的不连续性，以一种控制方式来产生较高阶波导模型（通常是 TM_{11} 模型），其被加到主要的基础模型上，即 TE_{11}。以这样的方法可以大致平衡两个主平面内喇叭辐射方向图的波束宽度。喇叭方向图的对称性增加了反射面的照射效率和对称性，通过最小化喇叭方向图副瓣控制了溢出损耗，并大大提高了极化纯度。由于产生的两个波导模式具有不同的相位速度，并且为了优化性能，它们必须以正确的幅度和相位关系到达喇叭孔径，所以这种类型的喇叭相对窄带。然而，复杂喇叭壁剖面的先进合成技术可以在许多选中的频率上优化性能，从而大大拓宽了频带，或得到一个非常好的覆盖发射和接收波段的双波段性能。

通过合成 TE_{11} 和 TM_{11} 两种波导模式的场分布，波纹喇叭可以达到与 Potter 喇叭类似的喇叭孔径场的控制。然而，波纹提供的表面阻抗各向异性特性使这个合成场的分布作为一个混合模式 HE_{11} 进行传播，这样就只有一个相位速度。结果，波纹喇叭具有比 Potter 喇叭更宽频带的性能，以及对发射和接收频带的易维护性。可以在宽的频段上获得优良的方向图对称性和极化纯度。与 Potter 喇叭相比，波纹喇叭的缺点是它们通常比较大（对一个可以比较的喇叭增益而言，具有较大的口径直径和较长的喇叭长度）、比较重而且比较贵。基本波纹喇叭设计的改变包括剖面赋形来最小化长度以及在靠近喇叭脖子处进行阻抗匹配来最小化宽频带范围内的反射。现在可以利用新的软件工具来促进和增加波纹喇叭剖面优化的有效性，使得这种类型喇叭的设计可以满足更多性能变化的要求及体积约束[21]。

当需要一个很紧凑的尺寸及 *F/D* 比率相对较低时，以及从喇叭孔径看去反射面对角相对较大时，会使用阶梯状喇叭。一系列围绕基础喇叭圆孔径的同轴扼流环被用来增加有效孔径直径。要获得一个大的有效孔径尺寸是困难的，由于外部同轴扼流环通常不会被激励，所以大大限制了喇叭孔径的照射效率。

也可以使用其他类型更简单的喇叭，或许可以适应一些特定的性能要求。这些喇叭包括圆锥形喇叭、矩形喇叭和三叉喇叭。它们的性能通常比前面提到的专门设计的喇叭差，但它们具有较低的成本，并且在一些情况下有足够的优势。

现代商用软件包采用了有效的全波形分析技术，如模型匹配，通常用于喇叭设计。预测值和测量值之间的一致性变得非常好，这样就不再需要喇叭原型了。其他分析技术，如有限元技术和矩量法也偶尔会被使用到，但是它们并不像模型匹配分析方法那样计算效率高。然而，特别是对于带电小喇叭和在靠近孔径边缘处具有高场电平的喇叭，通常通过矩量法来正确地说明孔径边缘和喇叭外表面。

12.4.6.2　双工器

双工器是使用在馈电链路中的元器件，用来分开两个频带，通常是发射和接收频带[12]。它们是三端口装置，包括一个公共端口、一个发射端口和一个接收端口。在这些频率上，通过使用矩形波技术来实现双工器，并且三个端口成为矩形波端口，它们可以有相同或根据各自频带而具有的不同截面尺寸。公共端口常常连接到一个正交模转换器(OMT)或馈电喇叭上。喇叭收到的接收信号由双工器控制送到接收端，其具有最小的反射并且与发射端隔离良好，实际上在发射端没有接收信号出现。发射信号被馈送到双工器的发射端，并且以最小反射和与接收端非常好的隔离度送到喇叭处。防止发射信号到达双工器的接收端非常重要，因为即使很小比例的发射功率也会很容易使超灵敏低噪声接收机的输入放大器饱和。在发射路径上抑制接收频率，对衰减存在于双工器发射部分的有源和 PIM 产品而言也很重要，因为它将会干扰接收信号。

双工器一般包括两个通过三端口波导连接器连接的滤波器。双工器接收臂上的滤波器以最小的插入损耗通过接收信号频带，而对发射频带提供一个非常强的抑制。双工器发射臂上的滤波器以最小的插入损耗通过发射信号频带，而对接收频带提供一个非常强的抑制。这些滤波器通常被认为是使用切比雪夫设计的内嵌式短截线滤波器，但它们最终的性能与典型的切比雪夫响应不同，这是因为每个滤波器都是通过三端口波导的公共端口接入的，并且其他滤波器被看成是在其端头短路的另一个波导短截线滤波器(实际上表示将它设计为抑制其频带)。要获得所要求的低插入损耗，通常低回波损耗和高发射-接收隔离是一个具有挑战性的题目，并且它需要一个经验丰富的设计工程师，并配合最先进的全波形软件设计工具。大多数情况下，由于过去能获得的双工器设计目录会随着时间而被拓展，因此从针对类似要求的现有设计开始并做出修改来获得相对较快的优化是非常有效的。尽管最初的设想可以通过发射线理论来分析，但复杂的数字方法，如模型匹配、有限元方法和有限时域差分方法都需要进行精确的性能预测。

实际的元器件特性，如有限金属导电性、内表面粗糙度、可以得到的内拐角最小曲率半径以及全部尺寸公差都是决定双工器性能的重要因素。要说明这些因素，对射频性能的分析是一个挑战。但是，许多过去设计的经验可以为评估预计的影响和选择适当的模型假设做指导。

如今，通过这种方法可以从设计阶段直接进入到飞行硬件制造阶段，而绕过对原型的需要。

在确定馈电链的耐功率能力时，双工器是一个关键元器件，这是因为滤波器内部相对较小的间隙使得次级电子倍增效应是一个风险，并且滤波器结构件中的场放大效应会产生高场强。正如前面提到的，不使用过度保守的方法是非常重要的，因为这种方法很容易导致不切实际的悲观结果。现在行业中广泛使用P20或P4统计法来寻找可用的峰值功率，并且这种方法已经在许多项目实践中得到验证。通常，高耐功率要求是针对双工器的发射臂、第一接收谐振器和三端口波导连接器的，它们的设计必须尽量拓宽内部几何结构的间隙，在那里会产生很强的局部场强。另一个大大抬高次级电子倍增效应电压门限的因素是加工的铝元器件的表面处理。任何情况下，对于空间应用，它都不能不被处理。通常，铝表面被阳极电镀，或镀铬(也称为铬酸阳极化)，或镀银。采取这些表面处理方法中的任一种，可以为阻止倍增效应(前两种方法大致为5.3 dB，镀银为3.9 dB)提供额外的保护。由于材料的成本以及空间合格的处理过程，镀银会比较昂贵，只是在需要特别低的插入损耗时才会被使用。

另一方面，对接收臂设计的一个主要驱动因素是将对发射信号频率的抑制最大化。如果无法通过内嵌式波导短截线滤波器来获得所需要的抑制，或者如果需要不合理的大量短截线滤波器来产生较高的插入损耗，那么除了短截线滤波器外，还可以使用虹膜建立谐振滤波器单元来提高抑制和插入损耗。由于耐功率原因，通常虹膜不能用于发射臂，但适用双工器的接收臂。

12.4.6.3 极化器

极化器常用来把线极化信号(在极化器的LP端)转换成圆极化信号(在极化器的CP端)，反之亦然。它们的工作原理是将LP端口处入射的线极化场分解成两个正交的线极化场，并且通过设计使得到达CP端的两个线性分量具有相同的幅度及在相位上正交(即具有±90°的相位差)。正交相位的符号常常通过激励两个正交极化方向之一的LP端口来选择，并且这决定了在极化器的CP端口形成左旋圆极化(LHCP)或是右旋圆极化(RHCP)。相反，如果圆形极化信号由极化器的CP端输入，那么就会在两个正交方向之一的另一端(极化器的LP端)形成一个线极化场，方向取决于CP端口是LHCP信号还是RHCP信号。通过在极化器LP端口插入一个OMT(见下节)，极化器LP端口线极化的两个正交方向可以被送入单独的矩形波导口。这通常被认为是包括两种功能的单个集成元器件，通向一个三端口装置。

许多不同的极化设计不仅存在还被用于BSS/FSS反射面天线的馈电链中[22]。这包括隔板极化器、针极化器、脊波导极化器和波纹极化器。它们都是按照上面描述的工作原理工作的，也就是将入射LP分解成两个正交LP分量，然后给这两个分量不同的插入相位来获得所需要的相位正交信号。隔板极化器的频率带宽(定义为轴比大于0.3 dB的频带处)通常被限制为比中心频率小15%，因此它们被应用于单个频带(发射或接收)。隔板极化器令人感兴趣之处在于它结合了OMT和极化器的功能，这是因为隔板形成了一个裂缝将波导沿着高度方向切成了两半，并为每一半提供正交LP端口。单带波纹极化器为典型带宽的20%。波纹极化器同样可以被设计应用于双带(发射和接收)，每个频带为典型带宽的5%。这同样可以通过脊波导极化器获得。

旋转栅门极化器也会被使用[23]。它们的工作原理会稍稍不同，这是因为两个正交LP信号被馈入到已经相位正交的旋转栅门中，这样旋转栅门只需要将两个信号合成到相同的CP端口。实际上旋转栅门是正交模连接器(OMJ)的示例，通常它具有非常好的带宽和隔离性能。如下面描述，旋转栅门极化器合成了极化器和双工器的功能。它们通常是双频带极化器(发射和接收)，并且每一个子带都具有 15% 的带宽。最糟糕的情况是所有类型极化器的轴比性能都是 0.3 dB，带宽百分比如上所述。在典型的应用中，当带宽百分比比较小时，可以得到比较好的轴比，即 0.2 dB 或更小。

实现旋转栅门极化器的一个例子是使用一个六端口旋转栅门 OMJ，其中两个端口在发射时接收一个线极化中的两个相同信号，另两个端口在发射时接收正交线极化中的两个相同但相位正交的信号。第五个端口是一个由接收频带使用的 CP 端口，通向一个隔板、针或波纹极化器，将两种旋转的圆极化转变成两种线极化取向。第六个端口是公共 CP 端口，连接了辐射喇叭并支持发射和接收子带。所描述的设计执行了极化功能，但除此之外，还执行了双工器功能将接收和发射子带区分开。接收频带抑制滤波器常常用在 4 个对称的 LP 臂中来阻止接收频率到达发射端。一般情况下，在这种装置的接收部分，波导尺寸要选得足够低于发射截止频率来提供所要求的对发射频带的抑制，但同时要足够高于接收截止频率将分散效应最小化，或者是在这点上引入滤波器来抑制发射频率。将 LP 每个方向同时馈入到两个端口可以获得平衡对称的设计，并且可以提高性能和带宽。相位正交的两个符号可以通过这种方式获得，如使用一个混合耦合器，它在两个输出端(如一个支线耦合器)之间引入了相位正交，这样一个耦合器输入端产生 LHCP，另一个耦合器输入端产生 RHCP。相位正交中的两个 LP 信号可以通过魔力 T 连接头转变成 4 个波导(两两对称)。旋转栅门馈电组件的计算机模型如图 12.13 所示。

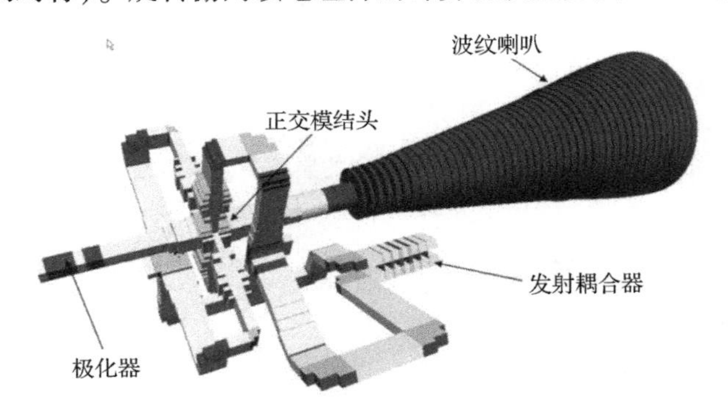

图 12.13　旋转栅门馈电组件示例

上述设想是一个实际的馈电组件例子，但是还可以构造出许多的变化，具体取决于对天线和馈电组件的特殊要求。特别是组件的发射和接收部分的机构有时会颠倒过来，这样在接收部分，两对正交 LP 信号被馈入旋转栅门；在发射部分，旋转栅门具有一个 CP 端口和一个极化器。这样一种安排被称为反向旋转栅门馈电组件。

12.4.6.4　正交模转换器

正交模转换器(OMT)是一个三端口装置，将两个正交 LP(一般是馈入到矩形波导端口的水平极化和垂直极化)合成到一个包含 HP 和 VP 极化的公共(通常是正方形)端口[22]。这个公共端口可以直接连接到一个喇叭上，进行双 LP 操作；或者可以先连接到一个极化器上，再连接到喇叭上，进行双 CP 操作。正交极化端口之间的隔离度通常是 40 ~ 60 dB。然而，当 OMT 连接到上述进行双 CP 操作的极化器和喇叭上时，与入射 CP 信号相比，任何大小的喇叭回波损耗将会产生一个反向旋转的反射 CP 信号，并且这个反射信号通过极化器转换成反向 LP，随之又大大降低了 OMT 正交端口之间的隔离度。根据中继器在每个端口呈现的阻抗匹配，交叉极分量可以部分地被再次辐射，从而降低了天线的交叉极化性能。

通过一个对称的 OMT 设计可以增加 OMT 的隔离度，由此每个 LP 可以同时馈入到两个对称的波导分支中，这样就消除了 OMT 结构中场的不平衡性。然而，依赖于重组和/或分裂信号的机械特性的对称性的结构容易产生高次模，这是因为元器件加工公差会引起不可避免的小的不对称性。OMT 可以被设计为使这些高次模低于波导截止频率并且不能传播，但这可能在元器件内部形成存储反应电磁能的小块区域，从而导致该器件的频率响应中出现尖锐的尖峰。如果这些假模型可以以某种方式达到喇叭，它们会大大降低辐射场的极化纯度。近年来，通过努力充分理解并表征了这种机理，对称性 OMT 的设计已经发展到可以避免这些现象的出现。

OMT 的其他类型包括前一节描述的作为旋转栅门极化器一部分的六端口旋转栅门 OMJ，以及其他以提高特定性能(如耐功率性、隔离度和带宽)为目标的已开发和新开发的观念。

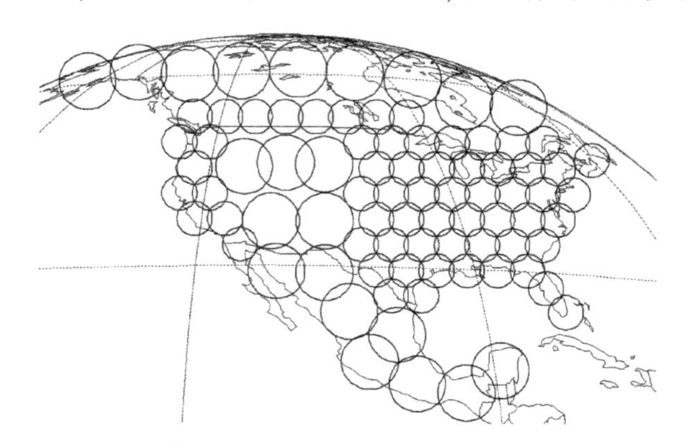

图 12.14　从同步卫星上看到的典型多波束覆盖点栅格

12.5　多波束宽带卫星通信天线

12.5.1 典型的要求和方案

需要更高数据率的应用，如针对消费者和小企业的高速互联网服务，需要更高的天线增益及更宽的频率带宽。大的天线增益在地面上的覆盖区域较小，并且按照波长计算，天线口径的直径也较大。随着工作频率的增加，实现大带宽会越来越容易，这是因为带宽占中心频率的百分比仍然相对较小。因为这些原因，这种类型的服务通常可以通过工作在 K/Ka 波段的多个点波束天线(具有小圆形覆盖点)提供。在卫星行业，这个频带通常被简单地认为是 Ka 频带。上行和下行频带常常分别在 27.5 ~ 31.0 GHz 和 18.3 ~ 20.2 GHz 范围内选择。这些覆盖点常常被布置在地球上一个紧密的六角栅格内。在那里，具有相同直径或不同直径的所有点都被用来标注不同预计的交通密度条件，如图 12.14 的例子所示。

典型的第一代 Ka 波段多波束天线群一共包括 4 个发射反射面天线、4 个接收反射面天线和 2 个跟踪反射面，如图 12.15 所示(只显示了一半的反射面)。

针对 Ka 波段多波束天线[25,26]，已经提出并实施了几种不同的方法。它们包括反射面天线和直接辐射阵列(DRA)天线。在此应用中，反射面天线的特点是在其焦点区域有多个馈电单元，并且通常是两种类型。

- 每个波束一个馈源(SFB)的天线，地面上每个点波束都是通过使用一个单独馈电单元产生的。

- 焦点阵列馈电反射面(FAFR)天线，地面上每个点波束都是通过使用 BFN 同时激励几个馈电单元的子阵产生的。

图 12.15　多波束天线群

这些系统可以为发射和接收使用不同的天线或共同的收/发天线。质量和成本的节约越来越多地推动了设计共用天线的方案。这种情况下，面临的一个挑战是设计天线以在地面相同覆盖点上两间隔很宽的频带中(比率为 1.5∶1)获得最佳的性能。如今，设计已经发展到可以应对这一挑战。显然，仅仅为发射或为接收设计天线要简单许多，并且通常可以获得稍好的 EOC 增益性能。但要付出的重量和成本的代价却很高。目前，收/发共用天线大多用于 SFB 结构，否则反射面的数量会很多，而 FAFR 和 DRA 设计常常使用独立的发射天线和接收天线，这是因为在这些情况中收/发共用天线会导致明显的性能损失和技术风险。

此外，所需要的载波干扰比(C/I)的性能(它本质上是测量使用同一频率通道和极化的点波束之间的干扰)导致六角形栅格点被分成多个不同的不重叠的频率子带和极化分布(也称为颜色)。以这种方式，相邻的覆盖点总是有不同的颜色，因此可以避免不能实现的维持相邻点之间隔离的要求。一般来说，四色是必需的，以确保相同颜色的点被足够地分开以最小化干扰(从而最大化 C/I)。原则上三种颜色也能正常工作，尽管这通常会产生很糟的合成 C/I 性能。

下面各小节将详细论述不同的设计方法。

12.5.2　SFB 阵列馈电反射面天线

在这种方法中，馈源阵列位于反射面的焦点区域，并且地面上每个点波束都是通过激励一个单独的馈电单元产生的。因此，馈电单元的数量对应了波束的数量。SFB 的设计很容易支持同一个天线的发射和接收。

所需要的 EOC 增益推动了指定覆盖点尺寸和反射面天线直径的研究，尽管如下文所述，其他性能也会影响 EOC 的增益性能。馈电单元的直径决定了其最小允许的馈电阵列中的中心到中心的间隔，因此连同焦距，它决定了点波束角度在地面上中心到中心的间隔。为了将馈电单元(通常是喇叭)的放置尽量彼此靠近，以使单个反射面天线可以覆盖地面上所有的点，它们的口径尺寸会变得相对较小，各自的单元增益会较低，方向图波束宽度会较宽，结果是溢出损耗(超出反射面边缘的能量损失)会变得非常高。这个高溢出损耗阻碍了获得最佳点波束 EOC 增益。为了在 SFB 天线中限制溢出损耗，单元方向图的波束宽度必须大大变窄，这样每个单元的孔径必须相对较大(一般在 $2F/D \sim 3F/D$ 个波长之间[27~29])。这意味着，当从馈电阵列照射一个基本抛物反射面时，地面上的点波束将不是连续的，并且需要一个以上的天线来覆盖连续的点栅格。

解决这些困难主要有两种类型的 SFB 方法：交错多反射面方法和超大赋形反射面方法。

12.5.2.1　交错多反射面 SFB 方法

交错多反射面方法采用 3 ~4 个公共收/发抛物反射面天线(这样如果天线分开用于发射和接收，就会有 6 ~8 个反射面，如图 12.15 所示)，每个反射面服务不相邻的点波束。因为任何一个反射面覆盖的点波束都不是相邻的，要求降低溢出损耗的超尺寸馈电单元孔径可以容易地被放置在馈电阵列栅格中。一个使用公共收/发天线口径的交错多反射面方法如图 12.16 和图 12.17 所示。

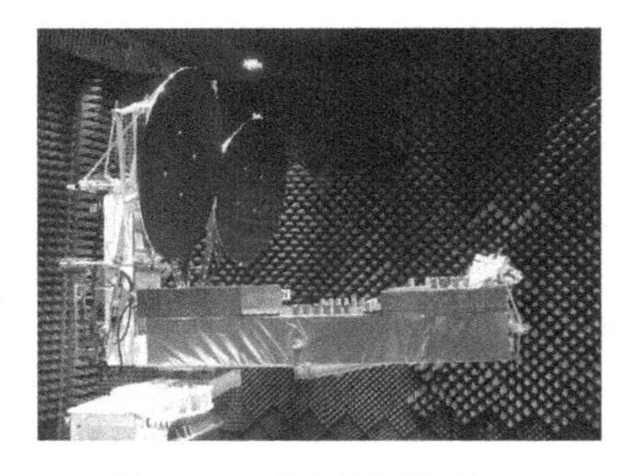

图 12.16 紧凑射频测试场内 Ka波段多波束天线

为了优化点覆盖区域上峰到边缘的增益滚降，从而最大化 EOC 增益，需要超尺寸喇叭来获得高孔径效率。人们已经提出了许多方案来解决这个问题，包括安装在喇叭轴上的塑料盘、绝缘棒和多模喇叭。解决这个问题最好的方法或许是高孔径效率多模喇叭。利用高阶 TE 模的喇叭已经被成功地用来应对这一挑战，分离发射和接收应用的孔径效率高于 90%，大约 80% ~85% 用于收/发组合天线，这是因为喇叭必须工作在两个频段上（见图 12.17）。图 12.18 展示了一个四色覆盖点栅格，并且服务于一种颜色（及图中 9，19，7 和 17）的相应喇叭孔径叠加在上面。目前，交错四反射面 SFB 天线是被最广泛应用于多点波束覆盖的天线结构。

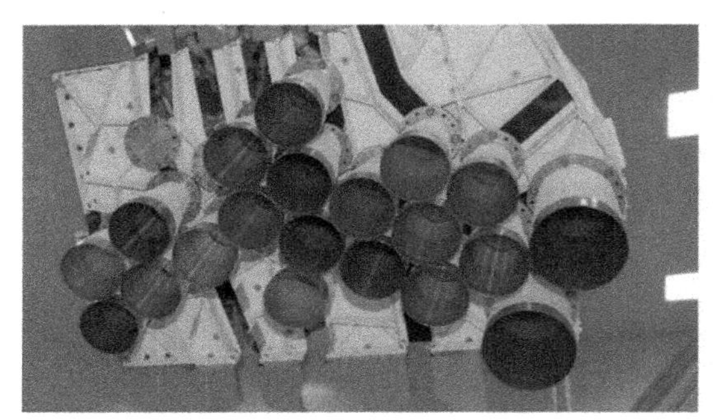

图 12.17 多喇叭馈电阵列及其馈电波导和双工器/极化器组件

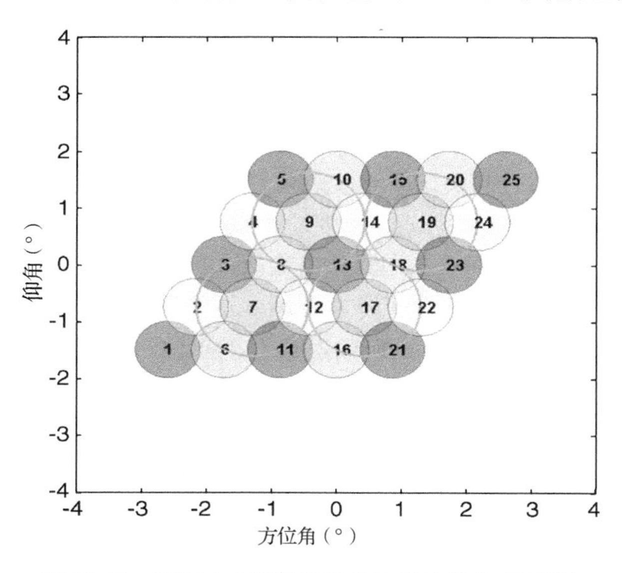

图 12.18 采用 4 个反射面的 SFB 系统馈电/波束图

虽然多模喇叭可以很容易地获得单个发射和接收天线的良好性能，但要得到收/发组合天线的最佳性能更具挑战性。以波长计算的用于发射和接收频带的不同口径尺寸会产生非全等的波束。虽然有足够的孔径效率(每个频段高于 80%，特别是接收频段)，但仍可能不能充分利用接收频带的反射面孔径，从而使其波束宽度等于发射频带波束宽度。因为对于接收频带的需求而言，反射面的尺寸是过大的，所以同样可以稍稍赋形反射面来拓宽接收点波束，并得到一个较高的覆盖边缘增益而不会明显影响发射增益。这个方法的另一实现是通过阶梯状反射面天线设计，它实现了接收时在靠近反射面边缘的 180°相位反转，从而将波束形状变平坦[30]。

12.5.2.2　超尺寸赋形反射面 SFB 方法

SFB 天线超尺寸赋形反射面方法考虑了溢出问题，它拓宽了从每个馈电单元看到的反射面角度宽度。超尺寸反射面直径通常是要求形成所需要点尺寸的抛物反射面直径的两倍多。由于具有两倍多直径，超尺寸抛物反射面将会形成点波束，这个点波束对所要求的应用而言太窄了(这样点覆盖的峰和边缘之间的增益滚降过大)。为了解决这个问题，对反射面形状进行优化来获得所需要的 EOC 增益性能，基本方法是使单个单元点波束的顶平坦。这个方法通常可以得到比交错方法更好的 EOC 增益，但要使用多个尺寸小得多的反射面。通过为获得最适宜 EOC 增益的赋形反射面，交叉极化性能将会降低到不可接受的水平。这必须通过使用具有高极化纯度的馈电喇叭(如波纹喇叭)来进行补偿。这些馈电喇叭也可以设计成能同时获得良好的溢出和孔径效率。

大体上，反射面孔径幅度照射函数主要由馈电喇叭的设计来决定，而相位分布由反射面赋形来控制。这种情况下，对于点尺寸要求而言，反射面明显超大了，从而减少了溢出损耗。因此反射面的孔径效率相对较低。理想的馈电喇叭辐射方向图在反射面孔径上大体是均一的，而且溢出损耗相对较低。当使用一个改进的 Potter 喇叭设计时(而不是更常使用的波纹喇叭设计)，已经证明增加一个相位相反的 TE_{12} 模可以得到有利的辐射方向图特性。反射面表面赋形需要避免相位斜率分布中的尖锐不连续性来抑制副瓣电平，从而提高载波干扰比(C/I)性能。

基于成本、重量和安装方面的考虑，如果一个或两个反射面天线足够涵盖所有的覆盖点，那么超尺寸反射面设计仅仅是一种可行的 SFB。因此，与每个交错 SFB 反射面天线相比，必须增加焦距。这是一个可行的但具有挑战性的设计；并且如果使用单独的发射和接收天线，那么将其优化来满足所有的要求是比较容易的。然而，收/发合成天线是可行的，并可以表现出良好的性能，这取决于波束的数量和所需要的相对视轴的最大扫描角度。由于大多数现有的飞行器和运载火箭固体复合反射面的直径被限制于约 3 m，并且考虑到这种设计的反射面超尺寸因素，在 Ka 波段点波束必须宽于 1°直径这个设想将是可实现的。

12.5.3　FAFR 天线

在这个设想中，每个点波束都是由完整的反射面焦点区域馈电阵列[5]的一个子阵而产生的。每个子阵列通常由一个中心馈电单元和围绕它的单元环(一共 7 个，常表示为 7 单元子阵)，或两个围绕中心单元的单元环(一共 19 个)组成。将馈电单元进行子阵列排布要求它们通过一个 BFN 进行馈电。BFN 可以放在放大器的中继器一侧(低电平 BFN，或 LLBFN)，或放在放大器辐射阵列一侧(高电平 BFN，或 HLBFN)。

对应一个点波束的子阵辐射孔径与前面描述的 SFB 设想中每个超大喇叭孔径的大小大致一样，这样可以限制每个点波束的溢出损失，而维持反射面的有效照射。为了涵盖覆盖点的相同栅格，馈电阵列单元的总数量通常比点波束数量高 2 ~ 8 倍，并且每个馈电单元的直径是等效 SFB 结构中使用的多模喇叭直径的 1/4 ~ 1/2。FAFR 馈电阵列单元通常是小的辐射单元，如简单的单模喇叭。这些单元的区域密度比 SFB 集群的密度大 4 ~ 6 倍。

对于所有的多波束天线，所要求的点直径和 EOC 增益决定着反射面孔径的尺寸。反射面通常为抛物形状，并且要求是两个反射面天线，一个发射，一个接收。对应于每个点波束的馈电子阵列的幅度和相位分布由适当的 BFN 产生的子阵列激励系统控制。许多馈电阵列单元在相邻的点波束之间共用，这影响了子系统的结构和性能。

12.5.3.1 使用 LLBFN 的 FAFR

若发射时使用 LLBFN，其把发射信号分配给馈电到辐射单元的 HPA 的最后一级。因此，其射频损耗并不影响最终的增益性能，这是因为后者通常参考 HPA 的输出端。若接收时使用 LLBFN，其将经 LNA 放大后由接收辐射单元接收到的信号进行组合。因此 LLBFN 射频损耗对 FAFR 系统的最终信噪比影响很小。当采用 LLBFN 结构时，辐射单元可以在波束之间共用而不会给天线增益性能带来不利的影响，这是因为 BFN 损耗出现在放大器的中继器一侧，并且系统对共用单元产生的这些损耗的增加并不敏感。

良好的馈电单元孔径效率对减少栅瓣的产生和大小非常重要，从而限制了溢出损耗。为了避免单元数量增加到不必要的倍数，单元的间距通常选择能够反映波束的间距（稍多于 *F/D* 波长[27]）。通常每个波束都采用一个七单元子阵（中心单元由一个六单元环包围）。尽管每个子阵要求有更多的单元来形成波束，但单元还是可以放置在一个较紧凑的格子里。通常可以使用 19 单元子阵列（中心单元加上两个单元环）甚至更多的单元。

由于采用 LLBFN 的 FAFR 馈电单元数量比等效 SFB 系统的馈电单元数量多 2 ~ 8 倍，因此与等效的 SFB 系统相比，LNA 和 HPA（每个辐射单元一个）的数量也多了 2 ~ 8 倍。图 12.19 不仅展示了发射和接收都使用了 LLBFN 的系统示意图，还描绘了如何通过使用一个含有 47 个单元的阵列中的单元组（每组 7 个单元）来产生一个虚构的 25 波束格子，并以此强调波束之间的单元共用。

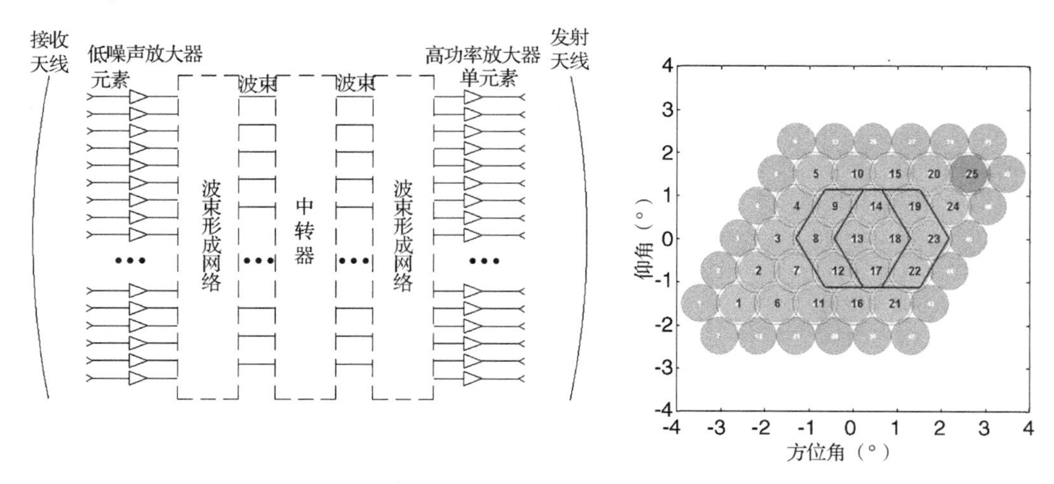

图 12.19 使用 LLBFN 的 FAFR。左：理论框图；右：单元到波束图

这种方法在发射一侧的主要缺点是，由于许多单元在波束之间共享，HPA 必须在其线性区域工作，从而远离饱和点以达到一个可以接受的噪声功率比（NPR）性能。因此，与工作接近于饱和状态的 HPA 相比，直流到射频功率的转换效率严重降低了，并且整个直流功耗高得

更明显。与三反射面或四反射面 SFB 系统相比，这种方法的优势是使用较少的反射面，但是它通常会提供较低的增益性能，而且功耗和消散更高。采用 LLBFN 的 FAFR 方案对 Ka 波段系统而言并不是非常合适，特别是在发射时。

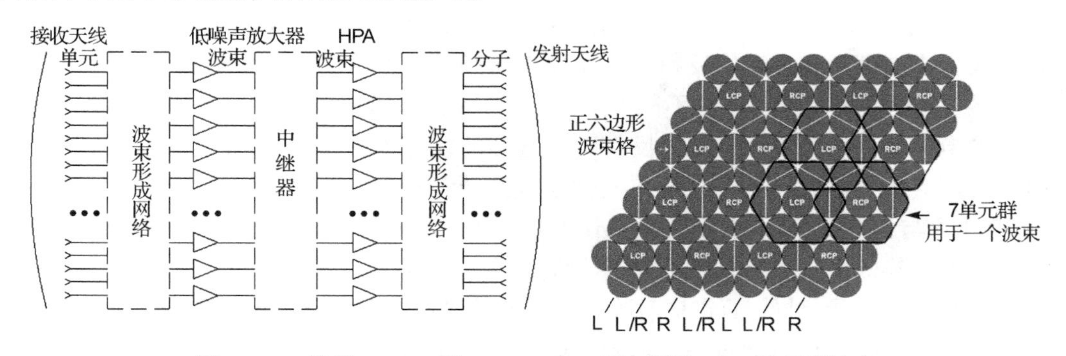

图 12.20　使用 HLBFN 的 FAFR。左：理论框图；右：单元到波束图（图中RCP和LCP分别表示右旋圆极化和左旋圆极化）

12.5.3.2　使用 HLBFN 的 FAFR

在 FAFR 中使用 HLBFN 来激励子阵列，如图 12.20 所示，HLBFN 位于 HPA 和 LNA 的辐射器一侧。由于接收时它放置在 LNA 之前，而发射时放置在 HPA 之后，欧姆的和由于功率拆分组合而引起的射频损耗直接降低了天线的增益性能，所以必须将损耗最小化。这样放置 HLBFN 的一个目的是使每个子阵单元都映射在一个单独的入口端，从而构建了点波束端口。HPA 和 LNA 被放置在这些波束端口，因此和 SFB 方法一样，它们的数量和波束数量相同，这种方法是使用 LLBFN 时数量的 1/8 ~ 1/2。此外，现在 HPA 可以在接近饱和处工作，这大大提高了直流到射频功率的转换效率，从而降低了直流功耗。当使用 HLBFN 时，许多单元通常是在两个相邻的点波束之间共用的，这可以从图 12.20 展示的波束到馈电单元的映射设想中看出。由于共用馈电单元的点波束是相邻的，为了避免过多的组合或分割损耗，每个被分享的单元必须馈以正交激励（多模 BFN[5]）、正交极化或以某种方式区分（例如，在频率上）共享它的两个点波束。尽管这种方法是想理想地去激励实现定义好的每个点波束的单元子阵列，但由于 HLBFN 结构的单元共享限制，尽管在较低的电平，少部分其他单元也会被激励，从而导致了一个较小的性能降低，而对于 HLBFN 技术而言这是无法避免的。

馈电阵列中单元之间的间隔通常接近或稍大于一个波长（大概是 0.5 个 F/D 波长[27]），因此原则上子阵列会产生栅瓣，如果发生这种情况将会使溢出损耗增加。实际上，子阵列环境中馈电单元的孔径效率被设计得非常高，这样就阻碍了这些栅瓣的出现，并增加了天线增益性能。因此，高孔径效率就成为馈电单元选择和设计的主要目标之一。

由于发射时 HLBFN 射频损耗出现在天线的高功率部分，并且单元是高度密封包装的，所以发射阵列的热管理和 HLBFN 是一个问题。相比于一个三反射面或四反射面 SFB 天线系统，这个方法的优势是只需要两个反射面（尽管网关波束常常需要第三个专门的、尺寸小得多的天线）。然而，由于共用单元激励和高电平损耗的限制，使用 HLBFN 的 FAFR 方案具有较低的增益性能。当需要产生相对较少的点波束和存在较严格的机械安装约束时，特别是当网关天线可以安装在较小孔径的甲板上时，使用 HLBFN 的 FAFR 天线是一个很有吸引力的设计方案。

12.5.4 DRA 天线

在这种设计方案中，阵列就是天线，并且没有反射面存在。每个点波束都使用所有的阵列辐射器来获得全 DRA 孔径尺寸的性能水平。孔径尺寸由点直径和 EOC 增益要求来决定，并且它与用于其他多波束天线方案的反射面孔径尺寸类似。为了尽量最小化给定孔径尺寸[31,32]的阵列单元数量，已经研发出了多种不同方案。即使是最优化的阵列设计，所需要的单元数量及相关的有源电子器件的数量至少比以反射面为基础的馈电阵列方案高一个量级。所有单元都在点波束之间共用。因此，HPA 必须在线性偏置区域工作，并远离饱和以得到一个可以接受的 NPR 性能。与 SFB 或使用 HLBFN 的 FAFR 方案相比，在线性偏置区域工作会降低系统直流到射频功率的转换效率，这是 DRA 的一个显著缺点。所需要的 BFN 是非常复杂的，中继器一侧的端口数与波束数量相同，而在辐射阵列一侧的端口数与辐射器数量一致，所有单元都在全部波束之间共用。BFN 可以通过一个由数千耦合器组成的复杂网络实现，或作为数字 BFN 实现。在后一种类型的实现中，对每个单元而言，所有频谱都需要用足够的有效位进行量化，以及通过一个复杂的放大器/累加器进行处理来产生点波束。通过数字 BFN 实现方案，波束可以随意重新配置，但还需要一个非常复杂、昂贵的星载处理器。可以通过使用恒定的或锥形的幅度，且仅仅是相位合成的波束来稍稍提高系统直流到射频功率的转换效率，但是，这伴随着由于波束赋形能力的降低而引起的一些性能恶化[33]。在一系列预优化交错“波束模板”上按顺序采用时分多路调频，使得所需要的覆盖区域获得良好的 C/I、EIRP 和 G/T 性能[33]。原则上，有效载荷资源的最佳利用可以通过这种 TDMA 方案实现，方法是在涵盖高交通密度区域的波束模板上驻留更长时间[33]。

正在考虑的一种将整体复杂性和风险性最小化的方法是模块化构造，如将平面阵列建成一个由大量有源瓦片构成的组件[33]，其中每个瓦片是一个高集成设计，包含辐射单元、发射和接收放大、电子功率调节(EPC)、直流和射频功率分布网络、结构单元以及热管理，其特点是使瓦片展开并辐射热量来使得所有半导体连接器的温度保持在工作范围内。这种模块化方法限制了复杂性，从而降低了成本和风险，但保持了数量众多的辐射单元和放大器。

总之，DRA 天线配置提供了最佳水平的灵活性和可重构性，但是即使是最新的设计方案和技术，对于同步轨道多点波束天线，它仍然是风险最高及最昂贵的方案。本书的其他章节提供了关于阵列天线设计及挑战的深入观点，因而在此不做详细论述。

12.5.5 射频传感及跟踪

具有高增益和窄波束宽度要求的最先进多波束天线理念对波束指向误差是高度敏感的，这是因为当点波束直径减少时，它们代表了点波束直径的较大百分比。大部分同步轨道卫星上非跟踪天线所达到的 0.10°~0.13°总半角指向误差，会引起点波束的 EOC 性能比标定条件降低几个分贝。这在图 12.21 中是很明显的，图中将 0.12°指向误差的影响与 0.05°指向误差的影响做了对比。较小的单元尺寸加重了这个问题，却把指向误差从 0.12°降低到 0.05°从而明显提高了 EOC 增益。射频传感系统[34,35]已经被用来将卫星天线指向误差从 0.12°降至约 0.05°，并且对于表现最佳的系统，误差可以一直降至 0.02°。地面上已知区域的信标是通过一个位于焦区馈电阵列中的特殊跟踪馈电链路探测的。这个馈电链路可以专门用于射频传感跟踪，或可以与通信功能共享。虽然有些系统已经使用了传统的有和差输出的 4 个喇叭集群，但还有可能从一个冲击 CP 信标信号中提取 TM_{01} 模式来获得所有必需的指向信息。

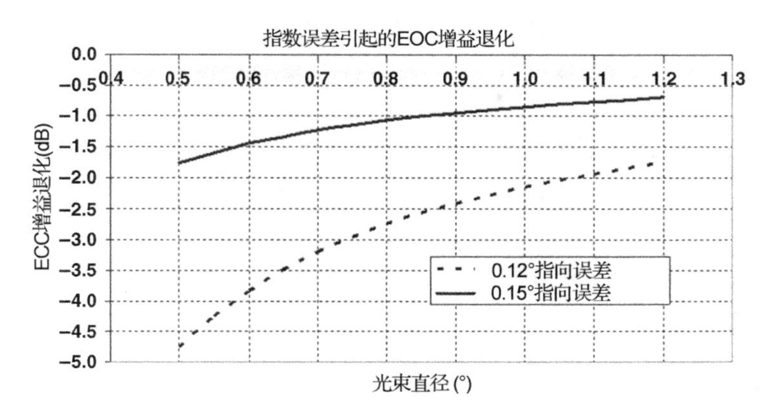

图 12.21　指向误差对点波束 EOC 增益的影响

12.6　非地球同步轨道星座的天线

12.6.1　典型的要求和方案

非地球同步轨道天线，特备是在 LEO(一般高度低至 600 km)中和在 MEO(一般高度高至 15 000 km)中的天线，其特征在于对它们宽角度覆盖的要求——从最高 MEO 卫星小于 20°半锥角一直到最低 LEO 卫星大于 60°半锥角。这些宽角是从低或中高空看地球的圆盘形状，而呈现大角度尺寸的结果。因为非同步轨道卫星在其轨道上以一个大的角速度移动，任何一个地面站将在相对较短的时间内(通常是几分钟)从天线覆盖角度范围内的一端移动到另一端。为了保持通信，卫星天线必须是一个全球覆盖的固定波束天线，或是一个多固定点波束天线，或是一个必须精确跟踪地球表面目标的可控点波束天线。这样一个跟踪天线将在任务期间的每一天完成许多个终点至终点的指向循环。

特别是对于 LEO 星群，卫星和所需要的天线数量非常大，天线的设计必须能从制造许多相同部件带来的经济规模中获利。因此，设计必须提供容易实现的制造、组装、集成和测试。将零件的数量最小化，以及在天线制造、组装和测试中将所需要的人工干预最小化，是一种常见的节约成本的方式。对这种类型的天线而言，将制造、组装和测试过程的自动化程度最大化是一种节约成本和时间的重要策略。

12.6.2　全球波束对地链路

当仅仅需要一个相对较低的增益时，MEO 或 LEO 的对地链接会使用一个固定的全球波束卫星天线。为了最大化系统性能，需要天线产生一个等通量增益曲线，这样就会在卫星视野范围内，地球上所有位置有个大致恒定的辐射功率密度。当地面终端向覆盖区域的边缘移动时，射频路径长度以及空间衰减会增加。将等通量天线增益曲线赋形来补偿路径损耗，损耗从天底按照卫星到地球表面距离的平方而增加。大气衰减也是从天底往覆盖边缘增加，并且尽管这是一个相对较小的项(在没有降水情况下)，但也要通过等通量增益方向图来补偿。

等通量天线的最佳(理想)辐射方向图从天底往全球覆盖边缘增加，超过边缘它就会突然降低到零来避免覆盖区域之外的增益。这样的天线方向图仅仅是理论上的，显然在实际中无法获得。但是，它代表了一个极限情况，实际天线方向图可以以它为目标进行优化。例如，全球星网关天线[36]可以作为一个圆极化阶梯形喇叭，在其1400 km高度的轨道上可以达到近等通量性能。图12.22描述了MEO高度(10 000 km)和LEO高度(700 km)的最佳等通量增益方向图。

因为有角度，从10 000 km处看地球的视在尺寸比从700 km处看地球的视在尺寸小许多，所以中轨道等通量曲线的增益比低轨道等通量曲线的增益高许多。另一方面，由于卫星到天底与卫星到地平线之间有很大的距离差，所以随着轨道高度降低，从天底到覆盖边缘的增益变化较大。图12.22中的例子显示，10 000 km MEO轨道处的变化为3.6 dB，700 km LEO轨道处的变化为12.8 dB。

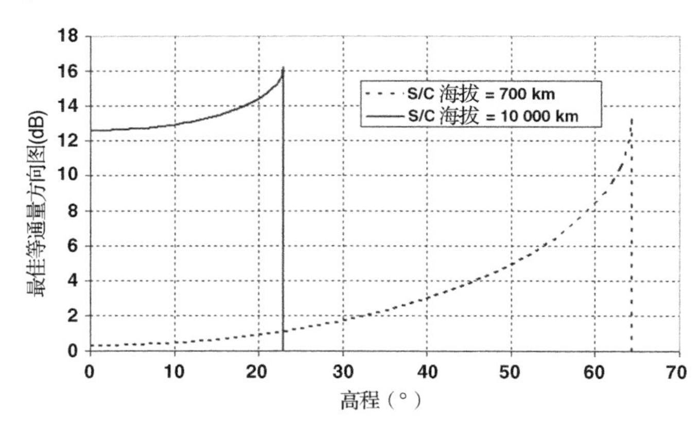

图12.22 700 km轨道和10 000 km轨道的最佳等通量方向图(*S/C*，飞行器)

12.6.3 高增益对地链路

从前一节可以看出，全球覆盖中的宽覆盖区域限制了单个全球波束得到的增益。为了得到高增益，需要多个固定的或可控的小点波束。在宽角可视地球范围内需要产生这些波束，这要求以数万个基本波束宽度来扫描一个波束的配置能力，而且没有显著的性能降低。一些系统依赖单个天线从一个口径中产生出多个波束，而其他的系统采用多个天线，每个天线产生并控制一个波束。有时为了优化系统性能，当波束从天底扫描到可视地球范围的边缘时，让峰值增益也同样遵循等通量行为是有利的(正如前一节讨论的)。有些设想是以达到这种类型的增益曲线为基础的，这将在后面详细介绍。但这并不总是一个实际的目标，因为大多数天线系统的本质行为是在视轴上获得最大增益，这通常是在靠近天底处，然后当波束扫描离开视轴时会引起增益的下降。亦或者天线系统的本质行为是在机械控制系统内保持恒定的增益性能。

当需要几个要求口径尺寸相对较小的可控点波束时，可以在每颗卫星上使用一组机械控制的反射面，每个天线将产生一个单独的波束。

当需要较大尺寸的口径来满足点波束增益要求时，或当同时存在的点波束数量较多时(通常超过20)，机械控制方案就会变得不切实际。然而对于MEO应用，有时可以使用多馈电反射面。当波束控制角度较大时，对于LEO和许多MEO应用，将会选择平板阵列天线的结构[36, 37]。有时，为了缓解大波束控制角度的设计困难(即关于大扫描的损耗以及扫描盲区影响)，会将地球表面的全覆盖区域分割成较小的子覆盖区域[38]。每个子覆盖区域由一个单独的天线服务，这个天线需要较小的波束宽度。

对于每项任务，由于特殊的覆盖要求、链路预算和价格限制，通常必须在选择最有利的天线方案时做出详细的权衡。这种权衡要考虑使用单独的发射和接收天线还是使用收/发共用天线。

12.6.4　卫星间链路和交叉链接

在一些卫星星座中，如铱(系统)，卫星间链路被用于不同的卫星之间通过节点网络路由数据，并避免多个地面到空间的跳跃(以及不受欢迎的固有时间延迟)。同一轨道平面内的卫星间链路采用了固定的波束来链接轨道中紧挨前后的卫星，从而保持这些卫星的相对位置基本不变。可控卫星间链路被用于星群内位于不同轨道平面的卫星之间的通信，这些卫星之间的相对位置随时间的变化很大。对于可控卫星间链路，俯仰控制角度范围是有限的，这是因为卫星的高度相同，但轨道不同。然而方位控制角度范围却大许多，这是因为卫星以相同的速度在不同的相交轨道平面内运动。在有些应用中，可控卫星间链路被建立在星群中的每颗卫星之间，以及建立在星群外的专用卫星之间，如 NASA(美国国家航空航天局)的同步轨道跟踪和数据中继卫星(TDRS)系统，或 EAS(欧洲航天局)Artemis 卫星。

可控高增益卫星间链接天线通常需要俯仰平面控制范围有限的双轴万向节装置。这种天线可以设计成收/发共用天线，或是分别单独用于发射和接收的天线。根据特定的任务(要求)，计划类型可以是 LP(线极化)或是 CP(圆极化)。

尽管使用射频旋转接头来控制整个天线是在方位范围内控制波束的最直接方法，但也可以使用多反射面结构来避免旋转接头，这样可以旋转一个二次反射面来进行方位波束控制，而无须进行馈电旋转。在这些设想中，如果使用 LP，重要的是当旋转二次反射面时，设计的几何形状能够保证极化取向维持不变。

卫星间链路天线有许多可行的设计方案，包括可控阵列、抛物形反射面或透镜以及具有旋转平板的反射面。

12.6.5　馈线链路

馈线链路通常使用可控高增益地面链路天线。这些天线通常是圆极化的，需要双轴万向节装置以及支持发射和接收子带。万向节旋转轴可以放在 $\theta-\Phi$ 或 $x-y$ 结构中。$\theta-\Phi$ 方法中的 Φ(偏航)旋转轴通常会拦截覆盖区域，这样就会产生万向节装置的一个运动特性，常被称为“小孔效应”。这将会导致极高的 Φ 角旋转速度，以保持不间断地跟踪地面站。这个效应发生在地面站即刻处于或非常接近 Φ 旋转轴时；并且特别是对于高增益点波束(即窄波束宽度)，这个效应会非常严重。当考虑 $\theta-\Phi$ 方案时必须评估这个问题，因为最坏情况下将会有高达几秒的通信损失。

馈电链路天线的高增益要求通常意味要选择一个孔径天线设计方案，如反射面、阵列或透镜天线。大多数情况下，尤其对于高增益要求，抛物反射面天线是优选方案，这是因为其优势是成本非常低、宽度非常宽(仅受馈电设计限制)以及射频损耗低。

在飞行器中继器和移动天线馈电组件之间建立一个射频链路的最直接方法是将射频通过两个旋转接头进行路由，每个接头对应一个旋转轴。然而，旋转接头往往具有高风险，是天线中要考虑可靠性和成本的单元，其总价必须相对较低以符合天线大量生产的要求。通常是期望能够避免旋转接头的，这样可以降低成本并提高可靠性。图 12.23 中的地面链路天线就没有(使用)射频旋转接头，并且只有一个可控反射面壳。为了在较宽的 MEO 覆盖范围上提供良好的性能，反射面壳已经被赋形。

通过使用一个固定的馈电组件(这样不需要射频接头)和一个特殊结构的万向反射面壳来控制波束，也可以实现近似的等通量增益曲线[39]。图 12.24 说明了这个设想。如图所示，这是一个单偏置反射面几何形状，偏置角为 α_H(抛物面主轴和连接焦点与反射面孔径中心的连线之间的夹角)。图 12.24(a)显示了反射面壳在正确的位置上，馈电喇叭在焦点处，馈电喇叭的轴垂直指向卫星到天底的方向，波峰沿着抛物面轴，与天底夹角 $\theta_{opt}=\alpha_H$(最佳俯仰角)，并且由于它是一个聚焦的几何形状，所以增益是最大的。通常选择最佳角度 θ_{opt}使最大增益出现在靠近全球覆盖区域的边缘处。如图所示，通过在俯仰平面内旋转反射面壳，焦点将远离馈电喇叭(馈电喇叭是固定的，这样其轴总是保持垂直)，这将导致一个非聚焦几何形状，当波束扫描 θ_{opt}角时，峰值增益会下降。波束扫描的角度大致是反射面壳旋转角度的两倍。图 12.24(b)显示了反射面壳相对于聚焦位置旋转了 $0.5\alpha_H$，这样波束峰值被转向了 α_H，并且直接指向天底。

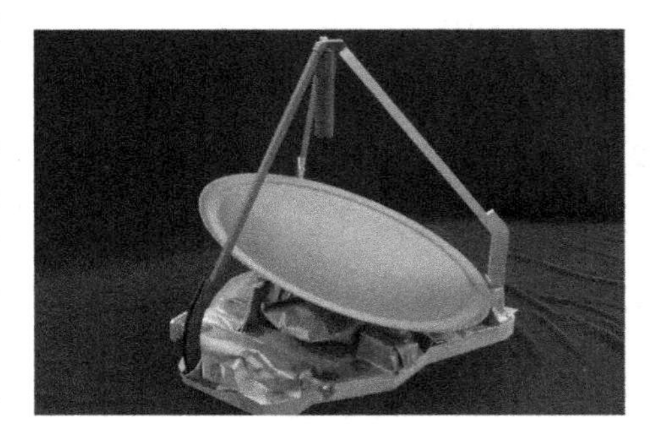

图 12.23 可扫描的地面链路天线

由于当波束点朝向天底时喇叭不再位于反射面焦点处，因此峰值方向性比位于 θ_{opt}时方向性低。当波束从天底扫描到地球边缘时，天线的这种本质行为部分补偿了路径损耗的增加。这接近于等通量波束扫描。使用了这种天线结构，为了将波束控制在一个 θ_{max}的半角圆锥形覆盖区域，反射面壳的角旋转范围是：方位轴为0°~360°，俯仰轴大致为0°~$0.5\theta_{max}$。准确的俯仰范围取决于天线几何形状以及俯仰旋转轴的位置。

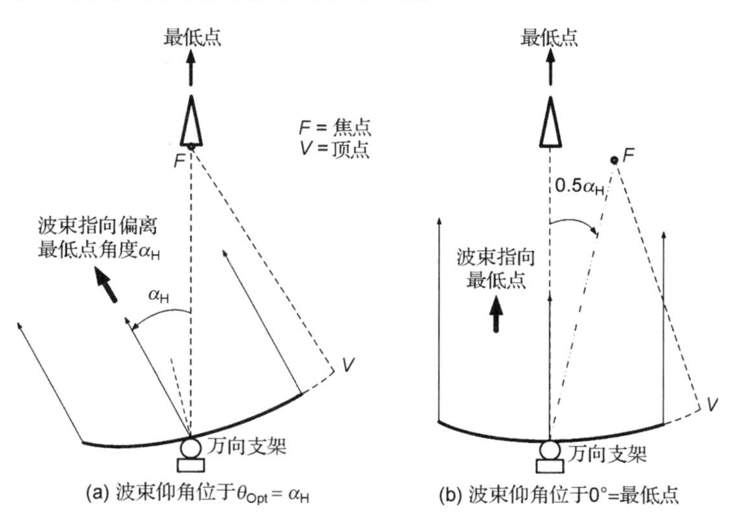

图 12.24 固定馈电可控波束扫描设想

致谢

本章作者要感谢几个人的贡献，他们在过去许多卫星天线项目中获得了丰富的经验并慷慨地将其分享，为本文提供了更好更坚实的基础。特别要感谢 Jaroslaw Uher、Sylvain Richard、Michel Forest 和 Joanna Boshouwers 的宝贵意见和建议。

参考文献

1. ECSS (2003) *Space Engineering: Multipaction Design and Test*, ECSS-E-20-01A, 5 May.
2. Harris Corporation, Unfurlable Antenna Solutions, http://download.harris.com/app/public_download.asp?fid=463 (accessed 21 December 2011).
3. Thomson, M.W. (1999) The AstroMesh deployable reflector. Proceedings of the IEEE Antennas and Propagation Society International Symposium, vol. 3.
4. Brain, J.R. (2002) The INMARSAT 4 mobile antenna system. Proceedings of JINA Internationa Symposium on Antennas, vol. 2, pp. 333–336.
5. Angeletti, P. and Lisi, M. (2010) Multimode beamforming networks. 32nd ESA Antenna Workshop on Antennas for Space Applications, Session 17, ESTEC.
6. Angeletti, P., Alagha, N., and D'Addio, S. (2010) Hybrid space/ground beamforming techniques for satellite telecommunications. 32nd ESA Antenna Workshop on Antennas for Space Applications, Session 21, ESTEC.
7. Delaney, W.P. (1962) An RF multiple beam-forming technique. *IRE Transactions on Military Electronics*, **MIL-6**, 179–186.
8. Roederer, A.G. (1992) Semi-active satellite antennas. JINA'92 Proceedings.
9. Roederer, A.G. (2010) Semi-active satellite antenna front-ends: a successful European innovation. Asia Pacific Microwave Conference.
10. Balling, P., Mangenot, C., and Roederer, A. (2009) Multibeam antenna, US Patent 7,522,116, April 21.
11. Richard, S., Markland, P., Lanciault, F., and Dupessey, V. (2010) High power dual-polarized, combined Tx/Rx feed for L- and S-band mobile satellite service antennas. 32nd ESA Antenna Workshop on Antennas for Space Applications, Session 15, ESTEC.
12. Ilott, P., Patenaude, Y., and Ménard, F. (1994) MSAT antenna measurement program. AMTA 16th Meeting and Symposium, pp. 21–26.
13. Chu, T.-S. and Turrin, R.H. (1973) Depolarization properties of offset reflector Antennas. *IEEE Transactions on Antennas and Propagation*, **AP-21**(3), 339–345.
14. Ludwig, A.C. (1973) The definition of cross polarization. *IEEE Transactions on Antennas and Propagation*, **21**(1), 116–119.
15. Johansen, P.M. (1996) Uniform physical theory of diffraction equivalent edge currents for truncated wedge strip. *IEEE Transactions on Antennas and Propagation*, **44**(7), 989–995.
16. Ufimtsev, P.Ya. (2007) *Fundamentals of the Physical Theory of Diffraction*, John Wiley & Sons, Inc., Hoboken, NJ.
17. Mizuguchi, Y., Akagawa, M., and Yokoi, H. (1978) Offset Gregorian antenna. *Transactions of IECE Japan*, **J61-B**(3), 166–173.
18. Martins Camelo, L. (2010) The express AM4 top-floor steerable antennas: RF design and performance. Proceedings of ANTEM 2010, Session TP9.
19. Yilmaz, E., Yi, J., Yao, H., and Atia, A.E. (2009) Analysis of intercostal effect on dual gridded reflectors. IEEE APS–URSI Antennas and Propagation Society International Symposium.
20. Riel, M., Brand, Y., Cassivi, Y. *et al.* (2010) Design of low scattering struts for center-fed reflector antennas. Proceedings of EUCAP 2010, Session A20.
21. Pressensé, J., Frandsen, P.E., Lumholt, M. *et al.* (2010) Optimizing a corrugated horn for telecommunication and tracking missions using a new flexible horn design software. Proceedings of EUCAP 2010, Session C18P1.
22. Uher, J., Bornemann, J., and Rosenberg, U. (1993) *Waveguide Components for Antenna Feed Systems: Theory and CAD*, Artech House, Boston, MA.
23. Uher, J., Dupessey, V., Hotton, M. *et al.* (2010) High-power compact feed development at C and Ku-band. 32nd ESA Antenna Workshop on Antennas for Space Applications, Session 15, ESTEC.
24. Sarasa, P., Diaz-Martín, M., Angevain, J.-C., and Mangenot, C. (2010) New compact OMT based on a septum solution for telecom applications. 32nd ESA Antenna Workshop on Antennas for Space Applications, Session 6, ESTEC.
25. Amyotte, E., Demers, Y., Hildebrand, L. *et al.* (2010) Recent developments in Ka-band antennas for broadband communications. Proceedings of the 32nd ESA Antenna Workshop on Antennas for Space Applications, Session 2, ESTEC.
26. Rao, S. (2003) Parametric design and analysis of multiple-beam reflector antennas for satellite communications. *IEEE Antennas and Propagation Magazine*, **45**(4), 26–34.
27. Amyotte, E., Gimersky, M., and Donato, M. (2010) High performance Ka-band multibeam antennas. 19th International Communications Satellite Systems Conference, Section 31, #964.

28. Amyotte, E., Gimersky, M., Liang, A. *et al.* (2001) High performance multimode horn, US Patent 6,396,453, April 13.
29. Amyotte, E., Gimersky, M., Liang, A. *et al.* (2010) High performance multimode horn, European Patent 1,152,484, November 11.
30. Rao, S. and Tang, M. (2006) Stepped-reflector antenna for dual-band multiple beam satellite communications payloads. *IEEE Transactions on Antennas and Propagation*, **54**(3), 801–811.
31. Viganò, M.C., Caille, G., Mangenot, C. *et al.* (2010) Sunflower sparse array for space applications: from design to manufacturing. EUCAP 2010 Proceedings, Session C18P2.
32. Catalani, A., Russo, L., Bucci, O.M. *et al.* (2010) Sparse arrays for satellite communications: from optimal design to realization. 32nd ESA Antenna Workshop on Antennas for Space Applications, Session 4, ESTECs.
33. Lier, E., Purdy, D., and Maalouf, K. (2003) Study of deployed and modular active phased-array multibeam satellite antenna. *IEEE Antennas and Propagation Magazine*, **45**(5), 34–45.
34. Demers, Y., Amyotte, E., Apperley, J. *et al.* (2005) RF sensing front end equipment for multi-beam antenna applications. 28th ESA Antenna Workshop on Space Antenna Systems and Technologies, ESTEC.
35. Amyotte, E., Demers, Y., Martins-Camelo, L. *et al.* (2006) High performance communications and tracking multi-beam antennas. Proceedings of EUCAP 2006.
36. Dietrich, F.J., Metzen, P., and Monte, P. (1998) The Globalstar cellular satellite system. *IEEE Transactions on Antennas and Propagation*, **46**(6), 935–942.
37. Hirshfield, E. (1995) The Globalstar system. *Applied Microwave and Wireless*, Summer, pp. 26–41.
38. Schuss, J.J., Upton, J., Myers, B. *et al.* (1999) The IRIDIUM main mission antenna concept. *IEEE Transactions on Antennas and Propagation*, **47**(3), 416–424.
39. Amyotte, E., Gimersky, M., Gaudette, Y. *et al.* (2002) Steerable offset antenna with fixed feed source, US Patent 6,747,604, October 8.

第 13 章　SAR 天线

Pasquale Capece，Andrea Torre（作者均来自意大利泰利斯阿莱尼亚宇航公司，意大利，罗马）

13.1　星载 SAR 系统简介

13.1.1　SAR 系统总体介绍

多年来，从移动的平台（飞机或卫星）观测地球已经能够实现对我们的星球的表面进行用于不同目的的大面积监测。

星载 SAR（合成孔径雷达）是从移动平台上遥感的主要设备之一，它是一种工作在微波波段的有源雷达传感器。因为它的空间分辨率比传统雷达的分辨率高得多而被广泛使用。这使得卫星产生的地球表面图像的质量可以与一个光学传感器产生的图像质量相当。

星载 SAR 系统的设计目的是创建所观察到的场景（也称为条带）的二维图像，在方位向（或沿轨道运动的方向）和距离向（或垂直于轨道运动的方向）都有足够的空间分辨率；条带总是偏离天底点的。图 13.1 示出了一个 SAR 获取条带的几何图形。该天线假设为矩形孔径的，其在方位向和俯仰向的尺寸分别为 L 和 L_{el}，H 代表雷达的飞行高度，R_0 为天线与观察区域的中心之间的距离。偏离天底的角度为 α_0。天线的尺寸，以及所使用的频率和距离 R_0 决定观察的地面区域大小。作为第一个近似，雷达的轨迹假定是直线并平行于地球表面，平台的速度是常数且地面被认为是平的。

图 13.1 中，斜距和地面距离这两个不同的方向可以被区分出来。斜距的重要性在于 SAR 只提供观察的表面投影到这个平面上的图像，在下文中将会更详细地描述。

13.1.2　传统雷达和 SAR 的方位分辨率

图 13.2 示出了斜面的视图。没有进行适当的处理时，在方位向上的雷达分辨能力将等于脚印，因而依赖于斜距 R_0。这种分辨率是传统雷达通常的方位分辨率，考虑到可行的天线长度和低地球轨道（LEO）的 600 ~ 800 km 的高度，其对应于几千米。

SAR 系统采用合成孔径（雷达技术术语）技术解决增加天线的长度问题，这种技术合成的天线尺寸比实际的更长，从而可实现更好的方位分辨率。合成孔径原理利用两个特性：天线与地面之间的相对运动和脉冲雷达的性质。在合成孔径技术中，大的口径是不现实的，但可以通过平台的运动“合成”：相对地面运动的一个 SAR 系统天线，可以视为一个天线阵，即认为一个放在移动方向上的多个偶极子序列且逐步馈电。在每个位置上，天线发射脉冲并接收相应的回波脉冲。从虚拟偶极子接收到回波，然后用相干的方式处理。参考图 13.3，没有天线在方位平面内进行波束扫描的情况下，每个目标（P）在等于方位足迹的周期的时间内被观察（相当于图中的两个最外位置之间的距离）。因此这和合成孔径的最大长度相等。

结果是，所达到的方位分辨率对应的天线尺寸为 L_S。由此，合成孔径阵列的长度，用弧度表示为

$$\vartheta_S = \frac{\lambda}{2L_S} \tag{13.1}$$

它提供的方位分辨率 R_{AZ} 为

$$R_{AZ} = \frac{\lambda}{2L_S}R_0 = \frac{\lambda}{2(\lambda/L)R_0}R_0 = \frac{L}{2} \tag{13.2}$$

这一结果是相当令人惊讶的，因为它表明分辨率是不依赖于卫星飞行高度的，似乎就是通过降低天线的物理尺寸而改进的。然而，如下一小节所证明的，不可能设计出任意小方位尺寸的天线。接下来将定义一些主要的 SAR 系统参数，以更好地理解天线尺寸的确定过程。

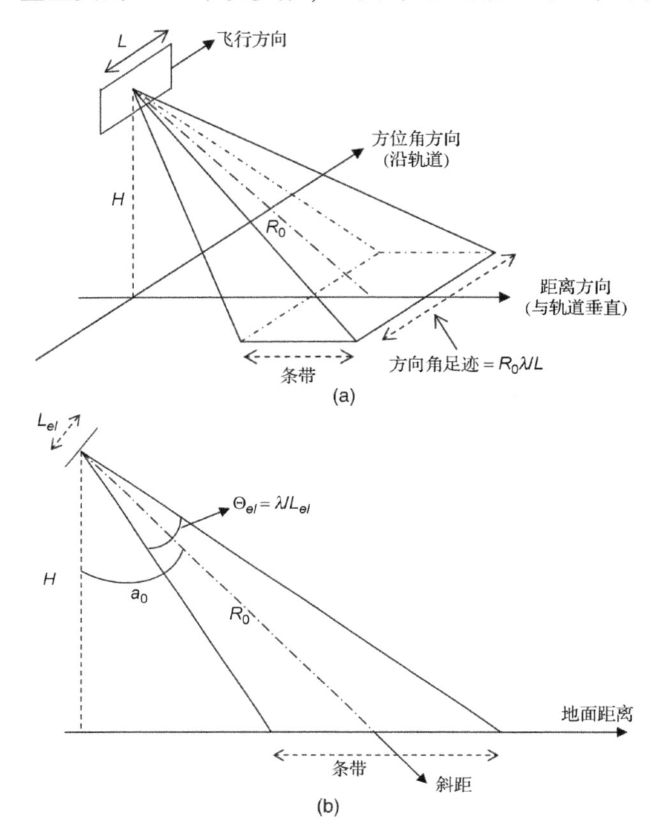

图 13.1　(a)星载 SAR 成像几何图(简化图)；(b)斜距与地面距离

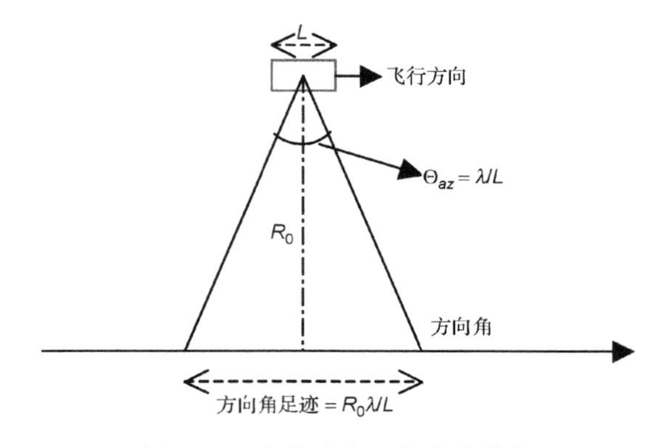

图 13.2　方位脚印和方位分辨率

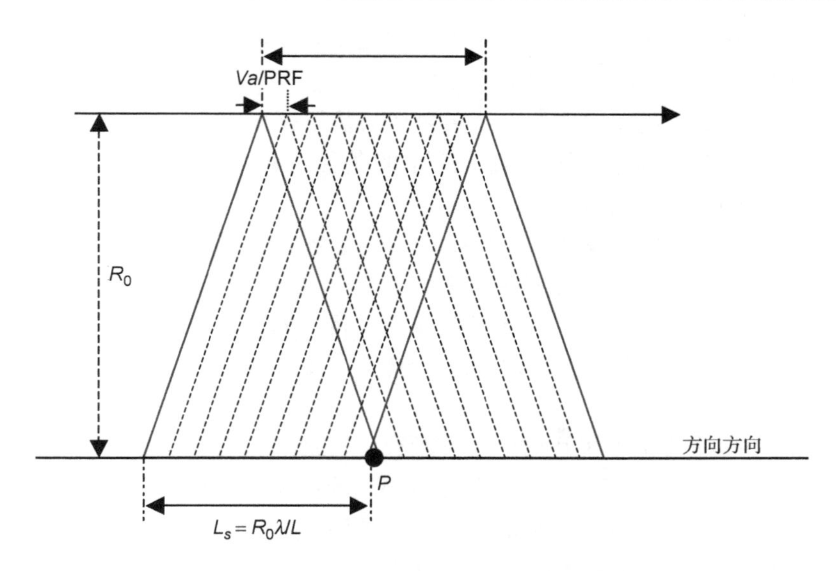

图 13.3 合成孔径长度(PRF, 脉冲重复频率)

13.1.3 天线的要求与性能参数的关系

最常见的 SAR 工作模式如下:

- 条带模式
- 扫描模式
- 聚束模式

条带模式是 SAR 系统的标准模式: 天线在沿飞行路径采集数据的过程中指向一个固定的角度。这意味着天线扫描一个平行于飞行路径的特定区域。天线波束可向后、向前倾斜或垂直于飞行路径, 并在采集数据期间其指向是固定的。

扫描模式用来增加条带尺寸。这由在俯仰方向快速切换的天线波束实现。条带被划分成很多子条带, 并且天线波束周期性地指向每个子条带。

在聚束模式下, 天线波束在飞行路径中被扫描(采用机械方法或电子方法), 从而照射一个感兴趣的特定区域。此模式创建一个很长的合成天线, 以较小的被照射目标面积为代价来增加方位分辨率。

所有以上的雷达模式都要求有波束扫描能力的天线。特别是条带模式和扫描模式只需要俯仰扫描来使波束指向所需的条带或子条带, 而聚束模式也需要方位扫描。扫描模式的雷达的快速切换, 要求使用一个电子扫描天线。特别是 SAR 系统天线在扫描模式工作时应具备波束赋形能力。确实, 在俯仰角改变以扫描不同的子条带时, 俯仰角波束宽度应该进行调整, 以使条带宽度不变。

定义 SAR 系统技术的许多性能参数中, 下面几个与 SAR 天线尺寸直接相关:

- 访问区域
- 条带宽度
- 模糊度信号比
- 等效噪声系数

SAR 系统访问的区域，被定义为入射角覆盖的图像被获取的范围。

条带，定义为满足成像性能的成像范围在地面上的扩展(沿着轨道和跨轨道方向)。条带应该用 km × km 衡量。最小的条带重叠，定义为在与接下来的波束(用入射角表示)相关的成像区域之间的跨轨道方向的最小地面重叠。最小的条带重叠应该用一个百分比衡量(地面后续成像区域与跨轨道的条带扩展区域之比)。

对于模糊度比例，分布目标模糊度比(DTAR)定义为方位和距离平面内的模糊区域内的平均强度和位于不模糊区域内的分布目标的强度之比。点目标模糊比(PTAR)定义为方位和距离平面内模糊区域的平均强度和位于不模糊区域内点目标的平面强度之比。

等效噪声系数(NESZ)，定义为信号强度等于热噪声的均匀目标后向散射的等效值。该系数应以分贝为测量单位。

下面这些参数之间的关系和相互约束将被考察。特别是将首先考虑和 SAR 的基本操作模式(即条带模式)相关的运行约束。然后，下文将描述选择天线的长度和脉冲重复频率的准则，以体现它们对方位分辨率和模糊度的影响。我们将证明，一旦将这些参数固定，就可以进行扩展分析，以定义在规定的访问区域内能保证全覆盖的场景。

第二步是描述回波模糊度和距离模糊度信号比对天线面积将约束的边界。天线面积的定义将与所选择的天线长度及在航天器上的安装方向有关。

功率需求分析，为了与所需的等效噪声系数相一致，从可用功率和成像场景的假设开始。

13.1.3.1 天线尺寸

SAR 成像场景的定义通常开始于该设备的脉冲工作所施加的限制。脉冲重复频率(PRF)定义脉冲重复间隔(PRI)，这是与发射的脉冲 n 相关的在此间隔内的回波信号，可以和脉冲 $n-1$(如果星载系统中的设备工作在脉冲模糊的状态，相关的回波则为 $n+1$)不重叠地接收。对于给定的几何形状和 PRF，每个条带有意义的延伸定义为考虑到天线发射脉冲时产生的“盲距”，因此不接收回波。这些可以通过不等式以回波窗口定时的形式描绘：

$$\left(\frac{m}{\mathrm{PRF}}+\tau+g_n\right)\frac{c}{2}\leqslant R\leqslant\left(\frac{m+1}{\mathrm{PRF}}-\left(\tau+g_f\right)\right)\frac{c}{2} \tag{13.3}$$

其中，m 是一个整数($\geqslant 0$)，τ是脉冲长度，g_n和 g_f是保护带，c 是光速，R 是到条带的斜距。

保护带，通常是几微秒的量级，允许进行发射和回波接收之间的切换。脉冲长度通常是由能量方面的考虑决定的，以实现等效噪声系数所需的性能。

对每一个脉冲，回波在时间 $2H/c$ 后从天底点(最近的距离)返回然后延伸到地平线，其中 H 是卫星高度。在任何特定时间将接收有相同距离曲线的各点回波。回波的强度将取决于双向天线增益、雷达截面面积和成像几何形状。

对于大多数目标，雷达截面在低入射角时大得多。由于 SAR 发射有规则的脉冲流，期望的特定目标的位置的一个脉冲回波将和其他地方的其他脉冲回波结合。这些被称为模糊的回波，通常会通过在天线方向图中指定一个零区来抑制。然而，为了避免对方向图的过度要求，经常期望避免从天底点区域来的强烈回波。此约束表示成方程就是

$$h+\left(\frac{n}{\mathrm{PRF}}+\tau+g_n\right)\frac{c}{2}\leqslant R\leqslant h+\left(\frac{n+1}{\mathrm{PRF}}-\left(\tau+g_f\right)\right)\frac{c}{2} \tag{13.4}$$

其中，n 是一个整数($\geqslant 0$)，g 是一个保护带。

13.1.3.2　天线长度和脉冲重复频率选择

天线长度的选择由所需的方位分辨率决定，因为它限制了方位波束宽度和相应的多普勒带宽(B_D)，以下两个方程和方程(13.2)具有相同的结果：

$$B_D = \frac{4V_S}{\lambda}\sin\left(\frac{\vartheta_a}{2}\right) \tag{13.5}$$

$$\rho_A = \frac{V_S}{B_D} = \frac{\lambda}{4\sin(\vartheta_a/2)} \approx \frac{\lambda}{2\vartheta_a} = \frac{\lambda}{2\lambda/L} = \frac{L}{2} \tag{13.6}$$

式中，V_S是传感器的速度，λ是载波波长，ϑ_a 是天线方位波束宽度，ρ_A是方位分辨率，L 是天线的长度。

所需的方位分辨率决定天线长度的选择(即 $L=2\rho_A$)。相同的方位分辨率可以通过使用更短的天线长度实现，但是，在这种情况下，将需要更高的重复频率。然而，这种情况可能导致条件区域扩展的缩小，而扩展必须处于连续的两个脉冲之间的时间间隔内，即脉冲重复间隔 PRI = 1/PRF。

为了使不模糊的条带覆盖面积最大，PRF 的选择应满足下面的方程：

$$\text{PRF} = kc/2h \tag{13.7}$$

式中，k 是整数，c 是光速，h 是卫星高度。其满足进一步的约束：

$$\text{PRF} > K_a B_D \tag{13.8}$$

式中，K_a为方位的过采样因子(如 1.2)。这确保了最低点的返回时间与脉冲发射周期重合，以及多普勒带宽无混叠采样。

13.1.3.3　天线宽度的选择

天线的尺寸与分辨率和覆盖面的要求是密切相关的。SAR 天线的最小宽度与长度的乘积被设置成避免回波重叠和对多普勒带宽进行足够采样。为减少接收模式下波束的旁瓣电平，有另外一个必须考虑的成形因子。最小的天线宽度大体如下：

$$\frac{W}{\lambda} = Kw\frac{4hv\sin(\psi)}{cL\cos^2(\psi)} \tag{13.9}$$

式中，W 是在俯仰平面中天线的尺寸；ψ 是入射角；h 是卫星高度；L 是天线的长度；c 是光速；Kw 是成形因子(通常为 1.3 ~ 1.5)。

式(13.6)显示了天线长度和方位分辨率之间的关系。一般沿条带的俯仰面(距离)也要求相同的分辨率。跨条带的分辨率取决于信号带宽 B 和入射角，公式如下：

$$\rho_E = \frac{c}{2B\cos(\psi)} \tag{13.10}$$

式中，B 是线性调频带宽；ψ 是入射角；c 是光速。

NESZ 可以用下面的等式计算[1]：

$$\text{NESZ} = \frac{4(4\pi)^3R^3k_BT_0B_{tx}N_fV_s\sin\theta_i\cdot L_{tot}}{cP_mD_{TX}D_{RX}\lambda^3} \tag{13.11}$$

式中，R 为斜距；k_B为玻耳兹曼常数；T_0为标准温度(290K)；B_{tx}为发射脉冲的带宽；N_f为噪声系数；V_S为卫星运行速度；θ_i为入射角；L_{tot}为总损耗；c 为电磁波传播速度；P_m 为每个发射极的平均发射功率(即对于四场化模式，P_m 为实际平均发射功率的一半)；D_{TX}为按机械视线角和卫星滚动角偏置计算的发射方向性；D_{RX}为按机械视线角和卫星滚动角偏置计算的接收方向性；λ为雷达中心频率的波长。

现在可以评估要由发射机产生的总功率，或在有源天线的情况下每个 TR 模块需要产生的射频功率。

13.2 SAR 天线设计的挑战

SAR 天线的大小取决于三个因素：

- 要求的 SAR 系统的性能；
- 卫星的尺寸和选定的发射平台；
- 现有的技术。

波束的灵活性是 SAR 天线性能的主要要求。根据这个参数，必须在反射面天线和相控阵之间做选择。如果能接受有限的性能，那么反射面方案似乎是最有前途的和成本最低的。如果方位和俯仰扫描及波束成形被认为是必需的，则必须以高复杂度和成本费用为代价考虑使用电子扫描相控阵。

13.2.1 反射面天线

13.2.1.1 反射面

与平面阵列天线相比，大孔径的反射面天线能获得更高的效率，并有较低的成本和更宽的带宽。然而，依据馈电系统的灵活性和复杂性，在波束扫描和赋形方面它的能力有限。另一个基于反射面天线的重要方面是把天线放在发射平台的卫星整流罩里的可能性。有两种反射面可以考虑：

- 固体反射面
- 可展开网状反射面

固体反射面通常由两层 CFRP(碳纤维夹层构成的双皮增强塑料)与夹在中间的铝蜂窝材料组成，这是一项非常稳定和成熟的技术，已在空间应用方面使用了几十年。它比较便宜，具有很好的表面控制，但发射时允许的最大尺寸在 3 ~4 m 范围内。如果尺寸更大则要求反射面被分成多个部分，但由于每个部分的非平面性，航天器上的分配仍然是相当困难的。

一个 SAR 用的单喇叭固体反射面的例子是 SAR-Lupe 任务。一个较大的反射面不得不采用展开/可展开技术。这种方法已经被用来实现雷达的任务中，从 3.5 m 直径反射面(Tec-SAR)到中型天线(直径 6 m 的秃鹰，俄罗斯)，甚至可高达数十米(一个非常大的可展开反射面已被美国曲棍球或玛瑙间谍任务采用)。大量的可展开反射面最近也已用于低频通信卫星，如 Thuraya 任务(美国)(12 m 直径)或 INMARSAT-4(英国)(9 m 直径)。

13.2.1.2 馈源系统

使用多馈源可以提高 SAR 反射面天线的灵活性。它们适合用于条带模式、扫描模式和聚束模式，但有一些功能的限制，也能用于动目标指示(MTI)功能。

这些馈源和有限数量的(固定的、可切换的或可重构的)波束的实现是一致的，这些波束由单极化的单/多模的扇形喇叭实现，或者使用一组高效率的小喇叭来分割每个扇形喇叭的双极化波束来实现。根据分割和灵活性的要求，喇叭的数量可以有 8 ~ 10 个甚至多达几十个。双极化波束可采用在小喇叭输入处和两个分离的波束成形网络处的正交模转换器(OMT)来实现。在不同时需要两个极化的情况下，可以用开关来避免射频网络重复。至于波束成形，这可以包括由小电动机驱动的可变大功率器件，连续地把能量从一个喇叭传递到另一个喇叭，实现一个缓慢的波束扫描能力。缺点是可变大功率无源元件昂贵、笨重，需要专用的电子线路，从而增加了整体的复杂性和成本。在只用一个大功率放大器(如 TWTA、行波管放大器)来产生几千瓦的全部射频峰值功率的情况下，以上的考虑都适用。另外一个替代方案是用功率为几百瓦的中等功率放大器簇，用开关矩阵馈电给多个扇形喇叭。它包括使用一个低功率输入矩阵，放在 TWTA 集群前面，将输入射频分给所有 TWTA，以及一个大功率输出矩阵，将所有放大信号合成到一个或一组辐射喇叭上。一种低功率可变振幅和相位的波束成形器，可用在第一个矩阵的输入处，来选择哪一个喇叭或一组喇叭需要送射频功率，包括振幅和相位控制器，以改变对行波管放大器输入的激励信号。在这种情况下，只要操作低功率电子设备，快速地进行波束赋形和扫描是可能的，从而实现快速波束可重构性。做到这一点的代价是使用笨重的高功率输出矩阵和引入一些额外的损失。考虑到耐高功率的要求，输出矩阵必须采用波导技术实现，所以这种方法只限用在更高的频率波段(C 波段和 X 波段)，因为低频段的波导尺寸很大。此外，基于 TWTA 簇的整体系统，需要跟踪每个放大器的增益和相位来使波束有良好的旁瓣控制。

13.2.2　有源天线和子系统

对 SAR 天线的要求包括多个射频、电气、机械和热参数，最重要的一个是所需波束的灵活性，如波束成形和扫描能力，这意味着需要考虑有源相控阵而不是替代方案，如多馈源反射面天线或无源相控阵。现有的用于发射线性阵列的技术、发送/接收(TR)模块和电子线路对其他的基本参数(如质量、射频效率、直流电源效率、散热)具有重大影响。天线定尺寸时应该综合考虑这些方面后取得最佳的折中。

天线的辐射孔径通常安排成有一定行数和列数的矩形网格，这种网格在考虑了初级辐射器大小后决定了天线的尺寸。天线尺寸也决定了天线内使用的 TR 组件的数量，并因此界定了电子线路数量，如数字和需要驱动 TR 组件的功率印刷电路板数。考虑到天线所要求的扫描角，通常是在俯仰(距离)面的 15° ~ 20°的范围内，同时方位面的扫描角要在 1° ~ 2°的范围内，所以初级辐射器需要组成一个有源线性阵列，如槽或贴片。典型的 SAR 天线由配置在卫星上的可伸展的机械面板组成，每一个面板都包括大量的小面板。一个小面板由一批 TR 组件、射频辐射器、射频分配器和所有用来馈电与控制它们的电子线路组成，所以小面板的配置就是构建整个天线系统的基本模块。

13.2.2.1　射频子系统

SAR 天线的设计应考虑的射频参数主要有以下几个：

- 在方位面和俯仰面内的波束宽度；
- 方位面和俯仰面内波束扫描的范围；
- 中心频率和带宽；

- 等效全向辐射功率(EIRP);
- 噪声系数;
- 双极化能力;
- Tx 和 Rx 有效增益。

天线长度与方位角尺寸和最小俯仰波束宽度的关系 天线长度在标准模式(如在条带模式或扫描模式下)与方位平面内所需的雷达分辨率直接相关。一个简单的公式是

$$\text{Az-res} = L/2$$

其中, Az-res 是 SAR 的方位分辨率, L 是天线的长度。

通常在 4 ~5 m 到 10 ~12 m 之间的天线长度就可实现上述关系式。这个关系式和雷达的工作频率无关, 雷达频率范围可以从 P/L 波段(400 ~1200 MHz)到 X 波段(10 GHz)或更高。

空间应用的一个重要方面就是要使安装在卫星上的天线系统的总包络最小, 以尽可能满足发射平台整流罩的直径和高度的要求。平面天线通过折叠成一些平面板可减少发射时的包络体积, 每个面板具有 2 ~3 m 的长度。

正如 ASE 在天线整体尺寸和发射平台包络相互兼容的情况下(4 ~5 m 高度的小型和中等规模的发射器), 展开系统是可避免的, 例如德国 TerraSAR-X 卫星的案例, 或使用一个非常大的运载火箭时, 如 SIR-C 任务, 这时航天飞机的大型货舱能够携带三个总包络为 12 m×4 m 的天线。

天线沿方位面的射频分布在振幅和相位分布上是均匀的, 以保证具有最大孔径效率和最小的天线长度(如果没有特别的副瓣控制要求)。典型的第一副瓣电平 -13 dB 是雷达完全可以接受的。在面板中沿着方位角平面分割天线会产生沿着该平面的栅瓣。产生这种栅瓣的因素是:

- 面板之间的机械对齐;
- 每个面板的射频振幅和相位的平均值;
- 每个面板的效率与理论上均匀的射频分布的效率之比。

第一个因素通常是最重要的, 它的影响随着雷达工作频率的增加而增大。展开误差、错误的位移和旋转都必须最小化, 以避免副瓣电平和栅瓣的增加。天线的平面度必须小于$\lambda/15$ 或最大$\lambda/10$, 这是一个对展开机构以及整个天线系统机械和热设计的主要要求, 系统必须保证在任何工作条件下都具有非常低的热畸变。

射频分布的准确设计也是必要的。在这种情况下, 最重要的方面是当天线的热状况, 特别是沿天线的方位角热梯度改变时, 需要保证很好的相位稳定性。每个面板上的均匀分布可通过细分面板口径成线性阵列的列来实现, 其中每一个线性阵列的列要保证在整个频率带宽中具有良好的孔径效率(通常为 0.5 ~0.7 dB 或更好), 以保证整个天线达到良好的孔径效率。

至于天线的高度, 则取决于所需的波束尺寸和沿俯仰(距离)面波束的形状。对于更高的扫描角度, 对应于更高的访问角度, 窄波束是必要的。这意味着窄的波束宽度的最低限度通常在 1° ~3°的范围[1, 3], 这对应了从最少 15 个波长到最多 50 个波长的天线高度。如果要获得较大的波束宽度, 可以通过控制口径场的幅度和相位分布实现, 在这种情况下, 该波束的波束宽度可展宽到所需的最小波束宽度的 2 ~3 倍。

方位角和仰平面扫描角 沿方位平面的扫描角用来实现聚束模式或最优 SAR 雷达模式,

它的范围通常是从 3 ~ 4 到 6 ~ 7 个波束宽度。天线包括一些沿着方位平面的线性阵列。一个线性阵列辐射器的长度取决于当波束被扫描到最大角度时可接受的栅瓣水平。不同阵列扫描角阵列长度的栅瓣电平在图 13.4 中示出，这时线性阵列被安排在矩形栅格中。举个例子，沿着方位平面的小于 – 14 dB 的栅瓣可以由一个扫描角度为 ± 1°的长度为 9λ的线性阵列得到。降低线性阵列的长度可减少栅瓣电平，6λ长度的一个线性阵列将得到优于 – 17 dB 的栅瓣电平，但这是以天线初级辐射器数量大大增加(50%)和 TR 模块及有关的电子线路数量的增加为代价的。

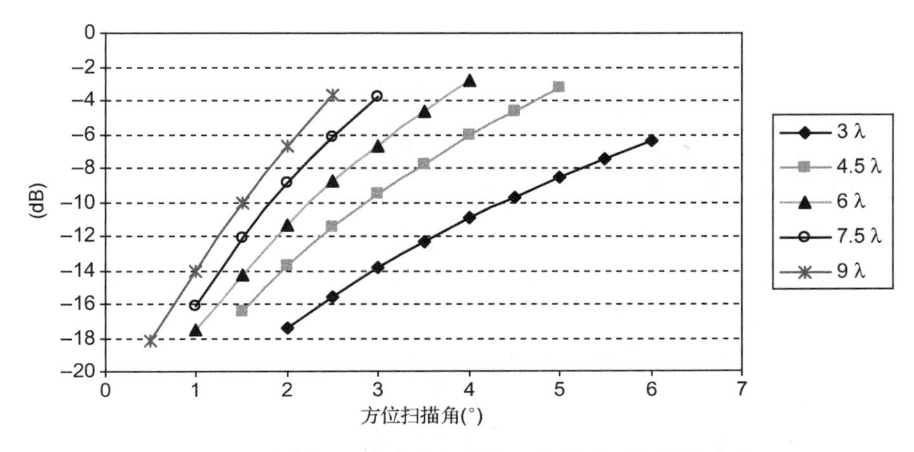

图 13.4　栅瓣电平与方位扫描角和线性阵列大小的关系

所需的俯仰面扫描角通常是 ±15/20°，以使访问区达到 60°(相对于最低轴)。同时辐射器间距应小于 0.7λ ~ 0.75λ，其目的是避免栅瓣出现于该平面。

中心频率和带宽　不同中心频率上的 SAR 系统已经开发出来。到目前为止，最常用的是 L 波段、C 波段和 X 波段。第一个 SAR 系统由美国宇航局发射(1978 年)并装在海洋资源卫星上。雷达工作在 L 波段，HH 单极化，它工作了几个月，展示了有微波传感器的 SAR 系统的有效性。在接下来的几年中，美国航空航天局发射了另外两项任务(SIR-A 和 SIR-B)，这两个任务使用了航天飞机，但仍工作在 L 波段和单极化。在 20 世纪 90 年代，欧洲航天局准备并发射了两个任务——ERS-1 和 ERS-2，这两个系统工作在 C 波段和垂直极化。在这种情况下，天线是用开槽波导技术实现的。与此同时，NASA 实现了在航天飞机上有三个分开的天线的 SIR-C 实验。实验中的天线工作在 L 波段、C 波段和 X 波段(X 波段天线是一个无源天线，垂直极化，由意大利和德国在欧洲设计并实现)。L 波段和 C 波段天线是双极化的有源相控阵，在美国设计和生产，能够完成正交极化任务。加拿大、苏联、日本、意大利等国家推出的其他一些项目证实了这些频段的重要性。在保持波束宽度范围为 2° ~ 3°的情况下，工作在 L 波段、C 波段和 X 波段的天线的主要区别是俯仰面天线的宽度有巨大的变化。一个例子是使用三个分别工作在 L 波段、C 波段和 X 波段的天线的 SIR-C 任务，它们有相同的约 12 m 的长度，然而其宽度却不同，X 波段为 35 cm，C 波段为不足 1 m，L 波段天线为 2.8 m。不同的天线尺寸意味着天线内的电子线路密度不同。增加频率减少了用于分布式放大的可用空间，这时要用更紧凑的设计。在一个标准的行和列矩形网格中，在 L 波段的子阵放大器的轴线间距通常允许处在 160 ~ 180 mm 之间，而在 C 波段和 X 波段这个值降低到约 40 mm 或 20 mm。由于天线每平方米产生的热量不同，因此会大大影响整个热管理设计。

另一个重要方面是带宽：在L波段它通常在几十兆赫的范围内，如70～80 MHz。然而在C波段和X波段则超过数百兆赫，但在此范围内带宽相对中心频率仍保持在百分之几。为了使用相对简单的辐射阵元如印刷偶极子，贴片或开槽波导这样的带宽是很重要的。瞬时带宽也影响波束指向。两个主要的参数必须考虑到：扫描角和波束宽度。若想将波束指向给定方向，则其相位分布取决于频率。这意味着，在工作带宽内的频率改变时波束有轻微的移动。如果相对于波束宽度它是比较小的，则这个移动可以接受，否则必须采取相应的措施来消除这个问题。波束指向变化和频率的关系由下式给出：

$$\Delta\vartheta = \vartheta_{st} \cdot \Delta F / F_c$$

式中，$\Delta\theta$ 是指向的变化；ϑ_{st}是扫描角；ΔF 是频率带宽；F_c 为中心频率。

图13.5示出了一般相控阵天线不同的扫描角上波束指向与频率变化的关系。对于典型的1%～2%带宽和沿俯仰面15°指向角的SAR天线，它的指向角变化预计在0.15°～0.3°量级。这个值必须和俯仰面的天线的波束宽度相比较。对于具有有限带宽和相对于波束宽度在2.5°～3°范围内的天线，上述指向小于或等于波束宽度的10%，在这种情况下指向的变化是可以容忍的。如果波束指向的变化占波束宽度的很大一部分，则有必要在波束成形网络中引入真时延(TTDL)，每个真时延线都将作用在天线表面的一部分(通常是小面板)。TTDL可以根据扫描角和子阵的位置，在波长的倍数上进行可变延迟，实现随频率的相位斜率，使得在频带内实现天线表面的相位分布的校正。在快速波束变化或扫描情况下需要进行快速切换。波导中的铁氧体环流器可以用作波导开关，也可以采用集成度更高的微波集成电路(MMIC)开关和微带电路，但它们需要额外的放大。

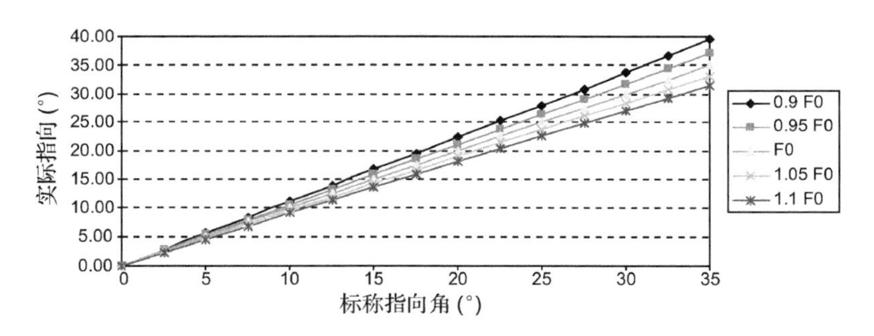

图13.5 波束指向和频率的关系(单位为度)

EIRP 在天线每个方向上的辐射功率取决于波束的方向性和由分布式放大器产生的功率。由于天线的长度是由期望的波束大小和方位向分辨率决定的，天线波束的方向性将主要取决于天线的高度。事实上，通过增加沿俯仰面的天线宽度，可在一定程度上提高波束指向性。因为这将在低角面内压缩波束的宽度。另一方面，由放大器产生的功率将直接正比于TR模块的数量和每个模块产生的功率。

噪声系数 天线噪声系数主要受三个因素的影响：

- 辐射单元的损耗；
- 接收放大器(TR模块)的噪声系数；
- 波束成形网络的损耗。

辐射单元包括一些初级辐射器的线性阵列，如偶极子、贴片和槽。这个数字的范围通常从最低 8～10 个到 22～24 个单元，增加其数量会使双极化射频功分器的设计更加困难，而且意味着更大的损耗。单元的数目也依赖于射频分布、中心频率和带宽以及所采用的技术。开槽波导和印刷偶极子或贴片通常被 SAR 天线采用，所有这些都有积极和消极的方面，具体将在后面讨论。在 L、C 和 X 波段达到的欧姆损耗典型值范围为 0.5～1 dB。

至于放在辐射阵列后面的放大器，其噪声系数将取决于低噪声放大器(LNA)所选择的技术，特别是使用分立的有源射频电路可以取得更好的噪声系数，但线路需要有更高的集成度以降低生产成本，这导致 MMIC 低噪声放大器的广泛使用，因为它集成进 TR 模块更简单。最后必须注意在接收路径中需要的中间放大。事实上，对于成形的波束，引入衰减来锥削天线孔径可以使天线输出端口处整体的噪声系数变大。

双极化和交叉极化纯度　几乎所有为 SAR 设计和实现的天线迄今为止都要求以双极化模式工作，即水平(H)和垂直(V)极化。虽然在接收模式中单一的、交替的或同时双极化是需要的，但在单一的发射模式中通常只采用单极化(通过指令可选)，只有在少数情况下和为实验的目的，需要由它的天线结合两种线极化来获得 45°极化的发射信号，或由两个极化的合适的配相来产生圆极化场。

双极化功能是一个有源的平面天线最苛刻的要求，因为受到复杂性和成本的影响。至于辐射单元，其影响是很大的：一方面，它必须使每个辐射阵列内的波束成形网络加倍，以对辐射电磁场的槽/贴片馈电；另一方面，辐射器的对交叉极化的要求也增加了，以改善同时接收到的 H 和 V 极化信号之间的隔离度。对于放大器，为避免射频开关造成的欧姆损耗(0.5～0.7 dB 量级，通常用 PIN 二极管)，对每个天线辐射单元必须在天线内部实现两个发送链路和两个接收链路，这使天线内射频电子线路的成本几乎增加了一倍。交叉极化纯度既受辐射单元的性能影响，又受 TR 模块内部的 H 和 V 通道的隔离度影响。当印制贴片在正交端口之间发生内部耦合时，印制对辐射单元来说基于槽的线性阵列(通常是开槽波导)有产生低通交叉极化电平的优势(这主要取决于槽的方向)，这大大降低了频带中的交叉极化的性能。顺序旋转技术通常用来消除在视场中的交叉极化场的电平。在所有的情况下，30～35 dB 的交叉极化纯度在一定的百分比的带宽内是可以实现的。双极化的 TR 模块可以设计和制造在一个双通道组件内，当必须同时接收两个极化时，为避免在 TR 模块腔体中 Rx 通道之间的内部耦合，单通道方法是最简单的方法。

射频链路的主要单元　这种天线的射频链路有以下几种单元：

- 辐射单元
- TR 模块
- 中间放大器和/或 TTDL
- 波束成形网络

所有这些器件的性能取决于几个参数，如中心频率、带宽和所选的技术。这些单元将在下面更详细地讨论。

辐射单元　中心频率、带宽、欧姆损耗、交叉极化纯度以及质量和制造成本，都影响用来实现线性阵列的技术的选择。到现在为止，SAR 天线射频辐射器已经使用了两种技术：开槽波导和贴片单元的线性阵列。

开槽波导技术近几年已用来实现大天线孔径，其辐射机制是每个槽切断波导壁上的电流线并辐射少量的射频信号。垂直极化是通过用谐振槽切波导宽边获得的，槽交替放置在其中心线上，间隔约在波导的半波长上。波导窄边上开槽可以获得水平极化。在这种情况下，槽稍微倾斜来切割波导窄边上流动的垂直电流。波导在中央由一个发射器馈电，并在波导的两端被短路。由于槽数增加，因此波导管的长度也增加，这时带宽变窄。开槽波导呈现出较小的损耗(0.3 ~ 0.5 dB，20 ~ 24 个槽)，可用于较窄的带宽，也可能实现很长的线性阵列。这种辐射器的主要缺点是有很强的互耦，这将影响就近的波导特别是垂直极化的槽，其结果是在特定的一系列激励下有较强的回波损耗。双极化需要更复杂的方法，在 0.7 ~ 0.75λ的间距内安置两个开槽波导。最近的双极化辐射器的设计[2]基于垂直极化的背开槽波导与在窄边上切槽的第二个波导的交替使用。内部的不连续(如棒和膜片)用来局部地改变波导的电场，以这种方式引起槽的辐射。开槽波导通常用于中、高频率(C 波段和 X 波段)，而较低频率上的应用受波导在 L 波段或 S 波段工作的尺寸限制。

贴片方案通常基于使用一个或两个层叠的方形或圆形贴片，这些贴片由在接地平面上切出的一个槽或两个槽(双极化情况)激发。采用这种配置是为了增加工作带宽。在这种情况下，射频分布是通过使用放在接地平面下的微带线或带状线波束成形器实现的。这种设计的优势是相对于波导管方案的成本更低，在较低的频段(P 波段、L 波段和 S 波段)一直到更高的频段(C 波段和 X 波段)有较大的带宽和良好的适用性。这种方法主要有两个缺点：由于波束成形产生的高频段的欧姆损耗(其范围为0.7 ~ 1.2 dB 或更大，取决于频率和阵列长度)，还有受贴片和微带线二者的辐射影响的交叉极化电平高。在一般情况下，可以通过激发贴片异相或从反面来激发贴片来很好地控制在主波束区域的交叉极化电平，从而极大地减少产生的交叉极化电平。通过优化地平面下的微带布局，微带射频功分器的不连续性产生的对交叉极化的贡献将被最小化。

TR 组件 TR 组件(TRM)实现了所谓的分布式放大。TR 模块通常是一个包含少量 MMIC 的混合电路，这些电路实现主要的射频功能。TR 模块以单通道或双/多通道的配置来实现。在第一种情况下，混合电路有一个发射和一个接收链，而多件包装的方法将含有 2 ~ 4 个(最多8 个)发射通道和相同的接收通道数。单通道的方法是生产更简单，并且保证几个通道之间的更好隔离。单通道的 TR 模块一般有三个射频端口：一个发射输入端口、一个接收输出端口和一个天线端口。此外，TR 模块需要数字和功率电接口(I/F)来控制模块的振幅和相位设置，并给内部放大器提供所需要的电压和电流。一个典型的 TR 模块有三个主要部分：

- 控制部分：驱动发射和接收 RF 信号的幅度和相位。
- 发射放大器部分：放大并产生要发射的射频功率。
- 接收放大器：以期望的噪声电平和增益放大接收信号。

控制部分用专用的衰减器和移相器芯片实现，它们必须被并行数字信号(6 +6 位)或更紧凑的多功能芯片驱动，如图 13.6 所示。这种芯片也称为“核心芯片”，用于现代 TR 模块，以实现振幅和相位的数字控制、发射和接收放大功能并设置一组开关，这些开关可以用来选择雷达放大的功能和选择校准雷达放大链的校准路径。这些开关必须保证高度隔离，以尽可能减少内部耦合，并使在校准过程中发射和接收链的增益和相位的测量更精确。该控制芯片还有一个移位寄存器，用于把所输入的串行数据转换成并行格式来设置衰减器、移相器和开关。开关的切换时间在几十纳秒的范围内。发射的放大功能通过两个芯片的级联来实现：一个对来自核心芯片的信号进行放大的驱动器芯片，一个 HPA（高功率放大器）来产生 TR 模块的输出所需的功率。如果需要更高的功率，可用两个 HPA 来使输出信号电平增加3 dB，如原理图所示。该射频放大信号然后通过环行器路由到天线端口。一个接近耦合器放在环行器和天线接头之间，用于从发射和接收端口提取或注入射频信号。接收信号由环行器被路由到 LNA，LNA 后面可以跟随一个低电平放大器（LLA），以改善接收路径的增益并增加所接收的射频信号的动态范围。空间 SAR 天线的每个 TR 模块通常可实现的发射功率如表 13.1 所示，它考虑了现有的成熟航天技术，如 MMIC 的 GaA MESFET 技术（L 波段）和 PHEMT（C 波段和 X 波段）。

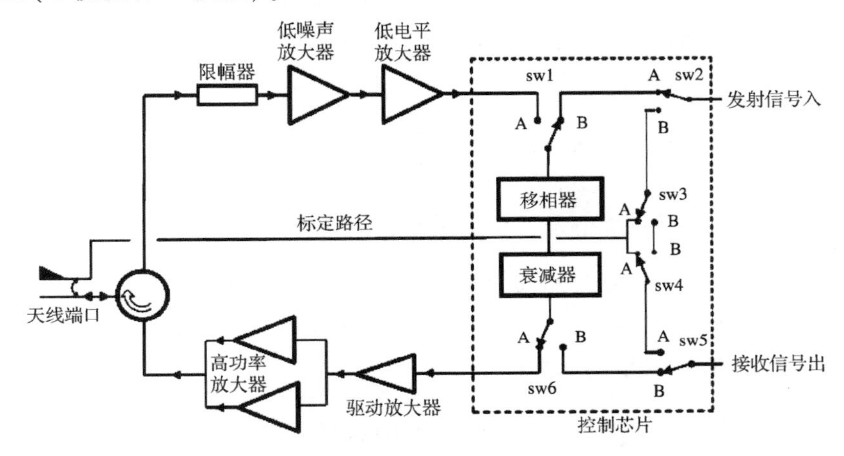

图 13.6　典型的 TR 模块布局示意图

由天线产生的总射频功率将对应于一个放大器的功率和天线内部的放大器的数量的乘积。TR 模块的数量从约 100 个（如 L 波段系统的情况），到 300 ~ 500 个 C 波段，一直到 1000 或更多（X 波段）之间变化。这意味着，产生的总射频功率的峰值功率通常在几千瓦的范围内。

TR 组件的噪声系数取决于限幅器引入的损失和 LNA 的噪声系数。现今的 GaA PHEMT 允许从 L 波段到 X 波段达到 1.5 dB 的噪声系数。该限幅器的主要功能是在发射脉冲期间保护低噪声放大器（LNA）免受来自天线的反射信号的影响。它可由一个额外的 MMIC 芯片或分配网络把反射的射频功率切换到射频负载上。由此，在 TR 组件层级，根据频段、带宽、环流器和限幅器的损失，噪声系数将在 2.5 ~ 3.5 dB 范围内。

表 13.1　TR 模块的典型峰值功率电平

频率	峰值功率（W）
L	35 ~ 40
C	16 ~ 20
X	4 ~ 8

电子前端　TR 组件使用混合技术实现：它们通常以 2 ~ 8 个的数量或更多数量装配成一个电子单元，这个单元能够驱动 TR 组件和供应所需的直流电源和数字接口[3]。该电路通常称为电子前端（EFE），包括：

- 射频分配网络分割/合并 EFE 的 TR 组件的功率。三个射频功分器是必要的（一个 Tx 功分器，双极化情况下为两个接收合成器）。
- 驱动 TR 组的数字部分。
- 一个模块，用于提供产生 TR 组件的发射和接收脉冲所需的功率。特别是 EFE 要包括用于存储能量的电容器，以维持收发脉冲期间发射或接收的放大。

实时延迟线 TTDL 频带中频率变化的影响是波束在中心频率的指向周围运动。这个运动是线性的，其源于一个事实，即所有设置在 TR 组件上的相位值是固定的，并且是在中心频率上计算的。由于在工作带宽中改变了工作频率，还需要改变沿孔径的天线相位的斜率。这可以通过使用一些分布在天线孔径上的 TTDL 来实现。

它们包括在天线的波束成形网络中，以驱动一组辐射器。

增加受控的辐射器数目，相当于减少使用的 TTDL 数目，这会消弱在某角距离上指向和栅瓣的修正效果。栅瓣出现的角度取决于由 TTDL 馈电的辐射器组的大小。

图 13.7 示出了扫描到 20°的一个波束在 3 种不同的频率上(中心上的一个，以及在 5% 的频带两端各一个)在俯仰面内的切面，考虑的是一个具有 64 个单元的线性天线。图中显示了 3 种不同的情况：

(a)没有 TTDL，在该波段的频率扫描是明显的。

(b)使用 4 个 TTDL，每一个组合了 16 个单元。

(c)使用 8 个 TTDL，每一个组合了 8 个单元。

没有 TTDL 时的波束扫描大约是 1°，4-TTDL 的情况下这种变化降低到了 0.16°，8-TTDL 时就会降低到 0.08°。在(b)情况下栅瓣以 5°的阶梯出现，在(c)情况下则以 10°阶梯出现，栅瓣的位置是 TTDL 粒度的函数。

射频功率分配网络 天线中发射和接收信号的射频功率分配/合成网络是基于同轴线和/或波导技术的。该射频网络一边和雷达电子线路接口，另一边和几个子阵接口，它还包括一些射频功分/合成器。对这些网络的主要要求是对沿着天线可能有的热梯度的高相位稳定性，以避免影响天线波束指向，与射频预算一致的低电阻损耗，以及非常低的相互耦合，以免影响校准问题。通过使用碳纤维波导管，可以实现非常高的相位稳定性：它们重量轻，损耗低，对于温度非常稳定。碳纤维技术有两个主要缺点：成本高，以及天线带有铝框时安装这种波导的兼容性问题。在没有补偿系统的情况下，由于碳纤维和铝的热膨胀系数不同，可能导致波导内产生机械应力。此外，射频功分器必须采用非常稳定的技术实现，而且依然采用碳纤维或如镍钢合金(因瓦合金)材料镀银来改善欧姆损耗。可以从 C 波段到 X 波段采用波导技术，因为在较低频率上波导的尺寸变得过大，妨碍了其使用。

采用以同轴线为基础的方案确实更简单，因为减少了包络线。这是基于使用了对温度变化稳定的射频同轴电缆。这些电缆可以是柔软的。在这种情况下，内部的介电材料是基于特氟纶的，或者是半刚性材料的，外部配置了钢套且内部使用 SiO_2(二氧化硅)介电材料。例如，为了评估波束成形所需的相位稳定性，可以考虑工作在 C 波段、总长度为 10 m 的一个 SAR 天线，其两臂之间有约 20℃的热梯度。在这种情况下，波束成形的长度接近 7 m，这对应于约 100 个波长。分析的第一个方案是铝波导：波束成形的两个臂之间的相位差量级是 17°~20°，这会导致波束指向误差是方位波束宽度的 1/10 左右。这是由于铝在天线两臂之间热梯度为 20℃时会产生一个大约 500 ppm(百万分之一)的总变长。使用 SiO_2 同轴电缆时，随温度的变长可以是约 100 ppm 或更低。因此，对波束指向的影响，将为波束宽度的 1/50。此外，质量、包络和安装的复杂度等所有方面都趋向于选择同轴方案，但代价是相对于波导方案较大的损失及较高的不匹配。

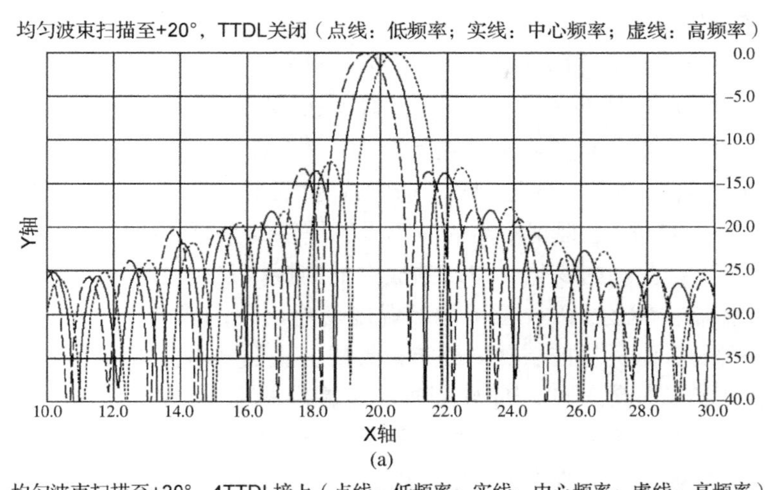

(a)

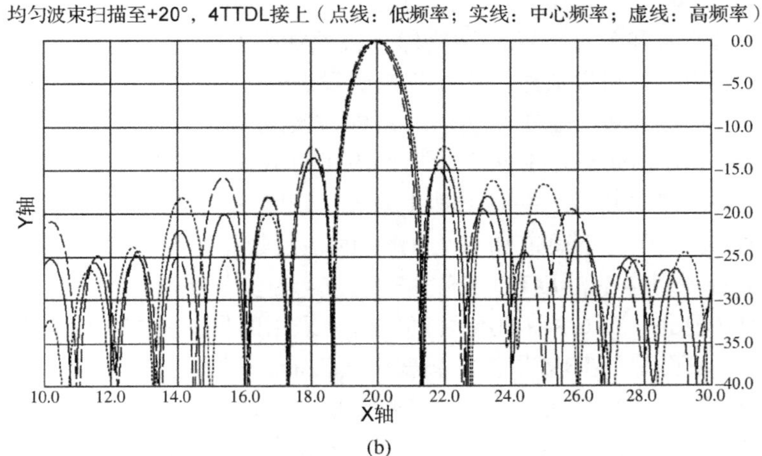

(b)

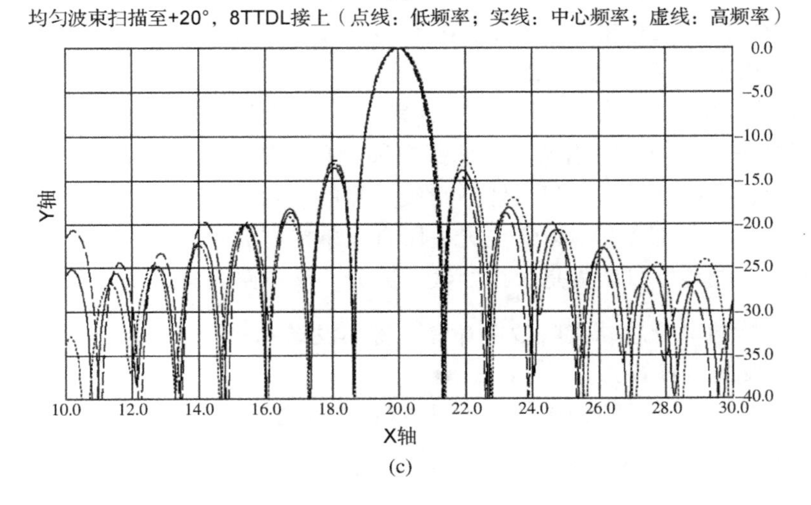

(c)

图 13.7　指向 20°的 64 线性阵均匀波束。(a)没有使用 TTDL；(b)4-TTDL的情况；(c)8-TTDL的情况

13.2.2.2 数字子系统

天线数字子系统的目的是控制TRM(TR组件)的设置，使天线产生需要的波束。它控制每个单独的发射或接收链路的开启/关闭以及设置TRM的幅度和相位，或将模块配置到需要的校准条件下。它的组成部分包括中央波束控制器(这个控制器发送天线内部的每个TRM和每个所需的波束的设定值)及分布式控制器，通常称为“瓦片控制器”，它直接作用于瓦片内的一组TRM(通常为16~32个)，根据所需的激励设置模块的振幅和相位，同时实施所要求的电气补偿，这是温度在工作范围内变化时造成的放大器的振幅和相位漂移，是必须要补偿的。中间放大器也被瓦片控制器驱动，以补偿可能随温度变化出现的漂移。中央波束控制器是雷达中央电子线路的一部分，而瓦片控制器则分布在天线上。数字串行总线，如1553 B或CAM总线是用来和瓦片控制器交换数据的。TRM通过一个标准的串行总线(RS422或RS485)连接到瓦片控制器进行数据交换(特别是模块的发送温度遥测数据)，并从瓦片控制器接收所需的振幅和相位的激励，从而在天线表面实现所需的场分布。发射和接收的同步信号用来使所有的发射和接收链路同时开机和关机。TRM激励信号被预加载在瓦片控制器内，以便从一个波束到下一个波束快速切换。这可以通过由天线控制器发送到瓦片控制器的合适的广播命令实现。这样就可以以一个简单的命令，改变在整个天线中该天线从一个脉冲到下一个脉冲的发射或接收波束。重要的是，补偿回路几乎能实时动作来尽量减少在热的改变范围内设备的射频漂移。温度补偿的控制回路以几分之一秒的速度重复，做到这一点是基于一个存储在瓦片控制器内的查找表，这个表包含每个通道和每个TRM的补偿数据。温度由TRM以模拟或数字形式传输到瓦片控制器。通常的温度范围通过32或64的步长采样，整个温度范围在低温的-30℃~-20℃到高温的+50℃~+60℃之间。过去采用的另一种方法是在单一的TRM中进行温度补偿，但由于需要对单TRM层级的温度电气性能进行检查，结果产生更高成本。在热范围内的振幅和相位变化取决于放大增益，其漂移量可以达到约0.1 dB/℃和1°/℃。补偿残差后，表示为均方根值，这是振幅和相位LSB(最低有效位)的一半左右。这意味着，TRM用6位来控制振幅，用6位来控制相位，这对应0.5 dB和5.6°的最小步长。在可能的4096个状态下计算的残差约为0.3 dB RMS和3°RMS。

如果中间放大器用在天线的射频网络中，其增益和相位也必须进行相对于温度的补偿。这是通过由专用的查找表(LUT)驱动的内部振幅和相位设置能力来实现的，或者仍然在TRM级执行(TRM查找表将包括一段专门补偿中间放大器的内容)，如果瓦片控制器失效的话，数字控制器可以从内部或外部备份，以避免失去所有以单控制器驱动的TRM。

此外，数字电子电路可以认为是天线的数字部分。该电路具有以下功能：

- 从数字控制器的串行总线接收数字命令，将其发送到每个TRM(开/关命令，振幅和相位的设置，校准设置等)。
- 防止出现会损坏组件的不期望的危险设置(即同时接通的发射和接收链路)。
- 从热传感器收集所有温度数据，并将其发送到瓦片控制器，以实现热补偿。

13.2.2.3 电源子系统

需要一个适当大小的电源子系统来提供分布的放大器所需的能量。卫星上的电源系统应能提供所有可能条件下所需的能量，因此这个子系统的大小必须要在考虑雷达可能的真实应用场景的情况下进行量化，这些场景如雷达所需的峰值功率，沿轨道连续图像的最大数目，平均每天的能量消耗，不同季节太阳辐射的最坏情况，太阳能电池板和蓄电池容量寿命的退化，等等。

天线电源子系统通常包括分布在天线表面的以下模块：

1. 每个 TRM 旁放置的一个电容器组，它的目的是希望在雷达发射脉冲时能提供给发射和接收所需的能量。它的大小取决于被 TRM 吸收的电流和最大脉冲长度。电容器组安装在 EFE(电子前端)电路上。
2. 一个电源，以调节从卫星电源总线接收的电压为目的，并提供一组 TRM 和中间放大器的所有的二次电压和电流(如果有)。
3. 电源线束，其尺寸取决于直流/直流转换器所需的最大电流。
4. 用于天线的功率控制单元，为天线提供所有需要的功率，同时通过避免天线内部可能的过载来保护卫星的主总线。

天线的功率消耗是雷达的总功耗的很大一部分，其主要取决于以下几项：

- 控制和驱动 TRM 的所有电子产品需要的电力消耗；
- TRM 的发射部分的占空比和效率；
- Rx 通道的占空比和功耗；
- 直流/直流转换器的效率。

发射部分的效率取决于 HPA 芯片采用的技术：通常成熟的技术可实现 40%，如 PHEMT。然而，发射部分使用的其他芯片降低了 TRM 的效率，例如驱动芯片和核心芯片，特别是在雷达工作时永久运行的核心芯片和 EFE 的数字部分交换数据时的那部分损耗。另一个重要方面是：发射的占空比范围可以从条带模式的百分之几到聚束模式的 25% ~30%。这对雷达的平均发射功率和相关的电力消耗有重大影响。在某种程度上，增加发射占空比时生成的射频功率的增量可以增加整体效率，而其余以 100% 占空比工作的电子设备的功耗是一样的。接收占空比较发射占空比要大，其变化范围为 40% ~80%。在这种情况下的功率消耗取决于 LNA 采用的技术和 TRM 的接收链路所需的增益：最小的配置基于被一个核心芯片放大器跟随的 LNA 芯片。如果所需的增益增加，就必须在接收链路上放置一个附加的芯片，这是以 TRM 的功率消耗为代价的。

TRM 的发射链路的开关以雷达的脉冲重复频率不断开启或关闭，在电源总线上产生的纹波可以扰乱其他单元。结果导致电源控制回路必须进行调整，以避免主总线上强烈的电流纹波，但也要限制可能会影响脉冲当中 HPA 性能的 TRM 上的电压变化。天线上的电源数取决于需要供能的 TRM 的数量、它们的功耗、占空比、可靠性以及天线上的 TRM 总数。如果考虑一个大型天线，其电源的数量可以达到几十个。在单电源供电能够保证在天线的整个运行寿命周期总的转换器只有一个或两个单元可能损坏的情况下，可以减少电源冗余度来节省成本和减少重量。

13.2.2.4　机械方面

工作在 C 波段或 X 波段的天线有几平方米的大口径，并且被分为很多机械面板，从而发射时可把卫星上的天线拆成装载状态。在卫星发射并达到最终的轨道时，可以展开天线。一个 5 ~7 m 长度的天线可以安排折成两个可展开的面板或三个机械面板[4]，前两个在外部展开。较长的天线尺寸可以达到 10 ~12 m 甚至 15 m。在这种情况下，机械面板的数量增加到四个或五个，各有 3 ~4 m[5]的长度。然后两个面板被设置到侧翼中，各有一个双重的展开部分。机械设计中最关键的环节是保证天线的平面性，即降低天线工作时的热畸变，实现天线方向图的稳定性能。在天线平面上可接受的变形量取决于波长，且必须在λ/20 内；1.5 ~2 mm 对 X 波段仍然是可接受的，在 C 波段可接受的则是 3 ~4 mm。

使用具有非常低的 CTE(热膨胀系数)的天线结构材料，如 CTE 近似为 1 ~2 ppm/K 的碳纤维，可以提高尺寸稳定性，但是由于树脂的低 CTE 会使热导率较差。另外，铝因其良好的导热性可用在天线结构中，相对于碳纤维可以提高从 TRM 传递到主框架的和指向热辐射区的热量传递。然而，更高的热膨胀系数(24 ~25 ppm/K)意味着在天线的上表面和底侧之间温度不同的情况下，孔径的表面可沿方位角平面翘曲(热畸变)。这个问题可以通过准确的热设计解决，即设计一个从天线的热区域到冷区域的热通孔。热管常用来使所有的热梯度最小，从而使热畸变最小。

发射之后，当卫星已达到其工作轨道时，天线被展开到最终配置。这意味着使用两种不同的机构：

1. 压紧和释放机构，能够使天线在发射时保持存储配置，且在此阶段支持机械载荷。
2. 展开机构，带或不带锁定系统，在飞行时打开天线面板。

压紧和释放机制是基于热切割(pyro-cutting)设备或不爆炸系统的，而展开机构可以由马达或弹簧驱动。如果电动机用于展开机构，为了控制展开需要一个驱动电子线路单元，而基于弹簧的机构则由翻动机构进行机械控制而无须控制电路。因此，基于弹簧的展开机构的费用更少，在可能的情况下应尽量选择弹簧。

至于机械面板，可能采用两种配置：(1)电子线路集成在子组件(瓦片)中，安装在支撑面板的支架上；(2)所有的电子线路和辐射阵列直接集成在大的闭合面板结构内。由瓦片和支撑架组装的天线的例子是 Sentinel 1 和 COSMO SkyMed SAR 雷达的天线，而 Radarsat 2 是一个电子线路和散热器直接集成在机械面板上的例子。

13.2.2.5 热设计

热设计特别重要，因为它必须保证天线内的电子线路有充足的工作温度范围。特别是空间应用，有源器件最大允许结温应该低于部件制造商提供的最大值，并且通常为后者的 60% 或 70%。因此，功率芯片、驱动芯片、功率开关等的结温有一个可接受的最大值：110℃ ~120℃。芯片内部的结温取决于所采用的技术、芯片的厚度和脉冲长度。并且，在一般情况下，相对于芯片的背侧可以达到 40℃ ~50℃。这意味着这一边的芯片的最高值必须维持在 60℃ ~70℃ 来满足降低性能的限制。因此，TRM 封装设计要使构成外部环境的天线框架热阻最小。

在寒冷条件下的最低温度也取决于电子线路，特别是那些有合格范围、安装技术和不同的热膨胀系数限制的有源和无源元件。综合考虑所有情况后，SAR 天线的最低工作温度为 -20℃ ~ -30℃。

设计应该优化天线的热工作范围，以满足来自电子线路的严格要求，同时考虑功能需求，如卫星轨道、每个轨道上的成像数量、成像模式下连续采集的持续时间、天线及其零件的热容、单观测或双观测操作等，这些可以使温度快速增加。另一个重要方面是电子元器件密度，即单位表面上的散热量，这取决于雷达的工作频率。增加中心频率会显著增加每平方单位的功耗。

当天线接通时，温度增量迅速增加主要是受天线的热容量控制，特别是受所有与电子线路的发热点有良好热接触的部分(TRM 和电源)控制。天线内部不同的电子线路，比如，TTDL、TRM、TPSU(瓦片电源单元)和 TCU(瓦片控制单元)的典型温度与时间的关系曲线如图 13.8 所示。在这种情况下，模拟由铝面板制成的天线，这种铝面板用来从背面散发电子线路产生的内部热量，天线背部覆盖了一块光学太阳反射面(OSR)，同时正面填充了具有低热导系数和受到遮阳罩保护的辐射单元。图中报告了为期两天(每天 15 个轨道)的分析结果，该结果和天线内部的电子线路交界面的温度有关，此时天线的射频辐射表面暴露在阳光下并考虑了前 14 个连续轨道(单轨道持续时间是 6000 s)上获得的给定数量的图像，以及每一天最后一个轨道获得的约 25% 的图像。在图像采集(模拟时间少于轨道的 1/10)时，TRM 在它们的接口处的温度增加 15℃ ~20℃。天线被关闭后，所积累的热量可以在随后的轨道上被散发。图 13.9 在考虑了天线背对太阳的条件下进行了同样的分析。

第二种情况下的电子线路温度要高一些，原因是天线的背面是被太阳照射的，以及通过辐射单元散发的热量受到射频辐射器的热导率降低的限制。同样，如果平均温度增加，那么最高温度还是限制在 TRM 接口的限制范围之内，这允许卫星工作在面对和背对太阳的条件下，即有双向观测能力。

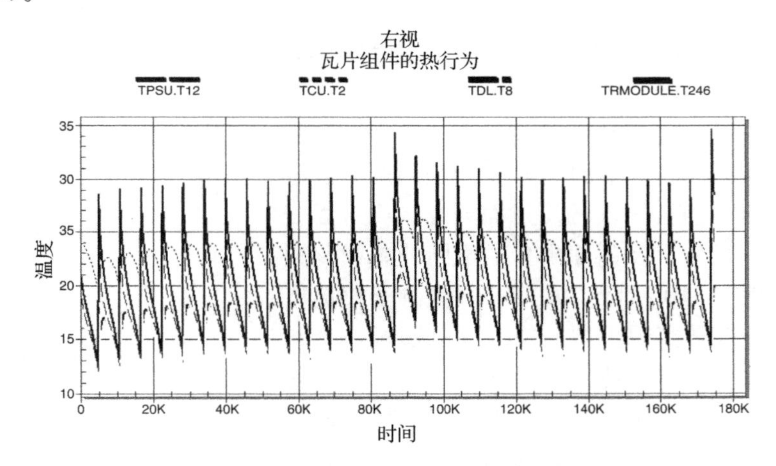

图 13.8　天线在面对太阳的条件下，散热与时间(1 轨道 6000 s)的关系

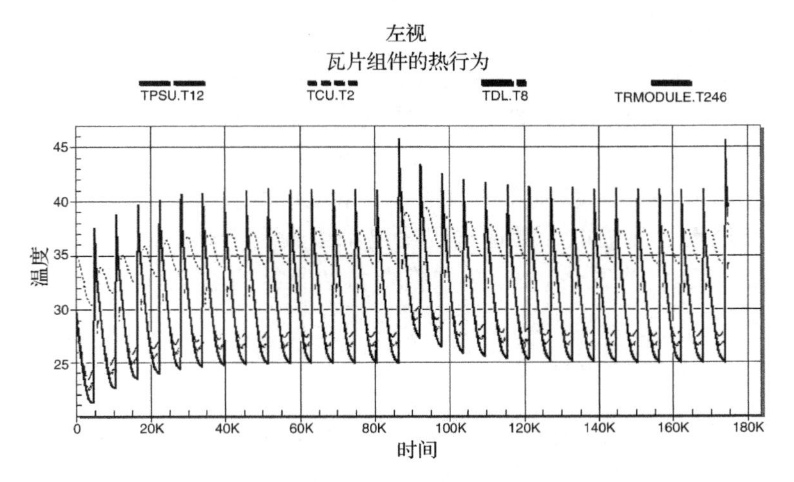

图 13.9　天线在背对太阳的条件下，散热与时间(1 轨道 6000 s)的关系

由于其更好的导热系数，金属面板框架用来代替更复杂的碳纤维结构时，这个结果可以更容易地取得。另一方面，几度(4℃ ~5℃)的横向热梯度足够使天线面板的金属结构产生热变形(弯曲)。总之，热设计师的主要目的是尽可能减少电子线路对天线框架和散热器的热电阻。最后，有必要评估天线长期不使用时的案例。在这种情况下，一个加热系统必须防止天线温度低于电子线路所允许的最低非工作温度(通常范围为 -35℃ ~ -45℃)。这可通过在天线内放置加热器实现，其最大功耗在几百瓦范围内。

13.3 星载 SAR 天线的发展回顾

本章总结了最近开发的 SAR 天线项目，所有这些 SAR 天线都是在 21 世纪的前十年发射的，除了雷达卫星 1 号发射于 1995 年。它们的工作频率范围是 L 波段(Palsar)、X 波段(TerraSAR-X 和 COSMO SkyMed)和 C 波段[(ASAR)孔径雷达，雷达卫星 2 号)]。它们都是基于有源相控阵的，除了 TecSAR 和侦察卫星(SAR-Lupe)是基于反射面的。

13.3.1 TecSAR

TecSAR 是一种基于微型卫星方法的 X 波段空间雷达，被设计为军事任务卫星并在 2008 年发射。它是由以色列 MoD(国防部)资助，IAI/MBT(以色列航空工业有限公司)设计和开发的。在文献[6]中概述了 TecSAR 卫星。该卫星的发射质量为 300 kg，雷达使用一个可展开的直径 3 m 的反射面天线。反射面表面用了一种轻量化的网。反射面由 9 个不同的单极化喇叭集中馈电，如图 13.10 所示。波束有一些电子扫描能力，也可通过卫星旋转实现机械扫描。喇叭通过一个开关系统馈电，可以将所有的功率集中在一个喇叭上。功率是由 8 个并行工作的行波管放大器产生的，另外两个行波管放大器用于冷冗余来提高系统的可靠性。

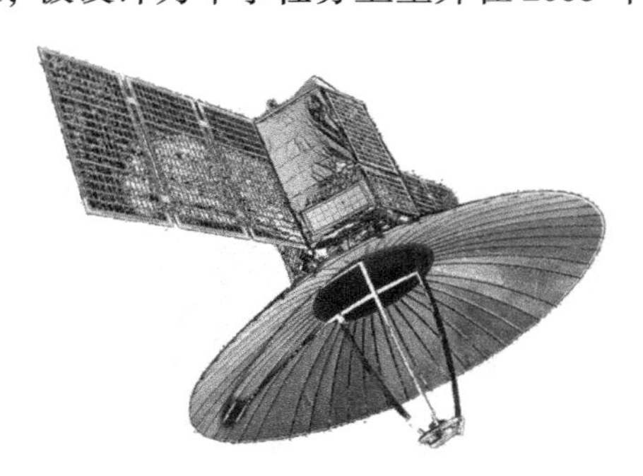

图 13.10　TecSAR 反射器天线

13.3.2 侦察卫星(SAR-Lupe)

侦察卫星是由德国国防部资助的 5 颗小卫星组成的星群，所有卫星在 2006 年和 2008 年之间发射。它是由 OHB 系统公司与其他欧洲公司的合作在德国开发的，该雷达工作在 X 波段。卫星不大，其发射质量小于 800 kg，平均功率 250 W[7]。

SAR 天线采用由 Ruag(瑞典)制造的直径 3 m 的固体偏置反射面。一个喇叭安装在一个可展开的支杆上用来给反射面馈电。雷达电子线路都由泰利斯阿莱尼亚宇航公司在法国制造。一个行波管放大器 TWTA(冷冗余)用于生成整个雷达所需的电功率。同一个天线还用于将雷达数据下载到地面。

13.3.3 ASAR 合成孔径雷达(EnviSat)

ASAR 的(先进 SAR)雷达工作在 C 波段。它的有效载荷安装在 EnviSat 卫星上，在 20 世纪 90 年代由 ESA(欧洲太空总署)资助并由几个欧洲公司开发了 EnviSat。该卫星是一个巨大的卫星，重达 10 t，含 9 种不同的雷达，专门用于观测地球。这种天线是在欧洲开发的有源相控阵首次用于 SAR 应用的例子[8]。

该天线由 10 m×1.4 m 的 5 个面板组成的两个侧翼(每一个具有两个面板)和一个固定的中央面板组成。每个面板包含两个瓦片。利用贴片技术的一个瓦片包括 32 个线性阵列，它是双极化的，采用相关的双通道 TRM。共需 1 个瓦片控制器和 4 个直流/直流转换器。

13.3.4　雷达卫星 1 号(Radar Sat 1)

雷达卫星 1 号由加拿大航天局(CSA)和私人投资方共同出资。该卫星在 1995 年发射，以商业市场的地球图像作为其目标。雷达工作在 C 波段，使用一个可展开的 15 m×1.5 m 天线。该天线是有 4 个面板的平面相控阵，发射时存放在两个侧翼中。辐射单元是开槽波导，工作在 HH 极化。在俯仰面内有 32 行辐射单元，每行由铁氧体移相器驱动。这种配置允许波束在距离维扫描生成不同的条带波束并实现扫描模式。文献[9]报道了用于开发辐射线性阵列的相关的细节设计方法。

13.3.5　雷达卫星 2 号

雷达卫星 2 号是雷达卫星 1 号的后续卫星。它是由 CSA 资助的，具有为加拿大政府保证提供图像并提供商业应用的双重使命。它发射于 2007 年。作为雷达卫星 2 号，它工作在 C 波段，但具有全极化能力。这颗卫星的发射质量为 2.2 t。文献[10]中描述的天线，与雷达卫星 1 号具有相同的尺寸(15 m×1.4 m)，包括 512 个单元，排列为 32 行 16 列的辐射线性阵列。每个子阵列包括 20 个辐射双极化贴片。天线是一个有源相控阵，分为 4 个面板，且分为两个侧翼，在发射后展开。每个面板包括 128 个线性阵列、128 个 TRM 和相关的电源和数字控制器。

13.3.6　Palsar(ALOS)

Palsar 是一个由 JAXA 和日本资源观测系统组织(JAROS)在日本开发的全极化雷达，装在 ALOS(先进对地观测卫星)上，工作在 L 波段。ALOS 的质量为 4 t，包含两个主要测量设备，即全色遥感立体成像仪(PRISM)和先进的 10 m 分辨率可见光和近红外辐射计 2 型(AVNIR-2)。ALOS 于 2006 年发射。Palsar[11]是基于平面有源天线的传感器。它是一个有源相控阵，由 4 个可展开的面板组成，总天线尺寸在展开后是 8.9 m×3.1 m。每个面板由 20 个双极化线性阵列和相关的 TRM 组成。发射的峰值功率为 2 kW。

13.3.7　TerraSAR-X

TerraSAR-X 是一个由德国航空航天中心(DLR)和 EADS Astrium 公司公共-私人合伙投资设计的项目。这颗卫星的发射质量为 1350 kg 且有一个工作在 X 波段的雷达[12]。传感器是基于安装在卫星侧壁的有源相控阵天线的。天线的尺寸是 4.8 m×0.8 m，分成 3 片叶片，每片叶片有 4 个面板。每个面板由 32 个双线极化阵列组成，每个阵列由两个开槽波导构成，一个用于 H 极化，一个用于 V 极化。波导是由碳纤维制成，用来提高整体的热稳定性。每两个波导有一个双通道 TRM。384 个 TRM 安装在天线表面，每个产生 6 W 的发射峰值功率且噪声系数为 4.3 dB[13]。扫描能力在距离面是 ±20°，在方位面是 ±0.75°。

13.3.8　COSMO(卫星星座)

COSMO-卫星星座(地中海盆地观测小卫星星座)是一个由 4 颗卫星组成的星座，由 ASI (Agenzia Spaziale Italiana)和意大利国防部[14]出资，用来满足军事和民用(机构、商业)的群体的需要。泰利斯阿莱尼亚空间公司的4颗卫星在2007年6月~2010年12月之间发射。每颗卫星都配备一个工作在X波段的具有多种模式(聚束、条带和扫描)和多极化能力的SAR。多模和多极化能力限制了其结构并决定了有源相控阵天线子系统的选择。

天线由一个5.7 m×1.4 m口径的有源相控阵构成[15]，总质量小于600 kg。它分为三个面板、两个可展开侧面板和一个固定的中心面板，安装在航天器的顶层。相控阵包括1280个单元，排列成64行20列的线性阵列。TRM组合为40个瓦片、相关的控制单元和直流/直流转换器。40个瓦片被组织为8行5列。此外，每个瓦片还配备有一个最多可将射频信号延迟到15个波长的能力的TTDL，以使波束指向相对于频带稳定。安装在卫星上的SAR天线，如图13.11所示，有存放和展开两种配置。每侧板的16个瓦片安装在一个铝面板框架上，它还支持天线设备的收缩和展开机构。中央面板的面板框架支持瓦片、基于一些热管的热系统和两个侧面的热辐射器。

8个瓦片的行在面板框架上交错安装配置。双周期性被用来改善在方位平面内方向图栅瓣的控制，相对于在最大扫描角上的主波束，它们在−13 dB以下。一个瓦片被组织成4列的8个辐射单元，对应于4列的8个TRM的瓦片。瓦片的内部划分为7个分开的室，其中4个用于TRM，2个用于电源供应单元，1个用于数字控制器和TTDL，每一个室有一个合适的盖子。瓦片的外部和内部视图如图13.12所示。

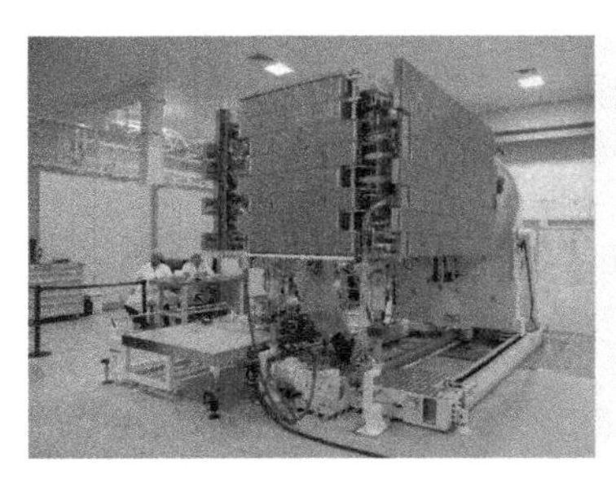
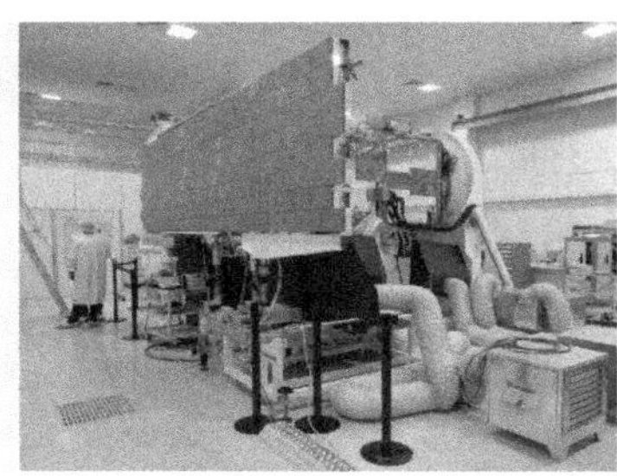

图13.11 COSMO SAR天线(存放的、展开的)

图13.12 瓦片的外部和内部视图(从左至右：TPSU，TDL，数字控制器，有8个TRM的EFE)

辐射单元件包括12层的贴片双极化线性阵列，通过槽电磁耦合到分配网络。8个辐射线阵一起制造并组装成一块辐射板，如图13.13所示，使用了两个分配网络，分别用于每个线极化，以馈电12个堆叠贴片。盲插接头便于有源模块的简单组装。

在 H 和 V 极化中测得的方向图如图 13.14 所示。通过用绝缘垫片支持用微带功分器和避免在微带辐射器上使用胶，辐射单元的电阻损耗已经被降到最低。

图 13.13　双极化的 8 个线性阵列的辐射板

TRM 是一种双通道混合结构，它的设计是基于使用 MMIC 的 GaA 技术并包括以减少电阻损耗、提高输出功率和减小噪声系数为目的的两个发射通道和两个接收通道。通过一个 6 位的衰减器和一个 6 位的移相器控制幅度和相位。图 13.15 所示为双通道 TRM 布局图。该模块有一个射频输入/输出端口来形成波束，两个输出端口用于相应的线性阵列 H 极化和 V 极化网络。最后，两个邻近耦合器用于模块的校准。

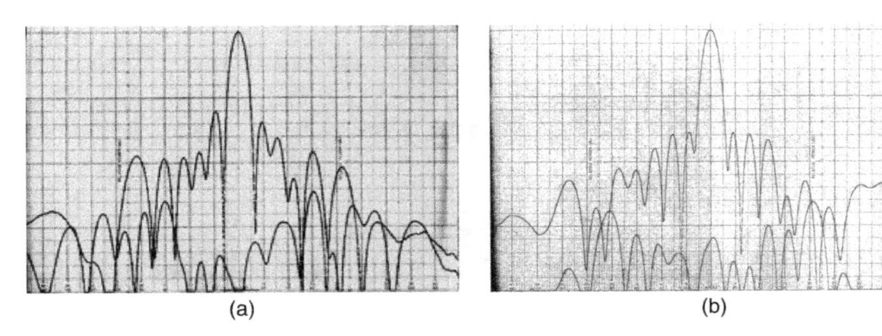

图 13.14　辐射板测量的方向图。方位平面在 9.6 GHz，H 极化(a)和 V 极化(b)(刻度为：沿 Y 轴 40 dB，沿 X 轴 180°)

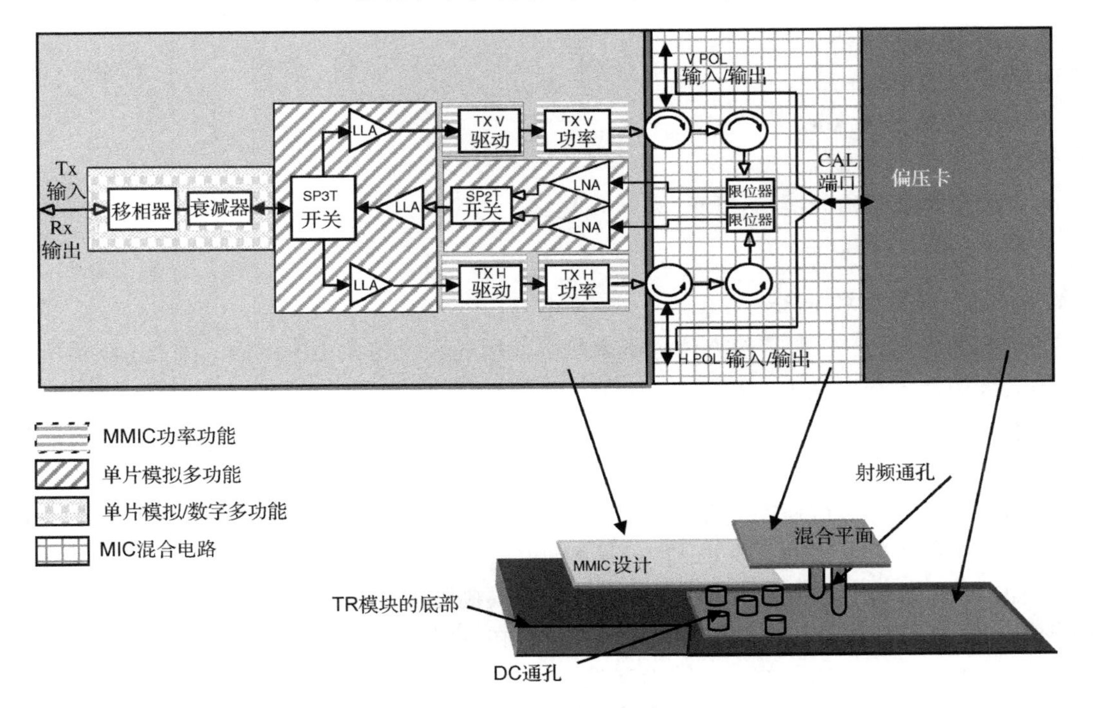

图 13.15　TRM 布局示意图

TTDL 是一个 4 位的、能够达到 15 个波长的斜率补偿的设备，它以 MMIC 开关和微带线为基础。该装置具有放大发射和接收信号的功能。TTDL 包括提供对 4 个 EFE 馈电的射频功分器，每一个与 8 个 TRM 相接。TTDL 的结构框图如图 13.16 所示。该单元对在通用的 I/O 端口和 4 个 I/O 端口之间流通的射频信号进行放大和相位控制。

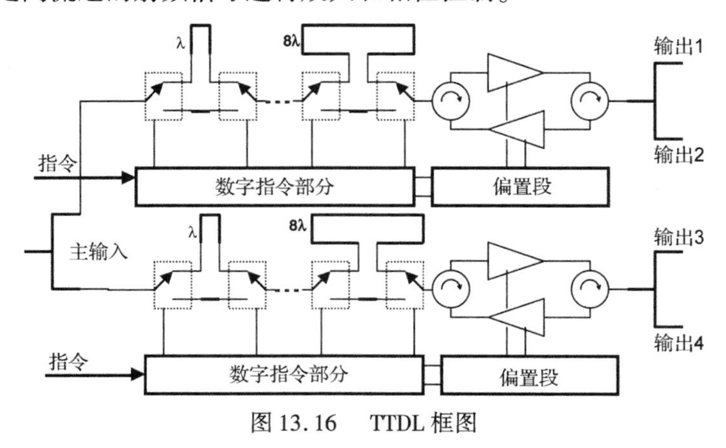

图 13.16 TTDL 框图

13.4 星载 SAR 天线案例研究

下面以工作在 C 波段的 SAR 系统作为例子，为 SAR 设备和有源天线确定尺寸。

13.4.1 设备设计

在 C 波段的 SAR 确定尺寸的关键要求如下(考虑条带模式)：

- 入射角：20° ~45°。
- 俯仰扫描角：±13°。
- 卫星高度：700 km。
- 卫星速度：7 km/s。
- 方位角和俯仰角分辨率：5 m(条带式)。
- 条带：最低 80 km。

13.4.1.1 天线长度和 PRF

条带成像模式(5 m)所需的方位分辨率是由使用的天线的大小决定的。因此，满足所需分辨率的天线的最大长度是 $L=10$ m。

虽然稍短的长度也可以保证所需的方位分辨率，但需强制选择更高的 PRF，这样可能减少条带的扩展。

不同天线长度的方位模糊度和 PRF 值的关系如图 13.17 所示。假设方位波束宽度是通过一个均匀的照射函数获得的，即 sinc2(x)函数所给出的方向图。

正如预期的那样，分析表明，对于一个恒定的模糊度值，越长的天线需要越低的 PRF 来得到上述结果。而且，对于一个固定的模糊度值，存在一组特定的 PRF 值满足该模糊度值，因为这个效果与波束方位方向图的旁瓣结构有关。

对于一个长度为 $L=10$ m 的天线，假设方位模糊比(AAR)是 −23 dB，那么需要 PRF 的下限 ≥ 1800 Hz。

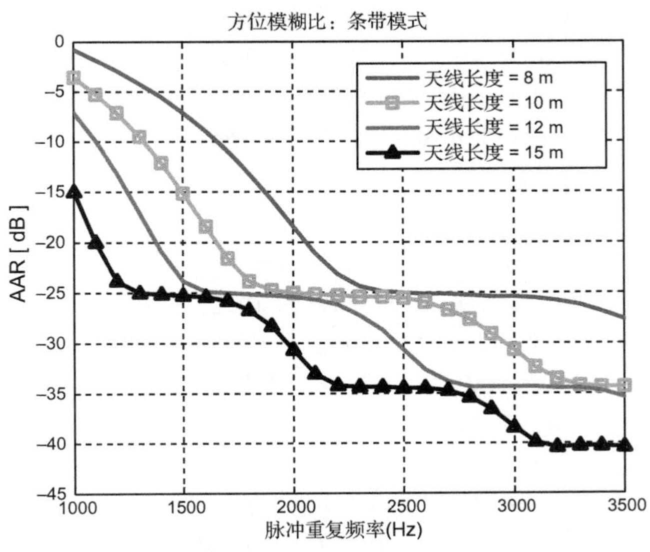

图 13.17　方位模糊与 PRF

13.4.1.2　天线宽度

天线尺寸与对分辨率和覆盖范围的要求是紧密相关的。设置一个 SAR 天线的最小长宽积是为了避免重叠的回波并对多普勒带宽充分采样。天线的最小宽度由式(13.9)近似给出，且与 1.3 m 左右相对应。当入射角大于40°时，天线宽度将迅速增长，当入射角从 40°增加至 50°时，所需的天线宽度将增加 70%。此外，式(13.10)表明 50 MHz 带宽的信号足够保证距离向所需的 5 m 分辨率。

最后，根据式(13.11)，能够计算发射机产生的所需功率。

考虑一个约 −25 dB 的等效噪声，式(13.11)给出的值是 $P_t \cdot \tau = 0.12\ \text{W} \cdot \text{s}$。对于一个典型的约 40 μs 长的脉冲，其发射功率是 3 kW。

如果考虑一个具有约 10 m×1.3 m 尺寸的有源天线，它可以由 320 个 TRM 构成的阵列组成，每个 TRM 至少产生 10 W 功率。

13.4.2　SAR 天线

上述讨论得出 SAR 天线的尺寸约是 10 m×1.3 m。它必须是一个平面的有源相控阵，单元按正规矩形网格排列，可以满足实现条带模式和扫描模式所需的扫描和波束赋形能力。

天线的高度和沿距离平面的扫描要求确定了行数。为了以 0.75λ的间隔填满 1.3 m 的长度，必须有 32 行。

需要从以下几个方面进行分析来确定天线的架构：

1. 天线的列的数目。这取决于 TRM 的可达性能和以可接受的损耗实现线性阵列的可行性。
2. 有源电子器件在瓦片中的排列需考虑可生产性和易测性。
3. 把一些瓦片组装成面板，以允许在发射时以收起的状态安装天线。

首先，在 C 波段通过成熟的技术实现的 TRM，考虑到所有的空间应用的降级因素，可以产生 10～18 W 的脉冲射频功率，这取决于 HPA 最后一级使用单芯片还是双芯片。

也可以通过在 MMIC 技术中采用低噪声放大器，在大规模生产中实现约 3 dB 的噪声系数。辐射单元可通过使用贴片或使用长达 1 m 的包括 22 个或 24 个贴片或槽的长开槽波导来实现。这将导致 0.8 ~1 dB 的电阻损耗(用贴片时)或 0.5 ~0.7 dB 的电阻损耗(用波导时)。这两种方案产生约 2% ~3% 的带宽。在此基础上，可以确定线性阵列的长度为 1 m，其中一列天线产生约 500 W 的功率(如果用双芯片的 HPA)。

在这种情况下，很容易定义瓦片配置：它包括一个有 32 个线性阵列的列，有 32 个 TRM 和驱动及提供功率的电子线路。TRM 可以是单通道或双通道的。在 TRM 大批量生产的情况下，为了保证两个极化之间的高隔离度，第一个方案是优先选择的。因此，瓦片将有 64 个单通道 TRM，它们必须被分组成若干个 EFE。一个 8 个模块配置的 EFE 显示出良好的耐功率和可测试性。

瓦片控制器将有一个内部 RAM，以保证一定数量的预加载波束(典型的数量可以是从几十个直到几百个范围内)，而一个 TRM 的热补偿查找表对于在整个温度范围内的正确工作是必要的。预加载波束的 RAM 尺寸可以达到 512 KB，而对于 64 个单通道 TRM 的查找表，通常需要 1 MB。另一个重要参数是给 TRM 传输设置数据的速度，以允许在每个单一的 PRI 内的数据传输能基于 PRI 改变波束。这可在串行总线上以 10 ~12 MHz 的典型时钟速度完成。需要传输到 64 个 TRM 的数据(一组发射的振幅和相位值，两组接收的 H 和 V 极化的振幅和相位值)约是 1500 比特(48 比特用于一对 TRM，考虑的是一个发射通道和两个接收通道)。为了与 2000 ~2500 Hz 范围的 PRF 相匹配，整个数据传输时间应小于 150 μm。

原则上，瓦片里面可以使用一个电源供电。然而，当一个电源发生故障时，对天线的波束在方位面上会产生影响，因此需要考虑冗余。更常用的方法是使用一对 DC/DC 转换器，每个给瓦片的一半 TRM 馈电。在这种情况下一个电源发生故障造成的影响是可以接受的。图 13.18 所示是瓦片的电气布局。

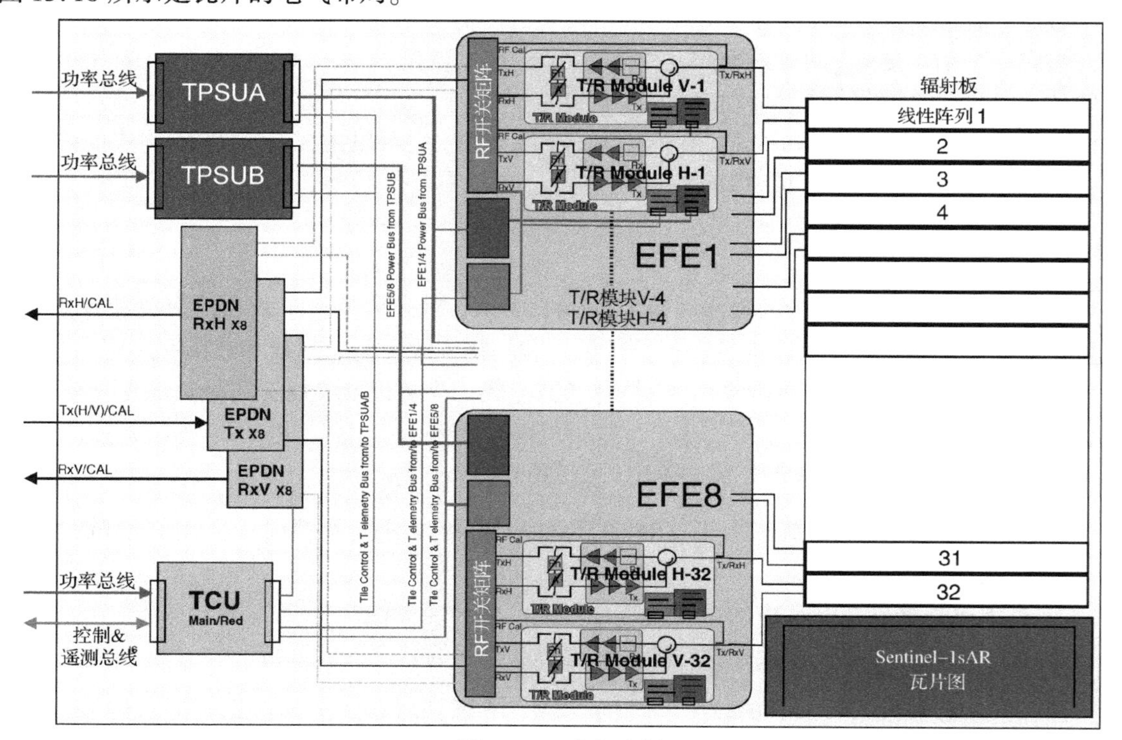

图 13.18　电气布局

瓦片包括两个电源(TPSU A 和 B)、8 个 EFE 和 32 个双极化线阵。

在面板上排列瓦片的最简单的方法是一对瓦片组装在一起。以这种方式，天线由 5 个面板组成：一个中央面板固定在卫星的上面，其余四个排列在两个侧翼上，如图 13.19 所示。瓦片的方法基于盒的概念。和两个瓦片有关的所有电子设备都封装在一个金属箱内。这样做提高了瓦片的热控制，也允许采用更灵活的 TRM 互连方案以保护电子线路免受外部环境影响。该金属箱具有 1.3 m 的高度和 2 m 的长度。

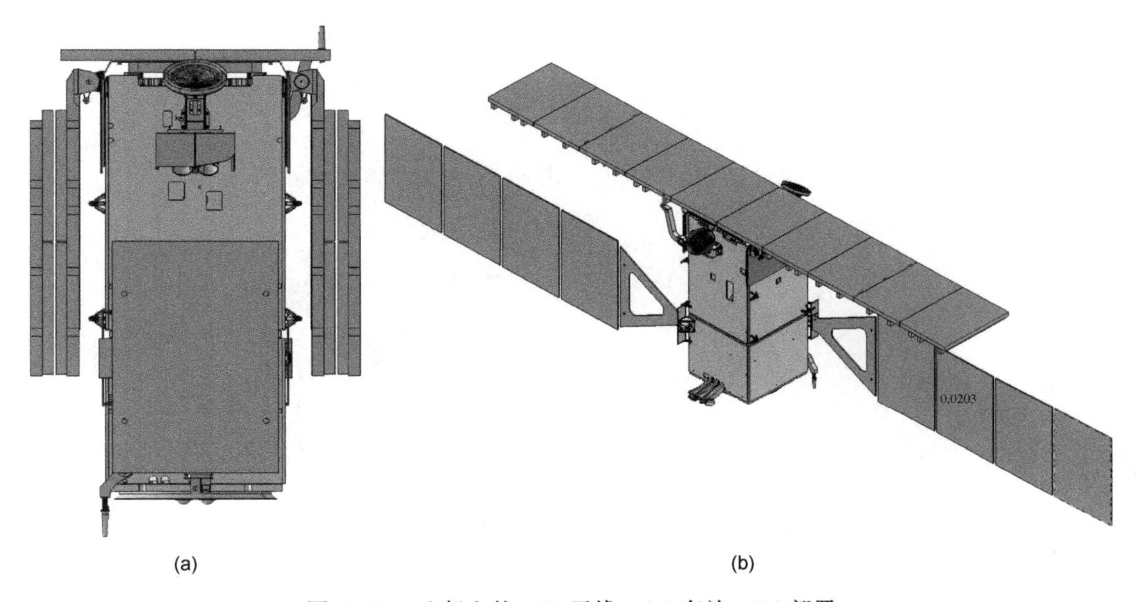

图 13.19　飞船上的 SAR 天线。(a)存放；(b)部署

图 13.20 示出了面板结构，其中一个瓦片已组装，另一个瓦片被移走。这允许沿支撑框架安装所有的电子设备，如 TRM、TCU、瓦片的电源单元(TPSU)和，俯仰面分配网络(EPDN)，以便在单次测试活动中测试瓦片电子器件的温度电子特性。带电子线路的瓦片框架如图 13.21 所示，有 8 个单通道 TRM 的 EFE 如图 13.22 所示。

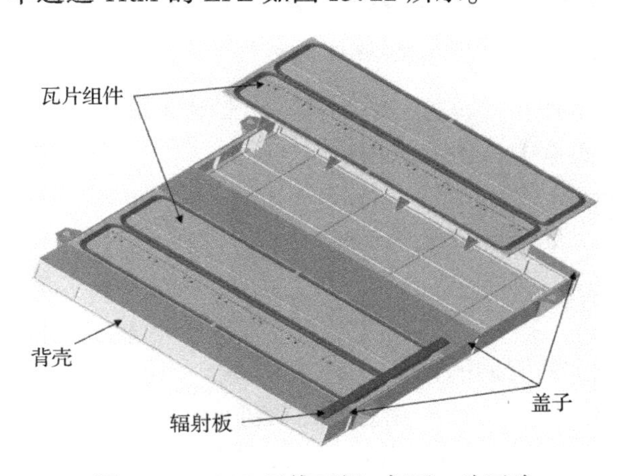

图 13.20　SAR 天线面板：打开一片瓦片

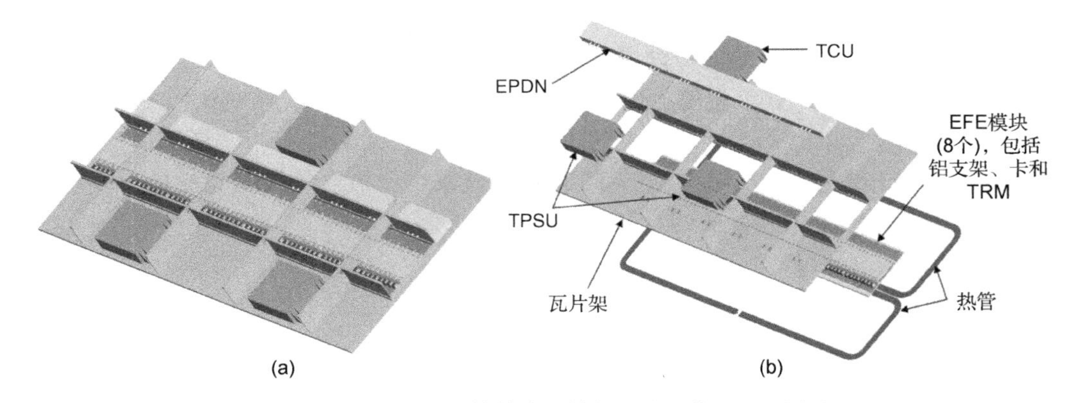

图 13.21 (a)瓦片电子结构在机械架上的组装；(b)分解视图

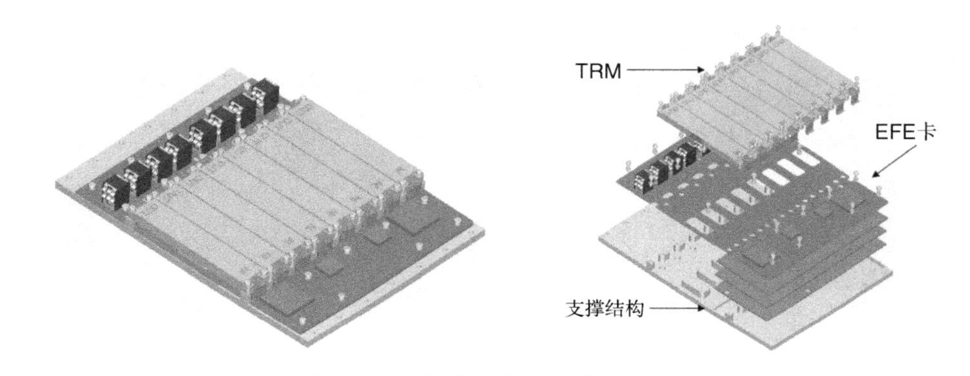

图 13.22 拥有 8 个 TRM 的 EFE 卡

13.5 SAR 天线的进展

下面几小节对与 SAR 任务有关的有源平面阵列天线的进展给出简要汇报和讨论。从 14.3 节讨论的天线开始，几乎所有的有源相控阵都在持续发展。下一代 SAR 系统将会在全极化特性上进一步发展。一些未来的处于发展中的 SAR 任务如下：

- Sentinel 1(欧洲)，工作在 C 波段，是 Envisat ASAR 系统的延续。
- Saocom(阿根廷)，具有 L 波段有源相控阵。
- ALOS 2(日本)，Palsar 的延续。
- COSMO 第二代，COSMO SkyMed 的延续。

13.5.1 Sentinel 1

Sentinel 1 项目是由欧空局资助的，是 ASAR 的延续。该任务包括两个卫星：Sentinel 1A 和 Sentinel 1B。每颗卫星的质量约为 2.2 t，由意大利泰利斯阿莱尼亚宇航公司下的几个欧洲公司组成的财团作为主承包商，同时由阿斯特里姆公司(EADS 公司在德国)负责整个 SAR 的有效载荷。主要设备是一个以由 20 行和 14 列的总共 280 独立辐射器组成的有源平面天线[16]为基础的 C 波段雷达，14 个瓦片分布在两个侧翼和一个中央面板内。每个侧翼包括两个面板，每个面板有 3 个瓦片，而中央面板支持两个瓦片。每个瓦片是一个有源天线，其中包括：

- 20 个双极化辐射阵列，每个由 2 个波导组成，一个波导用一种极化；
- 10 个 EFE，每个包括 4 个单通道 TR[17]；
- 瓦片放大器(有另一个单元作冷冗余)；
- 数字控制器(有另一个单元作冷冗余)；
- 两个电源；
- 一个俯仰面波束成形器；
- 数字和功率线束；
- 结构元件。

所有支撑架和辐射波导由碳纤维复合材料制成。天线整体尺寸是 12 m×0.8 m，质量约为 900 kg，包括在卫星侧壁上安装的两个侧翼的支撑框架。Sentinel 1 卫星的立体图如图 13.23 所示。

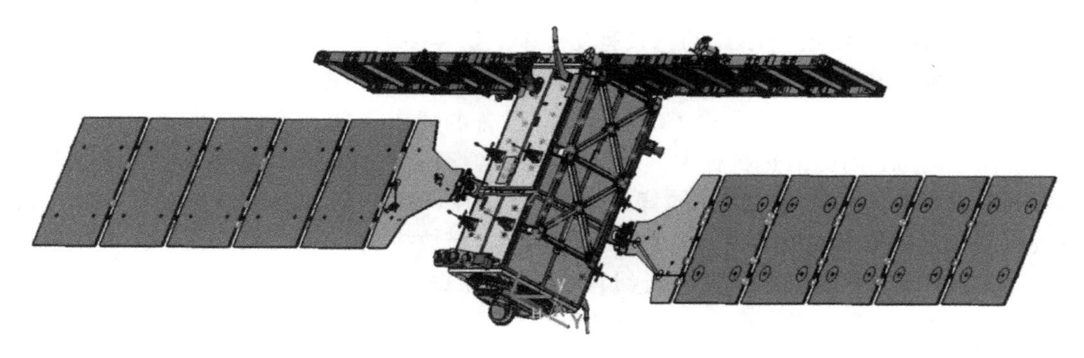

图 13.23　Sentinel 1 卫星

13.5.2　Saocom 任务

Saocom 任务是两个卫星的星座(Saocom 1A 和 Saocom 1B)，由阿根廷国家空间活动委员会(COmisiòn National de Actividades Espaciales)研发。任务目标是提供自然灾害的相关数据，并支持经济活动，如农业发展、海洋监视及南极大陆的监测。

每颗卫星携带一个工作在 L 波段的配备有源相控阵天线[18]的 SAR 设备。该天线约 10 m 长，3.5 m 高。设备由 7 个面板组成，一个固定在卫星上壁中央，其他 6 个分两组部署在两个可展开的侧翼上[19]。每个面板都包括 20 个安排在线性阵列中的双极化环形槽为基础的射频辐射器，连接到一个双通道 TRM 上。由意大利航天局(ASI)和泰利斯阿莱尼亚宇航公司在一项名为意大利－阿根廷紧急情况管理卫星系统(SIASGE)国际协议的框架下生产和研发。该系统预计使用两个阿根廷 Saocom 卫星和 4 颗并行工作的意大利 COSMO SkyMed 卫星。

13.5.3　ALOS 2

ALOS 2 是从 2006 年开始工作的由 JAXA 开发的 PALSAR 设备的延续，ALOS 卫星在日本正在进行开发。此设备将工作在 L 波段，四极化，在条带模式和扫描模式下有性能提升，同时还包括聚束模式。已确认其使用有源相控阵，一个新天线正处于研发中，它可能在方位角上和俯仰角上对波束扫描。天线分为 5 个面板，共约 10 m×2.9 m。该天线将配备以先进技术实现的 180 个 TRM，使射频峰值功率超过 5 kW。

13.5.4 COSMO 第二代

第二代 COSMO SkyMed(CSG)[21]是一个双卫星星座，由 ASI 和意大利国防部资助研发。它以保证 COSMO SkyMed 构想的连续性为总体目标，是 COSMO 卫星构想计划的延续。同时，在图像质量和作战能力方面有增强的性能。CSG 的 SAR 工作在 X 波段，具有多模式(聚束模式，条带模式，扫描模式)和多极化能力。SAR 性能的改进主要是：

- 脉冲带宽将覆盖如今 ITU 为空间遥感民用领域分配的完整的频带；
- 同时双极化接收；
- 全四极化模式；
- 多子孔径天线的 MTI/ATI(沿航迹干涉)模式。

天线的电气设计是以初步权衡所定义的配置为基础的，从而形成一个 48 行 ×32 列的天线，由 48 个功能瓦片组成。TRM 的总数有几千个。这样多的 TRM(TR 组件)是为了同时在水平或垂直极化发射和接收。在一个单一的 EFE(电子前端)上，TRM 将被混合安装在一个单极化模块中。对散热的要求比第一个 COSMO 空间设备的要求更加严格。这主要是由于对连续图像数的需求增加，因此散热将更大。出于这个原因，现在的天线结构将基于具有大量热管的两个可展开面板上。所有电气部件的背面侧有改进的热辐射，例如数字波束成形器和电源线束将被包括在面板的机械框架中。6 个 HRM(保持和释放机构)和改进的 LADM(大型可展开机构)系统将用来存放和展开两个天线面板，如图 13.24 所示。天线的电气结构类似于 COSMO SkyMed，但增加了电子功能，集成度也更高。EFE 将包括 32 个单通道 TRM，而一个 TPSU 将能够给两个 EFE 馈电。最后，一个 TCU 将驱动多达 8 个不同的 EFE。

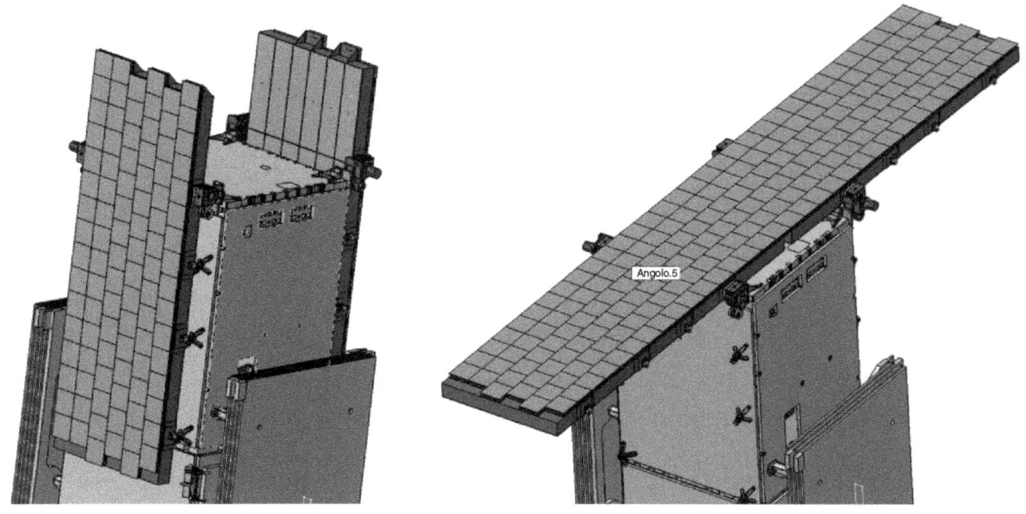

图 13.24 COSMO 第二代，存放和展开配置

参考文献

1. Elachi, C. (1988) *Spaceborne Radar Remote Sensing Applications and Techniques*, IEEE Press.
2. Wang, W., Jin, J., Lu, J.-G., and Zhong, S.-S. (2005) Waveguide slotted antenna array with broadband, dual-polarization and low cross-polarization for X-band SAR applications. IEEE International Radar Conference.

3. Imparato, M., Del Marro, M., Fantozzi, M. *et al.* (2009) Sentinel-1 SAR C-band electronic front-end (EFE). ESA Workshop on Advanced RF Sensors and Remote Sensing Instruments.
4. Trento, R., Fabiani, G., Meschini, A., and Carinci, L. (2010) Key thermo-mechanical design aspects of SAR antennas at TAS-I. 32nd ESA Antenna Workshop on Antennas for Space Applications.
5. Herschlein, A., Römer, C., Østergaard, A., and Pitz, W. (2008) Development of Sentinel-1 phased array antenna. 30th Antenna Workshop, ESA-ESTEC.
6. Naftaly, U. and Levy-Nathansohn, R. (2008) Overview of the TECSAR satellite hardware and mosaic mode. *IEEE Geoscience and Remote Sensing Letters*, **5**(3), 423–426.
7. Koebel, D., Tobehn, C., and Penné, B. (2005) OHB platforms for constellation satellites. 5th IAA Symposium on Small Satellites for Earth Observation.
8. Torres, R. (2002) ASAR instrument stability. CEOS WGCV SAR Workshop.
9. Wood, P.J. and Whelpton, J.P. (1991) Characterisation and design of slotted waveguide arrays for Radarsat. Seventh International Conference on Antennas and Propagation, ICAP'91.
10. Riendeau, S. and Grenier, C. (2007) RADARSAT 2 antenna. Proceedings of the 2007 IEEE Aerospace Conference.
11. Rosenqvist, A., Shimada, M., and Watanabe, M. (2004) ALOS PALSAR: technical outline and mission concepts. 4th International Symposium on Retrieval of Bio- and Geophysical Parameters from SAR Data for Land Applications.
12. Pitz, W. and Miller, D. (2010) The Terrasar X satellite. *IEEE Transactions on Geoscience and Remote Sensing*, **48**(2), 615–622.
13. Stangl, M., Werninghaus, R., and Zahn, R. (2003) The TerraSAR-X active phased array antenna. Proceedings of the IEEE Phased Array Conference.
14. Caltagirone, F., Angino, G., Coletta, A. *et al.* (2003) COSMO-SkyMed program: status and perspectives. Proceedings of Third International Workshop on Satellite Constellations and Formation Flying.
15. Capece, P., Borgarelli, L., Di Lazzaro, M. *et al.* (2008) COSMO SkyMed active phased array SAR instrument. IEEE International Radar Conference.
16. Herschlein, A., Römer, C., Østergaard, A., and Pitz, W. (2008) Development of Sentinel 1 phased array antenna. 30th ESA Antenna Workshop, ESTEC.
17. Del Marro, M., Giordani, R., Amici, M. *et al.* (2009) Sentinel-1 SAR C-band electronic front-end (EFE). Advanced RF Sensors and Remote Sensing Instruments.
18. D'Aria, D., Giudice, D., Monti Guarnieri, A. *et al.* (2008) A wide swath, full polarimetric, L band spaceborne SAR. IEEE International Radar Conference.
19. Vega, J., Quiroz, H., and Kulichevsky, R. (2003) A new deployment concept for a space based SAR antenna. ESMATS Conference.
20. Kankaku, Y., Osawa, Y., Suzuki, S., and Watanabe, T. (2009) The overview of the L-band SAR onboard ALOS-2. Progress in Electromagnetics Research Symposium Proceedings.
21. Caltagirone, F., Scorzafava, E., Marano, G. *et al.* (2011) COSMO-SkyMed Second Generation: the SAR instrument. IGARSS 2011.

第 14 章　全球导航卫星系统接收机天线

Chi-Chih Chen(俄亥俄州立大学，美国)
Steven(Shichang) Gao(萨里大学萨里空间中心，英国)
Moazam Maqsood(萨里大学萨里空间中心，英国)

14.1　引言

表 14.1 列出了正在使用的和正在计划的 4 个主要的全球导航卫星系统(GNSS)，它们可以定位 GNSS 接收机的位置(经度、纬度、高度)。每个接收机从全球导航卫星系统的卫星群接收伪随机噪声(PRN)码序列。卫星在不同中地球轨道上(MEO)绕地球运行，发射覆盖整个地球表面的卫星信号。总系统可以分成三部分，即控制部分、空间部分和用户部分[1]。控制部分包括在地上的指挥中心网络，负责保持卫星位置、调整卫星时钟和上载导航数据。空间部分包括发送其时间和位置的卫星群。用户部分接收卫星信号，并基于检测其到四个或更多已知卫星的距离[2]，使用三边测量方法获得其位置。每颗卫星的信号中包含标识、位置和初始卫星的发送时间。虽然三边测量定位的数学概念简单，但在实践中，要获得用户部分中的接收机和一个卫星之间的准确距离，会受到信号在电离层、对流层、接收天线、接收机电路中的延迟造成的误差，以及多径信号和其他 RF 发射机发送的 GNSS 频率的干扰的影响。

各种基于卫星的扩增系统(SBAS)在仔细调查地面 GNSS 接收站观测到的误差的基础上，可以从对地静止卫星广播对这些误差进行修正。例如，美国广域增强系统(WAAS)[3]使用在北美和夏威夷(很快将扩大到墨西哥和加拿大)的地面参考站网络，使飞机可以在飞行时和 GPS 覆盖区域内的机场上的着陆期间使用 GPS(全球定位系统)。支持 WAAS 的在 L1 波段内操作的(见表 14.1)接收机可以在大部分时间内实现水平精度小于 3m、垂直精度小于 6m。其他正在工作的类似的区域性的 SBAS 有由欧洲航天局的欧洲地球同步导航覆盖服务(EGNOS)[4]和日本的多功能卫星增强系统(MSAS)。日本、印度和中国也已经提出其他几种 SBAS。

另外，陆基增强系统(GBAS)从地面 VHF 或 UHF 站广播位置修正信息进行区域 GPS 修正服务。美国局域增强系统(LAAS)是 GBAS 的一个例子，它被用来支持飞机着陆系统和差分 GPS 装置。

美国的全球定位系统(GPS)和俄罗斯的全球导航卫星系统(GLONASS)的成功及其低成本和先进数字技术的结合已迅速重塑我们日常生活的方式，在发达国家和发展中国家尤其如此。欧盟的伽利略定位系统和中国的北斗导航系统即将加入全球导航卫星系统的服务。虽然一个国家发展自己的全球导航卫星系统可能主要出于国家安全的考虑，然而其结果无疑将更惠及大众。

在美国，GPS 已经成为个人旅行、军事任务、商业行为、科学研究及工程问题等日常活动中必不可少的一部分。例如，卫星操作、调查与制图、精确农业行为、卡车运输业、海运业、渔业、划船、疾病控制、导航和电力网等都是大家熟悉的越来越依赖于现有 GPS 的领域。它们中的大部分实实在在地工作然而却不被大众注意，但是若将 GPS 服务中断，它的影响足以撼动世界。

表 14.1 列出的是 4 个主要计划的 GNSS 中的国家、编码、频率段的信息。频率段分布在 1150 ~ 1300 MHz 和 1559 ~ 1611 MHz 两个波段。1300 ~ 1560 MHz 的频段是留给其他应用方面的，如军队、遥感勘测、无线电天文学、地对宇宙空间的作业及卫星互联网络服务。个别的 GNSS 信号通道的实际带宽范围为 2 ~ 50 MHz，并由芯片时钟频率、编码时钟频率、编码方法的功率谱密度和相邻信道之间的隔离要求决定。请注意，与其他系统的方法不同，GLONASS 有每个卫星单独的信道。从表中可以明显看出，不同的 GNSS 间有很多频率重叠。在这些重叠的频带内，信道隔离度在很大程度上依赖于编码调制。应该指出的是，GNSS 频率范围内还有其他的无线电系统运行。例如，业余电台在 1240 ~ 1300 MHz 之间工作，空中交通管制(ATC)雷达在 960 ~ 1215 MHz 之间运行。这些信号都有可能干扰全球导航卫星系统的操作。

表 14.1　GPS、GLONASS、Galileo 和 COMPASS 信号的频率分配

系统	国家	编码	频率(MHz)	带宽(MHz)
GPS	美国	CDMA	L1：1575.420	C/A ~2 × 1.023
			L2：1227.600	P ~2 × 10.23
			L5：1176.450	I5, Q5 ~2 × 10.23
GLO-NASS	俄罗斯	FDMA	L1：1602.000 + k × 0.5625[a]	SP ~2 × 0.511
		CDMA	L1：1575.420	HP ~2 × 5.11
		FDMA	L2：1246.000 + k × 0.4375[a]	
		CDMA	L2：1242.000 (规划的)	
		CDMA	L3：1202.025 (规划的)	
		CDMA	L5：1176.450 (规划的)	
Galileo	欧盟	CDMA	E1：1575.420	~24.552
			E6：1278.750	~40.920
			E5b：1207.140	~20.460
			E5：1191.795	~51.150
			E5a：1176.450	~20.460
Compass	中国	CDMA	B1：1559.052 ~ 1591.788	~4.092
			B2：1162.220 – 1217.370	~24
			B3：1250.618 – 1286.423	~24

[a] k = 0 ~ 24；每个卫星具有独立的 FDMA 信道。

天线的设计和性能影响 GNSS 运行的覆盖面积、定位精度、截获时间和干扰抑制，本章的目的是对 GNSS 接收机天线的设计和操作的各个方面进行讨论。现有几个最新的军用、商用和实验用 GNSS 卫星接收天线。这些天线可以根据卫星系统、精度、带宽和用户类型进行如下分类。

- **卫星系统**：大部分现有低成本的个人导航产品的天线设计为接收 L1(1575.42 MHz)的信号。随着越来越多的 GNSS 可以使用，越来越多新的 GNSS 接收机将能够接收多种形式的 GNSS 信号。这些中的大多数仍然只能在 1575.42 MHz 操作，这是 GPS L1、GLONASS L1、伽利略 E1 都通用的频率。一个真正通用的 GNSS 天线仍处于发展阶段，它更具有挑战性，因为要接收来自四个 GNSS 的所有频段的信号。接收机的天线需要在不同频段上都有较好的增益响应和方向图覆盖。
- **带宽**：几乎所有的专为个人旅行导航设计的 GPS 天线都只能用于 L1(1575.42 MHz)的相对窄的带宽(2 ~ 20 MHz)。其简单的单模式设计允许优化的射频前端电路的设计，如

阻抗匹配、滤波器、混合电路和放大器。一些 GNSS 卫星天线设计成在几个狭窄的 GNSS 频带(如 L1、L2、L3、L5)中使用。这些天线不能在这些频段以外工作，因此被分类为多频带天线。要涵盖所有可能的当前和未来的 GNSS 频带，一个理想的天线应该持续在从 1150 MHz 至 1300 MHz 和从 1559 MHz 至 1611 MHz 两个 GNSS 频率区域间很好地运行。这种天线可以归类为宽带天线。显然，要设计满足所期望的全部阻抗、极化及模式特性的一个宽频带 GNSS 天线会更具挑战性。

- **操作方式**：GNSS 天线的设计在很大程度上取决于期望的操作模式。不同的操作模式可能需要不同的定位精度、航行速度、操作位置和海拔、物理限制和操作环境。因此，它们需要一个不同寻常的天线设计策略。例如，用于大地测量或差分模式参考的高精度 GNSS 接收机要求天线设计具有优异的方向图和相位性能以最大化天空覆盖面积，最小化多径效应，最小化由天线引入的群延迟变化和码相位失真。设计用于地面上运动的或飞行器的天线则需要考虑平台运动和相互作用。在军事应用中抗干扰能力是至关重要的，为了能够进行数字波束成形和零点扫描往往采用阵列配置。

由于不同国家和地区之间 GNSS 仍被改进和开发，对未来的 GNSS 寻找绝对的天线规格或要求是非常困难的。因此，我们讨论的天线的性能指标和设计参数集中在一般的 GNSS 接收操作的电磁问题上，不直接关联具体的系统或任务。为星载 GNSS 接收机研发的天线以及它们的规格也将在 14.5 节提供一个简要的回顾。

14.2 GNSS 接收天线的射频要求

虽然大多数的 GNSS 天线设计采用现有的设计[5,6]，如贴片天线[7~15]、螺旋天线、锥形天线、偶极子和被应用于其他应用中的环形天线等，但一些特定的性能要求，在通用和特殊的全球导航卫星系统的运行中都是极为重要的。因此，设计一个好的 GNSS 天线往往需要适当的设计改进、优化和额外处理。像所有其他的星载天线，星载 GNSS 天线也必须满足机械和热的要求以保证在空间运行可靠。14.5 节将讨论星载 GNSS 天线，但读者可以在第 5 章了解更多关于这些要求的内容。现在，我们将重点放在电磁和射频方面的性能要求上。

14.2.1 通用射频要求

表 14.2 列出了通用的 GNSS 接收天线在 L1 波段操作的典型的射频要求。虽然该表仅针对 L1 频率，然而所有的基本要求，增益、带宽、极化、方向图和反射系数都可以应用到其他 GNSS 频率上。一些先进的操作可能会有不同的要求，实现更好的定位精度和干扰抑制。这些先进的要求将在 14.2.2 节中简要讨论。

表 14.2 窄带 GNSS 天线在 L1 波段的典型基本性能

中心频率	1575.42 ± 1.023 MHz
频率带宽	>9 MHz
增益(最高点，90°俯仰角)	+3 dBi (典型值)
增益 (10°俯仰角)	-5 dBi (典型值)
偏振	RHCP
长短轴比(最高点)	< 3 dB
长短轴比(水平线上 10°)	< 20 dB
反射系数	< -10 dB
阻抗	50 Ω (典型值)

为了方便当前的讨论，一个 L1 频段 GNSS 天线的设计及其射频性能特性的例子如图 14.1 所示。该天线的设计基于一种简单的介质加载右旋圆极化贴片天线，而右旋圆极化是用贴片角上切口、偏馈和稍不对称的贴片而得到的。

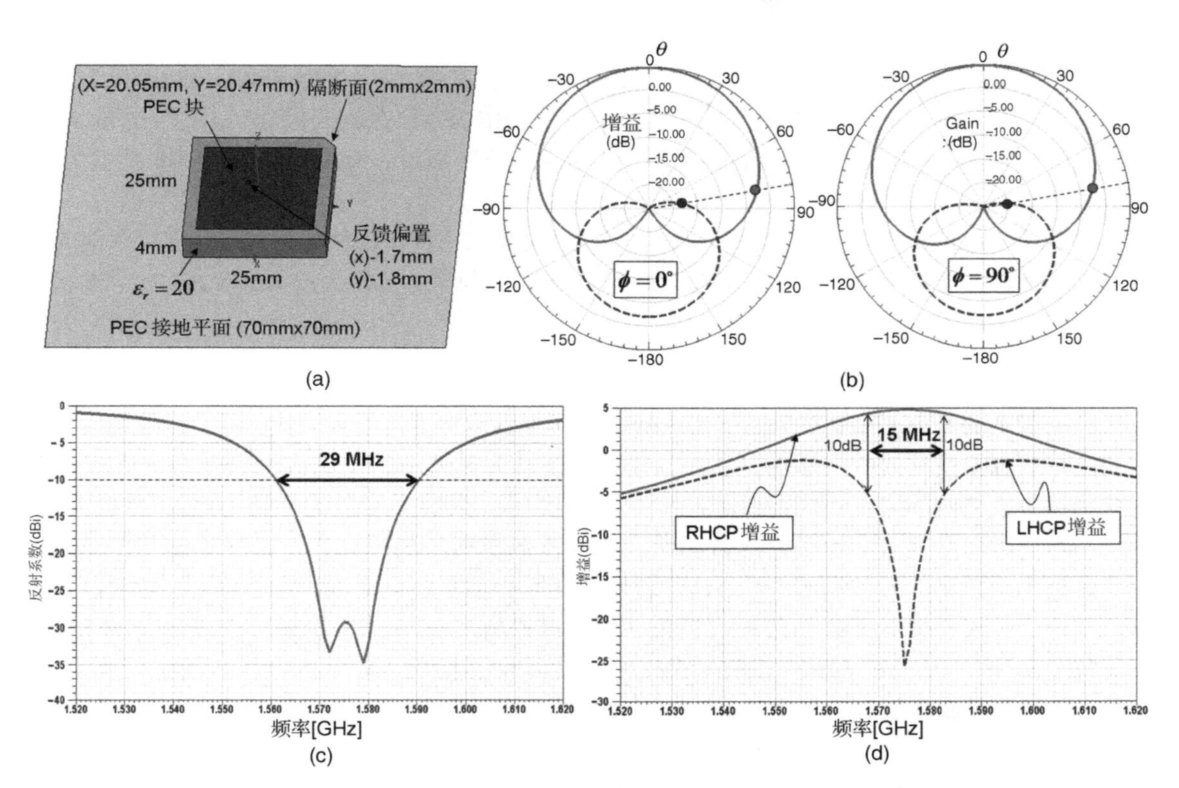

图 14.1　图中是一部只运行于 L1 频带的 GNSS 接收机的天线设计实例。(a)方形贴片天线的几何尺寸(PEC，理想导体)；(b)在X-Z和Y-Z平面为右旋圆极化(实线)和左旋圆极化(虚线)的俯仰角方向图；(c)反射系数作为频率的函数；(d)RHCP和LHCP在天顶点实现的增益

14.2.1.1　增益的要求

在一个卫星接收天线中，有足够的天线增益是很重要的，以确保有足够的灵敏度。天线增益在解调和解码之前影响接收信号的信噪比(SNR)。噪声主要是由天线后的第一个低噪声放大器(LNA)产生的白噪声。这种低噪声放大器的噪声系数(NF)一般是 1.5 ~3 dB。具有更高信噪比的信号可以承受更多的视线(LOS)遮挡、气象条件和天线指向的变化。这将缩短捕获卫星时间，延长来自同一卫星的接收时间而不需要由于信号衰落去获取新的卫星。

天线增益定义为天线效率 e、阻抗匹配效率 $1-|\Gamma|^2$ 和方向图的方向性 $D(\theta,\phi)$ (在第 1 章中定义的)的乘积：

$$G(\theta,\phi)=e\cdot\left(1-|\Gamma|^2\right)\cdot D(\theta,\phi) \tag{14.1}$$

阻抗匹配效率是与反射系数 Γ 相关的，由天线和接收机电路的其余部分之间的阻抗失配引起。天线效率是天线辐射出来的功率和天线收到的总功率之比。损失的功率是和电磁能转换成热能相关的，常常由于电传导损失或相关材料(介电或铁磁)损失的引起。从图 14.1 可以明显看出，一个好的 GNSS 天线应具有最小损耗，天线和接收机之间应具有良好的阻抗匹配，并且应有适当的天线方向图以便在大部分空中达到良好的信噪比。大多数的 GNSS 天线最好具有非常紧凑的尺寸，并采用小型的在接地平面上的电或磁偶极子设计方法。这种类型的天线理论峰值增益值，在良好的阻抗匹配和效率为 100% 的条件下，在无限大的接地平面上可以达到4.76～5.2 dBi。4.76 dBi是当天线的物理尺寸比操作频率波长小得多的情况下达到，而5.2 dBi则在天线的尺寸大约是1/4波长时达到的。在图14.1的右下角，画出了计算的宽边方向(天顶点方向)的增益曲线(对右旋圆极化(RHCP)和左旋圆极化(LHCP)分量从1.520 GHz到1.620 GHz以1 MHz的频率增量绘制)。曲线显示，天顶方向上RHCP增益为4.76 dBic，以及小于－25 dBic的低LHCP增益。

尽管这一设计实例在接近L1频段(1575 MHz)时显示出优良的增益性能，但当频率偏离中心频率时这种性能就会迅速下降，从而只好用C/A码接收来自GPS L1、GLONASS L1、伽利略E1及北斗B1的卫星信号。

14.2.1.2 方向图的要求

具有较高的RHCP增益的地面GNSS接收天线可以产生更高的信噪比，可沿峰值增益方向达到更好的卫星信号接收灵敏度。然而，这可能会损失对天空的覆盖范围。低增益天线可由天线和接收机之间的阻抗不匹配引起[见方程(14.1)]。只要失配损失已最小化，天线增益进一步的增加应该来自方向性更高的方向图。在大多数应用中的平台上，如果接收天线安装以后能保持相当稳定的方位和俯仰角，这时就期望能减少地平线以下的天线方向图，通常称为后瓣。理论上，在上半球天线如果没有后瓣，增益可以增加3 dB。这将使一个以均匀的RHCP覆盖整个上半球的天线的假想理论增益变成3 dBic，如图14.2所示。因此，任何高于3 dBic的增益只能在某些方向上达到，以损失其他方向上的增益为代价。以图14.1中的方向图为例，天线方向图在天顶点方向的峰值增益为4.76 dBic，但在水平线以上10°的RHCP和LHCP增益分别降低至约－2.5 dBic和－20 dBic。

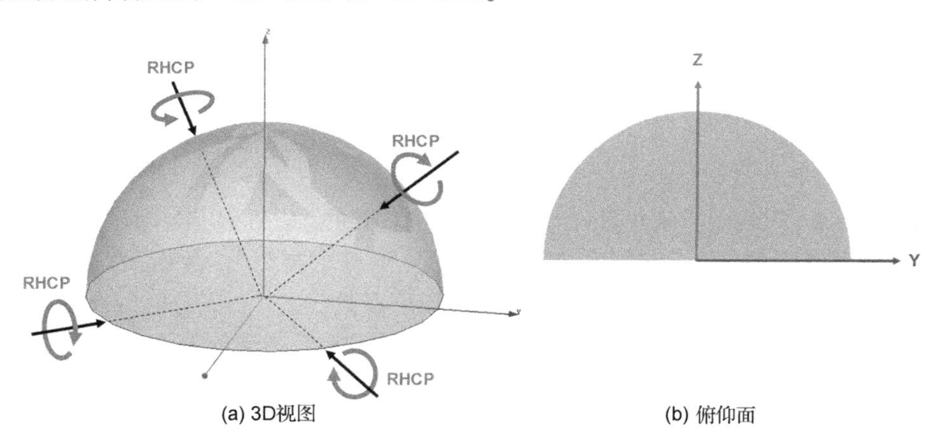

图14.2 理论上RHCP覆盖范围的上半球均匀化模型

现在让我们考虑在图14.3中示出的地球和GNSS卫星。典型的GNSS卫星的高度大约为20 000 km，地球的平均半径约为6370 km。如图所示，当接收机远离地球表面最低点时卫星到接收机的距离增加。在距离增加时由于电磁波扩展会引起接收信号强度的减弱。距离上的传播损耗可以通过式(14.2)很容易地确定。这导致接近地平线的卫星接收的信号相比在接收机正上方的卫星接收到的信号低约2 dB。

$$\text{传播损失} = 20\log_{10}\left(\frac{h}{d}\right) \tag{14.2}$$

为了对地球的半球照射保持几乎恒定的信号强度，GNSS天线的发射方向图应该像图14.4

中的曲线，其画出了理论增益方向图赋形因子作为天底角的函数(从最低点到约 14°)。这就是为什么大多数星上 GNSS 天线的合成方向图都类似于图 14.4 中的方向图。方法是采用两个同心环天线阵列，其内环产生功率较大的宽波束，外环产生功率较小的窄波束。

应当指出的是，对于一个在不同的现有及未来的卫星群间操作的 GNSS 天线，其上面所述的方向图特性应在所有 GNSS 频率上被满足。同时，上述传播损耗并没有考虑 GNSS 信号通过地球大气层时的额外衰减。

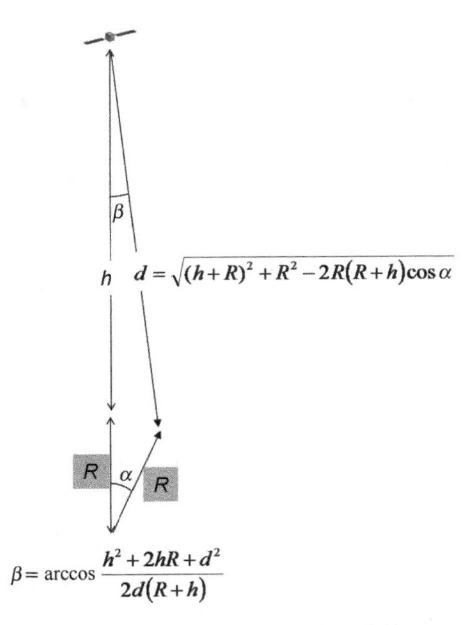

图 14.3　卫星到地面某接收站的关于距离的传播损耗

14.2.1.3　极化的要求

如在第 1 章中所讨论的，全球导航卫星系统采用 RHCP 信号，即与 LHCP 信号正交(或成交叉极化)。因此，卫星接收天线的设计应具有高 RHCP 增益和低 LHCP 增益的特性。后者有助于抑制从一个大平面反射的 GNSS 信号的不需要的多径信号。在图 14.1 所示的设计例子中，RHCP 和 LHCP 在天顶方向的增益在 1575 MHz 附近分别是 4.65 dBic 和 –25 dBic，这对应于 0.56 dB 的轴比(AR)。因此本设计超过了表 14.2 中要求的天顶方向($\theta=0°$)增益和轴比。在俯仰角 10°时轴比增加至 2.33 dB，这仍比一般所需的最大值 20 dB 低得多。值得注意的是，这样的好的现象只能在一个很窄的带宽(约 1575 MHz 左右的频带)的窄带天线中实现，而且只能在 L1 段并使用 C/A 码。一个好的卫星接收天线应能在所有 GNSS 频段保持良好的轴比和带宽频率。

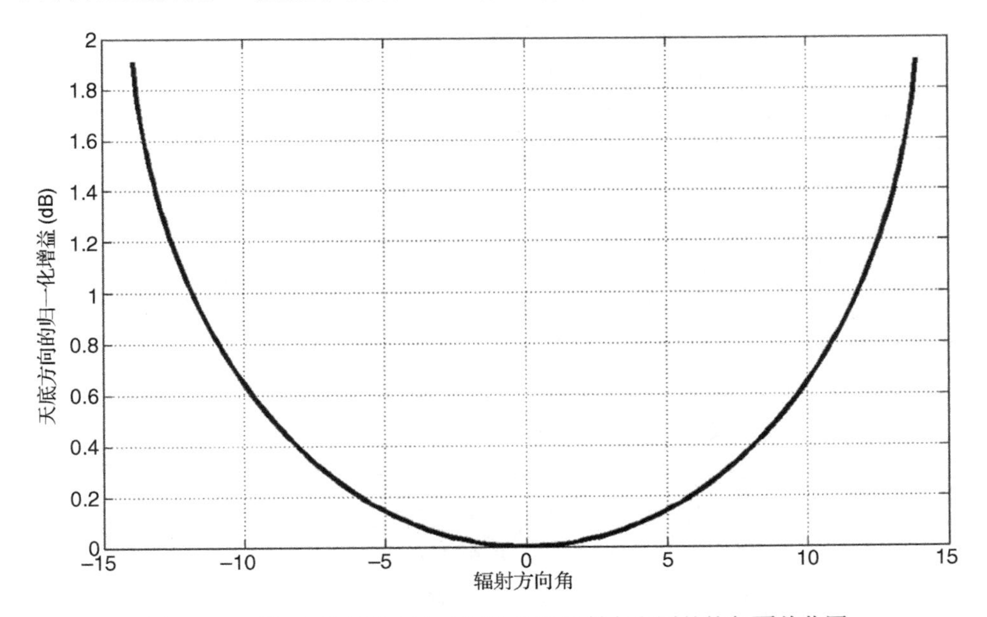

图 14.4　理论上从天底到水平面的卫星发射方向图的均匀覆盖范围

14.2.1.4 频率的要求

根据编码方案(见表14.1),单频GNSS接收天线需要在2~30 MHz的带宽内保持良好的阻抗、增益、相位方向图,并有良好的极化特性。目前,1575.42 MHz是在四大全球导航卫星系统群(GPS L1、GLONASS L1、伽利略E1和北斗B1)中唯一共同的频带。在不久的将来,1176.45 MHz将可在GPS L5,L5卫星、伽利略E5A、北斗B2中使用。虽然GNSS天线可以在L1或L2或L5频段操作,能够同时接收多个带,如L1/L2、L1/L5、L1/L2/L5等,使得对电离层的色散效应引起的时间延迟误差可得到校正。此外,1150~1300 MHz中和1559~1611 MHz中许多不同频段不久将被添加到伽利略、GLONASS和北斗卫星导航服务中,未来的全球导航卫星系统接收天线和接收机需要设计成有在尽可能多频带操作的功能。这要求天线(a)同时在多个窄带(~20 MHz)的GNSS频带工作,或(b)在1150~1300 MHz(150 MHz带宽)和1559~1611 MHz(52 MHz频率带宽)中对频率连续地工作,但这两个频带之间无频率覆盖,或(c)在两个1150~1611 MHz频带(460 MHz带宽)连续运行。同时反射系数、增益、方向图、极化要求在所有GNSS频段满足。方法(a)最具挑战性但具有最佳的带外抑制。然而,这种方法会由于其窄带设计而产生极为敏感的频率漂移和带内色散。方法(b)在较低GNSS带(1150~1300 MHz)和需要12.2%的带宽和高GNSS带(1559~1611 MHz)有3.2%的带宽方法。方法(c)可能在天线设计方面最简单,因为有许多现有的宽波段天线,如蝴蝶结形偶极子、螺旋形和锥形天线等,这种类型的天线具有最少带内色散和对频率漂移较好的鲁棒性。然而,由于它接收1150~1611 MHz的所有信号,将完全依赖于接收机的相关器分离不同的通道和抑制干扰。

14.2.2 提高定位精度和多路径信号的抑制的高级需求

全球导航卫星系统接收天线的上述基本射频性能要求应该能足够满足大多数一般的定位精度,而且没有强干涉的导航和跟踪的操作需求。本小节讨论额外的,高级精密定位和干扰减缓操作对天线性能的要求。应当指出,这些高级的需求仅仅作为例子,并不代表实际对全球导航卫星系统接收系统的要求,因为要求会随不同硬件、算法和预定的操作模式而发生变化。

如14.1节中提到的,全球导航卫星系统接收器在用户段使用四个已知的全球导航卫星系统的卫星位置,在发送时的距离的基础上用三维三边测量法确定其绝对位置。每个距离由光速乘以信号从卫星到接收器的时间算出。除了卫星时钟和接收机时钟之间的同步误差,图14.5说明了基于全球导航卫星系统信号的时间延迟的伪距估计中的主要误差源。第一个误差源出现在卫星部分,包括卫星位置、时间同步、在发射天线中的群延迟和来自卫星平台的多径信号。第二个误差源来自电离层的色散和电离层内波速较慢,所产生的伪距误差从0至45 m不等。第三个误差源是对流层的层内折射和慢波的效应产生的,伪距误差为2~30 m。电离层和对流层二者的影响在地平线方向最大,在天顶方向最小。在用户部分,接收天线和接收机电子线路中的传播延迟导致的伪距误差是频率和角度的函数。通过工厂

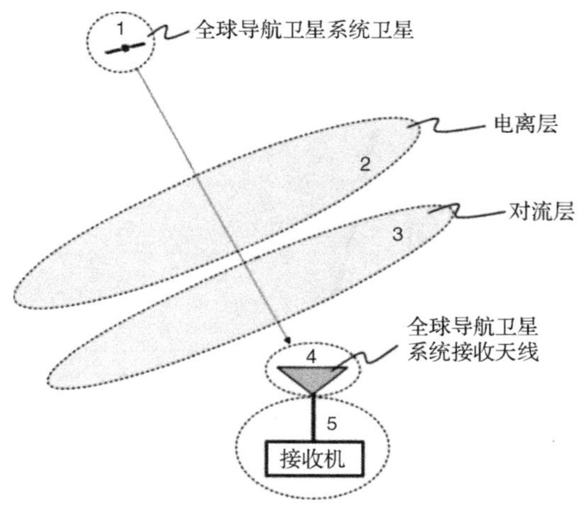

图14.5 延迟时间估计的可能的误差来源

校准的测量值或从参考站的实时监控与卫星和接收机的相关联距离误差可以被纠正。距离误差与通过电离层和对流层传播的时间和地点相关，从而依赖于实时增强修正。在文献[2]中可以找到对这些误差更多的详细讨论。在本小节中，我们将重点放在与接收天线的体积相关的伪距误差。

14.2.2.1　天线延迟方面的考虑

图 14.6 定义最小天线体积是包围天线结构（天线单元、天线罩、接地平面等），并以制造商定义的物理参考点为中心的假想球体。半径 a 对应于与天线体积关联的真实距离。然而，伪距来自于光速 c 和延迟时间 $T^{antenna}$ 并且被定义为：

$$R^{antenna} = cT^{antenna} \tag{14.3}$$

在大多数天线设计中，卫星信号在天线结构内将经历额外的延迟使得 $R^{antenna} > a$。天线距离误差被定义为 $R^{antenna} - a$。

$$\Delta R^{range} \equiv R^{antenna} - a \equiv c\Delta T^{antenna} \tag{14.4}$$

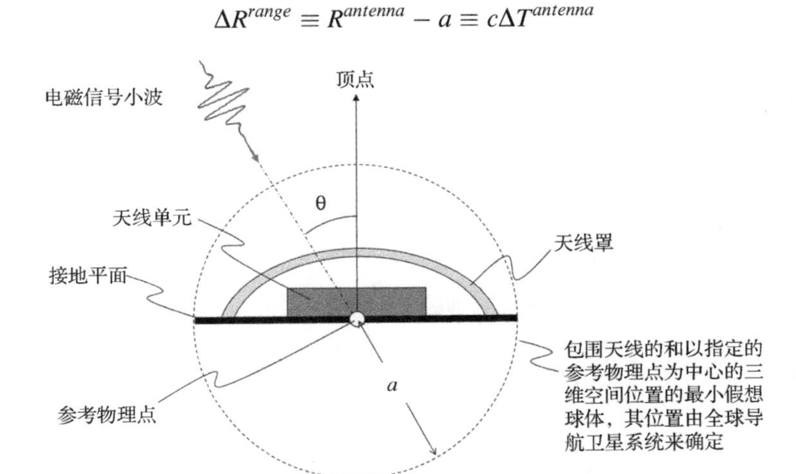

图 14.6　和 GNSS 接收天线体积相关的伪距。天线体积定义为包住天线的结构天线单元、天线罩、接地平面等的最小假想球面。球面以制造商定义的物理参考点为球心

这里将指与天线体积相关的所有形式的额外信号延迟为“天线延迟”，即 $\Delta T^{antenna}$。通常天线延迟可以通过实验确定并将其用于接收机处理器的伪距校正。在简单的天线设计中，如贴片天线或偶极子天线，天线距离误差大约是 1/4 波长，即 $\lambda_0/4$，其中 λ_0 是在工作频率的自由空间波长。

设 $x(t)$ 是出现在图 14.6 中定义的天线区域的卫星信号，$y(t)$ 是在天线输出端的信号，$h(t)$ 是天线的脉冲响应。于是有

$$y(t) = h(t) * x(t) \tag{14.5}$$

考虑接收的信号是一个正弦信号，其载频为 ω_c，其调幅为 $C(t)$，于是

$$x(t) = C(t)e^{j\omega_c t} \tag{14.6}$$

输出频率响应 $Y(\omega)$ 可以由式(14.5)和式(14.6)的傅里叶变换导出：

$$Y(\omega) = |H(\omega)|C(\omega - \omega_c)e^{j\phi(\omega)} \tag{14.7}$$

$H(\omega) = |H(\omega)|e^{j\phi(\omega)}$ 和 $C(\omega)$ 分别是 $h(t)$ 和 $c(t)$ 的傅里叶变换。如果将相位函数 $\phi(\omega)$ 围绕

ω_c 进行泰勒级数展开，并只保留前两个在式(14.8)中所示的主项，则式(14.7)可以由式(14.9)近似。

$$\phi(\omega) \approx \phi(\omega_c) + \left.\frac{\partial\phi}{\partial\omega}\right|_{\omega_c}(\omega - \omega_c) + O\left(|\omega - \omega_c|^2\right) \tag{14.8}$$

$$Y(\omega) \approx |H(\omega)| \cdot C(\omega - \omega_c) \cdot \mathrm{e}^{\mathrm{j}\left\{\phi(\omega_c)+(\partial\phi/\partial\omega)|_{\omega_c}(\omega-\omega_c)\right\}} \tag{14.9}$$

根据天线的设计方法，其带宽可以比信号带宽更宽或更窄，如图 14.7 所示。如果天线的带宽远大于信号带宽(即图 14.7 中例 1)，式(14.9)的输出的频率响应可近似为

$$\begin{aligned} Y(\omega) &\approx |H(\omega_c)| \cdot C(\omega - \omega_c) \cdot \mathrm{e}^{\mathrm{j}\left\{\phi(\omega_c)+(\partial\phi/\partial\omega)|_{\omega_c}(\omega-\omega_c)\right\}} \\ &\approx |H(\omega_c)| \cdot \left\{C(\omega - \omega_c)\mathrm{e}^{\mathrm{j}(\omega-\omega_c)\left[(\partial\phi/\partial\omega)|_{\omega_c}\right]}\right\} \cdot \mathrm{e}^{\mathrm{j}\omega\cdot(\phi(\omega_c)/\omega)} \end{aligned} \tag{14.10}$$

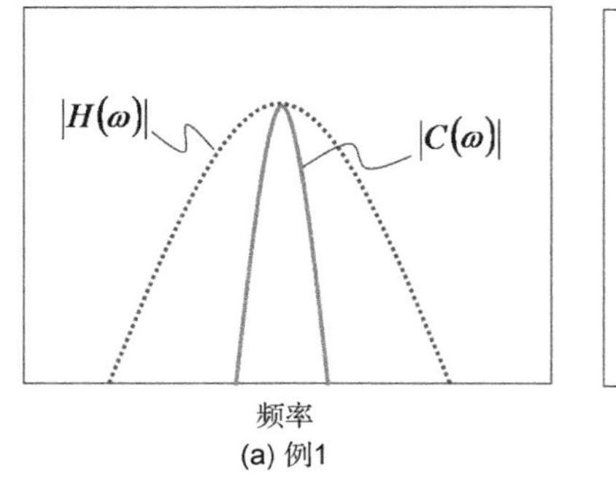

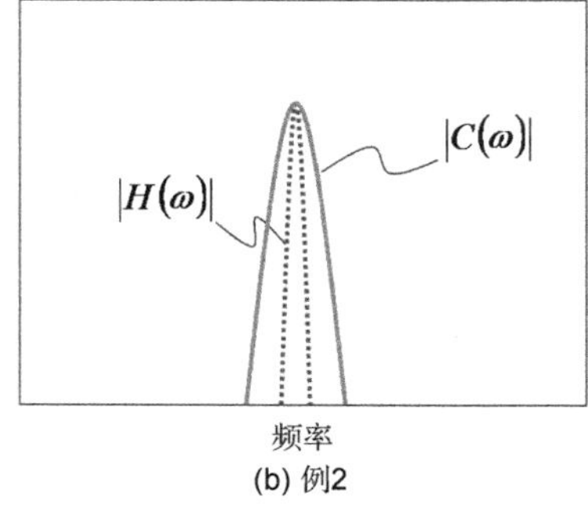

图 14.7 天线和信号带宽之间的关系的两种可能情况

对式(14.10)应用傅里叶逆变换，可以得到输出信号对应的时域响应：

$$y(t) \approx |H(\omega_c)|c(t - \tau_g)\cos(\omega(t - \tau_\phi)) \tag{14.11}$$

比较式(14.11)和原始的输入信号式(14.6)的表达式，立即可以看到，接收天线以 $|H(\omega)|$ 的比例缩放信号振幅。此外还引入了一个群延迟 τ_g 和文献[17]中定义的相速度 τ_ϕ：

$$\tau_g(\omega) = -\frac{\partial\phi(\omega)}{\partial\omega}\Big|_{\omega=\omega_c} \quad 和 \quad \tau_\phi(\omega) = -\frac{\phi(\omega_c)}{\omega} \tag{14.12}$$

对于全球导航卫星系统信号带宽，群延迟将一个时间延迟添加到编码芯片，而相位延迟将时间延迟添加到载波信号。如果相位函数是频率的线性函数，则群延迟和相位延迟相同。这导致编码芯片中和载波信号中的时间延迟相同。在需要毫米级的定位精度应用中，这是一个期望的特性。例如，每一度载波相位测量误差在 1575.4 MHz，对应于大约 0.53 mm 距离误差。

另一方面，如果天线带宽远小于信号带宽(即图 14.7 中例 2)，在该信号中包含的代码信息将会部分丢失。因此，确保接收天线的带宽比预期代码宽是至关重要的。图 14.8 说明了计划的 C/A、Y 和 M 代码[18, 19]的功率谱密度。正如人们可以看到的，为了接收 P(Y)码，20 MHz 带宽是必要的，并且需要至少 30 MHz 带宽来接收 M 代码。由代码延迟推导出的伪距是由本地信号与接收到的卫星信号之间的互相关 $R(\tau)$ 的峰值位置确定的：

$$R(\tau) = \int C(f)H(f, \theta, \phi)\mathrm{e}^{\mathrm{j}2\pi f\tau}\,\mathrm{d}f \tag{14.13}$$

其中，$C(f)$ 为图 14.8 中和编码相关的信号的功率谱密度(SPD)，$H(f)$ 是天线响应，它往往取决于频率和角度。这段编码延迟取决于信号类型，一般和在式(14.12)中定义的群延迟不相

同。对于运行良好的天线，编码延迟和群延迟将是非常相近的。对于 GPS 着陆系统参考天线，RMS 载波延迟变化和代码覆盖范围内的延时变化应该分别小于 7 mm 和 25 mm[20, 21]。

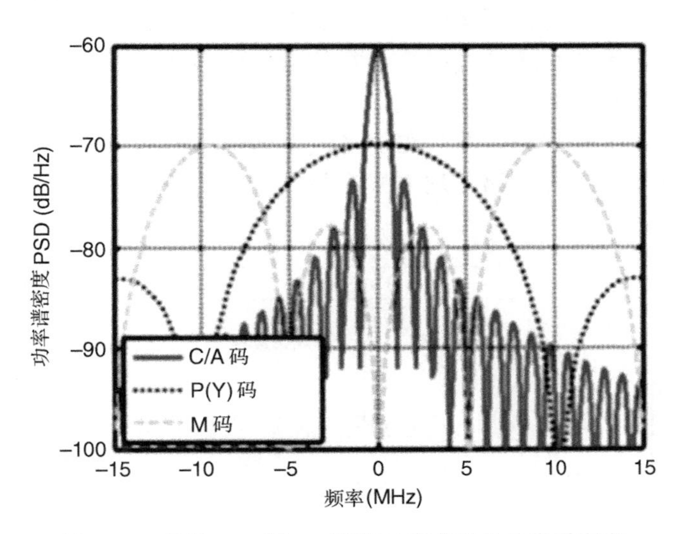

图 14.8　基带 C/A 码、Y 码和 M 码信号的功率谱密度

14.2.2.2　高级方向图要求

一个主要的伪距误差与附近的结构的卫星信号散射(见图 14.9)所造成的多径信号相关。现代接收机的相关器可以有效地抑制多径信号的延迟(相对直接信号)，前提是延迟大于 1.5 个芯片[1, 22]。在全球导航卫星系统的信号中，每个数字位 1 或 0 的时间由每个卫星的称为伪噪声码序列的芯片以固定数量的短脉冲发送。许多技术已经被开发出来用来减少较短的延迟[23~27]的多径信号的影响。例如，据报道，用窄相关器间距(~0.1 芯片)可抑制大于 1 个芯片[22, 28]的多径延迟。这对应于约 293 m 和 29.3 m 分别为 1.023 MHz 和 10.23 MHz 的芯片时钟。显然，这仍不足以抑制更近的多径信号来达到几厘米之内的位置精度。

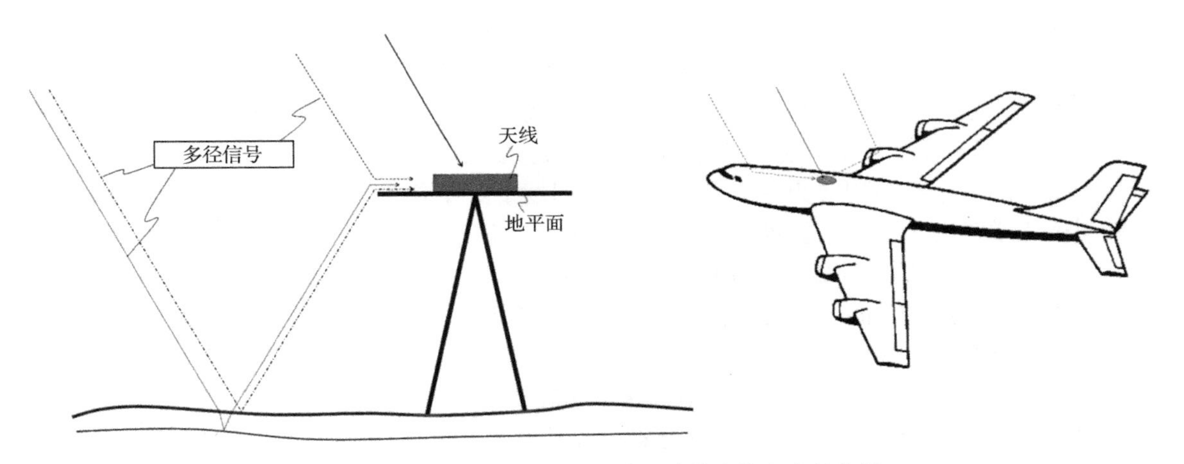

图 14.9　到达全球导航卫星系统天线的直接和多径信号

在空旷的原野上，大多数多径信号来自接近或低于地平线的方向。因此，一个理想的全球导航卫星系统固定用户群接收天线在地平线以上应具有均匀的半球形方向图，并且在地平线

以下迅速减小，如图 14.10(a)所示。在实践中，地面平面或主机平台上，截断的边缘在照射的区域(即在地平线以上)和阴影区域(地平面以下)[29]中产生衍射场如图 14.10(b)中的虚线所示。由此产生的天线方向图类似于图 14.10(c)中的实线。这种衍射在低俯仰角时削弱卫星信号的接收，并增加在地平线以下多径信号的不希望的接收。例如，对 GPS 着陆系统参考天线的增益方向图的要求在地平线以上 5°为 -9 ~ -6 dBic，在地平线附近在 5°和 -5°之间的增益斜率大于 2.5 dB/°，并且在地平线下面 -5°的最大增益低于天顶峰值增益 -30 dB 以下[20]。这些要求确保多路径均方根误差在平静的海洋表面将少于 9 cm，即最坏的情况[21]。

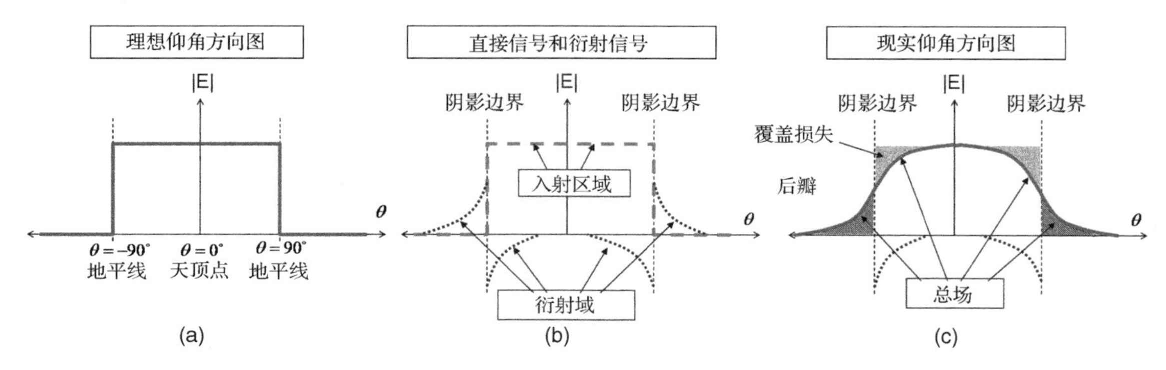

图 14.10 理想与实际天线俯仰角方向图，假设有一个均匀的方位方向图

设计一个用于固定位置测量的高精度全球导航卫星系统天线，应首先从具有良好的右旋圆极化天线设计开始，然后以有良好的衍射控制结束。为实现这一目标，一些全球导航卫星系统天线采用阵列体系结构，这种结构能够通过合成从有适当的振幅和相位加权的不同阵列单元接收到的信号来数字赋形天线方向图。例如，一个大的天线阵列自适应地形成多个窄的卫星跟踪波束，以最大限度地提高直接信号的载波-噪声比(C/N)。此外，天线阵列也可以合成方向图零点，并引导它们到干扰和多径信号的方向上。然而，这样先进的功能会增加接收机的尺寸、重量、复杂性和成本。

14.2.2.3 先进的极化要求

从全球导航卫星系统的卫星发射的右旋圆极化信号在从一个大平面反射后变为左旋圆极化。因此，这种多径信号可以通过天线设计方法加以消除，该天线需在所有方向上的 GNSS 频率上具有低的 LHCP 覆盖[30]。应该指出的是，在经一次以上反弹后的多路径信号只在少数情况下才会强到成为一个值得关注的问题。一个低于右旋圆极化增益 -20 dB 的左旋圆极化增益的天线可以提供 20 dB 单次反射的多径信号的抑制和 3 dB 线极化干扰信号的抑制。图 14.1 中的设计显示了在中心频率的天顶方向上，在右旋圆极化增益以下 -30 dB 的左旋圆极化增益。然而，在这种情况下，右旋圆极化到左旋圆极化的隔离度随着频率偏离中心频率和俯仰角降低到地平线而降低。一个好的高精度定位全球导航卫星系统天线在地平线以下 -30°时应保持至少 20 dB 的右旋圆极化到左旋圆极化的隔离度。还请注意，并不是所有的单次反射的多径全球导航卫星系统信号都是左旋圆极化的。例如，从直线的地平面的边缘或接收机平台传入的衍射的卫星信号往往是线极化的，它产生相等的右旋圆极化和左旋圆极化电平。

14.3　全球导航卫星系统天线的设计挑战和解决方案

现在，我们知道良好的全球导航卫星系统接收天线在用户部分所需的射频性能要求，问题是如何设计它。目前，有相当多的商业全球导航卫星系统天线工作在 L1 频段或 L1 和 L2 频段[31~34]。这些天线对不需要高定位精度的大多数应用性能足够好，最重要的是其结构紧凑且价格低廉。这种类型的用户也经常接受由多径或接收损失造成的偶尔的大定位误差。然而，对于军事行动或航空着陆系统，每次发生大定位误差或接收损失都可能会导致可怕的后果。这也是为什么目前很多人都在努力开发更好的波形、接收技术和天线设计来利用更多的频率和多个星座的 GNSS 以实现更好和更可靠的定位精度的充分的理由。

全球导航卫星系统的天线设计面临的关键挑战包括：(a)为了未来接收机能力和灵活性的最大化，要使天线能够接收在 1150 ~ 1300 MHz 和 1559 ~ 1611 MHz 频段内的所有 GNSS 信号；(b)尽量减少天线的延迟随频率和角度的变化；(c)尽量减少天线尺寸和重量以改善机动性和轻便性；(d)更多用户可接受的低制造成本。然而据作者所知，由于应用的种类丰富，有可能在相当长时间之内都不会有一套标准的技术要求，这就给用户和天线工程师造成了更大的挑战。下面的小节中讨论问题(a) ~ (c)以及可能的设计方案。

14.3.1　宽频覆盖

如图 14.11 所示，全球导航卫星系统天线的设计可采用双波段或宽波段的方法来为在 1150 ~ 1300 MHz 和 1559 ~ 1611 MHz 频段中预期频率上的全球导航卫星系统提供良好的覆盖。“覆盖”是指天线应满足所有增益、方向图、极化，以及在预定频率上的延迟属性。

双波段方法要求天线具有的带宽在全球导航卫星系统两个频带的低频段和高频段分别为 150 MHz(或 12.24%)和 52 MHz(或 3.28%)。这种方法对实现良好的延迟和整个子带内的极化性能更具挑战性，但它也提供了更好的带外干扰抑制。

宽频带的方法要求天线在从 1150 MHz 到 1611 MHz 之间的 451 MHz 带宽上(或 33.39%)持续运作。这样的带宽对传统的宽带天线设计[6,35~37]肯定是力所能及的，如蝴蝶结形偶极子天线、螺旋天线、对数周期偶极子天线、喇叭天线、介质天线。其中，由于固有的宽频带、圆极化和旋转对称性，螺旋天线可能是最有吸引力的。一个足够大的螺旋天线的增益和轴比与方位角和频率无关。图 14.12 说明了几个基于螺旋天线设计的商业全球导航卫星系统天线。四臂螺旋设计比双臂的设计更经常用于高轴比和方位方向图均匀性的场合，但这将需要额外的馈电线路。

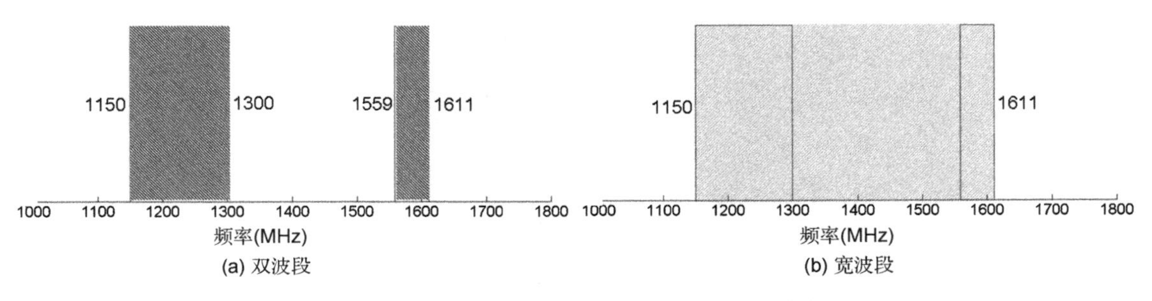

图 14.11　双波段和宽波段全球导航卫星系统天线设计方法的对比

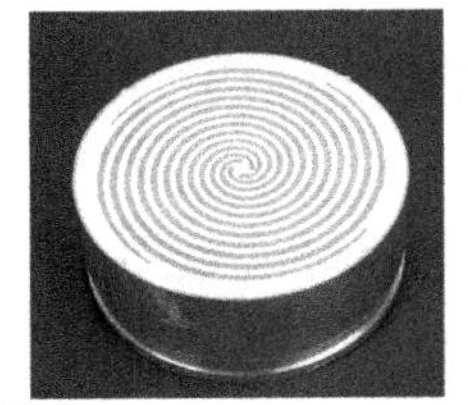
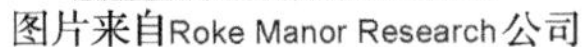

图 14.12 基于宽带螺旋天线设计的商用 GNSS 天线

14.3.2 天线延迟随频率和角度的变化

现在，让我们考察由理想电导体(PEC)制成的无限地平面上的一个简单的方形贴片天线。这个例子(见图 14.13)包括三种不同的 1 mm、2 mm 和 3 mm 的贴片高度。在图右边的表中示出了最优设计参数，它们最大限度地减少每个高度上的在 1.575 GHz 的反射系数(S_{11})。天线由一个 50 Ω 探针馈电，探针从中心适当偏移。虽然这种天线设计是为了更清晰地示范而是线极化的，但是结果和结论可以很容易地应用到圆极化的版本上。

图 14.14 绘制出了图 14.13 的天线计算在垂直平面(xz)内 1.575 GHz 上的相位方向图。每一根曲线对应 1 mm，2 mm 和 3 mm 贴片中一个高度下的情况。请注意，此相位参照从卫星到物理参考点的直接路径的相位。在这种情况下，参考点位于地平面底部的中心(即 $x=y=z=0$)。因此，任何非零的相位值表明有负相位的伪距误差对应正距离误差和正相位对应负距离误差。需要注意的是在 L1 频率上 10°相位对应于约 5.3 mm 的伪距误差。因此，在地平线附近在 E 平面内观察到大的相位变化是不可取的。

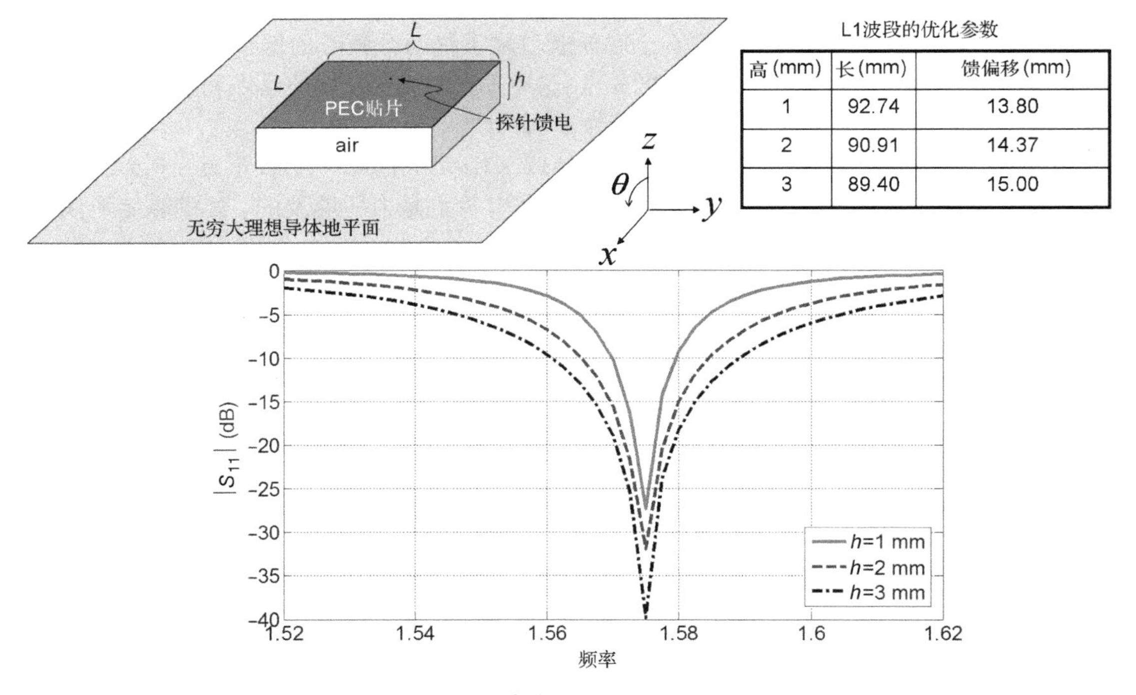

L1波段的优化参数

高(mm)	长(mm)	馈偏移(mm)
1	92.74	13.80
2	90.91	14.37
3	89.40	15.00

图 14.13 一个正方形的贴片以不同高度处于无穷大理想导电地平面上面。右表示出了最佳的设计参数，它们最大限度地减少了在1.575GHz上的反射系数

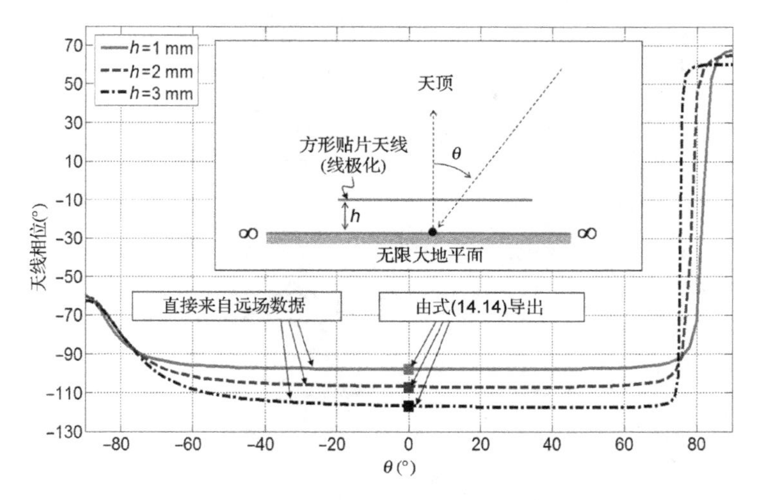

图 14.14　图 14.13 中设计的天线在 xz 平面上 1.575 GHz 时的相位方向图

在天顶方向($\theta=0°$)，相位与从天线的有效孔径(大部分辐射或接收电磁场发生在此处)到天线终端的额外传播延迟相关。由于薄的贴片天线的贴片尺寸的电气长度约$\lambda/2$，为了建立其共振条件，中心到开口两侧的电气距离如图 14.15 所示，大约为$\lambda/4$，这相对于从卫星到天线的参考位置的直接路径应该产生一个 −90°的相位。贴片高度附加的电感使相位滞后在 1mm 高度情况下从 −90°稍微增加到 −98°。

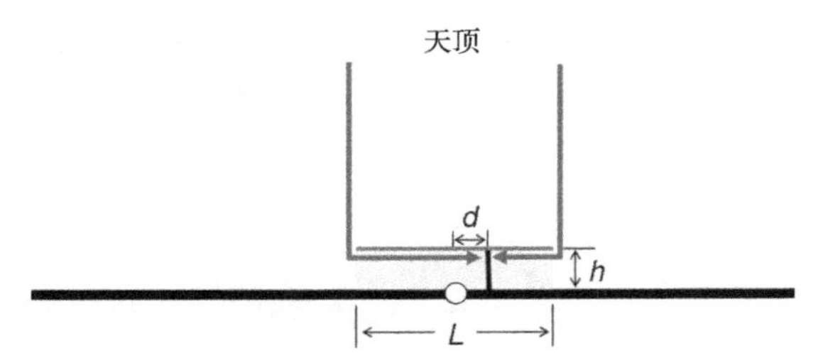

图 14.15　从天顶来的信号在贴片天线中的传播路径

随着贴片高度的增加，由贴片和地平面形成的波导的串联电感也增加，造成在图 14.14 中所观察到的额外的相位滞后。结果发现，在天顶方向所观察到的相位滞后，可以通过式(14.14)对较小的高度准确地估计，这时相位延迟 Φ 可从史密斯圆图上反射系数轨迹的质心相位角获得，如图 14.16 所示。因为 Φ 与从探头到有效孔径的往返延迟有关，因此在接收模式中单程的相位滞后为 $-\Phi/2$。在当前三种情况下，$\Phi/2$ 的值被发现为 100°、111°和 123°，分别对应于 $h=1$、2 和 3 mm 的情况。式(14.14)中的最后一项说明当高度增加时贴片更接近在天顶的卫星所产生的相位超前，好像信号接收发生在贴片边缘一样。图 14.14 中的方形标记表明由式(14.14)预测的天线相位与从全波模拟远场数据直接获得的实际相位相符。

$$-\Psi_{zenith}\approx-\frac{\Phi}{2}+k\cdot h\quad(\text{rad})\tag{14.14}$$

现在让我们研究 E 平面(xz 平面)中和 H 平面中(yz 平面)对 1 mm 高度的相位随俯仰角的变化，如图 14.17 所示。E 平面中对大多数俯仰角的相位保持稳定，因为从近及远的边缘来的相位超前和相位延迟在总场中对消了。在低俯仰角，两个贴片边缘的贡献互相抵消，结果是增益减少，如图 14.18 的增益方向图所示。这些角度附近的区域中的剩余接收实际上直接来自于探头。因此，相位特性从贴片模转换到探测模并导致地平线附近快速相位变化的结果。探针装置的偏置安排在地平线上的两侧会引起不同的相位滞后，约 −65°和 +65°。在孔径耦合馈电或对称探头(见图 14.23)的情况下，如果位于贴片中心，和探头直接接收相关的相位滞后的净相位滞后在地平线的附近将接近于零，因为信号路径变成来自卫星的直接路径。这也是为什么在 H 平面中的相位对所有的俯仰角保持稳定的原因。

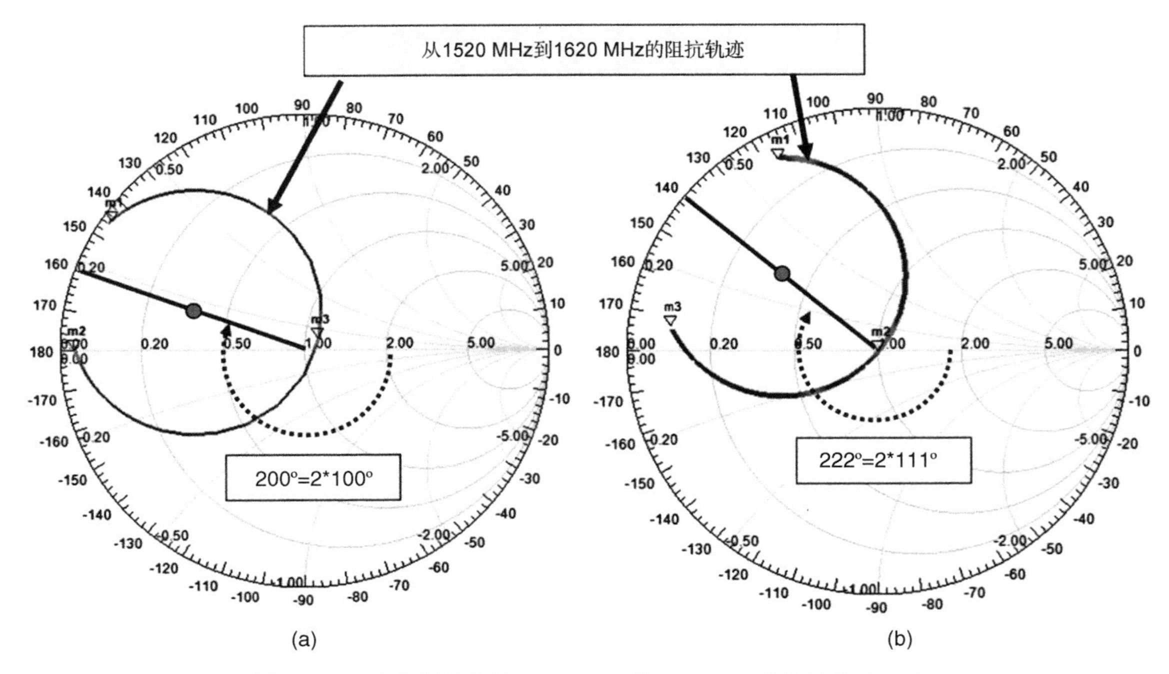

图 14.16 史密斯图上从 1520 MHz 到 1620 MHz 的阻抗轨迹，对应图14.13在（a）1 cm和（b）2 cm高度的贴片

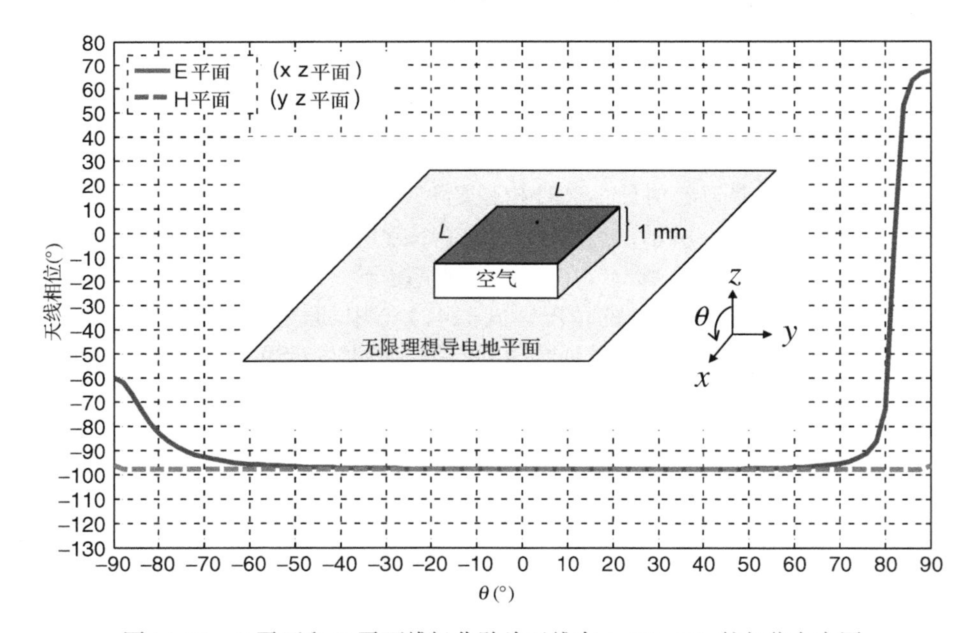

图 14.17 E 平面和 H 平面线极化贴片天线在 1.575 GHz 的相位方向图

大多数贴片天线具有介质基片来改进机械稳定性或者减少天线尺寸（见下一节）。图 14.18 和图 14.19 给出了一个贴片天线在 1.575 GHz 频率的 E 平面的增益和相位方向图的计算结果。该贴片天线配备了不同的绝缘衬底和介电常数，范围为 1.01 ~ 2。请注意，在每一

种情况下的贴片尺寸和馈电位置略有不同，这些贴片高度保持在 1 mm。有趣的是，可以从图 14.19 中观察到，即使是少量的介质加载，也显著降低了接近地平线的直接探头接收的效果。结果是，直到低俯仰角相位方向图变得更加稳定。在 H 平面，相位方向图对于所有低俯仰角仍然非常稳定，因此没有示出。

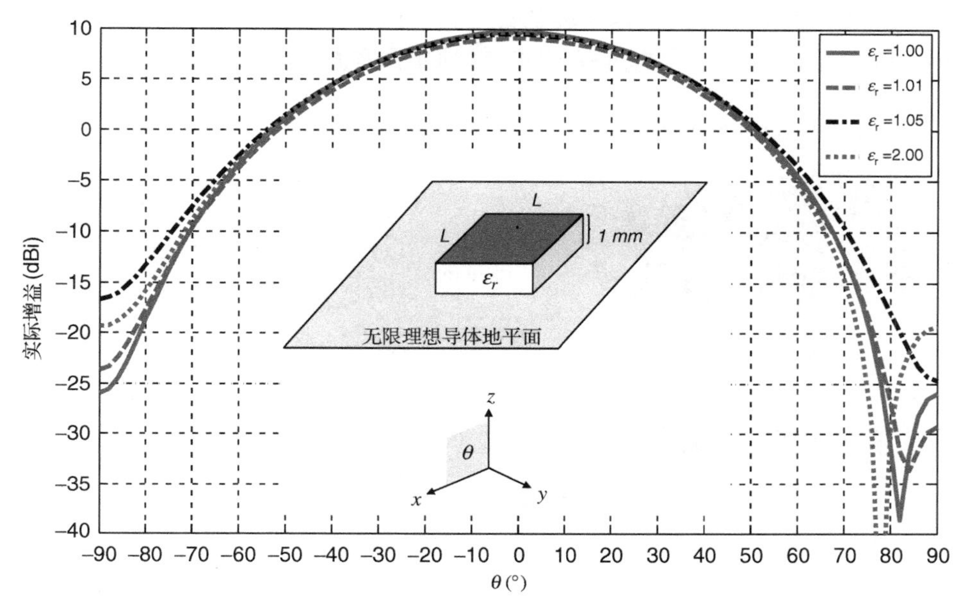

图 14.18　计算的在 1.575 GHz 时不同介质基片贴片天线的 E 平面增益方向图。在每一种情况下的贴片尺寸和馈电位置进行了优化以获得最小 S_{11}

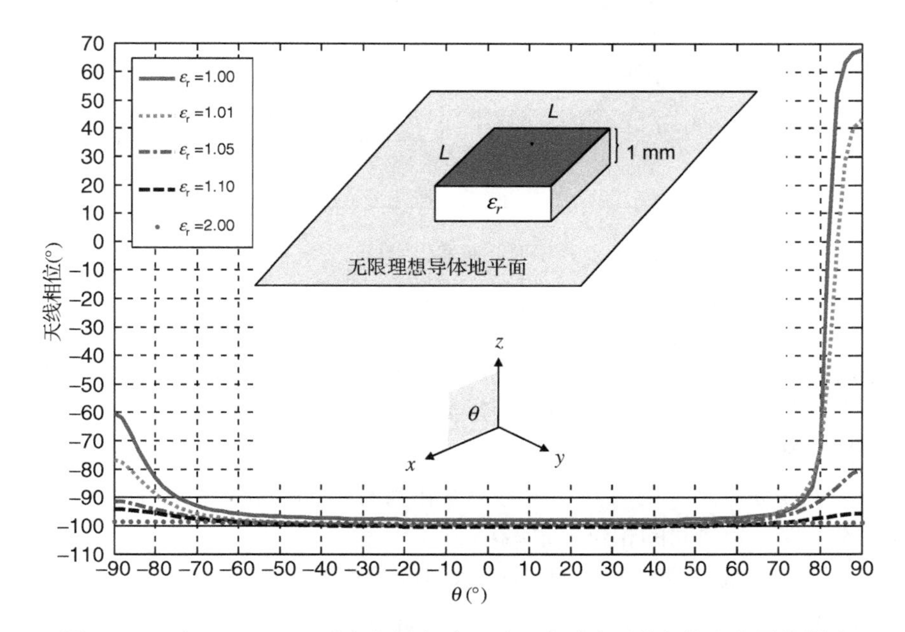

图 14.19　在 1.575 GHz 时介电衬底对 E 平面内贴片天线相位方向图的影响

14.3.3　减少天线尺寸

在许多参考文献[38]中可以发现世界各地的一些研究人员和工程师已经开发出许多小型天

线。“小型”指的是天线的尺寸比$\lambda/2$要小得多。这些设计大多采用某种小型化技术来减小天线的实际尺寸，同时保持其电尺寸。这些小型天线设计经常或明或暗地利用人工传输线(ATL)的方式来人为地改变波的速度和天线结构的阻抗[38]。小型化是把天线结构内传播的电磁波的相位速度通过增加等效并联电容或串联电感而下降实现的。在贴片天线中，前者可以如图14.20所示使用介质负载或电容棒来实现，后者可以用如图14.21所示的槽实现。Kramer等人证明采用ATL的小型化技术也可以同样有效地用在宽波段天线[39]上。

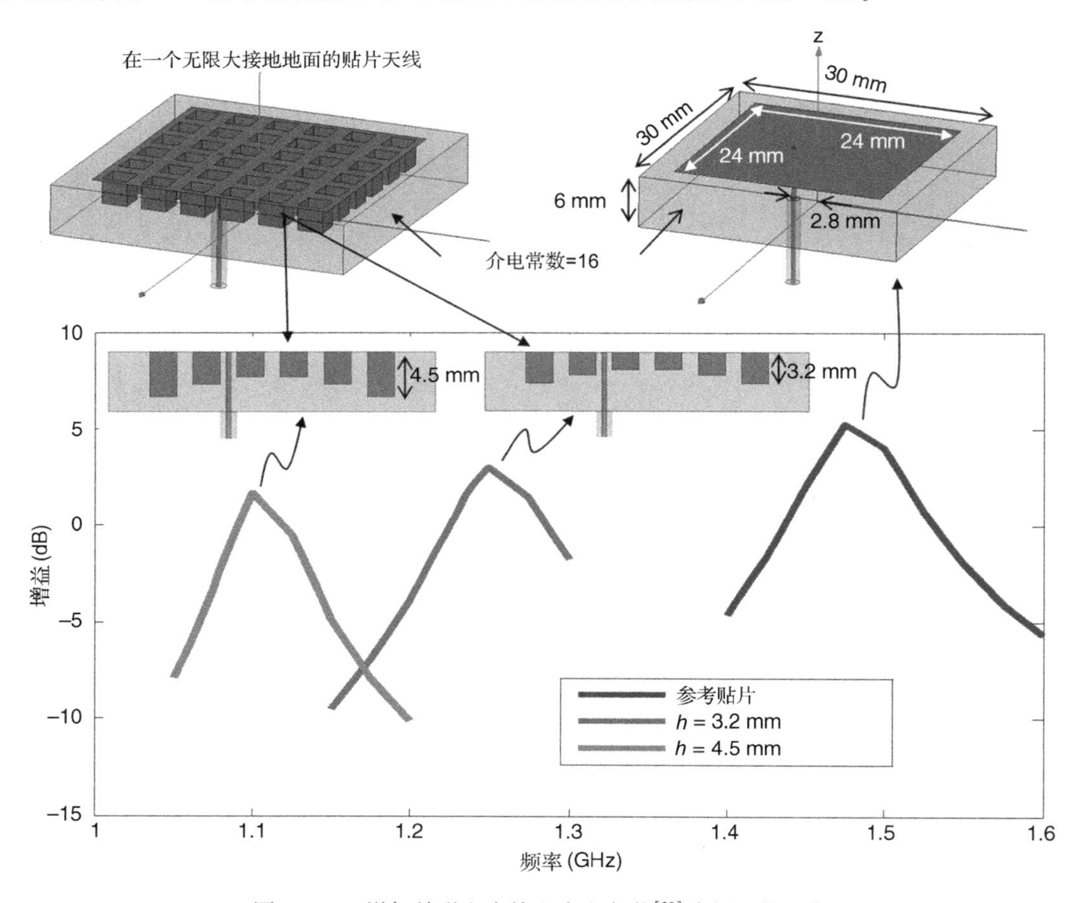

图14.20 增加并联电容棒和介电负荷[38]降低工作频率

应当指出的是，虽然小型化后的天线在物理尺寸上减小了，但保持了原来的电尺寸，以便在相同的频率上操作。因此，天线的延迟应该与未小型化的延迟类似。然而，小型化有助于减少相位作为俯仰角和方位角的函数的相位变化，如图14.22所示。卫星信号到达天线的不同部分之间的相互干涉导致这样的变化，从而使变化具有不同的相位。随着天线物理尺寸的减小，这些不同的接收路径之间的相位差也减小。

应该指出，随着天线物理体积的减小可达到的最大瞬时带宽也将减小，尤其是当物理体积远小于$\lambda_0/4$时。这种自然后果决定需要适度带宽的GNSS操作的天线最小尺寸，使其可以以图14.11所示的模式运行。当然，如果不需要瞬间覆盖整个GNSS频段，这种大小的限制可以适当放宽，并可采用智能接收机，它能够动态地调整其阻抗来一次匹配GNSS天线的一个信道。然而，天线的带宽仍然需要足够宽，以覆盖图14.8所示的代码的频谱。

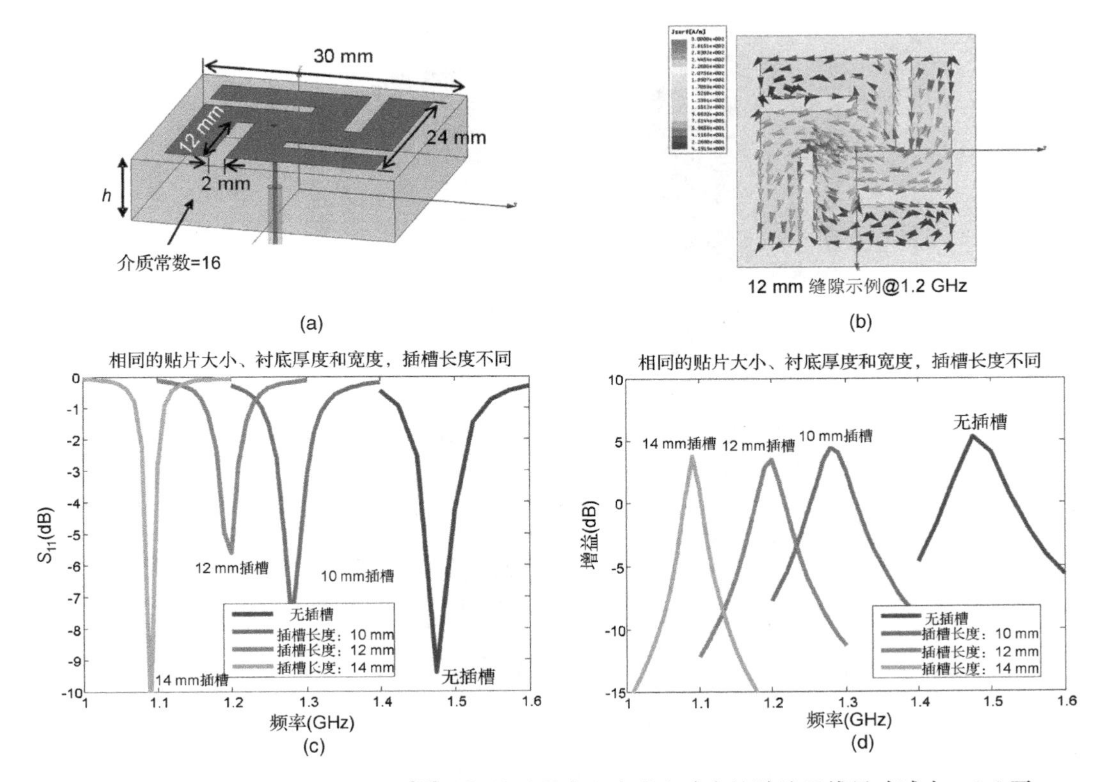

图 14.21　通过介质加载和插槽[38]增加并联电容和串联电感实施贴片天线尺寸减小。(a)开槽贴片天线几何形状；(b)1.2 GHz的情况下，12 mm插槽贴片上的感应电流；(c)四个不同插槽宽度的反射系数；(d)在天顶方向四个不同的插槽宽度实现的增益

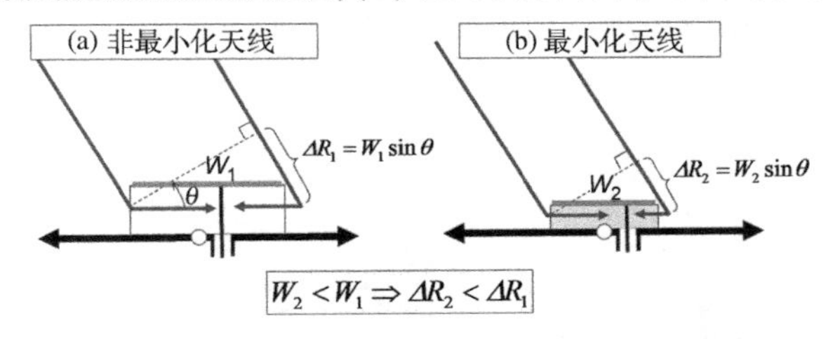

图 14.22　方向图角度较小时的天线更少的延迟和相位变化

14.3.4　天线平台的散射效应

所有的全球导航卫星系统天线都是安装在某种平台上的并具有不同尺寸、形状、成分的天线罩。每个 GNSS 天线也有自己的接地平面来支撑馈电机构和接收机电子线路。由这样的地平面的反射、折射造成的电磁散射和地平面，其天线罩、半径小于一个波长的平台结构的绕射对天线性能有显著的影响。为了证明这一点，我们从图 14.17 所示的设计无限地平面上截出三个有限圆形地平面，其直径分别为 15 cm，25 cm 和 35 cm。图 14.23 示出了反射系数(S_{11})和天线的阻抗从无限理想导体地平面的情况明显偏离。截断的接地平面的边缘产生额外的绕射，它和直接来自卫星到天线单元上的信号叠加，如图 14.9 所示。其结果是，在 1575 MHz 会出现天线的失谐。这样的失谐效果在宽带设计中不太成问题。类似多径效应，可以从附近的任何散射源，如雷达天线罩和主机平台，以及人体、车辆或飞机产生。

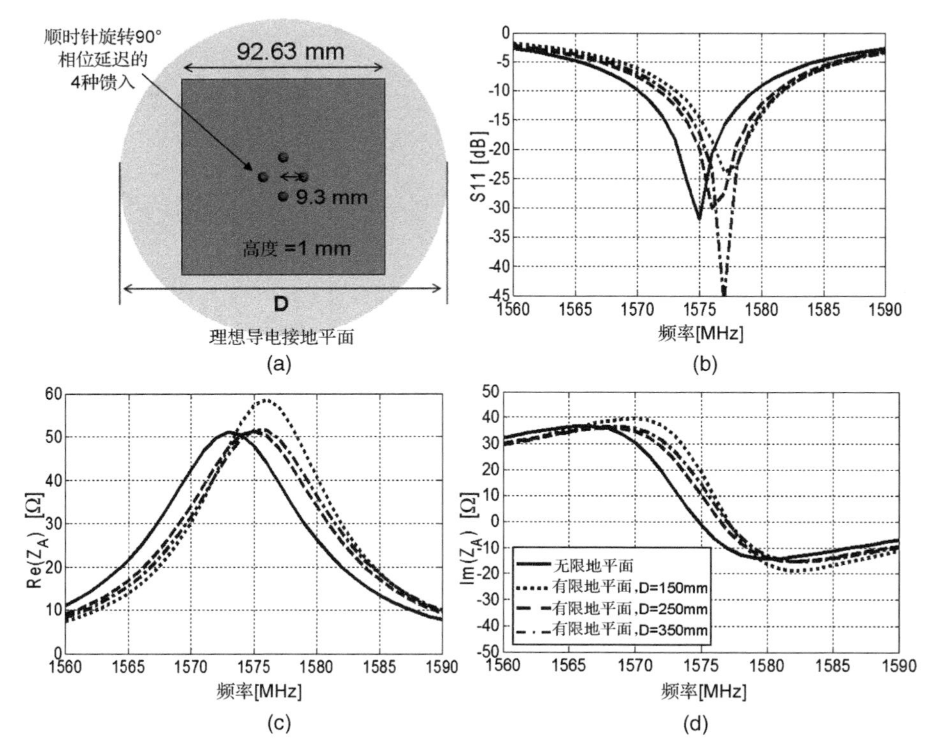

图 14.23 从有限的 PEC 地面飞机边缘的衍射的失谐效果。四个由渐变相位馈电的探头提供了良好的RHCP和均匀方位。(a)一个方形贴片天线的顶视图;(b)反射系数;(c)已实现增益顶峰;(d)输入电抗

平面边缘对天线特性的影响取决于其和直接信号相比的相对相位和幅度。更具体地，取决于和波长相比的地平面的尺寸和卫星角度的大小。其结果是，作为频率和角度的函数的增益和相位变化增加了，如图 14.24 所示。

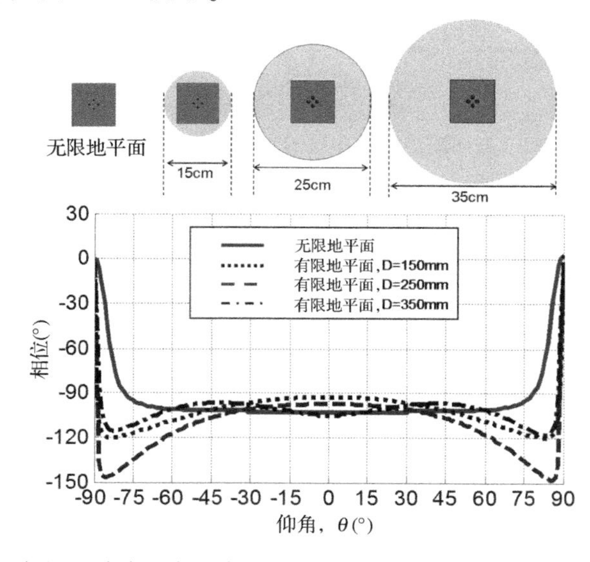

图 14.24 重新调整贴片天线的贴片尺寸和馈源位置可以获得相位方向图的接地平面边缘衍射效应,从而使其在1575MHz处的反射系数低于 -30 dB

图 14.23 中观察到的失谐效应可以通过调整探头位置纠正。每个案例重新调整后的 S11 的结果显示在图 14.25 中，其中还包括在俯仰面内的增益方向图。结果表明，在这个特殊的例子中，因直接信号占主导地位，截断对地平面线以上 15°的增益方向图极化有较小的影响。在地平线 15°范围内，在无限地平面的情况下，直接信号减弱，边缘衍射成为主导。这种衍射主要是由垂直极化场主导的，它在地平线附近(接近 ±90°)产生相等的左旋圆极化和右旋圆极化分量，如从图 14.25 下面的曲线可以看出。

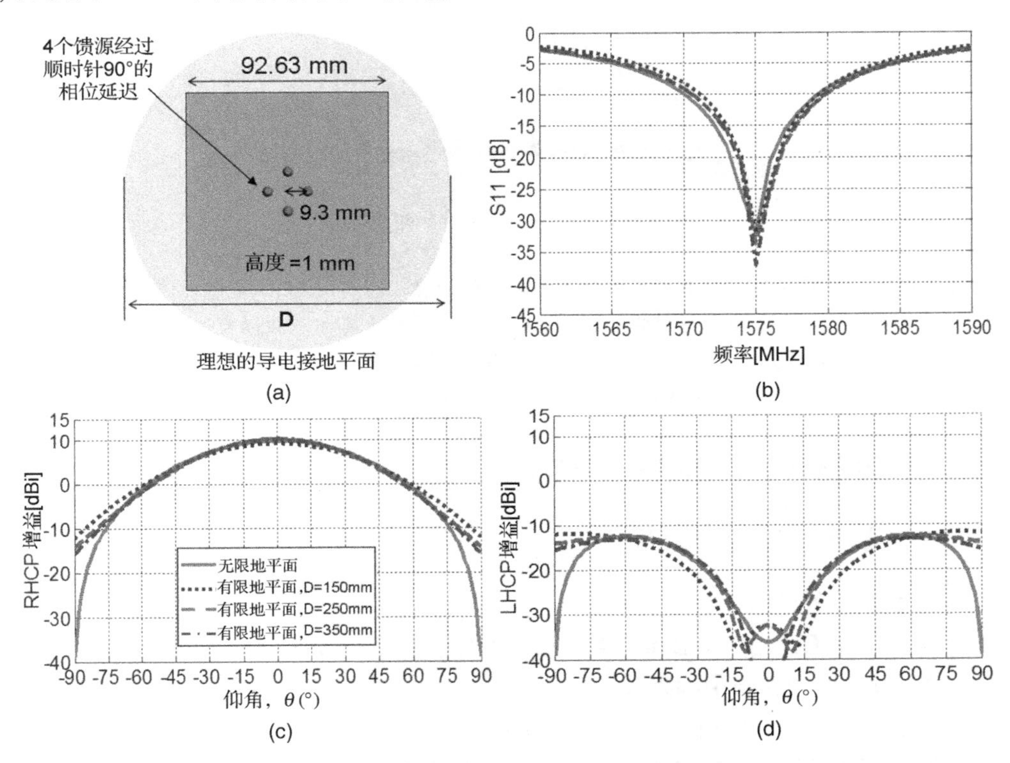

图 14.25　在图 14.23 中讨论的有限地平面情况下，不同贴片天线尺寸优化馈电位置后的性能。(a)有限地平面上的方形贴片天线顶视图；(b)反射系数；(c)在俯仰面RHCP实现的增益；(d)在俯仰面内LHCP实现的增益

几种用于减少边缘绕射的技术已经开发出来。按照其工作原理，这些技术可以分为三类：(a)吸收；(b)扼流；(c)重新定向。这两个吸收和扼流的方法都旨在消除在天线单元和绕射源在地平面边缘之间波的传播。

吸收方法使用射频吸收材料来衰减电磁波沿地平面在天线和截断的边缘[40, 41]之间的传播。图 14.26 展示利用附加电阻片截断边缘以减少衍射效应，从而减少相位方向图的变化。如果和图 14.24 所示未经处理的情况比较，D 和 E 情况之间的相似性也说明有效的阻抗负载可以使天线的性能较少依赖于地平面大小。

扼流的方法利用扼流环[42~49]，在天线单元周围产生一个高阻抗表面以防止垂直极化波沿地面传播。这种扼流的方法可以有效地抑制来自接近地平线及其以下的信号，从而可以有效抑制从截断的地平面衍射和其他地面反射来的多径信号。扼流方法的缺点包括地平面厚度和低俯仰角卫星接收信号的减少。前者增加了整体重量，后者减少了可用卫星数目。在截止频率以下运行扼流环是降低接地平面高度的一种有效设计方法[50]。

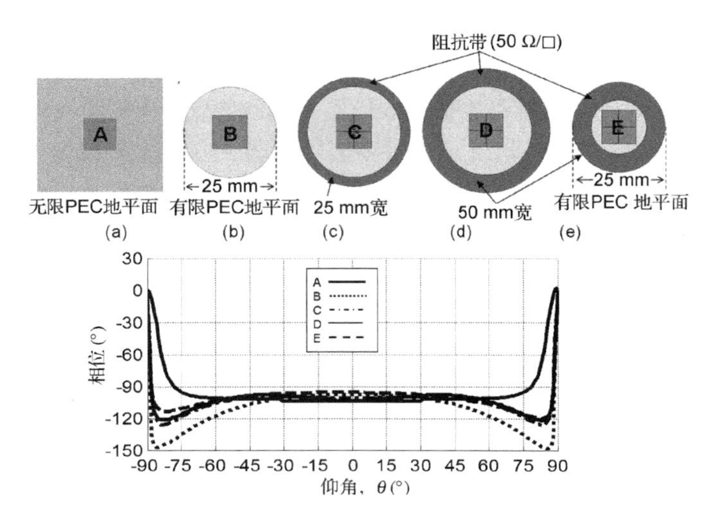

图 14.26 使用电阻性负载减少截断的地平面的边缘效应。(a)无限理想导体地平面；(b)25 cm理想导体地平面；(c)25 cm的理想导体地平面以宽2.5 cm，50W/□电阻片为终端；(d)25 cm的理想导体地平面以5 cm宽、50 W/□电阻片为终端；(e)15 cm的理想导体地平面以5 cm宽、50W/□电阻片为终端

14.4 常用和新型的 GNSS 天线

14.4.1 一个单元的天线

14.4.1.1 单频带 GNSS 天线

介质加载的贴片天线由于其简单、紧凑、成本低，常用于 GPS 全球导航卫星系统接收天线在 L1、L1/L2 或 L1/L2/L5 带中的操作。图 14.1 已示出了贴片天线在 L1 频率的设计。天线的圆极化性质是通过仔细定位探针和略不对称的贴片在 x 和 y 方向使用两个正交模式而获得的。一种模的谐振频率略低于 1575.42 MHz，而另一种模则略高于 1575.42 MHz，因此这样两种模之间的相位差在 1575.52 MHz 时约为 90°。介质基片也削去了其中一个角来引入额外的对称性，以帮助更有效地激发两个正交模。其他引入不对称或者在贴片天线上引入扰动的方法包括使用开槽的、缺口的和突出的贴片等[5]。除了此处所示的探针馈电方法，也可以使用在地平面上开的槽馈电贴片天线的孔耦合的方法[51, 52]。这样的槽通常用一个在接地平面的反面上的微带线馈电。输入电阻和电容分别随着槽的宽度和长度增加。耦合孔的几何形状可采取许多不同的形状和大小，以实现不同的耦合效率和阻抗匹配的条件[53]。与探针馈电方法相比，由于其位于中心的位置，孔耦合方法提供更好的 E 平面方向图的对称性。孔耦合的方法也可以实现更宽的带宽，因为它能用大高度贴片抵消大电感。然而，孔耦合的贴片天线更难实现双模工作，并且需要额外的屏蔽或在地面之下有腔体，以避免安装的影响和地面以下的孔径辐射[54]。

14.4.1.2 双频 GNSS 天线

有许多现有的天线设计用于双波段的操作。一些设计通过两个天线的结构的合理组合支持两个谐振模式。这些种类的天线包括槽加载的贴片天线[55~59]和堆叠贴片天线[9, 60]。其他天线激励其结构的不同部分以产生两个谐振。E 型贴片天线[61, 62]、H 形缝隙天线[63, 64]、倒 F 天线[65]都是这种天线的例子。

图 14.27 示出了一个堆叠贴片天线设计，它有两个谐振模来覆盖 L1、L2 和 L5 GPS 频带，包含两个垂直堆叠的贴片天线单元，每一个有一个介电层和导电贴片。每一层负责在一个频率上产生共振。一个分支线混合电路位于天线底部激发两个正交模在每个谐振频率上有大约 90°的相位差来实现圆极化操作。由于更宽的频率范围，和图 14.1 的 GNSS 的操作方法相比，这是一个实现圆极化的更好的方法。在这个特定的设计中，混合电路两个正交端口处的相位差线性地从 1200 MHz 的约 80°变化到 1575 MHz 的 100°。这种设计还设有方便的处于边上的邻近探针[60]，因此与图 14.1 所示的内部探针方法相比更容易制作。天顶方向实现的增益与频率的关系示于图 14.27(d)，其中包括 RHCP 和 LHCP 分量的测量和模拟的数据。这个数据是在 6 in×6 in 大小的地面上获得的。

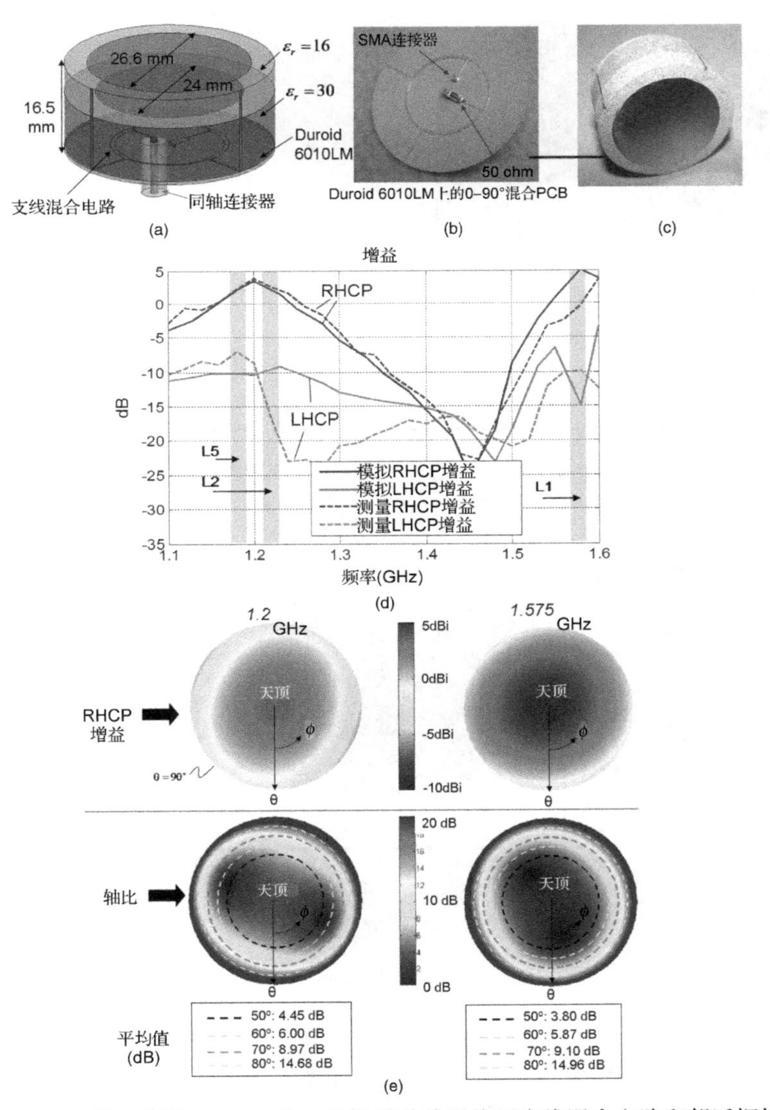

图 14.27　双模三频带(L1、L2 和 L5)堆叠贴片天线以支线混合电路和邻近探针馈电。(a)物理配置；(b)制造出的0°～90°混合电路；(c)组装的无地平面堆叠贴片单元；(d)在天顶方向计算和测量RHCP和LHCP增益的比较；(e)整个天空1.2 GHz和1.575 GHz的RHCP实际增益(上图)和轴比(底图)

在1200 GHz和1575 GHz处，在整个上半球实现的增益和轴比方向图示于图14.27(e)。天顶位于图中心，径向长度对应于俯仰角θ在中心0°到在外缘90°，旋转角对应球面坐标系统的方位角，轴比从天顶算起在50°、60°、70°和80°的俯仰角上平均分贝值已在图底部的方框内指出。

图14.28显示出了由Zhou等人所介绍的修改后的有两个介电层的四-F天线[65]。天线的尺寸是38 mm×38 mm×22.3 mm。在1175 MHz和1550 MHz上天线内部的电场画于图的右下方，该图揭示了由F形探针上面一对和中间一对"手指"激发的谐振模式。实现圆极化是用结合有0°、-90°、180°和+90°相位差的四个探头实现的。在天顶方向的计算增益曲线显示出良好的上下频带中的频宽，几乎覆盖了所有全球导航卫星系统的频率。

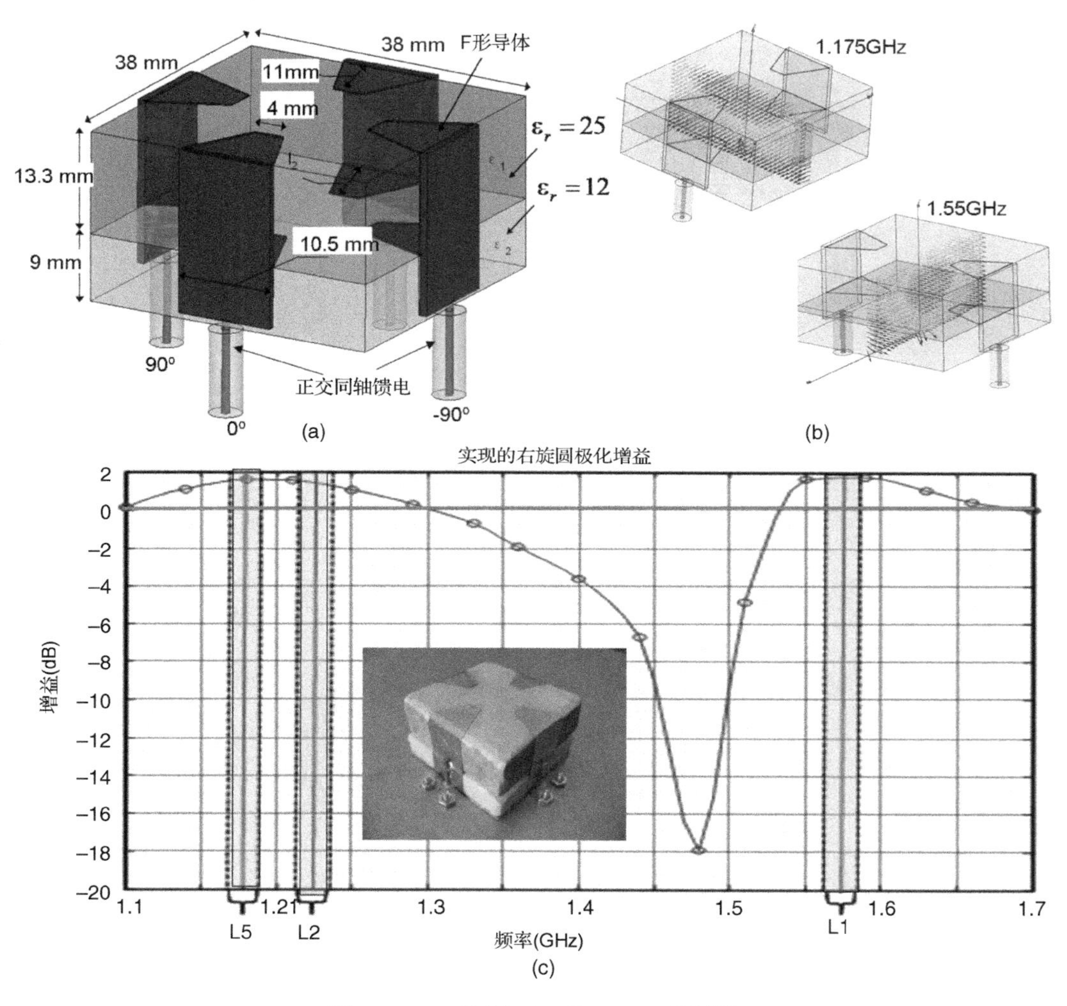

图14.28 双频段四-F的GNSS天线[65]

14.4.1.3 宽带天线

许多宽带天线也可以用作全球导航卫星系统的接收天线。其中，旋转蝴蝶结天线和螺旋天线比较常用。蝴蝶结偶极子天线带宽较宽，可以在2:1的带宽进行常规操作。螺旋天线通常可达到9:1的带宽。

图14.29示出了一个未优化的交叉蝴蝶结天线设计的例子。右旋圆极化是通过合并有正交相位的两个蝴蝶结偶极子天线单元的信号实现的。由计算得出的天顶实现的右旋圆极化增

益与频率的关系，清楚地显示出从 1 GHz 到 1.8 GHz 的足够的增益电平。这些模拟结果包括三种不同的情况：(A)独立的蝴蝶结天线定位在参考平面上，位置参考点位于中心(实线)；(B)相同的天线相对于参考平面(虚线)升高了 54.3 mm($\lambda_0/4$ 在 1380 MHz)(点线)；(C)与参考平面(虚线)以上的一个额外的无限理想导电地面上的相同的升高的天线。在天顶方向信号的相位与频率的关系如图 14.29(b)所示。相位变化和阻抗匹配条件和天线的有效孔径(或相位中心)的位置有关。类似于以前的贴片天线，蝴蝶结偶极子从它的端部接收信号。如果天线在所有频率上都能很好地匹配，这将导致固定的作为频率的函数的天线的延迟(或线性相位)。非线性相位特性和蝴蝶结偶极子天线有限的阻抗带宽有关。

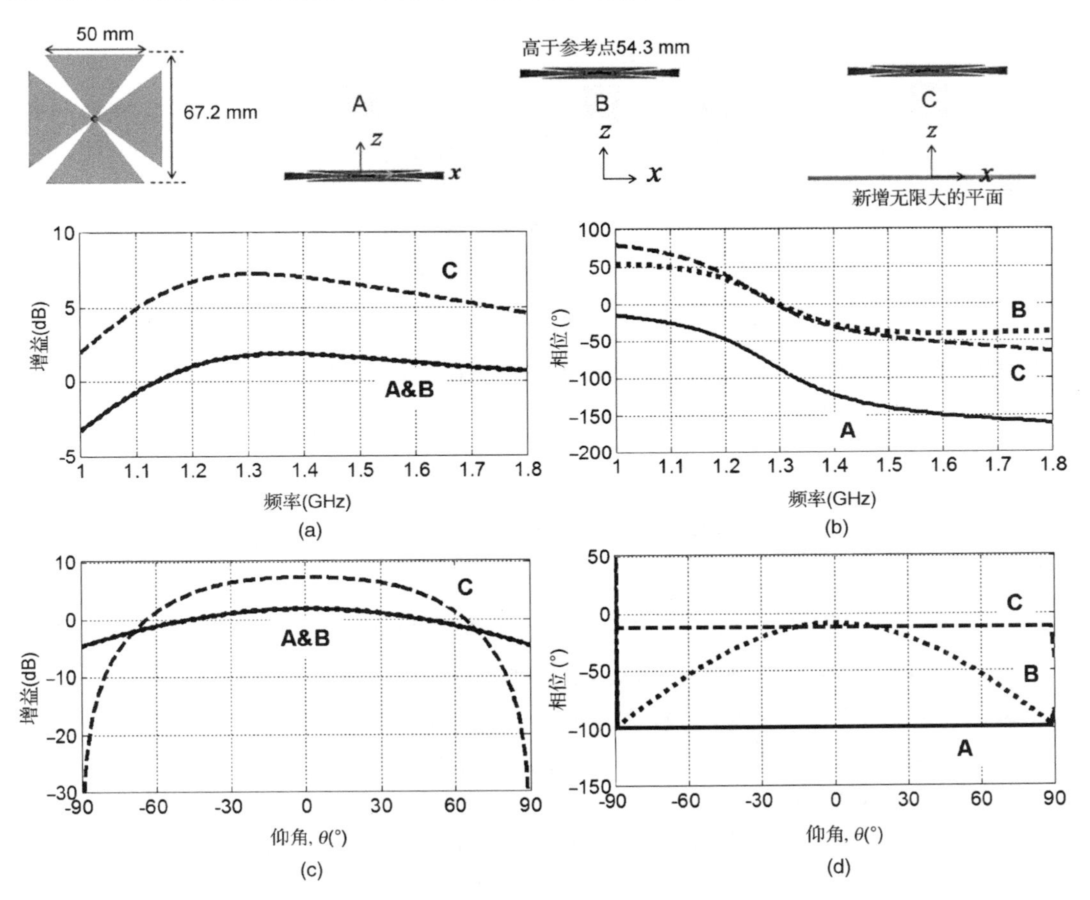

图 14.29 有或没有理想导电底板的交叉蝴蝶结天线。(a)天顶方向 RHCP 增益响应；(b)天顶方向相位响应；(c)1380 MHz RHCP增益俯仰角方向图；(d)1380 MHz相位俯仰角方向图

情况 A(实线)下天顶方向的相位大约是 −98°，相位方向图看来和以前的贴片天线类似。但事实上，由于没有不需要的探针辐射，这个相位在整个俯仰面几乎保持不变，比以前的如图 14.14 所示的贴片天线更稳定。在情况 B 中，天线是升高的(更接近卫星)，这说明了与情况 A 相比在天顶($\theta=0$)的相移 +90°最终作为俯仰角的函数的相位变化就是由于天线和参考点之间的高度偏移量 h，即 $(2\pi/\lambda_0)h\cdot\cos\theta$ 所引起。不期望的相位方向图的变化可通过在参考平面引入一个无限的理想导电地面来消除，如情况 C(虚线)。地平面的反射产生的影像天线定位在相等的距离 h 低于参考平面，有效地形成有两个反相的单元阵列。这也解释了在 1380 MHz 的高度接近至 $\lambda_0/4$ 时在天顶的增益增加。

螺旋天线也由于带宽和圆极化特性常用于全球导航卫星系统。螺旋天线的电周长需要大于工作波长，其臂应紧紧缠绕[38]，以获得独立于频率的增益、方向图、相位中心和良好的轴比。阿基米德和等角螺旋设计都很常见。如果臂紧紧缠绕，它们的表现几乎等同。否则，阿基米德螺线会表现出不期望的阻抗增益和方向图随频率的变化。

通常使用以下的几何函数生成等角螺旋的螺旋臂：

$$\rho = \rho_0 e^{a\phi} \tag{14.15}$$

其中，ρ 是从中心算起的半径，ϕ 为扫角，a 是增长速度，ρ_0为初始半径。Cheo 等[66]推导出双臂等角螺旋天线的远区场基模的近似表示式：

$$E_{\phi} \approx E_0 \beta^{3^{0}A(\theta)e^{j[\phi+(\pi/2)-\psi(\theta)]}} \frac{e^{-j\beta r}}{r} \tag{14.16}$$

其中，E_0是和激励强度有关的常数，$A(\theta)$ 和 $\psi(\theta)$ 是幅度和相位函数，分别定义在式(14.17)和式(14.18)中，是天顶为 $\theta=0$ 的俯仰角的函数。需要注意的是辐射场是理想圆极化的 $E_\theta = \pm jE_\phi$。因此，

$$A(\theta) = \frac{\cos\theta \cdot \tan\theta/2 \cdot e^{\arctan(a\cos\theta)/a}}{\sin\theta\sqrt{1+a^2\cos^2\theta}} \tag{14.17}$$

$$\psi(\theta) = -\frac{1}{2a}\ln\left|1+a^2\cos^2\theta\right| - \arctan(a\cos\theta) \tag{14.18}$$

相位的特性依赖于操作频率波长、增长速率和距离 S 即从馈源到“有源区”的中心的螺旋臂长度。由式(14.15)，距离 S 可表示为

$$S \approx \frac{\lambda}{2\pi a}, \quad r_0 \ll \lambda \tag{14.19}$$

如果忽略大的增长速度的情况($a \gg 1$)下相邻的螺旋臂之间的电容耦合，上面的有源区的电流的相位近似为

$$\phi = -k_0 S \approx -\frac{1}{a}, \quad r_0 \ll \lambda(\text{弧度}) \tag{14.20}$$

注意，这个相位对频率是独立的，这是等角螺旋几何形状的自然结果。这将是一个非常理想的 GNSS 天线的特性。遗憾的是，在实际情况下，大的增长速度是不可行的，因为螺旋天线具有有限大小，而且大增长速度会导致不期望的增益、相位、轴比随角度和频率变化[38]，这是天线臂尾端强烈衍射造成的。

实用螺旋天线在方位平面为提高增益、相位和轴比变化通常采用紧的绕组或更多的螺旋臂。由于更小的间隙会产生更大的电容，从而不可避免地导致中心区域附近的相邻臂之间的强耦合。其结果是，有源区的电流相位成为频率的函数。

图 14.30 显示了一个双臂等角螺旋天线带或不带(实线)无限理想导电地面平面背衬的设计实例。以地面平面为参考平面，1380 MHz 下螺旋天线升高至$\lambda_0/4$、$\lambda_0/8$、$\lambda_0/16$ 三个不同的高度。一个直径为 44 cm 的较大的天线用于减少终端的衍射影响。中间行显示 RHCP 在天顶方向实现的增益，以及反射系数(S_{11})作为频率的函数随频率从 1.0 GHz 到 1.8 GHz 的变化。最后一行显示计算出在天顶方向作为频率的函数的轴比和相位。没有地面平面(实线)时，增益、轴比和 S_{11}都表现优异。由于与地面平面相关的第一阶和高阶反射，地面的存在会导致性能的下降。这些结果表明，天线高度应高于地平面$\lambda_0/4$ 以上。在所有的曲线中，在接地平面存在下观察到的波动是由臂的端部反射回来的非辐射电流所造成的，这也会使在上部空间不期望的左旋圆极化增益升高。

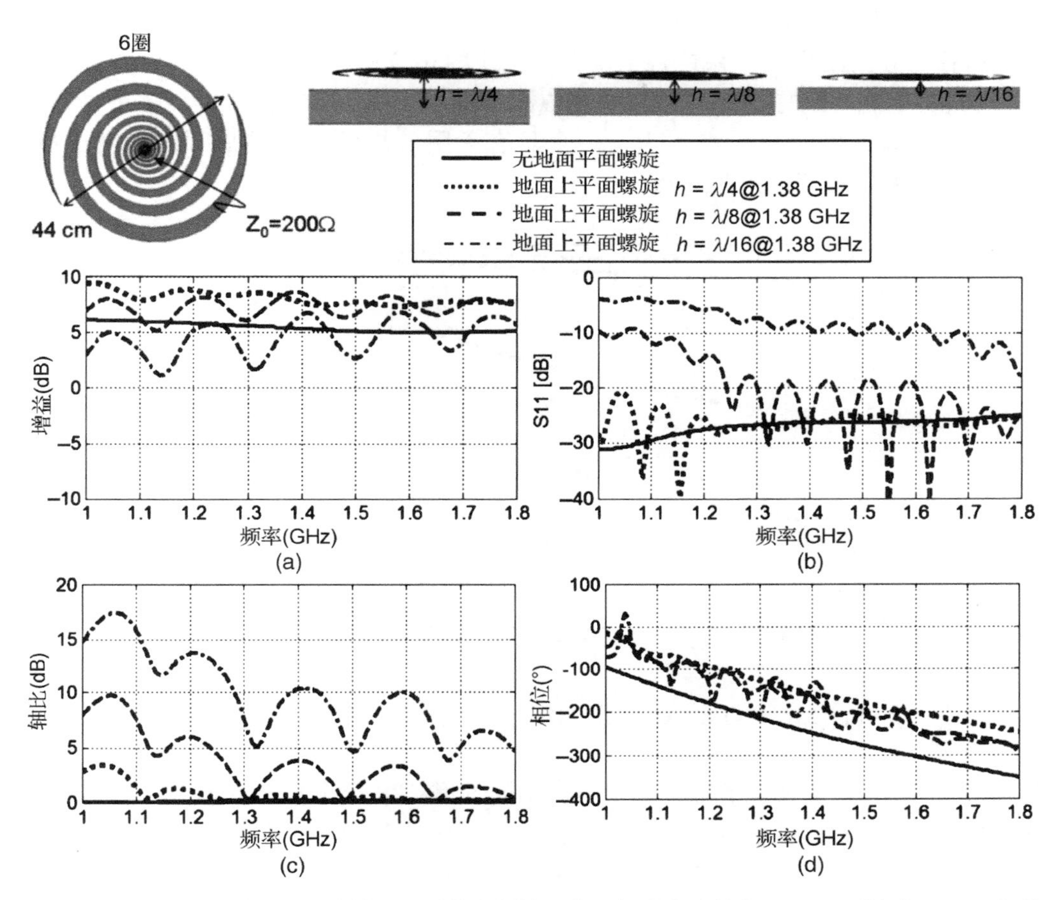

图 14.30 有和没有接地平面支持的两臂等角螺旋天线几何形状和性能。(a)天顶方向 RHCP 实现增益响应;(b)反射系数;(c)在天顶方向的轴比响应;(d)在天顶方向的相位响应

由于和图 14.29 中讨论的类似的天线效应，实线至虚线的相移在 1 GHz 时约 90°。相位随着频率的增加也显示出下降的趋势。相应的群时延和伪距误差可以由这些相位用式(14.12)计算，并显示在表 14.3 和表 14.4 中。

表 14.3 没有地平面的群时延和伪距误差图 14.30 中的螺旋

频率(GHz)	相位	群延迟	伪距误差
1.15	-160°	0.387 ns	11.6 cm
1.60	-300°	0.521 ns	15.6 cm

表 14.4 图 14.30 中螺旋升高 $\lambda_0/4$(在 1380 MHz)在无限地平面(虚线)以获得群时延和伪距误差

频率(GHz)	相位	群延迟	伪距误差
1.15	-80°	0.193 ns	5.8 cm
1.60	-200°	0.347 ns	10.4 cm

式(14.17)和式(14.18)的方向图表达式清楚地表明，一个无限的等角螺旋天线的幅度和相位方向图是生长速率和俯仰角的函数。图 14.31 所示为用式(14.18)画出的相位方向

图，分别对四种不同的增长率 $a=0.01$，0.1，0.5 和 1。首先可以看出，更紧的绕组产生较少的俯仰角相位方向图变化。在这种情况下，天线的相位中心位于 $a\lambda/(2\pi)$，直接在螺旋中心[66]下方。其次，天顶方向($\theta=0°$)的相位滞后随增长率的增加而增加。需要注意的是，以前的偶极子天线或贴片可以被认为是一个具有无限的增长率的螺旋天线。在这些情况下，我们发现在天顶的相位约为 $-98°$。

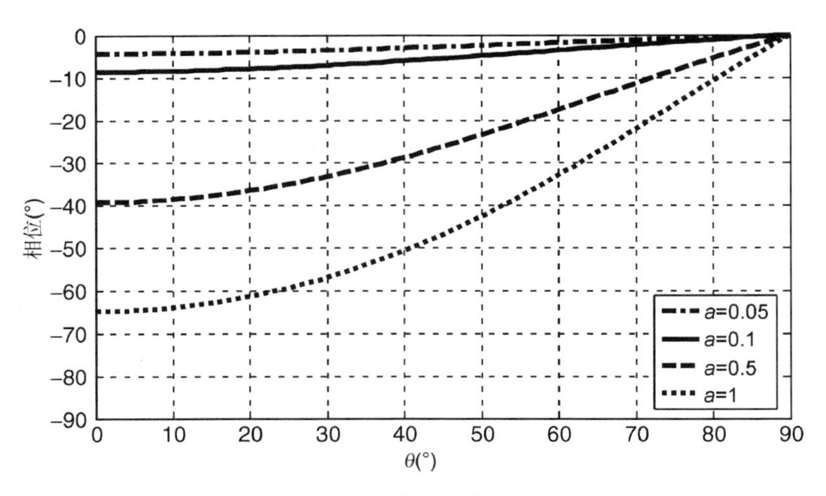

图 14.31 自由站立的、无限的等角螺旋天线的俯仰角相位方向图

图 14.32 比较了两个相似的螺旋天线但有不同的增长率下的天线性能。带或不带一个无限地平面的计算结果都包括在内。对于没有接地平面的情况天线放在参考平面上，对于有地平面的情况天线被放置在(在 1380 MHz 时)一个位于基准面上的无限接地平面上面 $\lambda_0/4$ 高的地方。这些结果包括作为频率函数的 S_{11} 数据和轴比、增益、相位在 1.38 GHz 在俯仰面内的方向图。天线端口阻抗是 200 Ω。再一次，除了在高俯仰角有较高增益外，接地平面的存在降低了大部分的性能。无线地平面也导致在低俯仰角增益消失。然而，这种方向图零点将由截断衍射在实际的有限接地平面填补。也可以看出，紧密绕组的螺旋在低俯仰角有接地平面时具有更好的增益和轴比。然而，宽松的螺旋绕组具有更好的相位稳定性。在上半空间伪距离误差的变化似乎小于 3 cm。

14.4.2 多单元天线阵

多个 GNSS 天线单元可以同时运行在一个阵列配置中通过合成有特殊幅度和相位加权的单个单元的接收信号来合成一个特殊覆盖方向图。这种方向图的综合可以用固定的或自适应的方式实现。固定方向图阵列的例子包括 GNSS/GPS 在卫星[67,68]上局部增强系统[20,69]的发射天线和参考天线。自适应天线阵自适应形成指向的波束已知卫星的方向以获得更好的载波噪声比(C/N)，从而导致更高的定位精度和更长久的操作而无须再捕获新的卫星[70~75]。自适应阵可以产生方向图零点并使其指向干扰方向以抑制它们对卫星接收的影响[76]。

当多个天线单元彼此靠近放置时，不同单元之间强烈的互耦可能来自天线的近场、馈线、天线罩或基板[77,78]之间的相互作用。这种互耦的常见后果包括频率失谐、阻抗匹配的变差、方向图形状畸变、波束倾斜，并增加了交叉极化电平。只要没有与深方向图容值相关的覆盖范围损失和没有跟较差的匹配相关的接收灵敏度损失，耦合的存在并不必然影响波束成形或置零性能[79, 80]。

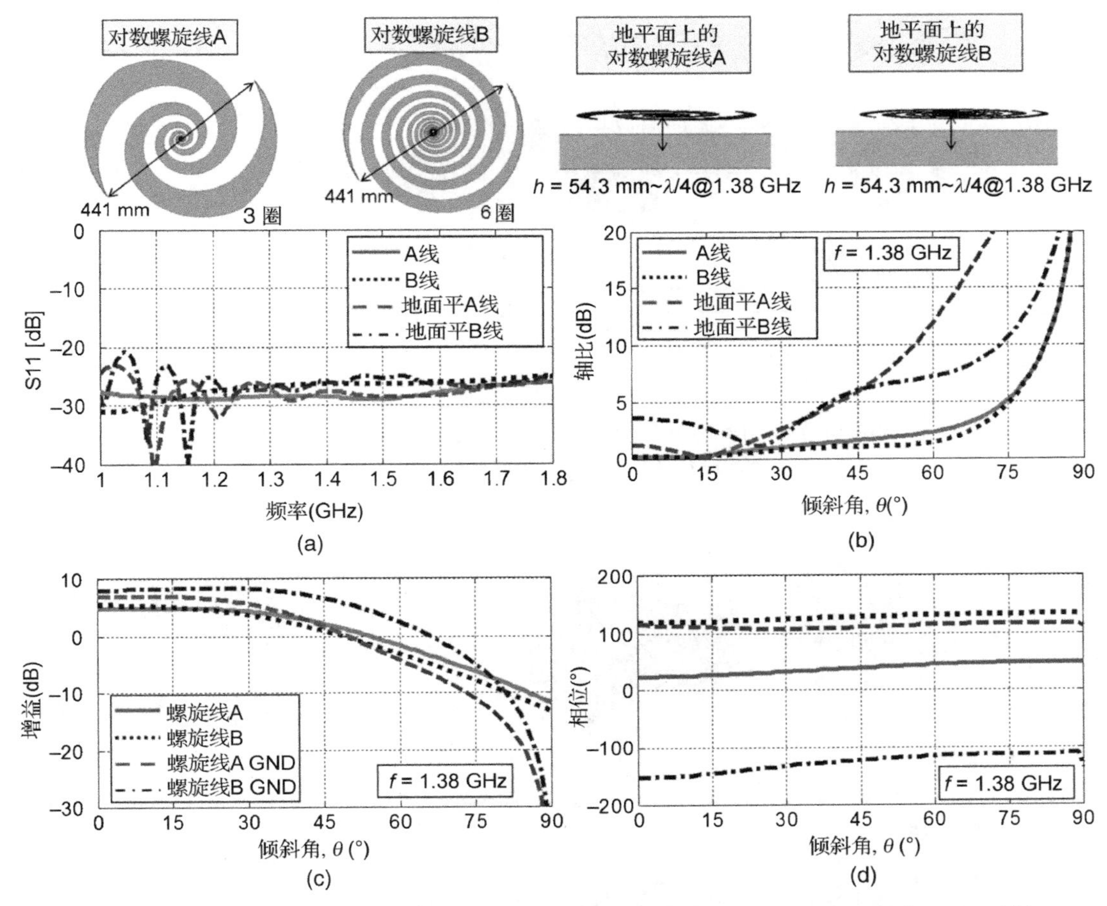

图 14.32　不同增长率的两个等角螺旋天线在有和没有无限地平面支持时的性能。(a)反射系数与频率关系；(b)频率为1.38 GHz时在俯仰面的轴比方向图；(c)RHCP在1.38 GHz俯仰面实现的增益方向图；(d)频率为1.38 GHz的俯仰面相位方向图

图 14.33 展示了两个分开 4 cm(中心到中心)的堆叠贴片天线单元间的耦合效应(见图 14.27)与一个单一的天线(实线)所获得结果的比较。左、右图之间的差异是不同的馈电结构。左图的探针连接到嵌入在天线下边的微带线上而在右边的图中探针直接连接到下方的同轴连接器上。在这种情况下，由于阻抗匹配的变差，在两个单元(虚线)的情况下在顶点方向的 RHCP 实现增益下降。在左侧配置中的高频模受到越来越大的跟不同馈电方法有关的失谐量，因为它们有同样的贴片尺寸和介质安排。

图 14.34 示出了一种基于三频带 GPS 六单元阵列天线的设计[81](见图 14.27)的例子。在上部空间 1575 MHz 一个单一有源单元(顶部中心)的 RHCP 实现增益和轴比方向图用灰度图绘制。将增益和轴比方向图和一个单一的单元的增益和轴比方向图相比，可以看到，增益峰值远离天顶方向阵列中有源单元的方向，这取决于直接从卫星接收的信号和从其他阵列单元通过耦合接收的信号之间的相位关系。

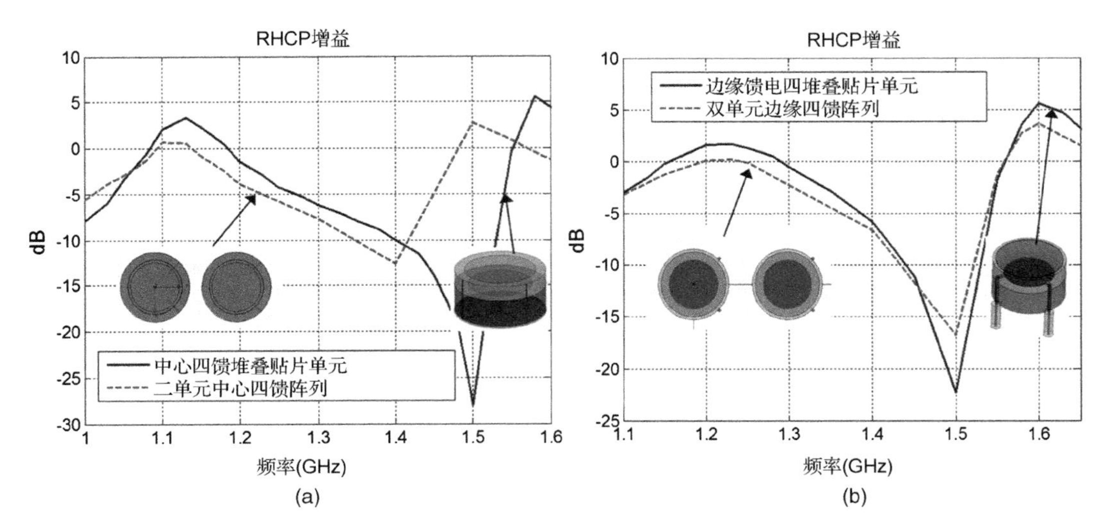

图 14.33 由不同的馈电结构引起的不同的互耦作用。(a)向外微带线馈电;(b)采用同轴探针馈电的贴片天线

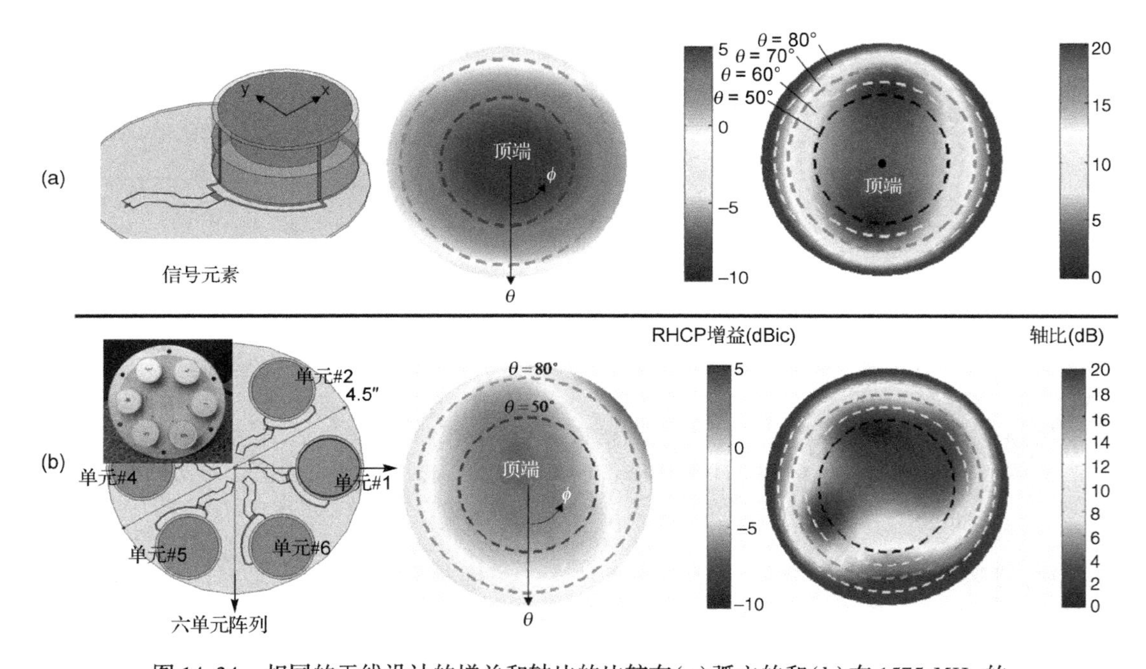

图 14.34 相同的天线设计的增益和轴比的比较在(a)弧立的和(b)在 1575 MHz 的六单元阵列配置。阵列模式中,只有突出显示的单元是有源的

图 14.35 示出了一种新的基于四个方形阿基米德螺旋天线单元阵列的紧凑型全球导航卫星系统[82]。天线整体尺寸为 8.9 cm×8.9 cm, 2 cm 的高度。每个天线单元和标准的 SMA 位于四个角的同轴连接器连接。这种天线可以提供对所有 GNSS 频率的连续覆盖。计算出的增益、轴比、群时延和在上半球载波相位在 1575 MHz(L1)和 1175 MHz(L5),是通过结合所有四个单元的信号形成向天顶的 RHCP 波束获得的。在地平线以上 10°的平均 RHCP 增益被发现在 L1 和 L2 时为 -5.5 dBi 和 -5.7 dBi,在地平线 10°以上的平均轴比在 1575 MHz 和 1175 MHz 分别为 13 dB 和 16 dB。这样的设计被发现可对高达三个的干扰信号提供有效抑制。

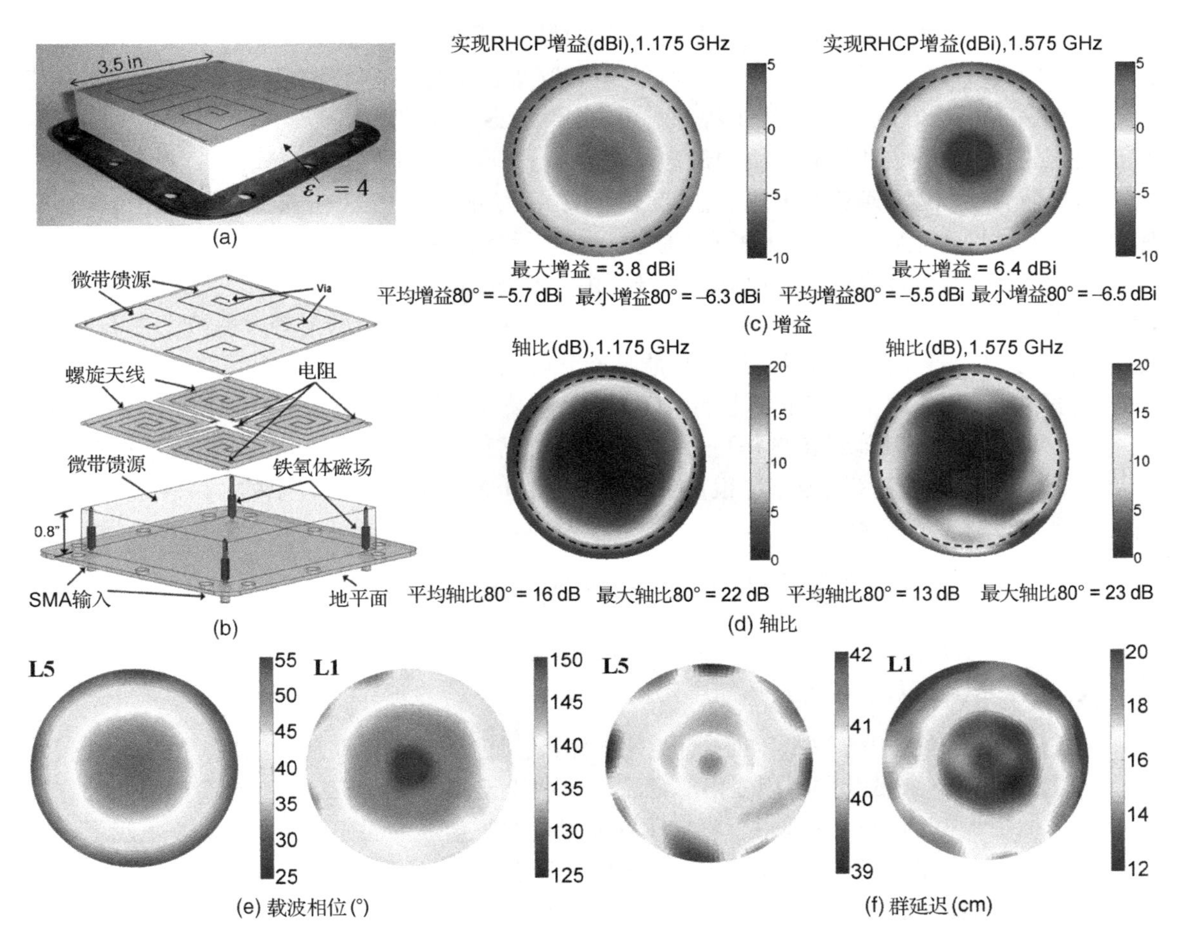

图 14.35　一个紧凑覆盖整个 GNSS 谱的 GNSS 天线阵列。这里显示的增益、轴比、载波相位和群延迟，是通过合成所有四个单元形成朝向顶点的RHCP波束而计算出来的

14.5　星载 GNSS 天线

14.5.1　星上 GNSS 接收机天线的要求

星载 GNSS 接收机用于精确确定航天器轨道和遥感应用。在卫星上它们能够计算出航天器的位置，也可以用来确定准确的速度和时间。14.2 节和 14.3 节讨论了对卫星导航接收天线的要求，如多波段操作，带靠近水平线尖锐滚降的半球方向图，高极化纯度，抗多径和相位中心稳定性。除了这些，对星上 GNSS 接收机天线还必须考虑一些其他问题。

材料：如第 5 章中所讨论的，空间环境跟地面上的不同。为了在空间环境中生存，所有的制造星载天线的材料需要符合空间要求。如低释气、热稳定性的问题等。因此，选择天线材料时应考虑到这些问题。天线应接受一系列的测试，包括电气、振动、冲击、热和真空试验，具体内容见第 6 章中的讨论。

机械和热的问题：天线结构必须是强健的，它才能够在发射期间生存。在卫星本体上天线的安装也应很坚固。天线的热设计是必要的。为了保护天线免于太阳照射，天线罩通常用于覆盖天线。因此，天线罩对天线性能的影响应在设计过程中考虑。

与卫星体、卫星子系统和有效载荷的相互作用：当天线装在卫星上时，天线和卫星体之间的互耦影响天线性能。同时，天线可以耦合到负载(如相机)上和附近的卫星子系统(如太阳能电池板、下行链路天线)上。天线工程师需要分析 GNSS 天线和卫星体、其卫星子系统和有效载荷之间的相互作用，并找到天线的最佳位置。

电磁兼容性问题：避免对天线的金属结构上的任何静电沉积是很重要的，因为这可能会损害低噪声放大器等电路。这个问题可以通过天线的所有金属部件接地解决。另一个问题是抑制可能会饱和 GNSS 接收机的其他射频信号。由于 GNSS 接收机的信号很弱，天线和接收机前端需要排除卫星上其他射频系统的射频信号，特别是用于数据下行的射频发射机，它可以通过滤波器实现。GNSS 天线本身具有滤波功能是十分可取的。

大小、质量和效率：由于卫星上的空间有限，缩减天线的尺寸是很重要的。小尺寸的天线也可以使其与卫星上其他设备离得更远，从而减少它们之间的耦合。天线需要轻量化来降低卫星的成本。天线有很高的效率也很重要，因为卫星上的能量是非常有限的，高效的 RF 系统将使卫星具有更长的寿命。

14.5.2　为星载 GNSS 接收机开发的天线的回顾

很多天线已经用于星载 GNSS 接收机，主要包括微带贴片天线和阵列天线、贴片激励的杯形天线和四臂螺旋天线。下面给出简单回顾。

- **微带贴片天线**：由于其低剖面、轻量化的优势，而且与 RF 电路易于集成，微带贴片天线对星载 GNSS 接收机的应用变得非常流行。贴片天线的接地平面使它有一种天然的宽波束方向图与低后瓣。天线也可直接放置在卫星本体金属的表面上。图 14.36 显示了一个 SGR-GEO 接收机[83]的 GPS 天线。天线基本上是一个正方形微带贴片，由两个正交 90°的相位延迟线馈电以实现圆极化。一个圆形贴片放在顶部来扩展阻抗带宽以及增加天线的增益。该天线工作在 L1 频段，并已在 GIOVE-A 卫星船上使用(发射于 2005)。图 14.37 显示了在 CHAMP 卫星顶上的微带贴片天线用于精密定轨[84]。如图所示，扼流环接地平面被用于一个圆形贴片天线，为减轻多径效应和稳定相位中心以实现良好的性能。需要注意的是天线的位置相对于卫星结构对称的重要性，以实现一个稳定的视线波束指向方向图。有扼流圈接地平面的微带贴片天线也被用于不同的卫星任务，如 Topex/Poseidon、精密定轨和遥感应用的 Jason-1 和 Jason-2。

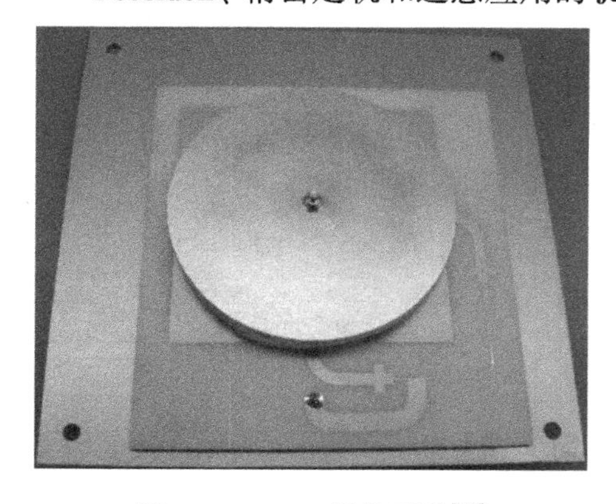

图 14.36　GPS 贴片天线[83]

图 14.37　CHAMP POD(Precise Orbit Determination)中带扼流环地平面的贴片天线[84]

- **贴片激励的杯形天线**：RUAG 为卫星精密轨道确定开发了这些天线。图 14.38[85] 所示是一个例子。这是一个由四个电容性馈电和底部有一个宽带馈电网络的两个金属盘单元堆叠在一起的双频段天线(L1，L2)，取代一个扼流圈接地平面，一个有两层扼流环的杯形接地平面用来赋形方向图并减少后向辐射和交叉极化电平。影响方向图的主要参数包括杯的直径和高度、波纹的层数、贴片的尺寸和两个贴片之间的距离。天线实现了覆盖范围广、低损耗和卫星体的低干扰。
- **四臂螺旋天线**：四臂螺旋天线(QHA)能够产生一个半球形的圆极化方向图，其在水平方向有一个滚降。图 14.39 显示了一个已在太空中[85]飞行的小型有源 QHA 天线。辐射结构包括四个印刷的由高介电常数的介质加载的大小显著减小的螺旋臂构成。螺旋臂中集成了平衡-不平衡变换器。为了提高噪声和增益性能，低噪声放大器也与天线集成，如图所示。该天线工作在 L1 频段。

除了以上所述天线，其他天线也被开发用于星载 GNSS 应用，如短路环形微带天线、缝隙天线、贴片天线阵列等。

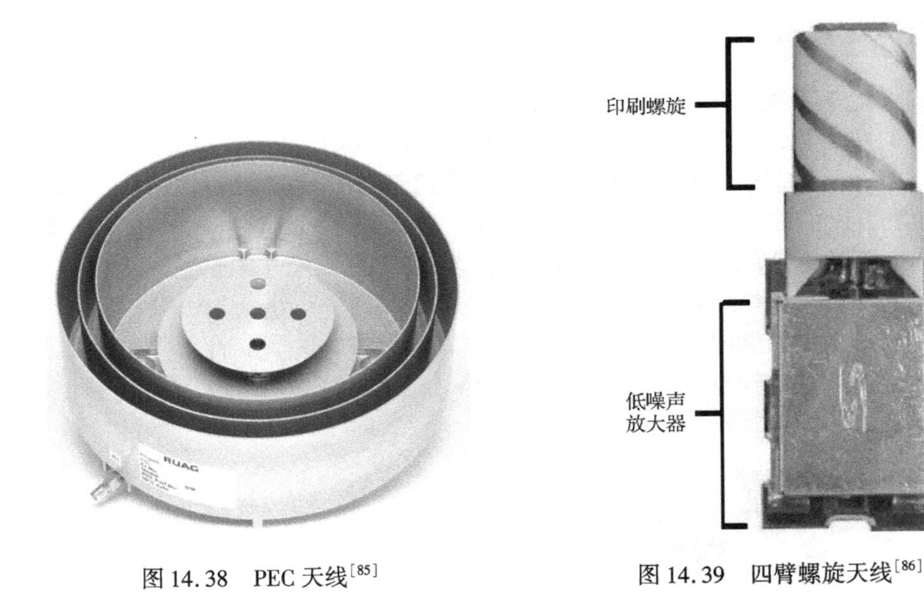

图 14.38　PEC 天线[85]　　图 14.39　四臂螺旋天线[86]

14.6　案例研究：用于航天器精密轨道确定应用的双频带微带贴片天线

14.6.1　天线的研制

在本案例研究中将描述一种用于航天器精密轨道确定的双频带微带贴片天线的发展[87]。天线的技术要求包括：

- 频段：L1(20 MHz)和 L2(20 MHz)。
- 增益：两个频带中 6 dBi。
- 最大尺寸：150 mm × 150 mm × 20 mm。
- 最大质量：200 g。
- 轴比小于 3 dB(瞄准方向)。

- 电压驻波比(VSWR)：<2。
- 材料：低的放气和热稳定性。
- 环境和机械：热、振动和真空试验生存性。

第一步是选择合适的天线技术。在不同的天线技术(如微带贴片天线、四臂螺旋天线、具有高介电常数材料的小型化四臂螺旋天线、介质谐振器天线等)中进行了一项比较性研究，得出的结论是：由于其低剖面和与卫星本体易于集成的优点，微带贴片天线是最适合这种应用的技术。四臂螺旋天线能够实现半球形的圆极化方向图，但其高度可导致空间动力学问题。具有高介电常数材料的四臂螺旋天线可以使天线尺寸小得多，但天线的增益和效率性能会恶化。

为实现双波段操作，可采用双层贴片形式。不同的材料被考虑用于制造贴片天线。结果发现，对于许多空间和地面应用的 Duroid 基板材料($\varepsilon=2.2$，$h=1.575$ mm)，不适合于这种应用。这是因为两个这样的 Duroid 基板一起将导致天线的质量比规格(<200 g)大得多。为了减少质量，贴片天线应该用 Rohacell 衬底迪鲁瓦基板 5880($\varepsilon=2.2$，$h=0.127$ mm)的合成。所有的层都是通过使用 3M VHB 9469 双面胶带连接在一起的，从而得到了一个非常轻巧的天线。

该天线的设计基于微带天线的传输线模型[88]。图 14.40(a)显示了一个天线的分解图。所制造的天线的照片显示在图 14.40(b)。可以看出，用于在 L1 和 L2 频带上辐射的两个方形贴片具有不同尺寸，表示为 L1 和 L2 的贴片，并把它们印刷在不同层的基板上。使用传输线模型 L1 和 L2 的贴片的初始尺寸是分别确定的，这允许每个贴片分别在 1.575 GHz 和 1.227 GHz 产生谐振。然后进行了进一步的优化，以找到最佳尺寸的贴片。该天线由两个垂直馈电器馈电。为产生振幅相等的两个信号并使它们之间有一个 90°的相移，用一个三分支的微带混合耦合器的宽带馈电网络设计来包括 L1 和 L2 的频带。为了能将天线连接至馈电网络，两个通孔通过上面的贴片到地平面以下的馈电网络。L2 贴片的中心短接到地平面，以避免在金属结构的天线上的静电沉积。

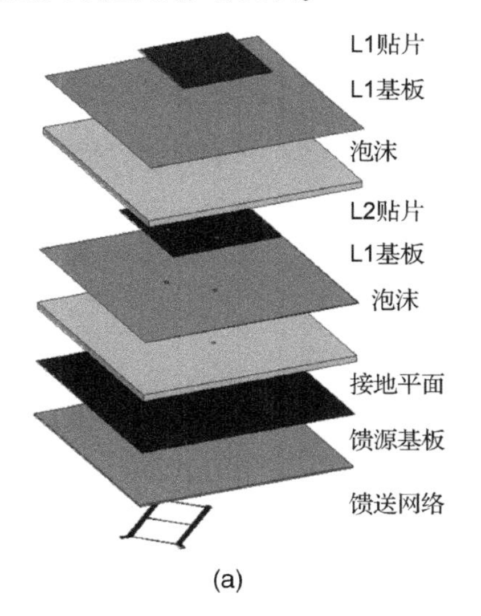

(a)

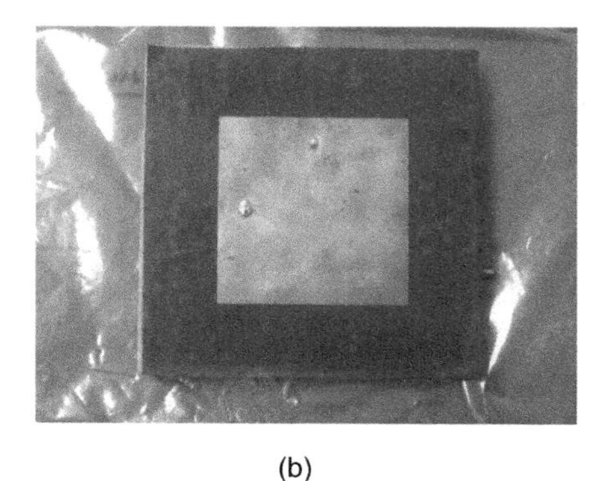

(b)

图 14.40 (a)天线的分解图；(b)制作的天线的顶视图

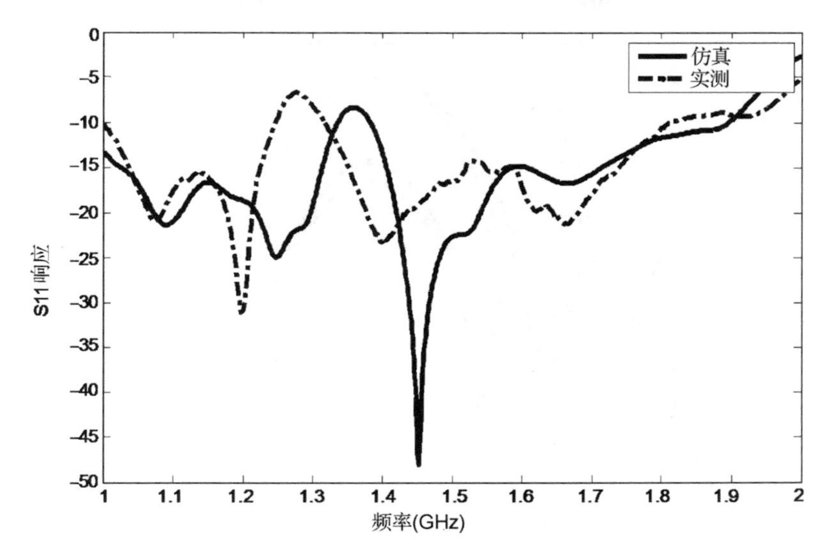

图 14.41　图 14.40 所示的双频带贴片天线的反射系数(S_{11})

14.6.2　结果与讨论

最后的天线原型按照以下尺寸制造：

- L1 贴片 =82 mm×82 mm
- L2 贴片 =105 mm×105 mm
- 通道(馈源)位置 = 偏离中心 25 mm
- 总外形尺寸 =150 mm×150 mm×15 mm
- 通道半径 =0.5 mm
- 质量 =140 g

对图 14.40(b)所示的原型进行了测试，并对仿真的结果进行了比较。图 14.41 显示了天线反射系数(S_{11})。可以看出，测得的结果与仿真结果相当一致，在 L1 和 L2 两个频带中天线已经达到了超过 10 dB 的回波损耗。

表 14.5 中给出了天线增益的测量结果。如图所示，该天线实现两个 L1 和 L2 频带中都超过 6 dBi 的增益。如图 14.42 所示的辐射方向图的测量结果在 L1 和 L2 频带上显示。可以看出，该天线实现了宽的波束宽度，低于 10 dB 的低交叉极化电平，以及在两个频段内的低后向辐射。天线在两个频段内实现了超过 65°的 3 dB 波束宽度。

表 14.5　天线增益的测量结果

频率(GHz)	增益(dBi)
1.225	6.60
1.227	6.51
1.229	6.43
1.5675	6.26
1.575	6.29
1.5825	6.43

天线相位中心是飞船精密定轨的一个重要因素。它是在天线的方向图中发出发射功率的一个点，反之，所有的接收功率将收敛到同一点。相位中心的变化是很关键的，因为发射和接收的全球导航卫星系统天线之间距离的计算是参考天线的相位中心的。图 14.43 示出在两个 L1 和 L2 频带内天线相位中心的变化。它表明，在 L1 和 L2 频带天线相位中心变化小于 6 mm。仍需要进一步改进天线设计，以改善在两个频段的相位中心的稳定性。

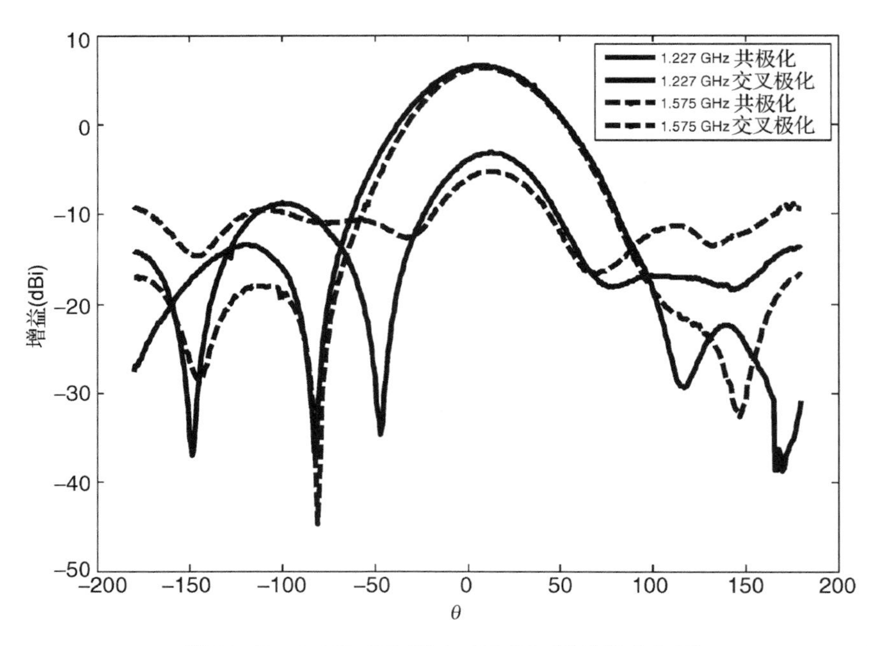

图 14.42 1.227 GHz 和 1.575 GHz 测量的方向图

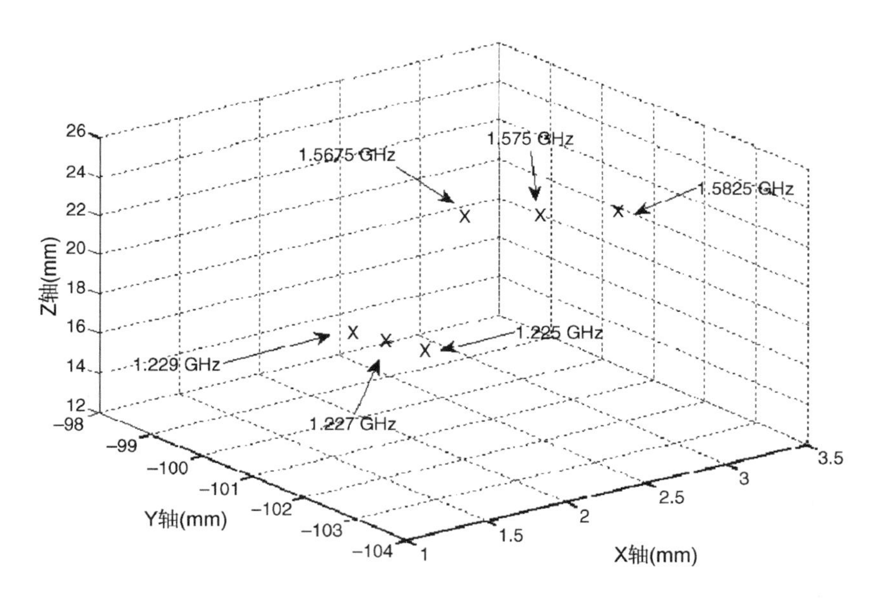

图 14.43 L2 和 L1 频带中间的相位中心变化

除了交叉极化和轴比性能，多路径抑制比或上/下比是另一个品质因数，用来表征全球导航卫星系统天线减轻多路径效应的性能。多路径抑制能力或上/下比被定义为在地平线以上的同极化天线增益与地平线之下天线交叉极化增益之比。因此，一个更高的向上/向下比意味着更好的多路径抑制能力。图 14.44 给出了原型天线在 $\Phi=0$ 切面(E 面)的多路径抑制比(上/下比)，可见天线在 L2 频带比 L1 频带实现了更好的多路径抑制性能。

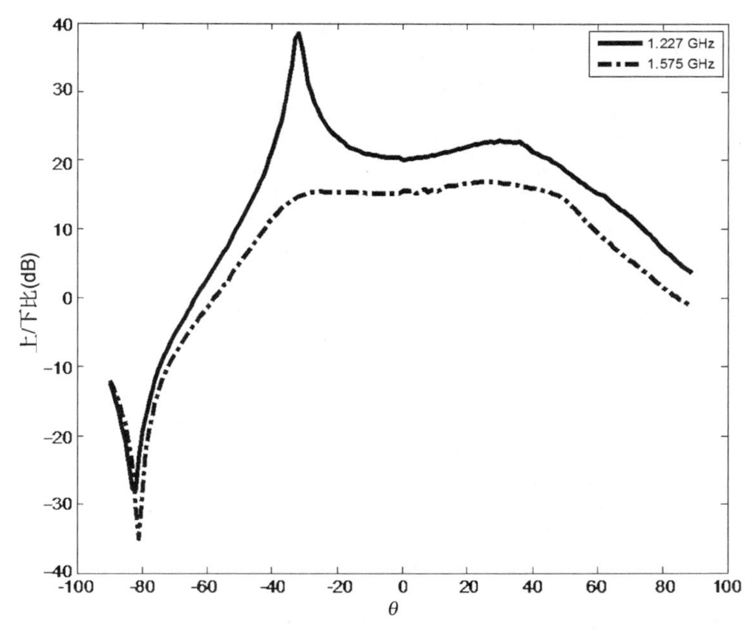

图 14.44　在 L1 和 L2 波段的多路径抑制比

14.7　总结

本章描述了当前和计划中的 GNSS 业务的一般频谱要求，同时还讨论了一般的用户和高精度信号监测对 GNSS 接收机天线的性能要求。这些要求涉及增益水平、方向图覆盖、相位方向图的变化、群和相位延迟和极化。应当指出的是，在本章所讨论的要求仅作为例子，因为这些要求在不断地修正并随应用而变化。对在天线设计中有经验的读者我们还提供了许多理论与实际的 GNSS 天线设计实例的仿真和测量结果。这些例子包括窄带或多带设计，如多波段贴片天线、四臂螺旋天线和贴片激励的杯形天线，以及如蝴蝶结型偶极子和螺旋天线的宽带设计。显然，这些只是方便讨论选出的具有代表性的设计实例。虽然全球导航卫星系统天线设计可能是无限变化的，然而在我们看来，一个最好的设计是最小、最便宜的，且最重要的是它能完成任务。

参考文献

1. The Global Positioning System, http://www.gps.gov/systems/gps/ (accessed 13 December 2011).
2. Misra, P. and Enge, P. (2006) *Global Positioning System: Signals, Measurements, and Performance*, 2nd edn, Ganga-Jamuna Press.
3. US FAA (2001) *Specification for the Wide Area Augmentation System (WAAS)*, FAA-E-2892b, August 13.
4. ESA (2007) EGNOS – The European Geostationary Navigation Overlay System – A Cornerstone of Galileo, ESA SP-1303.
5. Garg, R., Barthia, P., Bahl, I., and Ittipiboon, A. (2001) *Microstrip Antenna Design Handbook*, Artech House.
6. Volakis, J.L. (ed.) (2007) *Antenna Engineering Handbook*, 4th edn, McGraw-Hill.
7. Huang, C.-Y., Ling, C.-W., and Kuo, J.-S. (2003) Dual-band microstrip antenna using capacitive loading. *IEE Proceedings: Microwaves, Antennas and Propagation*, **150**(6), 401–404.

8. Boccia, L., Amendola, G., and Di Massa, G. (2004) A dual frequency microstrip patch antenna for high-precision GPS applications. *IEEE Antennas and Wireless Propagation Letters*, **3**, 157–160.
9. Pozar, D.M. and Duffy, S.M. (1997) A dual-band circularly polarized aperture coupled stacked microstrip antenna for global positioning satellite. *IEEE Transactions on Antennas and Propagation*, **45**(11), 1618–1625.
10. Su, C.M. and Wong, K.L. (2002) A dual-band GPS microstrip antenna. *Microwave and Optical Technology Letters*, **33**(4), 238–240.
11. Peng, X.F., Zhong, S.S., Xu, S.Q., and Wu, Q. (2005) Compact dual-band GPS microstrip antenna. *Microwave and Optical Technology Letters*, **44**(1), 58–61.
12. Shackelford, A.K., Lee, K.-F., and Luk, K.M. (2003) Design of small-size wide-bandwidth microstrip-patch antennas. *IEEE Antennas and Propagation Magazine*, **45**(1), 75–83.
13. Rao, B.R., Smolinski, M.A., Quach, C.C., and Rosario, E.N. (2003) Tripleband GPS trap-loaded inverted L antenna array. *Microwave and Optical Technology Letters*, **38**(1), 35–37.
14. Luk, K.M., Mak, C.L., Chow, Y.L., and Lee, K.F. (1998) Broadband microstrip patch antenna. *Electronics Letters*, **34**(15), 1442–1443.
15. Peng, X.F., Zhong, S.S., Xu, S.Q., and Wu, Q. (2005) Compact dual-band GPS microstrip antenna. *Microwave and Optical Technology Letters*, **44**(1), 58–61.
16. Czopek, F. (1993) Description and performance of the GPS block I and II L-band antenna and link budget. Proceedings of the ION Conference, pp. 37–43.
17. Papoulis, A. (1977) *Signal Analysis*, McGraw-Hill.
18. Betz, J.W. *et al.* (2000) Overview of the GPS M code signal. Proceedings of the ION National Technical Meeting, pp. 542–549.
19. Betz, J.W. (2001) Binary offset carrier modulations for radio navigation. *ION Journal of Navigation*, **48**(4), 227–246.
20. Lopez, A.R. (2010) GPS landing reference antenna. *IEEE Antennas and Propagation Magazine*, **52**(1), 104–113.
21. Lopez, A.R. (2008) LAAS/GBAS ground reference antenna with enhanced mitigation of ground multipath. Proceedings of the ION National Technical Meeting, pp. 389–393.
22. Braasch, M.S. (1996) Multipath effects, in *Global Positioning System: Theory and Applications* (eds B.W. Parkinson *et al.*), American Institute of Aeronautics and Astronautics (AIAA), vol. 1, pp. 547–568.
23. Braasch, M.S. (1997) Autocorrelation sidelobe considerations in the characterization of multipath errors. *IEEE Transactions on Aerospace and Electronic Systems*, **33**(1), 290–295.
24. Ertin, E., Mitra, U., and Siwamogsatham, S. (2001) Maximum-likelihood-based multipath channel estimation for code-division multiple-access systems. *IEEE Transactions on Communications*, **49**(2), 290–302.
25. Soubielle, J., Fijalkow, I., Duvaut, P., and Bibaut, A. (2002) GPS positioning in a multipath environment. *IEEE Transactions on Signal Processing*, **50**(1), 141–150.
26. van Nee, D.J.R. (1993) Spread spectrum code and carrier synchronization errors caused by multipath and interferences. *IEEE Transactions on Aerospace and Electronic Systems*, **29**(4), 1359–1365.
27. Townsend, B.R. and Fenton, P. (1994) A practical approach to the reduction of pseudorange multipath errors in a L1 GPS receiver. Proceedings of ION GPS, pp. 143–148.
28. Dierendonck, A.J., Fenton, J.P., and Ford, T. (1992) Theory and performance of narrow correlator spacing in a GPS receiver. *ION Journal of Navigation*, **39**(3), 265–283.
29. Kouyoumjian, R.G. and Pathak, P.H. (1974) A uniform geometrical theory of diffraction for an edge in a perfectly conducting surface. *Proceedings of the IEEE*, **62**, 1448–1461.
30. Lopez, A.R. (2003) LAAS reference antennas – circular polarization mitigates multipath effects. Proceedings of ION Annual Meeting, pp. 500–506.
31. GPS Antenna Reviews, http://www.gpsantenna.org/ (accessed 13 December 2011).
32. NavtechGPS, http://navtechgps2.intuitwebsites.com/index.html (accessed 13 December 2011).
33. Nextag, http://www.nextag.com/gps-antenna-lowrance/stores-html (accessed 13 December 2011).
34. Antcom, http://www.antcom.com/index.html (accessed 13 December 2011).
35. Balanis, C.A. (2005) *Antenna Theory and Design*, 3rd edn, John Wiley & Sons, Inc.
36. Kraus, J.D. and Marhefka, R.J. (eds) (2002) *Antennas for All Applications*, 3rd edn, McGraw-Hill.
37. Balanis, C.A. (ed.) (2008) *Modern Antenna Handbook*, John Wiley & Sons, Inc.
38. Volakis, J.L., Chen, C.-C., and Fujimoto, K. (2010) Chapter 5, in *Small Antennas: Miniaturization Techniques and Applications*, McGraw-Hill.
39. Kramer, B., Chen, C.-C., and Volakis, J.L. (2008) Size reduction of a low-profile spiral antenna miniaturization using inductive and dielectric loading. *IEEE Antennas and Wireless Propagation Letters* **7**, 22–25.
40. Rao, B.R., Williams, J.H., Rosario, E.N., and Davis, R.J. (2000) GPS microstrip antenna array on a resistivity tapered ground plane for multipath mitigation. Proceedings of ION GPS, pp. 2468–2476.

41. Westfall, B.G. (1997) Antenna with R-card ground plane, US Patent 5694136, December 2.
42. Tranquilla, J.M., Cam, J.P., and Al-Rizzo, H.M. (1994) Analysis of a choke ring ground plane for multipath control in global positioning system (GPS) applications. *IEEE Transactions on Antennas and Propagation*, **42**(7), 905–911.
43. Basilio, L.I., Williams, J.T., Jackson, D.R., and Khayat, M.A. (2005) A comparative study of a new GPS reduced-surface-wave antenna. *IEEE Antennas Wireless Propagation Letters*, **4**, 233–236.
44. Milligan, T. and Kelly, P.K. (1996) Optimization of ground plane for improved GPS antenna performance. Proceedings of IEEE AP-S International Symposium, vol. 2, pp. 1250–1253.
45. Lee, Y., Ganguly, S., and Mittra, R. (2005) Multiband L5-capable GPS antenna with reduced backlobes. Proceedings of the IEEE AP-S International Symposium, vol. 1A, pp. 438–441.
46. Counselman, C.C. (1999) Multipath rejecting GPS antennas. *Proceedings of the IEEE*, **87**(1), 86–91.
47. Huynh, S.H. and Cheng, G. (2000) Low profile ceramic choke, US Patent 6040805, March 21.
48. Westfall, B.G. and Stephenson, K.B. (1999) Antenna with ground plane having cutouts, US Patent 5986615, November 16.
49. Ashjaee, J., Filippov, V.S., Tatarnikov, D.V., Astakhov, A.V., and Sutjagin, I.V. (2001) Dual-frequency choke-ring ground planes, US Patent 6278407, August 21.
50. Sciré-Scappuzzo, F. and Makarov, S.N. (2009) A low-multipath wideband GPS antenna with cutoff or non-cutoff corrugated ground plane. *IEEE Transactions on Antennas and Propagation*, **57**(1), 33–46.
51. Pozar, D.M. (1985) Microstrip antenna aperture-coupled to a microstrip line. *Electronics Letters*, **21**(2), 49–50.
52. Sullivan, P.L. and Schaubert, D.H. (1986) Analysis of an aperture coupled microstrip antenna. *IEEE Transactions on Antennas and Propagation*, **34**(8), 977–984.
53. Kumar, G. and Ray, K.P. (2003) *Broadband Microstrip Antennas*, Artech House.
54. Waterhouse, R.B. (ed.) (2003) *Microstrip Patch Antennas: A Designer's Guide*, Kluwer Academic.
55. Lee, K.F., Lung, S., Yang, S., Kishk, A.A., and Luk, K.M. (2010) The versatile U-slot patch antenna. *IEEE Antennas and Propagation Magazine*, **52**, 71–78.
56. Chen, Z.N. and Qing, X. (2010) Dual-band circularly polarized S-shaped slotted patch antenna with a small frequency-ratio. *IEEE Transactions on Antennas and Propagation*, **58**, 2112–2115.
57. Row, J.-S. (2004) Dual-frequency circularly polarized annular-ring microstrip antenna. *Electronics Letters*, **40**, 153–154.
58. Maci, S., Biffi Gentili, G., Piazzesi, P., and Salvador, C. (1995) Dual-band slot-loaded patch antenna. *IEE Proceedings: Microwaves, Antennas and Propagation*, **142**, 225–232.
59. Rafi, G. and Shafai, L. (2004) Broadband microstrip patch antenna with V-slot. *IEE Proceedings: Microwaves, Antennas and Propagation*, **151**, 435–440.
60. Zhou, Y., Chen, C.-C., and Volakis, J.L. (2007) Dual band proximity-fed stacked patch antenna for tri-band GPS applications. *IEEE Transactions on Antennas and Propagation*, **55**(1), 220–223.
61. Ge, Y., Esselle, K.P., and Bird, T.S. (2004) E-shaped patch antennas for high-speed wireless networks. *IEEE Transactions on Antennas and Propagation*, **52**(12), 3213–3219.
62. Yang, F., Zhang, X., Ye, X., and Samii, Y.R. (2001) Wide-band E-shaped patch antennas for wireless communications. *IEEE Transactions on Antennas and Propagation*, **49**(7), 1094–1100.
63. Rassokhina, Y.V. and Krizhanovski, V.G. (2010) Analysis of h-slot resonators in microstrip line ground plane. International Kharkov Symposium on Physics and Engineering of Microwaves, Millimeter and Submillimeter Waves (MSMW).
64. Pozar, D.M. and Targonski, S.D. (1991) Improved coupling for aperture coupled microstrip antennas. *Electronics Letters*, **27**, 1129–1131.
65. Zhou, Y., Koulouridis, S., Kiziltas, G., and Volakis, J.L. (2006) A novel 1.5-inch quadruple antenna for tri-band GPS applications. *IEEE Antennas and Wireless Propagation Letters*, **5**, 224 –227.
66. Cheo, B.R.-S., Rumsey, V.H., and Welch, W.J. (1961) A solution to the frequency-independent antenna problem. *IRE Transactions on Antennas and Propagation*, **AP-9**, 527–534.
67. Brumbaugh, C.T., Love, A.W., Randall, G.M. *et al.* (1976) Shaped beam antenna for global positioning satellite system. IEEE Antenna and Propagation Conference Proceedings.
68. Czopek, F. and Schollenberger, S. (1993) Description and performance of the GPS block I and II L-band antenna and link budget. Proceedings of the ION Conference, pp. 37–43.
69. Lopez, A.R. (2000) GPS ground station antenna for local area augmentation system, LAAS. Proceedings of ION National Technical Meeting, pp. 738–742.
70. Griffiths, L.J. and Jim, C.W. (1982) An alternative approach to linearly constrained adaptive beamforming. *IEEE Transactions on Antennas and Propagation*, **30**(1), 27–34.

71. Compton, R.T. Jr. (1979) The power-inversion adaptive array: concept and performance. *IEEE Transactions on Aerospace and Electronic Systems*, **15**, 803–814.
72. O'Brien, A.J., Gupta, I.J., Reddy, C.J., and Werrell, F.S. (2010) Space-time adaptive processing for mitigation of platform generated multipath. Proceedings of ION International Technical Meeting, pp. 646–656.
73. Seco-Granados, G., Fernandez-Rubio, J.A., and Fernandez-Prades, C. (2005) Ml estimator and hybrid beamformer for multipath and interference mitigation in GNSS receivers. *IEEE Transactions on Signal Processing*, **53**, 1194–1208.
74. Ray, J.K., Cannon, M.E., and Fenton, P.C. (1999) Mitigation of static carrier-phase multipath effects using multiple closely spaced antennas. *ION Journal of Navigation*, **46**(3), 193–202.
75. Brown, A.K. and Mathews, B. (2005) GPS multipath mitigation using a three dimensional phased array. Proceedings of ION GNSS 2005, pp. 659–666.
76. Li, R., Wang, Y., and Wan, S. (2003) Research on adapted pattern null widening techniques. *Modern Radar*, **25**(2), 42–45.
77. Rama Rao, B., Williams, J.H., Boschen, C.D. *et al.* (2000) Characterizing the effects of mutual coupling on the performance of a miniaturized GPS adaptive antenna array. Proceedings of ION GPS 2000, pp. 2491–2498.
78. Zhang, Y., Hirasawa, K., and Fujimoto, K. (1987) Signal bandwidth consideration of mutual coupling effects on adaptive array performance. *IEEE Transactions on Antennas and Propagation*, **35**(3), 337–339.
79. Gupta, I.J. and Ksienski, A.A. (1983) Effects of mutual coupling on the performance of adaptive arrays. *IEEE Transactions on Antennas and Propagation*, **31**(5), 785–791.
80. Griffith, K.A. and Gupta, I.J. (2009) Effect of mutual coupling on the performance of GPS AJ antennas. *ION Journal of Navigation*, **56**(3), 161–174.
81. Zhou, Y., Chen, C.-C., and Volakis, J.L. (2008) Single-fed circular polarized antenna element with reduced coupling for GPS arrays. *IEEE Transactions on Antennas and Propagation*, **56**(5), 1469–1472.
82. Kasemodel, J.J., Chen, C.-C., Gupta, I.J., and Volakis, J.L. (2008) Miniature continuous coverage antenna array for GNSS receivers. *IEEE Antennas and Wireless Propagation Letters*, **7**, 592–595.
83. Surrey Satellite Technology Ltd, www.sstl.co.uk (accessed 13 December 2011).
84. GFZ German Research Centre for Geosciences, The CHAMP Mission, http://op.gfz-potsdam.de/champ/index_CHAMP.html (accessed 13 December 2011).
85. Öhgren, M., Bonnedal, M., and Ingvarson, P. (2010) Small and lightweight GNSS antenna for precise orbit determination. Proceedings of ESA Space Antennas Workshop, Section 16, pp. 1–5.
86. Sarantel Ltd, http://www.sarantel.com/ (accessed 13 December 2011).
87. Maqsood, M., Bhandari, B., Gao, S. *et al.* (2010) Development of dual-band circularly polarized antennas for GNSS remote sensing onboard small satellites. Proceedings of ESA Workshop on Antennas for Space Applications.
88. James, J.R. and Hall, P.S. (eds) (1989) *Handbook of Microstrip Antennas*, IEE Electromagnetic Waves Series, IEE.

第15章　小卫星天线

Steven(Shichang) Gao(萨里大学萨里空间中心，英国)，
Keith Clark(萨里卫星技术有限公司，英国)，Jan Zackrisson(RUAG宇航公司，瑞典)，
Kevin Maynard(萨里卫星技术有限公司，英国)，Luigi Boccia(Calabria大学，意大利)，
Jiadong Xu(西北工业大学，中国西安)

15.1　小卫星简介

15.1.1　小卫星及其分类

早期的卫星系统是小型的，然而随着功能需求越来越复杂，卫星变得越来越庞大和沉重。现在一个典型的通信卫星已经重达几吨。这里讨论的小卫星指的是新一代卫星，它们不但尺寸更小，反应更快，并且造价更便宜，同时能力很强且可靠。这正和现有的军用、商用卫星相反，它们通常尺寸大、重量大而且造价昂贵。数十年来小型化、大规模集成电路、微处理器、固态存储器、高级软件工具以及制造工艺等技术的飞速发展使得小卫星技术的实现成为可能。

UoSAT-1是第一颗现代小卫星，装载了星载可编程计算机和二维电荷耦合装置(CCD)阵列照相机(256×256像素)。该卫星由大学生、职员和无线电爱好者研究设计并于1987年发射[1]。小卫星提供“负担得起的进入空间的通道”并且可由商用货架(COTS)硬件(为地面应用研发的)制造，而不是用更贵、新技术含量少、适合空间应用的器件制造的。

小卫星的类型有小、微小、纳、皮、毫微微以及立方体型卫星。表15.1给出了小型、中型以及传统大型卫星的对比。从表中可以看出，小卫星显著降低了质量和成本，并且能够支持“快速”发射到空间。传统大型卫星从提出方案到发射需要五年到数十年，而小卫星(如微型卫星)只需要一年左右就可以实现从概念提出到实际发射。小卫星建造速度快而且发射成本低，因此可以用单个标准卫星的成本提供发射多个小卫星的选择。

小型和大型卫星是互补的。由于用户对低成本频繁进入太空有需求，小卫星变得越来越重要了。此外，在通信、地面观测、导航、科学任务、技术验证以及教育方面的应用中，低成本的小卫星是很有用的。下面的小节将举例说明几个小卫星及其应用。

15.1.2　微小卫星及小卫星星群

针对自然灾害，小卫星能够提供快速反应，还能提供成本可接受的星群来实现快速反应的高分辨率全球覆盖。在这个方面，多个小卫星能够完成单个大型卫星很难完成的任务。

图15.1示出了一个自然灾害监视星群，由5个微小卫星构成星群，实现每天全球成像进行灾害评估。该星群具有全球每日更新图像的能力并且能够快速提供洪水、火灾及地震等图片给救灾团体。每个三轴动量偏移稳定的微小卫星都带一个光学成像有效载荷，提供条带宽度范围600 km情况下32 m的地面分辨率[4]。

图15.2示出了星群中的一个微小卫星[4]，其质量为100 kg。它由多个子系统构成，包括：

射频系统(天线、上行链路、下行链路、遥感指令及控制),供能系统(太阳能板、电池),热控系统,推进系统,星上数据处理(OBDH)、姿态判定和控制系统(ADCS),以及一个载荷模块(如地球观测设备)。星群相位调整是由成本效益好的气体推进系统实现的,其轨道由星上GPS接收机确定。星上电脑、复杂的姿态以及数据处理系统实现了复杂自身管理系统以及星载设备的自主操作。

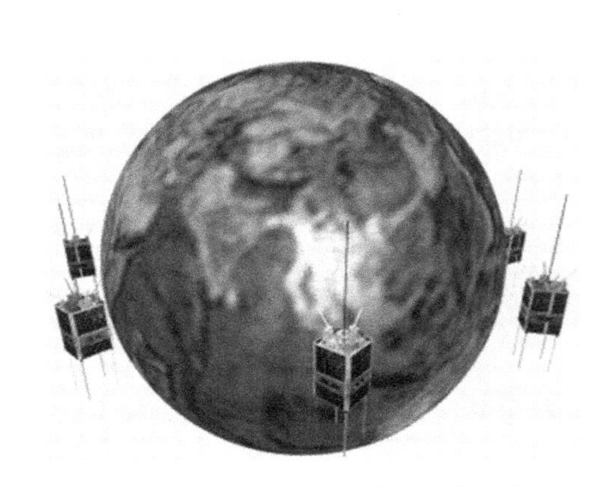

图15.1　灾害监测卫星群。照片经英国Surrey卫星技术有限公司允许使用[4]

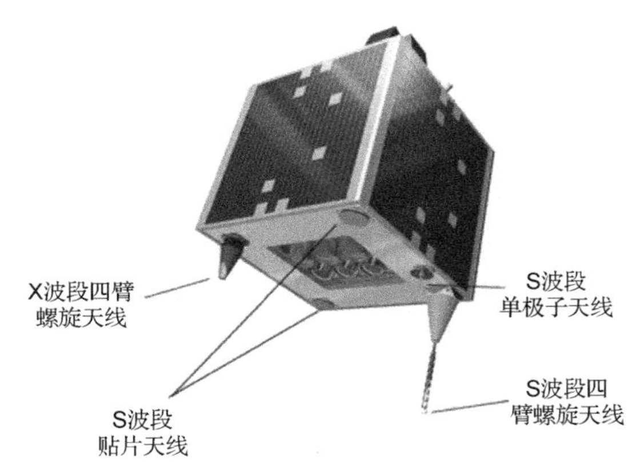

图15.2　灾害监测卫星群中的一个微卫星。照片经英国Surrey卫星技术有限公司允许使用[4]

卫星在近地轨道上运行并且携带了一组天线,如图15.2所示,其中包括一个X波段四臂螺旋(QFH)天线负责80 Mbps的载荷下行链路,一个S波段的QFH天线负责8 Mbps的载荷下行链路,一双S波段的贴片天线负责指令信号接收,以及一个S波段的单极子天线负责星上遥感数据传输。在这种情况下,高速下行链路的需求主要由多光谱成像仪凝视地球平面产生的数据量决定。

星群产生的图像以其空间上的中等分辨率和时间上的高分辨率全面应用于大面积成像。

另外一个关于小卫星星群的例子是快眼(RapidEye),由5颗微小卫星构成的商用多谱地球观测星群[2]。它与基于商用的可操作GIS(地理信息系统)设备一起,提供高分辨率多谱图像。星群中每个卫星重约150 kg,尺寸为1 m×1 m×1 m。这些卫星均匀地分布在630 km高的太阳同步轨道上,保证成像条件一致以及较短的重访时间。快眼星群能够在24小时内对地球上的任意一个区域成像。

15.1.3　立方体卫星

立方体卫星,通常称为立方星,是小型立方体形状的卫星,其每边尺寸仅有10 cm,总质量小于1 kg。该卫星属于表15.1所示的皮卫星类,如图15.3所示[5]。该立方体结构由一个表面安装太阳能电池的封闭铝盒组成。通常天线是挠性单极子,垂直于各个面,位于拐角处。卫星的内部放置有多种小型电路板大小的子系统,常见的有功率调节器、一部发射机、接收机、若干传感器以及偶尔会有一个照相机。立方星有个独特的特征是使用标准部署系统,即多微微卫星轨道部署器(Poly Picosatellite Orbital Deployer, P-POD)。P-POD的功能包括提供立方星与发射运载体之间的标准接口,以及保护发射运载体和基本的有效载荷。立方星大多用于大学中的项目,为学生们提供设计和测试太空硬件的实际经验。然而对用立方星的人而言,其使用价值正迅速增加。商用的可靠的高性能立方星现在已经可用,其在诸多领域(如科学研究、通信、地球观测以及技术示范等领域)都被应用。立方星通常采用VHF及UHF频段进行通信。由于小物理尺寸的限制，设计结构紧凑、高性能的立方体卫星天线就具有极高的挑战性。通常，独立的挠性单极子天线安装在立方体盒的一个面上，提供上行和下行链路的能力，如图 15.3 所示。在卫星展开之前，天线用塑料绳卷在卫星四周并且在航空器内部使用短的镍铬线固定。展开后，通过对镍铬线通电流可以加热和融化塑料绳，从而展开天线[5]。单极子天线的使用虽然很简单，但是严重限制了立方体卫星的数据传输速率。

表 15.1　卫星类型

	类型	质量(kg)	成本(美元)	研发周期：从提出方案到发射(年)
	传统大型卫星	>1000	1 亿~20 亿	>5
	中型卫星	500~1000	50 百万~100 百万	4
小卫星	小卫星	100~500	10 百万~50 百万	3
	微小卫星	10~100	2 百万~10 百万	~1
	纳卫星	1~10	0.2 百万~2 百万	~1
	皮卫星(包括立方体卫星等)	≤1	20 000~200 000	<1
	毫微微卫星	<0.1	100~20 000	<1

15.1.4　多个小卫星的编队飞行

受限于体积和质量，单个小卫星的能力是有限的。对于大型卫星，尽管其能力很强，但是成本高且易受单点故障的伤害。编队飞行技术是一种能够显著提高小卫星能力的技术。该技术涉及多个小卫星，它们使用主动控制方法来维持多个小卫星之间的相对位置及姿态。GPS 载波相位差分技术已用于自主跟踪和控制卫星间相对位置以及姿态。这项技术使“虚拟大卫星”成为可能，即多个小卫星紧密编队飞行从而完成一个共同的任务。未来很多空间任务会受益于编队飞行所提供的分布式观测。对比于传统的“整体式”单个大尺寸、高成本卫星，编队飞行利用由多个低成本、高合作性的简单小卫星构成分布式阵列，实现低成本、高可靠性、灵活性及可重构方面的优势。

图 15.3　立方体卫星[5]。©2001 IEEE

对于天线工程师来说，这种技术需要小型高效率天线实现卫星间通信、子系统间通信以及其他功能，例如上下行链路通信等。

15.2　设计小卫星天线的挑战

卫星设计工程师的目标是最大化有效载荷的可用资源，并以最低成本提供足够的任务期间支持。表面上来看，对天线的需求微不足道。然而，一旦考查所有对任务的约束，天线设计者的挑战还是非常大的。

图 15.4 示出了安装在一个 400 kg 重的卫星(UoSat-12)上[4]的多个天线。这些天线提供了多种功能。其中，VHF 交叉偶极子天线实现遥控指令的接收，单叶片天线实现遥感勘测传输，UHF QFH 天线实现高功率轨道呼叫试验，小型贴片天线为 GPS 接收机服务，双冗余 L 及 S 波段 QFH 天线为数字 MERLION 应答器有效载荷服务。

图 15.4 UoSat-12 中使用的多个 VHF、UHF、L 及 S 波段天线。照片经美国Surrey卫星技术有限公司允许使用[4]

15.2.1 工作频段的选择

频谱是很有价值的且被争相求购的商品。为了确保能够最大程度地利用频谱，多种组织包括 ITU(国际电信联盟)立法规定了频谱的使用规范。针对不同的用途分配特定的频段，如无线电定位、空间操作(空对地、地对空、空对空)、无线电导航、广播服务、地球探测、射电天文学以及业余爱好者使用。此外，频段内频率的使用可以划分为主要和次要的分配。这些分配的特征是次要频率分配不能对主要分配的频率状态造成有害干扰或者索要保护。然而，即使选择了正确的频段，在频段内也要为新卫星的操作提供充足的可用带宽。频率必须经过 ITU 协调以确保现有的卫星甚至陆地设备不会受到新授权频率的干扰。

15.2.2 相对于工作波长的小尺寸地平面

前面已经指出工作频率的选择取决于卫星功能。提供指令和控制卫星所需频率和有效载荷所需频率之间可以存在相当大的差异。也就是说，要采用的频率其波长可能远大于卫星结构的最大尺寸。这种情况下采用的天线的方向图与理想无限大地平面情况下测出的教科书中的方向图是很不同的。如今的天线设计者较多地依靠数值电磁仿真器来可靠预测天线方向图以及卫星结构上安装的障碍物对其的影响(见图 15.5)。

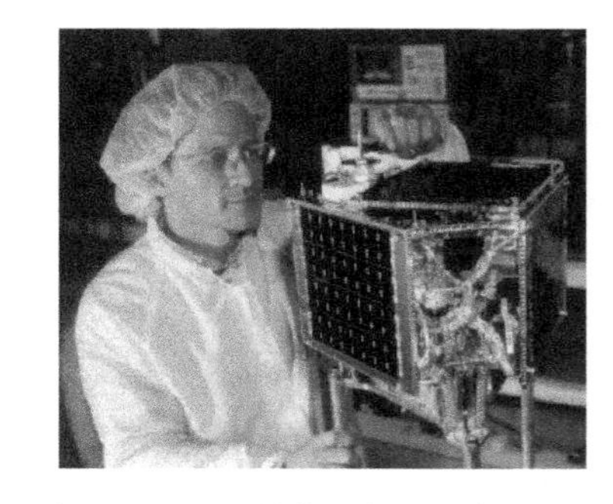

图 15.5 卫星结构可能是结构物理上小尺寸的。照片经美国Surrey卫星技术有限公司允许使用[4]

15.2.3　天线与结构单元之间的耦合

小卫星外表面很少是平整的。宝贵的外表面装配了各种太阳能电池板、传感器、挡板、天线以及结构元件(见图15.6)。这些元件根据其对任务成功的重要性争夺最优位置。让步是不可避免的，而且附加的元件会扭曲天线的理想方向图，扰乱极化以及影响视线角度。然而遗憾的是，在项目进展后期经常会发现附加的障碍物经常位于天线影响范围内。设计者必须考虑到这部分的影响并且在现实情况下建立安全余量或者备用的系统。大量的电磁仿真会缓解或者确认可能对方向图有破坏的情况。

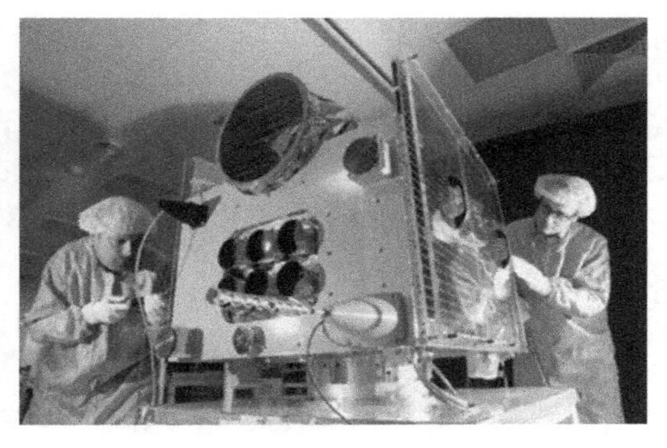

图15.6　微卫星中使用的贴片，螺旋以及单极子天线。照片获美国Surrey卫星技术有限公司允许使用[4]

15.2.4　天线方向图

对天线方向图的要求涉及链路功能，调制编码对误差的鲁棒性，卫星自身的稳定性与链路对数据率的需求。来自提供遥感数据的翻滚卫星的低数据率信号通常需要全向覆盖，而与固定地面站连接的地球静止轨道中(GEO)的三轴稳定地球观测卫星则需要方向性很高的波束。对方向图的要求经常决定天线结构的尺寸和复杂度。

15.2.5　轨道高度

小卫星经常在LEO中使用，其中轨道高度决定当其在轨道中划过天空时能够跟踪到地面站。反过来，在GEO中使用的卫星很长时间内在空中停在相同的一点。

15.2.6　开发成本

小卫星经常用有限的基金研发，因此用长期昂贵的开发项目来优化天线系统难以实现。系统级别的决定必须要确保计算的链路预算能够有足够的余量来应对非最优的天线性能。

15.2.7　加工成本

相似地，预算限制了制造复杂又精细的天线。通常相对于内部优化的系统来说，采用货架产品方案在成本上更合算。

15.2.8　测试成本

商用天线测试场租用成本高昂，且不宜由小卫星天线设计者长期使用。通常来说，完整的卫星及其天线在商用室内试验场中最多能得到几天的时间来确认整体通信链路的正确操作。

15.2.9　展开系统

需要高增益定向波束的大型卫星通常需要物理上的大尺寸结构来支撑。为了能够安装在发射器整流罩中，经常不得不采用可展开结构的天线。这种结构反过来会影响天线的复杂度、体积和质量，从而限制了它在小卫星中的应用[6]。虽然可充气结构和STEM(可存储管状易伸长结构)系统(一种卫星到达轨道后展开的天线类型)可用作天线展开的优秀方案，但“保持简单”这一意念使完成任务有了最高成功概率[7]。结果多数的小卫星主要采用更加传统的、不可展开型天线，如简单的弹簧单极子、低剖面贴片及紧凑结构的螺旋天线。

15.2.10 体积

通常小卫星的总线系统与载荷之比较低，没有装大体积天线的空间，从而使纯粹由于对体积有需求的复杂机械展开机构被排除。在这类情况下，定向性能的大物理尺寸喇叭天线通常被小尺寸、低能力天线替代，以牺牲数据速率为代价。

15.2.11 质量

根据定义，小卫星质量通常是有限的。总重量主要包括卫星结构、太阳能电池板、蓄电池、计算机、发射机和接收机、姿态确定和控制系统，以及最重要的有效载荷。天线系统通常占总重量的极小部分，由此推动了小型、轻型天线系统的应用。

15.2.12 冲击和振动载荷

发射器又进一步影响着天线，它要求天线结构稳健。虽然天线处于轨道内时有良好的物理环境，但在任务的发射及分离阶段天线机械结构上的压力可想而知。在设计阶段就必须考虑卫星从发射器物理分离时的冲击以及耦合的振动和声学压力。小卫星经常作为次要负载并且必须接受对它们的限制条件。此外，主要有效负荷供应者及发射机构会坚持不允许发射期间派遣任何低成本的次要任务，以免威胁到昂贵的火箭或者首要的卫星。

15.2.13 材料降解

选择合适材料是确保小卫星天线系统长期成功的关键。太空气象环境以及真空条件不会对地面系统产生影响，机械材料和电材料选择不当会导致产品性能随着时间的推移而下降，甚至彻底失效。

15.2.14 原子氧

在 LEO 中运行的卫星会遭遇原子氧的高度侵蚀。这是一种由高空紫外光效应分裂出的分子氧。这种效应主要发生在相对较低的高度及天线表面。这种效应之所以重要，是由于涂覆和镀层被腐蚀，因此改变了天线表面特性、热性能以及机械和电特性。这对天线的热性能影响尤其重要。

15.2.15 材料挥发

暴露在真空的太空中时，许多聚合物、塑料以及黏胶会释放出凝结性的挥发物，经常会导致材料质量的损失，更重要的是可能污染光学器件。这些不同种类的光学器件可能是太阳能电池板、总线系统恒星传感器以及有效载荷照相机。这组成器元件的污染会导致卫星操作过程中能量利用率降低以及图像质量下降。例如，金属镀层(如镉)具有相似的作用，会形成导电路径，并且可能将天线绝缘体短路，从而阻止发射和接收射频信号。

15.2.16 蠕变

蠕变或者冷流是恒定压缩负荷下材料的加速形变。在要求尺寸稳定绝缘体的场合，并不推荐使用类似 PTFE 的材料；例如，当要求各个辐射单元间距精确地保持在一个波长的几分之一时，差分蠕变会导致天线方向图的误差从而造成通信链路的损失。

15.2.17　材料带电

轨道中飞行器异常的常见原因是下列自然原因导致的材料带电，如卫星穿过 LEO 等离子体环境或者在地磁暴以及质子运动期间发生的直接电荷粒子轰击。低能量电子积累到一定程度引起的表面电荷经常可达到数千伏特，于是静电放电开始。这种放电可能导致电子器件和子系统失效、降解热涂层、寄生切换事件、通信信道性能退化以及对天线结构造成物理损坏等。与天线有关的表面电荷受损事项可以是保护性敷层及雷达罩等。高能量电子穿透屏蔽会导致更进一步的问题，并在介质绝缘体内产生电荷堆积，如在天线馈电电缆内，到一定程度就发生损害性的放电。带电的影响可以通过为卫星导电的组件提供高阻抗放电路径到卫星接地面上，或者通过合适的 ESD(静电消散)涂料来缓解。电导率的选择很关键，太高会导致放电不足，太低反而会影响天线性能。

15.2.18　卫星天线与卫星结构的相互作用

小卫星特别是微卫星和微微卫星经常挤满了仪表以及支撑系统，给复杂天线及能精确定义天线方向图的相关展开机构留下的空间很局促。在设计简单化、项目开发时间以及链路预算需求之间进行折中是困难的，然而在卫星表面上还要装上多种传感器、照相机及有效载荷，这进一步增加了折中的复杂性。理想上，天线设计者会根据它们不同要求来设计(见图 15.7)。小卫星的很多面上覆盖着为卫星提供能量的太阳能电池单元。高剖面天线在太阳能电池单元上的投影会导致输出电能量的降低，因而通常会将天线位置限制在没有太阳电池板的卫星面上，一般是朝地的面以及面对太空的面。这些也是实验者想要使用的面。因此工程师总是需要考虑来自导体和绝缘体的阻挡和可用的地平面的限制，以及卫星自身可能的谐振尺寸的限制。

图 15.7　50 kg 卫星上安装的多个天线。照片经英国 Surrey 卫星技术有限公司允许使用[4]

一般来说，需要提供两类天线：低增益电信指令、跟踪及控制天线，无论卫星在任何方位，这类天线都必须能把指令传输给子系统并回传链路状态信息；当卫星在其标称情况下，需要高增益天线来实现大容量有效载荷数据传输。理想的情况下，这些天线的摆放位置要求使交叉耦合最小，使两天线本身和邻近结构及仪表引起的方向图干扰最小。

谨慎选择符合 ITU 要求的频率和数据率有助于缓解问题。然而，使用适当复杂的电磁计算模型或一个完整的或代表性的缩比物理模型，总能使研究天线方向图扰动成为可能。缩比模型的使用减小了模型尺寸但提高了测试频率。这样做的一个优点就是可以使用物理尺寸小的测试暗室。全尺寸模型通常在室外开阔空间试验场测试。然而，需要减去寄生的地面反射的影响而得到卫星系统的真实结果。过去经常使用的缩比模型，现在大多被快速、低成本的高端计算机辅助的电磁仿真器取代了。现在可以快速传输卫星机械结构数据到仿真器中，以构建最终配置，并且在设计空间中移动天线以优化其位置。

计算机的能力已经大大提高(过去需要三天完成的仿真现在只需半天)。矩量法(MoM)已被普遍使用，并且由于其仿真和测试结果的一致性被认为是可信的。电磁仿真器由各种求解器支撑，其速度和适用性取决于需要解决的具体问题。很多混合算法被用于加快分析速度，尤其是那些包括介电体的情况。现代仿真器如多层快速多极子方法(MLFMM)支持求解物理上大尺寸结构天线的方向图，这对 MoM 来说是不可能实现的。这种方法允许多个仿真算法存在于存储器中而不是连续访问硬盘，这样就会极大地提高计算速度并保证精度。

图 15.8 给出了一个简单的金属盒(即卫星体的简化模型)上两个单极子天线的仿真结果。可以看出，由于天线和卫星体间的相互作用，方向图中有很多波纹。最终的方向图与自由空间情况下模拟的结果几乎完全不同。相对较小尺寸的卫星体，小而凌乱的地平面以及附近的散热器等因素交织在一起的影响，都将在方向图响应中产生突出和零点，因此必须反复核对链路预算分析，以确保能够实现所需的数据吞吐量。如果找到了问题所在，则可以改变天线的高度和方向、额外增加地平面、移动有害结构或者极端情况下用不同结构和类型的天线，以此来解决问题。

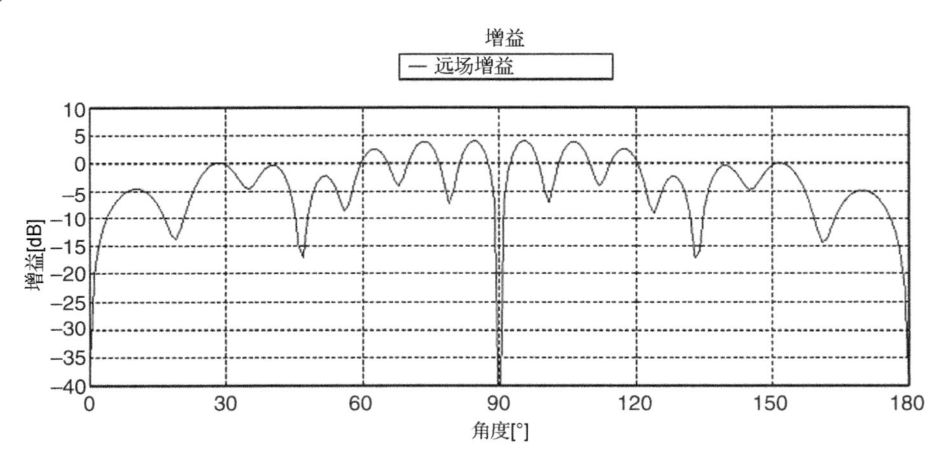

图 15.8　简单盒子上的一对单极子的仿真结果

15.3 小卫星天线发展回顾

15.3.1 遥测、跟踪及指挥(TT&C)用途天线

15.3.1.1 早期的 VHF 及 UHF 单极子

早期 UoSAT 航天器使用 VHF 和 UHF 发射机，分别对应的波长为 2 m 和 70 cm，卫星结构通常为 58 cm×35 cm×35 cm。从图 15.9 可以看出航天器外形尺寸比相应的波长要短。早期的航天器通常使用单极子阵列，由现在还用在卷尺中的弹簧钢制作，这种低成本天线系统很好地近似于全向覆盖。卫星和发射器分离时的翻滚导致卫星方位是随机的，此时这种天线系统能够在任务实施阶段中确保指令以及遥测数据的连续性，这一点是非常重要的。

在早期阶段，卫星上采用小型线极化天线，同时地面站使用更大的圆极化天线。虽然与匹配的极化系统相比会有额外的 3 dB 链路损耗，但它提供的链路对航天器的方位并不敏感。还有一个优点是天线阵列可以放置在面对空间的一面上，面对地球的一面上就没有障碍物来影响相机的视野。人们发现，天线间距小于一个波长的单极子阵列可以实现对称的远场覆盖，由航天器自体所引起的破坏性扰动最小。后来人们发现，圆极化可以通过在各个天线间适当配相来实现。事实上，类似的效果可以通过对各个天线叶片赋形获得。

然而随着时间的推移，更高数据率的需求要求使用更高频段。随着频率的提高或者飞船尺寸的增加，把单极子方向图修改成更像是偶极子的已经不那么容易了，而且飞船自身开始阻挡信号。这时，有必要将天线放置在结构的两端以提高覆盖，然而此时由于两个天线间电磁场的交互作用，方向图中会出现波纹。

图 15.9　同处安装的 VHF 和 UHF 天线。照片经英国萨里卫星有限公司允许使用[4]

UoSAT 卫星集团公司最终成为萨里卫星技术有限公司(SSTL)，并且以前使用的业余无线电台频段也不再适合拟议中的任务了。有些因素导致了小卫星频率朝高频率迁移。其中包括小卫星天线对尺寸缩小的渴望、成本具竞争性的小而可靠的高频和微波半导体可用性不断提高、地面站可使用高增益抛物反射面天线。另外一个因素是后来的任务需要卫星和地面站间传输更多数据，这些直接决定了需要使用更大的带宽以及相应的更高频率。更高的数据率以及可接受的链路预算，要求低功率高频发射机和接收机、紧凑卫星天线以及高增益地面站天线之间的谨慎平衡。

15.3.1.2　贴片天线

简单、鲁棒并且仍能作为测控天线的单极子天线一直是首选的结实耐用的方案，然而小卫星上的贴片天线的实现以其低剖面、小质量以及占空间小，使得更高频率的操作更可行。图 15.10 示出了装载于小卫星上的圆形贴片天线的俯视图和底面视图[4]。值得注意的是，天线上用了保护罩。相比于单极子天线，贴片天线剖面较低并且缓解了装载于运载火箭的问题。贴片天线容易实现线性或者圆极化特性，并且用于相控阵中可提供更高的增益或者电扫描阵列。虽然一部天线上常常可以实现多路发射和接收功能，但为了可靠性和降低冗余度，它们还是经常被分开的。为了提供适当的覆盖，每部接收机要采用两个独立的天线，在卫星的两端各放一个。由于纯粹为了满足测控功能，通常需要两个独立的接收机，一共四个天线，这就使得减小物理尺寸变得至关重要。虽然设计 S 波段贴片天线是相对简单的，然而介质损耗、温度变化以及电介质的寄生效应，使得制作和调整更高频段变得困难。

15.3.1.3　用于卫星遥测的四臂螺旋天线

图 15.11 示出了用于卫星遥测、控制(TT&C)功能的 S 波段四臂螺旋(QFH)天线，它有半球形方向图[8]。该天线由四个独立的金属线围绕锥形介质中心支撑构成。四根螺旋线通过四个独立的馈电网络馈电，在 S 波段 TT&C 频率上无须调节就能实现宽带天线的收发工作。这种天线重量很轻并且能够实现宽覆盖及低交叉极化。使用 QFH 天线的另外一个优点就是能够赋形辐射方向图。这种半球形天线的测量特性如图 15.12 所示。

图 15.10 贴片天线及其天线保护罩。照片经英国萨里卫星有限公司允许使用[4]

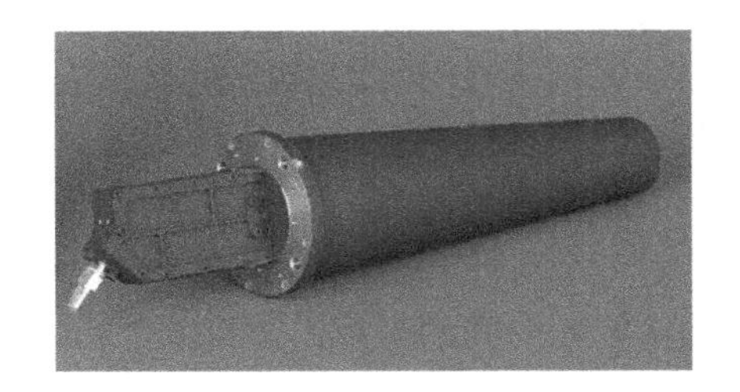

图 15.11 半球辐射特性 S 波段四臂螺旋天线[8]。照片获RUAG空间AB公司允许使用

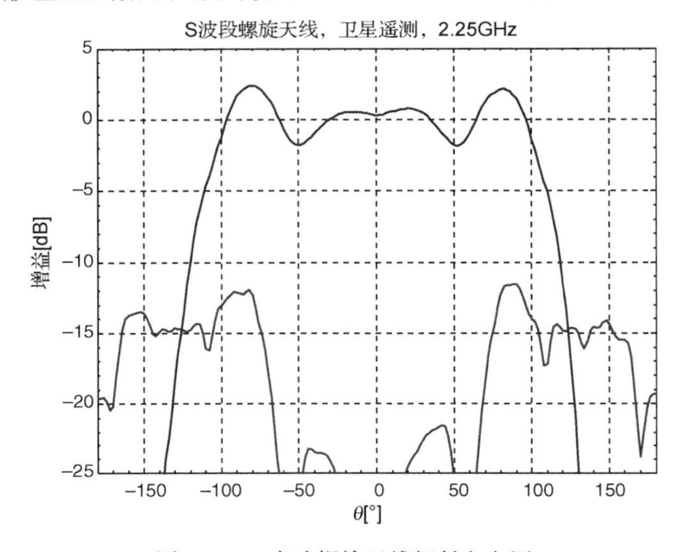

图 15.12 半球螺旋天线辐射方向图

15.3.2 高数据率下行链路天线

15.3.2.1 用于数据下行的 QFH 天线

螺旋天线使用一根根电线形成扩展线圈。四臂螺旋天线(QHA)如图 15.13 所示，使用四根螺旋线(或电线)，另外还有单线螺旋天线(MHA)，使用一根线，在 S 波段和 X 波段它们的尺寸变得更加适合小卫星，但是只有低到中等的增益。螺旋线的优势在于它们可以通过改变螺线间距、长度和线圈直径，产生不同的方向图。然而，它们的缺点是硬。不像可弯曲的单极子天线，它们不是挠性的而且整体物理尺寸更大。为了得到最佳的天线方向图，天线通常与卫星体相隔一段距离安装，把它们装在运载火箭上也成了问题。

萨里卫星技术有限公司设计的 QHA 能够为地面站从 62°(从地球上看，卫星出现在地平线的地方)到最低点 0°(底部)提供均等的能量。为了做到这一点，天线方向图的计算考虑了在地平线上观察以及卫星在正上方时不同的扩展路径损耗。卫星在 800 km 轨道时所需天线增益变化总计大约 12 dB。

15.3.2.2 X 波段喇叭天线

随着小卫星应用任务复杂性的提高，数据率的需求也在增长。通常，早期 X 波段数据链路使用 6 W 射频功率，提供 20 ~ 40 Mbps 数据率。对于提供到具有合理大小(5.5 m)抛物面跟踪天线的地面站的良好射频链路，这一功率是足够的。这些链路依靠卫星上低剖面、赋形的

QHA 支持。近年来，用户对高分辨率图像的需求迫使采用高达 200 Mbps 的高数据率。在保持高数据率通信链路的情况下，卫星增加机动捕捉图像的需求使得链路预算更加复杂。因此，对天线系统的需求体现在大带宽、高增益可扫描方向图上。为了满足这一需求，SSTL 开发了一款使用传统的喇叭天线或者小天线阵列的机械天线的指向机构（见图 15.14）。

图 15.13　适用于空间的四臂螺旋天线。照片经英国Surrey卫星技术有限公司允许使用[4]

图 15.14　采用喇叭天线的小卫星天线指向机构。照片经英国Surrey卫星技术有限公司允许使用[4]

机械扫描天线可应用于大的小卫星上，但却给人们提出了重大的设计挑战。一般来说卫星围绕地球运行的速度为 7 km/s，完成一圈需要 90 分钟左右。卫星和地面站之间的通信时间可以维持在10 分钟左右，但这和纬度有关。机械扫描天线必须保证即使在最大指向角变化率情况下（卫星从顶部穿过时），也仍然能够跟踪到目标地面站。天线波束宽度和跟踪速度之间有一个折中。增加波束宽度会降低指向精度而且也减小了能够提供的数据率。指向机构本身远比普通固定天线复杂，所以机械设计必须确保整个任务期间各种电机以及可旋转射频关节能够在严酷的太空环境下正常工作。为了使得链路预算中极化损失最小，目前用于 SSTL 天线指向机构（APM）上的喇叭天线是圆极化的。这意味着在整个通过路径上以及在波束宽度范围内必须控制极化纯度。

15.3.2.3　贴片激励杯形反射腔天线

S 波段下行数据链路要求较高增益，对它来说，使用中等增益的贴片天线激励杯形天线是一种很好的选择。这类天线有一个很好的例子，即 LCROSS（月球陨坑观测和遥感卫星）中使用的天线[8]。该天线用在月球撞击探测器上。

图 15.15　LCROSS（或者月球陨坑观测和遥感卫星）天线。照片经RUAG Space AB公司允许使用[8]

LCROSS 天线（见图 15.15）交付于 2007 年并在 2009 年发射，任务于 2009 年结束[8]。这个任务的主要目的是寻找月亮两极附近的冰。该天线使用三个贴片装在边缘高度约为1/4波长的浅杯形腔内。两个较低的贴片形成一个谐振腔，实现双频谐振或者宽带调谐，同时较高的贴片作为一个反射器提高增益。该天线为圆极化的并且由一个四端口馈电网络馈电。最大增益约12 dBi，在±20°的锥体内增益高于9 dBi(见图15.16)。

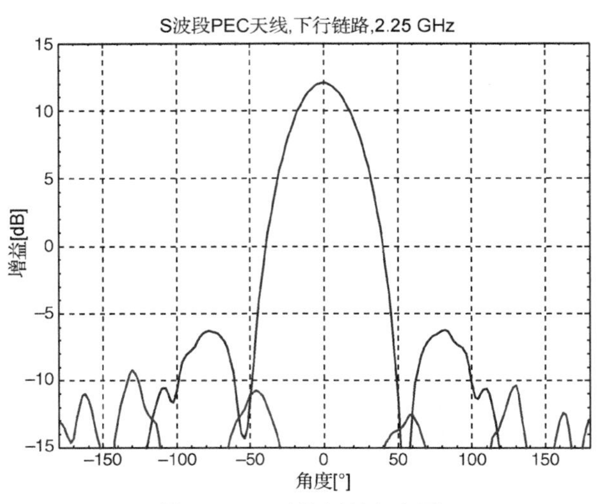

图15.16 天线辐射方向图

15.3.2.4 X波段螺旋天线

一类赋形的天线方向图通常需要用来补偿覆盖范围最低点和边缘之间的路径损耗差值。一种解决方案是使用具有等量覆盖的QHA天线。X波段的螺旋天线紧凑且重量轻至小于400 g(见图15.17)，是一种适用于小LEO卫星数据下行链路的性价比高的天线。这种天线对辐射结构的创新性设计使得其适用于各种增益、覆盖范围、极化特性以及频率带宽的需求。这个全金属辐射结构结合天线罩支撑以及隔板极化器就构成了一个模块化系统。

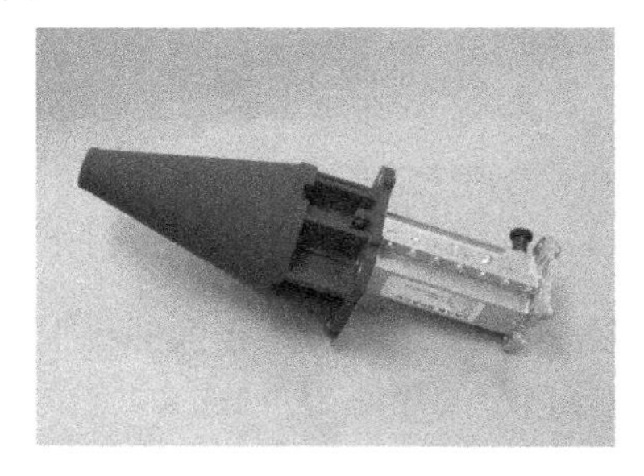

图15.17 适用于太空的X波段螺旋天线。照片经RUAG Space AB允许使用[8]

与常规的使用反射面的或者双锥形天线相比，这种天线在体积和重量降低的同时还保持了传统螺旋天线的特征，也就是宽带宽和良好的射频特性。RUAG天线能够提供±60°和±70°的边缘覆盖角，这取决于使用的辐射器类型。图15.18给出了一个工作在8.2 GHz ±60°的天线特性。该天线在覆盖范围边缘的增益为5 dBi左右。

15.3.2.5 X波段波纹口径天线

另一种X波段数据下行链路解决方案是使用一个波纹口径圆形波导天线(见图15.19)，它可以给出覆盖范围内平顶的方向图[8]。这是一类耐高功率的天线，该天线为全金属设计，包括两个部分：辐射器和一个隔板极化器。天线的特性如图15.20所示，在±60°范围内增益约为3.5 dBi。

针对该应用，许多其他类型的天线得到开发。就反射面天线而言，刚性的单个反射面以及可展开网格反射面，这两种类型的反射面对于获得高增益非常有用。然而，刚性单个反射面的口径尺寸受限于运载火箭内部的安装尺寸，而可展开网格反射面由于需要复杂的机构而非常昂贵。文献[9]给出了一种可展开的固态表面反射面天线，可安装在小型的低成本火箭中。

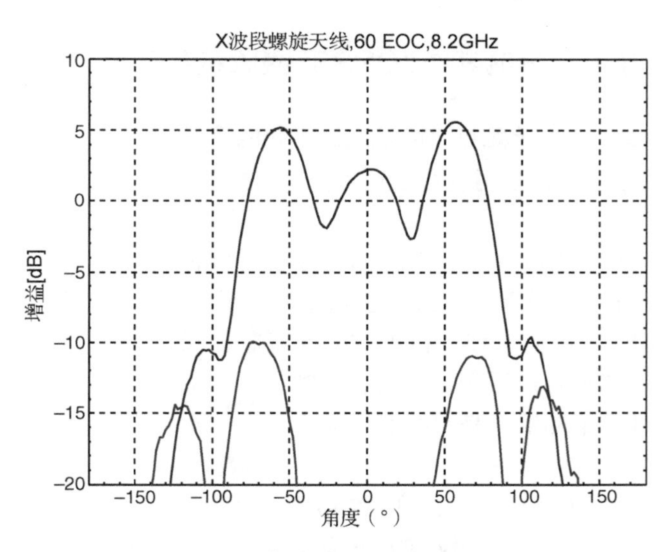

图 15.18　X 波段螺旋天线辐射方向图

图 15.19　适用于太空的 X 波段波纹状口径天线。照片经 RUAG Space AB 公司允许使用[8]

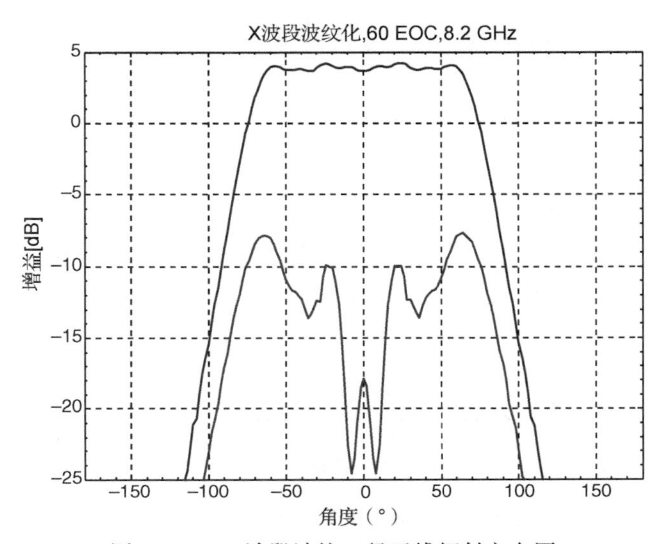

图 15.20　X 波段波纹口径天线辐射方向图

15.3.3 应用于全球卫星导航系统(GNSS)接收机和反射计的天线

15.3.3.1 GNSS 接收机中用于定位、定姿态及定轨的天线

为适合 GNSS 应用，RUAG 公司进行了针对两种天线的工作：低剖面贴片激励杯形(PEC)天线以及螺旋天线。

用于小卫星的 GNSS 天线应当是低后向辐射以及良好覆盖的小型轻量化天线。最大的误差来源通常是自身多路径，也就是信号经过卫星结构反射并被天线接收。因此，为了保证覆盖范围，即能够在低俯仰角追踪到 GNSS 卫星，必须抑制天线的后向辐射。通过在一个较大的扼流环结构中使用标准的宽覆盖范围天线单元，通常能够得到该特性。这种方案的缺点是天线变得庞大并且比较重。

图 15.21　全球卫星导航系统贴片激励杯形天线。照片经 RUAG Space AB 公司允许使用[8]

为了克服这一点，RUAG 公司开发了两类 PEC 天线：一类较小的(见图 15.21)适合没有大平面安装表面的卫星；另一类通过牺牲后向辐射获得低俯仰角增益，并且通过折中使用两个能够安装在较大平面表面的狭窄扼流环，获得低多路径交互作用[8]。

PEC 类型的天线由两个放置于圆形杯形反射器内的贴片组成。为了使得天线能够稳定地覆盖 GNSS 频段，一个与底端贴片电容耦合的四点激励结构与独立馈电网络结合使用。图 15.22 示出了更小的天线测试特性。RUAG 公司也为 GNSS 应用开发了螺旋天线，图 15.23 给出了一个实例[8]。

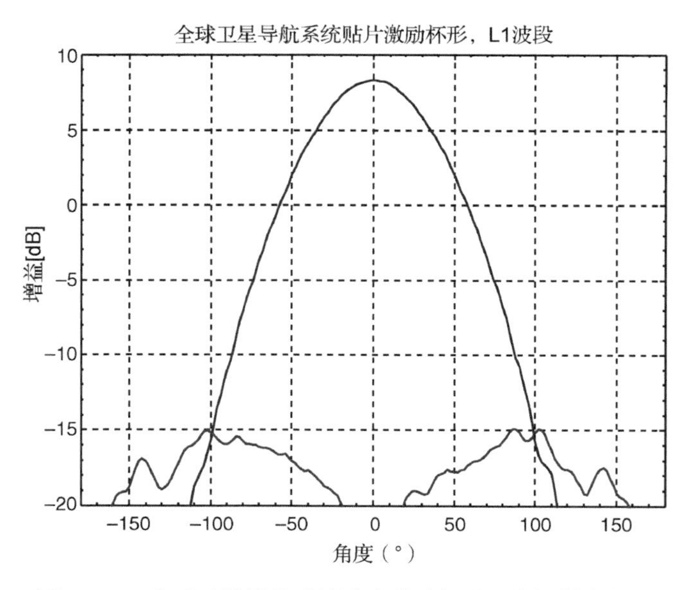

图 15.22　全球卫星导航系统贴片激励杯形天线辐射方向图

15.3.3.2　短路环形贴片天线

图 15.23　全球卫星导航系统螺旋天线。照片经RUAG Space AB公司允许使用[8]

文献[10]介绍了一类新型的紧凑高精度 GPS 天线，其中一个短路环形贴片(SAP)单元证明了能够明显降低 GPS 姿态测量传感器的多路径干扰。

短路环天线具有类似于圆形贴片天线的辐射特性，即流动在两个外部边界上的等效磁流分布是一样的。然而，SAP 内部边界被短路后没有辐射并且能够调节天线的谐振频率，与此同时通过选择外部半径可以获得较窄的方向图以及更高的方向性。与其他解决方案相比，SAP 天线提供了灵活控制辐射方向图的机制，在只用一个辐射器并且在不用地平面扩展或者扼流环情况下，满足了低多径辐射的要求。

根据应用类型以及精确度要求的不同，可以选择使用不同的 SAP 结构。尽管需要双馈电或者四端口馈电的 SAP 天线来提供更高的圆极化纯度以及稳定的相位中心，然而单馈电结构仍然可用于多个实际应用场合。在后一种情况下，通过使用椭圆边界并且在椭圆轴 45°放置单个同轴探针馈电的 SAP 天线，能够实现圆极化。在这种情况下，激励起两个具有 90°相位差的谐振模式从而辐射圆极化电磁波。文献[11]中报告了一个同时覆盖 L1 和 L2 GPS 频段的堆叠短路椭圆天线。如图 15.24 所示，每个堆叠的贴片工作在一个不同的频段上。通过调节外围边界和两个天线间的内部短路和缝隙，可以控制谐振频率。

GNSS 姿态确定时，通过使用不同位置天线接收的 GNSS 相位测量值可以确定信号到达的角度，然后导出卫星平台的姿态。附近突出物的多径影响是一个问题且应该尽可能减小，并且天线需要设计成能抑制多径效应。天线之间的相对相位各向异性也是非常重要的，通过设计作为方位和俯仰角函数的更对称相位的天线，能够降低这一差异。作为另一种选择，在一个真实平台上给定的非理想天线，可以通过天线以同样指向安装来减去共同的变形，从而减小这种影响。其次，进行数值计算得到相位偏差图并把它作为一个查找表或是作为一个多项式球面谐波模型，对其进行建模来提供相位差值修正。分析表明，这样的图可以改善测量值从而使得在 GPS 姿态确定中，天线相位失真以及多径都不再是主要误差[12]。

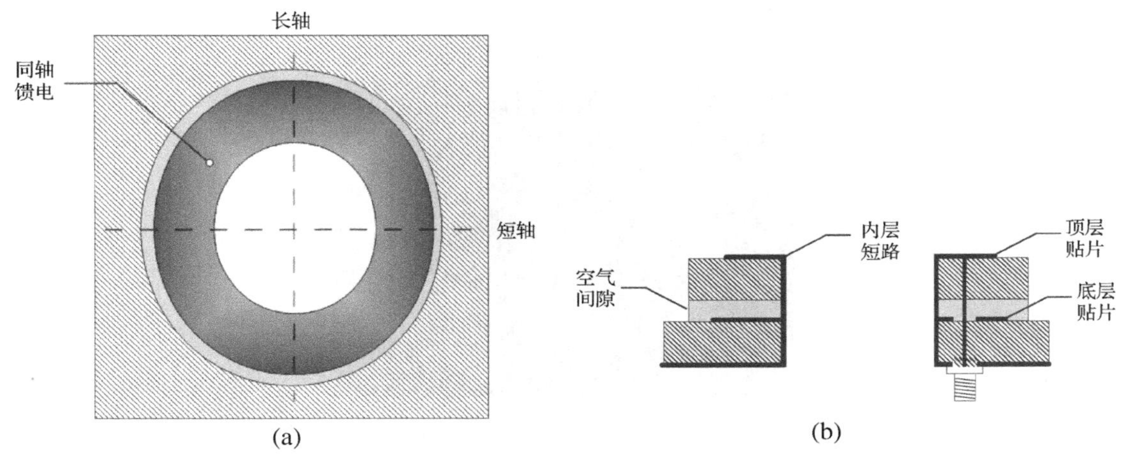

图 15.24　双频带堆叠短路环贴片天线。(a)俯视图；(b)侧视图[11]ⓒ 2004 IEEE. 经《IEEE天线和无线传播通信》vol. 3，2004，pp. 157-160允许复制

15.3.3.3 GNSS 反射计天线

GNSS 反射计用来测量被海平面反射后的来自 GNSS 的信号，并且能够彻底改变海洋遥感。这项技术可使卫星能够测量大海上的海浪高度以及风速，从而为船舶的所有者和操作者提供重要的数据。此外它还能够测量大气参数。由于卫星上接收到的反射信号非常微弱，所有 GNSS 反射计的接收机需要具有高灵敏度和尺寸紧凑的高增益天线。图 15.25 示出了一个 GNSS 反射计使用的双频带、圆极化印刷阵列天线[13]。这是一个四单元阵列，每个单元是可工作在 L1 和 L2 频段的堆叠微带贴片天线。该贴片天线由两个与位于底部的宽带微带三分支混合电路相连的正交馈源馈电，如图 15.25 所示。

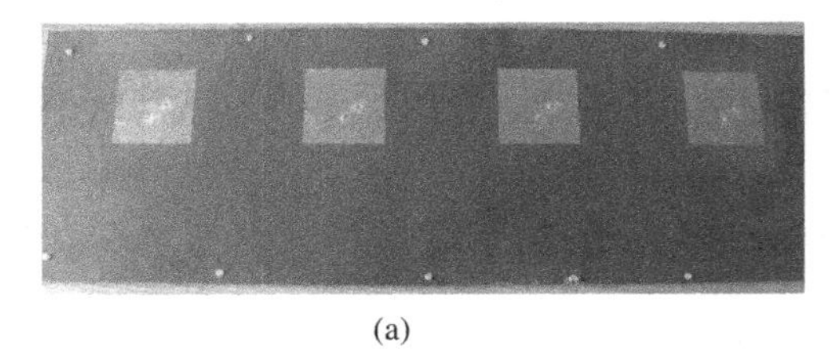
(a)

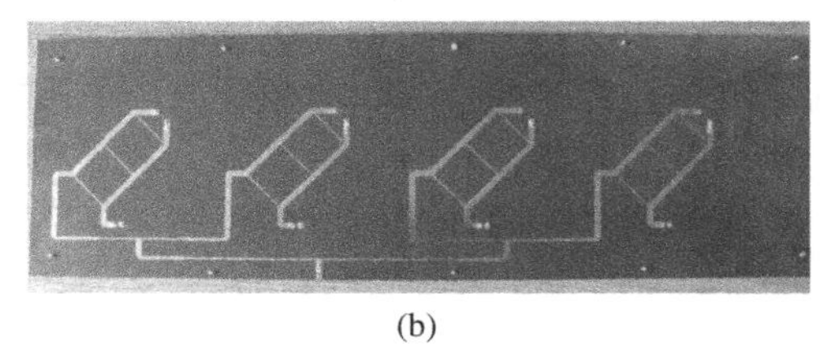
(b)

图 15.25 双频带圆极化 GNSS 反射计阵列天线。(a)贴片阵列俯视图；(b)微带馈电网络底视图

15.3.4 卫星间链路天线

在多个小卫星编队飞行以及卫星星群中需要卫星间通信。在这些网络中使用超小型或者立方体卫星时，因卫星太小无法装载复杂的姿态控制系统。一个电扫描天线能够使卫星建立并维持与其他卫星间可靠的通信链路。然而，不可能用传统相控阵技术或者智能天线来实现这样一种天线，因为对于小卫星来说其尺寸太大、成本太高并且能量需求太大。

解决该问题的一个有前途的方案是使用后向辐射天线。后向辐射天线指的是一个多单元阵列，它能自动地转发每个天线单元接收到信号的相位共轭信号，从而将入射辐射向辐射源方向反射过去。该项技术并不需要相控阵中高昂成本的微波移相器，或者智能天线中的数字信号处理元件，因此能够明显降低成本、复杂度以及能量消耗。为了实现相位共轭，通常使用角形反射器、范阿塔天线阵以及基于外差的阵列。夏威夷大学的研究人员对后向辐射天线及其在小卫星中的应用做了大量的研究。图 15.26 给出了一个工作在 10 GHz 的圆极化二维相位共轭阵列[14]。其基于四次子谐波混频，降低了对本地振荡器频率的要求。对于使用五阶混频产物的方法，需要的本振射频频率是射频频率的一半。

图 15.26 装在立方体卫星一个面上的圆极化交叉形微带贴片后向辐射天线阵列。谐振频率为10.5 GHz[14] ©2005 IEEE。经《IEEE/ACES国际无线通信和应用计算电磁学会议》Honolulu，HI，April 2005，pp. 606-609允许复制

15.3.5　其他天线

15.3.5.1　应用于微卫星及纳米卫星的分布式多功能天线

由于尺寸、重量以及功率容量的限制，小卫星在可用的无线链路个数和质量方面只有有限的射频能力。为了克服这一限制，提出了应用于微卫星以及纳米卫星的分布式多功能天线[15]，它们基于从手持式通信天线中借用的“结构辐射器”的概念。其中卫星用作辐射器的主要部分，而不是仅仅被认为是地平面。传统的“孤立天线”，如果其尺寸很小则可作为“激励器”，并且分布式“激励器”阵列被到处放置在全部卫星结构表面，以激励在卫星平台表面上的时变电流，实现辐射方向图的多方面控制。和大多数空间天线系统相反，卫星整体结构在所有天线性能上起着重要的作用，这导致整体优化的需求。图 15.27 示出了一个使用倒 F 天线作为激励器的实例[15]。每个激励器都是可重构的，因为它们都是由在不同位置的可重构集总元件加载的，并且这些集总元件可以是变容二极管、PIN 二极管或者射频 MEMS 开关。通过控制这些可重构集总元件的直流偏压，激励器可以单极子、半环或者近似全向天线一样辐射。这些激励器可以沿着边缘放置或者放置在太阳能电池之间。通过控制这些激励器，分布式天线系统能够产生可重构方向图并且实现多种功能，如 TT&C、数据下行链路、射频跟踪等。

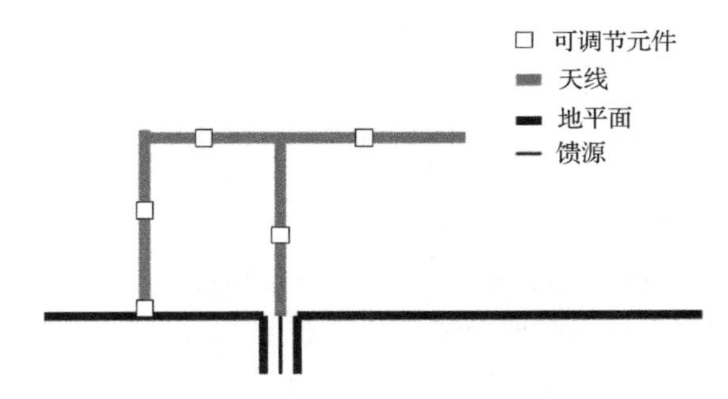

图 15.27　使用倒 F 天线的激励器示例[15]

15.3.5.2　太阳电池板集成天线

太阳能电池板占据了小卫星表面的大部分区域。小卫星在尺寸和质量上变得越来越小，这就导致在有限的卫星体表面区域内安装太阳能电池板、空间仪器以及用于 TT&C、数据下行链路、GNSS、星间链路的各类天线等变得越来越具有挑战性。解决该问题的一种可能方法就是将天线与太阳能电池集成。通过将贴片天线放置在太阳能电池下方或者在太阳能电池下方的地表面上开槽，都可以实现天线和太阳能电池板的集成。然而这些设计需要定制的太阳能电池板。文献[16]展示了一种能够集成在市场上销售的太阳能电池板上的光学透明天线。图 15.28 示出了一个光学穿透率达到 90% 的网格贴片天线。这类天线的设计基于两点：(1)网格化的导体具有光学穿透性并且仍是一个有效的辐射体；(2)在太阳能电池板上有一个玻璃盖并且该玻璃盖能够作为天线的基板。文献[16]中的原型天线达到 8.2 dB 的增益。这样的集成天线能够节约高成本的卫

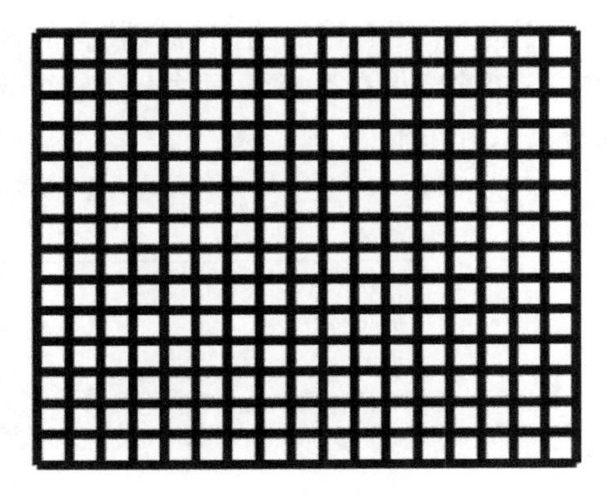

图 15.28　网格化贴片天线

星表面面积，从而有助于尺寸的降低以及太阳能电池板的多功能化。其他类型的太阳能电池板集成天线也有过报道。

15.4 案例研究

15.4.1 案例研究 1：天线指向机构和喇叭天线

越来越复杂的成像系统以及相关的数据率需求的增长，迫使一个 300 kg SSTL 小卫星上采用跟踪天线系统。下面的案例研究描述了其技术要求，还描述了一个小喇叭天线及相关跟踪系统的设计过程，该设计过程最终是成功的。

15.4.1.1 背景介绍

一般来说，LEO 航天器的能量是有限的，其转换效率虽然依赖于使用的技术，然而能够转换为射频的能量通常来自于太阳电池阵列，通常在 16% 和 17% 之间。结果是下行链路可以使用的射频能量也受到限制。为了评估所需的最大射频能量，首先必须给出卫星链路预算。链路预算可以很复杂，包括大量的复杂参数，但是地面站接收到的功率(P_r)可以简单地表示为

$$P_r = \frac{P_t G_t G_r \lambda^2}{(4\pi R)^2}$$

其中，P_t、G_t、G_r 和 λ分别为发射功率、发射天线增益、接收天线增益和波长。

为了使得链路能工作并且保留一定的余量，下面对这些影响因素分别进行考虑。发射机的整体转换效率通常是 20% ~40%，因此输出功率的中度改变会对卫星电源提出相当大的要求。如果可能的话，发射机的输出功率越小越好，以确保有能量提供给载荷以及其他卫星系统。

地面站接收天线的增益可以提高而不会直接影响卫星，然而为了增加增益，物理尺寸必须增大，这通常会导致成本和重量明显增加。更加苛刻的放置和激励天线的要求使得问题更加复杂化。高增益天线的波束宽度窄，为了跟踪快速移动的 LEO 卫星，需要复杂和昂贵的控制指向机械装置。如果可行的话，低成本小卫星项目中的地面站天线应尽可能小。

系统工程师经常倾向于用卫星天线的高增益制定一个可行的性价比高的链路预算。在这种情况下，采用有控制指向机械装置的高增益窄波束天线来保证当卫星经过地面站头顶时波束中心能够聚焦在目标地面站上。整个飞行系统有相当多的需求和限制，表 15.2 列出其中的部分需求和限制。

表 15.2 天线设计要求和限制

电的	机械的和环境的	其他
工作频率	材料的选择	成本
极化特性	温度范围	重量
增益	振动环境	体积
增益随频率和温度变化	通风要求	功率容量
波束宽度	原子氧效应	接口
轴比	表面电荷注意事项	使用寿命
回波损耗以及回波损耗带宽	真空	天线转换速率
天线性能维持下视角角度	辐射环境	效率

早期传下来的 20 Mbps 基线下行链路系统使用一种固定式卫星天线，当它从视线以 62°角观测地面站时有 3.2 dBi 赋形增益。然而和照相相关的传输数据率增长到了 200 Mbps。我们

希望继续采用传统的 5.3 m 地面站抛物面天线，这样就要求新天线链路核算增益增加 7 dB 并且还需要指向机构，因此总增益要求至少达到 10.2 dBi。表 15.3 给出了 SSTL 天线的设计需求。

表 15.3　SSTL 天线设计要求

要求	推导出的要求	达到的值
波束宽度	25°～60°	26°～28°
20°范围内增益	10.2 dBi	15 dBi
轴比	<6dB	26°范围内小于 2 dB
重量	<300 g	< 150 g
功率容量	>6 W	在部分真空中工作在 6 W
回波损耗	>15 dB 超过 8～8.4 GHz	达到
效率	>55%	>85%(最坏情况下)

15.4.1.2　SSTL 喇叭天线

我们选择喇叭天线来满足表 15.3 的要求。喇叭天线对中等增益的要求即天线保持小尺寸具有优势，对于较高的增益情况就不是这样了。为了获得高增益，抛物反射面天线是一个更好的选择。通过计算喇叭天线尺寸可以发现，增益是能够顺利实现的并且技术成熟。最初针对现有的货架喇叭天线进行了研究以证明其是否可行，然而研究表明现有的选择要么太贵要么物理尺寸太大。所以决定设计一个定制的天线模块，其中集成了同轴到波导转换、隔板极化器以及喇叭天线(见图 15.29)。

对天线的馈电是用一个与 SMA 终端连接的同轴电缆实现的。这根电缆又激励波导中的一个探针从而产生线极化导波。隔板移相器用来将其转化为圆极化信号。扩口喇叭天线将导波转化成能够有效辐射的电磁波。

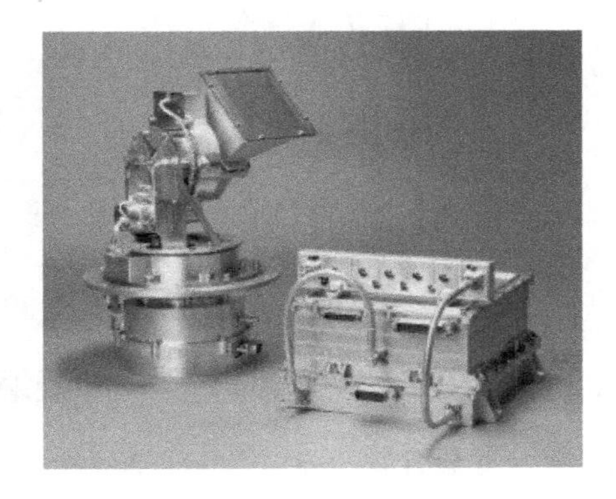

图 15.29　完整的 X 波段跟踪发射机。照片经英国Surrey卫星技术有限公司允许使用[4]

最终设计包含了左边和右边馈电段，使喇叭天线可以提供一种或者两种极化方式。天线有保护天线罩以防止微粒进入，通过精心设计的天线罩能够改进天线的轴比。

天线结构首先在使用 MoM 的数值仿真器中建模并且对其做了小量改动以优化设计。用刮刨器裁剪两面覆铜的 PCB 板材，最后手工焊接在一起建造了一个简单的原型。尽管这是一种非理想的建造方法，但它已经能够充分证明其工作原理并且工作良好。一旦有了信心，就从一整块固体铝通过切割、研磨和火花腐蚀制造工程天线模型。然后用可变的馈电结构来优化天线的回波损耗。SMA 接头以及探针可以通过波导段的开槽滑动。当发现最优回波损耗点时，接头被焊接在该位置上，并且剩下的开槽用导电胶带封住。整个喇叭通过镀镍实现焊接操作。通常馈电点可以通过调整波导后端面来优化，然而在这个方案中隔板的出现使得这一点很难实现。最终，不可调馈电部分被制作和集成，并得到了最终需要的性能。这个部分没有镀镍，因为镍/铝对接面会引入无源互调(PIM)产品。

15.4.1.3 波束宽度及跟踪

SSTL天线指向机构设计安装在小LEO卫星上，并且对地面站的小喇叭天线进行跟踪，同时维持最小10.2 dBiC的天线增益(见图15.30)。这样的增益需要能涵盖任一规定轨道或者偏离轨道的地球观测照相机的指向。APM设计成能跟踪卫星经过地面站时最快的角度变化。对跟踪要求的分析很复杂，但是天线在28°的波束宽度内能保持大于15 dBiC的增益，减轻了对跟踪机械装置的指向要求。最终的APM设计满足了所有的要求并且能够在19°/s角速度和角加速度达到4°/s^{2}的情况下跟踪。

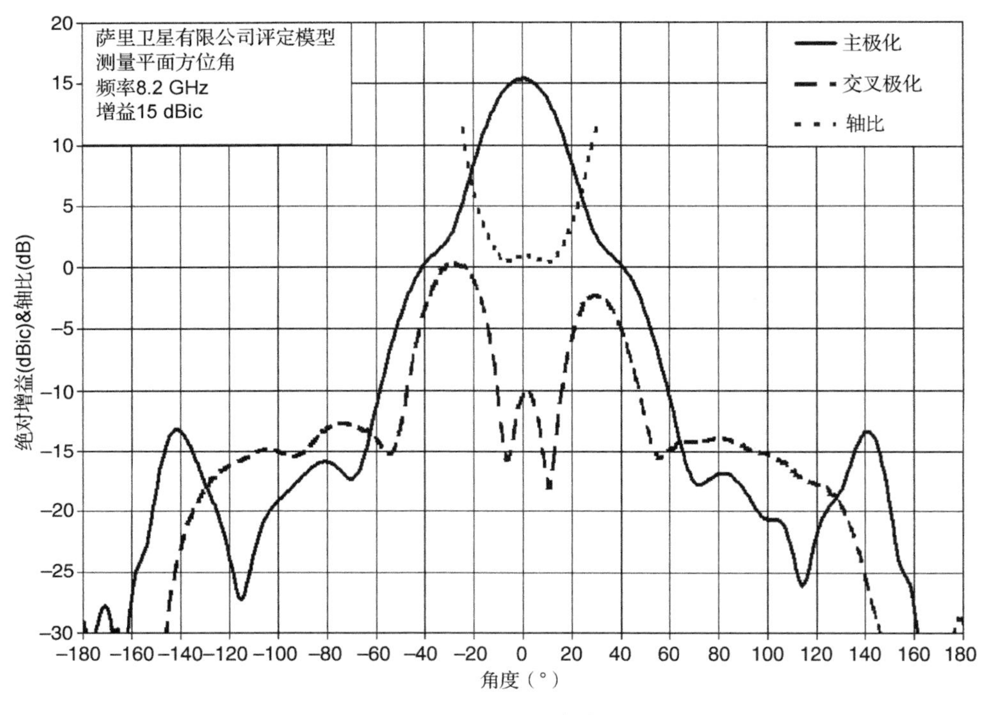

图15.30 喇叭天线特性

15.4.2 案例研究2：X波段下行链路螺旋天线

15.4.2.1 背景介绍

低轨小卫星通常需要一个数据下行链路天线，这些应用通常工作在X波段。对于天线不扫描的卫星，可使用一个等通量覆盖天线来补偿自由空间损耗的改变，从而不管卫星是在水平面上还是在最高点，地面用户都能观测到相同的功率密度，因此需要天线方向图在无低点方向比地面边界电平更低，从而补偿距离的差异。覆盖角度的边界介于±60°与±70°之间，因此对于这类天线需要满足该条件。

对该类天线设计的主要要求是当覆盖边界为±60°圆锥形时增益超过4.5 dBi，覆盖边界为±70°圆锥形时增益超过3 dBi。其他有关的要求是重量小于400 g、直径小于100 mm并且高度小于300 mm。

为这些应用考虑的方案是使用波纹口径的大的或小的圆波导、双锥天线、螺旋线、无源阵列以及赋形反射面天线，以实现所需要的波束形状。这些天线通常非常大并且笨重，因此不适用于小卫星。适用于大型卫星的具有较窄波束的万向节喇叭或者反射面天线也太过于笨重和庞大。

15.4.2.2　可能的天线概念回顾

在设计阶段，口面型天线(阵列、赋形反射器天线、双锥天线、透镜天线、波纹辐射体等)及线源型天线(螺旋天线、开槽波导阵列等)考虑用于实现赋形的方向图。基本上只有两种方法能够获得所需的旋转对称圆极化方向图：长线源或者相当大直径的口面天线。

阵列通常具有损耗大和复杂度高的缺点，并且对于该应用成本太高。反射面天线以及其他口面天线(如大型波纹口面辐射器或者双锥天线)具有体积和重量大的缺陷。图 15.31 给出了一些实例。透镜天线也是体积和重量较大，并且透镜中介质材料的使用会引入太空环境下带电效应的问题。

对于口面天线，在圆极化口径的假设下，由于圆极化对称性的需求，只有一半横向尺寸可用于产生所需的方向图，对于在覆盖边缘方向需要达到的部分聚焦波束，由于投影长度的减小导致一些未能充分利用的因素，如图 15.32 所示。这就意味着小于 1/4 口径能够用来有效地合成所需形状方向图。考虑到这些影响，需要较大的口径去实现所需的方向图。倾斜度效应还会导致极化纯度的问题。除此以外，部分口径需要散焦以达到赋形等通量特征，并且边缘照射需要较低以获得低副瓣。众所周知，综合这种方向图非常困难并且经常导致方向图上明显的波纹。

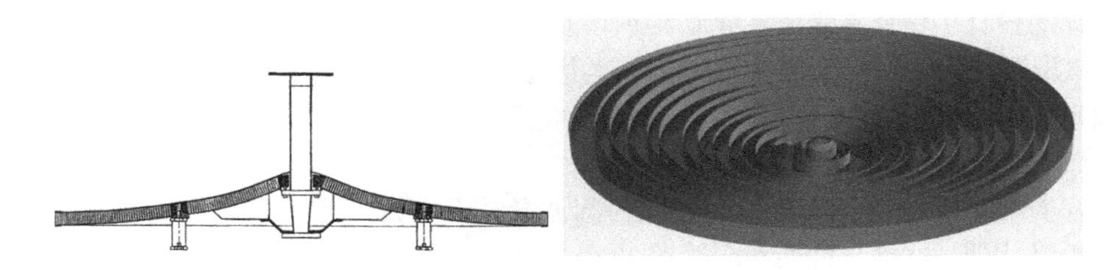

图 15.31　赋形反射面天线以及波纹状口径辐射器实例

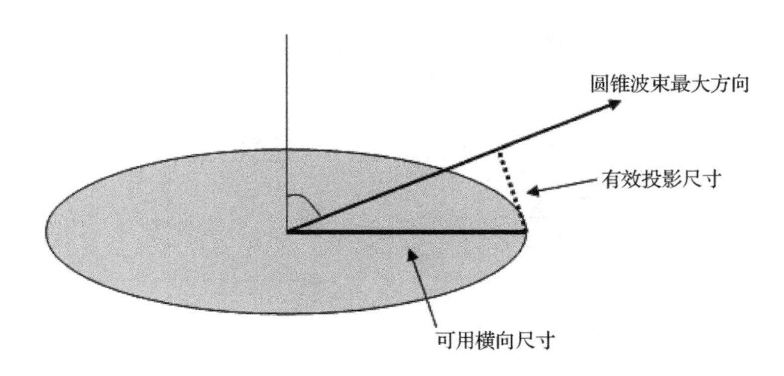

图 15.32　口面天线实例

线源天线对覆盖方向边界聚焦时更有效率，对投影长度影响很小，如图 15.33 所示。即使只有圆形口径长度的一半，也需要相当大的长度来达到所需的方向图。

基于这些考虑，QHA 能够较好地接近线源天线特性而成为最有效的设计之一，它能够达到所需旋转对称及圆极化方向图特性。

考虑到所讨论的各种天线，最佳天线类型为 QHA。

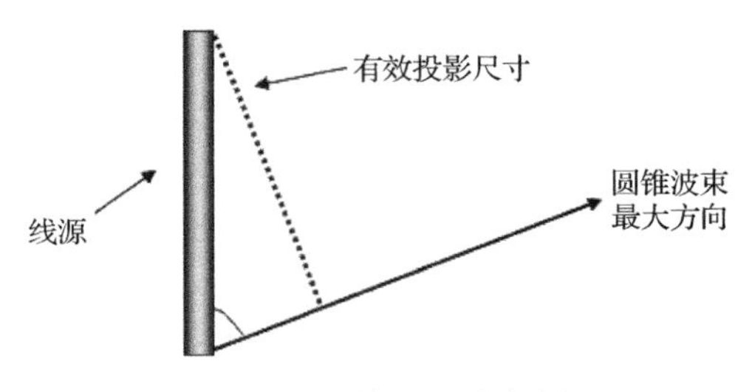

图 15.33 线源天线实例

15.4.2.3 QHA 设计

QHA 概念应作为一个模块化的系统设计，主要包括以下几个部分：

- 改变螺旋几何结构能够得到所需覆盖的螺旋辐射器
- 对于所有需要的 X 波段频率，采用同轴电缆或者波导接口的极化器

传统应用于太空的螺旋天线由螺旋线或者平板导体组成，由介质体支撑并与常规的微带馈电网络相连，加工成所需形状。没有采纳这种传统设计有几个原因，如馈电网络在 X 波段损耗很高并且介质支撑结构也会引入介质损耗，这些都会导致耐功率能力低和天线增益低。

在选择的设计中，螺旋线由波导结构馈电而不是由传统的馈电网络馈电。通过一个过渡段，四根螺旋连接到一个圆波导上。使用一类优化算法优化了螺旋辐射器设计(直径、倾斜角度以及圈数)，使得它能满足所需的覆盖范围。优化后的螺旋辐射器仿真结果与测试结果具有良好的一致性。

螺旋辐射器可以由任一种产生圆极化的圆波导或者矩形波导的器件激励。在这个实例中选择了隔板极化器，这是一种能实现覆盖 7.1 ~ 8.5 GHz 频段的宽带极化器。极化器的设计具有和同轴 SMA 接口及波导接口两种选项，在同一个天线设计中只需要增加或者移除 SMA 连接器以及短路片即可。

图 15.34 给出了这个设计系列天线的测试方向图。这些在 X 波段应用的天线覆盖边界角度为 ±70°。图 15.35 给出了所述天线的实物图片[8]。

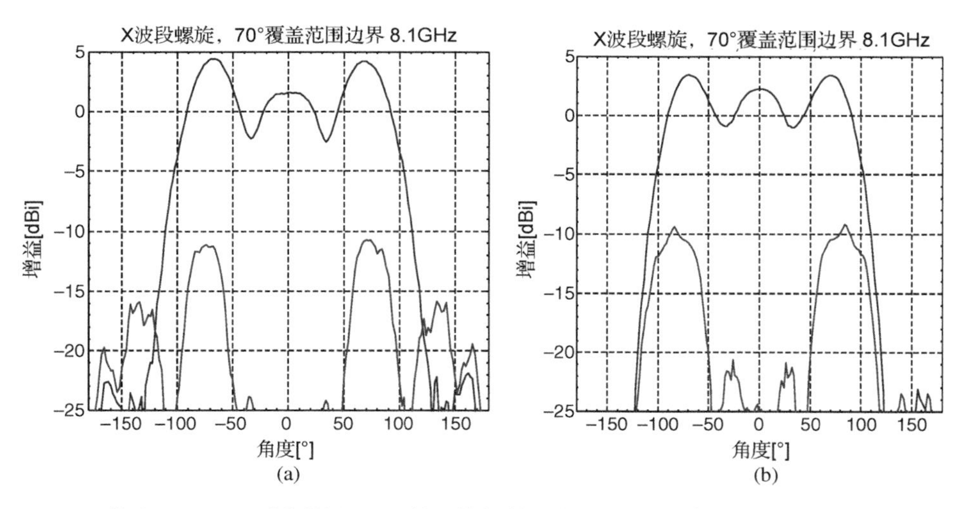

图 15.34 (a)工作在 8.1 GHz 覆盖范围 ±70°的天线辐射方向图；(b)宽带 8.2 GHz 和覆盖范围 ±70°天线

与传统 QHA 设计比较，所述天线只有很少几个部分。此外，这种天线还有其他一些优势，如良好的射频性能、低损耗、耐高功率、小尺寸以及重量轻。

图 15.35　X 波段螺旋天线。来源：瑞典瑞格卫星技术公司[8]

15.5　结论

本章综述了小卫星应用中各种天线的发展。首先对小卫星进行了介绍并且给出了不同类型小卫星的简介，讨论了小卫星天线设计的挑战。然后对用于 TT&C、数据下行链路、GNSS 以及星间链路的小卫星天线，如贴片天线、PEC 天线、QHA、喇叭天线等进行了讨论。最后，研究了两个具有代表性的小卫星天线设计和发展的实际设计案例。未来小卫星天线的发展趋向于更高频率、波束电扫描、多功能以及更小尺寸[17]。

参考文献

1. Sweeting, M. (2006) The 'Personal Computer' revolution in space. 20th Annual AIAA/USU Small Satellite Conference, Logan, UT, USA, Paper no. SSC06-I-4, pp. 1–11.
2. Sandau, R. (2010) Status and trends of small satellite missions for Earth observation. *Acta Astronautics*, **66**, 1–12.
3. Gao, S., Clark, K., Unwin, M. *et al.* (2009) Antennas for modern small satellites. *IEEE Antennas and Propagation Magazine*, **51**(4), 40–56.
4. SSTL, http://www.sstl.co.uk/ (accessed 14 December 2011).
5. Suari, J.P., Turner, C. and Ahlgren, W. (2001) Development of the standard Cube-Sat deployer and a Cube-Sat class pico-satellite. Proceedings of the IEEE Aerospace Conference, Big Sky, MT, USA, vol. 1, pp. 347–353.
6. Murphey, T.W., Jeon, S., Biskner, A. and Sanford, G. (2010) Deployable booms and antennas using bi-stable tape springs. 24th Annual AIAA/USU Conference on Small Satellites, Logan, UT, USA, Paper no. SSC19-X-6.
7. Freeman, M.T. (1993) Spacecraft on-orbit deployment anomalies: what can be done? *IEEE Aerospace and Electronic Systems Magazine*, **8**(4), 3–15.
8. RUAG, http://www.ruag.com/Space/Space_Home (accessed 14 December 2011).
9. Barrett, R., Taylor, R., Keller, P. *et al.* (2007) Deployable reflectors for small satellites. 21st Annual AIAA/USU Conference on Small Satellites, Logan, UT, USA, Paper no. SSC07-Xill-4.
10. Boccia, L., Amendola, G., Di Massa, G. and Giulicchi, L. (2001) Shorted annular patch antennas for multipath rejection in GPS-based attitude determination systems. *Microwave and Optical Technology Letters*, **28**(1), 47–51.
11. Boccia, L., Amendola, G. and Di Massa, G. (2004) A dual frequency microstrip patch antenna for high-precision GPS applications. *IEEE Antennas and Wireless Propagation Letters*, **3**, 157–160.
12. Unwin, M., Private communications.
13. Moazam, M., Bandari, B., Gao, S. *et al.* (2010) Development of dual-band circularly polarized antennas and arrays for space-borne satellite remote sensing. 2010 ESA Antenna Workshop for Space Applications, ESTEC, Noordwijk, The Netherlands.
14. Mizuno, J., Roque, J.D., Murakami, B. *et al.* (2005) Antennas for distributed nanosatellite networks. Proceedings of the IEEE/ACES International Conference on Wireless Communications and Applied Computational Electromagnetics, Honolulu, HI, USA, pp. 606–609.
15. Mattioni, L., Bandinelli, M., Milani, F. *et al.* (2010) Distributed multi-function antennas for micro- and nano-satellites. 32th ESA Space Antenna Workshop, ESTEC, Noordwijk, The Netherlands.
16. Turpin, T., Mahmoud, M., Baktur, R. and Furse, C. (2009) Integrated after-market solar panel antennas for small satellites. 23rd AIAA/USU Small Satellites Conference, Logan, UT, USA, Paper no. SSC09-XI-1, pp. 1–4.
17. Barnhart, D., Vladimirova, T. and Sweeting, M.N. (2007) Very small satellite design for distributed space missions. *Journal of Spacecraft and Rockets*, **44**(6), 1294–1299.

第16章　射电天文空间天线

Paul F. Goldsmith(喷气推进实验室，美国)

16.1　引言

本章主要讨论用于航天器进行射电天文观测的天线。射电天文空间天线与卫星通信和地球遥感用的天线有些许不同。射电天文学从空间观测的频率范围从1 MHz到超过1000 GHz。频率的上限不是任意定的，不管是从术语上来说，还是随着技术的逐渐发展，已从亚毫米波移到远红外波段。根据观察的类型，关键的天线参数也发生了相当大的变化。下面的讨论是不完全的，有关空间观测扮演主要角色的领域有4个：宇宙微波背景的观测、亚毫米波/远红外线天文学、低频射电天文学和空间甚长基线干涉测量。对于每一个领域，我们讨论天线的关键性能并给出一些空间飞行任务所用的与天线有关的详细信息。

16.2　射电天文学概述和空间天线的作用

射电天文学研究天体的电磁信号的采集与分析，信号的频率范围在十分不精确定义的所谓无线电波长和频率范围内。1930年初，卡尔·扬第一次观察了来自银河中心的辐射，所用的频率为20.6 MHz。在随后的观察中，格罗特雷伯采用的频率为160 MHz，很快他就将频率提升到了480 MHz。在第二次世界大战期间，技术进步驱动了雷达的发展，很快人们就可以在厘米波长上对太阳进行观测，并且在1951年第一次用1420 MHz检测出21 cm的超精细转换的原子氢谱线。到了20世纪60年代中期，在3.4 mm甚至1 mm波长上对太阳系和银河系外的物体进行了观测。

从地球表面用厘米波长进行天文观测，通常是可实现的，但氧分子和大气中水蒸气的压力展宽谱线会造成吸收和辐射变化。对于一般的连续谱线观测，这些条件是可以接受的，但观测非常微弱的信号，特别是大角展的信号源，大气的影响确是一个问题。这一类信号中，最明显的信号源是宇宙大爆炸，即13700百万年前宇宙开始扩张时的残留辐射。继1965年第一次探测开始，对宇宙微波背景辐射(CMB)越来越详细的研究已经揭示了关于早期宇宙结构的越来越多的细节。为了达到所需灵敏度和杂散辐射收集极限，天文学家逐渐开始使用气球载望远镜和有专门设计的天线的卫星(如16.3节所述)。

在1970年[1]首次用2.6 mm波长(频率115.267 GHz)对一氧化碳(CO)的最低旋转转换进行了观测和报道。这种极其丰富的分子种类过渡已被证明在银河系和其他星系的气体跟踪器中是唯一有价值的。更高的转动跃迁也是探测较温暖地区的重要指针。随着望远镜技术的发展在好天气时在高海拔、干燥地区有可能实现用更短的波长观测，但0.35 mm是地面天文观测的有效“短波波长的极限”。在更短的波长上，唯一的可能性就是上升到大气层以上。这可以在一定程度上用机载或气球载望远镜实现。机载平台包括Kuiper机载天文台(KAO)和现在的平流层红外天文台(SOFIA)做出了巨大贡献。但为了畅通无阻地进入亚毫米/远红外波长范围，必须用飞船，16.4 节将介绍已开发的系统。

同时，天文学家对 Jansky 所用的更长的波长表现出兴趣。较低的频率可以在合适的条件下使用，但是地球的大气又带来了严重的障碍。在这种情况下，大气的电离成分形成了一个截止频率，低于这一截止频率，辐射就被反射或吸收。截止频率随一天中的时间和地点不同会变化，由于电离层中的衰减和强烈的鼻状信号，在几兆赫以下的频率上从地球表面进行天文观测一般是不可能的。为应对这些挑战，天文学家发射携带低频辐射计的火箭和卫星到远远高于电离层之上的高度。从 20 世纪 60 年代早期开始，已发射了功能日益强大的各种卫星，其探测频率范围从千赫兹到数兆赫兹。在 16.5 节中，我们将描述在该研究领域中所用的一些天线和卫星。

对于天线直径 D，$\Delta\Theta \approx \lambda/D$，传统上，仅仅因为衍射限制，相比于较短的波长，射电天文学历来遭受角分辨率限制，虽然单反射面无线电望远镜可以做成大于红外或光学望远镜(由于自适应光学的出现，后者现在经常被衍射所限制)，波长上的差别仍然使得一部部射电望远镜采用以分为单位的弧度来测量角度分辨率，虽然大型毫米波和亚毫米波望远镜的角分辨率可达 10 s 弧度。即使这样的分辨率仍然不够精细以探测许多感兴趣的区域，不管是附近的(如在新形成的恒星盘)和遥远的(如一个活跃的包含一个黑洞的星系中心)。为了克服这一限制，射电天文学家开发出了结合两个或多个天线信号的干涉技术，并利用每个天线所接收的信号之间的相位差。用这种方式，干涉仪的有效尺寸也可以做成和组成它的天线之间的最大间距一样大，其相应的角分辨率为 $\Delta\Theta \approx \lambda/B$，其中 B 是基线长度。这种技术逐渐从直接连接在一起的天线开始，这些天线可以是分布于一个大陆上的甚至遍布几大洲，直到信号分别被记录(同时记录一个来自于一个稳定的原子频标的参考相位)和随后汇集并相关。因此，甚长基线干涉测量(VLBI)发展到包括其基线几乎是地球的直径。为了得到更高的分辨率，要求有至少一个天线在地球表面之外。这正是空间 VLBI 所做的，我们将在 16.6 节讨论这一研究领域的任务和使用的天线。

16.3　宇宙微波背景研究的空间天线

16.3.1　微波背景

宇宙微波背景(CMB)是大爆炸发生后不久产生的残余辐射，发生在约 137 亿年前，我们的宇宙就开始于目前观察到的空间。大爆炸后，每个粒子的平均动能以及每个光子的能量是如此之大，任何可能形成的原子会立即被电离。然而，随着空间扩展的继续每个粒子的平均能量不断减少，在某一个时间就可能导致原子生存。在这种过渡之前，光子被反复吸收和重新辐射，从而获得一个在光谱紫外线区中约 3000 K 峰值黑体。在这个过渡之后，光子不再可能被吸收，反而会散开并穿过基本透明的宇宙。然而，宇宙继续膨胀，并且正如爱因斯坦的广义相对论描述的，所有光子的波长增加的比例系数约等于在这个时间解耦的光子和物质在 $z \approx 1000$ 时的宇宙红移，因此，这些光子和物质在大爆炸后 380 000 年最后的相互作用现在检测为微波光子。这种宇宙微波背景(一般称为 CMB)是一阶、与方向无关的，并具有温度约为 3K 的黑体的光谱特性。

从那时开始在移动的光量子上已印上了宇宙的重要特征。频谱在方向上的平均给出了大爆炸基本信息，精确地说，大爆炸一开始就是一个黑体。然而，从电离的到中性气体的变换并不在宇宙各处同时发生，密度扰动导致光子分布强度的变化。与均匀(各向同性)辐射场的这些小偏差一般称为 CMB 各向异性。从目前 CMB 各向异性的角谱特征(加上一些补充信息)可以推断出宇宙中物质的总密度。这个问题不仅包括熟悉的重子物质(质子、中子、电子等)，也包括暗物质和所谓的暗能量。随着时间和地点的不同，密度和温度是变化的，光子最终与物质相互作用产生线极化光子场。为提取极早期宇宙的物理学信息，必须测量非常小的分数极化，并确定极化本身，作为方向函数极化信号的变化是非常重要的，因为产生极化的机制不同导致极化矢量分布的特征不同。

宇宙微波背景由彭齐亚斯和威尔斯在1965年第一次观察到和识别出[2]。自那时以来，已经有越来越多采用灵敏的地面仪器、机载、气球载、宇宙飞船载系统进行观察。微波和毫米波范围辐射计技术已大大改善。首先它允许非常准确地确认基本宇宙微波背景光谱的黑体性质并精确地测出其温度为2.725±0.001 K[3]。增进的灵敏度也允许以微K的水平测出CMB的温度变化。CMB极化测量要求非常高的灵敏度和较低的系统误差。CMB的研究从厘米波长进展到能包括黑体峰值，黑体峰值要求的观测波长短于1 mm。特别是在较短的波长上，大气成了大问题，就寻找角度上的变化而言，地面杂波是一个严重的限制。进入太空可消除大气的吸收和辐射，地面杂波也急剧降低。许多最苛刻的测量已经由COBE、WMAP和Planck(普朗克)宇宙飞船完成，并分别讨论如下。然而，也有另外一连串的其他项目与空间任务积极协同，它们证明了新设备和观测技术，还允许安装物理尺寸更大的天线，特别是干涉测量系统天线。

宇宙微波背景是一个扩展的光源，宇宙微波背景的变化受基础物理学限制，其角尺度大于约1/1000弧度。因此，提取它的所有信息不需要电大尺寸天线。CMB强度峰值在190 GHz，当$\lambda=1.6$ mm时，直径约1 m的天线就足够了。关键是要有干净的和容易理解的天线功率方向图，远区的副瓣可以是特别有害的，因为它们可以收到与CMB无关的源的辐射(如来自银河系或其他明亮的星系)。极化测量需要良好的极化隔离度以及很好的极化波束形状认知。早期测量并没有强调高角分辨率，所以为低副瓣电平采用了喇叭馈源。在需要更高的角分辨度的系统中，这些考虑导致几乎普遍使用的极化(不遮挡)天线为宇宙微波测量用天线。与此同时，采用了强边缘锥削以减少天线边缘衍射。考虑到天线的增益和角分辨率不是那样重要，大边缘削锥并非有效折中，这是一种驱动16.6节讨论的空间VLBI系统设计的有趣的相反的极端。

即使为实现最高波束质量和极化纯度做了努力，仍然要用复杂的技术来扫描天空(CMB)、消除来自地面物体的混乱信号、处理不可避免的不完善的波束方向图和剩余极化问题以提取宇宙微波背景的各向异性和极化信号。对于许多实验，系统误差(而不是统计上的不确定性)是最终数据质量的限制因素。在天文学应用中，被用于CMB实验的馈源喇叭和天线是最详细被表征的，下文将就一项项空间任务进行讨论。

16.3.2 苏联的宇宙微波背景空间观测

在1965年检测到宇宙微波背景之后，测量工作扩展到其他频率以检测黑体的谱特征，并开始使用地面和机载系统进行角度变化的研究。最早用于观测宇宙微波背景的飞船是苏联科学卫星9号，在其上进行了列利克特(残留)实验。该卫星在1983~1984年运行了8个月。一个开关(Dicke)辐射计，该辐射计将下列两个信号进行了比较：与航天器旋转轴成一行的馈电喇叭的信号、指向旋转轴垂直方向的第二个喇叭的信号。辐射计工作的频率为37 GHz，在1 s的积分时间内有25 mK的RMS输出波动。该馈源喇叭有5.5°的3 dB波束宽度，旁瓣的贡献低于主瓣70 dB以上。

列利克特苏联微波天文卫星实验早期的一个重要结果是测量宇宙微波温度的偶极子各向异性。尽管在20世纪70年代初太阳相对于宇宙微波的运动的影响已经被观测到，但这仍然是一个具有挑战性的实验(见文献[5]中对 CMB 偶极子测量结果的综述)。斯特鲁科夫等人的实验结果给出了与以前的测量结果一致的偶极子振幅和方向，但仍具有当时最小的不确定性。

随后 Relikt 数据分析在 CMB 辐射的四极子项时的检测方面，以及可能检测到的从一个特定方向上的异常信号[6~8]出现了相互矛盾的结果。苏联的解体显然扼杀了一个更强大的 Relikt-2 的使命，它原本已计划在 1993 年年中发射。在这个时候，COBE 卫星(1989 年发射)的结果被称为是质量非常高的，远远超出了测量出低阶宇宙微波的各向异性，如 16.3.3 节中讨论的。

16.3.3　宇宙背景探测者(COBE)卫星

宇宙背景探测器被称为 COBE，是美国宇航局的第一个太空任务，主要进行了宇宙微波背景辐射的研究。经过挑战者号航天飞机(原定将它发射至特定轨道)失败后长时间的酝酿阶段和重构，探测器终于在 1989 年 11 月 18 日发射。通过这一点人们认识到，为推进我们对 CMB 的理解，需要特别精确校准的测量。因此大量的 COBE 设计集中在这一挑战上，特别是利用空间环境这一点。

COBE 被置于一个 900.2 km 高度的近圆轨道上，有 99.3°的倾角，轨道周期为 103 分钟，航天器以 0.8 rpm 的额定速度旋转。博格斯等人[9]给出了其在轨道运行两年之后的仪器及性能的综述。

COBE 包括三种仪器来研究 CMB 的不同方面，它们是 DIRBE、FIRAS 和 DMR。

DIRBE(漫射红外背景实验)利用一个偏轴 Gregorian 望远镜，它有一个直径 19 cm 的圆形多波段绝对光度计，覆盖 1.25 ~ 240 μm(中心波长)$\lambda/\Delta\lambda = 1 \sim 10$。采用非常清楚的光学设计，对实现所需的校准精度和良好定义的 0.7°视野是关键的。各种非相干检波器被冷却到低至 1.55 K°低温用作测辐射热测量计，分别用在 140 μm 和 240 μm 的波长上。

DIRBE 的瞄准线的方向与航天器自旋轴成 30°。当航天器旋转时，32 Hz 的斩波器将探测器从向上看转接到冷却的内部校准负载。由此可以良好地去除杂散辐射，从而在六个月的时间内绘制出了整个天空的绝对辐射通量图。

FIRAS(远红外绝对分光光度计)是一个有两个独立的光谱通道[10]的极化迈克尔逊干涉仪。长波长通道($\lambda = 0.5 \sim 10$ mm)的目的是比较来自内部校准器的通量和来自 CMB 的通量。设计了短的波长信道($\lambda = 0.1 \sim 0.5$ mm)来测量星际尘埃的排放以从 CMB 的测量中消除这种混乱的信号。FIRAS 仪器通过一个由马瑟、图特和哈马蒂精心设计的复合型抛物集中器(温斯顿锥)[11]耦合到天空。这个装置产生大约 80 dB 以下的轴上响应而生成一个没有离散旁瓣的非常干净的波束。FIRAS 的最高光谱分辨率为 6 GHz。

DMR(微分微波辐射计)由两个独立的辐射计构成，每个辐射计工作在三个频率 31.5 GHz、53 GHz 和 90 GHz[12]。选择这些频率的原则是将 CMB 与银河系中的尘埃颗粒和电子产生的辐射分开。每个辐射计的输入是对称地在两个波纹馈源喇叭之间切换每个馈源产生 7°前半空间波束，在天空中相距 60°。每个波束相对于航天器的自旋轴 30°取向。因此，可以每 37.5 s 实现天空相隔 60°两个地区之间的快速切换(由铁氧体开关实现)(75 s 的航天器自旋周期的一半)，并取两个区域信号之差，来去除辐射计系统中的系统偏移。

31.5 GHz 辐射计共享一对馈电喇叭，两个正交圆极化由正交模转换器分开。两个高频通道有各自的馈源喇叭针对每种线极化。关于这些圆形波纹馈电喇叭的性能信息可以在詹森等人的文章[13]和 Torall 等人[14]的文章中找到。31.5 GHz 的系统工作在 270 K 附近，而更高的频率信道被动地冷却到 140 K。

COBE 有一个值得注意的特征是采用太阳-地球防护罩。这是为了进一步减少接收杂波，使其低于上述仪器中使用的望远镜辐射方向图及馈源喇叭的预期。防护罩和 COBE 仪器如图 16.1 所示。由于地球的引力四极矩，航天器的轨道设计成使轨道平面在一年进动 360°。轨道及其倾角导致航天器的旋转轴保持在对太阳约 94°和几乎一样的角度对当地的天底。这样太阳和地球就能保持在屏蔽层的孔径平面以下，最大限度地发挥其效果。

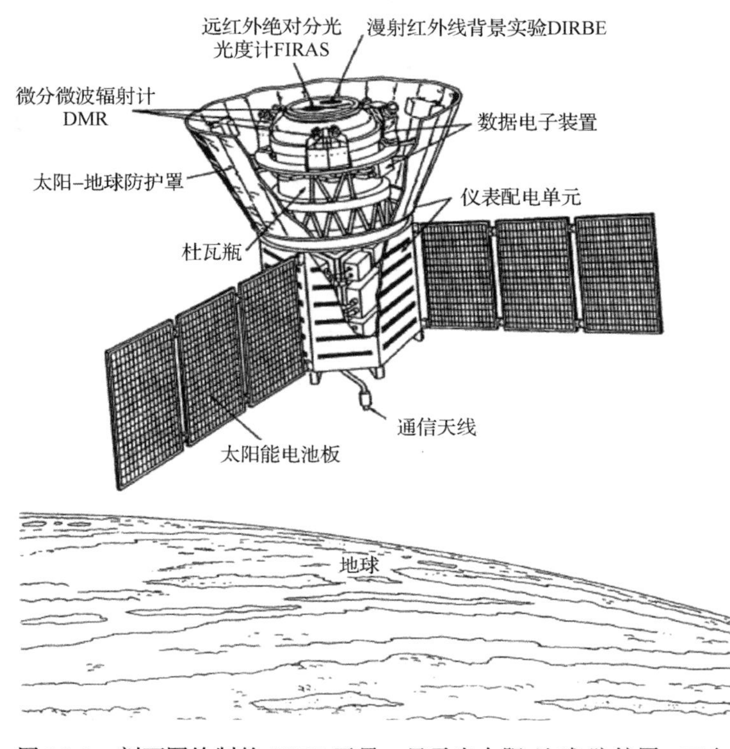

图 16.1 剖面图绘制的 COBE 卫星。显示出太阳-地球-防护罩、三个科学仪器和其他子系统。来源自Boggess等。[9] 经AAS允许复制

COBE 是一项十分成功的任务。其中最显著的是对 CMB 热性质的测量达到了前所未有的精度：CMB 具有温度在 2.725 ± 0.001 K 的黑体谱[3]。COBE 证实了偶极子各向异性，并对 CMB 的这种内在各向异性进行了首次测量。这些发现使约翰马瑟和乔治·斯姆特获得了 2006 年度的诺贝尔物理学奖。在研究 CMB 时，检测到来自银河系的信号尽管一些是人们并不期望的，但也被证明非常有价值，并导致大大改善了对星际介质[15, 16]的毫米波亚毫米冷却剂及星际尘埃颗粒的分布和性质的了解。

16.3.4 威尔金森微波各向异性探测器(WMAP)

在 COBE 之后的十年，强化了对 CMB 的研究，各种各样的地面和亚轨道(气球)仪器揭示了对极早期宇宙的这一独特探索。在 Page 等人文章的引言中列举了许多这些仪器。宇宙学家想要一个对 COBE 发现的 CMB 的更精细角度变化的观察，这需要一个真正的天线而不是 COBE 上 DMR 采用的馈源喇叭。此外，大爆炸后一种新的宇宙条件的信息源被发现。这就是宇宙微波背景辐射的极化，这可以通过在膨胀的宇宙之中的物质密度变化产生，发生在宇宙和背景光子场分离之间。

特别令人感兴趣的是宇宙膨胀理论预测的量子波动，这个理论成功地解释了观察到的宇宙微波背景辐射的许多特点。测量波动的角谱是微波各向异性探测器的一个关键目标(原来探测器的名称更名为威尔金森微波各向异性探测器，为纪念戴维威尔金森，普林斯顿大学的物理学教授，于 2002 年 9 月 5 日去世)。测量 CMB 极化的重要性是在 WMAP 卫星发展过程中逐渐被认识到的，WMAP 卫星在 2001 年 6 月 30 日发射。

派杰等人描述了 WMAP 的要求[17]：(1)20 GHz 和 100 GHz 之间的 5 个频带波束尺寸小于 0.3°；(2)正交极化小于 -20 dB；(3)在太阳的位置副瓣小于 -55 dBi；(4)温差测量的准确性对相隔 0.25°的像素和相隔 180°的像素是一样的；(5)天线光学系统冷却到 70 K 以下；(6)在任何模式的最终天空图中，建模之前的系统误差小于 4 μK，而目标灵敏度为 20 μK。

WMAP 第一年的观测结果在 2003 年发表，由于额外的积分时间灵敏度有所提升，观察结果不断被更新。光学和一些前端组件被动地冷却，但没有液体或固体致冷剂来限制使用寿命。目前，已经有一些七年的观测结果，它们报告了 CMB 的角功率谱和极化敏感的全天空测量结果。第一年 WMAP 观测的一些结果由佩利斯等人给出[18]，第七年的观测结果由亚罗西克等人给出[19]。

16.3.4.1　光学天线

WMAP 的光学系统采用一对背靠背的直径为 1.4 m 的偏置 Gregorian 望远镜。基线的天线设计是一个偏置 Gregorian 系统，但天线表面已赋形以最优化波束质量和天线效率 Dragone 的工作是对偏置天线的交叉极化做了最小化。这项工作成为 WMAP 的设计指南，但具体执行是根据加林多-以色列、因布里亚和拉加米特拉的工作[20]，特别做了一些工作来保持极化纯度和低旁瓣电平。设计详情见文献[17]。除了天线和馈源喇叭的精心设计，防护罩被用来减少从太阳和月亮来的辐射。图 16.2 显示了在馈源喇叭和二次反射盾周围的以及底部更大的平面防护罩，它们基本上垂直于太阳的方向。

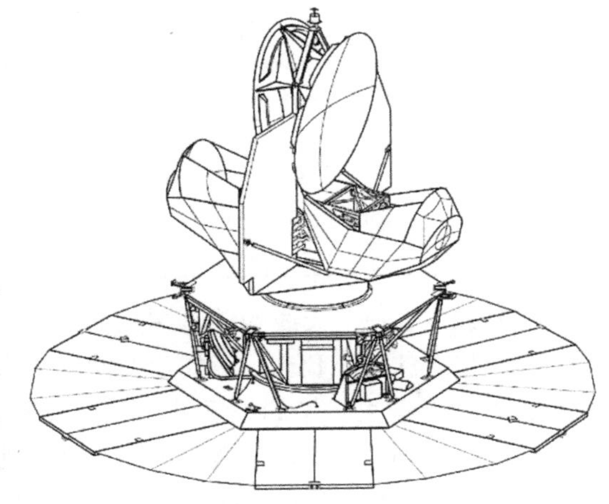

图 16.2　WMAP 卫星素描，图中示出了两个相对的Gregorian天线(含防护罩)，这些天线的下面是航空器总线和阳光防护窗。来源自 Barnes 等[2]。经 AAS 允许复制

该天线系统的设计很好地遮挡了太阳和地球。因此，一旦到了轨道上散热器就使主、副反射镜及支撑结构冷却到 70 K。和发射率小于 1% 的要求一起，保证了反射镜系统所添加的噪声是可以忽略的。反射器表面是由复合材料制成的，蜂窝芯厚 0.635 cm，每个主反射镜的质量为 5 kg，包括支持结构，每个次反射镜的质量为 1.54 kg。表 16.1 给出了选出的波段 K 和波段 W 预测的天线性能数据。相对较高的边缘锥削，意味着有非常低的溢出和高的主波束效率，但随之而来的结果是低孔径效率。轨道上测量的波束方向图信息可以参阅雅罗西克等人的研究[19]。

WMAP 光学系统(反射镜和支撑结构)进行了优化设计，具有可忽略的 300 K ~ 70 K 之间的热变形。表面均方根偏差在 70 K 时被规定为低于 0.0076 cm，这对应于在最低频率的工作波长的约λ/40°。波束质量在冷却后变差很多，但不是预料之外的。利用木星的多个高信噪比

的测量和基于物理光学的反射系统建模，波束轮廓确定为大约 -50 dB 电平。冷却影响波束的指向，偏移约 0.1°，但这些变化可以通过使用卫星在轨道上时的天体源来测量。

表 16.1 预计的 WMAP 天线主波束特性

频率(GHz)	3 dB 宽度 1(°)	3 dB 宽度 2(°)	主要边缘锥度(dB)	A_e(m^2)
20	0.969	0.798	-12.8	0.80
22	0.882	0.721	-13.1	0.76
25	0.787	0.637	-14.7	0.71
82	0.209	0.199	-17.4	0.94
90	0.201	0.190	-21.0	0.83
98	0.198	0.184	-24.8	0.74
100	0.194	0.181	-26.5	0.65

在 K 波段，波束宽度 1 是垂直面切割的，波束宽度 2 是水平切割的；在 W 波段，波束宽度 1 是 +45°面内的切割，波束宽度 2 是 -45°切割。最后一列是天线的有效面积。

每个望远镜由 10 个馈源喇叭馈电。表 16.2 给出了分配到不同频段的馈源喇叭以及其他信息。频率越高，馈源数越多，以补偿放大器噪声温度随频率的增加，目的是，对于扩展天体源辐射，其每单位立体角灵敏度相同。每个馈源喇叭连接到一个将两个正交的线极化分开的正交模转换器(OMT)。

表 16.2 WMAP 探测器馈源喇叭的特性

波段	频率范围(kHz)	中心频率(GHz)	馈源半最大值全波(°)	馈源口径直径(cm)	每个天线馈源喇叭数
K	20 ~ 25	23	8.8	10.94	1
Ka	28 ~ 36	33	8.3	8.99	1
Q	35 ~ 46	41	7.0	8.99	2
V	53 ~ 69	61	8.0	5.99	2
W	82 ~ 106	93	8.4	3.99	4

在实践中，一个天线的馈电喇叭的一个极化输出用来和第二个天线照射的相同馈电喇叭的相同极化态的输出比较，正如亚罗西克等人对辐射计所描述的那样[22]。其结果是在空中相隔 180°的两个波束足迹的温度的比较。随着飞船的旋转，测量了天空中沿圆弧的差值，于是随着轨道的进动，可以得到整个天空的图。由于从探测器得到的关键数据是差分温度和极化图，180°温差图可以相对容易地转化成所需的天空 CMB 变化图。

16.3.4.2 馈源喇叭

照射每个偏置格里高利天线(见表 16.1)的 10 个馈源喇叭都聚集在焦点区域内，但由于偏置角比较大，馈源喇叭轴线互相不平行。在图 16.3 中显示了不同的馈源喇叭。W 波段最小的馈源喇叭位于最靠近天线轴处，在图中只能勉强识别出。巴尼斯等人[21]给出了这些波纹喇叭天线的设计和测量性能的详细讨论。

16.3.5 普朗克任务

在 1992 年自从 COBE 第一批测量结果可用后没多久，普朗克任务开始了。包括融合不同概念的漫长的成熟过程导致 2009 年 5 月 14 日发射普朗克以及 16.4.4 节中讨论的赫歇尔卫星的发射。Tauber 等人在文献[23]中列出了详细的历史文献列表以及 *Astronomy and Astrophysics*

(《天文学和天体物理学》)第 520 卷与普朗克有关的 14 篇文章的概述。由于可获得大量的详细信息，我们在这里只强调一些普朗克天线和光学系统的特点。

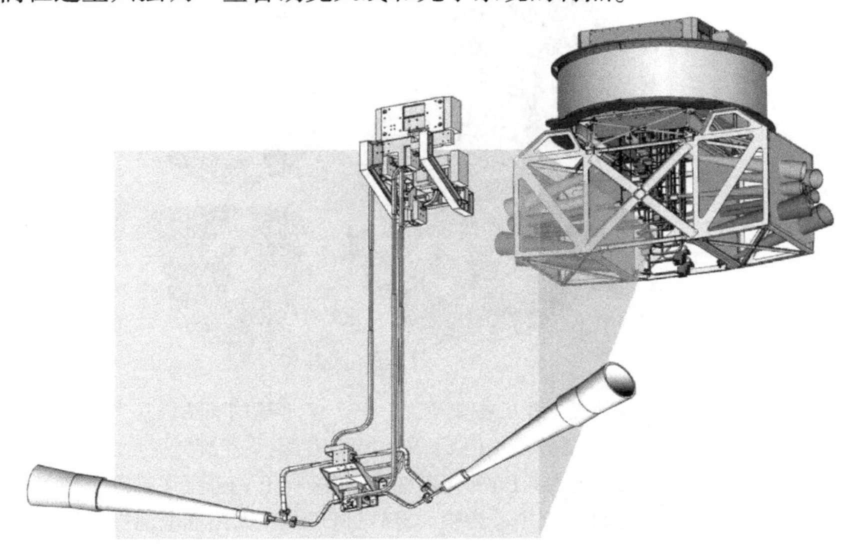

图 16.3　右图：WMAP 馈源喇叭示意图。示出了两个天线的每一个馈源，每个拥有 10 个馈源喇叭。左图：单对馈源喇叭的放大图，示出每个极化的正交模转换和波导。大约位于馈源喇叭之间的组件冷却到90K，这包括混合接头和高电子迁移率场效晶体管放大器。长的垂直波导将信号传输至室温组件进行进一步处理。来源自http://wmap.gsfc.nasa.gov/media/990180/。经NASA/WMAP科学团队允许使用

普朗克的基本目标是以极高的精度测量 CMB 的强度和极化的各向异性。虽然这种辐射所覆盖的频率范围由它的黑体温度确定，但普朗克仪器在最大可能的频率范围内测量 CMB。此外，识别到“前方地面”的重要性(这个表面对宇宙学家意味着 CMB 最后散射的光子表面和我们自己中间的任何东西)导致需要精确测量来自星际空间的微粒。这要求辐射计频带中心高达 857 GHz，其结果是一个非常复杂的焦平面，但有超过 30∶1 的频率范围的特殊能力。

16.3.5.1　光学

依照以前的 CMB 实验，普朗克利用无遮挡的、偏轴望远镜的设计，对由服从德拉戈(Dragone)条件的格里高利椭球抛物面组合的设计进行了修改，以最大限度地提高极化纯度，这导致等光程的椭球反射面[23]。使用代码 V 计算机程序优化了最终的反射面形状。

主反射器是 1.89 m×1.56 m，因此稍微大于 WMAP 中采用的反射面。普朗克反射是由碳纤维增强塑料(碳纤维复合材料)蜂窝夹芯材料制造成的，主反射面 80 mm 厚，次反射面 65 mm 厚。普朗克是为在 L2 拉格朗日点工作以得到好的热稳定性和良好的地球避免性而设计的。一组三个 V 形槽的热防护罩防止来自太阳或地球辐射传导到天线上。工作温度为 45 K，图 16.4 所示的是普朗克卫星。

虽然主反射器是单片的，但表面精度是由一系列环确定的，朝向中心精度最高(7.5 μm RMS)，朝向反射器边缘较低(50 μm RMS)。由于灵敏度和采样的原因，不希望波束的尺寸在更短的波长上减小，如整个表面照射会发生的衍射限制的操作那样。于是，馈源喇叭设计成照射反射面一个小部分，对它来说表面基本上是理想的。例如，最高频率(857 GHz；350 μm)带 4.3′波束宽度[25]基本上只利用中央的环，其中$\lambda/\sigma=47$。

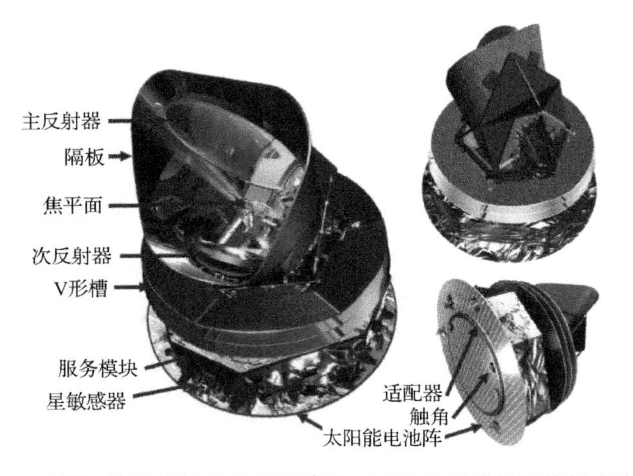

图 16.4 左图：普朗克卫星的主要单元。三个 V 形槽的隔热板在光学组件（上图）和服务模块（见下文）之间。右图：飞船旋转的示意图示出了外延的遮挡（上）和太阳能电池阵列（下）。卫星通过围绕一太阳能电池阵列中心的轴线自转进行观察。太阳能电池板直接指向太阳。来源自 Tauber 等 2010 年[4]。经 ⓒESO 允许复制

除了低温要求，25 ~ 1000 GHz 的频率范围内表面反射率规定要超过 0.985（寿命终结），这是为了限制望远镜的热辐射进入到辐射计中。在图 16.4 中可以看出，有附加的挡板，以防止远旁瓣拾取。

从上面的描述和图 16.4 明显可见：不像以前的 CMB 任务，普朗克的数据提取不是基于从天空的不同方向上做相减。仪器的设计在以下的小节进一步描述，但基本上每个馈源喇叭收集一个给定方向的辐射，并且随着卫星绕其自转轴以 1 分钟 1 转的转速旋转（自转轴进动 1°每天），一个方向的函数的强度地图被建立起来了。

16.3.5.2 仪器和馈源

在普朗克焦平面中有两个仪器。低频仪器（LFI）采用高电子迁移率晶体管（HEMT）放大器，在中心频率 30 GHz，44 GHz 和 70 GHz 的[26]三个频段工作。高频仪器（HFI）有九个频道，中心在 100 ~ 857 GHz 间[25]。包括所有馈源喇叭的普朗克焦平面如图 16.5 所示。

图 16.5 普朗克焦平面。HFI 仪器的 36 个馈源喇叭在中央的圆形结构中，它被冷却到 4K。11个馈源喇叭的LFI仪器环绕HFI的结构，并且处于20 K的温度下

低频仪器(LFI)　由于不同灵敏度的要求，有两个 30 GHz 的馈源喇叭、三个 44 GHz 的以及六个 70 GHz 的馈源喇叭，每个都装有一个正交模转换器，分离两个正交的线极化。两个极化都有优于 40 dB 的隔离和 20 dB 的回波损耗，并且在三个频带带宽为 6 GHz、8.8 GHz 和 14 GHz 时插入损耗小于 0.15 dB。每个极化通道都配有相关(或连续的比较)的辐射计，它使用一对混合接头，以产生一个输出。这个输出理想上是观测普朗克天线的馈源输入天线温度和观看黑体校准负载 4 K 的内部的馈电喇叭输入天线温度，两个喇叭之间有效差异切换时间的量级为中心频率(IF)带宽的倒数，这个非常快速的开关速率有助于系统的极高的稳定性。莱希等人详细讨论了系统的极化特性[27]。山德里等人详细讨论了天线照射[28]。

高频仪器(HFI)　高频仪器采用了非常不同的方法，依赖于辐射热测量仪，直接测量沿着波导传播的入射功率。结果，RF 输入必须要有适当的滤波来得到明确的测量带宽。阿德[29]、拉马尔等人[25]讨论了相当复杂的使用有准光学滤波器的背靠背的馈源喇叭的滤波系统，而不是波导滤波器，因为在短波长上波导滤波器变得难以制造，每个通道的相对带宽为 33%。频带在频率上分离得很开且准光学滤波器所提供的隔离度高达 10^{10}。

HFI 的 36 个馈源喇叭中，16 个馈源对是极化敏感的辐射热计，它们以正交的线极化观测方向相同的天空面积。如表 16.3 所示，极化敏感的通道集中在微波背景辐射为有效的频率上。这些通道的设计主要用于测量输入信号中两个极化之间的差异。更高的频率通道，主要用来精确测量星际尘埃，这是一个感兴趣的 CMB 信号污染物。通过测量多个波长处的灰尘的辐射，可以足够精确地模拟它的频谱特性，以允许消除其在较低频率的贡献。马菲等人[30]发表了高频仪器馈源喇叭的数据和望远镜波束方向图，Rosset 等人[31]讨论了极化性能和达到 Planck 性能目标的要求。

表 16.3　LFI 通道的一些特性；P 表示极化敏感的测辐射热计，NEP 是噪声等效功率

通道	中心频率	FWHM 波束尺寸(′)	测辐射热计的数量	测辐射热计的 NEP(10^{-18} W/$Hz^{0.5}$)
100-P	100	9.6	8	10.6
143-P	143	7.0	8	9.7
143	143	7.0	4	14.6
217-P	217	5.0	8	13.4
217	217	5.0	4	18.4
353-P	353	5.0	8	16.4
353	353	5.0	4	22.5
545	545	5.0	4	72.3
857	857	5.0	4	186

HFI 中用的测辐射热计，辐射耦合到一个非常薄的介质基片底金属导体网络上。产生的电流加热一个电阻，其温度的上升用温度计测量。人们用了两种不同的几何形状。为测量极化，使用矩形网格，但它沿单一轴金属化网络连接到位于测辐射热计边缘的电阻。对于测量总功率的信道来说，可使用二维蜘蛛网测辐射热计，其中金属网格几何状类似于蜘蛛网并传导电流到网中心的电阻。两种几何形状的优点是，就入射辐射而言，电阻和温度计可以比测辐射热计提供的面积小得多，从而导致灵敏度更高和对宇宙射线的易感性降低[32, 33]。

16.3.5.3　普朗克卫星目前状况

2009 年 5 月 14 日普朗克卫星成功发射进入转移轨道，并最终到达围绕第二拉格朗日点(L2)

的本萨茹轨道。L2 位于连接太阳和大地的直线上，离地球约 1 500 000 km。冷却和测试后，开始扫描天空。依照发射前的协议，第一批被公布的数据是早期释放致密源目录，包括银河系外和银河系的源。银河系的图(CMB 已去掉)已经给出新观测到的引人注目的在星际介质中尘埃的高度结构性分布以及尘埃本身的性质。

16.4　亚毫米波/远红外天文学的空间射电观察

16.4.1　亚毫米波/远红外天文学概述

一般认为亚毫米区域波长从 1 mm 至 100 μm，相对应的频率在 300 ~ 3000 GHz 之间，在这个波长范围内，天文学最大的障碍是地球的大气层，其混浊原因主要是一条条水线和在更短波长更强线的低频尾巴相混合。其结果是，即使是从高而且干燥的天文台观测，也只能在选定的“视窗”内进行，窗本身在小于最佳条件下不透明。图 16.6 显示了从一个在天顶的站点降水蒸气含量(PWV)等于 0.5 mm 的传输，它表示像 Mauna Kea 这样的一些站条件非常好，而且在相当干燥条件的站点，如在智利的阿塔卡马高原和南极上将会同样好。在 850 μm(350 GHz)、450 μm(650 GHz)、350 μm(860 GHz)的视窗在图 16.6 中清晰可见，被广泛用于良好站点的天文观测。

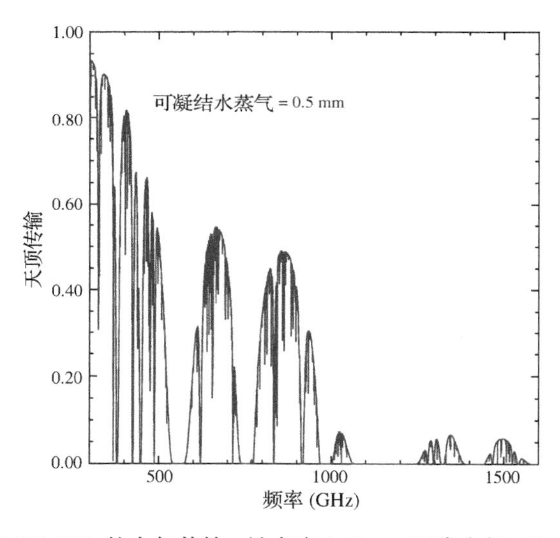

图 16.6　300 ~ 1500 GHz 的大气传输，站点有 0.5 mm 可降水气，这对应干燥的高山上的良好条件。不在天顶方向上的源的传输是低的。1600 GHz以上的频率传输基本上是零。这个数据是用在线CSO大气传输互动式绘图仪得到的，数据可在http://www.submm.caltech.edu/cso/weather/atplot.shtml获得

亚毫米波大气 10% 以上的传输窗口已经使大量的天文观测成为可能。这包括土卫六的大气成分和宇宙中最遥远星系的观测等结果。然而，传输显著地衰减了信号，其平均有效温度加到相干接收机的噪声温度上和一个不相干的接收机(辐射热)的平均光子通量上。更大的影响是辐射的变化，它可以是几个量级，大于检波器系统固有的等效输入噪声。对于宽带观测，这往往是对整体灵敏度的限制因素，并大大限制了观测弱放射源的能力。

整个亚毫米波波长范围内不受限制地(即不限于“窗口”)访问，有力推动了在地球大气层之上去获取。于是产生了星载观测平台。在飞机高度 ≈13 km 时，这种情况大大优于如

图 16.6 所示的情况，但在一些频率上大气本质上仍是不透明的，其中大部分是由水蒸气线造成。在飞艇的高度（≈30 km），情况又要好一些。

剩余的大气吸收是由水蒸气的转移造成的，即使在气球的高度，它仍旧棘手。但具有讽刺意味的是，因为水分子是星际介质中的关键分子之一，发挥着重要的作用，它冷却分子云使其收缩形成新的恒星[34]。下面讨论的三个太空任务（SWAS、Odin、Herschel），利用没有地球的大气层条件，用直到过去的十年中天文学家一直不可用的频率进行观察，并收获了有趣的和在某些情况下令人惊讶的结果。

16.4.2 亚毫米波天文卫星

亚毫米波天文卫星（SWAS）是 NASA 的小探索者计划中选择的第一个任务。梅尼克等人[35]给出了任务概述，*The Astrophysical Journal Letter*（《天体物理学杂志通讯》）第 539 卷中的文章专门论述了 SWAS，报告了任务的早期结果。SWAS 于 1998 年 12 月 5 日由飞马座 XL 火箭发射进入 70°倾角的具有 650 km 海拔高度的圆形轨道。SWAS 的目的是研究在星际介质中四个不同的物种。对于其中的每个物种针对单个的亚毫米波过渡，开发了两个单独的肖特基势垒二极管接收机，每个接收机观测上边带中的一条线和下边带中的一条线。关于这些线和接收机的信息列于表 16.4。

表 16.4 SWAS 目标线和接收机

成分	过渡	频率(GHz)	波长(μm)	接收机	边带
O_2	3，1～3，2	487.249	615.3	1	下降
Cl	$^3P_1 \sim {}^3P_0$	492.161	609.1	1	上升
^{13}CO	5～4	550.926	544.2	2	下降
H_2O	$1_{01} \sim 1_{10}$	556.936	538.3	2	上升

本地振荡器（LO）是可调的，用以补偿飞船和源运动的多普勒频移。接收机 2 的本地振荡器也可以被恢复到来观察在 547.676 GHz 上的 $H_2^{18}O1_{01} - 1_{10}$转换。前端的关键器件（混频器，LO 乘法器，以及头几个 IF 放大器）被动地由温斯顿锥形散热器冷却到大约 175 K，而系统接收机 1 的噪声温度为 2500 K（双带（DSB））和接收机的 22 200 K（DSB）。图 16.7 示出 SWAS 仪器的剖视图。在飞行中，口径上覆盖着平的 Goretex 膜，当卫星无意中指向太阳时可保护望远镜和仪器。

盘旋的双曲型卡塞格林副反射面可以在平行于较小的波束尺寸方向上将波束方向移动 8.5′，速度高达 2 Hz。这主要用于点状源（如木星）的连续观测。对分子云的光谱观测，分子云通常比波束宽得多，整个飞船重新指向（点头）。指向系统使点头的偏移量可高达 3°，摆动和稳定时间一起低于 15 s。对于较小的摆动，观测时间的损失量较小，开始观察到结束观察，持续时间 50 s，产生的观测效率超过 85%。星跟踪器的视场为 8°，可用的星的弱度可达 6 mag，整个天空绝对指向精度优于 5″（1σ）。

SWAS 使用偏馈卡塞格林系统，有一个椭圆形的主反射面，直径为 54 cm×68 cm。选择这种配置取决于两个因素。首先，对最好的光谱基线，期望有最小的反射和射频驻波的系统，只有偏置系统可以保证这一点。其次，判定用锥形馈源喇叭，因为在这些非常高的频率上制造波纹馈源很困难。馈源喇叭与混频器电铸为一体，以尽量减少损失，于是一个简单的、没有问题的设计才是关键。SWAS 天线的椭圆率选择成和 TE_{11} 模喇叭的电场分布的辐射方向图的主瓣相匹配。幸运的是，这和飞船大小、温斯顿锥和恒星跟踪器的限制是一致的，跟踪器本质上必须指向相同方向，因为 SWAS 指向背离地球方向进行观察。

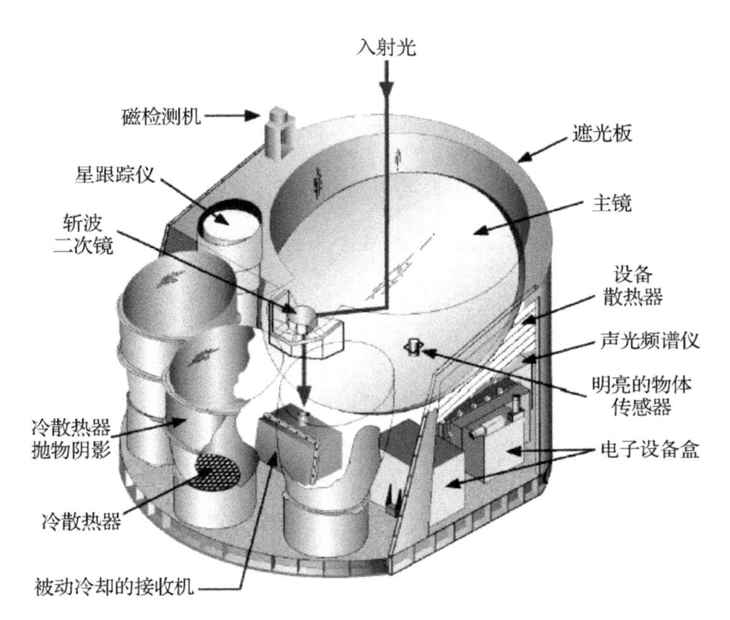

图 16.7 SWAS 的剖面图。偏轴抛物面主反射面，54 cm×68 cm 大小椭圆投影孔径处于中间偏右，章动（斩波）双曲型次反射面也呈椭圆形，位于图的中心。三个温斯顿锥散热器冷却的亚毫米波组件和头几个中频放大器在中心偏左（AOS-声光频谱仪）。来源自 Melnichk 等[35]。经 AAS 允许复制

两个 SWAS 反射面由金刚石车削铝块制成，其表面精度在 557 GHz 低于$\lambda/50$。通过 Jupiter 扫描，测量的波束尺寸分别为 490 GHz 的 3.5′×5.0′和 557 GHz 的 3.3′×4.5′，这与天线尺寸和照射所期望的相当一致。测得孔径效率为 0.66，主波束效率为 0.90。口径效率略小于非阻挡状态的理想的天线在高斯照射和 10 dB 的边缘锥度下的 0.80 效率预期值。这可能是由馈源喇叭方向图非理想的相位分布的来自表面误差一个小的贡献（见下文），以及轻微的系统失调等因素引起的。主波束效率接近预期。图 16.8 显示了用 Jupiter 测量的远场波束方向图。

SWAS 天线尺寸不大，实现小型近场测试场[36]对整个馈电和天线系统的发射前测量。下列事实促成了测量，即肖特基势垒二极管的亚毫米波接收机可以很容易地在环境温度下操作，虽然伴随着灵敏度降低。在 490.6 GHz 和 551.9 GHz 的频率上进行了测量，采样了两个辐射计所涵盖的频率范围。虽然用探头来采样场有一些问题，但发现照射方向图相对于天线的位置合适，边缘锥度与先前测量的馈电喇叭方向图预期的一致。表面精度只能在口径中心测量，这是由边缘锥度和有限的信噪比造成的。系统的总振幅加权的 RMS 误差为 12 μm，这个值大约是哈特曼测试主副反射面所得到的 1.5 倍。虽然仍小于$\lambda/40$，这些误差（包括馈源喇叭，线网双工器，副反射面，以及主反射面）使孔径效率少量降低，相对于理想天线效率而言。图 16.9 示出在 491 GHz 上测量的口径误差。

在六年多的观测期间 SWAS 几乎完美地运行，在稳定性和光谱基线行为方面辐射计的性能特别好，在轨测试结果甚至比那些发射前的实验室大量测试结果更好。这确认了飞船高分辨率光谱热稳定性的特性优良。地面上和在轨性能测试的结果已由 Tolls 等人详细描述[37]。

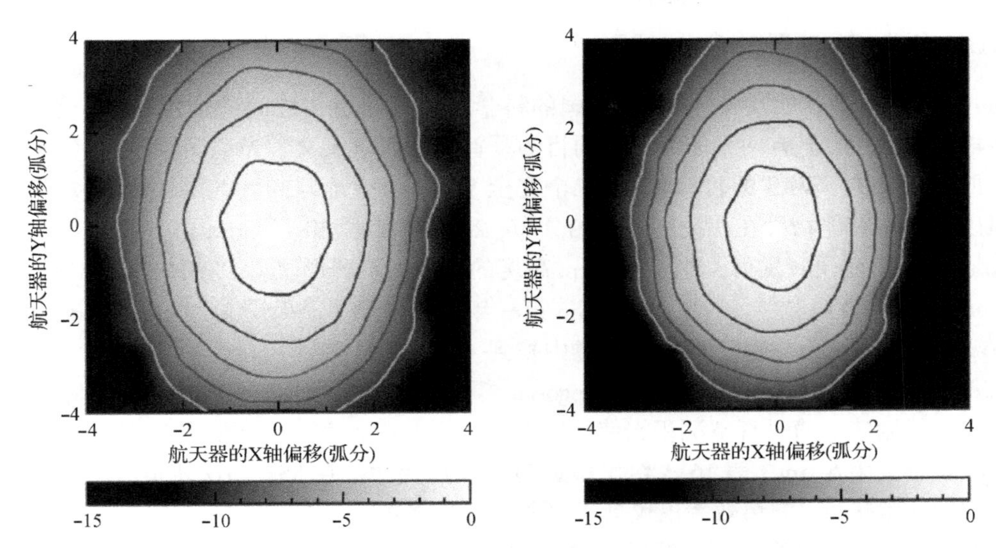

图 16.8　用 Jupiter 进行的 SWAS 的远场天线方向图的测量，分别在 490 GHz(左)和 553 GHz(右)进行。等场强线电平相对于视轴响应是 -1 dB，-3 dB，-5 dB，-7 dB，-9 dB。在 TE_{11} 模式照射下，椭圆孔径产生的波束方向图的椭圆性是显而易见的。来源自Melnick等[35]。经AAS允许复制。

SWAS 的主要发现之一是：水(H_2O)和分子氧(O_2)的丰度比静态密集的星际云中的气相化学模型所预测的低几个数量级。这意味着，一般冷却速度低于预期，使这些云向合适的黑体辐射能量变得更难。这个结果在星际化学的观点上产生了重大变化，迫使颗粒表面引入化学模型，大量氧气很大一部分被冻结为冰从而在这些颗粒表面上形成水冰。颗粒及其表面化学杂质对许多其他物质的气相丰富性有影响，并正在积极地通过观察继续研究，目前正由赫歇尔空间天文台进行观测，相关内容将在下面讨论。

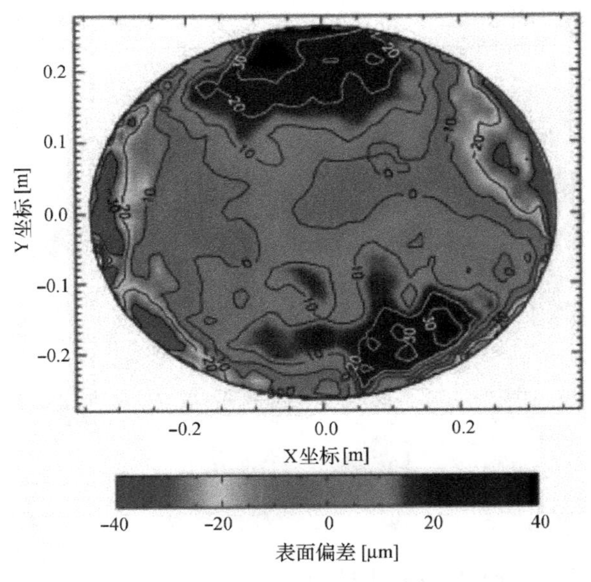

图 16.9　在 491 GHz 上测量的 SWAS 天线系统表面误差。测量用的是近场紧凑型测试场。误差包括对齐、馈源喇叭线栅双工器，以及主/副反射面。来源自Tolls等[37]。经AAS允许复制

16.4.3 Odin 轨道天文台

Odin 卫星(瑞典、加拿大、芬兰、法国的科学家和空间机构之间的合作项目)设计成在亚毫米波段进行观察，但有两个非常不同的目的。首先是射电天文学光谱测量(在一定程度上类似于上面所讨论的 SWAS 的目标)。第二个完全不同：研究地球的大气层、测量水、臭氧、一氧化氯以及一些其他物种在海拔高度上的分布，2001 年 2 月 20 日 Odin 由 START-1 火箭从斯活博德尼(俄罗斯东部)发射，进入 600 km 高度的太阳同步圆形轨道。整体使命和早期的结果已由 Nordh 的等人综述[38]。一些关于 Odin 第一年运作和天文成果论文，可以在 *Astronomy and Astrophysics*(《天文及天文物理》)第 402 卷中找到。

Odin 采用一个 1.1 m 直径的偏置 Gregorian 望远镜，反射面用碳纤维复合蜂窝，其面板也用相同的材料制造。通过真空沉积铝使得反射率得到保证。主反射面测量精度为 8 μm，副反射面的测量精度为 5 μm。表 16.5 给出望远镜的预期特性。在 557 GHz 轨道上测量的波束宽度和预期的非常接近，波束效率仅仅低于预期的百分之几。

望远镜和仪器由百炼成钢的纤维支撑结构固定，也包括两个星跟踪器。图 16.10 给出了天线、支撑结构和仪器的图。Odin 天线和馈源系统在两个不同的测试设置上进行了测试。反射性准直器用来测量波长 200 μm 的大带宽中的波束方向图，此系统在准直器焦点处用了一个汞灯，以及一个 4 K 的热辐射探测器代替在天线的焦平面内的接收器。用这个方法验证了波束宽度和指向。一个全息图的紧凑型测试场[40]被用于 119 GHz，这验证了这一更低频率频道的天线方向图。

表 16.5 Odin 望远镜的性能特性

频率(GHz)	119	480	540	580
波束尺寸(弧度分)	9.96	2.42	2.20	2.05
口径效率	0.72	0.70	0.69	0.69
主波束效率	0.91	0.89	0.89	0.89

图 16.10 在实验室中的 Odin 卫星。碳纤维复合材料结构托住反射器、辐射计、深黑色的星追踪器。副反射器在右上部刚好可见，在它背后是仪器包。来源自Frisk等，2003，A&A，402，L27[39]。经ⓒESO允许复制

Odin 包括5个辐射计，其中的4个工作在亚毫米波段，并涵盖486～504 GHz、541～558 GHz、547～564 GHz 和563～581 GHz。这些都使用了前面是准光学单边带滤波器的 Schottky 势垒二极管混频器。第五个辐射计涵盖118.25～119.25 GHz 并且使用了一个高电子迁移率场效晶体管前置放大器，它们都是通过准光学输入系统处理的。一个 Dicke 开关把波束连接到要么是望远镜，要么是一对大立体角天空波束，或者连接到一个校准负载。这对天空波束偏离望远镜瞄准线超过40°，在119 GHz 时 FWHM 波束尺寸为4.7°，在亚毫米波长时为4.5°。天空波束用来获得参考光谱，这就避免了必须重新指向整个航天器的麻烦(如 SWAS 所做的)。天空波束切换是高层大气物理学任务的必不可少的一部分，这时卫星扫描地球的边缘。为了获得天文学上可能最好的宽带光谱基线，Odin(如同 SWAS)把整个望远镜的指向在源位置上以及附近的预选(无信号)无源位置上。

一个 Stirling 的闭循环制冷机把毫米以及亚毫米波接收机冷却到140K，把中频放大器冷却到160K。在119 GHz 时，单边带接收机的噪声温度是600K，在亚毫米波长范围内是3300K。宽带声光光谱仪以及两个灵活的(低至高光谱分辨率)数字自动相关光谱仪也是可用的，这是为了用上面提到的三个接收机的任何组合(从五个中取)进行观察。除毫米和亚毫米波仪器之外，Odin 还包含了一个光谱/红外成像系统(OSIRIS)，这些都仅用在上层气流，以及超高层气流物理学上。

Odin 进行了开创性的亚毫米波光谱的调查，成功研究了水的辐射，在慧星上面探测 $H_2^{18}O$。Odin 把乌云中氧气丰富度的上限推进到了 SWAS 没有达到的较低的水平，因为它有能力在118.75 GHz 上观察氧气分子从1.1到1.0的转变。有人宣称检测到了这个品种，但丰富程度非常低，这确证了由 SWAS 的结果提出的对天体化学建模的挑战。尽管 Odin 是一个至少有两年工作寿命的低成本项目，不过令人印象深刻的是它工作了六年，Odin 又花了额外四年有成果地监测了地球大气。

16.4.4 赫歇尔空间天文台

赫歇尔空间天文台是欧洲航天局的基础一项任务，但美国航空航天局贡献了大量主要的有用科学载荷，其研究范围为整个亚毫米波连续谱线的天文观测。赫歇尔相较于它的前身，SWAS 和 Odin,是一个更大、更有能力的天文台，它用三个科学仪器监测55～670 μm 波长范围(下面讨论)。赫歇尔是在2009年5月14日与 Planck 一起发射的，进入一个围绕太阳-地球的 L2 点的大幅度的准光环轨道。以环境温度发射望远镜，用加热器使其保持在约170 K 达几个星期，以保证整个航天器放出的水蒸气不贴在光学表面上。该望远镜然后允许冷却，过一个月后低温恒温器盖被打开，然后试验观测开始。稳态主反射面的温度大约在88 K。

如图16.11所示，用大型遮阳罩使太阳辐射不进入望远镜和低温恒温器，在遮阳罩背面有太阳能电池板。该航天器是定向的，使地球到太阳间的线和航天器遮阳板几乎是垂直的。这样，在垂直于到太阳的线的空间条带中，可在任意时间观察到各个源。结果是每年有两个时期可以见到源。

赫歇尔采用经典的不偏置的塞格林望远镜。它是为天文学发射的最大的单片望远镜，有一个直径为3.5 m 的主反射器，但孔径只有3.29 m，能在任何时间由独立运作的科学仪器照射，从而允许在偏轴的位置在焦平面内放置其他的仪器和斩波器，而没有任何功率从主反射面的边缘溢出。在温度为零重力下80K 的情况下，波前误差要求小于6 μm，RMS 是为了让衍射限制的操作波长短到90 μm。对望远镜的各种要求导致在制造和测试方面都需要重大发展。

望远镜的主反射面是由 12 个 SiC(碳化硅)段烧结在一起的，从而形成一个轻量单片镜，然后抛光达到所要求的表面精度。30.8 cm 直径的副反射面也是由碳化硅和用金刚石车出的，包括一个中央的“散射锥”来使可能引起望远镜的频率传输的驻波的各种反射散开。

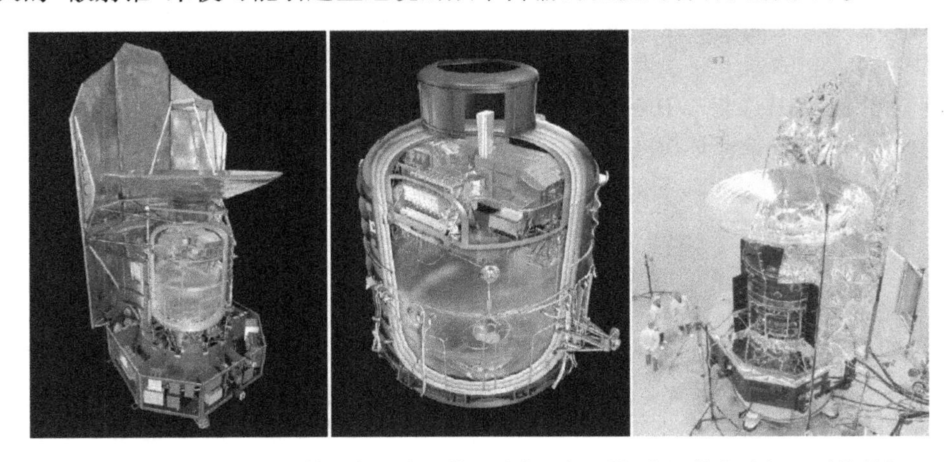

图 16.11 左侧：展示出了赫歇尔的太阳能电池板/遮阳器(太阳能电池板面对着外部)、望远镜、低温恒温器以及温暖的电子服务模块。中间：低温恒温器的剖面图示出了顶上的三个焦平面仪器，在下面有液态氦储层器。右侧：赫歇尔为声学实验做准备。来源自Pilbratt等2010，A&A，518，L1[41]。经©ESO允许复制

不可能使用亚毫米波来测试做成的赫歇尔望远镜，因为有大气吸收再加上做一个有足够大尺寸的测试设施难度很大。可以利用可见波长光测量技术来测量表面平滑度。这些测试都是在常温和低温下进行的，测试验证了望远镜表面精度满足要求。但是，望远镜在低温下有一个焦点的位置问题。人们追查到这是设计和建模六足副反射面支撑结构的热膨胀系数(CTE)问题。所用热膨胀系数原来是不够准确的或不代表实际使用材料的，当改进的测量数据被纳入模型时，对测得的焦点移动进行了预测。机械上加垫片填解决了这个问题。关于赫歇尔和普朗克望远镜的细节，比如设计以及测试步骤的参考资料能在 Doyle、Pilbratt 以及 Tauber 的文献[42]中找到。

赫歇尔在低温冷却的焦平面内有三个仪器(见图 16.11)，其中两个是中等分辨率光谱仪和光度计。光探测器阵列相机以及光谱仪(PACS)在三个光度段内覆盖的波长为 60 ~ 210 μm($R = \lambda / \delta\lambda \approx 2$)[43]。通过一个^{3}He 吸附冷却器热辐射，探测器可以冷却至 300 mK。每个阵列有相同的 $1.75' \times 3.5'$的视野。两个较短波长的阵列有 32 × 64 个像素，每个像素角为 $3.2'' \times 3.2''$。长波长阵列有 16 × 32 个像素，每个像素张角为 $6.4'' \times 6.4''$。PACS 系统还包括一个光栅光谱仪。在这种模式下，来自 25 个空间像素的辐射是由积分场成像单元重新成像到光栅上，其提供的光谱分辨率 R 约为 1500 ~ 4000，并且一般在较短波长中增加。每个像素采用16 个受力 Ge:Ga 光导体探测器测量光谱信号。PACS 覆盖 55 ~ 210 μm 的三个连续的带，这可以用在许多模式下，包括通过倾斜光栅进行扫描和切断以及空间切断和扫描。

光谱和测光成像接收器(SPIRE)也合并了一个成像光度计和光谱仪[44]。低分辨率($R \sim 3$)成像光度计有三个频带，中心在 250 μm、350 μm 以及 500 μm。有 Ge 温度传感器的蜘蛛网测辐射热计阵列用作探测器覆盖天空的 $4' \times 8'$范围。不同的像素数量用于不同波段，但实际上都是对天空欠采样的，数据通常是通过由重新调整航天器指向扫描望远镜的指向方向提取的。在很大视场内完全采样的结果已经证明对研究银河系内的星际云以及整个宇宙的

星系中的气体和尘埃都是很有价值的。这个 SRIRE 谱仪中使用了 Mach-Zender 干涉仪，它有两个六角密排探测器阵列，每个覆盖 2.6′的视场。在短波长阵列中有 37 个探测器，它覆盖 194 ~ 313 μm；长波阵列有 29 个探测器，覆盖 303 ~ 671 μm。光谱的分辨率由扫描的最大路径长度差决定，其最高分辨率为 0.04 cm^{-1}（在 1.2 GHz 下）。最高分辨率的 R 从长波长约 370 变化到短波长 1300。

远红外外差仪（HIFI）是一个非常高的光谱分辨率的外差接收器[45]。在 480 ~ 1250 GHz [使用超导绝缘体超导（SIS）混频器] 以及 1410 ~ 1910 GHz（使用热电子测辐射热计（HEB）混频器）中间包括七个频段。在配备有宽带声光频谱仪情况下，每个频段同时观察两个正交的线极化，在超过 4 GHz 的带宽内光谱仪有 1.1 MHz 的分辨率。还配备有窄带（高分辨率）的数字自相关光谱仪以提供高达 0.14 MHz 的分辨率。在带频高达 1120 GHz 时，采用波纹喇叭来耦合混频器和自由空间。在更高的频率上，采用双槽平面天线和透镜。Jellema 等人[46]以及 Jellema 等人[47]给出了近场测量的详细信息和 HIFI 仪器的电磁仿真，包括从整个望远镜到各个混频器馈源的传输。

Pilbratt[48, 49]以及 Pilbratt 等人[41]对任务给出了概述。*Astronomy and Astrophysics*（《天文学和天体物理学》）第 518 卷包含的一些文章对赫歇尔进行了描述，包括了其中的仪器、性能，以及一些选出的赫歇尔的较早的天文结果。*Astronomy and Astrophysics* 第 521 卷包括用 HIFI 仪获得的大量早期结果的其他一些文章。在写这本书的时候，赫歇尔正在执行不同的观察计划，其望远镜基本上按照或超过仪器发射前的预期的性能进行工作。一组利用 HIFI 得到的测量数据验证了天线效率以及波束宽度与衍射极限工作是一致的[50]。

16.4.5　未来：Millimetron、CALISTO 及以后

16.4.5.1　Millimetron

尽管在利用亚毫米波进行天文学研究方面取得了巨大的进步，但是人们对能力更强的仪器和太空任务仍有持续的兴趣。虽然这些仍然在不同的定义阶段，但是它们确定有助于指点在（希望）不太遥远的未来的可能性（希望）只考虑亚毫米（而不是红外）波长，以及太空（而不是轨道下）的任务，至少有两个有趣的任务概念，特别是从空间天线技术的观点看。

Millimetron 是一台由俄罗斯科学家和工程师团队（包括一些欧洲国家的机构）开发的仪器。Wild 等人[51]给出了一个概述，但自从出版该文章以后概念已经变化很多了。基本的想法包括一个直径为 12 m 的可展开的反射面的亚毫米波望远镜。在下面的 16.6.3 节将讨论 Radio-Astron 任务的天线总体设计，有高得多的表面精度，宣称的目标是在 3.5 m 单片的中央部分将会有 2 μm RMS 表面精度，并且整体精度将是 10 μm RMS。图 16.12 的概念图展示了收拢的 Millimetron 天线以及展开配置[52]。虽然没有赫歇尔望远镜精确，但允许在 200 μm 短的波长下进行有效操作，收集面积很大以及高角分辨率将使这个天线成为独特设施，最短工作波长限制在 200 μm（或甚至更短的波长）。当前设计概念是天线面板由铝或 SIC 制作（如赫歇尔）。

一个可展开的直径为 12 m 的望远镜必须获得这种较高的精度，这肯定是一个技术挑战。当前设计要求主动控制组成主反射面的面板以及一个计量系统。为了保持一个可接受的光子背景水平，光学元件必须冷却。这一观念正在发展，但是一个多层热屏（类似于普朗克用的）是设计的一部分。建模表明，温度为 50°可以只通过无源降温来实现。期望大约为 4°的较低温度，但是需要一个有源的冷却系统。为 Millimetron 配套的仪器仍然在研发，但可能会包括一些高分辨率外差接收机的光谱仪以及成像光度计/光谱仪，类似于赫歇尔[53]的 PACS 仪

器。Millimetron 仪器有一个不寻常的方面，在 18 ~ 26 GHz 进行地球 - 航天器的 VLBI(甚长基线干涉测量)以及在 31 ~ 720 GHz 之间与 ALMA 大型毫米阵的许多频带一样进行 VLBI(ALMA，见 http://science.nrao.edu/alma/index.shtml)。如将在 16.6 节中讨论的，这可使干涉仪基线的长度等于地面天线到航天器之间的距离，因此增加的角分辨率超出了给定频率下地球表面上能得到的角分辨率。航天器到航天器之间的干涉测量也正在考虑。Millimetron 的问题是要有一个好的轨道条件，实现 VLIB 良好工作以及稳定的热环境少从地球上拾取热辐射。有关 Millimetron 最新信息可以从 http://www.asc.rssi.ru/millimetron/default.htm，http://www.sron.rug.nl/millimetron 和 http://www.sron.rug.nl/millimetron/MillimetronWorkshopSicily2010 上看到。

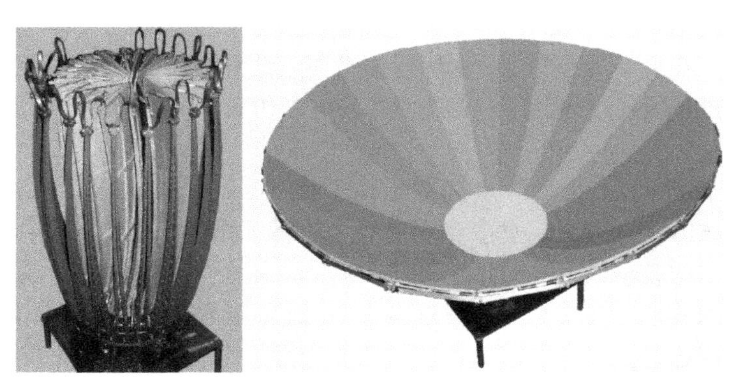

图 16.12 Millimetron 天线安装以及展开配置的概念图

16.4.5.2 CALISTO

CALISTO 是低温孔径大型红外空间望远镜天文台的缩写。这个天线的概念是为了在 30 ~ 300 μm 波长间进行极高灵敏度的光度测量和低分辨率的光谱观测，主要是为观测遥远的星系。CALISTO 可以考虑成能工作在超出射电天文学的上限频率，但大部分天文科学建立在来自于赫歇尔的结果上，因此 CALISTO 也包含在本书里。CALISTO 的目的是达到只受天文背景的光子噪声限制的灵敏度。为了达到这一点，光学元件必须冷却到使它们的热辐射远弱于银河系高纬度的太空的热辐射，检测器的噪声也必须远低于背景的光子波动噪声。随着光谱分辨率的提高，这变得越来越困难。对于 $R \sim 1000$ 这是很好地测量红光偏移和银河系谱线形状所需要的。个别探测器的当前技术水平接近这个极限，面临的挑战是开发检测器阵列，其噪声等效功率约为 10^{-20} W/Hz$^{0.5}$。

CALISTO 的概念是为了实现同一个延伸的亚毫米波灵敏度，这个亚毫米波灵敏度可以达到赫歇尔的一个早期研究任务的量级，这个任务必须限制望远镜的温度在大约 88°，最初的工作是在单一孔径远红外天文台(SAFIR)上做的，这是一个相当经典的冷却到 4°的望远镜[54, 55]。随后详细的系统性能建模揭示了通过银河系散射的强辐射甚至当波束指向非常远的方向时也会进入波束，而且还主导背景并显著提高系统的噪声水平。这个问题的解决方法是采用无遮挡的偏轴设计。除了较低的噪声外，这种方法提供增加的孔径和波束效率[56]。仅仅折叠副反射面以及支撑结构，使得发射时在整流罩内有有效放置的结构。结果是，提供由天文背景限制的以及非常清晰的波束的系统。如图 16.13 所示，在 4 m × 6 m 的椭圆形抛物主反射面下有五个 V 形槽遮阳棚。Gregorian 的结构允许在主反射面的图像中有一个冷点，这样能最大限度地减少接收杂乱的辐射，因为它可能漏过副反射面的边缘。

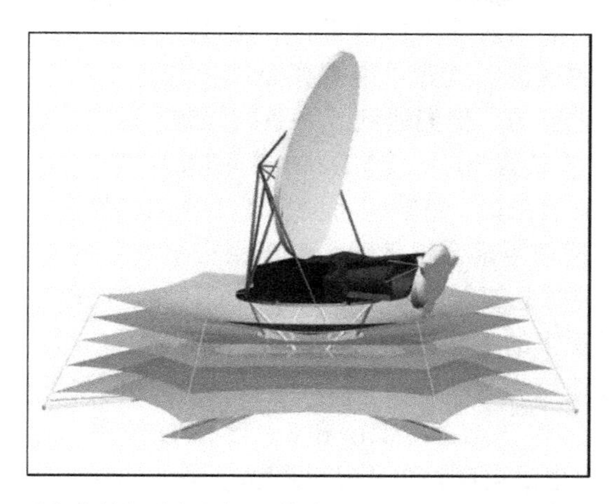

图 16.13　CALISTO 天文台的概念视图，天线在展开后展现了一个离轴光学配置，其中包括一个4 m×6 m的主发射器。这个多层V形遮阳罩处在低温挡板下方当作一个隔冷装置，以及主/副反射面，冷却到大约4 K。来源自 Goldsmith 等，CALISTO：The Cryogenic aperture large infrared space telescope observatory. Proc. SPIE，2010，2008[57]

16.5　低频射电天文学

16.5.1　低频射电天文学概况

我们可定义低频射电天文学涉及的频率低达受地球电离层中产生的离子影响。截止频率随太阳黑子周期、一天内的时间以及位点而变化。截止频率在地球上被阳光照射的一面可以达到 15 MHz，在背光的一面大约 10 MHz，在靠近地球磁极适宜的地点大约 2 MHz。一般来讲，它在几兆赫和以下的频率上，必须要在地球的电离层以上才能进行天文观测。在频率相当甚至略高于截止频率的条件下，电离层等离子体特性的变化会产生波束指向偏移以及可变的相位延迟，它们阻碍高分辨率的干涉测量。

星际介质的离子体(IPM)会造成约 30 kHz 的较低的截止频率，它阻断以极低频率观测太阳系以外的天体源，于是，采用低频的天文学窗是可以考虑的，它从 30 kHz 延伸到大约 30 MHz。低频的太阳系天体观测，尤其是木星和太阳，有极高的吸引力，特别是对于太阳活动比如日冕物质抛射与人类在地球上活动之间的关系的研究。

低频射电天文学最有趣的工作发生在这个研究领域非常早的时期，那时研究人员正在确定用什么类型的天线和接收机以及怎样进行观测最好。天文学家对确定从银河系发射的无线电频谱很感兴趣。人们从地面观测已知同步发射是低频无线电发射的主导源，并且人们预计在较低频率上，通量会增加。人们期望观察结果告知天文学家银河系宇宙射线的能量密度以及电离的氢对低频无线电波传播的影响。在这期间，在真正的未利用过的频率范围中进行了第一批观察。所用的设备在下面概述，这虽然不是一个技术和任务的完整概述，但给出了这个领域发展的概念。

16.5.2　早期低频无线电的太空任务

早期低频射电天文学的工作利用了火箭、星载仪器。其中一个令人感兴趣的问题是地球电离层如何屏蔽了航天器上的辐射计来自地面的干扰以及来自不同类型电离层噪声[58]。自然这导致了较宽频率范围上的观察。这些早期观察是用比较简单的硬件、在比当前的空间研究项目短很多的时间尺度内进行的。他们遇到了一系列问题，这些问题使这个领域很难预测。

10 MHz 的频率对应的波长为 30 m，1 MHz 的频率对应的波长为 300 m。对于任何小卫星，天线尺寸相对于波长是非常有限的，角响应将会接近于各向同性。因此，大多数系统对通过电离层来的"低于"飞船的任何信号都会很敏感。对于用在早些年的低频射电天文学中的不同类型天线的描述，以及电离层对低频射电天文学的影响的讨论，可以在文献[59]中找到。

最早的一个进行低频观察的卫星是 $\alpha-\beta$ 卫星，在 1962 年 6 月发射，进入 75°倾角轨道，它的远地点为 270 km，近地点为 200 km。最后这些值比预期的要低一些，卫星在 15 天后也损坏了[58]。该系统的辐射计工作在 4.040 MHz 和 6.975 MHz 频率。对系统使用的天线只有少量信息，但发表的数据显示射电的电噪声电平变化很大，最大的在 7 MHz 对应 $T_b=10^{12}$K 的无线电噪声水平。在地面噪声水平最低时期的观察表明它可代表宇宙无线电噪声背景，在 7 MHz 时亮度温度是 $T_b=1.5^{+1.5}_{-0.5}\times10^6$ K。最大的背景水平清楚地说明了为什么动态范围对低频射电天文观测系统是关键。

另一个有趣的实验是由英国剑桥的卡文迪什实验室[60]在英国 2 号卫星上实现的。这个任务于 1964 年 3 月 27 日发射，进入 51.67°的倾斜轨道，近地点为 290 km，远地点为 1360 km。实验采用了一个扫频辐射计，其频率覆盖范围为 0.65～3.5 MHz，带宽为 20 kHz。全频率覆盖时间为 25 s。天线是偶极子有 40 m 长。该天线靠卫星自转的离心力保持展开，展开后的自转速率为 5.6 rpm。这个线状天线的展开依靠卫星赤道上的短臂，并由电机控制。转动惯量的变化用来降低卫星的旋转率。

等离子体的存在，如本例中，甚至会使一个简单的偶极子天线的特性复杂化[61]。这个实验的前置放大器被设计成具有很高的输入阻抗，因此它和天线之间总有一个阻抗不匹配。在 2.3 MHz 上工作的两个铁氧体环天线，也包括在内，用来在偶极天线不能展开时能提供一些数据。

低频卫星设计雄心剧增在无线电探测卫星 RAE-1[62]上是显而易见的，这是一颗在 1968 年 7 月 4 日发射的卫星。步进频率的辐射计覆盖 0.45～9.18 MHz，有 40 kHz 的带宽，它是主要的数据收集工具。在本实验中，除了遥测和等离子体实验用的天线外，还有两个 229 m 长的 V 形行波天线。大尺寸反映出了对达到比偶极天线角分辨率高一个量级的兴趣。

RAE-1 卫星的轨道几乎是圆形的，它位于 5850 km 的高度和 121°的倾角上。这是在一个很高的高度来降低电离层的影响，以及要求重力足够于用重力梯度稳定长天线臂之间的一个折中。在操作中，一个 V 指向地球，另一个 V 指向当地的天顶。在每个轨道上，该天线波束在这个天体的球面上扫描一个大圆，这个圆每天进动 0.52°。

RAE-1 采用两个背对背的 60°V 形天线，因此指向方向相反。每个 V 形腿被从顶向内切成它的 1/4 的长度并且有一个 600 Ω 的串联电阻插入。因此，在长度超过电阻等于 1/4 波长的频率上，天线以行波工作。这抑制了后向的辐射且前后比大于 10 dB。韦伯，亚历山大和 Stone[62]给出了这种天线的比例模型设计和测试的附加信息。天线的腿是用热处理的 0.005 cm 宽、5 cm 厚的铍铜合金做成的，并存储在一个线轴中。在发射以后，它们的电机结构展开，并且形成直径为 13 cm 的空心圆管。其着地注意了减小太阳加热管引起的热梯度。

RAE-1 产生太阳爆发数据以及有价值信息，从而区分出银河系内外对低频无线电辐射的贡献。甚至在高轨的 RAE-1 上发现从电离层来的噪声是很大，提示可以在未来的任务中从绕月球轨道可以屏蔽地球辐射。

1973 年 6 月 27 日发射的进入月球轨道的卫星 RAE-2[63]实现了这个目标。频率范围扩展到 25 kHz ~ 13 MHz。天线系统类似于 RAE-1 上的，但是 V 形天线的夹角为 35°。表 16.6（见文献[63]）给出了 RAE-2 V 形天线系统的关键参数。

低的 V 形天线在一段时间内只延伸到 183 m 的长度，但后来被完全伸展了。轨道距离月球表面 1100 km 的高度，这时月球引力提供天线指向的重力梯度稳定。更多的信息可以查阅亚历山大等人的文章[63]及其中的参考文献，包括一些天文结果。

表 16.6　229 m RAE-2 V 天线辐射特性总结

频率(MHz)	θ_E(°，前半球)	θ_H(°，前半球)	第一副瓣电平(dB)	前后比
9.18	37	61	-2	≈10
6.55	27	55	-4	≈15
3.93	80	63	-5	≈15
1.31	180	120	-12	≈15
0.87	220	160	—	≃15

Imp 6 射电天文实验[64]于 1972 年 3 月 13 日发射，进入到高度偏心的远地点为 206 000 km、近地点 354 km 的轨道。由于拖动效应在第十圈时轨道演变成近地点 1600 km 的轨道。卫星由自旋稳定，周期为 11.13 s，卫星自旋轴对齐黄道极的方向，用两个辐射计。第一辐射计在 30 kHz ~ 9.9 MHz 的频率范围内顺序采样 32 个离散频率，带宽为 10 kHz，且时间常数是6 ms。第二个辐射计覆盖 30 kHz ~ 4.9 MHz 的范围，带宽 3 kHz，40 ms 的积累时间。这两个辐射计覆盖整个频率范围的周期时间为 5 s。

Imp 6 实验利用一对 45.7 m 长指向平行黄道面（垂直于卫星自旋轴）的单极子天线，两根天线合成形成 91.4 m 长的偶极子。在自由空间，适合于天线的频率约为 1.6 MHz，显然这个偶极子不能完全在非常大的频率范围上匹配。这种尺寸的天线必须在发射后展开。莫西尔、凯泽和布朗[64]没有给出这是怎么做到的，但天线很可能是由离心力展开的带状天线。本文报告的观测是在电离层不同区域中产生的噪声，没有报告天文结果。

16.5.3　未来

从空间进行的低频射电天文观测受到非常低的角分辨率的限制，克服这个限制的明显方法是在空间使用干涉式天线阵列，人们开发了不同阵列的计划（见参考文献[65 ~ 67]，http://rsd-www.nrl.navy.mil/7213/weiler/lfraspce.html 有附加信息）。已经提出了在月球远侧布署一个干涉式低频阵列[68]，虽然工作在名义上高于地球的电离层截止频率的频率上，但对地球发射的射频的屏蔽具有非常重大的优势。

16.6　空间 VLBI

16.6.1　空间 VLBI 技术概述

无线电频率的干涉测量涉及成对天线输出的电压合成。输出之间的相位差产生的干涉图案是两个天线之间的基线投射到和源方向垂直的平面上的函数。有一系列基线的观测产生干涉图。它的坐标可以认为是以波长为单位表示的基线的分量，坐标通常表示为 u、v，在 u-v 平面内干涉图的傅里叶变换就是源的影像。

为形成空间 VLBI，在围绕地球的轨道中有一部天线被用来与分布在地球表面上的单个天线或许多天线一起工作。每一个涉及空间天线的基线，其振幅与空间天线增益的平方根成比例。由于空间天线通常远小于地面上的射电天文天线，结果是空间 VLBI 的关键参数是天线增益。由于部分受空间天线收集面积的限制，最容易用空间 VLBI 研究的是非热的源，即源的排放比那些热源或黑体的排放特性更加强烈。这些排放包括微波激射器和同步辐射源。这两个是最容易在适度频率(厘米波长或米波长)上观察的，因此对空间天线精度的要求比较适中，于是可展天线用于空间 VLBI 任务。

合成多个天线的信号和干涉图的傅里叶变换，大大降低了任何单个天线的功率方向图的旁瓣影响。这一点适用于空间的及基于地面的干涉仪天线。因此，通常的旁瓣电平和口径效率之间的折中偏重于最大限度地提高效率，即有效面积。极化在干涉测量中一般是一个重大的方面，因此几乎在所有的基于地面的干涉式天线系统中都使用双极化系统，但单极化系统用在 HALCA 空间 VLBI 卫星上(详见 16.6.2 节)。最后，由于干涉仪的目的是要收回小角尺度上的信息，通常所得到的图像中令人感兴趣的信息被限制在主波束的一小部分中，它们往往只是一个非常小的部分。因此，干涉仪天线(包括空间 VLBI)的成像能力不是一个重要的考虑因素，于是，馈电系统可以进行优化以最大化孔径效率，而无须考虑整体系统的视野。

16.6.2 HALCA

HALCA(通信和天体物理学高空实验室)卫星[69]由日本宇宙科学研究所(ISAS)和国家天文台(NAO)于 1997 年 2 月发射。HALCA 是 VLBI 空间观测计划(VSOP)轨道上的单元，它与地球上的射电望远镜阵列一起用来产生一个尺寸几倍于地球直径的合成孔径。飞船的轨道对地球赤道倾斜 31°，其远地点为 21 400 km，近地点为 560 km，轨道周期为 6.3 h。因此，和在地球表面大约 10 万 km 的基线相比，其最大基线约 20 万 km。已经实现了在波长为 6 cm(见下文)上的最大角分辨率 $\lambda/B \simeq 3 \times 10^{-9} = 0.6 \times 10^{-3}$ 弧秒(0.6 mas)[70]。人们期望高椭圆轨道，因为这意味着在一次观测期间可以得到大范围的基线。这种对 u-v 平面的抽样意味着得出的傅里叶变换是源强度分布的相对干净的表征。遍布在地球表面上的 5 个跟踪站在 32 MHz 的带宽中从航天器接收数据，之后，这些数据可以和基于地面同时观察相同源的多个天线的信号进行相关。

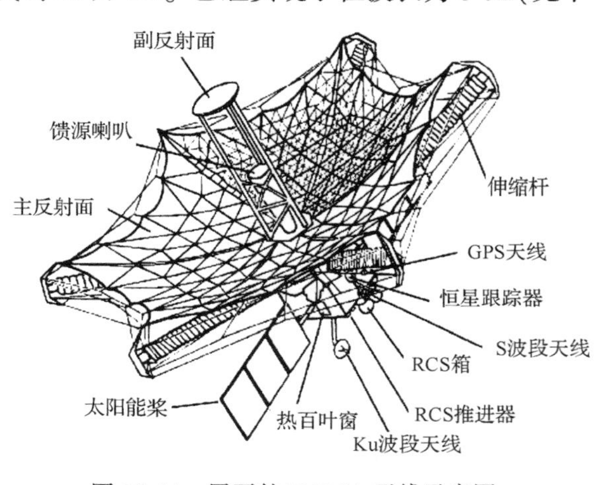

图 16.14 展开的 HALCA 天线示意图

HALCA 使用一个可展开六边形的网状天线，其最大直径为 10 m，开口面积为 50.1 m^2[71]，对应的有效直径为 8 m。图 16.14 示出了网状天线及其后面的航天器。其副反射面也是六角形的，装入一个 1.1 m 直径的圆内。该天线通过延伸 6 个径向定向的桅杆展开，这从图中可以看出。

馈源和接收机系统涵盖三个频带：L 波段(1.60 ~ 1.73 GHz)，C 波段(4.7 ~ 5.0 GHz)，Ka 波段(22.0 ~ 22.3 GHz)。由于干涉仪感兴趣的区域是非常小的，在所有频率上的波束必须共同对齐到一个方向，使得一个单一的馈源用在这个很宽的频率范围内。其中一个后果是每个波段只有一个单一的圆极化得到实现。在较低的两个波段，来自馈源的信号由同轴电缆送到环境温度低噪声放大器（LNA），而在 Ka 波段由波导送到 LNA。

表 16.7 中给出了一个在发射前的天线增益性能，改编自参考文献[69]。

HALCA 天线系统的设计和性能，必须是运载火箭施加的约束和指定频率范围之间的折中。特别是，引起的副反射面需要装在运载火箭整流罩内的有限尺寸低频外溢增加，两个较低频段的性能约在预期的 1 dB 之内，但是，在表 16.7 中可看到，Ka 波段的性能显著退化。发射振动产生的馈源和低噪声放大器之间的波导管损害被认为是最可能的解释。

HALCA 使用了超过五年，进行了大范围的射电天文观测，与地面天线和天线阵列一起产生了银河系外的射源图像。特别是亚毫角秒角分辨率的高红移类星体的成像深入洞察了这些非凡物体的核心和射流。然而，在更高的频率上人们期望更高的角分辨率和灵敏度，其他 VLBI 空间任务已开发到更高的工作频率、更大的天线和更大的轨道上。

表 16.7 发射前的 HALCA 增益性能

频率（GHz）	1.60	4.70	22.15
100% 的增益（dBi）	42.54	51.90	65.36
口径照射（dB）	-1.07	-1.55	3.62
溢出（dB）	-2.44	-0.85	-0.40
遮挡（dB）	a	a	a
表面粗糙度	a	a	a
枕头效应（dB）	0.00	-0.01	-0.27
重复性（dB）	0.00	-0.02	-0.34
丝网损失（dB）	-0.01	-0.01	-0.06
介电损耗（dB）	-0.01	-0.01	-0.08
馈源损失（dB）	-0.42	-0.70	-0.34
净天线增益（dBi）	38.59	48.75	60.25
在发射后的降解（dB）	0.94	1.06	24.2

a. 包含于孔径照射中。

16.6.3 射电天文（RadioAstron）任务

苏联和现在的俄罗斯在射电天文（RadioAstron）项目上已经发展了很长一段时间。随着时间的推移，它的使命也产生了很大演变，但一直缺乏对天线和任务参数能够提供全面信息的文章。这里介绍的信息来自卡尔达谢夫[72, 73]，更新的信息可以从射电天文网页 http://www.asc.rssi.ru/radioastron/得到。

预期射电天文项目在灵敏度和角分辨率上超过 HALCA，其轨道倾斜 51°，并有一个 189 000 公里的半长轴。近地点为 10 000 ~ 70 000 公里，远地点为 310 万 ~ 390 万公里，拥有 350 万公里的最大基线。平均轨道周期为 9.5 天，但由于月球的相互作用轨道会有所演变，最小的使用寿命预计为五年。射电天文任务的一些参数在表 16.8 中给出，单位 μas（10^{-6}弧秒）对应的角分辨率为 4.9×10^{-12}。

射电天文项目采用直径为 10 m 的圆形天线，天线由 27 个复合碳纤维面板形成，总 RMS 表面精度为 0.5 mm。$f/D = 0.43$ 抛物面由多频的主焦点馈源馈电，并且系统可以同时在两个不同的频率上或在单一频率的两个圆极化上观察。其最大带宽为 32 MHz，可以被处理并发送到地面站做记录并进行相关（correlation）。

表 16.8 射电天文任务的参数

波长(cm)	92	18	6.2	1.2～1.7
频率(GHz)	0.326	1.67	4.8	25～17.6
干涉仪角分辨率(μas)	540	106	37	7.1～10
天线效率	0.5	0.5	0.5	0.3

用于 RadioAstron 的射电天文天线的各部分是刚性的，所以展开方式和用于 HALCA 天线的有很多不同。在这里，支撑每个子瓣的径向管也由碳纤维制成，每个管的内端在约3 m 直径的圆上并可以旋转，从存放配置状态移动子瓣，存放状态中它们几乎是平行的，如图 16.15 所示嵌套在一起，展开后的结构如图 16.16 所示。2011 年 7 月 18 日 RadioAstron 成功发射。

图 16.15 射电天文天线在发射配置中，主反射面的子瓣围绕一个中心轮毂转动到几乎平行于天线对称轴。经N. Kardashev允许复制

图 16.16 射电天文天线展开的配置。航天器总线、太阳能电池和遥测天线在直径为10 m的主反射面下面。经N. Kardashev允许复制

很宽频率范围的发射源(连续源)，具有与频率无关的结构。可以合成不同频率的数据来提高干涉图像的质量。对于这样的源，这等效于用更大的基线范围填补了 u-v 平面。据预测，频率捷变的宽带接收机将使 RadioAstron 能利用这种技术。

16.7 总结

本章内容已覆盖空间射电天文学天线的跨度为6个数量级的频率，从兆赫到 1000 GHz 以上。仅仅出于这个原因，人们创建了各种各样的天线来进行测量。放在空间中的最低频率系统来避免地球电离层造成的空间截止频率使用了相对较低的方向性可展天线。今天，射电天文在兆赫频率范围内的兴趣集中在研究所谓“黑暗时代”——大爆炸之后的时期，但在第一代恒星形成之前，在此期间氢原子是中性的。人们已经提出一些太空任务，部署在月球表面上的大型天线阵列具有长期可能性。在厘米波段，主要研究领域一直是调查宇宙背景辐射——宇宙大爆炸后残留的红移形成的众所周知的3 K 黑体辐射。一系列太空任务提供了其强度和分布的细节。这项工作最初用的是馈源喇叭天线、有适度的角分辨率以及清楚定义的波束方向图。随着更高角分辨率需求增长，偏轴无遮挡天线系统已经成为标准，为了得到干净的方向图再一次最小化外来信号源引起的干扰。

在射频范围内较短波长部分，地球的大气层再次成为问题，主要是在毫米波和亚毫米波波长上水汽吸收变得明显。这里各种天线，对称的和偏轴的都已被使用。随波长的减小这些天线越来越像经典的光学望远镜设计，但增加了焦平面内接收机阵列来增加扩展的光源成像速率。由未来的太空无线电天文学任务可以预见天线会越来越大、越来越冷，从而增加灵敏度。

对遥远的无线源研究最重要的是角分辨率，而实现这一点要用一个在空间中的天线和在地面上使用一个或多个天线给干涉仪提供较大的基线。因此可获得比单独在地球上的天线可达到的分辨率更高的分辨率。对于这项工作，最重要的参数是天线增益，采用工作在厘米波长的相对常规对称天线。为了提供所需的收集信号面积，空间 VLBI 天线有可能会继续采用可展开反射面。

空间射电天文的任务和天线数量相对较少，但其中包括了所有不同的设计，它们对各种频率和科学实验进行了优化。未来对宇宙起源的研究、整个宇宙的时间内星系的演化和恒星的形成研究，无疑将对天线性能提出越来越高的要求，从而提供一个持续的对天线设计、分析和测试的推动。

参考文献

1. Wilson, R.W., Jefferts, K.B., and Penzias, A.A. (1970) Carbon monoxide in the Orion nebula. *Astrophysical Journal*, **161**, L43–L44.
2. Penzias, A.A. and Wilson, R.W. (1965) A measurement of excess antenna temperature at 4080 Mc/s. *Astrophysical Journal*, **142**, 419–421.
3. Fixsen, D.J. and Mather, J.C. (2002) Spectral results of the far-infrared absolute spectrophotometer instrument on COBE. *Astrophysical Journal*, **581**, 817–822.
4. Strukov, I.A., Skulachev, D.P., Boyarskii, M.N., and Tkachëv, A.N. (1987) A spacecraft determination of the dipole anisotropy in the microwave background. *Soviet Astronomy Letters*, **13**, 65–66.
5. Lineweaver, C. (1996) OT The CMB Dipole: The Most Recent Measurement and Some History. arXiv:astro-ph/9609034v1.
6. Klypin, A.A., Strukov, I.A., and Skulachev, D.P. (1992) The Relikt missions: results and prospects for detection of the microwave background anisotropy. *Monthly Notices of the Royal Astronomical Society*, **258**, 71–81.
7. Strukov, I.A., Bryukhanov, A.A., Skulachev, D.P., and Sazhin, M.V. (1992) Anisotropy of the microwave background radiation. *Soviet Astronomy Letters*, **18**, 153–156.
8. Strukov, I.A., Brukhanov, A.A., Skulachev, D.P., and Sazhin, M.V. (1992) The Relikt-I experiment – new results. *Monthly Notices of the Royal Astronomical Society*, **258**, 37P–40P.
9. Boggess, N.W., Mather, J.C., Weiss, R. *et al.* (1992) The COBE mission: its design and performance two years after launch. *Astrophysical Journal*, **397**, 420–429.
10. Mather, J.C., Fixsen, D.J., and Shafer, R.A. (1993) Design for the COBE Far Infrared Absolute Spectrophotometer (FIRAS), in *Infrared Spaceborne Remote Sensing*, SPIE Proceedings, vol. 2019, pp. 168–179.
11. Mather, J.C., Toral, M., and Hemmati, M. (1986) Heat trap with flare as multimode antenna. *Applied Optics*, **25**, 2826–2830.
12. Janssen, M.A., Gulkis, S., Bennett, C.L., and Kogut, A.J. (1993) Design and results of differential microwave radiometers (DMR) on COBE, in *Infrared Spaceborne Remote Sensing*, SPIE Proceedings, vol. 2019, pp. 211–221.
13. Janssen, M.A., Bednarczyk, S.M., Gulkis, S. *et al.* (1979) Pattern measurements of a low-sidelobe horn antenna. *IEEE Transactions on Antennas and Propagation*, **AP-28**, 759–763.
14. Toral, M.A., Ratliff, R.B., Lecha, M.C. *et al.* (1989) Measurements of very low sidelobe conical horn antennas. *IEEE Transactions on Antennas and Propagation*, **AP-37**, 171–176.
15. Bennett, C.L., Fixsen, D.J., Hinshaw, G.A. *et al.* (1994) Morphology of the interstellar cooling lines detected by COBE. *Astrophysical Journal*, **434**, 587–598.
16. Fixsen, D.J., Bennett, C.L., and Mather, J.C. (1999) COBE far infrared absolute spectrophotometer observations of galactic lines. *Astrophysical Journal*, **526**, 207–214.
17. Page, L., Jackson, C., Barnes, C. *et al.* (2003) The optical design and characterization of the Microwave Anisotropy Probe. *Astrophysical Journal*, **585**, 566–586.

18. Peiris, H.V., Komatsu, E., Verde, L. *et al.* (2003) First-year Wilkinson Microwave Anisotropy Probe (WMAP) observations: implications for inflation. *Astrophysical Journal Supplement*, **148**, 213–231.
19. Jarosik, N., Bennett, C.L., Dunkley, J. *et al.* (2002) Seven-Year Microwave Anisotropy Probe (WMAP) Sky Maps, Systematic Errors, and Basic Results. arXiv 2002.47744v1.
20. Galindo-Israel, V., Imbriale, W.A., and Mittra, R. (1987) On the theory and synthesis of single and dual offset shaped reflectors. *IEEE Transactions on Antennas and Propagation*, **AP-35**, 887–896.
21. Barnes, C., Limon, M., Page, L. *et al.* (2002) The MAP satellite feed horns. *Astrophysical Journal Supplement*, **143**, 565–576.
22. Jarosik, N., Bennett, C.L., Halpern, M. *et al.* (2003) Design, implementation, and testing of the MAP radiometers. *Astrophysical Journal Supplement*, **145**, 413–436.
23. Tauber, J.A., Mandolesi, M., Puget, J.-L. *et al.* (2011) Planck pre-launch status: the Planck mission. *Astronomy & Astrophysics*, **520**, A1.
24. Tauber, J.A., Norgaard-Nielsen, H.U., Ade, P.A.R. *et al.* (2010) Planck pre-launch status: the optical system. *Astronomy & Astrophysics*, **520**, A2.
25. Lamarre, J.-M. *et al.* (2010) Planck pre-launch status: the HFI instrument from specification to actual performance. *Astronomy & Astrophysics*, **520**, A9.
26. Bersanelli, M., Mandolesi, M., Butler, R.C. *et al.* (2010) Planck pre-launch status: design and description of the Low Frequency Instrument. *Astronomy & Astrophysics*, **520**, A4.
27. Leahy, J.P., Bersanelli, M., D'Arcangelo, O. *et al.* (2010) Planck pre-launch status: expected LFI polarisation capability. *Astronomy & Astrophysics*, **520**, A8.
28. Sandri, M., Villa, F., Bersanelli, M. *et al.* (2010) Planck pre-launch status: low frequency instrument optics. *Astronomy & Astrophysics*, **520**, A7.
29. Ade, P.A.R., Savini, G., Sudiwala, R. *et al.* (2010) Planck pre-launch status: the optical architecture of HFI. *Astronomy & Astrophysics*, **520**, A11.
30. Maffei, B., Noviello, F., Murphy, J.A. *et al.* (2010) Planck pre-launch status: HFI beam expectations from the optical optimisation of the focal plane. *Astronomy & Astrophysics*, **520**, A12.
31. Rosset, C., Tristram, M., Ponthieu, N. *et al.* (2010) Planck pre-launch status: high frequency instrument polarization calibration. *Astronomy & Astrophysics*, **520**, A13.
32. Bock, J.J., Chen, D., Mauskopf, P.D., and Lange, A.E. (1995) A novel bolometer for infrared and millimeter-wave astrophysics. *Space Science Reviews*, **74**, 229–235.
33. Holmes, W.A., Bock, J.J., Crill, B.P. *et al.* (2008) Initial test results on bolometers for the Planck high frequency instrument. *Applied Optics*, **47**, 5996–6008.
34. Goldsmith, P.F. and Langer, W.D. (1978) Molecular cooling and thermal balance of dense interstellar clouds. *Astrophysical Journal*, **222**, 881–895.
35. Melnick, G., Stauffer, J.R., Ashby, M.L.N. *et al.* (2000) The Submillimeter Wave Astronomy Satellite: science objectives and instrument description. *Astrophysical Journal*, **539**, L77–L85.
36. Erickson, N.R. and Tolls, V. (1997) Near-field measurements of the SWAS antenna. 20th ESTEC Antenna Workshop on Millimetre Wave Antenna Technology and Antenna Measurements, Noordwijk, The Netherlands, pp. 313–319.
37. Tolls, V., Melnick, G.J., Ashby, M.L.N. *et al.* (2004) Submillimeter Wave Astronomy Satellite performance on the ground and in orbit. *Astrophysical Journal Supplement*, **152**, 137–162.
38. Nordh, H.L., von Schéele, F., Frisk, U. *et al.* (2003) The Odin orbital observatory. *Astronomy & Astrophysics*, **402**, L21–L25.
39. Frisk, U., Hagstrom, M., Alal-Laurinaho, J. *et al.* (2003.) The Odin satellite I. Radiometer design and test. *Astronomy & Astrophysics*, **402**, L27–L34.
40. Ala-Laurinaho, J., Hirvonen, T., Piironen, P. *et al.* (2001) Measurement of the Odin telescope at 119GHz with a hologram-type CATR. *IEEE Transactions on Antennas and Propagation*, **49**, 1264–1270.
41. Pilbratt G.L., Riedinger, J.R., Passvogel, T. *et al.* (2010) Herschel space observatory. *Astronomy & Astrophysics*, **518**, L1.
42. Doyle, D., Pilbratt, G., and Tauber, J. (2009) The Herschel and Planck space telescopes. *Proceedings of the IEEE*, **97**, 1403–1411.
43. Poglitsch, A., Waelkens, C., Geis, N. *et al.* (2010) The photodetector array camera and spectrometer (PACS) on the Herschel space observatory. *Astronomy & Astrophysics*, **518**, L2.
44. Griffin, M.J., Abergel, A., Abreu, A. *et al.* (2010) The Herschel-SPIRE instrument and its in-flight performance. *Astronomy & Astrophysics*, **518**, L3.
45. de Graauw, Th., Whyborn, N., Helmich, F. *et al.* (2010) The Herschel-heterodyne instrument for the far-infrared (HIFI). *Astronomy & Astrophysics*, **518**, L6.

46. Jellema, W., Huisman, R., Candotti, M. *et al.* (2004) Comparison of near-field measurements and electromagnetic simulations of the focal plane unit of the heterodyne instrument for the far-infrared. Proceedings of the 5th International Conference on Space Optics (ICSO 2004), Toulouse, France, pp. 303–322.
47. Jellema, W., Jochemsen, M., Peacocke, T. *et al.* (2008) The HIFI focal plane beam characterization and alignment status. 19th International Symposium on Space Terahertz Technology, Groningen, The Netherlands, pp. 448–455.
48. Pilbratt, G.L. (2008) Herschel mission overview and key programmes. *Proceedings of the SPIE*, **7010**, 701002-1–701002-12.
49. Pilbratt, G.L. (2009) The promise of Herschel, in *Submillimeter Astrophysics and Technology: a Symposium Honoring Thomas G. Phillips*, vol. 417, ASP Conference Series (eds D.C. Lis, J.E. Vaillancourt, P.F. Goldsmith *et al.*), pp. 427–438.
50. Olberg, M. (2009) Beam observations towards Mars, HIFI ICC Technical Note Version 0.7 of 2010-06-09.
51. Wild, W. and Kardashev, N.S. (2009) Millimetron – a large Russian-European submillimeter space observatory. *Experimental Astronomy*, **23**, 221–244.
52. Kardashev, N.S., Khalimanovich, V.I., Shipilov, G.V. *et al.* (2010) A structural design of the space observatory MILLIMETRON and its deployable subsystems. Millimetron Workshop, Sicily, http://www.sron.rug.nl/millimetron/MillimetronWorkshopSicily2010.
53. Wild, W., Baryshev, A., de Graauw, T. *et al.* (2008) Instrumentation for Millimetron – a large space antenna for THz astronomy. 19th International Symposium on Space Terahertz Technology, Groningen, The Netherlands, pp. 186–191.
54. Goldsmith, P.F., Khayatian, B., Bradford, M. *et al.* (2006) Analysis of the optical design for the SAFIR telescope. *Proceedings of the SPIE*, **6265**, 62654A-1–62654A-13.
55. Lester, D., Benford, D., Blain, A. *et al.* (2004) The science case and mission concept for the Single Aperture Far-Infrared (SAFIR) Observatory. *Proceedings of the SPIE*, **5487**, 1507–1521.
56. Goldsmith, P.F., Bradford, C.M., Dragovan, M. *et al.* (2007) CALISTO: a cryogenic far-infrared/submillimeter observatory. *Proceedings of the SPIE*, **6687**, 66870P-1–66870P-13.
57. Goldsmith, P.F., Bradford, M., Dragovan, M. *et al.* (2008) CALISTO: the cryogenic aperture large infrared space telescope observatory. *Proceedings of the SPIE*, **7010**, 701020-1–701020-16.
58. Huguenin, G.R. and Papagiannis, M.D. (1965) Spaceborne observations of radio noise from 0.7 to 7.0 MHz and their dependence on the terrestrial environment. *Annual Review of Astronomy and Astrophysics*, **28**, 239–247.
59. Huguenin, G.R. (1963) Long-Wavelength Radio Astronomy in Space. PhD Thesis, Department of Astronomy, Harvard University. Also published as *Harvard College Observatory, Space Radio Project Publication No. 104*.
60. Harvey, C.C. (1965) Results from the UK-2 satellite. *Annual Review of Astronomy and Astrophysics*, **28**, 248–254.
61. Walsh, D. and Haddock, F.T. (1965) Antenna impedance in a plasma: problems relevant to radio astronomy measurements from space vehicles. *Annual Review of Astronomy and Astrophysics*, **28**, 605–613.
62. Weber, R.R., Alexander, J.K., and Stone, R.G. (1971) The radio astronomy explorer satellite, a low-frequency observatory. *Radio Science*, **6**, 1085–1097.
63. Alexander, J.K., Kaiser, M.L., Novaco, J.C. *et al.* (1975) Scientific instrumentation of the Radio-Astronomy-Explorer-2 satellite. *Astronomy & Astrophysics*, **40**, 365–371.
64. Mosier, S.R., Kaiser, M.L., and Brown, L.W. (1973) Observations of noise bands associated with the upper hybrid resonance by the Imp 6 radio astronomy experiment. *Journal of Geophysical Research*, **78**, 1673–1679.
65. Basart, J.P., Burns, J.O., Dennison, B.K. *et al.* (1997) Directions for space-based low-frequency radio astronomy 1. System considerations. *Radio Science*, **32**, 251–263.
66. Basart, J.P., Burns, J.O., Dennison, B.K. *et al.* (1997) Directions for space-based low-frequency radio astronomy 2. Telescopes. *Radio Science*, **32**, 265–276.
67. Jones, D.L., Weiler, K.W., Allen, R.J. *et al.* (1998) The astronomical low-frequency array (ALFA), in *IAU Colloquium 164: Radio Emission from Extragalactic Compact Sources*, vol. 144 (eds J.A. Zensus, G.B. Taylor, and J.M. Wrobel), ASP Conference Series, pp. 393–394.
68. Lazio, J., Carilli, C., Hewitt, J. *et al.* (2009) The lunar radio array (LRA). *Proceedings of the SPIE*, **7436**, 743601-1–743601-11.
69. Hanayama, E., Kuroda, S., Takano, T. *et al.* (2004) Characteristics of the large deployable antenna of the HALCA satellite in orbit. *IEEE Transactions on Antennas and Propagation*, **52**, 1777–1782.
70. Hirabayashi, H., Hirosawa, H., Kobayashi, H. *et al.* (1998) Overview and initial results of the very long baseline interferometry space observatory programme. *Science*, **281**, 1825–1829.
71. Takano, T., Miura, K., Natori, M. *et al.* (2004) Deployable antenna with 10 m maximum diameter for space use. *IEEE Transactions on Antennas and Propagation*, **52**, 2–11.
72. Kardashev, N.S. (1997) RadioAstron – a radio telescope much greater than the Earth. *Experimental Astronomy*, **7**, 329–343.
73. Kardashev, N.S. (2009) RadioAstron: a radio telescope many times the size of Earth. *Physics – Uspekhi*, **52**, 1127–1137.

第 17 章　深空应用天线

Paula R. Brown, Richard E. Hodges, Jacqueline C. Chen(作者均来自喷气推进实验室，美国)

17.1　引言

1959 年，苏联发射的月神一号没有进入预定的绕月轨道而进入绕日轨道，这标志着深空探索的开始[1]。经过半个世纪的发展，宇宙飞船已经探索了太阳系的每一个行星，以及许多彗星、小行星和太阳本身。航行者一号宇宙飞船现在是飞行得最远的人造物体，到写本书时为止，已经远离地球 170 亿公里了。而所有这些飞行器都是靠天线把它们的发现传送到地球的。

用于深空探测的天线各种各样，覆盖很多频段，分别应用于远程通信、辐射计、散射计、测高仪和雷达。天线类型从简单的偶极子天线到诸如卡西尼反射面天线一样的多频段、多种应用的复杂的天线。

深空应用天线必须存活和工作的极端环境对天线本身提出了独特的要求。宇宙飞船的子飞行器，诸如着落器和漫游车，在发射、返回、下降和着陆阶段会面临强机械振动、强声学干扰和高加速度等威胁。飞行器还可能遭遇很强的烟火冲击，这种烟火可能来自天线自身展开的结构或者来自临近的飞行器。另外，天线还可能经历极热、极冷、严重辐射环境，这跟飞行器的目的有关。如果天线是为进入行星的飞船而设计的，那么必须考虑到行星周围的气体和气压会跟地球大气有很大的不同。在行星表面工作的天线必须考虑大气压强和气体成分、极端温度周期性的变化和潜在的尘埃污染。

对于任何飞行器而言，质量和体积都是深空应用天线设计所必须考虑的重要因素。为了满足深空通信数据率要求而设计的天线可能是飞行器上最大的部件。图 17.1 展示了航行者号宇宙飞船的示意图，可以看到一个巨大的反射面天线很显著地矗立在飞船上面。质量和体积的要求会影响天线的大小，以及相应的数据传输率、天线材料、制造方法和是否需要展开机构。

图 17.1　航行者宇宙飞船的示意图

喷气推进实验室给出了本实验室为过去 NASA 发射任务所设计的天线的详细资料，结果发布在 *Spaceborne Antennas for Planetary Exploration*[3]。本章不是对文献[3]内容的重述，而是对两个设计案例进行了分析，这两个案例来源于 2011 年发射的 NASA 的两个任务。第一个案例是为火星科学实验室设计的一个漫游器，该漫游器配备了几个 X 波段和超高频段的通信天线，还有一个为着陆雷达而设计的一个 Ka 波段的天线。第二个案例是 Juno(朱诺)宇宙飞船，它配备了 X 波段和 Ka 波段的通信天线，以及 5 个工作频率从 600 MHz 到 22 GHz 的天线，它们都是微波辐射计的一部分。

17.2　远程通信天线

从地球到深空的远程通信需要具有规定增益和带宽的高效率天线。飞行器通常会携带具有不同增益的多个天线以满足发射任务不同阶段和工作场景的需求。飞行器发射之后，立即需要一个低增益-宽波束的天线来降低地面基站和飞行器的接收功率要求，还可以避免天线之间精确的对准要求。随着飞行器远离地球，通信天线切换到中等增益或高增益的天线。另外，低增益天线在中等或高增益天线不能准确对准地球基站天线的场景下仍旧是有用的，比如飞行器进行机动时，或者飞行器的方向未知或者可能飞船的方向错误这种异常情况时。深空通信所使用的频段受到国际频谱分配的限制，表 17.1[4] 给出了预留的频段。

在火星宇宙飞船上，最新设计的着陆器和漫游器都配置了超高频上行链路与在轨卫星，比如火星侦察轨道器和火星快车[5]进行上行通信。超高频火星通信频段如表 17.2 所示[4]，火星的在轨卫星与地球基站的通信所用的标准深空频率频段如表 17.1 所示。这种中继方案使数据传送速率比直接的火星表面到地球的通信数据率要高。着陆器和漫游器上的和在轨卫星通信的小天线同样可以提供高数据率，因为它们之间的距离比较近。而火星在轨卫星需要大得多的天线才能提供与地球通信的高数据率。

表 17.1　深空通信工作频段

频段	从地球到深空(上行)频率	从深空到地球(下行)频率
S 波段	2110 ~ 2120 MHz	2290 ~ 2300 MHz
X 波段	7145 ~ 7190 MHz	8400 ~ 8450 MHz
Ka 波段	34.2 ~ 34.7 GHz	31.8 ~ 32.3 GHz

表 17.2　火星超高频通信频段

波段标记	从地面到轨道通信频率	从轨道到地面通信频率
超高频(UHF)	390 ~ 405 MHz	435 ~ 450 MHz

17.3　案例 I——火星科学实验室

17.3.1　任务描述

火星科学实验室的主要目标是研究火星现在或者满足生命存在所需要的条件[7]。该实验室将发射一个大约 900 kg 重的漫游器，大小和一个运动型多功能汽车差不多[8]。漫游器将使用一套复杂的仪器对土壤和岩石成分进行分析。安装在漫游器上的摄像头将记录火星上的地貌结构，以及对岩石和土壤的特写。辐射检测器将用来对辐射危害性程度进行评估，以判断过去是否存在过生物，并为未来的人类探索进行准备。漫游器还将携带一个复杂的气象站来每天提供火星的天气报告。

这次发射的宇宙飞船将经历四个不同阶段到达火星，并将渡过一个火星年[9]。第一个阶段是发射阶段，大约持续一个地球日。这个阶段将使用一个低增益的 X 波段天线来适应从飞行器和地面基站之间很宽的观察角度。第二个阶段是巡游阶段，该阶段将使用中低增益的 X 波段天线与地面进行通信。巡游阶段结束后，将经过再入、下降和着落阶段(EDL 阶段)，这个时候飞行器将使用特高频天线与火星的在轨卫星进行通信，同时使用低增益 X 波段天线直接与地球进行通信。另外，EDL 阶段还要使用一个着陆雷达系统，该系统采用了一个包含六个 Ka 波段的缝隙天线阵。最后一个阶段是漫游器在火星表面的操作，主要使用特高频建立与火星侦察轨道器的近距通信，这是火星奥德赛号(Mars Odyssey)的主通信链路，另外使用既有高增益又有低增益的多个天线建立与地球的辅助双向通信线路。

图 17.2 给出了宇宙飞船的分解图，示出了当飞船处于存放状态时的主要组件。图 17.3 ~ 图 17.6 给出了天线在各个主要组件上的位置。

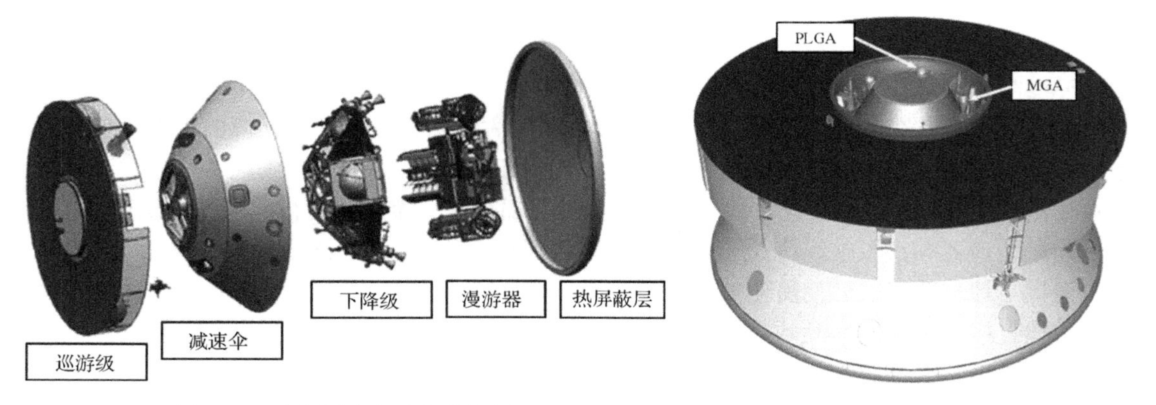

图 17.2 火星号宇宙飞船分解图

图 17.3 火星号宇宙飞船巡游阶段配置图。伞状的低增益天线(PLGA)和中增益天线(MCA)在巡游阶段工作

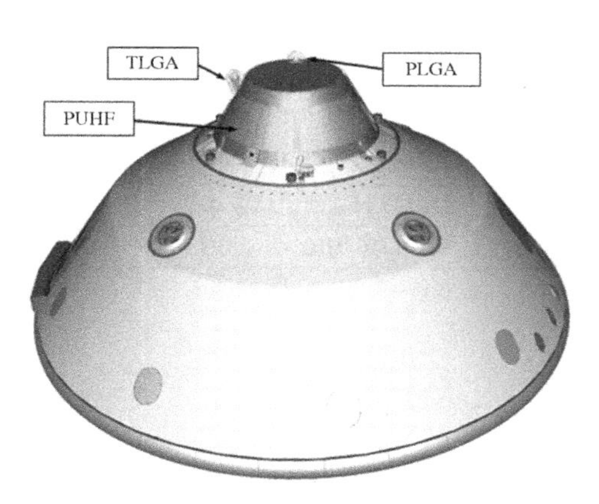

图 17.4 减速阶段宇宙飞船结构图伞状低增益天线(PLGA)、翘起状的低增益天线(TLGA)，以及伞锥状的超高频天线(PUHF)在再入和下降阶段使用

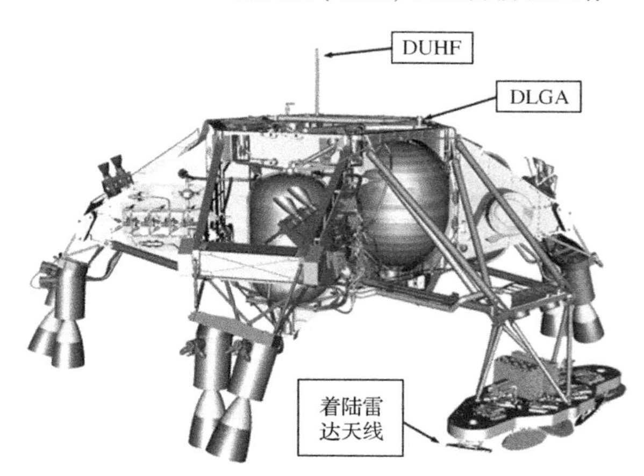

图 17.5 火星号宇宙飞船下降阶段配置图。使用了下降低增益天线(DIGA)、下降阶段 UHF 天线和着陆雷达天线

17.3.2 火星号飞船 X 波段天线

火星号飞船搭载 6 个 X 波段的天线，列在表 17.3 内。PLGA、TLGA 和 RLGA 采用同样的新的天线设计，但是适用于不同的空间飞船。MGA 天线所采用的设计曾经在 NASA 的火星探索巡游号(Mars Exploration Rover, MER)宇宙飞船上使用过，但分离接头设计是新的。HGA 天

线是由欧洲宇航防务集团研发的，但万向机构转包给了 Sener，西班牙政府对此进行了资助[11]。所有的 X 波段天线都是圆极化的。

图 17.6　处于组装阶段的飞船巡游器。高增益天线(HGA)、巡游器低增益天线(RLGA)和巡游器超高频天线(RUHF)在巡游阶段工作

表 17.3　火星号飞船 X 波段天线

天线名称	简称	天线类型	任务阶段
中增益天线	MGA	圆锥喇叭	巡游阶段
伞锥低增益天线	PLGA	带寄生偶极子的扼流喇叭	发射，巡游，再入-下降-着陆
翘起低增益天线	TLGA	带寄生偶极子的扼流喇叭	再入-下降-着陆
漫游器低增益天线	RLGA	带寄生偶极子的扼流喇叭	火星表面操作阶段
下降低增益天线	DLGA	扼流喇叭	再入-下降-着陆
高增益天线	HGA	带万向节的微带贴片阵列	火星表面操作阶段

17.3.2.1　中增益天线(MGA)

如图 17.7 所示，MGA 是个简单的圆锥形喇叭，在输入波导中加了一对隔膜进行阻抗匹配。该天线的增益是 19 dBi，如此高的方向性足以使飞船对辐射方向图的干扰效应被忽略。MGA 天线设计的挑战在于，喇叭处于飞船的巡游级上，而极化器位于再入级上。设计必须在连接喇叭和极化器的圆波导中安装分离接头。为了能够承受发射负载，接头处需要允许天线两个部分有 ±4 mm 的错位和 0.5°的角度失准分离接头。结合的表面使用由聚四氟乙烯浸渍的涂层进行处理来降低巡游级分离时各部分的摩擦力。一个用热保护材料制作的塞子置于极化器上面的圆波导，以防止在进入火星大气层时热气进入圆波导。

隔板极化器、热保护塞子和球形接头总共测量的插损在正常位置小于 0.3 dB，在 ±4 mm 的错位时变化小于 0.24 dB。MGA 天线和分离接头在真空中测试到的峰值功率达到 340 W 而没有击穿发生。

17.3.2.2　伞锥低增益天线(PLGA)

下行频带要求在 80°的半角波束宽度内天线增益大于 0 dBic，上行频带要求增益大于 -0.5 dBic，以及在 85°的半角波束宽度内上/下行频带的增益都要求大于 -1.0 dBic，这些要求促使了对 PLGA 的设计选择。一个带寄生偶极子扼流喇叭天线[12]被建模和优化来达到所需要的波束宽度，设计出来的天线制作成本低，能够轻易安装在飞船的各种地方，设计采用微波计算机仿真技术。

图 17.8 展示了一个 PLGA 天线，测量的天线方向图如图 17.9 所示。测量的增益在离视线方向 80°处比计算的略低，但是已经足够满足项目的需要。该天线已经成功通过真空中 340W 的电子倍增和电离测试实验，以及 12 托压强火星环境模拟实验。

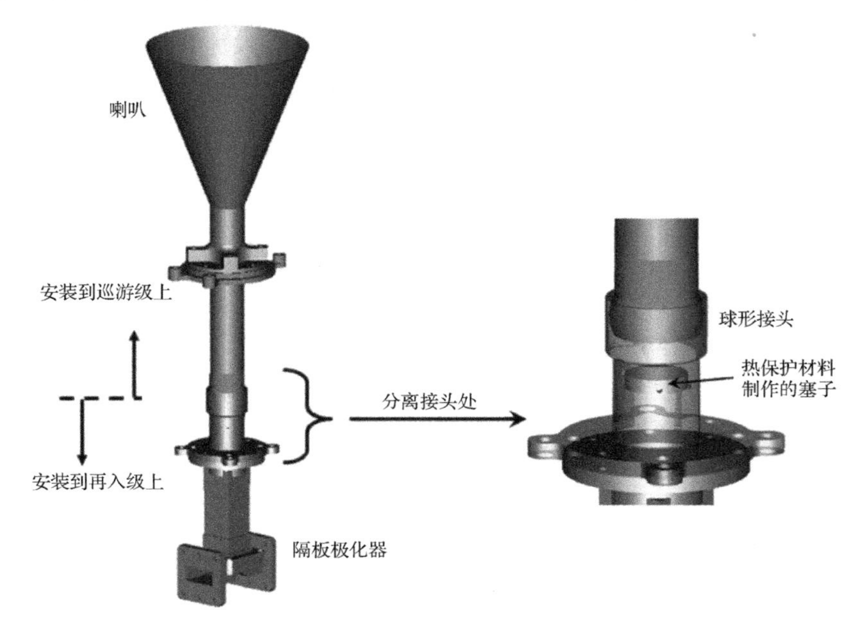

图 17.7 火星号飞船的中增益天线

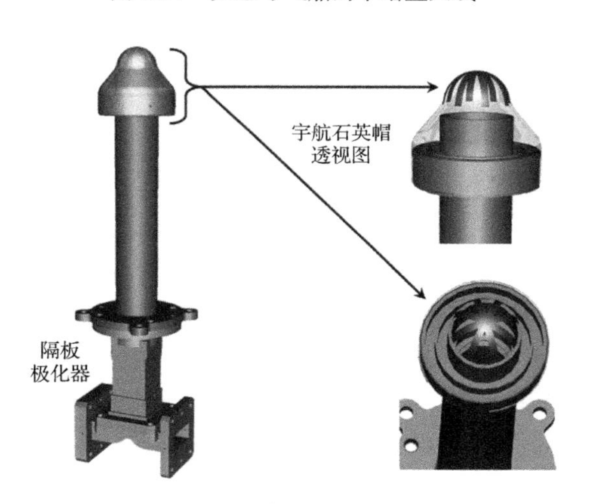

图 17.8 伞状低增益天线

为了能够在扼流喇叭口径上悬挂偶极子，人们制作了一个氰酸酯/宇航石英复合材料的薄帽子，并通过真空沉积镀上铜偶极子。帽子通过在底部小孔里注入黏合剂而固定在扼流喇叭上。

PLGA 天线在巡游阶段工作在发射和接收两个模式，而在再入-下降-着陆阶段只工作在发射模式。直到再入-下降-着陆阶段，伞状天线展开之前 PLGA 天线被一个天线罩覆盖，该天线罩用来在再入火星阶段保护天线。天线罩包括一个用氰酸酯/宇航石英复合材料制作的薄底壳，以及一个用 Acusil II 制作的更厚的保护层，Acusil II 是来自 ITT 的热保护材料。热保护层的厚度是基于再入阶段空间环境热力学分析数据设计的[13]. 热保护材料的介电常数和损耗角正切被测出分别是 1.35 和 0.012。对天线方向图的测量显示保护层的影响小，但仍可觉察到。

由于 PLGA 天线具有很宽的波束，飞船结构的散射就比较严重。人们建造了再入飞行器顶部和巡游级的全尺寸实物模型以用于天线方向图测量。测量实验针对几种配置情况，包括再入飞行器和巡游级一起，只有再入飞行器和伞状圆锥盖展开之前，以及伞状圆锥展开之后。8.4 GHz 频段的测量结果如图 17.10 和图 17.11 所示。飞行器散射的负面影响如图 17.10(b) 和图 17.11(a)所示。对没有盖子的配置，没有刻意采取措施去矫正畸变的方向图，因为在这个阶段返回的数据对于任务不是特别重要。而且 X 频段将是再入阶段特高频链路的一个备份，对巡游级配置 X 波段将是主要的链路，那时飞行器将绕天线视线旋转，视线以外 20°～60° 的深零值将带来严重的问题，对此需要一个解决方案。使用 Ticra GRASP 模型进行分析，零点产生的原因被确认为飞行器结构上的两个圆锥产生的双反射。该问题可以通过安装射频吸波材料在发射飞行器的结合处解决。在图 17.12 中，这些吸收材料跟其他薄的共形射频吸收材料一样是轻型的，安装过程与应用在整个飞行器中的多层绝缘材料相似。

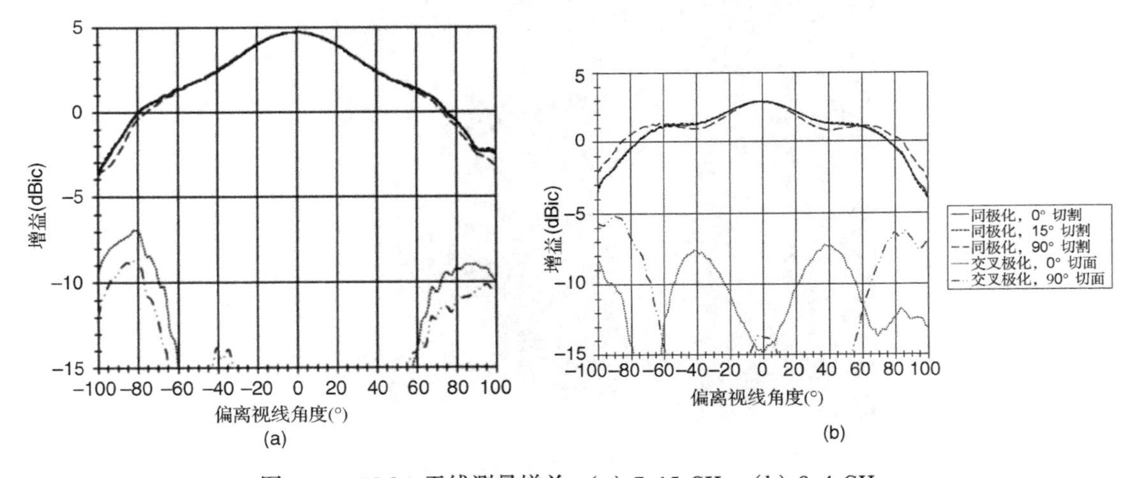

图 17.9　PLGA 天线测量增益。(a) 7.15 GHz；(b) 8.4 GHz

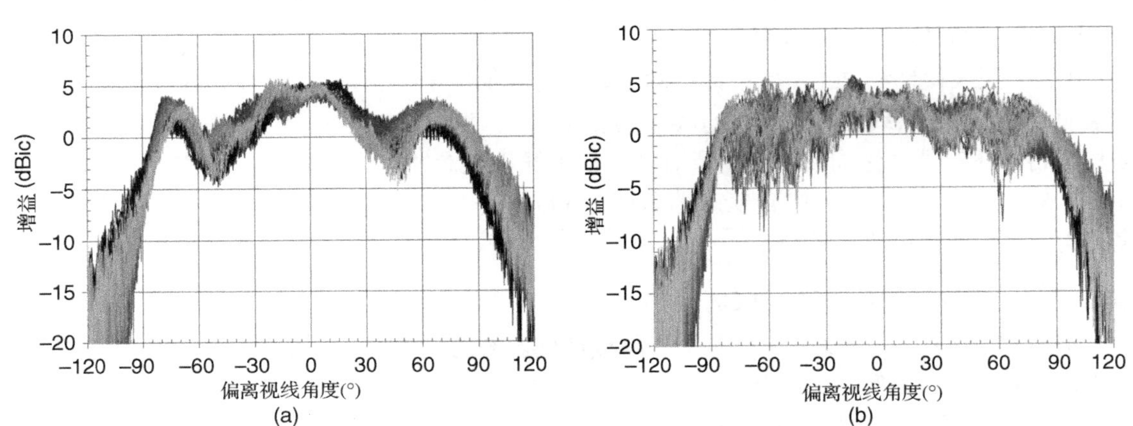

图 17.10　PLGA 天线有壳体配置时 8.4 GHz 的方向图(远场测量；多 ϕ 剖面图重叠)。(a)有盖子；(b)无盖子

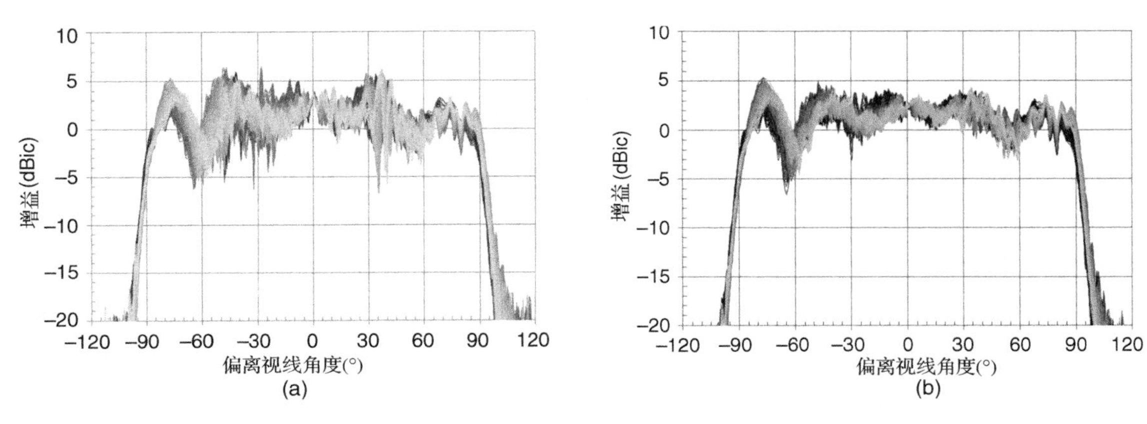

图 17.11 巡游配置 PLGA 天线在 8.4 GHz 的方向图(近场测量；多 ϕ 剖面重叠)。(a)没有RF吸波材料覆盖；(b)装上了RF吸波材料覆盖

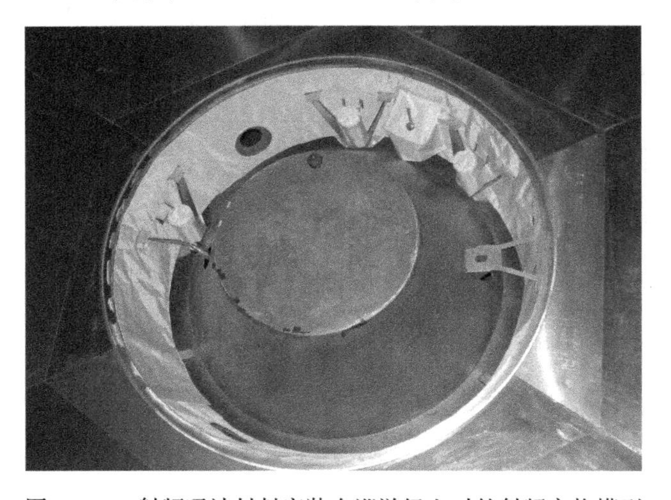

图 17.12 射频吸波材料安装在巡游级上时的射频实物模型

17.3.2.3 倾斜低增益天线(TLGA)

TLGA 天线设计和 PLGA 的设计一样，差别在于圆波导长度的不同，这是为了适应不同的安装目的。TLGA 天线偏离再入飞行器旋转轴 17.5°，并使它在再入-下降-着落阶段能跟引导阶段和再入飞行器的法向反速度向量对齐。在引导再入时速度向量将会在标称速度向量附近有 ±2.5°的变化。TLGA 天线到地球的角度与 PLGA 天线到地球的角度相比有个固定的偏离角，这样将使通信链路比较稳定。

17.3.2.4 下降低增益天线(DLGA)

如图 17.13 所示，DLGA 天线是个有隔板极化器的扼流喇叭。设计中加了一个热保护材料制作的孔径塞子，以保护天线和下面的波导路径在地面组装和测试时受到碎片进入的影响。和孔径塞子宽度一样的膜片被用来提高匹配，塞子通过在底部下小孔径加入黏合剂来固定在喇叭上。另外还进行了 GRASP 分析，该分析包括了下降级的主要结构部分。分析表明结构的散射增加了天线方向图上的波纹，但并不至于严重影响天线的性能。

17.3.2.5　漫游器低增益天线(RLGA)

如图 17.14 所示，FLGA 天线的基本设计和 PLGA、TLGA 天线一样的，但是圆波导部分更短。一个短金属板盖住了隔板偏光适配器上的一个波导口，这是因为只有右旋圆极化是需要的。工作环境要求 RLGA 天线能够满足 6000 g_{rms}的需求，温度覆盖为 -135 ~90℃，以及 2010 个热生命周期。下降阶段的脐带式管缆对 EDL 最后阶段的天线方向图产生影响的概率很低。为了验证该设计能够抵抗复杂的环境、随机振动、准平稳负载以及功率摇摆的影响，人们设计并制造了一个 RLGA 标准单元用于测试。测试过程中，通过视觉观察、回波损耗测量以及天线方向图测量都没发现天线有什么变化。

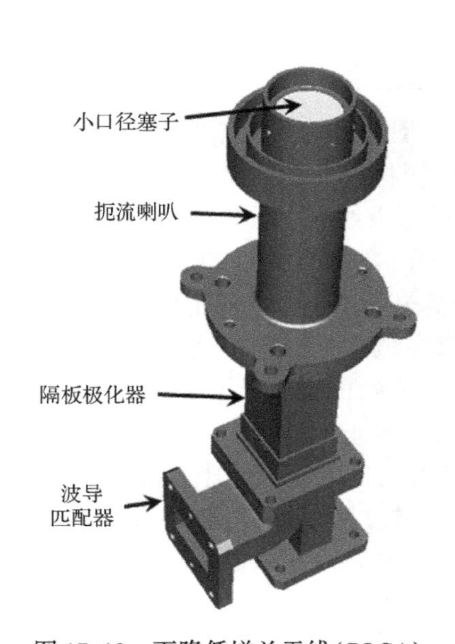

图 17.13　下降低增益天线(DLGA)

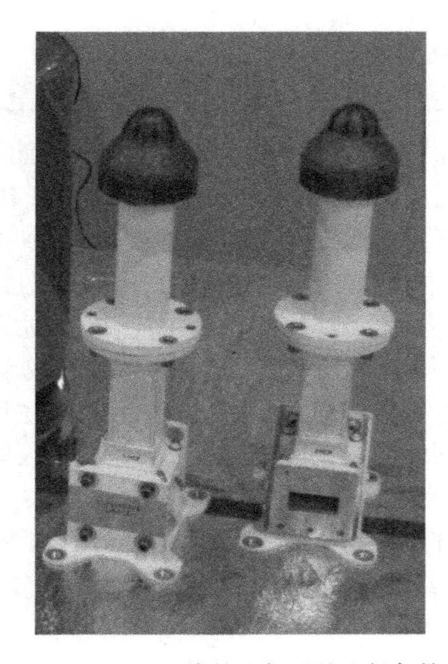

图 17.14　RLGA 天线的飞行以及飞行备份配置

17.3.2.6　漫游器高增益天线(HGA)

如图 17.15 所示，HGA 天线是个包含 48 个单元的微带贴片单元阵列，位于一个两轴的万向节上，直接指向地球。天线在上行频段的增益大约为 22 dBi，下行频段的增益大约为 23 dBi。由于天线是高度方向性的，所以方向图不会因为飞行器结构的相互作用而发生恶化。

图 17.15　HGA 天线组件

17.3.3　火星号超高频天线

火星号宇宙飞船搭载三个超高频天线，如表 17.4 所示。伞锥超高频天线是曾经用在 NASA 凤凰号发射任务中所使用天线的改进版。下降超高频天线和漫游器超高频天线都是新设计的产品，下文将给出三种天线的设计细节。

17.3.3.1　伞锥超高频天线(PUHF)

PUHF 天线是在 EDL 阶段中使用的第一个超高频天线，工作时间从漫游级分离到动力下降阶段开始。弧形天线是由 Haigh-Farr 公司设计和制造的，它是喷气推进实验室的子承包商。该天线是个圆锥微带贴片阵列，包括八个贴片，被安装在再入飞行器降落的伞锥上，如图 17.4 所示。该天线的方向图接近全向，需要这样的方向图是因为火星卫星在 EDL 阶段相对于火星号飞船的位置是未知的，直到该飞船发动才会知道。该天线是右旋圆极化的，每一个贴片都发射右旋圆极化波。和 EDL 阶段工作的其他天线一样，这个天线只工作在发射模式，要求最大的耐功率能力是 15 W。

表 17.4 火星号超高频天线

天线名称	简称	天线类型	工作阶段
伞锥超高频天线	PUHF	圆锥微带贴片阵列	再入-下降-着陆阶段
下降超高频天线	DUHF	偶极子天线	再入-下降-着陆阶段
漫游器超高频天线	RUHF	四臂螺旋天线	再入-下降-着陆阶段和地表工作阶段

选择天线的驱动性要求是：全向方向图，能够被小型化封装或者与再入飞行器共形，可以承受很高的工作温度。天线被一层 ITT Acusil II 热保护材料所覆盖，以承受再入时的极高温度，但是这时天线表面的温度还是能够达到 200℃。弧形天线有一层热保护膜，该膜已经被集成到天线设计中，可以使天线工作在很高的温度下。图 17.16 示出了有热保护和没有热保护情况下伞锥的区别。可以看出，PUHF 天线非常薄以至于可以和圆锥表面共形。

在实际再入飞行器上测试天线所面临的成本和潜在危险是难以承受的，所以火星号飞船通过程序[14]进行验证。该程序成功地运用在凤凰号任务的天线上，由 Lockheed Martin 和 Haigh-Farr 共同完成。在设计阶段，天线在再入器上和伞锥上的天线方向图都进行了计算。天线和再入器的 1/5 尺寸的实物模型被制造出来，缩尺天线在同比例缩小尺寸的再入飞行器和伞形圆锥上进行了测量，然后和计算得到的结果进行比较。天线方向图和 1/5 尺寸模型测量和计算出来的结果非常相似，所以可以认为 1/5 尺寸的天线方向图是准确的，如图 17.17 所示。

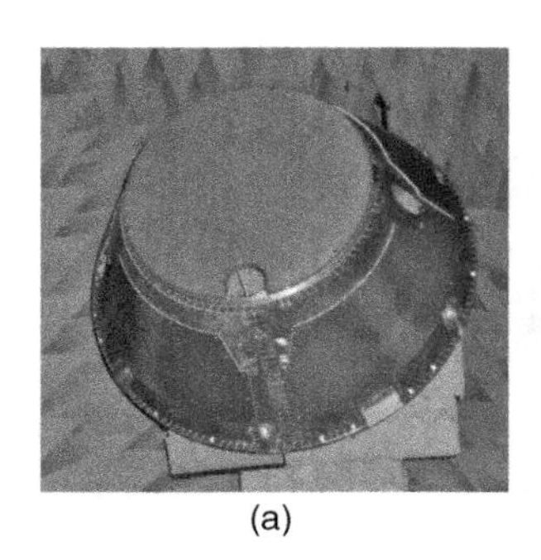
(a)

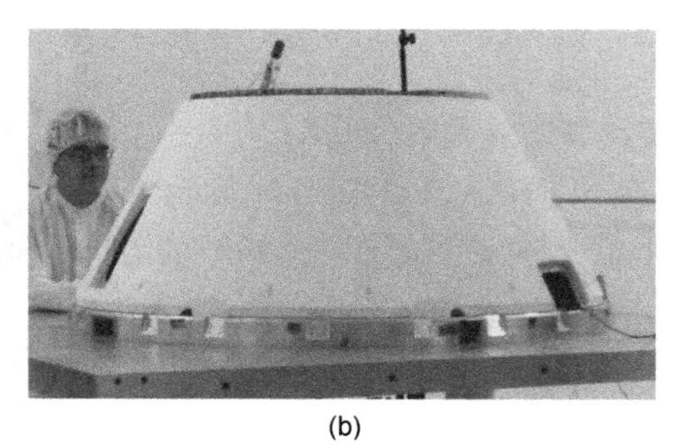
(b)

图 17.16 伞锥在热保护材料涂层添加之前和之后的对比

17.3.3.2 下降超高频天线（DUHF 天线）

当外壳脱离飞船之后大约 40 s，漫游器与下降级分开之前，DUHF 天线需要在下降级 z 轴 30°～100°的区域进行覆盖。图 17.18 展示了相对于下降级所需要覆盖的区域。在有限空间里可安装的天线可以是贴片、接地面上的单极子、可展开的偶极子，以及不可展开的偶极子等天线类型，它们需要能够在偏离下降飞行器 z 轴 100°的范围内提供足够的增益。尽管贴片最容易安装，却不能在偏离下降飞行器 z 轴较大角度上提供必要的覆盖。偶极子和单极子天线的主要缺点是其辐射的是线极化波，而需要的是圆极化波，优点是很容易满足安装要求。对于增益的要求不是特别严格，所以 3 dB 的极化失配损失还是可以接受的。单极子和偶极子在飞行器散射影响下的方向图通过使用 WIPL-D 矩量法分析软件进行了计算。两种天线在所想要覆盖的区域都有零值存在，偶极子的零点离下降飞行器 z 轴的角度小于 45°，而单极子的零点偏离角度在 75° ~ 100°之间，这跟单极子的位置有关。主要覆盖区域角度在 60° ~ 90°之间，这正是火星卫星最可能出现的位置，所以偶极子天线是最好的选择。

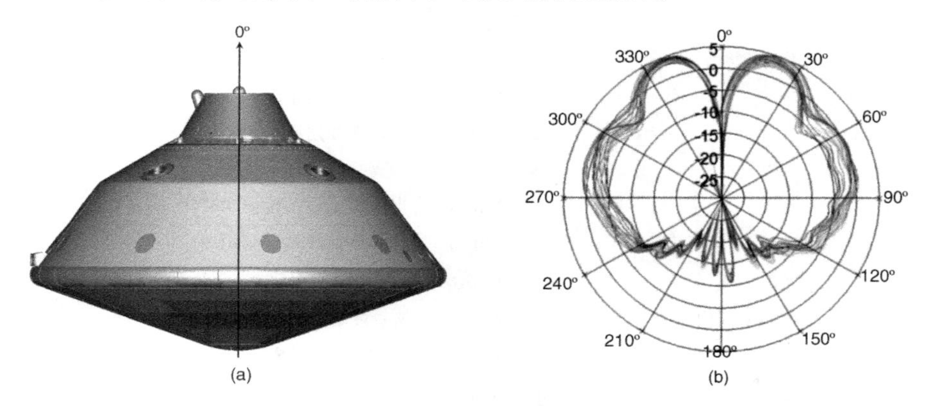

图 17.17　1/5 尺寸模型的测量增益(dBi)。(a)坐标系统参考；(b)多个 ϕ 平面切割测量结果的叠加

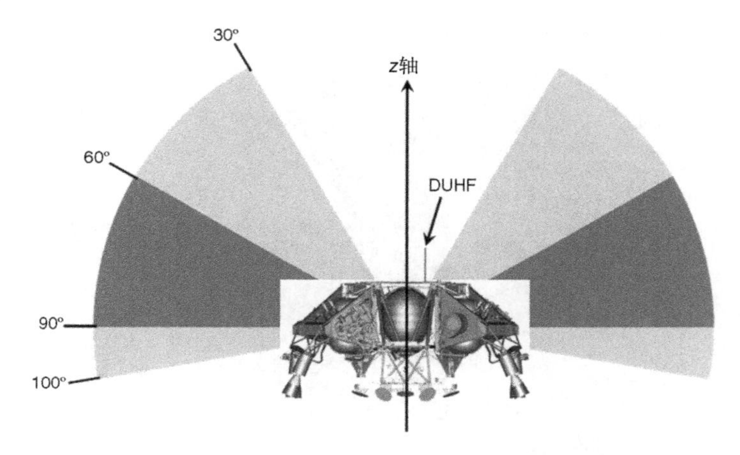

17.18　DUHF 天线所需要的角度覆盖区域。浅灰色部分标示所需要覆盖的区域，深色区域是优先区域

17.3.3.3　漫游器超高频天线(RUHF)

在漫游阶段，RUHF 是主要的远程通信天线。RUHF 天线的主要驱动性要求如表 17.5 所示。

四臂螺旋式天线被选择来设计，因为它可以提供必要的覆盖，在规定的覆盖区域内具有较满意的轴比，而且它还不需要接地面，前后比也挺好，另外在有限的空间里存放性比较强。辐射器用的是平的带状导线以增加比细线更宽的带宽(见图 17.19)。3 dB 混合器用来适当地定相同轴馈线。镀锗的黑色聚酰亚胺盖子用来防止来自外部的静电积累以及外部的热控制的热光特性。

为了在支撑带状导线的同时保持天线轻量化，制作了一个薄的宇航石英复合物。辐射器由敷铜聚酰亚胺薄膜腐蚀而成，然后固定在宇航石英复合物上。一个短的铜箔条被焊接在聚酰亚胺薄膜片上的连接点上来把从顶到底的辐射器拼接到圆柱边上。圆柱顶部增加了一个宇航石英帽来保护辐射器馈电点的走线。天线组件的最终质量，包括铝座和混合耦合器在内，一共是0.55 kg。该设计成功地通过了各种环境测试，包括真空中和火星大气模拟环境中60 W的高功率工作。

表17.5 RUHF天线的关键驱动性要求

要求	值
发射频段	395 ~ 406 MHz
接收频段	434 ~ 440 MHz
极化特性	右旋圆极化
发射增益	>1.0 dBic，当偏离视线角度<45°时
	> -1.0 dBic，当偏离视线角度<70°时
	>3.0 dBic，当偏离视线角度<80°时
接收增益	>0.0 dBic，当偏离视线角度<45°时
	> -2.0 dBic，当偏离视线角度<70°时
	> -4.0 dBic，当偏离视线角度<80°时
回波损耗	< -10 dB
耐功率能力	工作时功率15 W；最高测试功率60 W
温度范围	-135 ~ +90℃(包括测试边缘)
随机振动	超过7.9 g_{rms}(包括测试余量)
烟火冲击	6000 g
热生命周期测试	2010个热循环(包括测试边缘)

(a)

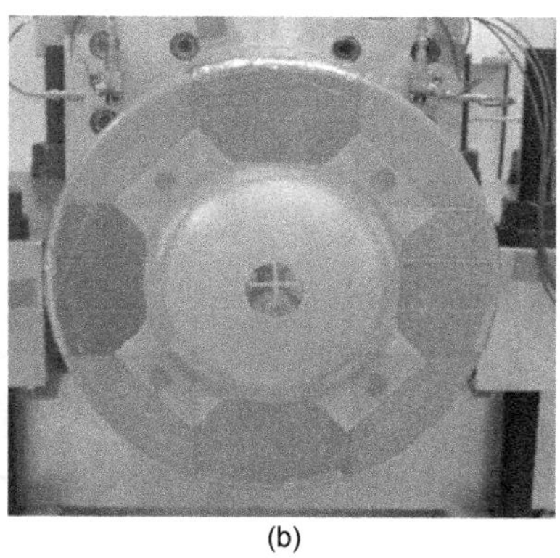

(b)

图17.19 漫游器超高频天线(有漫游器固定架，但没有静电放电装置/热保护壳)

17.3.4 火星号终端下降传感器(着落雷达)

EDL阶段最关键的部分是最终的着陆阶段，即把火星号漫游器降落在火星表面。为了能够成功进行机动，高度和速度都需要被精确知道。火星号终端下降传感器是个Ka波段的雷达，该雷达在下降阶段提供关键的信息(见图17.5)。天线是该系统的一个关键部分。

如图17.20所示，TDS系统使用了一组6个独自的天线，指向不同的方向以进行高度和速度的测量。表17.6列举了每个天线设计的主要指标。一个铜焊的铝波导缝隙阵列提供了最好的技术手段来满足这些要求。然而，在该工程开始时，Ka波段缝隙阵列没有过飞行的经历，因此成为一项研究的领域(见文献[15，16])，即便如此，EMS科技组还是成功地开发出了缝隙阵列来满足所有对天线的要求(见图17.21)。

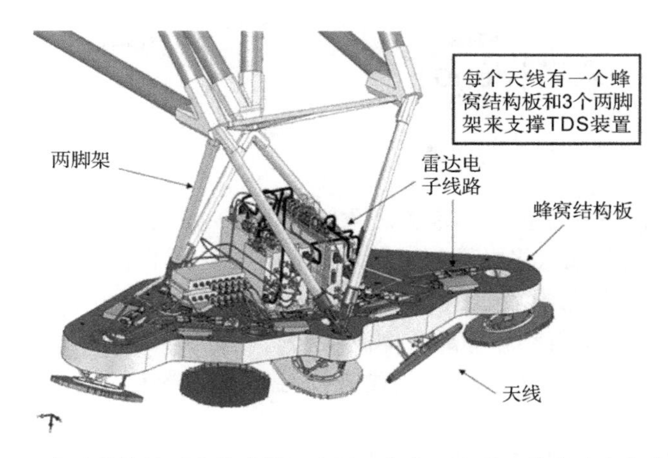

图 17.20　火星号终端下降传感器组合图。指向天底的天线从这个角度看不见

表 17.6　火星号飞船 TDS 天线——主要设计要求

要求	参数值
中心频率	35.75 GHz
带宽	250 MHz
极化特性	线极化
峰值增益	>34.77 dBi
最高旁瓣电平	< -24 dB(与方向图峰值比较)
平均旁瓣电平	< -30 dB(与方向图峰值比较)
电压驻波比	<1.5:1
标称温度范围	-45 ~ +70℃
质量	344 g
体积直径	22 cm, 4 cm 深

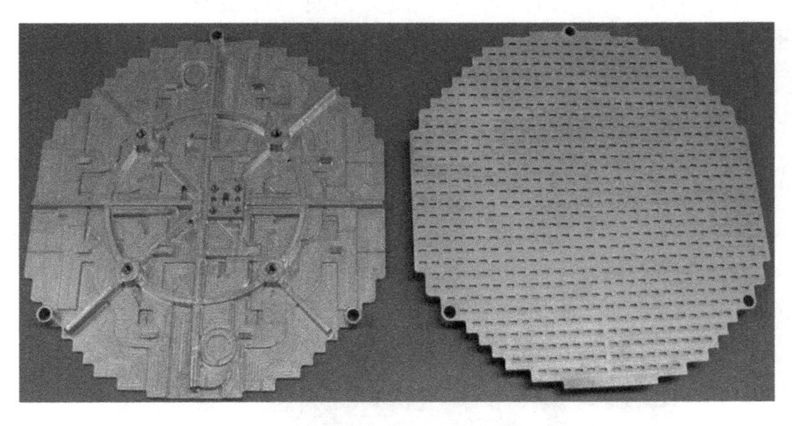

图 17.21　火星号 TDS 波导缝隙阵列

除了各个天线之外，天线的组装、排列和波束指向度量都是对 TDS 来说极其重要的因素。使用 JPL 圆柱近场天线试验场完成了这些工作。使用垂直和水平两种指向来获得对所有观察角的完整的天线方向图的测量结果。激光跟踪系统提供精确的机械对准信息来表征电磁视线和机械视线的关系。

17.4 案例 II——朱诺(Juno)

17.4.1 朱诺飞船任务描述

朱诺号宇宙飞船任务的主要目标是提高我们对木星内部结构的认识程度，以分析这个行星是如何形成的[17]。这些知识将提供关于太阳系的形成及其早期演化过程的基础性理解。测量的主要仪器是一个六波段的微波辐射计。朱诺号飞船还包括一个矢量磁力计，一个等离子体和能量粒子检测器，一个射频和等离子体波动实验装置，一个紫外分光谱/成像器，以及一个引力/射频科学研究系统。这些测量装置将描绘出木星的重力场、磁场和大气成分的分布图。

朱诺号飞船发射于2011年8月5日，是自旋的太阳能供电的飞行器(见图17.22)。经过5年的巡航阶段，包括以获得地球重力的辅助飞行阶段，该飞船将于2016年到达木星，开始为期一年的任务。该飞船将在木星的高椭圆轨道运行，以近距离观察这颗巨大的行星的大气，而又最小化暴露在本星的强辐射带内。朱诺号将通过完成32个11天长的运行周期，对整个木星表面进行采样分析。

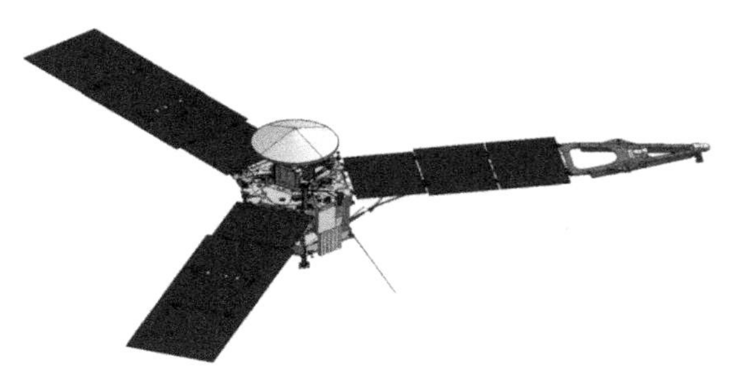

图17.22 朱诺号宇宙飞船展示图

朱诺号飞船的测量仪器和通信装置使用了各种各样的天线(见图17.23)，这次任务对这些天线还提出了一些独特的要求。首先，阿特拉斯发射火箭给出一个有高度发射振动的环境，这就对JPL的任务提出了很高的耐振动指标要求。在6年的飞行时间里，朱诺号上面的天线经历的温度为 -150 ~ +120℃。最后，尽管已经努力使飞行器减少遇到辐射带，天线还是会遭遇到强烈的电子轰击，从而排除了使用普通的介电材料。本小节的描述是为了在这些环境条件下满足电磁性能要求所采取的工程方法。

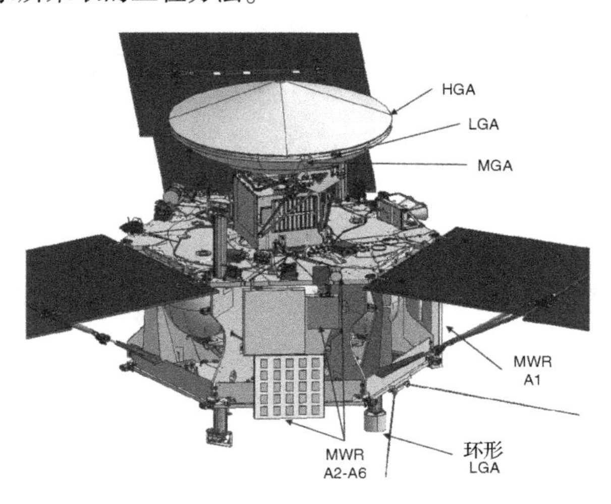

图17.23 朱诺号飞行器上的远程通信和测量天线

17.4.2 远程通信天线

朱诺号飞船的一组通信天线提供到地球的关键通信链路，用于飞行器命令、控制并将科学负载发射回地球。这些天线包括一个高增益天线(HGA)、一个低增益天线(LGA)、一个中增益天线(MGA)和一个独特的圆环形低增益天线(TLGA)。由于 LGA 和 MGA 天线和之前描述的火星号飞船天线非常相似，所以下面主要关注 HGA 和 TLGA 型天线。

17.4.2.1 HGA 天线

图 17.24 所示的朱诺号 HGA 天线是个直径为 2.5 m 的反射面天线，可以支持 X 波段和 Ka 波段的工作。轴对称的抛物线天线和飞行器自转轴对齐，以提供飞船旋转时连续的高数据率的通信。格里高利天线被选择，而不是更传统的卡塞格伦天线，这主要是为了在有限的可用空间里最大化总的效率。必须拓宽 Ka 波段的波束宽度来适应飞行器高度控制系统的限制。JPL 通过一项独特的表面成型技术很好地实现了这个目标。反射面孔径被一个镀锗的聚酰亚胺薄膜罩子所覆盖，以最小化复合反射面直接受到太阳照射，从而提高天线系统的热特性。表 17.7 归纳了朱诺号飞船 HGA 天线的主要特性。

(a)

(b)

(c)

图 17.24 在 JPL 平面近场测试场内的朱诺号 2.5 m 的 HGA 天线。反射面的机械设计和制造由ATK公司完成。Custom微波公司完成了馈电部分的机械设计与制造。(a)没有热保护罩的HGA天线；(b)HGA天线后视图；(c)加装热保护罩的HGA天线

表 17.7 朱诺 HGA 天线性能

要求	值
发射频段	X：8.38 ~ 8.43 GHz；Ka：32.055 ~ 32.110 GHz
接收频段	X：7.135 ~ 7.175 GHz；Ka：34.335 ~ 34.395 GHz
极化特性	圆极化
发射增益(覆盖区域边缘)	X 波段：>43.0 dBic(±0.25°离瞄准线)
	Ka 波段：>41.5 dBic(±0.25°离瞄准线)
接收增益(覆盖区域边缘)	X 波段：>41.5 dBic(±0.25°离瞄准线)
	Ka-波段：>38.5 dBic(±0.25°离瞄准线)
回波损耗	>20 dB
耐功率容量	X：25 W 连续波工作；带裕量测试 100 W
	Ka：2.5 W 连续波工作；带裕量测试 10 W
温度范围	-170 ~ 150℃(测试范围)
随机振动	超过：10.4 g_{rms}(包括测试裕量)
	馈源：34.7g_{rms}(包括测试裕量)
HGA 总质量	21.6 kg(包括反射面部分、馈源和罩子)

17.4.2.2 TLGA 天线

朱诺飞船在巡游过程中不断地自转，这要求 LGA 天线具有环形的方向图以保持连续的通信。这可通过一个双锥形天线来实现，如图 17.25 所示。天线由同轴的传输线进行对称反馈，天线使用波纹表面来满足俯仰角波束宽度的要求。一个圆柱形的多层曲折线极化器用来完成线极化到圆极化的转换。极化器使用宇航石英/聚酰亚胺构造方法，这和铝制的双锥形天线相符合。使用锗聚酰亚胺的热保护毯提供热保护控制。表 17.8 归纳了朱诺 TLGA 天线的主要特性。

图 17.25　朱诺圆环状增益天线(TLGA)。(a)没有极化器的 TLGA 天线；(b)有极化器的 TLGA 天线

表 17.8　JUNO TLGA 天线性能

要求	值
发射频段	8.38 - 8.43 GHz
接收频段	7.135 ~ 7.175 GHz
极化特性	圆极化
发射增益	>6.0 dBic
发射增益(覆盖区域边缘)	>2.7 dBic min(±10.0°离瞄准线)
接收增益	>4.5 dBic
接收增益(覆盖区域边缘)	>2.3 dBic min(±10.0°离瞄准线)
回波损耗	>20 dB
耐功率容量	25 W 连续波工作；带裕量测试 100 W
温度范围	-150 ~ +120℃(测试范围)
随机振动	超过：11.4 g_{rms}(包括测试裕量)
质量	<2.0 kg

17.4.3 朱诺微波辐射仪天线

朱诺微波辐射仪(MWR)用来测量木星大气中水和氨的成分。使用 6 个波长在 1.3 ~ 50 cm 之间的微波用来对不同深度进行探测。MWR 系统包含 6 个线极化的天线，只用于接收。每个天线只工作在 6 个频段中的一个，6 个频段的中心频率分布是 0.6 GHz，1.25 GHz，2.6 GHz，5.2 GHz，10 GHz 和 22 GHz，分别称为 A1 ~ A6 频段。天线被安装在六边形飞行器的两边，如图 17.26 所示。A1 天线工作在 600 MHz，占据了六边形的一个整边，直接安装在飞行器上。A2 ~ A5 天线安装在六边形的另一面上，其中 A5 和 A6 占据了上面的甲板区域。A1 ~ A4 天线用同轴电缆连接到接收机，A5 ~ A6 通过矩形波导连接到接收机。

所有的朱诺 MWR 天线都需要高的孔径效率，质量小，平均旁瓣电平低，能承受高辐射，能在振动强烈和温度变化范围大的条件下生存。比如，MWR 天线温度测试范围为 -150℃ ~

120℃，飞行样机振动试验达到 40.6g_{rms}。由于需要覆盖较大的频率范围，因此使用不同类型的天线来满足这个要求。这包括两个贴片天线，其频段分别为 600 MHz 和 1.25 GHz，三个波导缝隙阵列天线，其频段分别为 2.6 GHz、5.2 GHz 和 10.0 GHz，还有一个 22 GHz 的波纹喇叭天线。以下小节将分别介绍这些天线的设计。

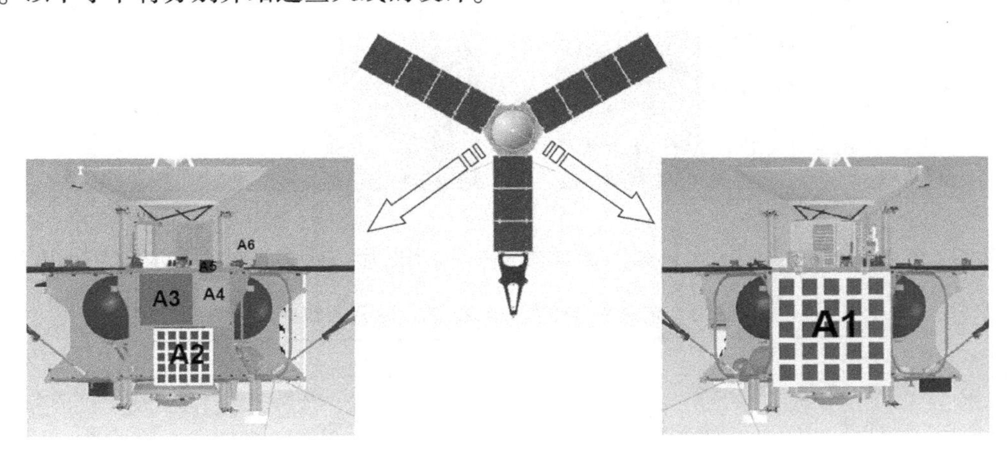

图 17.26　朱诺飞船上的 MWR A1 ~ A6 天线

17.4.3.1　贴片天线

朱诺飞船上两个最低频段(600 MHz 和 1250 MHz)的天线设计最具有挑战性，这是由于体积限制和低旁瓣电平要求[18~20]所致。从天线方向图的观点看，贴片阵列非常适合这种应用。然而，标准的微带贴片阵列在这个场景下应用需要克服几个缺点。通常情况下，贴片阵列都是使用照相平印术印刷在薄介质基片上的，并使用带状线馈电结构。这些介电材料会引入难以承受的射频损失，即导致很低的天线效率，并且本质上难以抵御木星的辐射环境。为了解决这个问题，JPL 实验室开发了全金属贴片辐射单元，并结合使用空气带状线馈电网络，该馈电网络用二氧化硅同轴电缆和天线单元连接[21]。这种构造满足了所有的电气要求，并且被证明非常高效，结构轻巧，抗辐照能力强。

图 17.27 示出了 600 MHz 频段的朱诺贴片阵列。两个低频天线(标记为 A1 和 A2)的主要特性归纳在表 17.9 中。这两个天线包括一个 5 ×5 的方形格子阵列，单元间距为 0.6 波长。为了简化反馈网络，使用了一个可分离孔径分布，它使用 6 个一样的五路功分器，6 个功分器被排列成一个分支拓扑结构中。为了满足旁瓣电平要求，分别在方位面和垂直面使用一个 30 dB 的泰勒分布。这个空气带状线功分网络对于整个天线带来的总的插损小于 1.2 dB，包括贴片辐射器[22]。

辐射单元由一个“金属贴片”构成，如图 17.28 所示。贴片的大小大约为 0.5 ×0.25 波长，高度为 0.05 波长。矩形单元由一个直径为 0.1 波长的中心轴所支撑。该单元由一个同轴探针馈电，产生的是线极化波。该设计能够实现的阻抗带宽在阵列环境下能够超过 8%，带来的平均回波损耗为 15 dB，这可能是因为介电材料的去除所导致的。每个贴片都是由单块铝加工出来的。中心轴是中空的，以减小整体质量，还可以提供一个方便的位置用来把贴片拴在接地面上。探针通过一个滑动连接器连接到贴片上，该连接器不容易受到随机振动损毁，而且使贴片在需要被替换时可以被移去。

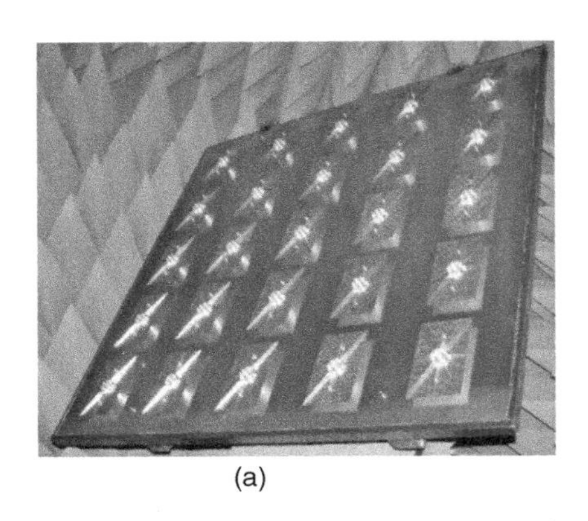
(a)

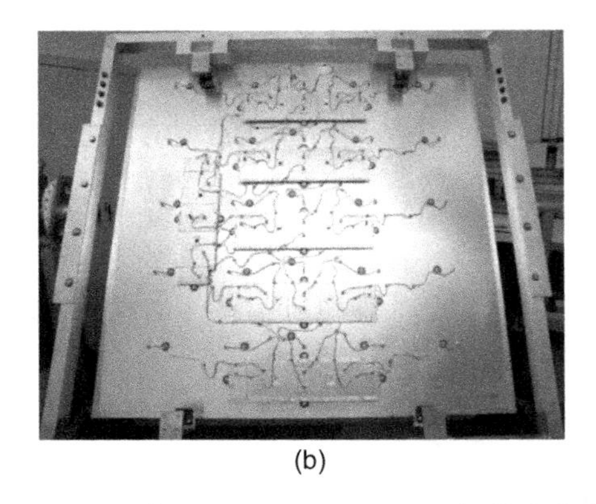
(b)

图 17.27 朱诺 MWR A1 微带贴片阵列。(a)前视图——金属贴片；(b)后视图——空气带状线功分器

表 17.9 朱诺 MWR A1 和 A2 贴片阵列天线要求

要求	A1	A2
中心频率	600 MHz	1200 MHz
带宽	4.5%	4.5%
极化特性	线极化	线极化
增益(仅作参考)	>19.0 dBi	>19.0 dBi
损耗	<1.65 dB	<1.75 dB
3 dB 波束宽度	<22°	<22°
平均损耗	>15 dB	>15 dB
最大回波损耗	10 dB	10 dB
温度覆盖范围	-135℃ ~120℃	-135℃ ~120℃
随机振动	$40.6g_{rms}$	$23.5g_{rms}$
质量(真实值)	13.83kg	4.89kg
体积(真实值)	$160\times160\times13.2\ cm^3$	$76.8\times76.8\times9.8\ cm^3$

图 17.28 朱诺号 MWR 金属贴片辐射器照片

朱诺贴片阵列满足所有的性能要求。图 17.29 展示了朱诺号 A1 和 A2 天线在 0°、45°和 90°地面的测量方向图和计算方向图。值得注意的是，金属贴片导致 E 平面方向图有点小小的斜视，对于 A1 型号有 0.5°，A2 型号有 0.25°。这主要是由于不对称的馈电布置导致的。表 17.10 给出了 A1 天线的平均旁瓣电平性能(A2 是类似的)。总的来说，测量得到的方向图和预测的基本一致。带有探针馈电的单个贴片被证明非常坚固，通过了 z 轴 $40g_{rms}$ 和 x 轴、y 轴 $20g_{rms}$ 的振动试验。A1 和 A2 天线组件还成功通过了声压试验。另外，这两个天线还通过了温度从 -135℃变化到 +120℃的热真空试验。

表 17.10　朱诺号 A1 天线平均旁瓣电平性能

角度范围	要求	计算值(HFSS)	近场测量
25°~32°	≤-24	-27.3	-27.8
32°~40°	≤-28	-32.3	-32.6
40°~70°	≤-35	-37.9	-37.9
70°~100°	≤-43	-44.9	-45.3
90°~150°	≤-44	-44.6	-45.3
150°~180°	≤-40	-41.0	-42.3

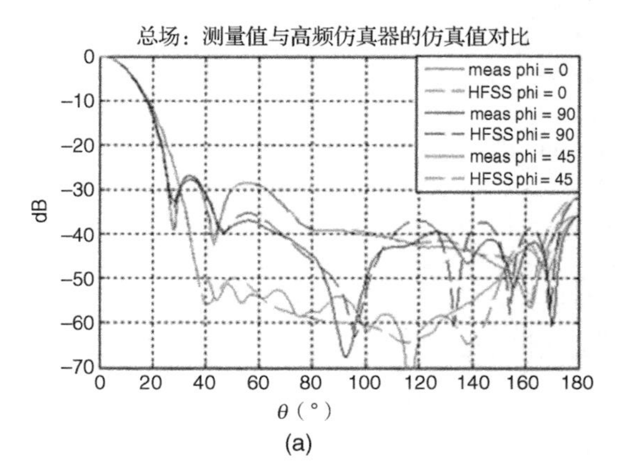

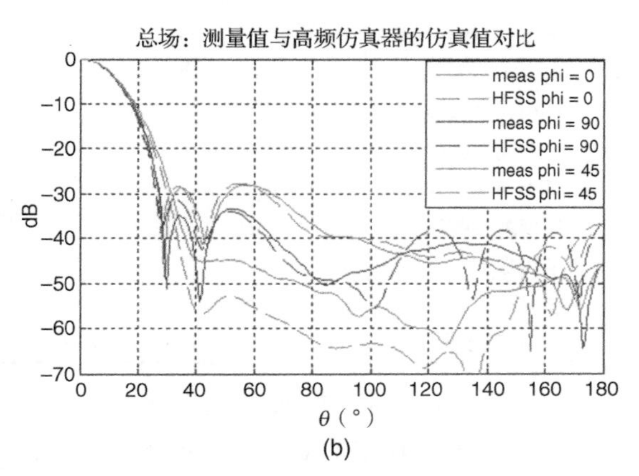

图 17.29　朱诺号 MWR 微带贴片阵列计算和测量方向图。(a) A1，600 MHz 天线；(b) A2，1200 MHz

17.4.3.2　波导缝隙阵列

朱诺号飞船上 3 个中间频段的天线分别工作在 2.6 GHz、5.2 GHz 和 10.0 GHz，这 3 个天线设计的主要挑战在于实现低积分旁瓣电平，而同时又要承受高振动、极端温度和强辐射环境。铜焊的铝制波导缝隙阵列非常适合这种应用场景[23, 24]。图 17.30 展示了工作频率为 10 GHz 的朱诺波导缝隙阵列，这 3 个天线基本上是与一个天线设计成比例的缩放。这些天线(包括 A3、A4 和 A5)的标称性能要求如表 17.11 所示。

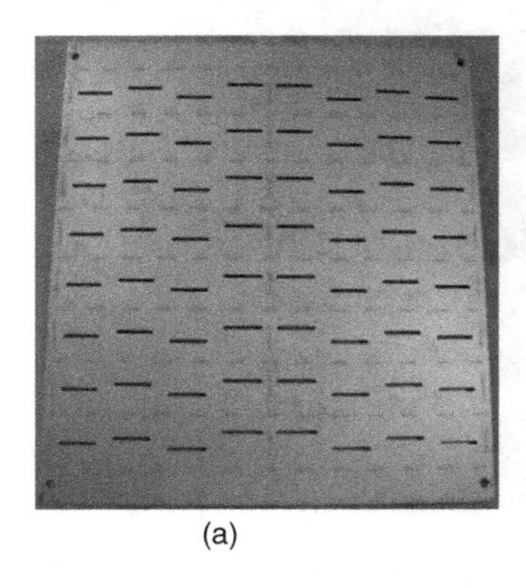

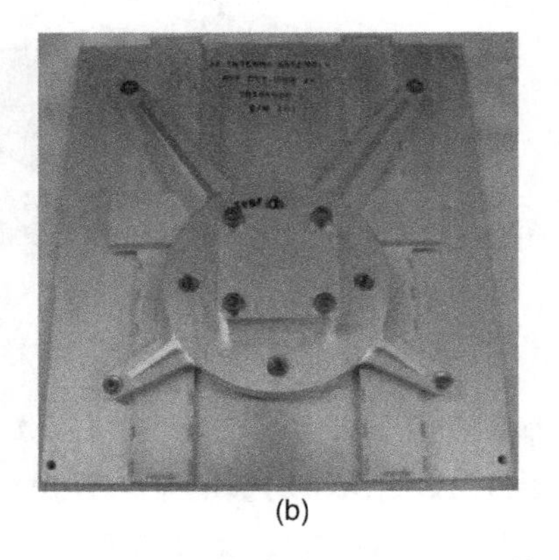

图 17.30　朱诺 MWR A5 波导缝隙阵列。(a)前视图——并联辐射槽；(b)后视图——馈电和支撑结构

每个天线都是纵向并联缝隙阵列，包括 8×8 个单元，单元间距为 0.71 个波长。用一个 35 dB，$\bar{n}=4$ 可分离的泰勒分布来实现所需要的旁瓣性能要求。分流槽行通过标准系列的缝隙驻波馈电，如图 17.31 所示，同时通过一个 H 平面分支来连接对称的两个阵列半部。这种

天线的一个独特之处是在天线的中心线下面使用了镜像对称偏置图案。这种设置分离了两个缝隙的周期性，这是为了分散开经常出现在缝隙阵列主平面之间的平面内的蝶形波瓣。该特性使得在其他方面标准的缝隙阵列结构也能满足旁瓣电平要求。

表 17.11 朱诺缝隙阵列天线要求

要求	A3	A4	A5
中心频率	2.6 GHz	5.2 GHz	10.0 GHz
带宽	4%	4%	4%
极化特性	线极化	线极化	线极化
增益(只作参考)	>23.0 dBi	>23.0 dBi	>23.0 dBi
损耗	<0.65 dB	<0.75 dB	<0.85 dB
3 dB 波束宽度	<22°	<22°	<22°
平均回波损耗	>15 dB	>15 dB	>15 dB
最大回波损耗	10 dB	10 dB	10 dB
温度覆盖范围	-150 ~ +120℃	-150 ~ +120℃	-150 ~ +120℃
随机振动	$21.1g_{rms}$	$21.1g_{rms}$	$11.9g_{rms}$
质量(真实值)	7.25 kg	1.46 kg	0.51 kg
体积(真实值)	$77.1\times67.3\times8.9\ cm^3$	$38.6\times34.0\times5.7\ cm^3$	$20.1\times17.9\times4.4\ cm^3$

一些早已确立的方法被用来设计这些天线[23]。艾略特互耦法用来调整阵列环境下缝隙的共振频率。矩量法和有限元法用来分析辐射方向图性能。为了验证天线能否满足旁瓣电平要求，对阵列进行了蒙特卡洛仿真，来考虑建模误差和制造过程中的系统性和随机误差。公差和误差分析显示出对于平均旁瓣电平有充足的裕量，而回波损耗带宽的裕量并不大。为了解决这个问题，设计中增加了一个选项，即在天线制作后在输入口增加匹配膜片。该独特选项可以调整 A3 天线的回波损耗，使平均值从 15.7 dB 提高到 17.7 dB。

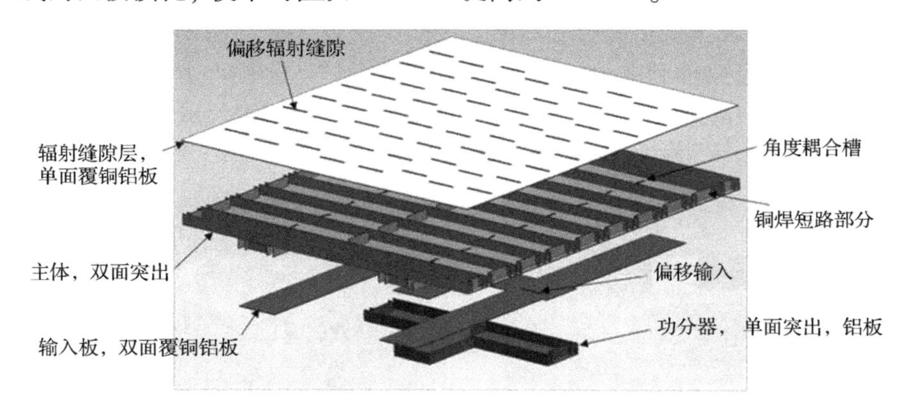

图 17.31 朱诺号波导缝隙阵列部件分解图

朱诺缝隙阵列满足所有的性能要求。图 17.32 示出了朱诺 A3 型天线的代表性主平面方向图测量结果，表 17.12 给出了对应的平均旁瓣电平。总的来说，预测的性能和测量结果符合得非常好。虽然没有给出 A4 和 A5 天线性能的相应图示，但它们具有和 A3 类似的性能。

17.4.3.3 波纹喇叭

众所周知，波纹喇叭天线的旁瓣比较低。22 GHz 的短波纹喇叭能够满足朱诺飞船的质量和体积要求。因此，A6 天线选择了带有从圆到方转换的波纹喇叭(见图 17.33)。喇叭是有轮廓的，这样可以减小总的长度而同时保持较低的旁瓣电平。车出的铝结构可以使天线非常坚固，而且插损小，没有静电释放问题。转换窄路处的螺纹又薄又深，这对加工提出了挑战，因为这是整个波纹区的一部分。为了解决这个问题，这些波纹都是以环的形式单独制作的，然后被精巧地锻压到一个套筒里。

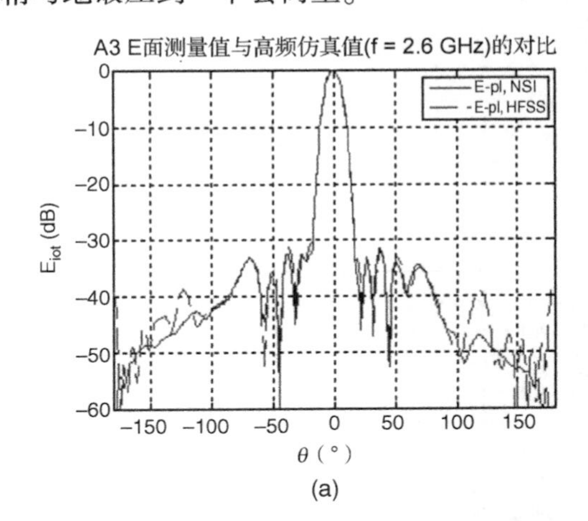

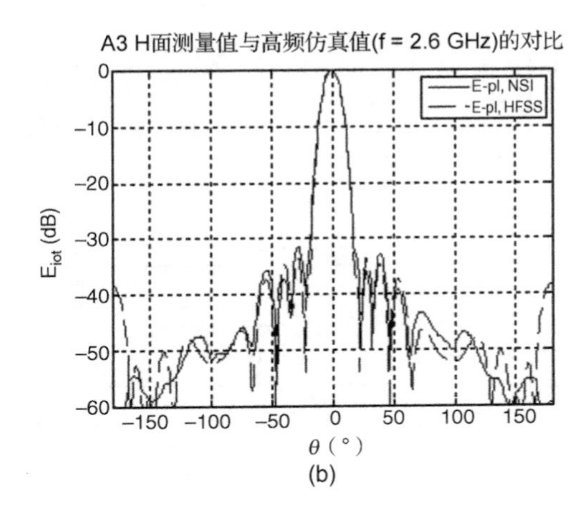

图 17.32　朱诺 MWR A3 主平面辐射方向图。(a)E 面方向图；(b)H 面方向图

表 17.12　朱诺 A3 天线的平均旁瓣性能

角度范围	要求	HFSS 计算值	近场测量值
20° ~ 30°	-34	-36.7	-36.4
30° ~ 40°	-36	-38.4	-38.3
40° ~ 70°	-38	-43.5	-43
70° ~ 90°	-39	-46.0	-45.8
90° ~ 150°	-40	-50.8	-52.1

表 17.13 列举了 A6 天线的主要设计需求。辐射方向图通过模式匹配法进行了分析。测量结果和计算结果非常一致，误差达到 -60 dB 的水平，见图 17.34。旁瓣电平要求也得到了满足，还有较充裕的裕量(见表 17.14)。实际上，波纹喇叭满足朱诺系统的所有要求。

图 17.33　A6 天线——带着盖子的波纹喇叭的侧面图

表 17.13　朱诺波纹喇叭天线要求

要求	A6
中心频率	22 GHz
带宽	4.5%
极化特性	线极化
增益(仅作参考)	>23.0 dBi
损耗	<0.7 dB
3 dB 波束宽度	<22°
平均回波损耗	>15 dB
最大回波损耗	10 dB
温度覆盖范围	-150 ~ +120℃
随机振动	11.9g_{rms}
质量(实际值)	0.75 kg
体积(实际值)直径	15.3 cm, 长 34 cm

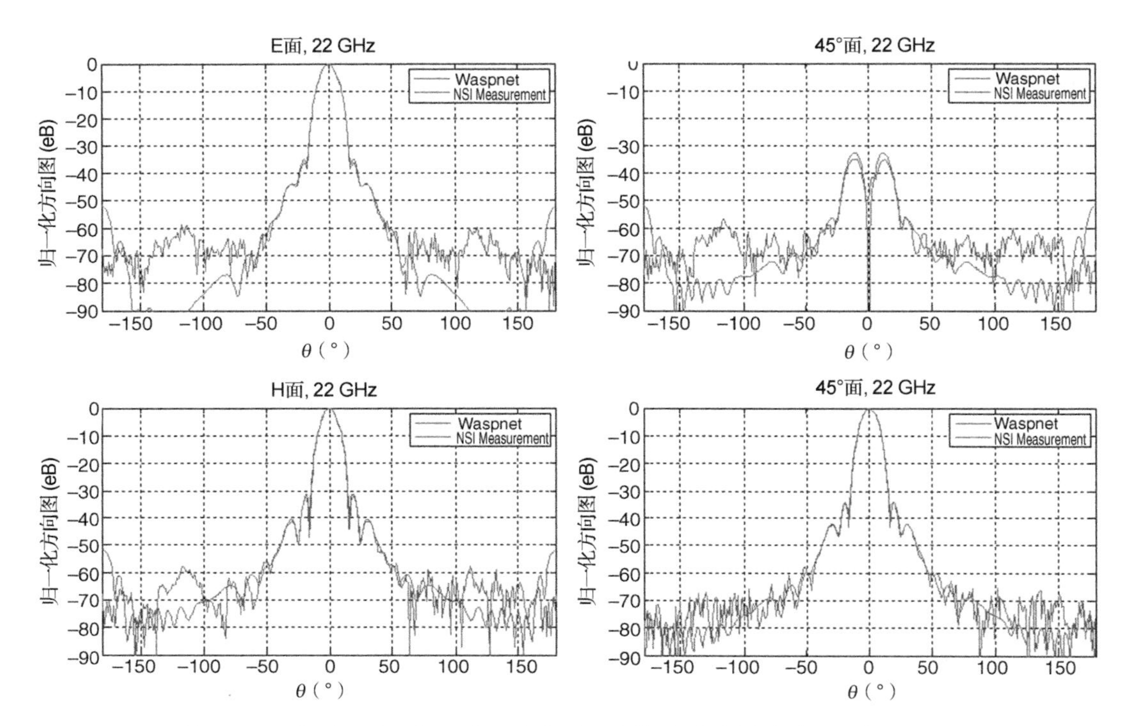

图 17.34 朱诺 A6 天线 E 面、H 面的方向图测量值和计算值，频率 22 GHz

表 17.14 朱诺 A6 天线平均旁瓣电平

角度范围	要求	计算值(Waspnet)	近场测量
20°～30°	-31	-38.3	-39.6
30°～40°	-33	-45.3	-46
40°～70°	-35	-59.6	-59.5
70°～90°	-36	-70.3	-64.4
90°～150°	-40	-77.4	-64

参考文献

1. National Aeronautics and Space Administration (July 2011) National Space Science Data Center. [Online] http://nssdc.gsfc.nasa.gov/nmc/spacecraftDisplay.do?id=1959-012A.
2. Mizzoni, R. (1994) The Cassini High Gain Antenna (HGA): a survey on electrical requirements, design and performance. IEE/SEE Seminar on Spacecraft Antennas, London, UK, pp. 6/1–6/10.
3. Imbriale, W.A. (2006) *Spaceborne Antennas for Planetary Exploration*, John Wiley & Sons, Inc., Hoboken, NJ.
4. International Telecommunication Union (2009) Factors Affecting the Choice of Frequency Bands for Space Research Service Deep Space (Space-to-Earth) Telecommunication Links, Report ITU-R SA.2167, Geneva.
5. Edwards, C.D. Jr., Arnold, B., DePaula, R. *et al.* (2006) Relay communications strategies for Mars exploration through 2020. *Acta Astronautica*, **59**(1–5), 310–318.
6. Edwards, C.D. (2007) Relay communications for Mars exploration. *International Journal of Satellite Communications and Networking*, **25**(2), 111–145.
7. Jet Propulsion Laboratory, California Institute of Technology (n.d.) Mars Science Laboratory. [Online] http://mars.jpl.nasa.gov/msl/ (accessed 16 December 2011).
8. National Aeronautics and Space Administration (September 2010) Mars Science Laboratory. [Online] http://mars.jpl.nasa.gov/msl/files/msl/MSL_Fact_Sheet-20100916.pdf.

9. Makovsky, A., Ilott, P., and Taylor, J.(November 2009) DESCANSO: Deep Space Communications and Navigation Systems. [Online] http://descanso.jpl.nasa.gov/DPSummary/Descanso14_MSL_Telecom.pdf.
10. Olea, A., Montesano, A., Montesano, C., and Arenas, S. (2010) X-band high gain antenna qualified for Mars atmosphere. Proceedings of the Fourth European Conference on Antennas and Propagation (EuCAP), Barcelona, Spain, pp. 1–5.
11. National Aeronautics and Space Administration (March 2011) Jet Propulsion Laboratory: Mission News. [Online] http://www.nasa.gov/centers/jpl/news/msl20110317.html.
12. Wong, G.G. (1976) A novel hemispherical coverage waveguide antenna. IEEE Antennas and Propagation Society International Symposium, Amherst, MA, USA, pp. 566–569.
13. Edquist, K., Dyakonov, A., Wright, M., and Tang, C. (2009) Aerothermodynamic design of the Mars Science Laboratory backshell and parachute cone. AIAA Thermophysics Conference, San Antonio, TX, USA, pp. 1–14.
14. Brown, P., Farr, D., Demas, J., and Aguilar, J. (2009) Radiation pattern measurements of the NASA Mars Science Laboratory UHF entry antenna using a spherical near-field range. Antenna Measurement Techniques Association 2009 Proceedings, Salt Lake City, UT, USA, pp. 271–276.
15. Rengarajan, S.R., Zawadzki, M.S., and Hodges, R.E. (2009) Design, analysis, and development of a large Ka-band slot array for digital beam-forming application. *IEEE Transactions on Antennas and Propagation*, **57**(10), 3103–3109.
16. Rengarajan, S.R., Zawadzki, M.S., and Hodges, R.E. (2007) Bandwidth enhancement of large planar slot arrays. IEEE Antennas and Propagation Society International Symposium, Honolulu, HI, USA, pp. 4405–4408.
17. Grammier, R.S. (2009) A look inside the Juno mission to Jupiter. IEEE Aerospace Conference, Big Sky, MT, USA, pp. 1–10.
18. Chamberlain, N., Chen, J.C., Harrell, J.A. *et al.* (2008) Patch array antennas for extreme space environments. IEEE International Symposium on Antennas and Propagation and USNC/URSI National Radioscience Meeting, San Diego, CA, USA.
19. Chamberlain, N., Chen, J., Focardi, P. *et al.* (2009) Juno Microwave Radiometer patch array antennas. IEEE Antennas and Propagation Society International Symposium, Charleston, SC, USA, pp. 1–4.
20. Chen, J., Zawadzki, M., Harrell, J. *et al.* (2010) Microwave radiometer antenna and spacecraft interference. IEEE International Symposium on Antennas and Propagation and USNC/URSI National Radioscience Meeting, Toronto, Ontario, Canada.
21. Chamberlain, N., Chen, J., Hodges, R. *et al.* (2010) Juno microwave radiometer all-metal patch array antennas. IEEE Antennas and Propagation Society International Symposium, Toronto, Ontario, Canada, pp. 1–4.
22. Chamberlain, N., Chen, J., Hodges, R., and Demas, J. (2010) Accurate insertion loss measurements of the Juno patch array antennas. IEEE International Symposium on Phased Array Systems and Technology (ARRAY), Waltham, MA, USA, pp. 152–156.
23. Rengarajan, S.R., Zawadzki, M.S., and Hodges, R.E. (2010) Waveguide-slot array antenna designs for low-average-sidelobe specifications. *IEEE Antennas and Propagation Magazine*, **52**(6), 89–98.
24. Zawadzki, M., Rengarajan, S., Hodges, R.E., and Chen, J. (2010) Low-sidelobe slot arrays for the Juno Microwave Radiometer. IEEE Antennas and Propagation Society International Symposium, Toronto, Ontario, Canada, pp. 1–4.

第18章　空间天线面临的未来任务、关键技术和工艺的挑战

Cyril Mangenot(欧空局欧洲空间研究与技术中心(ESTEC)，荷兰)，
William A. Imbriale(喷气推进实验室，美国)

18.1　本章内容概要

本章的目的是确定未来的需要以及提出空间天线的有前途的概念。这是一个很大的挑战。开始做这个课题时，作者考虑了几种方式来展示他们的发现。以下是其中关于分类的设想：

- 通过产品(反射面、阵列、辐射器等)分类：这是一个自然的选择，但是有一种危险，即产品的定义及其挑战随应用有明显的不同。例如，当用于合成孔径雷达时，直接辐射阵列将具有高成熟度。然而，当考虑用阵列完成一个广播通信的任务时，则有几个关键问题有待解决，如功耗/耗散、质量和波束成形网络的复杂性。另一项考虑是阵列馈电的反射面的分类。也就是说把它们放在哪里。它们是应该被归类为反射面还是归类为阵列？最后，同样的考虑也适用于反射面/馈源，它们在阵列和反射面中都要用到。
- 通过应用(通信、地球观测等)分类：对于一个给定的任务，优化一种天线的设计是很符合实际情况的，但也有一些关键的差异化因素。然而，几种产品可能被用于多个应用。一种可能是指大型反射面，但也可能是有源天线、可扫描天线或测控天线。在这样做时有一个大的风险：错过确认开发之间的协作机会以及非循环的成本共享和合理化。
- 通过频率范围分类：这种分类法当对象尺寸在所分配的空间频谱内差别很大，而且制造工艺也很不相同时，是很有吸引力的。在Q/V波段选择了全碳纤维反射面时，网状反射面将对P波段非常大孔径的天线是一种自然的选择。但也有一些反例，如喇叭天线，它可用于达到太赫兹级的一个非常大的频率范围内。天线的建模和测试技术也在一个大的频率范围内被使用。
- 通过关键的空间天线的挑战分类：一方面从项目的要求考虑，另一方面考虑有较高潜力的技术和工艺的研发，这种分类法提出了确定和关注一些应集中努力的关键目标。这样做的时候，作者将会冒不能提供一个需要发展的技术的详尽列表的风险。然而，我们相信，这样的组织方法会更令读者感兴趣，最能促进技术交流。

紧接着最后的方法是，非常不同的需求已经被组成以下几节内容。对于每个关键的空间天线的挑战有一节简要介绍了其问题领域。紧随其后的几节是目前技术和预期未来的太空任务的识别，最后一节是预期的最有前途的天线的概念和技术。应该认识到，这里的讨论不可能详尽，但应该为未来的发展提供一些趋势分析。在本章的最后提供了缩略语表。

18.2　引言

由于各种各样的应用，包括地球观测、通信、导航、科学、行星探测以及测控、载人航天器和用户终端空间天线子系统，这个题目非常大。链路预算和空间分辨率（主要是增益）必须进行性能优化，以及提高整个系统的容量和避免模糊（主要是极化纯度和波束隔离度）的需要，要求开发和保持多样的天线工艺技术、不同的频率、带宽和辐射孔径的概念和架构。

天线子系统的特点是和系统总体设计以及航天器和任务的优化有直接的关系。卫星和天线的设计是一个迭代过程，需要为预期的任务考虑射频、机械和热的限制条件以及空间环境的特殊性，如辐射、真空操作等。在研发的早期阶段，火箭整流罩下有限的可用空间需要仔细设计安装方法并减少天线的存放体积，这是一个重要的设计驱动。尽管需要紧凑地安装，然而应该检测天线的视场来保留其辐射性能。天线的设计也受可用的航天器功率、允许的热耗散、机载计算能力、国际法规（流量限制、射电天文频带保护等）以及测试设备的可用性和成本（如测试非常大的天线）的限制。除了技术上的限制，最终用户需要可负担得起的解决方案。

因此空间天线设计师面临的挑战是，为指定的任务确定无线电电信、机械和热性能之间有竞争力的折中，同时要考虑到现有可用技术和航天器及发射器的能力。这需要在任务的所有阶段里和系统工程师们进行密切合作。确保任务的总体性能有合理的成本经常导致一种任务专用的产品。多年来随着复杂性和通信有效载荷的容量以及远程传感器的灵敏度的增加，电子技术的重要性已经越来越高。

在这样的背景下，阐述全局战略很困难。事实上，除了科学的应用，在过去的 40 年中缺少长期的太空任务计划，支持创新性研发的基金的稀缺情况抑制了长期的技术研究的实施。大量的天线研发经费大多集中在近期的研发需求上。在欧洲和一些欧洲军事空间应用的分散分配的空间研发资金，导致了研究与发展的严格的选择。这不同于美国，其军事应用的开发给商业市场提供了坚实的基础。具体的例子是可展开天线、有源空间相控阵和飞机终端。

在欧洲，工业全球化与欧洲委员会合作的计划应该有助于充分利用空间领域和其他领域之间的协同研究。

18.3　空间天线需求的演化

虽然 L 波段到 X 和 Ku 波段的频率范围最常用于空间应用（电信、地球观测等），然而在近期的任务中也用了较低和较高的频率，这些也被考虑用于将来的任务。

- 低于 L 波段，如几个早期研发的产品，对 VHF 和 UHF 民用领域有新的兴趣。国防项目也使用这个频率域。空间全球覆盖与几个低频的陆地和海上终端的存在帮助了空间部分的发展。有些任务可以在频率为 165 MHz 的自动识别系统接近 400 MHz 的搜索和救援，以及频率为 435 MHz 的生物合成孔径雷达（SAR）中发现。
- 在 Ku 波段以上，宽带电信高频天线终于被实现。尽管一个完全 Ka 波段卫星很早就预计会出现，它现在已经因为几个商业卫星的订单而在最近成为现实。它们是：Viasat-1，Ka-Sat，Yahsat 1B，Jupiter，以及 INMARSAT-5（使用 Ka 波段在一个较低的数据速率提供 L 波段移动通信补充）。Ka 波段也被用于新的任务，如欧洲数据中继卫星或干涉合成孔径雷达。预期 Q/V 波段也将大量投入到未来的民用宽带应用中。

在上面两种情况下，无论是由于低频上大的孔径尺寸还是高频表面精度的要求，扩展频域的趋势将技术推动到其能力的极限。这也对包括天线方案的设计、具体设计、建模和 RF/机械/热试验和设施的所有的天线设计阶段产生强烈的影响。另一个重大的挑战是和电流传输相关的，因为在较低频率的闪烁效应很强，在 Q/V 波段传输损耗非常高。

当任务的目的是观察不同的大气层来识别气体痕迹或蒸汽的含量时需要更大的频率范围。在过去几年中已经成功地实现了高分辨率测深/成像仪器使用达到太赫兹范围内的频率。在 NASA 的产品中以及 2009 年欧洲 Herschel 和 Planck 的发射任务中可以找到相应的例子。

另一个趋势是满足电信服务的连续性，以及导航、地球观测用户的较低成本的需要。这是通过系统、卫星和设备设计、制造和集成方法选择及增加卫星的运行寿命来实现的。这种情况不同于通常的科学任务，它们的目标是满足科学界特殊的需要，这会导致非常复杂的仪器以得到“最好的”测量结果。例如，在非常高的灵敏度时低温仪器的使用可使复杂度急剧增加。

在大多数应用中，反射面天线是目前最常用的空间天线类型，在只要求单一的高增益波束的应用中或多波束但窄的视场的应用中反射面天线往往是最好的解决方案。这一点预期在未来仍然有效。反射面天线从一个简单的反射表面提供增益，可以在单个或多个波束的多个频率下工作。它们也可以提供一个或多个赋形的波束。另一方面，阵列和透镜在宽角域上的表现更好，很适合中等增益的要求。这证明它们适用于几个低轨道任务，如观测、导航和通信。然而，有源阵列的实现更复杂、笨重而昂贵，开发时需要解决这些问题。

考虑到规划的任务和技术现状，未来发展的重点确定为以下几个目标。

- 目标 A：研制大口径天线。
- 目标 B：提高卫星通信的吞吐量。
- 目标 C：使多波段、多用途的天线共享相同的口径。
- 目标 D：提高常规天线的竞争力。
- 目标 E：使运行中的单波束覆盖/极化可重构。
- 目标 F：使有源天线的成本负担得起。
- 目标 G：开发新的对地观测的天线和科学仪器。
- 目标 H：卫星和用户终端天线进行大规模生产。

除了上述目标，它们与具体的任务密切相关，有两个横向方向的发展也应进行。

- 目标 I：允许实现新的任务的技术的推动。
- 目标 J：开发对卫星/天线的建模和测试的新的方法。

表 18.1 列出了将来计划的关键目标以及规划的任务/仪器/天线，它们将在下面的章节中讨论。

表 18.1 太空任务、仪器和天线

应用	任务	频率(GHz)	目的									
			A	B	C	D	E	F	G	H	I	J
通信	移动互动通信卫星服务	L, S	×		×	×		×		×	×	×
通信	移动广播卫星服务：DARS	S	×		×	×					×	×
通信	移动广播卫星服务：DMB	S	×		×	×	×			×	×	×
通信	固定和广播卫星服务	C, Ku	×		×	×	×	×		×	×	×
通信	宽带卫星服务	Ka	×	×	×	×	×	×		×	×	×
通信	空中交通管理的卫星服务	L	×								×	×

续表

应用	任务	频率(GHz)	目的									
			A	B	C	D	E	F	G	H	I	J
通信	战术卫星通信系统	UHF, X	×					×			×	×
通信	应急通信系统	UHF	×		×			×		×	×	×
通信	数据中继服务	S, Ku, Ka	×								×	×
地球观测	辐射计	P, L	×						×		×	×
地球观测	合成孔径雷达	P, C, X, Ka	×			×		×	×		×	×
地球观测	高度计	C, Ku, Ka			×	×			×		×	×
地球观测	散射仪	C				×			×		×	×
地球观测	冰深雷达	P	×						×		×	×
地球观测	数据传输天线	X/Ka				×		×	×		×	×
导航	全球导航卫星系统	L	×						×		×	×
科学	深空通信	X/Ka	×						×		×	×
科学	射电天文学的任务：空间甚长基线干涉测量法	L, C, Ku	×					×	×		×	×
科学	天文学											
亚毫米波							×		×	×		
地球观测	数据传输天线	X/Ka				×		×	×		×	×

18.4 开发大口径天线

18.4.1 问题和挑战

即使今天的趋势是向所有射频设备的小型化发展，但为了接通用小型终端的用户和使仪器有更高的灵敏度，天线尺寸将会增长。为回应这个需要可考虑以下因素。

- 真正的孔径，如反射面、反射型阵列、膜、阵列和透镜。
- 由一组安装在卫星或编队飞行卫星阵列上的单个辐射器产生的合成孔径。主要可预见的是在接收模式中的应用。

在本章中，大口径的定义是必须在太空中“建立”的口径，因为其最终的大小是与发射器上的安装不兼容的。考虑到目前的大卫星平台，可以说，所有直径4 m以上的孔径都是属于这一类的。同时，考虑较小发射整流罩时，直径为3 m的反射面也必须在太空中建立，因此这个尺寸范围内的天线也是令人感兴趣的。即使这种直径在较低的频率中看起来很小，但它对应于300个Ka波段波长的尺寸，因此完全合理化了这一名称。我们也可能注意到，接近太赫兹级的一个1.5 m大小的反射面的天线和波长比肯定是很大的，但由于它们只是由一块材料做成的所以不在这里讨论。

总结现状，大型实空间孔径得益于主要与通信系统有关的基本网格的反射面和SAR实施的直接辐射阵列。大型反射面的市场被两个关键的美国厂商所主导，而直接辐射阵列的概念全世界都采用。透镜也曾用于一些军事项目。反射阵列的开发和多平板的概念允许得到更好的RF性能及更容易在卫星上安装，但与反射面的解决方案相比这些天线都有更大的质量和附加损失。总的来说，反射面天线用作超过80%的电信空间孔径，现在已经由于在成本和每个单元的质量孔径比的优势也被用于SAR。作为真正的孔径的一个补充，分布式孔径已经在最近被认为是一种可以产生扩大辐射口径大小的极限方式。对于选定的频率，任务要求的孔径尺寸达到技术的极限时，整个孔径可以分成几个子孔径，它们装在一个共同的机械结构上或在编队飞行中实现。

把来自不同的孔径的信号合成能得到非常高的分辨率，这是由于可得到非常大的有效接收面积。然而，仪器的灵敏度是由真实孔径尺寸确定的。

这样的合成孔径的例子有土地湿度和海水咸度(SMOS)卫星。在这种情况下，我们指的是从单个辐射器接收信号的累加，最终的仪器的分辨率与由一个真正的孔径仪器提供的分辨率类似。

另一个例子是空间 VLBI(长基线干涉仪)，它混合地面上的和卫星上的接收孔径。人们已演示了直到 Ka 波段的这种天线。

最后一个案例是地球静止轨道探测器任务，位于 Y 形旋转天线上的辐射器的合成提供了几个该任务所要求的基线。

在所有这些情况下，信号处理起着重要的作用。辐射单元被直接连接到低噪声放大器和频率变换器，然后信号在航天器上或地面上处理。标定技术能显著减少在制造或飞行过程中失真的影响。

几个用较大频率域的空间应用要求使用真实的或合成的大孔径。这些方面将在下面进一步地定义和合理化。

18.4.2 目前和预期的未来的太空任务

本小节将介绍几个需要直径在4 ~ 25 m 之间的孔径的任务，包括早就有的通信任务，如固定和广播卫星服务，移动互动/广播服务，宽带服务，还有新的应用，如空中交通管理和应急通信。这些任务分布在频谱 L 波段和 Ka 波段之间[1]，表面精度的要求正如预期的那样随着频率的增加变得更严格。应当指出的是，在许多情况下，大型反射面成为使任务可行的关键因素，当适用于特定的卫星制造商的产品不能得到时，它可能会限制制造商进入特定的市场。同时，这些卫星的类型为将来的技术发展方向和市场份额铺平了道路。这是简单的替换卫星的一个重要补充。一些地球观测和深空科学任务应用也需要大孔径并且应用之间的协同发展作用也应该得到促进。最后这些任务将在 18.10 节中描述。

18.4.2.1 通信

移动式互动通信卫星服务 系统的结构基于在用户和卫星之间在 L 或 S 波段提供链接，以及在卫星和节点之间在 C 波段、Ku 波段或 Ka 波段提供链接。多波束系统意味着星上透明的处理器以允许波束之间的覆盖和连通的重构。移动通信主要包括语音和低速数据，实现了一个基于多区域的覆盖的全球系统。市场由几个厂商主导，如 INMARSAT、Thuraya、TerreStar Network 和 SkyTerra(原名为 MSV)，它们实现地球同步 GEO 卫星。此外，低轨道 LEO 系列卫星(如 Iridium 和 Globalstar)已经投入运行而且下一代卫星最近已经定制。

扩展能力的要求和性能的提高意味着非常大的多波束卫星天线。这允许用户通过较小的移动/部署终端和 FSS 竞争。关键技术的推动者是大型反射面(25 m)、焦平面阵列(由数百 Tx/Rx 馈源共享孔径产生重叠的波束)和数字处理器。当今的技术上的限制是频率复用的大量笔状波束和世界范围覆盖。在 Harris 公司的 18 m 反射面和 AstroMesh 的 22 m 反射面组成的 Terrestar-1 之后，预期的发展是高达25 m 的反射面且具有优良的反射损耗、提高的表面精度和无源互调(PIM)性能，S 波段频率操作和增加波束数。ICOG 和 SkyTerra 已经演示，地面 BFN 是 MSS 卫星的一个热门话题。为了使卫星能在建筑物内通信，可考虑更大的自主反射面达 50 m，且馈电系统安装在一个单独的 S/C 上。指向精度是这样大的天线的主要关注内容。

移动广播卫星服务　这些服务包括数字音频广播(DARS)和数字多媒体广播(DMB)。

DARS 在美国市场已经良好运作了，它合并了 XM 卫星广播和 Sirius 系统。在欧洲，卢森堡的 DARS 首创产品继承了基于 World-Space 卫星的技术。欧洲首创的 Solaris Mobile，由一个合资公司在欧洲销售 S 波段卫星给政府和商业用户提供服务，已经在近期发射了 W2A 卫星。由欧洲最大的两个卫星运营商(卢森堡的 SES 和欧洲通信卫星公司)所拥有的 Solaris 公司，他们正在竞争由欧盟执行委员会组织的 S 波段光谱。这一举措还计划包括交互式服务。

移动广播任务需要 12 m 的大反射面，以及多语言的 DMB 任务的大功率的聚焦阵列。适度的赋形能力也引起了人们很大的兴趣。DARS 任务需要从 4 m 到 7 m 范围的赋形的反射面，至于主馈源，主要的约束来自于大的辐射功率与馈源尺寸。

宽带卫星服务　这个任务需要运行在 Ka 波段直径达 5 m 的反射面。更详细的内容请参阅“增加通信卫星吞吐量”一节。

18.4.2.2　地球观测

见“地球观测”和“科学任务”两节。

18.4.2.3　科学

见“地球观测”和“科学任务”两节。

18.4.2.4　任务的合成

基于上述确认的和在图 18.1 中的点指出的任务需要，覆盖不同直径和频率的三个反射面序列已经确定有类似的要求。可以概括如下：

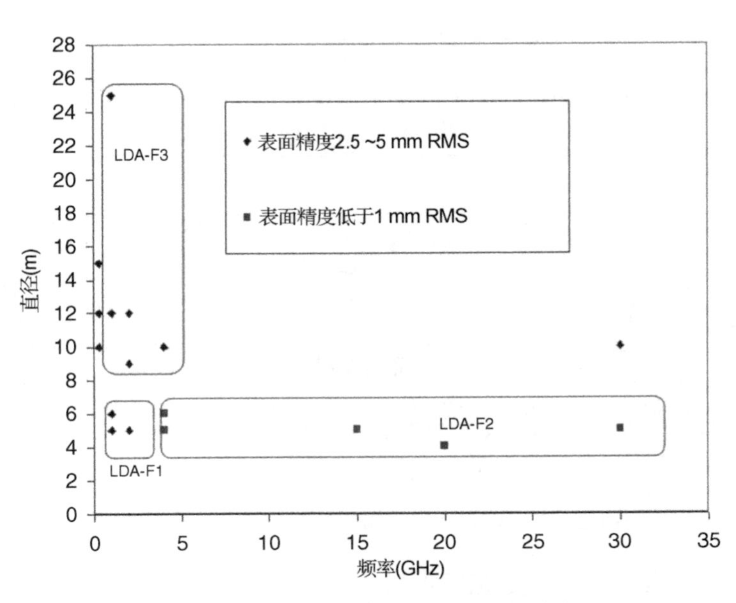

图 18.1　基于直径和频率的反射面分类

- 孔径在 4 ~7 m 范围内的，主要应用在 L 和 S 波段的 RMS 面精度约为λ/50(2.5 mm S 波段)。
- 孔径在 4 ~7 m 范围内的，主要应用在 C 和 Ka 波段的 RMS 面精度在λ/50 和λ/100 之间(0.5 mm C 波段)。
- 孔径在 9 ~ 25 m 范围内的，主要应用在 UHF 和 L/S 波段的 RMS 面精度约为λ/50 (2.5 mm S 波段)。

18.4.3 有前途的天线的概念和技术

18.4.3.1 反射面天线

为了研究有前途的天线概念，对大型反射面及其随时间推移的前景进行了市场调查。

市场调查如图 18.2 所示，它基于 100 多个飞行反射面和未来几年的估计。它证实了从 20 世纪 80 年代起的成长和起伏式发展，现在已达到平均每年有五次开发。预期未来 20 年，将出现全直径范围超过 4 m 且全球每年开发反射面 7 ~14 个。仔细观察这个问题发现，9 m 以下反射面的市场前景约占市场需要的 2/3，平均每年有 7 ~8 个反射面的开发。这个比例在实际发展中已经是很明显的，如图 18.3 所示。这个图也从开发者方面分类了实际反射面的发展，证实了美国公司的主导性和 Harris 公司由于其巨大的在运行的天线的经验和所占市场份额具有明确的市场支配地位。也有一些不太知名的发展可以与俄罗斯的超过 12 个飞行项目的开发联系在一起。

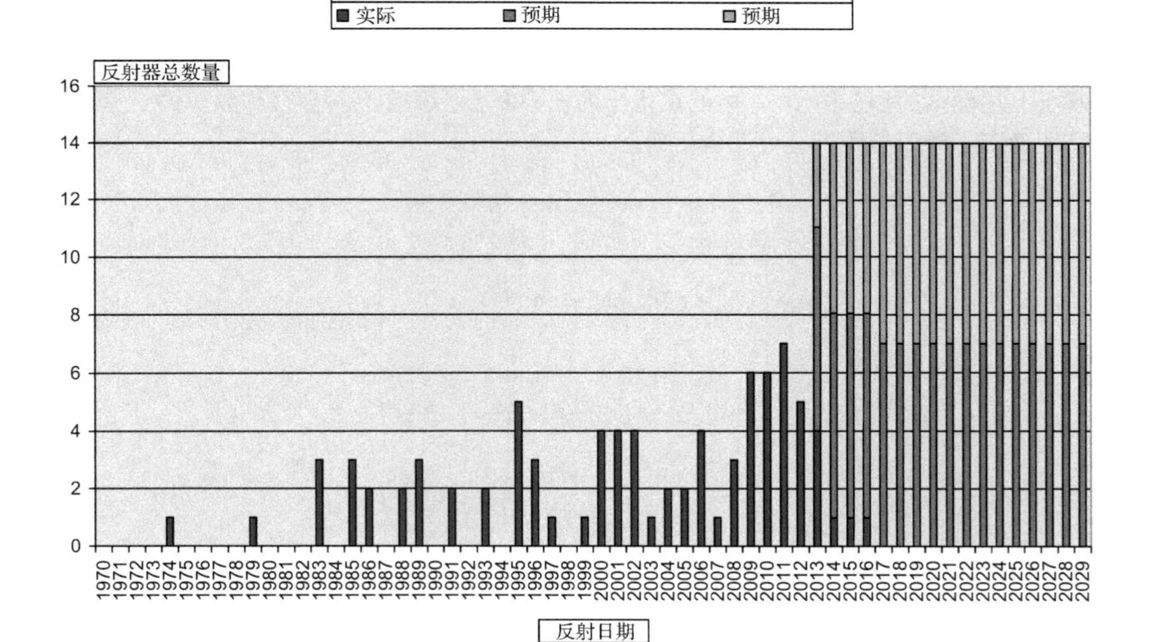

图 18.2 实际和预期的大型反射面在全球的销售情况

过去公开的文献数据和临时性数据的市场分析显示了整体市场比通常想像的大。

与阵列的解决方案相比，一些基于反射面天线的优势是它们与宽频谱或者多频带的兼容性。频带的组合使用被用于 SMAP(土壤湿度有源/无源)，其在 L 波段具有无源和有源的感知能力，此外也用在通信任务中。此外，基于反射面的解决方案能够和非常低的存放体积兼容。复杂的馈源阵列技术的最新发展能够给反射面天线提供多波束能力，相对于阵列，这增强了对反射面的兴趣。

被认为有强大潜力的反射面类型在下面按照强度次序进行描述。

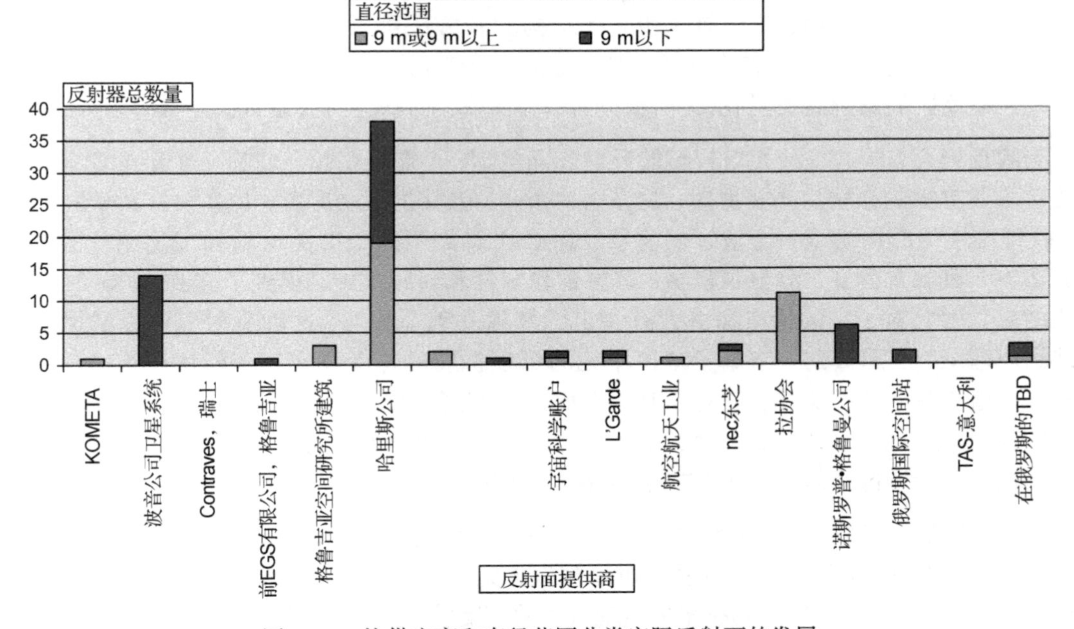

图 18.3　按供应商和直径范围分类实际反射面的发展

金属网格反射面：它们都是金属丝编织的网，代表最多的一组飞行单元。它们也被称为“金属经编网格”。它们大多使用镀金钼和钨线。这些网格需要张拉(范围为 5 ~ 10g/cm)以产生丝之间足够的电接触。预期的操作频率决定了网格单元的大小。初看起来由于它们的历史及其飞行验证过的性能网格反射面能提供最明显的技术解决方案。识别出适合所有应用需求的特定的结构需要在要求之间有一些妥协：

- 口径的大小
- 表面精度
- 质量
- 刚度
- 复杂性(又与成本相关)
- 包装尺寸

几种可用的架构的描述如下，每个都有其独特的特点。

- 可扩展的外围环与对称网：这个概念由 AstroMesh 和哈里斯公司开发，大部分应用显示了最大的潜力，这个网络适用于中等-大型反射面。在 AstroMesh 反射面中，网格的集成管理是通过适当的张拉状态连接网格到一个刚性的(面内)和热稳定的网上。通过控制力量张力器连接两个镜网获得剖面，很可能是用相同的张力。
- 模块互连基本反射面：这样的结构的一个例子是东芝的 ETS VIII 反射面。它是适合解决从小型(一个模块)到大型反射面(要多少模块就有多少)的大直径范围。由于目前实现单位单元结构，这个结构看来比其他的从中型到大型的反射面更重。这可以用其他类型的单元得到改善。展开需要大量的并行机构，因此如果这个架构的基本单元必须展开简单、非常可靠和可预测的话，其展开机构是令人感兴趣的。互相连接射频反射表面不同的模块是相当复杂的，并且可能导致射频退化。现有的在 ETS VIII 中的应用就是这种情况。然而，整合前网和支持结构的新方法可以消除这一缺点。由于复合反射表面的制造或飞行形变的原因，把支持结构分解到模块中有望创新一个确定的反射阵。射频性能的影响需要量化。

壳膜反射面：这是一种相对较新的反射表面类型，不需要张拉。它有一个小的弯曲刚度和需要轻微背支撑的结构。当折叠时，它充当一个膜，因其抗弯刚度可忽略。关于外壳材料的问题，碳纤维增强硅提供了一个清晰的前景。在 ESA 计划中这个有关材料和工艺流程的概念已经成熟[2]。到目前为止，测量了机械、热弹性稳定性和射频性能，得到了直到 C/Ku 波段有前景的结果。因此对于它的特点和潜力有一定的知识基础。此外，这种反射面可以和网状反射面结构原理结合，即得到一个基于单位单元的可以扩展的外围环或一个模块化构造。因此这个概念是值得进一步探索的，并且是基于平面内的刚度原则的，而不是由于内置的弯曲/剪切刚度的预定的表面形状。因此，除了定位装置没有必要驱动的支持结构，这可能是一个环或类似的结构。对于空间环境约束的抗拒程度需要做进一步的研究。

固体表面的反射面：这些类型的表面具有最高的弯曲刚度，因此反射器表面必须由分成由许多的块结合起来使得其可折叠。这些块可以被设想为抛物线形的块生成抛物线轮廓或近似抛物线轮廓的平面块，辅以反射阵列技术来实现所需的电反射属性(抛物线或形状)的最终表面。

这种类型的反射面为要求孔径范围为 5 ~ 6 m 的短期任务，无论是在 S、C 和 Ku 波段固定通信和广播卫星服务或在 Ka 波段的宽带卫星服务，提供了一个直接的解决方案。与其他技术，如之前的传统的超轻反射面或加强的薄壳反射面相比，它的风险更小。在 Ka 波段获得要求的表面误差仍然是一个挑战。

然而这个反射面类型的局限性是很清楚的。原则上，考虑到航天器上的安装，这个设计将不能够增长到超过 7 m 的孔径。应该指出，作为一个可能的演化，在反射面中心使用传统的 CFRP，在外围(可能是基于 CFRS 膜)使用非刚性板的混合方案可能让人更感兴趣，之前的俄罗斯维尼拉飞船就证明了这一点。值得一提的另一个方面是容易实现椭圆孔径来满足地球观测应用的要求(通常为 3 m×7 m)。一个主要的限制因素是相关的总质量。与网格的概念相比，天线固体外壳的质量至少有 3 倍的差别。同时，用来确保大的要求的 F/D(1.5 以上)的大吊杆施加了苛刻的安装约束。

18.4.3.2 直接辐射阵列天线

作为卫星或航天飞机所用的 SAR，直接辐射阵列受益于过去几十年的长期空间应用的传统。最早的是在 20 世纪 80 年代的地球资源卫星。自那时以来，SAR 已经从 L 波段开发到 X 波段，且波束灵活性不断增加。它们可以提供椭圆形覆盖区和低旁瓣/主瓣比，这对于 SAR 是令人感兴趣的性质。广角访问(诱导覆盖，因此具有更高的重访问时间)可以实现。大的表面方便了机上的功率耗散，在大多数情况下可以利用无源热控。这些阵列的平的表面缓解了在卫星上的安装问题。然而如果放大器不是分布式的，它们在本质上更复杂，有较大的质量和更高的损失。

考虑到长期的飞行传统，直接辐射阵列在空间广泛使用的关键因素是减少质量和损失。对于大孔径，预计将使用无源阵列配置。一个有前途的概念利用支撑射频分布网络的一维可放大的薄膜天线。与太阳能阵列技术的协同利用可能是有益的。在这两种情况下，可实现的表面精度可能限制天线只能在频率低于 C 波段时应用。

18.4.3.3　反射阵列天线

比起直接辐射阵列，反射阵是空间馈电的且不需要一个波束成形网络。无源反射阵列只是由蚀刻在表面上的金属片(没有有源的设备)组成，通过调整贴片尺寸可允许补偿相对于理想的反射面的确定性表面误差。

有源反射阵列具有可变的移相器在单元后面或嵌入到单元中来允许单波束控制/重新配置。如果必须用几个平板来增加频率带宽，则它们对于未来雷达和有源传感器是非常有前途的。

在这两种情况下，即使有中等的表面精度，2D(二维)展开设备(可能充气的)可能适合生成一个重要非常轻的或凸/凹形状的平面结构。这可以通过展开设备或通过腔体的膨胀来实现，它的主要好处是存放空间很小。除了反射阵天线，发射阵列或全息表面可以产生而不会形成馈源堵塞。

即使膜片可用于在多个天线的配置中(反射面、阵列等)，依然可以相信它们有能力弥补表面形变和波束成形网络缺失而拥有很强的发展潜力，从而可被充分利用。通常聚酰亚胺薄膜要求有一个外部的张紧装置。当考虑到要有非常大的孔径(20 m 以上)和低工作频率时，这种膜可能是最有效的。空间可充气式结构的现行状态是这样刚化的可充气梁杆趋于成熟，已经可提供 5 m 长之内的 L 波段的精度，然而，这一点尚未在有代表性的环境下进行过实例认证。相反，反射面跟随着专利和以前的开发，包括 Contraves 10 m 充气天线和 L' Garde 实验，在 10 多年前，它的性能已经发展到一个可接受的程度。自那时以来，在固化方法上已经取得了值得注意的进展。全球的情况似乎表明，一个大型可充气的反射面的性能水平发展到目前网状反射面的水平可以要 8 ~ 10 年。这种概念的表面质量是非常有吸引力的但应该有气压罐的质量进行质量平衡。

18.4.3.4　合成孔径天线

在合成孔径的情况下，技术的复杂性从反射面的领域移动到可展开结构和相关机构上，这些机构支持大的高增益阵列，以及当辐射器位于不同的机体上和信号处理合成不同的接收信号时的姿态控制。然而，大量的干涉基线允许一些自然冗余。这些类型的结构有在大的视角范围内观察的潜在能力，因为每个辐射器有宽的辐射方向图。这种分布的孔径主要用于接收模式，因为 ITU 规则、低波束效率、在栅瓣中的功率损失可能会阻止其用于发射，即使栅瓣可以通过非规则网格扩散。当要求发送/接收模式时，例如双基地 SAR，发射时有宽波束可以被认为是主要的好处。在接收模式下，来自主瓣外面的噪声必须仔细考虑。然而，当真实的孔径达到技术上的限制时，这些合成孔径被认为是增加仪器分辨率的关键技术。这一领域的发展应继续。

18.4.3.5　合成

在 C 波段和 S 波段需要在 4 ~ 7 m 范围内的大空间孔径和高功率馈源来进行通信和移动数字广播。应考虑使用反射面、人工透镜或反射阵列。可折叠的、充气、膜片配置的创新的解决方案，将被要求来获得反射面赋形和精确的波束指向并避免增加 TWTA(行波管放大器)输出功率和高功率馈源打火的风险。

S、L 和 P 波段的非常大的空间孔径(达 12 m 以上)，必须具有毫米级表面精度以允许直接访问移动终端以进行通信，并且获得所需的低频遥感分辨率。以透镜、膜片为基础的解决方案可能是有益的。

和非常大孔径相关的技术，如控制和稳定，精确指向系统，可展开的发送/接收焦平面阵列，馈电电路和(可重构/数字)波束成形器，快速分析和优化工具，等等，需要创新的解决方案和前期研究。这包括独立和自主的反射面系统和馈源的研究，如 ESA 科学任务 XEUS 的框架中，XEUS 是 XMM 的继承者，它是一个非常大的自由飞行的 X 射线观测平台，包含两个航天器(一个带反射面，另一个带检波器)，它们编队飞行，间隔 50 m。

大直径航空器的质量是很大的，网状反射面能达到 1 kg/m^2，而其直径尺寸可以达到 13 m，而固体反射面的质量随直径的增加而增加，接近 3 kg/m^2。另一方面，固体反射面的表面提供最低的均方根值，这些反射面提供平均的表面精度 5～10 倍优于替代技术。充气反射面或透镜看来是有前途的非常大的孔径的技术，但因为还有重要技术要解决和在轨寿命需要改善，只能作为长期的开发来考虑，还不能立刻采用。最有可能的是，以前的在轨验证到目前仅在短时间段内进行过。

几种类型的天线(如发射阵列、膜、有源和无源的透镜)需要继续投入研究，主要的研究内容集中在减少质量和存放体积上。

18.5 通信卫星容量的增加

18.5.1 问题和挑战

虽然宽带卫星市场预计会出现得更早(在 20 世纪 80 年代)，今天它已经成为现实。为了更好地利用稀缺的频率资源，通过频率/极化的复用，覆盖区域被分割成几个沿差波束。一些 Ka 波段多笔束卫星，即欧洲的 Eutelsat’的 Ka-Sat，美国的 Viasat-1 和木星及 Yahsat 1B 在中东和非洲提供覆盖，最近已在订购。Ka 波段宽带多媒体任务正在进行不断升级，朝着实现具有较高数目的波束的有效载荷和高频率复用水平方向不断发展。目前正在飞行的或计划的任务正在实现 50～100 个波束和达到 100 Gbps 的总流量。未来的任务可能远远超出 150 个波束，目标是达到 1 Tbps 的吞吐量。

用户操作频率的增加和更宽的带宽，要求对反射器表面精度有新约束、稳定性、瞄准系统和馈源制造公差，而多波束技术要求新型高效馈源和大量的反射面。

18.5.2 目前和预期的未来太空任务

18.5.2.1 通信

宽带卫星服务 大部分目的是在人口不密集的地区缩小数码分类。预计下一代多媒体网络将把卫星看作构成全球信息基础设施的整体组成部分。在这个框架内，GEO 卫星预计将提供集群和接入网络、更高的吞吐量和更低的投放成本。卫星组件必须能够以灵活的和有效的方式对付地面网络的演变。

为用空基解决方案实现上述目标和响应未来通信的需求，必须开发真正创新性的系统。

在天线级，新一代天线子系统包括天线跟踪系统已研制成功而且其飞行经验是可用的。对于大尺寸反射面，比如 5m 直径的要求和 0.2°的波束尺寸兼容。由于波束数量巨大，这将允许覆盖任何国家或欧洲，而且可多次频率复用。基于一个波束一个馈源的多波束天线用 3 个或 4 个反射面的方法，或仅与两个反射面相关的(一个发射，一个接收)一个阵馈反射面需要被考虑。

18.5.3　有前途的天线的概念和技术

内容如下：

1. 高容量的 Ka 波段宽带多媒体载荷将利用在 4 ~ 6 m 范围内的反射面。用经典的方法(即在星上用 4 个每波束一个馈源的发射/接收天线)来得到全网格覆盖安装起来是困难的，而且昂贵且不能提供灵活的覆盖。当需要用有限数量的波束覆盖一个语言地区时，这个配置是更不合适的。
   因此，需要天线只通过一个孔径能够产生所有的 Tx 和 Rx 相邻波束(每波束多馈源的概念)来改善卫星的安装和成本。事实上，这些同样的约束驱动目前 L 波段的移动用负载(INMARSAT-4 等)结构朝着焦面阵馈反射面结构和使用波束成形网络方向发展(无论是在星上还是在地面上)。实现波束成形网络的两个主要解决方案：一个数字 BFN(包含在一个透明的数字处理器内)或 RF BFN 方法。在 L 波段需要的频率带宽和现有的数字 BFN 技术是兼容的，考虑到大数目的波束和馈源、功率消耗，质量和成本，在 Ka 波段两种解决方案都需要在有效载荷层级进行评估。要求的带宽可能需要在数字转换前多路复用。
   每个波束多馈源天线的有源 BFN 的实施可以弥补由于卫星姿态变化和热反射扭曲产生的波束指向/整形误差。考虑波长上非常大的孔径时，这些最后的方面在 Ka 波段是非常重要的。应该详细地评估来识别和评价星上实现的最佳技术。除了基于 BFN 的每波束多馈源天线，最近的研究演示了基于焦平面上喇叭前面的寄生结构共享馈源的解决方案的潜力。
2. 当增加反射面的尺寸时，由于很窄的波束宽度，将对许多波束有业务的高变化性和不均匀性，这必然要求实现星上的灵活性(指每波束的带宽和功率)。因此，基于宽带透明数字处理器(基于深亚微米技术和高速变换器)的有效载荷的和基于灵活 TWTA 和/或迷你行波管的灵活输出部分是需要的。混合型实现被称为完全加载波束和标准的非灵活波束的混合以及为局部加载/可变业务管波束实现灵活的带宽/功率波束是可以预期的。
   这些未来载荷的另一个重要方面是实现非常高容量的对应于用户高层次的链路频率复用的带宽馈线链路。Q/V 波段是预计的主要根据未来的监管授权的馈线链路。
3. 未来为实施很高容量的 Ka 波段宽带多媒体任务，不仅需要发展大反射面天线，而且需要高效的馈源，一组宽带馈源系统(用户 + 网关)，以及为提高的射频性能和分析/优化天线的工具、定制的辐射单元。由于聚焦阵列的复杂性及其尺寸，射频到馈源的长度会增加，可能需要集成的 LNA 和有源馈源。
4. 宽带应用对 0.2°波束的要求将技术推到了极限。例如，在 5 m 孔径的 100 μm RMS 表面精度还没达到。这就要求利用反射面剖面扭曲研究高精度天线指向系统。当在飞行可重构 BFN 中应用数字或模拟系统时，可以采用基于校准过程的修正。

宽带卫星系统当前的设计过程通常考虑分别满足天线和系统的指标。然而，联合系统/负载/天线的设计方法肯定会得到显著的好处，这时子系统的配置是基于系统整体性能优化的。

这在自适应编码调制系统的情况下尤其如此，那里当前的有效载荷设计规范并没有最大化实际的系统性能。另一个例子是动态波束分配。在这种情况下，一个给定的用户不再分配给一个给定的波束，而是得益于电平最高的信号。这增加了系统的复杂性，并需要双极化/双频率的用户终端，但可降低对天线指向系统的约束。

制定一个联合的系统、有效载荷以及天线设计方法和仿真工具来最大化预定的性能品质因素是有好处的。这将允许在再生系统中利用自适应的 DVB 物理层水平在系统和载荷级对影响进行评估。系统的研制需要减少困难的 C/I 的要求以避免过大的天线。因此，需要对灵活的波束切换系统进行系统/负载/天线功率和容量评估的仿真工具。这将允许在多波束卫星系统中对用户的前向链路的容量性能进行评价与优化，并根据以下方面进行总体结构的确定：

- 多载波的带宽管理。
- 系统和波束级的双极化。
- 固定/软 TWTA 数目和 MPA 架构。
- HPA 到波束链路方案(每个行波管放大器或 MPA 端口多个波束数，后-HPA 损失和 P_{sat})。

系统的性能如下：

- 时间和空间的可用性。
- 共信道干扰。
- 符号率(Mbaud)。
- 非均匀的功率和分给波束的带宽。

18.6　使多波段、多用途的天线共享相同的孔径

18.6.1　问题和挑战

卫星资源是稀缺的，几个任务或工具的安装是一个真正的挑战。在过去 10 年里人们看到非常大的同步卫星平台的发展，它们具有典型的有效载荷能力接近 20kW 和 2 t 重，以及小平台的有效载荷为 3 kW 和 350 kg。同时，对于低轨卫星，非常大的卫星和小卫星共存。在所有的情况下，卫星上的安装总是受发射器整流罩的约束，几个任务共享一个孔径(反射面或阵列)的天线解决方案是强制性的需要。一些例子是实现多频馈电或 FSS，基于极化敏感表面天线(DGR、极化网络等)或来自一个焦平面阵列馈源多波束的多频天线。天线数的增加导致模拟天线时相互作用(耦合，PIM)问题和迫切需要解决这种挑战和控制干扰的方法。这些对天线/卫星水平上的建模工具施加了新的限制，这是由不同的频率上的大量波束、很高的辐射功率和接收机的极高灵敏度(PIM、增加噪声温度、方向图交差)等因素引起的。

使用反射面共享的多功能天线，允许携带寄生有效载荷和增加卫星的收益。据预计，LEO 或 GEO 卫星上的寄生有效载荷可用于军事用途、地球观测的目的或新兴的商业市场。这将有助于相同卫星、地球观测仪器、通信天线和导航接收机应用的融合。

18.6.2　目前和预期的未来太空任务

18.6.2.1　通信

通信任务主要采用反射面天线。由于其与阵列相比具有较宽的工作频带和耐大功率能力，

反射面可以由几个初级馈源在不同的频率上馈电并允许其孔径共享。反射面的重用度对大尺寸而言是使人不得不用的。有可能考虑结合 L 波段以及 Ku 波段和 Ku 和 Ka 波段的任务，也可以结合 Ka 和 Q/V 波段的任务。

18.6.2.2 地球观测

多频仪器的一个经典例子是高度计。人们对高度表与辐射的结合有浓厚的兴趣。另一个例子是在 P 波段操作的 SAR，它可结合一个冰探测器，条件是可以做到波束的重配置。

18.6.3 有前途的天线的概念和技术

接下来的内容被认为是重要的：

- 增加在同一个航天器上可容纳天线的数目。由此导致安装的复杂性和需要检查所有可能的天线之间、天线和结构之间的相互作用以及最佳的与其他子系统的共存，如热控制、姿态控制、推进系统和机构结构。
- 寻找新的方法在单天线系统中结合/集成多个任务/频率/极化。作为一个例子，辐射计天线由于准光学网络已合成超过 5 个不同的频率。这将允许由一个单一的孔径覆盖的服务区数增加。
- 增加天线的不同成分的频率带宽和耐功率能力。这将允许实现多波段天线和有更多通道。
- 开发新一代的全碳纤维 DGR 以实现不同形状的双极化波束和高 XPD。这种技术可望提供高的热稳定性和低的损失。
- 开发来自一个单孔径的圆极化选择性表面来合成圆极化波束。
- 规范寄生有效载荷的接口。
- 使技术可用于高频率。这将使天线孔径的尺寸减小。然而，这会导致对馈电系统和热反射面行为的新的限制，以及对材料的新的要求，如反射面的金属化的新的需要。需要相关的模拟工具和测量设备来应对所需的表面精度和稳定性。
- 使吊杆可用在长的焦距和可能部署在卫星上东/西边的三反射面上。

18.7 增加常规天线产品的竞争力

18.7.1 问题和挑战

天线是当前和未来的空间项目一个重要的战略性技术领域，如果投放到市场需要的时间很长，到天线能够买到时这项天线技术可能已经过时了。成熟产品之间的竞争是基于价格的竞争，如果不迅速完成标准化的话，这些产品很快会被市场淘汰。这里需要处理要求更高功率、更高波束之间隔离度、更大的频带宽度和更多数量的波束的市场趋势。在所有情况下，通过很长的验证过程来降低风险都是对及时交付的危害因素。

在过去的 10 年中，卫星市场达到了一个相对稳定的每年约 30 次发射的水平。这些卫星的绝大多数是服务于电信应用的。在这个领域，运营商要求降低每个应答器的成本和缩短交付时间。

关于天线技术，反射面天线是目前所有通信任务中最常用的，因为它们对只需要几个波束和有限的可重构性要求的应用更高效。即使固态设备有了迅速发展，但直接辐射阵列有源天线达到的性能和质量/成本预算与反射面天线也不能抗衡。受益于反射面的大孔径和重量轻的特性以及阵列产生的多个重叠的波束，L/S 波段移动任务已经实现了基于半有源天线的复杂反射面解决方案。

在过去的 30 年中，反射面天线已经历了在成本和性能方面的若干改进来满足用户需要。移动到新的频率分配如 Ku 波段、Ka 波段和后来的 Q/V 波段，在欧洲从线性到圆极化，由于频带和带宽的增加，已经并将会影响反射面天线的结构和技术。

多年来已经出现了好几代通信天线。例如，每孔径产生一个圆形或椭圆形束的 C、X 和 Ku 波段天线。Ku 波段天线从多个馈源辐射赋形波束，后来在位于赋形反射面的焦点一个馈源形成赋形波束。Ku/Ka 波段地球甲板的可扫描天线，在大陆地区产生多个笔状波束的 Ku/Ka 波段侧面天线，Ku/Ka 波段地球甲板天线模块和最近 X、Ku 和 Ka 波段的可重构天线。大多数这些天线的概念仍在使用之中，并且这些不同的产品必须提供给天线设计师作为最优的解决方案的选择。此外，创新的天线概念必须被研究以增加功能和应对新的需求。

地球观测和科学任务也要求竞争，主要是通用产品的产量，如测控和数据传输天线。它们应该在低成本和短的交货时间内可用于所有频段(UHF、S、C、X-，Ku 和 Ka 波段)。

考虑到空间市场的相对小产量，其在大量的企业中维持竞争能力是很难的。高度精确的制造和空间鉴定需要广泛的专业知识、测试设施、最小量的生产来维护知识和竞争力。应该寻找每个产品的协作和考虑其他应用/仪器及寻求可能的共同研发。

18.7.2 现在和预期的未来太空任务

18.7.2.1 通信

由于需要改善产业竞争力，各种通信任务受到强烈关注。其主要的驱动力是最成功的空间市场：FSS 和 BSS 市场和 DTH/TV 市场。同时，政府服务、VSAT 和移动市场，以及互动/广播和宽带市场将受益于天线产品成本和交货时间的减少。

尽管地面固定通信网络的能力不断进步，对于各种广播和点对点通信由于其广大覆盖能力和有限的地面基础设施，广播卫星仍然是一个有吸引力的解决方案。固定电信服务代表了迄今为止最大的空间市场。

然而，现在的卫星网络在空间和时间上都经常落后于地面网络，不够灵活以有效地支持当前非均匀分布的通信。然而，这不是卫星固有的局限性，只要适时开发必要的技术，它们实际上是有优势的，因为它们本质上能提供更大的服务地区。

18.7.2.2 地球观测

数据传输天线 地球观测和科学任务需要提高数据传输速率，从 X 波段移到 Ka 波段将会对天线产品产生主要的影响。

18.7.3 有前途的概念和技术

我们建议分两步实现目标。

首先，改善现有的产品和生产流程，以降低生产周期和经常性费用。在航天器(侧面和地球甲板)上的卫星接口和模块配置必须标准化。这可以做到，同时维持或改善现在的性能(反射面的和热变形的表面粗糙度、射频损失、XPD)。

- 准备下一代高功率馈源链：包括馈源架构和建筑块的设计以符合操作员的增加辐射功率的需要（主要是 C、Ku 和 Ka 频段）和趋向标准化接口和宽工作带宽的演变。
- 开发通用的大功率块（OMT、滤波器、极化器等）和有关的电子倍增分析。
- 调查大功率合成器的可替代方案。
- 扩大材料合格性范围，使天线产品更耐热和允许功率更强大的任务。这已经由新的遮阳罩、树脂/纤维的 CFRP 反射器的发展等说明。
- 尽可能标准化在飞船上实现的 C-Ku 反射面产品的 I/F 和几何形状。
- 确保任何负载基线设计方案（甚至有 3 阶 PIM）可以基于联合的发射/接收天线。在过去使用分开的发射和接收天线被认为是单个 Rx/Tx 天线系统的替代。这种解决方案已被某些系统（即 MSAT、ACeS 和 ETS VIII）采用并简化了某些问题，如在平台上的不对称的质量和转动惯量分布，由天线馈电单元和反射面生成的 PIM 双工器的复杂性，等等。然而，相对于单一反射面解决方案节省确实是很大的，因此 Tx/Rx 的解决方案应该尽可能是基线。当做 PIM 以及分析时需要考虑实际信号而不只是纯音，以放松对硬件的限制。
- 为测控、数据传输和导航用户天线提供标准产品。作为一个例子，在使用 X 波段数据下行天线时人们经历了干扰，因为许多使用等通量天线的用户共享频率分配。为了克服这个限制，需要开发可控波束天线以提供空间隔离。这将允许使用现有的 X 波段地面设备，即使用户要求相当大的数据速率和甚至更多更先进的调制方案的数据率。应考虑双极化，其概念和机制应该可以转到 Ka 波段以获取更高的数据速率。
- 开发紧凑的全球覆盖喇叭和中等增益天线。通信任务需要从 GEO 覆盖全球和科学任务（诸如水星探测器或火星样本返回）已经确定了需要中等增益天线。对于这样的天线其指向性范围在 16 ~ 22 dBi 之间，直接辐射阵列或与一个多层寄生结构相关的单个单元，如 Fabry-Pérotconcept 和传统的喇叭或反射器天线相比，它提供一个很好的和紧凑的解决方案。
- 改进 S-X 波段天线来产生通用的产品以支持科学任务数据传输并准备下一代的基于 X-Ka 波段的天线。
- 为测控、数据传输和 GNSS 低多路径接收天线提供标准产品实施和增加的数据速率兼容的解决方案：在 LEO 地球观测卫星地面基础设施之间等实时通信的数据中继卫星。

其次，使用最近的研发成果确定创新的天线概念：

- 使用反射阵天线来取代赋形的反射面得到成本和开发时间上的好处。
- 提供低成本的反射面模具作为当前模具的低 CTE 材料的替代材料。铝或钢合金，结合专用的和准确的在固化过程中的扭曲预测及其对天线的形状影响，可以提供一个解决方案。这可能需要在反射面本身使用低温固化的树脂系统。也可以回收利用 Invar 钢和石墨模具、CFPR 夹层或者碳纤维增强塑料制成的模具或碳纤维增强水泥，加以加工和涂覆表面，以及低 CTE 泡沫块，如机械加工的和表面处理的碳泡沫，等等。
- 为地球观测和科学任务开发高增益 Ka 波段数据传输天线。对于前者，卫星要求高下行数据率（预计 1.5 Gbps）。目前的解决方案是基于 X 波段等通量天线与 50 MHz 频率带，这可能允许达到 350 Mbps。对于科学任务，典型的数据率是 10 Mbps，但环境约束可以变得更严格（BepiColumbo 飞近水星时遇到的最大温度为 400℃）或可能需要避免任何天线移动部件引起的平台的姿态扰动。为应付项目需求，预期有几种解决方案。为满足地球观测链接要求的高数据率，分配了 25.5～27 GHz 的频段，而 31.8～32.3 GHz和37～38 GHz 波段则留给深空探索。还可以提一提空间 VLBI 的应用需求，如 VSOP2 任务，要求数据传输速率高达 4 Gbps。Ka 波段机械或电扫描天线的新设计和初步关键件模拟板试验是必需的。为了符合科学仪器生成的海量数据的需要，这将允许减少星上处理的需要和由此增加的复杂性。

18.8 使能单波束动态覆盖/极化重构

18.8.1 问题领域和挑战

考虑到全世界波束捷变同时使用阵列和反射面天线的地球观测 SAR 的历史，本节的重点是通信任务，主要挑战仍然是限制在轨实现可重构性。

目前，大部分运营商部署的卫星仍然利用固定天线架构来提供 C 波段和 Ku 波段通信服务，这不允许在覆盖范围内辐射特性的任何改变。现在，灵活的覆盖是通过运营商在只有两个轴或三轴可操纵的天线上和旋转次反射面实现的。这些动作是在平台的地球甲板上实施的。

长期来看，这些载何将逐步被更高级的系统取代，这将允许更高程度的灵活性和可重构性。未来星载天线系统应能够实现在轨辐射性能的改变，如波束重定位、极化捷变和覆盖重新定形。这将允许适应：(1)在卫星生命周期业务量需求的变化；(2)轨道位置和改变；(3)补偿由于热弹性扭曲和/或雨衰减导致的退化。

尽管如此，考虑到相关完全可重构，有源天线的高成本和谨慎市场的进化，最可能的中期情况是使用有部分程度灵活性的无源天线。在运营商订购下一个卫星时，在飞行时覆盖范围可灵活改变将是一个具有吸引力的功能。尽管不明显，但这些载荷运营商将接受更高的成本和重量或降低的射频性能。因为这个原因，增加的灵活性应该用和目前的天线相比不显著增加总成本的手段获得。这种方式能够在“通用、模块化、可缩放”的产品与低成本和短时间内可进入市场的产品之间进行权衡。

18.8.2 现在和预期的未来太空任务

18.8.2.1 通信

这一目标主要适用于在前一节中描述的广播卫星服务。

18.8.3 有前途的天线的概念和技术

为解决部分辐射性能可重构性问题，需要改变天线的架构和技术。如果只要求有单个波束，这就打开了通向机械可重构天线、带移相器/开关的反射阵和无源(相控)阵列天线的大门。此外，可以考虑混合型机电天线。

机械可重构天线只能使用机械来重新配置波束。除了现有的基于旋转执行器的两个轴或三轴可操纵的天线，以及有线性驱动器来移动主反射面的可缩放的天线之外，人们对于能够允许选择天线孔径来生成预定义的覆盖区的机构有极大的兴趣。这个孔径可以是(子)反射面、阵列或反射阵天线。

为增加方向图形状的自由度，可重新成形的反射面有一些小型线性驱动器在反射表面背后可提供一个很好的选择。传统的二维旋转驱动器可用于扫描，而波束成形则从一系列的线性驱动器获得。

无源(相控)阵列可以使用孔径分割分辐，辐射器具有一个中央放大器馈电，而单元之间则有相位和振幅控制。在这种情况下，BFN 将是输电线路、移相器或可变功分器的组合，BFN 由高功率放大器发射时馈电。无源阵列在发射/接收或阵列馈电反射面中用作直接辐射阵列。功率分布也可以以辐射方式用在一个包含在离散透镜天线中的移相器完成。主要的发展可以使用不同的构建块进行。

- 高效、灵活、紧凑 TWTA 是 Ku 和 Ka 频段阵列馈电反射面的关键。
- 铁氧体的器件(如可变功分器和移相器)可以使用。减少输出的损失，尤其是在半有源阵列反射面天线中，是一个很高级别优先考虑的问题。ONET(输出网络)和馈源的连接问题是复杂的和有损耗的，哪怕对于 L 波段大天线，对于 Ka 和 Ku 频段将更加困难。
- 集中产生功率的需要开发耐功率能力，以及处理电子倍增效应和 PIM 等问题。
- 天线射频/机械/热的高效集成和相关的热控制可能需要处理大功率耗散问题。

有源反射阵可以使用辐射器由馈电系统照射的孔径。通过改变辐射器的相位反射特性，波束可以转向或赋形。可以在每个正交极化产生两个在轨可重构的独立波束。这个概念有几个优势，因为信号分布是以辐射方式完成的，但将严重限制用来改变相位特征的有源设备。主要努力应体现在技术和部件，如 PIN 二极管、液晶、RF MEMS，铁电薄膜、铁磁、器件等，使这种配置能成功运转在考虑到空间环境约束(温度范围、辐射等)的情况下以及在发射天线要求的低损耗、低交叉极化、频率带宽和耐功率能力的情况下。

混合机电天线可以使用一种机构来将孔径指向所需的区域和控制馈电系统来形成波束。另一个主要为移动用户天线实现的结构使用机械的方位角扫描，并用少量的有源器件控制俯仰角电扫描。这样的配置可以提供非常有效的较低成本的天线与其重构能力。在第一种配置中要求的场分布在馈电平面可以用下列方式生成：

- 一组由一个 BFN 激励的馈源。
- 用一个/一组馈源照射空间放置在从馈源到主反射面的波束路径中的空间过滤器。

在这两种情况下，反射面的照射可以调整，以达到所需的赋形和重构能力(效率、极化纯度等)和最好的实现特性(制造、组装、集成和测试，以及总成本)。

18.9　可以承受的成本使能有源天线

18.9.1　问题领域和挑战

本节介绍多波束宽带电信(主要是 Ka 波段)、广播(主要是 Ku 波段)、移动通信(主要是 L/S 波段)有源阵列天线，以及导航、SAR、微波辐射计和地球观测与科学高速数据传输天线。当重构和自适应的多个波束必须生成(或接收)时或在任务必须在大功率放大器之后(或在一个低噪声放大器之间)将损失最小化时必须使用这些类型的阵列架构。

直接辐射或接收信号的有源相控阵天线被称为直接辐射阵列(DRA)。它们也可以用来照射反射面，在这种情况下，天线系统被称为阵列馈电反射面(AFR)。馈电阵列可以对在空间内展开的大反射面的内在变形进行补偿，放松对表面精度的要求，合成所需的方向图和/或在覆盖范围内移动整个多波束来弥补季节性卫星偏移。本节介绍两种类型的阵列——DRA 和 AFR。

两个主要的有源天线阵列架构可以区分为：

- 利用专门设计的混合电路的半有源阵列，电路引入在单元和功率放大器之间。这允许运行在标称电平与最佳效率上。波束扫描或重新配置是通过在放大器输入端只用相位控制信号完成的。这些阵列通常用于馈电多波束反射面天线。

- 有源(相控)阵列在单元级使用分布式大功率来发射和低噪声放大来接收以及相位和振幅控制(如果需要)。当指向控制被用于保持与地球在大角度范围内的链接时，有源阵列适用于低地球轨道通信卫星系统。最常见实现快速波束扫描的方法是将单片微波集成电路(MMIC)移相器集成到天线单元上。

目前 RF BFN 往往被结合信号处理形成的数字波束成形取代。在数字波束成形阵列中，只有位于天线孔径附近的高功率元件、电路和 LNA 使用模拟电路,所有的振幅和相位控制功能都以数字式实现。用数字波束成形(DBF)可以获得非常精确的波束控制，并可以应用各种阵列信号处理方法。这包括非常低旁瓣的多波束、自适应方向图控制和信号的到达方向(DOA)估计。数字信号处理器允许较小的用户天线时可以区分输入信号和干扰。

不同的应用中扫描的空间会发生剧烈变化，这对于选择天线的概念有重大影响。对于 SAR 的应用，关注的是在俯仰角上有 ±13°的覆盖，且在方位上没有或有限扫描。对于辐射测量仪大约关注覆盖 ±45℃到 ±60℃圆锥扫描区(SMOS 或其他扫帚形的解决方案)。对于通信视场为 GEO ±9℃的情况，对导航地球视角在一个锥形的 ±12℃内。

受益于空间应用传统，阵列天线主要用于地球观测任务和军事通信。SAR(SIR 系列、ERS、Envisat、Radarsat 等)不太复杂，因为只需要有捷变能力的单一的波束以及脉冲工作模式大大降低了功耗的约束。应该指出的是，未来地球观测仪器，如宽幅高分辨率雷达，还将要求非常苛刻的波束灵活性和控制。这就隐含地铺平了用数字波束成形和更多考虑信号处理的道路。除了地球观测应用，最近的发展，如移动通信用的全球星、Iridium NEXT 和 INMARSAT-4，为无源辐射测量用的 SMOS，已经表明了阵列天线之所以受关注及其潜力。在欧洲以外，最近主要阵列天线的发展包括美国的 SPACEWAY 和 WGS(宽带裂隙填充物卫星)和日本的 WINDS。用数字 BFN 的阵列已经在几个国防项目实现，如天网 5、锡拉丘兹 3 或 SPAINSAT，但也被用在大多数移动交互式通信任务中(“国际海事卫星”系列)。

20 世纪 80 年代初期以来，虽然最初通常考虑将 DRA 用于几个项目，经过详细的技术和经济的权衡后，在最后执行任务时，解决方案选定的几乎都是基于机械扫描的反射面天线。比如下面的例子：

- (ERA)汽车和飞机(Connexion)用的移动用户终端。
- SAR 反射面为基础的波束扫描合成孔径雷达是现在更经常考虑的。
- 通信多波束天线(分成几个单波束天线的 Skybridge)。

初步选择有源阵列往往是合理的，因其最大的优点是灵活的覆盖、在轨可重构性只由一个孔径生成多波束和为波束扫描可不用移动部件。当时基于有源天线的解决方案都被忽视是由于其固有的缺点，即大功率消耗和耗散，广播时有限的辐射功率能力，复杂性和不成熟的技术，当要求高增益时的质量预算和总成本。这产生了对新的超轻合金技术和热硬件的需要。随着开发更高的 Tx/Rx 模块的进步以及热性能方面可能不同，但改善这个参数没有像预期的那样快。

因为有源相控阵天线复杂且价格昂贵，只有少数太空任务(约 10%)在考虑使用它们。地面和机载雷达则不然，因为来自国防项目的大量资金导致大规模的 Tx/Rx 模块生产，早在 1985 年，每个模块价格就达到了 100 美元。遗憾的是，由于完全不同的需求和操作约束，这种背景只是部分适用于航天任务。

今天，当没有其他要求功能的替代品时，用于空间任务的(有源)相控阵才被考虑。主要的情况是：

- 在轨多波束捷变性(低轨道地球卫星或中地球轨道通信星座)。
- 多波束可重构性或可能的跳波束来应付卫星的生命周期(GEO)中的任务要求。
- 为地球观测或科学数据传输天线提供无惯性波束扫描。
- 保密传输(更高的保密级别，如抗干扰，即使商业应用的要求也强化了对该产品的需求)。
- L-S 波段 GEO 移动通信空间天线(飞船不适合容纳 4 个无源 12 m 反射面天线)。
- 主要受体积限制和平面孔径约束的任务。

总之，阵列天线具有很显著的特色与优势，预计将在很多的空间应用中得到更多应用，这时，它们的生产成本将是可以承受的。面对与阵列天线分系统相关的大量约束，特别是在任务强调中等增益和波束数量时，我们应以最有效的方式提出新的阵列架构和技术。

18.9.2　现在和未来的太空任务

18.9.2.1　地球观测

在过去，工作在 C 波段的 SAR 安装在卫星上，而星上也装有其他类型的设备(如 ERS、EnviSat)。现在的趋势是使用有多波束测量仪器专用的卫星，可能处于星座中。

下一代 SAR 需要成本高效、更灵活的阵列天线解决方案(收发分置操作，只接收阵列；波束赋形，宽扫描波束捷变性；高极化纯度的极化测量操作，干涉测量能力)。预计将需要更大的带宽(侦察)，更高的幅度/相位稳定性，更高的灵敏度(科学)和同时多波束接收，以及和只接收大孔径结合。

除了基于有源或无源焦平面阵列的反射面解决方案之外，还有一个降低基于有源相控阵 SAR 天线的成本的需要，因为这种天线是主要的成本因素。对于这个目标，将会向新一代的有先进的 Tx/Rx 模块有源天线的 SAR 演化，先进技术是 GaN、SiGe，先进的封装与互联概念、新材料和提高热控制的新型技术等并可能包括变频或数字转换技术。

还应特别注意先进的校准概念，以获得显著减少成本、与目前使用的技术相比可能放松要求的设备和反射面(如果有)。

除了 C 波段和 X 波段的设备，侧视 SAR 和用于生物质和冰盖厚度测量的工作在 P 波段(435 MHz)探地雷达，有对天线严苛的限制并要求发展非常大孔径天线(通常是 60 m^2)。

而且在无源信号侦收领域，例如 GNSS 信号，要求天线工作在 L 波段并能够进行波束扫描和跟踪。

18.9.2.2　通信

保密通信　最近，存在通信卫星转发器被未经授权发射器访问的情况报告。这种发射器可能位于正常覆盖范围的内部或外部。后者是可能的，因为卫星天线使用赋形的反射面具有相对较高的旁瓣。和未经授权的访问一样，通过广播强破坏性信号来干扰需要的信号，通信有效载荷也会遭受拒绝服务(DOS)的攻击。未经授权的地面发射机能引起严重的应答器容量减少，导致卫星运营商的收入损失。

为了减轻这种未经授权发射器的影响，在航天器上可以包含一个辅助 Rx 天线用于降低天线增益，即在天线覆盖范围或旁瓣区域，正确设置幅值和相位后，创建一个零值，然后以最适当的电平与有效载荷部分的 Rx 天线的输出结合。未来采用阵列馈电反射面天线的灵活覆盖有效载荷在接收时将便于天线自适应置零，并允许通过设置馈电单元的激励系数对赋形的波束进行重新配置。这将适用于卫星广播任务，它通过一个赋形的反射面和AFR，工作在Ku波段，以等场强波束轮廓的形状实现波束覆盖。

大部分现有的卫星使用“曲管”应答器，其载荷是透明的，并且广播可以收到的任何在其频带内的信号。因此，有必要开发和实现额外的负载硬件和处理软件，用于以正确的相对振幅和相位合成主要和任何辅助天线输出，以对未经授权的发射机或干扰源方向产生一个有效的置零。可以预期大功率干扰源必须是窄带的，因此置零可限制在窄带信号，并且可以考虑在信号的单个Rx频道置零，位于完整的Rx频带内的带宽是36 MHz(TBC)。很可能零点以外的覆盖性能会受到损害。然而，这会被限制在一个信号通道内。在AFR天线的情况下，有必要开发适当的处理(算法)来确定干扰源的DOA，据此重新配置相应的天线覆盖范围。

移动通信 参照大型天线章节。

传统的固定电信服务(主要是Ku波段) 参照区域竞争力章节。

大容量多波束系统(主要是Ka波段) 参照高吞吐量章节。

18.9.3 有前途的天线的概念和技术

对于阵列天线，最优的天线和有效载荷/设备结构在很大程度上是互相联系的并依赖于任务。最后的选择强烈依赖于：

- 在覆盖区上的EIRP和G/T(对辐射器的数量及其相关的放大器有影响，其转化为安装、热和机械约束及BNF的功能复杂性)。
- 要生成的波束数量，对波束成形的复杂性有影响。
- 整个频带和用于通信任务的波束/用户分配(对通道化有影响)。
- 灵活性的类型体现在波束形状、每个波束中的功率、频率、极化(对功率灵活性、通道化、路由等有影响)。
- 在轨可用资源、平台的类型和卫星轨道(对机械/热设计和有效载荷/卫星AIT有影响)。

卫星发射部分是有限的星上资源最关键的一部分。整体功率效率应该被最大化，以实现在所需覆盖区域目标的EIRP。考虑到所需RF功率总数目一般超过用于空间应用的单个放大器产生的功率，需要的方法是通过将多个同样所需的信号用TWTA或SSPA的高效大功率器件单独放大后再合成。存在着不同的功率合成技术(如网络合成、极化合成、空间合成等)，每一种都具有特别的优点和缺点。由于合成信号之间的幅度和相位非完美匹配、或特定的放大器有故障，它们都有合成损失(或在极化结合中交叉极化的降解)，以及欧姆损失。合成损失在很大程度上取决于所选择的天线结构。

多波束天线及相关的射频前端是整个系统的关键性元素。为了最大化利用产生的射频功率，BFN的高功率放大器连接到辐射元件的部分应几乎无损，而天线应具有能够耐非常高的RF功率水平的能力。

不同波束之间天线功率的可重构性可通过分布式放大使它成为可能。主要配置通过为指定波束贡献功率的放大器的数量来分类，列举如下：

- 基于连接到一个独立的大功率BFN的高功率段(BFN的端口号等于波束的数目，没有赋形灵活性)，这个方案主要用于AFR，例如M-SAT。

- 半有源多矩阵构架(该构架由一个完全互连的低信号电平的 BFN 直接连接到 TWTA 的输入端)。该方案主要用于 AFR，例如 INMARSAT-3、Artemis、Thuraya、INMARSAT-4 和现在的 Alphasat。
- 低功率的 BFN 馈电给一组固态功率放大器或柔性 TWTA，直接连接到没有冗余的配置的辐射单元。该方案主要用于赋形的或非聚焦反射面、成像系统和具有规则间距的 DRA。
- 低功率的 BFN 馈电给一组固态放大器或 TWTA，直接连接到没有冗余的配置的辐射单元。该方案主要用于 DRA 和成像系统。具有不规则的间距的稀疏阵列，当所有的放大器在相同的操作点工作时，允许产生所要求的孔径锥削等。

这些架构的框图如图 18.4 所示(冗余元素未显示)。要注意的是，对最后的两种情况，没有反射框图也是有效的。

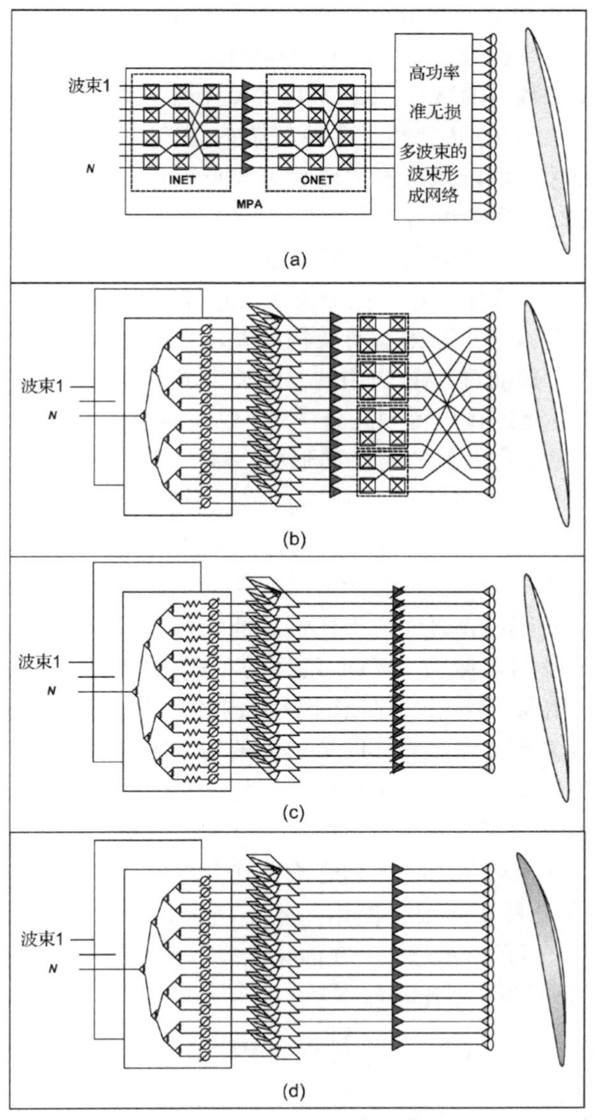

18.4　可行的天线结构。(a)MPA 连接到独立高功率波束成形网络；(b)半有源多矩阵；(c)馈电给一组灵活的TWTA的低功率波束成形网络；(d)馈电给赋形反射面的有源阵列

考虑到不同的任务要求，下面阐述的是最有前途的天线结构。

高等效全向辐射功率(EIRP)：当前系统的发展趋势表明，一种更高的 EIRP 性能可以避免移动信道衰减，以提高服务质量(QoS)和增加传输吞吐量。可以设想，基于 MPA 连接到独立大功率 BFN 器件的反射面天线结构将很快在单个波束可分配功率上达到极限，并且在波形非重构覆盖上受到限制。高 EIRP 在没有覆盖重叠的要求下或在非最佳激励被接受并保持正交的情况下仍然可以得到。这在 MSAT 中已实现。

对全功率和不同语言区波束形状可重构增长的要求需进一步改进架构灵活性，同时保持高效的直流电源转换成 EIRP 和低重量、小体积和成本。在这方面，阵列馈电的(子)反射面是一个很好的选择，因为它包括由反射面带来的来自焦平面阵列的不同功率的高指向性。同时，成像阵列天线可以产生很高的 EIRP，但要付出大量的有源控制和反射面的相差的代价。大尺寸的馈电阵列和反射面严重限制了飞船上卫星平台天线的数目。集成 Tx/Rx 的解决方案应该是首选，但要求有足够的重叠和溢出效应的单馈阵列的设计。

大数目波束：随着波束数目的增长，RF BFN 的复杂性大大增加，于是在波束之间的路由和频率规划就经常要求有更大的灵活性。这种复杂的任务的要求最好用星上的数字处理器(OBP)求满足，因这种处理器可以执行自适应波束成形路由和通道化。数字实现的优点包括精度、可预测性和没有老化、漂移和元件值的变化等因素。OBP 功能的增加，需要数字处理技术和架构的不断进步。波束带宽可能低于总转发器带宽(如在频率复用的情况下)，这在原则上导致复杂度的减小，方法是首先把每个宽带馈源信号分解成窄带信号，然后在一个较低的采样率上进行波束合成。这种类型的有效载荷架构对要求更高保密级别的商业应用是令人感兴趣的。除了有大量的波束，预期对 SAR 应用的数字波束成形网络将允许雷达实施更多的模式，例如 MTI，并将提供真正的延迟线以得到高分辨率，以及使中央电子更通用。

中等的增益：DRA，无论是平面的还是共形的，对中等大小的孔径尺寸是非常有竞争力的，例如对中低轨移动通信的任务或地球观测仪器以及次要的 GED 卫星通信都有竞争力。DRA 的主要优点是能提供灵活的/可重构的使用分布式放大的多波束操作和有平滑的性能衰减。同时，分布的功率电平使天线中的电子倍增放电的风险降低。然而它们会因为目前的固态功率放大器的功率附加效率(PAE)而付出代价。低效率不仅影响可实现的 EIRP，而且还影响卫星上功耗。在 Ku 波段的多载波 TWTA 典型的 PAE 的值为 50%，SSPA 的值为 10% ~ 20%，这经常被视为一个阻碍，但 SSPA 在未来几年内的效率情况并不期望会大幅改变，即使考虑到新技术，例如 GaN 对于高温度操作时要达到的功率密度的影响。

等功率辐射器的非周期阵列：这种阵列允许大大减少有源单元的数目和 BFN 的复杂性对预期的成本的重大影响以及由于使用迷你 TWTA 比 SSPA 有更高的 PAE。不等间距阵列和稀疏阵列具有有趣的特性，并相对于周期阵列[3]有几个优点。目前为止，稀疏和稀散阵列因为需要更复杂的分析和综合工具从而很少使用。基于规则和不规则单元间距的有源多波束的 DRA 的通用框图如图 18.5 所示。最近[4]，在简化天线模型比较的基础上对基于两种设计方法的有源 DRA 体系结构进行了折中，比较如下：

- 周期阵列(见图 18.5 左)用幅度锥削进行旁瓣控制，方法是每个天线单元使用相同的高功率放大器设计(但每个 HPA 按照每个单元所需 RF 功率输出)。
- 非周期阵列(见图 18.5 右)旁瓣控制方法是所有单元使用相同的高功率放大器设计但对单元进行适当的定位(所有的 HPA 工作在相同的操作点)。

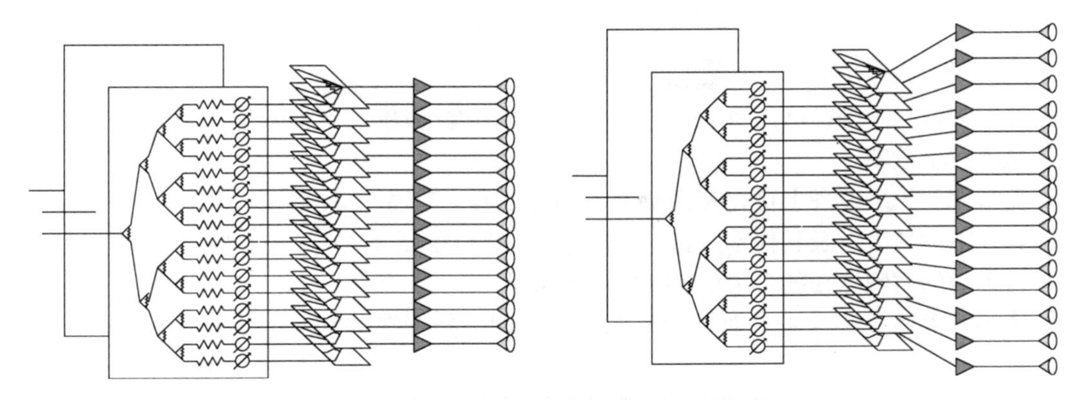

图 18.5 发射天线阵列架构的规则和不规则的辐射孔径间距

最近的初步调查清晰表明有源非周期阵列对减少元件数量、减少有源控制元件数和放大器数量同时提高整体天线的直流到等效全向辐射功率转换效率具有很高的潜力。当优化导致功率放大器的数量急剧减少时，为了保持相同的 EIRP，固态功率放大器可以由小型或标准 TWTA 所取代并给予 PAE 额外的好处。

注意，打破了周期性和稀疏阵列减少了单元数，单元之间的间距可显著增加。这对视场中的栅瓣数目有害。然而，稀疏阵列的布局和幅度锥削可以被设计成除了控制波束宽度和旁瓣电平外，还可控制栅瓣的位置和形状。与常规的阵列相比，稀疏阵列还可自由地独立调整最大增益(控制天线孔径中的有源单元个数)和波束宽度(为固定数量的有源控制型阵列整体尺寸)。事实上，波束宽度主要取决于阵列的孔径大小，当减少单元数时，波束宽度只会轻微增加。另一方面，天线实现的增益取决于单元的数目和它们的特性。当链路预算允许时，一个有非常有限数量有源单元的大型阵列可以产生非常窄的波束并有潜力增加在一个给定的覆盖内的频率复用。

另一个有趣的概念是，它利用所谓的重叠子阵列。在这种情况下，DRA 是和子阵级层次平顶方向图相关的。这允许从每个子阵生成一个类似的电平覆盖区，同时降低覆盖区外面的子阵的量化波瓣。为了实现这一子阵列方向图，一种 $\sin(x)/x$ 型振幅激励施加在子阵级相邻的子阵列共享单元上。

具有水平顶部单元方向图和有限视场的相控阵天线，据文献记录可以通过以下几种途径得到。从均匀分布的线性阵列的 Orchard 合成程序的实例到 Elliot 和 Stern 的二维阵列，以及 Krumar 和 Branner 的二维阵列，和把勒让德多项式分布用于获得一个形状类似于一个矩形的方向图的特定的程序。也许最有趣的结果已经被 Skobelev 等人获得[5]，他们一直在研究，制造和测试有限大小能够产生一个伪矩形方向图的子阵列。斯科别列夫等人的工作都集中在一个单一波束天线的情况上，然而，在许多空间应用的情况下目标是多波束天线。

为了阵列的设计，在子阵级产生 $\sin(x)/x$ 分布需要一个波长上相当大的尺寸，因此在地球上会产生子阵的量化波瓣。消除子阵量化波瓣的方法是在孔径平面内重叠子阵列以获得一个幅相控制距离使子阵量化波瓣位于地球之外。这种重叠是由功率放大后(发射时)的一组功分器/合成器进行的。

上面提出的两个概念被称为“稀疏阵列”和“重叠阵列”，允许显著减少一个控制数量与预期降低阵列的成本。另一个由于子阵列的指向性中等引起的有趣的能力，是能够只辐射到所需的视野上，而是不更广，不像小的元件间距的规则阵列那样。这个空间滤波性能可与反射面天线的性能相比较。

为了能负担得起有源天线和增加它们在空间任务的使用，重点应放在系统方面，以及创新架构和关键技术等方面，如下所述。

- 开发创新的阵列(DAR 和 ARF)架构以降低幅度/相位控制器数目与成本以及复杂性，提高功率效率。
- 在指挥和校准原理上优化阵列幅度和相位设置，需要考虑有源天线设备随温度的变化和性能的离散以及其他不完善性，以这样一种方式来放松要求并节约成本。有大量平行辐射的射频路径的自由度，应被充分利用。
- 使用波束跳变技术来应对用户需求的变化时，分析它对空间和用户天线(同步、协议等)的影响。
- 探讨由有源的概念提供的通用、模块化和可扩展性的好处(低研发费用，较快投放市场)，并将其性能/成本和高度优化、高度集成、低重量定制的解决方案比较。
- 提出减少阵列质量的方案。即使 AFR 天线或 DRA 允许产生几个重叠波束被一个天线代替，而不是用几个完全无源的反射面阵列，阵列表现出质量通常高于反射面天线10 倍，这大大减少了它们在高度定向天线中的使用。考虑到平台的多个接口，主要应努力达到一个高的所有功能的集成度(RF、机械和热)。
- 功率放大后改进发射阵滤波器的体积和质量。可滤波性和自双工天线，其中全部或部分的滤波功能集成在辐射面内，可能是一个值得探索完善集成度的路径。
- 开发能提供最好的质量/成本/进度/体积和性能/带宽的馈电和辐射单元。波导的印制技术应考虑在 C 波段以上使用 DRA 的地球观测和通信任务。
- 当阵列采用相同的阵元间隔时，阵列的多波段工作是困难的，因为这往往会在更高的频率产生栅瓣和较低频率上的过采样。应考虑对数周期或伪对数周期结构，它有潜力去克服这一局限性。
- 对于功率放大器的效率，有源阵列天线的一个关键问题是固态功率放大器的多载波模式运行效率低(30%，在 L 和 S 波段；15%，在 Ka 波段)，特别是当负载变化时。在过去的 20 年中只取得了有限的进步。应考虑一个理想的产品，应是在大动态范围内有一个恒定效率的功率放大器。
- GaN 的研发在这个领域至关重要。进一步发展 GaN 固态功率放大器，跟封装的问题和集成的热控制来处理大型阵列的功耗有紧密联系。
- 因为它们在 Ka 波段以及 Ku 波段对 AFR 是必需的，应包括高效、灵活和紧凑 TWTA，而小脚印的 DRA 要求小型的行波管。
- 提高模拟 BFN 技术来增加射频/直流/测控集成度和封装，并允许对付任务需要的波束数量和辐射单元。
- 如预期的那样，数字波束成形把从移动通信扩展到其他应用上。
- 因为适合大批量生产，硅/锗电路有望降低成本，允许 RF 和指令/控制集成在同一器件上，这对整体设备的尺寸具有重大影响。可以预见，该方法可用于移相器，且本地振荡器直接用于 SAR 模块实施下变频。
- 有源热控制需要应对阵列大量的耗散能量。将新的 GaN 发展和热控制工具(热管和两相回路)扩展到更高的温度，以充分发掘阵列天线在较高温度下工作的潜力，从而减少所需的散热面积。

18.10　为未来的地球观测和科学仪器开发出的新型天线

18.10.1　问题和挑战

空间提供了一个独特的有利地位来获得关于地球的陆地、海洋、大气、冰、生物等的信息，其他的方法不可得到。NASA、ESA、日本宇宙航空研究开发机构和其他空间机构正在研究这些成分之间的相互作用来促进地球系统科学的新学科。自从第一颗地球观测卫星——海洋卫星用雷达来研究地球及其海域以来，不断有任务用来观察和监控土地、大气、海洋和冰盖。收集的数据提供了丰富的地球系统的运作信息，包括洞察造成气候变化的因素。地球科学委员会和对来自空间的应用的想法是地球科学研究和应用项目的基础。

理解复杂的、一直变化着的人类生活的星球，它如何支持生命，人类活动如何影响地球支持生命的能力，是人类所面临的最大的智力挑战。它对社会寻求实现繁荣、健康、可持续发展也是一个最重要的挑战。

地球观测任务需要各种各样的天线、工作频率和技术。这导致非常不同的无源和有源类型的仪器，如辐射计、测深仪、散射仪、雷达(包括 SAR)和高度计。据预计，这些任务将被升级以确保服务的连续性和改进。此外，新的工具正开发中，开启了通向新的科学数据的大门，得到即时天气报告并支持数值天线预报。P 波段应用带来更好的生物数量测定，用真实的或合成的大尺寸孔径可得到高分辨率，由于技术向太赫兹范围发展可获得更好的大气化学的知识。在大多数情况下，这些任务将需要向地面传输数据的天线具有更高的传输速率且预计将从 X 波段移到 Ka 波段。

科学的任务是研究宇宙为什么是现在这个样以及它是如何演化的。在 2009 发射的普朗克任务，以从未达到的最高的精度分析了宇宙大爆炸后的第一束光，即所谓的宇宙微波背景辐射(CMB)。普朗克载有一个 1.5 m 直径的望远镜来收集来自 CMB 的光，并将它聚焦在两个阵列上有 50 个以上的馈源的无线电探测器，它们工作在 30 ~ 857 GHz 之间。由于这些探测器观察亮度的温度变化比 1 度小 100 万倍，它们必须是高灵敏度的，并阻止来自太阳系和银河系的不必要的辐射。这说明了为什么在过去做了很大努力由 ESA 来评价杂散光对普朗克的仪器灵敏度的影响。在 L2 波段的太阳系统中的行星探索任务将需要更大的科学数据传输率和需要在 X 波段和 Ka 波段非常精确的和大的天线。这些任务有高指向精度的光学仪器从而需要无惯性波束指向，即阵列或 AFR 的电子波束控制。

空间科学和地球观测用的微波仪器有几个共性，把它们放在一起讨论是合理的。在这两种情况下：

- 有源和无源概念是需要的且在结构和技术上可以发现具有协同效应。
- 需要慎重考虑来自工作在其他频率(光学、红外等)地面装置和空间仪器的数据产品的互补性。
- 毫米波的竞争优势需要评估，因为成像红外光谱仪用有限的资源可以达到类似的结果。

然而，主要的差异在于环境和卫星资源的限制(质量、功率等)，对最后所用的天线配置和设备/技术有很大的影响。

18.10.2 目前和预期的未来空间任务

18.10.2.1 地球观测

地球观测任务分为4大类：观测卫星(专门设计从地球轨道来观察)，气象卫星(主要用于监控天气和气候)、环境监测(卫星设计用来探测地球植被的变化，海况、海洋色彩和冰场)，成像(从对空间地球地形到成像)。进一步的需求需要更好地理解涉及大气平流层对流层交换/化学对长期气候过程的影响。看来未来的地球观测任务将包括亚毫米波频谱仪，用于测量各种气体。自20世纪70年代以来，开发出了探深器，EOS Anra卫星上的微波探深仪包括高达2.25 GHz的谱线接收机。由于不同的任务仪器的特异性，人们提出了下面的按仪器类型分类，而不是按任务分类。

辐射计 分辨率和灵敏度在辐射测量中是最重要的。不同的方式可实现天线孔径(连续或阵列)，不同的扫描方式(推扫和旋转)提供了一些折中的解决方案。

分辨率的要求物理上决定了仪器传感器，因此天线的尺寸在较低的频带上有影响。利用相关处理，基于阵列的传感器(稀疏或密集)配置允许形成合成孔径。编队飞行曾被考虑，但由于可实现的合成波束质量仍然是个问题。仪器传感器的物理尺寸(天线)与最好的分辨力直接相关。在天线作为一个无源传感器的情况下，方向图质量(扩展的噪声分布的微波取样函数)是很重要的。波束效率以及旁瓣电平将是关键驱动因素。一种基于阵列配置传感器的例子是欧空局的SMOS任务，它观察地球系统的两个关键变量，即陆地上的土壤湿度和海洋盐度，用来推进气候学的发展，以及气象学和水平模型的发展。它采用了创新的Y型仪器，它设计为一个二维相关干涉仪，获得了在L波段(1.4 GHz)的亮度温度。

另一个有强大功能的辐射计的概念是一个采用推扫式场景的仪器。它使用真实孔径来实现高灵敏度。然而，它隐含着覆盖率的限制，这与焦区阵列尺寸相关。在低频段和旋转速度方面，反射面旋转的方案引起强烈的约束。当一个旋转的方案被应用时，传感器的旋转有一个物理的上限从而对分辨率有约束。作为一个例子，美国宇航局/喷气推进实验室所提出的土壤水分有源/无源(SMAP)任务建议使用6 m直径的旋转反射面天线。SMAP任务已经由美国国家研究委员会地球科学十年调查小组建议在2010~2013年间发射。SMAP将使高分辨率、高灵敏度的全球土壤湿度测量成为可能，它通过一个L波段雷达和辐射计还可对覆盖面积重访。一个小的航天器上的自旋天线的动力学被确定为一个潜在的风险，但这个风险可控已显示。

SAR SAR对地球的动态过程提供信息。它们还在海洋动力学、海波和地面风的速度及方向、荒漠化、森林砍伐、火山活动和构造活动等方面提供有价值的信息。最先进的高性能C波段和X波段SAR仪器均配备有源相控阵天线，并表现出优异的性能。最近，基于X波段反射面的SAR已被开发并且多刈幅的能力已在研发合同中被证明。在较低的频率段，例如，P波段和L波段，同样有“反射面和阵列”的权衡。由于频率较低需要大口径(超过10 m)，导致一个无源的大DRA和一个大的可展开反射面之间的困难和折中。

在2009年，欧空局的生物量计划进入A阶段，如果最后被选择，将通过P频段(435 MHz)SAR观测全球森林覆盖面积来估算森林生物量。已经研究了3个概念，两个基于一个非常大的无源DRA天线，另一个基于一个大的可展开反射面。后者已被选中，装在传统的平台上，包括一个可展开的双波束反射面天线(14.7 m×9.7 m)。

另一个例子是在L波段的干频SAR系统。人们提出，假设有双基地配置的两个(或更多)

卫星，包括一个具有全部 SAR 功能的主卫星和一个副卫星，两个卫星之间的距离（通常为几公里）维持在轨道的一个较大比例，从而获得一个双基地干涉 SAR。超过 15 m 的大型可展开的反射面天线，已被确定为对 L 波段的任务具有潜能。作为一个例子，美国国家研究委员会地球科学院的十年调查，空间地球科学应用小组，建议美国宇航局在 2017 年发射 DESDynI 任务（地表变形、生态系统的结构和冰动态），这是一个集成的 L 波段 InSAR 和多波束式雷达的使命。这个使命结合了两个传感器，为固体地球（表面变形现象）、生态系统（陆地生物量结构）和气候（海冰动力学）提供重要的观察数据。传感器是：（1）L 波段多极化干涉合成孔径雷达（InSAR）系统；（2）将在 2017 年发射的多极化集成的 L 波段 InSAR 系统。喷气推进实验室为这一使命研究了几个可展开 SAR 天线类型，已落脚在两个主要的候选配置上，直接辐射平面相控阵和阵列馈电的偏馈抛物反射面。后者的概念需要 15 m 的可展开抛物反射面。

另一个例子由目前正与德国 DLR 共同研究的汇接-L 的使命的 DESDynI 团队给出，这个任务将最大限度地减少单通过测量生态系统的结构产生的时间去相关的影响。汇接-L（Tandem-L）是德国人提出的任务，是一个创新的 L 波段雷达干涉仪任务，采用先进的工艺和技术进行地球动态过程的监控。

汇接-L 目前处于阶段 A 的前期，它是与美国宇航局和喷气推进实验室进行的一项合作研究。汇接-L 实现最具挑战性的工作之一是：研发两个具有完全相同的有成本效益的卫星，同时还具有高的性能，以满足苛刻的科学要求。

探测雷达　冰探测雷达需要低频率波段如 P 波段（435 MHz）来穿透介质。最近的使用机载仪器的研究活动显示可能渗透 3000 m 深的干冰直到基岩且达 4000 m（南极洲所需的）也应该是可行的。从空间观测的问题是从冰表面和内部层来的模糊的杂波抑制问题，杂波不来自子卫星点，从而掩蔽所需的回波。在沿轨道方向的杂波可以通过 SAR 在很大程度上得到抑制。在跨越轨道的方向，需要一个约 18 米的大孔径，以提供一个狭窄的有足够低的旁瓣的波束。此外，需要多个相位中心提供额外波束帮助消除波束中模糊的杂波回波。对于这样一个任务，一个大型反射面天线（15 ~ 20 m）和一个复杂的馈源系统是必需的。

大气探测器　LEO 毫米波的大气探测器正在操作使用中（MSU、AMSUA/B、MHS）并且正在考虑未来在极地轨道气象卫星上应用。对下一代气象卫星的讨论已经开始。很明显将要求连续性的观测数据，也就是说，新一代的极地轨道仪器将覆盖至少相同的频率（220 MHz）。此外，毫米波/亚毫米波的成像器被视为一个直到 664 GHz 通道的潜在的组成成分。该仪器的主要目的是冰云的观察，特别是显著影响地球的大气层的辐射平衡的卷云。科学分析表明 150 ~ 664 GHz 之间的通道是必要的，以达到所要求的观察产品的精度。

对地静止的观测也被考虑。与那些来自低地球轨道卫星的观测不同，前者有关键的潜在优势，即能提供连续覆盖相同的地区，这对即时天气报告是关键的。然而，还对天线的孔径施加了严格的限制，以实现所要求的空间分辨率（到地球的距离比低地球轨道有 40 倍的增加）和必要的二维扫描成像，这是由于没有航天器相对地球的运动。此外，从焦平面组件和接收技术的角度看，在较宽的频率范围是一个挑战。所提出的频率范围为 54 ~ 875 GHz。

GEO 情况的一些初步的仪器设计已在全世界进行了研究，一个机械扫描的真实天线孔径和一个合成干涉（稀疏）阵列被考虑。后者最终被选为 GEO 测深仪项目，这是一个潜在的项目，为地球观察项目的协调与组织。这种仪器适合观测快速进化的气象现象，如对流系统、降水和云模式。

18.10.2.2 科学

科学任务的主要驱动力是大大提高分辨率(甚至上升到哈勃太空望远镜的性能)、宽带宽的性能和低质量/功耗。首先对新型反射面配置可能的最大直径或开发新方法提出了一个挑战。例如，研究火星或木星的大气，较宽的带宽覆盖将给光谱仪及有足够的 LO 功率可用提出了一个挑战。低质量和低功耗将需要新的制造方法和现有的解决方案的微调。

射电天文学任务 射电天文学一直是在最高频率和要求高灵敏度技术开发的主要的驱动力。这将允许探索无法从地面观察的部分频谱。普朗克任务正在收集和表征来自 CMB 的辐射，大约 140 亿年前的宇宙大爆炸的残余辐射——它使用敏感的无线电接收机操作在极化的温度下分为两个科学仪器：低频仪器(LFI)和高频仪器(HFI)。

赫歇尔空间天文台(观测亚毫米波频谱的另一部分)是有史以来发射的规模最大的红外空间天文台。欧空局的赫歇尔任务旨在揭示以前被遮掩的现象，比如最早期的星系和恒星。由于它能够探测到远红外和亚毫米波波长的辐射，赫歇尔天文站将能够观察到被尘埃遮蔽的、阴冷的其他望远镜看不见的对象。

由于 CMB 观测在理解宇宙演化上具有关键作用，预计将有一个普朗克后续任务。这种后续任务将要求测量 CMB 辐射的极化特性，因为极化信号的极低电平要求极化测量天线和接收机架构有显著改善。

基于非常长的基线干涉测量(VLBI)的空间射电天文任务 第一次基于空间天线的 VLBI 观测是在 1986 年，用了 4.2 m TDRS 天线，锁定在地面上的 S 波段主机，并和基于地球的射电望远镜结合观察。它证明了可投影到观察平面上到地球的对地静止轨道的距离相比的基线是可实现的。

射电天文学利用 VLBI 去接收，在这种情况下，天线成对并相干地观察相同的源。如果有足够数量的这种成对的基线，将允许目标图像或其等高线以高分辨率建成，就好像一个直径相当于基线的天线在观察。在这里重要的是用模型辅助图像重建，因为基线的数目一般是不够的。

目前地球上 VLBI 网络限制于地球的直径，从而限制了可获得的最长的基线，结果是限制了在给定频率上可获得的最大分辨率。例如，对 LOFAR 的低频配置和 ESPRIT 的高频率配置都进行了研究。

显而易见的选择是实现一个基于卫星的射电望远镜，它与地面上的 VLBI 网共同观察，从而提供高分辨率的能力。20 世纪 80 年代由欧空局进行了空间 VLBI QUASAT 项目的初步研究。

预计，在空间中用天线创建和基于地球的站交互的干涉计，将有大于 8 ~ 10 m(基于地球望远镜的最大直径的 1/10)的直径。以前的研发表明已在 Ka 波段实施。在未来 10 ~ 25 m 大小的天线作为 VLBI 的元素对空间射电望远镜，以及对独立的功能都是值得注意的。分辨率和灵敏度是射电天文学界主要关注的。

行星和小星体 小行星、卫星和彗星的观测要用亚毫米波传感器，目的是了解这些物体及其组成的大气动力学以便最好地了解我们自己的大气，和更深入地了解太阳系的起源和演化。到今天为止，很少有过行星和彗星观测的仪器和利用(亚)毫米波频率的天基观测，即使考虑到有过 ESA 的 Rosetta 任务与其 MIRO 仪器。然而，已经确定出行星和彗星目标，对它们这种类型的仪器可在中期提供重要的科学进步的机会。基于表面(登陆器)或轨道遥感观测金星，火星和木星大气中的气态物种，以及围绕木卫二和土卫六，都被提出。这些仪器应该能够提供关于星体组成、温度、压力和气体流速(风)的信息，这些信息不受灰尘日照条件的影响。

深空通信 为进行深空通信，绕轨道运行的卫星站上天线扮演着关键的角色。来源于未来人类和机器人行星探索任务对通信的需求要求极宽的带宽链接。1 Gbps 的数据率已经提出用于绕火星轨道运行的数据中继卫星。加上到很远距离以外的行星探索，这会导致比较大的空间反射面的使用。

主要空间机构正在越来越多地关注太空探索，而通信对这些任务未来的成功起着核心作用。在这方面，深空网(DSN)地球站的大型天线在性能和尺寸方面已经有了重大的演变。然而，成熟的发展和实现留下的改善性能的余地不大，尤其是在较低的频率上(即 S 波段)。

一个地球轨道卫星或一个位于地球到太阳系统的拉格朗日点的未来太空交通工具可以作为 DSN 的一个中继站运行。

到目前为止，深空通信是用高增益 TT&C 天线和地面测控站的直接联系实现的。在某些情况下，天线孔径由数据传输和负载本身共享。

18.10.3 有前途的天线概念和技术

未来的任务所确定的技术需求和可预见的任务本身往往是现有情况的推算，并因此主要代表增量性的改进。出现新的突破性技术也是同样重要的，因这可能会导致出现完全新的解决方案。

下面列出了一些系统级的解决方案、技术和新设备。它们根据频率范围进行了分类。

P 波段和 L 波段雷达的非常大的辐射器结构：这些应用需要尺寸较大的从 9 m 到 20 m 不等的天线物理上的孔径尺寸。对于这样大的孔径，难以实现准确的抛物反射面或平面阵列，并且安装在小尺寸平台上是至关重要的。这需要进行研发的努力。同时，应该提出新的架构和技术来生成大孔径，如反射阵列、可展开的 1D 或 2D 膜和透镜，因为它们可大幅度降低成本。它们可以用像稀疏阵列这样的非连续口径实现并可能与 DBF 技术相接合。

基于反射面的 SAR：在过去十年中已引入了这项技术，并已证明高分辨率多测绘带并有聚光和扫描模式的 SAR 的可行性。低重访问时间是通过波束扫描与航天器的灵活性相结合而得到的。考虑到耐功率能力，焦区阵列架构和技术是有挑战性的。用这种天线的概念并与发射器(如 Dnjepr 或 Rockot)结合，可以实现低成本的使命。

为合成不同的重叠的赋形或笔装波束，需要大功率、低损耗馈电阵列。特别应该注意电子倍增问题。应在馈电阵列级进行活动，可能可选开关型解决方案或正交馈电网络的解决方案，简单性将被视为一个驱动因素。在倾斜的地球同步轨道上的有非常大的天线的 SAR 仪表在 X 波段或 C 波段也可以实现连续观测。

低资源(质量、体积和功率)仪表：星际任务需要研发这种仪器。行星表面有源和无源遥感(包括探地雷达)都需要新的技术。除了低资源，多频雷达和探测器可以考虑用来进行地球观测和空间探索。

有源 SAR 天线成本的降低：这对采用有源天线的 SAR 是强制性的要求，可以用如下方式实现。

- 通过增加对于天线的主要决定成本的硬件上的努力，即 Tx/Rx 模块、集成和测试。在 Tx/Rx 模块级需要采取技术措施来增加射频/直流/测控集成和包装来改善 MMIC 功率放大器的效率。

- 通过使用有源天线提供的所有潜在特性实施新的指令和控制方法。许多硬件的缺陷可能得到补偿，从而在设计和制造阶段节省成本。这需要仔细评估振幅和相位控制原理、校准策略和温度补偿场景。

还应特别注意和当前使用的技术相比，先进的校准概念可显著减少成本和时间。

SAR 天线的可替代架构： 常规 SAR 天线通过相同的孔径发射和接收信号，在阵列照射中只有一定的自由度允许对发射和接收方向图和天线架构分别进行优化。这个主要的限制是可以采用新概念来克服的，如：

- 基于分离的无源低增益的高功率发射天线，与使用 DBF 网络有源的高增益接收扫描天线相结合的双基地雷达。
- 其他干涉测量配置，可能是基于更多平台的。1996 年发射的 ERS-1 和 ERS-2 及其串联工作是第一个例子。
- “PARIS”(成对)的概念，它基本上是一个以 GNSS 作为信号源的“双基地”高度计。

这些概念导致天线架构的重新考虑，期望能降低复杂性和成本。

新一代雷达仪器： 这些仪器都需要更宽带宽的阵列天线(侦察)、更高的振幅/相位稳定性和更高的灵敏度(科学)。考虑使用 Ka 波段和只用一个卫星进行干涉测量。最近发射了 CryoSat 任务来测量浮动海冰厚度的变化，卫星上包括名为 SIRAL 的 SAR/干涉雷达高度计，它的高度空间分辨率是利用沿轨道的 SAR 原理和在交叉轨道中进行干涉测量而得到的。干涉 SIRAL 测量数据的利用需要实际干涉基线姿态在控制中精确到几十弧秒的永久认知。启用新仪器，开发非常大的和高度稳定的结构是必需的。例如，在 Ka 波段采用 10 m 长的吊杆进行干涉测量。

集成的块结构 SAR 天线和 DBF： 主要的思想是考虑作为设备的组件的阵列块，而不是作为一个子系统。这种集成允许节约成本，由于降低了：

- 生产成本——不需要单独功能的包装；
- 零件或组件的数量——线束、射频功分器；
- 射频、机械/热测试序列——在这些块结构集成之前只执行通过/不通过测试；
- 集成成本——减少进行组装的组件数量。

另一方面，基于大规模的生产，这种方法可能有更大的风险和需要掌握好组件的工艺流程和互连技术以实现在必要的时候允许部件拆下。MEMS 开关是技术发展的另一个领域，它在为多个频率或大带宽生成真正的延时线的能力和减少损失方面是有前途的。然而，截至目前仍然缺少空间用 MEMS 可靠的来源。新一代 SAR 有源天线预计会采用有先进技术(氮化镓、硅锗、先进的包装和互连概念等)的 Tx/Rx 模块，并可能包括变频和数字化。

干涉/合成仪器用的天线概念： 这将在有限整体体积和质量约束下生产高分辨率仪器。对于地球观测，第一个使用合成孔径辐射计的任务(SMOS)正在运行中。将这项技术扩展到毫米波将允许以足够的分辨率成像和进行大气探测，即使是从地球静止轨道上也行，从而补充光学/红外气象仪器。地球静止轨道微波遥感，首先是从 50 GHz 到 800 GHz 的大气探测，有望得到进一步的发展。

亚毫米波仪器的极化测量概念： 电磁辐射的极化特性，可以揭示有关发射源的重要信息。例如，卷云中水冰粒子的极化的散射允许确定这些粒子的尺寸，因此，预估它们是如何影响地球的辐射的。如 B-POL 这个天体物理学的太空任务也将需要这样的概念。需要这些概念来详细评估科学上的影响、定义仪器和认定关键技术。

成像阵列：这些阵列对空间天文学和大气研究很令人感兴趣。在天文学中，大部分谱线发射区通常是在空间上扩展超过许多在天空中的观测波束，而为了理解在研究中的区域则需要成像。由于大尺寸的焦区阵列探测器和检波器及读取系统的集成度非常高，这会造成严重的可行性问题。在性能方面，在广泛的视场内保持高质量的波束，并可能在多通道上保持波束的高质量是非常具有挑战性的。很幸运，太赫兹成像仪与在安全领域的成像仪发展是一致的，有可能创造出一个有价值的“两用”技术领域。紧急的机场安检扫描仪的原形表现出强劲的技术和市场潜力。

大气化学毫米波组成部分探测器：这种星载仪器可能提供地球与行星的任务的气候和气象业务的数据产品。多波束允许推扫式测量，例如组成成分探测，利用几种光谱区域，从 290 GHz 直至 3.5 THz。它们提供对种类繁多的大气化学成分的测量，从温室气体（主要在毫米波范围）和消耗臭氧剂（主要是在亚毫米波段）到羟自由基（太赫兹范围内）。

高精度/稳定度的反射器结构：未来任务的天线将需要高分辨率、高指向精度和宽的扫描范围。此外，干涉仪要求非常高精度的天线指向和差分插入相位稳定性。反射面的机械稳定性是大天线在非常高频率上的性能的一个主要限制因素。Ka 波段和 W 波段地球遥感天线需要一个大型、高精密、可展开的反射面来支持地球科学十年调查的气溶胶/云/生态系统（ACE）的使命的高频多普勒雷达天线设想。并行的电气和机械设计方法可以大大改善这种天线所能达到的性能，允许机械设计和电气要求好的匹配。

改进的多频准光学馈电箱：目前，地球观测任务的工作频段和通道数正在向高频率发展。需要的准光学箱必须与多路复用兼容，具备扫描/波束重路由功能，并处理校准和 LO（本振）问题，同时保持极高的灵敏度。这些对仪器的要求远远超出了那些有关的目前现有的（亚）毫米波仪器的要求。这需要研究更热稳定的配置，以提高频率选择表面的选择性和带宽，并开发新的低损耗元件。

合成方面，如所提出的未来的设备列表所示，改进的地球资源和环境的监测和管理需要在在轨航天器上部署高时间、空间和光谱分辨率的仪器。

观看在 2010～2020 年之间规划的需求，高分辨率将推动仪器的数据传输速率，从 2010 年的 10 Gbps 到 2020 年的 100 Gbps。因此，不仅改良的仪器是需要的，而且需要一个巨大空间到地球的通信链路的进步。因此，未来的通信技术除了当前的 X 波段通信还必须包括 Ka 波段和光频。

18.11　朝卫星和用户终端天线的大量生产演变

18.11.1　问题和挑战

在过去的几十年里，天线已经从单种天线发展到天线系列且最近发展到相同类型的天线的大量生产。随着对 LEO 星系有大量的卫星订单，如全球星、铱星 NEXT 和导航，随着科学探测的发展还产生了对探测器的批量订单，相对大批量的生产在空间领域已成为现实。此外，多波束天线在单个卫星上需要接近 100 个馈源链组件。在不影响天线性能的情况下，有新的制造/测试方法是强制性的。例如，尽管导航天线体积较大，仍然对于等通量覆盖、双频率、大带宽、相位中心的稳定性和耐高功率的要求非常苛刻。

此外，人们可以看到，在过去工作在C波段的SAR被安装在卫星上，而卫星上还安装了其他类型的设备（如ERS、Envisat）。现在的趋势是生产可能用于星座中的与多波束设备一起的专用卫星。

移动用户终端方面，目前对为移动车辆提供高数据率通信有极大关注。正在使用L波段的系统已满足目前许多要求，但由于高的空中的时间成本和随着对数据要求的提高，目前正在考虑用Ku波段。为了在移动环境中最好地利用Ku波段宽带通信，商业和军事系统集成商正在寻找有成本效益的低剖面、高增益扫描天线。到目前为止，唯一的解决方案一直是电气/机械混合阵列，然而对于高数据率的商业通信应用它仍然过于笨重。最近的一项调查表明，目前还无法获得低成本的全有源阵列。作为一个例子，波音卫星系统公司在12年中一直在研究和试制飞行环境中娱乐的Ku波段的发射接收阵列天线。尽管最后的产品可卖，公司还是决定商业化一种机械式可扫描无源反射面天线。据了解，作出这一决定的主要原因之一是基于反射面的天线系统的成本低。

18.11.2 目前和预期的未来太空任务

18.11.2.1 电信

主要需求来自有大量（约50）的反复出现的卫星的LEO/MEO星座。同时，有大量的波束（约80）的多媒体天线需要大量馈源链。

18.11.2.2 导航

组成星座的大量的卫星对研发过程产生了巨大的改变。

18.11.3 有前途的天线概念和技术

18.11.3.1 空间天线

最近全球各地都在研发有吸引力的低成本的几个小卫星平台。应该提出能适应减少的装载容积以及成本的负载。在整体低体积和质量前提下，获得低成本的发射器是可能的，这大大有利于总体任务成本的减少。在天线层级，在发展中可能预期的有：

- 多频率共享孔径反射面和阵列天线；
- 低质量、低存放体积天线；
- 频率和极化选择性表面。

处理大量的产品时，应避免昂贵的和冗长的制造过程。例如，尽可能采用传统的机械加工取代电火花腐蚀。同时，应该考虑快速生产原型的技术和无螺纹组件。

关于集成和测试，大产品量要求大的变化和专业知识的转移和地面用产品的生产技巧。

已确定人们对可以被大量释放的小卫星、微卫星甚至探头有兴趣。这种卫星将有助于未来分布式卫星的太空任务，那时将同时释放数百甚至数千个小卫星，并形成合作网络，以实现复杂的功能和监测行星大气的物理参数。

小型卫星的设计严格地受其大小、质量和功率的约束。许多研究工作正在进行以使小卫星更小、更智能、生产更快、更便宜。最近在萨里大学的例子包括PCB-Sat（整个卫星是建造在一个单一的印刷电路板上），以及Chip-Sat卫星（它建造在单个芯片上）[6]。

印刷天线的使用也可以使它与太阳能电池板集成[7]。由于高增益卫星天线和太阳能电池板是卫星上最大的两个组件，其集成到一个单一的组件上将大大减少卫星的大小、质量和成本，同时节省星上有限的安装空间。这也将便于航天器的机动和姿态控制，并且当地球和太阳处在相似的方向上时增加科学仪器的视场。PCB 的使用为在飞船体上分布式辐射器的应用开启了大门。它们的信号的组合，可为载荷 TT&C 或定位[8]产生几种类型的波束。

18.11.3.2　移动用户终端天线

汽车、火车、船、无人机和飞机需要小小外形的低成本的移动用户终端。主要的挑战是获得工作在 Ku 波段和/或 Ka 波段的稳定的可扫描的笔状波束天线，它的指向和极化跟踪应与移动电视接收和双向交互通信所需的高数据传输速率兼容。到目前为止，唯一的解决方案一直是电气/机械混合阵列，对于几种应用它仍然显得过于笨重。

要达到这个目标，必须在下列领域做出很大的努力以得到突破性的进展：

- 确保低配置和低质量解决方案的阵列架构。
- 生产成本低廉。使用多功能 MMIC，可能使用硅/锗是令人感兴趣的。尽可能减少有源控制的数目。
- 横向整合的低成本和小体积。预计将使用多层印刷电路板来合成 RF、指令和电源线。
- Tx/Rx 隔离。这需要在元件水平进行严格的滤波，这与低质量和低成本生产是难以调和的。
- 低损耗前端。使用适当的天线架构和增益及噪声系数方面的高性能低噪声放大器。
- 多功能/多频用户终端。这将需要创新的概念，以维持性能，即使设想有不同卫星之间的 Ku 波段和 Ka 波段的联接。
- 用于导航的低多路径效应天线和专业用户的天线。
- 低损耗和低去极化多频雷达天线罩，且具有较强的机械性能。
- 依靠强大的速度快的数据处理算法的高定位精度和跟踪速度，即使在动态环境中也允许连续链接。

除了移动用户，新兴系统的固定终端需要在用户终端灵活地选择和/或合成宽带信号，以支持多个 Ka 波段和扩展的 Ka + 波段、Ka BSS 波段、Ku 波段、Q/V 波段以处理广播和交互式服务。频率和极化敏捷性是必要的，以应付波束指向不稳定的问题(波束越区切换)，以及切换到具有最强特性的波束。室外单元和室内单元之间的光纤接口，以及在这些单元的潜在集成展示了人们的兴趣所在。这些终端需要同时处理两个或多个通道。

在 L 波段和 S 波段要求的较低的增益使得使用不扫描波束成为可能，其解决方案现在已经存在。预计对附近有天线的环境引起的较低的性能灵敏度会有一些改进。

18.12　使新任务成为可能的技术推动

18.12.1　问题领域和挑战

本章已经确定了几个具有明确任务的发展，还要说明的是技术推动也应作为长期计划的一部分。作为一个例子，(亚)毫米波仪器技术的成熟度和可用性直接随波长减少。由于在较低的频率上的商业应用中，所有的技术一般都可用并且成本效益成为其驱动力量。在这种情况下，空间机构的作用是使现有技术适用于空间使用。这和较高频率的情况相反，那里许多技术可能缺少或不成熟，包括半导体器件、安装技术和测量设备，而且还包括评估/鉴定程序和技术。人们会很自然地期待，在这种情况下，空间机构应在科技发展中担当更积极的角色。

商业化(亚)毫米波产品的出现的一个重要障碍是封装成本高，面临包装和安装/组装亚微米尺寸的无源器件的挑战，这是由于要求高的机械公差和低的电损耗和小寄生效应所致。在这一领域的发展是需要的。作为一个例子微机械加工技术，示出在毫米波成像领域中的非常有前途的结果。这些技术非常适合，并常常配合新的结构和人工材料的开发。周期性的电子带隙(EBG)结构和超材料可能会导致实现集成(亚)毫米波天线和接收机的显著改进。这些发展应当继续进行，和技术的发展一起来集成半导体器件到这种结构中，例如使用膜。

作为一个例子，在超过 15 年里赫歇尔的使命一直是亚毫米波技术的一个重要的发展驱动，无论是在欧洲和美国。超导装置技术的重大进步，已经允许对于高达 1.9 THz 的频率开发灵敏的超外差接收机。最初计划的最高 2.4 ~ 2.7 THz 通道不得不放弃，主要是由于缺乏足够的本振功率。

18.12.2 有前途的天线概念和技术

某些技术推动的例子列举如下：

- 大型超导测辐射计阵列(100 × 100 像素)正在涌现。需要采取一个更加系统级的方法来整合低温冷却仪器中的大型阵列的检波器和只读系统。需要研发适合于和平面单片阵列混合的只读电路。
- 由于缺乏足够的本振功率，直到今天还很难实现工作在太赫兹频率的地球观测和科学仪器。为了满足未来的需求，希望在太赫兹频率增加本振功率几个数量级。
- 新的混频器架构能够满足即将到来的任务要求(如在高亚毫米波的频率的图像频带抑制混频器)。
- 初步研究表明，新兴的新型材料(EBG 和变形材料、碳纳米纤维和碳纳米管)表现出非常有前途的结果。EBG 和超材料技术为克服现有技术的局限性(如阵列的相互耦合、单个单元增益的增强等)提供了替代的选择。可以设想许多新的结构将演变出来。
- 纤维增强聚合物材料特别是碳纤维复合材料目前已广泛使用在空间应用上。在复合材料领域中纳米技术的引入为具有独特功能特性的先进材料开发开辟了新的前景。
- 微系统技术(特别是 RF MEMS)将允许创新功能概念的发展，以演示可调性和调谐性。这意味着，如今正在设计的系统设计方法上的根本性的变化，设计本身(和技术)将允许通过添加 MEMS 器件来优化结构并补偿设计和制造过程中的不精确性。在很大程度上，使用 MEMS 来确保可调和，使多功能结构成为可能，这将为天线设计者带来很大的好处。然而，可靠性问题仍然有待解决。
- 目前正在开发高达 200 GHz 的频率的低噪声放大器，而且将来扩展到亚毫米波范围估计是可能的。这将允许直接检波接收机的出现，也就意味着接收机更加简化(因为不需要本振)和有更高的灵敏度。集成技术也使波导中采用分立器件不可行的常规技术的配置成为了可能。
- 有源器件的新型低损耗材料。锑化铟(InSb)甚高频晶体管是一个选择，因为锑化铟具有最高的电子迁移率和任何常规的半导体饱和速度。
- 快速数字信号处理对卫星有效载荷可实现完全新的架构。毫米波频率的时钟需要先进的存储和数据处理架构，应考虑把数字电路直接连接到(子)毫米波器件的前端。
- 由于其出色的电气性能、低重量和可重复的制造路线及合适的结构属性，新颖的微加工制造技术起到了重要的作用，利用极其紧凑的尺寸需要大量的射频前端（如成像阵列）的新应用将能够实现。预计会有微米精度的频率选择性表面、微米、毫米或者亚毫米波的馈源喇叭得到应用。

- 空间中源的合成，考虑到毫米波频率上可实现的性能往往受可用的本振功率的约束。如在接收混频器二极管的情况下，可以导致更好的功率电平控制，可获得一种增进的仪器的灵敏度。
- 应开发叠加性的制造技术使其可用于机械零件和射频组件。这种技术可以制造那些不可能用传统的铣削或火花侵蚀过程制造出的非常复杂的形状并预期重量可减少 30%。改善表面粗糙度的过程应在射频组件的生产中实施。预计这种技术将允许把 BFN 做在一个零件上并大幅度减少法兰的数量。

18.13　开发对卫星天线的建模和测试的新方法

18.13.1　问题和挑战

自 20 世纪 90 年代以来许多研发促使了天线建模工具的可使用。空间机构支持并继续资助天线建模工具的研发以掌握（模拟）从最初的权衡到详细的设计和 AIT 各个开发阶段。在这些年开发的理论和算法已经在商业软件中得到广泛应用。现在，已有一些很好的经过验证的软件允许用于天线上导电的和辐射元件的分析与优化。在大多数情况下，计算技术可根据在特定的发展阶段要分析的组件和所要求的精度，或者需要优化的内容来进行选择。对于天线测试，从单波束演化到多波束天线和多频段/宽带天线要求显著减少测试时间。此外，天线尺寸的增加要求一个非常大的静区和为大型反射面准备复杂的零重力设备，已经推动了从远场测试到近场测试的过渡。这些方面将在本节进一步阐述。

18.13.2　前景广泛的天线的概念和技术

尽管商业软件已经到位而且被广泛应用，精确的建模技术和工具仍然需要改进。

- 考虑到天线和航天器之间的相互作用预测天线场地性能（方向图、天线耦合和 PIM），优化过程和天线相互作用建模需要快速可靠的多层/混合方法。
- 当现有软件还不包括分析需要的特殊功能，或现有软件还不具有足够快的速度来进行优化的工作时，例如当阵列周期性已破坏或对于三维中的有限阵列，需要创新的天线概念。
- 在高频率（达到太赫兹范围）的多反射面系统，特别是大型反射面（对波长而言）。
- 反射面建模的细化（非理想的反射面、近场效应等）。
- 阵列建模：包括辐射器之间的互耦合和建模来探索最小化对变形、元件移动和失效敏感的新的天线结构，尤其是现有软件在处理成百上千的单元时已经大大受限。
- 集成空间 - 时间的天线的仿真，记录有源单元和阵列空间频率在真正的信号的端到端的性能的依赖响应的影响（有源/非线性元件不匹配，辐射元件，射频模块和网络空间频率依赖性反应）。
- 端到端的系统仿真，在整个项目生命周期中更好地支持（并发）卫星工程。
- 通过天线/系统协同设计对系统的整体性能进行优化，例如实施自适应编码调制。
- 有效载荷的模拟用的合成参数天线模型。

- 对推力器羽流对无线方向图的影响建模以说明对性能的影响。
- 在复杂的飞船环境下的小型天线。

此外，由于需要实现高精度来避免代价高昂的实验周期，还需要开发新的算法使之快到足以允许在合理的时间内进行数值优化设计。为了能制造出通用的组件，这样的软件应该提供改进的建模和能快速计算以优化组件的设计，使其更耐制造误差。软件的精度应证明能最大限度地减少验证阶段的时间。

建模软件之间的互操作性也被推进。这种努力的一个例子是已开发的建模工具之间的数据交换的一个简单方法：电磁数据交换语言。更多的信息请参考文献[9]。

对于天线测试，几个关键的挑战已确定：

- 天线尺寸非常大(可达 25 m 及更高)。
- 高功率测试。
- 多波束测试。
- 多种功能和多频测试。
- 利用信号处理测试天线。
- 射频天线的设计中涉及的材料和工艺过程的高频性能的表征。
- 近场中的辐射 PIM 测量。
- 在多载波的操作中，当每个载波的输入功率和相位被准确地监测时微波放电的测试。
- 在微波电测试期间快速检测电子。
- 为干涉测量仪器和导航天线准确表征其辐射相位。
- 新的 VAST(验证标准)天线来评估新兴频率，如 20/30/38/48 GHz 天线试验场的准确性。
- 为高效天线/有效载荷/AIT-AIV RF 表征创新的方法。
- 低频超大型天线性能验证方法和设备。
- 使用无相位近场测量技术的(亚)毫米波天线测量。
- 为天线验证合成的预测测量方法。

在所有情况下，应减少射频辐射性能测试的测试时间和减少成本。此外，随着操作频率的增加，往往要求在热真空室内进行热变形测量，为此应开发有成本效益的解决方案。

至于在轨测试，应该研究考虑到多波束天线所提供的潜力的新的方法。

18.14 总结

通过最近的发展和未来的计划，人们已经总结了当前和未来的空间天线的需求和技术。正如在引言中预期的那样，在天线层级上，不同的任务导致对天线非常不同的约束和要求。

本章实现了：

- 用自顶向下的方法识别出所有从天线的发展中受益的太空任务/市场。
- 用自底向上的方法概述当前最先进的水平和需要进一步研究的技术。

对于所有确定出的需求，本章提出了所需的技术的建议，考虑了应用之间的协同以共享开发成本和扩大市场。

在试图寻找发展需要和技术之间的协同时，可以识别出一些常见的需要应对的挑战。

- 空间用非常大口径：这是强制性的，以获得所需的低频遥感时的分辨率并允许直接访问电信的移动终端用户。

- 信号处理天线：它们提供了新的思考方式。第一步正在实施的移动通信和地球观测仪器将为在空间使用这种强大而灵活的技术铺平道路。然后，在带宽方面的技术改进将比容量需求发展得更快。
- 飞行中的可重构性：投放市场的时间和应对用户需求的能力，要求在卫星运行期间功率和覆盖范围的变化。除了完全可重构的有源的 DRA 外，应对中期较少灵活性的解决方案应进行分析。
- 减少航天器尺寸：地球观测规划者越来越多地考虑小卫星，可能是星座，其减少了可访问域，可能只有一个主要任务。这使得任务设计更灵活。这种方法可考虑用于其他的应用，包括编队飞行。
- 低成本解决方案：天线架构和技术应降低成本，如基于反射面或基于反射阵的 SAR，需要对所有任务仔细分析。
- 多功能天线：这些天线或者可允许几个任务容纳在一个质量和体积与低成本发射器兼容的航天器上，或安装在大平台上更容易。
- 天线相位稳定性：干涉测量的概念以及导航天线需要非常稳定的相位特性。这就需要更稳定的热结构和反射面及新的建模技术。这也要求新的测量技术，以精确的在地面上表征和实现在轨道上标定的创新战略。
- 技术推动：早期在具有发展前途的领域中的研发，如 MEMS、微机械加工技术和亚毫米波集成天线应被推进以确保完成新的任务。
- 快速和可靠的多级/混合的方法：为进行优化过程和天线的相互作用建模，现有的工具集需要完善和推动互操作性。

和过去一样，天线将仍是通信、导航和遥感太空任务的一种战略性技术，对用户来说也一样。

尺寸的增加，频率的增加，波束数目的增加和可重构性，合成孔径，多功能，固态器件和电路的集成，以及数字波束成形，快速的设计工具，包括许多组件的一次通过设计，快速、准确的测量技术，都似乎是天线技术在未来 20 年内的主要趋势。

本章缩略语

AFR：阵列馈电反射面
AIT：组装、集成和测试
AIT-AIV：组装、集成和测试-组装，集成和验证
AMSU-A/B：先进的微波探测装置-A/B 型
BFN：波束成形网络
CFRP：碳纤维增强塑料
CFRS：碳纤维增强硅
CMB：宇宙微波背景
CTE：热膨胀系数
DARS：数字音频广播
DBF：数字波束成形
DGR：双网格反射面
DMB：数字多媒体广播
DOA：到达方向
DOS：拒绝[否认]服务
DRA：直接辐射阵列
DTH：直接寻的
DVB：数字视频广播
EBG：电子带隙
EIRP：有效各向同性辐射功率
EOS：地球观测系统
FSS：频率选择表面
GEO：地球同步轨道

GNSS：全球卫星导航系统
HPA：高功率放大器
I/F：接口
INET：输入网络
InSAR：干涉合成孔径雷达
ITU：国际电信联盟
LDA：大型可展开天线
LEO：低地球轨道
LNA：低噪声放大器
LO：本地振荡器
MEMS：微型机电系统
MEO：中地球轨道
MHS：微波湿度仪
MLS：微波组成成分探测器
MMIC：单片微波集成电路
MPA：多端口放大器
MSG：第二代气象卫星
MSS：移动卫星通信系统
MSU：微波探测装置
MTG：第三代气象卫星
MTI：多目标指示器
OBP：星上的数字处理器
OMT：正交模转换器
ONET：输出网络
PAE：功率附加效率
PCB：印刷电路板
PIM：无源互调制
QoS：服务质量
RF：无线电频率(射频)
SAR：合成孔径雷达
S/C：航天器
SSPA：固态功率放大器
TBC：有待证实
TT&C：遥测、跟踪和指令
TWTA：行波管放大器
Tx / Rx：发送/接收
UHF：超高频
UMTS：通用移动通信系统
VLBI：甚长基线干涉测量
VSAT：甚小孔径终端
XPD：交叉极化鉴别

参考文献

1. Takano, T., Natori, M., Miyoshi, K. and Noguchi, T. (1998) A large deployable antenna with tension truss scheme and its electrical performances. IEEE Antennas and Propagation Society International Symposium, Atlanta, GA, USA, vol. 4, pp. 2086–2089.
2. Datashvili, L., Baier, H., Schimitschek, J. *et al.* (2007) High precision large deployable space reflector based on pillow-effect-free technology. 48th AIAA/ASME/ASCE/AHS/ASC Structures, Structural Dynamics, and Materials Conference, Honolulu, HI, USA.
3. Toso, G., Mangenot, C. and Roederer, A.G. (2007) Sparse and thinned arrays for multiple beam satellite applications. 29th ESA Antenna Workshop, Noordwijk, The Netherlands.
4. Toso, G., Angeletti, P. and Mangenot, C., (2008) Direct radiating array architecture based on non-regular lattice. ESA Workshop on Advanced Flexible Telecom Payloads, Noordwijk, The Netherlands.
5. Skobelev, S.P., Eom, S.Y. and Park, H.K. (2003) Shaping of flat-topped element patterns in a planar array of circular waveguides using a multilayered disk structure—Part I: Theory and numerical modelling. *IEEE Transactions on Antennas and Propagation*, **51**, 1040–1047.
6. Barnhart, D., Vladimirova, T. and Sweeting, M.N. (2007) Very small satellite design for distributed space missions. *Journal of Spacecraft and Rockets*, **44**(6), 1294–1299.
7. Zawadzki, M. and Huang, J. (2000) Integrated RF antenna and solar array for spacecraft application. Proceedings of the IEEE Conference on Phased Array Systems and Technology, Dana Point, CA, USA, pp. 239–242.
8. Mattioni, L., Bandinelli, M., Milani, F. *et al.* (2010) Distributed multi-function antennas for micro- and nano-satellites. 32nd ESA Space Antenna Workshop, ESTEC, Noordwijk, The Netherlands.
9. Vandenbosch, G.A.E., Gillard, R. and Sabbadini, M. (2009) The Antenna Software Initiative (ASI): ACE results and EuRAAP continuation. *IEEE Antennas and Propagation Magazine*, **51**(3), 85–92, and http://www.antennasvce.org/Public/EDX.